자주 출제되는 **핵심이론+과년도 출제문제**

전자계산기 기능사

김종보, 정영호 지음

www.cyber.co.kr

■ 도서 A/S 안내

성안당에서 발행하는 모든 도서는 저자와 출판사, 그리고 독자가 함께 만들어 나갑니다.

좋은 책을 펴내기 위해 많은 노력을 기울이고 있습니다. 혹시라도 내용상의 오류나 오탈자 등이 발견되면 "좋은 책은 나라의 보배"로서 우리 모두가 함께 만들어 간다는 마음으로 연락주시기 바랍니다. 수정 보완하여 더 나은 책이 되도록 최선을 다하겠습니다.

성안당은 늘 독자 여러분들의 소중한 의견을 기다리고 있습니다. 좋은 의견을 보내주시는 분께는 성안당 쇼핑몰의 포인트(3,000포인트)를 적립해 드립니다.

잘못 만들어진 책이나 부록 등이 파손된 경우에는 교환해 드립니다.

본서 기획자 e-mail : coh@cyber.co.kr(최옥현)

홈페이지 : http://www.cyber.co.kr

전화 : 031) 950-6300

머리말

전자계산기기능사 시험 합격을 위하여!!

국제 정보화시대를 맞이하여 전자기술 분야는 새로운 기술혁신에 따른 고도의 기술 축적을 필요로 하고 있으며 이에 전문기술인력을 절실히 요구하고 있습니다. 이에 그 수요도 증가하는 추세입니다.

이 교재는 전자계산기기능사 자격증을 취득하고자 하는 수험생들이 시험과목인 전기전자공학, 전자계산기구조, 프로그래밍일반, 디지털공학 등의 이론 서적을 참고하지 않고 이 교재만으로도 충분히 필기시험에 합격할 수 있도록 구성하였습니다.

❋ 이 책의 특징

- 자격 출제기준에 따라 체계적으로 핵심이론을 구성했습니다.
- 핵심이론에 출제연도표시를 해서 자주 출제되는 이론을 단번에 알 수 있도록 구성했습니다.
- 이론에 앞서 '미리 알고 가기'를 수록해서 어떤 내용이 중요한지 미리 알 수 있도록 했습니다.
- 기출문제를 풀면서 이론 부분을 다시 찾아보는 답답한 수고를 하지 않도록 상세한 해설을 달아 이해하기 쉽게 하였습니다. 기출문제뿐만 아니라 예상문제까지 수록하여 중요한 문제는 반복적으로 풀어보며 자연스럽게 익힐 수 있게 하였습니다.
- CBT를 활용한 시험환경에 대비해 실제 시험장에서도 익숙하게 문제풀이를 할 수 있도록 여러 유형의 문제를 구성했습니다.

이에 이 교재를 활용하여 학습한다면 전자계산기기능사 자격증을 반드시 취득하시리라 믿습니다.

마지막으로 본 교재가 출간될 수 있도록 도움을 주신 모든 분께 깊은 감사의 뜻을 전합니다.

저자 씀

NCS(국가직무능력표준) 가이드

01 국가직무능력표준(NCS)이란?

국가직무능력표준(NCS, National Competency Standards)은 산업현장에서 직무를 수행하기 위해 요구되는 지식·기술·태도 등의 내용을 국가가 산업부문별·수준별로 체계화한 것이다.

(1) 국가직무능력표준(NCS) 개념도

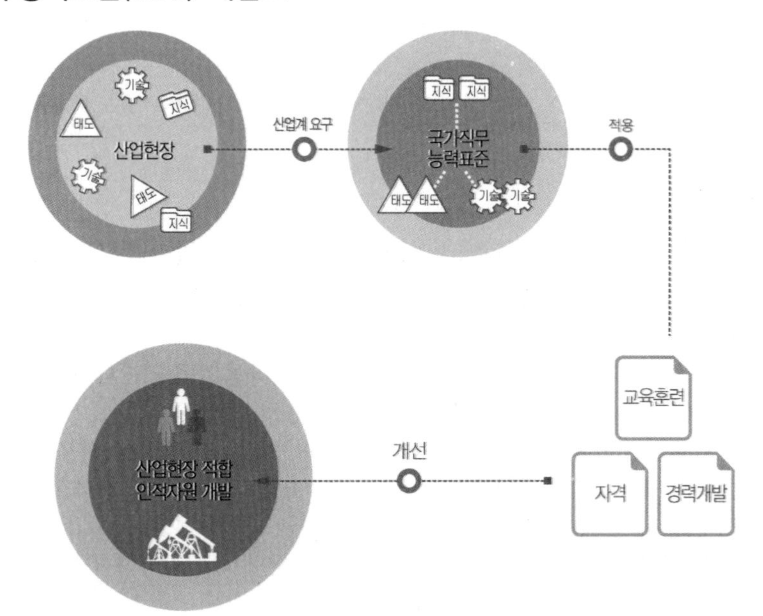

직무능력 : 일을 할 수 있는 On – spec인 능력

① 직업인으로서 기본적으로 갖추어야 할 공통 능력 → 직업기초능력
② 해당 직무를 수행하는 데 필요한 역량(지식, 기술, 태도) → 직무수행능력

보다 효율적이고 현실적인 대안 마련

① 실무 중심의 교육·훈련 과정 개편
② 국가자격의 종목 신설 및 재설계
③ 산업현장 직무에 맞게 자격시험 전면 개편
④ NCS 채용을 통한 기업의 능력 중심 인사관리 및 근로자의 평생경력 개발 관리 지원

(2) 국가직무능력표준(NCS) 학습모듈

국가직무능력표준(NCS)이 현장의 '직무요구서'라고 한다면, NCS 학습모듈은 NCS 능력단위를 교육훈련에서 학습할 수 있도록 구성한 '교수·학습자료'이다.
NCS 학습모듈은 구체적 직무를 학습할 수 있도록 이론 및 실습과 관련된 내용을 상세하게 제시하고 있다.

02 국가직무능력표준(NCS)이 왜 필요한가?

능력 있는 인재를 개발해 핵심 인프라를 구축하고, 나아가 국가경쟁력을 향상시키기 위해 국가직무능력 표준이 필요하다.

(1) 국가직무능력표준(NCS) 적용 전/후

지금은	국가직무능력표준 →	이렇게 바뀝니다.
• 직업 교육·훈련 및 자격제도가 산업현장과 불일치 • 인적자원의 비효율적 관리 운용		• 각각 따로 운영되었던 교육·훈련, 국가직무능력표준 중심 시스템으로 전환 (일-교육·훈련-자격 연계) • 산업현장 직무 중심의 인적자원 개발 • 능력중심사회 구현을 위한 핵심 인프라 구축 • 고용과 평생직업능력개발 연계를 통한 국가경쟁력 향상

(2) 국가직무능력표준(NCS) 활용범위

기업체 Corporation	교육훈련기관 Education and training	자격시험기관 Qualification
• 현장 수요 기반의 인력채용 및 인사관리 기준 • 근로자 경력개발 • 직무기술서	• 직업교육훈련과정 개발 • 교수계획 및 매체, 교재 개발 • 훈련기준 개발	• 자격종목의 신설·통합·폐지 • 출제기준 개발 및 개정 • 시험문항 및 평가방법

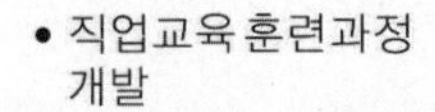

NCS(국가직무능력표준) 가이드

03 NCS 분류체계

① 국가직무능력표준의 분류는 직무의 유형(Type)을 중심으로 국가직무능력표준의 단계적 구성을 나타내는 것으로, 국가직무능력표준 개발의 전체적인 로드맵을 제시한다.
② 한국고용직업분류(KECO, Korean Employment Classification of Occupations)를 중심으로, 한국표준직업분류, 한국표준산업분류 등을 참고하여 분류하였으며 '대분류(24) → 중분류(80) → 소분류(238) → 세분류(887개)'의 순으로 구성한다.

04 NCS 학습모듈

(1) 개념

국가직무능력표준(NCS, National Competency Standards)이 현장의 '직무요구서'라고 한다면, NCS 학습모듈은 NCS의 능력단위를 교육훈련에서 학습할 수 있도록 구성한 '교수·학습 자료'이다. NCS 학습모듈은 구체적 직무를 학습할 수 있도록 이론 및 실습과 관련된 내용을 상세하게 제시하고 있다.

(2) 특징

① NCS 학습모듈은 산업계에서 요구하는 직무능력을 교육훈련 현장에 활용할 수 있도록 성취목표와 학습의 방향을 명확히 제시하는 가이드라인의 역할을 한다.
② NCS 학습모듈은 특성화고, 마이스터고, 전문대학, 4년제 대학교의 교육기관 및 훈련기관, 직장교육기관 등에서 표준교재로 활용할 수 있으며 교육과정 개편 시에도 유용하게 참고할 수 있다.

05 전기 · 전자 NCS 학습모듈 분류체계

대분류	중분류	소분류	세분류
전기 · 전자	01. 전기	01. 발전설비설계	01. 수력발전설비설계 02. 화력발전설비설계 03. 원자력발전설비설계
		02. 발전설비운영	01. 수력발전설비운영 02. 화력발전설비운영 03. 원자력발전설비운영 04. 원자력발전전기설비정비 05. 원자력발전기계설비정비 06. 원자력발전계측제어설비정비
		03. 송배전설비	01. 송변전배전설비설계 02. 송변전배전설비운영 03. 송변전배전설비공사감리
		04. 지능형전력망설비	01. 지능형전력망설비 02. 지능형전력망설비소프트웨어
		05. 전기기기제작	01. 전기기기설계 02. 전기기기제작 03. 전기기기유지보수
		06. 전기설비설계 · 감리	01. 전기설비설계 02. 전기설비감리
		07. 전기공사	01. 내선공사 02. 외선공사
		08. 전기자동제어	01. 자동제어시스템설계 02. 자동제어기기제작 03. 자동제어시스템유지정비 04. 자동제어시스템운영

NCS(국가직무능력표준) 가이드

대분류	중분류	소분류	세분류
전기 · 전자	01. 전기	09. 전기철도	01. 전기철도설계 · 감리 02. 전기철도시공 03. 전기철도시설물유지보수
		10. 철도신호제어	01. 철도신호제어설계 · 감리 02. 철도신호제어시공 03. 철도신호제어시설물유지보수
	02. 전자기기일반	01. 전자제품개발기획 ·생산	01. 전자제품기획 02. 전자제품생산
		02. 전자부품기획 ·생산	01. 전자부품기획 02. 전자부품생산
		03. 전자제품고객지원	01. 전자제품설치 · 정비 02. 전자제품영업
	03. 전자기기개발	01. 가전기기개발	01. 가전기기시스템소프트웨어개발 02. 가전기기응용소프트웨어개발 03. 가전기기하드웨어개발 04. 가전기기기구개발
		02. 산업용전자기기개발	01. 산업용전자기기하드웨어개발 02. 산업용전자기기기구개발 03. 산업용전자기기소프트웨어개발
		03. 정보통신기기개발	01. 정보통신기기하드웨어개발 02. 정보통신기기기구개발 03. 정보통신기기소프트웨어개발
		04. 전자응용기기개발	01. 전자응용기기하드웨어개발 02. 전자응용기기기구개발 03. 전자응용기기소프트웨어개발
		05. 전자부품개발	01. 전자부품하드웨어개발 02. 전자부품기구개발 03. 전자부품소프트웨어개발

대분류	중분류	소분류	세분류
전기 · 전자	03. 전자기기개발	06. 반도체개발	01. 반도체개발 02. 반도체제조 03. 반도체장비 04. 반도체재료
		07. 디스플레이개발	01. 디스플레이개발 02. 디스플레이생산 03. 디스플레이장비부품개발
		08. 로봇개발	01. 로봇하드웨어설계 02. 로봇기구개발 03. 로봇소프트웨어개발
		09. 의료장비제조	01. 의료기기품질관리 02. 의료기기인 · 허가 03. 의료기기생산 04. 의료기기연구개발
		10. 광기술개발	01. 광부품개발 02. 레이저개발 03. LED기술개발
		11. 3D프린터개발	01. 3D프린터개발 02. 3D프린터용 제품제작

★ 전기 · 전자 학습모듈에 대한 자세한 사항은 N 국가직무능력표준 National Competency Standards 홈페이지(www.ncs.go.kr)에서 확인해주시기 바랍니다. ★

NCS(국가직무능력표준) 가이드

06 과정평가형 자격취득

(1) 개념

국가직무능력표준(NCS)에 따라 편성·운영되는 교육·훈련과정을 일정 수준 이상 이수하고 평가를 거쳐 합격기준을 통과한 사람에게 국가기술자격을 부여하는 제도이다.

(2) 시행대상

「국가기술자격법 제10조 제1항」의 과정평가형 자격 신청자격에 충족한 기관 중 공모를 통하여 지정된 교육·훈련기관의 단위과정별 교육·훈련을 이수하고 내부평가에 합격한 자

(3) 국가기술자격의 과정평가형 자격 적용 종목

기계설계산업기사 등 61개 종목(※NCS 홈페이지/자료실/과정평가형 자격 참조)

(4) 교육·훈련생 평가

① 내부평가(지정 교육·훈련기관)

㉠ 평가대상 : 능력단위별 교육·훈련과정의 75% 이상 출석한 교육·훈련생

㉡ 평가방법 : 지정받은 교육·훈련과정의 능력단위별로 평가 → 능력단위별 내부평가 계획에 따라 자체 시설·장비를 활용하여 실시

㉢ 평가시기 : 해당 능력단위에 대한 교육·훈련이 종료된 시점에서 실시하고 공정성과 투명성이 확보되어야 함 → 내부평가 결과 평가점수가 일정 수준(40%) 미만인 경우에는 교육·훈련기관 자체적으로 재교육 후 능력단위별 1회에 한해 재평가 실시

② 외부평가(한국산업인력공단)

㉠ 평가대상 : 단위과정별 모든 능력단위의 내부평가 합격자(수험원서는 교육·훈련 시작일로부터 15일 이내에 우리 공단 소재 해당 지역 시험센터에 접수)

㉡ 평가방법 : 1차·2차 시험으로 구분 실시

- 1차 시험 : 지필평가(주관식 및 객관식 시험)
- 2차 시험 : 실무평가(작업형 및 면접 등)

(5) 합격자 결정 및 자격증 교부

① **합격자 결정 기준** : 내부평가 및 외부평가 결과를 각각 100점을 만점으로 하여 평균 80점 이상 득점한 자

② **자격증 교부** : 기업 등 산업현장에서 필요로 하는 능력보유 여부를 판단할 수 있도록 교육・훈련 기관명・기간・시간 및 NCS 능력단위 등을 기재하여 발급

★ NCS에 대한 자세한 사항은 N 국가직무능력표준 National Competency Standards 홈페이지(www.ncs.go.kr)에서 확인해주시기 바랍니다. ★

CBT(컴퓨터 시험) 가이드

한국산업인력공단에서 2016년 5회 기능사 필기 시험부터 자격검정 CBT(컴퓨터 시험)으로 시행됩니다. CBT의 진행 과정과 메뉴의 기능을 미리 알고 연습하여 새로운 시험 방법인 CBT에 대비하시기 바랍니다.
다음과 같이 순서대로 따라해 보고 CBT 메뉴의 기능을 익혀 실전처럼 연습해 봅시다.

STEP 01 자격검정 CBT 들어가기

큐넷에서 표시된 부분을 클릭하면 '웹체험 자격검정 CBT'를 할 수 있습니다.

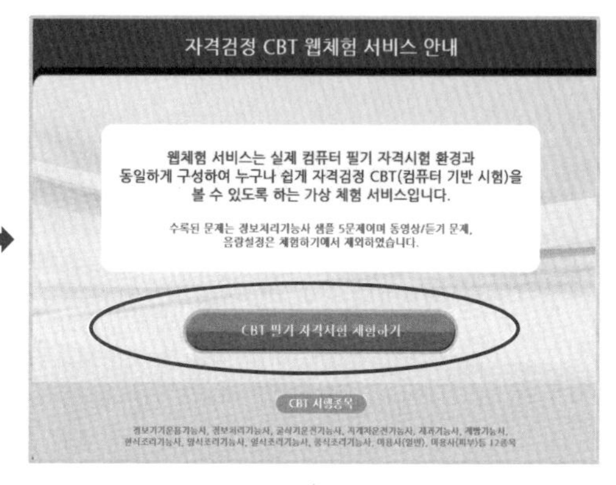

'CBT 필기 자격시험 체험하기'를 클릭하면 시작됩니다.

시험 시작 전 배정된 좌석에 앉으면 수험자 정보를 확인합니다.

시험장 감독위원이 컴퓨터에 표시된 수험자 정보와 신분증의 일치 여부를 확인합니다.

STEP 02 자격검정 CBT 둘러보기

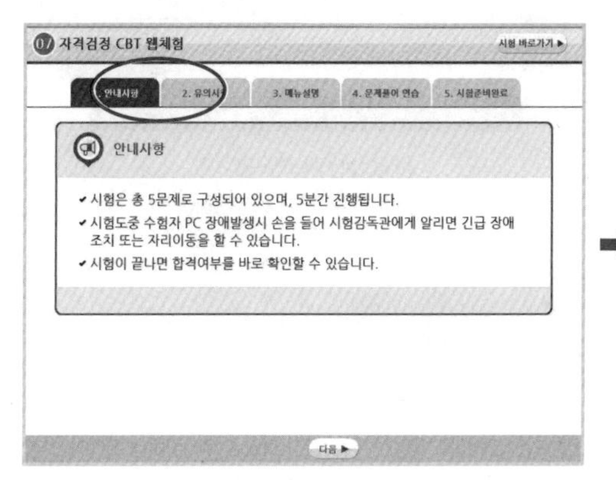

수험자 정보 확인이 끝난 후 시험 시작 전 'CBT 안내사항'을 확인합니다.

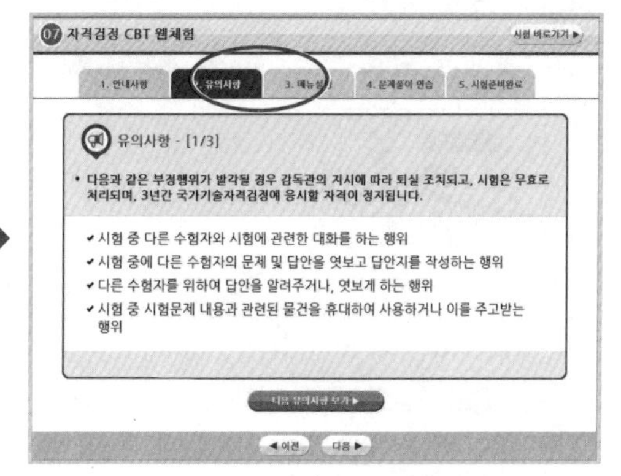

'CBT 유의사항'을 확인합니다. '다음 유의사항 보기'를 클릭하면 전체 유의사항을 확인할 수 있으며 보지 못한 유의사항이 있으면 '이전 유의사항 보기'를 클릭하여 다시 볼 수 있습니다.

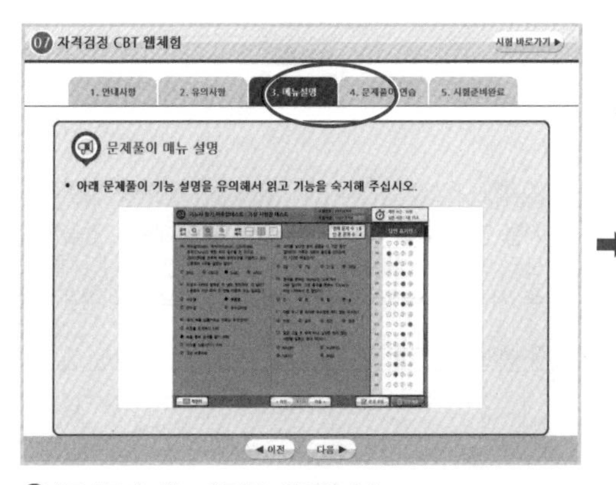

'문제풀이 메뉴 설명'을 확인합니다.
▷▷▷'자격검정 CBT MENU 미리 알아두기'에서 자세히 살펴보기

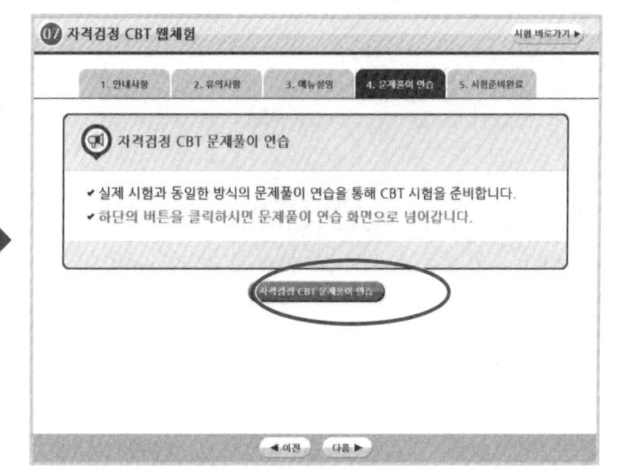

'자격검정 CBT 문제풀이 연습'을 클릭하면 실제 시험과 동일한 방식으로 진행됩니다.

CBT(컴퓨터 시험) 가이드

STEP 03 자격검정 CBT 연습하기

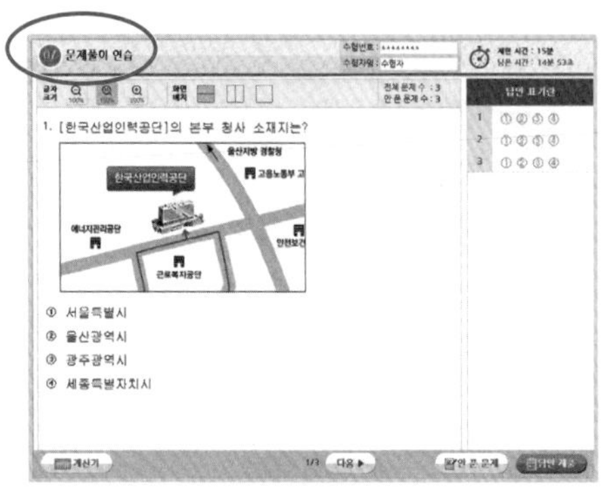

자격검정 CBT 문제풀이 연습을 시작합니다. 총 3문제로 구성되어 있습니다.

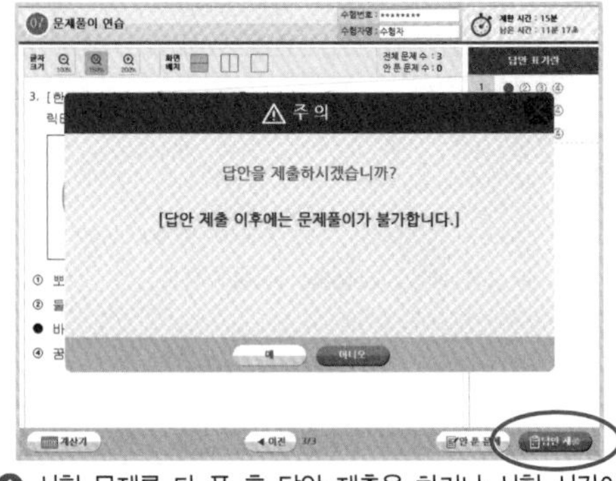

시험 문제를 다 푼 후 답안 제출을 하거나 시험 시간이 경과되었을 경우 시험이 종료됩니다.

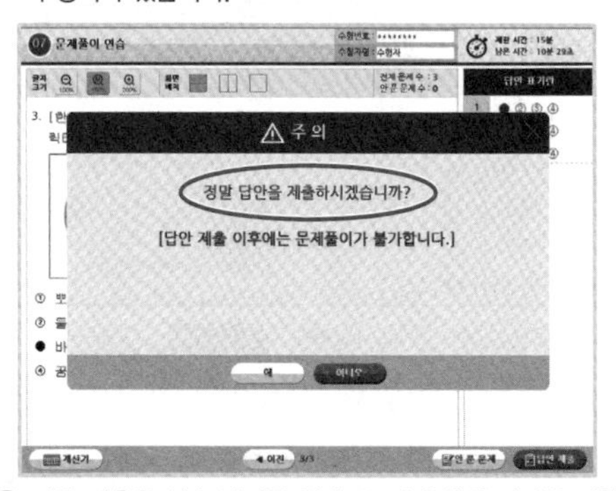

답안 제출은 실수 방지를 위해 두 번의 확인 과정을 거칩니다. 시험 종료 후 시험 결과를 바로 확인할 수 있습니다.

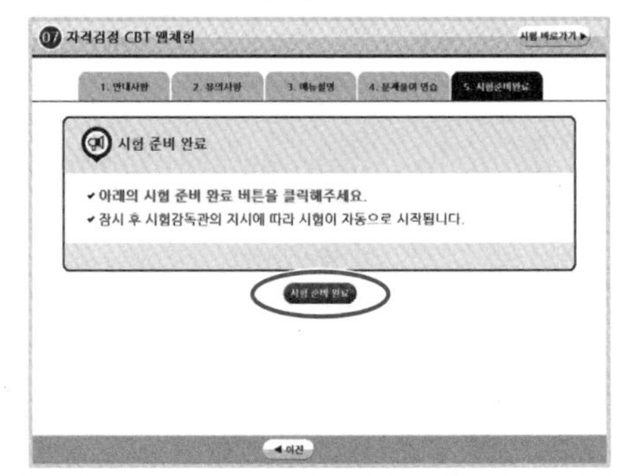

시험 안내·유의 사항, 메뉴 설명 및 문제풀이 연습까지 모두 마친 수험자는 '시험 준비 완료'를 클릭합니다. 클릭 후 '자격검정 CBT 웹체험 문제풀이' 단계로 넘어갑니다.

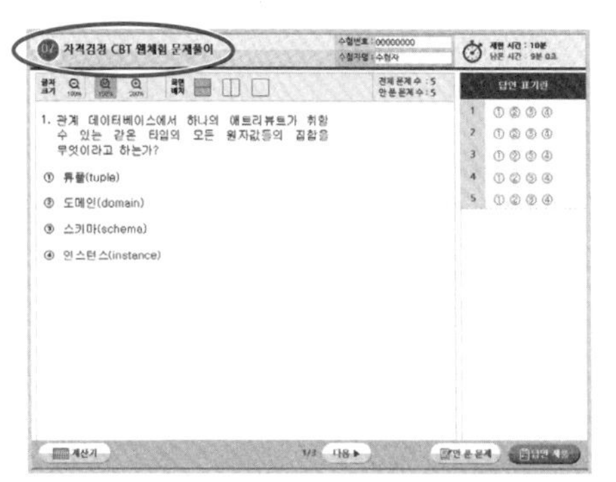

자격검정 CBT 웹체험 문제풀이를 시작합니다. 총 5문제로 구성되어 있습니다.

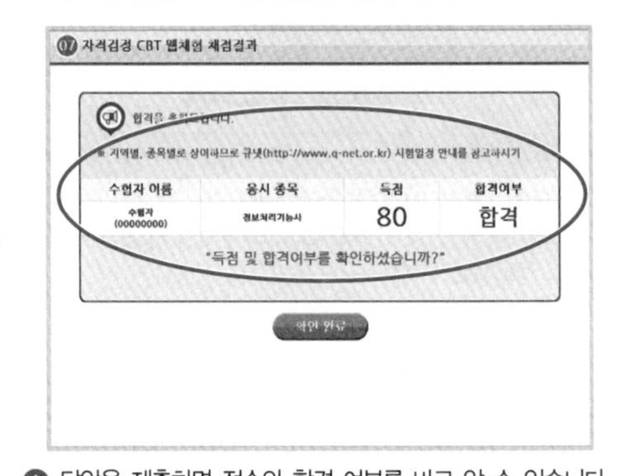

답안을 제출하면 점수와 합격 여부를 바로 알 수 있습니다.

자격검정 CBT 메뉴 미리 알아두기

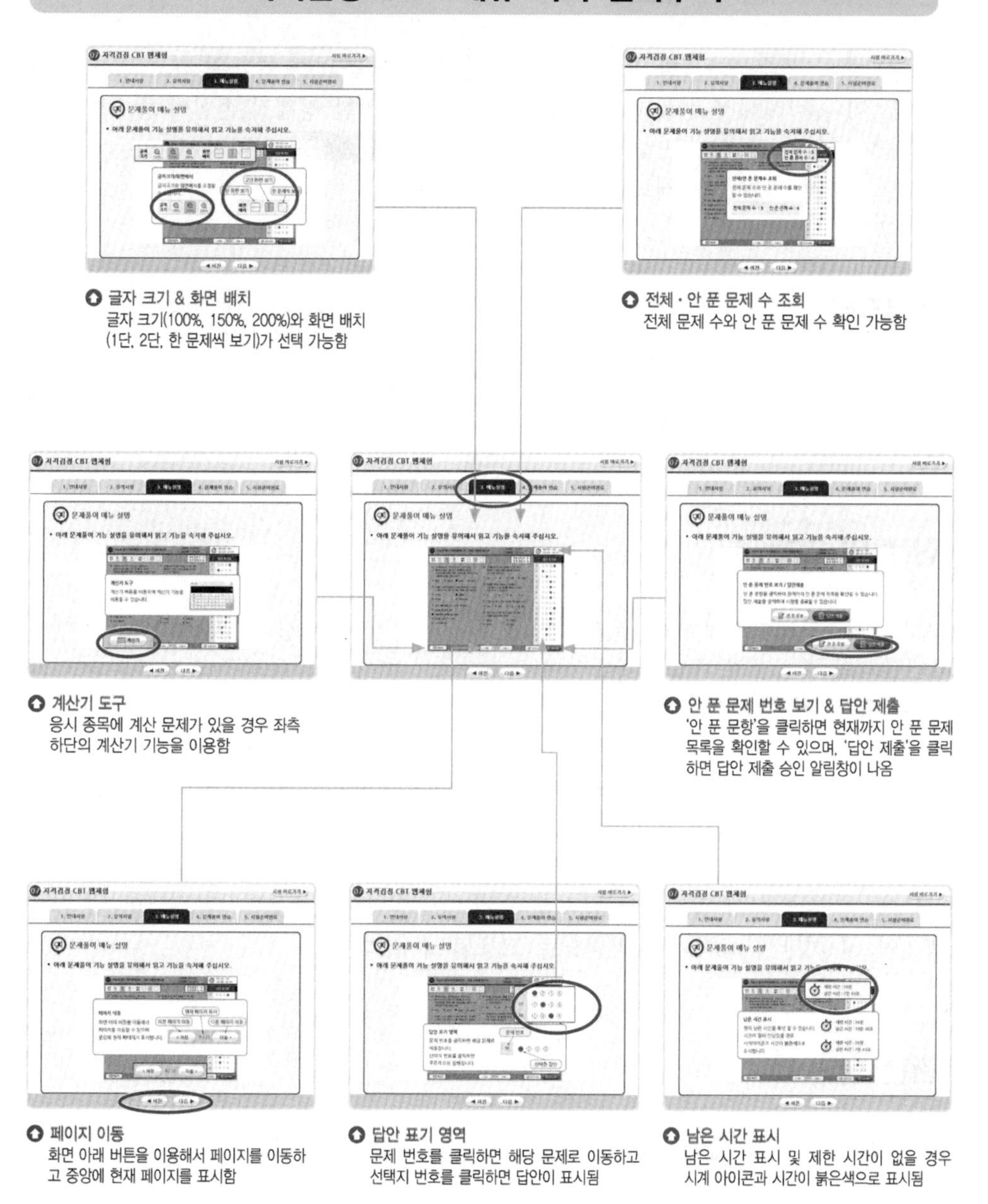

글자 크기 & 화면 배치
글자 크기(100%, 150%, 200%)와 화면 배치(1단, 2단, 한 문제씩 보기)가 선택 가능함

전체 · 안 푼 문제 수 조회
전체 문제 수와 안 푼 문제 수 확인 가능함

계산기 도구
응시 종목에 계산 문제가 있을 경우 좌측 하단의 계산기 기능을 이용함

안 푼 문제 번호 보기 & 답안 제출
'안 푼 문항'을 클릭하면 현재까지 안 푼 문제 목록을 확인할 수 있으며, '답안 제출'을 클릭하면 답안 제출 승인 알림창이 나옴

페이지 이동
화면 아래 버튼을 이용해서 페이지를 이동하고 중앙에 현재 페이지를 표시함

답안 표기 영역
문제 번호를 클릭하면 해당 문제로 이동하고 선택지 번호를 클릭하면 답안이 표시됨

남은 시간 표시
남은 시간 표시 및 제한 시간이 없을 경우 시계 아이콘과 시간이 붉은색으로 표시됨

시험 가이드

01 전자계산기기능사 개요

컴퓨터는 현대사회의 필수불가결한 요소로 받아들여질 만큼 중요한 역할을 하고 있으며 대중화되고 있다. 이와 비례해서 컴퓨터 하드웨어의 고장으로 인한 경제적 손실이 증대하고 있어 전자회로와 기계적인 장치로 구성되어 있는 하드웨어를 신속하게 정비할 수 있는 기능인력의 양성이 필요하게 되어 자격제도를 제정하게 되었다.

02 수행직무

컴퓨터 시스템을 구성하는 하드웨어(중앙처리장치, 주변장치, 입력장치, 출력장치 및 보조기억장치)를 조립하고 보수하는 직무를 수행한다.

03 진로 및 전망

- 컴퓨터 제조회사, 정보처리업체, 컴퓨터 시스템 개발업체, 전자계산기 생산업체 및 판매업체, 전자계산기의 주변장치 개발업체에 취업하거나 그 외 데이터 통신을 운영하는 기업체 및 공공기관 등에 취업할 수 있다.
- 컴퓨터 보급과 이용의 확산으로 다양한 하드웨어 프로그램 개발뿐만 아니라 하드웨어 분야의 유지, 보수, 관리 업무를 담당할 공인된 능력을 소유한 전문인력의 수요는 증가할 것으로 전망된다. 또한 소프트웨어 분야와 인터넷 개발 및 제작에 관한 지식을 겸비한다면 취업영역이 확대되므로 관련 분야에 대한 폭넓은 관심과 기술 습득의 노력이 요구된다. 또 자격을 취득한 후 6년 이상 공사업무를 수행한 경력이 있으면 「정보통신공사업법」에 의해 도급금액 5억 원 미만의 공사에 감리원으로 고용될 수 있다.

04 관련 학과

실업계 고등학교의 전자과, 전자응용과, 전자기계과, 전자응용기계과 등 관련 학과

05 시행처

한국산업인력공단

06 시험과목

필기	실기
1. 전기・전자 공학 2. 전자계산기 구조 3. 프로그래밍 일반 4. 디지털 공학	전자계산기 구성 회로의 조립, 조정 및 수리작업

07 검정방법

- 필기 : 전과목 혼합, 객관식 60문항(60분)
- 실기 : 작업형(4시간 30분 정도)

08 합격기준

- 필기 : 100점을 만점으로 하여 60점 이상
- 실기 : 100점을 만점으로 하여 60점 이상

시험 가이드

09 출제기준

직무 분야	전기 · 전자	중직무 분야	전자	자격 종목	전자계산기기능사	적용 기간	2015. 1. 1. ~ 2019. 12. 31.
직무 내용	컴퓨터 시스템을 구성하는 하드웨어(CPU(중앙처리장치), 주변장치, 입력장치, 출력장치 및 보조기억장치)를 조립하는 직무 수행						
필기검정방법	객관식	문제수	60	시험시간	1시간		

필기과목명	문제수	주요 항목	세부 항목	세세 항목
전기 · 전자 공학, 전자 계산기 구조, 프로그래밍 일반, 디지털 공학	60	1. 직 · 교류회로	(1) 직류회로	① 직 · 병렬회로 ② 회로망 해석의 정리, 응용
			(2) 교류회로	① 교류회로 해석 및 표시법, 계산의 기초
		2. 전원회로의 기본	(1) 전원회로	① 정류회로 ② 평활회로 ③ 정전압전원회로
		3. 각종 증폭회로	(1) 증폭회로	① 각종 증폭회로 ② 연산 증폭회로
		4. 발진 및 펄스 회로	(1) 발진 및 변 · 복조회로	① 발진회로 ② 변 · 복조회로
			(2) 펄스회로	① 펄스발생의 기본 ② 펄스응용회로의 기본 ③ 멀티바이브레이터 회로
		5. 논리회로	(1) 컴퓨터의 논리회로	① 소규모 집적회로 ② 중규모와 대규모 집적회로
			(2) 자료의 표현	① 자료의 종류 ② 자료의 외부적 표현방식 ③ 자료의 내부적 표현방식
			(3) 연산	① 산술연산 ② 논리연산
		6. 반도체	(1) 반도체의 개요	① 반도체의 종류 ② 반도체의 성질 ③ 반도체의 재료 ④ 전자의 개념
			(2) 반도체 소자	① 다이오드 ② BJT ③ FET ④ 특수반도체소자(광전소자, 사이리스터 등)
			(3) 집적회로	① 집적회로의 개념 ② 집적회로의 종류
		7. 컴퓨터 구조	(1) 컴퓨터 구조 일반	① 컴퓨터의 기본적 내부 구조 ② CPU의 구성
			(2) 명령어(instruction)와 지정방식	① 연산자 ② 주소지정방식 ③ 명령어의 형식

필기과목명	문제수	주요 항목	세부 항목	세세 항목
전기·전자 공학, 전자계산기 구조, 프로그래밍 일반, 디지털 공학	60	7. 컴퓨터 구조	(3) 입력과 출력	① 입·출력에 필요한 기능
			(4) 컴퓨터의 구성망	① 데이터전송방식 ② 터미널 구성
		8. 수의 진법과 코드화	(1) 수의 진법과 연산	① 진법 ② 2진 연산
			(2) 수의 코드화	① 수치코드 ② 오류정정코드
		9. 불 대수	(1) 불 대수의 성질	① 불 대수 정리 ② 드모르간의 법칙 ③ 불 대수에 의한 논리식의 간소화 ④ 카르노도표에 의한 논리식의 간소화
		10. 플립플롭 회로	(1) 플립플롭 종류와 기본동작	① RS 플립플롭, JK 플립플롭 ② T 플립플롭, D 플립플롭 ③ 기타 플립플롭
		11. 기본적인 논리회로	(1) 논리게이트의 종류와 기본동작	① AND, OR, NOT 게이트 ② NAND, NOR, EX-OR 게이트 ③ 기타 기본게이트
		12. 조합논리 회로	(1) 각종 조합논리 회로	① 가산기, 감산기 ② 인코더, 디코더 ③ 멀티플렉서, 디멀티플렉서 ④ 기타 조합논리회로
		13. 순서논리 회로	(1) 각종 카운터회로의 기초	① 비동기식 카운터 ② 동기식 카운터
			(2) 순서논리회로의 기초	① 순서논리회로의 설계기초 ② 디지털계수 응용회로 ③ 시프트 레지스터 ④ 기타 레지스터
		14. 프로그래밍 일반	(1) 프로그래밍 언어의 개요	① 프로그래밍 언어의 기초 ② 프로그래밍 언어의 발전과정 ③ 프로그래밍 언어 처리기
			(2) 프로그래밍 기법	① 프로그래밍 절차 ② 프로그램 설계 ③ 구조적 프로그래밍 ④ 프로그램의 구현과 검사 ⑤ 프로그램의 문서화
		15. 시스템프로그램	(1) 시스템프로그램 일반	① 시스템프로그램의 기초 ② 응용프로그램의 기초

이 책의 구성

기출문제 핵심잡기

시험과 관련해서 출제연도나 출제 키포인트 내용을 날개부분에 정리하여 숙지하도록 하였습니다.

출제연도 표시

시험에 자주 출제되는 내용에 출제연도를 표시하여 집중해서 학습할 수 있도록 하였습니다.

깐깐체크

본문 내용을 상세하게 이해하는 데 도움을 주고자 참고적인 내용을 수록하였습니다.

Craftsman Computer

기출문제 핵심잡기

[2010년 1회 출제]
[2011년 2회 출제]
[2011년 5회 출제]
[2013년 3회 출제]
1의 보수 표현법

[2010년 5회 출제]
[2011년 1회 출제]
[2012년 1회 출제]
[2012년 5회 출제]
[2014년 1회 출제]
2의 보수 표현법

[2010년 1회 출제]
[2010년 5회 출제]
[2011년 1회 출제]
[2012년 2회 출제]
[2013년 2회 출제]
부동 소수점 형식은 부호, 지수부, 가수부로 구성된다.

[2010년 1회 출제]
[2010년 5회 출제]
BCD 코드는 6비트로 구성되며 64가지의 문자 표현이 가능하다.

[2010년 1회 출제]
[2010년 2회 출제]
[2011년 1회 출제]
[2011년 2회 출제]
[2011년 5회 출제]
[2012년 2회 출제]
[2013년 3회 출제]
[2014년 1회 출제]
ASCII 코드는 데이터 통신용으로 7비트로 구성되며 128가지의 문자 표현이 가능하다.

[2012년 1회 출제]
EBCDIC 코드는 8비트로 구성되며 256가지의 문자 표현이 가능하다.

예 8비트인 경우 : +15와 -15

표현법	+15	−15	방법
부호와 절대값	0000 1111	1000 1111	부호 비트만 변경
부호와 1의 보수	0000 1111	1111 0000	부호 비트만 제외하고 나머지는 0 → 1, 1 → 0으로 변환
부호와 2의 보수	0000 1111	1111 0001	부호와 1의 보수 + 1 (부호 비트 제외)

④ 부동 소수점 형식
㉠ 2진 실수 데이터 표현과 연산에 사용된다.
㉡ 지수부와 가수부로 구성된다.
㉢ 고정 소수점보다 복잡하고 실행 시간이 많이 걸리나 아주 큰 수나 작은 수 표현이 가능하다.
㉣ 소수점은 자릿수에 포함되지 않으며, 암묵적으로 지수부와 가수부 사이에 있는 것으로 간주한다.
㉤ 지수부와 가수부를 분리시키는 정규화 과정이 필요하다.

깐깐체크 정규화

소수 이하 첫째 자리값이 0이 아닌 유효 숫자가 오도록 한다.
예 $0.0000123 = 0.123 \times 10^{-4}$

0	1	78	n−1
부호	지수부	가수부	

• 양수 : 0
• 음수 : 1

‖ 부동 소수점 형식 ‖

(2) 자료의 외부적 표현
① BCD 코드
㉠ 6비트로 구성된다(zone : 2비트, digit : 4비트).
㉡ 2^6(64)가지의 문자 표현이 가능하다.
㉢ 영문자의 대문자와 소문자를 구별하지 못한다.
② ASCII 코드
㉠ 7비트로 구성된다(zone : 3비트, digit : 4비트).
㉡ 2^7(128)가지의 문자 표현이 가능하다.
㉢ 데이터 통신용이나 개인용 컴퓨터에서 사용한다.

2-32

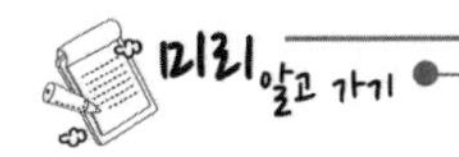

① 저항은 회로의 전류를 저지하거나 제한하며, 전압을 분배한다.
② 커패시터는 콘덴서라고도 하며, 전하를 축적하며 직류를 차단하고 교류를 통과시키기 위하여 사용된다.
③ 인덕터는 코일이라고도 하며 전자장 내 에너지를 축적하기 위하여 사용된다.

‖ 양의 기호와 단위의 기호 ‖

양	기호	단위	기호	양	기호	단위	기호
커패시턴스	C	패럿	F	인덕턴스	L	헨리	H
전하	Q	쿨롬	C	전력	P	와트	W
컨덕턴스	G	지멘스	S	리액턴스	X	옴	Ω
전류	I	암페어	A	저항	R	옴	Ω
에너지	W	줄	J	시간	t	초	s
주파수	F	헤르츠	Hz	전압	V	볼트	V
임피던스	Z	옴	Ω	–	–	–	–

④ **도체**(conductors) : 전류가 쉽게 흐르는 재료이다. 많은 수의 자유전자가 있으며 원자 구조 1개에서 3개까지의 가전자를 갖는다.

미리 알고 가기

본문 이론 학습 전에 어떤 내용이 중요한지 먼저 파악할 수 있도록 장별로 핵심내용을 이론 앞에 구성했습니다.

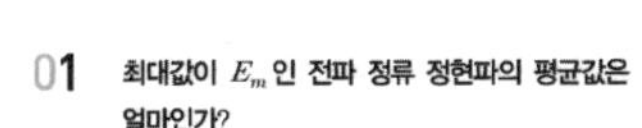

단락별 기출 · 예상 문제

01 최대값이 E_m 인 전파 정류 정현파의 평균값은 얼마인가?

① $\sqrt{2E_m}$ ② $\frac{E_m}{\pi}$
③ $\frac{2E_m}{\pi}$ ④ $\frac{E_m}{2}$

해설 **교류 전압**
㉠ 교류 전압 평균값 $= \frac{2}{\pi}E_m = 0.637E_m$
㉡ 교류 전류 평균값 $= \frac{2}{\pi}I_m = 0.637I_m$
㉢ 교류 전압의 표시

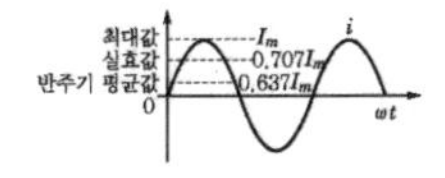

03 변압기 결합 증폭 회로의 설명이 아닌 것은?
① 부하를 트랜지스터의 출력 임피던스와 정합시킬 수 있다.
② 직류 바이어스 회로와 교류 신호 회로를 독립적으로 설계할 수 있다.
③ 주파수 특성이 RC 결합의 경우보다 뛰어나다.
④ 변압기 결합 회로는 대신호 증폭단의 회로 및 출력 회로에 사용된다.

해설 **변압기 결합 회로** : 단(段) 사이의 결합에 변압기(트랜스)를 사용한 교류 증폭기를 말하며, 변압기 단독으로 사용하는 비동조 증폭기와 축전기를 조합시킨 $L-C$ 동조 증폭기가 있다. 비동조형은 $R-C$ 결합 방식에 비해 변압기의 코일비에 의해 전압 이득을 크게 할 수는 있지만, 약간 주파수 특성이 나쁘다. 동조형은 고주파 신호 또는 변조 신호의 증폭에 널리 사용되고 있다.

단락별 기출 · 예상 문제

자주 출제되는 문제를 선별 수록하여 중요 문제를 파악할 수 있도록 하였습니다.

상세한 해설 정리

각 문제마다 상세한 해설을 덧붙여 그 문제를 완전히 이해할 수 있도록 했을 뿐만 아니라 유사문제에도 대비할 수 있도록 하였습니다.

차 례

CHAPTER 01 전기 · 전자 공학

차 례

차 례

CHAPTER 03 디지털 공학

CHAPTER 04 프로그래밍 일반

차 례

CHAPTER

01

전기 · 전자 공학

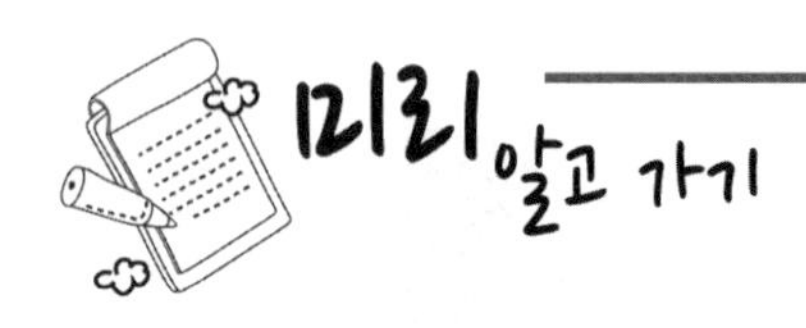

① 저항은 회로의 전류를 저지하거나 제한하며, 전압을 분배한다.

② 커패시터는 콘덴서라고도 하며, 전하를 축적하며 직류를 차단하고 교류를 통과시키기 위하여 사용된다.

③ 인덕터는 코일이라고도 하며 전자장 내 에너지를 축적하기 위하여 사용된다.

▎양의 기호와 단위의 기호▎

양	기호	단위	기호	양	기호	단위	기호
커패시턴스	C	패럿	F	인덕턴스	L	헨리	H
전하	Q	쿨롬	C	전력	P	와트	W
컨덕턴스	G	지멘스	S	리액턴스	X	옴	Ω
전류	I	암페어	A	저항	R	옴	Ω
에너지	W	줄	J	시간	t	초	s
주파수	F	헤르츠	Hz	전압	V	볼트	V
임피던스	Z	옴	Ω	–	–	–	–

④ **도체**(conductors) : 전류가 쉽게 흐르는 재료이다. 많은 수의 자유전자가 있으며 원자 구조 1개에서 3개까지의 가전자를 갖는다.

⑤ **반도체**(semi-conductors) : 원자 구조상 4개의 가전자를 가지고 있다. 실리콘(Si)과 게르마늄(Ge)은 대표적인 반도체 재료이다. 다이오드, 트랜지스터 및 집적 회로 등 현대적인 전자 소자들의 기반이다.

01 직류 회로

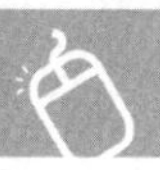

1 직류와 교류

(1) 직류(DC)

① 시간에 대해 전압 · 전류의 값이 일정한 파이다.
② 대문자로 표기한다(V, I, P).

(2) 교류(AC)

① 시간에 대해 전압 · 전류의 값이 주기적으로 변화하는 파이다.
② 소문자로 표기한다(v, i, p).

(3) 전하량(전기량 Q)

① 전기적인 양의 기본적인 양으로, 단위는 [C]이다.
② 전자 1개의 전하량 : 1.602×10^{-19}[C]

2 전압 · 전류 · 저항

(1) 전압

① 단위 정전하가 회로의 두 점 사이를 이동 시 얻거나 잃는 에너지이다.
② 저항 양단자에서 어떤 압력에 의해 전류가 흐를 수 있도록 하는 원동력이다.

$$V = \frac{W}{Q}\,[\mathrm{V = J/C}]$$

$$W = QV\,[\mathrm{J}]$$

③ 한 점에서 다른 점까지 1[C]의 전하를 이동시키는 데 1[J]이 필요할 때 그 두 점 간의 전위차를 1[V]라 한다.

(2) 전류

① 임의의 도선 단면을 단위 시간 동안 통과한 전기량이다.

$$I = \frac{Q}{t}\,[\mathrm{A = C/sec}]$$

$$Q = It\,[\mathrm{C = A \cdot sec}]$$

② 1초 동안 1[C]의 전하에 해당되는 수의 전자가 어떤 점(P)을 통과할 때의 전류량을 1[A]라 한다.

기출문제 핵심잡기

☑ 직류와 교류의 차이
㉠ 직류는 +, −의 항상 일정한 극성이 있다.
㉡ 교류는 일정한 주기로 극성이 바뀐다.

☑ 전하와 전하량
㉠ 전하(電荷, electric charge)는 전기 현상을 일으키는 어떤 물질이 갖고 있는 전기의 양이다. 전하의 양을 전하량이라고 한다.
㉡ 전하의 단위 : 쿨롬
㉢ 기호 : C
㉣ 1쿨롬=6.24×10^{18}개의 전자
㉤ 전자 한 개의 전하량(기본 전하) =1.6×10^{-19}[C]

[2010년 1회 출제]
전류의 정의
도선에 t시간 동안 Q[C]의 전하가 이동했을 때의 전류 $I = \frac{Q}{t}$[A]이다.

(3) 저항(부하 저항)

① 전기 회로에 전류가 흐를 때 전류의 흐름을 방해하는 작용으로, 기호는 R, 단위는 옴(ohm, [Ω])이다.

R

② 1[Ω] : 도체의 양단에 1[V]의 전압을 가할 때 1[A]의 전류가 흐르는 경우의 저항값이다.

③ 도체의 저항

㉠ 도체의 전기 저항은 그 재료의 종류, 온도, 길이, 단면적 등에 의해 결정된다.

㉡ 도체의 고유 저항 및 길이에 비례하고, 단면적에 반비례한다.

$$R = \rho\frac{l}{A}[\Omega]$$

④ 고유 저항

㉠ 전류의 흐름을 방해하는 물질의 고유한 성질로, 저항률이다.

㉡ 기호는 ρ, 단위는 [Ω · m]이고 전도율의 역수이다.

[2010년 1회 출제]
옴의 법칙 공식에 의한 계산
㉠ 회로에 전압 V가 걸리고 이때 저항이 R이라면 회로에 흐르는 전류 $I = \frac{V}{R}$[A]이다.
㉡ 전압 V가 인가된 회로에 전류 I가 흐른다면 이때 저항 $R = \frac{V}{I}$[Ω]이다.
㉢ 저항 R에 전류 I가 흐를 때 저항 양단에 걸리는 전압 $V = IR$[V]이다.

[2016년 1회 출제]
컨덕턴스(conductance)
전도율을 의미한다.

3 옴의 법칙

(1) 옴의 법칙

전기 회로에 흐르는 전류는 전압에 비례하고, 저항에 반비례한다.

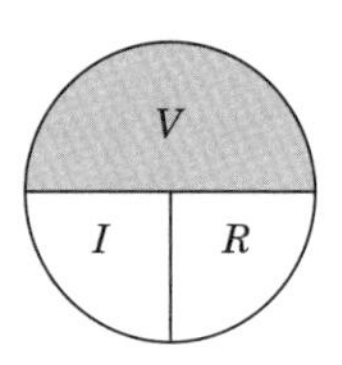

$$I = \frac{V}{R},\ R = \frac{V}{I},\ V = IR$$

(2) 컨덕턴스

① 저항의 역수로, 전류의 흐르는 정도를 나타낸다.

② 기호는 G, 단위는 ℧(mho), S(siemens)이다.

$$G = \frac{1}{R}[\mho]$$

4 저항의 접속

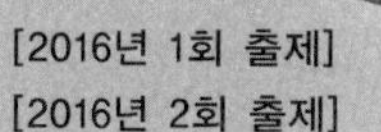

[2016년 1회 출제]
[2016년 2회 출제]

(1) 직렬 접속

① 직렬 접속의 정의 : 각각의 저항을 일렬로 접속하는 것이다.

② 직렬 회로의 합성 저항

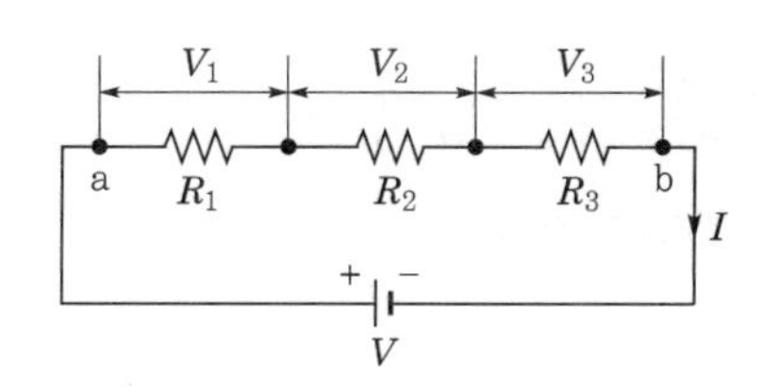

③ 합성 저항(combined resistance)

$$R_0 = R_1 + R_2 + R_3 [\Omega]$$

④ 회로의 전체 전류 I

$$I = \frac{V}{R_0} = \frac{V}{R_1 + R_2 + R_3} [\text{A}]$$

⑤ 각각의 저항 R_1, R_2, R_3에 걸리는 단자 전압 V_1, V_2, V_3는 다음과 같다.

$$V_1 = IR_1$$

$$V_2 = IR_2$$

$$V_3 = IR_3$$

★중요★
[2010년 5회 출제]
[2011년 1회 출제]
저항의 직 · 병렬 접속에서 합성 저항 계산
㉠ n개의 같은 저항 R을 직렬 연결하면 합성 저항은 nR이다.
㉡ n개의 같은 저항 R을 병렬 연결하면 합성 저항은 $\frac{R}{n}$이다.
㉢ 저항 직렬 회로에서는 각 저항에 흐르는 전류는 같고 각 저항 양단에 걸리는 전압이 다르다(전류 일정).
㉣ 저항 병렬 회로에서는 각 저항에 흐르는 전류는 다르고 저항 양단의 전압은 일정하다(전압 일정).

(2) 병렬 접속

① 병렬 접속의 정의 : 2개 이상의 저항 양끝을 각각 한 곳에서 접속하는 접속법이다.

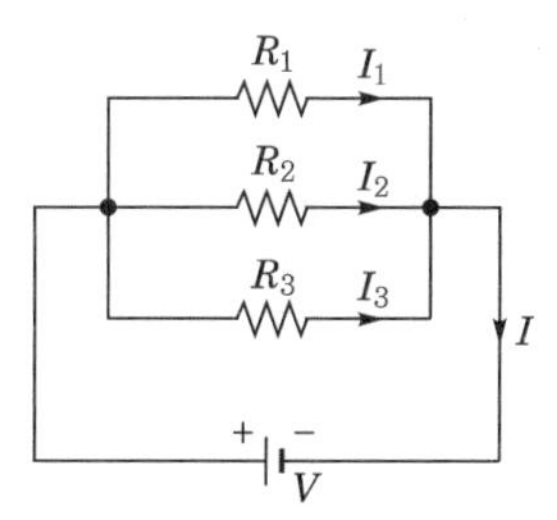

② 각각의 저항 R_1, R_2, R_3에 흐르는 전류를 I_1, I_2, I_3라 하면 다음과 같다.

$$I_1 = \frac{V}{R_1}$$

☑ R_1, R_2 두 저항의 병렬 접속일 때 합성 저항

$$R = \frac{R_1 R_2}{R_1 + R_2}$$

$$I_2 = \frac{V}{R_2}$$

$$I_3 = \frac{V}{R_3}$$

③ 전체 전류 I

$$I = I_1 + I_2 + I_3 = \frac{V}{R_1} + \frac{V}{R_2} + \frac{V}{R_3} [\text{A}]$$

④ 병렬 접속 회로의 합성 저항 R_0

$$R_0 = \frac{V}{I} [\Omega] = \frac{1}{\frac{1}{R_1} + \frac{1}{R_2} + \frac{1}{R_3}}$$

⑤ 병렬 회로의 전류 분배

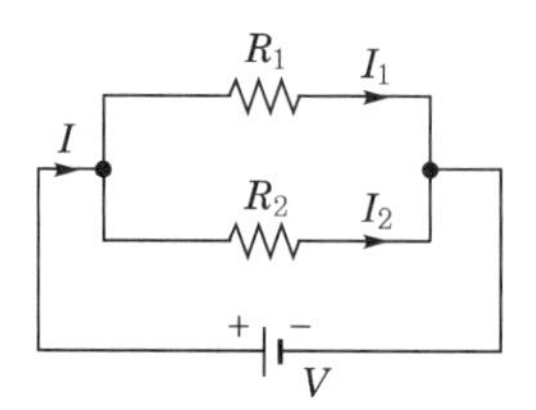

$$I_1 = \frac{V}{R_1} = \frac{R_2}{R_1 + R_2} I [\text{A}]$$

$$I_2 = \frac{V}{R_2} = \frac{R_1}{R_1 + R_2} I [\text{A}]$$

☑ 휘스톤 브리지(Wheatstone bridge)
4개의 저항이 정사각형을 이루는 회로이며, 평형 조건을 이용하여 미지의 저항값을 구하기 위해서 사용한다. 전자 저울에 응용할 수 있다.

(3) 휘스톤 브리지

① 4개의 저항 P, Q, R, X에 검류계를 접속하여 미지의 저항을 측정하기 위한 회로이다.

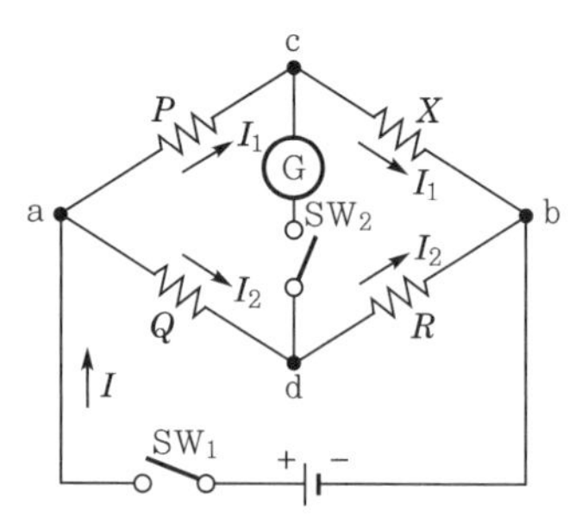

② 브리지의 평형 조건 : 마주보는 변의 곱은 서로 같다.

$$PR = QX$$

(4) 커패시터의 병렬 및 직렬 접속

① 병렬 접속

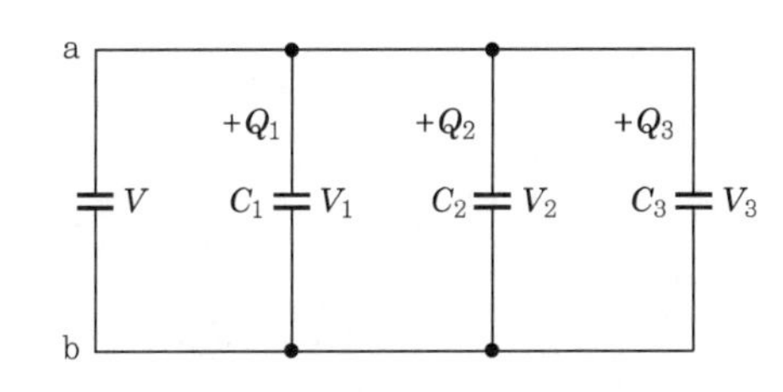

$$합성\ 용량 = C_1 + C_2 + C_3$$

② 직렬 접속

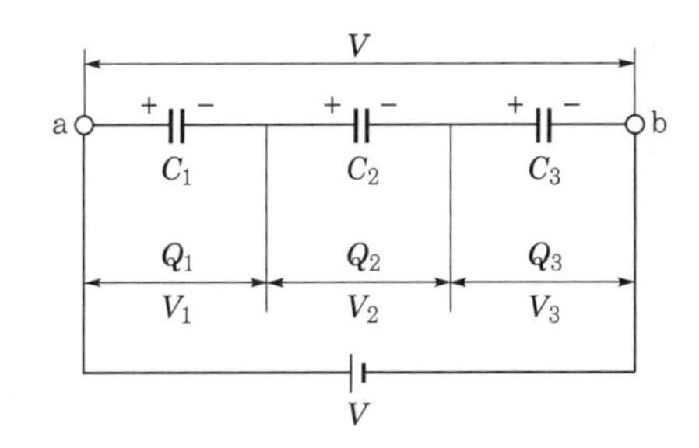

$$합성\ 용량 = \frac{1}{\frac{1}{C_1} + \frac{1}{C_2} + \frac{1}{C_3}}$$

5 키르히호프의 법칙

(1) 키르히호프 제1법칙

① 전류 법칙 : 회로의 한 접속점에서 접속점에 흘러들어 오는 전류의 합과 흘러나가는 전류의 합은 같다.

$$\sum 유입\ 전류 = \sum 유출\ 전류$$

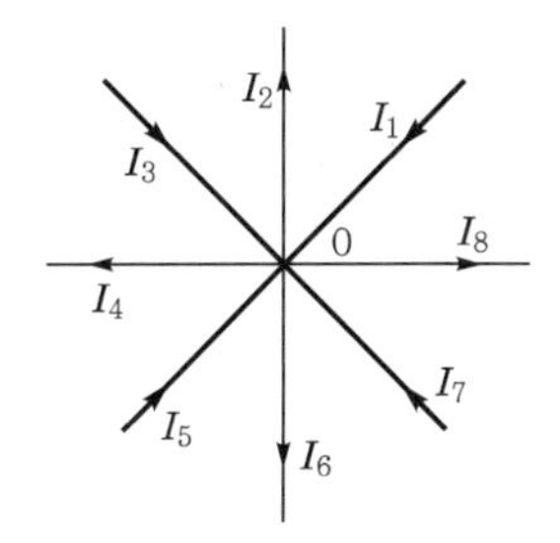

기출문제 핵심잡기

★중요★
[2010년 2회 출제]
[2011년 2회 출제]
[2013년 1회 출제]
커패시터의 직 · 병렬 접속에서 합성 용량 계산

㉠ n개의 같은 커패시터 C를 직렬 연결하면 합성 용량은 $\frac{C}{n}$이다.
㉡ n개의 커패시터 C를 병렬 연결하면 합성 저항은 nC이다.

☑ 커패시터의 직 · 병렬 접속은 저항의 직 · 병렬 접속과 서로 반대의 수식을 적용하면 된다.

☑ C_1, C_2 두 커패시터의 직렬 접속일 때 합성 용량

$$C = \frac{C_1 C_2}{C_1 + C_2}$$

★중요★
키르히호프의 전류 법칙

㉠ 전류가 흐르는, 즉 전기가 통과하는 분기점에서 들어온 전류의 양과 나간 전류의 양의 합은 같다. 즉, 0이다.
㉡ 회로 안에서 전류의 대수적 합은 0이다.

기출문제 핵심잡기

[2009년 2회 출제]
[2011년 5회 출제]
직렬 저항 회로에서 전압 · 저항 계산
저항 직렬 회로에서 특정 저항에 걸린 전압 구하는 순서는 다음과 같다.
㉠ 전체 전압 계산
㉡ 전체 전류 계산
㉢ 공식에 의해 특정 저항 양단 전압 계산

[2013년 2회 출제]
키르히호프의 전압 법칙 정의
㉠ 닫혀진 하나의 루프 안 전압(전위차)의 합은 0이다.
㉡ 폐쇄된 회로의 인가된 전원의 합과 분배된 전위의 차의 합은 그 루프 안에서 등가한다.
㉢ 하나의 루프 안에서 도체에 인가된 전압 대수의 합과 그 루프에 인가한 전체 전원 대수의 합은 같다.

$$I_1 - I_2 + I_3 - I_4 + I_5 - I_6 + I_7 - I_8 = 0$$

$$\sum I_n = 0$$

② 전류의 분배

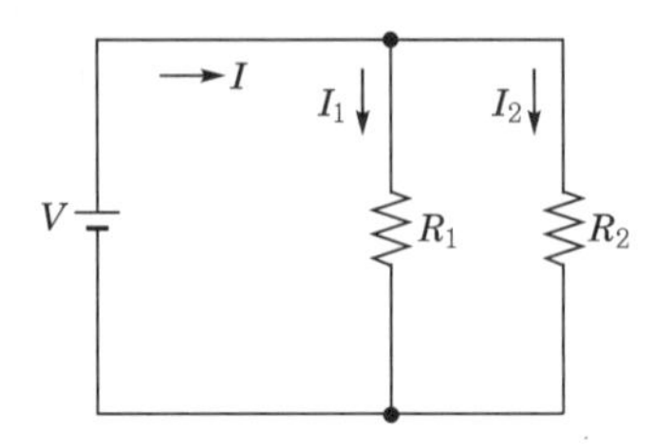

$$I_1 = \frac{R_2}{R_1 + R_2} I$$

$$I_2 = \frac{R_1}{R_1 + R_2} I$$

(2) 키르히호프 제2법칙

① 전압 법칙 : 회로망 중의 임의의 폐회로 내에서 일주 방향에 따른 전압 강하의 합은 기전력의 합과 같다.

∑기전력=∑전압 강하

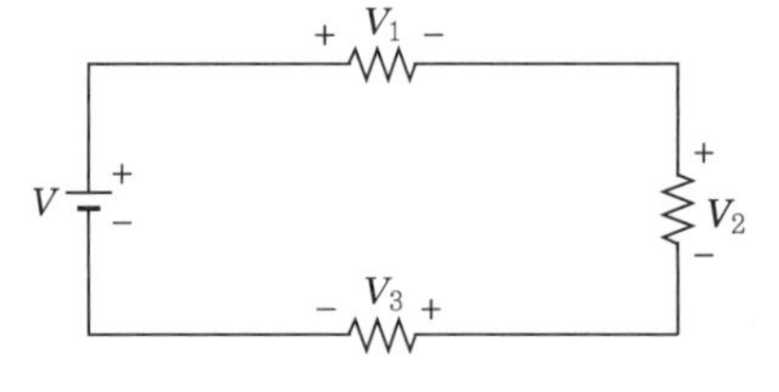

$$V_1 + V_2 + V_3 = V$$

② 전압의 분배

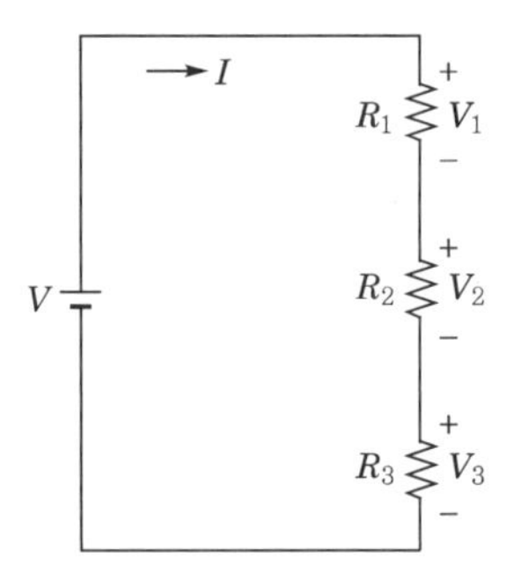

$$V_1 = R_1 I = V \cdot \frac{R_1}{R_1 + R_2 + R_3} [\text{V}]$$

$$V_2 = R_2 I = V \cdot \frac{R_2}{R_1 + R_2 + R_3} [\text{V}]$$

$$V_3 = R_3 I = V \cdot \frac{R_3}{R_1 + R_2 + R_3} [\text{V}]$$

6 회로망의 정리

(1) 중첩의 원리

① **정의** : 2개 이상의 기전력을 포함한 회로망 중 어떤 점의 전위 또는 전류는 각 기전력이 각각 단독으로 존재한다고 할 때 그 점 위의 전위 또는 전류의 합과 같다.

② **전압원과 전류원** : 전원이 작동하지 않도록 할 때 전압원은 단락 회로, 전류원은 개방 회로로 대치한다.

③ **중첩의 원리 적용** : R, L, C 등 선형 소자에만 적용한다.

(2) 테브난의 정리

① **정의** : 2개의 독립된 회로망을 접속하였을 때 전원 회로를 하나의 전압원과 직렬 저항으로 대치한다.

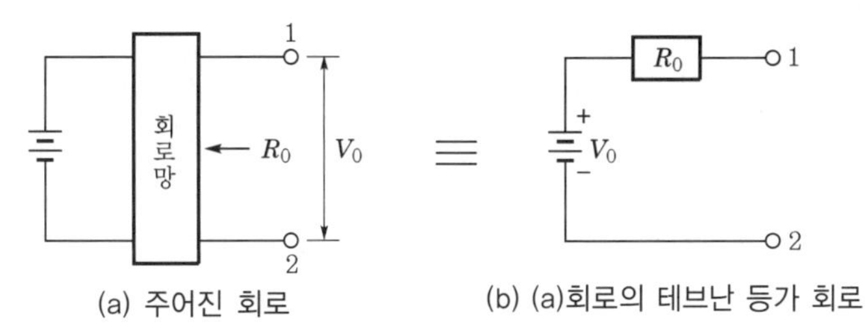

▮ 테브난의 정리와 등가 회로 ▮

② R_0 : 전압원을 단락하고 출력단에서 구한 합성 저항이다.

(3) 노튼의 정리

① **정의** : 2개의 독립된 회로망을 접속하였을 때 전원 회로를 하나의 전류원과 병렬 저항으로 대치한다.

기출문제 핵심잡기

☑ 중첩의 원리
2개 이상의 전원을 포함하는 선형 회로망에 있어서 회로 내의 임의의 점의 전류 또는 임의의 2점 간의 전압은 각각의 전원에 대해서 해석하여 합한다.

☑ 테브난의 정리
출력측에서 봤을 때 하나의 전압원과 하나의 직렬 저항으로 등가 대치하여 해석한다.

☑ 노튼의 정리
출력측에서 봤을 때 하나의 전류원과 하나의 병렬 저항으로 등가 대치하여 해석한다.

☑ 밀만의 정리
다수의 병렬 전압원이 있는 회로를 전류원 회로로 대치하여 다시 전압원으로 변환하여 회로를 해석한다.

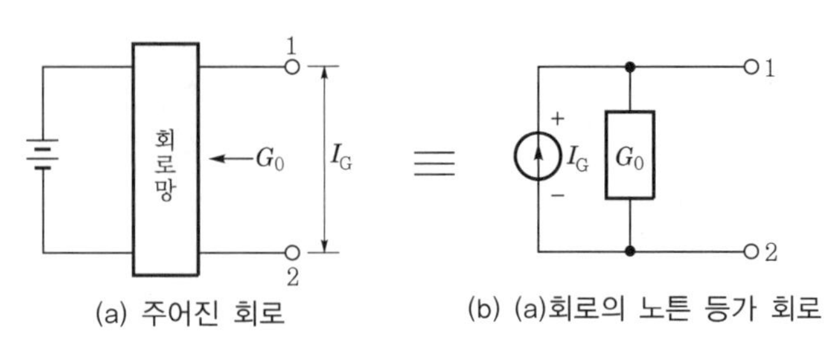

(a) 주어진 회로 (b) (a)회로의 노튼 등가 회로

▌노튼의 정리와 등가 회로▐

② G_0 : 전류원을 개방하고 출력단에서 구한 합성 저항이다.

[2012년 1회 출제]
전력의 정의
전력은 전류에 의해 단위 시간에 이루어지는 일의 양이다.

[2010년 2회 출제]
코일 저장 에너지
$W=\frac{1}{2}LI^2[J]$

(4) 전력량과 전력

① **전력** : 전기가 단위 시간(1[sec]) 동안 한 일의 양(P[W])을 말한다.

$$P = VI = I^2R = \frac{V^2}{R} = \frac{W}{t}\ [\mathrm{W}]$$

깐깐체크

전력은 마력[HP] 환산이 가능(1[HP]=746[W])하고 열량 환산은 불가능하다.

② **전력량** : 전기가 일정 시간(t[sec], t[h]) 동안 한 일의 양 W[J]를 말한다.

$$W = Pt = VIt = I^2Rt = \frac{V^2}{R}t\ [\mathrm{J = W \cdot sec}]$$

깐깐체크

전력량은 마력 환산이 불가능하고 열량([cal]) 환산이 가능하다.
1[J]=0.2388[cal]≒0.24[cal]

③ **줄의 법칙** : 저항체에서 발생하는 열량은 전류의 제곱에 비례한다는 법칙으로서, 저항체에서 발생하는 열량을 계산하는 식이다.

$$H = 0.24W = 0.24Pt = 0.24VI$$
$$= 0.24I^2Rt = 0.24\frac{V^2}{R}t\ [\mathrm{cal}]$$

단락별 기출 · 예상 문제

01 **어떤 도선의 단면을 1분 동안에 30[C]의 전하가 이동하였다면 이때 흐른 전류는 몇 [A]인가?**

① 0.1 ② 0.3
③ 0.5 ④ 3

해설 $I=\frac{Q}{t}=\frac{30}{1\times 60}=0.5$[A]

02 **10분 동안에 600[C]의 전기량이 이동했다고 하면 이때 전류의 크기[A]는?**

① 0.1 ② 1
③ 6 ④ 60

해설 $I=\frac{Q}{t}$
$=\frac{600}{10\times 60}=1$[A]

03 **저항을 R이라고 하면 컨덕턴스 G[Ω]는 어떻게 되는가?**

① R^2 ② R
③ $\frac{1}{R^2}$ ④ $\frac{1}{R}$

해설 Conductance(전도율)는 전기 저항의 역수로, 국제 단위계에서 단위는 지멘스이다. 혹은 크기가 같은 모(mho)를 단위로 사용하기도 하며 $\frac{1}{R}$로 나타낸다.

04 **비오-사바르의 법칙은 어떤 관계를 나타내는 법칙인가?**

① 전류와 자장 ② 기자력과 자속 밀도
③ 전위와 자장 ④ 기자력과 자장

해설 **비오-사바르의 법칙(Biot-Savart 法則, Biot-Savart law)** : 전자기학에서 주어진 전류가 생성하는 자기장이 전류에 수직이고 전류에서 거리의 역제곱에 비례한다는 물리 법칙이다. 즉, 전류와 자기장과의 관계를 정의한다.

05 **다음 중 크기가 다른 세 개의 저항을 직렬로 연결했을 경우에 대한 설명으로 적합하지 않은 것은?**

① 각 저항에 흐르는 전류는 모두 같다.
② 각 저항에 걸리는 전압은 모두 같다.
③ 전체 저항은 각 저항의 합과 같다.
④ 가장 큰 저항값을 필요로 할 때의 연결 방법이다.

해설 Ohm의 법칙은 $V=IR$이므로 저항이 크면 그 저항에 걸리는 전압은 커진다.

06 **다음 중 전력에 대한 설명으로 옳은 것은 무엇인가?**

① 전류에 의해서 단위 시간에 이루어지는 힘의 양을 말한다.
② 전류에 의해서 단위 시간에 이루어지는 열량의 양을 말한다.
③ 전류에 의해서 단위 시간에 이루어지는 전하의 양을 말한다.
④ 전류에 의해서 단위 시간에 이루어지는 일의 양, 즉 일의 공률을 말한다.

해설 **전력(電力)** : 단위 시간당 전류가 할 수 있는 일의 양을 말한다.

정답 01.③ 02.② 03.④ 04.① 05.② 06.④

07

1[Ω]의 저항 10개를 직렬로 접속할 때의 합성 저항은 병렬로 접속할 때 합성 저항의 몇 배인가?

① 0.1　② 1
③ 10　④ 100

해설 동일한 크기의 저항들은 다음과 같다.

병렬 접속 $R=\frac{1}{n}=\frac{1}{10}=0.1[\Omega]$

직렬 접속 $R=nr=1\times10=10[\Omega]$

따라서 직렬 접속 시 합성 저항은 병렬 접속보다 100배가 된다.

08

2[Ω]의 저항 3개와 6[Ω]의 저항 2개를 모두 직렬로 연결하였을 때 합성 저항[Ω]은?

① 6　② 18
③ 30　④ 38

해설 전체 합성 저항 $Z=(2\times3)+(6\times2)$
$=18[\Omega]$

09

90[kΩ]의 저항 R_1과 10[kΩ]의 저항 R_2가 직렬로 연결된 회로 양단에 3[V]의 전원을 인가했을 때 저항 R_2 양단의 전압[V]은?

① 0.3　② 0.9
③ 1.8　④ 2.7

$I=\frac{V}{R}$

$=\frac{3[\text{V}]}{100[\text{k}\Omega]}$

$=\frac{3}{100\times10^3}=0.03[\text{mA}]$

$V=IR$

$=0.03\times10^{-3}\times10\times10^3$

$=0.3[\text{V}]$

10

10[Ω] 저항 10개를 이용하여 얻을 수 있는 가장 큰 합성 저항값[Ω]은?

① 1　② 10
③ 50　④ 100

해설 동일 크기의 저항 접속

㉠ 병렬 접속 : $R=\frac{1}{n}=\frac{10}{10}=1[\Omega]$

㉡ 직렬 접속 : $R=nr=10\times10=100[\Omega]$

11

용량이 같은 콘덴서 n개를 병렬 접속하면 콘덴서 용량은 1개일 경우의 몇 배로 되는가?

① n　② $\frac{1}{n}$
③ $n-1$　④ $\frac{1}{n-1}$

해설 n개 콘덴서의 병렬 접속
$C_1+C_2+C_3+\cdots\cdots\ C_n$

12

다음 (　) 안에 들어갈 내용으로 가장 적합한 것은?

> 도체의 저항값은 도체의 길이에 (ⓐ)하고 단면적에 (ⓑ)한다.

① ⓐ 비례, ⓑ 비례
② ⓐ 비례, ⓑ 반비례
③ ⓐ 반비례, ⓑ 비례
④ ⓐ 반비례, ⓑ 반비례

해설 ㉠ 도체의 저항값은 도체의 길이에 비례하고, 단면적에 반비례한다.
㉡ 길이가 길수록 저항이 커지고 면적이 넓을수록 저항은 작아진다.

13

저항 20[Ω]과 60[Ω]의 병렬 회로에서 60[Ω]의 저항에 3[A]의 전류가 흐른다면 20[Ω]에 흐르는 전류는 몇 [A]인가?

① 1　② 3
③ 6　④ 9

정답 07.④ 08.② 09.① 10.④ 11.① 12.① 13.④

해설 저항 20[Ω] 흐르는 전류를 I_1, 저항 60[Ω]에 흐르는 전류를 I_2라 하면

$$I_1 = \frac{60}{20+60} I \cdots ⓐ$$

$$I_2 = \frac{20}{20+60} I \cdots ⓑ$$

$I_2 = 3[A]$이므로

식 ⓑ에서 전체 전류 I는

$$I = \frac{I_2}{\frac{20}{20+60}} = \frac{3}{\frac{20}{80}} = 12[A]$$

$$\therefore\ I_1[A] = \frac{60}{20+60} \times I = \frac{60}{80} \times 12 = 9[A]$$

14

20[kΩ] 저항 및 양단자에 100[V]를 인가했을 때 흐르는 전류[mA]는?

① 1　② 5
③ 10　④ 20

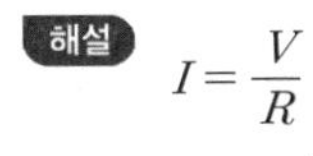

해설

$$I = \frac{V}{R} = \frac{100}{20 \times 10^3} = 5 \times 10^{-3} = 5[mA]$$

15

다음 회로에 150[V]의 전압을 인가할 때 3[Ω]의 저항에 흐르는 전류는 몇 [A]인가?

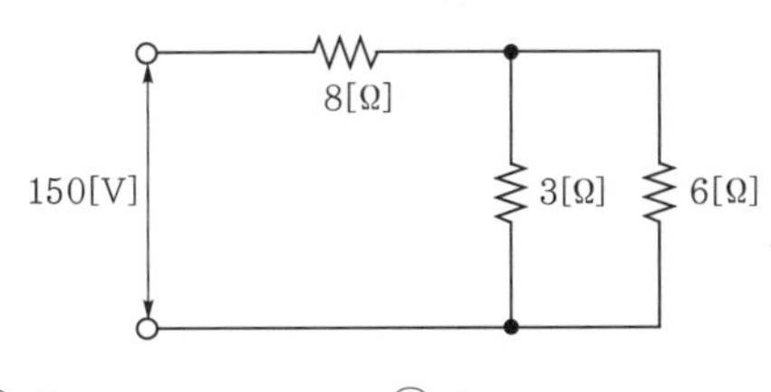

① 5　② 8
③ 10　④ 15

해설 회로의 합성 저항(Z)을 구하면

$$Z = 8 + \frac{3 \times 6}{3+6} = 10[Ω]$$

전체 전류(I)

$$I = \frac{V}{Z} = \frac{150}{10} = 15[A]$$

따라서 3[Ω] 저항에 흐르는 전류 I_3는

$$I_3 = \frac{6}{3+6} \times 15 = 10[A]$$

16

그림 (a)의 회로를 그림 (b)와 같은 간단한 등가 회로로 만들고자 한다. V와 R은 각각 얼마인가?

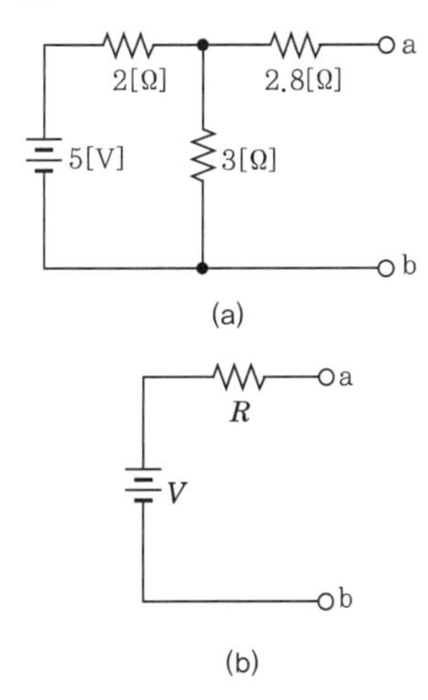

① 5[V], 4[Ω]
② 3[V], 2.8[Ω]
③ 5[V], 2.8[Ω]
④ 3[V], 4[Ω]

해설 V는 3[Ω] 양단에 걸리는 전압이므로

$$V = \frac{3}{2+3} \times 5 = 3[V]$$

$$R = \frac{2 \times 3}{2+3} + 2.8 = 4[Ω]$$

정답 14.② 15.③ 16.④

17

다음과 같은 회로에서 4[Ω]의 저항에 1.5[A]의 전류가 흐르고 있다면 A, B 단자 사이의 전위차는 몇 [V]인가?

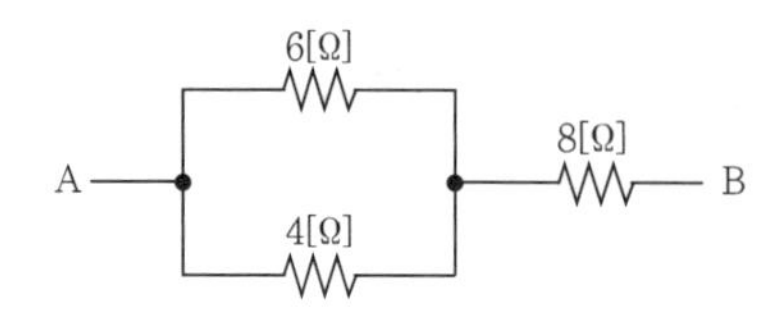

① 20　② 26
③ 34　④ 42

해설 ㉠ 병렬 저항 4[Ω] 양단 전압=6[Ω] 양단 전압이 된다.

$V_4 = V_6$
$= I_4 \times 4[\Omega]$
$= 1.5 \times 4 = 6[V]$

㉡ 6[Ω]에 흐르는 전류

$I_6 = \frac{6[V]}{6[\Omega]} = 1[A]$

㉢ 전체 전류

$I = I_4 + I_6$
$= 1.5 + 1 = 2.5[A]$

㉣ 8[Ω] 양단 전압

$V_8 = I \times 8[\Omega]$
$= 2.5 \times 8 = 0[V]$

∴ A, B 단자 전압 V

$V = V_4 + V_8$
$= 6[V] + 20[V]$
$= 26[V]$

18

다음 그림과 같은 회로의 전원에서 본 등가저항은 몇 [Ω]인가?

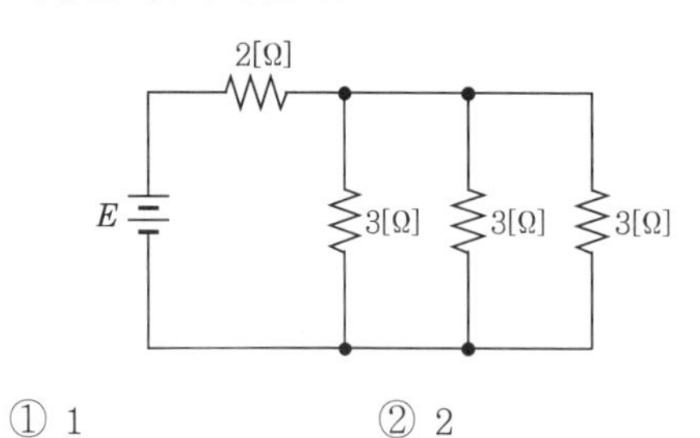

① 1　② 2
③ 3　④ 5

해설 3[Ω] 3개는 병렬이므로 병렬 합성 저항은

$\frac{3[\Omega]}{3} = 1[\Omega]$

이 병렬 합성 저항과 2[Ω]은 직렬이므로
2[Ω]+1[Ω]=3[Ω]

19

저항 20[Ω]과 30[Ω]의 병렬 회로에 30[V]의 전압을 가할 때 20[Ω]에 흐르는 전류는 몇 [A]인가?

① 1　② 1.5
③ 2　④ 2.5

해설 전체 저항 R을 구하면

$R = \frac{20 \times 30}{20 + 30} = 12[\Omega]$

전체 전류 I

$I = \frac{V}{R} = \frac{30}{12} = 2.5[A]$

따라서 20[Ω]에 흐르는 전류 I_{20}은

$I_{20} = \frac{30}{20+30} \times 2.5 = 1.5[A]$

20

(출제빈도)

다음 중 콘덴서의 용량을 증가시키기 위한 방법으로 옳은 것은?

① 콘덴서 소자를 직렬로 연결한다.
② 콘덴서 소자를 병렬로 연결한다.
③ 평판 콘덴서에서 서로 마주보는 간격을 크게 한다.
④ 평판 콘덴서에서 서로 마주보는 면적을 좁게 한다.

해설 **콘덴서의 접속**

㉠ 콘덴서의 병렬 접속

$C = C_1 + C_2 + C_3 + \cdots\cdots C_n$

㉡ 콘덴서의 직렬 접속

$$C = \frac{1}{\frac{1}{C_1} + \frac{1}{C_2} + \frac{1}{C_3} + \cdots\cdots \frac{1}{C_n}}$$

병렬로 접속하면 용량이 증가하고 직렬로 접속하면 용량이 감소한다.

정답 17.② 18.③ 19.② 20.②

21 $R=1[\text{M}\Omega]$, $C=1[\mu\text{F}]$인 RC 직렬 회로의 양단에 10[V]의 전압을 가하였을 때 시상수는 몇 [sec]인가?

① 1　② 3
③ 5　④ 10

해설 RC 회로 시정수란 회로에 전원 투입 후 콘덴서에 공급 전원 전압의 63.2[%]까지 충전되는 데 걸리는 시간을 말한다.
문제에서 시정수는
$\tau = RC$
$= 1\times10^{6}\times1\times10^{-6} = 1[\text{sec}]$

22 그림에서 단자 전압 V는 일정하다. 스위치 S를 닫을 때의 전전류 1[A]가 닫기 전의 전전류 I_0[A]의 2배가 되려면 저항 r_2는 몇 [Ω]이어야 하는가?

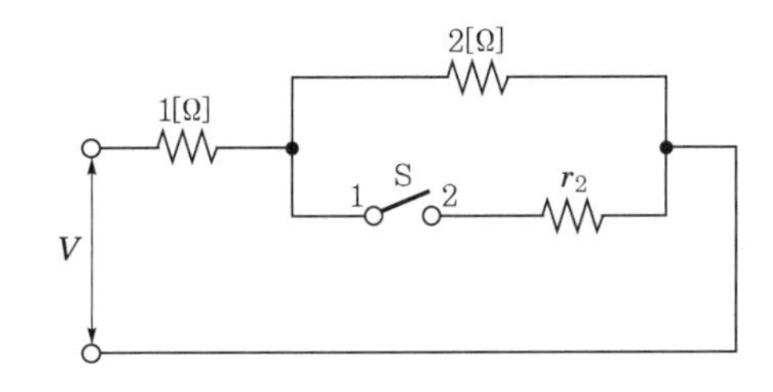

① $\frac{2}{3}$　② $\frac{3}{2}$
③ 4　④ 6

해설 스위치 S를 닫았을 때 합성 저항 Z_1과 전류 I는 다음과 같다.

$$Z_1 = 1+\frac{2r_2}{2+r_2} = \frac{2+3r_2}{2+r_2}[\Omega]$$

$$I = \frac{V}{Z_1} = \frac{V}{\frac{2+3r_2}{2+r_2}}[\text{A}] \cdots\cdots ⓐ$$

스위치 S를 닫기 전 합성 저항 Z_2와 전전류 I_0

$$Z_2 = 1+2 = 3[\Omega]$$

$$I_0 = \frac{V}{Z_2} = \frac{V}{3}[\text{A}] \cdots\cdots ⓑ$$

문제에 $I=2I_0$ 이므로 식 ⓐ, ⓑ에서

$$\frac{V}{\frac{2+3r_2}{2+r_2}} = \frac{2V}{3}$$

$$\therefore \frac{2+r_2}{2+3r_2} = \frac{2}{3}$$

23 20[Ω]의 저항과 R[Ω]의 저항이 병렬로 접속되고, 20[Ω]의 저항에 흐르는 전류가 4[A], R[Ω]의 저항에 흐르는 전류가 2[A]이면 저항 R[Ω]은?

① 10　② 20
③ 30　④ 40

해설 병렬 저항 양단 전압은 20[Ω]이나 R[Ω]이나 같다. 따라서 20[Ω]에 흐르는 전류가 4[A]이므로 양단 전압은
$V = IR$
$= 4\times20 = 80[\text{V}]$
$\therefore R = \frac{80[\text{V}]}{2[\text{A}]} = 40[\Omega]$

24 저항 24[Ω], 리액턴스 7[Ω]의 부하에 100[V]를 가할 때 전류의 유효분은 몇 [A]인가?

① 1.51　② 2.51
③ 3.84　④ 4.61

해설 직렬 접속 시 임피던스(Z)
$Z = \sqrt{R^2+X_L^{\,2}}$
$= \sqrt{24^2+7^2} = 25[\text{A}]$
∴ 유효 전류 $I = \frac{V}{Z}\times\frac{R}{Z}$
$= \frac{100}{25}\times\frac{24}{25} = 3.84[\text{A}]$

25 적분 회로의 입력에 구형파를 가할 때 출력 파형은? (단, 시정수(RC)는 입력 구형파의 펄스 폭(τ)에 비해 매우 크다)

① 정현파　② 삼각파
③ 구형파　④ 톱니파

정답 21.① 22.① 23.④ 24.③ 25.②

해설 적분 회로는 콘덴서에 충전된 전압이 출력이므로 구형파 입력 시 삼각파 형태로 나온다.

26 직렬로 연결된 저항의 전압 강하의 합에 대한 설명으로 옳은 것은?

① 공급 전압과 같다.
② 가장 작은 전압 강하의 값보다 작다.
③ 모든 전압 강하의 평균값과 같다.
④ 공급 전압보다 크다.

해설 **키르히호프의 제2법칙 전압 법칙** : 직렬로 연결된 각 저항 양단에 강하된 전압의 합은 공급 전압의 대수합과 같다.

27 굵기가 균일한 전선의 단면적이 $S[\mathrm{m}^2]$이고, 길이가 $l[\mathrm{m}]$인 도체의 저항은 몇 [Ω]인가? (단, p : 도체의 고유 저항)

① $R=p-\frac{S}{l}$ ② $R=p\frac{l}{S}$
③ $R=l-\frac{S}{p}$ ④ $R=lSp$

28 어떤 전지의 외부 회로의 저항은 3[Ω]이고, 전류는 5[A]이다. 외부 회로에 3[Ω] 대신 8[Ω]의 저항을 접속하면 전류는 2.5[A] 떨어진다. 전지의 기전력은 몇 [V]인가?

① 15 ② 20
③ 25 ④ 30

해설 먼저 전지의 내부 저항 r을 구한다.
외부 저항 3[Ω]을 접속했을 때 기전력을 E_1, 8[Ω]을 접속했을 때의 기전력을 E_2라 하면

$E_1 = 5[\mathrm{A}]\times(r+3)$
$\quad = 5r+15$
$E_2 = 2.5[\mathrm{A}]\times(r+8)$
$\quad = 2.5r+20$

이 두 식에서 r을 구하면

$5r+15 = 2.5r+20$
$5r-2.5r = 20-15$
$2.5r = 5$
$r = \frac{5}{2.5} = 2$

따라서 전지의 기전력은

$E_1 = 5\times(2+3) = 25[\mathrm{V}]$
$E_2 = 2.5\times(2+8) = 25[\mathrm{V}]$

29 회로망의 임의의 접속점에서 들어오는 전류가 $I_1=3[\mathrm{A}]$, $I_2=4[\mathrm{A}]$, $I_3=2[\mathrm{A}]$이면, 나가는 전류 I_4는 몇 [A]인가?

① 2 ② 4
③ 6 ④ 9

해설 **키르히호프의 제1법칙 전류의 법칙** : 회로망에서 임의의 접속점으로 흘러 들어오고 흘러 나가는 전류의 대수합은 0이다.

$I_1+I_2+I_3 = I_4$
$\therefore I_4 = 3+4+2 = 9[\mathrm{A}]$

30 그림과 같은 회로에서 2[Ω]의 단자 전압은 몇 [V]인가?

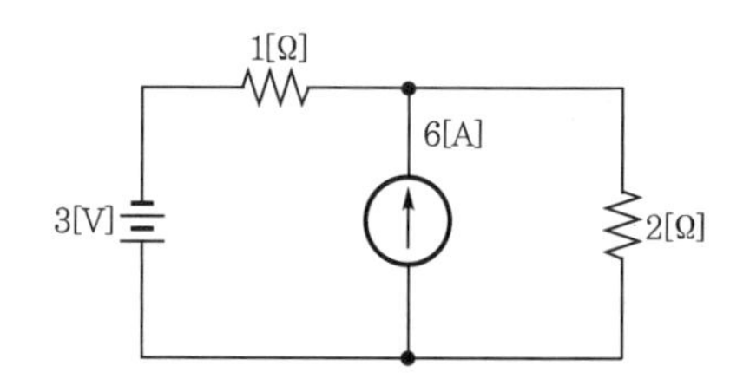

① 4 ② 5
③ 6 ④ 7

해설 ㉠ 전압원만에 의한 전류(전류원 개방)

$I_1 = \frac{3}{1+2} = 1[\mathrm{A}]$

㉡ 전류원만에 의한 전류(전압원 단락)

$I_2 = \frac{1}{1+2}\times 6 = 2[\mathrm{A}]$

㉢ 합성 전류

$I = I_1+I_2 = 1+2 = 3[\mathrm{A}]$

∴ 저항 양단 전압 $V = IR$
$\quad = 3\times 2 = 6[\mathrm{V}]$

정답 26.① 27.② 28.③ 29.④ 30.③

31 **어떤 전지에서 5[A]의 전류가 5분간 흘렀다면 이 전지에서 나온 전기량은 몇 [C]인가?**

① 250 ② 750
③ 1,500 ④ 3,000

해설 $Q = It$
$= 5 \times 5 \times 60$
$= 1{,}500[C]$

32 **일정 전압의 직류 전원에 저항을 접속하고 전류를 흘릴 때 이 전류값을 20[%] 증가시키기 위한 저항값은 약 몇 배로 하여야 하는가?**

① 0.80 ② 0.83
③ 1.20 ④ 1.25

해설 전압이 1[V], 전류가 1[A]라고 가정하면
$R = \dfrac{V}{1.2I}$
$= \dfrac{1}{1.2} \fallingdotseq 0.83$

33 **전류의 열작용과 관계있는 법칙은?**

① 가우스의 법칙
② 카르히호프의 법칙
③ 줄의 법칙
④ 플레밍의 법칙

해설 **줄의 법칙** : 일정한 전원 도체에 열의 형태가 발생하면, 이 도체 저항이 저항을 통해 전류의 제곱의 곱에 비례한다.

34 **그림에서 R을 단선시켰을 경우 회로에 흐르는 전류의 변화에 대한 것으로 옳은 것은?**

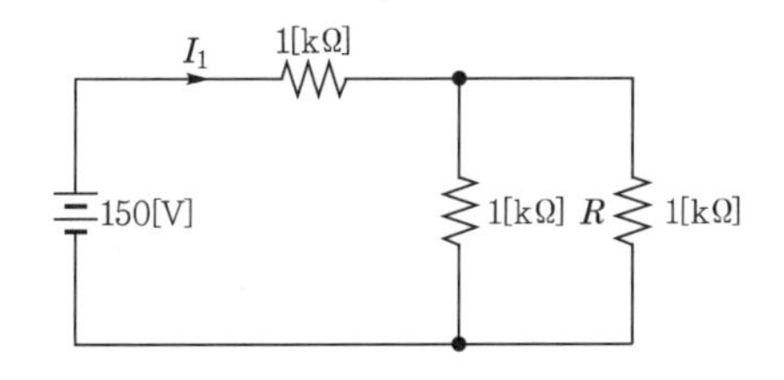

① 변하지 않는다.
② 25[mA] 감소한다.
③ 50[mA] 감소한다.
④ 75[mA] 감소한다.

해설 ㉠ R을 단선하지 않았을 때
합성 저항 $R = 1[\text{k}\Omega] + \dfrac{1[\text{k}\Omega]}{2}$
$= 1.5[\text{k}\Omega]$
전류 $I = \dfrac{V}{R}$
$= \dfrac{150}{1.5 \times 10^3} = 100[\text{mA}]$
㉡ R 단선 시
합성 저항 $R = 1[\text{k}\Omega] + 1[\text{k}\Omega] = 2[\text{k}\Omega]$
전류 $I = \dfrac{V}{R}$
$= \dfrac{150}{2 \times 10^3} = 75[\text{mA}]$
∴ R 단선 시 25[mA]의 전류가 감소한다.

35 **기전력 1.5[V], 전류 용량 1[A]인 건전지 6개가 있다. 이것을 직 · 병렬로 연결하여 3[V], 3[A]의 출력을 얻으려면 어떻게 접속하여야 하는가?**

① 6개 모두 직렬 연결
② 6개 모두 병렬 연결
③ 2개 직렬 연결한 것을 3조 병렬 연결
④ 3개 직렬 연결한 것을 2조 병렬 연결

해설 ㉠ 전지 직렬 연결 : 전압이 증가한다.
㉡ 전지 병렬 연결 : 전류가 증가한다.
3[V] : 전지 2개를 직렬로 연결
3[A] : 전지 3개를 병렬로 연결

36 **R=1[MΩ], C=1[μF]의 직렬 회로에 V=10[V]를 공급할 때 시간 1[sec] 후의 저항 R의 양단 전압은 몇 [V]인가?**

① 0.1 ② 3.68
③ 6.32 ④ 10.6

정답 31.③ 32.② 33.③ 34.② 35.③ 36.③

해설 RC 회로 시정수란 회로에 전원 투입 후 콘덴서에 공급 전원 전압의 63.2[%]까지 충전되는 데 걸리는 시간이다.

시정수 $\tau = RC = 1[\text{sec}]$

∴ 1초 후의 저항 R의 양단 전압

$=10[\text{V}] \times 0.632$

$=6.32[\text{V}]$

37

정격 전압에서 1,000[W]의 전력을 소비하는 전열기에 정격 전압의 80[%] 전압을 가할 때의 소비 전력은 몇 [W]인가?

① 640　　② 720
③ 800　　④ 900

$$P = \frac{V^2}{R}[\text{W}]$$

$$= \frac{(0.8V)^2}{R}$$

$$= 0.64 \times 1{,}000 = 640[\text{W}]$$

38

$R=5[\Omega]$, $L=50[\text{mH}]$, $C=2[\mu\text{F}]$인 직렬 회로의 공진 주파수는 몇 [Hz]인가?

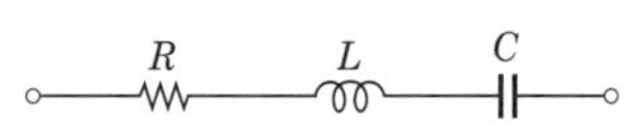

① 498　　② 503
③ 518　　④ 523

$$f = \frac{1}{2\pi\sqrt{LC}}[\text{Hz}]$$

$$= \frac{1}{2\pi\sqrt{50\times10^{-3}\times2\times10^{-6}}}$$

$$= \frac{1}{2\times3.14\times\sqrt{100\times10^{-9}}} = 503[\text{Hz}]$$

39

어떤 2개 저항을 직렬 연결할 때 합성 저항이 15[Ω], 병렬 연결할 때 합성 저항이 3.6[Ω]이면 각각의 저항은 몇 [Ω]인가?

① 6과 9　　② 7과 8
③ 5와 10　　④ 5.5와 9.5

해설 직렬 회로의 합성 저항

$R_1 + R_2 = 15[\Omega]$ …… ⓐ

병렬 회로의 합성 저항

$$\frac{R_1R_2}{R_1+R_2} = 3.6[\Omega] \text{ …… ⓑ}$$

식 ⓐ를 ⓑ에 대입하여 정리하면

$$\frac{R_1R_2}{15} = 3.6[\Omega]$$

$R_1R_2 = 3.6 \times 15$

$= 54[\Omega]$

∴ $R_1 = 6[\Omega]$

$R_2 = 9[\Omega]$

40

저역 통과 RC 회로에서 시정수가 의미하는 것은?

① 응답의 상승 속도를 표시한다.
② 응답의 위치를 결정해 준다.
③ 입력의 진폭 크기를 표시한다.
④ 입력의 주기를 결정해 준다.

해설 **RC 회로 시정수** : 회로에 전원 투입 후 콘덴서에 공급 전원 전압의 63.2[%]까지 충전되는 데 걸리는 시간이다.

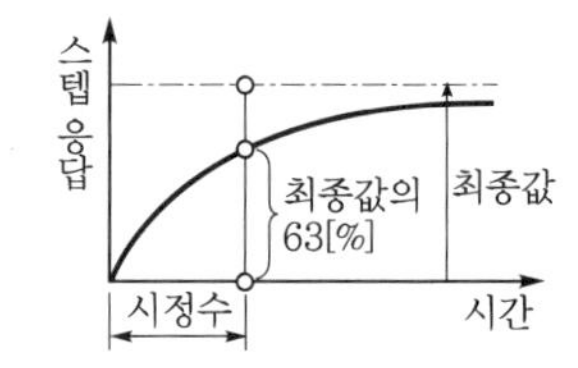

41

그림과 같은 회로에서 b－c간의 전압은 몇 [V]인가?

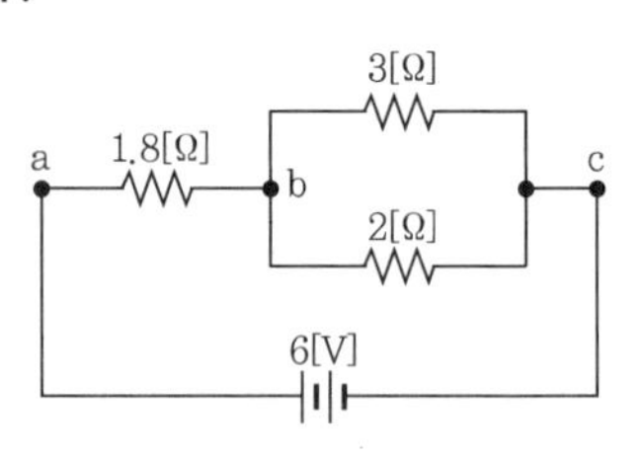

① 1.2　　② 1.8
③ 2.0　　④ 2.4

정답 37.① 38.② 39.① 40.① 41.④

해설 b−c간의 합성 저항

$\frac{2\times3}{2+3}=1.2[\Omega]$

$V_{BC}=\frac{1.2}{1.8+1.2}\times6$
$=2.4[V]$

42 다음 중 전기를 흐르게 하는 능력을 무엇이라 하는가?

① 전류 ② 기전력
③ 저항 ④ 정전 용량

해설 전류의 흐름은 전위차에 의해 발생하는데, 이 전위차를 기전력이라 한다.

43 다음 그림과 같은 회로에 대한 설명으로 옳은 것은?

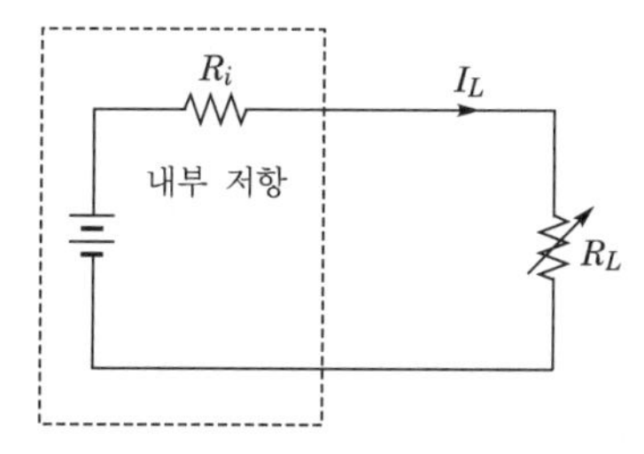

① 정전류원은 R_L의 값에 따라 일정한 전류를 공급하는 전원이다.
② 정전류원이 되려면 $R_L>R_i$이다.
③ 보통 우리가 가지는 전압원은 정전압원이라기 보다는 정전류원이다.
④ 이상적인 정전류원인 경우에는 내부 저항 $R_i=\infty$이다.

해설 ㉠ 정전압원 : 말 그대로 일정 전압만을 출력시키는 전압원으로서, 출력 전류의 변화나 부하의 어떠한 변화에 관계없이 항상 일정 전압만을 출력시킨다.
㉡ 정전류원 : 출력 전압이나 부하의 어떠한 변화에 관계없이 항상 일정 전류만을 출력시킨다.

이상적인 정전류원일 경우에는 내부 저항(R_i)이 무한대(∞)이어야 한다.

44 서로 같은 저항 n개를 병렬로 연결했을 때의 합성 저항을 1개의 저항값과 비교했을 때 관계는?

① $\frac{1}{n}$ ② $\frac{1}{n^2}$
③ $n+1$ ④ $n-1$

해설 동일 저항 병렬 회로의 합성 저항은 $\frac{1}{n}$배가 된다.

45 다음 RLC 공진 회로에 대한 설명 중 틀린 것은?

① 직렬 공진 시 임피던스는 최소로 된다.
② 직렬 공진 시 전류는 최소가 된다.
③ 병렬 공진 시 임피던스는 최대로 된다.
④ 병렬 공진 시 전류는 최소가 된다.

해설 **RLC 공진 회로**

㉠ RLC 직렬 공진 회로에서 공진 시 임피던스는 최소가 되고, 전류는 최대가 된다.

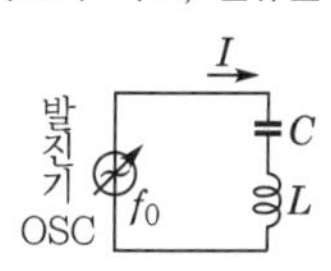

(a) 직렬 공진 회로

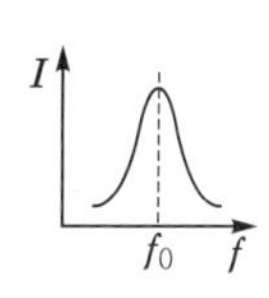

(b) 공진 주파수

㉡ 병렬 공진 회로 공진 시 특성

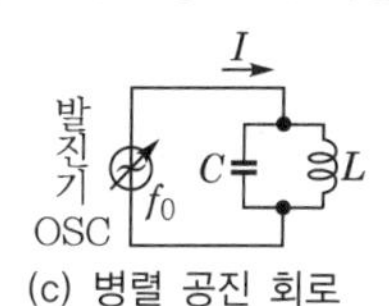

(c) 병렬 공진 회로

정답 42.② 43.④ 44.① 45.②

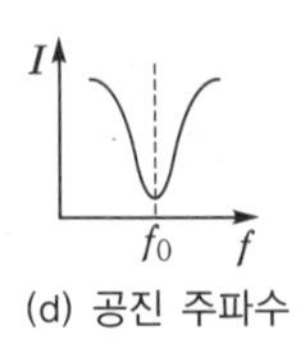

(d) 공진 주파수

46 10[Ω]과 15[Ω]의 저항을 병렬로 연결하고 50[A]의 전류를 흘렸을 때 15[Ω]에 흐르는 전류는 몇 [A]인가?

① 10 ② 20
③ 30 ④ 40

해설 15[Ω]에 흐르는 전류를 I_1이라 하면 그 값은 다음과 같다.

$$I_1 = \frac{10}{10+15} \times 50 = 20[A]$$

47 전지 등의 기전력을 정확하게 측정하기 위하여 피측정 회로로부터 전류의 공급을 받지 않고 측정하는 방법은?

① 전압 강하법 ② 전위차계법
③ 검류계법 ④ 브리지법

해설 **전위차계** : 전위차나 기전력 등을 표준 전지와 비교해서 정밀하게 측정하는 계기를 말한다.

48 100[V]의 전원에 접속되어 1[kW]의 전력을 소비하는 전자 장치 부하의 저항은 몇 [Ω]인가?

① 10 ② 20
③ 30 ④ 40

해설 $P = VI = I^2R$

$$R = \frac{P}{I^2}$$

$$I = \frac{P}{V} = \frac{1,000}{100} = 10[A]$$

$$R = \frac{P}{I^2} = \frac{1,000}{10^2} = 10[\Omega]$$

49 그림에서 AD점 사이의 합성 저항은 몇 [Ω]인가? (단, 각 저항값은 8[Ω]이다)

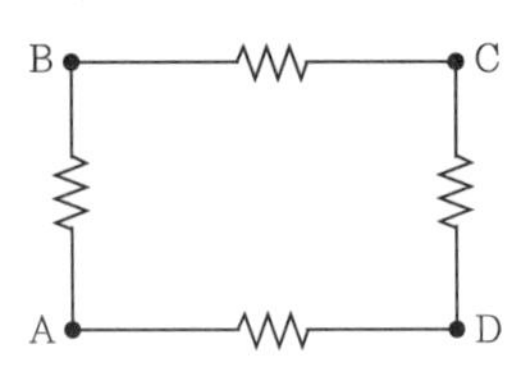

① 6 ② 9
③ 24 ④ 32

해설 문제의 회로를 다시 그리면 다음과 같다.

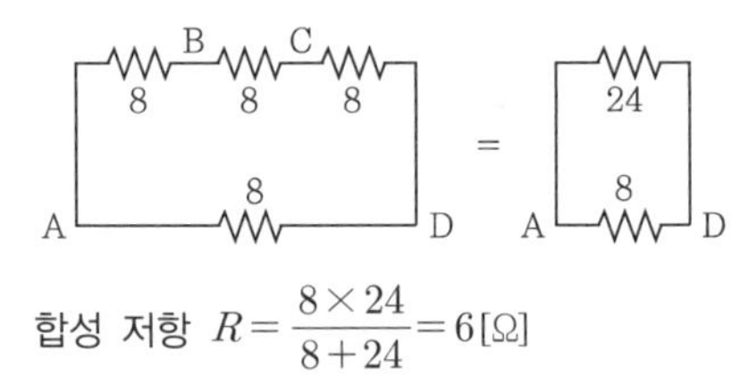

합성 저항 $R = \frac{8 \times 24}{8+24} = 6[\Omega]$

50 자체 인덕턴스가 10[H]인 코일에 1[A]의 전류가 흐를 때 저장되는 에너지[J]는?

① 1 ② 5
③ 10 ④ 20

해설 $W = \frac{1}{2}LI^2[J]$

$$= \frac{1}{2} \times 10 \times 1^2 = 5[J]$$

51 일정 전압의 직류 전원에 저항을 접속하고 전류를 흘릴 때 이 전류값을 20[%] 증가시키기 위한 저항값은 몇 배로 하여야 하는가?

① 0.80 ② 0.83
③ 1.20 ④ 1.25

해설 $V=1$, $I=1$이라 가정하면

$$R = \frac{V}{I}$$

$$= \frac{1}{1.2} = 0.83$$

정답 46.② 47.② 48.① 49.① 50.② 51.②

52 그림에서 시정수가 작을 경우의 출력 파형으로 가장 적합한 것은?

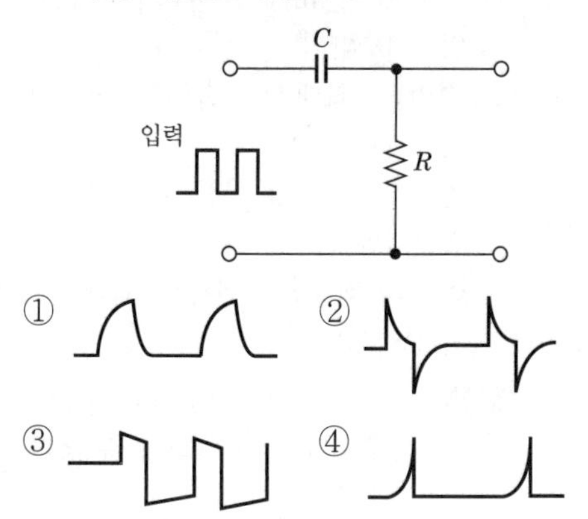

해설 ①은 적분 회로의 출력 파형이고, 미분 회로는 ②의 파형에 해당된다.

53 병렬 공진 회로에서 공진 주파수 f_0 =455[Hz], L=1[mH], Q=50이면 공진 임피던스는 약 몇 [kΩ]인가?

① 83 ② 103
③ 123 ④ 143

해설
$$Q=\frac{R}{\omega L}$$
$$=\frac{R}{2\pi fL}$$
$$R=Q\cdot 2\pi fL$$
$$=50\times2\times3.14\times455\times10^3\times1\times10^{-3}$$
$$=142{,}870[\Omega]\fallingdotseq 143[\text{k}\Omega]$$

54 같은 값의 저항 2개를 직렬로 연결하고 그 양단에 80[V]의 전원을 가했을 때 회로의 전류는 40[mA]이다. 저항 한 개의 값은 몇 [Ω]인가?

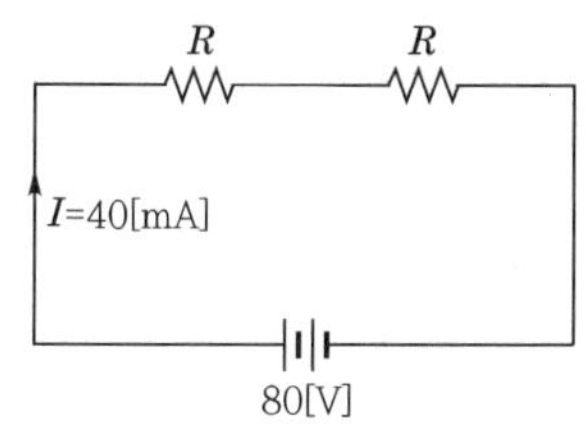

① 1 ② 2
③ 1,000 ④ 2,000

해설 전체 저항 $Z=\frac{V}{I}$
$$=\frac{80}{40\times10^{-3}}=2[\text{k}\Omega]$$
따라서 각각 1[kΩ]이다.

55 적분 회로로 사용할 수 있는 회로는?

① 저역 통과 RC 회로
② 고역 통과 RC 회로
③ 대역 통과 RC 회로
④ 대역 소거 RC 회로

해설 적분 회로는 낮은 주파수에 대하여 동작하므로 저역 통과 필터(LPF)로 사용된다.

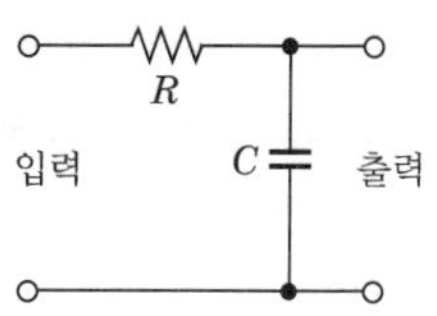

56 (출제빈도) 회로망에서 임의의 접속점으로 흘러 들어오고 흘러나가는 전류의 대수합은 0이라는 법칙은?

① 옴의 법칙 ② 키르히호프의 법칙
③ 패러데이의 법칙 ④ 가우스의 법칙

해설 키르히호프의 제1법칙 전류의 법칙이다. 즉, 임의의 접속점으로 들어온 전류와 나간 전류는 같다.

57 코일이나 도체의 저항을 고주파에서 측정하면 직류인 경우에 측정한 것보다 대단히 높은 값을 표시한다. 그 이유에 해당하는 것은 무엇인가?

① 피에조 효과 ② 밀러 효과
③ 전계 효과 ④ 표피 효과

정답 52.② 53.④ 54.③ 55.① 56.② 57.④

해설 주파수가 높으면 전류 밀도는 도체 표면에서 높아지게 되는 현상을 표피 효과라 한다. 주파수나 도체의 단면적 및 도전율이 커질수록 표피 효과가 커진다.
고주파에서 전류 밀도가 도체 표면에 집중되므로 저항이 커지게 된다.

58 **100[Ω]의 저항에 10[A]의 전류를 1분간 흐르게 하였을 때의 발열량[kcal]은?**

① 35 ② 72
③ 144 ④ 288

해설 $H = 0.24Pt$
$= 0.24 I^2Rt$
$= 0.24 \times 10^2 \times 100 \times 60$
$= 144$[kcal]

59 **다음 중 어떤 저항에서 1[kWh]의 전력량을 소비시켰을 때 발생하는 열량은 약 몇 [kcal]인가?**

① 1 ② 240
③ 3,960 ④ 860

해설 $H = 0.24Pt$
$= 0.24 \times 1 \times 3{,}600$
$= 864$[kcal]
$\fallingdotseq 860$[kcal]

60 **직렬로 연결된 저항의 전압 강하의 합에 대한 설명으로 옳은 것은?**

① 공급 전압과 같다.
② 가장 작은 전압 강하의 값보다 작다.
③ 모든 전압 강하의 평균값과 같다.
④ 공급 전압보다 크다.

해설 **키르히호프의 제2법칙 전압 법칙** : 폐회로로 연결된 저항 양단에 강하된 전압의 합은 공급 전압의 대수합과 같다.
$\sum V = \sum RI$

61 **피상 전력에 대한 설명으로 옳은 것은?**

① 전압의 실효값×전류의 실효값이며 단위는 [VA]이다.
② 전압의 최대값×전류의 최대값이며 단위는 [VA]이다.
③ 전압의 실효값×전류의 실효값이며 단위는 [W]이다
④ 전압의 최대값<전류의 최대값이며 단위는 [W]이다.

해설 피상 전력이란 전기상에서 아무런 감소나 방해 없이 100[%] 일을 할 수 있다는 가상의 개념이다.
피상 전력 $P_0 = VI$[VA]이다.
피상 전력은 전기기기의 용량을 표현한다.

62 **100[J]의 에너지를 소비하는 어느 코일에 10[A]의 전류가 흐를 때 이 코일의 인덕턴스는 몇 [H]이겠는가?**

① 1 ② 2
③ 3 ④ 4

해설
$$W = \frac{1}{2}LI^2$$
$$L = \frac{W}{\frac{1}{2}I^2}$$
$$= \frac{100}{0.5 \times 100} = 2[\text{H}]$$

63 **펄스의 상승 부분에서 진동 정도를 말하는 링잉(ringing)에 대한 설명으로 옳은 것은?**

① RC 회로의 시정수가 짧기 때문에 생긴다.
② 낮은 주파수 성분에서 공진하기 때문에 생기는 것이다.
③ 높은 주파수 성분에서 공진하기 때문에 생기는 것이다.
④ RL 회로에서 그 시정수가 매우 짧기 때문에 생기는 것이다.

정답 58.③ 59.④ 60.① 61.① 62.② 63.③

64 다음 중 이상적인 건전지의 전압 E와 전류 I의 특성으로 가장 적합한 것은?

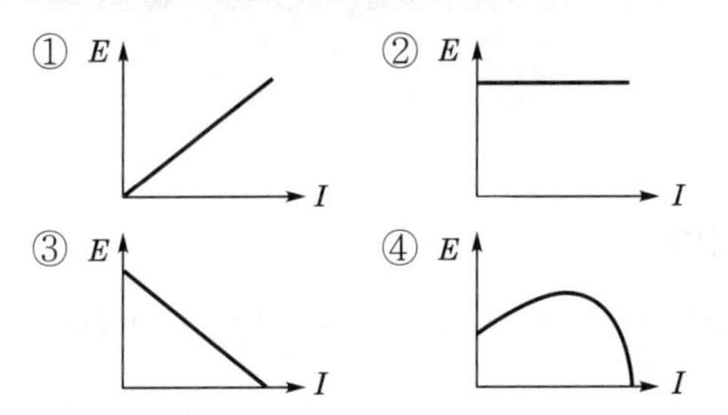

해설 이상적인 건전지는 전압, 전류가 항상 일정한 특성을 가져야 한다.

65 저항 5[Ω]의 도체에 3[A]의 전류가 2초 동안 흘렀을 때 도체에서 발생하는 열량[J]은?

① 10 ② 16
③ 30 ④ 90

해설 $Q = It$
$= 3 \times 2 = 6[\text{A}]$
$V = IR$
$= 5 \times 3 = 15[\text{V}]$
$W = VQ$
$= 6 \times 15 = 90[\text{J}]$

66 일함수 100×10^{19}[eV]의 에너지는 몇 [J]인가?

① 1,602 ② 16,02
③ 160,2 ④ 1,602

해설 $e = 1.602 \times 10^{-19}[\text{C}]$
$100 \times 10^{19} \times 1.602 \times 10^{-19} = 160.2[\text{J}]$

67 다음 그림의 회로에서 시정수 τ는 몇 [msec]인가?

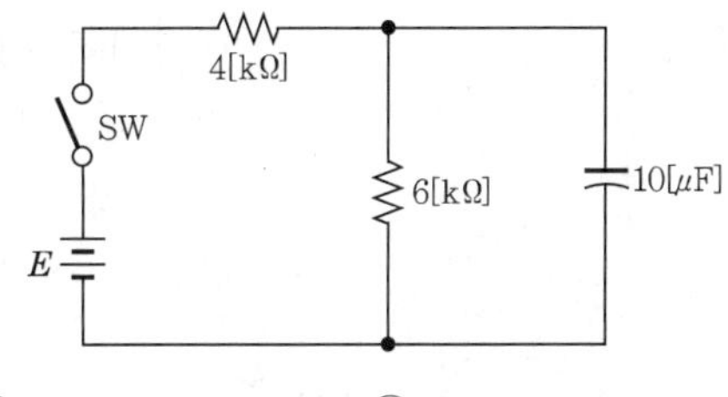

① 24 ② 40
③ 60 ④ 100

해설 시정수 $\tau = RC$에서 콘덴서와 저항은 병렬이므로
병렬 합성 저항=2.4[kΩ]
∴ 시정수 $\tau = 2.4 \times 10^3 \times 10 \times 10^{-6}$
$= 24[\text{msec}]$

정답 64.② 65.④ 66.③ 67.①

02 교류 회로

1 교류의 기본 특징

(1) 교류(alternating current)의 정의

시간의 변화에 따라 크기와 방향이 주기적으로 변하는 전압・전류를 말한다.

(2) 교류의 장점

① 변압기를 이용하여 쉽게 전압의 크기를 올릴 수도 내릴 수도 있다.
② 전력 손실을 줄인다.
③ 정류 장치를 이용하여 교류로부터 직류를 얻을 수 있다.
④ 증폭이 쉽다.

(3) 주파수(frequency)와 주기

★중요★
[2012년 1회 출제]
[2013년 2회 출제]
[2014년 1회 출제]
교류에서 주기와 주파수와의 관계 계산
$T=\frac{1}{f}$, $f=\frac{1}{T}$
주기와 주파수는 서로 역수 관계이다.

주파수는 1초 동안의 사이클의 수를 말하며, 기호는 f, 단위는 헤르츠(Hertz)로 [Hz]를 사용한다. 따라서 주기 T[sec]와 주파수 f[Hz] 사이에는 다음의 관계가 성립한다.

$$T=\frac{1}{f}\text{[sec]}$$

$$f=\frac{1}{T}\text{[Hz]}$$

2 사인파의 교류

(1) 파형과 사인파 교류

① 파형 : 전압, 전류 등이 시간의 흐름에 따라 변화하는 모양을 말한다.
② 사인파 교류

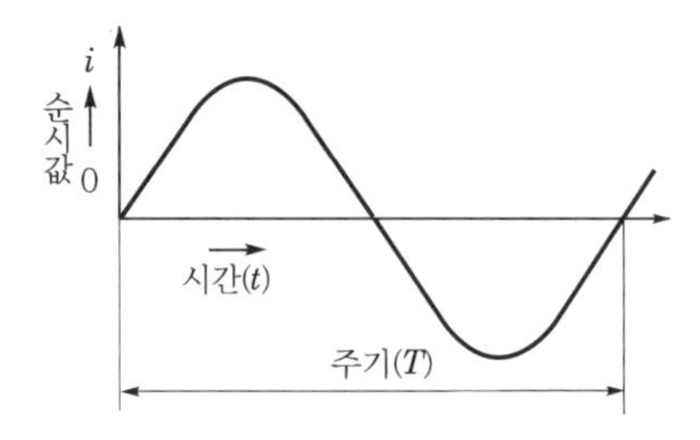

③ 비사인파 교류 : 사인파 교류 이외의 교류를 말한다.

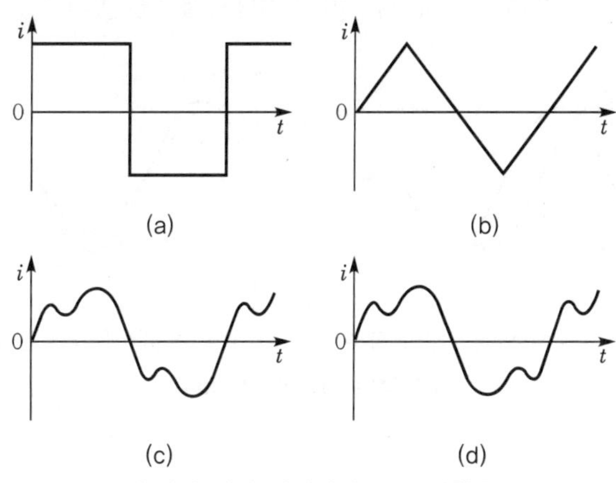

▌여러 가지 비사인파 교류 파형▐

(2) 사인파 교류의 발생

① 코일의 발생 전압 : $v = 2Blu\sin\theta = V_m \sin\theta$ [V]

② 호도법 : 각도를 라디안[rad]으로 나타낸다.

$$\theta = Vr\,[\text{rad}]$$

③ 각도 : $180° = \pi$[rad]

④ 회전각 : $\theta = \omega t$ [rad]

$$\omega = 2\pi f\,[\text{rad/sec}]$$

깐깐체크 각속도

회전체가 1초 동안에 회전한 각도로, 기호는 ω, 단위는 [rad/sec]이다.

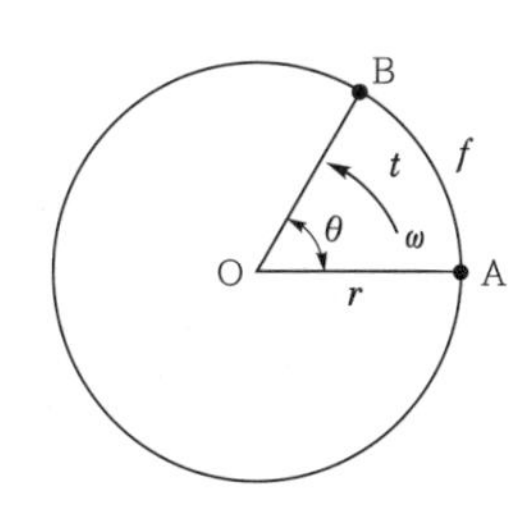

▌라디안과 각속도▐

(3) 위상과 위상차

① 위상 : 주파수가 동일한 2개 이상의 교류가 존재할 때 상호간의 시간적인 차이를 말하고, 각속도로 표현한다.

$$\theta = \omega t$$

기출문제 핵심잡기

☑ 자계 내에 도체를 회전시키면 사인파 전압을 얻을 수 있다.

☑ **B 사인파 주기와 라디안의 관계**
㉠ 1주기 : 360도, 2π 라디안
㉡ 반주기 : 180도, π 라디안
㉢ $\frac{1}{4}$주기 : 90도, $\frac{\pi}{2}$ 라디안

☑ **위상각**
두 사인파 사이의 차이 또는 사인파와 기준 파형과의 차이를 각도 또는 라디안으로 나타낸 것이다.

② 위상차 : 2개 이상의 교류 사이에서 발생하는 위상의 차를 말한다.
③ 동상 : 동일한 주파수에서 위상차가 없는 경우를 말한다.

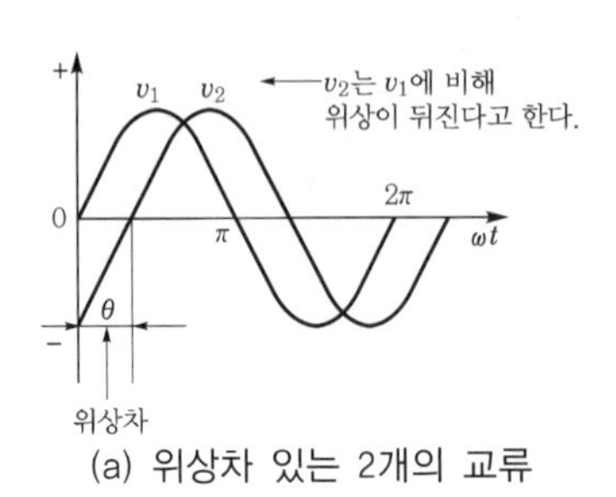

(a) 위상차 있는 2개의 교류

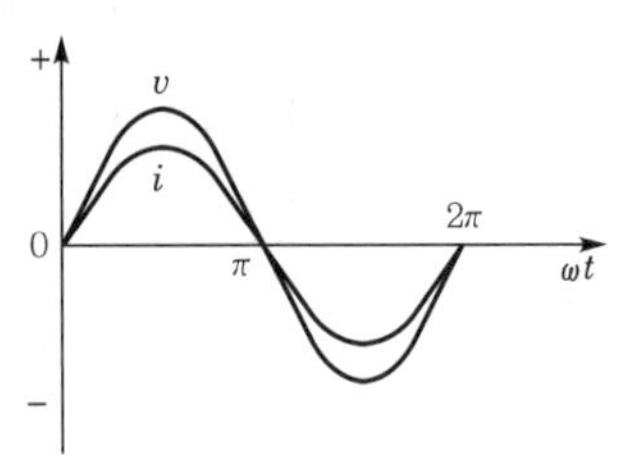

(b) 동상의 전압과 전류

| 교류의 위상과 위상차 |

④ 위상차와 교류 표시
㉠ 뒤진 교류 : $v = V_m \sin(\omega t - \theta)$[V]
㉡ 앞선 교류 : $v = V_m \sin(\omega t + \theta)$[V]

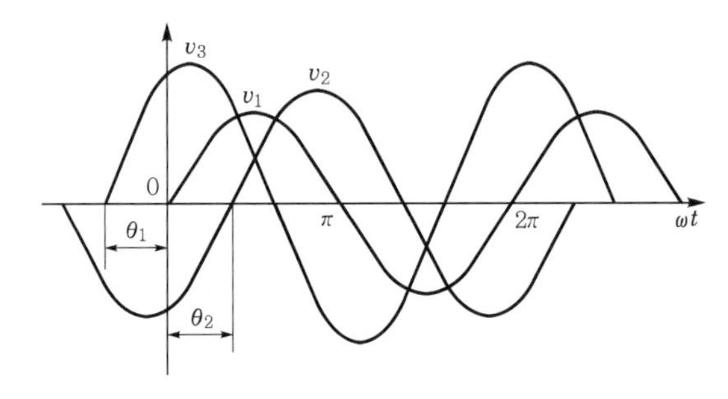

$V_1 = V_{m_1} \sin\omega t$ − 기준

$V_2 = V_{m_2} \sin(\omega t - \theta_2) - \theta_2$ 뒤짐

$V_3 = V_{m_3} \sin(\omega t + \theta_1) - \theta_1$ 앞섬

★중요★
순시값, 실효값, 최대값, 평균값의 의미와 서로와의 관계

[2012년 1회 출제]
순시값에서 실효값 구하기
교류 순시값 $v = 100\sqrt{2}\sin\omega$
최대값=실효값 $\times\sqrt{2}$

3 교류의 표시

| 교류 전압의 표시 방법 |

순시값	실효값	최대값	평균값
v	V	V_m	V_a

(1) 순시값과 최대값

① 순시값 : 순간순간 변하는 교류의 임의의 시간에서의 값이다.

$$v = V_m \sin\omega t[\text{V}]$$

여기서, v : 전압의 순시값[V]
V_m : 전압의 최대값
ω : 각속도[rad/sec]
t : 주기[sec]

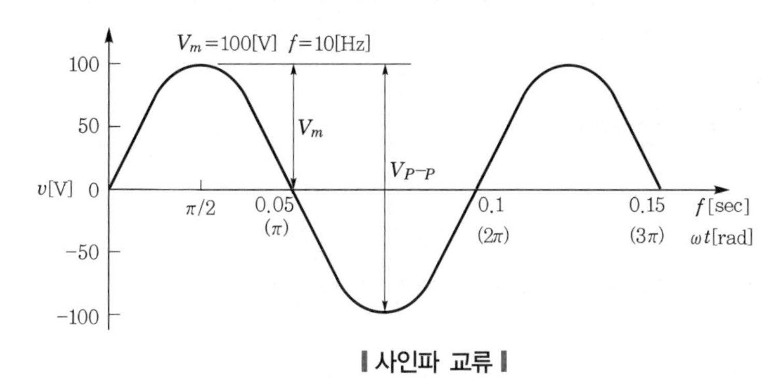

▎사인파 교류▎

② **최대값** : 순시값 중에서 가장 큰 값이다.
③ **피크-피크값** : 파형 양의 최대값과 음의 최대값 사이의 값 V_{p-p}이다.

(2) 실효값

① **의미** : 교류의 크기를 교류와 동일한 일을 하는 직류의 크기로 바꿔 나타낸 값으로, 교류 220[V]라고 함은 실효값을 의미한다. 실효값은 최대값의 $1/\sqrt{2}$ 배이며, 다음 식의 관계가 성립한다.

$$V = \frac{V_m}{\sqrt{2}} \fallingdotseq 0.707\, V_m\,[\mathrm{V}]$$

② 실효값과 최대값의 관계

$$v = V_m \sin\omega t = \sqrt{2}\, V \sin\omega t\,[\mathrm{V}]$$

(3) 평균값

① **의미** : 교류 순시값의 1주기 동안의 평균을 취하여 교류의 크기를 나타낸 값이다.

$$V_a = \frac{2}{\pi} V_m \fallingdotseq 0.637\, V_m$$

② 실효값과 평균값의 관계

$$\frac{V}{V_0} = \frac{\frac{V_m}{\sqrt{2}}}{\frac{2V_m}{\pi}} = \frac{\pi}{2\sqrt{2}} \fallingdotseq 1.11$$

기출문제 핵심잡기

[2012년 1회 출제]
실효값에서 평균값 구하기
㉠ 평균값
$=$최대값$\times \frac{2}{\pi}$
㉡ 최대값
$=$실효값$\times \sqrt{2}$

[2014년 1회 출제]
실효값에서 최대값 구하기
㉠ 평균값
$=$최대값$\times \frac{2}{\pi}$
㉡ 최대값
$=$실효값$\times \sqrt{2}$

기출문제 핵심잡기

☑ R, L, C 회로에서 전압과 전류간의 위상차와 임피던스 표현식

4 교류 전류에 대한 RLC의 동작

(1) 저항의 동작

① 저항 R[Ω]만의 회로에 교류 전압 v[V]를 가하면 회로에 흐르는 전류 i[A]는 다음 식과 같이 된다.

$$i = \frac{V_m}{R}\sin\omega t[\text{A}]$$

$$I = \frac{V}{R}$$

☑ 저항만의 회로에서 전압과 전류의 위상은 동상이다.

② R만의 회로와 파형 : 전류와 전압은 동상이다.

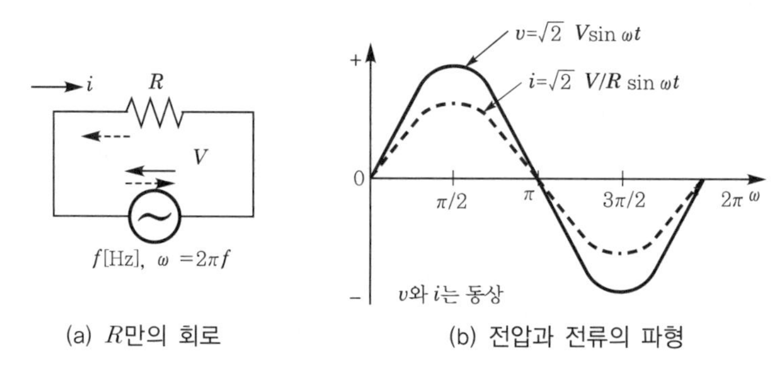

(a) R만의 회로 (b) 전압과 전류의 파형

‖ R만의 회로에서 전압-전류 파형 ‖

$$v = \sqrt{2}\,V\sin\omega t[\text{V}]$$

$$i = \sqrt{2}\,I\sin\omega t\,[\text{A}]$$

③ 전압과 전류의 관계

$$I = \frac{V}{R}[\text{A}]$$

☑ 인덕터(L)만의 회로에서는 전압이 전류보다 위상이 90도 앞선다.

(2) 인덕턴스의 동작

① 코일의 동작 : 인덕턴스 L[H]만의 회로에 교류 전압 v[V]를 가하면 회로에 흐르는 전류 i[A]는 다음 식과 같이 된다.

$$i = \frac{V_m}{X_L}\sin(\omega t - 90°)[\text{A}]$$

이 식에서 보는 바와 같이 전류는 전압보다 위상이 90° 늦음을 알 수 있다.

② L만의 회로와 파형 : 전류는 전압보다 $\pi/2$[rad]만큼 늦다.

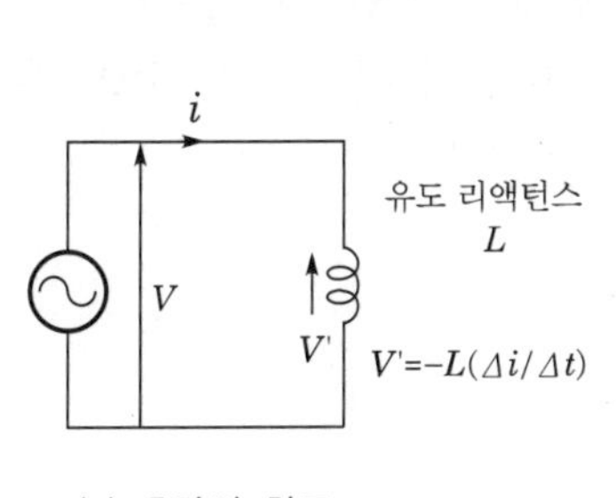

(a) L만의 회로

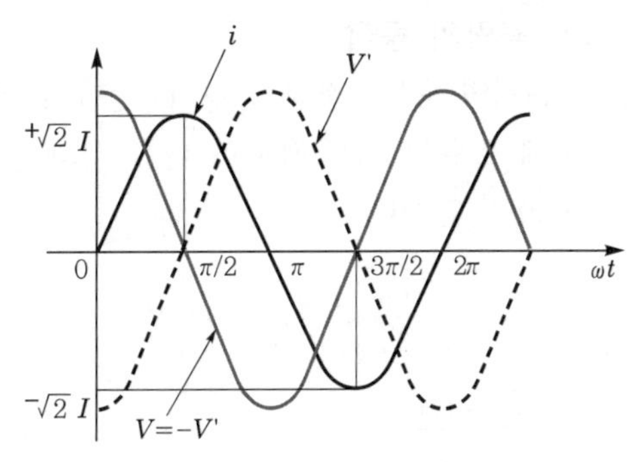

(b) 전압과 전류의 파형

▌L만의 회로에서 전압-전류 파형▐

$$i = \sqrt{2}\, I \sin \omega t \,[\mathrm{A}]$$

$$v = \sqrt{2}\, V \sin\left(\omega t + \frac{\pi}{2}\right)$$

$$= \sqrt{2}\, \omega L I \sin\left(\omega t + \frac{\pi}{2}\right) [\mathrm{V}]$$

③ **리액턴스와 전압과 전류의 관계** : X_L은 저항 R과 같이 전류의 흐름을 방해하는 작용을 하는데, R과 구별하기 위하여 유도 리액턴스(inductive reactance)라고 하고, 기호는 X_L, 단위는 [Ω]을 사용한다.

$$X_L = \omega L = 2\pi f L \,[\Omega]$$

전압 · 전류 관계를 나타내면 다음과 같다.

$$I = \frac{V}{X_L} [\mathrm{A}]$$

④ **유도 리액턴스의 주파수 특성** : 유도 리액턴스 X_L은 자체 인덕턴스 L과 주파수 f에 정비례한다.

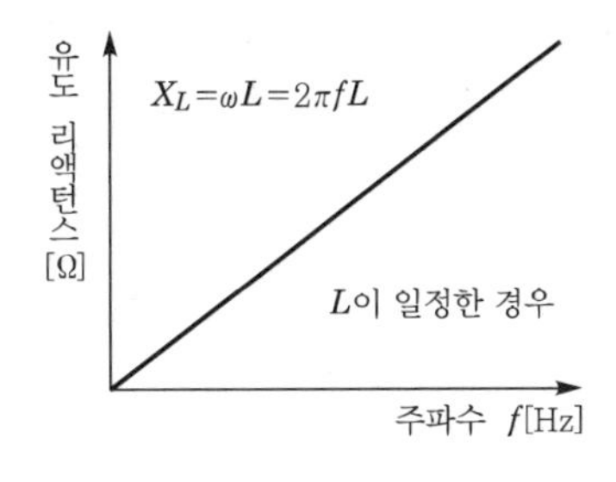

기출문제 핵심잡기

☑ 인덕터(L)의 특징

㉠ 단위 : 헨리[H]
㉡ 전류의 흐름의 변화를 방해하는 성질이 있다.
㉢ 자계 내에 에너지를 저장한다.
㉣ 1[H]는 1초당 1[A] 비율로 변화하는 전류가 인덕터 양단에 1[V]의 전압을 유도할 때의 인덕턴스값이다.

기출문제 핵심잡기

☑ 커패시터(C)만의 회로에서는 전류가 전압보다 위상이 90도 앞선다.

☑ 커패시터(C)의 특징
㉠ 단위 : 패럿[F]
㉡ 커패시터 용량은 도체판의 면적과 유전 상수에 비례하고 도체판 사이 거리에 반비례한다.
㉢ 직류 성분을 차단한다.
㉣ 커패시턴스는 교류의 흐름을 방해하는 교류 저항을 의미하며 단위는 [Ω]이다.
㉤ 용량성 리액턴스(X_C)는 주파수와 커패시턴스값에 반비례한다.

(3) 정전 용량의 동작

① **콘덴서의 동작** : 정전 용량 C[F]만의 회로에 교류 전압 v[V]를 가하면 회로에 흐르는 전류 i[A]는 다음 식과 같이 된다. 즉, 전류는 전압보다 위상이 90° 앞선다.

$$i = \frac{V_m}{X_C}\sin(\omega t + 90°)[A]$$

② C만의 회로

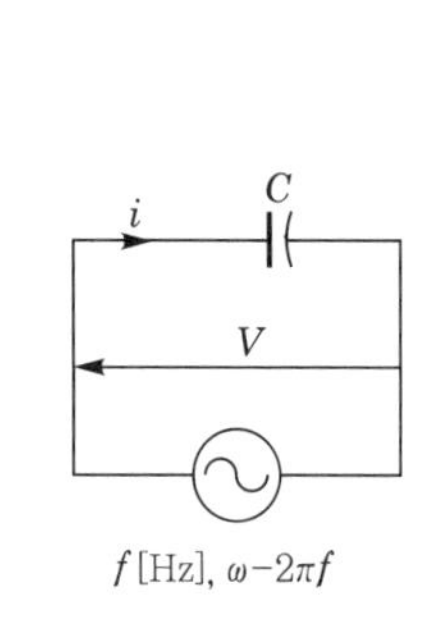

(a) C만의 회로

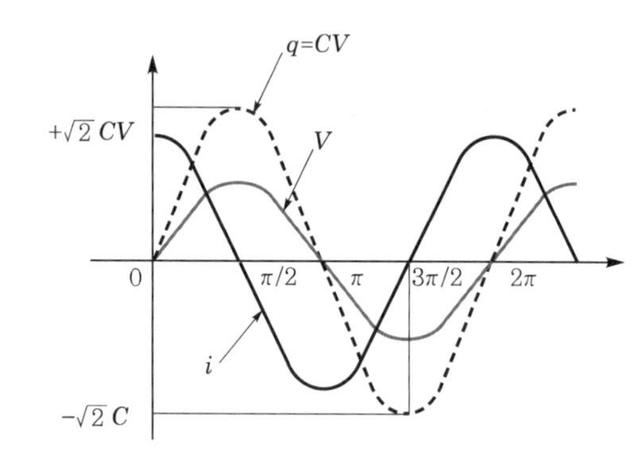

(b) 전압과 전류의 파형

▌C만의 회로에서 전압−전류 파형▐

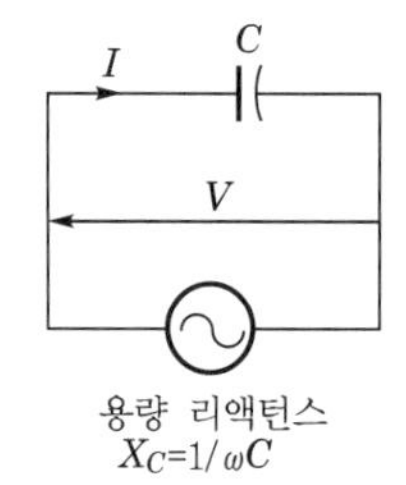

(a) 벡터에 의한 C만의 회로 그림

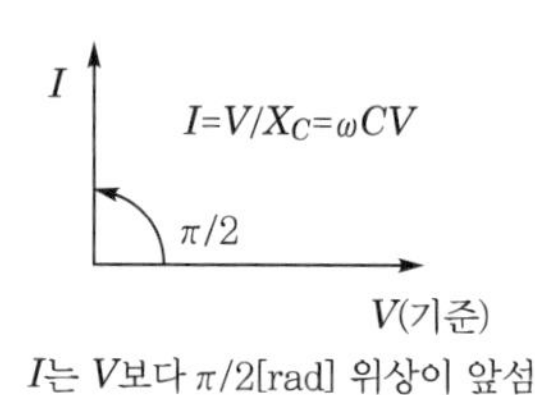

(b) 전압과 전류의 벡터 그림

▌C만의 회로 전압−전류 벡터도▐

③ **리액턴스와 전압 · 전류의 관계** : X_C는 저항 R과 같이 전류의 흐름을 방해하는 작용을 하는데, R과 구별하기 위하여 용량 리액턴스(capacitive reactance)라고 하고 기호는 X_C, 단위는 [Ω]을 사용한다.

$$X_C = \frac{1}{\omega C} = \frac{1}{2\pi f C}[\Omega]$$

전압 · 전류 관계를 나타내면 다음과 같다.

$$I = \frac{V}{X_C}[A]$$

④ 용량 리액턴스의 주파수 특성

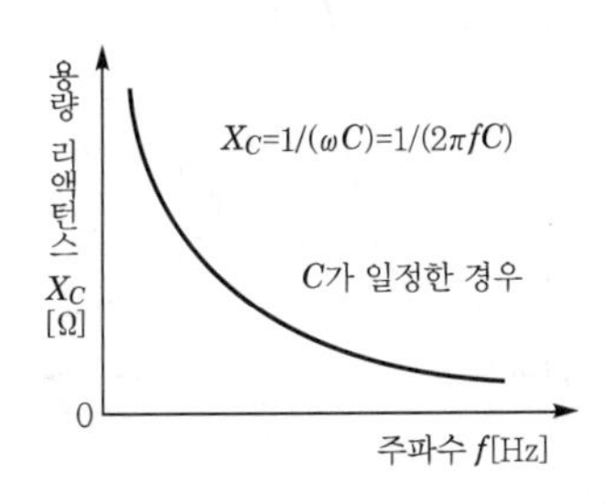

▍R, L, C 회로의 전압과 전류 관계▐

R회로	L회로	C회로
$I=\dfrac{V}{R}$	$I=\dfrac{V}{X_L}$	$I=\dfrac{V}{X_C}$

5 RLC 직렬 공진 및 병렬 공진

(1) RLC 직렬 공진

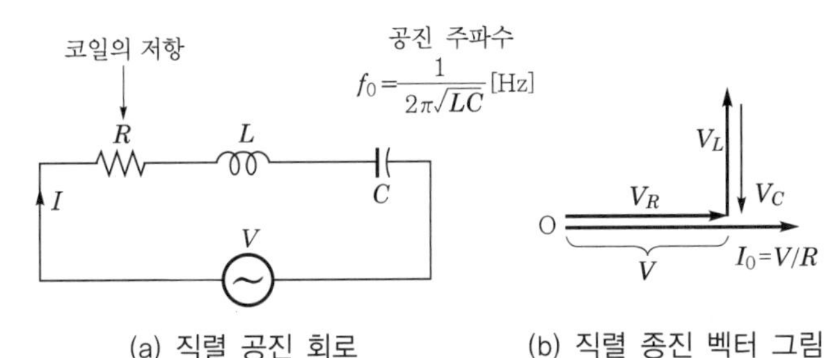

(a) 직렬 공진 회로 (b) 직렬 종진 벡터 그림

▍RLC 직렬 공진 회로와 벡터도▐

① 공진 조건 : $\omega L=\dfrac{1}{\omega C}$

② 공진 임피던스 : $Z=R[\Omega]$

③ 공진 시 전류 : $I_0=\dfrac{V}{R}$[A]

④ 직렬 공진일 때 임피던스 $Z=R$이 되어 임피던스는 최소, 전류는 최대가 된다.

⑤ 공진 주파수 : $f_0=\dfrac{1}{2\pi\sqrt{LC}}$[Hz]

⑥ 공진 곡선 : 공진 회로에서 주파수에 대한 전류 변화를 나타낸 곡선이다.

기출문제 핵심잡기

★중요★
공진 주파수
$f=\dfrac{1}{2\pi\sqrt{LC}}$

☑ 직렬 공진의 특징
㉠ 리액턴스는 동일하다.
㉡ 임피던스는 최소, 저항값과 같다.
㉢ 전류는 최대이다.
㉣ 위상각 0도이다.
㉤ L과 C 양단 전압의 크기가 같아서 서로 상쇄된다.
㉥ 선택도 $Q=\dfrac{X_L}{R}$

기출문제 핵심잡기

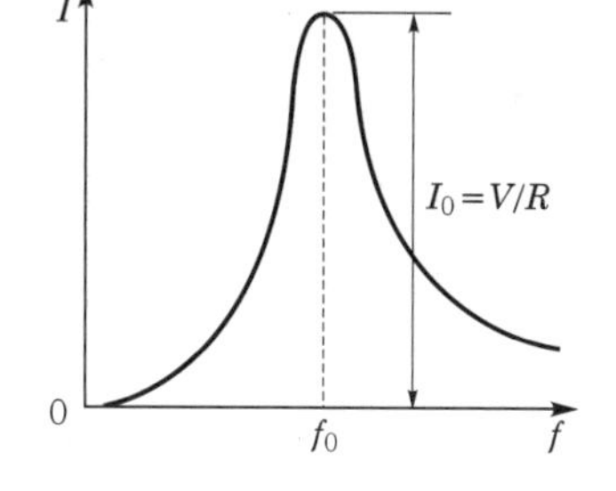

⑦ 선택도 : 회로에서 원하는 주파수와 원하지 않는 주파수를 분리하는 것이다.

$$Q = \frac{1}{R}\sqrt{\frac{L}{C}}$$

☑ 병렬 공진의 특징
㉠ 임피던스는 최대이고, 전류는 최소(≒0)이다.
㉡ 위상각 0도이다.
㉢ L과 C 양단의 전류 크기가 같아서 서로 상쇄된다.
㉣ 선택도 $Q=\frac{R}{X_L}$

(2) RLC 병렬 공진

① 병렬 공진 : $f_0 = \frac{1}{2\pi}\sqrt{\frac{1}{LC} - \frac{R^2}{L^2}}$ [Hz]= $G+jB$[℧]

② 공진 조건 : $Z_0 = \frac{L}{CR}$[Ω]

③ 공진 주파수 : $\dot{Z} = \frac{\dot{V}}{\dot{I}}$

$$= \frac{1}{\frac{1}{\dot{Z}_1}+\frac{1}{\dot{Z}_2}+\frac{1}{\dot{Z}_3}}[\Omega]$$

④ 공진 시 어드미턴스 : $Y = \frac{CR}{L}$[℧]

⑤ 공진 시 임피던스 : $\dot{Y} = Y_1 + \dot{Y}_2 + Y_3$

⑥ 병렬 공진 시 Z(임피던스)는 최대, I(전류)는 최소이다.

⑦ 공진 곡선

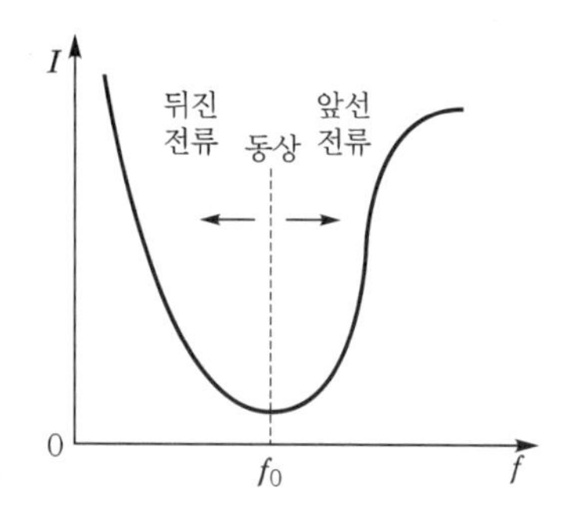

단락별 기출 · 예상 문제

01 **최대값이 E_m인 전파 정류 정현파의 평균값은 얼마인가?**

① $\sqrt{2E_m}$ ② $\dfrac{E_m}{\pi}$

③ $\dfrac{2E_m}{\pi}$ ④ $\dfrac{E_m}{2}$

해설 **교류 전압**

㉠ 교류 전압 평균값 $= \dfrac{2}{\pi}E_m = 0.637E_m$

㉡ 교류 전류 평균값 $= \dfrac{2}{\pi}I_m = 0.637I_m$

㉢ 교류 전압의 표시

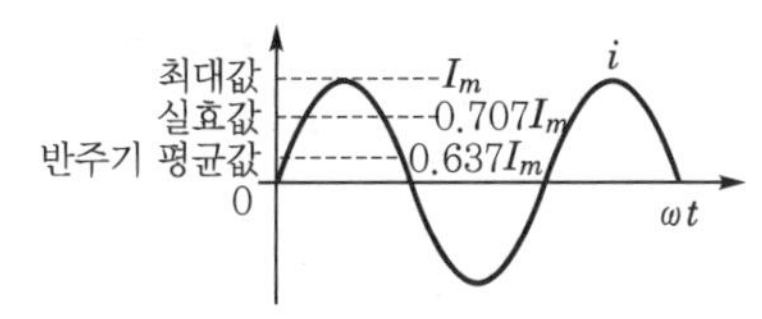

02 **정현파에서의 파형률은?**

① $\dfrac{\text{최대값}}{\text{실효값}}$ ② $\dfrac{\text{실효값}}{\text{평균값}}$

③ $\dfrac{\text{최대값}}{\text{평균값}}$ ④ $\dfrac{\text{평균값}}{\text{최대값}}$

해설 **파형률과 파고율**

㉠ 파형률 : 신호 파형에 포함된 출렁이는 성분의 비율이다.

$\dfrac{\text{실효값}}{\text{평균값}}$

㉡ 파고율 : 파형의 날카로움 정도의 비율로, 측정 대상 신호(비정현파 등)에서 임펄스와 같은 충격성 성분 또는 불규칙적인 랜덤 잡음 등과 같은 성분이 얼마나 포함되는지 알기 위한 직관적 수치로 많이 활용된다.

$\dfrac{\text{최대값}}{\text{실효값}}$

03 **변압기 결합 증폭 회로의 설명이 아닌 것은?**

① 부하를 트랜지스터의 출력 임피던스와 정합시킬 수 있다.

② 직류 바이어스 회로와 교류 신호 회로를 독립적으로 설계할 수 있다.

③ 주파수 특성이 RC 결합의 경우보다 뛰어나다.

④ 변압기 결합 회로는 대신호 증폭단의 회로 및 출력 회로에 사용된다.

해설 **변압기 결합 회로** : 단(段) 사이의 결합에 변압기(트랜스)를 사용한 교류 증폭기를 말하며, 변압기 단독으로 사용하는 비동조 증폭기와 축전기를 조합시킨 $L-C$ 동조 증폭기가 있다. 비동조형은 $R-C$ 결합 방식에 비해 변압기의 코일비에 의해 전압 이득을 크게 할 수는 있지만, 약간 주파수 특성이 나쁘다. 동조형은 고주파 신호 또는 변조 신호의 증폭에 널리 사용되고 있다.

04 **정현파 교류 실효값이 100[V]이면 평균값은 약 몇 [V]인가?**

① 90 ② 110

③ 120 ④ 140

해설 교류의 실효값

$V_r = \dfrac{1}{\sqrt{2}}V_m = 0.707V_m$

교류의 평균값

$V_a = \dfrac{2}{\pi}V_m = 0.637V_m$

$V_a \fallingdotseq 0.9V_r$이므로

$100 \times 0.9 = 90[\text{V}]$

$100 = \dfrac{V_m}{\sqrt{2}}$

$V_m = 100\sqrt{2} = 141[\text{V}]$

∴ 평균값 $V_a = 0.637 \times 141 = 90[\text{V}]$

정답 01.③ 02.② 03.③ 04.①

05 **권선비가 1(입력) : 2(출력)인 변압기에 입력으로 60[Hz], 100[V]의 전압을 인가하면 출력측 전압의 최대값은 약 몇 [V]가 되는가?**

① 141　② 200
③ 283　④ 300

해설 변압기는 전자 유도의 원리를 이용하여 1차측과 2차측의 권선비에 비례하여 전압이 유도된다.
최대값 = $\sqrt{2}$ × 실효값
$1 : 2\sqrt{2} = 100 : x$
$\therefore\ x = 100 \times 2\sqrt{2} = 283[\text{V}]$

06 **그림과 같은 정현파에서 $v = V\sin(\omega t + \theta)$의 주기 T를 옳게 표시한 것은?**

출제빈도

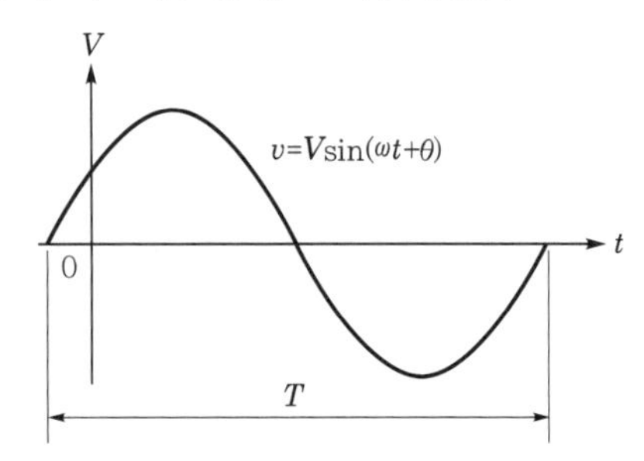

① $2\pi\omega$　② $2\pi f$
③ $\dfrac{\omega}{2\pi}$　④ $\dfrac{2\pi}{\omega}$

해설
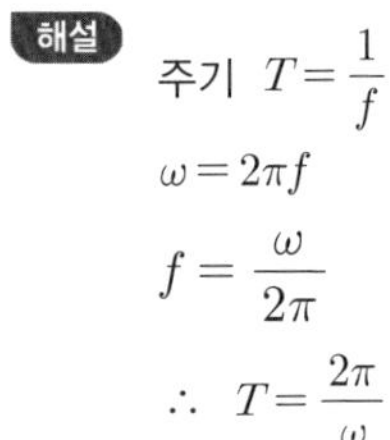
주기 $T = \dfrac{1}{f}$
$\omega = 2\pi f$
$f = \dfrac{\omega}{2\pi}$
$\therefore\ T = \dfrac{2\pi}{\omega}$

07 **어떤 콘덴서의 정전 용량 1[μF]에 각주파수가 120π[rad/sec]인 전압 60[V]를 가할 때 콘덴서에 흐르는 전류는 몇 [A]인가?**

① 2.26×10^{-1}　② 2.26×10^{-2}
③ 2.26×10^{-3}　④ 2.26×10^{-4}

해설 $\omega = 2\pi f = 120\pi$
$2f = 120$
$f = 60[\text{Hz}]$
$I = \dfrac{V}{X_c}$
$X_c = \dfrac{1}{2\pi fc}$
$= \dfrac{1}{2\times3.14\times60\times1\times10^{-6}}$
$= \dfrac{1}{377\times10^{-6}} = 2652.5[\Omega]$
$I = \dfrac{V}{X_c}$
$= \dfrac{60}{2652.5} = 2.26\times10^{-2}[\text{A}]$

08 **위상차가 $\dfrac{\pi}{8}$[rad]인 교류 전압과 전류에서 주파수가 50[Hz]라면 위상차에 해당되는 시간은 몇 [sec]인가?**

① $\dfrac{1}{100}$　② $\dfrac{1}{200}$
③ $\dfrac{1}{400}$　④ $\dfrac{1}{800}$

해설 위상차 $\dfrac{\pi}{8} = \dfrac{180}{8} = 22.5$
주기 $T = \dfrac{1}{f} = \dfrac{1}{50} = 0.02[\text{sec}]$
즉, 360° 회전하는 데 0.02[sec]가 걸리므로 22.5° 회전하는 데 걸리는 시간은 다음과 같다.
$\therefore\ t = \dfrac{0.02}{360}\times22.5$
$= \dfrac{4.5}{360} = \dfrac{1}{800}[\text{sec}]$

09 **주기가 0.005[sec]이면 주파수[Hz]는?**

출제빈도

① 50　② 100
③ 150　④ 200

해설
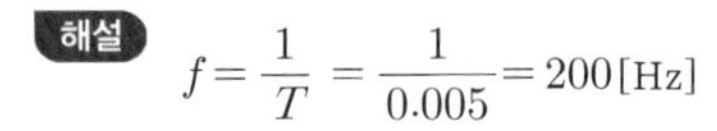
$f = \dfrac{1}{T} = \dfrac{1}{0.005} = 200[\text{Hz}]$

정답 05.③ 06.④ 07.② 08.④ 09.④

10 전압의 순시값 $V=100\sqrt{2}\sin(\omega t+60°)$를 직각 좌표로 표시한 것은?

① $50\sqrt{3}+j50$
② $50+j50\sqrt{3}$
③ $50\sqrt{3}+j50\sqrt{3}$
④ $50+j50$

해설 $V=100\sqrt{2}\sin(\omega t+60°)$를 각좌표로 표시하면

$V=100\cos60°+j100\sin60°$

$=\left(100\times\frac{1}{2}\right)+j\left(100\times\frac{\sqrt{3}}{2}\right)$

$=50+j50\sqrt{3}$

11 고주파 코일에 작은 실드(shield) 케이스를 사용했을 때 일어나는 현상은?

① 코일의 인덕턴스가 감소한다.
② 코일의 인덕턴스가 증가한다.
③ 코일의 Q가 감소한다.
④ 코일의 분포 용량이 감소한다.

해설 코일에 고주파를 사용하면 자기장의 유출이 심해 다른 회로에 영향을 끼치기 쉽다. 따라서 실드시키면 자기장 유출이 작아 인덕턴스가 감소하게 된다.

12 정현파 교류의 실효값이 220[V]일 때 이 교류의 최대값은 약 몇 [V]인가?

① 110 ② 141
③ 283 ④ 311

해설 최대값=실효값 $\times\sqrt{2}$

$=220\times\sqrt{2}=311[V]$

13 저항 R=5[Ω], 인덕턴스 L=100[mH], 정전용량 C=100[μF]의 RLC 직렬 회로에 60[Hz]의 교류 전압을 가할 때 회로의 리액턴스 성분은?

① 유도성 ② 용량성
③ 저항 ④ 임피던스

해설 $X_L > X_C$일 때 유도성이다.

$X_L=2\pi fL=37.68[\Omega]$

$X_C=\frac{1}{2\pi fC}=26.54[\Omega]$

$\therefore$ $X_L > X_C$이므로 유도성이다.

14 주기가 0.002[sec]일 때 교류 주파수는 몇 [Hz]인가?

① 200 ② 300
③ 400 ④ 500

해설 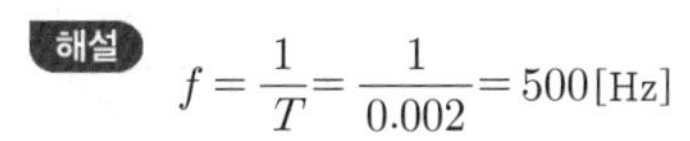

$f=\frac{1}{T}=\frac{1}{0.002}=500[Hz]$

15 실효값이 200[V], 주파수가 660[Hz]인 교류 전압의 순시값을 나타내는 식으로 옳은 것은?

① $v=200\sin60\pi t[V]$
② $v=200\sin120\pi t[V]$
③ $v=200\sqrt{2}\sin60\pi t[V]$
④ $v=200\sqrt{2}\sin120\pi t[V]$

해설 교류 순시값 $v=V_m\sin\omega t[V]$

$V_m=\sqrt{2}\,V$

$=\sqrt{2}\times200=200\sqrt{2}[V]$

$\omega=2\pi f$

$=2\pi\times60=120\pi[rad/sec]$

$\therefore$ $v=200\sqrt{2}\sin120\pi t[V]$

16 자체 인덕턴스가 20[mH] 코일에 60[Hz]의 전압을 가하면 코일의 유도 리액턴스는 약 몇 [Ω]인가?

① 2.44 ② 3.76
③ 5.48 ④ 7.54

해설 $X_L=2\pi fL$

$=2\times3.14\times60\times20\times10^{-3}\fallingdotseq7.54[\Omega]$

정답 10.② 11.① 12.④ 13.① 14.④ 15.④ 16.④

17 정현파의 파고율은 얼마인가?

① $\frac{\pi}{2\sqrt{2}}$　② $\frac{2}{\pi}$
③ $\sqrt{2}$　④ $\frac{\pi}{2}$

해설
$$파고율 = \frac{최대값}{실효값} = \frac{\sqrt{2}\,V}{V} = \sqrt{2}$$

18 그림에서 $R=2[\text{k}\Omega]$일 때 처음 차단 주파수를 100[Hz]라고 하면 C의 값은 몇 $[\mu\text{F}]$인가?

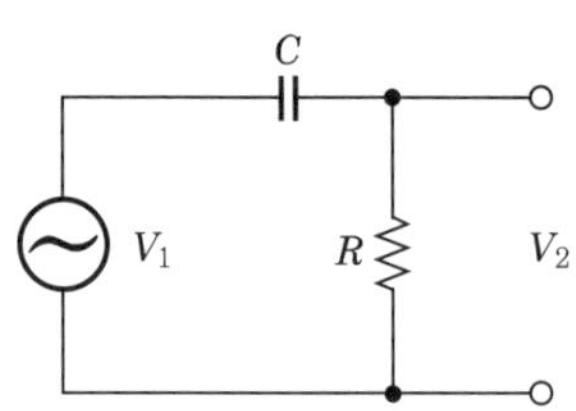

① 0.5　② 0.8
③ 0.05　④ 0.08

해설
$$f = \frac{1}{2\pi RC}$$
$$C = \frac{1}{2\pi Rf} \fallingdotseq 0.8[\mu\text{F}]$$

19 $V=\sqrt{3}+j$로 표시되는 복소수의 편각은?

① 0°　② 30°
③ 45°　④ 60°

해설 $A=a+jb$
$$\phi = \tan^{-1}\frac{X_L}{R} = \tan^{-1}\frac{b}{a} = \tan^{-1}\frac{1}{\sqrt{3}} = 30°$$

20 그림에서 $C=0.5[\mu\text{F}]$, $R=2[\text{k}\Omega]$일 때 회로의 하한 차단 주파수 f_1은 약 몇 [Hz]인가?

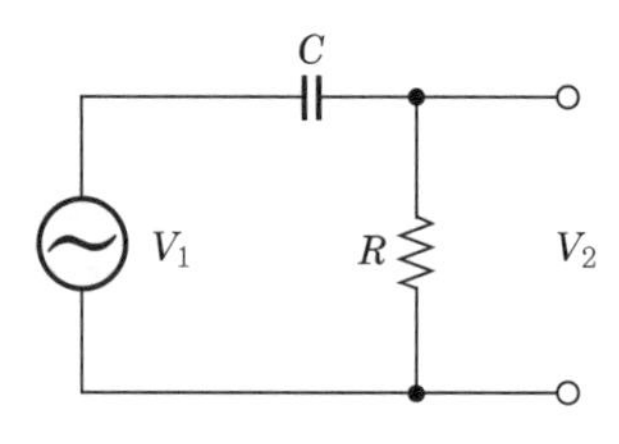

① 116　② 138
③ 159　④ 176

해설 하한 차단 주파수 f_1
$$f_1 = \frac{1}{2\pi RC} = \frac{1}{2\pi \times 2\times 10^3 \times 0.5\times 10^{-6}} = 159[\text{Hz}]$$

정답 17.③ 18.② 19.② 20.③

03 전원 회로

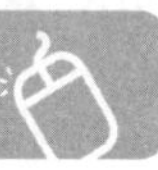

기출문제 핵심잡기

1 정류 회로

교류 전원을 직류 전원으로 변환하는 것을 정류(rectification)라 하고, 그 회로를 정류 회로라고 한다. 이러한 정류 회로에는 다이오드가 중요한 역할을 하게 된다.

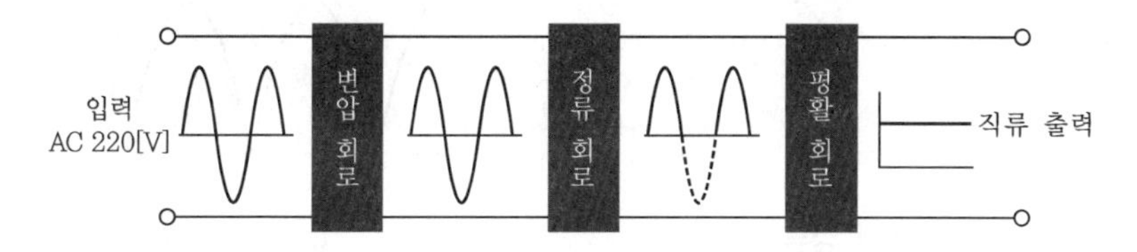

(1) 전압 변동률

① 정류 회로 등에 부하를 접속하여 전류를 흘리면 변압기의 권선 저항이나 다이오드의 저항 등에 의하여 전압 강하를 일으켜 출력의 직류 전압이 저하한다. 이와 같이 전압 변동의 크기와 부하 시의 직류 출력 전압의 비를 전압 변동률(voltage regulation) ε이라 한다.

$$\text{전압 변동률} = \frac{\text{무부하 시 직류 전압}(V) - \text{전하부하 시 직류 전압}(V_0)}{\text{전부하 시 직류 전압}(V_0)} \times 100[\%]$$

② 정류 회로 등의 출력 회로로서는 전압 변동률이 작은 것이 좋다.

(2) 맥동률

① 실제 정류기의 출력은 순수한 직류 성분만 있지 않고 약간의 교류 성분이 존재하는데 이것을 리플(ripple)이라 한다.

② 좋은 정류기일수록 리플이 작다.

③ **맥동률** : 리플 백분율(맥동률) γ는 정류 회로 등의 직류 출력 파형에 얼마만큼 교류 성분(맥류분)이 포함되어 있는가를 나타내고, 맥류분과 직류분의 비로서 다음과 같이 구한다.

$$\gamma = \frac{\text{맥류분의 실효값}}{\text{직류분의 실효값}} \times 100$$

$$= \frac{V}{V_D} \times 100$$

$$= \frac{I}{I_D} \times 100[\%]$$

☑ 정류 회로의 종류
㉠ 반파 정류 회로
㉡ 전파 정류 회로
㉢ 브리지 전파 정류 회로
㉣ 배전압 정류 회로

[2013년 1회 출제]
다이오드 직렬 연결과 병렬 연결 시 특징
㉠ 직렬 연결 : 최대 역전압이 커진다.
㉡ 병렬 연결 : 전류 용량이 커진다.

전압 변동률 공식
{(무부하 시 직류 전압(V) - 전하부하 시 직류 전압(V_0)) / 전부하 시 직류 전압(V_0)}×100

기출문제 핵심잡기

☑ 정류 회로의 특성을 나타내는 것으로 전압 변동률, 리플 백분율, 정류 효율 등이 있다. 이들 특성은 평활 회로나 안정화 회로 등이 부가된 경우에도 적용된다.

(3) 정류 효율

① 정류기에 입력 교류 전력은 그 모두가 출력 직류 전력으로 전달되지는 못하고 그 일부는 정류기 자체가 소비한다.

② **정류 효율** : 직류 출력 전력에 대한 교류 입력 전원의 비이다.

$$\eta = \frac{\text{부하에 전달되는 직류 출력 전력}}{\text{교류 입력 전력}} \times 100$$

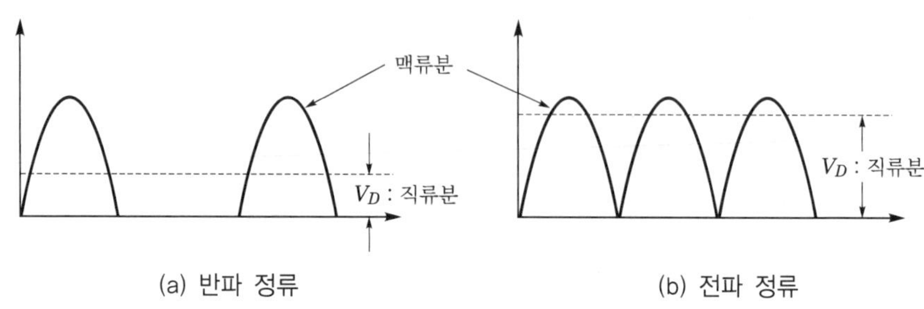

(a) 반파 정류 (b) 전파 정류

▌리플 백분율▐

[2012년 5회 출제]
반파 정류 회로의 최대 역전압(PIV) 구하기
$PIV = V_m$
즉, 다이오드 양단에 걸린 전압 최대값이다.

2 반파 정류 회로(half－wave rectifier)

(1) 동작 원리

① 순방향으로 ON이고 역방향으로 OFF인 다이오드의 성질을 이용한다.

② 그림의 회로에서 다이오드와 부하에 인가된 교류 전압은 (+)반주기 동안은 순바이어스가 되어 통전 상태로 되고, (−)반주기 동안은 역바이어스로 매우 큰 저항을 가지므로 전류가 잘 흐르지 못한다.

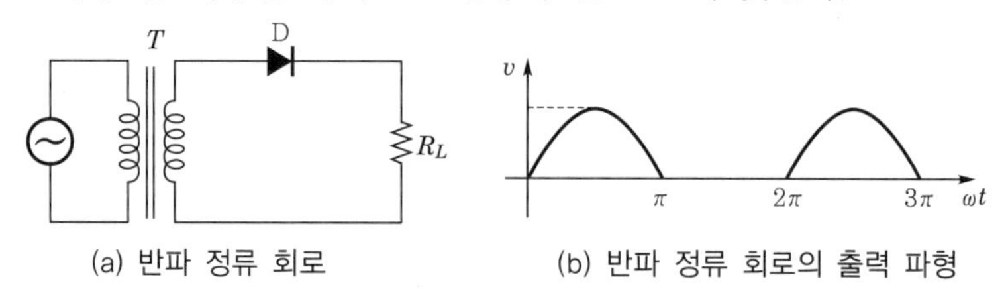

(a) 반파 정류 회로 (b) 반파 정류 회로의 출력 파형

(2) 특성

① 전류 파형의 직류 성분 또는 평균값 $I_{dc} = \dfrac{I_m}{\pi}$

② 전류 파형의 실효값 $I_{rms} = \dfrac{I_m}{2}$

③ 맥동률 $\gamma = \sqrt{F^2 - 1} = 1.21$

④ 정류 효율＝40.6[%]

⑤ **최대 역전압** : 최대 입력 전압과 같고 다이오드에 전류가 흐르지 않을 때 다이오드 양단의 최대 전압과 같다.

$$PIV = V_m$$

3 전파 정류 회로

기출문제 핵심잡기

(1) 동작 원리

① 전파 정류 회로는 그림과 같이 2개의 다이오드를 사용한다.

② 변압기 2차 권선의 중간 탭에서 부하와 연결하면 (+)의 반주기 동안에는 다이오드 D_1을 통해서 흐르고 D_2는 차단 상태가 된다.

③ 음(−)의 반주기 동안은 다이오드 D_2를 통하여 전류가 흐르고 D_1이 차단 상태가 된다.

④ 양(+), 음(−)의 반주기마다 D_1과 D_2가 교대로 통전하게 되고 모든 전류는 R_L로 흐른다.

⑤ 전파 정류 회로의 입 · 출력 파형

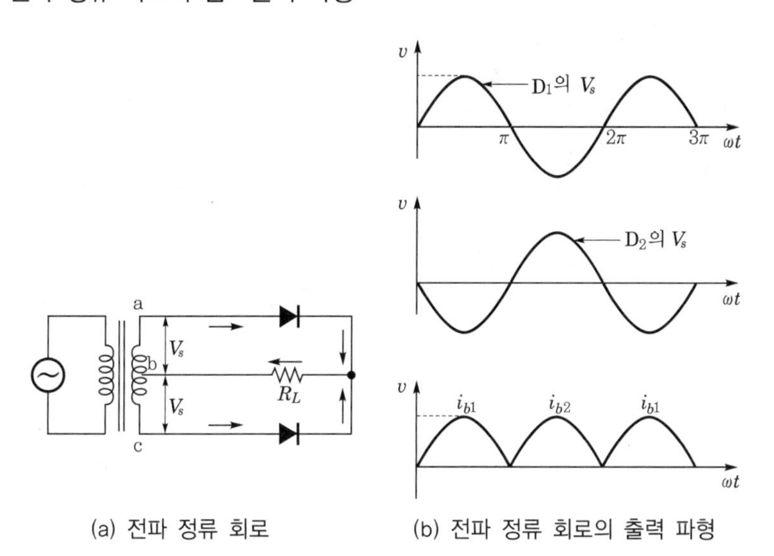

(a) 전파 정류 회로　　(b) 전파 정류 회로의 출력 파형

☑ 다이오드 2개를 이용한 전파 정류 회로는 회로는 간단하나 출력 부분에 중간탭이 있는 변압기가 필요하다. 따라서 효율이 떨어지는 단점이 있다.

(2) 특성

① 전파 정류의 평균값 또는 직류값 $I_{dc} = \dfrac{2I_m}{\pi}$

② 전파 정류 파형의 실효값 $I_{\mathrm{rms}} = \dfrac{I_m}{\sqrt{2}}$

③ 맥동률 $\gamma = \sqrt{F^2 - 1} = 0.482$

④ **정류 효율** : 반파 정류 회로의 2배이며, 이론적으로 최대 81.2[%]이다.

⑤ **최대 역전압** : $PIV = 2V_m$

⑥ 변압기 2차측에 중간탭이 필요하다.

기출문제 핵심잡기

☑ 브리지 전파 정류 회로는 4개의 다이오드를 이용하므로 변압기에 중간탭이 필요 없으므로 다이오드 2개를 이용하는 정류 회로에 비해 변압기 이용 효율이 매우 높아 전파 정류에 가장 많이 사용되는 회로이다.

4 브리지 전파 정류 회로

(1) 동작 원리

① 브리지 정류 회로는 그림과 같이 4개의 다이오드를 이용한다.

② 양(+)의 반주기 동안에 전류의 방향은 a → D_1 → R_L → D_3 → b로 흐른다(D_2, D_4는 OFF).

③ 음(−)의 반주기 동안에 전류의 방향은 b → D_4 → R_L → D_2 → a로 흐른다(D_1, D_3는 OFF).

(2) 회로와 입 · 출력 파형

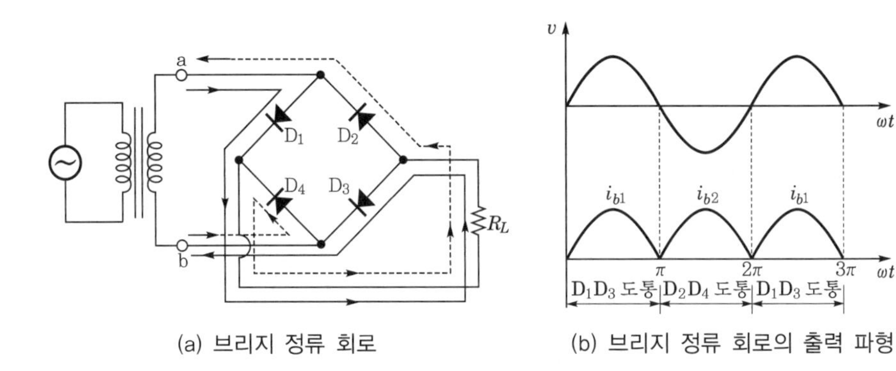

(a) 브리지 정류 회로 (b) 브리지 정류 회로의 출력 파형

(3) 특징

① 장점

㉠ 중간탭을 가지는 변압기를 사용하지 않으므로 작은 변압기를 사용할 수 있다.

㉡ 각 다이오드의 최대 역전압비는 작으므로, 즉 전파 정류 회로의 반이므로 고압 정류 회로에 적합하다.

② 단점

㉠ 반파나 전파 정류 회로에 비하여 많은 다이오드가 필요하므로 값이 비싸다.

㉡ 정류 효율이 낮다.

③ 최대 역전압$(PIV) = V_m$

▎전파 정류 회로 중성점 탭형과 브리지형과의 비교▎

구분	중성점 탭형	브리지형
변압기 이용률[%]	67	81.3
효율[%]	57.5	81.2
다이오드 개수[개]	2	4

구분	중성점 탭형	브리지형
다이오드의 역전압(변압기 2차 전압의 실효값을 V, 최대값을 V_m으로 한다)	$2\sqrt{2}\,V=2V_m$	$\sqrt{2}\,V=V_m$

▌정류 방식별 차이점▐

구분	맥동 주파수[Hz]	맥동률[%]	최대 정류 효율[%]	PIV
단상 반파 정류	60	1.21	40.6	$PIV=V_m$
단상 전파 정류	120	0.482	81.2	$PIV=2V_m$ $PIV=V_m$ (브리지 정류 회로)
3상 반파 정류	180	0.183	–	–
3상 전파 정류	360	0.042	–	–

5 배전압 정류 회로

커패시터의 충전과 다이오드의 ON, OFF 기능을 이용해 입력 전압을 2~3배 이상 증가시켜 주는 회로이다.

배전압 회로에는 반파 배전압, 전파 배전압, 3상 배전압, 양파 배전압 등이 있다.

(1) 반파 배전압 정류 회로

① 입력 파형의 반사이클만 이용한다.

② 교류 전원이 a와 b에 가해질 때

③ b가 +, a가 − 극성일 순간 C_1에 충전

④ 그 다음 극이 바뀌면 교류 전원과 C_1은 직렬 연결되어 전압이 2배가 된다.

⑤ 전압이 D_2를 통해 C_2에 충전되고 RL에는 입력 전압의 2배 정도의 전압이 나타나게 된다.

⑥ 회로와 출력 파형

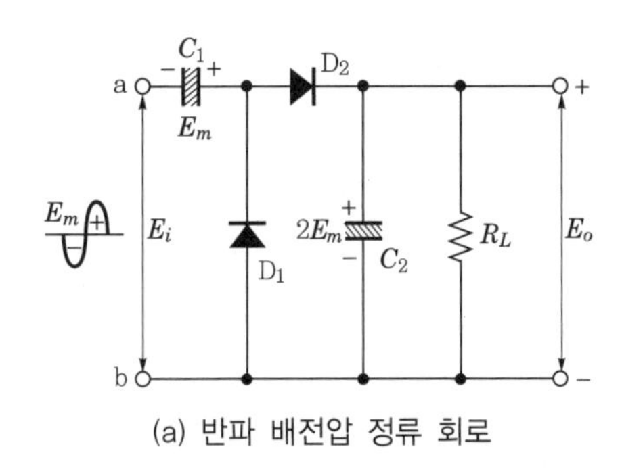

(a) 반파 배전압 정류 회로

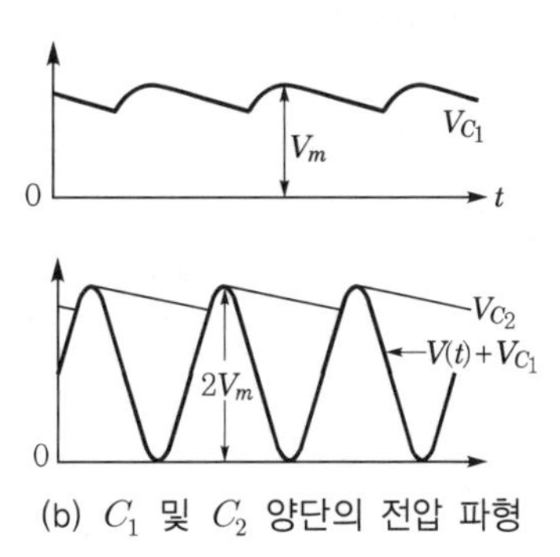

(b) C_1 및 C_2 양단의 전압 파형

기출문제 핵심잡기

★중요★

[2011년 1회 출제]
맥동률이 가장 작은 정류 방식 찾기

[2011년 5회 출제]
반파 정류 회로의 최대 역전압 찾기

[2012년 5회 출제]
단상 전파 정류 회로에서의 맥동 주파수 구하기

[2013년 1회 출제]
3상 반파 정류 회로에서의 맥동 주파수 구하기

[2014년 1회 출제]
단상 전파 정류 회로에서의 정류 효율 구하기

[2014년 1회 출제]
맥동률이 가장 작은 정류 방식 찾기

[2012년 2회 출제]
다이오드 반파 배전압 정류 회로의 출력 전압 구하기
변압기 출력 전압이 V이면 반파 배전압 정류 회로 전압은 최대값의 2배가 된다.
∴ 출력 $V_o=2\sqrt{2}\,V$

(2) 반파 배전압 정류 회로의 확장

① 반파 배전압 정류 회로를 같은 방식으로 연결하면 수배의 전압을 얻을 수 있다.

② A와 E 사이의 전압은 $3V_m$, C와 G 사이의 전압은 $4V_m$, B와 F 사이의 전압도 $4V_m$이므로 임의의 홀수 배와 짝수 배의 직류 출력 전압을 얻을 수 있다.

③ 확장 회로

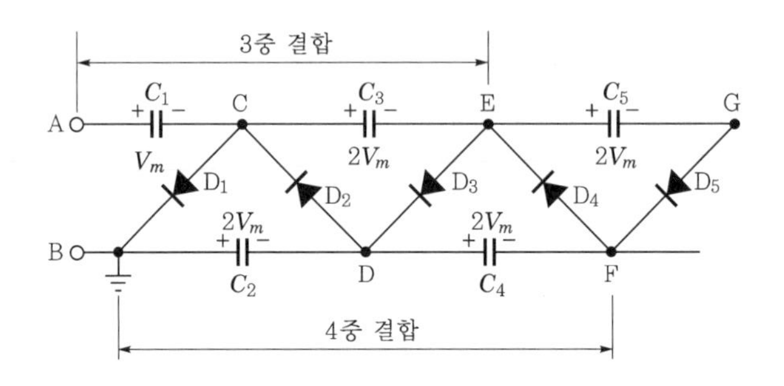

★중요★
[2010년 2회 출제]
[2012년 1회 출제]
[2013년 2회 출제]
평활 회로의 역할 및 특징
㉠ 평활 회로는 반파 또는 전파 정류된 파형을 직류로 만들어 주는 회로이다.
㉡ 따라서 DC 성분만 통과시키는 저역 통과 필터를 사용한다.

6 평활 회로(smoothing circuit)

(1) 평활 회로의 기초

① 반파 또는 전파 정류기로부터의 출력 전원은 맥류이기 때문에 이것을 좀 더 직류로 가깝게 하기 위해서 사용하는 회로를 평활 회로라 한다.

② 맥류는 결국 DC 성분, 기본파, 고조파로 되어 있는데 이 중 AC 성분(기본파, 고조파)을 제거하고 DC 성분만을 선택하는 것이 평활 회로의 역할이다.

③ 평활 회로의 근본 원리는 저역 통과 필터(law-pass filter)이다.

(2) 유도성 평활 회로

① 인덕터가 전류의 변화를 억제하는 성질을 이용한 회로이다.

② 동작 원리 : 그림과 같이 결합하면 초크 코일 L에 흐르는 전류가 급격히 변화할 때 반대 방향으로 저지하려는 전압이 나타나 R_L에 흐르는 전류는 평탄해진다.

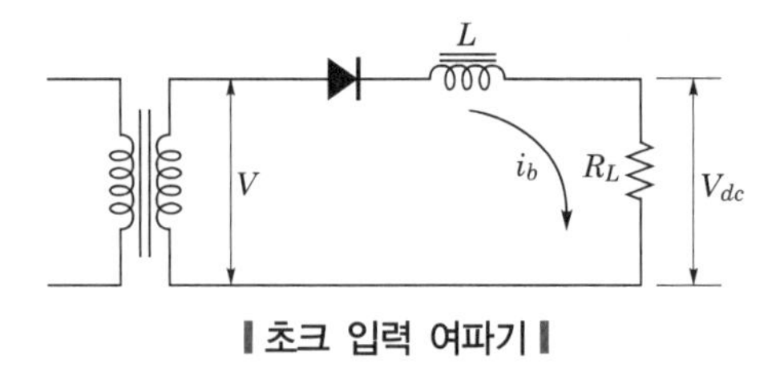

▌초크 입력 여파기▐

③ 특성 : 부하 저항 R_L이 작을수록(부하 전류가 클수록) 맥동률이 작아진다.

(3) 용량성 평활 회로

① RC 저역 통과 필터의 작용을 이용한 회로이다.

② 동작 원리

㉠ 부하 저항 R_L의 값이 콘덴서 C의 리액턴스값보다 크다고 하면 처음 반주기 동안은 R_L의 값이 크므로 대부분의 전류가 콘덴서로 흐른다.

㉡ 콘덴서 C는 입력의 최대값까지 통전되며 이에 의한 여파기 출력 파형은 그림 (b)와 같다.

㉢ 다음 반주기 동안에는 차단되므로 콘덴서 C에 충전된 전압은 부하 저항 R_L을 통하여 방전한다.

㉣ 콘덴서 C의 양단 전압은 점차 감소하며 회로의 시정수 RC에 의하여 방전 시간이 결정된다.

㉤ 이러한 과정은 반복되어 그림 (c)와 같이 된다.

㉥ 맥동률 $\gamma = \dfrac{V_{rms}}{V_{dc}} = \dfrac{T}{2\sqrt{3}R_L C}$

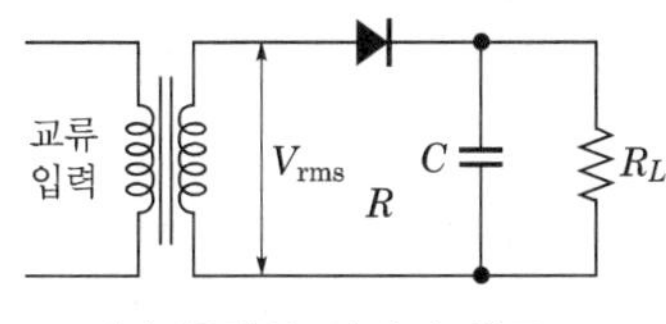

(a) 콘덴서 여파기 회로

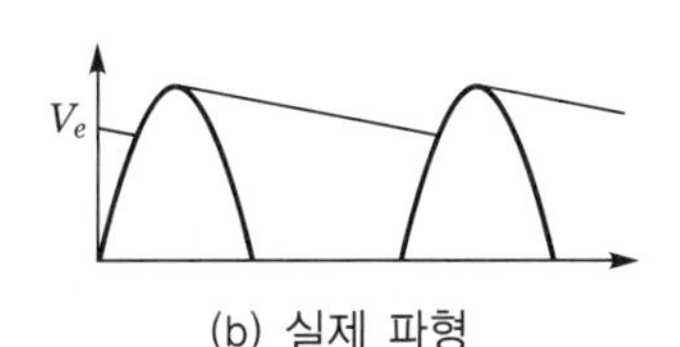

(b) 실제 파형

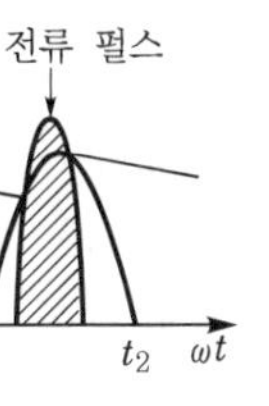

(c) 콘덴서 여파기의 출력 파형

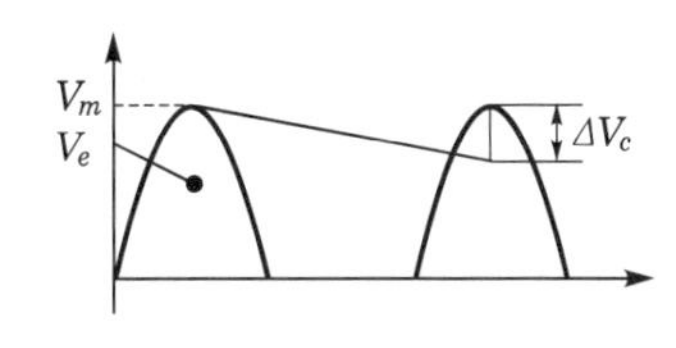

(d) 근사적인 출력 파형

③ 특성

㉠ 맥동률은 부하 저항 R_L 또는 콘덴서 용량 C가 증가할수록 감소되므로 용량이 큰 콘덴서가 맥동률을 낮게 한다.

㉡ 입력 콘덴서 여파기는 입력 초크 여파기보다 큰 직류 출력 전압과 낮은 맥동률을 가지게 된다.

(4) LC 여파기(L-section filter)

① 초크와 콘덴서 여파기를 합치면 출력 전압의 맥동을 더욱 작게 하는 LC 여파 회로를 구성한다.

② 정류기(정류관)에 직렬로 초크 코일 L을 접속하고 다시 부하에 병렬로 콘덴서 C를 접속한 회로로 L입력형 여파기 또는 초크 입력형 평활 회로라고도 한다.

기출문제 핵심잡기

☑ LC 여파기 동작 특징

㉠ 신호에 섞여 있는 낮은 주파수는 통과, 높은 주파수는 차단한다.

㉡ L(인덕터)은 고주파를 차단하고 저주파 통과시킨다.

㉢ C(커패시터)는 접지로 고주파를 통과시켜 출력은 직류 성분 및 저주파 성분만 출력된다.

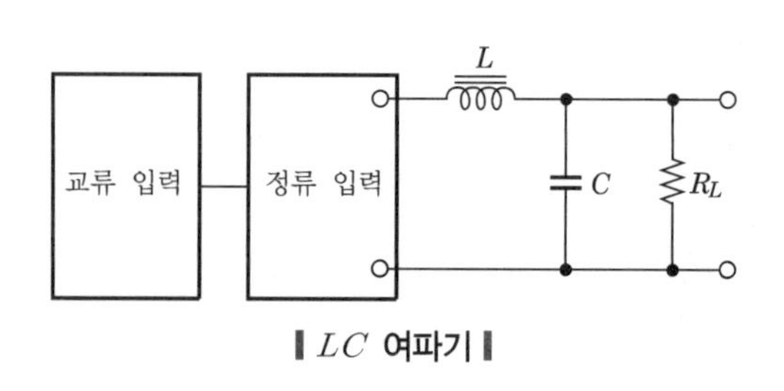

‖ LC 여파기 ‖

③ 동작 원리 : 초크는 교류 성분에 대해 높은 임피던스를 나타내고 콘덴서로는 교류 성분이 통과하므로 정류 파형의 고조파 성분이 제거되어 출력 전압의 맥동 성분은 더욱 작아진다.

☑ π형 여파기의 동작 특징
㉠ 저주파 입력 신호가 들어왔을 때 용량성 리액턴스(X_C)가 유도성 리액턴스(X_L)보다 더 크기 때문에 대부분의 저주파 성분만 출력된다.
㉡ 고주파 입력 신호가 들어왔을 때 용량성 리액턴스(X_C)보다 유도성 리액턴스(X_L)가 더 커서 고주파 성분은 출력되지 못한다.
㉢ 회로가 복잡하나 평활 성능이 좋다.

(5) π형 여파기

① 동작 원리
㉠ 회로에 콘덴서 C의 임피던스는 부하에 대하여 충분히 낮게 하고 초크 코일 L의 임피던스는 충분히 높게 한다.
㉡ (+) 반주기 교류 입력 때 정류 전류가 흘러 C_1, C_2에 충전되고 (−) 반주기 교류 입력 때는 C_1, C_2 충전 전하가 L, R_L(부하)을 통해 천천히 방전된다.
㉢ 전원측에서 부하를 봤을 때 L이 부하와 직렬로 되어 정류된 맥류 전류 중 직류분은 초크 코일 L을 통하여 부하에 흐르고 교류분은 초크 코일의 고임피던스로 저지되어 콘덴서에 흐르며 부하에는 가지 않는다.

② 장점
㉠ 커패시터에 입력 교류 전압의 최대값이 충전되므로 큰 직류 전압을 얻을 수 있다.
㉡ 콘덴서 작용에 의해 출력파의 중첩 교류분이 작아 리플 함유율이 작다.

③ 단점
㉠ 부하 변동에 의한 전압 변동률이 크다.
㉡ 첨두 전류가 크므로 변압기의 전력 용량을 크게 할 필요가 있다.
㉢ 정류 효율이 나쁘고 정류관의 수명이 짧아지기 쉽다.

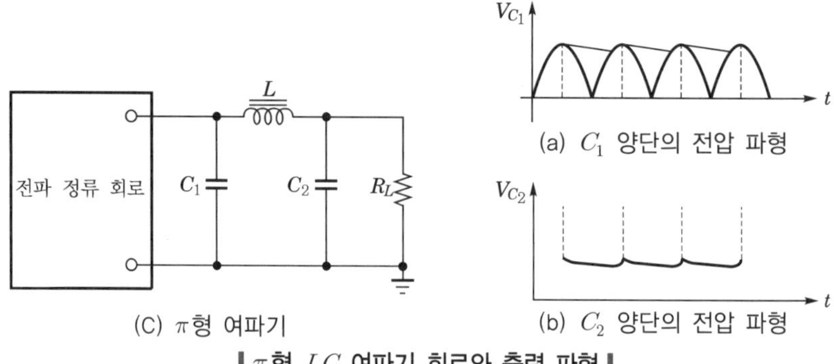

(C) π형 여파기
(a) C_1 양단의 전압 파형
(b) C_2 양단의 전압 파형

‖ π형 LC 여파기 회로와 출력 파형 ‖

7 정전압 전원 회로

(1) 정전압 전원 회로의 기초

① 정류 회로를 지난 파형은 맥류인데, 평활 회로를 연결하면 리플이 작은 직류 출력 전압을 얻을 수 있다. 그러나 전원 전압이나 부하의 변동에 대해서 더욱 안정된 전압을 얻으려면 전압 안정화 회로를 사용해야 한다. 이러한 회로를 정전압 회로라 한다.

② 정전압 회로의 종류

㉠ 병렬 제어형 : 제어용 소자(가변 임피던스)가 병렬로 접속한다.

㉡ 직렬 제어형 : 제어용 소자가 부하와 직렬로 접속한다.

③ 정전압 안정 회로의 근본 원리는 궤환(feedback)이다.

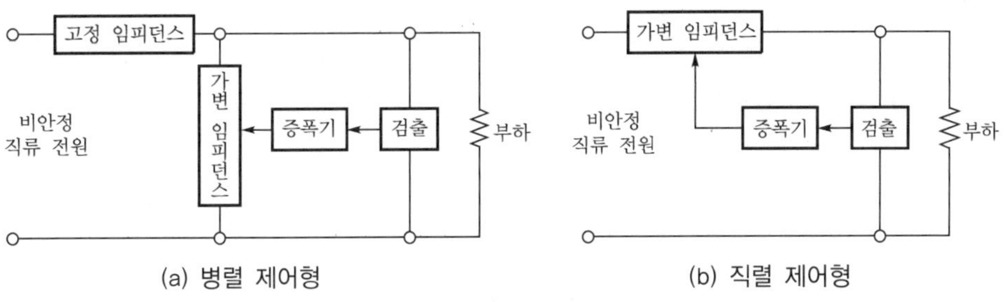

▌전압 안정화 회로의 기본 구성▐

(2) 병렬 제어용 정전압 회로

① 구성

㉠ 제어용 트랜지스터(가변 임피던스)와 부하 R_L이 병렬로 접속한다.

㉡ 저항 R_2는 제너 다이오드 ZD를 적당한 동작점에 바이어스하기 위한 것이고, R_1은 직렬 안정 저항으로 출력 전압의 변동분을 분담하여 보상한다.

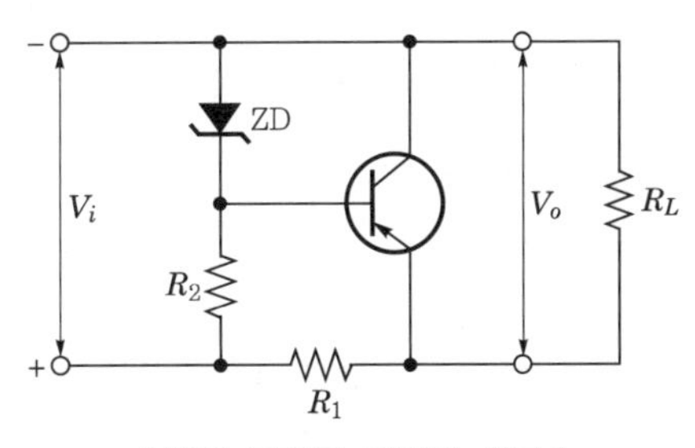

▌병렬 제어형 정전압 회로▐

기출문제 핵심잡기

☑ 제너 다이오드

㉠ PN 접합 실리콘 다이오드에 불순물을 많이 넣어서 6[V] 이하에서 항복 현상이 나타나면 Zener 현상이라고 하고 6[V] 이상에서 일어나면 Avalanche 현상이라고 한다. 이 2가지 항복 전압 특성을 이용한 것이 제너 다이오드이다.

㉡ 일정한 항복 전압 특성이 있어서 정전압 회로에 사용된다.

[2009년 5회 출제]
[2010년 5회 출제]
제너 다이오드 사용 회로
정전압(전압 안정화) 회로에 사용된다.

② 동작 원리

㉠ 출력 전압 $V_o = V_Z + V_{BE}$이므로 V_I 또는 R_L의 변화에 의해서 출력 전압 V_o가 감소한다면 V_{BC}는 제너 다이오드에 의해 일정하게 유지되므로 V_{BE}(순방향 바이어스)가 감소한다. 트랜지스터는 전압 V_I가 (+)인 이상 항상 선형으로(또는 통전 상태)로 바이어스되므로 V_{BE}가 감소하면 V_{CE}는 증가한다. 따라서, V_o는 일정하게 유지된다.

㉡ V_I, R_L에 의해서 출력 전압이 반대로 증가하면 위의 반대 현상이 일어나서 V_o를 일정하게 유지한다.

③ 특성

㉠ 효율이 나쁘다(R_1이 R_L과 직렬로 연결되어 전력의 소비가 커지기 때문).

㉡ 부하 전류 변동이 작은 경우에 유효하다(R_1의 값을 작게 할 수 있기 때문).

☑ 병렬 제어용 정전압 회로
㉠ 효율이 나쁘다.
㉡ 부하 전류 변동이 작은 경우에 유효하다.

(3) 직렬 제어용 정전압 회로

① 기본 회로

㉠ V_I와 V_o의 전압차를 트랜지스터의 V_{CE}가 분담하도록 TR을 직렬로 접속한다.

㉡ V_{ZD}는 항상 일정하다(제너 다이오드).

㉢ R은 TR을 선형 바이어스 상태로 유지시킨다.

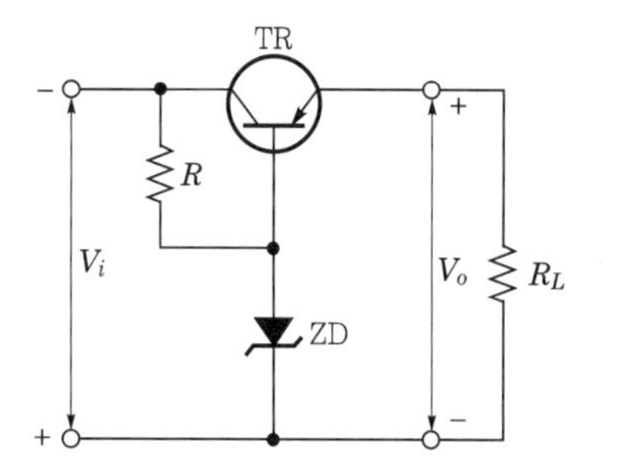

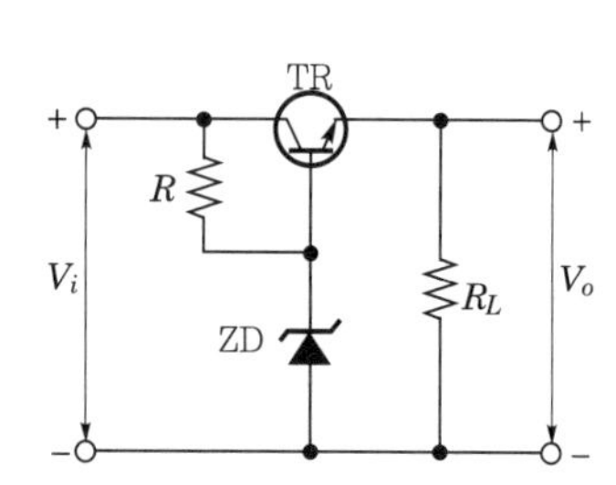

▎기본 직렬 제어형 정전압 회로▕

② 동작 원리 : V_I나 R_L이 변동하여 V_o가 상승하면 V_{BE}의 전위차(역바이어스)가 크게 되며, 트랜지스터의 이미터-컬렉터 사이의 내부 저항이 증대하여 V_o의 증가분을 억제시킨다.

③ 실제 회로 : 기본 회로로는 큰 전류를 부하에 흘릴 수 없으며 출력 전압도 자유로운 조절을 할 수 없다. 이러한 단점들을 보완한 회로가 아래 그림에 나와 있다.

㉠ TR_1은 출력의 변동분을 증폭한다. TR_2는 직렬 제어용 트랜지스터이다.

㉡ TR_2의 컬렉터-이미터 사이의 내부 저항은 TR_2의 베이스-이미터 사이의 전압 함수이며, 이 전압은 TR_1의 컬렉터 전류에 따른다.

- TR_1의 $V_{BE} = V_a - V_r$

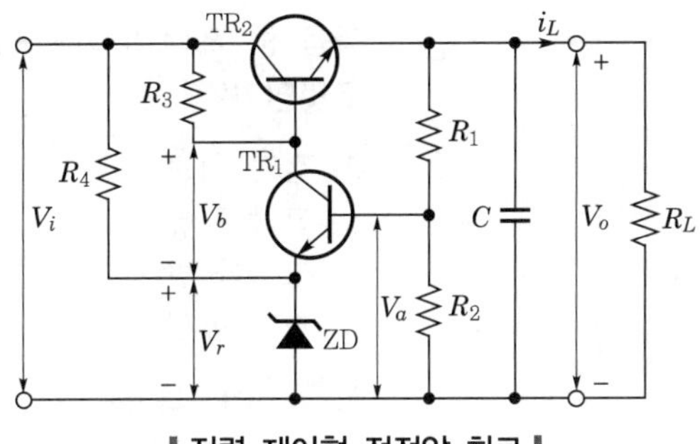

▍직렬 제어형 정전압 회로▍

㉢ 동작 원리

- V_o가 상승 → V_a 증대 → TR_1의 I_c 증가 → R_3의 전압 강하를 증가시킨다. 이 때문에 V_o는 감소, R_3의 전압(TR_2의 $V_{CB} = V_{CE1}$)이 증대하여 V_o의 상승을 억제한다.
- 증폭부의 이득을 올리면 안정도가 높아진다.
- R_1과 R_2의 값을 변화시키면 출력의 정전압 레벨을 가변시킬 수 있다.

기출문제 핵심잡기

☑ 정전압 회로의 종류

㉠ 병렬 제어형 정전압 회로

㉡ 직렬 제어형 정전압 회로

단락별 기출 · 예상 문제

01 다음 중 우리나라 전압의 주파수는 몇 [Hz]인가?

① 50　　② 60
③ 120　　④ 150

해설 각 나라별 가정용 전원

나라	전압[V]	주파수[Hz]
일본	110	60/50
대만	110	60
중국(북경)	220	50
미국	120	60
한국	220	60

02 그림과 같은 정전압 회로의 설명으로 잘못된 것은?

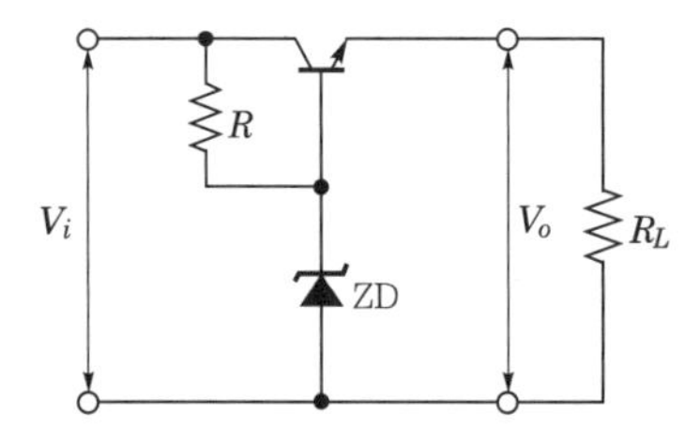

① ZD는 기준 전압을 얻기 위한 제너 다이오드이다.
② 부하 전류가 증가하여 V_o가 저하될 때에는 TR의 BE간 순방향 전압이 낮아진다.
③ 직렬 제어형 정전압 회로이다.
④ TR은 제어석이고, R은 ZD와 함께 제어석의 베이스에 일정한 전압을 공급하기 위한 것이다.

해설 부하 전류가 증가하여 V_o가 낮아지면 V_{BE}가 높아져 전류를 더 많이 흘릴 수 있도록 해준다.

03 다음 중 제너 다이오드를 사용하는 회로는 무엇인가?

① 검파 회로
② 고압 정류 회로
③ 고주파 발진 회로
④ 전압 안정 회로

해설 제너 다이오드
㉠ 일반적인 다이오드와 유사한 PN 접합 구조이나 다른 점은 매우 낮고 일정한 항복 전압 특성을 갖고 있어, 역방향으로 어느 일정값 이상의 항복 전압이 가해졌을 때 전류가 흐른다는 것이다.
㉡ 넓은 전류 범위에서 안정된 전압 특성을 보여 간단히 정전압을 만들거나 과전압으로부터 회로 소자를 보호하는 용도로 사용된다.

04 다음 중 정류기의 평활 회로는 어느 것에 속하는가?

① 고역 통과 여파기
② 저역 통과 여파기
③ 대역 통과 여파기
④ 대역 소거 여파기

해설 평활 회로
㉠ 정류 회로 출력 전압의 리플을 제거하는 회로로서, 저역 통과 필터를 사용한다.
㉡ LC 평활 회로

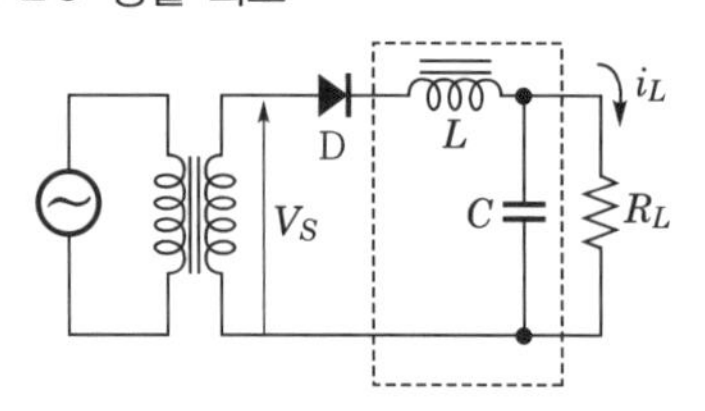

정답 01.② 02.② 03.④ 04.②

05 다음 전원 안정화 회로에서 제너 다이오드 Z_0의 역할은?

출제빈도

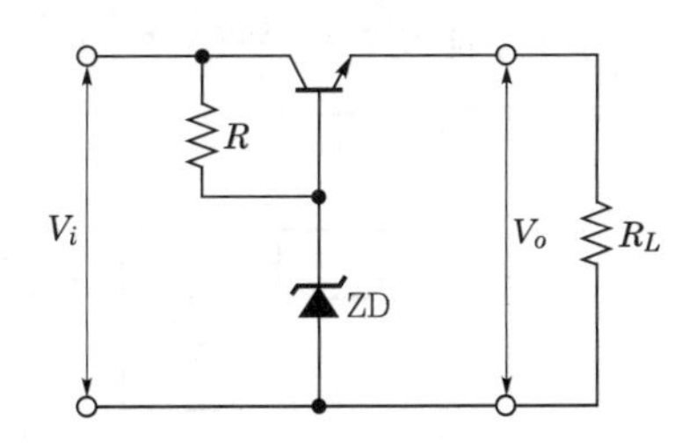

① 정류 작용
② 제어 작용
③ 검파 작용
④ 기준 전압 유지 작용

해설 제너 다이오드는 일정한 항복 전압 특성을 갖고 있어 양단에 전압이 일정하므로 정전압 회로에서 기준 전압 설정용으로 사용된다.

06 다음 중 일반적인 단상 전파 정류 회로와 비교한 브리지 정류 회로의 특징으로 적합하지 않은 것은?

① 변압기 2차 권선의 중간탭이 필요없다.
② 다이오드에 걸리는 최대 역전압이 반으로 줄어든다.
③ 출력 전압은 4배가 된다.
④ 정류 소자(다이오드)의 수가 2배 필요하다.

해설 **브리지 정류 회로**
㉠ 전파 정류 회로의 일종으로 출력 전압은 같다.
㉡ 4개의 다이오드를 이용하며 변압기 중간탭이 필요없다.

07 다음 중 직류 안정화 전원 회로의 기본 구성 요소로 가장 적합한 것은?

① 기준부, 비교부, 검출부, 증폭부, 지시부
② 기준부, 비교부, 검출부, 증폭부, 제어부
③ 기준부, 발진부, 검출부, 제어부, 증폭부
④ 기준부, 지시부, 검출부, 증폭부, 발진부

해설 직류 전원 회로 기본 구성 요소

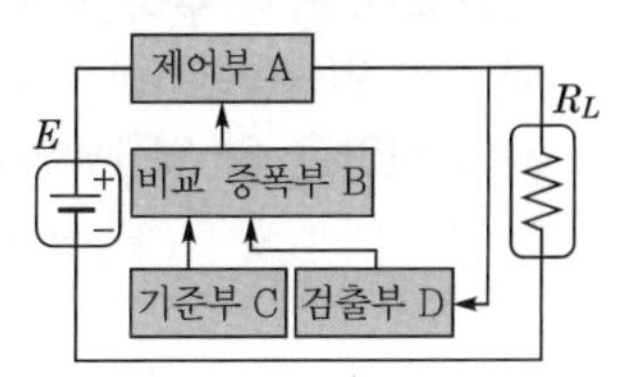

08 다음 중 전원 주파수 60[Hz]를 사용하는 정류 회로에서 120[Hz]의 맥동 주파수를 나타내는 것은?

① 단상 반파 정류 ② 단상 전파 정류
③ 3상 반파 정류 ④ 3상 전파 정류

해설 **맥동(ripple) 주파수** : 교류를 다이오드를 거치고 필터를 거치고 안정화 회로를 거쳐서 직류가 나오는데 필터링이 잘 되지 않으면 직류 성분에 약간의 교류가 섞여 나오는 현상(리플)이 발생하는데 이를 맥동(리플) 주파수라 한다.

[정류 방식별 맥동 주파수]

정류 방식	맥동 주파수[Hz]
단상 반파 정류	60
단상 전파 정류	120
3상 반파 정류	180
3상 전파 정류	360

09 콘덴서 입력형 전파 정류 회로의 입력 전압이 실효값으로 12[V]일 경우 정류 다이오드의 최대 역전압은 약 몇 [V]인가?

출제빈도

① 12 ② 17
③ 24 ④ 34

해설 다이오드 역방향 바이어스 시 최대 입력 전압은 다이오드 양단에서의 전압 강하로 나타난다. 이것을 첨두 역전압(Peak Reverse Voltage ; PRV)이라고 한다.

첨두 역전압 $V_P = 2\sqrt{2}\,V_s$
$= 2 \times \sqrt{2} \times 12$
$\fallingdotseq 34[\mathrm{V}]$

정답 05.④ 06.③ 07.② 08.② 09.④

10 전원 회로에서 부하 시의 전압이 100[V]일 때 전압 변동률은 10[%]였다고 한다. 무부하 시의 전압은 약 몇 [V]인가?

① 90　② 100
③ 110　④ 120

해설 전압 변동률

$$= \frac{\text{무부하 전압} - \text{부하 전압}}{\text{부하 전압}} \times 100$$

$$10 = \frac{V - 100}{100} \times 100[\%]$$

$\therefore\ V = 110[\text{V}]$

11 그림의 회로에서 출력 전압 V_o의 크기는? (단, V : 실효값)

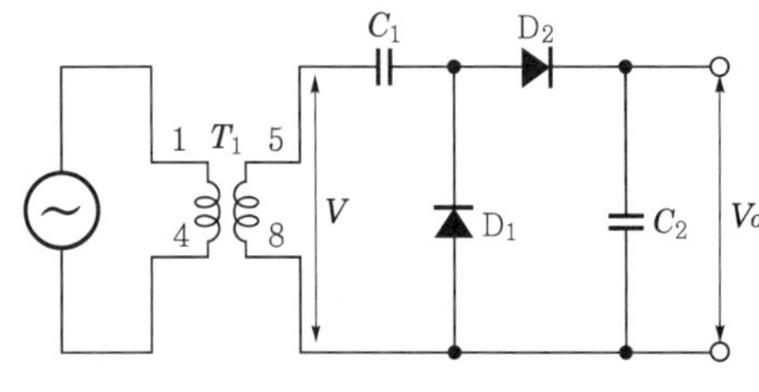

① $2V$　② $\sqrt{2}\,V$
③ $2\sqrt{2}\,V$　④ V^2

해설 다이오드 배전압 회로이다.
따라서 출력 전압은 최대값의 2배가 된다.
즉, $2\sqrt{2}\,V$가 된다.

12 실효 전압 E[V]를 다이오드로 반파 정류하였을 때 다이오드의 역내 전압은 몇 [V]인가?

① $\sqrt{2}\,E$　② $2E$
③ $\dfrac{E}{\sqrt{2}}$　④ $\dfrac{E}{2}$

해설 반파 정류 회로의 최대 역전압(PIV)은 최대 입력 전압과 같고 다이오드에 전류가 흐르지 않을 때 다이오드 양단의 최대 전압과 같다.
역내 전압 $V = \sqrt{2} \times$ 실효 전압(E)
$= \sqrt{2}\,E$

13 그림은 트랜지스터 및 제너 다이오드를 사용한 직렬형 정전압 회로의 구성도이다. 빈칸 ⓐ~ⓒ에 맞는 것은?

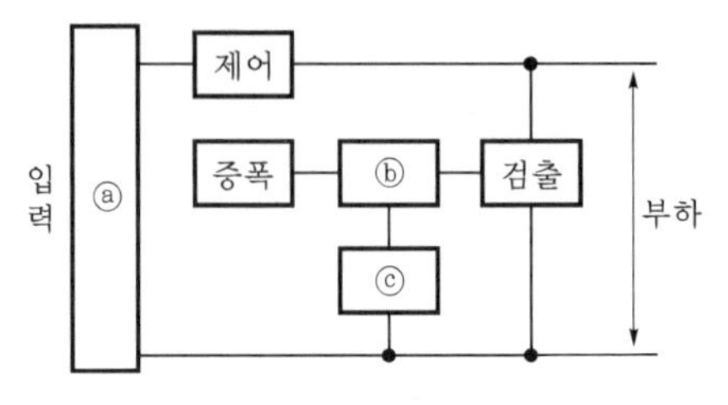

① ⓐ 증폭 ⓑ 기준 ⓒ 비교
② ⓐ 정류 ⓑ 비교 ⓒ 기준
③ ⓐ 기준 ⓑ 비교 ⓒ 정류
④ ⓐ 정류 ⓑ 기준 ⓒ 비교

해설 ㉠ 블록 ⓐ : 정류 회로
㉡ 블록 ⓑ : 출력 전압과 기준 전압을 비교하여 제어하기 위한 비교 회로
㉢ 블록 ⓒ : 기준 전압을 설정하는 회로

14 다음 중 맥동률이 가장 작은 정류 방식은?

① 단상 전파 정류　② 3상 전파 정류
③ 단상 반파 정류　④ 3상 반파 정류

15 그림의 회로에서 제너 다이오드와 직렬로 연결된 저항 680[Ω]에 흐르는 전류 I_s는 약 몇 [mA]인가?

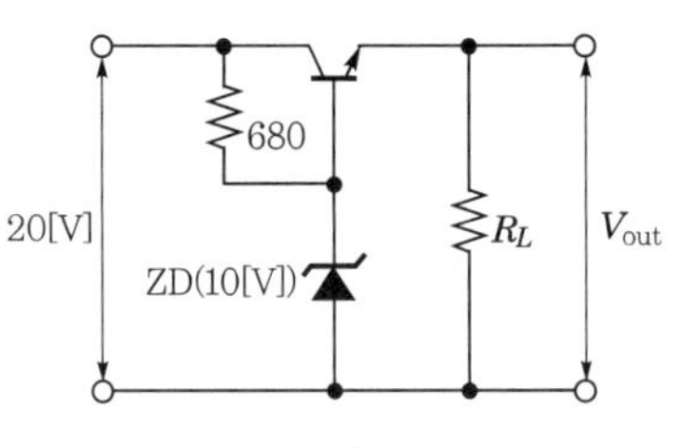

① 12.7　② 14.7
③ 16.7　④ 18.7

해설 $I_s = \dfrac{20 - 10}{680} = 14.7[\text{mA}]$

정답 10.③　11.③　12.①　13.②　14.②　15.②

16

기전력 E[V], 내부 저항 r[Ω]의 축전지 3개를 직렬 연결한 것에 부하 저항 R[Ω]을 연결하여 그 소비 전력을 최대로 하기 위하여는 부하 저항이 어떤 조건에 있으면 되는가?

① $R=r$ ② $R=2r$
③ $R=3r$ ④ $R=4r$

해설 ㉠ 축전지 3개 직렬 연결 시 합성 내부 저항 $r_0=3r$[Ω]
㉡ 최대 전력 전달은 내부 저항과 부하 저항이 같을 때이다.
∴ $R=3r$

17

그림과 같은 정류 회로에서 A, C 단자 간에 $E_m \sin \omega t$[V]를 인가했을 때 AB 양단 간의 전압은?

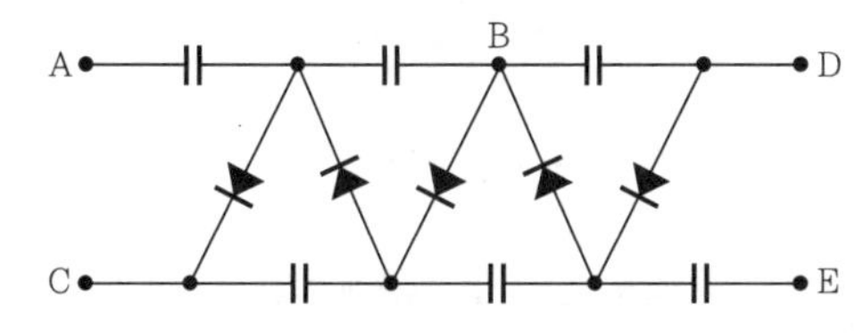

① $2E_m$ ② $2.5E_m$
③ $3E_m$ ④ $4E_m$

해설 $V_{ab}=E_m(2n-1)$[V]
n은 A, B 단자 간의 콘덴서 개수이므로
∴ $V_{ab}=E_m(2\times2-1)$
$=3E_m$

18

콘덴서 입력형 전파 정류 회로의 입력 전압이 실효값으로 12[V]일 경우 정류 다이오드의 최대 역전압은 몇 [V]인가?

① 12 ② 17
③ 24 ④ 34

해설 콘덴서 입력형 전파 정류 회로의 최대 역전압은 최대값 × 2가 된다.
∴ $2\times12\times\sqrt{2} \fallingdotseq 34$[V]

19

다음 회로에서 출력측의 맥동 주파수는 몇 [Hz]인가?

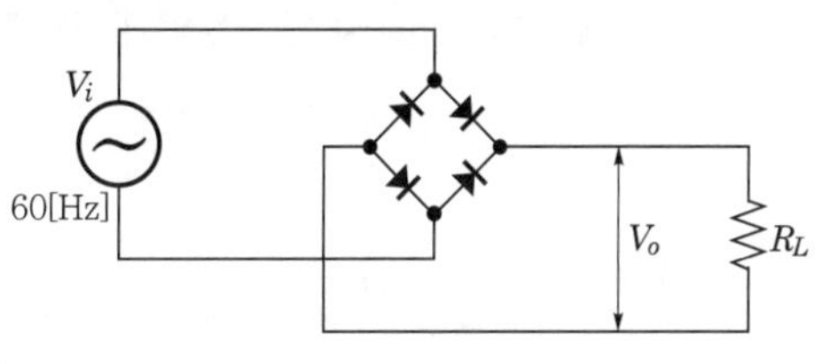

① 0 ② 60
③ 120 ④ 180

해설 ㉠ 반파 정류인 경우
인가 주파수=맥동 주파수
㉡ 전파 정류인 경우
인가 주파수 × 2 = 맥동 주파수
위 회로는 브리지 전파 정류 회로이다.

20

다음 중 실리콘 정류기의 일반적 특징으로 틀린 것은?

① 정류 효율이 좋다.
② 주위 온도가 높아져도 견딜 수 있다.
③ 과부하에 강하다.
④ 과전압이 걸리면 즉시 파괴된다.

해설 실리콘 정류기는 고전압용으로 주로 많이 사용된다.

21

그림과 같은 정류기의 어느 점에 교류 입력을 연결하여야 하는가?

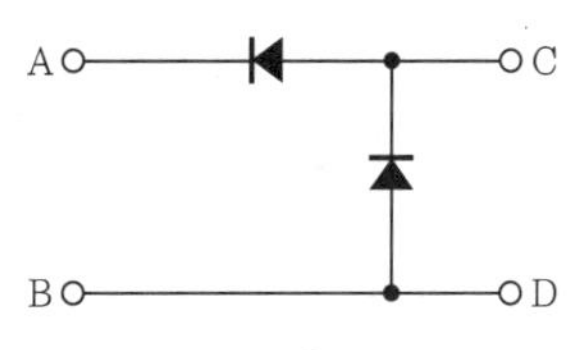

① A − B점 ② C − D점
③ A − C점 ④ B − D점

해설 반파 배전압 정류 회로로서 C − D점에 교류 입력을 연결하여야 한다.

정답 16.③ 17.③ 18.④ 19.③ 20.④ 21.②

22 정류 회로에서 무부하 출력 단자 전압 $V=150[V]$, 전부하 출력 단자 전압 $V_o=135[V]$일 때 전압 변동률은 약 몇 [%]인가?

① 8　② 11
③ 15　④ 20

해설 전압 변동률

$$= \frac{\text{무부하 전압} - \text{부하전압}}{\text{부하 전압}} \times 100$$

$$= \frac{150-135}{135} \times 100$$

$\fallingdotseq 11[\%]$

23 다음 중 콘덴서 입력형을 초크 입력형 전원 평활 회로에 비교한 특징으로 옳지 않은 것은?

① 일반적으로 출력이 높다.
② 전압 변동률이 좋지 않다.
③ 기동 시 전류가 흐르지 않는다.
④ 소전력용에 적합하다.

해설 **평활 회로의 비교**

㉠ 콘덴서 입력 평활 회로 : 정류 회로의 출력 전압을 직류 전압에 가까워지도록 하기 위한 회로로, 정류기 바로 뒤에 콘덴서를 접속한 것이다. 부하가 작으면 정류 전압의 최대값에 가까운 직류 전압이 얻어지나, 부하의 증대와 더불어 전압은 급속히 감소하여 전압 변동률은 크다.

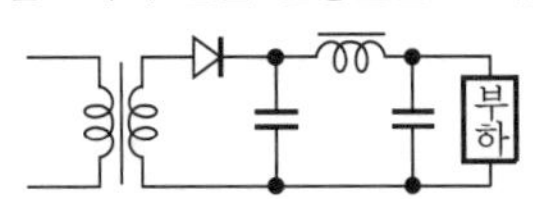

㉡ 초크 입력 평활 회로 : 정류기의 출력 전압을 리플이 작은 직류 전압으로 하는 평활 회로의 일종으로, 입력측에 초크 코일을 넣은 것을 말한다. 이 회로는 콘덴서 입력 평활 회로에 비해서 출력 직류 전압은 낮지만 전압 변동률이 작으므로 비교적 큰 부하 전류일 때나 부하의 변동이 심할 때 사용된다.

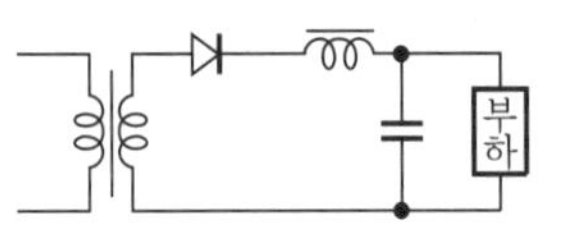

24 다음 중 정류기의 평활 회로는 어느 것에 속하는가?

① 고역 여파기　② 저역 여파기
③ 대역 여파기　④ 저항 감쇠기

해설 평활 회로로 주로 저역 통과 필터(lowpass filter)를 사용한다.

25 정류 회로의 직류 전압이 V_d, 리플의 (+) 최대값에서 (−) 최대값까지의 값($p-p$값)이 $\varDelta V$라면 리플 함유율은?

① $\dfrac{\varDelta V}{V_d - \varDelta V} \times 100[\%]$

② $\dfrac{V_d}{V_d - \varDelta V} \times 100[\%]$

③ $\dfrac{V_d - \varDelta V}{V_d} \times 100[\%]$

④ $\dfrac{\varDelta V}{V_d} \times 100[\%]$

해설 리플 함유율(맥동률)

$$= \frac{\text{출력 파형에 포함된 교류분의 신호값}(\varDelta V)}{\text{직류 전압}(V_d)} \times 100[\%]$$

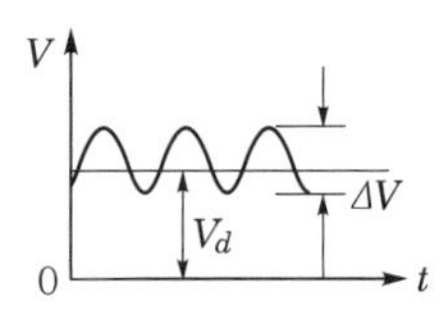

26 회로에서 무부하 시 다이오드의 최대 역전압은? (단, V : 실효값, V_m : 최대값)

출제빈도

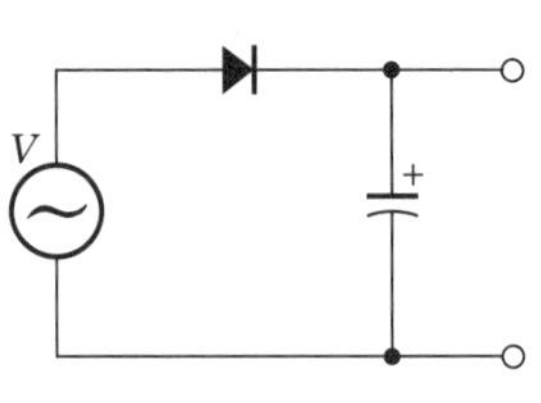

① V　② $2V$
③ V_m　④ $2V_m$

정답 22.② 23.③ 24.② 25.④ 26.④

해설 반파 정류 회로에서 무부하 시에는 최대값 (V_m)의 2배에 해당하는 역전압이 걸린다.

27 단상 전파 정류 회로의 이론상 최대 효율은 몇 [%]인가?

① 50 ② 78.5
③ 81.2 ④ 100

해설 **정류 회로의 효율**
㉠ 단상 반파 정류 회로의 효율 : 40.6[%]
㉡ 단상 전파 정류 회로의 효율 : 81.2[%]

28 정전압 회로의 설명 중 잘못된 것은?

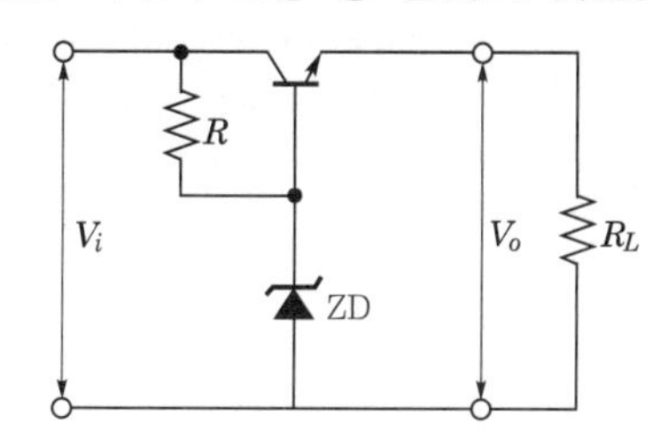

① TR은 제어석으로 가변 저항기 역할을 한다.
② ZD는 제너 다이오드이다.
③ 병렬형 정전압 회로이다.
④ 증폭단을 증가함으로써 출력 저항 및 전압 안정 계수를 작게 할 수 있다.

해설 부하와 직렬로 제어용 TR을 접속한 직렬형 정전압 회로이다.

29 그림의 리플 함유율은 몇 [%]인가?

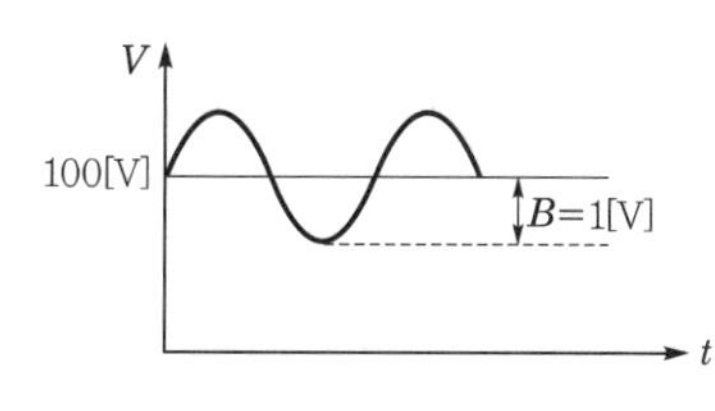

① 1 ② 2
③ 10 ④ 20

해설 리플 함유율

$$= \frac{\text{출력 파형에 포함된 교류분의 신호값}(\Delta V)}{\text{직류 전압}(V_d)} \times 100[\%]$$

$$= \frac{2}{100} \times 100$$

$$= 2[\%]$$

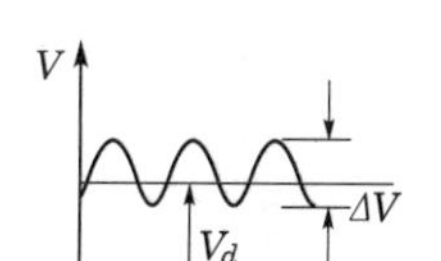

30 다이오드를 사용한 브리지 정류 회로는 주로 어떤 정류 회로인가?

① 반파 정류 회로
② 전파 정류 회로
③ 배전압 정류 회로
④ 정전압 정류 회로

해설 브리지 정류 회로는 전파 정류 회로의 일종이다.

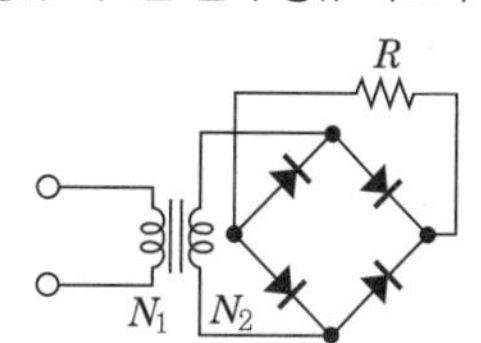

31 다음 중 콘덴서 입력형 평활 회로를 사용한 반파 정류기의 입력 전압이 실효값으로 100[V]일 때 정류 다이오드의 첨두 역전압은 약 몇 [V]인가?

① 100 ② 140
③ 200 ④ 280

해설 콘덴서 입력형 평활 회로에서는 첨두 역내전압(PRV)은 다이오드를 통해 콘덴서에 충전된 전압(최대값)과 입력 전압의 최대값 사이의 전위차가 된다.

$PRV = (\sqrt{2} \times 100) \times 2$
$\fallingdotseq 282[V]$

정답 27.③ 28.③ 29.② 30.② 31.④

32 그림과 같은 정류기의 어느 점에 교류 입력을 연결하여야 하는가?

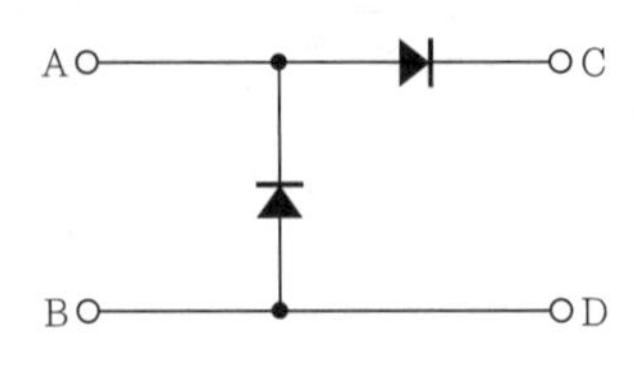

① A – B점 ② C – D점
③ A – C점 ④ B – D점

해설 반파 배전압 정류 회로로서, A – B점에 교류 입력을 연결해야 한다.

33 전파 정류 회로의 특징이 아닌 것은?

① 전원 전압의 이용률이 좋다.
② 리플 주파수는 전원 주파수의 2배이다.
③ 리플률이 반파보다 작다.
④ DC 출력 전압은 반파 정류의 2배이다.

해설 반파 정류와 전파 정류 회로의 직류 출력 전압은 동일하다.

34 다음 중 3단자 정전압 IC의 설명으로 맞지 않는 것은?

① 78M15는 (+)전원용이다.
② 78MXX의 입력 전압은 안정된 출력 전압을 얻기 위해 XX보다 낮게 공급한다.
③ 79MXX는 (–)전원용이다.
④ 78MXX의 M은 최대 정격 전류를 나타낸다.

해설 **3단자 정전압 레귤레이터 IC 종류**
㉠ 78XX : (+)전원용
79XX : (–)전원용
㉡ XX는 정전압을 나타내는 숫자이고 영문자 L이나 M은 정격 전류를 표시한다.
(예 : 78M09 : +9[V], 0.5[A])

정답 32.① 33.④ 34.②

04 클리퍼와 클램퍼

1 클리퍼 회로

(1) 클리퍼(clipper)의 기초

① 파형 정형 회로를 말하는데, 클리퍼 회로의 출력은 입력 신호의 한 부분을 잘라 버린 파형을 나타낸다.

② 신호를 전송할 때 기준값보다 높은 부분 또는 낮은 부분 등 원하는 부분만을 전송하기 위해서 사용한다. 클리퍼 회로는 리미터(limitter), 진폭 선택 회로(amplitude selector) 또는 슬라이서(slicer)라고도 부른다.

③ 클리퍼 회로는 다이오드와 저항, 직류 전지로 구성된다. 출력 파형은 각종 요소들의 위치를 상호 교환하거나 전지의 전압을 변화시킴으로써 다른 레벨에서 클리퍼할 수 있다.

④ 다이오드가 신호 전송 회로와 직렬로 연결되어 있으면 직렬 클리퍼라고 부르고, 다이오드가 신호 전송 회로와 병렬로 연결되어 있으면 병렬 클리퍼라고 부른다.

(2) 이상적 클리퍼 회로

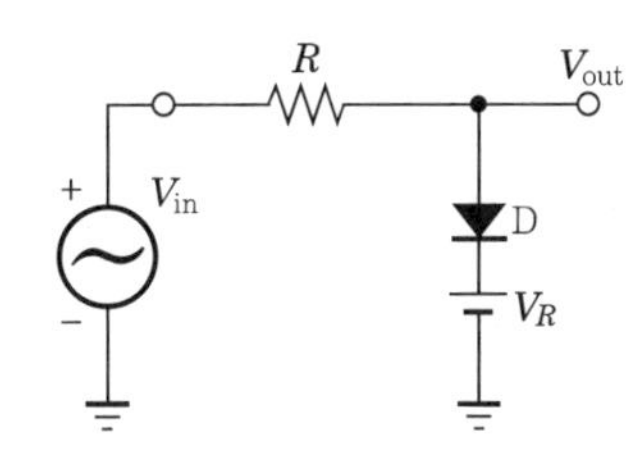

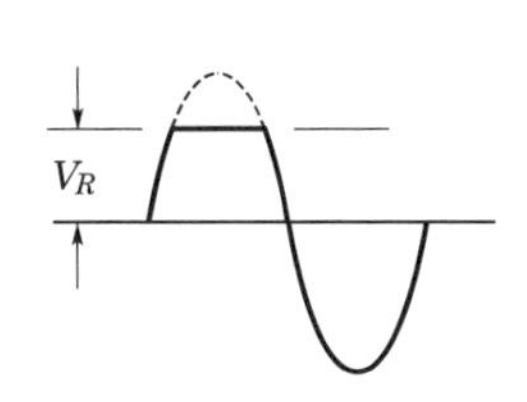

① 이상적인 다이오드를 가정한다.

② $V_{out} = V_{in}$ ($V_{in} < V_R$인 경우)
   $= V_R$ ($V_{in} > V_R$인 경우)

③ 실제로 회로를 구성한 후 오실로스코프로 파형을 관찰하면 차이점이 발견된다.
   ㉠ 클리퍼 레벨이 기준 레벨 V_R과는 다르다(약간 높다).
   ㉡ 클리퍼된 부분이 완전한 직선이 아니다.
   ㉢ 클리핑 시작점의 굴곡이 완만하다.

④ 실제 다이오드
   ㉠ 다이오드 내 PN 접합의 전압 강하 : 약 0.7[V]
   ㉡ 다이오드의 내부에 저항이 존재한다.

기출문제 핵심잡기

☑ 클리퍼(clipper)회로
㉠ 클리핑 회로
㉡ 리미터(limiter)
㉢ 진폭 제한 회로

☑ 클리퍼 회로의 종류
직렬 클리퍼 회로, 병렬 클리퍼 회로

[2010년 5회 출제]
기준 레벨보다 높은 부분을 평탄하게 하는 회로는 리미터 회로이다.

[2016년 2회 출제]

(3) 직렬 클리퍼

① 신호 전압과 다이오드를 직렬로 연결한다.
② 바이어스 전압에 의해 클리핑 전압이 변화한다.
③ 다이오드만을 이용한 직렬 클리퍼이다.

입력 파형	클리퍼 회로	출력 파형
V_i, V_m, 0, t, $-V_m$	+, +, V_i, R, V_o, −, −	V_o, 0, t, $-V_m$
	+, +, V_i, R, V_o, −, −	V_o, V_m, 0, t

★ 중요 ★
직렬 클리퍼 회로와 출력 파형들을 이해한다.

④ 바이어스된 직렬 클리퍼

입력 파형	클리퍼 회로	출력 파형
V_i, V_m, 0, t, $-V_m$	+, V, +, V_i, R, V_o, −, −	V_o, 0, t, $-V$, $-(V_m+V)$
	+, V, +, V_i, R, V_o, −, −	V_o, (V_m-V), 0, t, $-V$
	+, V, +, V_i, R, V_o, −, −	V_o, V, 0, t, $-(V_m-V)$
	+, V, +, V_i, R, V_o, −, −	(V_m+V), V_o, V, 0, t

(4) 병렬 클리퍼

① 신호 전압과 다이오드를 병렬로 연결한다.

② 다이오드만 이용한 병렬 클리퍼

입력 파형	클리퍼 회로	출력 파형
V_i, V_m, 0, t, $-V_m$	+, +, V_i, V_o, −, −	V_O, 0, t, $-V_m$
	+, +, V_i, V_o, −, −	V_O, V_m, 0, t

③ DC 바이어스가 포함된 병렬 클리퍼

입력 파형	클리퍼 회로	출력 파형
V_i, V_m, 0, t, $-V_m$	R, +, +, V_i, V_o, V, −, −	V_O, V, 0, t, $-V_m$
	R, +, +, V_i, V_o, V, −, −	V_O, V_m, V, 0, t
	R, +, +, V_i, V_o, V, −, −	V_O, 0, t, $-V$, $-V_m$
	R, +, +, V_i, V_o, V, −, −	V_O, V_m, V, 0, t

기출문제 핵심잡기

[2005년 2회 출제]
[2006년 3회 출제]
각 병렬 클리퍼 회로와 그 출력 파형들을 이해한다.

기출문제 핵심잡기

[2013년 2회 출제]
왼쪽 회로에서 DC 전원 대신 제너 다이오드로 바뀌어 출제되었으나 슬라이스 출력은 같다.

(5) 슬라이스 회로

① 서로 반대 방향으로 바이어스된 병렬 클리퍼를 연속하여 연결한다.

② 슬라이스 회로와 출력 파형

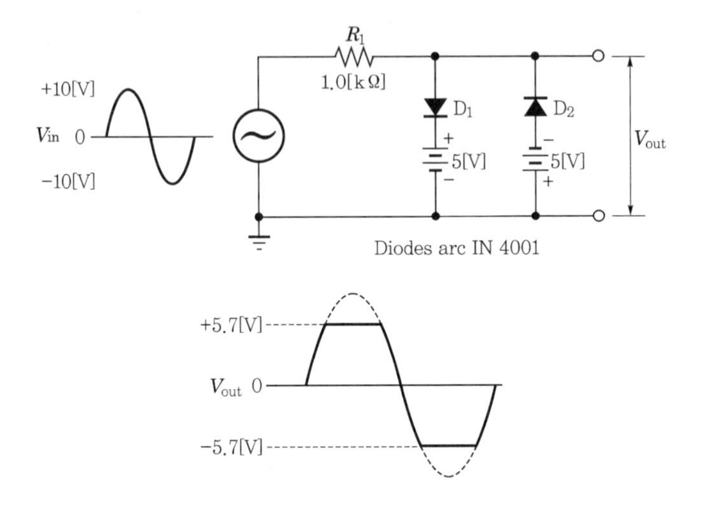

2 클램퍼 회로

(1) 클램퍼(clamper) 회로의 기초

① 입력 파형의 형태는 변화시키지 않고 입력 파형을 어떤 다른 레벨에 고정시키는 회로이다.

② 클램퍼 회로는 기본적으로 다이오드, 커패시터 및 저항으로 구성되어 있다.

③ 입력 신호에 의해서 정해지는 한 주기 동안에 커패시터 양단의 전압이 최대값을 유지할 수 있도록 시정수 $t = RC$가 충분히 커야 한다.

④ R과 C값은 출력 파형에 영향을 주므로 입력 신호의 주기보다 훨씬 더 크게 택해야 한다.

⑤ 클램퍼 회로에서 주의할 점은 클램퍼 회로의 동작은 항상 다이오드의 순방향 바이어스 인가 시부터 고려해야 한다는 것이다.

⑥ 클램퍼 회로의 입력과 출력 파형

[2013년 3회 출제]
왼쪽 (b) 회로에서 구형파 입력 시 출력 파형 구하기

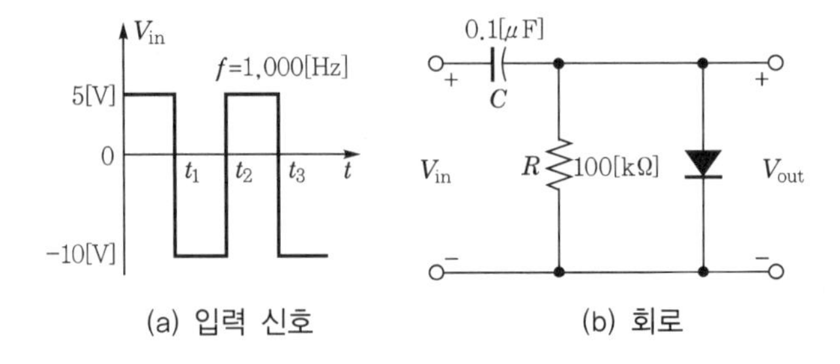

(a) 입력 신호 (b) 회로

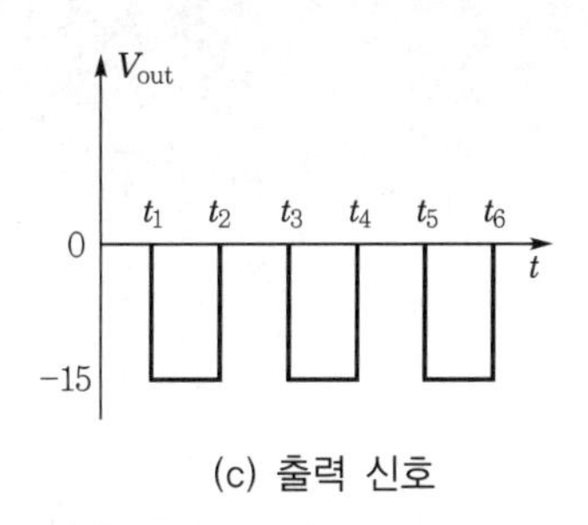

(c) 출력 신호

기출문제 핵심잡기

[2007년 1회 출제]
클램퍼 회로와 그 출력 파형들을 이해한다.

(2) 여러 가지 클램퍼 회로의 출력

입력 파형	클리퍼 회로	출력 파형
V_i, V, 0, T, t, $-V$	C, V_i, R, V_o	V_o, 0, t, $2[V]$, $-2[V]$
	C, V_i, R, V_o	V_o, $2[V]$, 0, t
	C, V_i, R, V_1, V_o	V_o, V_1, 0, t, $2[V]$
	C, V_i, R, V_1, V_o	V_o, $2[V]$, V_1, 0, t
	C, V_i, R, V_1, V_o	V_o, 0, t, $-V_1$, $2[V]$
	C, V_i, R, V_1, V_o	V_o, $2[V]$, 0, t, $-V_1$

단락별 기출 · 예상 문제

01 **다음 그림 같은 회로는?** (단, V_i의 최대값은 E보다 크다)

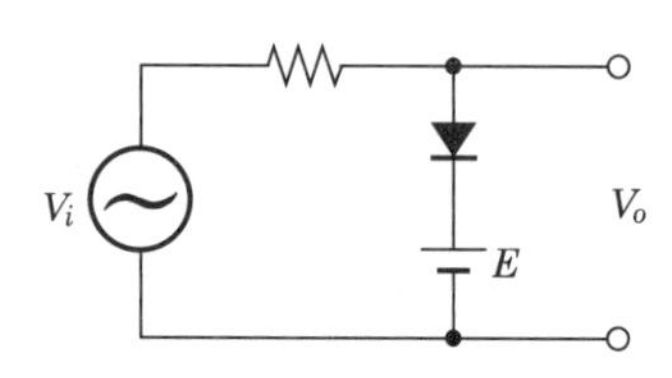

① 베이스(base) 클리퍼 회로
② 피크(peak) 클리퍼 회로
③ 정클램프 회로
④ 부클램프 회로

해설 파형의 일부분을 잘라버리는 회로를 클리퍼라 하며 회로는 피크(peak) 클리퍼 병렬형이다.

02 **그림과 같은 회로는?**

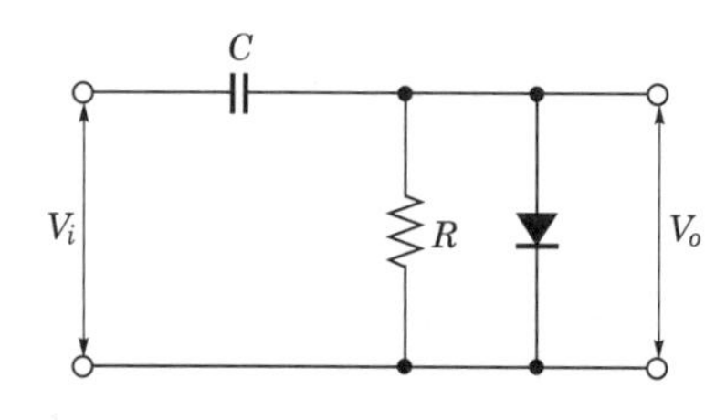

① 클램핑 회로 ② 클리핑 회로
③ 피킹 회로 ④ 트랩 회로

해설 **클램핑 회로** : 입력 신호의 (+) 또는 (−)의 피크를 어느 기준 레벨로 바꾸어 고정시키는 회로를 클램핑 회로, 또는 클램퍼(clamper)라 한다. 이 회로가 직류분을 재생하는 목적에 쓰일 때에는 직류분 재생 회로라고도 한다.

03 **그림과 같은 클리핑 회로에서 출력에 나타나는 파형의 모양은?**

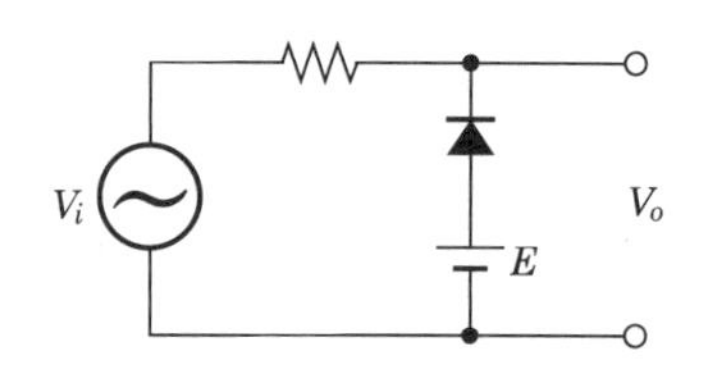

①
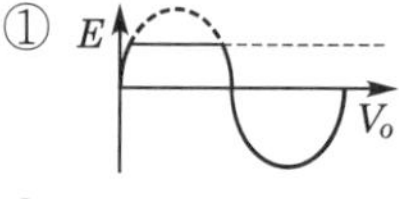

②
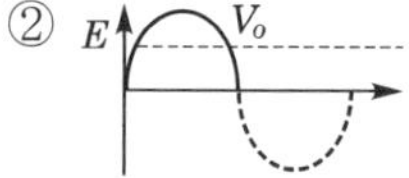

③
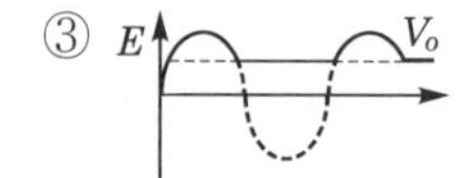

④
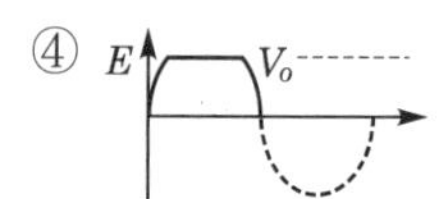

04 **회로의 입력에 정현파를 인가했을 때 출력 파형은?**

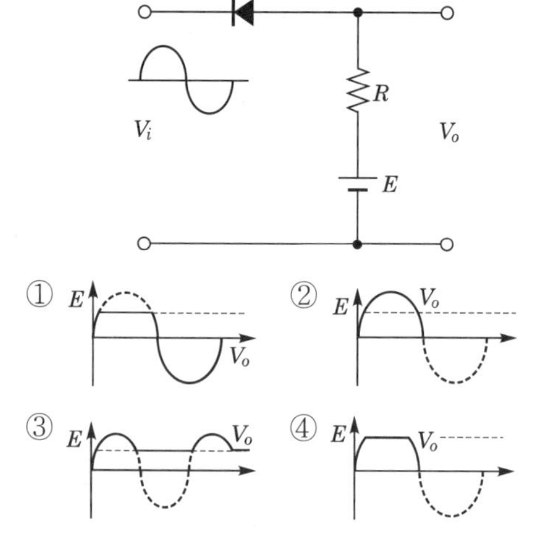

해설 회로는 E보다 큰 교류 신호를 잘라내는 클리핑(클리퍼) 회로이다.

정답 01.② 02.① 03.③ 04.①

05 그림과 같은 회로는?

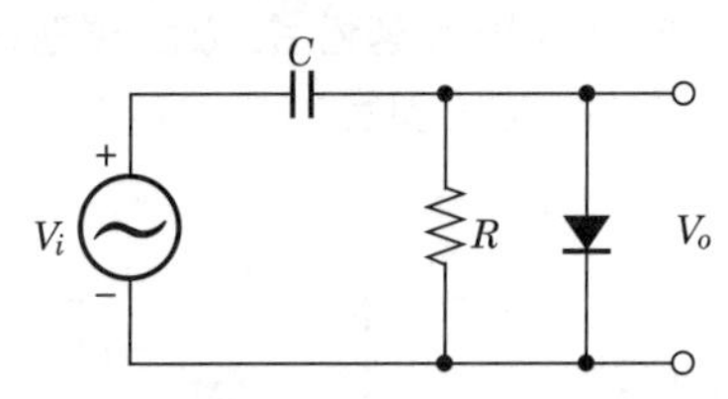

① 클리핑 회로 ② 양단 클리핑 회로
③ 클램핑 회로 ④ 진폭 제한 회로

해설 입력 신호에 어느 기준 레벨로 바꾸어 고정시켜 출력하는 회로를 클램핑 회로라 한다.

06 주어진 회로의 정현파 입력에 대한 출력 파형은? (단, V_{in}의 최대값 > V_B)

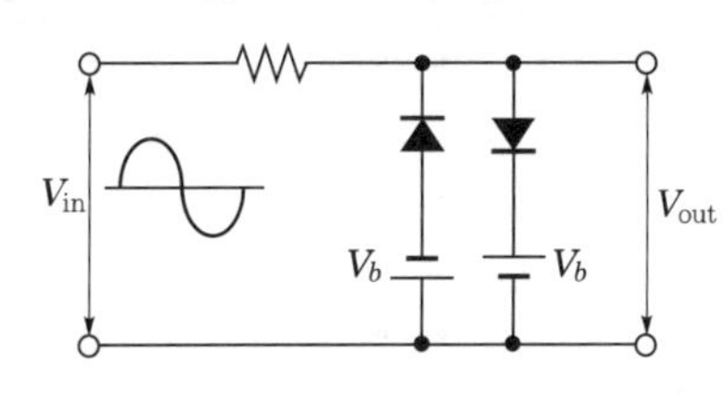

① V_b, $-V_b$

② V_b, $-V_b$

③ V_b, $-V_b$

④ V_b, $-V_b$

해설 리미터(limiter) 회로로 진폭을 제한하는 회로로서 피크 클리퍼와 베이스 클리퍼를 결합하여 입력 파형의 위와 아래를 잘라내는 회로이다.

07 그림과 같은 회로의 입력측에 정현파를 가할 때 출력측에 나오는 파형은 어떻게 되는가? (단, $V_i = V_m \sin\omega t$[V]이고 $V_m > V_R$이다)

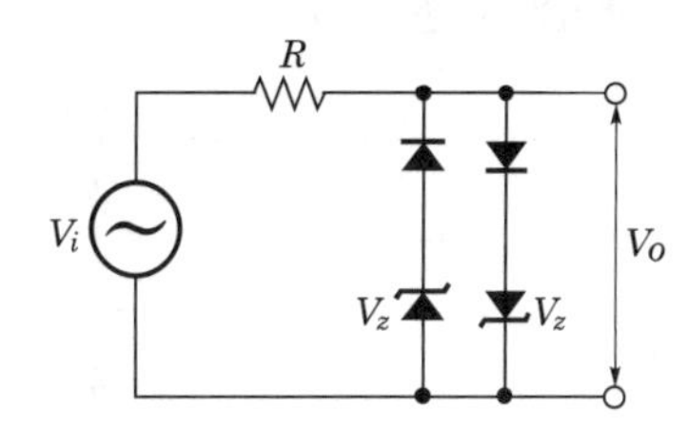

① V_z, $-V_z$, t

② $2V_z$, V_z, 0, t

③ 0, $-V_z$, $-2V_z$, t

④ V_z, $-V_z$, t

해설 제너 다이오드를 사용한 리미터 회로이다.

08 기준 레벨보다 높은 부분을 평탄하게 하는 회로는?

① 게이트 회로 ② 미분 회로
③ 적분 회로 ④ 리미터 회로

정답 05.③ 06.① 07.① 08.④

해설 리미터 회로 파형

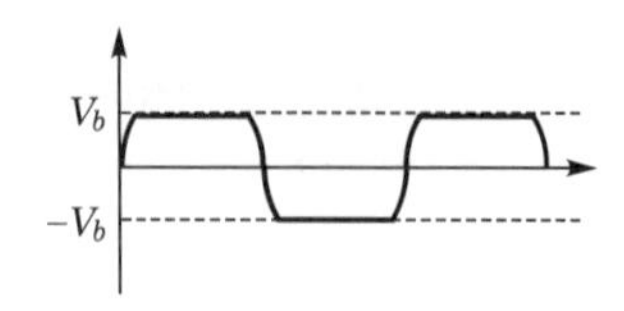

09 그림과 같이 회로에 입력을 주었을 때 출력 파형은 어떻게 되는가?

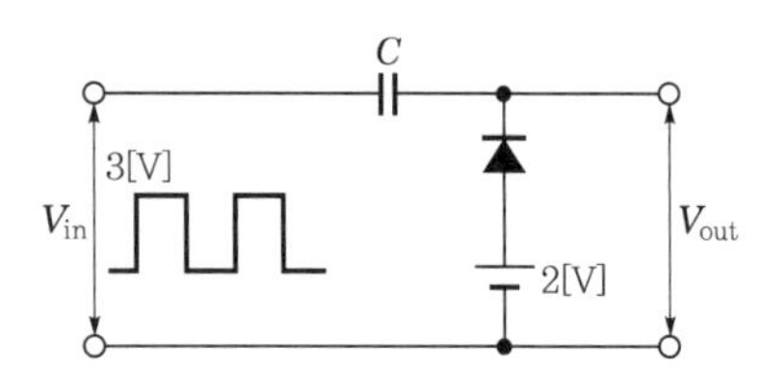

① 3[V], 2[V], 0[V]

② 1[V]

③ 0[V], 3[V]

④ 2[V]

해설 다이오드 반파 정류 회로에 직류 3[V]가 더해져서 출력된다.

10 이상적인 다이오드를 사용하여 그림에 나타낸 기능을 수행할 수 있는 클램프 회로를 만들 수 있는 것은? (단, V_i : 입력 파형, V_o : 출력 파형)

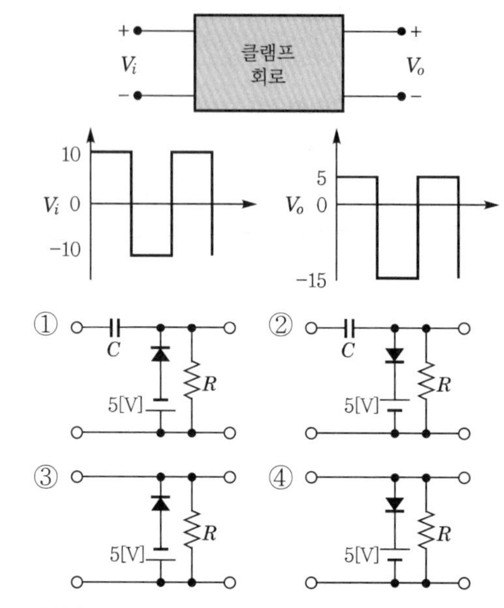

해설 ② 회로에서

㉠ $V_i(+)$일 때 : $V_i(+)>5V_{dc}$면 다이오드 쇼트로 출력 전압이 나오지 않는다. → $5V_{dc}$가 출력

㉡ $V_i(-)$일 때 : 다이오드는 차단, $V_i(+)$일 때 콘덴서에 5[V] 충전 전압과 $V_i(-)$가 합쳐져서 출력된다. → −15[V] 출력

정답 09.① 10.②

05 트랜지스터 증폭 회로

1 BJT(Bipolar Junction Transistor) 개요

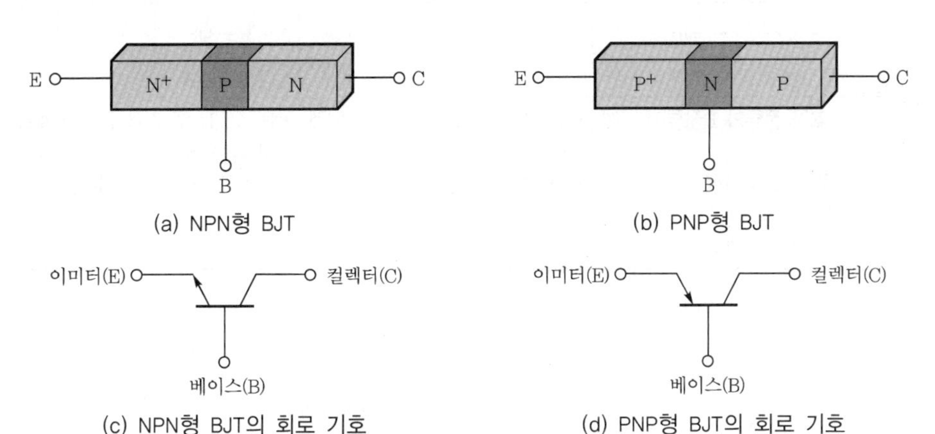

▌BJT의 기본 구조 및 회로 기호▐

(1) NPN형과 PNP형 BJT 전류 방향

① NPN형 : 베이스와 컬렉터 단자로 들어간 전류가 이미터 단자로 나가는 동작

② PNP형 : 이미터 단자로 들어간 전류가 베이스와 컬렉터 단자로 나가는 동작

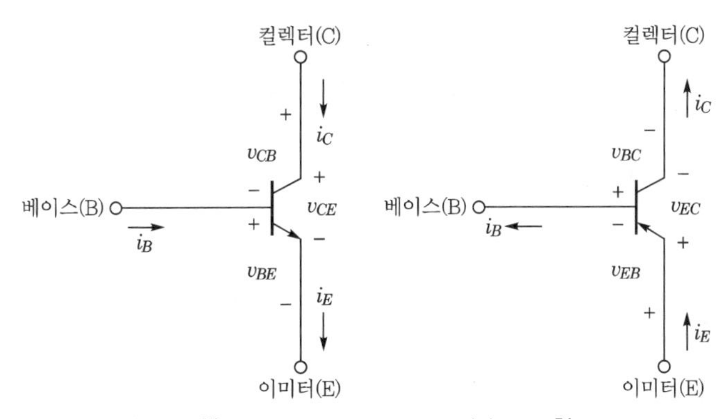

▌BJT의 단자 전압과 전류 표시▐

기출문제 핵심잡기

[2016년 2회 출제]
일반적으로 트랜지스터(TR)는 BJT(쌍극성 접합 트랜지스터)를 의미한다.

☑ 쌍극성(bipolar)
전자와 정공 2개의 캐리어에 의해 동작한다는 의미이다.

☑ BJT의 물리적 특징
㉠ 도핑 농도 : 이미터 > 베이스 > 컬렉터
㉡ 이미터 : 전류 운반 캐리어(전자 또는 정공)를 제공
㉢ 컬렉터 : 베이스 영역을 지나온 캐리어가 모이는 영역
㉣ 베이스 : 이미터에서 주입된 캐리어가 컬렉터로 도달하기 위해 지나가는 영역

(2) 바이어스에 따른 BJT의 동작 모드

① 동작 모드별 특성

활성 상태	포화 상태	차단 상태
E, N+, P, N, C, B $V_{BE}>0$ 순방향, $V_{BC}<0$ 역방향	E, N+, P, N, C, B $V_{BE}>0$ 순방향, $V_{BC}>0$ 순방향	E, N+, P, N, C, B $V_{BE}<0$ 역방향, $V_{BC}<0$ 역방향
• C－E간 전류가 B전류에 비례한다. • 전류의 크기를 제어할 수 있는 상태이다. • 증폭기로 동작한다.	• C－E간 전류가 B전류에 비례하지 않는다. • 스위치 ON 상태이다.	• B, C, E 3단자에 전류가 흐르지 않는다. • 스위치 OFF 상태이다.

[2010년 1회 출제]
트랜지스터를 증폭기로 사용하는 영역은 활성 영역이다.

② $V-I$ 특성 곡선

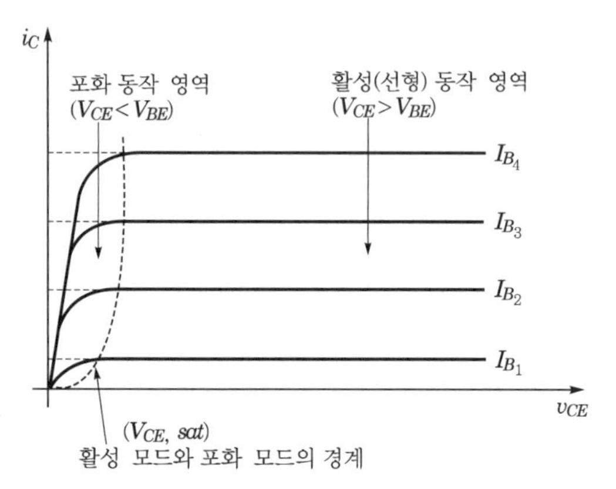

▌NPN형 BJT의 $V-I$ 특성 곡선▐

2 BJT 바이어스 회로

★중요★
[2011년 1회 출제]
고정 바이어스 회로에서 베이스 전류 구하기

$$I_B = \frac{V_{CC}-V_{BE}}{R_B}[\text{A}]$$

[2011년 1회 출제]
주어진 TR 바이어스 회로를 보고 어떤 회로인지 찾기

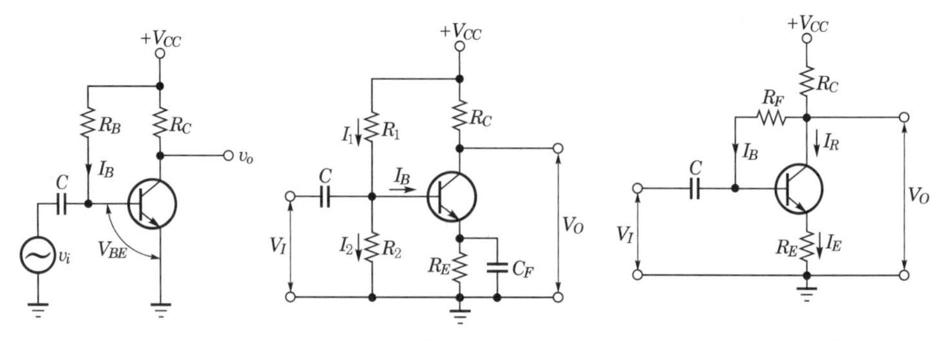

(a) 고정 바이어스　　(b) 전류 궤한 바이어스　　(c) 전압 궤환 바이어스

▌BJT 바이어스 회로▐

기출문제 핵심잡기

[2013년 3회 출제]
잘못된 바이어스 회로에서는 입·출력 파형 간 비례하지 않아 일그러짐이 커지고 전력 손실이 커서 이득이 감소하게 된다.

[2013년 3회 출제]
안정도가 가장 높은 바이어스 회로는 전압 궤환과 전류 궤환 바이어스 회로를 합친 전압 전류 궤환 바이어스 회로이다.

(1) 고정 바이어스 회로(베이스 전류 바이어스 회로)

① 컬렉터 전류 $I_C = \beta I_B + (1+\beta) I_{CO} \fallingdotseq \beta I_B$

② **안정 계수** : S가 작을수록 안정도가 좋다(β : 전류 증폭률).

$$S = \frac{\Delta I_C}{\Delta I_{CO}} = 1+\beta$$

③ 동작점에서의 베이스 전류

$$I_B = \frac{V_{CC} - V_{BE}}{R_B}\,[\text{A}]$$

(2) 전류 궤환 바이어스(이미터 바이어스)

온도 변화에 따른 안정을 기하기 위해 전류 궤환이 되도록 한다.

$$\text{안정 계수 } S = \frac{\Delta I_C}{\Delta I_{CO}} = (1+\beta)\frac{1-\alpha}{1+\beta+\alpha}$$

여기서, $\alpha = \dfrac{R_1 R_2}{R_E(R_1+R_2)}$

(3) 전압 궤환 바이어스(컬렉터－베이스 바이어스)

온도 상승으로 인한 컬렉터의 전류 증가를 상쇄시키기 위하여 전압 궤환이 되도록 한다.

$$\text{안정 계수 } S = \frac{\Delta I_C}{\Delta I_{CO}} = \frac{(1+\beta)(R_C+R_F+R_E)}{R_F+(1+\beta)R_C+(1+\beta)R_E} = \frac{1+\beta}{1+\beta R_C/(R_B+R_C)}$$

3 BJT h 파라미터 등가 회로

T형 파라미터값들은 측정하기 곤란하고 회로 해석에는 h파라미터를 쓰는 것이 편리하다.

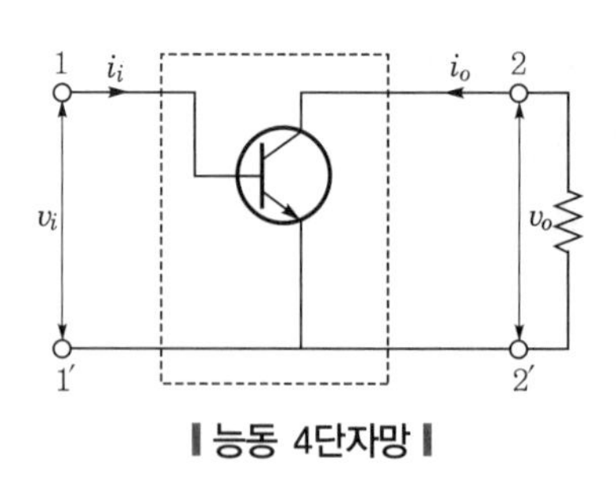

▌능동 4단자망▐

(1) 능동 4단자망의 입 · 출력 관계

첨자 i는 입력(input)을 뜻하고, o는 출력(output)을, r은 역방향(reverse)을 뜻하고, f는 순방향(forward)을 뜻한다.

$$v_i = h_i i_i + h_r \, v_o$$

$$i_o = h_f i_i + h_o \, v_o$$

(2) h파라미터의 의미

이미터 접지인 경우는 h파라미터에 첨자 e를 더 붙이고, 베이스 접지인 경우는 첨자 b를, 컬렉터 접지인 경우는 첨자 c를 덧붙인다.
이미터 접지의 경우에는 다음과 같이 나타낸다.

$$v_i = h_{ie} \, i_i + h_{re} \, v_o$$

$$i_o = h_{fe} \, i_i + h_{oe} \, v_o$$

① h파라미터의 종류

㉠ $h_i = \left.\dfrac{v_i}{i_i}\right|_{(v_o=0)}$: 출력 단자를 단락했을 때의 입력 임피던스

㉡ $h_r = \left.\dfrac{v_i}{v_o}\right|_{(i_i=0)}$: 입력 단자를 개방했을 때의 전압 궤환율

㉢ $h_f = \left.\dfrac{i_o}{i_i}\right|_{(v_o=0)}$: 출력 단자를 단락했을 때의 전류 증폭률

㉣ $h_o = \left.\dfrac{i_o}{v_o}\right|_{(i_i=0)}$: 입력 단자를 개방했을 때의 출력 어드미턴스

② 증폭기에서 h파라미터의 역할

㉠ $h_{ie} \, i_i$: 입력 전류 i_i가 h_{ie}의 저항에 흐를 때의 전압 강하율

☑ h파라미터 수식 의미

$h_i = \left.\dfrac{v_i}{i_i}\right|_{(v_o=0)}$

→ h 입력 임피던스 $= \dfrac{\text{입력 전압}}{\text{입력 전류}}$

(조건 : 출력 단자(v_0) 단락 시)

☑ h_{ie} 표현

㉠ i : 특정량이 임피던스

㉡ e : 이미터 접지 증폭기

따라서 이미터 접지 증폭기의 입력 임피던스 h파라미터를 의미한다.

㉡ $h_{re}\ v_o$: 출력 전압 v_o의 일부가 입력쪽으로 궤환되는 전압원

㉢ $h_{fe}\ i_i$: 출력측의 정전류원

㉣ $h_{oe}\ v_o$: 출력 전압에 의해서 $\dfrac{1}{h_{oe}}$과 같은 크기의 저항에 흐르는 전류

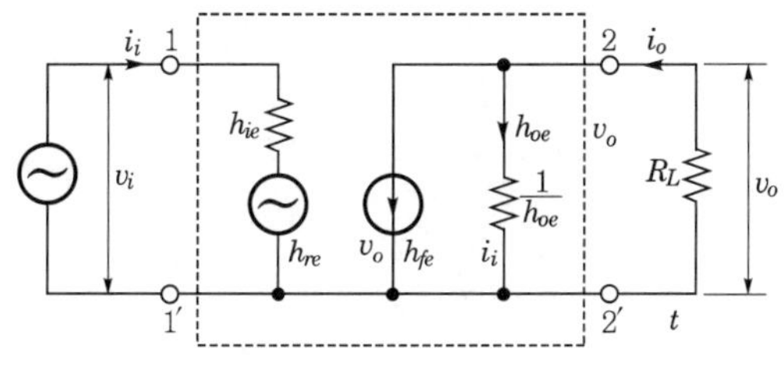

▌h 파라미터 등가 회로▐

h파라미터를 사용한 트랜지스터 증폭 회로의 등가 회로로 표시하면 위 그림과 같다.

(3) 이미터 접지 시 전류 · 전압 · 전력 증폭도

☑ 이미터 접지 시

㉠ 전류 증폭도

$A_{ie} \fallingdotseq -h_{fe}$

㉡ 전압 증폭도

$A_{ve} \fallingdotseq -h_{fe}\dfrac{R_L}{h_{ie}}$

㉢ 전력 증폭도

$A_{pe} \fallingdotseq h_{fe}^2\dfrac{R_L}{h_{ie}}$

① 전류 증폭도 $A_{ie} = -\dfrac{i_o}{i_i}$

$$= \frac{-h_{fe}}{1+h_{oe}R_L}$$

$$\fallingdotseq -h_{fe}$$

② 전압 증폭도 $A_{ve} = \dfrac{v_o}{v_i}$

$$= -\frac{h_{fe}}{h_{ie}\left(h_{oe}+\dfrac{1}{R_L}\right)-h_{re}h_{fe}}$$

$$\fallingdotseq -h_{fe}\frac{R_L}{h_{ie}}$$

③ 전력 증폭도 $A_{pe} = A_{ie} \cdot A_{ve}$

$$= \frac{h_{fe}^2}{h_{oe}R_L+1} \cdot \frac{1}{h_{ie}\left(h_{oe}+\dfrac{1}{R_L}\right)-h_{re}h_{fe}}$$

$$\fallingdotseq h_{fe}^2\frac{R_L}{h_{ie}}$$

★중요★
[2010년 1회 출제]
컬렉터 접지 증폭 회로는 고입력 임피던스, 저출력 임피던스, 입·출력 동상의 특성이 있다.

[2010년 1회 출제]
RC 결합 증폭 회로는 교류 전용 증폭기이며, 저입력 임피던스, 고출력 임피던스 특성이 있다.

4 트랜지스터 증폭 회로

(1) 이미터 접지 증폭 회로(Common Enitter ; CE)

이미터 접지 증폭기의 전압 이득은 다음 식과 같다.

$$A = \frac{v_c}{v_b} \cong \frac{i_e r_c}{i_e r_e} \cong \frac{r_c}{r_e}$$

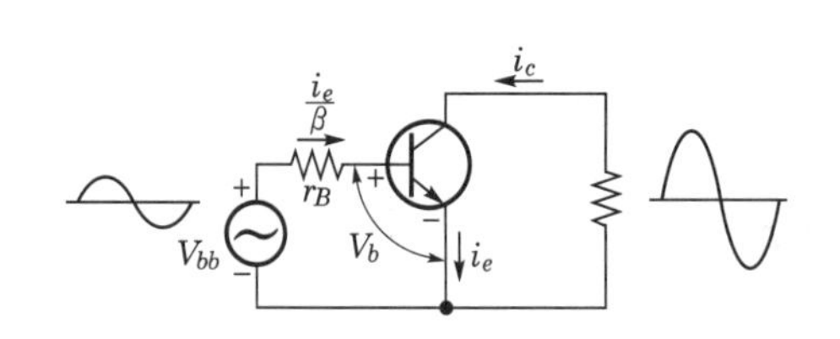

(a) 이미터 접지 증폭 회로

(b) 등가 회로

▌이미터 접지 증폭 회로▐

★중요★
증폭률 파라미터
㉠ α : 베이스 접지 회로의 전류 증폭률
$\alpha = \frac{\beta}{1+\beta}$
㉡ β : 이미터 접지 회로의 전류 증폭률
$\beta = \frac{\alpha}{1-\alpha}$

[2013년 3회 출제]
베이스 접지 회로의 전류 증폭률이 0.98일 때 이미터 접지 증폭 회로의 전류 증폭률은 위 식을 이용하면 $\beta = 49$로 계산된다.

(2) 컬렉터 접지 증폭 회로(Common Collector ; CC)

① 전압 이득이 1에 가깝고 입력과 출력 전압이 거의 비슷한 크기의 파형을 가진다. 즉, 이미터의 출력 전압은 베이스의 입력 전압을 따른다. 그러므로 이 회로를 이미터 폴로어(emitter follower)라고도 한다.

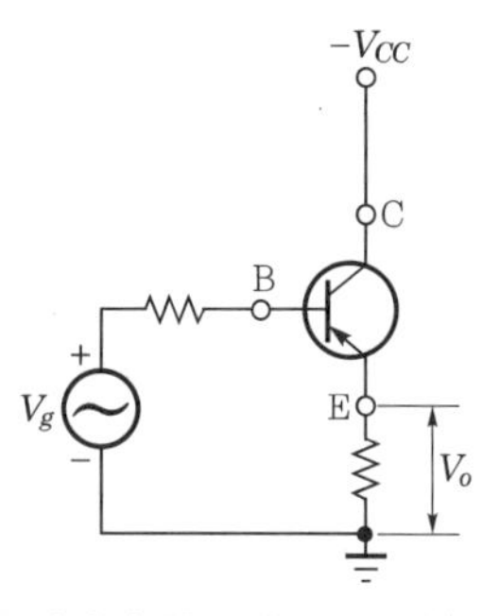

▌이미터 폴로어 증폭 회로▐

② 특징

㉠ 전압 이득이 1보다 작다($A_V \approx 1$).

㉡ 입력 임피던스는 대단히 높고 출력 임피던스는 대단히 낮아 임피던스 변성용(버퍼단, 정합용)으로 많이 사용한다.

㉢ 전류 이득이 대단히 크므로 전력 증폭용으로 많이 사용된다.

(3) 증폭 회로의 특성 요약

구분	베이스 접지(CB)	이미터 접지(CE)	컬렉터 접지(CC)
회로			
입력 저항	작다.	중간	크다.
출력 저항	크다.	중간	작다.
입 · 출력 위상	동상	위상 반전	동상
전압 이득	높다.	높다.	낮다(<1).
전류 이득	≒1	높다.	높다.
용도	전압 증폭용	전압 증폭용	임피던스 변환용

5 궤환 증폭 회로

(1) 기본 개념

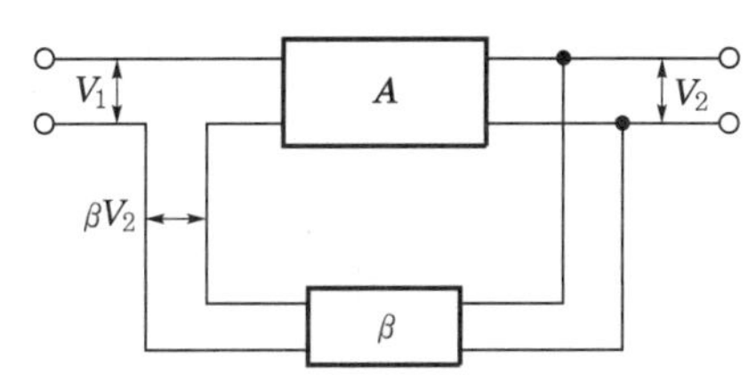

▍궤환 증폭 회로의 기본 구조▍

① 증폭도

$$A_f = \frac{V_2}{V_1} = \frac{A}{1-A\beta}$$

여기서, A : 궤환이 없을 때 전압 증폭도

β : 궤환 계수

② 부궤환과 정궤환

㉠ $|t1-A\beta|>1$일 때 $|A_f|<|A|$로 부궤환이고 이득이 감소한다.

㉡ $|1-A\beta|<1$일 때 $|A_f|>|A|$로 정궤환이고 이득이 증대된다.

㉢ $|1-A\beta|=0$일 때 $|A_f|=\infty$로 발진이라고 하며, 외부 신호없이 출력이 유한한 값을 갖는다.

(2) 부궤환 증폭 회로의 특징

① 이득이 $\left|\frac{1}{1-A\beta}\right|$배만큼 감소한다.

② 주파수 특성이 개선된다(즉, 대역폭이 $|1-A\beta|$배만큼 넓어진다).

기출문제 핵심잡기

★중요★

[2010년 2회 출제]

A, β가 주어졌을 때 증폭기 전압 이득은 $A_f = \frac{A}{1-A\beta}$로 구한다.

[2010년 5회 출제]

[2012년 5회 출제]

궤환 증폭 회로 중 100[%] 궤환율을 가진 회로는 이미터 폴로어 증폭기이다.

[2016년 1회 출제]

[2010년 1회 출제]
[2011년 5회 출제]
[2012년 1회 출제]
부궤환 증폭기의 특징
㉠ 증폭 이득이 감소하고 안정하게 된다.
㉡ 일그러짐(잡음)이 감소한다.
㉢ 입력 임피던스가 증가하고 출력 임피던스가 감소한다.

③ 출력의 비직선 일그러짐이 $\left|\dfrac{1}{1-A\beta}\right|$배만큼 감소한다.

④ 증폭의 이득이 안정해진다.

⑤ 잡음이 감소한다.

⑥ 입·출력 임피던스가 변화한다.

(3) 전압 궤환 회로

① 출력 전압의 일부 또는 전부를 입력쪽으로 궤환하는 방식으로, 병렬 궤환이라고도 한다.

② 궤환 전압 $V_f = \dfrac{R_1}{R_1+R_2}V_o$

③ 궤환 계수 $\beta = \dfrac{V_f}{V_o} = \dfrac{R_1}{R_1+R_2}$

④ 궤환이 없을 때 전압 증폭도 $A = A_{V_1} \cdot A_{V_2}$

⑤ 궤환이 있을 때 전압 증폭도 $A_f \fallingdotseq \dfrac{1}{\beta} = \dfrac{R_1+R_2}{R_1}$

(4) 전류 궤환 회로

① V_{ex}가 V_{i_1}보다 매우 크므로

$$I_f = \frac{V_{i_1} - V_{e_2}}{R} \approx -\frac{V_{e_2}}{R'} = \frac{(I_o - I_f)R_{e_2}}{R'}$$

② $I_f = \dfrac{R_{e_2} I_o}{R_{e_2} + R'}$

③ 궤환 계수 β : $\beta = \dfrac{I_f}{I_o} = \dfrac{R_{e_2}}{R_{e_2}+R'}$

④ 전류 증폭도 A_{If} : $A_{If} \approx \dfrac{1}{\beta} = \dfrac{R_{e_2}+R'}{R_{e_2}}$

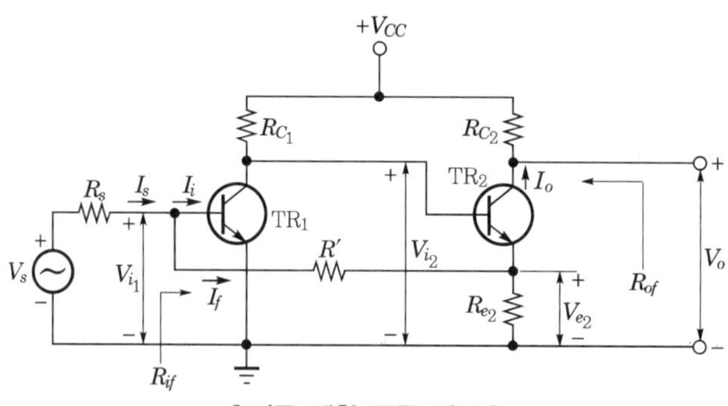

▌전류 궤환 증폭 회로▐

6 전력 증폭 회로

(1) 전력 증폭기의 의의

① 높은 출력 전력을 생성할 수 있는 증폭기로, 큰 전력은 제공하나 전압 이득은 거의 제공하지 못한다.

② 소신호 증폭기보다 훨씬 큰 부하 직선 영역이 이용되고, 최대 스윙 출력을 얻기 위해 부하선 중앙에 동작점(Q점)을 위치시켜 스윙 범위 대부분을 이용하게 된다(주로 A급 증폭기).

③ 전력 증폭기의 구분

㉠ A급 증폭기, B급 증폭기, AB급 증폭기, C급 증폭기, D급 증폭기

㉡ D급 증폭기는 A ~ C급 증폭기와 달리 선형 동작을 위한 트랜지스터 바이어스를 하는 대신 스위치로 동작시킨다. 즉, 출력 신호가 ON 또는 OFF로 스위치된다.

④ 증폭 회로별 부하선상의 Q점 위치

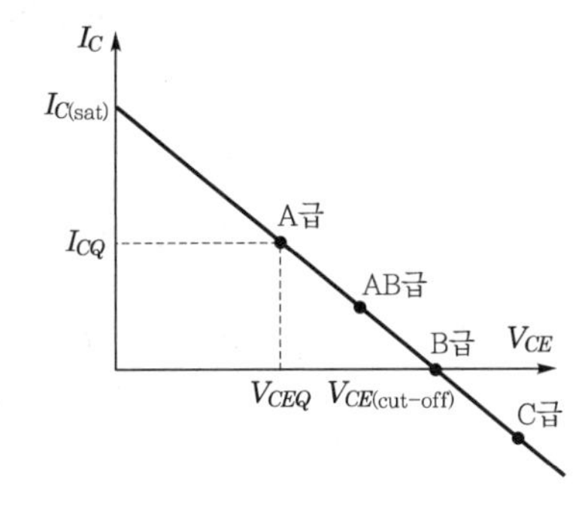

(2) A급 전력 증폭 회로

① 입력 신호에 대해 증폭된 신호가 트랜지스터 활성 영역에 있도록 바이어스된 증폭기이다.

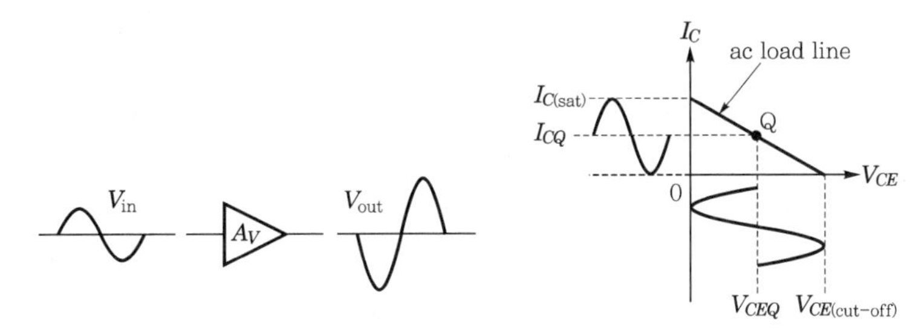

▌A급 증폭기의 동작▐

② 출력이 입력과 동위상 또는 180°(반전) 위상차를 보인다.

③ 트랜지스터 컬렉터 전류(I_C)에 대해 교류 부하선의 활성 영역(직선 영역) 중앙 근처에 직류 동작점(Q점)이 설정된다.

기출문제 핵심잡기

★중요★
[2010년 1회 출제]
[2010년 2회 출제]
증폭기의 전압 이득

$G = 20\log_{10}\frac{V_o}{V_i}$

기출문제 핵심잡기

[2013년 1회 출제]
전력 증폭기의 효율(η)은 교류 출력 전력(P_{out})과 직류 입력 전력(P_{dc})과의 비이다.

$$\eta = \frac{P_{out}}{P_{dc}} \times 100[\%]$$

④ 트랜지스터를 포화시키거나 차단시키지도 않고, 입력 신호의 일그러짐(왜곡)이 없이 최대 출력 범위에 걸쳐 증폭이 가능하다.

⑤ 가장 일반적인 방법이나 가장 비효율적이다.

㉠ 입력 전류에 무관하게 바이어스 전류 I_{CQ}가 항상 흐르므로 이에 의한 DC 전력 소비가 커서 전력 효율이 낮다.

㉡ 주로 아주 작은 부하 전력이 요구되는 응용 분야에서 사용한다.

(3) B급 증폭기

① 입력 주기의 180°에서 직선 영역, 나머지 180°에서 차단되도록 바이어스된 증폭기이다.

② 트랜지스터의 차단점(즉, $I_{CQ}=0$이 되는 지점)에 동작점이 설정된다.

③ **+반주기 동안만 동작** : 전주기에 대해 동작이 가능하도록 하려면 상보적으로 구성된 B급 Push-pull 증폭기 사용이 필요하다.

④ 입력 전류의 양(+)의 반주기만 증폭되어 컬렉터 전류로 나오며, 음(-)의 반주기는 컬렉터 전류가 흐르지 않아 출력 파형의 왜곡이 심하다.

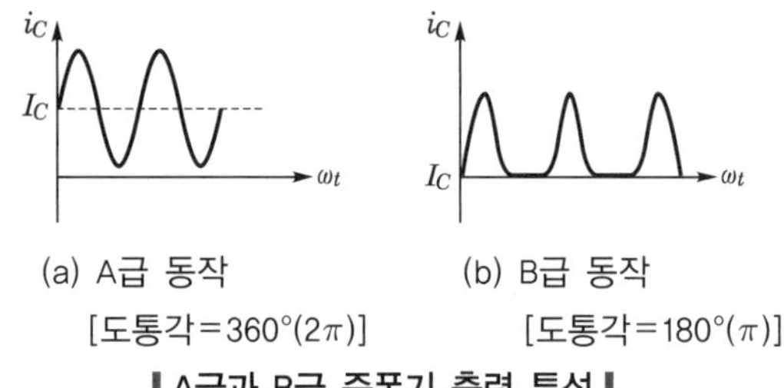

(a) A급 동작 [도통각=360°(2π)]　　(b) B급 동작 [도통각=180°(π)]

▌A급과 B급 증폭기 출력 특성▐

(4) AB급 증폭기

① 180° 이상의 영역에서 동작되도록 바이어스된 증폭기이다.

② 동작점을 A급 바이어스쪽으로 약간 이동시킨 증폭기이다.

③ B급 푸시풀 증폭기의 V_{BE} 전압 강하에 의한 출력 파형 왜곡을 없애기 위한 것이다.

④ 증폭기 전력 효율이 B급 증폭기보다는 작고, A급 증폭기보다는 크다.

[2010년 2회 출제]
C급 증폭기는 주로 고주파 증폭에 사용된다.

(5) C급 전력 증폭기

① 입력 신호 주기의 180° 미만에서도 도통이 될 수 있도록 한 증폭기로, 트랜지스터의 차단점 이하에 직류 동작점이 설정된다.

② **출력 파형의 왜곡이 가장 심함** : 입력 신호의 반주기 이하의 일부만 출력으로 나오고, 나머지 반주기 이상이 차단되므로 출력 파형이 심하게 일그러진다.

③ 증폭기 전력 효율이 가장 크다.

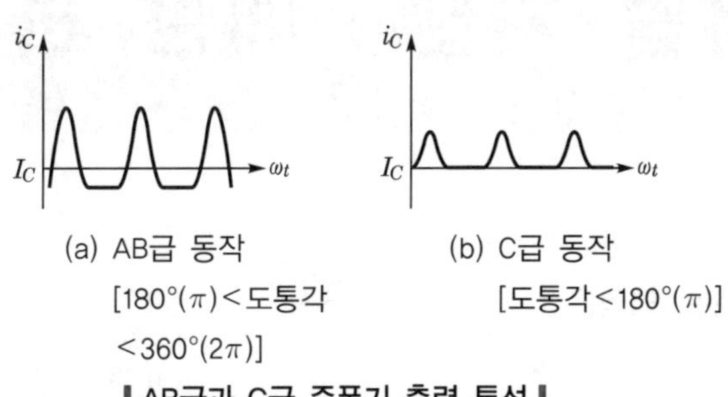

(a) AB급 동작
[180°(π) < 도통각 < 360°(2π)]

(b) C급 동작
[도통각 < 180°(π)]

▌AB급과 C급 증폭기 출력 특성▐

기출문제 핵심잡기

[2015년 5회 출제]
크로스 오버 왜곡이란 B급 푸시풀 증폭기에서 트랜지스터 부정합에 의한 찌그러짐을 말한다.

(6) 푸시풀 증폭기

① 차단되는 반주기의 신호를 얻기 위해 쌍으로 연결하여 출력 파형의 일그러짐을 줄이고 출력의 크기를 증가시켜 효율을 향상시키기 위한 증폭기이다.
② 서로 반대 위상의 증폭기 두 개를 병렬로 연결해 사용하여 동작점 Q에서 낭비되는 전력을 없애고, 효율을 높이기 위해 동작점 Q를 차단점으로 선정한 뒤 두 개의 TR을 사용하여 입력 파형의 (+)와 (−) 부분을 각각 분할 증폭하도록 만든 증폭기이다.
③ 주로 B급 증폭기를 사용한다.

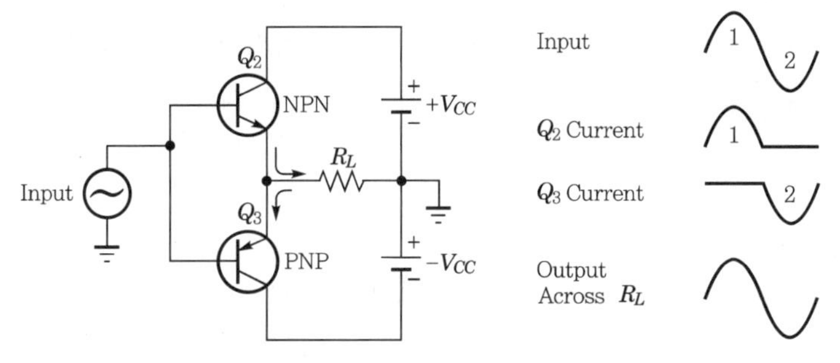

▌이상적인 푸시풀 증폭기와 전류 파형▐

④ 특징
㉠ 직류 바이어스 전류가 매우 작아도 된다.
㉡ 입력이 없을 때 컬렉터 손실이 작다.
㉢ 큰 출력을 낼 수 있다.
㉣ 짝수(우수) 고조파 성분이 상쇄된다.
㉤ 출력 증폭단에 많이 쓰인다.
㉥ 교차 왜곡(크로스오버 일그러짐) 발생 가능성 : TR_1과 TR_2가 동일하지 않을 경우 출력 전압의 0[V] 부근에서 찌그러짐이 발생한다.

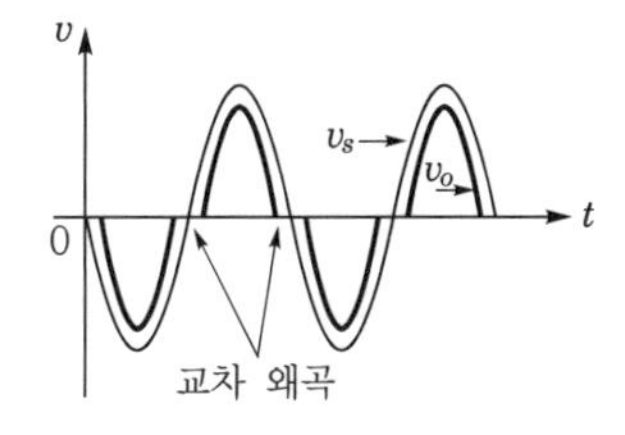

자주 출제되는 단락별 기출 · 예상 문제

01 **트랜지스터를 증폭기로 사용하는 영역은?**

① 차단 영역
② 포화 영역
③ 활성 영역
④ 차단 영역 및 포화 영역

해설 아날로그 회로는 활성 영역을 사용하고, 디지털 회로는 차단 영역(OFF)과 포화 영역(ON)을 사용한다.

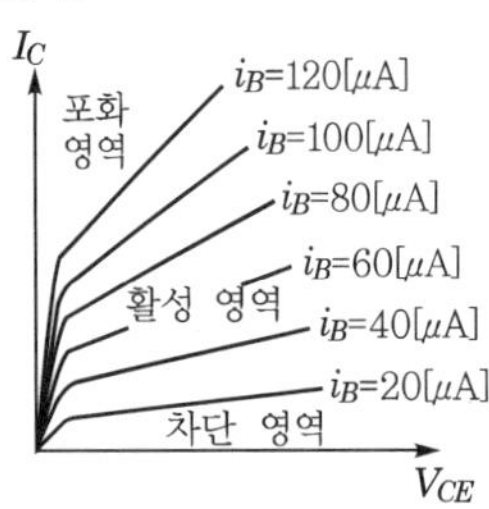

[TR의 $V-I$ 특성 곡선]

02 **증폭기의 잡음 지수가 어떤 값을 가질 때 가장 이상적인가?**

① 0　② 1
③ 100　④ 무한대

해설 **증폭기 잡음 지수**
㉠ 증폭기 자체 영향으로 원신호에 잡음이 얼마나 부가적·누적적인가를 나타낸다. 증폭기 등의 장비에서 성능을 나타내는 특성 지수로 많이 쓰인다.
㉡ 이상적인 경우(증폭기 내에서 잡음 발생이 없음을 의미) : 1(0[dB])

03 **트랜지스터에서 α값이 0.93일 때 β는?**

① 0.5　② 5.5
③ 13.3　④ 23.2

해설
$$\beta = \frac{\alpha}{1-\alpha}$$
$$= \frac{0.93}{1-0.93} = \frac{0.93}{0.07} = 13.28 \fallingdotseq 13.3$$

04 **트랜지스터의 전류 증폭률 β가 19일 때 α의 값은?**

① 0.93　② 0.95
③ 0.98　④ 1.05

해설 $$\alpha = \frac{\beta}{1+\beta} = \frac{19}{1+19} = 0.95$$

05 **부궤환 증폭기의 특징으로 틀린 것은?**

① 주파수 및 위상의 일그러짐 감소
② 비직선 일그러짐의 감소
③ 잡음의 감소
④ 이득의 증가

해설 **부궤환 증폭기**
㉠ 출력 일부를 역상으로 입력에 되돌리어 비교함으로써 출력을 제어할 수 있게 한 증폭기이다.
㉡ 부궤환 증폭기의 기본 구성

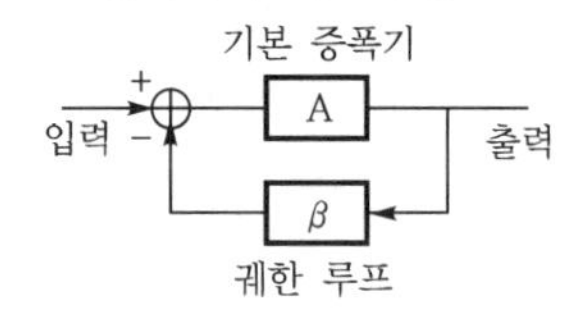

㉢ 특성
- 주파수 특성이 개선된다.
- 증폭도가 안정적이다.
- 일그러짐이 감소한다.
- 출력 잡음이 감소한다.
- 이득이 감소한다.
- 고입력 임피던스, 저출력 임피던스이다.

정답 01.③ 02.② 03.③ 04.② 05.④

06 트랜지스터 증폭기 회로에 부궤환을 걸었을 때 나타나는 특성이 아닌 것은?

출제빈도

① 대역폭 확대
② 이득이 다소 저하
③ 일그러짐과 잡음 감소
④ 입력 및 출력 임피던스 감소

해설 **부궤환 증폭기의 특성**
㉠ 주파수 특성이 개선된다.
㉡ 증폭도가 안정적이다.
㉢ 일그러짐이 감소한다.
㉣ 출력 잡음이 감소한다.
㉤ 이득이 감소한다.
㉥ 고입력 임피던스, 저출력 임피던스이다.

07 이미터 접지 증폭 회로 I_B가 $-20[\mu A]$에서 $-50[\mu A]$로 변화하면 I_C는 $-1[mA]$에서 $-4[mA]$로 변화한다. 베이스 접지 증폭 회로에서의 전류 증폭률 α의 값은?

① 0.9　② 0.99
③ 90　④ 99

해설 이미터 접지 회로의 전류 증폭률

$$\beta = \frac{\Delta I_C}{\Delta I_B} = \frac{(-1+4)\times 10^{-3}}{(-20+50)\times 10^{-6}} = 100$$

베이스 접지 시 전류 증폭률

$$\alpha = \frac{\beta}{1+\beta} = \frac{100}{1+100} = 0.99$$

08 이미터 접지 고정 바이어스 증폭 회로의 안정도 S는?

① $1+\alpha$　② $1-\alpha$
③ $1+\beta$　④ $1-\beta$

해설 고정 바이어스 회로의 안정도는 $S=1+\beta$이며 $S>1$이기 때문에 안정도가 나쁘다.

09 고주파 전력 증폭기에 주로 사용되는 증폭 방식은?

① A급　② B급
③ C급　④ AB급

해설 **C급 증폭기**
㉠ 입력 신호 주기의 180° 미만에서도 도통이 될 수 있도록 한 증폭기이다. 입력 신호의 반주기 이하의 일부만 출력으로 나오고, 나머지 반주기 이상이 차단된다.
㉡ C급 증폭기의 특성
- 출력 파형의 왜곡이 심하다.
- 증폭기 전력 효율이 가장 좋아 송신기 전력 증폭기로 사용된다.

10 B급 푸시풀 증폭기에서 트랜지스터의 부정합에 의한 찌그러짐을 무엇이라 부르는가?

① 위상 찌그러짐
② 바이어스 찌그러짐
③ 변조 찌그러짐
④ 크로스오버 찌그러짐

해설 **B급 푸시풀 증폭기**
㉠ B급 증폭기의 차단되는 반주기의 신호를 얻기 위해 쌍으로 연결하여 쓰는 push-pull 구성으로, 상보 증폭기(complementary amplifier)라고도 한다.
㉡ 크로스오버(crossover) 왜곡 : B급 푸시풀 증폭기에서 트랜지스터의 부정합에 의한 출력 파형의 일그러짐 현상이다.

11 저주파 증폭기의 주파수 특성을 나타내고 있는 것은?

① 주파수에 대한 입력 임피던스 관계
② 주파수에 대한 출력 임피던스 관계
③ 입력 전압에 대한 출력 전압의 관계
④ 주파수에 대한 이득의 관계

해설 저주파 증폭기의 주파수 특성은 주파수에 대한 이득의 관계를 그래프로 표현하는 것이 일반적이다.

정답 06.④ 07.② 08.③ 09.③ 10.④ 11.④

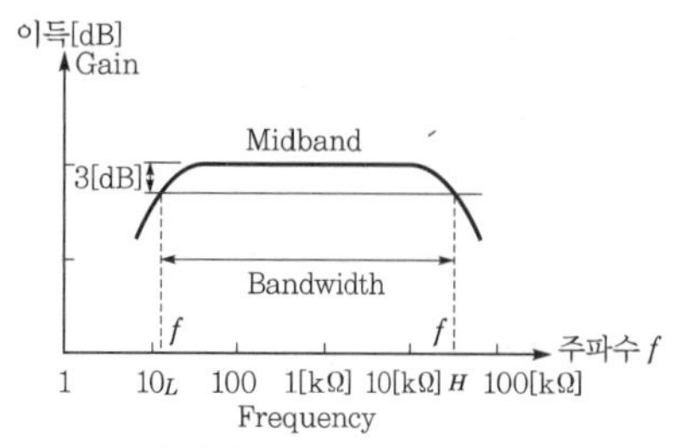

[일반적 증폭기 특성 곡선]

12

다음 증폭 회로 중 100[%] 궤환하는 것은?

① 전압 궤환 회로
② 전류 궤환 회로
③ 이미터 폴로어 회로
④ 정격 궤환 회로

해설 **이미터 폴로어 증폭 회로**

㉠ 컬렉터 접지 증폭 회로라 하며 전압 증폭도가 약 1로서, 입력 전압=출력 전압이다.
㉡ 고입력 임피던스, 저출력 임피던스 특성으로 임피던스 정합이나 변환 회로에 사용된다.

13

다음 중 부궤환 회로의 특징에 대한 설명으로 옳지 않은 것은?

① 이득의 감소 ② 왜곡의 감소
③ 잡음의 감소 ④ 대역폭의 감소

해설 **증폭기의 특성**

㉠ 주파수 특성이 개선된다.
㉡ 증폭도가 안정적이다.
㉢ 일그러짐이 감소한다.
㉣ 출력 잡음이 감소한다.
㉤ 이득이 감소한다.
㉥ 고입력 임피던스, 저출력 임피던스이다.

14

무궤환 시 증폭도 $A_0=200$인 증폭 회로에서 궤환율 $\beta=\frac{1}{50}$의 부궤환을 걸었을 때 증폭도 A는?

① 4 ② 40
③ 50 ④ 68

해설 궤환 증폭기의 증폭도

$$A=\frac{A_0}{1-A_0\beta}=\frac{200}{1-(-0.02\times200)}=40$$

15

트랜지스터에서 α값이 0.95일 때 β값은?

① 0.5 ② 5.5
③ 19 ④ 50

해설

$$\beta=\frac{\alpha}{1-\alpha}=\frac{0.95}{1-0.95}=19$$

16

무궤환 시 증폭도 $A_0=100$인 증폭 회로에 궤환율 $\beta=0.01$의 부궤환을 걸면 증폭도는?

① 10 ② 20
③ 50 ④ 100

해설

$$A_f=\frac{A_0}{1-A_0\beta}=\frac{100}{1-(100\times-0.01)}=50$$

17

트랜지스터 증폭기의 전압 증폭도에 대한 설명으로 틀린 것은?

① 입력 전압과 출력 전압의 비이다.
② 데시벨로 나타낼 수 있다.
③ 입력 전압과 출력 전압은 항상 동위상이다.
④ 증폭기의 접지 방식에 따라 전압 증폭도가 1 정도인 경우도 있다.

정답 12.③ 13.④ 14.② 15.③ 16.③ 17.③

해설 트랜지스터의 전압 증폭도

㉠ 증폭기의 입력 전압과 출력 전압의 위상은 접지 방식에 따라 동위상일 때도 있고 역위상일 때도 있다.

㉡ TR 증폭기 입 · 출력 위상 관계
- 공통 이미터 증폭기 : 역위상
- 공통 컬렉터 증폭기 : 동위상
- 공통 베이스 증폭기 : 동위상

18 다음 그림은 어떤 종류의 바이어스 회로인가?

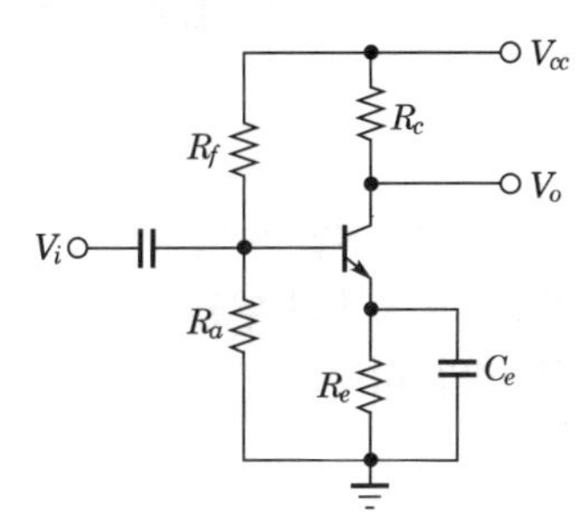

① 전류 궤환 바이어스
② 전압 궤환 바이어스
③ 고정 바이어스
④ 전압 · 전류 궤환 바이어스

해설 TR 궤환 바이어스 회로

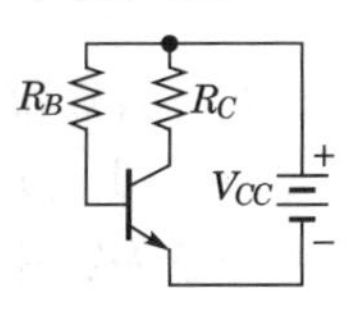

(a) 고정 바이어스

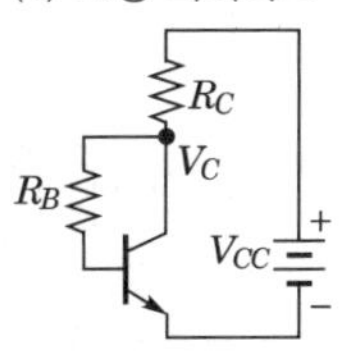

(b) 자기 바이어스

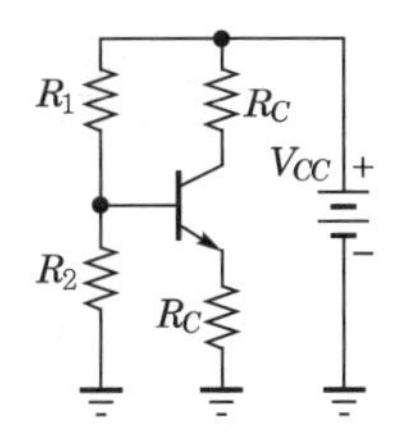

(c) 전류 궤환 바이어스

19 이미터 접지 증폭 회로와 비교한 컬렉터 접지 증폭 회로의 특징에 대한 설명으로 틀린 것은?

① 입력 임피던스가 크다.
② 출력 임피던스가 낮다.
③ 전압 이득이 크다.
④ 입력 전압과 출력 전압의 위상은 동상이다.

해설 입 · 출력 위상은 이미터 접지 회로는 반전이나 컬렉터 접지 회로는 동상이며, 전압 증폭도와 전류 증폭도는 이미터 접지 회로가 높다.

20 이미터 접지 회로에서 베이스 전류가 20[μA]에서 40[μA]까지 변화할 때 컬렉터 전류가 2[mA]에서 4[mA]까지 변화하였다. 이때의 전류 증폭률은?

① 40 ② 60
③ 80 ④ 100

해설

$$\beta = \frac{\Delta I_c}{\Delta I_b}$$

$$= \frac{2 \times 10^{-3}}{20 \times 10^{-6}} = 100$$

21 다음 그림과 같은 회로에서 $V_{CC} = 6$[V], $V_{BE} = 0.6$[V], $R_B = 300$[kΩ]일 때 I_b[μA]는?

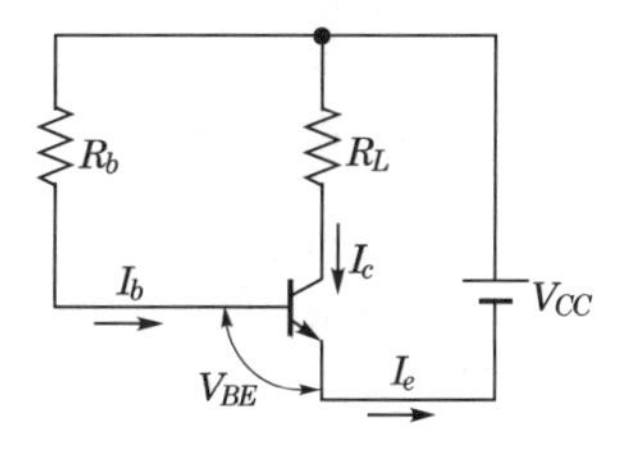

① 6 ② 12
③ 18 ④ 24

해설

$$I_b = \frac{V_{CC} - V_{BE}}{R_B}$$

$$= \frac{6 - 0.6}{300 \times 10^3} = 18[\mu\text{A}]$$

정답 18.① 19.③ 20.④ 21.③

22 다음 회로의 베이스 전류 $I_B[\mu A]$는? (단, $V_{CC}=6[V]$, $V_{BE}=0.6[V]$, $R_C=2[k\Omega]$, $R_B=100[k\Omega]$)

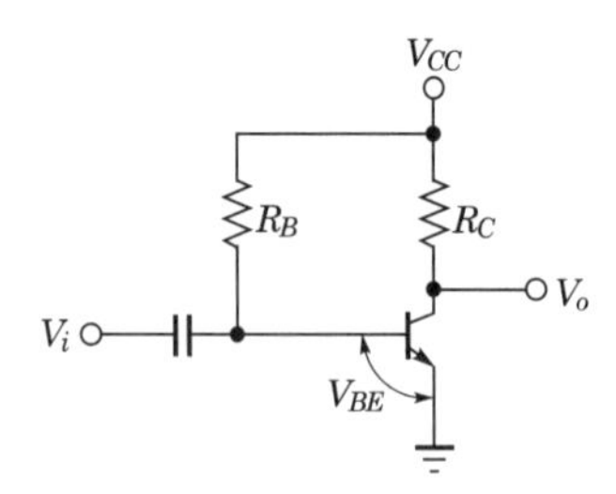

① 27 ② 36
③ 54 ④ 60

해설
$$I_B=\frac{V_{CC}-V_{BE}}{R_B}=\frac{6-0.6}{100\times10^3}=54[\mu A]$$

23 부궤환 증폭 회로의 일반적인 특징에 대한 설명으로 적합하지 않은 것은?

① 이득이 증가한다.
② 안정도가 증가한다.
③ 왜율이 개선된다.
④ 주파수 특성이 개선된다.

해설 부궤환 증폭 회로의 특성
㉠ 주파수 특성이 개선된다.
㉡ 증폭도가 안정적이다.
㉢ 일그러짐이 감소한다.
㉣ 출력 잡음이 감소한다.
㉤ 이득이 감소한다.
㉥ 고입력 임피던스, 저출력 임피던스이다.

24 어떤 트랜지스터 특성이 $h_{ie}=2[k\Omega]$, $h_{re}=1.5/10^{-4}$, $h_{oe}=30[\mu\Omega]$이고, 이 트랜지스터를 이미터 접지 증폭기로 사용할 때 부하저항이 $1/h_{oe}$에 비하여 충분히 작아서 단락 상태에 가깝다고 한다. 이때 이 증폭기의 입력 저항은?

① 1,840 ② 1,900
③ 1,940 ④ 2,000

해설 h파라미터의 의미
㉠ $h_i=\frac{v_i}{i_i}$: 입력 임피던스
㉡ $h_r=\frac{v_i}{v_o}$: 전압 되먹임률
㉢ $h_f=\frac{i_o}{i_i}$: 전류 증폭률
㉣ $h_o=\frac{i_o}{v_o}$: 출력 어드미턴스

25 무궤환 시 전압 이득이 90인 증폭기에서 궤환율 $\beta=0.1$의 부궤환을 걸었을 때 증폭기의 전압 이득은?

① 5 ② 9
③ 45 ④ 81

해설
$$A_f=\frac{A}{1-A\beta}=\frac{90}{1-(90\times-0.1)}=9$$

26 베이스 접지 증폭기의 차단 주파수 200[MHz], 전류 증폭률이 0.98일 때 이미터 접지 증폭기로 바꾸면 차단 주파수는 약 몇 [MHz]인가?

① 4 ② 10
③ 16 ④ 20

해설 이미터 접지 증폭기의 차단 주파수
$$f_e=\frac{f_b}{\beta}$$
$$\beta=\frac{\alpha}{1-\alpha}=\frac{0.98}{1-0.98}=49$$
$$f_e=\frac{f_b}{\beta}=\frac{200[MHz]}{49}\fallingdotseq 4[MHz]$$

정답 22.③ 23.① 24.④ 25.② 26.①

27 **어떤 증폭기에서 궤환이 없을 때 이득이 100이다. 궤환율 0.01의 부궤환을 걸면 이 증폭기의 이득은?**

① 15 ② 20
③ 25 ④ 50

해설

$$A_f = \frac{A}{1-A\beta} = \frac{100}{1-(100\times-0.01)} = 50$$

28 **다음 중 이미터 폴로어에 대한 설명으로 틀린 것은?**

① 입력 임피던스가 낮다.
② 전압 증폭도가 약 1이다.
③ 입·출력 전압의 위상은 동위상이다.
④ 부하 효과를 최소화하는 버퍼로 많이 사용된다.

해설 **이미터 폴로어 증폭 회로**
㉠ 컬렉터 접지 증폭 회로라 하며 전압 증폭도가 약 1로서, 입력 전압=출력 전압이다.
㉡ 고입력 임피던스, 저출력 임피던스 특성으로 임피던스 정합이나 변환 회로에 사용된다.

29 출제빈도 **다음 중 부궤환 증폭기의 특징으로 옳지 않은 것은?**

① 종합 이득 향상
② 파형 찌그러짐 감소
③ 주파수 특성 향상
④ 안정도 개선

해설 **부궤환 증폭기의 특성**
㉠ 주파수 특성이 개선된다.
㉡ 증폭도가 안정적이고, 일그러짐이 감소한다.
㉢ 출력 잡음이 감소하고, 이득이 감소한다.
㉣ 고입력 임피던스, 저출력 임피던스이다.

30 **베이스 접지 시 전류 증폭률이 0.89인 트랜지스터를 이미터 접지 회로에 사용할 때 전류 증폭률은 약 얼마인가?**

① 0.89 ② 1.25
③ 6.9 ④ 8.1

해설 이미터 접지 시의 전류 증폭률(β), 베이스 접지 시의 전류 증폭률(α)에서

$$\beta = \frac{\alpha}{1-\alpha} = \frac{0.89}{1-0.89} \fallingdotseq 8.1$$

31 **10[V]의 전압이 100[V]로 증폭되었다면 증폭도[dB]는 얼마인가?**

① 20 ② 30
③ 40] ④ 50

$$G = 20\log_{10}\frac{V_o}{V_i} = 20\log_{10}\frac{100}{10} = 20[\text{dB}]$$

32 **다음 그림과 같은 전압 증폭기의 입력에 1[mV]를 공급하면 출력 전압은 몇 [V]인가?**

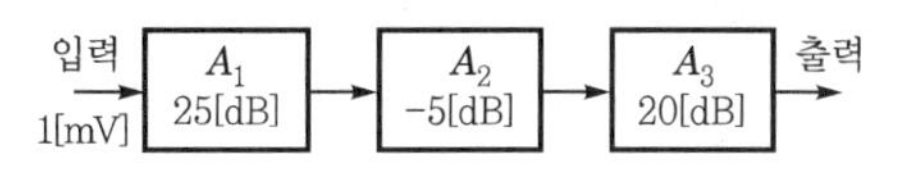

① 0.1 ② 0.5
③ 1.0 ④ 5.0

해설 전체 이득 $G = A_1 + A_2 + A_3 = 25 - 5 + 20 = 40[\text{dB}]$

$40 = 20\log_{10}A$

$\log_{10}A = 2$

$\therefore A = 10^2 = 100$[배]가 되므로 출력 전압은 0.1[V]가 된다.

정답 27.④ 28.① 29.① 30.④ 31.① 32.①

33 100[mV]의 전압이 10[V]로 증폭되었다면 증폭도는 몇 [dB]인가?

① 10 ② 20
③ 30 ④ 40

해설 $G=20\log_{10}\frac{10}{0.1}=40[dB]$

34 A급 증폭기에 대한 설명으로 적합한 것은?

① 전력 손실이 매우 작다.
② 최대 효율은 78.5[%]이다.
③ 일그러짐이 매우 작다.
④ 타발진기에 비해 주파수 안정도가 높다.

해설 **A급 증폭기의 특징**
㉠ 출력이 입력과 동위상 또는 180°(반전) 위상차를 보인다.
㉡ 왜곡없이 증폭되어서 컬렉터 전류로 나오므로 선형성이 잘 유지된다.
㉢ 입력 전류에 무관하게 바이어스 전류가 항상 흐르므로 DC 전력 소비가 커서 전력 효율이 낮다.
㉣ 아주 작은 부하 전력이 요구되는 응용 분야에서 주로 사용한다.

35 RC 결합 전압 증폭기에서 전압 이득이 높은 주파수에서 감소되는 이유는?

① 결합 콘덴서의 영향을 받기 때문
② 출력 회로 내에 병렬 용량이 있기 때문
③ 정수가 주파수에 따라 변하기 때문
④ 기생 발진을 하기 때문

해설 출력단의 병렬 용량성으로 인해 전압 이득이 높은 주파수에서 감소하게 된다.

36 일반적으로 크로스오버 일그러짐은 증폭기를 어느 급으로 사용했을 때 생기는가?

① AB급 ② A급
③ B급 ④ C급

해설 **B급 증폭 회로의 특징**
㉠ 입력 전류의 양(+)의 반주기만 증폭되어 컬렉터 전류로 나오며, 음(−)의 반주기는 컬렉터 전류가 흐르지 않아 출력 파형의 크로스오버 왜곡이 심하다.
㉡ 왜곡을 없애기 위해 푸시풀 증폭기로 사용이 필요하다.
㉢ A급 증폭기보다 증폭기 전력 효율이 높다.

37 다음 중 트랜지스터 스위치 회로의 활성 영역이 아닌 것은?

① 포화 영역
② 차단 영역
③ 정상 영역 또는 선형 영역
④ 차단 영역 또는 포화 영역

해설 아날로그 회로는 활성 영역을 사용하고, 디지털 회로는 차단 영역(OFF)과 포화 영역(ON)을 사용한다.

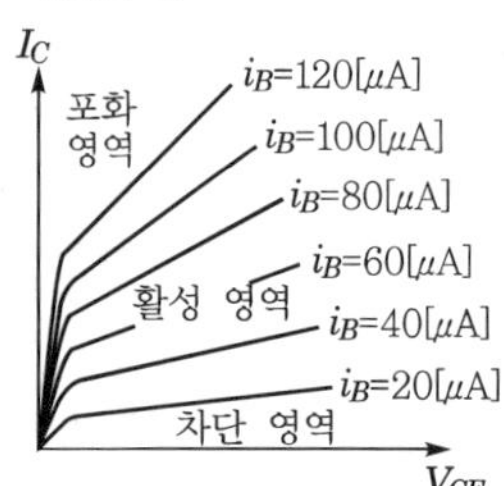

[TR의 $V-I$ 특성 곡선]

38 푸시풀(push−pull) 전력 증폭기에서 출력 파형의 찌그러짐이 작아지는 주요 원인은?

① 기본파가 상쇄되기 때문에
② 기수 고조파가 상쇄되기 때문에
③ 우수 고조파가 상쇄되기 때문에
④ 우수 및 기수 고조파가 모두 상쇄되기 때문에

해설 트랜지스터를 B급으로 동작시키는 푸시풀 회로는 서로 반대 위상의 증폭기 두 개를 병렬로 연결해 사용한다. 그러면 우수 고조파 성분이 상쇄되어 크로스오버 왜곡이 없어진다.

정답 33.④ 34.③ 35.② 36.③ 37.③ 38.③

39 **이미터 접지 트랜지스터 회로에서 입력 신호와 출력 신호의 전압 위상차는 몇 도인가?**

① 0　　② 90
③ 180　　④ 270

해설 ㉠ 증폭기의 입력 전압과 출력 전압의 위상은 접지 방식에 따라 동위상일 때도 있고 역위상일 때도 있다.
㉡ TR 증폭기 입 · 출력 위상 관계
- 공통 이미터 증폭기 : 역위상
- 공통 컬렉터 증폭기 : 동위상
- 공통 베이스 증폭기 : 동위상

40 **이미터 접지 증폭기에서 바이어스 안정 지수 S는 다음 중 어느 것인가?**

① $1+\alpha$　　② $1-\alpha$
③ $1+\beta$　　④ $1-\beta$

해설

$$S=\frac{\Delta I_C}{\Delta I_{CO}}=1+\beta$$

41 **이미터 접지 트랜지스터 회로에서 컬렉터 전압이 10[V]일 때 베이스 전류를 2[mA]에서 4[mA]로 변화하면 컬렉터 전류가 50[mA]에서 100[mA]로 변화하였다. 전류 증폭률 β는 얼마이겠는가?**

① 1　　② 19
③ 25　　④ 30

해설

$$\beta=\frac{\Delta I_C}{\Delta I_B}=\frac{100-50}{4-2}=25$$

42 **저주파 특성이 가장 좋은 결합 방법은?**

① 직접 결합　　② RC 결합
③ 임피던스 결합　　④ 변압기 결합

해설 저주파 특성이 가장 좋은 것은 결합 콘덴서 없이 직접 결합하는 방식이다.

43 (출제빈도) **입력 임피던스가 높고 출력 임피던스가 낮아 주로 버퍼단으로 사용하는 것은?**

① 베이스 접지 증폭 회로
② 변압기 결합 증폭 회로
③ 이미터 폴로어 증폭 회로
④ 저항 결합 증폭 회로

해설 **이미터 폴로어 증폭 회로**
㉠ 컬렉터 접지 증폭 회로라 하며 전압 증폭도가 약 1로서 입력 전압=출력 전압이다.
㉡ 고입력 임피던스, 저출력 임피던스 특성으로 임피던스 정합이나 변환 회로에 사용된다.

44 **이미터 폴로어의 특징이 아닌 것은?**

① 입력 전압과 출력 전압의 위상이 동상이다.
② 전압 증폭도가 1보다 작으므로 전력 증폭이 되지 않는다.
③ 임피던스가 높은 회로와 낮은 회로 사이의 임피던스 정합에 많이 사용된다.
④ 입력 임피던스는 이미터 접지 증폭 회로에 비하여 매우 높다.

해설 **이미터 폴로어 증폭 회로**
㉠ 컬렉터 접지 증폭 회로라 하며 전압 증폭도가 약 1로서, 입력 전압=출력 전압이다.
㉡ 고입력 · 저출력 임피던스 특성으로 임피던스 정합이나 변환 회로에 사용된다.
㉢ 주파수 특성이 양호하며 전류가 증가하므로 전력 증폭은 된다.

45 **이미터 접지 회로에서 베이스 전류가 30[mA]에서 40[mA]로 변할 때 컬렉터 전류가 500[mA]에서 900[mA]로 증가하였다. 이때 전류 증폭률 β의 값은?**

① 0.025　　② 5.8
③ 17.5　　④ 40

해설

$$\beta=\frac{\Delta I_C}{\Delta I_B}=\frac{900-500}{40-30}=40$$

정답 39.③ 40.③ 41.③ 42.① 43.③ 44.② 45.④

46

A급 증폭기의 입력 전압이 60[mV]이고, 출력 전압이 6[V]일 때 전압 이득[dB]은?

① 10　② 20
③ 40　④ 60

해설

$$G = 20\log_{10}\frac{6}{60\times10^{-3}}$$
$$= 20\log_{10}(0.1\times10^{3})$$
$$= 20\times2 = 40[\text{dB}]$$

47

어떤 증폭기 입력 전압이 1[mV]일 때 출력 전압이 1[V]이었다면, 전압 이득[dB]은?

① 20　② 40
③ 60　④ 80

해설

$$G = 20\log_{10}\frac{1}{1\times10^{-3}}$$
$$= 20\log_{10}10^{3} = 20\times3 = 60[\text{dB}]$$

48

트랜지스터를 사용한 2단의 저항 용량 결합 증폭기의 출력을 입력측으로 정궤환시켜서 펄스를 발생시킬 수 있는 것은?

① 멀티바이브레이터
② 블로킹 발진기
③ 비트 발진기
④ 싱크로사이클로트론

해설

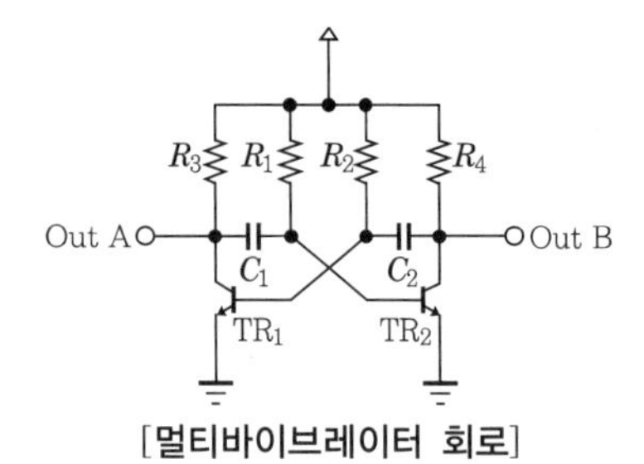

[멀티바이브레이터 회로]

49

궤환 증폭기에서 부궤환시켰을 때의 특징이 아닌 것은?

① 증폭도가 감소한다.
② 안정도가 향상된다.
③ 일그러짐이 작아진다.
④ 내부 잡음이 증가한다.

해설 **부궤환 증폭기**

㉠ 출력 일부를 역상으로 입력에 되돌리어 비교함으로써 출력을 제어할 수 있게 한 증폭기이다.

㉡ 부궤환 증폭기의 특성

- 주파수 특성이 개선된다.
- 증폭도가 안정적이다.
- 일그러짐이 감소한다.
- 출력 잡음이 감소한다.
- 이득이 감소한다.
- 고입력 · 저출력 임피던스이다.

50

그림에서 V_{CE}=1.5[V], I_C=0.7[mA], V_{BE}=0.17[V], I_b=8[μA]로 동작시키려면 R_b와 R_L은 몇 [kΩ]의 저항을 사용하여야 하는가?

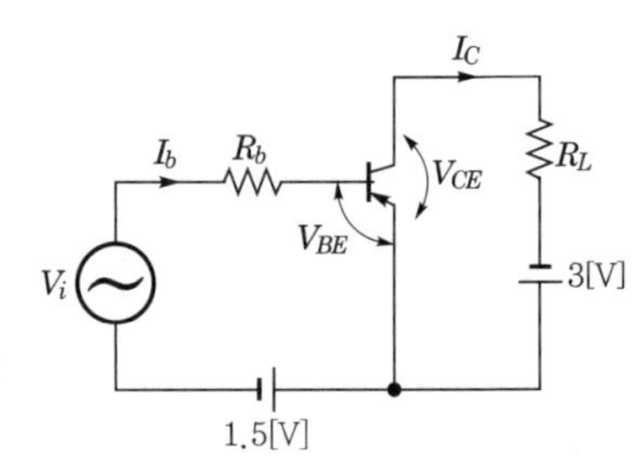

① R_b=187.5, R_L=4.29
② R_b=208, R_L=6.43
③ R_b=175.6, R_L=2.68
④ R_b=166.2, R_L=2.14

해설

$$R_b = \frac{V_B}{I_b}$$
$$= \frac{3-1.5-0.17}{8\times10^{-6}} = 166.25[\text{k}\Omega]$$
$$R_L = \frac{V_C}{I_C}$$
$$= \frac{3-1.5}{0.7\times10^{-3}} = 2.14[\text{k}\Omega]$$

정답 46.③ 47.③ 48.① 49.④ 50.④

51 **회로에서 전압 증폭도는 얼마인가?** (단, $h_{fe}=30$, $h_{ie}=2[\text{k}\Omega]$)

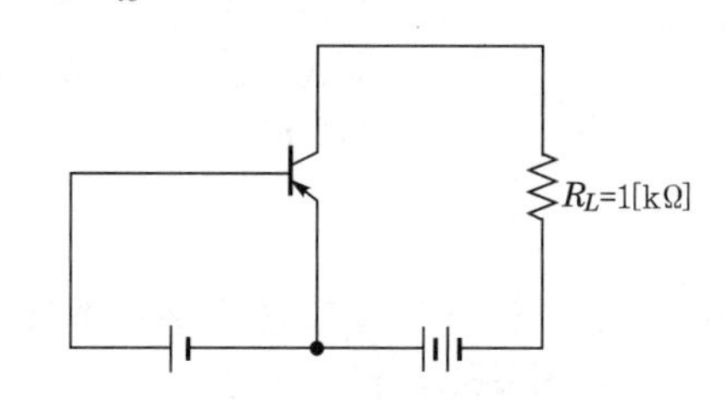

① −0.5 ② −10
③ −15 ④ −150

해설 전압 증폭도 $A_V=-\dfrac{h_{fe}\times R_L}{h_{ie}}$

$=-\dfrac{30\times 1}{2}=-15$

52 **A급 트랜지스터 전력 증폭 회로의 최대 효율은 몇 [%]인가?**

① 25 ② 50
③ 78.5 ④ 100

해설 **트랜지스터 증폭 회로의 효율**
㉠ A급 : 50[%]
㉡ B급 : 78[%] 이하
㉢ AB급 : 70[%] 이상
㉣ C급 : 78.5[%] 이상

53 **궤환이 없을 때 증폭도가 100인 증폭 회로에 궤환율 $\beta=0.01$의 부궤환을 걸었을 때 증폭도는 얼마인가?**

① 1 ② 5
③ 10 ④ 50

해설 $A_v=\dfrac{A}{1-A\beta}=\dfrac{100}{1-(100\times-0.01)}=50$

54 **다음 중 컬렉터 접지 증폭 회로에 대한 설명으로 적합하지 않은 것은?**

출제빈도

① 입력 임피던스가 크다.
② 버퍼용으로 많이 사용된다.
③ 전류 증폭률이 1보다 작다.
④ 입 · 출력 전압의 위상은 동위상이다.

해설 **컬렉터 접지 증폭 회로**
㉠ 이미터 폴로어 증폭 회로라고도 하며, 전압 증폭도가 약 1로서, 입력 전압=출력 전압이다.
㉡ 고입력 · 저출력 임피던스 특성으로 임피던스 정합이나 변환 회로에 사용된다.
㉢ 주파수 특성이 양호하며 전류가 증가하므로 전력 증폭은 된다.

55 **그림과 같은 회로에서 $\dfrac{\Delta I_C{}'}{\Delta I_{CO}{}'}$를 안정도 지수라 하는데 안정도 지수가 어떤 값을 가질 때 안정도가 가장 높은가?**

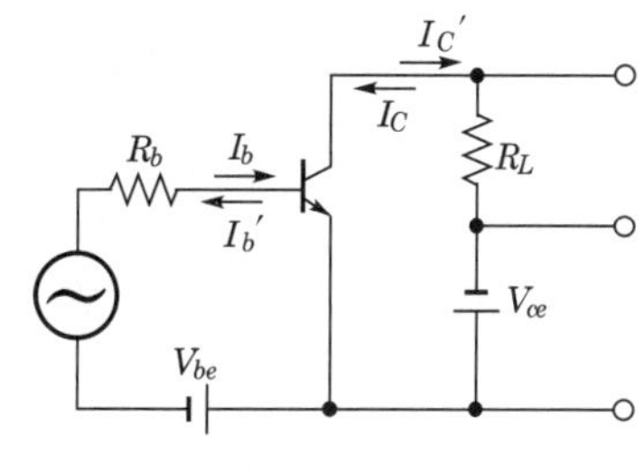

① 1 ② 3.14
③ 9 ④ 10

해설 안정도(s)는 컬렉터 전류의 변화와 컬렉터 차단 전류 변화의 비$\left(S=\dfrac{\Delta I_C{}'}{\Delta I_{CO}{}'}\right)$로 정의되며, 안정도는 값이 작을수록 좋다.

56 **증폭 회로의 결합 방식에서 가장 큰 전력 이득을 얻을 수 있는 것은?**

① 직결합
② RC 결합
③ 임피던스 결합
④ 변압기 결합

정답 51.③ 52.② 53.④ 54.③ 55.① 56.④

해설 **변압기 결합 방식의 특징**

㉠ 결합 콘덴서가 필요없다.
㉡ 코일 권선비에 따라서 전달 신호 전압을 키울 수 있다.
㉢ 입·출력 임피던스 조정이 쉽다.
㉣ 증폭 효율은 매우 높다.
㉤ 아주 낮은 주파수(가청 주파수)거나 높은 주파수에서는 좁은 주파수 범위에서만 사용이 가능하다.

57 **다음 중 회로에서 이미터-베이스 간의 전압 V_{BE}는?**

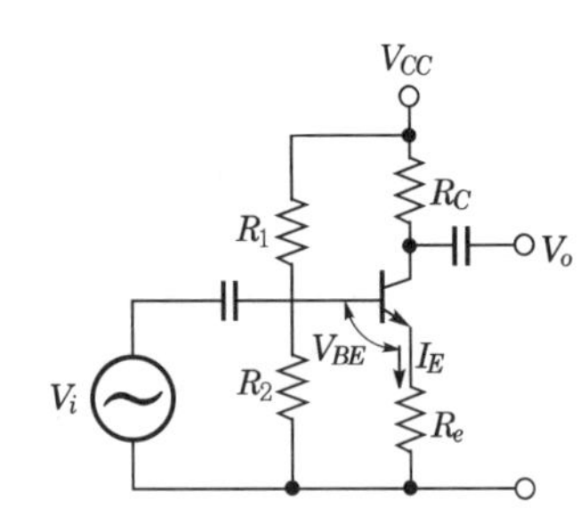

① $R_E I_E$　② $\frac{R_2 V_{cc}}{R_1+R_2}+R_E I_E$

③ $\frac{R_2 V_{cc}}{R_1+R_2}$　④ $\frac{R_2 V_{cc}}{R_1+R_2}-R_E I_E$

해설 $V_{BE}=V_B-V_E$

$V_B=\frac{R_2}{R_1+R_2}\times V_{CC}$

$V_E=I_E R_E$

$\therefore V_{BE}=V_B-V_E$

$=\frac{R_2 V_{CC}}{R_1+R_2}-I_E R_E$

58 **이미터 폴로어의 입력 전압이 6[V]이고, 입력 임피던스가 50[kΩ]이다. 입력 전력은 몇 [mW]인가?**

① 0.72　② 1.2
③ 2　④ 8.33

해설 $I=\frac{V_i}{R_i}=\frac{6}{50\times 10^3}=0.12[\text{mA}]$

$\therefore P=I^2R$

$=(0.12\times 10^{-3})^2\times 50\times 10^3$

$=0.72[\text{mW}]$

59 **다음 중 RC 결합 증폭 회로에 대한 설명으로 적합하지 않은 것은?**

① 비교적 주파수 특성이 좋다.
② 회로가 복잡하고 비경제적이다.
③ 전원 이용률이 나쁘다.
④ 입력 임피던스가 낮고 출력 임피던스가 높으므로 임피던스 정합이 어렵다.

해설 **RC 결합 증폭 회로**

㉠ 가장 많이 사용하는 방식이다.
㉡ 직류는 차단하고 교류 신호만 전달한다.
㉢ 입·출력간의 임피던스 정합이 어렵다.
㉣ 저주파 증폭 회로에 주로 사용한다.

60 **그림과 같은 2단 궤환 증폭 회로에서 궤환 전압 V_f는?**

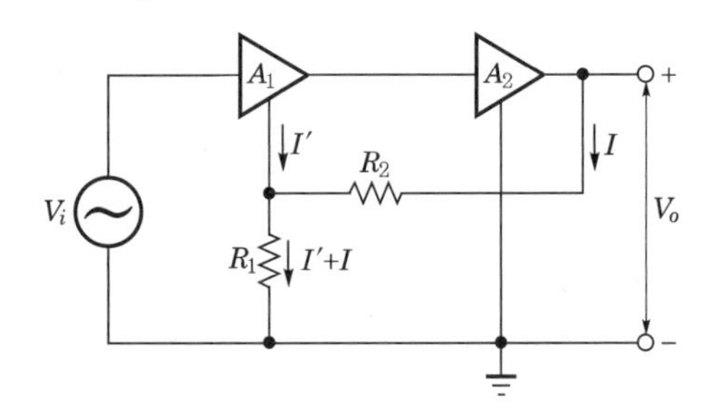

① $V_f=\frac{R_2}{R_1+R_2}V_o$

② $V_f=\frac{R_1R_2}{R_1+R_2}V_o$

③ $V_f=\frac{R_1}{R_1+R_2}V_o$

④ $V_f=\frac{R_1}{R_2}V_o$

정답 57.④ 58.① 59.② 60.③

해설 출력 전압을 입력으로 궤환하는 전압 궤환 회로 구성으로 R_1 양단 전압에 해당된다.

$$V_f = \frac{R_1}{R_1 + R_2} V_o$$

61 그림과 같은 트랜지스터 회로의 동작 설명 중 옳지 않은 것은?

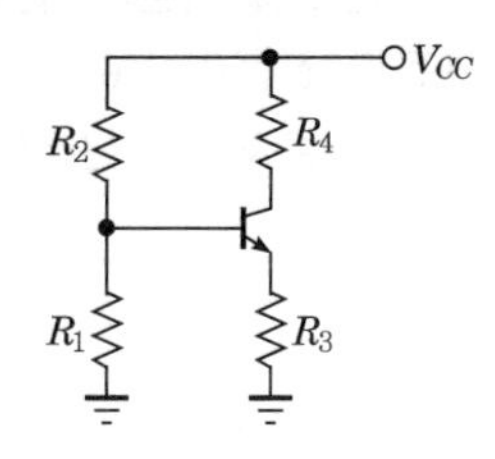

① R_1이 단선되면 베이스 전압이 상승하여 컬렉터 전류가 증가한다.
② R_2가 단선되면 베이스 전류가 흐르지 않게 되어 컬렉터 전압은 증가한다.
③ R_3가 단선되면 이미터 전류가 흐르지 않게 되어 컬렉터 전압은 저하한다.
④ TR의 베이스-이미터 간에는 R_1과 R_2의 단자 전압의 차가 걸리게 된다.

해설 R_3가 단선되면 이미터 전류가 흐르지 않게 되어 컬렉터 전압은 전원 전압과 같다.

62 가청 주파수 증폭기에 가장 적합한 것은?

① A급 ② B급
③ C급 ④ AB급

해설 A급 증폭기
㉠ 동작점을 $V-I$ 특성의 직선 부분에 잡은 것으로, 왜곡이 가장 작다.
㉡ 전력 효율이 낮아서 저주파 증폭기에 사용한다.

63 다음 그림과 같은 증폭 회로에 (+) 신호 전압이 가해졌을 때 동작 상태를 옳게 나타낸 것은?

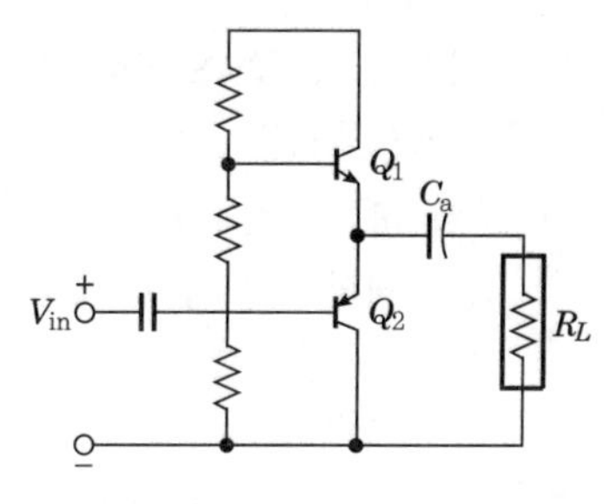

① Q_1(ON), Q_2(ON)
② Q_1(OFF), Q_2(ON)
③ Q_1(ON), Q_2(OFF)
④ Q_1(OFF), Q_2(OFF)

해설 ㉠ NPN형 TR : 베이스가 'H'일 때 도통(ON)
㉡ PNP형 TR : 베이스의 'L'일 때 도통(ON)

64 $A_o=100$인 증폭 회로에 $\beta=-0.01$의 부궤환을 걸면 증폭도는 얼마인가?

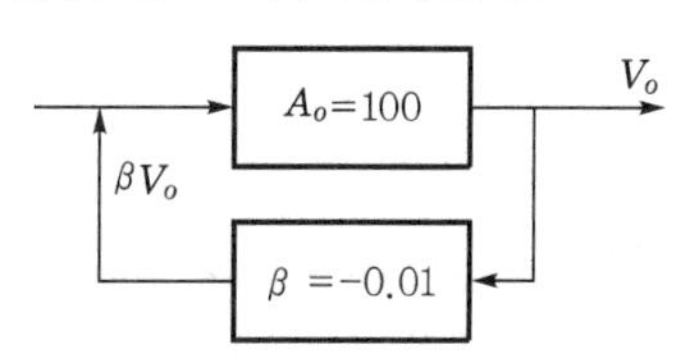

① 10 ② 50
③ 100 ④ 150

해설

$$A_f = \frac{A_o}{1-A_o\beta} = \frac{100}{1-(100\times-0.01)} = 50$$

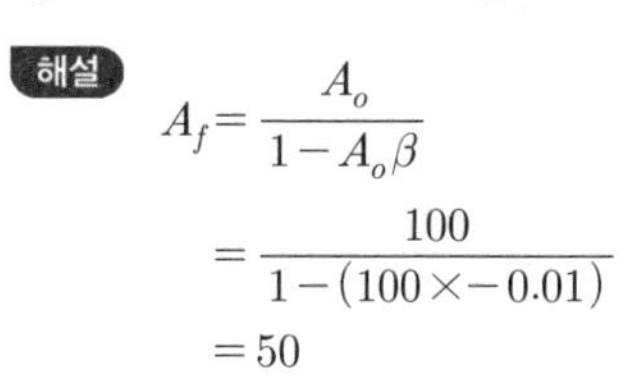

65 다음 중 출력 임피던스가 가장 작은 회로는?

① 베이스 접지 회로
② 컬렉터 접지 회로
③ 이미터 접지 회로
④ 캐소드 접지 회로

해설 출력 임피던스는 컬렉터 접지 회로가 가장 작고, 베이스 접지 회로가 가장 크다.

정답 61.③ 62.① 63.③ 64.② 65.②

66 **트랜지스터 바이어스 회로 방식 중 안정도가 가장 높은 것은?**

① 혼합 바이어스
② 전류 궤환 바이어스
③ 고정 바이어스
④ 자기 바이어스

해설 **바이어스의 회로 방식**

㉠ 고정 바이어스
- 회로가 단순하다.
- 온도 변화에 민감하다.

㉡ 전류 궤환 바이어스 : 이미터 저항의 전압을 베이스 입력에 궤환하여 안정화시킨다.

㉢ 혼합 바이어스 : 고정 바이어스와 전류 궤환, 부궤환 바이어스를 혼합하여 안정도가 가장 높다.

67 **트랜지스터 증폭 회로에서 병렬 부하인 경우 효율은 몇 [%]인가?**

① 20　　② 50
③ 70　　④ 100

해설 **트랜지스터 증폭 회로의 효율**

㉠ A급 : 50[%]
㉡ B급 : 78[%] 이하
㉢ AB급 : 70[%] 이상
㉣ C급 : 78[%] 이상

68 **회로에서 입력 저항 R_i는 몇 [kΩ]인가?** (단, h_{ie}는 1.1, h_{fe}는 50이고, h_{re}, h_{oe}는 무시한다)

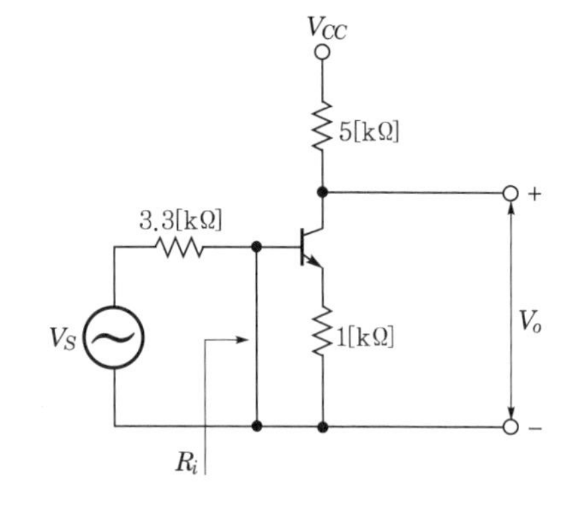

① 2.1　　② 4.3
③ 5.4　　④ 52.1

해설 $R_i = h_{ie} + (h_{fe}+1) \times R_E$
$= 1.1 + (50+1) \times 1$
$= 52.1[\text{k}\Omega]$

69 **증폭된 신호의 기본파 진폭이 40[mV]이고, 제2고조파 진폭이 1.6[mV], 제3고조파 진폭이 1.2[mV]일 때 이 신호의 왜율[%]은?**

① 3　　② 5
③ 7　　④ 10

해설 일그러짐률(K)

$$K = \frac{\text{고조파의 실효값}}{\text{기본파}} \times 100$$
$$= \frac{\sqrt{1.6^2 + 1.2^2}}{40} \times 100 = 5[\%]$$

70 **전압 증폭도가 100배이면 데시벨 이득[dB]은 얼마인가?**

① 20　　② 30
③ 40　　④ 50

해설 $G = 20\log_{10}100$
$= 20\log_{10}10^2$
$= 20 \times 2 = 40[\text{dB}]$

71 **0.2[V]의 교류 입력이 20[V]로 증폭되었다면 증폭 이득은 몇 [dB]인가?**

① 10　　② 20
③ 30　　④ 40

해설

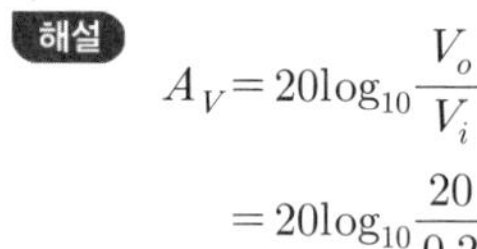

$$A_V = 20\log_{10}\frac{V_o}{V_i}$$
$$= 20\log_{10}\frac{20}{0.2}$$
$$= 20 \times 2 = 40[\text{dB}]$$

정답 66.① 67.② 68.④ 69.② 70.③ 71.④

72 **전압 증폭도가 500배이면 데시벨 이득[dB]은 약 얼마인가?**

① 5 ② 45
③ 54 ④ 500

해설 $G = 20\log_{10}500$
$= 20(\log_{10}5 + \log_{10}100)$
$= 20(0.7 + 2) = 54[\text{dB}]$

정답 72.③

06 연산 증폭기

★중요★
[2010년 2회 출제]
[2010년 5회 출제]
[2012년 1회 출제]
[2013년 2회 출제]
입력 오프셋 전압
입력 오프셋 전압이란 출력을 0[V]로 만들어 주기 위한 차동 입력에 인가해주는 전압을 말한다.

1 연산 증폭기의 특징

(1) 연산 증폭기(Operational amplifier ; OP-AMP)의 의미

직류로부터 특정한 주파수 범위 사이에서 되먹임 증폭기를 이용하여 일정한 연산을 할 수 있도록 한 직류 증폭기이다.

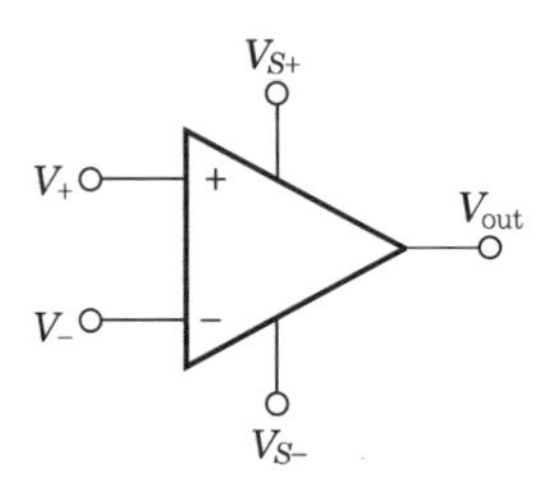

▌연산 증폭기의 기호▐

[2010년 5회 출제]
[2012년 2회 출제]
[2016년 2회 출제]
이상적 연산 증폭기의 특징
㉠ 전압 이득 무한대
㉡ CMRR 무한대
㉢ 주파수 대역폭 무한대
㉣ 입력 임피던스 무한대
㉤ 출력 임피던스=0
㉥ 온도 영향 없음

(2) 이상적인 연산 증폭기의 특성

① 전압 이득이 무한대이다(개루프). $|A_v| = \infty$
② 입력 임피던스가 무한대이다(개루프). $|R_i| = \infty$
③ 대역폭이 무한대이다. $BW = \infty$
④ 출력 임피던스가 0이다. $R_0 = 0$
⑤ 전력 소비가 낮다.
⑥ 온도 및 전원 전압 변동에 따른 영향(zero drift)이 없다.
⑦ 오프셋(offset)이 0이다(zero offset).
⑧ 동상 신호 제거비(CMRR)가 무한대이다. CMRR=∞
⑨ 지연 응답(response delay)이 0이다.
⑩ 특성의 변동, 잡음이 없다.

(3) 연산 증폭기의 정확도를 높이기 위한 조건

① 큰 증폭도와 높은 안정도가 필요하다.
② 많은 양의 음궤환을 안정하게 걸수 있어야 한다.
③ 좋은 차단 특성을 가져야 한다.
④ 연산 증폭기는 직렬 차동 증폭기를 사용하여 구성한다.
⑤ 궤환에 대한 안정도를 높이기 위하여 특정 주파수에서 주파수 보상 회로를 사용한다.

(4) 차동 증폭기

① 2개의 입력 단자에 가해진 2개의 신호차를 증폭하여 출력으로 하는 회로를 말한다.

② **동작 원리** : 2개의 트랜지스터 TR_1과 TR_2의 베이스에 2개의 입력 신호를 가하여 그 두 신호의 차로 나타나는 출력을 트랜지스터 TR_1과 TR_2의 컬렉터로부터 나오도록 한다.

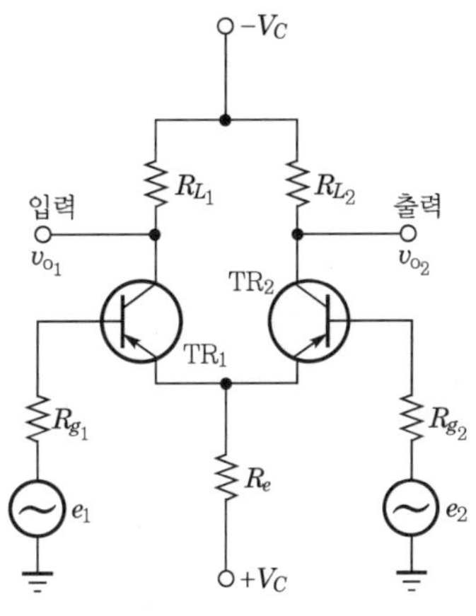

▮차동 증폭기 회로▮

(5) 동위상 신호 제거비(CMRR : Common Mode Rejection Ratio)

① 동상 입력 신호들을 제거하고 차동 입력의 신호들을 증폭할 수 있는 능력을 동상 신호 제거비(CMRR)라 한다.

② $\text{CMRR} = \dfrac{\text{차동 이득}}{\text{동위상 이득}}$

③ 이상적인 연산 증폭기의 CMRR $= \infty$ 이다.

④ CMRR이 클수록 특성이 좋다.

(6) 가상 접지

① 두 입력 단자 사이의 전압이 0에 가깝게 매우 작아서 두 단자가 단락(short)된 것처럼 보이지만 두 단자의 전류가 0인 특성을 갖는다.

② 연산 증폭기의 개방 루프 전압 이득과 입력 저항이 무한대에 가깝게 큰 값을 갖는 특성에서 기인한다.

③ 전압 측면은 두 입력 단자는 단락(short)되고, 전류 측면은 두 입력 단자는 개방(open)되어 전류는 흐르지 않는다.

기출문제 핵심잡기

[2013년 3회 출제]
[2016년 2회 출제]
CMRR(동상 신호 제거비)

㉠ 차동 증폭기에서 동상 신호, 즉 크기와 위상이 같은 신호인 것은 실생활에서 전원 잡음이 대표적이므로 이것을 제거해야 한다.

㉡ 전원 잡음은 양단자에 동일하게 작용하게 되므로 CMRR이 높으면 잡음을 잘 제거하게 된다.
따라서 CMRR이 클수록 성능이 우수한 증폭기이다.

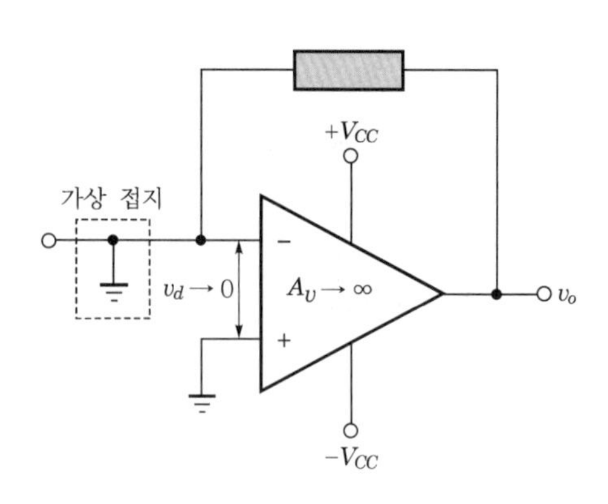

2 연산 증폭기 회로

(1) 반전 증폭기

'−'의 의미는 입력 위상이 반전되어 출력된다는 것이고, 이득은 $\frac{R_f}{R_i}$이다.

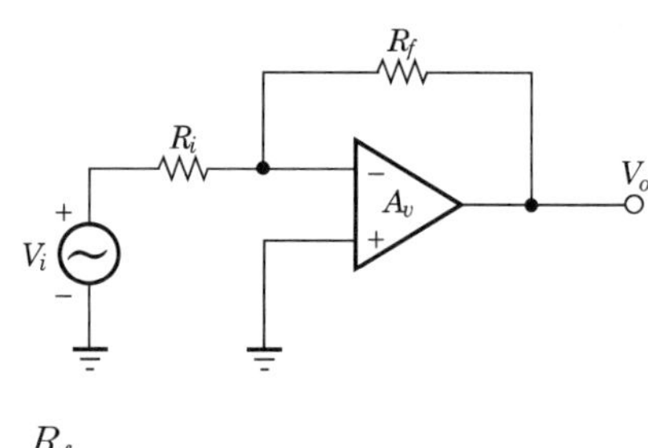

$$V_o = -\frac{R_f}{R_i}V_i$$

[2011년 5회 출제]
반전 증폭기 회로에서 $R_i = R_f$이면 부호 변환기로 사용된다.

(2) 부호 변환기

반전 연산 증폭기에서 $R_i = R_f$이면 $V_o = -V_i$로 되어 반전 출력으로 된다.

(3) 비반전 증폭기

① 입·출력 위상이 동일하다.

② 증폭비는 1 이상(신호의 감축은 불가능)이다.

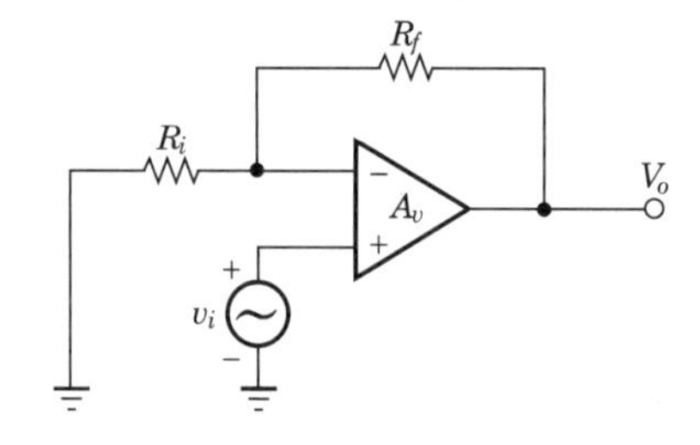

$$V_o = \left(1 + \frac{R_f}{R_i}\right) V_i$$

(4) 가산기(덧셈기)

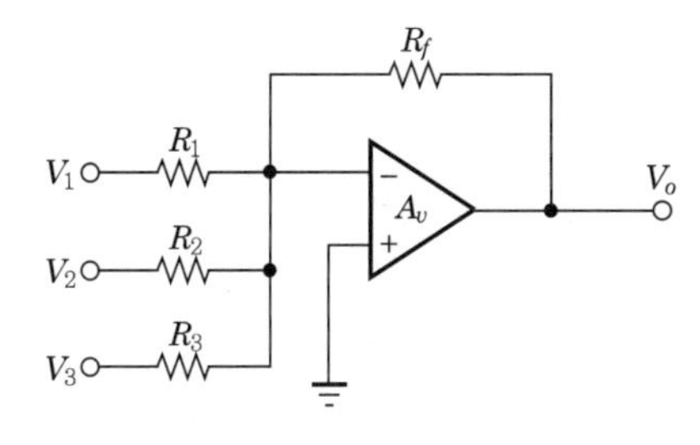

$$V_o = -\left(\frac{R_f}{R_1} V_1 + \frac{R_f}{R_2} V_2 + \frac{R_f}{R_3} V_3\right)$$

만일 $R_1 = R_2 = R_3 = R_f$ 이면

$$V_o = -(V_1 + V_2 + V_3)$$

(5) 미분기

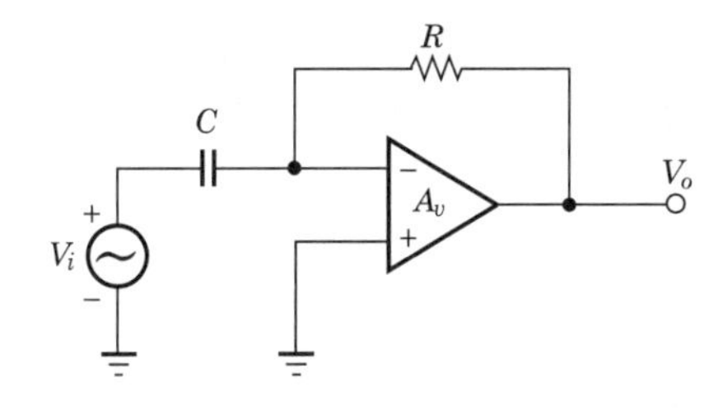

$$V_o = -RC\frac{dV_i}{dt}$$

(6) 적분기

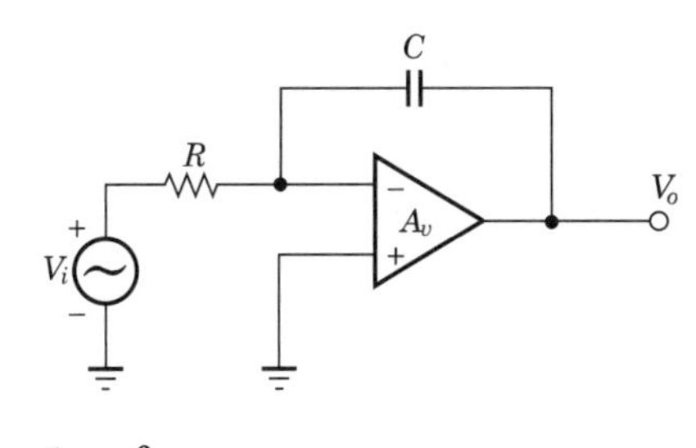

$$V_o = -\frac{1}{RC}\int V_i dt$$

기출문제 핵심잡기

✔ 미분기는 입력에 콘덴서가 있고 적분기는 궤환에 콘덴서가 있다.

[2012년 5회 출제]
증폭기 반전 입력에 콘덴서가 있으면 미분기이다.

기출문제 핵심잡기

☑ 전압 폴로어
㉠ 전압 이득=1
㉡ 임피던스 매칭 버퍼로 사용한다.

(7) 전압 폴로어(voltage follower)

① 전압 폴로어는 전압 이득이 1이다.

$(V_i - V_o)A_V = V_o$, $V_o = \dfrac{A_V}{1+A_V}V_i$, $A_V = \infty$ 이므로

$$V_o = V_i$$

$$A_{Vf} = \frac{V_o}{V_i} = 1$$

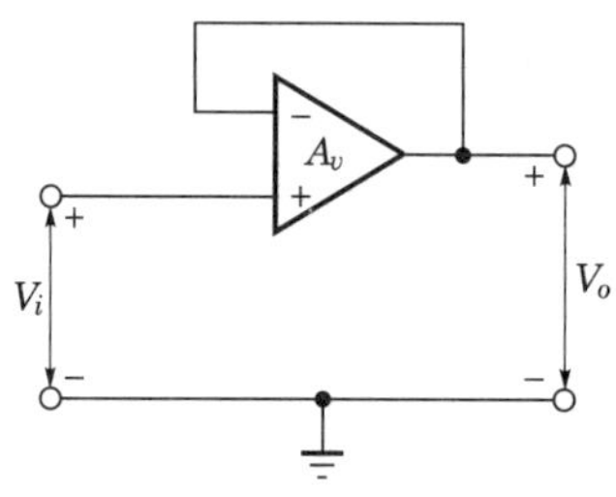

② **입력 저항** : 이상적인 연산 증폭기의 입력 단자 전류는 0이므로 ∞이다. 바람직한 전압 증폭기의 입력 저항 특성이다.

③ **출력 저항** : 출력단이 Shunt feedback을 가지므로, 부하에서 본 출력 저항은 매우 작은 값(≒0)을 가진다.

④ **사용 용도** : 신호원과 부하 사이에 전압 폴로어를 삽입하여 임피던스 매칭용 버퍼로 사용된다.

☑ 차동 증폭기
$v_o = \dfrac{R_2}{R_1}(v_{i_2} - v_{i_1})$

(8) 차동 증폭기(difference amplifier)

두 입력 신호의 차(difference)를 증폭한다.

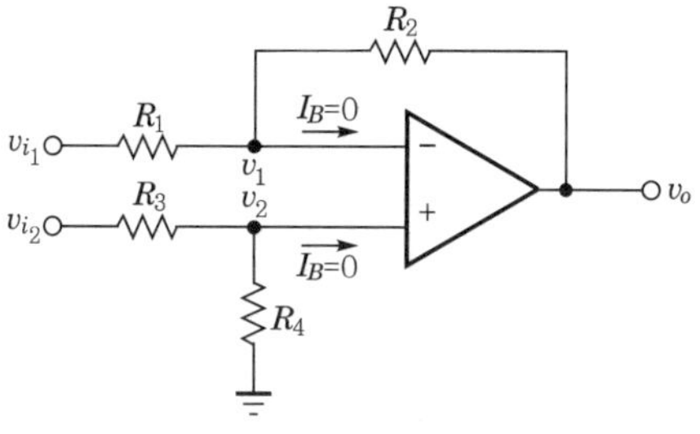

$R_1 = R_3$, $R_2 = R_4$인 경우

$$v_o = \frac{R_2}{R_1}(v_{i_2} - v_{i_1})$$

(9) 반파 정류 회로

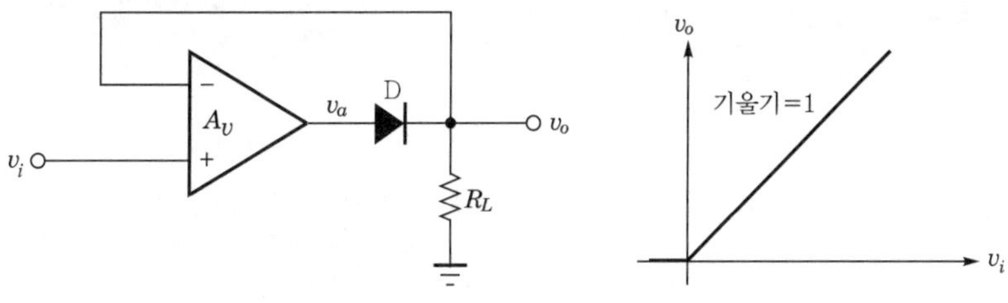

▌반파 정류 회로와 입 · 출력 특성▌

기출문제 핵심잡기

[2011년 5회 출제]
반파 정류기 출력에 부하 저항대신 콘덴서를 부착하면 출력 피크값이 콘덴서에 저장되므로 피크값 검출기로 사용할 수 있다.

단락별 기출 · 예상 문제

01 **이상적인 연산 증폭기의 특징에 대한 설명으로 틀린 것은?**

① 주파수 대역폭이 무한대이다.
② 입력 임피던스가 무한대이다.
③ 오픈 루프 전압 이득이 무한대이다.
④ 온도에 대한 드리프트(drift)의 영향이 크다.

해설 이상적 연산 증폭기의 특성
㉠ 전압 이득이 무한대이다.
㉡ 입력 임피던스가 무한대이다.
㉢ 출력 임피던스가 0이다.
㉣ 대역폭이 무한대이다.
㉤ 오프셋(offset)이 0이다.
㉥ 특성의 변동, 잡음이 없다.

02 **이상적인 연산 증폭기의 대역폭은?**

① 0　② 100[kHz]
③ 1,000[kHz]　④ ∞

해설 이상적인 연산 증폭기의 특성
㉠ 전압 이득이 무한대이다.
㉡ 입력 임피던스가 무한대이다.
㉢ 출력 임피던스가 0이다.
㉣ 대역폭이 무한대이다.
㉤ 오프셋(offset)이 0이다.
㉥ 특성의 변동, 잡음이 없다.

03 **연산 증폭기에서 차동 출력을 0[V]가 되도록 하기 위하여 입력 단자 사이에 걸어주는 전압은 무엇인가?**

① 입력 오프셋 전압
② 출력 오프셋 전압
③ 입력 오프셋 드리프트 전압
④ 출력 오프셋 드리프트 전압

해설 입력 오프셋 전압이란 차동 출력 전압을 0으로 만들기 위해 두 입력 단자 사이에 인가하는 전압이다.

04 **그림과 같은 적분기 회로의 출력은?** (단, 연산 증폭기는 이상적이라 한다)

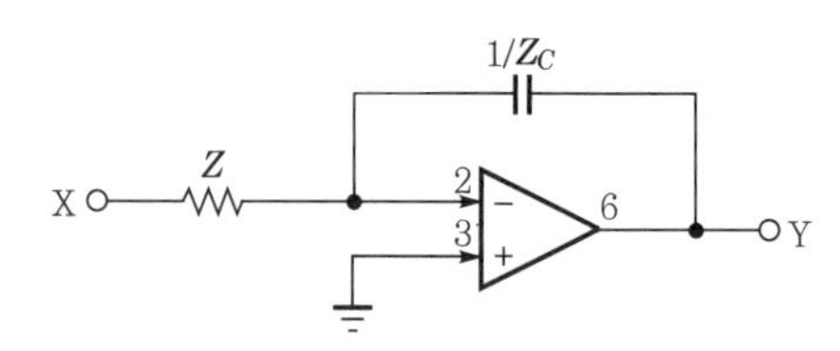

① $\frac{1}{Z \cdot Z_c}X$　② $\frac{Z_c}{Z}X$
③ $-\frac{1}{Z \cdot Z_c}X$　④ $\frac{Z}{Z_c}X$

해설 반전 입력이므로

$$\text{출력 } Y = -\frac{\frac{1}{Z_c}}{Z}X = -\frac{1}{Z_c Z}X$$

05 **회로와 같은 OP Amp는 완충기(buffer amp)로 사용할 수 있다. 출력 V_o는 얼마인가?**

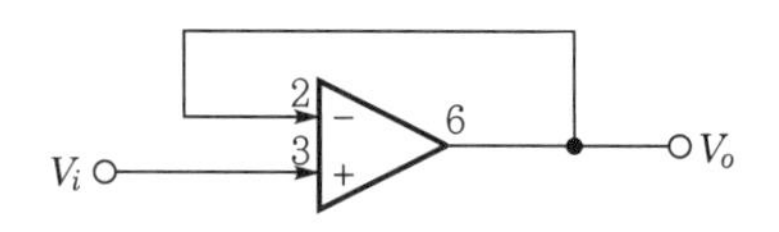

① 1　② V_i
③ ∞　④ $-V_i$

해설 그림은 전압 폴로어(voltage follower)이다. $V_o = V_i$이고 폐루프 이득은 $A_v = 1$이다.

정답 01.④ 02.④ 03.① 04.③ 05.②

06 연산 증폭기의 입력 오프셋 전압에 대한 설명으로 가장 적합한 것은?

출제빈도

① 출력 전압과 입력 전압이 같게 될 때의 증폭기 입력 전압
② 차동 출력 전압이 0[V]일 때 두 입력 단자에 흐르는 전류의 차
③ 차동 출력 전압이 무한대가 되도록 하기 위하여 입력 단자 사이에 걸어주는 전압
④ 차동 출력 전압이 0[V]가 되도록 하기 위하여 입력 단자 사이에 걸어주는 전압

07 연산 증폭기의 응용 회로가 아닌 것은?

① 미분기 ② 가산기
③ 적분기 ④ 멀티플렉서

해설 연산 증폭기는 아날로그 계산기, 아날로그 소신호 증폭, 전력 증폭 등의 분야에 사용한다.

08 그림의 비반전 회로에서 전압 증폭도 A_V는?

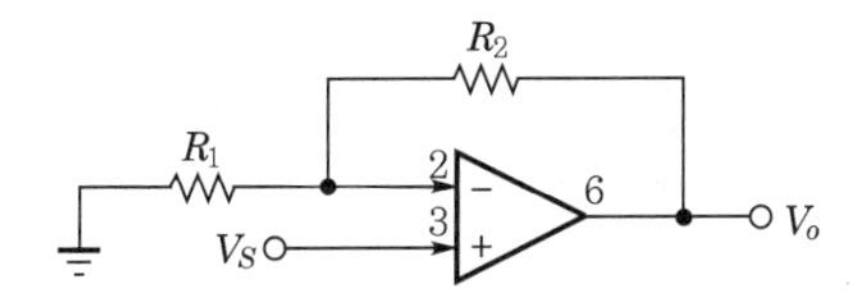

① $1+\frac{R_1}{R_2}$ ② $1+\frac{R_2}{R_1}$

③ $\frac{R_2}{R_1}$ ④ $\frac{R_1}{R_2}$

해설 가상 접지 개념에 의해 각 저항에 흐르는 전류는 같다.

$$-\frac{V_S}{R_1}=\frac{V_S-V_o}{R_2}$$

$$A_V=\frac{V_o}{V_S}=1+\frac{R_2}{R_1}$$

09 다음과 같은 연산 증폭기의 출력 E_o[V]는?

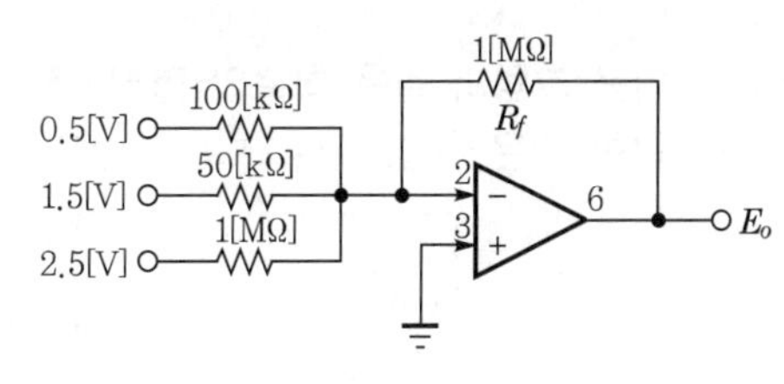

① −6 ② −10
③ −15 ④ −20

해설 그림은 가산기이다.

$$E_o=-\left(\frac{R_f}{R_1}V_1+\frac{R_f}{R_2}V_2+\frac{R_f}{R_3}V_3\right)$$
$$=-\left(\frac{1\times10^6}{100\times10^3}\times0.5+\frac{1\times10^6}{500\times10^3}\times1.5+\frac{1\times10^6}{1\times10^6}\times2\right)$$
$$=-10[\text{V}]$$

10 다음과 같은 연산 증폭기 회로에서 입 · 출력 전압의 관계로 가장 적합한 것은? (단, $R_1=R_2=R_3=R_4$)

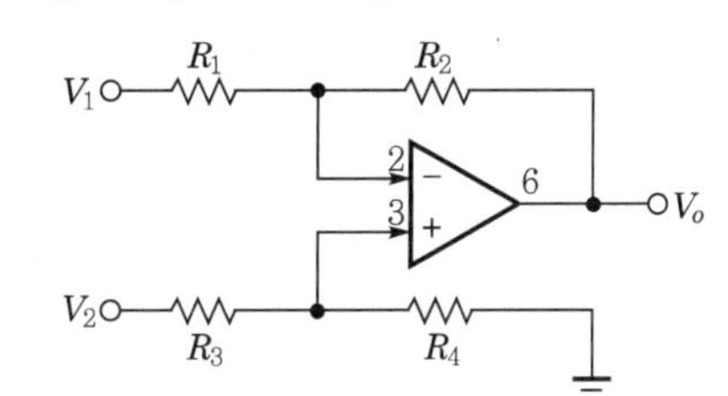

① $V_o=\frac{V_2}{V_1}$
② $V_o=V_1\cdot V_2$
③ $V_o=V_1-V_2$
④ $V_o=V_2-V_1$

해설 그림은 차동 증폭기로서, 2개의 입력 신호차를 증폭하여 출력한다.
만일 $R_1=R_3$, $R_2=R_4$라 하면

$V_o=\frac{R_2}{R_1}(V_2-V_1)$이 된다.

문제에서는 $R_1=R_2=R_3=R_4$이므로
$\therefore\ V_o=V_2-V_1$

정답 06.④ 07.④ 08.② 09.② 10.④

11 다음 그림과 같은 회로의 명칭으로 가장 적합한 것은? (단, 다이오드는 정밀급이다)

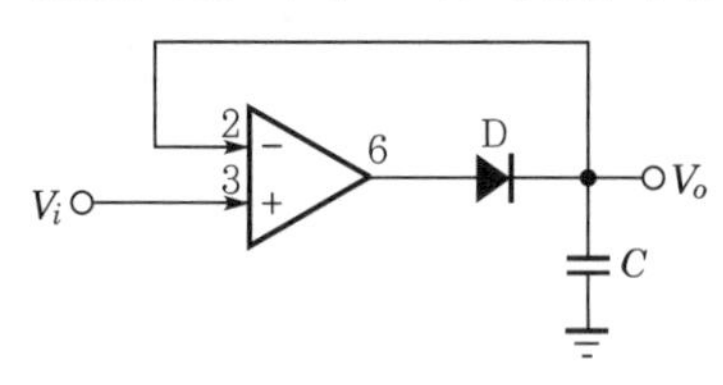

① (+) 피크 검파기
② 배압 검파기
③ 정밀 클램프
④ 적분기

해설 다이오드에 의해 반파 정류된 파의 피크값이 콘덴서 C에 저장되므로 피크 검출기로 사용된다.

12 연산 증폭기의 설명 중 옳지 않은 것은?

① 직렬 차동 증폭기를 사용하여 구성한다.
② 연산의 정확도를 높이기 위해 낮은 증폭도가 필요하다.
③ 차동 증폭기에서 TR 특성의 불일치로 출력에 드리프트가 생긴다.
④ 직류에서 특정 주파수 사이의 되먹임 증폭기를 구성하여 일정한 연산을 할 수 있도록 한 직류 증폭기이다.

해설 연산 증폭기는 증폭도에 따라 정확도가 변하는 것은 아니다. 옵셋을 정확히 조정한다면 충분한 정밀도를 얻을 수 있다.

13 연산 증폭기에서 입력 오프셋 전압에 대한 설명으로 가장 적합한 것은?

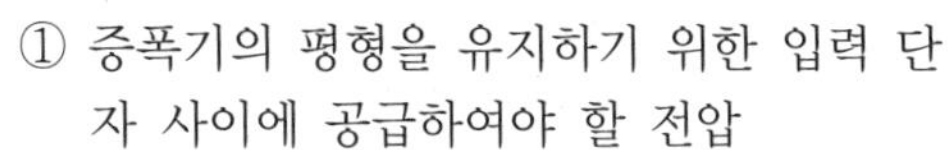

① 증폭기의 평형을 유지하기 위한 입력 단자 사이에 공급하여야 할 전압
② 출력 전압이 무한대가 되게 하기 위한 입력 단자 사이에 공급하여야 할 전압
③ 출력 전압과 입력 전압이 같게 될 때의 증폭기의 입력 전압
④ 출력 전압이 무한대가 될 때 입력 단자의 최대 전류

해설 입력 오프셋 전압이란 차동 출력 전압을 0으로 만들기 위해 두 입력 단자 사이에 인가하는 전압이다.

14 연산 증폭기의 입력 오프셋 전압에 대한 설명으로 가장 적합한 것은?

① 출력 전압과 입력 전압이 같게 될 때의 증폭기 입력 전압
② 차동 출력 전압이 0[V]일 때 두 입력 단자에 흐르는 전류의 차
③ 차동 출력 전압이 무한대가 되도록 하기 위하여 입력 단자 사이에 걸어주는 전압
④ 차동 출력 전압이 0[V]가 되도록 하기 위하여 입력 단자 사이에 걸어주는 전압

해설 **입력 오프셋 전압** : 출력 전압을 0으로 하기 위해 두 입력 단자 사이에 인가해야 할 전압을 말한다.

15 다음 중 동위상 신호 제거비(CMRR)에 해당하는 것은?

① $\dfrac{\text{차동 이득}}{\text{동위상 이득}}$

② $\sqrt{\dfrac{\text{동위상 이득}}{\text{차동 이득}}}$

③ $\dfrac{1}{\text{차동 이득} \times \text{동위상 이득}}$

④ 차동 이득 × 동위상 이득

해설 **동상 신호 제거비(CMRR)**

㉠ 동상 입력 신호들을 제거하고 차동 입력의 신호들을 증폭할 수 있는 능력을 말한다(common-mode rejection ratio, CMRR).

㉡ 동상 신호 제거비 $= \dfrac{\text{개루프 차동 이득}}{\text{동상 입력 이득}}$

㉢ 이상적인 차동 증폭기에서 CMRR은 클수록 좋다.

정답 11.① 12.② 13.① 14.④ 15.①

16 그림과 같은 회로는?

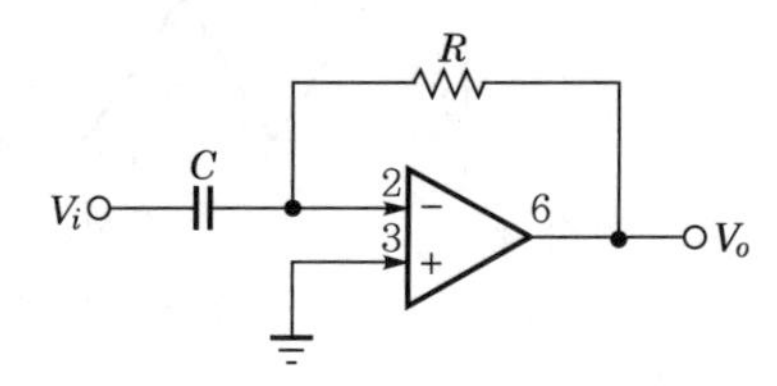

① 미분기　　② 가산기
③ 적분기　　④ 변별기

해설 입력에 콘덴서를 사용하는 회로는 미분기이다.

17 그림과 같은 연산 증폭기에서 2[MΩ]에 흐르는 전류는?

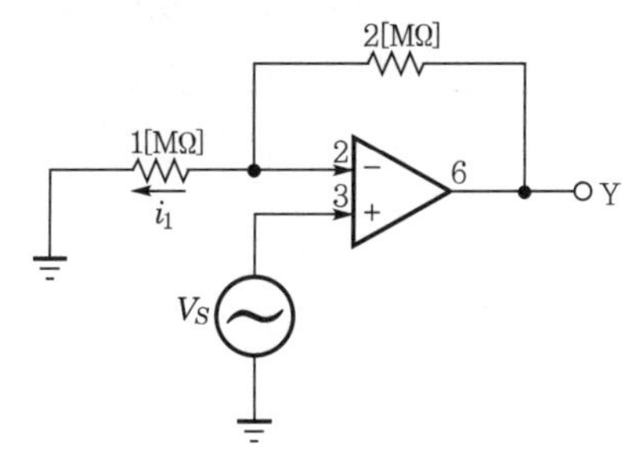

① 0　　② i_1
③ $2i_1$　　④ $4i_1$

해설 비반전 증폭기 회로이다. 가상 접지 개념에 의해 저항 2[MΩ]과 1[MΩ]의 흐르는 전류는 같다.

18 차동 증폭기에서 우수한 동상 신호 제거비(CMRR)를 얻기 위한 조건으로 가장 적합한 것은?

① 차동 이득, 동상 이득이 작을수록 좋다.
② 차동 이득, 동상 이득이 클수록 좋다.
③ 차동 이득이 크고, 동상 이득은 작을수록 좋다.
④ 차동 이득이 작고, 동상 이득은 클수록 좋다.

해설 동상 신호 제거비(CMRR)

㉠ $\frac{\text{개루프 차동 이득}}{\text{동상 입력 이득}}$

㉡ 이상적인 차동 증폭기에서 CMRR은 클수록 좋으므로 차동 이득값이 크고 동상 이득값은 작을수록 좋다.

19 다음 그림과 같은 회로는 무슨 회로인가?

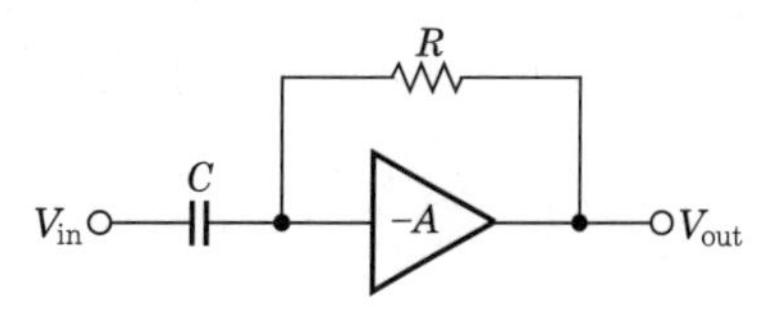

① 미분 회로
② 적분 회로
③ 정현파 발생 회로
④ 톱니파 발생 회로

해설 입력에 콘덴서가 있는 회로는 미분 회로이다.

20 그림 (a)에 입력으로 그림 (b)를 넣을 때 출력은? (단, A : 연산 증폭기)

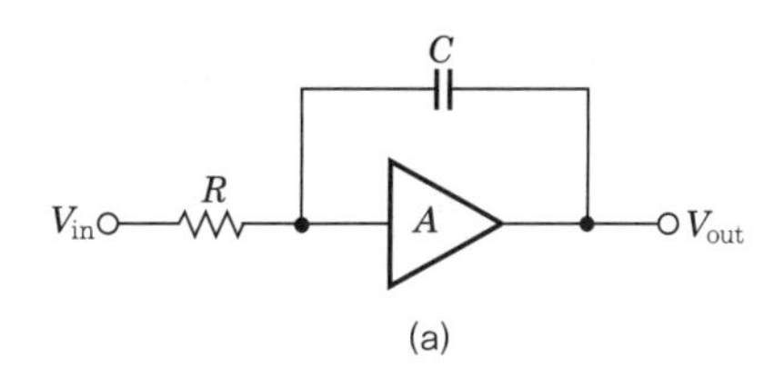

(a)

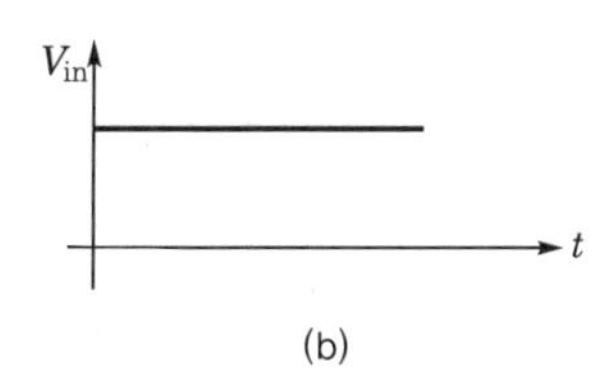

(b)

① 펄스 전압
② 스텝 전압
③ 크기가 직선적으로 증가하는 전압
④ 크기가 지수함수적으로 감소하는 전압

해설 그림에서 궤환 회로에 콘덴서가 있으므로 적분기이다. 적분 회로의 입력에 스텝 입력을 가하면 출력은 직선적으로 증가하는 전압이 출력에 나타난다. 또한, 구형파를 입력하면 삼각파가 출력된다.

정답 16.① 17.② 18.③ 19.① 20.③

21 **그림과 같은 이상적인 OP Amp에서 출력 전압 V_o는 몇 [V]인가?**

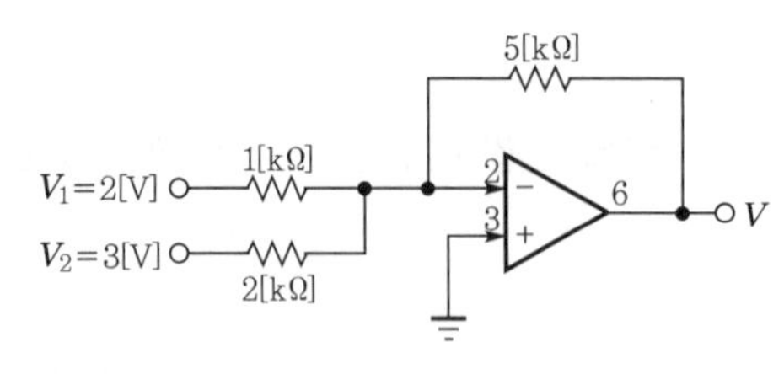

① −17.5　② 18.5
③ 19.5　④ −20.5

해설 그림은 가산기이다.

$$V_o = -\left(\frac{R_f}{R_1}V_1 + \frac{R_f}{R_2}V_2\right)$$
$$= -\left(\frac{5}{1}\times 2 + \frac{5}{2}\times 3\right) = -17.5[\text{V}]$$

22 **다음 연산 증폭기의 기능으로 적합한 것은?**
(단, $R_i = R_f$이고 연산 증폭기는 이상적이다)

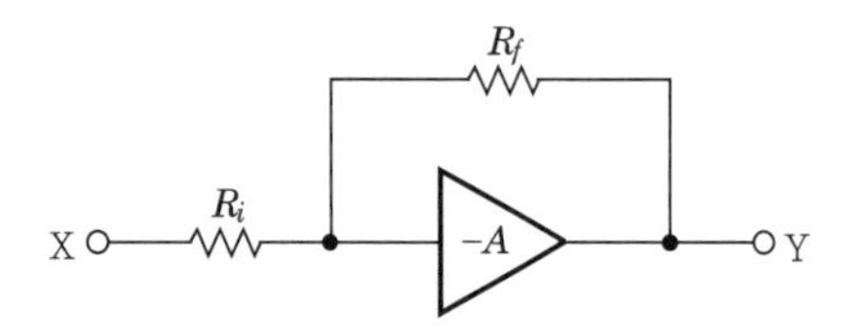

① 적분기　② 미분기
③ 배수기　④ 부호 변환기

해설 반전 증폭 회로이다.

$y = -\dfrac{R_f}{R_i}x$에서 $R_i = R_f$이면 $y = -x$이므로 부호 변환기이다.

23 **회로에 그림과 같은 입력 파형을 인가하면 출력 파형은?**

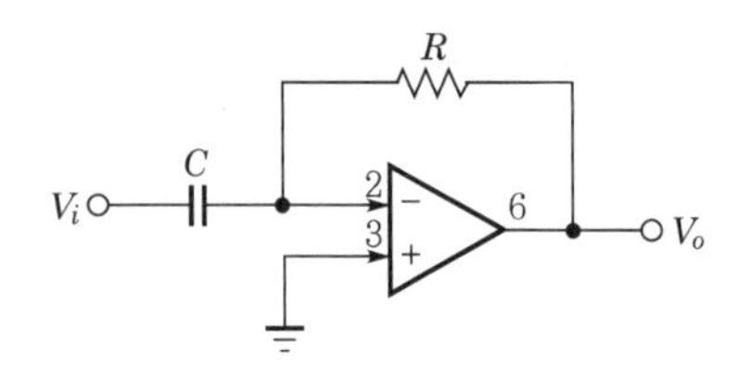

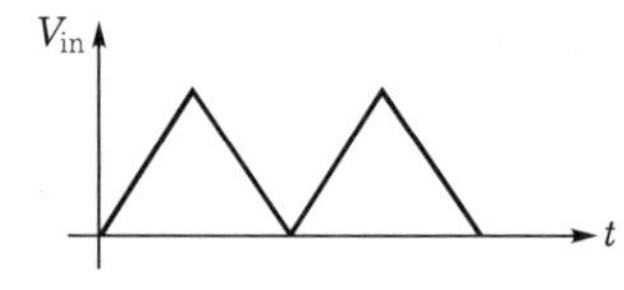

① 삼각파　② 정현파
③ 임펄스파　④ 구형파

해설 입력에 콘덴서를 사용하는 회로는 미분기이다.

$$V_o = -RC\frac{dv}{dt}$$

미분 회로에서 삼각파 입력은 구형파가 출력되고, 구형파 입력은 펄스파가 출력된다.

24 **그림과 같은 연산 증폭기의 전압 증폭도는?**

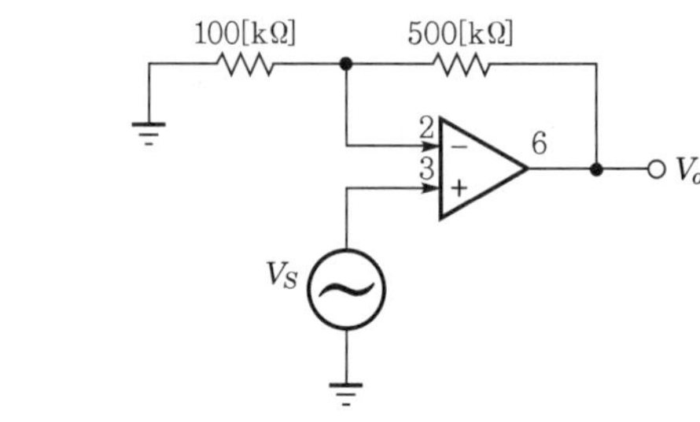

① 2　② 4
③ 6　④ 8

해설 그림은 비반전 증폭기이다.

$$A_V = 1 + \frac{R_f}{R} = 1 + \frac{500}{100} = 6$$

25 **다음 그림과 같은 연산 증폭기의 명칭은?**
(단, V_i : 입력 신호 전압)

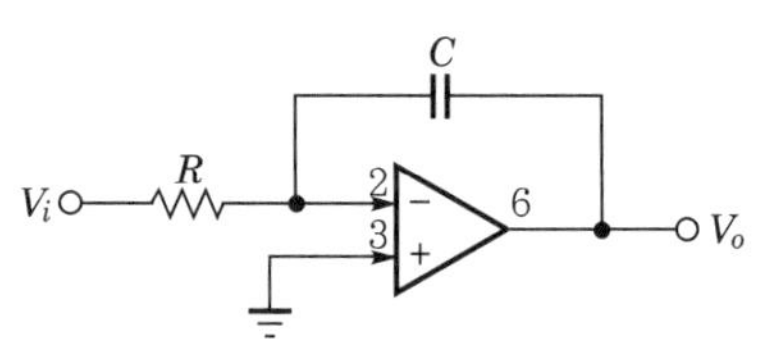

① 미분기　② 적분기
③ 가산기　④ 부호 변환기

해설 그림에서 궤환 회로에 콘덴서가 있으므로 적분기이다.

$$V_o = \frac{1}{RC}\int_0^t V_i\,dt$$

정답 21.① 22.④ 23.④ 24.③ 25.②

07 발진 회로

1 발진 회로의 기초

(1) 발진 회로의 개념

① 궤환 증폭 회로에서 정궤환(positive feedback)이 되면 외부의 입력 없이 증폭 작용이 계속된다. 이와 같은 증폭 작용을 이용하여 전기 진동을 발생시키는 회로(되먹임 발진 회로)를 말한다.

② 궤환 발진기 : 출력 신호의 일부분이 위상천 없이 입력으로 피드백되어 출력을 강화한다.

③ 이상 발진기 : RC 회로를 이용하여 사인파가 아닌 다른 파형을 생성시키는 발진기이다.

(2) 발진 조건

① 궤환 발진기의 기본 원리 : 정궤환

② 정궤환

㉠ 증폭기의 출력이 입력으로 위상천이나 출력 강화 없이 피드백된다.

㉡ 정궤환 루프에 의해 사인파가 지속적으로 출력된다.

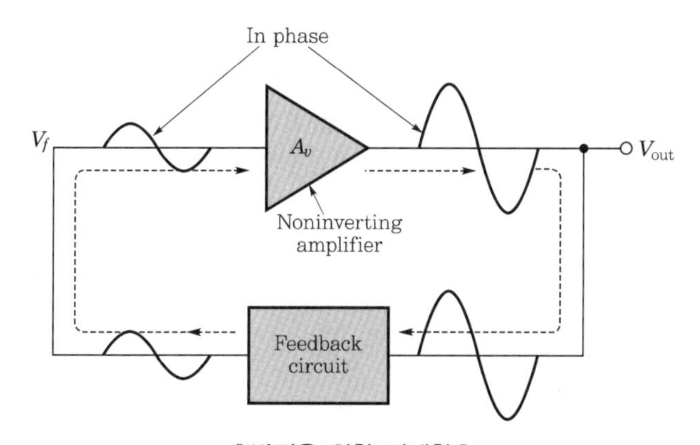

▌발진을 위한 정궤환▐

③ 증폭도 A_f : 그림에서 전압 증폭도를 A, 되먹임 계수를 β라 할 때 증폭도 A_f는 다음과 같다.

$$A_f = \frac{A}{1 - \beta A}$$

기출문제 핵심잡기

☑ 용어해설

㉠ 발진(oscillation) : 주기적이고 반복적인 진동으로, 정해진 공간에서 같은 운동을 반복하는 주기 운동이다.

㉡ 발진기(oscillator) : 주기적이고 반복적인 진동을 발생시키는 장치로, 직류 전압만으로 반복되는 일정 주기의 출력 파형을 생성시키는 회로이다.

여기서, $1-\beta A=0$, 즉 $\beta A=1$이 되면 A_f는 ∞가 된다. 이것은 외부에서 입력이 없어도 출력을 얻을 수 있다는 것을 뜻한다.

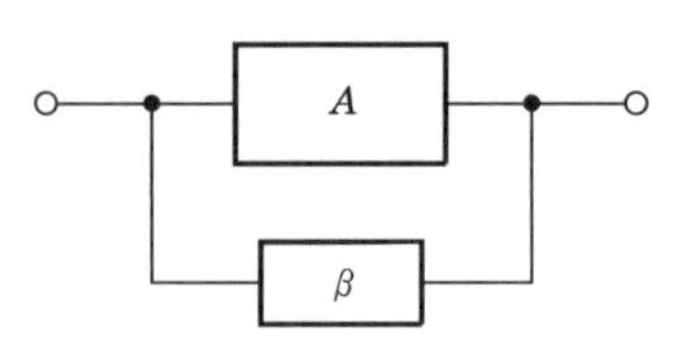

▌궤환 증폭 회로의 기본 구성▐

④ 발진 조건 : $\beta A=1$
  ㉠ $|\beta A|>1$: 발진 진폭 증대
  ㉡ $|\beta A|<1$: 발진 진폭 소멸

[2016년 1회 출제]
☑ 이상 발진기
= 이완 발진기

☑ LC 발진기(LC oscillator)
= LC 동조 발진기
= LC 궤환 발진기

☑ LC형 발진기는 주파수 가변이 어렵고 RC형 발진기는 주파수 가변이 쉽다.

[2013년 1회 출제]
정현파 발진기 종류에는 LC 발진기, RC 발진기, 수정 발진기가 있다.

(3) 발진기의 종류

- 발진기
  - 정현파 발진기
    - LC 발진기
      - 동조형 발진기
      - 하틀리(Hartley) 발진기
      - 콜피츠(Colpitts) 발진기
    - 수정 발진기
      - 피어스(pierce) BE형 발진기
      - 피어스(pierce) CB형 발진기
    - RC 발진기
      - 이상형 발진기
      - 빈브리지(wien bridge)
  - 비정현파 발진기
    - 멀티바이브레이터(multivibrator)
    - 블로킹(blocking) 발진기
    - 톱니파 발진기

2 LC 발진 회로

(1) LC 발진 회로의 특징

① C급 증폭기를 사용한다.
② 발진 범위는 100[kHz] ~ 수백[MHz]까지로, 저주파 발진이 어렵다.
③ 출력이 크다.
④ 일그러짐이 많다.

(2) 컬렉터 동조 LC 발진 회로

$$\text{발진 주파수 } f \fallingdotseq \frac{1}{2\pi\sqrt{L_1 C}}$$

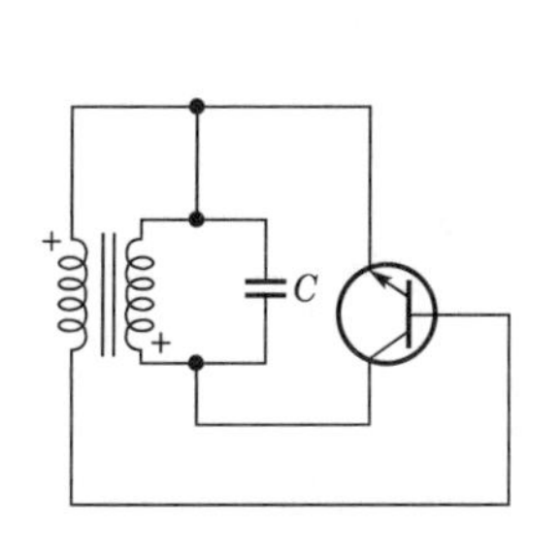

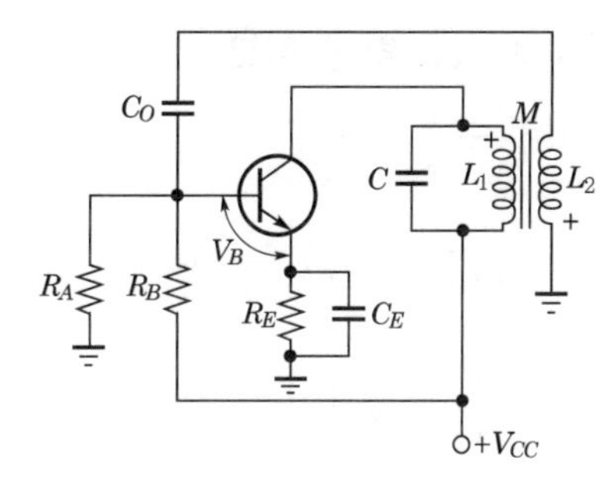

(a) 기본 구조 (b) 실제 회로

▎LC 발진기 기본 구조(a)와 실제 회로(b)▎

(3) 하틀리(Hartley) 발진 회로

① 발진 주파수 f_0

$$j\omega(L_1+M)+j\omega(L_2+M)+\frac{1}{j\omega C}=0$$

$$j\omega(L_1+L_2+2M)-\frac{1}{\omega^2 C}=0$$

$$\therefore\ f_0=\frac{1}{2\pi\sqrt{(L_1+L_2+2M)C}}\ [\mathrm{Hz}]$$

여기서, M : 상호 인덕턴스

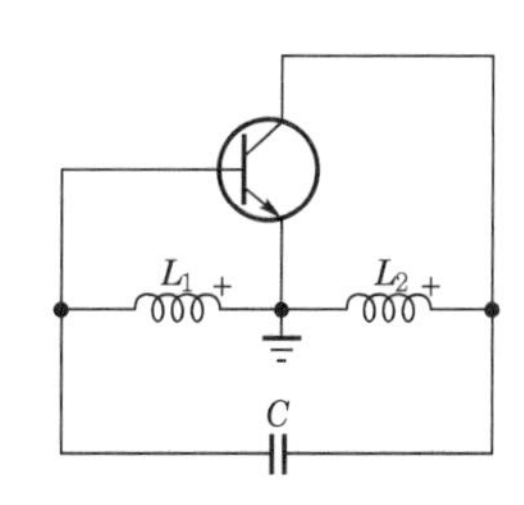

▎하틀리 발진 회로▎

② 발진을 지속하기 위한 트랜지스터의 최소 전류 증폭률은 다음과 같다.

$$h_{fe}=\frac{1}{\omega^2(L_2+M)C}-1$$

③ 특징

㉠ 코일의 탭을 조정하여 발진 강도의 세기를 쉽게 변화시킬 수 있다.
㉡ 콜피츠 회로보다 발진 출력이 크다.
㉢ 발진 주파수를 변화시키기 쉬우며 저주파에서 발진 출력이 안정하다.
㉣ 상호 인덕턴스 M을 변화시켜서 파형을 개선시킬 수 있다.
㉤ 컬렉터 동조형이나 이미터 동조형보다 낮은 주파수에서 높은 주파수까지의 발진이 가능하다.
㉥ 10[MHz] 이하의 비교적 낮은 주파수 발진에 많이 사용된다.

☑ 하틀리 발진기 회로와 콜피츠 발진기 회로의 L과 C의 배치로 회로를 구분한다.

☑ 하틀리 발진 회로의 특징
㉠ 주파수 가변이 쉽다.
㉡ 발진 출력이 크다.
㉢ 주로 저주파 발진에 사용한다.

(4) 콜피츠(Colpitts) 발진 회로

① 발진 주파수 f_0

$$\frac{1}{j\omega C_1}+\frac{1}{j\omega C_2}+j\omega L=0$$

$$j\omega\left\{L-\frac{1}{\omega^2}\left(\frac{1}{C_1}+\frac{1}{C_2}\right)\right\}=0$$

$$\therefore\ f_0=\frac{1}{2\pi}\sqrt{\frac{1}{L}\left(\frac{1}{C_1}+\frac{1}{C_2}\right)}\ [\text{Hz}]$$

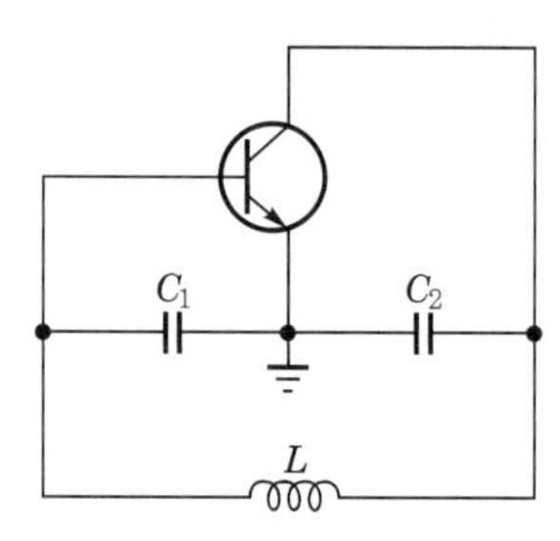

▎콜피츠 발진 회로▎

② 지속 발진을 위한 전류 증폭률 : $h_{fe}=\omega^2 LC_2$

③ 특징

㉠ 고주파에 대한 임피던스가 매우 낮으므로 발진 주파수의 파형이 좋다.

㉡ 코일의 인덕턴스를 작게 할 수 있기 때문에 매우 높은 주파수를 얻을 수 있다.

㉢ 주파수 안정도가 좋으며 전극간의 용량 등의 영향이 작다.

㉣ C_1, C_2로 발진 주파수를 변화시킬 수 있으나 가변 주파 발진기로는 불편하다.

☑ 콜피츠 발진 회로의 특징
㉠ 주파수 가변이 어렵다.
㉡ 주로 고주파 발진에 사용한다.

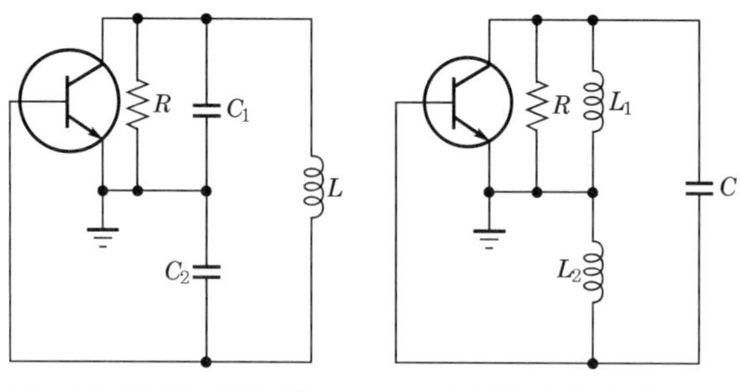

(a) 실제 콜피츠 발진 회로 (b) 하틀리 발진 회로

▎실제 콜피츠와 하틀리 발진기 회로▎

3 수정 발진 회로

(1) 압전기 현상

① 수정, 로셀염, 전기석, 티탄산바륨 등의 결정에 압력을 가하면 표면에 전하가 나타나 기전력이 발생한다(압전 현상 또는 피에조 전기 효과).

② 외부에서 전자를 가하면 기계적으로 변형한다(압전기 역현상).

(2) 수정 진동자

수정을 얇게 잘라 양면을 도금한 다음 리드선을 붙인 것이다.
따라서 콘덴서와 같은 동작을 하지만 어떤 주파수에서는 인덕턴스와 같은 동작을 한다.

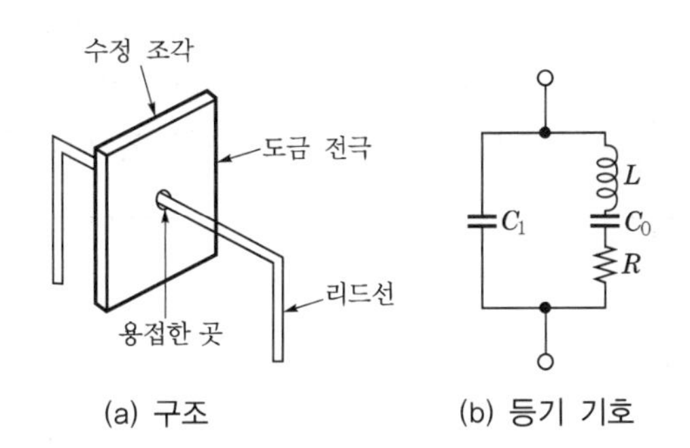

(a) 구조 (b) 등기 기호

(c) 기호 (d) 실제 모습

▌수정 진동자▐

(3) 수정 진동자의 등가 회로 및 리액턴스의 특성

① 직렬 공진 주파수 : $f_0 = \dfrac{1}{2\pi\sqrt{L_0\,C_0}}$

② 병렬 공진 주파수 : $f_\infty = \dfrac{1}{2\pi\sqrt{L(1/C_0 + 1/C_1)}}$

③ 아래 그림의 리액턴스 특성에서 보듯이 직렬 공진 주파수 f_0와 병렬 공진 주파수 f_m의 두 주파수 사이에만 유도성이 되며 그 범위가 매우 좁아 안정된 발진이 가능하다.

기출문제 핵심잡기

★ 중요 ★
수정 발진 회로의 특징과 주파수 특성에 대해 알아 두자.

☑ 수정, 전기석, 로셀염 등이 일찍부터 압전 소자로서 이용되었으며, 근래에 개발된 티탄산바륨, 인공 세라믹(PZT) 등도 압전 효과가 뛰어나다.

[2011년 1회 출제]
[2012년 2회 출제]
수정 발진기는 직렬 공진 주파수와 병렬 공진 주파수 사이의 좁은 주파수 대역에서 유도성을 이용한 발진을 한다.

기출문제 핵심잡기

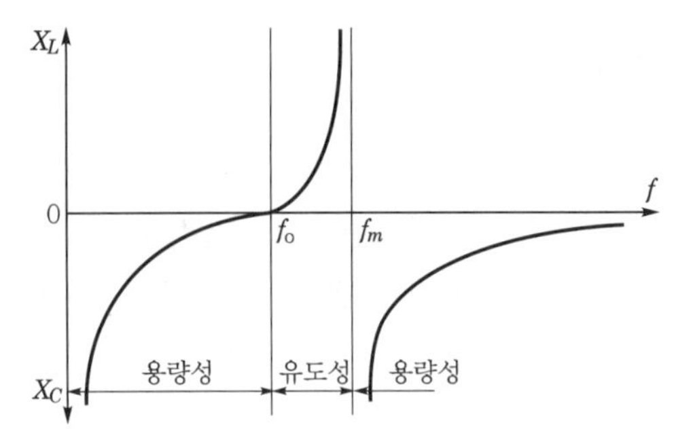

❙ 수정 진동자의 리액턴스 특성 곡선 ❙

[2011년 5회 출제]
[2016년 2회 출제]
피어스 BE형 수정 발진기는 베이스와 컬렉터 사이에 용량성이어야 한다(피어스 BC형은 베이스와 이미터 사이가 용량성이다).

(4) 수정 발진 회로

① **피어스 BE형 발진**(pierce BE type oscillation) **회로** : 수정 진동자가 이미터와 베이스 사이에 있으며 하틀리 발진 회로와 비슷하다.

② **피어스 BC형 발진**(pierce BC type oscillation) **회로** : 수정 진동자가 컬렉터와 베이스 사이에 있으며 콜피츠 발진 회로와 비슷하다.

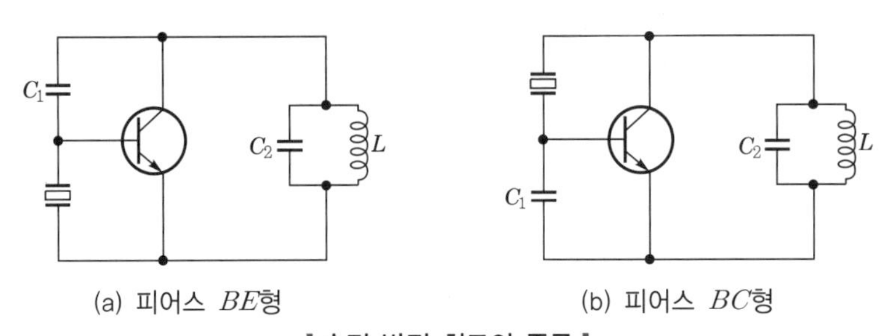

(a) 피어스 BE형 (b) 피어스 BC형

❙ 수정 발진 회로의 종류 ❙

[2010년 1회 출제]
수정 발진기는 수정 절편에 의해 발진 주파수가 고정되므로 주파수 변경이 불가능하다.

[2013년 1회 출제]
수정 발진기는 수정 절편의 압전 효과를 이용하여 발진한다.

(5) 수정 발진기의 특징

① 장점

㉠ 수정편의 Q가 높다($10^4 \sim 10^6$).

㉡ 수정 진동자는 기계적으로나 물리적으로 안정하다.

㉢ 발진 조건을 만족하는 범위가 매우 좁으므로 주파수 안정도가 매우 양호하다(발진할 때 수정 진동자는 유도성으로 되어야 한다).

② 단점

㉠ 발진 주파수를 바꿀 때는 수정편 자체를 바꿔야 하므로 불편하다.

㉡ 수정 진동자를 많이 갖추려면 비용이 많이 든다.

㉢ 수정편이 얇을수록 높은 주파수 발진이 가능하므로 초단파 이상의 발진은 곤란하다.

㉣ 수정 발진 주파수 변동의 원인을 제거하는 조건하에 동작시켜야 한다.

4 RC 발진 회로

(1) 이상형 병렬 R형 발진 회로

① 컬렉터측의 출력 전압의 위상을 180° 바꾸어 입력측 베이스에 양되먹임되어 발진하는 발진기이다.

② 발진 원리 : 아래 그림은 CR을 3계단형으로(180° 이상) 조합시켜 컬렉터측과 베이스측의 총위상 편차가 180°되게 설계되었으므로 결국 동위상으로 되먹임되어 발진한다. 전압 이득 A_V가 29 이상 되어야 한다($A_V \geq 29$).

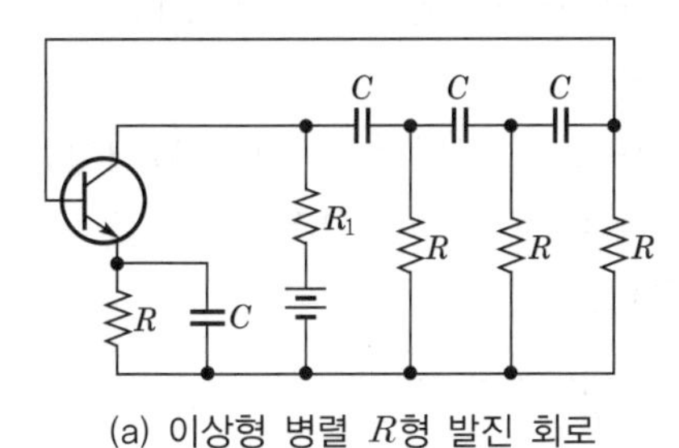

(a) 이상형 병렬 R형 발진 회로

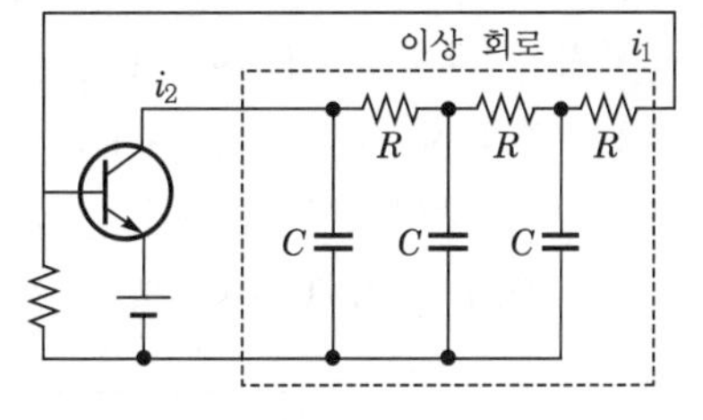

(b) 이상형 병렬 C형 발진 회로

▌이상형 RC 발진 회로의 종류▐

③ 발진 주파수 : $f_0 = \dfrac{1}{2\pi\sqrt{6}\,CR}$[Hz]

④ 특징

㉠ 구조가 간단하고 소형으로 할 수 있다.

㉡ 파형이 깨끗하고 주파수가 안정하다.

㉢ 가청 주파수 이하의 발진기로 적합하다.

(2) 이상형 병렬 C형 발진 회로

① 발진 주파수 : 증폭기 증폭률은 병렬 저항 이상형과 같이 29 이상이어야 한다($A_V \geq 29$).

$$f = \frac{\sqrt{6}}{2\pi CR}\text{[Hz]}$$

② 특징 및 적용

㉠ 이미터 폴로어를 사용한다면 M[Hz]에서 FM 발진기로 사용할 수 있다.

㉡ 가변 주파 발진기로 사용하기에는 불편하지만 분포 정수 회로를 이용하고 대지 용량 등을 이용하면 수 M[Hz]의 가변 주파 발진기를 제작할 수 있다.

㉢ 소자 형태의 크기상 1,000[Hz] 이상에서 사용된다.

기출문제 핵심잡기

[2011년 2회 출제]
RC 발진기는 주로 저주파 발진에 많이 사용된다.

[2011년 5회 출제]
이상형 RC 발진기는 R과 C를 3단 계단형으로 조합하여 위상 편차가 180도되도록 설계되어 있다.

기출문제 핵심잡기

(3) 브리지형 RC 발진 회로(빈브리지 발진기)

① 발진 주파수 : $f_0 = \dfrac{1}{2\pi\sqrt{R_1R_2C_1C_2}}$ [Hz]

여기서, $R_1 = R_2 = R$, $C_1 = C_2 = C$이면

$$f_0 = \frac{1}{2\pi RC}[\text{Hz}]$$

② 전압 증폭도 : $A_V \geq 3$

③ 특징

㉠ 발진 주파수가 안정하고 A급으로 동작하므로 파형이 좋다.

㉡ 발진 주파수 가변이 용이하다.

㉢ LC 발진기는 발진 주파수가 평방근에 반비례하나 CR 발진기는 주파수 용량에 반비례하여 눈금이 직선 비례에 가깝게 된다.

㉣ 저주파 발진기 등에 많이 쓰인다.

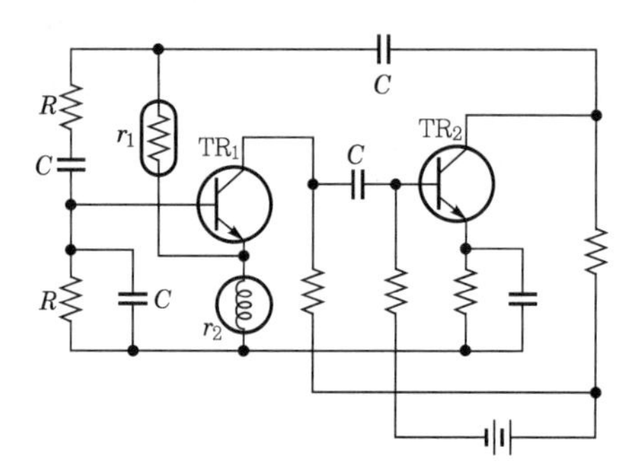

▌브리지형 발진 회로▐

[2010년 5회 출제]
[2012년 5회 출제]
발진기는 부하의 변동으로 인하여 주파수가 변하는데 이를 방지하기 위해서는 발진기와 부하 사이에 완충(버퍼) 증폭기를 넣으면 된다.

5 발진 회로의 주파수 변화

(1) 발진기가 갖추어야 할 조건

주파수의 안정도가 높아야 한다.

(2) 발진기 주파수의 변화하는 주요인

① 부하의 변화

㉠ 발진기에서 고주파 전력을 얻고자 할 때 출력 코일에 부하를 직접 접속하면 발진 주파수가 변화한다.

㉡ 방지책 : 발진기와 부하 사이에 선형 고주파 증폭기를 넣어 발진 회로에 영향이 없도록 한다. 해결 방법으로 완충 증폭기(buffer amplifier)를 사용한다.

② 주위의 온도 변화

㉠ 온도의 변화에 의해 능동 소자의 파라미터 및 회로 소자의 값이 변화하여 발진 주파수가 변화한다.

㉡ 방지책

- 온도의 영향을 줄이기 위해 온도 계수가 작은 부품을 사용한다.
- 발진기를 항온조 안에 넣어 사용한다.

③ 전원 전압의 변화

㉠ 전원 전압이 변화하면 동작점이 변하여 파라미터가 변화되고 이에 따라 주파수가 변화된다.

㉡ 방지책 : 전원 전압의 안정도를 높인다.

기출문제 핵심잡기

☑ 발진기 주파수의 변화하는 주요인
㉠ 부하의 변화
㉡ 주위의 온도 변화
㉢ 전원 전압의 변화

단락별 기출 · 예상 문제

01 **이상형 CR 발진 회로의 CR을 3단 계단형으로 조합할 경우 컬렉터측과 베이스측의 총 위상 편차는 몇 도인가?**

① 90° ② 120°
③ 180° ④ 360°

해설 **이상형 CR 발진 회로**

㉠ 발진 원리 : 이상형 CR 발진기는 CR을 3계단형으로(180° 이상) 조합시켜 컬렉터측과 베이스측의 총위상 편차가 180° 되게 설계되어 있으므로 결국 동위상으로 되먹임되어 발진한다.

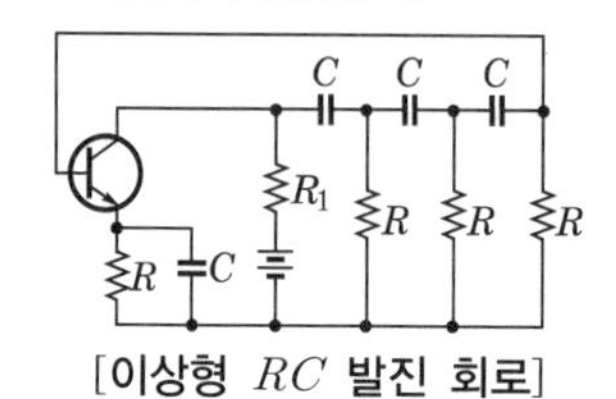

[이상형 RC 발진 회로]

㉡ 전압 이득 $A_V \geq 29$

㉢ 발진 주파수 : $f_0 = \frac{1}{2\pi\sqrt{6}\,CR}$ [Hz]

㉣ 특징
- 구조가 간단하고 소형으로 할 수 있다.
- 파형이 깨끗하고 주파수가 안정하다.
- 가청 주파수 이하의 발진기로 적합하다.

02 **다음 중 저주파 정현파 발진기로 주로 사용되는 것은?**

① 빈브리지 발진 회로
② LC 발진 회로
③ 수정 발진 회로
④ 멀티바이브레이터

해설 **RC 발진기**

㉠ 종류
- 이상형 병렬 R형 발진 회로
- 이상형 병렬 C형 발진 회로
- 빈브리지 발진 회로

㉡ RC 발진기는 주로 가청 주파수 및 저주파 발진에 많이 사용된다.

03 **수정 발진기는 어떤 것을 이용한 것인가?**

① 압전 효과 ② 홀효과
③ 인입 현상 ④ 자왜 현상

해설 **수정 발진기**

㉠ 수정의 압전 효과를 이용한 발진기로, 수정을 얇게 잘라 양면 도금 후 전극을 붙인 것으로서, 주파수 안정도가 매우 우수하다.

㉡ 압전 효과 : 수정, 로셸염, 전기석, 티탄산 바륨 등의 결정에 압력을 가하면 표면에 전하가 나타나 기전력이 발생한다(압전 현상 또는 피에조 전기 효과).

04 **수정 발진기는 수정의 임피던스가 어떻게 될 때 가장 안정된 발진을 계속하는가?**

① 저항성 ② 용량성
③ 유도성 ④ 무한대

해설 수정 발진기는 직렬 공진 주파수 f_0와 병렬 공진 주파수 f_m의 두 주파수 사이에만 유도성이 되며 그 범위가 매우 좁아서 안정된 발진이 가능하다.

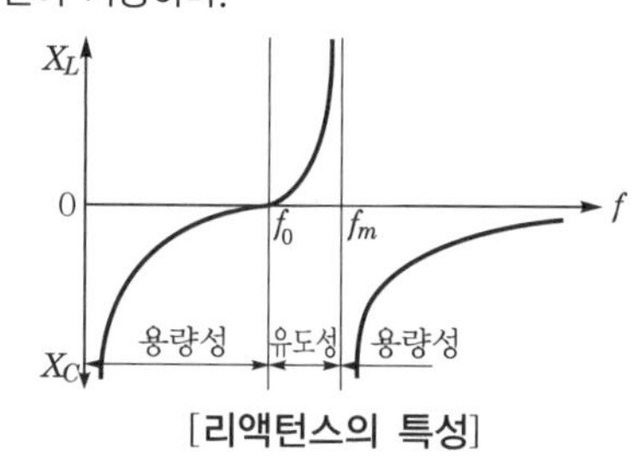

[리액턴스의 특성]

정답 01.③ 02.① 03.① 04.③

05 다음 중 수정 발진기에 대한 설명으로 적합하지 않은 것은?

① Q가 매우 높다.
② 주파수 가변이 용이하다.
③ 압전 현상을 이용한다.
④ 타발진기에 비해 주파수 안정도가 높다.

해설 **수정 진동자의 특징**
㉠ 장점
- 수정편의 Q가 높다($10^4 \sim 10^6$).
- 기계적으로나 물리적으로 안정하다.
- 주파수 안정도가 매우 좋다.
- 양산이 쉽고 가격이 저렴하다.

㉡ 단점
- 발진 주파수를 임의로 바꿀 수 없다.
- 많이 갖추려면 비용이 많이 든다.
- 발진 주파수는 수정편이 두께에 반비례하므로 초단파 이상의 발진은 어렵다.

06 다음 중 수정 발진 회로의 발진 주파수가 안정된 이유로 가장 적합한 것은?

① 수정 발진기는 출력이 작다.
② 수정 진동자는 Q가 매우 높다.
③ 수정 발진기에는 피에조 전기 효과가 있다.
④ 수정 진동자의 진동수는 전원 전압과 관계가 없다.

07 피어스(Pierce) BE 수정 발진기에 대한 설명으로 가장 옳은 것은?

① 컬렉터 회로의 임피던스가 유도성일 때 가장 안정된 발진을 한다.
② 컬렉터 회로의 임피던스가 용량성일 때 가장 안정된 발진을 한다.
③ 컬렉터 회로에 저항 성분만이 존재할 때 가장 안정된 발진을 한다.
④ 컬렉터 회로의 임피던스가 저항성 및 용량성이 동시에 존재할 때 가장 안정된 발진을 한다.

해설 **피어스 발진 회로**
㉠ 피어스 BE형 수정 발진기는 수정 진동자가 이미터와 베이스 사이에 있으므로 하틀리 발진기와 비슷하다.
㉡ BC형 발진 회로는 콜피츠 발진 회로와 비슷하다.
㉢ 수정 발진 회로는 유도성일 때 발진한다.

08 수정 진동자의 직렬 공진 주파수를 f_0, 병렬 공진 주파수를 f_s라 할 때 수정 진동자가 안정한 발진을 하기 위한 리액턴스 성분의 주파수 f의 범위는?

① $f_0 < f < f_s$　② $f_0 < f_s < f$
③ $f_s < f < f_0$　④ $f < f_s = f_0$

해설 수정 발진기는 직렬 공진 주파수 f_0와 병렬 공진 주파수 f_m의 두 주파수 사이에만 유도성이 되며 그 범위가 매우 좁아서 안정된 발진이 가능하다.

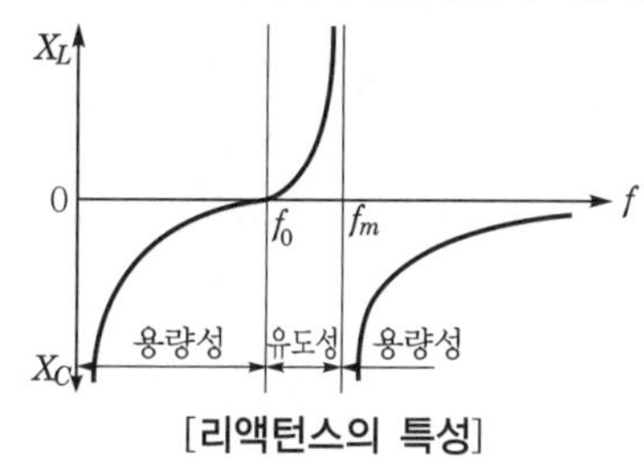

[리액턴스의 특성]

09 발진기는 부하의 변동으로 인하여 주파수가 변화되는데 이것을 방지하기 위하여 발진기와 부하 사이에 넣는 회로는?

① 동조 증폭기　② 직류 증폭기
③ 결합 증폭기　④ 완충 증폭기

해설 **완충 증폭기**
㉠ 발진기는 부하의 변동으로 전류가 변함으로 인해 주파수가 변하게 되는데, 이를 방지하기 위하여 발진기와 부하 사이에 선형 증폭기를 넣어 안정시키는 것을 말한다.
㉡ 완충 증폭기의 특징
- 높은 입력 임피던스
- 낮은 출력 임피던스
- 단위 전압 이득(A_V=1)

정답 05.② 06.② 07.① 08.① 09.④

10 다음 중 정현파 발진 회로가 아닌 것은?

① RC 발진 회로
② LC 발진 회로
③ 수정 발진 회로
④ 블로킹 발진 회로

해설 **발진 회로의 종류**
㉠ 정현파 발진 회로
- LC 발진 회로
- RC 발진 회로
- 수정 발진 회로

㉡ 구형파 발진 회로 : 멀티바이브레이터
㉢ 펄스파 발진 회로
- 블로킹 발진 회로
- UJT 발진 회로

11 다음 발진 회로 중 Q값이 매우 크고, 가격이 고가이며, 시계, 송신기, PLL 회로 등에 사용되는 것은?

① RC 발진 회로
② LC 발진 회로
③ 수정 발진 회로
④ 세라믹 발진 회로

해설 **수정 진동자의 특징**
㉠ 장점
- 수정편의 Q가 높다($10^4 \sim 10^6$).
- 기계적으로나 물리적으로 안정하다.
- 주파수 안정도가 매우 좋다.
- 양산이 쉽고 가격이 저렴하다.

㉡ 단점
- 발진 주파수를 임의로 바꿀 수 없다.
- 많이 갖추려면 비용이 많이 든다.
- 발진 주파수는 수정편의 두께에 반비례하므로 초단파 이상의 발진은 어렵다.

12 정현파 발진기가 아닌 것은?

① LC 반결합 발진기
② CR 발진기
③ 멀티바이브레이터
④ 수정 발진기

해설 ③ 구형파 발진 회로이다.

13 압전 효과를 이용하여 발진하는 회로는?

① 콜피츠 발진　② 하틀리 발진
③ LC 발진　④ 수정 발진

해설 **압전 효과** : 수정, 로셀염, 전기석, 티탄산바륨 등의 결정에 압력을 가하면 표면에 전하가 나타나 기전력이 발생한다(압전 현상 또는 피에조 전기 효과).
수정 발진기는 수정의 압전 효과를 이용한 발진기로, 수정을 얇게 잘라 양면 도금 후 전극을 붙인 것으로서 주파수 안정도가 매우 우수하다.

14 다음 중 발진 주파수 범위가 가장 넓은 것은?

① LC 반결합 발진기
② RC 발진기
③ 수정 발진기
④ 음차 발진기

해설 LC 발진기가 가장 주파수 범위가 넓다.

15 수정 발진기에 대한 설명으로 틀린 것은?

① 수정 진동자의 Q는 매우 높다.
② 압전기 현상을 이용한 발진기이다.
③ 발진 주파수는 수정편의 두께에 반비례한다.
④ 발진 주파수 변경이 용이하다.

해설 **수정 진동자의 특징**
㉠ 장점
- 수정편의 Q가 높다($10^4 \sim 10^6$).
- 기계적으로나 물리적으로 안정하다.
- 주파수 안정도가 매우 좋다.
- 양산이 쉽고 가격이 저렴하다.

㉡ 단점
- 발진 주파수를 임의로 바꿀 수 없다.
- 많이 갖추려면 비용이 많이 든다.
- 발진 주파수는 수정편이 두께에 반비례하므로 초단파 이상의 발진은 어렵다.

정답 10.④ 11.③ 12.③ 13.④ 14.① 15.④

16 **다음 중 정현파 발생 회로인 것은?**

① LC 발진기 ② 블로킹 발진기
③ UJT 발진기 ④ 멀티바이브레이터

해설 **정현파 발진 회로**
㉠ LC 발진 회로
㉡ RC 발진 회로
㉢ 수정 발진 회로

17 **그림은 3소자 접속 발진 회로이다. $X_1>0$일 때 X_2, X_3는?**

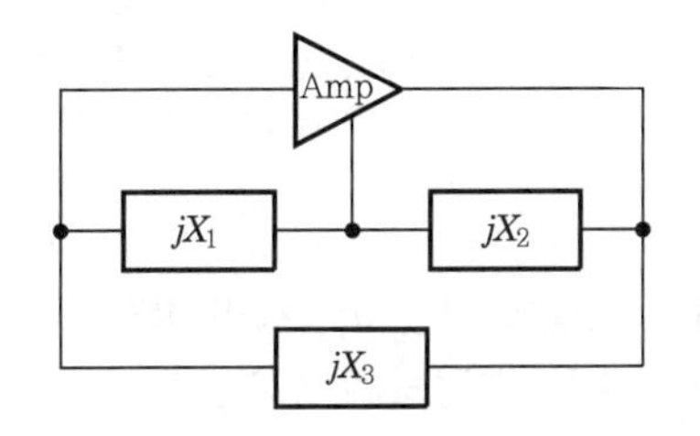

① $X_2>0$, $X_3>0$ ② $X_2>0$, $X_3<0$
③ $X_2<0$, $X_3>0$ ④ $X_2<0$, $X_3<0$

해설 발진 회로 동작 조건은 두 가지 경우이다.
㉠ $X_1<0$(용량성)
$X_2<0$(용량성)
$X_3>0$(유도성)
㉡ $X_1>0$(유도성)
$X_2>0$(유도성)
$X_3<0$(용량성)
여기서, X_1과 X_2는 같다.

18 **다음 회로의 명칭은 무엇인가?**

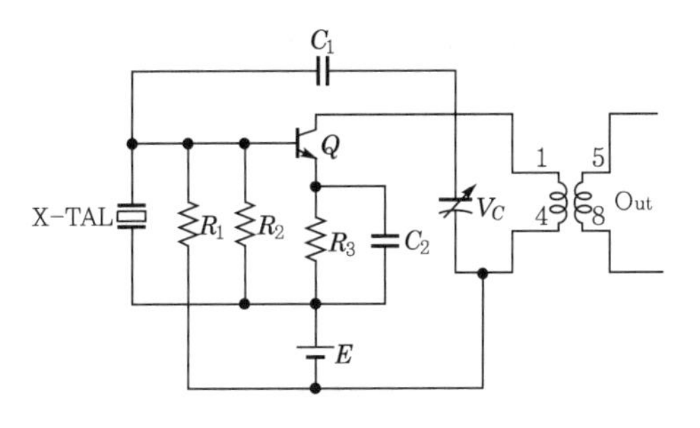

① 피어스 CB형 발진 회로
② 피어스 BE형 발진 회로
③ 하틀리 발진 회로
④ 콜피츠 발진 회로

해설 그림은 수정 진동자(X−TAL)가 TR의 BE 사이에 들어 있는 피어스 BE형 발진기이다.

19 출제빈도 **저주파 정현파 발진 회로에 주로 사용되는 회로는?**

① 빈브리지 발진 회로
② LC 발진 회로
③ 수정 발진 회로
④ 멀티바이브레이터

해설 **RC 발진기**
㉠ RC 발진기의 종류
• 이상형 병렬 R형 발진 회로
• 이상형 병렬 C형 발진 회로
• 빈브리지 발진 회로
㉡ RC 발진기는 주로 가청 주파수 및 저주파 발진에 많이 사용된다.

20 **피어스 BC형 발진 회로는 어떤 전압 발진 회로의 원리와 같은가?**

① 콜피츠 발진 회로
② 하틀리 발진 회로
③ 빈브리지 발진 회로
④ 이상형 발진 회로

해설 피어스 BE형 수정 발진기는 수정 진동자가 이미터와 베이스 사이에 있으므로 하틀리 발진기와 비슷하다.
피어스 BC형 발진 회로는 콜피츠 발진 회로와 비슷하다.

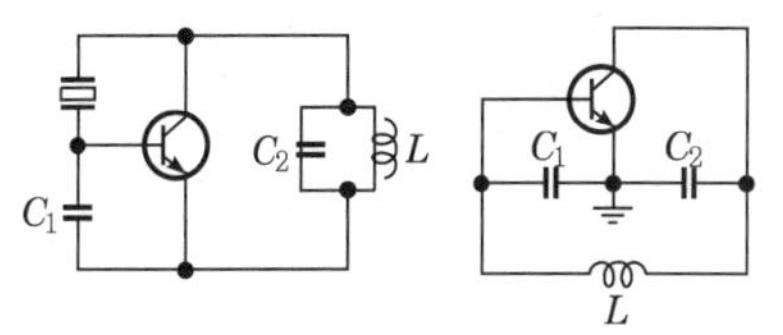

[피어스 BC형] [콜피츠 발진 회로]

정답 16.① 17.② 18.② 19.① 20.①

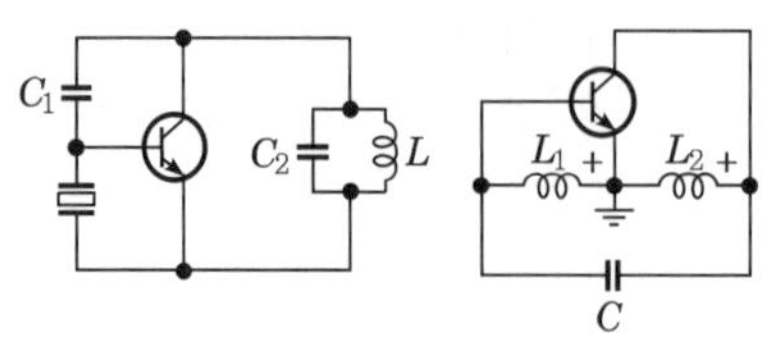

[피어스 BE형] [하틀리 발진 회로]

21

다음 중 저주파 발진기의 출력 파형을 정현파에 가깝게 하기 위해 일반적으로 사용하는 회로는?

① 저역 여파기(LPF)
② 수정 여파기
③ 대역 소거 여파기(BEF)
④ 고역 여파기(HPF)

해설 **저역 여파기(LPF : Low Pass Filter)**
㉠ 낮은 주파수는 통과하고 고조파 잡음 성분은 제거하는 역할을 한다.
㉡ LPF는 적분기를 사용하여 정현파에 가까운 출력 파형을 얻는다.

22

다음 중 수정 발진기는 어떤 현상을 이용한 것인가?

① 압전 효과
② 인입 현상
③ 반결합 현상
④ 전자 결합의 효과

해설 수정 발전기는 수정의 압전 효과를 이용한 발진기로, 수정을 얇게 잘라 양면 도금 후 전극을 붙인 것으로서 주파수 안정도가 매우 우수하다.

23

초음파 발진기로서, 어군 탐지기나 측심기 등에 가장 많이 사용되는 발진 회로는?

① 자기 일그러짐 발진 회로
② 음차 발진 회로
③ 부성 저항 발진 회로
④ 빈브리지 발진 회로

해설 자기 일그러짐 발진 회로(또는 자왜 발진 회로)는 수중 음향파 생성이 쉬워 어군 탐지기나 수심 측정기로 주로 사용된다.

24

다음 중 주파수 안정도가 가장 높은 발진기는 무엇인가?

① 콜피츠형 ② 하틀레이형
③ 클랩형 ④ 수정형

해설 **수정 진동자의 장점**
㉠ 수정편의 Q가 높다($10^4 \sim 10^6$).
㉡ 기계적으로나 물리적으로 안정하다.
㉢ 주파수 안정도가 매우 좋다.
㉣ 양산이 쉽고 가격이 저렴하다.

25

그림과 같은 이상적인 발진기에서 발진 주파수를 결정하는 소자는?

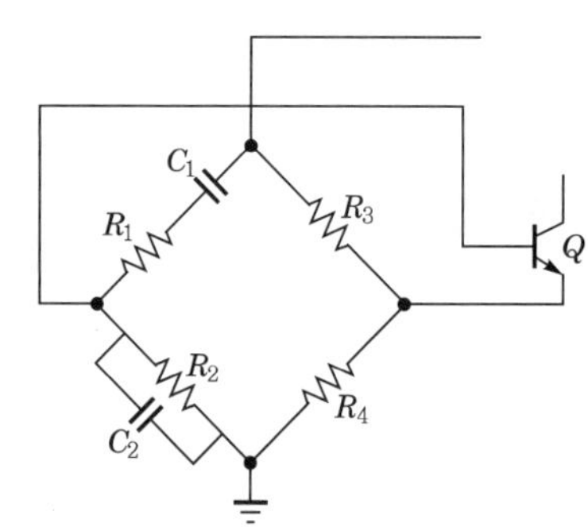

① $R_3 \cdot R_4 \cdot C_1 \cdot C_2$
② $C_1 \cdot C_2 \cdot R_1 \cdot R_2$
③ $C_1 \cdot R_1 \cdot R_2 \cdot R_3$
④ $C_1 \cdot R_1$

해설 발진 주파수를 결정하는 소자는 R_1, R_2, C_1, C_2이다.
발진 주파수는

$$f_0 = \frac{1}{2\pi\sqrt{R_1 R_2 C_1 C_2}}\,[\text{Hz}]$$

$R_1 = R_2 = R$, $C_1 = C_2 = C$라면

$$f_0 = \frac{1}{2\pi CR}\,[\text{Hz}]$$

정답 21.① 22.① 23.① 24.④ 25.②

26 LC **발진 회로를 바이어스 전압에서 볼 때 증폭 동작은?**

① A급 ② B급
③ C급 ④ AB급

해설 LC **발진 회로의 특징**

㉠ C급 증폭기를 사용한다.
㉡ 발진 범위 100[kHz]~수백[MHz]까지로 저주파 발진이 어렵다.
㉢ 출력이 크다.
㉣ 일그러짐이 많다.

정답 26.③

08 펄스 회로

1 단위 계단 응답 펄스

★중요★
[2016년 2회 출제]
계단 응답 파형의 각 요소들의 이해

(1) 단위 계단 응답 펄스 파형의 요소들

지속 시간이 짧고 주기가 일정하게 반복되는 전류나 전압을 펄스 파형(pulse wave)이라 한다. 일반적으로 펄스 파형은 구형파(rectangular wave)라고 하는 사각형 형태로 나타낸 수 있다.

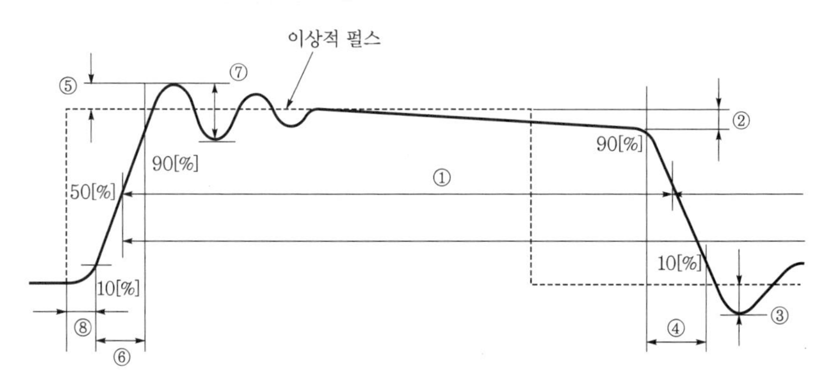

❙단위 계단 응답 파형❙

[2010년 1회 출제]
상승 시간이란 실제의 펄스가 이상적인 펄스 진폭의 10[%]에서 90[%]까지 상승하는 데 걸리는 시간이다.

[2010년 5회 출제]
링잉(ringing)은 펄스 상승 부분에서 진동의 정도를 말한다.

[2011년 2회 출제]
[2013년 3회 출제]
[2016년 2회 출제]
오버슈트
펄스의 상승 변화 시 펄스와 반대 방향으로 생기는 상승 부분의 최대 돌출 부분이다.

① **펄스폭** : 진폭의 50[%] 되는 부분의 시간
② **새그** : 펄스 제일 윗부분의 경사도
③ **언더슈트** : 이상적인 펄스 파형의 하강하는 부분이 기준 레벨보다 더 낮은 부분
④ **하강 시간** : 진폭의 90[%] 되는 부분에서 10[%] 되는 부분까지 내려가는 데 소요되는 시간
⑤ **오버슈트** : 이상적인 펄스 파형의 상승하는 부분이 기준 레벨보다 높은 부분
⑥ **상승 시간** : 진폭의 10[%]되는 부분에서 90[%]되는 부분까지 올라가는 데 소요되는 시간
⑦ **링잉** : 높은 주파수에서 공진이 되기 때문에 발생하는 것으로, 펄스 상승 부분의 진동 정도
⑧ **지연 시간** : 이상적인 펄스 파형이 상승하는 부분부터 실제 펄스 파형의 진폭이 10[%] 되는 부분

(2) 시정수

시간이 지연되는 정도를 나타내는 값으로, 목표값의 63.2[%]에 도달하는 데 소요되는 시간이다.

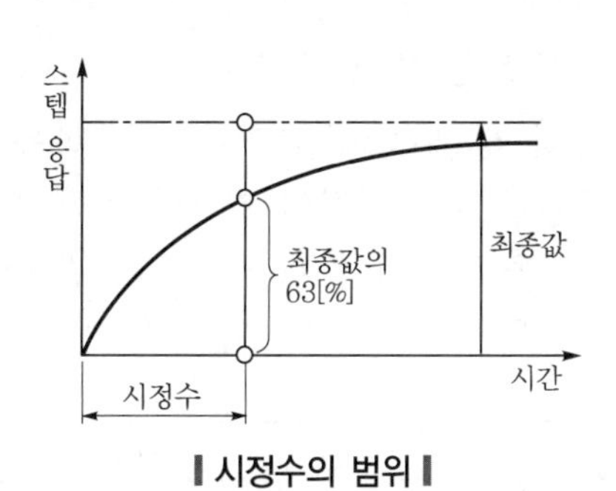

▎시정수의 범위▎

2 멀티바이브레이터

(1) 비안정 멀티바이브레이터

① 세트 상태와 리셋 상태를 번갈아 가면서 변환되는 안정된 상태가 없는 회로이다.

② 구형파 발생기로 사용한다.

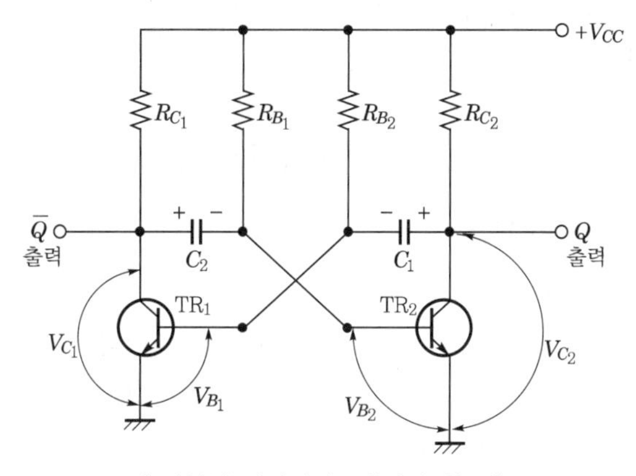

▎비안정 멀티바이브레이터 회로▎

③ TR_1－ON, TR_2－OFF, TR_1－OFF, TR_2－ON의 2개 상태의 일정한 주기로 되풀이된다.

④ 반복 주기

$$T_1 \fallingdotseq 0.7\,R_{b_1}C_2[\text{sec}]$$

$$T_2 \fallingdotseq 0.7\,R_{b_2}C_1[\text{sec}]$$

$$\therefore\ T \fallingdotseq T_1 + T_2 = 0.7(R_{b_2}C_1 + R_{b_1}C_2)[\text{sec}]$$

⑤ 반복 주파수 : $f = \dfrac{1}{T} = \dfrac{1}{0.7(C_1R_{b_2} + C_2R_{b_1})}$

기출문제 핵심잡기

[2010년 5회 출제]
[2016년 2회 출제]
멀티바이브레이터는 구형파 발진 회로이다.

[2012년 1회 출제]
오른쪽의 비안정 멀티바이브레이터 회로에서 C_1이 방전 중이면 TR_1은 OFF, TR은 ON 된다.

기출문제 핵심잡기

멀티바이브레이터 종류별 출력 특징

㉠ 비안정 멀티바이브레이터 : 특정 주파수의 구형파 펄스가 출력된다.

㉡ 단안정 멀티바이브레이터 : 제어 입력을 주면 일정 시간 동안만 H상태의 펄스가 출력된다.

㉢ 쌍안정 멀티바이브레이터 : 서로 반대 논리를 갖는 2개의 출력이 있어 입력에 따라 H 또는 L 상태 출력이 결정된다. 플립플롭 동작이 이것이다.

⑥ 인버터 및 NAND 게이트를 이용한 발진기

㉠ 이 회로에서 Q와 $\overline{Q}$(부정)의 출력은 다른 쪽을 트리거시켜 상태가 변하도록 함으로써 일정한 시간이 지나면 출력 반대쪽을 트리거하게 된다. 이러한 동작을 반복하여 시간 펄스가 발생되도록 한다.

㉡ NAND 게이트를 통하게 연결해도 같은 결과의 발진기를 만들 수 있다.

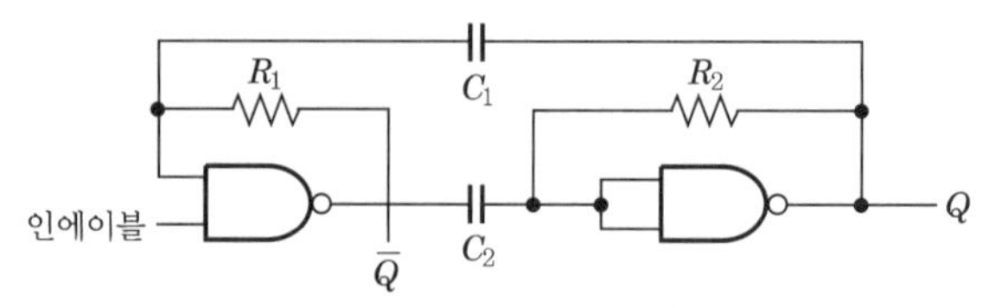

▮인버터를 이용한 발진기▮

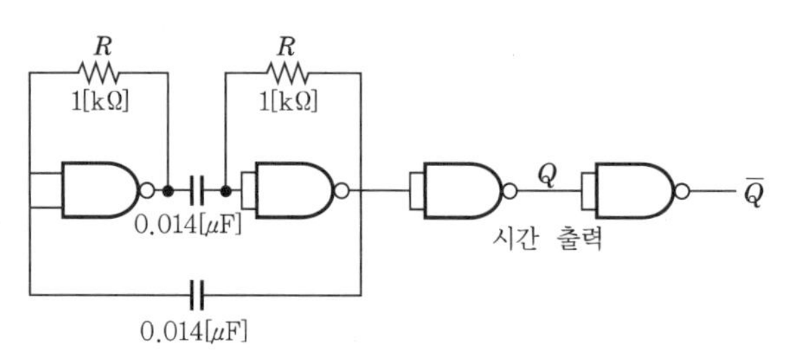

▮NAND 게이트를 사용한 발진기▮

(2) 단안정 멀티바이브레이터

① 단안정 멀티바이브레이터의 상태

㉠ 한 상태는 안정, 다른 상태는 불안정을 가진다.

㉡ 불안정 상태는 일정 시간이 지나면 자동적으로 안정 상태로 된다.

㉢ Single shot, One shot이라 하기도 한다.

㉣ 아래 그림에서 출력 파형의 하강 에너지가 입력 펄스의 하강 에너지보다 일정 시간 T만큼 지연되는 것을 알 수 있다.

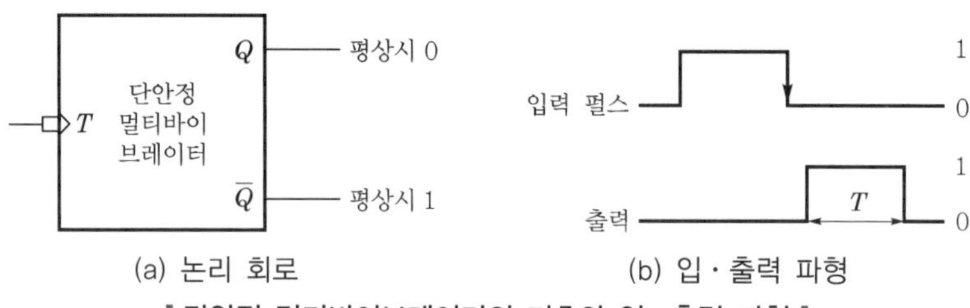

▮단안정 멀티바이브레이터의 기호와 입 · 출력 파형▮

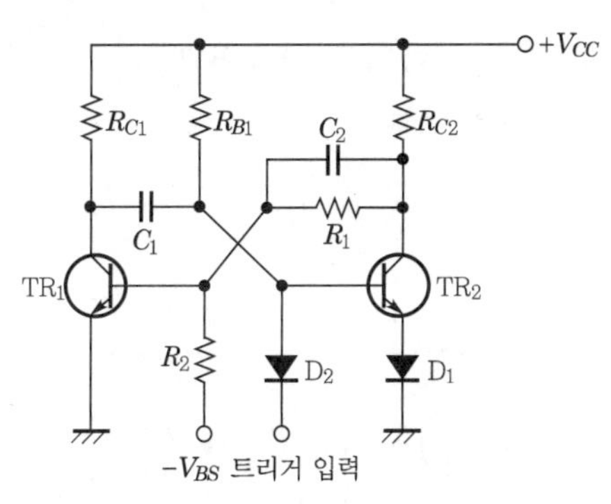

❙ 단안정 멀티바이브레이터 ❙

② 입력 펄스가 없는 상태에서는 TR_1이 R_1과 R_2에 의해 분압된 전압이 베이스에 가해져서 OFF 상태로 되고, TR_2는 ON 상태를 유지한다.

③ TR_2가 OFF되면 컬렉터 전류가 흐르지 못하고 컬렉터 전압이 높아져서 $+V_{cc}$에 도달되므로 상승 전압이 TR_1에 가해져 TR_1은 ON 상태로 된다.

④ 이때 충전되어 있던 C_1의 전하가 $+C_1 \rightarrow TR_1 \rightarrow -V_{cc} \rightarrow -C_1$의 경로를 통하여 방전되고, TR_2는 다시 ON 상태로 되면서 TR_1은 OFF 상태로 안정하게 된다.

⑤ NAND 게이트 단안정 멀티바이브레이터

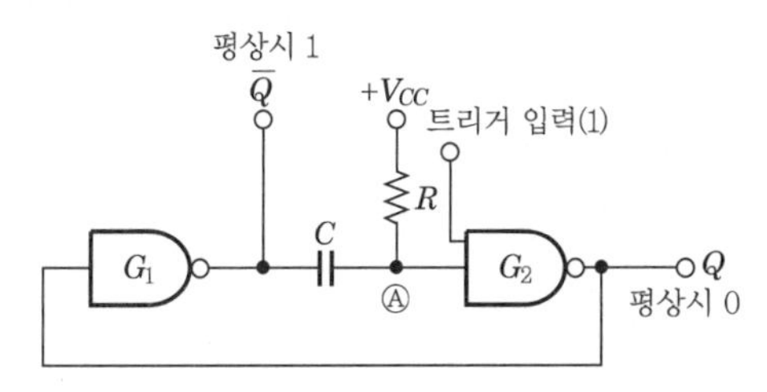

❙ NAND 게이트 단안정 회로 ❙

㉠ G_2에는 평상시 H 트리거 입력으로 G_2의 출력은 L이다.

㉡ 출력 $Q=L \rightarrow \overline{Q}=H$ 콘덴서의 양쪽 전압이 같아 충전되지 않는다.

㉢ 트리거 입력 $H \rightarrow L$로 변하면 출력 Q는 H 상태이다.

㉣ $\overline{Q}=L$이 되어 C가 충전되면 A점 전위 H가 되어 출력은 다시 L이 된다.

(3) 쌍안정 멀티바이브레이터

① 1(세트)과 0(리셋)의 안정된 두 가지 상태를 유지하는 회로이다.

② 일명 플립플롭(flip flop) 회로라 부르기도 한다.

③ TR은 둘 중 하나만 ON 상태가 된다.

④ 입력 I_1에서 펄스 입력이 인가되면 TR_1은 ON 상태, TR_2는 OFF 상태가 되어 출력 Q_2는 1이 된다.

기출문제 핵심잡기

☑ 쌍안정 멀티바이브레이터
1(세트)과 0(리셋)의 안정된 두 가지 상태를 유지하는 회로이다.

기출문제 핵심잡기

⑤ 입력 I_2의 새로운 펄스 입력이 인가되면 TR_2는 ON 상태, TR_1은 OFF 상태가 되어 출력 Q_2는 0이 된다.

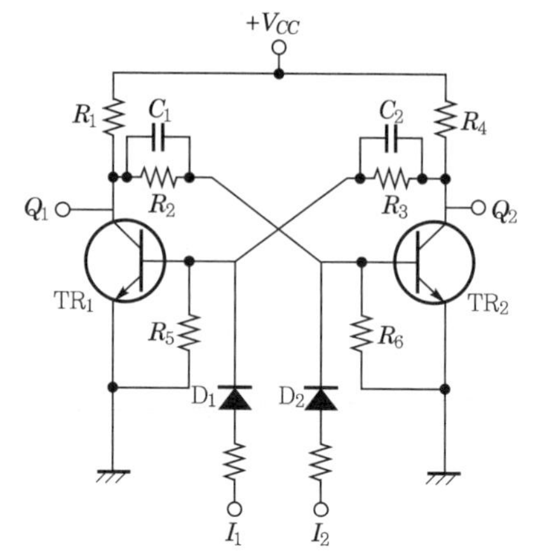

▍쌍안정 멀티바이브레이터▍

3 슈미트 트리거

☑ 슈미트 트리거 회로는 입력 파형을 깨끗한 구형파 형태로 정형하는 데 사용하는 회로이다.

[2013년 1회 출제]
슈미트 트리거 회로의 출력 파형은 구형파이다.

(1) 슈미트 트리거(schmidt trigger)의 의미

① 안정된 두 가지의 상태를 가지고 있고, 쌍안정 멀티바이브레이터와 비슷하다.

② 히스테리시스 특성으로 파형 발생 정형에 사용되고, 아래 그림은 슈미트 트리거 회로의 기본 파형을 보여 준다.

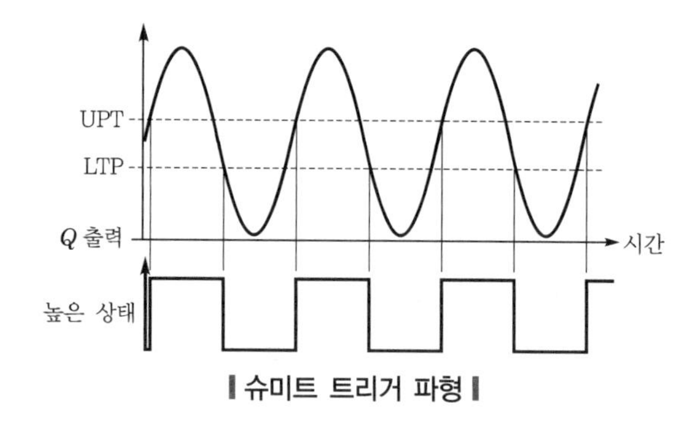

▍슈미트 트리거 파형▍

(2) 슈미트 트리거 회로

① 두 개의 트랜지스터로 구성할 수 있다.

② 한쪽 트랜지스터가 차단 상태로 되면 다른 한쪽은 통전 상태로 된다.

③ 입력 전압이 없을 때는 TR_1은 차단 상태이고, TR_2의 베이스에는 TR_1의 컬렉터 전압이 두 개의 저항으로 분압되어 걸리므로 포화 상태가 되어 통전 상태가 된다.

④ 입력 전압이 높아지면 TR_1이 통전 상태가 되면서 컬렉터 전압이 낮아져서 TR_2는 차단 상태가 된다.

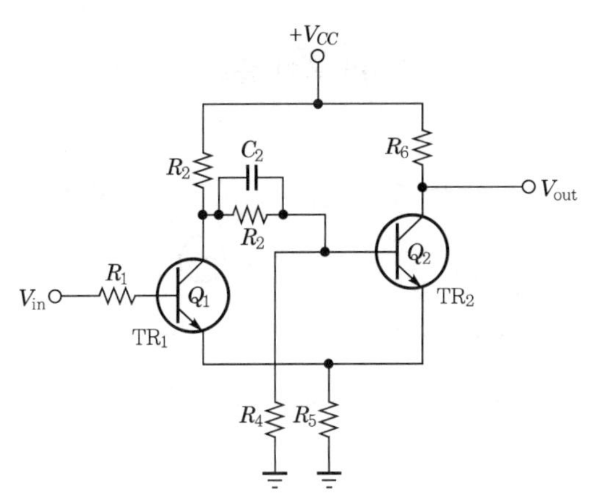

▌슈미트 트리거 회로▐

⑤ 슈미트 트리거 회로는 아래 그림과 같은 히스테리시스 현상이 나타나며, 집적 회로는 SN7414가 있다.

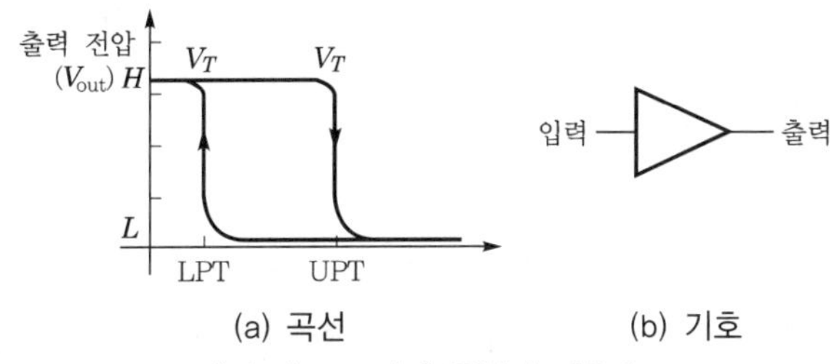

(a) 곡선 (b) 기호

▌슈미트 트리거 곡선과 기호▐

⑥ 슈미트 트리거 회로의 출력은 입력과 반대이고, 단안정 멀티바이브레이터와 같이 동작하도록 변경시킬 수도 있다.

⑦ NAND 게이트를 이용한 슈미트 트리거 : 그림과 같이 구성하면 시간 펄스를 발생시키는 회로를 얻을 수 있다.

이 회로는 NAND 게이트 입력이 상한 전압보다 낮으면 출력이 높은 상태에 머무르게 되고 상한 전압에 이르면 출력 전압이 낮아져서 하한값까지 방전되었다가 다시 높은 상태로 전환되는 성질을 이용한 것이다.

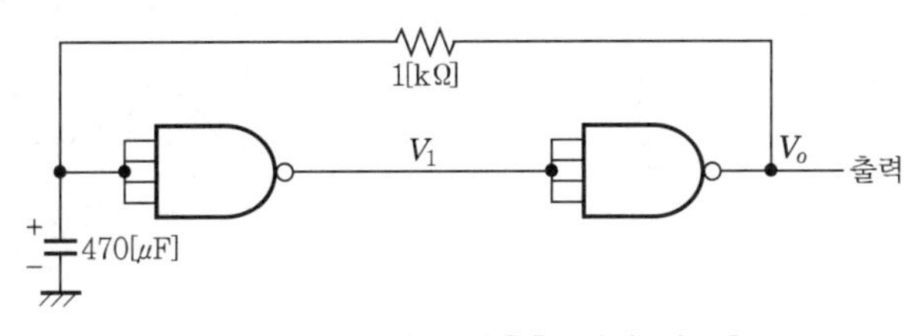

▌슈미트 트리거를 사용한 시간 회로▐

기출문제 핵심잡기

☑ **히스테리시스 곡선의 특성**

입력에 따라 출력의 상승 시점(L→H)과 하강 시점(H → L)이 달라 그 사이의 마진폭에 의해 입력의 잡음 성분이 걸러져서 깨끗한 구형파 출력이 나오게 된다.

기출문제 핵심잡기

★중요★
미분 회로와 적분 회로의 회로 차이점과 특징의 이해

☑ 미분 회로는 고역 통과 필터로 사용되고 적분기는 저역 통과 필터로 사용된다.

[2012년 1회 출제]
[2013년 1회 출제]
미분 회로에 구형파 펄스 입력을 가하면 펄스 상승과 하강 시점에 상승시 '+' 방향, 하강 시 '–' 방향의 날카로운 펄스파가 나온다.

[2012년 2회 출제]
적분 회로에 구형파 펄스 입력을 가하면 출력에 삼각파가 나온다(시정수가 입력 펄스폭 보다 매우 클 때).

[2012년 2회 출제]
적분기는 시정수가 매우 큰 RC 저역 통과 여파 회로이다.

4 기타 펄스 회로

(1) 미분 회로

① 입력측에 구형파 펄스를 가하면 폭이 좁은 트리거(trigger) 펄스가 출력된다.

② 회로

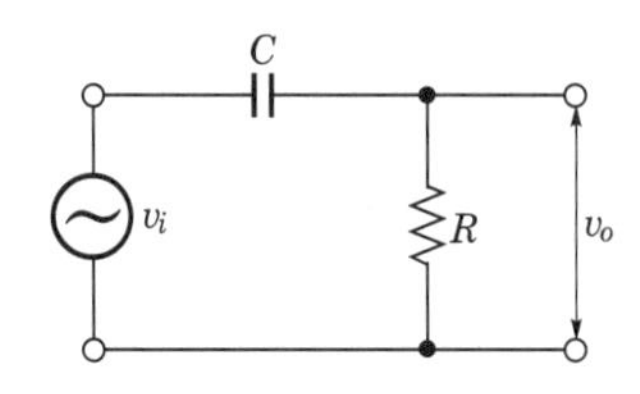

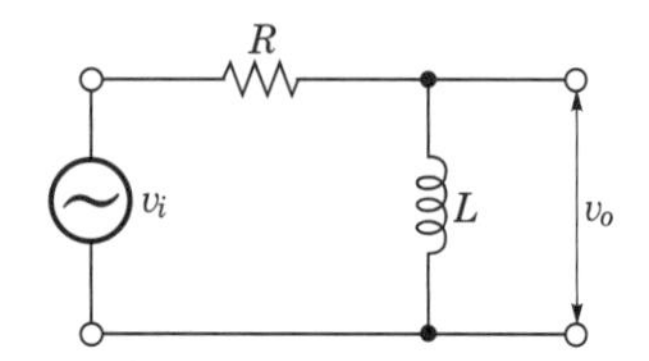

③ 미분 회로에 시정수가 다른 구형파를 입력했을 때 출력 파형은 다음과 같다.

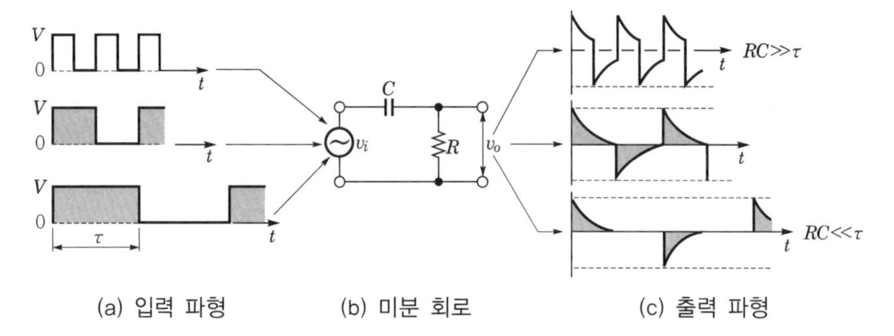

(a) 입력 파형 (b) 미분 회로 (c) 출력 파형

(2) 적분 회로

① 입력측에 구형파 펄스를 가하면 시간에 비례하는 전압(또는 전류) 파형, 즉 톱날파의 신호를 발생하거나 신호를 지연시키는 회로에 쓰인다.

② 회로

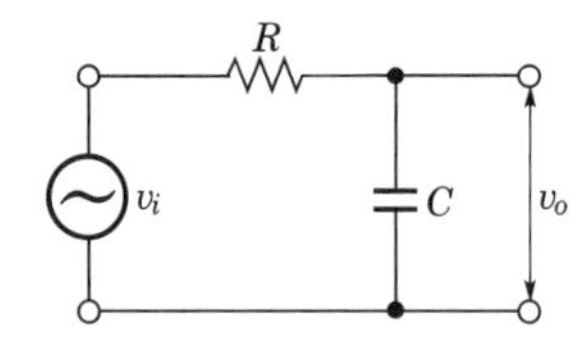

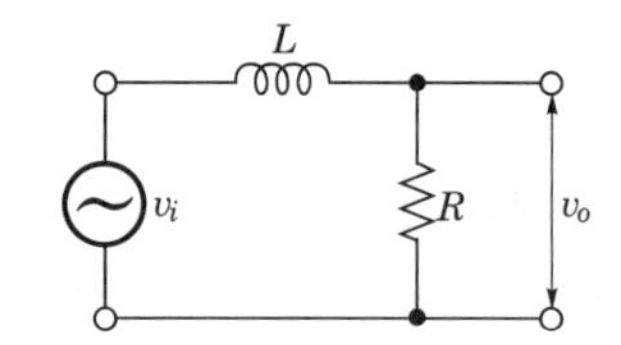

③ 적분 회로에 시정수가 다른 구형파를 입력했을 때 출력 파형은 다음과 같다.

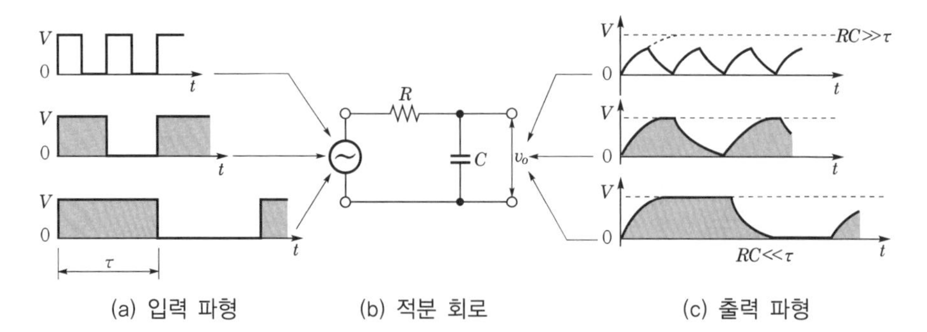

(a) 입력 파형 (b) 적분 회로 (c) 출력 파형

(3) 톱날파 발생 회로

① **톱날파 요소** : 그림에서 T_1을 스위프 시간(sweep-time), T_2를 귀선 시간(flyback time), T_r을 반복 주기(repetition)라 한다.

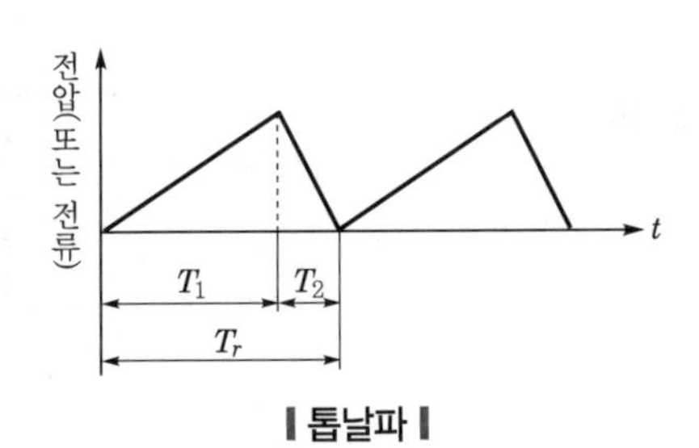

▌톱날파▐

② 동작 기능상 비안정형과 단안정형이 있다.

③ UJT를 이용한 톱날파 발생 회로(비안정)

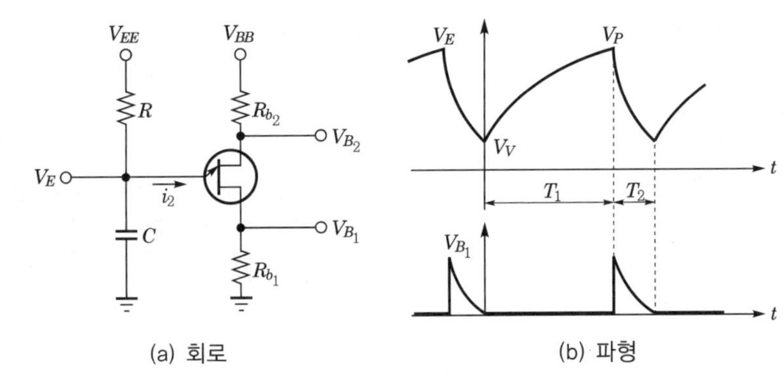

(a) 회로 (b) 파형

☑ **UJT(Uni Junction Transistor, 단접합 트랜지스터)**
하나의 P-N 접합만을 가지고 있으며, 펄스 회로 혹은 SCR, TRIAC의 게이트 단자의 Trigger 회로 등에 사용된다.

단락별 기출 · 예상 문제

01 **회로의 안정 상태에 따른 멀티바이브레이터의 종류가 아닌 것은?**

① 비안정 멀티바이브레이터
② 단안정 멀티바이브레이터
③ 쌍안정 멀티바이브레이터
④ 주파수 안정 멀티바이브레이터

해설 **멀티바이브레이터의 종류**
㉠ 비안정 멀티바이브레이터(astable multi-vibrator) : 구형파를 발생하는 안정된 상태가 없는 회로로서, 세트 상태와 리셋 상태를 번갈아 가면서 변환시키는 구형파 발진에 사용된다.
㉡ 단안정 멀티바이브레이터(monostable multi-vibrator) : 외부 트리거 펄스를 가하면 안정 상태에서 준안정 상태로 되었다가 어느 일정 시간 경과 후 다시 안정 상태로 돌아오는 동작을 한다.
㉢ 쌍안정 멀티바이브레이터(bistable multi-vibrator) : 플립플롭을 말한다. 정보를 기억하는 용도로 사용된다.

02 **결합 소자로서 R 및 C를 사용하여 트리거 신호가 인가되면 비안정 상태에 있다가 일정한 시간 이후에는 원래의 상태로 돌아가는 회로는?**

① 슈미트 트리거 회로
② 단안정 멀티바이브레이터
③ 비안정 멀티바이브레이터
④ 쌍안정 멀티바이브레이터

해설 단안정 멀티바이브레이터는 외부 트리거 펄스를 가하면 안정 상태에서 준안정 상태로 되었다가 어느 일정 시간 경과 후 다시 안정 상태로 돌아오는 동작을 한다.

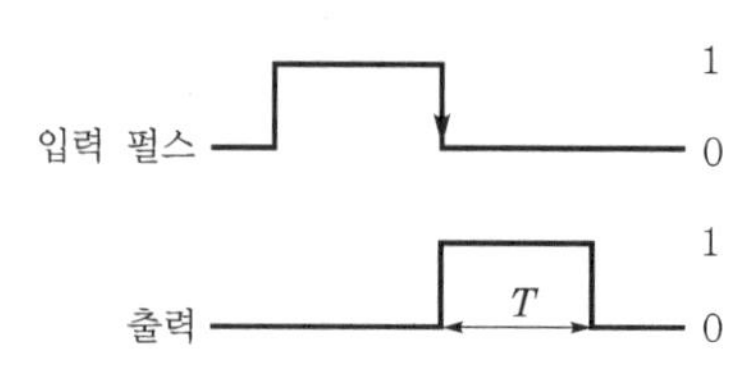

03 **다음 중 안정된 상태가 없는 회로이며, 직사각형파 발생 회로 또는 시간 발생기로 사용되는 회로는?**

① 플립플롭
② 비안정 멀티바이브레이터
③ 쌍안정 멀티바이브레이터
④ 단안정 멀티바이브레이터

해설 **비안정 멀티바이브레이터** : 구형파를 발생하는 안정된 상태가 없는 회로로서, 세트 상태와 리셋 상태를 번갈아 가면서 변환시키는 구형파 발진에 사용된다.

04 **다음 회로에서 C_2가 방전 중이면 각 TR의 ON, OFF 상태는?**

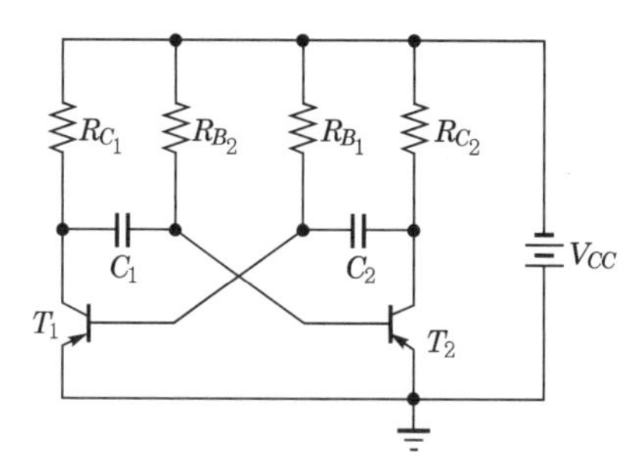

① T_1 : OFF, T_2 : ON
② T_1, T_2 동시 OFF
③ T_1 : ON, T_2 : OFF
④ T_1, T_2 동시 ON

정답 01.④ 02.② 03.② 04.①

해설 비안정 멀티바이브레이터이다. 회로에서
C_2 방전 → T_2의 V_c L → T_2 ON
C_1 충전 → T_1의 V_c H → T_1 OFF

05

쌍안정 멀티바이브레이터 회로의 출력에 10개의 펄스가 나왔다면 입력에 몇 개의 펄스가 가해졌는가?

① 1개 ② 5개
③ 10개 ④ 20개

해설 쌍안정 멀티바이브레이터는 플립플롭을 말하는데, 이는 1/2 분주 특성이 있다.

06

멀티바이브레이터의 단안정, 무안정, 쌍안정은 무엇으로 결정되는가?

① 바이어스 전압의 증강
② 전원 전압의 크기
③ 결합 회로의 구성
④ 컬렉터 전류

07

쌍안정 멀티바이브레이터에 대한 설명으로 옳지 않은 것은?

① 계수기의 2진 소자로 이용된다.
② 2개의 트랜지스터가 동시에 동작한다.
③ 입력 펄스 2개마다 1개의 출력 펄스를 얻는 회로이다.
④ 플립플롭 회로이다.

해설 **쌍안정 멀티바이브레이터** : 1을 의미하는 세트와 0을 의미하는 리셋의 안정된 두 가지 상태를 유지하는 회로이다. 일명 플립플롭(flip flop) 회로라 부르기도 하며, 정보의 기억에 주로 사용된다.

08

펄스폭이 2[μs]이고 주기가 20[μs]인 펄스의 듀티 사이클은?

① 0.1 ② 0.2
③ 0.5 ④ 20

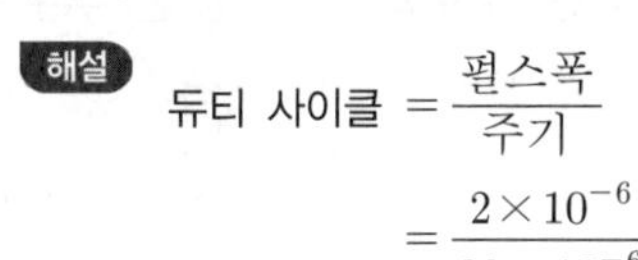

해설 듀티 사이클 $= \dfrac{\text{펄스폭}}{\text{주기}}$

$= \dfrac{2\times10^{-6}}{20\times10^{-6}}$

$=0.1$

09

그림에서 펄스의 반복 주기는?

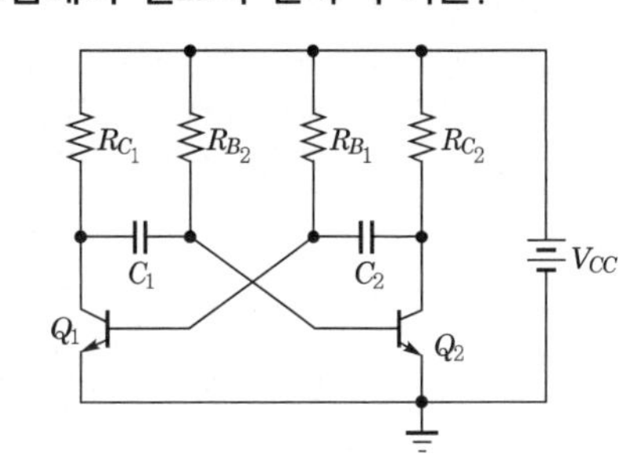

① $0.7(C_2R_{B_1}+C_1R_{B_2})$
② $0.7(C_1R_{B_1}+C_2R_{B_2})$
③ $C_2R_{B_1}+C_2R_{B_2}$
④ $C_1R_{B_1}+C_2R_{B_2}$

10

다음 ( ) 안에 들어갈 내용으로 가장 적합한 것은?

> 상승 시간(rise time)이란 실제의 펄스가 이상적인 펄스 진폭이 10[%]에서 ( )까지 상승하는 데 걸리는 시간을 말한다.

① 50[%] ② 64[%]
③ 90[%] ④ 100[%]

해설

90[%]
10[%]
최종값
시간
상용 시간

정답 05.④ 06.③ 07.② 08.① 09.① 10.③

11

출제빈도

펄스의 상승 변화 시 펄스의 반대 방향으로 생기는 상승 부분의 최대 돌출 부분은?

① 새그　② 오버슈트
③ 스파이크　④ 링잉

해설 ㉠ 링잉(ringing) : 높은 주파수 성분에 공진때문에 발생하는 펄스의 상승 부분에서 진동의 정도
㉡ 언더슈트(undershoot) : 하강 파형에서 이상적 펄스파의 기준 레벨보다 아랫부분의 높이(d)
㉢ 새그(sag) : 펄스 하강 경사도
㉣ 오버슈트(overshoot) : 상승 파형에서 이상적 펄스파의 진폭(V)보다 높은 부분의 높이

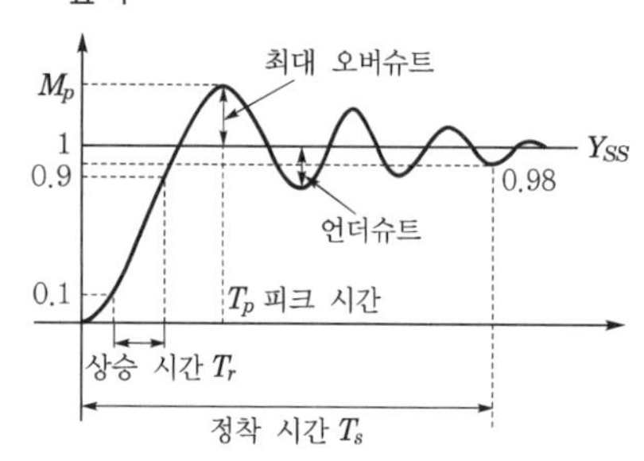

12

출제빈도

그림과 같은 미분 회로의 입력에 장방형파 e_i가 공급될 때 출력 e_o의 파형 모양은?

$\left(단, \frac{RC}{\tau_p} \ll 1일 경우로 한다\right)$

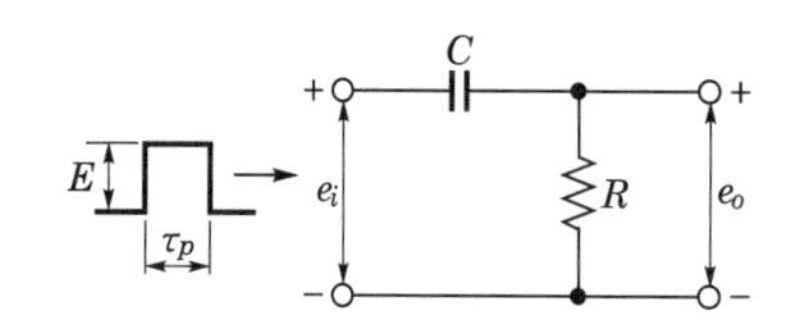

①
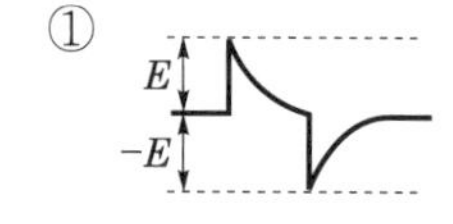

②
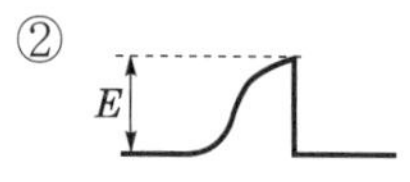

③
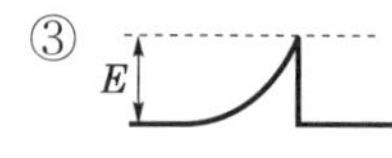

④
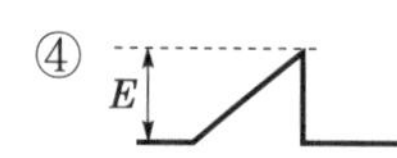

해설 입력에 콘덴서가 있으면 미분기로서 입력에 구형파이면 상승과 하강 부분에서 펄스파가 나온다.

13

다음 그림은 인버터를 이용한 비안정 멀티바이브레이터이다. $R_1 = R_2 = R$, $C_1 = C_2 = C$일 때 발진 주파수[Hz]는?

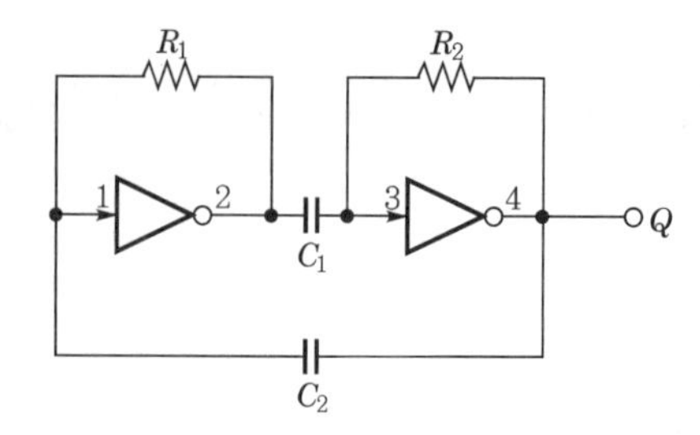

① $f = \frac{0.7}{RC}$　② $f = \frac{RC}{0.7}$
③ $f = \frac{1.4}{RC}$　④ $f = \frac{RC}{1.4}$

14

다음 중 펄스의 상승 부분에서 진동의 정도를 말하는 링잉(ringing)에 대한 설명으로 옳은 것은?

① RC 회로의 시정수가 짧기 때문에 생긴다.
② 낮은 주파수 성분에서 공진하기 때문에 생기는 것이다.
③ 높은 주파수 성분에서 공진하기 때문에 생기는 것이다.
④ RL 회로에서 그 시정수가 매우 짧기 때문에 생기는 것이다.

해설 링잉(ringing) : 높은 주파수 성분에 공진때문에 발생하는 펄스의 상승 부분에서 진동의 정도를 말한다.

15

시정수가 매우 큰 RC 저역 통과 여파 회로의 기능으로 가장 적합한 것은?

① 적분기　② 미분기
③ 가산기　④ 감산기

해설 적분기는 저역 통과 필터로 사용되고, 미분기는 고역 통과 필터로 사용된다.

정답 11.② 12.① 13.① 14.③ 15.①

16 **펄스 발생 회로에서 출력 펄스 파형은?**

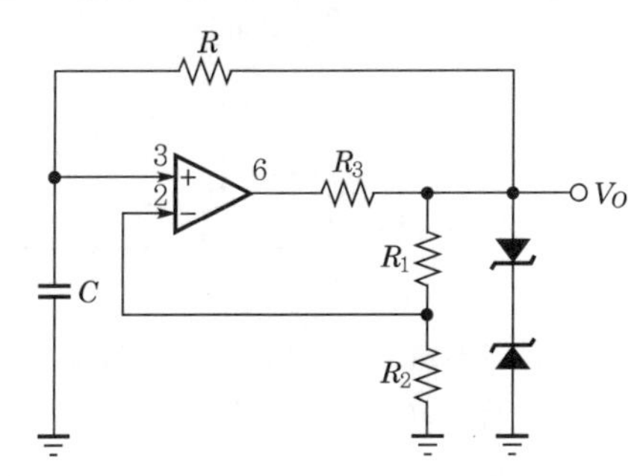

①

②

③

④

해설 구형파 발생 회로이며, 출력에 제너 다이오드를 이용하여 진폭 제한 기능이 있다.

17 **외부로부터 트리거 펄스가 없는 한 안정한 상태를 유지하고 있다가 트리거 펄스가 1개 들어오면 한 개 주기만 발진하여 구형파 펄스를 1개 발생하고 원래의 안정 상태로 되돌아가는 발진기는?**

① 무안정 멀티바이브레이터
② 비안정 멀티바이브레이터
③ 단안정 멀티바이브레이터
④ 쌍안정 멀티바이브레이터

해설 단안정 멀티바이브레이터는 외부 트리거 펄스를 가하면 안정 상태에서 준안정 상태로 되었다가 어느 일정 시간 경과 후 다시 안정 상태로 돌아오는 동작을 한다.

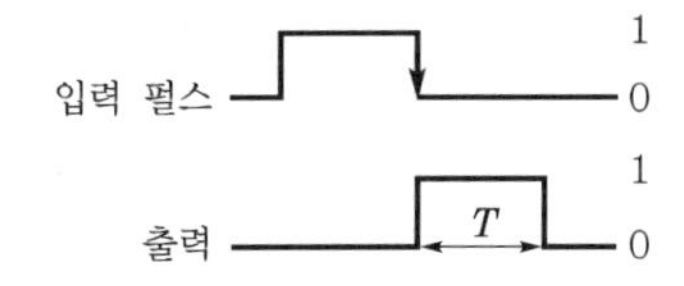

18 

어떤 회로에 구형파를 입력(점선)에 넣은 결과 그림과 같이 파형이 일그러져 출력에 나타났을 때 ㉠부분을 무엇이라고 하는가?

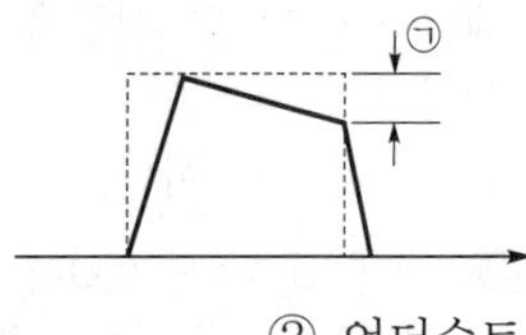

① 링잉 ② 언더슈트
③ 새그 ④ 오버슈트

해설 새그(sag)는 펄스의 하강 부분의 정도를 말한다.

19 **그림과 같은 펄스를 입력에 가했을 때 출력이 나타났다. 어느 시간이 상승 시간인가?**

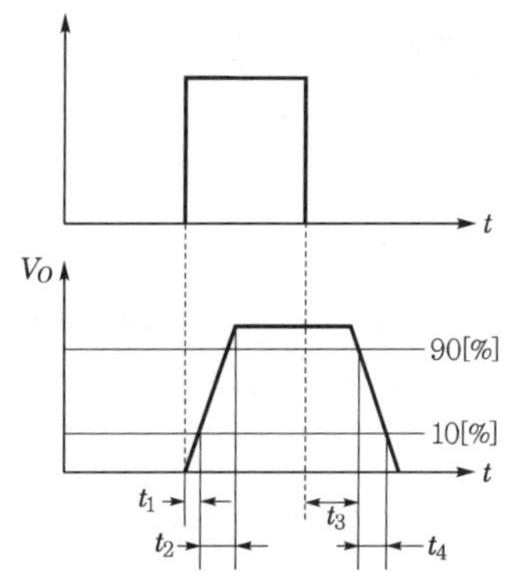

① t_1 ② t_2
③ t_3 ④ t_4

해설 상승 시간은 펄스의 높이가 10[%]에서 90[%]까지 상승하는 데 걸리는 시간을 말한다.

20 **RC 회로의 시정수가 2[μs]이었다. 펄스 응답 시 상승 시간은 몇 [μs]가 되는가?**

① 2.2 ② 4.0
③ 4.4 ④ 5.2

해설 **시정수(τ)와 펄스 상승 시간의 관계** : 2.197τ
$\therefore\ 2.197 \times 2[\mu s] = 4.394[\mu s]$

정답 16.④ 17.③ 18.③ 19.② 20.③

21 **파고값이 −10[V]인 펄스가 있다. 이것을 −5[V]의 펄스로 만들 때 이용되는 것은?**

① TR을 이용한다.
② 제너다이오드와 저항을 이용한다.
③ 인덕터를 이용한다.
④ 콘덴서를 이용한다.

해설 제너다이오드는 역방향 항복 전압이 일정한 특성이 있어 정전압 회로에 주로 사용된다.

22 **다음 중 슈미트 트리거(schmitt trigger) 회로는?**

① 톱니파 발생 회로
② 계단파 발생 회로
③ 구형파 발생 회로
④ 삼각파 발생 회로

해설 슈미트 트리거는 히스테리시스 특성을 이용하여 입력 신호 파형을 정형하여 구형파 출력을 만드는 데 사용된다.

23 **입력 단자에 펄스 입력이 있을 때마다 특정 폭의 펄스를 발생하는 것은?**

① 비안정 멀티바이브레이터
② 단안정 멀티바이브레이터
③ 쌍안정 멀티바이브레이터
④ 블로킹 발진 회로

해설 단안정 멀티바이브레이터는 One-shot 회로라고도 하며 입력 펄스 인가 후부터 설정 시간(T) 동안 출력이 나온다.

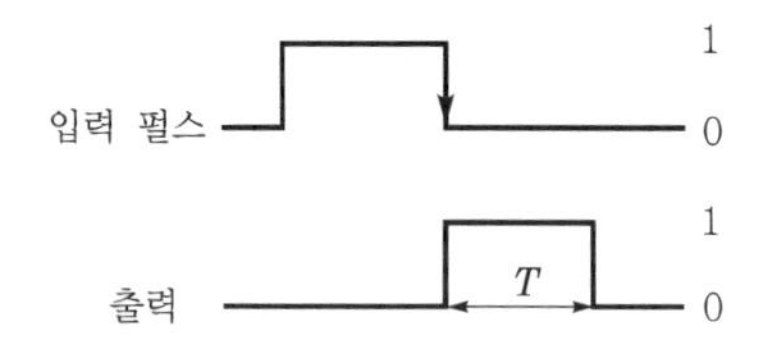

24 **회로에서 트랜지스터의 스위칭 특성을 사용하여 입력을 그림과 같이 인가할 때 출력 파형은?**

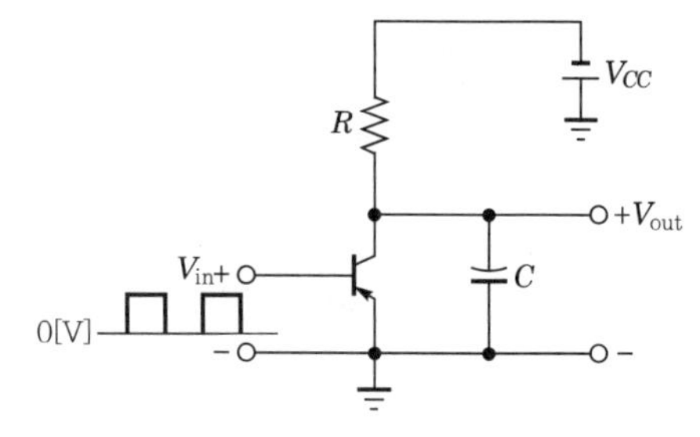

① 구형파 ② 정현파
③ 톱날파 ④ 펄스파

해설 출력이 콘덴서 양단 전압이므로 구형파 입력이 콘덴서에 충·반전되는 적분기 형태이다. 적분기에서 입력이 구평파이면 삼각파 형태의 출력이 나온다.

25 **다음 중 멀티바이브레이터에 대한 설명으로 틀린 것은?**

① 부궤환의 일종이다.
② 고차의 고조파를 포함하고 있다.
③ 회로의 시정수로 주기가 결정된다.
④ 전원 전압이 변동해도 발진 주파수는 큰 변화가 없다.

해설 발진기는 정궤환에 의한 펄스파 발생 회로이다.

26 **다음 그림과 같은 회로의 출력에 나타나는 파형은?**

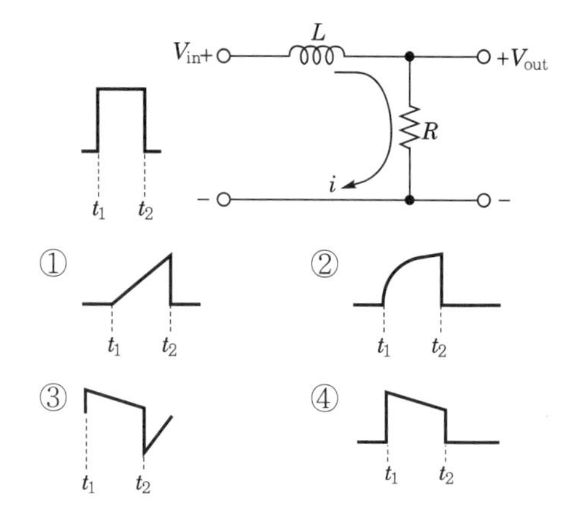

정답 21.② 22.③ 23.② 24.③ 25.① 26.②

해설 그림은 LR 적분 회로로서, 구형파를 입력하면 삼각파 모양의 출력이 나온다.

27 **톱니파 발생 회로에서 톱니파가 양호하게 될 수 있는 시정수의 조건으로 옳은 것은?**

① 시정수가 클수록 양호하다.
② 시정수가 작을수록 양호하다.
③ 시정수가 1일 경우에 가장 양호하다.
④ 시정수가 0일 경우에 가장 양호하다.

28 **구형파의 입력을 가하여 폭이 좁은 트리거 펄스를 얻는 데 사용되는 회로는?**

출제빈도

① 적분 회로 ② 미분 회로
③ 발진 회로 ④ 클리핑 회로

해설 구형파를 입력하면 미분기는 펄스파가 출력되고, 적분기는 삼각파가 출력된다.

29 **다음 UJT를 사용한 펄스 발생 회로에서 펄스 출력 파형은?**

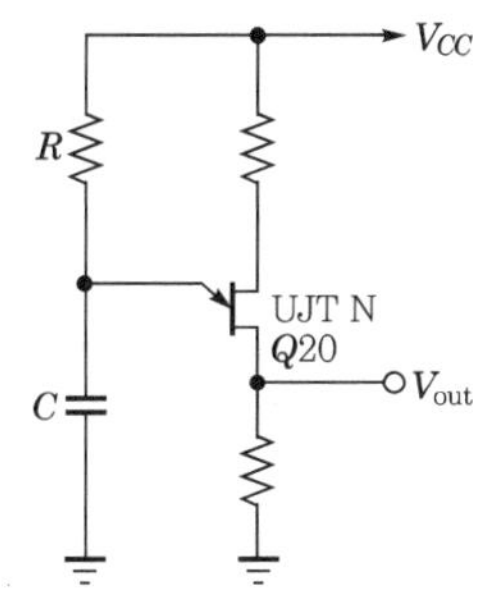

①

②

③

④

해설 UJT 펄스 발생기의 각 입 · 출력 부분 파형

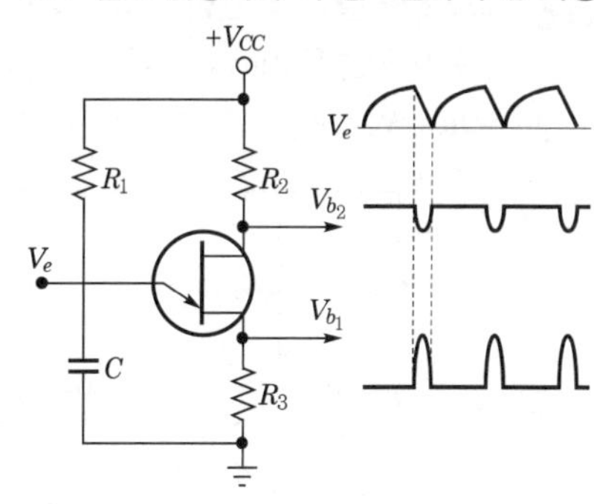

30 **그림과 같이 회로의 입력 단자에 정(+)의 펄스를 가했을 때 출력 단자에 나오는 파형은?**

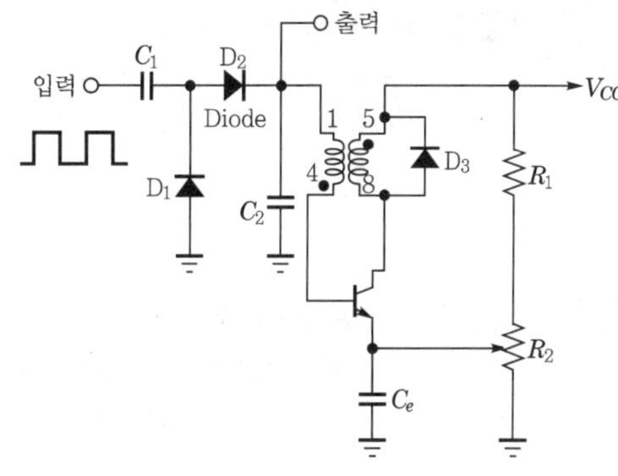

① 구형파 ② 톱니파
③ 계단파 ④ 정현파

해설 앞단의 D_1, D_2를 이용한 회로는 배전압을 얻기 위한 회로로서, 전체 회로의 출력은 + 펄스를 가할 때 계단파가 출력된다.

31 **펄스 폭이 0.2[sec], 반복 주기가 0.5[sec]일 때 펄스의 반복 주파수는 몇 [Hz]인가?**

① 0.5 ② 1
③ 2 ④ 4

해설 주파수 $f = \frac{1}{T}$

$$= \frac{1}{0.5} = 2[\text{Hz}]$$

정답 27.① 28.② 29.④ 30.③ 31.③

32 회로와 같은 비안정 멀티바이브레이터의 반복 주기 T는 몇 [msec]인가? (단, $R_1 = R_4 = 2[\text{k}\Omega]$, $R_2 = R_3 = 50[\text{k}\Omega]$, $C_1 = C_2 = 0.1[\mu\text{F}]$)

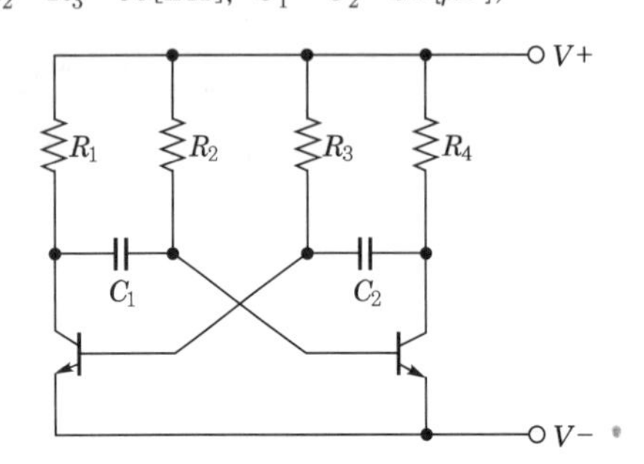

① 5.8　② 6.9
③ 7.8　④ 8.9

해설

$$T = 0.7(C_2R_3 + C_1R_2)$$
$$= 0.7(0.1 \times 50 + 0.1 \times 50)$$
$$= 0.7(5 \times 10^{-3} + 5 \times 10^{-3})$$
$$= 7 \times 10^{-3} = 7[\text{msec}]$$

33 그림은 UJT를 사용한 펄스 발생 회로의 한 예이다. UJT에 전류가 흘러서 펄스를 발생할 때 콘덴서 C_T의 동작은 어떤 상태인가?

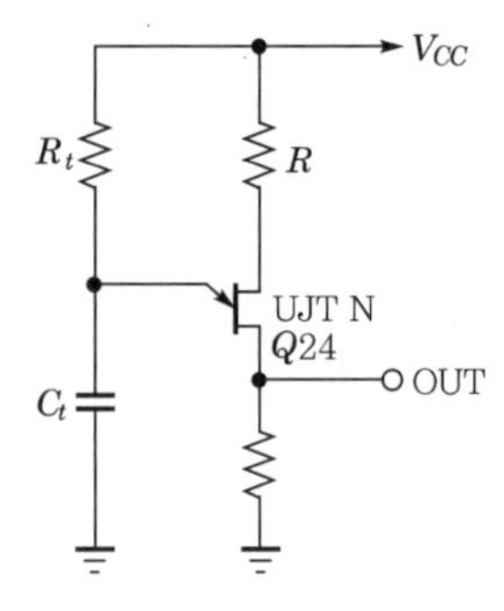

① 충전 상태
② 방전 상태
③ 단락 상태
④ 접지 상태

해설 UJT가 ON되면 C에 충전된 전압은 이미터를 통해 접지로 방전된다. 이때 출력에 펄스파가 나온다.

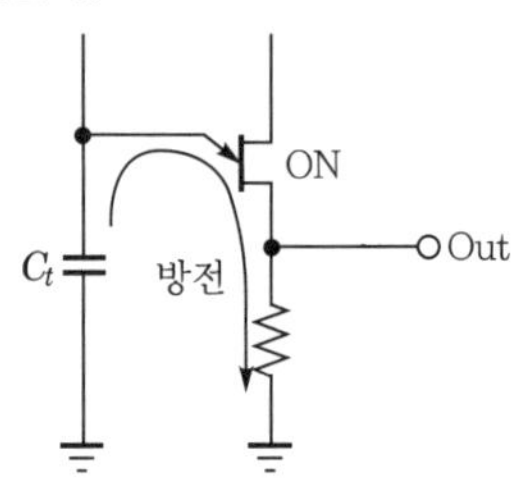

정답 32.② 33.②

09 변 · 복조 회로

1 개요

변조(modulation)는 신호의 전송을 위해 반송파라고 하는 비교적 높은 주파수(고주파)에 비교적 낮은 가청 주파수(저주파)를 포함시키는 과정을 변조라 하며 변조된 반송파를 피변조파라 한다.

복조(demodulation)는 피변조파를 수신하여 이것에 포함된 신호파를 재생하여 가청할 수 있게 하는 과정을 복조 또는 검파(detection)라 한다.

2 변조 방식의 분류

(1) 진폭 변조(Amplitude Modulation ; AM)

반송파의 진폭이 신호파에 따라서 변한다.

(2) 주파수 변조(Frequency Modulation ; FM)

진폭이 일정한 반송파의 주파수가 신호에 따라서 변한다.

(3) 위상 변조(Phase Modulation ; PM)

반송파의 위상이 신호파에 따라 변한다.

(4) 펄스 변조(pulse modulation)

일정 간격의 펄스열을 반송파로 사용하여 그 파라미터를 변조 신호로 바꿔서 정보를 전달한다.

① 펄스 진폭 변조(Pulse Amplitude Modulation ; PAM)
② 펄스 주기 변조(Pulse Duration Modulation ; PDM)
③ 펄스 위치 변조(Pulse Position Modulation ; PPM)
④ 펄스 주파수 변조(Pulse Freqrency Modulation ; PFM)
⑤ 펄스 폭 변조(Pulse Width Modulation ; PWM)
⑥ 펄스 부호 변조(Pulse Code Modulation ; PCM)

3 진폭 변조와 복조

(1) 진폭 변조의 원리

① 진폭 변조
㉠ 반송파의 진폭을 신호파의 진폭에 따라 변화시키는 것이다.
㉡ 신호파는 여러 가지 사인파의 합으로 생각할 수 있다.

기출문제 핵심잡기

★중요★
[2011년 1회 출제]
PM, AM, FM은 아날로그 변조 방식이다.

[2011년 1회 출제]
PCM(펄스 부호 변조)은 정보 신호에 따라 펄스의 유무를 변화시키는 변조 방식이다.

[2012년 2회 출제]
AM은 아날로그 변조 방식이다.

② 변조 원리

㉠ 아래의 그림 (a)의 반송파를 (b)의 신호파로 변조하면 (c)와 같은 피변조파를 얻게 된다.

㉡ 반송파 $I_{cm}\sin\omega_c t$의 진폭 I_{cm}을 $I_{sm}\cos\omega_s t$에 따라 변화시키면 피변조파는 $i=(I_{cm}+I_{sm}\sin\omega_s t)\sin\omega_c t$로 표시할 수 있다.

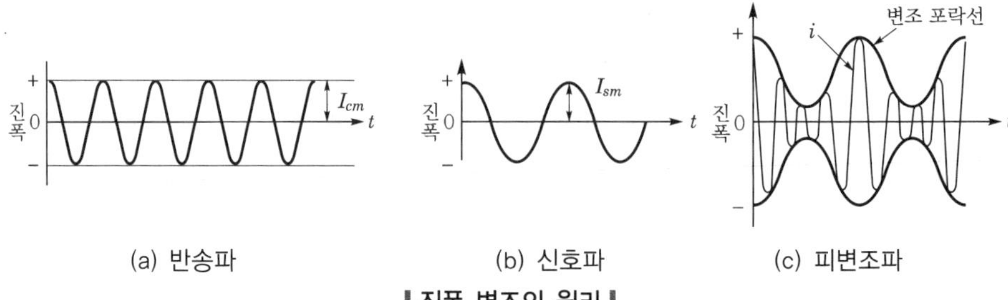

진폭 변조의 원리

[2016년 2회 출제]

③ 변조도(modulation degree)

㉠ 변조도(m) : 반송파 신호의 크기와 변조할 정보 신호의 크기에 대한 비

$$m=\frac{V_{sm}}{V_{cm}}=\frac{A-B}{A+B}$$

㉡ $m<1$: 이상없음

$m=1$: 100[%] 변조

$m>1$: 과변조 → 위상 반전, 일그러짐 생김, 순간적으로 음이 끊김

[2014년 1회 출제]
진폭 변조에서 변조도 m[%]은 왼쪽 그림에서 $m=\frac{A-B}{A+B}\times 100[\%]$ 이다.

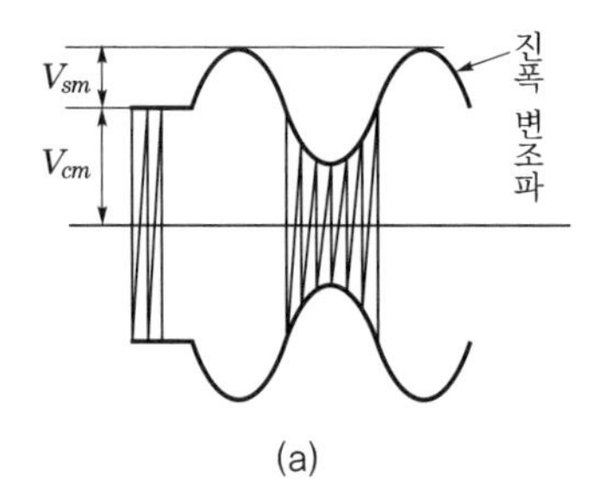

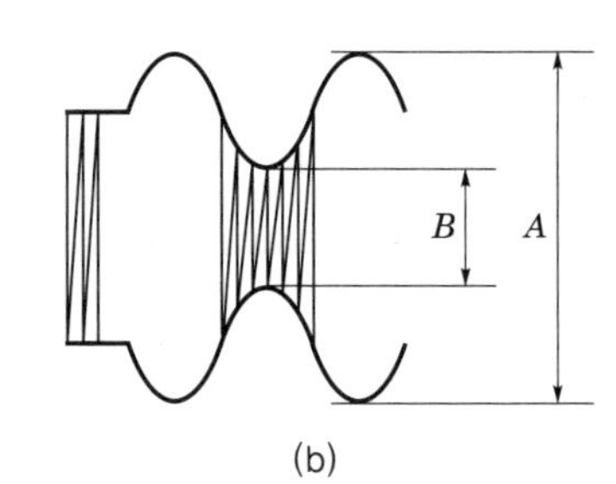

변조도

④ 주파수 스펙트럼(frequency spectrum)

㉠ 입력이 사인파일 경우 진폭 변조된 파는 3개의 주파수 성분으로 되어 있다.

- 반송파 : f_c
- 상측파 : f_c+f_s
- 하측파 : f_c-f_s

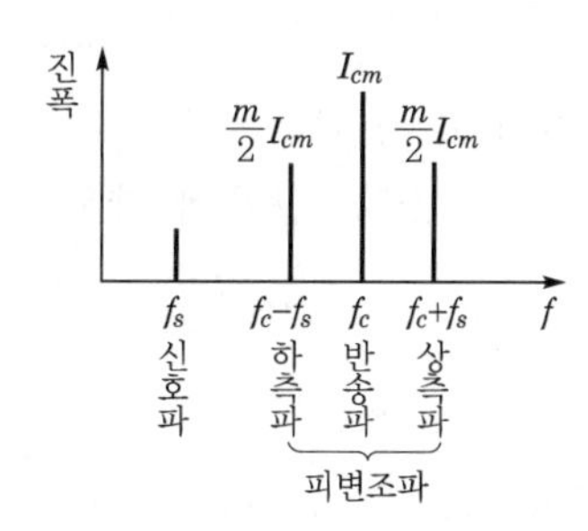

(a) 하나의 f에 따라 변조되었을 때

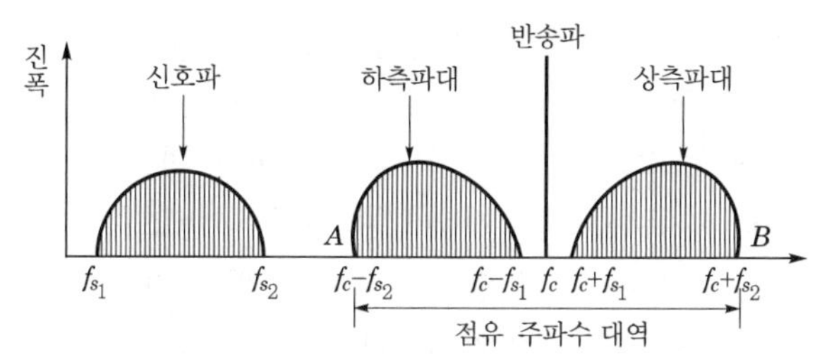

(b) 여러 개의 f에 따라 변조되었을 때

▌피변조파 주파수 스펙트럼▐

㉡ 그림 (a)는 하나의 주파수 f_s에 따라 변조되었을 때의 스펙트럼도이다.

㉢ 그림 (b)는 여러 가지 주파수 f_s에 따라 변조되었을 때의 스펙트럼도 (신호파는 $f_{s_1} \sim f_{s_2}$ 대역을 차지하고 있다)이다.

- 상측파대(upper side band) : 반송파보다 높은 대역
- 하측파대(lower side band) : 반송파보다 낮은 대역

⑤ **점유 주파수 대역** : 하측파대에서 상측파대까지 피변조파가 점유하는 주파수 대역을 말한다.

⑥ **피변조파의 전력**

㉠ 하측파와 상측파 전력은 같은 값이다.

㉡ $m=1$(100[%] 변조)일 때는 반송파가 전체 전력의 $\frac{2}{3}$를 차지하고, 나머지 $\frac{1}{3}$이 양측파 전력이 된다.

⑦ **DSB와 SSB**

㉠ DSB(Double Side Band) : 양측파대 방식으로, 상 · 하 측파대 신호를 함께 변조 방식

㉡ SSB(Single Side Band) : 단측파대 방식으로, 1개 측파대만 변조 방식

㉢ DSB에 대한 SSB의 특징

- 전력이 절약된다.
- 점유 주파수 대폭이 1/2로 된다.
- 송 · 수신 장치가 복잡하다.

기출문제 핵심잡기

[2010년 2회 출제]
[2012년 2회 출제]
주파수 대역폭 구하기

㉠ 변조에서 주파수 대역폭은 상측파대 주파수~하측파대 주파수이다.

㉡ 반송파 주파수 f_c[Hz], 변조파 주파수 f_s[Hz]일 때 대역폭 : 상측파대 주파수(f_c+f_s)~하측파대 주파수(f_c-f_s)

☑ DSB 변조 방식은 AM 변조에 주로 사용되고, SSB 변조 방식은 다중 통신에 적합하다.

기출문제 핵심잡기

변조 회로 요약

㉠ 변조도가 크면 일그러짐이 크게 된다.
㉡ 컬렉터 변조 회로
- 약 100[%] 변조 가능하다.
- 큰 전력이 필요하다.

㉢ 베이스 변조 회로
- 전력이 작다.
- 변조 효율이 나쁘다.

㉣ 링 변조 회로
- SSB 통신에 사용된다.
- 가장 경제적이고 저전력이다.

㉤ 평형 변조 회로
- 트랜지스터는 B급으로 동작한다.
- SSB 통신에 사용된다.

[2013년 3회 출제]
이상적 상태에서 100[%] 변조된 AM파는 무변조파에 비하여 출력이 1.5배로 된다.

⑧ 진폭 변조의 특징
　㉠ 장점 : 회로가 간단하고, 경제적이다.
　㉡ 단점 : 전력 효율이 안 좋고, 잡음에 약하다.

(2) 진폭 변조 회로

① 진폭 변조 회로의 기초
　㉠ 직선 변조 회로(linear modulation circuit)
　　- 일그러짐이 작고 변조도 효율이 높다.
　　- 컬렉터 변조 회로가 여기에 해당된다.

　㉡ 제곱 변조 회로
　　- 비직선 능동 소자의 제곱 특성을 이용한 변조 방식이다.
　　- 반송파의 진폭이 작은 경우에 적합하나 변조도가 제한된다.
　　- 변조도를 너무 높이면 일그러짐이 크게 된다.
　　- 베이스 변조 회로가 여기에 해당된다.

② 컬렉터 변조 회로(직선 변조 회로)
　㉠ 컬렉터에 신호파를 가한다.
　㉡ 트랜지스터는 C급으로 동작한다.
　㉢ 직선성이 대단히 우수하다.
　㉣ 거의 100[%]까지 변조 가능하다.
　㉤ 큰 변조 전력이 요구된다(결점).

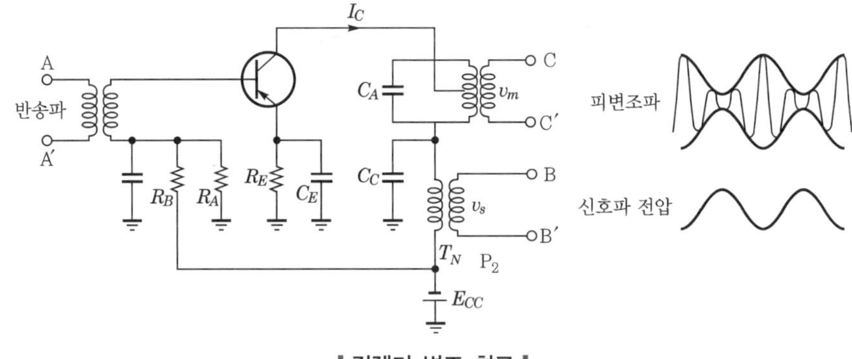

| 컬렉터 변조 회로 |

③ 베이스 변조 회로(제곱 변조 회로)
　㉠ 베이스에 반송파와 신호파를 가한다.
　㉡ 트랜지스터는 C급으로 동작한다.
　㉢ 컬렉터 변조에 비교하여 훨씬 작은 변조 신호 전력이 요구된다.
　㉣ 일그러짐이 컬렉터 변조 회로보다 크고 효율도 나쁘다.
　㉤ 변조도를 크게 할 수 없다.

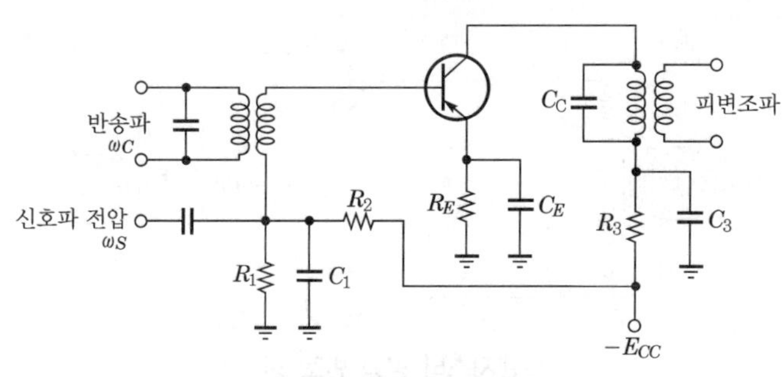

▌베이스 변조 회로▌

④ 링 변조 회로

㉠ 피변조파대에서 반송파를 제거하고 상측파대와 하측파대만을 얻는 회로이다.

㉡ 평형 변조 회로이다.

㉢ 단측파 통신에 이용한다.

㉣ 단측파대를 얻고자 할 때 필터 회로를 부착한다.

㉤ 특징 : 소형이고 경제적이며 전력이 낮다.

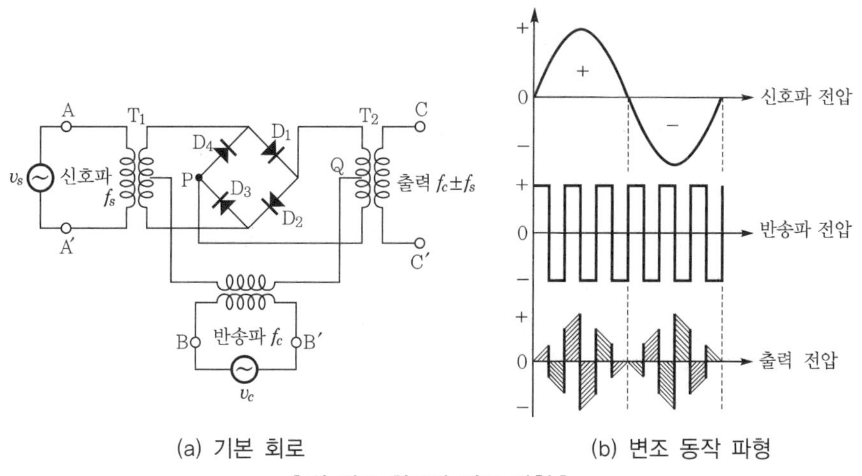

(a) 기본 회로 (b) 변조 동작 파형

▌링 변조 회로와 변조 파형▌

⑤ 평형 변조 회로

㉠ 반송파 제거 통신 방식이나 단측파대 통신 방식의 변조 회로로 쓰이는 회로이다.

㉡ 반송파가 제거되면 양측파대(상하 측파대)만 나온다.

㉢ 트랜지스터는 B급으로 동작한다.

㉣ 반송파는 반주기마다 트랜지스터를 도통, 차단한다.

㉤ 트랜지스터의 증폭 작용 외에는 링 변조 회로와 같다.

기출문제 핵심잡기

[2012년 2회 출제]
SSB(단측파대) 변조 방식에서는 주로 링 변조 회로를 사용한다.

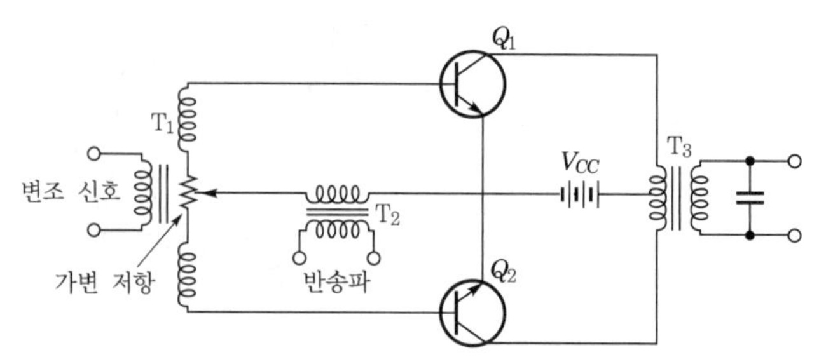

❙ 트랜지스터 평행 변조 회로 ❙

☑ 복조는 수신된 피변조파에서 반송파를 제거하고 신호파만 추출하는 것을 말한다.

(3) 진폭 복조 회로

피변조파에서 원래의 신호파를 재생하는 과정을 복조(demodulation) 또는 검파(detection)라고 한다.

① **직선 복조 회로**(포락선 복조 회로) : 다이오드의 전압 전류 특성의 직선 부분을 이용하도록 입력 전압을 충분히 크게 하여 복조하는 방식이므로, 비직선에 의한 일그러짐이 작다.

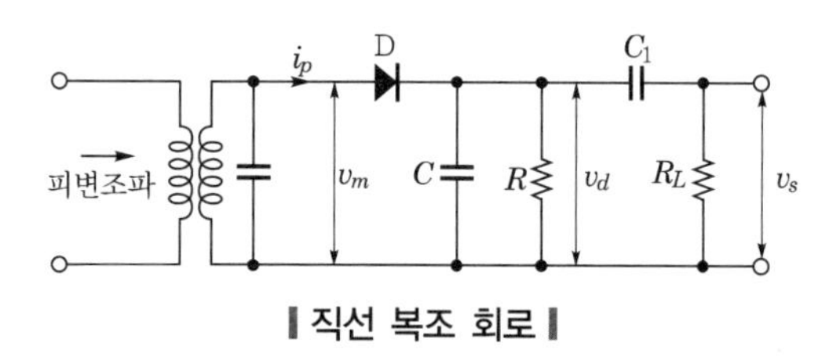

❙ 직선 복조 회로 ❙

② **제곱 복조 회로**(자승 검파 회로) : 비직선 소자의 제곱 특성을 이용한 복조 방식으로, 비교적 진폭이 작은 진폭 변조파의 복조에 사용된다.

㉠ 출력 전압은 입력 신호 전압의 자승에 비례한다.

㉡ 출력 신호에는 고조파 왜율이 많이 생긴다.

㉢ 변조도를 m이라 할 때 제2고조파의 크기는 기본 변조파 크기의 약 $\frac{m}{4}$이다.

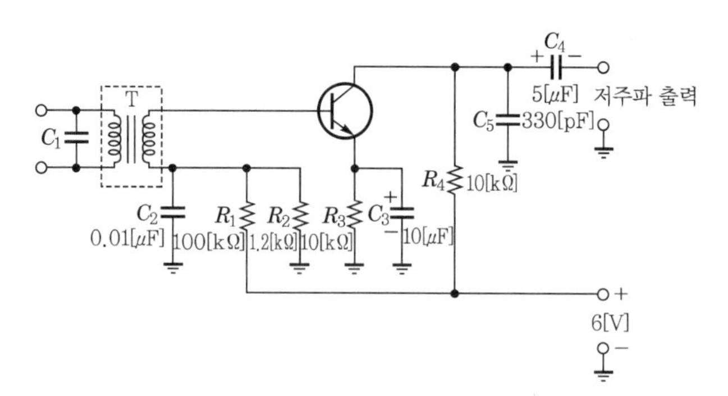

❙ 제곱 복조 회로 ❙

4 주파수 변조와 복조

기출문제 핵심잡기

(1) 주파수 변조의 원리

① **주파수 변조** : 반송파의 주파수 변화를 신호파의 진폭에 비례시키는 변조 방식이다.

② 주파수 변조 시 피변조파의 순시 각주파수 ω는 다음과 같다.

$$\omega = \omega_C + \Delta\omega_C \cos\omega_s t$$

여기서, 반송파 $i_c = I_{cm}\sin\omega_c t$

신호파 $i_s = I_{sm}\cos\omega_s t$

최대 주파수 편이 $\Delta\omega_c = 2\omega\Delta f_c$

③ 변조에 필요한 점유 대역이 넓기 때문에 초단파대(30[MHz]) 이상의 변조 방식에 사용된다.

④ **최대 주파수 편이** : 반송 주파수 f_c를 중심으로 변조에 의한 최대 주파수 변화분이다.

㉠ FM 방송 $\Delta f_c = \pm 75$[kHz]

㉡ TV 음성 $\Delta f_c = \pm 25$[kHz]

㉢ 일반 통신 $\Delta f_c = \pm 15$[kHz]

⑤ **변조 지수** : 최대 주파수 편이 Δf_c와 신호 주파수 f_s의 비

$$m_f = \frac{\text{최대 주파수 편이}}{\text{신호 주파수}} = \frac{\Delta f_c}{f_s} = \frac{\Delta\omega_c}{\omega_s}$$

★중요★
[2011년 2회 출제]
[2012년 1회 출제]
변조 지수 구하기

$m_f = \frac{\text{최대 주파수 편이}}{\text{신호 주파수}} = \frac{\Delta f_c}{f_s} = \frac{\Delta\omega_c}{\omega_s}$

⑥ **실용적 주파수 대역폭** : $B = 2f_s(m_f + 1) = 2(\Delta f_c + f_s)$이며 실제 FM 방송에서는 B=200[kHz]이다.

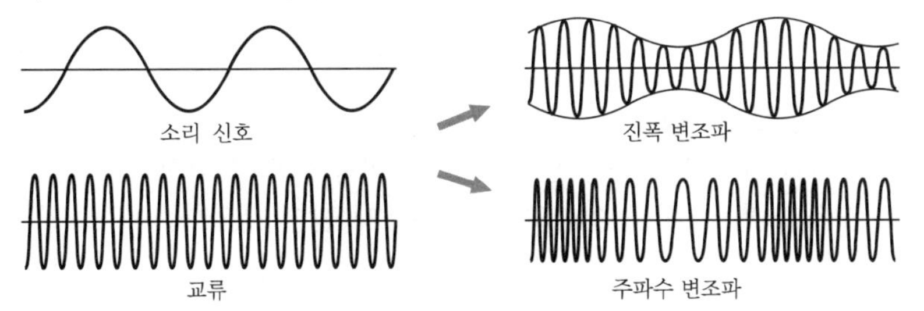

▌진폭 변조와 주파수 변조의 차이▐

(2) 주파수 변조 회로

① 직접 주파수 변조

㉠ 발진 회로의 발진 주파수를 신호파의 진폭에 비례해서 직접 변화시키는 방법이다.

㉡ 발진 회로의 발진 주파수를 변화시키는 방법으로 리액턴스 트랜지스터, 가변 용량 다이오드(바리캡) 등을 사용한다.

② 가변 용량 다이오드에 의한 주파수 변조

㉠ 리액턴스 트랜지스터 회로 대신 가변 용량 다이오드를 사용하여 주파수 변조를 한다.

㉡ 가변 용량 다이오드의 용량 C는 다음과 같은 관계에 있다.

$$C = \frac{K}{(\psi - V)^n}$$

여기서, K : 다이오드에 의해 정해지는 상수
ψ : 접촉 전위차
V : 다이오드에 가하는 역전압
n : (+)의 실수로 다이오드의 접합 형식에 따라 결정

③ 간접 주파수 변조 방식

㉠ 위상 변조에 의해 간접적으로 FM파를 만드는 것이다.

㉡ 신호파 주파수 f_s에 반비례하고, 위상이 90° 다르게 하는 보정 회로(적분 회로)를 통해 위상 변조를 시켜서 FM파를 얻는다.

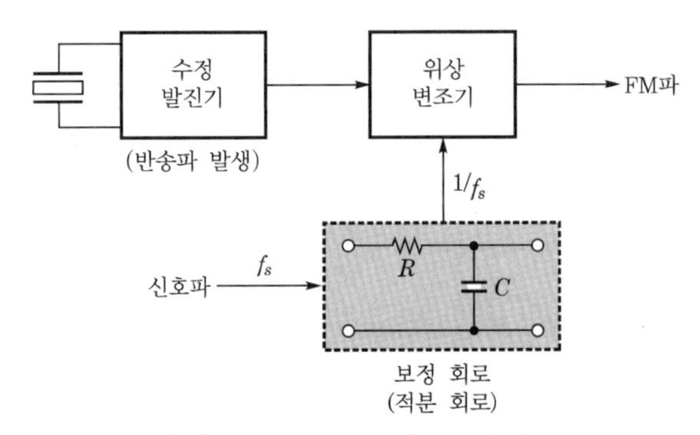

▌간접 주파수 변조 방식의 원리▐

[2011년 2회 출제]
진폭 변조와 비교한 주파수 변조의 특징
㉠ 신호대 잡음비가 좋다.
㉡ 주파수 대역폭이 넓다.
㉢ 초단파 통신에 적합하다.

④ 주파수 변조의 특징

㉠ 장점 : 진폭에 영향을 받지 않고 페이딩에 덜 민감하다.

㉡ 단점 : 대역폭이 넓어지고, Sidelobe가 많이 생긴다.

(3) 주파수 복조 회로

① **주파수 판별 회로** : FM파에 실린 신호를 재생할 때 FM파를 진폭 변조파로 변화시킨 다음 이것을 신호파로 복조하는 회로이다.

② 포스트실리 판별 회로

㉠ 주파수 편이가 작은 범위에서는 직선적으로 되나 주파수 편이가 크면 S자형의 특성이 된다.

ⓛ 단점 : 입력 진폭에 의한 복조 감도가 변하므로 판별 회로의 앞에 별도의 진폭 제한 회로를 삽입해야 한다.

③ **비검파 회로** : 포스트실리 회로와 다른 점은 다음과 같다.

㉠ 다이오드 D_1, D_2의 접속 극성이 다르다.

ⓛ 단자 A－C 사이에 용량이 큰 콘덴서 C_6가 병렬로 접속된다.

ⓒ 출력 전압을 얻는 방법이 다르다.

ⓔ 진폭 변동에 민감하지 않으므로 별도의 리미터 회로가 필요없다.

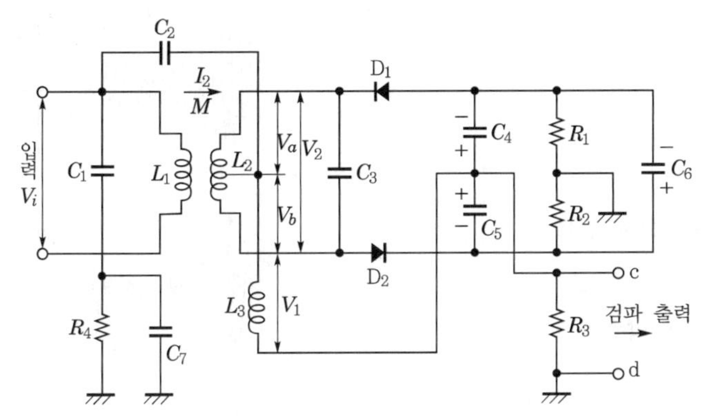

(a) 비검파 회로

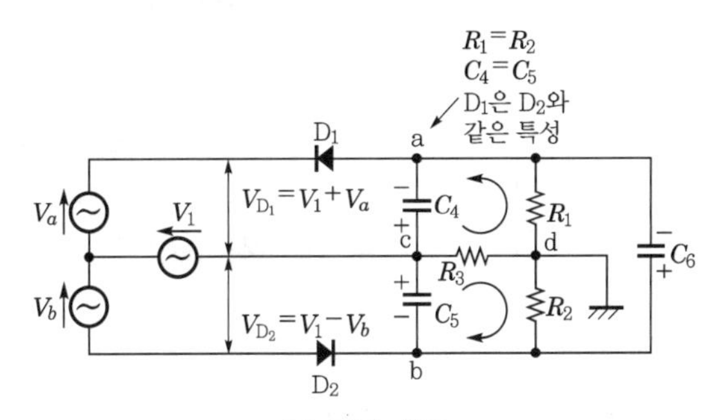

(b) 등가 회로

▍비검파 회로▍

기출문제 핵심잡기

☑ 주파수 복조 회로

㉠ 주파수 판별 회로

ⓛ 포스트실리 판별 회로

ⓒ 비검파 회로

단락별 기출·예상 문제

01 **진폭 변조와 비교하여 주파수 변조에 대한 설명으로 가장 적합하지 않은 것은?**

① 신호대 잡음비가 좋다.
② 반향(echo) 영향이 많아진다.
③ 초단파 통신에 적합하다.
④ 점유 주파수 대역폭이 넓다.

해설 **진폭 변조와 주파수 변조**

㉠ 진폭 변조
- 신호파의 크기에 비례하여 반송파의 진폭을 변화시킨다.
- 회로가 간단하다.
- 효율이 안 좋고, 잡음에 약하다.

㉡ 주파수 변조
- 신호파의 크기에 따라 반송파의 주파수를 변화시키고, 진폭은 같다.
- 진폭 변조(AM)에 비해 이득, 선택도, 감도가 우수하다.
- 소비 전력이 AM보다는 적다.
- 페이딩의 영향을 덜 받는다.
- 송·수신기의 회로가 복잡하다.
- 주파수 대역폭(점유폭)이 넓다.

02 **다음 중 진폭 변조에서 변조도를 크게 했을 때 나타나는 현상으로 옳은 것은?** (단, 과변조는 제외)

출제빈도

① 반송파가 작아진다.
② 대역폭이 좁아진다.
③ 반송파가 커진다.
④ 피변조파의 전력이 커진다.

해설 **변조도**

㉠ 변조도(modulation factor) 또는 변조 지수(modulation index)라고도 한다.
㉡ 이는 변조된 파에서 변조 성분(원신호)의 변화비이다.
㉢ 즉, 반송파를 어느 정도 변화시키며 원 정보 신호를 담아낼 수 있는 정도를 말한다.
㉣ 변조도에 따라 반송파와는 무관하며 변조파에 영향을 끼친다.

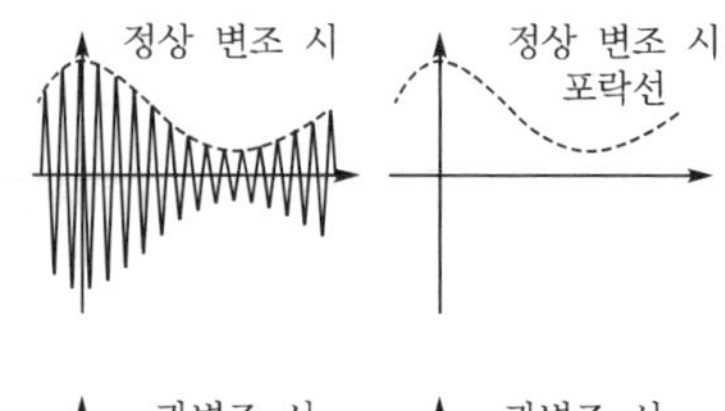

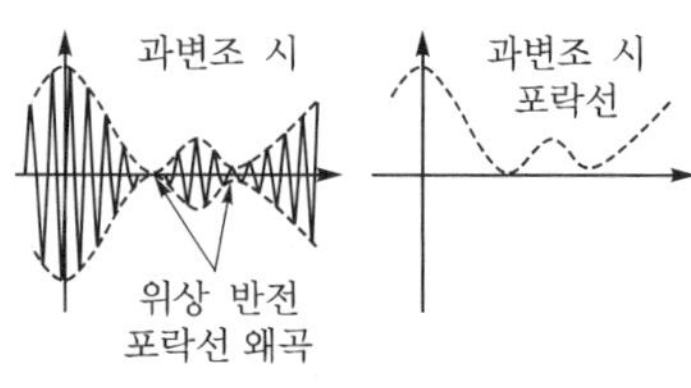

[진폭 변조의 정상 변조와 과변조 시 변조 파형의 차이]

03 DSB **변조에서 반송파의 주파수가** 700[kHz] **이고, 변조파의 주파수가** 5[kHz]**일 때 주파수 대역폭**[kHz]**은?**

① 5　　② 10
③ 705　　④ 710

해설 **DSB(Double Side Band : 양측파대) 변조**

㉠ AM 변조의 일종이다.
㉡ 상·하 측파대(side band) 신호를 함께 혼합시켜 변조 전송하는 방식이다.

상측파대 주파수

$f_H = f_C + f_S$
$= 700 + 5 = 705$[kHz]

하측파대 주파수

$f_L = f_C - f_S$
$= 700 - 5 = 695$[kHz]

주파수 대역 = 695~705[kHz]

∴ 대역폭 = 10[kHz]

정답 01.② 02.④ 03.②

04 **다음 중 단측파대(SSB) 통신에 사용되는 변조 회로는?**

① 컬렉터 변조 회로
② 베이스 변조 회로
③ 주파수 변조 회로
④ 링 변조 회로

해설 **SSB(Single Side Band) 변조**
㉠ AM 변조의 일종으로, 상측파대와 하측파대 둘 중 하나만 사용하는 변조 방식이다.
㉡ 링 변조 회로 또는 평형 변조 회로가 SSB 방식을 사용한다.

05 **진폭 변조와 비교하여 주파수 변조에 대한 설명으로 적합하지 않은 것은?**

① 신호대 잡음비가 좋다.
② 충격성 잡음이 많아진다.
③ 초단파 통신에 적합하다.
④ 점유 주파수 대역폭이 넓다.

해설 ㉠ 진폭 변조(Amplitude Modulation, AM)
- 신호파의 크기에 비례하여 반송파의 진폭을 변화
- 회로가 간단
- 효율이 안 좋고, 잡음에 약하다.

㉡ 주파수 변조(Frequency Modulation, FM)
- 신호파의 크기를 반송파의 주파수를 변화. 진폭은 같다.
- 진폭 변조(AM)에 비해 이득, 선택도, 감도가 우수
- 소비 전력이 AM 보다는 적음
- 페이딩의 영향을 덜 받음
- 송 · 수신기의 회로가 복잡함
- 주파수대역폭(점유폭)이 넓다.

06 **다음 중 주파수 변별기의 용도로 가장 적합한 것은?**

① 잡음 방지
② 방송파의 제거
③ 주파수 변조 방송채널 구분
④ 주파수 변화를 진폭 변화로 변환

해설 주파수 변별기는 입력 신호 주파수에 비례하여 출력 전압 신호를 만들어내는 장치이다. FM파의 주파수 변화를 진폭의 변화로 바꾸어 신호파를 추출하는 복조 회로를 말한다.

07 **다음 중 디지털 변조에 속하지 않는 것은 무엇인가?**

① PM ② ASK
③ QAM ④ QPSK

해설 **디지털 변조 방식의 종류**
㉠ 진폭 편이 변조(ASK : Amplitude Shift Keying)
㉡ 주파수 편이 변조(FSK : Frequency Shift Keying)
㉢ 위상 편이 변조(PSK : Phase Shift Keying)
㉣ 직교 진폭 변조(QAM : Quadrature Amplitude Modulation)

08 **AM 변조에서 변조도가 100[%]보다 작아지면 작아질수록 반송파가 점유하는 전력은?** (단, 피변조파의 전력은 일정할 때의 경우임)

① 동일하다. ② 커진다.
③ 작아진다. ④ 없다.

해설 **변조도**
㉠ 변조된 파에서 변조 성분(원신호)의 변화비, 즉 반송파를 어느 정도 변화시키며 원정보 신호를 담아낼 수 있는 정도를 말한다.
㉡ 변조도에 따라 반송파와는 무관하며 변조파에 영향을 끼친다.
㉢ $m<1$: 이상없음
$m=1$: 100[%] 변조
$m>1$: 과변조 → 위상 반전, 일그러짐이 생김, 순간적으로 음이 끊김

09 **펄스 변조 중 정보 신호에 따라 펄스의 유무를 변화시키는 방식은?**

① PCM ② PWM
③ PAM ④ PNM

정답 04.④ 05.② 06.④ 07.① 08.② 09.①

해설 **펄스 변조의 종류**

㉠ 펄스 진폭 변조(PAM : Pulse Amplitude Modulation) : 진폭이 아날로그 신호에 따라 변하고, 일정 폭을 갖는 펄스 형태로 변한다.

㉡ 펄스폭 변조(PWM : Pulse Width Modulation) : 아날로그 신호의 진폭에 따라 펄스의 폭 또는 지속 시간이 변한다.

㉢ 펄스 부호 변조(PCM : Pulse Coded Modulation) : 아날로그 신호의 진폭에 따라 펄스의 부호를 변화시킨다.

㉣ 펄스 위상 변조(PPM : Pulse Phase Modulation) : 아날로그 신호의 진폭에 따라 펄스의 위상이 바뀐다.

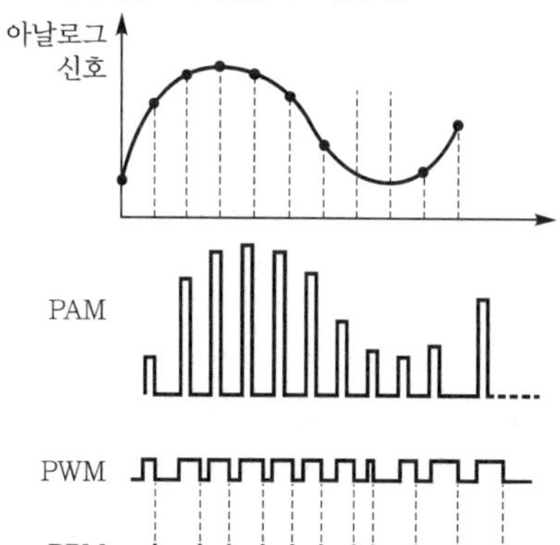

10

(출제빈도)

710[kHz]의 반송파를 5[kHz]로 100[%] 진폭 변조하였다면 그 때의 점유 주파수[kHz]는?

① 705 ~ 715 ② 710 ~ 715
③ 705 ~ 710 ④ 710 ~ 720

해설 상한 주파수 = 710[kHz] + 5[kHz] = 715[kHz]
하한 주파수 = 710[kHz] − 5[kHz] = 705[kHz]
∴ 점유 주파수 대역 = 705 ~ 715[kHz]

11

변조도 30[%]의 AM파를 자승 검파했을 때 신호파 출력의 왜율은?

① 2.5 ② 5
③ 7.5 ④ 15

해설 변조도를 m이라 할 때 제2고조파의 크기(왜율)는 기본 변조파의 크기의 약 $\frac{m}{4}$이다.

$$\therefore \frac{m}{4} = \frac{30}{4} = 7.5$$

12

FM 방송은 최대 신호 주파수가 15[kHz]이고 주파수 편이가 최대 75[kHz]가 표준이다. 변조 지수는?

① 12 ② 13
③ 14 ④ 15

해설 **FM 변조 지수** : 최대 주파수 편이 Δf_c와 신호 주파수 f_s의 비

$$m_f = \frac{\text{최대 주파수 편이}}{\text{신호 주파수}} = \frac{\Delta f_c}{f_s} = \frac{75[\text{kHz}]}{15[\text{kHz}]} = 15$$

13

변조도 $m > 1$일 때 과변조 전파를 수신하면 어떤 현상이 생기는가?

① 음성파 전력이 작아진다.
② 음성파 전력이 커진다.
③ 음성파가 많이 일그러진다.
④ 검파기가 과부하된다.

해설 **변조도**

㉠ $m < 1$: 이상없음
㉡ $m = 1$: 100[%] 변조
㉢ $m > 1$: 과변조 → 위상 반전, 일그러짐이 생김, 순간적으로 음이 끊김

14

8,100[kHz] 반송파를 5[kHz]의 주파수로 진폭 변조하였을 때 그 주파수 대역[kHz]은?

① 5 ② 10
③ 8,100±5 ④ 8,100±10

정답 10.① 11.③ 12.④ 13.③ 14.③

15 AM **변조의 과변조파를 수신**(복조)**했을 때 나타나는 현상으로 가장 적합한 것은?**

① 검파기가 과부하된다.
② 음성파 전력이 작다.
③ 음성파가 찌그러진다.
④ 음성파 전력이 크다.

해설 **변조도**
㉠ $m<1$: 이상없음
㉡ $m=1$: 100[%] 변조
㉢ $m>1$: 과변조 → 위상 반전, 일그러짐이 생김, 순간적으로 음이 끊김

16 진폭 변조에서 변조를 크게 하면 어떤 현상이 일어나는가?

① 변조파의 주파수 특성이 좋아진다.
② 대역폭이 넓어진다.
③ 반송파가 커진다.
④ 반송파가 작아진다.

17 FM **변조에서 신호 주파수가** 4[kHz]**이고 최대 주파수 편이가** 16[kHz]**일 때 변조 지수는 얼마인가?**

① 1　② 3
③ 4　④ 5

해설
$$m_f=\frac{\text{최대 주파수 편이}}{\text{신호 주파수}}=\frac{\Delta f_c}{f_s}=\frac{16[\text{kHz}]}{4[\text{kHz}]}=4$$

18 22.5[kHz] **주파수 편이된** FM**파의 변조도는 몇 [%]인가?** (단, ΔF_{max}=75[kHz])

① 10　② 20
③ 30　④ 40

해설
$$\text{변조도 } m_f=\frac{\Delta f_c}{f_s}=\frac{22.5[\text{kHz}]}{75[\text{kHz}]}\times 100[\%]=30[\%]$$

19 FM(주파수 변조)**에서 신호 주파수가** 1[kHz], **최대 주파수 편이가** 4[kHz]**일 경우 변조 지수는 얼마인가?**

① 0.25　② 0.4
③ 4　④ 10

해설
$$m_f=\frac{\Delta f_c}{f_s}=\frac{4[\text{kHz}]}{1[\text{kHz}]}=4$$

20 다음 중 디지털 변조 방식이 아닌 것은?

① AM　② FSK
③ PSK　④ ASK

해설 **디지털 변조 방식의 종류**
㉠ 진폭 편이 변조(ASK : Amplitude Shift Keying)
㉡ 주파수 편이 변조(FSK : Frequency Shift Keying)
㉢ 위상 편이 변조(PSK : Phase Shift Keying)
㉣ 직교 진폭 변조(QAM : Quadrature Amplitude Modulation)

21 DSB **진폭 변조 시 발생하는 측파대는 몇 개인가?**

① 1　② 2
③ 3　④ 4

해설 **DSB(Double Side Band : 양측파대) 변조**
㉠ AM 변조의 일종이다.
㉡ 상 · 하 측파대(side band) 신호를 함께 혼합시켜 변조 전송하는 방식이다.
㉢ 진폭 변조(AM)에서는 상측파대와 하측파대의 2개 측파대가 발생한다.

정답 15.③ 16.② 17.③ 18.③ 19.③ 20.① 21.②

22 **다음 중 FM(주파수 변조기)과 관계없는 것은?**

① 셀라소이드 변조
② 암스트롱 변조
③ 리액턴스관 변조
④ 링 변조

해설 링 변조 또는 평형 변조는 진폭 변조 방식 중 단측파대 변조(SSB)를 이용한다.

23 **주파수 변조에 대한 특징 중 틀린 것은?**

① 대역폭이 넓으므로 주파수 특성이 좋다.
② 진폭성 잡음을 제거하여 S/N비가 높다.
③ 대역폭이 넓으므로 낮은 주파수에서 많이 사용된다.
④ 광대역 다중 통신을 할 수 있다.

해설 **주파수 변조(Frequency Modulation ; FM)**
㉠ 신호파의 크기를 반송파의 주파수로 변화시키고 진폭은 같다.
㉡ 진폭 변조(AM)에 비해 이득, 선택도, 감도가 우수하다.
㉢ 소비 전력이 AM보다는 작다.
㉣ 페이딩의 영향을 덜 받는다.
㉤ 송·수신기의 회로가 복잡하다.
㉥ 주파수 대역폭이 넓다.
㉦ 수십 ~ 수백[MHz]를 사용한다.

24 **송신기의 SSB 변조 방식 중 AFC의 동작을 확실하게 하기 위해 반송파를 보내는 방식은 무엇인가?**

① 억압 반송파 SSB 방식
② 저감 반송파 SSB 방식
③ 제어 반송파 SSB 방식
④ 첨가 반송파 SSB 방식

해설 저감 반송파 SSB 방식은 반송파의 전력을 어느 일정한 레벨까지 저감시켜 송신하고 수신측에서는 이 반송파를 파일럿 신호로서 국부 발진기의 주파수 제어 등에 이용하는 방식이다.

25 **다음 중 리미터 작용을 겸한 주파수 변별기는 무엇인가?**

① 비검파기
② 포스터실리 검파기
③ 헤테로다인 검파기
④ 초재생 검파기

해설 **비(ratio)검파기**
㉠ 주파수 판별기의 하나로, 포스터실리 판별기 회로에서 정류기의 한 방향이 반대 방향으로 된 것이다.
㉡ 이 회로는 주파수 변조파 입력의 진폭 변화에는 비교적 감응하지 않는 이점이 있고, 리미터는 필요하지 않다.

26 출제빈도 **진폭 변조가 $m=1$이라면 이때의 변조는 어떤 변조인가?**

① 과변조 상태이다.
② 무변조 상태이다.
③ 100[%] 변조 상태이다.
④ 무변조 상태는 아니다. 변조도가 가장 낮은 상태의 변조이다.

해설 **변조도**
㉠ $m<1$: 이상없음
㉡ $m=1$: 100[%] 변조
㉢ $m>1$: 과변조 → 위상 반전, 일그러짐이 생김, 순간적으로 음이 끊김

27 **다음 중 이상적인 상태에서 100[%] 변조된 AM파는 무변조파에 비하여 출력이 몇 배로 되는가?**

① 1 ② 1.5
③ 2 ④ 100

해설 100[%] 변조된 진폭 변조파에서 반송파와 상·하 측파대의 전력비는 $1:\frac{m^2}{4}:\frac{m^2}{4}$이므로, 전체 전력은 1 : 0.25 : 0.25로 무변조파의 1.5배가 된다.

정답 22.④ 23.③ 24.② 25.① 26.③ 27.②

28 발진을 이용하지 않는 검파 방식은?

① 헤테로다인 검파 회로
② 링 검파 회로
③ 다이오드 검파 회로
④ 평형 검파 회로

해설 다이오드는 정류 회로를 사용하는 방식이기 때문에 발진과는 무관하다.

29 반송파의 전류가 $i_c = I_C \sin(\omega + \theta)$에서 I_C가 의미하는 변조 방식은?

① 주파수 변조 ② 위상 변조
③ 펄스 변조 ④ 진폭 변조

해설 **반송파 전류 표현식** : $I_{cm}\sin\omega_c t$
여기서, I_{cm} : 반송파 전류 최대 진폭(진폭 변조와 관련)
$\omega_c = 2\pi f$: 주파수 변조에 관련
θ : 위상각(위상 변조와 관련)

30 일정 주파수의 정현파에 대한 변조파로 반송파를 변조했을 경우 직선 검파한 출력에 포함되는 고조파분의 기본파분에 대한 퍼센트 또는 데시벨로 표시되는 것은?

① 잡음 ② 왜율
③ 충실도 ④ 잡음 지수

해설 왜율 $K = \frac{\text{고조파 실효값}}{\text{기본파 실효값}} \times 100[\%]$

31 정보 신호의 레벨에 따라 펄스의 폭을 변화시키는 변조 방식은?

① 펄스 진폭 변조 ② 펄스 폭 변조
③ 펄스 수 변조 ④ 펄스 부호 변조

해설 **펄스 폭 변조(PWM : Pulse Width Modulation)** : 아날로그 신호의 진폭에 따라 펄스의 폭 또는 지속 시간이 변한다.

정답 28.③ 29.④ 30.② 31.②

10 반도체

1 원자의 구조와 전자

전자에서 기본이 되는 양을 전하(electric charge)라 하며, 전하는 양전하(양자)와 음전하(전자)로 구분된다. 원자핵은 양자의 수를 Z라 할 때 양전하 $+Z_e$와 같은 수의 전자가 가지고 있는 음전하 $-Z_e$로 구성되어 전기적 균형을 이루고 있다.

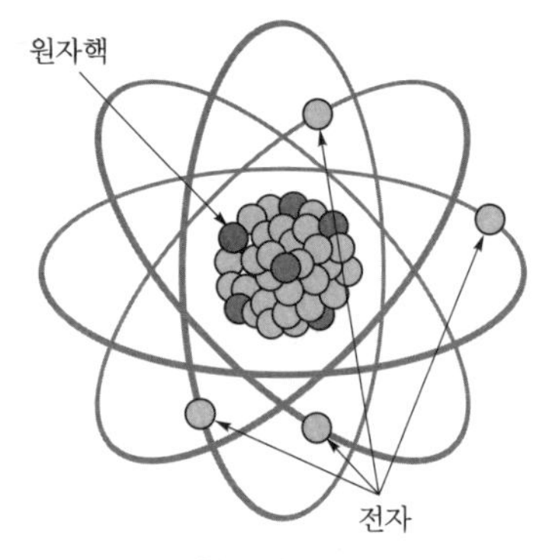

▌원자의 구조▐

(1) 전자 한 개의 전하량

$$e = 1.602 \times 10^{-19}\,[\mathrm{C}]$$

(2) 자유 전자

원자핵의 최외각 궤도를 돌고 있는 전자로, 원자핵과의 결합력이 약하기 때문에 외부에서 에너지를 가하면 쉽게 궤도를 이탈하여 물질 안에서 자유로이 움직일 수 있다.

2 반도체(semiconductor)

[2010년 2회 출제]
[2016년 1회 출제]
반도체 재료로 가장 많이 사용하는 것은 실리콘(Si)과 게르마늄(Ge)이다.

(1) 반도체의 의미

① 도체와 절연체 중간 성질을 가진 물질을 말한다(저항률=$10^{-5} \sim 10^{6}\,[\Omega \cdot \mathrm{m}]$ 정도).
② 반도체 재료 : 단결정인 Si(규소, 실리콘)와 Ge(게르마늄)
③ 응용 분야 : 다이오드, 트랜지스터, IC 등의 소자에 많이 사용되고, 광전효과 등의 특성으로 광센서에 많이 사용된다.
④ 진성 반도체와 불순물 반도체(N형, P형)가 있다.

(2) 진성 반도체(intrinsic semiconductor)

① 고순도의 반도체를 말하며, 순수 반도체라고도 한다.

② 순도 : Si 경우 99.9999999999[%] (9가 12개, twelve−nine), Ge은 99.9999999[%] (nine−nine) 이상으로 높다.

③ 진성 반도체에는 전자와 정공이 같은 수로 존재한다.

④ 반도체 소자로는 거의 사용할 수 없다.

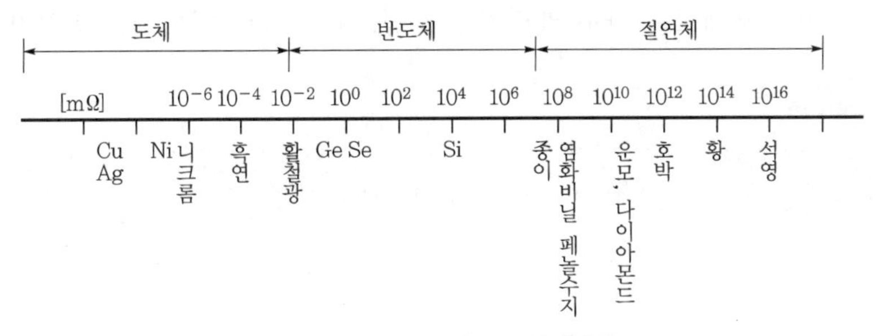

▌도체, 반도체, 절연체의 저항 범위▐

> **☑ 진성 반도체**
> 4가 원소 중 순수한 실리콘(Si), 게르마늄(Ge)을 말한다.

(3) 불순물 반도체(impurity semiconductor)

① 진성 반도체인 Si 및 Ge의 단결정에 소량의 다른 원자(불순물)를 $\frac{1}{100만}$ ~ $\frac{1}{1,000만}$ 정도 혼합(doping : 도핑)한 반도체를 말한다.

② 진성 반도체보다 전도성이 높아 반도체 소자로 사용된다.

③ 도핑한 불순물에 의해 전자의 수가 많으면 N형, 정공의 수가 많으면 P형 반도체라 한다.

> **☑ 불순물 반도체**
> 실제 반도체 소자를 구성하기 위해서 3가 원소 또는 5가 원소를 진성 반도체에 섞어서 만드는데, 이를 불순물 반도체라 한다. 즉, P형 반도체, N형 반도체를 말한다.

(4) N형 반도체

① Si이나 Ge의 진성 반도체에 5가인 P(인), As(비소), Sb(안티몬) 등의 불순물 원자를 넣은 반도체이다.

② 5가 원자(As) 1개는 공유 결합 결정에 혼합될 때 자유 전자 1개가 발생한다.

③ N형 반도체에서는 다수 캐리어는 전자, 소수 캐리어는 정공이 된다.

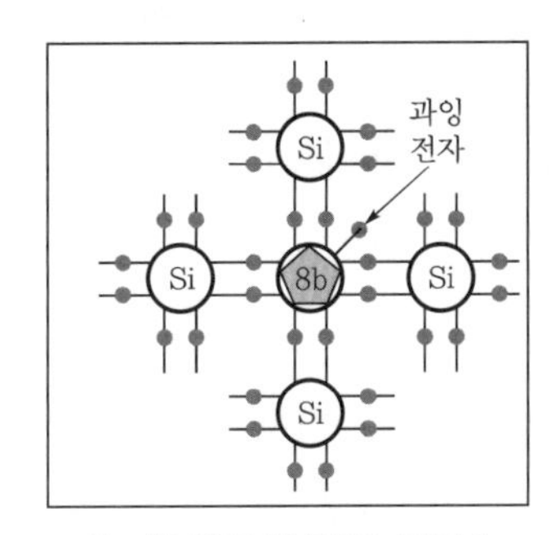

▌N형 반도체 결정 구조▐

기출문제 핵심잡기

[2010년 2회 출제]
[2014년 1회 출제]
P형 반도체를 만드는 3가 불순물 원소는 붕소(B), 알루미늄(Al), 갈륨(Ga), 인듐(In)이 있다.

☑ 반도체 요약
㉠ 자유 전자 : 공유 결합에서 결합되지 못한 잉여 전자(−극성)
㉡ 정공 : 공유 결합에서 전자로 채워지지 못한 빈 공간(+극성)
㉢ N형 반도체 : 진성 반도체 +5가 원소
㉣ P형 반도체 : 진성 반도체 +3가 원소
㉤ 다수 캐리어와 소수 캐리어

구분	다수 캐리어	소수 캐리어
N형	전자	정공
P형	정공	전자

(5) P형 반도체

① 진성 반도체에 3가의 붕소(B), 알루미늄(Al), 갈륨(Ga), 인듐(In) 등의 불순물 원자를 첨가한 반도체이다.

② Si 결정 안에 1개의 억셉터(acceptor) 원자(3가 원자)가 끼어 들어가면 가전자가 3개뿐이므로 공유 결합 후 전자 1개가 비어 있는 +정공(hole)이 발생한다.

③ P형 반도체에서는 다수 캐리어는 정공, 소수 캐리어는 자유 전자가 된다.

깐깐체크 정공

공유 결합에 참여하고 있던 가전자가 빠져나간 빈자리를 뜻하고, 도너 원자에서 빠져나간 가전자는 공유 결합에 전혀 관여하지 않은 가전자이므로 정공을 만들지 않는다.

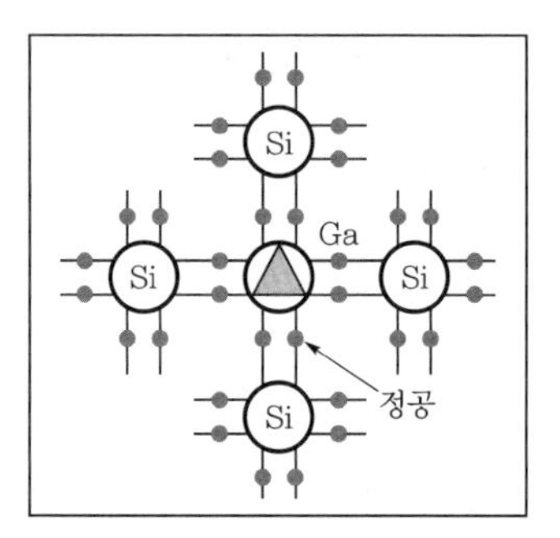

| P형 반도체 결정 구조 |

(6) 전도 전류

① 확산 : 분자들이 농도가 높은 곳에서 낮은 곳으로 이동하여 균일하게 분포하려고 하는 현상이다.

ex 1. 향수의 병마개를 열면 향수의 분자가 증발해서 방안에 퍼지는 과정
2. 물 위에 한 방울의 잉크를 떨어뜨리면 잉크가 물속에서 번져가는 현상

② 반도체 소자 내에서 흐르는 전류

㉠ 드리프트 전류 : 반도체에 전계가 가해져서 캐리어의 드리프트 운동에 의해 발생하는 전류

㉡ 확산 전류 : 반도체에서 캐리어의 농도 분포 차이에 기인하여, 즉 확산 운동에 의해 발생하는 전류

(7) 저항률의 온도 특성

① 금속은 온도가 상승함에 따라 저항값이 증가한다(저항의 온도 계수는 양(+)이 된다).

② 반도체는 온도가 상승함에 따라 저항값이 감소한다(저항의 온도 계수는 음(−)이 된다).

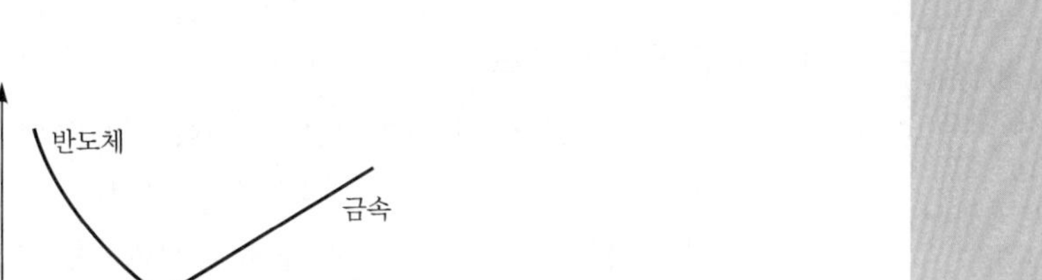

▍온도에 따른 반도체 저항 특성▍

(8) 반도체의 광전 효과

CdS는 조도 센서로 많이 사용되고 있다. 빛이 밝으면 저항이 작아진다.

① **광도전 효과**(photoconductivity effect)
   ㉠ 반도체에 빛을 쬐면 빛에너지를 흡수하여 반도체 내 캐리어(전자나 정공을 말함)의 수가 증가하여 도전율이 증가하는 현상이다.
   ㉡ 광도전 소자 : 황화카드뮴(CdS : 입사된 빛의 양의 변화를 전류의 변화로 바꾸는 소자)

② **광기전력 효과** : 빛에너지에 의해 기전력을 발생하는 현상으로, 광다이오드, 광트랜지스터, 태양전지 등이 있다.

③ **루미네선스**
   ㉠ 고체 내의 여기(excitation)에 의한 발광 현상과 같이, 열을 병행하지 않는 발광 현상이다.
   ㉡ 전자 발광(electroluminescence ; EL) : 반도체 성질을 가지고 있는 물체에 전기장(전장)을 가하면 빛이 발생하는 현상으로, 표시기나 표지 장치 등에 응용한다(ex LED).

④ **열전 효과**
   ㉠ 제벡 효과(seebeck effect) : 서로 다른 두 종류의 금속을 접촉하여 두 접점의 온도를 다르게 하면 온도차에 의해서 열기전력이 발생하고 미소한 전류가 흐르는 현상이다.
   ㉡ 펠티에 효과(peltier effect) : 두 종류의 금속을 접촉하여 전류를 흘리면 그 접점의 접합부에서 열의 발생 및 흡수 현상이 생기는 현상으로, 전자 냉동기에 응용한다.

⑤ **자기장 효과**(홀효과(hall effect)) : 반도체에 전류(I)를 흘려 이것과 직각 방향으로 자속 밀도 B인 자장을 가하면 플레밍의 왼손 법칙에 의해 그 양면의 직각 방향으로 기전력이 생기는 현상이다.

기출문제 핵심잡기

☑ CdS는 조도 센서로 많이 사용되고 있다. 빛이 밝으면 저항이 작아진다.

CdS 센서 외형

☑ **광기전력(광전) 효과**
㉠ 반도체의 P−N 접합부에 강한 빛을 입사시키면 반도체 중에 만들어진 전자와 정공이 접촉 전위차 때문에 분리되어 양쪽 단자에 전위차가 발생하는 것을 말한다.
㉡ 루미네선스 전계 발광을 응용한 것이 LED, OLED 등이다.
㉢ 펠티에 효과를 이용한 펠티에 소자는 반도체 냉각기에 사용된다.

[2016년 1회 출제]
☑ PN 접합 다이오드 순방향 특성
㉠ 접합 전위 장벽이 낮아진다.
㉡ 저항이 극히 작다 (도통 상태)
㉢ 공핍층이 얇아진다.

★중요★
각 소자의 회로 기호 알기

3 다이오드와 트랜지스터

(1) PN 접합 다이오드

① '+'의 전기를 많이 가지고 있는 P형 반도체와 '−'의 전기를 많이 가지고 있는 N형 반도체를 접합하여 만든 것이다.

② 한쪽 방향으로는 쉽게 전자를 통과시키지만 다른 방향으로는 통과시키지 않는 특성을 가지고 있다.

③ 용도 : 정류 회로, 검파 회로

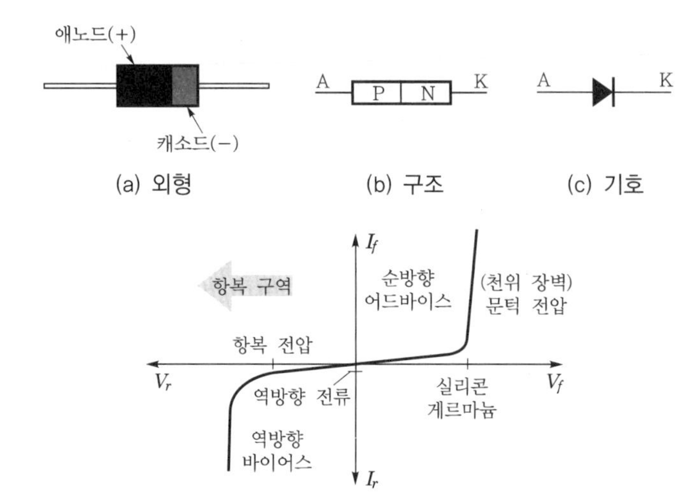

▎PN 접합 다이오드의 구조와 기호 및 $V-I$ 특성▎

(2) BJT(Bipolar Junction Transistor : 쌍극성 트랜지스터)

① 3개의 반도체를 접합하여 구성한다.

② Base 단자의 전류로 E−C간 전류 흐름을 제어하는 전류 제어 소자이다.

③ 용도 : 증폭기, 스위칭 소자

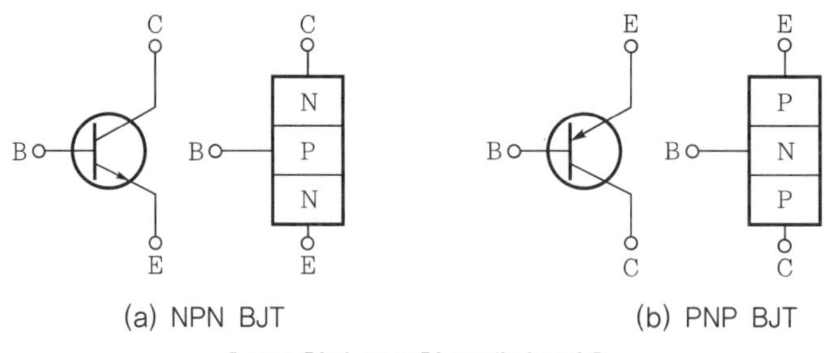

(a) NPN BJT (b) PNP BJT

▎NPN형과 PNP형 트랜지스터▎

[2016년 1회 출제]

(3) FET(Field Effect Transistor : 전계 효과 트랜지스터)

① FET는 접합형과 절연 게이트형(MOS형)이 있고, 다시 각각 N채널형과 P채널형으로 나눈다.

② 전극명은 드레인(D : drain), 소스(S : source) 및 게이트(G : gate)로 3단자이다.
③ G단자의 전계에 의해 D−S간 전류 흐름을 제어(전압 제어 소자)한다.
④ 자체 소비 전력이 거의 없다.
⑤ MOS 소자에 이용한다.

| FET 종류별 구조와 기호 |

구분	접합형		MOS형	
	P채널형	N채널형	P채널형	N채널형
구조도	D, G, S, N, P	D, G, S, P, N	G, SiO_2, D, S, P, P, N, B	G, SiO_2, D, S, N, N, P, B
전극명	D : 드레인	S : 소스	G : 게이트	B : 기판
그림 기호	G, D, S	G, D, S	G, D, B, S	G, D, B, S

기출문제 핵심잡기

☑ 증가형 MOS−FET 기호

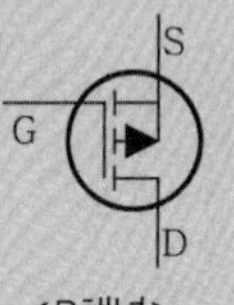

<P채널>

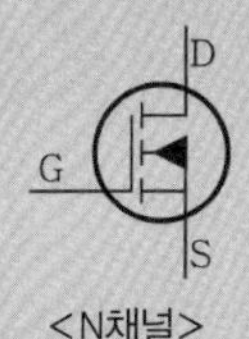

<N채널>

4 특수 반도체 소자

★중요★
특수 반도체 소자의 회로 기호와 특징에 대해 알기

(1) SCR(Silicon Controlled Rectifier : 실리콘 제어 정류기)

① **구조** : PNPN의 4층 구조로서 3개의 PN접합과 애노드(anode), 캐소드 (cathode), 게이트(gate) 등의 3개의 전극으로 구성되고 이 소자를 SCR이라 한다.

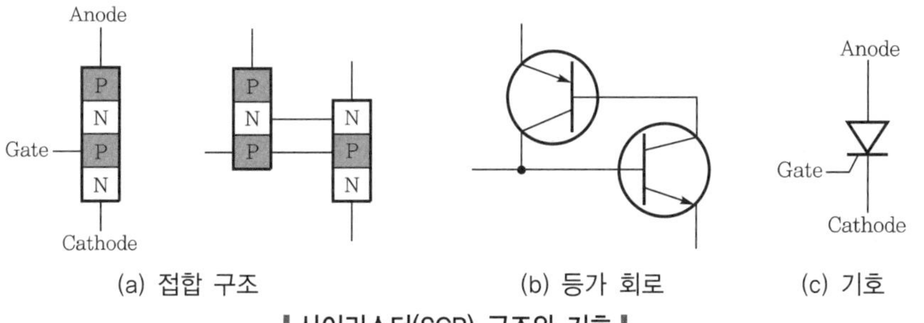

(a) 접합 구조 (b) 등가 회로 (c) 기호

| 사이리스터(SCR) 구조와 기호 |

② Gate단자에 ＋펄스 인가 시 A−C 단자간 ON 상태이고, 한번 ON 되면 계속 ON 된다.
③ OFF 조건
㉠ A−C 단자에 역전압을 인가한다.
㉡ A−C 단자간 0[V]로 한다.
㉢ G단자에 '−' 펄스를 인가한다.
④ **용도** : 조광 자치, 모터 제어, 전차의 전력 제어

☑ SCR, TRIAC, DIAC은 전력 제어에 사용되며 이들을 통칭하여 사이리스터(thyristor)라고도 한다.

(2) 트라이액(TRIAC)

① **구조** : 5층의 쌍방향성 소자로, SCR을 역병렬로 접속하고 게이트를 만든다.

② **특징**

㉠ 주전류가 양방향으로 흐른다.

㉡ 게이트 전류 양, 음 어느 전류에도 트리거가 된다.

㉢ 교류 전력 제어에 편리하다.

③ **용도**

㉠ 중·소 교류 전력을 제어한다.

㉡ 위상을 제어한다.

㉢ ON/OFF 제어한다.

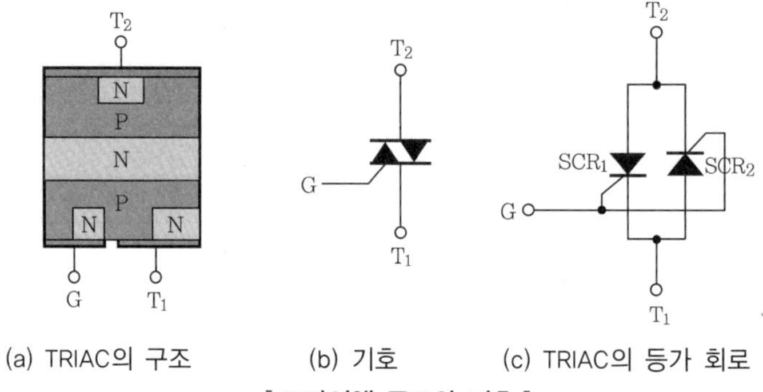

(a) TRIAC의 구조　(b) 기호　(c) TRIAC의 등가 회로

| 트라이액 구조와 기호 |

(3) 다이악(DIAC)

① **구조** : SCR을 2개 역병렬로 접속한 형태이다.

② **동작**

㉠ SCR : 순방향으로 작용한다.

㉡ 다이악 : 양방향으로 작용해서 교류를 제어한다.

㉢ T_1, T_2 양방향에서 통전시킬 수 있다.

③ **용도** : 과전압 보호용, 트리거 소자

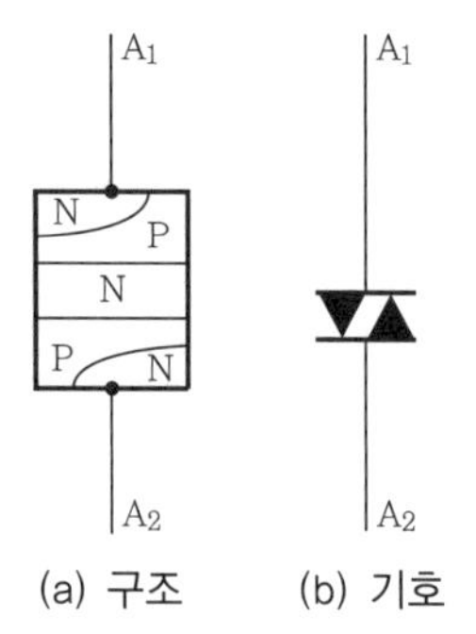

(a) 구조　(b) 기호

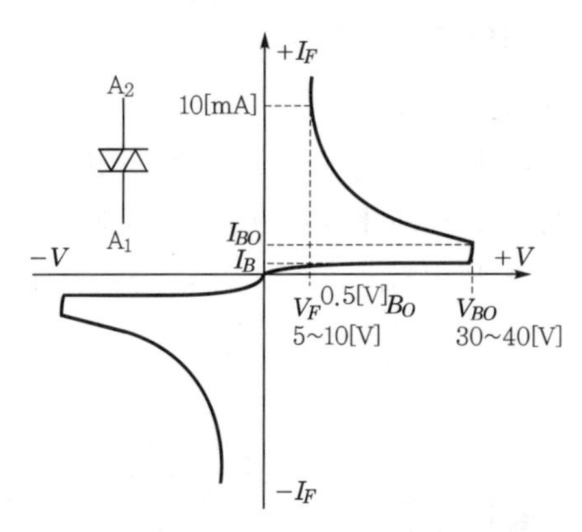

(c) $V-I$의 특성 그래프

▌다이악 구조와 기호 및 $V-I$ 특성▐

기출문제 핵심잡기

[2013년 3회 출제]
DIAC의 $V-I$ 특성 곡선과 SCR, 트라이액의 $V-I$ 특성 곡선 알기

(4) 단접합 트랜지스터(UJT : Unijunction Transistor)

① **구조** : 저항률이 높은 막대 모양의 반도체 중앙에 반송자를 주입할 수 있도록 전극을 부착시켜 1개의 접합부를 생성한 것이다. N형 반도체를 베이스로 하고 제1베이스 B_1, 제2베이스 B_2, 이미터 E의 3개 전극으로 구성된다.

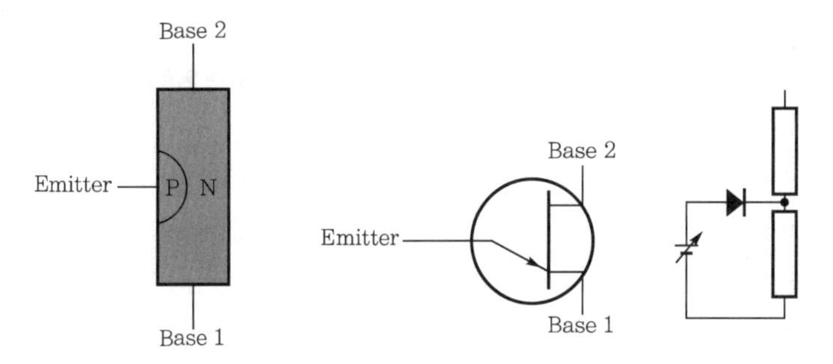

▌UJT 구조와 기호▐

② **동작** : 이미터에서 주입된 정공에 의해 B_1, B_2 사이의 도전율을 변화시켜 부성 저항이 생기게 한 것이다.

③ **용도** : 펄스 발생기

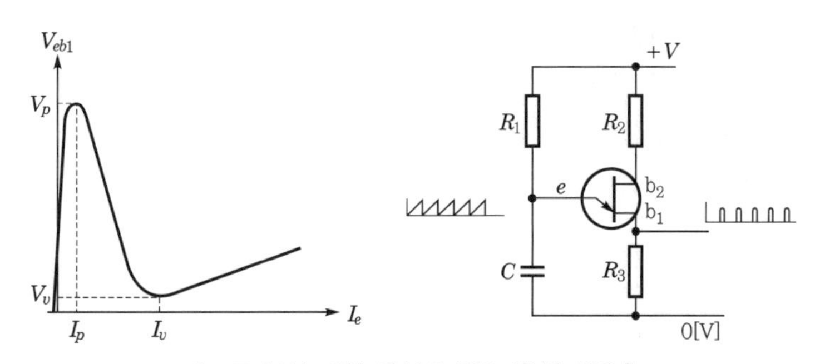

▌UJT 부성 저항 특성과 펄스 발생 회로▐

[2012년 1회 출제]
터널 다이오드는 부성 저항 특성을 이용한 소자로서, 일명 에사키 다이오드라고도 하며, 고속 스위칭 회로 또는 마이크로파 발진에 사용된다.

[2010년 5회 출제]
제너 다이오드는 일정한 역전압 특성을 이용하여 전압 안정화(정전압) 회로에 주로 사용된다.

(5) 여러 가지 특수 다이오드

① 터널 다이오드(tunnel diode)

㉠ 불순물 농도를 매우 크게 하면 공핍층(공간 전하 영역)이 좁다.

㉡ 부성 저항 특성 그래프에서 a, b, c로 변화하는 과정이다.

㉢ 용도 : 극초단파 발진기, 고속 스위칭 회로

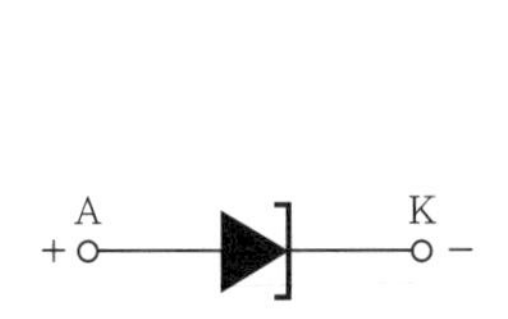

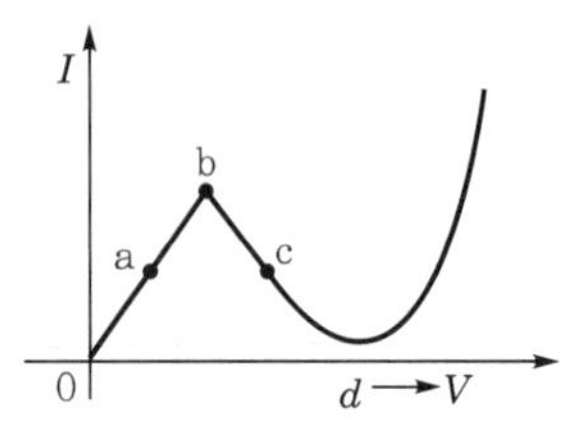

② 제너 다이오드(zener diode)

㉠ 불순물 농도가 높아 공핍층이 좁다.

㉡ 역전압을 인가하면 V_z에서 전류가 급격히 증가(제너 현상)한다.

㉢ 정전압 회로에 사용 : V_z에서 전류의 변화에 따라 전압이 일정하다.

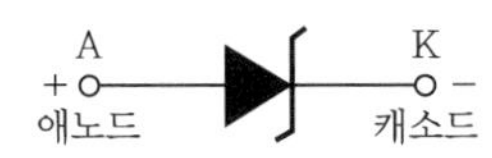

③ 가변 용량 다이오드(variable capacitance diode＝버랙터(varactor) 다이오드, 바리캡(varicap))

㉠ 역방향 전압이 가해진 PN접합으로, 콘덴서(정전 용량) 기능을 가진다.

㉡ 역방향 직류 전압으로 정전 용량을 변화시킨다.

㉢ 용도 : FM 수신기, TV 수신기의 국부 발진기, LC 발진기의 C값을 가변시킨다.

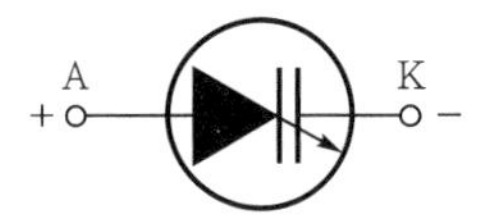

④ 발광 다이오드(LED)

㉠ P형 층을 매우 얇게 만든다.

㉡ 전자－정공 재결합 시 에너지를 빛으로 방출한다.

㉢ 주재료 : GaP

㉣ 응용 : 디지털 계측기, 탁상 계산기 등의 숫자 표시기에 사용한다.

기출문제 핵심잡기

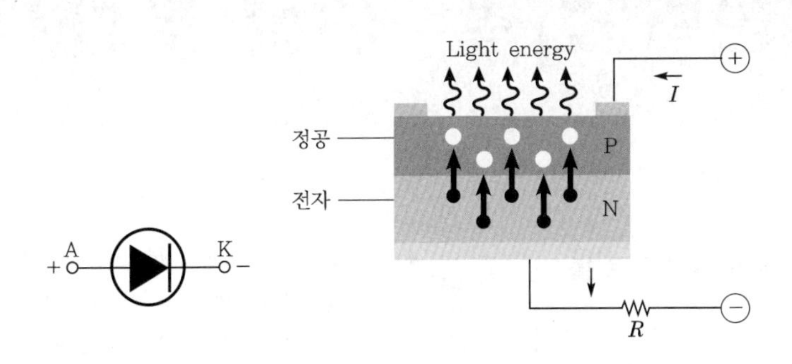
Light energy
I
정공
P
전자
N
A
K
R

단락별 기출·예상 문제

01 **트랜지스터를 사용할 때의 주의 사항으로 볼 수 없는 것은?**

① PNP형인지 NPN형인지를 살펴야 한다.
② 옆으로 눕혀서는 사용하지 않는다.
③ 온도가 높아지지 않도록 주의하여야 한다.
④ 컬렉터, 이미터의 전극을 맞추어서 사용하여야 한다.

해설 트랜지스터는 필요에 따라 눕혀서 사용 가능하다.

02 **반도체의 저항률은 다음 중 어느 것인가?**

① $10^{-12} \sim 10^{-5}$[Ω·m]
② $10^{2} \sim 10^{5}$[Ω·m]
③ $10^{5} \sim 10^{8}$[Ω·m]
④ $10^{-5} \sim 10^{8}$[Ω·m]

03 **다음 중 반도체의 특성이 아닌 것은?**

① 전도성은 금속과 절연체 중간적 성질이다.
② 온도가 상승하면 저항이 감소한다.
③ 매우 낮은 온도에서 절연체로 된다.
④ 불순물이 섞이면 저항이 증가한다.

해설 반도체에 불순물이 섞이면 캐리어가 증가하게 되므로 저항이 감소한다.

04 **불순물 반도체에 대한 설명으로 옳은 것은?**

① 불순물이 섞일수록 도전율이 증가하고 저항 온도 계수는 '+'로 된다.
② 불순물이 섞일수록 도전율이 감소하고 저항 온도 계수는 '−'로 된다.
③ 불순물이 섞일수록 도전율이 증가하고 저항 온도 계수는 '−'로 된다.
④ 불순물이 섞일수록 도전율이 감소하고 저항 온도 계수는 '+'로 된다.

05 (출제빈도) **다음 중 반도체의 재료로 사용되는 대표적인 원소는?**

① He ② Fe
③ Cr ④ Si

해설 반도체(semiconductor) : $10^{-5} \sim 10^{8}$[Ω·m] 사이의 물질(Ge, Si 등)

06 (출제빈도) **다음 중 P형 반도체를 만드는 불순물 원소는 무엇인가?**

① 붕소(B) ② 인(P)
③ 비소(As) ④ 안티몬(Sb)

해설 P형 반도체
㉠ 정공에 의해서 전기 전도가 이루어지는 불순물 반도체
㉡ 억셉터(acceptor) : P형 반도체를 만들기 위한 불순물 원소(Ga, In, B, Al)

07 **다음 중 반도체의 재료로 가장 많이 사용되는 것은?**

① Mg ② Fe
③ Li ④ Ge

해설 반도체는 온도 상승에 따라 저항값이 감소하는 부(−)의 온도 계수 특성이 있으며, 불순물을 섞을수록 도전율이 증가된다(저항값이 감소한다). 반도체의 재료로 가장 많이 사용되는 것이 실리콘(Si)과 게르마늄(Ge)이다.

정답 01.② 02.④ 03.④ 04.③ 05.④ 06.① 07.④

08 터널(tunnel) 다이오드와 관계없는 것은?

① 초고주파 발진
② 스위칭 회로
③ 에사키 다이오드
④ 정류 회로

해설 **터널 다이오드(에사키 다이오드)** : 불순물의 농도를 매우 크게 하여 전압이 낮은 범위에서는 전류가 증가하고, 어떤 전압 이상이 되면 전류가 감소하는 부성 저항 특성을 갖도록 한 소자로서, 마이크로파대의 발진이나 전자계산기 등의 고속 스위칭 회로에 사용된다.

09 반도체 내의 전자 결합으로 전자가 빠져나간 빈 자리를 무엇이라 하는가?

① 정공 ② 도너
③ 억셉터 ④ 캐리어

해설 **정공(hole)** : P형 반도체의 다수 캐리어로서, 전자가 빠져나간 공간을 말하며 '+' 전계를 가지므로 전자를 끌어당기는 성질이 있다.

10 반도체 내 다수 캐리어를 옳게 나타낸 것은?

① P형－정공, N형－전자
② P형－정공, N형－정공
③ P형－전자, N형－전자
④ P형－전자, N형－정공

해설 ㉠ P형 반도체는 +3가 불순물을 도핑하여 만들어지므로 공유 결합한 후 전자가 1개 부족한 정공이 발생한다.
㉡ N형 반도체는 +5가 불순물을 도핑하여 만들어지므로 결합 후 전자가 1개 남게 되는 자유 전자가 발생한다.

11 다음 중 반도체 내의 소수 반송자를 옳게 나타낸 것은?

① P형－정공, N형－전자
② P형－정공, N형－정공
③ P형－전자, N형－전자
④ P형－전자, N형－정공

해설

구분	다수 캐리어	소수 캐리어
P형	정공	전자
N형	전자	정공

12 P형 반도체에 흐르는 전류는?

① 다수 캐리어만의 흐름이다.
② 거의 자유 전자 흐름이다.
③ 거의 정공의 흐름이다.
④ 소수 캐리어만의 흐름이다.

해설 P형 반도체의 다수 캐리어는 정공이다.

13 Si 다이오드의 순방향 전압 강하는 약 어느 정도인가?

① 0.2[V] ② 0.4[V]
③ 0.7[V] ④ 1[V]

해설 Si 다이오드는 약 0.6 ~ 0.7[V], Ge 다이오드는 약 0.1 ~ 0.2[V]이다.

14 반도체 소자에 전계를 가하면 전계에 의해 전류가 흐르게 되는데, 이때 발생하는 전류를 무엇이라 하는가?

① 열전류 ② 확산 전류
③ 드리프트 전류 ④ 이온 전류

해설 **드리프트 전류** : 반도체 양단 전계에 의해 내부 캐리어 이동에 의한 전류로서, 확산 전류－캐리어 농도차에 의해 캐리어 이동에 의한 전류이다.

15 터널 다이오드 작용이 아닌 것은?

① 발진 작용 ② 주파수 체배 작용
③ 스위칭 작용 ④ 증폭 작용

정답 08.④ 09.① 10.① 11.④ 12.③ 13.③ 14.③ 15.②

해설 터널 다이오드는 마이크로파 발진과 증폭 및 고속 스위칭용으로 주로 사용된다.

16 다음 소자의 명칭은?

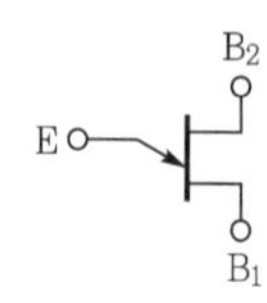

① SCR ② UJT
③ TRIAC ④ FET

17 다음 소자의 명칭은?

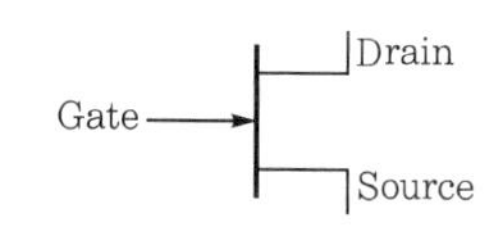

① SCR ② UJT
③ TRIAC ④ FET

해설 기호는 N채널 JFET이다.

18 다음 심벌의 명칭은?

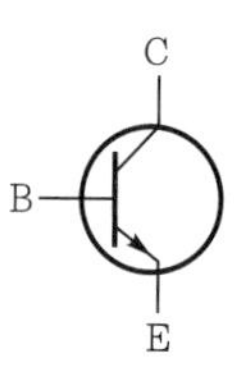

① N채널 JFET
② P채널 JFET
③ PNP형 트랜지스터
④ NPN형 트랜지스터

19 다음 기호 중 PNP형 트랜지스터 기호는?

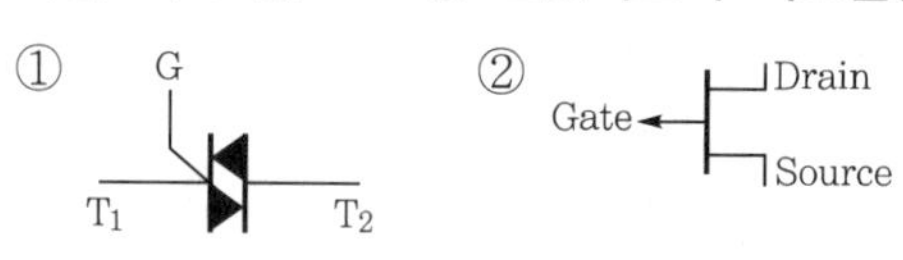

③ 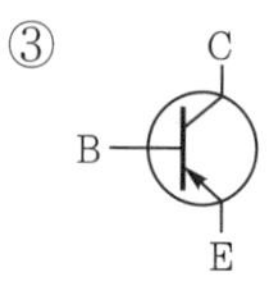

④ 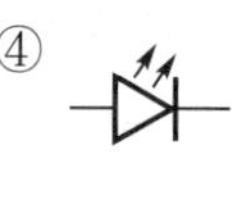

해설 ① SCR ② P채널 FET
③ PNP형 TR ④ LED

20 다음 소자의 명칭은?

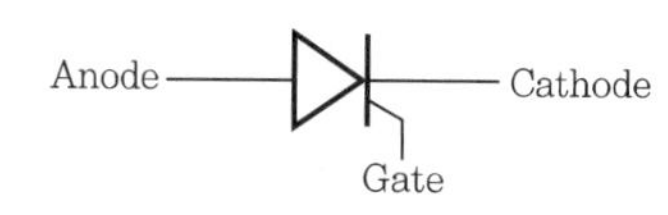

① SCR ② UJT
③ TRIAC ④ LED

21 다음 중 사이리스트 소자가 아닌 것은?

① 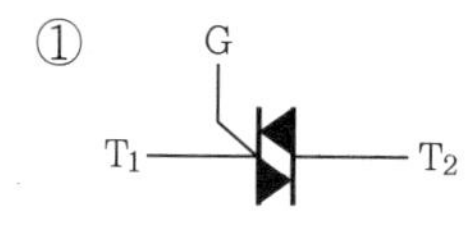

② 

③ 

④ 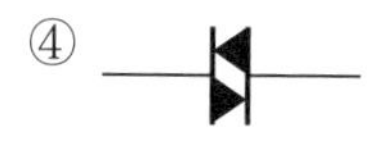

해설 사이리스트는 PNPN 접합 구조로 되어 있고 전력 제어용으로 사용한다.
① TRIAC ② LED ③ SCR ④ DIAC

정답 16.② 17.④ 18.④ 19.③ 20.① 21.②

CHAPTER

02

전자계산기의 구조

01. 컴퓨터 구조의 일반
02. 자료의 표현
03. 연산
04. 명령어와 지정 방식
05. 입력과 출력
06. 컴퓨터 구성망

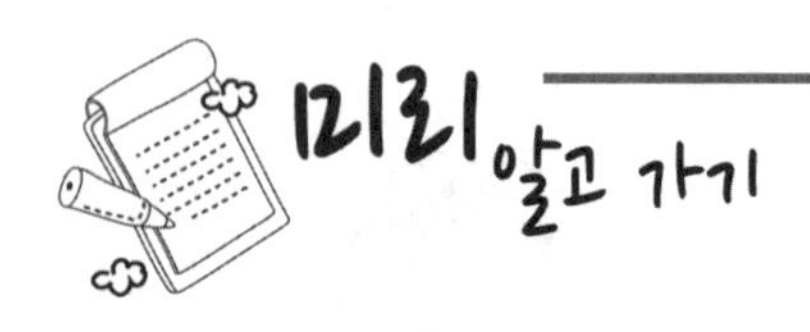

1 컴퓨터의 처리 속도 단위

단위	ms	μs	ns	ps	fs	as
읽기	milli second	micro second	nano second	pico second	femto second	atto second
속도	10^{-3}	10^{-6}	10^{-9}	10^{-12}	10^{-15}	10^{-18}

2 컴퓨터의 기억 용량 단위

단위		kB	MB	GB	TB	PB
읽기		kilo Byte	Mega Byte	Giga Byte	Tera Byte	Peta Byte
용량	2진수	2^{10}(1,024Byte)	2^{20}(1,024KB)	2^{30}(1,024MB)	2^{40}(1,024GB)	2^{50}(1,024TB)
	10진수	10^{3}	10^{6}	10^{9}	10^{12}	10^{15}

3 컴퓨터의 발전 과정

① 1세대 컴퓨터

구분	내용
주요 소자	진공관(tube)
연산 속도	ms(10^{-3})
주기억 장치	자기 드럼
사용 언어	기계어, 어셈블리어
특징	• 하드웨어 중심 • 과학 계산용 및 군사용 • 부피와 전력 소모는 크지만 속도는 느림

② 2세대 컴퓨터

구분	내용
주요 소자	트랜지스터(transistor)
연산 속도	μs(10^{-6})
주기억 장치	자기 코어
사용 언어	COBOL, FORTRAN, LISP, ALGOL 등
특징	• 소프트웨어 중심 • 운영 체제 등장 및 다중 프로그래밍 도입 • 온라인 실시간 처리 시스템 실용화

③ 3세대 컴퓨터

구분	내용
주요 소자	집적 회로(IC)
연산 속도	ns(10^{-9})
주기억 장치	집적 회로(IC)
사용 언어	BASIC, PASCAL, PL/1 등
특징	• 시분할 처리 시스템(time sharing system) • OMR, OCR, MICR • 경영 정보 시스템(MIS)

④ 4세대 컴퓨터

구분	내용
주요 소자	고밀도 집적 회로(LSI)
연산 속도	ps(10^{-12})
주기억 장치	고밀도 집적 회로(LSI)
사용 언어	C, Ada 등
특징	• 마이크로프로세서(micro processor)의 출현으로 컴퓨터의 소형화 • 개인용 컴퓨터 및 슈퍼 컴퓨터 등장 • 가상 기억 장치(virtual memory) 도입 • 네트워크(network) 발달

⑤ 5세대 컴퓨터

구분	내용
주요 소자	초고밀도 집적 회로(VLSI)
연산 속도	fs(10^{-15})
주기억 장치	초고밀도 집적 회로(VLSI)
사용 언어	Visual basic, Visual C/C++, Java, Delphi 등
특징	• 인공 지능(AI), 전문가 시스템(expert system) • 음성 인식 시스템, 패턴 인식 시스템 • 의사 결정 시스템(DSS), 퍼지 이론(fussy theory)

01 컴퓨터 구조의 일반

1 컴퓨터 구조의 이해

(1) 컴퓨터의 정의

컴퓨터는 각종 자료를 입력받아 정해진 과정에 따라 처리한 후 그 결과를 저장하고 다양한 형태로 출력하는 장치이다.

(2) 컴퓨터 시스템의 구성

하드웨어와 소프트웨어로 구성된다.

① 하드웨어
- ㉠ 컴퓨터를 구성하는 물리적인 장치이다.
- ㉡ 종류 : 입력 장치, 제어 장치, 연산 장치, 기억 장치, 출력 장치 등

② 소프트웨어
- ㉠ 하드웨어의 작동을 지시하고 제어하는 역할을 한다.
- ㉡ 종류 : 시스템 소프트웨어, 응용 소프트웨어 등

깐깐체크 펌웨어(firmware)

시스템의 효율을 높이기 위한 것으로, ROM에 저장되어 하드웨어를 제어하는 마이크로 프로그램을 뜻한다. 하드웨어와 소프트웨어의 중간 단계에 해당되어 미들웨어라고도 한다.

2 하드웨어의 구성

[2010년 2회 출제]
[2010년 5회 출제]
[2011년 2회 출제]
[2011년 5회 출제]
[2012년 2회 출제]
[2012년 5회 출제]
[2013년 3회 출제]
[2014년 1회 출제]
입력 장치
OMR, OCR, MICR, 스캐너, 디지타이저, 라이트 펜, 터치 스크린, 바코드 판독기, 조이스틱, 키보드, 마우스 등

(1) 입력 장치

① 프로그램과 데이터를 특정 입력 매체를 통해 주기억 장치로 입력하는 장치이다.

② 종류 : OMR(광학 마크 판독기), OCR(광학 문자 판독기), MICR(자기 잉크 문자 판독기), 스캐너, 디지타이저, 라이트 펜, 터치 스크린, 바코드 판독기, 조이스틱, 키보드, 마우스, 음성 입력 장치 등

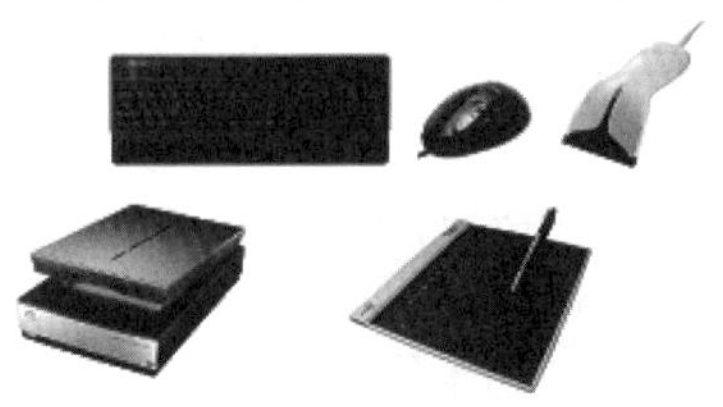

▌여러 가지 입력 장치들▐

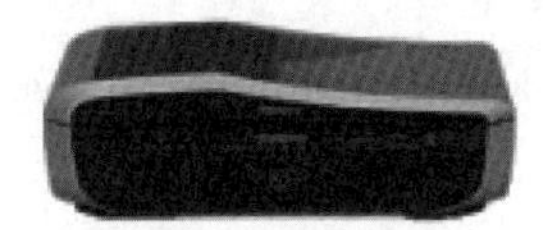

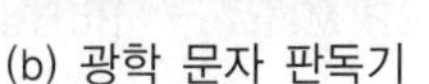

(a) 광학 마크 판독기 (b) 광학 문자 판독기

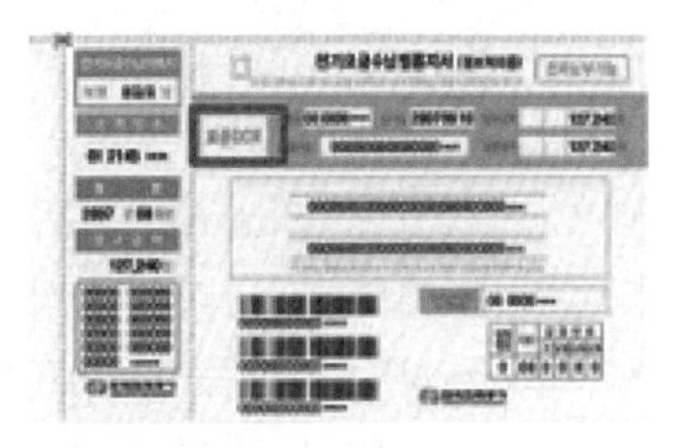

(c) OMR 답안 카드 (d) 청구서

❙ 광학 마크 판독기(OMR)와 광학 문자 판독기(OCR) ❙

(2) 중앙 처리 장치(CPU : Central Processing Unit)

기출문제 핵심잡기

[2011년 2회 출제]
[2012년 1회 출제]
[2012년 2회 출제]
[2013년 1회 출제]
중앙 처리 장치(CPU)는 제어 장치, 연산 장치, 기억 장치로 구성되며 시스템 전체를 통제하고연산을 수행하는 핵심장치이다.

① CPU의 기본 사항

㉠ 컴퓨터 시스템 전체의 작동을 통제하고 프로그램의 모든 연산을 수행하는 가장 핵심적인 장치이다.

㉡ 제어 장치와 연산 장치로 구성되며, 기억 장치를 레지스터라 부르며, 주기억 장치를 포함하기도 한다.

❙ 중앙 처리 장치 3대 기본 구성 요소 ❙

[2012년 5회 출제]
[2013년 2회 출제]
[2013년 3회 출제]
제어 장치는 명령을 해독하고 각 장치에 필요한 지시를 처리하는 제어 기능을 수행한다.

② 제어 장치

㉠ 기능

- 입력, 출력, 연산, 기억 장치 등 각 장치 사이의 흐름을 감독하는 역할을 한다.
- 프로그램의 명령을 해독하여 각 장치에게 처리하도록 지시한다.
- 제어 신호를 발행하여 명령어의 처리가 순서적으로 이루어지게 한다.

[2010년 2회 출제]
[2011년 2회 출제]
[2011년 5회 출제]
[2012년 5회 출제]
[2013년 2회 출제]
[2013년 3회 출제]
[2016년 1회 출제]
프로그램카운터(PC)는 다음에 수행할 명령어의 주소를 나타낸다.

[2014년 1회 출제]
연산 장치(ALU)의 목적은 산술과 논리 연산의 실행이다.

[2010년 1회 출제]
[2011년 1회 출제]
[2011년 5회 출제]
[2012년 1회 출제]
[2012년 2회 출제]
[2012년 5회 출제]
[2013년 2회 출제]
[2016년 2회 출제]
누산기(ACC)는 산술 연산과 논리 연산의 결과를 일시적으로 보관하는 레지스터이다.

[2012년 2회 출제]
[2016년 2회 출제]
캐시 기억 장치는 중앙 처리 장치와 주기억 장치 사이에 존재하며 수행 속도를 빠르게 한다.

[2013년 3회 출제]
ROM은 전원 공급에 관계없이 저장된 내용이 유지되는 비휘발성 메모리다.

㉡ 종류
- MAR(Memory Address Register : 번지 레지스터) : 기억 장소의 주소를 기억하는 레지스터
- MBR(Memory Buffer Register : 기억 레지스터) : 주기억 장치에서 사용되는 데이터를 일시적으로 기억하는 레지스터
- IR(Instruction Register : 명령 레지스터) : 현재 수행 중인 명령어를 기억하는 레지스터
- PC(Program Counter : 프로그램 카운터) : 다음에 수행할 명령어의 번지를 기억하는 레지스터
- Decoder(명령 해독기) : IR에 기억된 명령어를 해독하여 다른 장치를 제어하기 위한 제어 신호를 보냄
- Encoder(부호기) : CPU에서 실행하기 위한 전기 신호를 변환하여 각 장치에 보냄

③ 연산 장치

㉠ 프로그램의 사칙 연산, 논리 연산을 수행하고 비교 및 판단, 데이터의 이동·편집 등을 수행하는 역할을 한다.

㉡ 종류
- ACC(ACCumulator : 누산기) : 연산의 결과를 일시적으로 기억
- Adder(가산기) : 누산기와 데이터 레지스터에 보관된 데이터값을 더하여 그 결과를 누산기에 저장
- Data register(데이터 레지스터) : 주기억 장치의 데이터를 일시적으로 저장하기 위해 사용되는 레지스터
- Status register(상태 레지스터) : 현재 상태를 나타내는 레지스터로, PSW(Program Status Word)라고도 함
- Index resister(인덱스 레지스터) : 주소 변경을 위해 사용되는 레지스터

(3) 기억 장치

① 레지스터

㉠ 중앙 처리 장치(CPU)에 있는 임시 기억 장치로, 명령이나 연산 등을 수행할 때 사용한다.

㉡ 다른 기억 장치보다 처리 속도가 매우 빠르다.

② **캐시 기억 장치** : 처리 속도가 매우 빠른 중앙 처리 장치와 주기억 장치 사이의 속도 차이를 극복하기 위해 제작된 고속의 특수 기억 장치이다.

③ 주기억 장치

㉠ 현재 수행 중인 프로그램 및 프로그램 수행에 필요한 데이터를 임시로 저장하는 기억 장치이다.

ⓛ CPU와 직접 정보를 교환할 수 있는 기억 장치로 롬(ROM)과 램(RAM)으로 구성된다.

ⓒ ROM(Read Only Memory)

- 기억된 내용을 읽을 수만 있는 읽기 전용 기억 장치
- 전원이 차단되어도 저장된 내용이 소멸되지 않는 비휘발성 메모리

ⓔ RAM(Random Access Memory)

- 현재 사용 중인 프로그램이나 데이터가 저장되어 있고 전원이 꺼지면 기억된 내용이 모두 사라지는 휘발성 기억 장치이다.
- 일반적으로 주기억 장치라고 하면 RAM을 의미한다.

❙ ROM의 종류 ❙

종류	특징
Mask ROM	제조 과정에서 프로그램되어 생산되며, 한번 입력된 데이터는 수정할 수 없는 ROM
PROM (Programmable ROM)	특수 프로그램을 이용하여 한번만 기록할 수 있으며 이후에는 읽기만 가능한 ROM
EPROM (Erasable PROM)	자외선 신호에 의해 여러 번 지우고 다시 입력할 수 있는 ROM
EEPROM (Electrical EPROM)	전기적 신호에 의해 여러 번 지우고 다시 입력할 수 있는 ROM
Flash-ROM	Flash memory라고도 하며, RAM과 ROM의 장점을 가지고 있어서, 자유롭게 Read/Write가 가능하여 멀티미디어 기기 혹은 모바일 기기에 주로 많이 사용됨

❙ RAM의 종류 ❙

구분	DRAM(Dynamic RAM : 동적 램)	SRAM(Static RAM : 정적 램)
특징	전원이 공급되어도 일정 시간이 지나면 전하가 방전되므로 주기적으로 재충전이 필요	전원이 공급되는 동안 기억 내용이 유지됨
용도	일반적인 주기억 장치	캐시 메모리
소비 전력	적음	많음
구성 소자	콘덴서	플립플롭
접근 속도	느림	빠름

④ 보조 기억 장치

㉠ 컴퓨터의 중앙 처리 장치가 아닌 외부에서 현재 사용하지 않는 프로그램이나 자료를 보관할 때 사용하는 별도의 기억 장치이다.

ⓛ 대용량의 데이터를 저장할 수 있으나 주기억 장치에 비해 속도가 느리다.

ⓒ 종류 : 자기 디스크, 자기 테이프, 하드 디스크, CD-ROM, DVD, USB 등

기출문제 핵심잡기

[2016년 1회 출제]

[2014년 1회 출제]
Mask ROM은 제조회사에서 미리 만든 것으로, 절대로 수정할 수 없는 메모리다.

[2010년 5회 출제]
[2012년 1회 출제]
[2013년 1회 출제]
RAM은 전원을 끄면 그 내용이 지워지는 휘발성 메모리로, DRAM과 SRAM이 있다.

[2010년 5회 출제]
[2013년 2회 출제]
자기 디스크에서 트랙의 모임은 실린더이다.

[2010년 2회 출제]
[2011년 5회 출제]
[2012년 5회 출제]
[2013년 1회 출제]
[2013년 2회 출제]
[2013년 3회 출제]
[2016년 2회 출제]
자기 테이프는 순차 접근 저장 매체(SASD)이다.

[2010년 1회 출제]
[2011년 1회 출제]
[2011년 5회 출제]
[2012년 1회 출제]
[2012년 2회 출제]
[2013년 1회 출제]
[2014년 1회 출제]
출력 장치
프린터, X-Y플로터, COM, LCD, PDP, LED, CRT, 천공 카드, 터치 스크린 등

[2013년 3회 출제]
터치 스크린은 입·출력 겸용 장치이다.

[2012년 5회 출제]
[2013년 3회 출제]
시스템 소프트웨어는 운영 체제, 언어 번역 프로그램, 컴파일러 로더 등이 있다.

▌여러 가지 보조 기억 장치▐

(4) 출력 장치

① 처리된 특정 프로그램과 데이터를 특정 매체로 출력하는 장치이다.

② 종류 : 프린터, X-Y플로터, 마이크로 필름 장치(COM), LCD, PDP, LED, CRT, 천공 카드, 터치 스크린, 음성 출력 장치 등

▌여러 가지 출력 장치▐

3 소프트웨어의 구성

(1) 시스템 소프트웨어

① 컴퓨터 시스템을 편리하고 효율적으로 사용할 수 있게 도와주는 프로그램으로, 컴퓨터 시스템의 하드웨어 요소를 직접 제어·통합·관리하는 역할을 한다.

② 종류 : 운영 체제, 언어 번역 프로그램, 유틸리티 등

(2) 응용 소프트웨어

① 사용자가 컴퓨터를 이용하여 특정 작업을 수행할 수 있게 도와주는 프로그램이다.

② 종류 : 워드프로세스, 스프레드시트, 프레젠테이션, 페인팅, 웹 브라우저 등

단락별 기출 · 예상 문제

01 **다음 중 Accumulator에 대하여 바르게 설명한 것은?**

출제빈도

① 연산 명령의 순서를 기억하는 장치이다.
② 연산 부호를 해독하는 장치이다.
③ 레지스터의 일종으로, 산술 연산 또는 논리 연산의 결과를 일시적으로 기억하는 장치이다.
④ 연산 명령이 주어지면 연산 준비를 하는 장소이다.

해설 연산 장치에서 산술 및 논리 연산의 결과를 일시적으로 기억하는 레지스터이다.

02 **다음 중 디지털 컴퓨터의 특징에 해당되지 않는 것은?**

① 필요에 따라 자릿수를 잡을 수 있다.
② 논리 회로가 주요 사용 회로이다.
③ 프로그래밍이 거의 불필요하다.
④ 출력 형식은 숫자, 문자로서 표현된다.

03 **중앙 처리 장치의 동작 속도에 가장 큰 영향을 미치는 것은?**

① 중앙 처리 장치의 클록(clock) 주파수
② 레지스터의 비트 길이
③ 명령의 구성 형식
④ 외부 버스의 길이

해설 **클록(clock)** : 1초당 중앙 처리 장치(CPU) 내부에서 몇 단계의 작업이 처리되는 지를 측정해 이를 주파수 단위인 Hz(헤르츠)로 나타낸 것으로, 이 클록 수치가 높을수록 빠른 성능의 중앙 처리 장치(CPU)라고 할 수 있다.

04 **입 · 출력 장치의 동작 속도와 컴퓨터 내부의 동작 속도를 맞추는 데 사용되는 레지스터는?**

① 어드레스 레지스터
② 시퀀스 레지스터
③ 버퍼 레지스터
④ 시프트 레지스터

해설 버퍼 레지스터는 서로 다른 입 · 출력 속도를 가진 매체 사이에서 자료를 전송하는 경우 중앙 처리 장치(CPU) 또는 주변 장치의 임시 저장용 레지스터로서, 자료가 컴퓨터 입 · 출력 속도로 송 · 수신될 수 있도록 컴퓨터와 속도가 느린 시스템 소자 간에 구성된다.

05 **다음 Memory IC 중 자외선이나 높은 전압으로 그 내용을 지워 다시 사용할 수 있는 것은?**

① RAM ② Mask ROM
③ EPROM ④ PROM

해설 자외선을 이용하는 것은 EPROM이다.

06 **출력 장치로만 구성된 항은?**

① 라인 프린터, 자기 디스크, 종이 테이프
② 카드 리더, 콘솔 키보드, 라인 프린터
③ 카드 리더, X-Y 플로터, OCR
④ X-Y 플로터, OMR, MICR

해설 출력 장치로는 라인 프린터, 자기 디스크, 종이 테이프이다.

07 **전자계산기의 출력 장치와 관계없는 것은?**

① 라인 프린터 ② 카드 전공 장치
③ 영상 표시 장치 ④ 증폭 장치

정답 01.③ 02.③ 03.① 04.③ 05.③ 06.① 07.④

해설 증폭 장치는 아날로그 컴퓨터의 주요 회로이다.

08 **전원 공급이 차단되면 기억된 내용을 상실하는 기억 장치로, 개인용 컴퓨터의 주기억 장치로 사용되며, 사용자들이 처리할 프로그램을 기억시킬 때 사용하는 것은?**

① Register ② RAM
③ ROM ④ VAM

해설 전원이 끊어지면 기억된 내용을 상실하는 휘발성 메모리는 RAM(Random Access Memory)이다.

09 **전자계산기의 입력 장치로부터 기억 장치로, 기억 장치로부터 연산 장치로 정보를 전송하는 것은?**

① Load ② Move
③ Save ④ Transfer

해설
- 입력 장치에서 기억 장치로 : Load
- 기억 장치에서 연산 장치로 : Load
- 레지스터에서 기억 장치로 : Store

10 **컴퓨터 내부에 있으며, 연산 결과를 일시 보관하는 기억 장치는?**

① Accumulator
② Magnetic memory
③ Shift register
④ Buffer register

해설 연산 장치에서 연산한 결과를 일시적으로 기억하는 레지스터는 누산기(accumulator)이다.

11 **다음 중 전원을 끄면 그 내용이 지워지는 메모리는?**

① RAM ② ROM
③ PROM ④ EPROM

해설 전원이 끊어지면 기억된 내용을 상실하는 휘발성 메모리는 RAM(Random Access Memory)이다.

12 **다음 프린트 방식 중 충격이 가장 큰 방식은 무엇인가?**

① 레이저 방식
② 도트 매트릭스 방식
③ 열전사 방식
④ 잉크젯 방식

해설 도트 매트릭스 프린터는 충격식 프린터이다.

13 **산술 연산과 논리 연산의 결과를 임시로 기억하는 레지스터는?**

① 기억 레지스터 ② 상태 레지스터
③ 누산기 ④ 데이터 레지스터

해설 연산 장치에서 연산한 결과를 일시적으로 기억하는 레지스터는 누산기(accumulator)이다.

14 **다음 전자계산기 장치 중 기본 장치에 속하지 않는 것은?**

① 연산 장치 ② 입력 장치
③ 제어 장치 ④ 보조 기억 장치

해설 **전자계산기의 5대 기본 장치** : 제어 장치, 연산 장치, 기억 장치, 입력 장치, 출력 장치이다.

15 **ALU란 무엇인가?**

① 연산 및 논리 장치
② 주변 기억 장치
③ 마이크로 제어 장치
④ 중앙 처리 장치

해설 ALU는 Arithmetic and Logic Unit의 약어로, 연산 및 논리 장치를 말한다.

정답 08.② 09.① 10.① 11.① 12.② 13.③ 14.④ 15.①

16 **중앙 처리 장치(central processing unit)의 기능이라고 할 수 없는 것은?**

① 처리 기능의 제어
② 정보의 연산
③ 정보의 기억
④ Operator와의 대화

해설 중앙 처리 장치는 제어 기능, 연산 기능, 기억 기능을 갖는다.

17 **전자계산기의 기본 구성 요소가 아닌 것은?**

① 중앙 처리 장치 ② 출력 장치
③ 신호 장치 ④ 입력 장치

해설 **전자계산기의 5대 기본 장치** : 제어 장치, 연산 장치, 기억 장치, 입력 장치, 출력 장치이다.

18 **컴퓨터 내부에서 데이터를 기억할 때는 워드(word) 단위로 기억되는데, 이것을 출력할 때는 문자(byte) 단위로 출력하게 된다. 이와 같은 일을 해결해 주는 장치는?**

① 연산 장치
② 제어 장치
③ 입・출력 인터페이스(interface)
④ 기억 장치(memory)

해설 입・출력 인터페이스는 중앙 처리 장치(CPU)와 입・출력 장치 사이에 존재하며 이들 사이의 데이터 전송을 지장없게 해주는 연결기이다.

19 **저장된 데이터를 데이터의 내용에 의해 접근(access)할 수 있는 기억 장치는?**

① 가상 기억 장치
② 연상 기억 장치
③ 캐시 기억 장치
④ 복수 모듈 기억 장치

해설 데이터의 내용에 의해 접근(access)할 수 있는 기억 장치는 연상(연관) 기억 장치이다.

20 **연산 장치에서 계산된 결과값은 어디에 저장되는가?**

① 누산기
② 보수기
③ 상태 레지스터
④ 기억 레지스터

해설 연산 장치에서 연산한 결과를 일시적으로 기억하는 레지스터는 누산기이다.

21 **프로그램의 명령을 처리하는 장치로서, 누산기・보수기・레지스터 및 가산기 등으로 구성되는 것은?**

① 입력 장치 ② 연산 장치
③ 주기억 장치 ④ 제어 장치

22 **다음 중 주기억 장치에서 명령어를 가져와 해독하여 명령 신호로 바꾸어 동작을 지시하는 장치는?**

① 입력 장치 ② 출력 장치
③ 제어 장치 ④ 연산 장치

해설 주기억 장치에서 명령을 가져와 해독하여 각 장치에 보내며 동작을 지시하고 감독하는 장치는 제어 장치이다.

23 **누산기의 내용을 주기억 장치에서 기억시키는 것은?**

① Load ② Store
③ Jump ④ Add

해설
- 입력 장치에서 기억 장치로 : Load
- 기억 장치에서 연산 장치로 : Load
- 레지스터에서 기억 장치로 : Store

정답 16.④ 17.③ 18.③ 19.② 20.① 21.② 22.③ 23.②

24 읽기(read)와 쓰기(write)가 가능한 메모리 중에서 리프레시(refresh)가 필요한 것은?

① 정적인(static) RAM
② 동적인(dynamic) RAM
③ PROM
④ EPROM

해설 동적(dynamic) RAM은 읽기와 쓰기가 자유로우나 주기적으로 리프레시(재충전)가 필요하다.

25 다음 장치류 중 입·출력 장치를 겸할 수 있는 것은?

① OCR
② MICR
③ Card reader
④ Console typewriter

해설 OCR, MICR, Card reader는 입력 전용 장치이며, Console typewriter는 입·출력 겸용 장치이다.

26 프로그램 실행을 위해 메모리 내에 기억 공간을 확보하는 작업은?

① Relocation ② Linking
③ Allocation ④ Loading

해설 프로그램 실행을 위해 메모리 내에 기억 공간을 확보하는 작업을 Allocation(할당)이라 한다.

27 다음 중 EPROM에 기억된 내용을 지우는 방법은 무엇인가?

① 자외선 ② 적외선
③ 방사선 ④ 고주파

해설 EPROM(Erasable PROM)은 자외선 신호에 의해 여러 번 데이터를 지우고 다시 입력할 수 있는 ROM이다.

28 (출제빈도) 현재 수행 중에 있는 명령의 다음 명령(next instruction) 주소를 지시하는 레지스터는?

① Data register
② Program counter
③ Memory address
④ Instruction register

해설 다음에 수행할 명령의 주소를 지정해 주는 레지스터는 Program counter이다.

29 컴퓨터의 하드웨어적인 성능을 가름하는 중요한 요소는?

① Operation code
② 기억 장치의 Bandwidth
③ Compiler
④ Program

해설 Bandwidth
㉠ 기억 장치의 자료 처리 속도를 나타내는 단위이다.
㉡ 컴퓨터에서 기억 장치의 Bandwidth(대역폭)은 하드웨어적인 성능을 가름하는 중요한 요소이다.

30 자기 디스크에서 헤드를 움직여서 읽고 쓰는 헤드의 위치를 정하는 데 필요한 시간을 무엇이라고 하는가?

① 탐색 시간(search time)
② 회전 지연 시간(rotational delay time)
③ 위치 설정 시간(seek time)
④ 검색 시간(access time)

해설 ㉠ 회전 지연 시간(rotational delay time) : 자기 디스크 등에서 헤드를 움직여서 읽고 쓰는 헤드의 위치를 결정하는 데 필요한 시간
㉡ 검색 시간(search time) : 자기 디스크에서 헤드가 원하는 섹터까지 접근하는 데 걸리는 시간

정답 24.② 25.④ 26.③ 27.① 28.② 29.② 30.②

㉢ 탐색 시간(seek time) : 자기 디스크에서 헤드가 원하는 트랙까지 접근하는 데 걸리는 시간
㉣ 접근 시간(access time) : 데이터를 읽거나 쓰는 데(read/write) 걸리는 시간

31 **인터랙티브 터미널**(interactive terminal)**에서 대표적으로 운용되는 업무는?**

① 정기적으로 발생하는 봉급 계산, 금리 계산 같은 업무
② 사무 처리를 그때그때 해야 하는 은행창구 업무
③ 대량 업무로 장시간 계산기를 써야 하는 업무
④ 우주선의 궤도 수정 업무

해설 인터랙티브 터미널은 대화형 터미널로, 사무 처리를 그때그때 해야 하는 은행창구 업무에 적합하다.

32 **다음 마이크로 컴퓨터의 메모리 중 제조 과정에서 내용을 미리 기억시킨 것으로, 사용자는 어떤 경우에도 그 내용을 바꿀 수 없는 것은?**

① RAM ② PROM
③ EPROM ④ Mask ROM

해설 제조회사에서 미리 만들어진 것으로, 사용자는 어떤 경우에도 내용을 바꿀 수 없는 비휘발성 메모리를 마스크 롬(mask ROM)이라 한다.

33 **인쇄될 문자의 상을 형성하기 위해서 점의 배열을 사용하는 인쇄 장치는?**

① Chain printer
② Bar printer
③ Drum printer
④ Matrix printer

34 **중앙 연산 처리 장치에서 마이크로 동작**(micro operation)**이 순서적으로 일어나게 하기 위하여 필요한 것은?**

① 제어 신호 ② 스위치
③ 레지스터 ④ 메모리

해설 ㉠ 레지스터 : 중앙 처리 장치(CPU)에 있는 임시 기억 장치이다.
㉡ 제어 신호 : 중앙 처리 장치(CPU)에서 마이크로 동작을 제어하는 신호이다.

35 **다음 중 메모리에 데이터를 자리잡게 하는 동작은?**

① 읽기(read)
② 쓰기(write)
③ 전송(transfer)
④ 연산(arithmetic)

해설 **쓰기와 읽기**
㉠ 쓰기(write) : 데이터를 자리잡게 하는 동작
㉡ 읽기(read) : 데이터를 베껴 내는 동작

36 **디지털 컴퓨터의 중앙 처리 장치를 기능적으로 크게 2부분으로 구분한다면?**

① 어큐뮬레이터(ACC)와 연산기(ALU)
② 연산부와 제어부
③ 내부 버스와 레지스터군(register group)
④ 연산기와 레지스터군

해설 중앙 처리 장치는 크게 연산부와 제어부로 구성된다.

37 출제빈도

다음 반도체 메모리 중 주기적으로 재충전하면서 기억 내용을 보존해야 하는 것은?

① PROM ② EPROM
③ SRAM ④ DRAM

해설 DRAM은 콘덴서에 충전된 전하의 방전으로 인하여 주기적인 재충전이 필요하다.

정답 31.② 32.④ 33.④ 34.① 35.② 36.② 37.④

38 512×8[bit] EAROM의 총용량은?

① 8[bit] ② 512[bit]
③ 4[kbit] ④ 8[kbit]

해설 1[kbit]=1,024[bit]
512×8=4,096[bit]/1,024[bit]
=4[kbit]

39 16[bit]의 주소 버스는 메모리 지정을 얼마나 분리시킬 수 있는가?

① 16[kbit] ② 64[kbit]
③ 254[kbit] ④ 1[Mbit]

해설 2^{16}=65,536[bit]이므로 64[kbit]이다.

40 기억 장치 내에 기억된 데이터를 읽을 때 읽고자 하는 자료의 어드레스를 임시로 기억하는 장치는?

① 주소 레지스터
② 기억 레지스터
③ 명령 레지스터
④ 데이터 레지스터

해설 기억 장치를 CPU가 이용할 때 원하는 자료의 주소를 임시로 기억하는 장치는 주소 레지스터이다.

41 마이크로프로세서가 주변 소자들과 데이터 교환을 위한 통로로 사용되는 3대 시스템 버스가 아닌 것은?

① 제어(control) 버스
② 데이터(data) 버스
③ 입·출력(I/O) 버스
④ 주소(address) 버스

해설 마이크로프로세서는 제어 버스, 주소 버스, 데이터 버스를 통하여 데이터의 처리가 이루어진다.

42 다음 중 연산 회로에 해당되지 않는 것은 무엇인가?

① 메모리 회로
② 산술 연산 회로
③ 논리 연산 회로
④ 시프트 회로

해설 **회로의 종류**
㉠ 기억 회로 : 메모리 회로
㉡ 연산 회로 : 산술 연산 회로, 논리 연산 회로, 시프트 회로

43 데이터를 일시적으로 기억하는 레지스터는 무엇으로 구성되는가?

① 디코더 ② 증폭 회로
③ 연산 회로 ④ 플립플롭

해설 플립플롭(FF)은 0과 1의 안정 상태를 갖는 데이터를 일시적으로 기억하는 레지스터이다.

44 출제빈도 프로그램 수행의 제어를 위한 것으로, 다음에 수행할 명령어의 주소를 기억하고 있는 레지스터는?

① 명령 레지스터(IR)
② 프로그램 카운터(PC)
③ 인덱스 레지스터(index R)
④ 기억 장치 주소 레지스터(MAR)

해설 다음에 수행할 명령어의 주소를 기억하는 레지스터는 프로그램 카운터(PC)이다.

45 어큐뮬레이터(accumulator), 가산기, 보수기는 어느 장치와 관계있는가?

① 제어 ② 기억
③ 출력 ④ 연산

해설 연산 장치는 누산기, 가산기, 보수기 및 레지스터로 구성된다.

정답 38.③ 39.② 40.① 41.③ 42.① 43.④ 44.② 45.④

46 **다음 중 컴퓨터의 출력 장치와 관계없는 것은 무엇인가?**

① 라인 프린터 ② 카드 천공 장치
③ 영상 표시 장치 ④ 증폭 장치

해설 증폭 장치는 아날로그 컴퓨터를 구성하는 주요 회로이다.

47 **표준 인터페이스가 위치한 곳은?**

① 주기억 장치와 입·출력 채널 사이
② CPU와 주기억 장치 사이
③ 입·출력 제어 장치와 입·출력 장치 사이
④ 입·출력 채널과 입·출력 제어 장치 사이

해설 표준 인터페이스는 입·출력 제어 장치와 입·출력 장치 사이에 위치한다.

48 **Flip flop의 모임으로 구성된 일시 기억 장소로, 중앙 처리 장치 내부의 처리 자료를 일시적으로 기억하는 것은?**

① 가산기(adder)
② 레지스터(register)
③ 롤러
④ 리젝 스태커

해설 플립플롭의 모임으로 데이터를 일시적으로 기억하는 장치를 레지스터(register)라 한다.

49 **다음 중 중앙 처리 장치(CPU)에 해당되지 않는 것은?**

① 연산 장치 ② 주기억 장치
③ 제어 장치 ④ 입·출력 장치

해설 중앙 처리 장치(CPU)는 연산 장치, 제어 장치, 주기억 장치로 구성된다.

50 **다음 중 프로그램을 해독하는 장치는?**

① 연산 장치 ② 제어 장치
③ 입력 장치 ④ 출력 장치

해설 제어 장치는 주기억 장치에 기억된 프로그램 명령들을 해독하고 그 명령에 따라 필요한 장치에 신호를 보내어 작동시키고 통제하는 역할을 한다.

51 **점프(jump) 동작은 어떤 것의 내용에 영향을 주는가?**

① 프로그램 카운터
② 명령 레지스터
③ 스택 포인터
④ 누산기

해설 Jump 또는 Branch 명령은 현재 수행 중인 프로그램의 순서를 바꾸므로 프로그램 카운터(PC)의 값에 영향을 준다.

52 **다음 중 마이크로컴퓨터에서 MPU의 의미로 옳은 것은?**

① 기억 장치
② 입력 장치
③ 출력 장치
④ 마이크로프로세서 장치

해설 MPU는 Micro Processor Unit의 약어로, 마이크로프로세서 장치를 의미한다.

53 **중앙 처리 장치 내의 하드웨어 요소와 그 기능을 짝지은 것 중 서로 옳지 않은 것은?**

① 레지스터 - 기억 기능
② AU - 연산 기능
③ 어큐뮬레이터 - 제어 기능
④ 내부 버스 - 전달 기능

해설 어큐뮬레이터는 연산 장치에서 연산한 결과를 일시적으로 기억하는 레지스터로, 누산기라 한다.

정답 46.④ 47.③ 48.② 49.④ 50.② 51.① 52.④ 53.③

54 **다음 장치 중 입력 장치가 될 수 없는 것은?**

① 카드 리더(card reader)
② 프린터(printer)
③ 자기 테이프
④ Console

해설 **입력 장치** : 카드 리더, 콘솔(console), 자기 테이프, OMR(광학 마크 판독기), OCR(광학 문자 판독기), MICR(자기 잉크 문자 판독기), 스캐너, 디지타이저, 라이트 펜, 터치 스크린, 바코드 판독기, 조이스틱, 키보드, 마우스, 음성 입력 장치 등

55 **다음 중 특수 기억 장치와 기능이 올바르게 짝지어진 것은?**

① 가상 기억 장치－처리 속도 증가
② 캐시 기억 장치－처리 속도 증가
③ 복수 모듈 기억 장치－메모리 확장
④ 연상 기억 장치－메모리 확장

해설 프로그램의 실행 속도를 높이기 위하여 개발된 고속 버퍼 기억 장치를 캐시 기억 장치라 한다.

56 출제빈도 **사칙 연산, 논리 연산 등의 중간 결과를 기억하는 기능을 가지고 있는 연산 장치의 중심 레지스터는?**

① 누산기(accumulator)
② 데이터 레지스터(data register)
③ 가산기(adder)
④ 상태 레지스터(status register)

해설 누산기(accumulator)는 연산 장치를 구성하는 레지스터의 하나로 연산의 결과를 일시적으로 기억하는 레지스터이다.

57 **컴퓨터의 5대 장치에 포함되지 않는 것은?**

① 주변 장치 ② 연산 장치
③ 제어 장치 ④ 입・출력 장치

해설 컴퓨터의 5대 장치는 제어 장치, 연산 장치, 기억 장치, 입력 장치, 출력 장치가 있다.

58 출제빈도 **출력 장치 중에서 X축과 Y축을 움직여 종이에 그림을 그려주는 장치는?**

① 마우스 ② 모니터
③ 스피커 ④ 플로터

해설 CAD 시스템에 사용하는 출력 장치로 X축과 Y축의 이동으로 그림을 출력하는 장치는 플로터이다.

59 **기억 장치 종류 중 소멸성 기억 장치(destructive memory)와 비소멸성 기억 장치(nondestructive memory)의 설명으로 맞는 것은?**

① 소멸성 기억 장치－전원을 꺼도 기억시킨 내용이 그대로 남아 있는 기억 장치
② 소멸성 기억 장치－전원과 관계없이 기억하는 기억 장치
③ 비소멸성 기억 장치－전원을 끄면 기억 내용이 지워지는 기억 장치
④ 비소멸성 기억 장치－전원을 꺼도 기억시킨 내용이 남아 있는 기억 장치

해설 기억 장치의 종류
㉠ 소멸성 기억 장치 : 전원을 끄면 기억 내용이 지워지는 기억 장치
㉡ 비소멸성 기억 장치 : 전원을 꺼도 기억 내용이 남아 있는 기억 장치

60 **MOS 트랜지스터를 집적한 것으로, 일정 시간이 지나면 기억 내용이 지워지므로 주기적으로 재충전(refresh)이 필요한 메모리는?**

① DRAM ② SRAM
③ PROM ④ EPROM

해설 동적(dynamic) RAM은 일정 시간이 경과하면 기억 내용이 지워지므로 주기적인 재충전(refresh)이 필요하다.

정답 54.② 55.② 56.① 57.① 58.④ 59.④ 60.①

61

6단위 종이 테이프(paper tape)에 6개의 구멍으로 표시되는 문자의 종류는?

① 12 ② 36
③ 48 ④ 64

해설 6비트에 해당하므로, $2^6=64$개의 문자를 나타낸다.

62

기억 공간을 모아서 유용하게 능률적으로 사용하도록 하는 방법은?

① Garbage collection
② Memory collection
③ Multiprogramming
④ Relocation

해설 기억 공간을 모아서 유용하게 능률적으로 사용하도록 하는 방법을 가베지 컬렉션(garbage collection)이라 한다.

63

다음 ( ) 안의 올바른 내용은?

> 자기 테이프의 시작점을 (㉠)(이)라 하고 끝나는 점을 (㉡)(이)라 한다.

① ㉠ BOT, ㉡ EOT ② ㉠ EOT, ㉡ BOT
③ ㉠ IBG, ㉡ 트랙 ④ ㉠ 트랙, ㉡ IBG

해설 순차 접근 기억 장치로 용량이 크기 때문에 데이터나 프로그램을 장기간 보관하는 데 많이 이용된다.

64

사진이나 그림 등에 빛을 쪼여 반사되는 것을 판별하여 복사하는 것처럼 이미지를 입력하는 장치는?

① 플로터 ② 마우스
③ 프린터 ④ 스캐너

해설 스캐너는 이미지나 문자 자료를 컴퓨터가 처리할 수 있는 형태로 정보를 변환하여 입력할 수 있는 입력 장치이다.

65

캐시 기억 장치의 사용 목적은?

① 가격을 낮추기 위하여
② 가격을 높이기 위하여
③ 처리 속도를 늦게 위하여
④ 처리 속도를 빠르게 하기 위하여

해설 캐시 메모리는 주기억 장치와 중앙 처리 장치(CPU) 사이의 속도차를 줄이기 위해 사용하는 메모리이다.

66

컴퓨터에서 데이터를 일시적으로 기억시키기 위한 기억 기능 요소는?

① Address ② Buffer
③ Channel ④ Register

해설 컴퓨터에서 데이터를 일시적으로 기억시키는 기능은 Register(레지스터)가 담당하며, 레지스터는 플립플롭(FF)으로 구성된다.

67

입·출력 장치의 역할은 무엇인가?

① 정보를 기억한다.
② 명령의 순서를 제어한다.
③ 기억 용량을 확대시킨다.
④ 컴퓨터의 내·외부 사이에서 정보를 주고 받는다.

해설 컴퓨터 내부와 외부 사이에서 정보를 주고받는 장치를 입·출력 장치(IO device)라 한다.

68

산술 및 논리 연산의 결과를 일시적으로 기억하는 레지스터는?

① Storage register
② Address register
③ Index register
④ Accumulator

해설 Accumulator(누산기)는 연산 장치를 구성하는 레지스터의 하나로 연산의 결과를 일시적으로 기억하는 레지스터이다.

정답 61.④ 62.① 63.① 64.④ 65.④ 66.④ 67.④ 68.④

69 **DRAM의 설명으로 옳은 것은?**

① 플립플롭을 집적한 것이다.
② 주로 캐시 메모리로 사용된다.
③ SRAM에 비해 속도가 빠르다.
④ 주기적으로 재충전이 필요하다.

해설 동적 RAM(dynamic RAM)은 주기적으로 재충전(refresh)이 필요하다.

70 **중앙 처리 장치의 입·출력 자료 처리 방법이 아닌 것은?**

① 프로그램 입·출력 방식
② 인터럽트 입·출력 방식
③ 직접 메모리 전송 방식
④ 연관 기억 장치 방식

해설 중앙 처리 장치의 입·출력 자료 처리 방법에는 프로그램 입·출력 방식, 인터럽트 입·출력 방식, 직접 메모리 전송 방식 등이 있다.

71 **중앙 연산 처리 장치에서 마이크로 동작(micro operation)이 순서적으로 일어나게 하기 위하여 필요한 것은?**

① 제어 신호 ② 스위치
③ 레지스터 ④ 메모리

해설 중앙 처리 장치에서 마이크로 동작(micro operation)이 순서적으로 일어나기 위해서는 제어 신호가 필요하다.

72 **보조 기억 장치로 간편하고 대용량이며, 데이터나 프로그램을 장기간 보관할 때 사용하며, 순차 접근 방식인 기억 장치는?**

① 자기 테이프 ② 자기 디스크
③ CD-ROM ④ 자기 코어

해설 접근 방식에 따른 분류
㉠ 순차 접근 방식 : 자기 테이프
㉡ 임의 접근 방식 : 자기 디스크, 자기 코어, CD-ROM

73 **다음 중 중앙 처리 장치의 기능과 거리가 먼 것은?**

① 메모리 장치 ② 제어 장치
③ 주변 장치 ④ 연산 장치

해설 중앙 처리 장치(CPU)는 제어 장치, 연산 장치, 기억 장치로 구성된다.

74 **다음 중 출력 장치와 관계없는 것은?**

① 스캐너 ② 레이저 프린터
③ X-Y 플로터 ④ 모니터

해설 ① 스캐너 : 이미지나 문자 자료를 컴퓨터가 처리할 수 있는 형태로 정보를 변환하여 입력할 수 있는 입력 장치이다.
③ X-Y 플로터 : 상하, 좌우로 움직이는 펜을 이용하여 글자, 그림, 설계 도면까지 인쇄할 수 있는 출력 장치이다.

75 **중앙 처리 장치(CPU) 내의 기억 기능을 수행하는 요소는?**

① 레지스터(register)
② 연산기(ALU)
③ 제어 버스(control bus)
④ 주소 버스(address bus)

해설 CPU 내에서 데이터를 일시적으로 기억하는 기억 장치는 레지스터이다.

76 **다음 중 충격식 프린터는?**

① 잉크젯 프린터
② 레이저 프린터
③ 열전사 프린터
④ 도트 매트릭스 프린터

해설 도트 매트릭스 프린터는 인쇄 헤드에 부착된 금속 핀이 이동하면서 잉크 리본을 때리면 핀에 맞은 리본만 앞으로 튀어나가 용지에 닿으면서 인쇄되는 방식으로, 충격식 프린터의 한 종류이다.

정답 69.④ 70.④ 71.① 72.① 73.③ 74.① 75.① 76.④

77 **입·출력 장치와 중앙 처리 장치 간의 데이터 전송 방식으로 거리가 먼 것은?**

① 스트로브 제어 방식
② 핸드셰이킹 제어 방식
③ 비동기 직렬 전송 방식
④ 변·복조 지정 전송 방식

해설 입·출력 장치와 중앙 처리 장치 간의 데이터 전송 방식에는 스트로브 제어 방식, 핸드셰이킹 제어 방식, 비동기 직렬 전송 방식이 있다.

78 **다음 중 전자석의 원리를 사용하여 1과 0 등의 데이터를 처리하는 방식이 아닌 것은?**

① 자기 테이프 ② 하드 디스크
③ 종이 테이프 ④ 디스켓

해설 종이 테이프는 천공에 의하여 1과 0의 데이터를 처리하는 방식이다.

79 **기억 레지스터, 번지 레지스터, 명령 레지스터, 명령 해독기, 명령 계수기 등으로 구성된 장치는?**

① 입력 장치 ② 출력 장치
③ 연산 장치 ④ 제어 장치

해설 제어 장치는 중앙 처리 장치(CPU)의 동작을 제어하는 부분으로, 명령 레지스터, 명령 해독기(decoder), 명령 계수기 등으로 구성된다.

80  **Accumulator에 대하여 바르게 설명한 것은?**

① 연산 부호를 해독하는 장치이다.
② 연산 명령의 순서를 기억하는 장치이다.
③ 연산 명령이 주어지면 연산 준비를 하는 장소이다.
④ 레지스터의 일종으로, 산술 연산 또는 논리 연산의 결과를 일시적으로 기억하는 장치이다.

해설 누산기(accumulator)는 레지스터의 일종으로, 산술 연산 또는 논리 연산의 결과를 일시적으로 기억하는 장치이다.

81 **주변 장치의 구성 부분이 아닌 것은?**

① 입력 장치 ② 출력 장치
③ 주기억 장치 ④ 보조 기억 장치

해설 주변 장치는 입·출력 장치와 보조 기억 장치를 말한다.

82 **다음 기억 장치의 설명 중 옳지 않은 것은?**

① 기억 장치는 주기억 장치와 보조 기억 장치로 나눈다.
② 주기억 장치는 ROM과 RAM으로 구성할 수 있다.
③ 접근 방식은 직접 접근 방식과 순차적 접근 방식이 있다.
④ 기억 장치의 접근 속도는 모두 일정하다.

해설 기억 장치의 접근 속도는 기억 장치의 종류에 따라 다르다.

83 **3K Word memory의 실제 Word수는?**

① 3,000 ② 3,072
③ 4,056 ④ 4,096

해설 1K=1,024이므로
1,024×3=3,072

84 **SRAM(Static RAM)은 메모리 셀이 무엇으로 구성되어 있는가?**

① 플립플롭 ② 연산 증폭기
③ 신호 발생기 ④ 레귤레이터

해설 SRAM(Static RAM)은 메모리 셀이 1개의 플립플롭으로 구성되므로 전원이 공급되고 있는 한 기억 내용은 소멸되지 않는다.

정답 77.④ 78.③ 79.④ 80.④ 81.③ 82.④ 83.② 84.①

85 다음 중 CRT에 부속된 장치로 자료를 모니터 화면을 통해서 컴퓨터에 직접 입력시킬 수 있도록 해주는 광전 회로를 내장한 입력 장치는?

① OMR ② Light pen
③ Card reader ④ Bar code reader

해설 **입력 장치** : 키보드, 마우스, 스캐너, 광학 마크 판독기, 광학 문자 판독기, 자기 잉크 문자 판독기, 바코드 판독기, 조이스틱, 디지타이저, 터치 스크린, 라이트 펜 등

86 다음 중 출력 장치와 관계없는 것은?

① 스캐너 ② 레이저 프린터
③ X-Y 플로터 ④ 모니터

해설 **출력 장치** : 프린터, 모니터, 플로터, 터치 스크린, 프로젝터 등

87 카드 리더(card reader)에서 읽기 전에 카드를 쌓아 두는 곳은?

① 호퍼 ② 스태커
③ 롤러 ④ 리젝 스태커

해설 **카드 리더의 구성**
㉠ 호퍼(hopper) : 카드 리더에서 읽기 전에 카드를 쌓아두는 곳
㉡ 스태커(stacker) : 읽은 후에 카드를 쌓아두는 곳

88 자기 디스크와 같은 보조 기억 장치에 저장되어 있는 정보를 주기억 장치로 읽어 오는 기능은?

① Load ② Store
③ Fetch ④ Write

해설
- 입력 장치에서 기억 장치로 : Load
- 기억 장치에서 연산 장치로 : Load
- 레지스터에서 기억 장치로 : Store

89  다음 중 컴퓨터의 중앙 처리 장치와 관계 깊은 것은?

① 연산과 제어
② 입력과 출력
③ 기억과 전송
④ 통신과 보안

해설 중앙 처리 장치는 컴퓨터 시스템 전체의 작동을 통제하고 프로그램의 모든 연산을 수행하는 가장 핵심적인 장치로 제어 장치와 연산 장치로 구성된다.

90 다음 중 컴퓨터에서 사칙 연산을 수행하는 장치는?

① 연산 장치
② 제어 장치
③ 주기억 장치
④ 보조 기억 장치

해설 연산 장치는 제어 장치의 명령에 따라 산술 연산(사칙 연산, 보수의 계산)과 논리 연산(AND, OR, NOT 등)을 수행한다.

91 다음 중 제어 장치의 명령 계수기(instruction counter)의 기능에 대한 설명으로 가장 옳은 것은?

① 기억 레지스터의 명령 코드를 기억한다.
② 다음에 실행될 명령어의 번지를 기억한다.
③ 주장치에 있는 명령어를 임시로 기억한다.
④ 명령 코드를 해독하여 필요한 실행 신호를 발생시킨다.

해설 **제어 장치의 종류**
㉠ 명령 해독기(command decoder)는 명령부에 들어 있는 명령을 해석한 후 연산부로 보내어 실행하도록 한다.
㉡ 명령 계수기(instruction counter)는 명령을 수행할 때마다 주소를 1씩 증가시켜 다음에 수행할 명령의 주소를 기억한다.

정답 85.② 86.① 87.① 88.① 89.① 90.① 91.②

92 다음 중 출력 장치끼리 옳게 나열한 것은?

① CRT, 콤(COM) 장치
② 키보드, 바코드 판독기
③ 플로터, 자기 문자 판독기
④ 프린트, 스캐너

해설 **입·출력 장치**
㉠ 입력 장치 : OMR(광학 마크 판독기), OCR(광학 문자 판독기), MICR(자기 잉크 문자 판독기), 스캐너, 디지타이저, 라이트 펜, 터치 스크린, 바코드 판독기, 조이스틱, 키보드, 마우스, 음성 입력 장치 등
㉡ 출력 장치 : 프린터, X-Y 플로터, 마이크로필름 장치(COM), LCD, PDP, LED, CRT, 천공 카드, 터치 스크린, 음성 출력 장치 등

93 다음 중 직접 접근 기억 장치가 아닌 것은?

① 하드 디스크 ② 플로피 디스크
③ 자기 테이프 ④ CD-ROM

해설 **기억 장치 접근 방식**
㉠ 순차 접근 방식 : 자기 테이프
㉡ 임의 접근 방식 : 자기 디스크, 자기 코어, CD-ROM

94 자기 테이프에 기록시키는 밀도 단위는?

① BOT ② BPI
③ EOT ④ IBG

해설 BPI(Bit Per Inch)

95 산술 논리 연산 장치 구성 요소가 아닌 것은?

① 가산기(adder)
② 보수기(complementer)
③ 누산기(accumulator)
④ 부호기(ed coder)

해설 산술 논리 연산 장치는 가산기, 보수기, 누산기 등으로 구성된다.

96 중앙 처리 장치 내의 하드웨어 요소와 그 기능을 짝지은 것 중 옳지 않은 것은?

① 레지스터 - 기억 기능
② ALU - 연산 기능
③ 어큐뮬레이터 - 제어 기능
④ 내부 버스 - 전달 기능

해설 어큐뮬레이터는 연산 장치에서 연산의 결과를 일시적으로 기억하는 레지스터로, 누산기라 한다.

97 보조 기억 장치로 간편하고 대용량이며, 데이터나 프로그램을 장기간 보관할 때 사용하며, 순차 접근 방식인 기억 장치는?

① 자기 테이프 ② 자기 디스크
③ CD-ROM ④ 자기 코어

98 자외선을 사용하여 저장된 내용을 지워서 다시 사용할 수 있는 반도체의 기억 소자는?

① Mask ROM ② SRAM
③ UVEPROM ④ DRAM

해설 **반도체의 기억 소자**
㉠ SRAM(Static RAM) : 메모리 셀이 1개의 플립플롭으로 구성되므로 전원이 공급되는 한 기억 내용은 소멸되지 않는다.
㉡ DRAM(Dynamic RAM) : 메모리 셀이 1개의 콘덴서로 구성되므로 주기적인 리프레시(refresh)가 필요하다.
㉢ 마스크 ROM(mask-programmed ROM) : 제조사에 의해 기억된 자료로, 사용자는 내용을 변경할 수 없다.
㉣ PROM(Programmable ROM) : 사용자가 특수 장치를 이용하여 내용을 단 1회만 기록할 수 있으나 기억 내용은 변경이 불가능하다.
㉤ EPROM(Erasable PROM) : 사용자가 내용을 반복해서 기록할 수 있으며 자외선을 이용하는 UVEPROM(Ultra Violate Erasable PROM)과 전기 신호를 이용하는 EEPROM(Electrical EPROM)이 있다.

정답 92.① 93.③ 94.② 95.① 96.③ 97.① 98.③

99 다음 중 입·출력 겸용 장치는?

① 터치 스크린 ② 트랙 볼
③ 라이트 펜 ④ 디지타이저

해설 입·출력 겸용 장치에는 Console typewriter, 터치 스크린 등이 있다.

100 맥박, 체온, 심장 박동 등의 신호를 아날로그 형태로 입력하여 처리하고 디지털 신호로 화면에 보여주는 형태의 환자 진단 시스템은?

① 디지털 컴퓨터 ② 마이크로 컴퓨터
③ 아날로그 컴퓨터 ④ 하이브리드 컴퓨터

해설 **컴퓨터의 종류**
㉠ 디지털 컴퓨터 : 수치적으로 코드화된 데이터를 취급한다.
㉡ 아날로그 컴퓨터 : 연속적인 물리량(길이, 전압, 전류, 전력)을 나타내는 자료를 취급한다.
㉢ 하이브리드 컴퓨터 : 디지털 컴퓨터와 아날로그 컴퓨터의 장점을 결합한 것이다.

101 다음 중 ALU란 무엇인가?

① 산술 연산 및 논리 연산 장치
② 마이크로 제어 장치
③ 주변 기억 장치
④ 중앙 처리 장치

해설 ALU(Arithmetic Logic Unit)는 산술 연산 및 논리 연산을 수행하는 장치이다.

102 다음 중 출력 장치로만 묶어 놓은 것은?

① 마우스, 바코드 판독기
② 스캐너, 디지타이저
③ 조이스틱, 키보드
④ 프린터, 프로젝터

해설 **출력 장치** : 프린터, 모니터, 플로터, 터치 스크린, 프로젝터 등

103 컴퓨터 소자의 발달 과정을 올바르게 나열한 것은?

① 트랜지스터 → 집적 회로 → 고밀도 집적 회로 → 진공관
② 집적 회로 → 고밀도 집적 회로 → 진공관 → 트랜지스터
③ 진공관 → 트랜지스터 → 집적 회로 → 고밀도 집적 회로
④ 진공관 → 집적 회로 → 고밀도 집적 회로 → 트랜지스터

해설 **컴퓨터 소자의 발달 과정**
㉠ 제1세대 : 진공관
㉡ 제2세대 : 트랜지스터(TR)
㉢ 제3세대 : 집적 회로(IC)
㉣ 제4세대 : 고밀도 집적 회로(LSI)

104 병렬 처리 컴퓨터 중에서 플린(flynn)에 의한 분류 방식이 아닌 것은?

① SIMD 방식 ② MISD 방식
③ MIMD 방식 ④ DMA 방식

해설 **병렬 처리 컴퓨터의 플린 분류 방식** : SISD(Single Instruction Single Data) 방식, SIMD(Single Instruction Multiple Data) 방식, MISD(Multiple Instruction Single Data) 방식, MIMD(Multiple Instruction Multiple Data) 방식

105 다음 IC의 분류 중 집적도가 가장 큰 것은?

① SSI ② MSI
③ LSI ④ VLSI

해설 ① SSI(Small Scale Integration) : 집적도 100 정도의 소규모 집적 회로
② MSI(Medium Scale Integration) : 집적도 300~500 정도의 중규모 집적 회로
③ LSI(Large Scale Integration) : 집적도 1,000 이상의 대규모 집적 회로
④ VLSI(Very Large Scale Integration) : 집적도 수십 ~ 수백만의 최대 규모 집적 회로

정답 99.① 100.④ 101.① 102.④ 103.③ 104.④ 105.④

106 다음 중 DRAM에 대한 설명으로 옳은 것은?

① 플립플롭을 집적한 것이다.
② SRAM에 비해 속도가 빠르다.
③ 주로 캐시 메모리에 사용된다.
④ 주기적으로 재충전이 필요하다.

해설 동적 RAM(Dynamic RAM)은 주기적으로 재충전(refresh)이 필요하다.

107 컴퓨터의 입력 장치가 아닌 것은?

① 플로터 ② 스캐너
③ 디지타이저 ④ 터치 스크린

108 중앙 처리 장치의 기능이 아닌 것은?

① 처리 기능의 제어
② 정보의 연산
③ 정보의 기억
④ Operator와의 대화

해설 중앙 처리 장치에는 프로그램의 명령을 해독하여 각 장치에게 처리하도록 지시하는 제어 장치와 프로그램의 모든 연산을 수행하는 연산 장치와 정보를 기억하는 레지스터가 있다.

109 다음 컴퓨터의 분류 중 데이터 표현에 따른 분류와 거리가 먼 것은?

① 아날로그 컴퓨터
② 디지털 컴퓨터
③ 하이브리드 컴퓨터
④ 전용 컴퓨터

해설 **데이터 표현에 따른 컴퓨터의 분류** : 디지털 컴퓨터, 아날로그 컴퓨터, 하이브리드 컴퓨터

110 다음 보조 기억 장치 중 직접 접근 기억 장치가 아닌 것은?

① 자기 드럼 ② 데이터 셀
③ 자기 디스크 ④ 자기 테이프

해설 자기 테이프는 순차 접근 기억 장치이다.

111 다음 중 자기 디스크에서 기록 표면에 동심원을 이루고 있는 원형의 기록 위치를 트랙(track)이라 하는데 이 트랙의 모임을 무엇이라고 하는가?

① Field ② Record
③ Cylinder ④ Access arm

해설 자기 디스크는 자료를 직접 또는 임의로 처리할 수 있는 직접 접근 저장 장치(DASD)로서, 회전축을 중심으로 자료가 저장되는 동심원을 트랙(track)이라고 하고 하나의 트랙을 여러 개로 구분한 것을 섹터(sector)라 하며, 동일 위치의 트랙 집합을 실린더(cylinder)라고 한다.

112 다음에서 설명하는 디스플레이 장치는?

> 네온 또는 아르곤 혼합 가스로 채워진 셀에 고전압을 걸어 나타나는 현상을 이용하여 화면을 표시하는 장치로, 주로 대형 화면으로 사용된다. 두께가 얇고 가벼우며, 눈의 피로가 적은 편이나 전력 소비가 많으며, 열을 많이 발생시킨다.

① 차세대 디스플레이(OLED)
② LCD(Liquid Crystal Display)
③ 플라스마 디스플레이(plasma display panel)
④ 전계 방출형 디스플레이(FED－field emission display)

해설 PDP(Plasma Display Panel) : 두 장의 유리 기판 사이에 네온이나 아르곤 혼합 가스를 넣고 전압을 가해 발생하는 빛을 이용하는 기법으로 전력 소비와 열 방출은 많으나 고해상도이면서도 눈의 부담은 적은 편이다.

정답 106.④ 107.① 108.④ 109.④ 110.④ 111.③ 112.③

113 **주기억 장치와 입·출력 장치 사이에 있는 임시 기억 장치는?**

① 스택 ② 버스
③ 버퍼 ④ 블록

해설 **버퍼(buffer)** : 입·출력 장치와 주기억 장치(CPU) 사이에 동작 속도의 차이점을 해결하기 위해 두는 기억 장치이다.

114 **다음 중 명령을 수행하고 데이터를 처리하는 장치로서, 사람의 뇌에 해당하며, 연산 장치와 제어 장치로 구성되는 장치는?**

① 주변 장치 ② 주기억 장치
③ 중앙 처리 장치 ④ 입력 장치

해설 중앙 처리 장치는 컴퓨터 시스템 전체의 작동을 통제하고 프로그램의 모든 연산을 수행하는 가장 핵심적인 장치로, 제어 장치와 연산 장치로 구성된다.

115 **다음 중 연산 장치 구성에서 연산에 관계되는 상태와 외부 인터럽트(interrupt) 신호를 나타내 주는 것은?**

① 누산기 ② 데이터 레지스터
③ 가산기 ④ 상태 레지스터

해설 상태 레지스터(status register)는 연산의 결과가 양수, 0, 음수인지, 자리 올림(carry), 오버플로(overflow)가 발생했는지 등의 연산에 관계되는 상태와 외부로부터의 인터럽트(interrupt) 신호의 유무를 나타낸다.

116 **바코드를 대체할 수 있는 기술로, 지금처럼 계산대에서 물품을 스캐너로 일일이 읽지 않아도 쇼핑 카트가 센서를 통과하면 구입 물품의 명세와 가격이 산출되는 시스템을 실용화할 수 있으며, 지폐나 유가 증권의 위조 방지, 항공사의 수하물 관리 등 물류 혁명을 일으킬 수 있는 기술은?**

① 태블릿(tablet)
② 터치 스크린(touch screen)
③ 광학 마크 판독기(OMR : Optical Mark Reader)
④ 전자 태그(RFID : Radio Frequency Identification)

해설 전자 태그는 카드 안에 초소형 칩을 내장하고 바코드의 6,000배에 달하는 정보를 수록할 수 있다.

117 **다음 중 디지털 컴퓨터와 관계 깊은 것은?**

① 연산 방식은 미적분 연산이다.
② 주요 구성 회로는 논리 회로이다.
③ 가격이 싸고, 프로그램이 거의 불필요하다.
④ 입력 형식의 길이, 각도, 온도, 압력 등의 물리량이다.

해설 디지털 컴퓨터는 수치나 수치적으로 코드화된 문자의 표현으로 이루어진 데이터를 취급하며, 주요 구성 회로는 논리 회로이다.

118 **전자석의 원리를 사용하여 1과 0 등의 데이터를 처리하는 방식이 아닌 것은?**

① 자기 테이프 ② 하드 디스크
③ 종이 테이프 ④ 디스켓

해설 종이 테이프는 천공에 의하여 1과 0의 데이터를 처리하는 방식이다.

119 **컴퓨터의 중앙 처리 장치에 대한 설명으로 틀린 것은?**

① DOS용과 Windows용으로 구분하여 생산한다.
② 연산·제어·기억 기능으로 구성되어 있다.
③ CPU라고 하며 사람의 두뇌에 해당된다.
④ 마이크로프로세서는 중앙 처리 장치의 기능을 하나의 칩에 집적한 것이다.

정답 113.③ 114.③ 115.④ 116.④ 117.② 118.③ 119.①

해설 중앙 처리 장치는 비교, 판단, 연산을 담당하는 논리 연산 장치(arithmetic logic unit)와 명령어의 해석과 실행을 담당하는 제어 장치(control unit)로 구성된다.

120 컴퓨터에서 데이터를 전송하는 통로는?

① Bus ② Buffer
③ Channel ④ Address

해설 **버스**
㉠ 컴퓨터에서 데이터를 전송하는 통로로, 내부 버스와 외부 버스로 구분한다.
㉡ 내부 버스 : CPU 내부에서 레지스터간의 데이터 전송에 사용되는 통로이다.
㉢ 외부 버스 : CPU와 주변 장치 간의 데이터 전송에 사용되는 통로로, 제어 버스, 주소 버스, 데이터 버스로 구분한다.

121 입·출력에 필요한 기능이 아닌 것은?

① 입·출력 버스
② 입·출력 인터페이스
③ 입·출력 제어 장치
④ 입·출력 기억 장치

해설 입·출력에는 버스, 인터페이스, 제어 장치가 필요하다.

122 다음 중 전자계산기에서 프로그램을 해독하는 장치는?

① 연산 장치 ② 제어 장치
③ 입력 장치 ④ 출력 장치

해설 명령을 해독하여 각 장치에 필요한 지시를 하는 것은 제어 장치이다.

123 다음 중 비휘발성(non volatile) 메모리가 아닌 것은?

① 자기 코어 ② SRAM
③ 자기 디스크 ④ 자기 드럼

해설 SRAM은 휘발성 메모리로, 정적 기억 장치라고도 한다.

124 연산한 결과의 상태를 기록, 자리올림 및 오버플로어 발생 등의 연산에 관계되는 상태와 인터럽트 신호까지 나타내주는 것은?

① 누산기
② 데이터 레지스터
③ 가산기
④ 상태 레지스터

해설 상태 레지스터는 산술 연산 또는 논리 연산의 결과에 대한 상태를 표시해주며 플래그 레지스터라 한다.

125 마이크로프로세서가 주변 소자들과 데이터 교환을 위한 통로로 사용되는 3대 시스템 버스가 아닌 것은?

① 제어(control) 버스
② 데이터(data) 버스
③ 입·출력(I/O) 버스
④ 주소(address) 버스

해설 **시스템 버스** : 주소 버스(address bus), 데이터 버스(data bus), 제어 버스(control bus)

126 다음 중 직렬 전송에 대한 설명으로 옳지 않은 것은?

① 하나의 통신 회선을 사용하여 한 비트씩 순차적으로 전송하는 방식이다.
② 하나의 문자를 구성하는 비트별로 각각 통신 회선을 따로 두어 한꺼번에 전송하는 방식이다.
③ 원거리 전송인 경우에는 통신 회선이 한 개만 필요하므로 경제적이다.
④ 병렬 전송에 비하여 데이터 전송 속도가 느리다.

정답 120.① 121.④ 122.② 123.② 124.④ 125.③ 126.②

해설 **레지스터**

㉠ 직렬 전송 레지스터 : 레지스터에 기억된 내용을 1비트씩 이동하는 레지스터로, 시프트(shift) 레지스터라 한다.
㉡ 병렬 전송 레지스터 : n개의 비트로 구성된 레지스터를 한번에 전체가 연결된 레지스터로 이동되는 레지스터이다.

127 **다음 중 시스템 프로그램이 아닌 것은?**

① 로더(loader)
② 컴파일러(compiler)
③ 엑셀(excel)
④ 운영 체제(OS)

해설 **시스템 프로그램** : 운영 체제, 언어 번역 프로그램, 유틸리티 등이 있다.

128 **컴퓨터에서 명령을 실행할 때 마이크로 동작을 순서적으로 실행시키기 위해서 필요한 회로는?**

① 분기 동작 회로
② 인터럽트 회로
③ 제어 신호 발생 회로
④ 인터페이스 회로

해설 컴퓨터에서 명령을 실행할 때 제어 신호 발생 회로가 필요하다.

129 **다음 중 중앙 처리 장치와 주기억 장치의 사이에 존재하며, 수행 속도를 빠르게 하는 것은 무엇인가?**

출제빈도

① 캐시 기억 장치
② 보조 기억 장치
③ ROM
④ RAM

해설 캐시 기억 장치(cache memory)는 수행 속도를 빠르게 하기 위하여 개발된 고속 버퍼 기억 장치이다.

130 **기억 장치에 있는 명령어를 해독하여 실행하는 것은?**

① CPU ② 메모리
③ I/O 장치 ④ 레지스터

해설 제어 장치는 CPU의 동작을 제어하는 부분으로, 명령 레지스터, 명령 해독기, 명령 계수기 등으로 구성된다.

131 **입·출력 장치의 동작 속도와 컴퓨터 내부의 동작 속도를 맞추는 데 사용되는 레지스터는?**

① 어드레스 레지스터
② 시퀀스 레지스터
③ 버퍼 레지스터
④ 시프트 레지스터

해설 버퍼 레지스터는 서로 다른 입·출력 속도를 가진 매체 사이에서 자료를 전송하는 경우 중앙 처리 장치(CPU) 또는 주변 장치의 임시 저장용 레지스터로서 자료가 컴퓨터 입·출력 속도로 송·수신될 수 있도록 컴퓨터와 속도가 느린 시스템 소자 간에 구성된다.

정답 127.③ 128.③ 129.① 130.① 131.③

02 자료의 표현

1 수의 진법과 연산

(1) 진법

[2016년 1회 출제]
[2016년 2회 출제]
진법
㉠ 2진법 : 0과 1
㉡ 8진법 : 0～7
㉢ 10진법 : 0～9
㉣ 16진법 : 0～9, A～F

① 진법이란 숫자의 최대 크기와 수의 기호를 정하는 숫자 표현 방법으로, R 진법으로 표현된 수를 R진수라고 한다.

2진법	0과 1, 2개의 숫자로 표현, 1비트 필요
8진법	0 ～ 7, 8개의 숫자로 표현, 3비트 필요
10진법	0 ～ 9, 10개의 숫자로 표현, 4비트 필요
16진법	0 ～ 9, A ～ F까지 16개의 숫자로 표현, 4비트 필요

[2016년 2회 출제]

② 10진수, 2진수, 8진수, 16진수의 비교

10진법	2진법	8진법	16진법
0	0000	0	0
1	0001	1	1
2	0010	2	2
3	0011	3	3
4	0100	4	4
5	0101	5	5
6	0110	6	6
7	0111	7	7
8	1000	10	8
9	1001	11	9
10	1010	12	A
11	1011	13	B
12	1100	14	C
13	1101	15	D
14	1110	16	E
15	1111	17	F
16	10000	20	10

[2010년 2회 출제]
[2011년 1회 출제]
[2011년 2회 출제]
[2012년 2회 출제]
[2016년 1회 출제]
10진수를 2진수, 8진수, 16진수로 변환하기
10진수 114를 16진수로 변환
$114_{(10)} \rightarrow 72_{(16)}$
16 | 114
7 ··· 2

[2010년 5회 출제]
[2013년 2회 출제]
2진수를 10진수로 변환하기
0.1011
$=1\times2^{-1}+1\times2^{-3}+1\times2^{-4}$
$=0.5+0.125+0.0625$
$=0.6875$

[2011년 5회 출제]
[2012년 5회 출제]
[2013년 1회 출제]
[2014년 1회 출제]
10진수, 16진수, 8진수, 2진수 중 가장 큰 수 및 다른 값 찾기
$15_{(10)}=1111_{(2)}=17_{(8)}=F_{(16)}$

[2010년 1회 출제]
[2012년 1회 출제]
[2016년 2회 출제]
2진수를 8진수, 16진수로 변환하기
㉠ 2진수 3자리는 8진수 1자리
$011_{(2)} \rightarrow 3_{(8)}$
㉡ 2진수 4자리는 16진수 1자리
$1011_{(2)} \rightarrow 13_{(16)}$

(2) 진법 변환

① 10진수 다른 진수로의 변환

㉠ 정수 부분 : 10진수를 변환하고자 하는 각 진수로 나누어 더 이상 나눠지지 않을 때까지 나누고, 몫부터 나머지를 역순으로 표시한다.

㉡ 소수 부분 : 10진수의 소수값에 변환할 진수를 곱한 후 결과의 정수 부분만을 차례대로 표기하되, 소수 부분이 0 또는 반복되는 수가 나올 때까지 곱하기를 반복한다.

ex 10진수 17.375의 2진수로의 변환

정수 부분	2 | 17 2 | 8 ··· 1 2 | 4 ··· 0 2 | 2 ··· 0 1 ··· 0 (↑)
소수 부분	0.375 × 2 = ⓪.50 → 0.75 × 2 = ①.50 → 0.5 × 2 = ①.0
결과	$17.375=(10001.011)_2$

② 다른 진수를 10진수로의 변환 : 정수 부분과 소수 부분의 각 자릿수와 자리의 지수승을 곱한 결과값을 모두 더한다.

ex $(325.1)_8=3\times8^2+2\times8^1+5\times8^0+1\times8^{-1}$
$=192+16+5+0.125$
$=213.125$

③ 2진수, 8진수, 16진수의 상호 변환

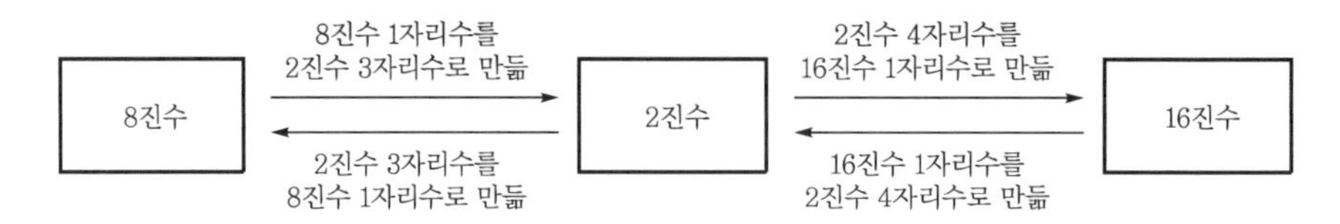

㉠ 2진수의 8진수 변환 : 정수 부분은 소수점 기준으로 왼쪽 방향으로 3자리씩, 소수 부분은 소수점을 기준으로 오른쪽 방향으로 3자리씩 묶어서 표현한다.

㉡ 2진수의 16진수 변환 : 정수 부분은 소수점을 기준으로 왼쪽 방향으로 4자리씩, 소수 부분은 소수점을 기준으로 오른쪽 방향으로 4자리씩 묶어서 표현한다.

※ 소수 부분의 경우 자릿수가 부족할 경우 0으로 부족분을 채워(8진수 3자리, 16진수 4자리) 표현한다.

㉢ 8진수 · 16진수의 2진수 변환 : 8진수 1비트는 2진수 3비트로, 16진수 1비트는 2진수 4비트로 표현한다.

ex (110100.10011)$_2$을 8진수, 16진수로 변환

2진수	1	1	0	1	0	0	·	1	0	0	1	1	0	0	0
8진수	6			4			·	4			6				
16진수	3		4				·	9				8			

기출문제 핵심잡기

[2012년 5회 출제]
[2013년 2회 출제]
8진수를 2진수로 변환하기
8진수 1자리는 2진수 3자리
$7_{(8)} \rightarrow 111_{(2)}$

(3) 2진 연산

① 사칙 연산

덧셈	뺄셈	곱셈	나눗셈
0+0=0 0+1=1 1+0=1 1+1=10 *자리올림(carry)	0−0=0 0−1=1 *자리빌림(borrow) 1−0=1 1−1=0	0×0=0 0×1=0 1×0=0 1×1=1	0/0=0 0/1=불능 1/0=불능 1/1=1

[2011년 1회 출제]
[2013년 1회 출제]
2진수의 덧셈
0+0=0
0+1=1
1+0=1
1+1=10(자리올림)

② 1의 보수 : 0을 1로, 1을 0으로 변환한다.

ex 1101의 1의 보수 → 0010

③ 2의 보수 : 1의 보수에 1을 더하여 구한다(1의 보수 + 1).

ex 1101의 2의 보수 → 0010(1의 보수) → 0011(1의 보수 + 1)

[2016년 1회 출제]

2 자료의 구성

비트(bit)	• Binary digit의 약자 • 정보 표현의 최소 단위 • 이진 자료(0또는 1) 하나를 표현
바이트(byte)	• 8개의 비트가 모여 1바이트 구성 • 주소 지정의 단위 • 영문 1글자 : 1byte, 한글 1자 : 2byte • 2^8(256)개의 정보를 표현할 수 있음
워드(word)	• 컴퓨터가 한번에 처리할 수 있는 명령 단위(바이트의 모임) • Half word : 2byte, Full word : 4byte • Double word : 8byte
필드(field)	• 항목(item)이라고도 함 • 파일 구성의 최소 단위 • 데이터베이스에서는 속성(attribute)으로 표현
레코드(record)	• 1개 이상의 필드들이 모여서 구성 • 일반적으로 레코드는 논리 레코드를 의미 • 1개 이상의 논리 레코드가 모여 물리 레코드, 블록이라고도 함

[2011년 5회 출제]
[2013년 2회 출제]
비트(bit)는 0과 1로 구성된 정보의 최소 단위이다.

파일(file)	• 같은 종류의 여러 레코드가 모여 구성 • 프로그램 구성의 기본 단위
데이터베이스(database)	• 1개 이상의 관련된 파일들의 집합 • 파일 시스템의 중복성과 종속성을 배제하고 데이터의 독립성을 목적으로 하는 데이터들의 집합

3 자료의 표현 방식

[2010년 5회 출제]
컴퓨터의 내부적 자료 표현 방식은 0진 데이터 표현, 정수 표현, 실수 표현이 있다.

[2011년 1회 출제]
[2016년 1회 출제]
컴퓨터의 문자 자료 표현 방식은 BCD 코드, ASCII 코드, EBCDIC 코드가 있다.

내부적 표현	10진 연산	• 팩 10진 형식 • 언팩 10진 형식	정수 연산
	고정 소수점 형식	• 부호와 절대값 • 부호와 1의 보수 • 부호와 2의 보수	
	부동 소수점 형식(부호, 지수부, 가수부로 구성)		실수 연산
외부적 표현	• BCD 코드 : 6비트로 구성 • ASCII 코드 : 7비트로 구성 • EBCDIC 코드 : 8비트로 구성		

(1) 자료의 내부적 표현

① 팩 10진 형식

㉠ 1바이트에 숫자 2자리씩 표현한다.

㉡ 연산은 가능하나 출력은 불가능하다.

㉢ 출력 시에는 언팩 10진 형식으로 변경하여 수행한다.

㉣ Sign은 부호 비트로 양수는 C(1100), 음수는 D(1101), 부호 없는 양수는 F(1111)로 표현한다.

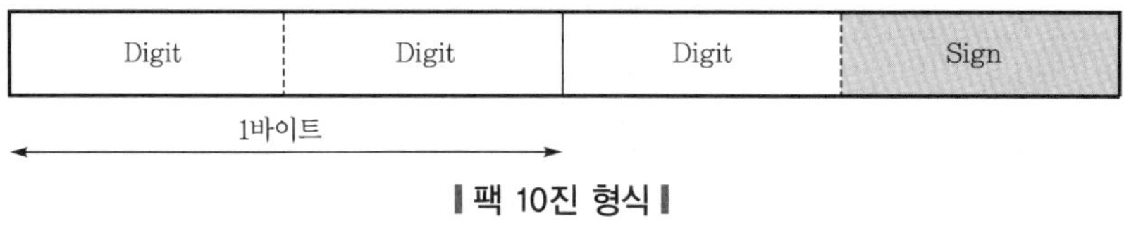

▌팩 10진 형식▐

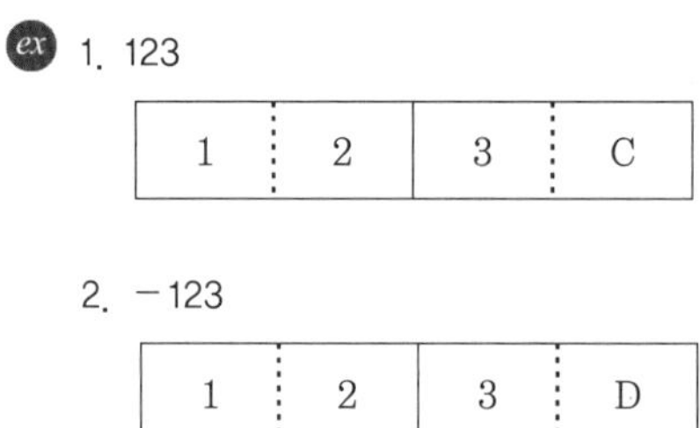

② 언팩 10진 형식

㉠ 1바이트에 숫자 1자리씩 표현한다.

㉡ 출력은 가능하나 연산은 불가능하다.

㉢ 연산 시에는 팩 10진 형식으로 변경하여 수행한다.

㉣ 숫자 표현 시 Zone 부분을 F(1111)로 표현한다.

㉤ Sign은 부호 비트로 양수는 C(1100), 음수는 D(1101), 부호 없는 양수는 F(1111)로 표현한다.

Zone	Digit	Zone	Digit	Sign	Zone

←1바이트→

▌언팩 10진 형식▐

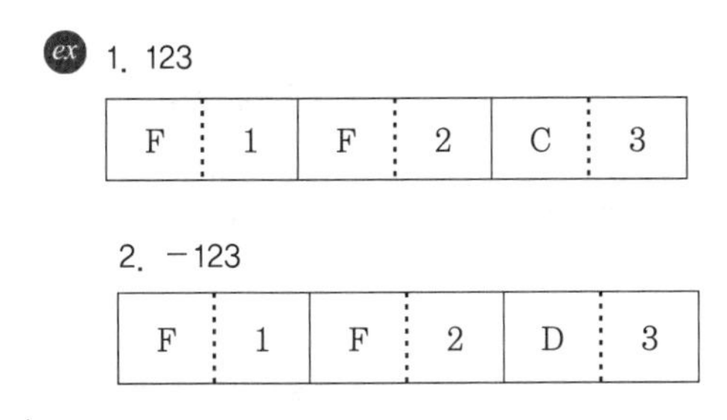

③ 고정 소수점 형식

㉠ 2진 정수 데이터 표현과 연산에 사용된다.

㉡ 표현 범위는 작으나 연산 속도는 빠르다.

㉢ 음수 표현법

- 부호와 절대값 : 최상위 1비트(부호 비트)를 양수는 0, 음수는 1로 표현하고, 나머지 비트는 절대값으로 표현한다.
- 부호와 1의 보수 : 부호와 절대값의 부호 비트를 제외한 나머지 비트를 0은 1로, 1은 0으로 표현한다.
- 부호와 2의 보수 : 부호와 1의 보수로 변환한 후 오른쪽 끝자리에 1을 더한다.

※ 양수값은 세 가지 표현 방법이 모두 같다.

0	1 $\quad\quad$ $n-1$
부호	수

- 양수 : 0
- 음수 : 1

▌고정 소수점 형식▐

기출문제 핵심잡기

[2010년 1회 출제]
[2013년 2회 출제]
[2013년 3회 출제]
음수 표현법은 부호와 절대값 부호와의 보수 부호와의 보수이다.

기출문제 핵심잡기

[2010년 1회 출제]
[2011년 2회 출제]
[2011년 5회 출제]
[2013년 3회 출제]
1의 보수 표현법
[2010년 5회 출제]
[2011년 1회 출제]
[2012년 1회 출제]
[2012년 5회 출제]
[2014년 1회 출제]
2의 보수 표현법
[2010년 1회 출제]
[2010년 5회 출제]
[2011년 1회 출제]
[2012년 2회 출제]
[2013년 2회 출제]
[2016년 1회 출제]
[2016년 2회 출제]
부동 소수점 형식은 부호, 지수부, 가수부로 구성된다.
[2010년 1회 출제]
[2010년 5회 출제]
BCD 코드는 6비트로 구성되며 64가지의 문자 표현이 가능하다.
[2010년 1회 출제]
[2010년 2회 출제]
[2011년 1회 출제]
[2011년 2회 출제]
[2011년 5회 출제]
[2012년 2회 출제]
[2013년 3회 출제]
[2014년 1회 출제]
[2016년 1회 출제]
[2016년 2회 출제]
ASCII 코드는 데이터 통신용으로 7비트로 구성되며 128가지의 문자 표현이 가능하다.
[2012년 1회 출제]
[2016년 1회 출제]
EBCDIC 코드는 8비트로 구성되며 256가지의 문자 표현이 가능하다.

ex 8비트인 경우 : +15와 −15

표현법	+15	−15	방법
부호와 절대값	0000 1111	1000 1111	부호 비트만 변경
부호와 1의 보수	0000 1111	1111 0000	부호 비트만 제외하고 나머지는 0 → 1, 1 → 0으로 변환
부호와 2의 보수	0000 1111	1111 0001	부호와 1의 보수 + 1 (부호 비트 제외)

④ 부동 소수점 형식

㉠ 2진 실수 데이터 표현과 연산에 사용된다.

㉡ 지수부와 가수부로 구성된다.

㉢ 고정 소수점보다 복잡하고 실행 시간이 많이 걸리나 아주 큰 수나 작은 수 표현이 가능하다.

㉣ 소수점은 자릿수에 포함되지 않으며, 암묵적으로 지수부와 가수부 사이에 있는 것으로 간주한다.

㉤ 지수부와 가수부를 분리시키는 정규화 과정이 필요하다.

깐깐체크 정규화

소수 이하 첫째 자리값이 0이 아닌 유효 숫자가 오도록 한다.

ex $0.0000123 = 0.123 \times 10^{-4}$

0	1 78	$n-1$
부호	지수부	가수부

• 양수 : 0
• 음수 : 1

❙부동 소수점 형식❙

(2) 자료의 외부적 표현

① BCD 코드

㉠ 6비트로 구성된다(zone : 2비트, digit : 4비트).

㉡ 2^6(64)가지의 문자 표현이 가능하다.

㉢ 영문자의 대문자와 소문자를 구별하지 못한다.

② ASCII 코드

㉠ 7비트로 구성된다(zone : 3비트, digit : 4비트).

㉡ 2^7(128)가지의 문자 표현이 가능하다.

㉢ 데이터 통신용이나 개인용 컴퓨터에서 사용한다.

③ EBCDIC 코드
㉠ 8비트로 구성된다(zone : 8비트, digit : 4비트).
㉡ 2^8(256)가지의 문자 표현이 가능하다.
㉢ 대형 컴퓨터에서 사용되는 범용 코드이다.

(3) 기타 자료의 표현

① 코드의 분류
㉠ 가중치 코드
- 각 자릿수가 고유값인 가중치를 가진 코드이다.
- 종류 : 8421코드, 2421코드, 51111코드, 바이퀴너리 코드, 링 카운터 코드 등

㉡ 비가중치 코드
- 각 자릿수에 가중치를 가지지 않은 코드이다.
- 종류 : 3초과 코드, 그레이 코드, 5중 2코드, 5중 3코드 등

㉢ 에러 검출 코드
- 에러를 검출할 수 있는 코드이다.
- 종류 : 8421코드, 3초과 코드, 바이퀴너리 코드, 링 카운터 코드, 패리티 검사 코드, 해밍 코드, 5중 2코드, 5중 3코드 등

㉣ 자보수 코드
- 어떤 코드의 1의 보수를 취한 값이 10진수 9의 보수인 코드이다.
- 종류 : 3초과 코드, 2421코드, 51111코드 등

기출문제 핵심잡기

[2010년 1회 출제]
[2010년 5회 출제]
[2011년 5회 출제]
자보수 코드는 3초과 코드, 2421코드, 51111코드 등이 있으며 2진수의 반전에 의해 보수를 얻는다.

[2010년 5회 출제]
[2011년 1회 출제]
[2012년 5회 출제]
10진수를 8421(BCD) 코드로 변환하기, 8421(BCD) 코드를 10진수로 변환하기
10진수 : 123 → 8421코드 : 0001 0010 0011

② 코드별 특징
㉠ 8421코드
- 0부터 9까지의 10진수를 4비트 2진수로 표현하는 코드이다.
- 오른쪽부터 8, 4, 2, 1의 값을 가지는 가중치 코드이다.

ex 10진수 : 123 → 8421코드 : 0001 0010 0011

㉡ 3초과 코드
- 8421코드에 십진수 3을 더해서 만들어지는 코드이다.
- 자기 보수화 특성을 가지는 코드로, 비가중치 코드이다.
- 10진수 3의 0011이 3초과 코드의 0이 된다.

㉢ 해밍 코드
- 에러 검출 및 교정이 가능한 코드이다.
- 8421코드에 3비트의 짝수 패리티를 추가해서 구성한다.
- 7비트로 구성한다.

㉣ 패리티 검사 코드
- 1개의 패리티 비트를 데이터에 추가해서 사용한다.

[2010년 1회 출제]
[2010년 2회 출제]
[2011년 1회 출제]
[2011년 5회 출제]
[2012년 1회 출제]
[2012년 2회 출제]
3초과 코드
㉠ 3초과 코드는 8421코드에 10진수 3을 더하여 만들어지는 비가중치 코드로서, 자기 보수화 특성을 가진다.
㉡ 3초과 코드에서 0000, 0001, 0010, 1101, 1110, 1111은 사용되지 않는다.

기출문제 핵심잡기

[2010년 1회 출제]
[2010년 2회 출제]
[2011년 1회 출제]
[2011년 2회 출제]
[2011년 5회 출제]
[2012년 2회 출제]
[2013년 3회 출제]
[2014년 1회 출제]
해밍 코드는 에러 검출 및 교정이 가능하다.

- 1비트 에러는 검출할 수 있지만 2비트 이상의 에러는 발견할 수 없고, 에러 교정도 할 수 없다.
- 짝수 패리티 : 2진 데이터 중 1의 개수가 짝수가 되도록 구성한다.
- 홀수 패리티 : 2진 데이터 중 1의 개수가 홀수가 되도록 구성한다.

ex 1. 1001001의 짝수 패리티

1	1	0	0	1	0	0	1

↳ 패리티 비트

2. 1001001의 홀수 패리티

0	1	0	0	1	0	0	1

↳ 패리티 비트

[2010년 5회 출제]
[2012년 2회 출제]
그레이 코드의 특징
비가중치 코드로 한 숫자에서 다음 숫자로 증가할 때 한 비트만 변한다.

ⓜ 그레이 코드
- 비가중치 코드로 연산에는 적당하지 않다.
- 한 숫자에서 다음 숫자로 증가할 때 한 비트만 변하는 특성을 가진다.
- 에러율이 작아서 입·출력 장치나 카운터와 같은 주변 장치에 사용한다.

[2010년 2회 출제]
[2011년 1회 출제]
[2011년 5회 출제]
[2012년 1회 출제]
[2013년 1회 출제]
[2013년 2회 출제]
[2014년 1회 출제]
[2016년 1회 출제]
2진수를 그레이 코드로 변환하기

깐깐체크 그레이 코드

1. 2진수를 그레이 코드로의 변환
   ㉠ 최상위 비트값은 변화없이 그대로 내려쓴다.
   ㉡ 두 번째 비트부터는 인접한 비트값끼리 XOR(eXclusive－OR) 연산한 값을 내려쓴다.

ex 1 ↔ 0 ↔ 0 ↔ 1 : 2진수

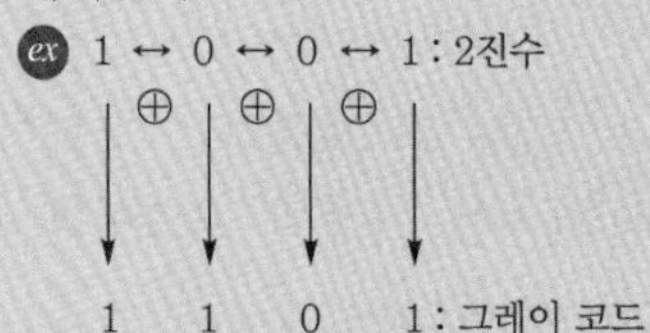

1 1 0 1 : 그레이 코드

2. 그레이 코드를 2진수로의 변환
   ㉠ 최상위 비트값은 변화없이 그대로 내려쓴다.
   ㉡ 두 번째 비트부터는 내려 쓴 결과값과 다음의 비트값끼리 XOR 연산한 값을 내려쓴다.

ex 1 1 0 1 : 그레이 코드

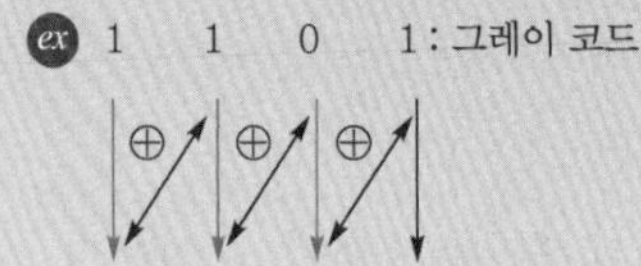

1 ↔ 0 ↔ 0 ↔ 1 : 2진수

[2010년 1회 출제]
그레이 코드를 2진수로 변환하기

01 **10진수를 BCD 코드로 변환하는 것을 무엇이라 하는가?**

① 디코더 ② 인코더
③ A/D 변환기 ④ D/A 변환기

해설 10진수를 BCD 코드로 변환하는 것은 인코더이다.

02 **BCD 부호(001001111000)를 10진수로 나타내면?**

① 168 ② 259
③ 278 ④ 352

해설 2진수를 뒤에서 4자리씩 끊어서 계산한다.
0010 0111 1000
2 7 8

03 **에러 검출뿐 아니라 교정까지 가능한 코드는?**

① Biquinary code
② Gray code
③ ASCII code
④ Hamming code

해설 해밍 코드는 단일 비트의 에러를 검출하여 교정하는 코드이다.

04 **부호 비트 한자리와 5비트의 2진수로써 나타낼 수 있는 가장 큰 양수는?**

① 36 ② 31
③ 16 ④ 8

해설 ㉠ 5비트로 나타낼 수 있는 개수는 $2^5 = 32$개이다.
㉡ 양수의 표현 범위는 0 ~ 31이다.
㉢ 2진수의 가장 큰 양수는 31이다.

05 **컴퓨터에서 착오를 최소한으로 줄이기 위해 여분의 비트를 사용하는 방법을 무엇이라 하는가?**

① Redundancy
② Even check
③ ODD check
④ Parity check bit

해설 착오를 최소한으로 줄이기 위한 여분의 비트는 패리티 비트이다.

06 **2의 보수 표현법의 수 10001001을 10진수로 변환한 것으로 맞는 것은?**

① −128 ② −123
③ −119 ④ −9

해설 ㉠ 1의 보수=2의 보수 - 1이므로 10001000이 1의 보수이다.
㉡ 10001000의 역보수는 11110111(부호 비트 제외)이 되므로 -119가 된다.
㉢ 부호 비트는 음수이므로 1이다.

07 **$(0010\ 0100\ 0101)_{BCD}$를 10진수로 나타낸 것은?**

① 245 ② 542
③ 352 ④ 253

해설 0010 0100 0101
2 4 5

08 **일반적으로 사용되는 착오 검색용 부호가 아닌 것은?**

① BCD ② LRC
③ CRC ④ 패리티 비트

정답 01.② 02.③ 03.④ 04.② 05.④ 06.③ 07.① 08.①

해설 BCD 코드는 자료의 외부적 표현 방식이다.

09

패리티 규칙으로 코드의 내용을 검사하여 잘못된 비트를 찾아서 수정할 수 있는 코드는?

① Gray code ② Excess-3code
③ Biquinary ④ Hamming code

해설 해밍 코드는 단일 비트의 에러를 검출하여 교정하는 코드이다.

10

2진수 101101을 10진수로 옳게 고친 것은?

① 41 ② 43
③ 45 ④ 47

해설 $101101 = 1 \times 2^5 + 1 \times 2^3 + 1 \times 2^2 + 2^0$
$= 32 + 8 + 4 + 1$
$= 45_{10}$

11

다음 패리티 비트와 해밍 코드의 설명 중 옳은 것은?

① 패리티 비트는 착오 교정도 가능하지만 해밍 코드는 착오를 스스로 교정하는 것이 불가능하다.
② 패리티 비트는 착오 교정은 불가능하지만 해밍 코드는 착오를 스스로 교정할 수 있다.
③ 패리티 비트는 착오 교정도 가능하고, 해밍 코드도 착오를 스스로 교정할 수 있다.
④ 패리티 비트는 착오 교정도 불가능하고, 해밍 코드도 착오를 스스로 교정하는 것이 불가능하다.

해설 ㉠ 패리티 비트는 착오 검출만이 가능하다.
㉡ 해밍 코드는 착오 검출과 교정이 가능하다.

12

2진수 0000001을 2의 보수로 나타내면?

① 1111110 ② 0000000
③ 1111111 ④ 0000001

해설 2의 보수는 1의 보수에 1을 더한다.
1111110 + 1 = 1111111

13

2진수 1011을 10진수로 고치면?

① 10 ② 11
③ 17 ④ 20

해설 $1011_2 = 1 \times 2^3 + 1 \times 2^1 + 2^0$
$= 8 + 2 + 1$
$= 11_{10}$

14

부동 소수점으로 표현된 수가 기억 장치 내에 저장되어 있을 때 비트를 필요로 하지 않는 것은?

① 부호(sign)
② 지수(exponent)
③ 소수(mantissa)
④ 소수점(decimal point)

해설 부동 소수점 방식은 지수를 이용하는 방식으로, 지수 속에 소수점의 위치를 포함하고 있어 비트가 필요없다.

15

다음은 자료의 표현 단위 중 하나인 Word의 종류를 나타낸 것이다. 각각의 Byte수를 옳게 나열한 것은?

- Half word = (㉠)byte
- Full word = (㉡)byte
- Double word = (㉢)byte

① ㉠ : 1, ㉡ : 2, ㉢ : 4
② ㉠ : 2, ㉡ : 4, ㉢ : 6
③ ㉠ : 2, ㉡ : 4, ㉢ : 8
④ ㉠ : 4, ㉡ : 8, ㉢ : 16

정답 09.④ 10.③ 11.② 12.③ 13.② 14.④ 15.③

16

1바이트(byte)는 몇 비트(bit)인가?

① 4 ② 8
③ 16 ④ 32

해설 1바이트(byte)는 8비트이다.

17

EBCDIC 코드의 설명 중 옳은 것은?

① 2개의 존 비트(zone bit)를 가지고 있다.
② 대문자와 소문자, 특수 문자 및 제어 신호를 구분할 수 있다.
③ 최대 128문자까지 표현할 수 있다.
④ 7개의 디짓 비트(digit bit)를 가지고 있다.

해설 EBCDIC 코드는 4개의 존 비트와 4개의 디짓 비트로 구성된 8비트 코드로서, 256개의 문자를 표현할 수 있으며 대문자와 소문자, 특수 문자 및 제어 신호를 구분할 수 있다.

18

2진수 01011의 1의 보수로 옳은 것은?

① 10101 ② 01100
③ 10100 ④ 01010

해설 1의 보수는 1 → 0, 0 → 1로 바꾼다.

19

10진수로 표시된 수 25를 2진수로 표시하면?

① 10100 ② 10101
③ 10110 ④ 11001

해설 $25_{10} = 11001_2$

```
2 | 25
2 | 12 … 1   ↑
2 |  6 … 0
2 |  3 … 0
     1 … 1
```

20

10진수 20을 2진수로 변환하면?

① 11011 ② 11110
③ 10100 ④ 10010

해설 $20_{10} = 10100_2$

```
2 | 20
2 | 10 … 0   ↑
2 |  5 … 0
2 |  2 … 1
     1 … 0
```

21

10진수 0.6875를 2진수로 변환한 값은?

① 0.1001 ② 0.1011
③ 0.1101 ④ 0.0011

해설 $0.6875_{10} = 0.1011_2$

$$\begin{array}{r} 0.6875 \\ \times \quad 2 \\ \hline (1).3750 \end{array} \quad \begin{array}{r} 0.375 \\ \times \quad 2 \\ \hline (0).750 \end{array} \quad \begin{array}{r} 0.75 \\ \times \quad 2 \\ \hline (1).50 \end{array} \quad \begin{array}{r} 0.5 \\ \times \quad 2 \\ \hline (1).0 \end{array}$$

22

다음 중 컴퓨터 내부에서 음수를 표현하는 방법이 아닌 것은?

① 부호와 절대값
② 부호와 상대값
③ 부호와 1의 보수
④ 부호와 2의 보수

해설 컴퓨터 내부에서 음수를 표현하는 방법에는 부호와 절대값, 1의 보수, 2의 보수 방법이 있다.

23

4자리의 10진수를 2진수로 표현하려 면 몇 자리의 2진수로 표현되는가?

① 12 ② 13
③ 14 ④ 15

해설 10진수 4자리의 최대 수는 9999이므로 2진수 14자리가 필요하다.

정답 16.② 17.② 18.③ 19.④ 20.③ 21.② 22.② 23.③

24 7비트로 한 문자를 나타내며 128문자까지 나타낼 수 있고, 데이터 통신과 소형 컴퓨터에 많이 사용하는 코드는?

① ASCII 코드
② Gray 코드
③ EBCDIC 코드
④ 표준 BCD 코드

해설 ASCII 코드는 7비트 코드로 128개의 문자 표현이 가능하며 데이터 통신에서 가장 널리 사용된다.

25 다음 중 성격이 다른 코드는?

① BCD 코드 ② EBCDIC 코드
③ ASCII 코드 ④ Gray 코드

해설 BCD, EBCDIC, ASCII 코드는 문자 표현이 가능한 코드이나 Gray 코드는 A/D 변환기에 쓰이는 코드이다.

26 한 숫자에서 다음 숫자로 올라갈 때 한 비트만이 변하는 특징을 가지고 있어서 주로 제어 계통에서의 아날로그-디지털 변환기에 쓰이는 코드는?

① BCD 코드
② 2421코드
③ 3초과 코드
④ 그레이 코드

해설 그레이 코드는 인접한 한 비트만 변하는 특징을 가지고 있으며 A/D 변환기에 주로 이용된다.

27 2진수를 10101을 2의 보수를 나타내면?

① 01011 ② 01010
③ 01100 ④ 10011

해설 2의 보수는 1의 보수에 1을 더한 것이므로 01010+1=01011이다.

28 1바이트(byte)는 몇 비트(bit)인가?

① 4 ② 8
③ 16 ④ 32

29 2진수 01011의 2의 보수는?

① 10000 ② 10100
③ 10101 ④ 11111

해설 10100+1=10101

30 10진수 26을 2진수로 표현하면?

① 11000 ② 11010
③ 11101 ④ 11110

해설 $26_{10} = 11010_2$

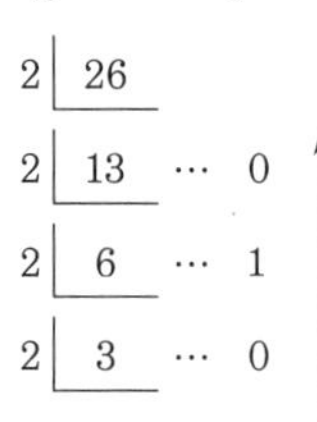

31  10진수 13을 그레이 코드(gray code)로 나타낸 것은?

① 1101 ② 1001
③ 1011 ④ 0110

해설 10진수 13을 2진수로 변환한 후 그레이 코드로 변환한다.
$13_{10} = 1101_2$
2진수 1101을 그레이 코드로 변환하면 1011이 된다.

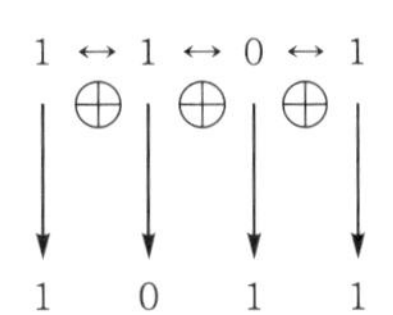

정답 24.① 25.④ 26.④ 27.① 28.② 29.③ 30.② 31.③

32 2진수 10101.101을 10진수로 표시하면?

① 19.500 ② 21.625
③ 23.875 ④ 27.375

해설 $(1\times2^4+0\times2^3+1\times2^2+0\times2^1+1\times2^0).(1\times2^{-1}+0\times2^{-2}+1\times2^{-3})$
$=(16+4+1).(0.5+0.125)$
$=21.625_{10}$

33 BCD 부호에 사용되지 않는 것은?

① 0000 ② 0101
③ 1001 ④ 1010

해설 BCD 부호
㉠ 0 ~ 9까지 사용되는 2진화 10진 코드이다.
㉡ 2진수 1010은 10진수 10이므로 BCD 부호에서는 사용되지 않는다.

34 패리티 비트 에러 체크 시 사용되는 비트(bit)수는?

① 1개 ② 4개
③ 7개 ④ 8개

해설 패리티 검사에서 에러 체크 비트수는 1개이다.

35 일반적 디지털 시스템에서 음수 표현 방법이 아닌 것은?

① 부호화 절대값 ② －표시
③ 1의 보수 ④ 2의 보수

해설 음수 표현 방법은 부호와 절대값 1의 보수법, 2의 보수법이다.

36 16진수 3D를 10진수로 변환한 것은?

① 60 ② 61
③ 62 ④ 63

해설 $3D_{16}=3\times16^1+13\times16^0$
$=48+13=61_{10}$

37 2진수 1011을 10진수로 표현한 것은?

① 11 ② 12
③ 13 ④ 14

해설 $1011_2=11_{10}$
$1011_2=2^4+2^2+2^0$
$=8+2+1$
$=11_{10}$

38 2진수 1100의 2의 보수는?

① 0100 ② 1100
③ 0101 ④ 1001

해설 1100의 1의 보수는 0011

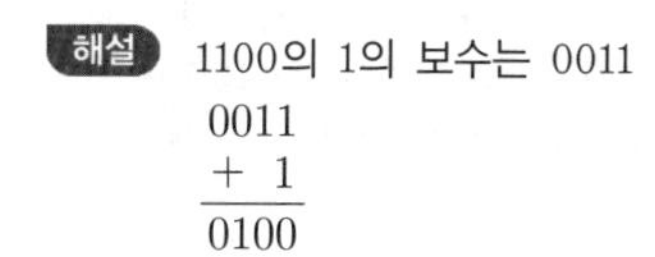

0011
＋ 1
0100

39 10진수 55를 2진수로 옳게 표시한 것은?

① 110111 ② 110011
③ 110101 ④ 100011

해설 $55_{10}=110111_2$

2 | 55
2 | 27 … 1
2 | 13 … 1
2 | 6 … 1
2 | 3 … 0
1 … 1

40 문자 코드(character code) 체계가 아닌 것은?

① ASCII code ② BCD code
③ EBCDIC code ④ Binary code

해설 문자를 표현하는 데는 최소한 6bit가 필요하다. 그러므로 Binary(2진) code는 해당되지 않는다.

정답 32.② 33.④ 34.① 35.② 36.② 37.① 38.① 39.① 40.④

41 −13을 2의 보수 방식으로 표현한 것은?

① 00000010 ② 00000011
③ 11110010 ④ 11110011

해설 ㉠ −13을 8bit 부호와 절대값으로 표현 : 10001101
㉡ 1의 보수로 표현 : 11110010
㉢ 2의 보수로 표현 : 11110011

42 2진수 01101의 2의 보수는?

① 10010 ② 10001
③ 10011 ④ 01110

해설 ㉠ 2의 보수는 1의 보수+1
㉡ 01101의 1의 보수=10010
㉢ 10010+1=10011

43 10진수의 4는 3초과 코드(exoess 3code)로는 얼마인가?

① 0011 ② 0100
③ 0101 ④ 0111

해설 10진수 4는 3초과 코드로는 7이 되므로 0111이 된다.

44 2진수 1101을 10진수로 변환하면?

① 8 ② 10
③ 11 ④ 13

해설 $1101_2 = 8+4+1$
$= 13_{10}$

45 고정 소수점 표현 방식이 아닌 것은?

① 부호와 절대값 표현
② 1의 보수에 의한 표현
③ 2의 보수에 의한 표현
④ 9의 보수에 의한 표현

해설 자료의 내부적 표현 방식 중 고정 보수점 표현 방식은 부호와 절대값, 1의 보수, 2의 보수에 의해 표현된다.

46 컴퓨터와 인간의 통신에서 자료의 외부적 표현 방식으로 가장 흔히 사용되는 Code는?

① 3초과 ② Gray
③ ASCII ④ BCD

해설 컴퓨터와 인간의 통신에 있어서 가장 많이 사용하는 외부적 자료 표현 방식은 7비트 ASCII 코드이다.

47 비가중치 코드(non weighted code)가 아닌 것은?

① 그레이 코드
② 3초과 코드
③ BCD 코드
④ 시프트 카운터 코드

해설 BCD(2진화 10진수) 코드는 가중치 코드로, 비트에 따른 일정한 가중치를 갖는다.

48 한 수에서 다음 수로 진행할 때 오직 한 비트만 변화하기 때문에 연속적으로 변화하는 양을 부호화하는 데 적합한 코드는?

① 3초과 코드
② BCD 코드
③ 그레이 코드
④ 패리티 코드

해설 그레이 코드는 한 수에서 다음 수로 진행할 때 오직 한 비트만 변화하기 때문에 연속적으로 변화하는 양을 부호화하는 데 적합하다.

49 6비트로서 서로 다른 문자로 표현할 수 있는 BCD 코드는 몇 개인가?

① 16 ② 32
③ 64 ④ 128

해설 $2^6 = 64$

정답 41.④ 42.③ 43.④ 44.④ 45.④ 46.③ 47.③ 48.③ 49.③

50 **다음 중 ASCII 코드에 대한 설명으로 옳지 않은 것은?**

① 정보 통신에 주로 사용된다.
② 128가지의 표현이 가능하다.
③ 4개의 존 비트와 3개의 디짓 비트로 구성된다.
④ 패리티 비트를 포함해 8비트로 사용할 수 있다.

해설 **아스키(ASCII) 코드**
㉠ 7비트로 구성된 2진 코드로, $2^7=128$개의 서로 다른 문자를 표현할 수 있다.
㉡ 1비트의 패리티 비트를 포함하여 8비트로 사용하며 3개의 존 비트와 4개의 디짓 비트로 구성된다.

51 **코드의 내용을 검사하여 잘못된 비트를 찾아서 수정할 수 있는 코드는?**

① BCD 코드
② EBCDIC 코드
③ ASCII 코드
④ Hamming 코드

52  **다음 그림과 같이 컴퓨터 내부에서 2진수 자료를 표현하는 방식을 무엇이라 하는가?**

부호	지수	소수

① 팩 형식(pack format)
② 고정 소수점 형식(fixed point format)
③ 부동 소수점 형식(floating point format)
④ 언팩 형식(unpack format)

해설 **부동 소수점 형식**
㉠ 컴퓨터 내부에서 실수를 나타내는 부동 소수점 데이터 형식이다.
㉡ 부호 비트는 양수(+)이면 0, 음수(−)이면 1로 표시한다.
㉢ 지수부는 2진수로, 가수부는 10진 유효 숫자를 2진수로 변환하여 표시한다.

53 **10진수 463을 16진수로 옳게 나타낸 것은?**

① IFC ② 1DA
③ 1CF ④ 1AD

해설
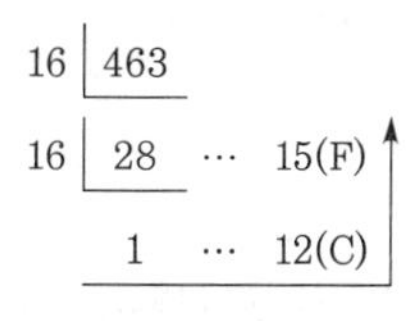

∴ 463 = 1CF

54  **2진수 10011011의 1의 보수로 옳은 것은?**

① 10011100 ② 01100100
③ 01100101 ④ 10011010

해설 1의 보수는 1 → 0, 0 → 1로 바꾼다.

55 **컴퓨터 내부에서 수치 자료를 표현하는 방식이 아닌 것은?**

① 유동 소수점 방식(floating format)
② 고정 소수점 방식(fixed point)
③ 팩 형식(pack format)
④ ASCII

해설 컴퓨터 내부에서 수치 자료를 표현하는 방법에는 유동 소수점 방식, 고정 소수점 방식, 팩 형식, 언팩 형식이 있다.

56 **문자를 나타내는 코드에서 전체 1의 비트가 짝수 개가 되거나 홀수 개가 되도록 하여 그 코드에 덧붙이는 비트이며, 기계적인 오류를 검사하는 데 사용되는 것은?**

① 패리티 비트
② 3초과 코드
③ 바이퀴너리 코드
④ 링 카운터 코드

해설 1의 수가 짝수인가, 홀수인가에 따라 에러를 검출하는 코드를 패리티 비트라 한다.

정답 50.③ 51.④ 52.③ 53.③ 54.② 55.④ 56.①

57 **BCD란 무엇을 의미하는가?**

① 2진화 10진수　② 2진화 5진수
③ 비트　④ 바이트

해설 2진화 10진수(BCD : Binary Coded Decimal)를 뜻한다.

58 **2진화 10진수로 표시된 $(10000101)_{BCD}$를 10진수로 나타낸 것은?**

① 85　② 83
③ 58　④ 53

해설 2진수를 뒤에서 4자리씩 끊어서 10진수로 변환한다.

59 **10진수 3을 Gray code 4bit로 올바르게 바꾼 것은?**

① 0001　② 0010
③ 0011　④ 0100

해설 10진수 3을 2진수 0011로 바꾼 후 그레이로 바꾸면 0010이다.

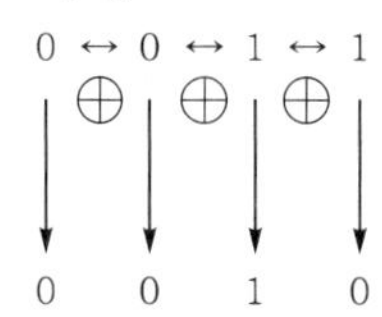

60 **패리티 비트(parity bit)에 대한 설명으로 가장 올바른 것은?**

① 에러를 검색만 할 수 있다.
② 에러를 교정만 할 수 있다.
③ 에러의 검색과 교정까지 가능하다.
④ 에러 발생을 예방하는 기능이 있다.

해설 패리티 비트는 착오 검출만 가능하다.

61 **다음 코드 체계 중 특성이 다른 것은?**

① 표준 BCD 코드　② 그레이 코드
③ ASCII 코드　④ EBCDIC 코드

해설 표준 BCD 코드, ASCII 코드, EBCDIC 코드는 자료의 외부적 표현에서 문자 표현이 가능하다.

62 **10진수 26을 8421 BCD 코드로 변환하면?**

① 0001 0000　② 0002 0006
③ 0010 0110　④ 0010 1001

해설 10의 자리 2는 0010이 되고, 1의 자리 6은 0110으로 변환된다.
26＝0010 0110

63 **$(110100)_2$를 그레이 부호로 변환한 것은?**

① 100110　② 101110
③ 110100　④ 111111

해설 ㉠ 2진수를 그레이 코드로 변환한다.
㉡ 최상위 비트값은 그대로 사용한다.
㉢ 다음부터는 인접한 값끼리 XOR(Exclusive－OR) 연산을 해서 내려쓴다.

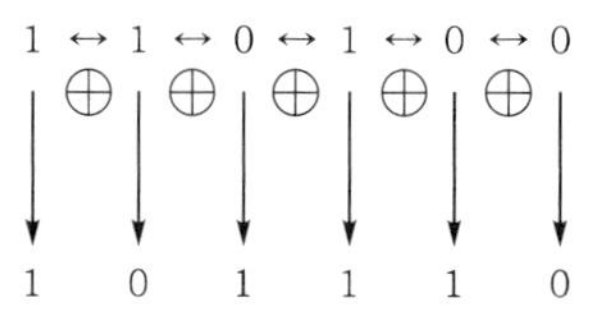

64 **10진수 20을 2진수로 변화하면?**

① 10000　② 10001
③ 10100　④ 10101

해설 $20_{(10)}=10100_{(2)}$

65 **자기 보수적(self complement) 성질이 있는 코드는?**

① 3초과 코드　② 해밍 코드
③ 그레이 코드　④ BCD 코드

정답 57.① 58.① 59.② 60.① 61.② 62.③ 63.② 64.③ 65.①

해설 3초과 코드
㉠ BCD 코드에 3을 더한 코드로, 비가중치 코드이다.
㉡ 10진수에 대한 보수를 코드 자체에 포함하고 있어 자기 보수 코드라 한다.

66
컴퓨터 내부에서 정보(자료)를 처리할 때 사용되는 부호는?

① 2진법 ② 8진법
③ 10진법 ④ 16진법

해설 컴퓨터 내부에서 정보(자료)의 처리는 2진법을 사용한다.

67
10진수 35를 8421코드로 변환한 것은?

① 0011 0110 ② 0011 0101
③ 0110 0101 ④ 0011 1010

해설 10의 자리 3은 0011이 되고, 1의 자리 5는 0101로 변환된다.
35=0011 0101

68
10진수 5를 3초과 부호로 나타낸 것은?

① 0101 ② 0111
③ 1000 ④ 1111

해설 10진수 5에 3을 더한 8의 BCD 코드로 변환하면 1000이 된다.

69
패리티의 기능을 확장하여 오류의 검출뿐만 아니라 오류를 정정할 수 있는 코드는?

① 그레이 코드 ② 아스키 코드
③ 해밍 코드 ④ 유니 코드

70
2진수 00000010을 2의 보수로 나타낸 것은?

① 11111110 ② 11111100
④ 11111100 ③ 11111111

해설 2의 보수=1의 보수+1

71
10진수의 13을 2진수로 나타내면?

① 1100 ② 1011
③ 1110 ④ 1101

해설 13=1101

72

부동 소수점 방식과 거리가 먼 것은?

① 지수부 ② 부호부
③ 가수부 ④ 보수부

해설 부동 소수점 방식은 부호, 지수부, 가수부로 구성된다.

73

2진화 10진수 (0111 1000 0110 0101 0100)$_{BCD}$를 10진수로 나타내면?

① 78645 ② 87654
③ 87645 ④ 78654

해설 2진화 10진수를 변환할 때는 각 자리수를 4bit씩 10진수로 변환한다.

0111	1000	0110	0101	0100
7	8	6	5	4

74

10진수 85를 BCD 코드로 변환하면?

① 0101 0101 ② 1010 1010
③ 1000 0101 ④ 0111 1010

해설 8=1000
5=0101
∴ 85=1000 0101

75
그레이 코드 0101을 2진수 코드로 변환하면?

① 0111 ② 1100
③ 1001 ④ 0110

정답 66.① 67.② 68.③ 69.③ 70.① 71.④ 72.④ 73.④ 74.③ 75.④

해설 $0101_G = 0110_2$

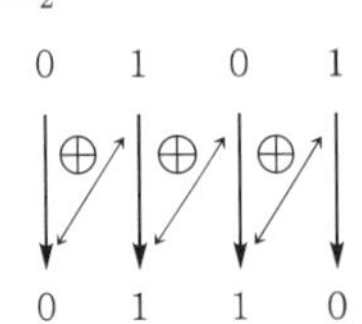

76

자리값 없는(non-weighted) 코드의 일종이며, 데이터 전송 시 신호가 없을 때를 구별하기 쉬우며 자기 보수(self complement)적인 성질이 있는 코드는?

① ASCII 코드 ② 그레이 코드
③ 3초과 코드 ④ 해밍 코드

해설 자기 보수 코드
㉠ 어떤 코드의 1의 보수를 취한 값이 10진수의 9의 보수인 코드를 자기 보수 코드라 하며 3초과 코드, 2421코드, 51111코드 등이 있다.
㉡ 3초과 코드는 자리값 없는(non-weighted) 코드로, 데이터 전송 시 신호가 없을 때를 구별하기 쉽다.

77

다음 그림의 비트 구조로 알맞은 코드는?

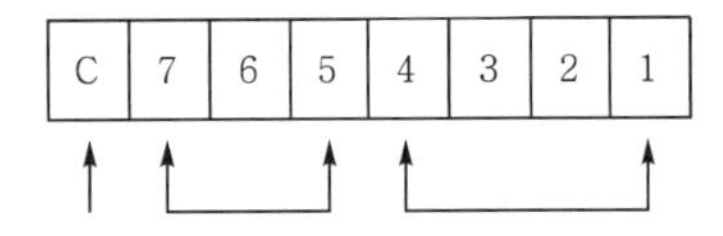

C	7	6	5	4	3	2	1

① BCD 코드 ② EBCDIC 코드
③ ASCII 코드 ④ 2초과 코드

해설 아스키(ASCII) 코드
㉠ 7비트로 구성된 2진 코드로, $2^7 = 128$개의 서로 다른 문자를 표현할 수 있다.
㉡ 1비트의 패리티 비트를 포함하여 8비트로 사용하며 3개의 존 비트와 4개의 디짓 비트로 구성된다.

78

10진수의 0에서 9까지의 숫자 중 3, 7, 9를 2진화 10진수(BCD)로 표시한 코드는?

① 0111 0101 0010
② 1000 1001 0011
③ 1001 0110 1000
④ 0011 0111 1001

해설 3=0011, 7=0111, 9=1001

79

2진수 11011을 10진수로 고치면?

① 24 ② 25
③ 26 ④ 27

해설 $(11011)_2$
$= 1 \times 2^4 + 1 \times 2^3 + 1 \times 2^1 + 1 \times 2^0$
$= 16 + 8 + 2 + 1$
$= 27_{10}$

80

3초과 코드(excess 3code) 중 사용하지 않는 것은?

① 0010 ② 1100
③ 1000 ④ 0110

해설 3초과 코드는 BCD 코드에 3을 더한 것으로 0011부터 시작하므로 0010은 사용되지 않는다.

81

10진수 3.5를 8421코드로 변환한 것으로 옳은 것은?

① 0011 0110 ② 0011 0101
③ 0110 0101 ④ 0011 1010

해설 10진수의 각 자리수를 8421코드로 변환하면 3=0011, 5=0101이다.

82

그레이 코드 0111을 2진수로 변환하면 어떻게 되는가?

① 0101 ② 0110
③ 1010 ④ 1011

정답 76.③ 77.③ 78.④ 79.④ 80.① 81.② 82.①

해설 $0111_G = 0101_2$

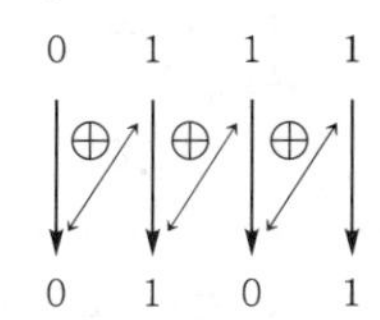

83

2진수 01101의 2의 보수는?

① 10010 ② 10001
③ 10011 ④ 01110

해설 ㉠ 2의 보수=1의 보수 + 1
㉡ 01101의 1의 보수=10010
㉢ 10010 + 1=10011

84

다음 그림은 컴퓨터의 자료 처리 형식이다. 옳은 것은?

S(부호)	C(지수)	F(소수)

① 고정 소수점 형식
② 10진 팩 형식
③ 부동 소수점 형식
④ 문자 형식

해설 컴퓨터 내부에서 실수를 나타내는 부동 소수점 데이터 형식이다.

85

자기 보수 코드(self complement code)가 아닌 것은?

① 2421code ② Gray code
③ 51111code ④ Excess 3code

해설 **자기 보수 코드** : 어떤 코드의 1의 보수를 취한 값이 10진수의 9의 보수인 코드를 말하며, 3초과 코드, 2421코드, 51111코드 등이 있다.

86

2진수 0000001을 2의 보수로 나타내면?

① 1111110 ② 0000000
③ 1111111 ④ 0000001

해설 ㉠ 2의 보수=1의 보수+1
㉡ 0000001의 1의 보수=1111110
㉢ 1111110+1=1111111

87

2진수 1010을 그레이 코드(gray code)로 바꾼 것은?

① 1111 ② 1010
③ 1100 ④ 1011

해설 2진수를 그레이 코드로 변환하고 최상위 비트값은 그대로 사용한다.
다음부터는 인접한 값끼리 XOR(Exclusive −OR) 연산을 해서 내려쓴다.

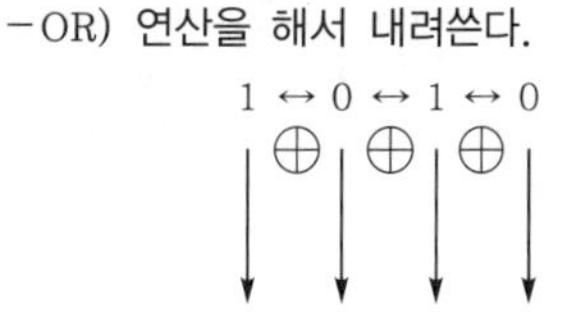

88

부동 소수점수가 기억 장치 내에 있을 때 기억되지 않는 것은?

① 부호 ② 소수점
③ 지수부 ④ 소수(가수)부

해설 부동 소수점 방식은 부호 비트, 지수부, 가수부로 구성된다. 지수 속에 소수점의 위치를 포함하고 있으므로 비트가 따로 필요 없다.

89

다음 중 문자 자료의 표현 방법에 해당하지 않는 것은?

① BCD 코드
② ASCII 코드
③ EBCDIC 코드
④ EX−OR 코드

해설 자료의 외부적 표현 방식 문자 자료 표현 방식)은 BCD 코드, ASCII 코드, EBCDIC 코드이다.

정답 83.③ 84.③ 85.② 86.③ 87.① 88.② 89.④

90 10진수 18을 8421 BCD 코드로 변환하면?

① 0001 0010　② 0001 0011
③ 0001 1000　④ 0001 0100

해설 10진수의 각 자릿수를 BCD 코드로 변환하면 되므로 1=0001, 8=1000이다.

91 −10에 대한 1의 보수를 8bit 2진수로 나타내면?

① 11110101　② 11111010
③ 00000101　④ 00001010

해설 10을 2진수로 표현하면 00001010이다.
1의 보수는 0을 1로, 1을 0으로 바꿔주면 된다.
00001010을 1의 보수로 변환하면 11110101이 된다. 이때 맨 앞의 1이 바로 부호 비트이며, 양수일 때는 0, 음수일 때는 1이 된다.

92 다음 중 컴퓨터와 인간의 통신에 있어서 자료의 외부적 표현 방식으로 가장 흔히 사용되는 코드는?

출제빈도

① 3초과 코드　② Gray 코드
③ ASCII 코드　④ BCD 코드

해설 ASCII 코드는 7비트로, 데이터 통신과 소형 컴퓨터에 주로 사용된다.

93 16진수 A7을 2진수로 표시하면 몇 비트가 필요한가?

① 6　② 8
③ 10　④ 16

해설 16진수 1자리는 2진수 4자리로 표현하므로 8비트가 필요하다.
A=1010, 7=0111

94 다음 코드 체계 중 특성이 다른 것은?

① 표준 BCD 코드　② 그레이 코드
③ ASCII 코드　④ EBCDIC 코드

해설 표준 BCD 코드, ASCII 코드, EBCDIC 코드는 자료의 외부적 표현에서 문자 표현이 가능하다.

95 다음 중 문자 코드가 아닌 것은?

① BCD　② EBCDIC
③ ASCII　④ BIT

해설 BIT는 0과 1을 나타내는 정보의 최소 단위로, 문자 코드에 해당되지 않는다.

96 2진수 1111을 그레이 코드(gray code)로 변환하면?

출제빈도

① 0000　② 1000
③ 1010　④ 1111

해설 2진수를 그레이 코드로 변환하고, 최상위 비트값은 그대로 사용한다.
다음부터는 인접한 값끼리 XOR(Exclusive−OR) 연산을 해서 내려쓴다.

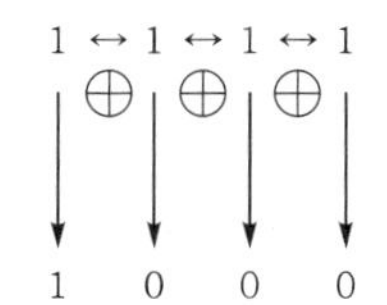

97 8진수 7560을 10진수로 변환하면?

① 2931　② 3051
③ 3952　④ 4092

해설
$$7560_8 = 7 \times 8^3 + 5 \times 8^2 + 6 \times 8^1$$
$$= 3584 + 320 + 48$$
$$= 3952_{10}$$

98 8진수 62를 2진수로 변환하면?

① 110 101　② 110 010
③ 111 010　④ 101 101

해설 8진수 1자리는 2진수 3자리로 변환한다.
6=110, 2=010

정답 90.③ 91.① 92.③ 93.② 94.② 95.④ 96.② 97.③ 98.②

99 각각의 자리마다 별도의 크기값을 갖는 가중 코드(weighted code)가 아닌 것은?

출제빈도

① 8421code
② Biquinary code
③ Excess 3code
④ 2421code

해설 **가중치 코드와 비가중치 코드**
㉠ 가중치 코드(weighted code) : 각 자릿수에 고유한 값을 가지고 있는 코드로, 8421 코드(BCD 코드), 2421코드, 5421코드, Biquinary 코드 등이 있다.
㉡ 비가중치 코드(non−weighted code) : 각 자릿수에 고유한 값이 없는 코드로, 3 초과 코드(excess 3code), 그레이 코드(gray code), 시프트 카운터 코드 등이 있다.

100 2진수 1100의 2의 보수는?

① 0100 ② 1100
③ 0101 ④ 1001

해설 2의 보수=1의 보수+1

101 주기억 장치의 크기가 4[kbyte]일 때 번지(address)수는?

① 1번지에서 4000번지까지
② 0번지에서 3999번지까지
③ 1번지에서 4095번지까지
④ 0번지에서 4095번지까지

해설 4[kbyte]=1024×4=4096[byte]
번지는 0번지부터 4095번지까지이다.

102 512×8[bit] EAROM의 총용량은?

① 8[bit] ② 512[bit]
③ 4[kbit] ④ 8[kbit]

해설 512×8=4096
=4[kbit]

103 2개의 Zone bit의 4개의 Digit bit로 구성되어 있으며, 6비트로 1문자를 표현하는 코드는?

① BCD 코드 ② EBCDIC 코드
③ ASCII 코드 ④ BINARY 코드

해설 6비트 BCD 코드는 4비트 BCD 코드에 2개의 비트를 더하여 10진 숫자 외에 문자를 표시할 수 있도록 한 것이다.

104 10진수 114를 16진수로 변환하면?

① 52 ② 62
③ 72 ④ 82

해설

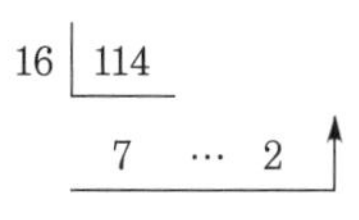

∴ $114=72_{16}$

105 EBCDIC 코드에 대한 설명으로 틀린 것은?

① 최대 128문자까지 표현할 수 있다.
② 4개의 존 비트(zone bit)를 가지고 있다.
③ 4개의 디짓 비트(digit bit)를 가지고 있다.
④ 대문자, 소문자, 특수 문자 및 제어 신호를 구분할 수 있다.

해설 **EBCDIC 코드**
㉠ 4개의 존과 4개의 디짓으로 구성된 8비트 코드이다.
㉡ 256개의 문자를 표현할 수 있으며 대문자, 소문자, 특수 문자 및 제어 신호를 구분할 수 있다.

106 문자 표현의 최소 단위이며, 8비트로 구성되어 있는 것은?

① 레코드 ② 바이트
③ 필드 ④ 워드

해설 바이트는 8개의 비트로 구성되며 문자 표현의 최소 단위로 256개의 정보를 표현할 수 있다.

정답 99.③ 100.① 101.④ 102.③ 103.① 104.③ 105.① 106.②

107 6비트 BCD 코드로, 서로 다른 문자를 표현할 수 있는 수는 최대 몇 개인가?

① 16 ② 32
③ 64 ④ 128

해설 $2^6 = 64$

108 2진수 0011을 3초과 코드로 변환하면?

① 1001 ② 1000
③ 0111 ④ 0110

해설 3초과 코드(excess 3code)는 BCD 코드에 3(0011)을 더하여 만든 코드이다.
0011+0011=0110

109 2진수 1001과 0011을 더하면 그 결과는 2진수로 얼마인가?

① 1110 ② 1101
③ 1100 ④ 1001

해설 1001+0011=1100

```
  1001
+ 0011
------
  1100
```

110 해밍 코드(hamming code)의 대표적 특징은?

① 데이터 전송 시 신호가 없을 때를 구별하기 쉽다.
② 자기 보수(self complement)적인 성질이 있다.
③ 기계적인 동작을 제어하는 데 사용하기 알맞은 코드이다.
④ 패리티 규칙으로 잘못된 비트를 찾아서 수정할 수 있다.

해설 해밍 코드(hamming code)는 오류 검색 및 정정이 가능한 코드로, 1비트의 단일 오류를 정정하기 위해서는 3비트의 여유 비트가 필요하다.

111 3초과 코드는 신호가 없을 때 구별하기 쉽게 하기 위해 사용하는데, 3초과 코드(excess 3code)에서 존재하지 않는 값은?

① 1010 ② 0011
③ 1100 ④ 0001

해설 3초과 코드는 BCD 코드에 3을 더한 코드로, 자기 보수 코드이다.
0011부터 1100까지 사용되므로 0000, 0001, 0010, 1101, 1110, 1111은 사용되지 않는다.

112 2진수 101011을 10진수로 변환한 것은?

① 38 ② 43
③ 49 ④ 52

해설 101011_2
$= 1 \times 2^5 + 1 \times 2^3 + 1 \times 2^1 + 1 \times 2^0$
$= 32 + 8 + 2 + 1$
$= 43_{10}$

113 다음 중 2의 보수를 나타내는 산술 마이크로 동작은?

① $A \leftarrow \overline{A}$ ② $A \leftarrow \overline{A} + 1$
③ $A \leftarrow A - B$ ④ $A \leftarrow A + \overline{B}$

해설 2의 보수=1의 보수 + 1
1의 보수를 취한 뒤에 1의 보수에 1을 더하는 산술 마이크로 동작은 $A \leftarrow \overline{A} + 1$이다.

114 컴퓨터의 내부적 자료 표현이 아닌 것은?

① 정수의 표현
② 실수의 표현
③ 10진 데이터의 표현
④ 동영상의 표현

해설 자료의 표현에서 내부적 표현(수치적 표현)에는 10진 데이터의 표현, 정수의 표현, 실수의 표현이 사용된다.

정답 107.③ 108.④ 109.③ 110.④ 111.④ 112.② 113.② 114.④

115 **컴퓨터에서 연산을 위한 수치를 표현하는 방법 중 부호, 지수**(exponent) **및 가수로 구성되는 것은?**

① 부동 소수점 표현 형식
② 고정 소수점 표현 형식
③ 언팩 표현 형식
④ 팩 표현 형식

해설 부동 소수점 방식은 부호 비트, 지수부, 가수부로 구성된다.

정답 115.①

기출문제 핵심잡기

03 연산

1 연산의 분류

(1) 연산의 의미

자료의 연산이란 컴퓨터 내에서 어떤 동작을 수행하기 위하여 외부에서 들어오는 입력 데이터, 기억 장치 내의 데이터, CPU 내의 레지스터에 저장된 데이터 등을 사용하여 산술 연산, 논리 연산, 비교, 판단과 같은 각종 과정을 수행하는 것으로, CPU 내의 연산 장치(ALU)를 이용하여 처리된다.

> [2010년 1회 출제]
> [2010년 2회 출제]
> [2011년 2회 출제]
> [2011년 5회 출제]
> [2013년 2회 출제]
> [2016년 1회 출제]
> **단항 연산과 이항 연산**
> ㉠ 단항 연산 : 시프트 로테이트, 이동(move), NOT
> ㉡ 이항 연산 : 사칙 연산, AND, OR

(2) 입력 데이터수에 따른 분류

① 단항 연산
- ㉠ 하나의 입력에 하나의 출력이 있는 연산이다.
- ㉡ 종류 : 시프트(shift), 로테이트(rotate), 이동(move), 논리 부정(NOT) 등

② 이항 연산
- ㉠ 2개의 입력에 하나의 출력이 있는 연산이다.
- ㉡ 종류 : 사칙 연산(+, −, ×, /), AND, OR 등

> ☑ **수치적 연산과 비수치적 논리적 연산**
> ㉠ 수치적 연산 : 사칙 연산, 산술적 Shift
> ㉡ 비수치적 연산 : AND, OR, NOT, 논리적 Shift, Rotate, Move

(3) 입력 데이터성격에 따른 분류

① 수치적 연산
- ㉠ 수치적 연산에 사용되는 연산이다.
- ㉡ 종류 : 사칙 연산, 산술적 Shift 등

② 비수치적 연산
- ㉠ 논리적 연산에 사용되는 연산이다.
- ㉡ 종류 : AND, OR, NOT, 논리적 Shift, Rotate, Move 등

2 산술 연산(산술적 Shift)

> [2010년 1회 출제]
> [2013년 2회 출제]
> [2013년 3회 출제]
> [2016년 1회 출제]
> **왼쪽 시프트 결과값 구하기**
> 01001001을 왼쪽으로 1비트 시프트하면 10010010이 된다.

(1) 왼쪽 시프트

① 왼쪽으로 한 비트씩 이동한다.

② n비트 왼쪽 시프트는 2n으로 곱한 것을 의미한다.

③ 결과 : 원래값×2n(n : 시프트한 비트수)

④ 범람(overflow) : 밀려 나간 비트가 1일 경우 발생한다.

(2) 오른쪽 시프트

① 오른쪽으로 한 비트씩 이동한다.
② n비트 왼쪽 시프트는 $2n$으로 나눈 것을 의미한다.
③ 결과 : 원래값/$2n$(n : 시프트한 비트수)
④ 잘림(truncation) : 밀려 나간 비트가 1일 경우 발생한다.

ex 1. 01001001를 왼쪽으로 1비트 시프트

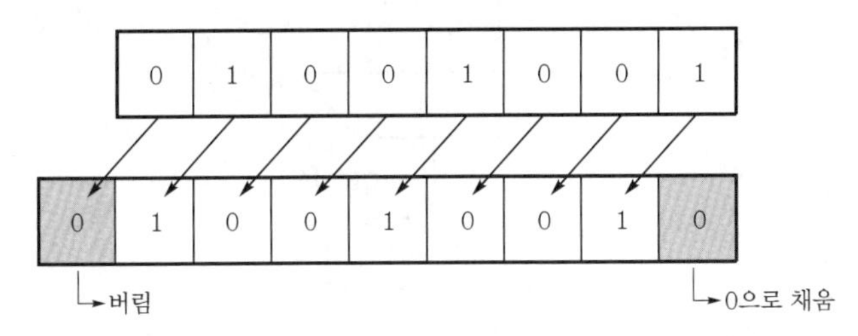

∴ 결과 : 10010010

2. 01001001를 오른쪽으로 1비트 시프트

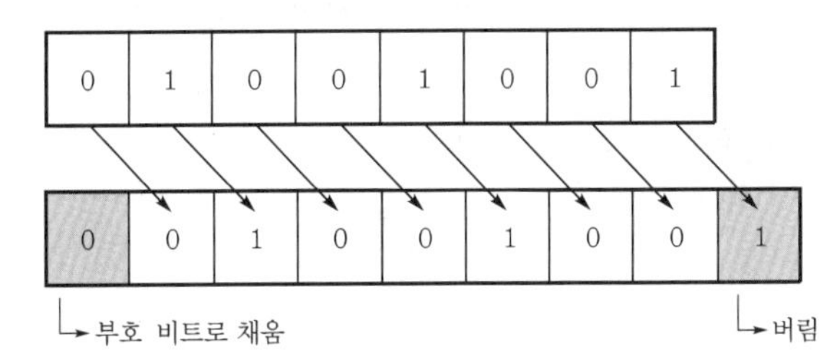

∴ 결과 : 00100100

3 논리 연산

(1) AND 연산(문자 삭제 기능)

① 두 입력 데이터의 AND(두 수가 모두 1일 때만 모두 참) 연산을 수행한다.
② 데이터의 특정 부분을 삭제하는 경우 사용한다(mask bit 기능).

ex A=1001 0010, B=0000 1111일 경우 AND 연산

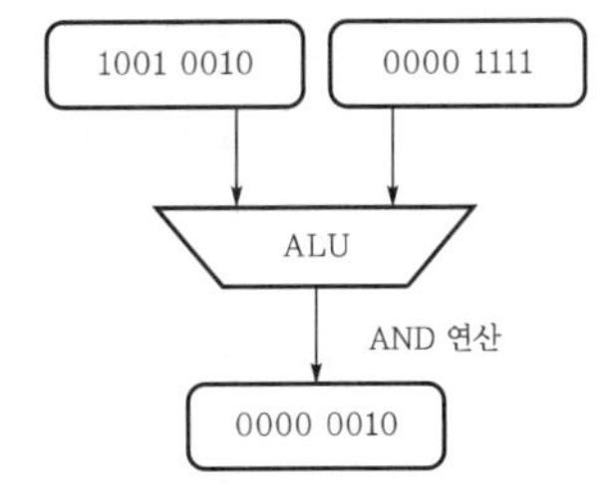

∴ 결과 : 0000 0010(왼쪽 4비트 삭제됨)

기출문제 핵심잡기

[2013년 1회 출제]
[2014년 1회 출제]
왼쪽 시프트는 곱셈, 오른쪽 시프트는 나눗셈을 의미한다.

[2010년 5회 출제]
[2012년 1회 출제]
[2012년 5회 출제]
[2013년 1회 출제]
[2013년 3회 출제]
AND 연산(문자 삭제 기능)
두 수가 모두 1일 때에만 결과값이 1이 된다.

[2010년 5회 출제]
[2012년 2회 출제]
[2012년 5회 출제]
[2013년 3회 출제]
Mask bit는 AND 연산에서 특정 문자를 지울 것을 결정하는 비트이다.

[2014년 1회 출제]
[2016년 2회 출제]
OR 연산(문자 추가 기능)
두 수 중 하나만 1이면 결과값이 1이 된다.

(2) OR 연산(문자 추가 기능)

① 두 입력 데이터의 OR(두 수 중 하나만 1이면 모두 참) 연산을 수행한다.
② 데이터의 특정 부분을 추가하는 경우에 사용한다.

ex A=0000 0010, B=1001 0000일 경우 OR 연산

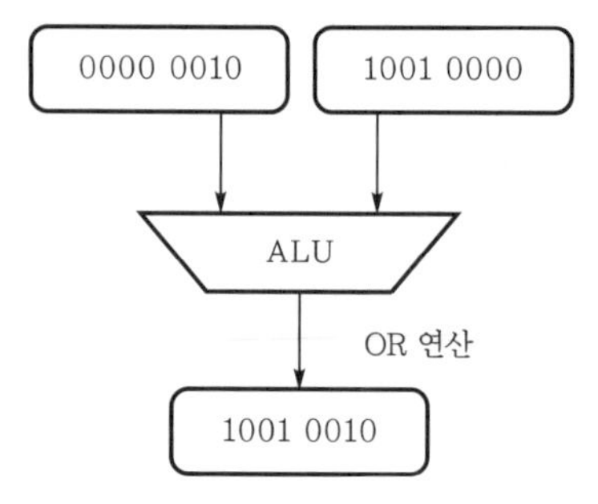

∴ 결과 : 1001 0010(왼쪽 4비트 추가됨)

[2016년 2회 출제]

(3) NOT 연산

① 입력 데이터의 반대값을 출력하는 연산을 수행한다.
② 연산 결과는 1의 보수이다.

ex A=0000 0010일 경우 NOT 연산

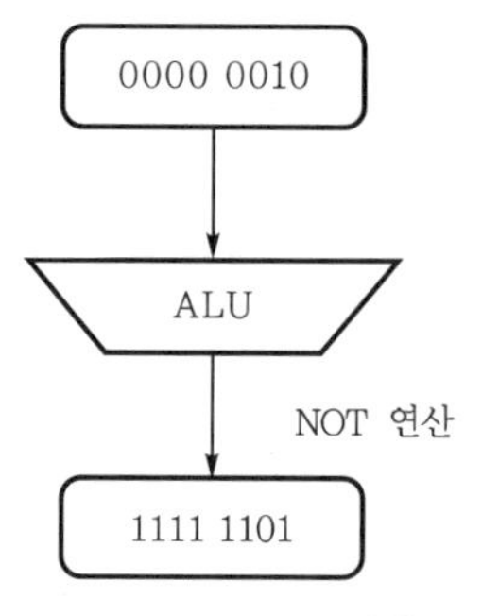

∴ 결과 : 1111 1101(0 → 1, 1 → 0으로 변환)

[2013년 1회 출제]
Move 연산
입력 데이터를 그대로 출력한다.

(4) Move 연산

① 입력 데이터를 그대로 출력하는 연산을 수행한다.
② 기억 장치로부터 데이터를 읽어 낼 때나 CPU 내의 레지스터에 기억된 데이터를 기억 장치에 기억시킬 경우 Move 연산을 수행한다.

ex A=0000 0010일 경우 Move 연산

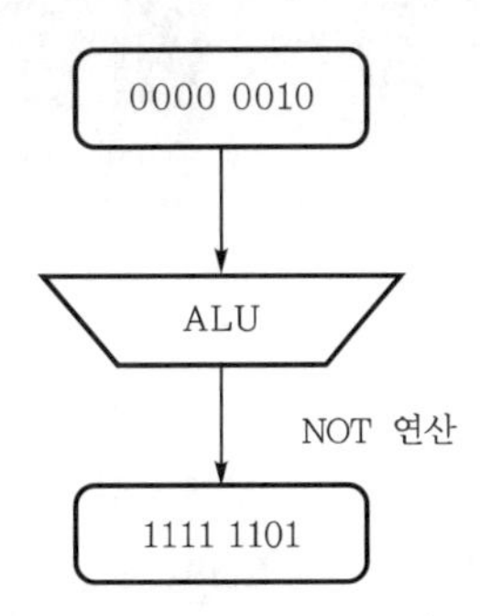

∴ 결과 : 0000 0010

(5) 로테이트

① 시프트 연산에서는 연산 후에 밀려나오는 비트를 버리거나 올림수 레지스터에 기억시키지만 로테이트의 경우에는 밀려나온 비트가 다시 반대편 끝으로 들어가게 된다.

② 시프트와 비슷한 연산으로 나가는 비트가 들어오는 비트로 사용되는 연산으로서, 주로 문자의 위치 변환에 사용된다.

[2011년 5회 출제]
[2012년 1회 출제]
[2013년 1회 출제]
[2016년 1회 출제]
로테이트는 밀려 나온 비트가 다시 반대편 끝으로 들어가게 된다.

단락별 기출 · 예상 문제

01 **2개 이상의 자료를 섞을 때 또는 문자의 삽입 등에 사용되는 연산자는?**

① AND ② Move
③ Complement ④ OR

해설 **연산자의 종류**

㉠ Move : 단항 연산으로, 레지스터에 기억된 데이터를 다른 레지스터로 옮기는 데 이용된다.
㉡ Complement : 단항 연산으로, 연산 결과는 1의 보수가 된다.
㉢ AND : 이항 연산으로, 필요없는 부분을 지워버리고 나머지 비트만을 가지고 처리하기 위하여 사용된다.
㉣ OR : 이항 연산으로, AND와는 반대로 데이터의 특정 부분을 추가하는 경우 사용된다.
㉤ Shift(시프트) : 단항 연산으로, 레지스터에 기억된 데이터 비트들을 왼쪽이나 오른쪽으로 1비트씩 차례대로 이동시켜 밀어내기 형태가 되도록 하는 연산 방식이다.
㉥ Rotate(로테이트) : 단항 연산으로, Shift와 유사한 연산으로서, 밀려나온 비트가 다시 반대편 끝으로 들어가게 된다.

02 **단항 연산자 연산에 해당하지 않는 것은?**

① Move ② AND
③ Shift ④ Rotate

해설 **단항과 이항 연산**

㉠ 단항(unary) 연산 : Move, Shift, Rotate, Complement 등
㉡ 이항(binary) 연산 : 사칙 연산, OR(논리합), AND(논리곱) 등

03 **컴퓨터의 내부 구조를 설명할 때 사용하는 연산 방식이 아닌 것은?**

① 2진수 연산 ② 6진수 연산
③ 8진수 연산 ④ 16진수 연산

해설 컴퓨터의 내부 구조를 설명할 때는 2진수, 8진수, 16진수 연산을 사용한다.

04 **입력 자료의 내용이 1만큼씩 증가되는 연산으로, 프로그램 카운터 또는 스택 포인터(stack pointer) 등의 내용을 증가시킬 때 사용되는 것은?**

① Increment 연산
② Clear 연산
③ Rotate 연산
④ Shift 연산

해설 증가 연산(increment)은 내용을 증가시킬 때 사용한다.

05 **다음 블록도에서처럼 ALU로 2개의 자료가 입력되었을 때 ALU에서 AND 연산이 이루어진다면 출력되는 내용은?**

출제빈도

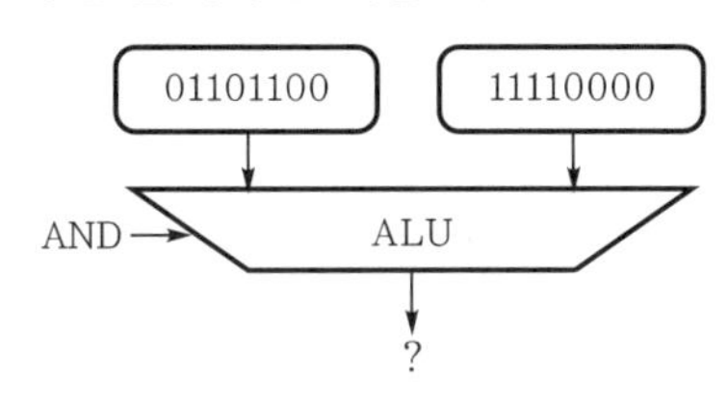

① 01101100 ② 01100000
③ 11110000 ④ 00001100

해설 AND 연산은 두 입력이 모두 '1'인 때만 출력이 '1'로 나타낸다.

```
    01101100
AND 11110000
    --------
    01100000
```

정답 01.④ 02.② 03.② 04.① 05.②

06 다음 연산 중 Binary 연산에 해당하는 것은 무엇인가?

① 시프트(shift)
② 회전(rotate)
③ 보수화(complement)
④ AND

해설 Binary 연산은 이항 연산을 말하며 AND 연산이 여기에 속한다.

07 2진수 1011 0010과 0110 0101을 XOR 연산한 값은?

① 1111 0111 ② 0100 1101
③ 1101 0111 ④ 0010 0000

해설 XOR 회로는 두 입력이 서로 다른 때만 출력이 '1'로 나타나는 회로이다.

```
      10110010
XOR   01100101
     110101111
```

08 다음 중 비수치적 연산에서 필요 없는 부분을 지워버리고 남은 비트만 위해 사용하는 연산자는?

① OR 연산
② AND 연산
③ Shift 연산
④ Complement 연산

해설 ① OR : 삽입
② AND : 삭제
③ Shift : 이동
④ Complement : 보수

09 2개 이상의 자료를 섞을 때 또는 문자의 삽입 등에 사용되는 연산자는?

① AND ② Move
③ Complement ④ OR

해설 OR 연산자는 문자의 삽입에 사용된다.

10 레지스터에 기억된 데이터 비트들을 왼쪽이나 오른쪽으로 1비트씩 차례대로 이동시켜 밀어 내기 형태가 되도록 하는 연산 방식은?

① 지움(clear) ② 시프트(shift)
③ 카운터(counter) ④ 토글(toggle)

해설 왼쪽 시프트는 곱셈, 오른쪽 시프트는 나눗셈을 의미한다.

11 다음 그림에서 연산기는 어떤 연산을 한 결과를 나타내고 있는가?

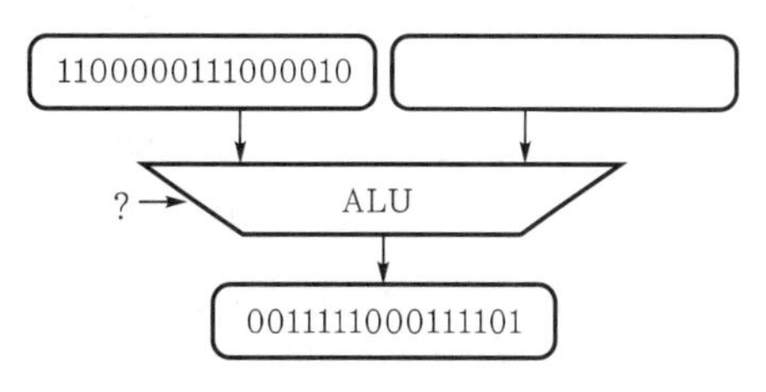

① XOR 연산 ② OR 연산
③ 보수 연산 ④ AND 연산

해설 그림에서 입력이 하나이며 연산 결과가 '1'은 '0', '0'은 '1'로 바뀌었으므로 보수 연산이다.

12 특정 위치의 비트(bit)를 시험하고, 문자의 위치를 교환하는 경우에 이용되는 것은?

① 오버랩(overlap) ② 로테이트(rotate)
③ 디코더(decoder) ④ 무브(move)

해설 **로테이트**
㉠ 단항 연산인 로테이트는 Shift와 유사한 연산으로서, 밀려나온 비트가 다시 반대 편 끝으로 들어가게 된다.
㉡ 특정 위치의 비트를 시험하고 문자의 위치를 교환하는 데 이용된다.

13 특정 비트를 삭제하기 위해 필요한 연산은?

① XOR 연산 ② OR 연산
③ AND 연산 ④ 보수 연산

정답 06.④ 07.③ 08.② 09.④ 10.② 11.③ 12.② 13.③

해설 ② OR : 삽입 연산
③ AND : 삭제 연산

14 다음 그림과 같이 A, B레지스터에 있는 2개의 자료에 대해 ALU에 의한 OR 연산이 이루어졌을때 그 결과가 저장되는 C레지스터의 내용은?

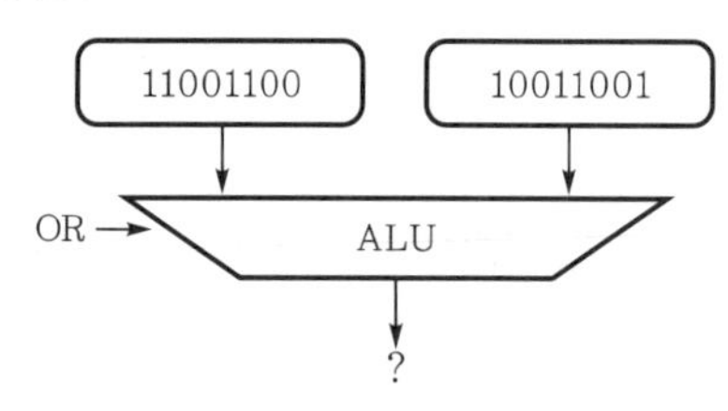

① 11111110 ② 10000001
③ 10110110 ④ 11011101

해설 OR 연산은 두 입력 중 어느 하나라도 '1'이면 출력이 '1'이 되는 연산이다.

```
   11001100
OR 10011001
   11011101
```

15 10110101과 11110000을 OR 연산한 결과는?

① 11110101 ② 10101111
③ 00001010 ④ 10110000

해설 OR 연산은 두 입력 중 어느 하나라도 '1'이면 출력이 '1'이 되는 연산이다.

```
   10110101
OR 11110000
   11110101
```

16 다음 중 필요없는 부분을 지워버리고 나머지 비트만을 가지고 처리하기 위하여 사용되는 연산자는?

① Move ② Shift
③ AND ④ OR

해설 ③ AND : 삭제 연산
④ OR : 삽입 연산

17 다음 중 시프트 레지스터(shift register)로 이용할 수 있는 기능과 거리가 먼 것은?

① 비교 기능 ② 나눗셈 기능
③ 곱셈 기능 ④ 직렬 전송 기능

해설 시프트 레지스터(shift register)는 2진수를 레지스터에 직렬로 입·출력할 수 있게 플립플롭을 연결한 것이다.

18 단항(unary) 연산인 것은?

① OR ② Move
③ XOR ④ AND

해설 단항(unary) 연산 : Move, Shift, Rotate, Complement 등

19 비수치 연산에서 1개 입력 데이터를 연산기에 넣어 그대로 출력하는 단일 연산은?

① Move ② AND
③ OR ④ Complement

해설 비수치적 연산에서 AND는 삭제 연산, OR은 삽입 연산, Complement는 보수 연산, Move는 데이터의 이동 연산이다.

20 다음 그림의 연산자 수행 결과는?

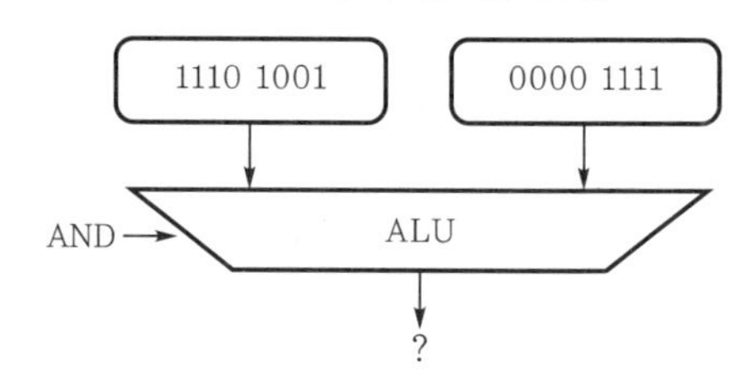

① 1110 1001 ② 1110 1111
③ 0000 1001 ④ 1111 0110

해설 AND 연산은 두 입력이 모두 '1'인 때만 출력이 '1'로 나타낸다.

```
    11101001
AND 00001111
    00001001
```

정답 14.④ 15.① 16.③ 17.① 18.② 19.① 20.③

21

ALU에서 8[bit] 데이터 11110000과 01010101의 AND 연산 결과는?

① 00000101 ② 01000101
③ 11110101 ④ 01010000

해설 AND 연산은 두 입력이 모두 '1'인 때만 출력이 '1'로 나타낸다.

22

AND 연산에서 레지스터 내의 어느 비트 또는 문자를 지울 것인지를 결정지을 때 사용하는 자료는?

① Parity bit
② Mask bit
③ MSB(Most Significant Bit)
④ LSB(Least Significant Bit)

해설 비트(bit) 또는 문자의 삭제를 결정하는 입력 데이터를 마스크 비트(mask bit)라 한다.

23

이항(binary) 연산자이면서 논리(logical) 연산자인 것은?

① Move ② ADD
③ Multiply ④ AND

해설 **이항(binary) 연산** : 사칙 연산, OR(논리합), AND(논리곱) 등

24

다음 중 산술적 연산에서 필요하지 않은 명령은?

① AND ② ADD
③ Subtract ④ Divide

해설 **산술 연산** : ADD(덧셈), Subtract(뺄셈), Multiply(곱셈), Divide(나눗셈) 등

25

다음 그림에서 1의 보수(1's complement) 연산을 수행하였을 때 결과값은?

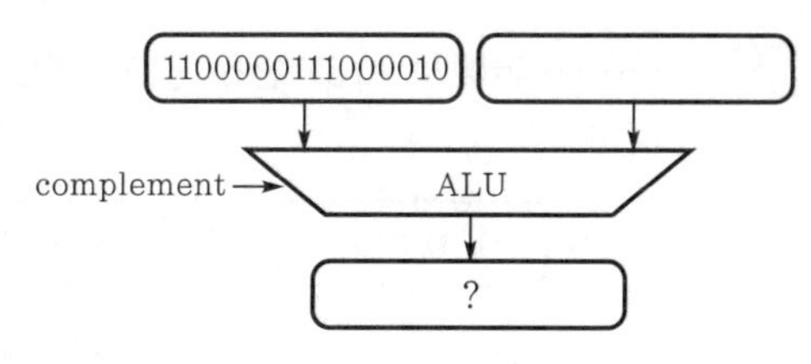

① 11000001 11000010
② 11000001 00111101
③ 00111110 11000010
④ 00111110 00111101

해설 보수(complement) 연산이므로 '1'을 '0'으로, '0'을 '1'로 한다.

26

다음 중 연산 회로에 해당되지 않는 것은?

① 메모리 회로
② 산술 연산 회로
③ 논리 연산 회로
④ 시프트 회로

해설 연산 회로는 산술 연산, 논리 연산, 시프트 회로, 가산기, 누산기 등이 있다.

27

다음 중 이항 연산에 해당하는 것은?

① Shift ② XOR
③ Move ④ Complement

해설 **이항 연산** : 사칙 연산, AND, OR, XOR 등이다.

28

기억 장치의 정보를 중앙 처리 장치로 가져오는 기능을 하는 연산자는?

① Load ② ADD
③ Shift ④ Store

해설 ㉠ Load : 기억 장치에서 레지스터(중앙 처리 장치)로 옮겨가는 명령이다.
㉡ Store : 중앙 처리 장치(레지스터)에서 기억 장치로 옮겨가는 명령이다.

정답 21.④ 22.② 23.④ 24.① 25.④ 26.① 27.② 28.①

29 다음 도면에서 AND 연산 결과값으로 옳은 것은?

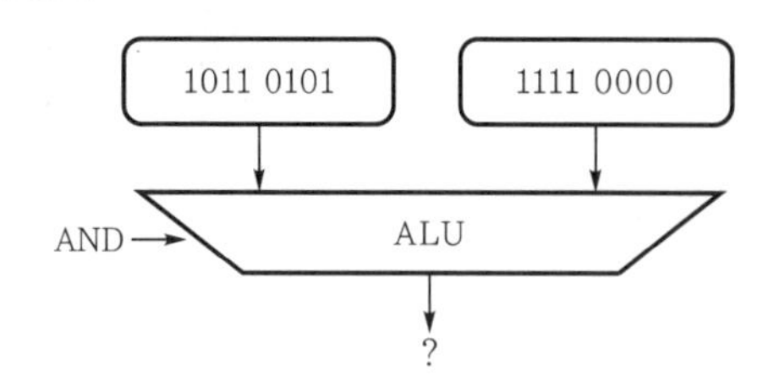

① 1101 0000 ② 1011 0000
③ 1110 0000 ④ 0100 1010

해설 AND 연산은 두 입력이 모두 '1'인 때만 출력이 '1'로 나타낸다.

```
     10110101
AND  11110000
     10110000
```

30 AND 연산에서 레지스터 내의 어느 비트 또는 문자를 지울 것인지를 결정하는 데이터는?

① Mask bit ② Parity bit
③ Sign bit ④ Check bit

해설 비트(bit) 또는 문자의 삭제를 결정하는 입력 데이터를 마스크 비트(mask bit)라 한다.

31 다음 중 단항 연산(unary operation)은?

① OR ② AND
③ EX－OR ④ Move

32 다음 연산자의 수행 결과는?

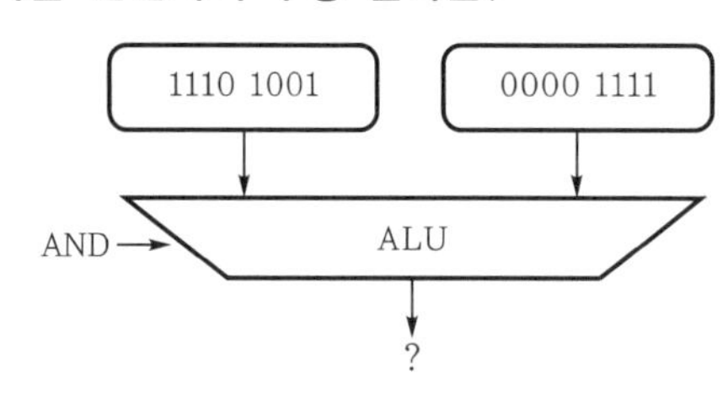

① 1110 1001 ② 1110 1111
③ 0000 1001 ④ 1111 0110

해설 AND 연산은 두 입력이 모두 '1'인 때만 출력이 '1'로 나타낸다.

33 연산기의 입력 자료를 그대로 출력하는 것으로, 컴퓨터 내부에 있는 하나의 레지스터에 기억된 자료를 다른 레지스터로 옮길 때 이용되는 논리 연산은?

① Move 연산 ② AND 연산
③ OR 연산 ④ Unary 연산

해설 Move는 단항 연산으로, 하나의 레지스터에 기억된 데이터를 다른 레지스터로 옮기는 데 이용된다.

34 연산 회로 중 시프트에 의하여 바깥으로 밀려나는 비트가 그 반대편의 빈 곳에 채워지는 형태의 직렬 이동은?

① Rotate ② AND
③ OR ④ Complement

해설 밀려나온 비트가 그 반대편의 빈 곳으로 채워지는 연산은 Rotate(로테이트)이다.

35 컴퓨터의 내부 구조를 설명할 때 사용하는 연산 방식이 아닌 것은?

① 2진수 연산 ② 6진수 연산
③ 8진수 연산 ④ 16진수 연산

해설 컴퓨터의 내부 구조를 설명할 때는 2진수, 8진수, 16진수 연산을 사용한다.

36 컴퓨터의 연산기가 수행하는 논리 연산 명령에 해당하지 않는 것은?

① AND ② OR
③ Complement ④ Move

해설 **컴퓨터 연산 명령**
㉠ 산술 연산 명령 : 가산, 감산, 승산, 제산, 증가, 감소 등

정답 29.② 30.① 31.④ 32.③ 33.① 34.① 35.② 36.④

㉡ 논리 연산 명령 : AND, OR, XOR, Complement 등
㉢ 비트 조작 명령 : 시프트, 로테이트 등

37 다음 그림과 같이 ALU에서 Move 연산이 실행될 C레지스터의 내용은?

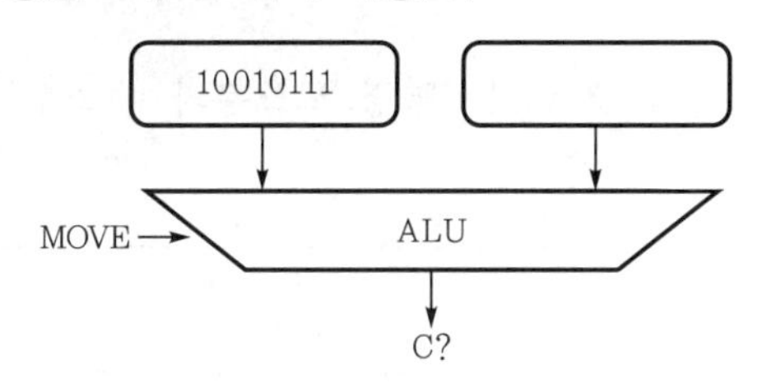

① 01101000 ② 10010111
③ 10001111 ④ 11110000

해설 Move 연산은 입력 데이터를 그대로 출력한다.

38 어큐뮬레이터에 있는 10진수 12를 왼쪽으로 2번 시프트시킨 후의 값은?

① 12 ② 24
③ 36 ④ 48

해설 왼쪽으로 2비트 이동하므로 1100에서 110000이 된다.
10진수 48이 된다.

39 2진수 데이터 1100 1010과 1001 1001을 AND 연산한 경우 결과값은?

① 1101 1011 ② 1001 0100
③ 1000 1000 ④ 0110 0101

해설 AND 연산은 두 입력이 모두 '1'인 때만 출력이 '1'로 나타낸다.

```
    11001010
AND 10011001
    10001000
```

40 비수치 연산에서 1개의 입력 데이터를 연산기에 넣어 그대로 출력을 내보내는 단일 연산은?

① Move ② AND
③ OR ④ Complement

해설 Move 연산은 입력 데이터를 그대로 출력한다.

41 다음 중 산술적 연산에서 필요하지 않은 명령은?

① AND ② ADD
③ Subtract ④ Divide

해설 **산술 연산** : ADD(덧셈), Subtract(뺄셈), Multiply(곱셈), Divide(나눗셈) 등

42 ADD 동작이 산술 연산 명령이라면, OR 동작은 무엇인가?

① 제어 명령 ② 논리 연산 명령
③ 데이터 전송 명령 ④ 분기 명령

해설 **컴퓨터의 연산 명령**
㉠ 산술 연산 명령 : 가산, 감산, 승산, 제산, 증가, 감소 등
㉡ 논리 연산 명령 : AND, OR, XOR, Complement 등
㉢ 비트 조작 명령 : 시프트, 로테이트 등

43 2진수 01101001이 1의 보수기를 통과했다. 누산기에 보관된 내용은?

① 10010110 ② 01101001
③ 00000000 ④ 11111111

해설 1의 보수는 부정을 취하면 되므로, 01101001의 1의 보수는 10010110이 된다.

정답 37.② 38.④ 39.③ 40.① 41.① 42.② 43.①

[2010년 5회 출제]
[2013년 1회 출제]
[2013년 2회 출제]
명령어는 명령 코드부(연산자부)와 주소부(오퍼랜드)로 구성된다.

04 명령어와 지정 방식

1 연산자

(1) 명령어(instruction)의 구성

컴퓨터에서 사용되는 명령어(instruction)는 명령 코드부와 주소부로 구성된다.

OP−Code (명령 코드부)	Operand (주소부)

❙ 명령어의 구성 형식 ❙

① 명령 코드부(Operation Code ; OP−Code)

㉠ 연산자부라고도 하며 실제 수행해야 할 동작을 명시한다.

㉡ 명령어의 종류를 나타내는 것으로, 수행할 연산 코드를 나타내는 부분이다.

㉢ 명령 코드의 비트가 n이면 총 $2n$개의 명령어를 만들 수 있다.

② 주소부(operand)

㉠ 번지부라고도 하며 동작을 수행하는 데 필요한 정보를 지정하는 부분이다.

㉡ 데이터가 기억된 메모리 주소나 레지스터 등을 지정하는 피연산자 부분이다.

(2) 연산자(OP−Code)의 기능

① 함수 연산 기능 : 산술 연산(ADD, SUB, MUL, DIV) 및 논리 연산(AND, OR, NOT 등)을 수행한다.

② 전달 기능 : CPU와 주기억 장치 간의 데이터 전송을 담당한다.

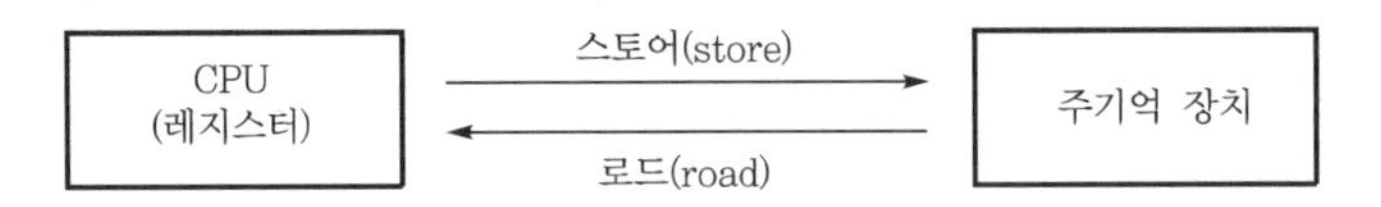

③ 제어 기능

㉠ 프로그램의 순서를 제어하기 위해 분기하는 기능이다.

㉡ 무조건 분기(Goto, Jump 등)와 조건 분기(IF, ON Goto 등)가 있다.

④ 입・출력 기능 : 데이터를 입력(input)하고 출력(output)하는 기능을 한다.

2 주소 지정 방식

기출문제 핵심잡기

(1) 접근 방식에 의한 분류

① **묵시적 주소 지정**(implied address)

㉠ 피연산자의 명령어에 묵시적으로 정의된다.

㉡ 스택을 이용하는 0주소 지정 방식이다.

㉢ 메모리 참조 횟수 : 0회

② **즉시 주소 지정**(immediate address)

㉠ 주소부에 있는 값이 실제 데이터가 되는 경우이다.

㉡ 메모리 참조 횟수 : 0회

연산자	실제 데이터

[2010년 1회 출제]
[2011년 2회 출제]
즉시 주소 지정
주소부의 값이 실제 데이터가 되며 메모리 참조 횟수는 0회이다.

③ **직접 주소 지정**(direct address)

㉠ 주소부에 있는 값이 실제 데이터가 기억된 메모리 내의 주소가 된다.

㉡ 메모리 참조 횟수 : 1회

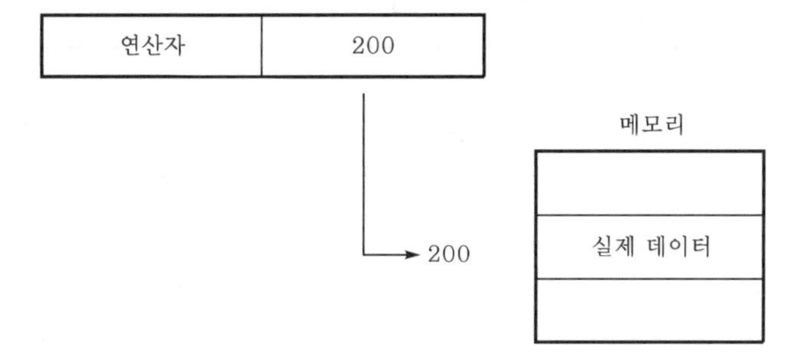

[2012년 1회 출제]
직접 주소 지정
주소부의 값이 실제 데이터가 기억된 메모리의 주소를 나타내며 메모리 참조 횟수는 1회이다.

④ **간접 주소 지정**(indirect address)

㉠ 주소부가 지정하는 곳에 있는 메모리값이 실제 데이터가 기억된 주소를 가진다.

㉡ 메모리 참조 횟수 : 2회 이상

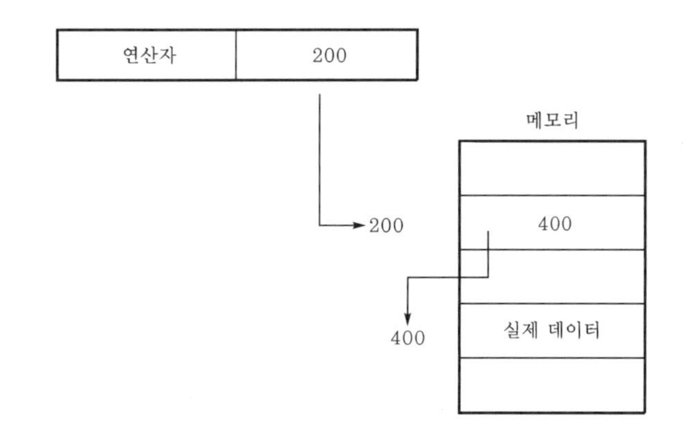

[2011년 1회 출제]
[2011년 5회 출제]
[2012년 2회 출제]
[2013년 3회 출제]
[2014년 1회 출제]
[2016년 1회 출제]
[2016년 2회 출제]
간접 주소 지정
주소부의 값이 지정하는 메모리값이 실제 데이터가 기억된 주소를 가지는 경우로, 메모리 참조 횟수가 2회 이상이다.

(2) 계산에 의한 주소 지정 방식

실제 데이터가 들어갈 메모리의 위치를 지정할 때 명령어의 주소 부분에 있는 값과 특정 레지스터에 기억된 값을 더해서 지정하는 방식으로, 특정 레지스터에는 프로그램 카운터(PC), 인덱스 레지스터, 베이스 레지스터 등이 있다.

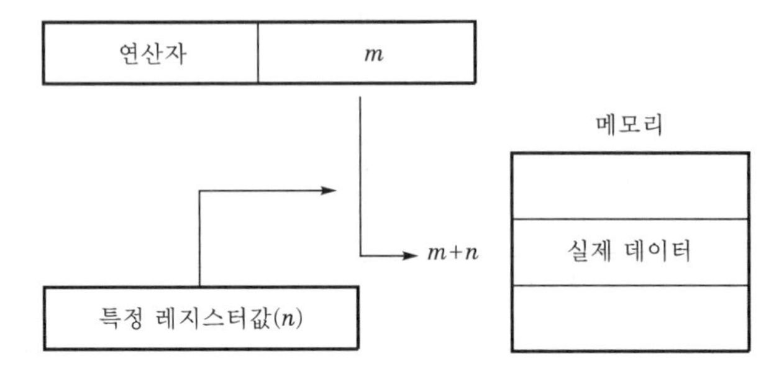

[2010년 1회 출제]
[2010년 5회 출제]
[2012년 5회 출제]
[2013년 1회 출제]
상대 주소 지정
프로그램 카운터(PC)와 주소부가 더해져 유효 주소 결정

상대 주소 지정 (relative adress)	프로그램 카운터와 주소부가 더해져 유효 주소 결정
인덱스 주소 지정 (indexed adress)	인덱스 레지스터값과 주소부가 더해져 유효 주소 결정
베이스 주소 지정 (base adress)	베이스 레지스터값과 주소부가 더해져 유효 주소 결정

(3) 실제 기억 공간과의 연관에 따른 분류

절대 주소 (absolute adress)	기억 장치 고유의 번지로서, 기억 장소를 직접 숫자(16진수)로 지정하는 주소로 이해하기는 쉬우나 기억 장치의 이용 효율은 저하된다.
상대 주소 (relative adress)	특정 번지를 기준으로 상대적 위치를 나타내는 번지로서, 기억 장치의 이용 효율은 좋으나 이해하기가 어렵다.

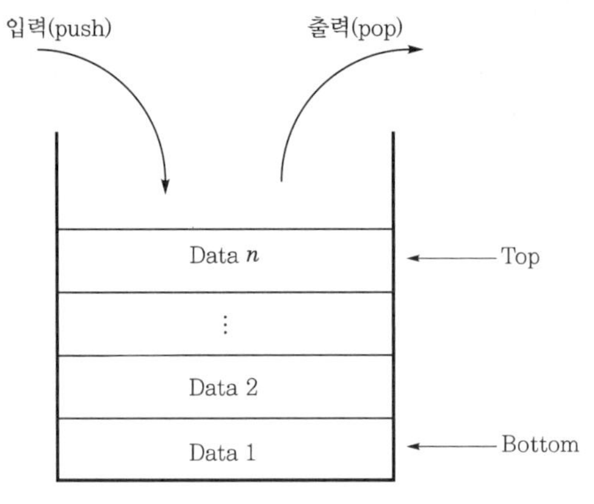

▎스택의 동작 구조▕

깐깐체크

1. **스택**(stack)
   ㉠ 스택은 모든 원소들의 삽입과 삭제가 리스트의 한쪽 끝에서만 수행되는 선형 자료 구조이다.
   ㉡ 삽입과 삭제가 일어나는 리스트의 끝을 Top이라 하고, 다른 한쪽 끝을 Bottom이라 한다.
   ㉢ 스택은 나중에 입력된 자료가 먼저 처리되는 후입 선출(LIFO : Last In First Out) 구조이다.
   ㉣ 스택의 자료 삽입(입력)은 Push, 자료 삭제(출력)는 Pop이다.
   ㉤ 스택 포인터(SP : Stack Pointer)는 항상 Top를 가리킨다.

2. **큐**(queue)
   ㉠ 큐는 리스트의 한쪽 끝(front)에서는 원소들이 삭제되고 반대쪽 끝(rear)에서는 원소들의 삽입만 가능한 선형 자료 구조이다.
   ㉡ 큐는 먼저 들어온 데이터가 먼저 출력되는 선입 선출(FIFO : First In First Output) 구조이다.

기출문제 핵심잡기

[2010년 2회 출제]
[2011년 2회 출제]
[2013년 1회 출제]
스택은 주소 지정에 이용되는 후입 선출(LIFO) 구조이다.

[2011년 1회 출제]
[2013년 3회 출제]
큐는 선입 선출(FIFO) 구조이다.

3 명령어의 형식

(1) 0주소 명령어

① 주소부가 필요 없이 명령어만 존재하는 형식이다.
② 스택(stack)에서 사용되는 방식이다.
③ 데이터를 기억시킬 때 Push, 꺼낼 때 Pop을 사용한다.

연산자(OP-Code)

ex 1. Push X ← X의 값을 스택에 기억
2. Push Y ← Y의 값을 스택에 기억
3. ADD ← X와 Y의 값을 더해서 스택에 기억

[2010년 1회 출제]
[2011년 1회 출제]
[2014년 1회 출제]
0주소 명령에는 주소부가 필요없으며 스택에서 사용되는 방식이다.

(2) 1주소 명령어

① 연산자와 1개의 주소부로 구성된다.
② 연산 결과 : CPU 내의 누산기(accumulator ; AC)에 기억된다.

연산자(OP-Code)	주소(operand)

ex LOAD X ← X의 값을 누산기에 기억

[2012년 2회 출제]
1주소 명령어는 연산자와 주소부로 구성되며 연산의 결과는 누산기에 기억된다.

기출문제 핵심잡기

(3) 2주소 명령어

① 연산자와 2개의 주소부로 구성된다.
② 연산 결과 : 주소 2에 기억된다.
③ 주소 2의 내용이 연산 결과 저장으로 소멸된다.
④ 가장 일반적인 경우로, 주소부에 레지스터나 메모리 주소를 지정한다.

연산자(OP-Code)	주소 1	주소 2

ex Move R_1 X ← X의 값을 R_1 레지스터로 이동

[2012년 1회 출제]
[2012년 2회 출제]
3주소 명령어
3주소 명령어는 연산자와 3개의 주소부로 구성되며 연산의 결과는 주소 3에 기억된다.

(4) 3주소 명령어

① 연산자와 3개의 주소부로 구성된다.
② 연산 결과 : 주소 3에 기억된다.
③ 주소 3에 결과가 기억되므로 연산 후에도 입력 자료가 변하지 않고 보존된다.
④ 여러 개의 범용 레지스터를 가진 컴퓨터에서 사용할 수 있는 형식이다.
⑤ 하나의 명령어를 수행하는 데 최소 4번 기억 장치에 접근하므로 수행 시간이 길어 별로 사용하지 않는다.

연산자(OP-Code)	주소 1	주소 2	주소 3(결과 주소)

ex ADD 100 200 250 ← 100번지, 200번지에 기억된 값을 더해서 250번지에 기억

[2016년 2회 출제]

4 마이크로 오퍼레이션(micro operation)

① 레지스터에 저장되어 있는 데이터로 실행되는 동작으로, 하나의 클록 펄스(clock pulse) 동안에 실행되는 동작이다.
② 명령의 수행은 CPU의 상태 변환으로 이루어지며, CPU의 상태 변환은 마이크로 오퍼레이션으로 이루어진다.

[2011년 1회 출제]
[2011년 2회 출제]
[2011년 5회 출제]
[2012년 5회 출제]
[2013년 1회 출제]
[2013년 2회 출제]
[2014년 1회 출제]
인출(fetch)은 주기억 장치로부터 명령을 읽어 CPU로 가져오는 사이클이다.

| CPU의 상태 변환 |

인출 사이클 (fetch cycle)	주기억 장치로부터 명령을 읽어 CPU로 가져오는 사이클
간접 사이클 (indirect cycle)	오퍼랜드가 간접 주소일 때 유효 주소를 읽기 위해 기억 장치에 접근하는 사이클
실행 사이클 (execute cycle)	인출된 명령어를 이용하여 직접 명령을 실행하는 사이클
인터럽트 사이클 (interrupt cycle)	인터럽트가 발생했을 때 처리하는 사이클

5 인터럽트(interrupt)

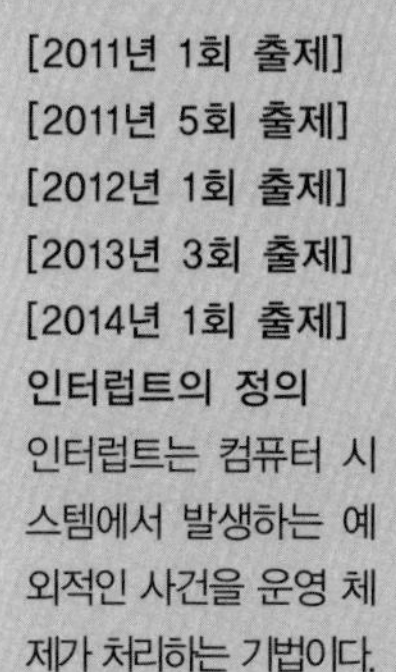

(1) 인터럽트의 정의

① 인터럽트란 컴퓨터 시스템에서 발생하는 예외적인 사건을 운영 체제가 처리하기 위한 기법이다.
② 인터럽트가 발생하면 현재 수행 중인 프로그램을 일시 정지하고 인터럽트 처리 루틴을 수행한 후 원래의 프로그램으로 복귀한다.

[2011년 1회 출제]
[2011년 5회 출제]
[2012년 1회 출제]
[2013년 3회 출제]
[2014년 1회 출제]
인터럽트의 정의
인터럽트는 컴퓨터 시스템에서 발생하는 예외적인 사건을 운영 체제가 처리하는 기법이다.

(2) 인터럽트의 종류

구분	종류	원인
소프트웨어 인터럽트	슈퍼바이저 호출 인터럽트 (SVC : SuperVisor Call)	• 사용자 프로그램 명령어에 의해 발생 • 입・출력 수행, 기억 장치 할당, 오퍼레이터와의 대화 등을 위해 발생
	프로그램 검사 인터럽트 (program check interrupt)	• 내부 인터럽트 • 무한 루프나 0으로 나누는 연산 등 프로그램 명령법 오류 시 발생
하드웨어 인터럽트	정전 인터럽트	정전 시 발생
	기계 검사 인터럽트 (machine check interrupt)	기계적인 장애나 에러 시 발생
	입・출력 인터럽트 (I/O interrupt)	입・출력 요구가 완료되었을 때 발생
	외부 인터럽트 (external interrupt)	타이머, 전원 등의 외부 신호 및 오퍼레이터의 조작에 의해 발생

[2010년 2회 출제]
프로그램 검사 인터럽트는 내부 인터럽트이다.

(3) 우선순위 인터럽트

① 우선순위 인터럽트는 여러 개의 인터럽트 발생 시 처리하는 방법이다.
② 정전 인터럽트가 우선순위가 가장 높다.
③ 하드웨어 인터럽트가 소프트웨어 인터럽트보다 우선순위가 높다.

▌우선순위 인터럽트의 종류▐

구분	종류	처리
소프트웨어 우선순위	폴링 방식	프로그램에 의해 우선순위를 검사한다.
하드웨어 우선순위	데이지 체인 방식	모든 장치를 우선순위에 따라 직렬로 연결한다.
	병렬 우선순위 방식	각 장치의 인터럽트 요청에 따라 개별적으로 지정되는 레지스터를 사용한다.

[2010년 5회 출제]
[2011년 2회 출제]
[2012년 2회 출제]
[2012년 5회 출제]
[2016년 1회 출제]
우선순위 인터럽트
우선순위 인터럽트에는 소프트웨어 방식인 폴링 방식과 하드웨어 방식인 데이지 체인 방식, 병렬 우선순위 방식이 있다.

단락별 기출 · 예상 문제

01 **컴퓨터를 워드 머신, 바이트 머신으로 나누는데 그 기준은 어디에 있는가?**

① 번지를 부여하는 방법
② 레지스터의 용량
③ 메모리의 기억 용량
④ 버퍼(buffer)의 용량

해설 ㉠ 워드 머신 : 워드 단위로 주소(번지)가 부여된다.
㉡ 바이트 머신 : 바이트 단위로 주소(번지)가 부여된다.

02 **다음은 Micro processor의 일반적 명령어이다. 연관이 잘못된 것은?**

① CMP－비교 ② SUB－감산
③ ADD－가산 ④ AND－논리합

해설 논리합 － OR, 논리곱 － AND

03 **다음 중 제어 장치의 번지 지정 방식이 아닌 것은?**

① 간접 번지 ② 직접 번지
③ 상대 번지 ④ 직 · 간접 번지

해설 번지 지정 방식에는 즉시 번지, 직접 번지, 간접 번지, 상대 번지, 레지스터 번지 방식 등이 있다.

04 **자료가 리스트에 첨가되는 순서에서 그 반대의 순서대로만 처리 가능한 것을 FIFO 리스트라 하는데 이것을 무엇이라 부르는가?**

① 큐(queue) ② 스택(stack)
③ 데큐(deque) ④ 피포(FIFO)

해설 선입 선출(FIFO)은 큐(queue)의 메모리 구조로, 먼저 삽입된 데이터가 먼저 삭제되는 구조이다.

05 **프로그램은 일의 처리 순서를 기술한 명령의 집합이다. 각 명령은 어떻게 구성되는가?**

① 오퍼레이션과 오퍼랜드
② 명령 코드와 실행 프로그램
③ 오퍼랜드와 제어 프로그램
④ 오퍼랜드와 목적 프로그램

해설 명령(instruction)은 OP(Operation) Code와 Operand로 구성된다.

06 **스택(stack) 구조를 갖는 명령 형식은?**

① 0주소 지정 명령 ② 1주소 지정 명령
③ 2주소 지정 명령 ④ 3주소 지정 명령

해설 스택 구조를 갖는 명령 형식은 0(영)주소 지정 명령이다.

07 **Stack의 용어 중 관련없는 것은?**

① LIFO ② Pop－up
③ Push－down ④ Front

해설 **스택(stack)**
㉠ 모든 원소들의 삽입과 삭제가 리스트의 한쪽 끝에서만 수행되는 선형 자료 구조이다.
㉡ 나중에 입력된 자료가 먼저 처리되는 후입 선출(LIFO : Last In First Out) 구조이다.
㉢ 스택의 자료 삽입은 Push-down, 자료 삭제는 Pop－up이다.
㉣ 큐(queue)에서 사용되는 용어이다.

정답 01.① 02.④ 03.④ 04.① 05.① 06.① 07.④

08 연산자의 기능이 아닌 것은?

① 입·출력 기능 ② 제어 기능
③ 함수 연산 기능 ④ 기억 기능

해설 연산자는 입·출력 기능, 제어 기능, 함수 연산 기능 등이 있다.

09 다음 주소 지정 방식 중 레벨수가 1인 것은?

① 즉시(immediate) 주소 지정
② 직접(direct) 주소 지정
③ 간접(indirect) 주소 지정
④ 레지스터(register) 주소 지정

해설 ① 즉시 주소 지정 : 0
② 직접 주소 지정 : 1
③ 간접 주소 지정 : 2
④ 레지스터 주소 지정 : 0.5

10 계수를 하기도 하고 이것의 값이 실제의 어드레스를 구하는 데 사용하는 레지스터는?

① 인덱스 레지스터
② 베이스 레지스터
③ 기억 데이터 레지스터
④ 기억 어드레스 레지스터

해설 인덱스 레지스터는 계수를 하기도 하고 실제 번지를 구하기도 한다.

11 주기억 장치의 크기가 4[kbyte]일 때 어드레스수는?

① 0번지에서 3999번지까지
② 1번지에서 4000번지까지
③ 0번지에서 4095번지까지
④ 1번지에서 4095번지까지

해설 1[kbyte]는 1024[byte]이므로 4[kbyte]는 4096[byte]이다. 따라서 어드레스수는 0번지에서 4095번지까지이다.

12 명령어의 종류에는 데이터 전송 명령어, 데이터 처리 명령어 및 프로그램 제어 명령어가 있다. 데이터 전송 명령어에서 메모리 → 레지스터는 Load, 레지스터 → 메모리는 Store라 하는데 레지스터와 스택 사이에서 스택에 저장하는 경우를 무엇이라 하는가?

① Move ② Exchange
③ POP ④ Push

해설 ㉠ Push는 스택에 데이터나 주소를 저장하는 것을 말한다(입력).
㉡ POP는 스택에서 데이터나 주소를 가져오는 것을 말한다(출력).

13 다음 중 3주소 명령어의 설명으로 옳지 않은 것은?

① 오퍼랜드부가 3개로 구성된다.
② 레지스터가 많이 필요하다.
③ 원시 자료를 파괴하지 않는다.
④ 스택을 이용하여 연산한다.

해설 **3주소 명령 형식**
㉠ 주소부가 3개로 구성되어 연산 후에도 입력 자료가 변하지 않고 보존된다.
㉡ 여러 개의 범용 레지스터를 가진 컴퓨터에서 사용할 수 있는 형식이다.
㉢ 명령을 수행하기 위해 최소 4번 기억 장치에 접근하므로 수행 시간이 길다.

14 다음 그림은 어떤 명령어의 형식을 나타낸 것인가?

오퍼레이션 코드	피연산자의 주소(A)	피연산자의 주소(B)

① 단일 주소 명령어
② 2주소 명령어
③ 3주소 명령어
④ 4주소 명령어

정답 08.④ 09.② 10.① 11.③ 12.④ 13.④ 14.②

해설 명령 형식의 종류

㉠ 0주소 명령 형식 : 오퍼레이션 코드만 존재하고 피연산자의 주소가 없는 형식으로 스택을 이용하게 된다. 데이터를 기억시킬 때 Push, 꺼낼 때 POP을 사용한다.
㉡ 1주소 명령 형식 : 오퍼레이션 코드와 피연산자의 주소가 있는 형식으로 연산 결과는 누산기(AC)에 저장된다.
㉢ 2주소 명령 형식 : 오퍼레이션 코드와 주소부가 2개로 구성되어 연산 결과를 그중 한 곳에 저장한다. 따라서 한 곳의 내용이 연산 결과 저장으로 소멸된다.
㉣ 3주소 명령 형식 : 오퍼레이션 코드와 주소부가 3개로 구성되어 연산 후에도 입력 자료가 변하지 않고 보존된다. 여러 개의 범용 레지스터를 가진 컴퓨터에서 사용할 수 있는 형식이다. 명령을 수행하기 위해 최소 4번 기억 장치에 접근하므로 수행시간이 길다.

15 처리되고 있는 프로그램이 중단 요청으로 일시 정지하는 것을 무엇이라 하는가?

① 명령 실행 ② 인터럽트
③ 명령 인출 ④ 간접 단계

해설 처리되고 있는 프로그램이 중단 요청을 받아 일시 정지하는 것을 인터럽트라고 한다.

16 정보의 입·출력의 순서가 바뀌는 것은?

① Deque ② Queue
③ Stack ④ Circular list

해설 Stack은 나중에 입력된 자료가 먼저 처리되는 후입 선출(LIFO : Last In First Out) 구조이다.

17 로드(load)와 스토어(store) 동작은 어느 기능에 속하는가?

① 매크로 기능 ② 제어 기능
③ 연산 기능 ④ 전달 기능

해설 로드(메모리 → 레지스터)와 스토어(레지스터 → 메모리)는 전달 기능이다.

18 주소 부분이 없기 때문에 스택을 이용하여 연산을 수행하는 명령어는?

① 0주소 명령어 ② 1주소 명령어
③ 2주소 명령어 ④ 3주소 명령어

해설 스택(stack)은 0주소 지정 방식으로, 후입 선출(LIFO : Last In First Out)의 데이터 처리 방법을 갖는다.

19 스택(stack)에 대한 설명으로 틀린 것은?

① 0주소 지정에 이용된다.
② LIFO(Last In First Out)의 구조이다.
③ 일괄 처리, 스풀(spool) 운영에 사용한다.
④ 작업이 리스트의 한쪽에서만 처리되는 구조이다.

해설 Stack(스택)은 제일 나중에 들어온 원소가 제일 먼저 삭제되는 후입 선출(Last In First Out) 리스트이다.

20 자료 배열에 따른 구조 중 비선형 구조는?

① Tree ② Stack
③ Queue ④ Deque

해설 자료 구조

㉠ 선형 구조와 비선형 구조로 구분한다.
㉡ 선형 구조 : 배열, 레코드, 스택, 큐, 연결 리스트
㉢ 비선형 구조 : 트리, 그래프

21 기억 장치(memory unit)에서 Register로 옮겨가는 명령은?

① ADD ② Branch
③ Store ④ Load

해설 ③ Store : 레지스터에서 기억 장치로 옮겨가는 명령
④ Load : 기억 장치에서 레지스터로 옮겨가는 명령

정답 15.② 16.③ 17.④ 18.① 19.③ 20.① 21.④

22 마이크로 오퍼레이션에 대한 다음 정의 중 옳은 것은?

① 레지스터 상호간에 저장된 데이터의 이동에 의해 이루어지는 동작
② 컴퓨터의 빠른 계산 동작
③ 플립플롭 내에서 기억되는 동작
④ 2진수 계산에서 쓰이는 동작

해설 마이크로 오퍼레이션은 레지스터에 저장되어 있는 데이터로 실행되는 동작으로, 레지스터의 상태 변화를 말한다.

23 기억 장치에서 인스트럭션을 읽어서 중앙 처리 장치로 가져 올 때 중앙 처리 장치와 제어기는 어떠한 상태하에 있는가?

① Fetch state
② Execute state
③ Indirect state
④ Interrupt state

해설 ① 인출(fetch) : 주기억 장치로부터 명령을 읽어 CPU로 가져오는 상태
② 실행(execute) : 인출된 명령어를 이용하여 직접 명령을 실행하는 상태
③ 간접(indirect) : 오퍼랜드가 간접 주소일 때 유효 주소를 읽기 위해 기억 장치에 접근하는 상태
④ 인터럽트(interrupt) : 인터럽트가 발생했을 때 처리하는 상태

24 컴퓨터가 어떤 프로그램을 실행 중에 긴급 사태 등이 발생하면 실행 중인 프로그램을 일시 중단하여 긴급 사태에 대처하고, 긴급 처리가 끝나면 중단했던 프로그램을 다시 재개하는 제어 방식은?

① Interrupt control
② Sequential control
③ Advanced control
④ Synchronous control

해설 인터럽트는 컴퓨터에서 예외적인 사건을 운영 체제가 처리하는 기법으로, 슈퍼바이저 호출 인터럽트, 프로그램 검사 인터럽트, 정전 인터럽트, 기계 검사 인터럽트, 입·출력 인터럽트, 외부 인터럽트 등이 있다.

25 어떤 명령어를 반복적으로 처리하기 위하여 연속되지 않은 주소에 있는 명령어로 제어의 흐름을 바꾸도록 하는 명령어를 무엇이라 하는가?

① 명령어 처리 순서
② 명령어 해석
③ 명령어 수행
④ 분기 명령

해설 **분기 명령** : 명령의 반복 처리를 위해 연속되지 않은 주소에 있는 명령어로 제어의 흐름을 바꾸도록 하는 명령이다.

26 가장 먼저 들어온 데이터를 가장 먼저 내보내는 처리 방법은?

① FIFO ② DMA
③ CAM ④ DASD

해설 **큐(queue)**
㉠ 리스트의 한쪽 끝(front : 프론트)에서는 원소들이 삭제되고 반대쪽 끝(rear : 리어)에서는 원소들의 삽입만 가능한 선형 자료 구조이다.
㉡ 먼저 들어온 데이터가 먼저 출력되는 선입 선출(FIFO : First In First Output) 구조이다.

27 다음 중 입·출력 명령으로만 묶은 것은?

① INP, OUT ② JMP, ADD
③ LDA, ROL ④ CLA, ROR

해설 INP, OUT은 입·출력 명령, JMP는 분기 명령, ADD는 산술 논리 연산 명령, LDA는 전송 명령이다.

정답 22.① 23.① 24.① 25.④ 26.① 27.①

28 **명령 코드부가 4비트, 번지부가 8비트로 이루어진 명령어 형식에서 명령어와 어드레스의 개수는?**

① 명령어 4개, 어드레스 8개
② 명령어 4개, 어드레스 128개
③ 명령어 16개, 어드레스 128개
④ 명령어 16개, 어드레스 256개

해설 명령어의 수 $= 2^4 = 16$개
어드레스의 수 $= 2^8 = 256$개

29 **주기억 장치로부터 제어 장치로 해독할 명령을 꺼내오는 것을 무엇이라 하는가?**

① 실행(execution)
② 단항 연산(unary opration)
③ 직접 번지(direct address)
④ 명령어 인출(instruction fetch)

해설 주기억 장치로부터 제어 장치로 해독할 명령을 꺼내오는 것을 명령어 인출(instruction fetch)이라 한다.

30 **명령 형식을 구분함에 있어 오퍼랜드를 구성하는 주소의 수에 따라 0주소 명령, 1주소 명령, 2주소 명령, 3주소 명령 등으로 구분할 수 있다. 이 중 스택(stack) 구조를 가지는 명령 형식은?**

① 0주소 명령
② 1주소 명령
③ 2주소 명령
④ 3주소 명령

해설 스택(stack)은 번지 필드가 없는 0주소 형식 명령어이다.

31 **짧은 길이의 명령으로 큰 기억 장소의 번지를 지정할 때 적합하며, 메모리 참조 횟수가 2회 이상인 주소 지정 방식은?**

① Direct addressing mode
② Indirect addressing mode
③ Register addressing mode
④ Relative addressing moded

해설
- 즉시 주소 지정(immediate address) : 0회
- 직접 주소 지정(direct address) : 1회
- 간접 주소 지정(indirect address) : 2회 이상

32 **Program 수행 중 서브루틴(sub-routine)으로 돌입할 때 프로그램의 리턴 번지(return address)수를 LIFO(Last In First Out) 기술로 메모리의 일부에 저장한다. 이 메모리 부분을 무엇이라 하는가?**

① 주기억 장치 ② 보조 기억 장치
③ 스택 ④ 어셈블러

해설 스택(stack)은 맨 마지막에 들어온 데이터가 먼저 출력되는 후입 선출(LIFO : Last In First Out) 구조이다.

33 **다음 중 Addressing의 종류가 아닌 것은 무엇인가?**

① Immediate ② Direct
③ Relative ④ Relocate

해설 **Addressing의 종류**
㉠ Immediate addressing(즉시 주소 지정) : 주소부에 있는 값이 실제 데이터가 되는 경우
㉡ Direct addressing(직접 주소 지정) : 주소부에 있는 값이 실제 데이터가 기억된 메모리 내의 주소가 되는 경우
㉢ Indirect addressing(간접 주소 지정) : 주소부가 지정하는 곳에 있는 메모리의 값이 실제 데이터가 기억된 주소를 가지고 있는 경우
㉣ Relative addressing(상대 주소 지정) : 프로그램 카운터와 주소부가 더해져 유효 주소가 결정되는 경우

정답 28.④ 29.④ 30.① 31.② 32.③ 33.④

34 **주기억 장치로부터 명령어를 읽어서 중앙 처리 장치로 가져오는 사이클은?**

① Fetch cycle
② Indirect cycle
③ Execute cycle
④ Interrupt cycle

해설 주기억 장치로부터 중앙 처리 장치로 해독할 명령을 꺼내오는 것을 명령어 인출(instruction fetch)이라 한다.

35 출제빈도 **다음 중 명령의 오퍼랜드 부분의 주소값과 프로그램 카운터의 값이 더해져 실제 데이터가 저장된 기억 장소의 주소를 나타내는 주소 지정 방식은?**

① 간접 주소 지정 방식
② 인덱스 레지스터 주소 지정 방식
③ 베이스 레지스터 주소 지정 방식
④ 상대 주소 지정 방식

해설 **주소 지정 방식**
㉠ Indexed addressing(인덱스 주소 지정) : 인덱스 레지스터값과 주소부가 더해져 유효 주소가 결정되는 경우
㉡ Base addressing(베이스 주소 지정) : 베이스 레지스터값과 주소부가 더해져 유효 주소가 결정되는 경우
㉢ Relative addressing(상대 주소 지정) : 프로그램 카운터와 주소부가 더해져 유효 주소가 결정되는 경우

36 **인터럽트 순위에서 가장 높은 우선순위에 해당되는 것은?**

① 정전　② 기계적 고장
③ 프로그램 오류　④ 입력과 출력

해설 **인터럽트의 우선순위** : 정전 인터럽트 → 기계 고장 인터럽트 → 외부 인터럽트 → 입·출력 인터럽트 → 프로그램 인터럽트 → 슈퍼바이저 호출 인터럽트

37 출제빈도 **Register에서 기억 장치(memory unit)로 옮겨가는 명령은?**

① ADD　② Branch
③ Store　④ Load

해설 ③ Store(스토어) : 레지스터에서 기억 장치로 옮겨가는 명령
④ Load(로드) : 기억 장치에서 레지스터로 옮겨가는 명령

38 **특별한 조건이나 신호가 컴퓨터에 인터럽트 되는 것을 방지하는 것은?**

① 인터럽트 마스크
② 인터럽트 레벨
③ 인터럽트 카운터
④ 인터럽트 핸들러

해설 인터럽트 마스크는 레지스터에 의해 특정 인터럽트 처리가 실행되지 않도록 억제하는 방법이다.

39 출제빈도 **소프트웨어(software)에 의한 우선순위(priority) 체제에 관한 설명 중 옳지 않은 것은?**

① 별도의 하드웨어가 필요 없으므로 경제적이다.
② 인터럽트 요청 장치의 패널에 시간이 많이 걸리므로 반응속도가 느리다.
③ 폴링 방법이라고 한다.
④ 하드웨어 우선순위 체제에 비해 우선순위(priority)의 변경이 매우 복잡하다.

해설 소프트웨어(software)에 의한 우선순위(priority) 체제의 변경이 하드웨어 우선순위 체제에 비하여 변경이 쉽다.

40 **메모리로부터 데이터를 읽어내는 동작은?**

① 읽기(read)　② 쓰기(write)
③ 전송(transfer)　④ 연산(arithmetic)

정답 34.① 35.④ 36.① 37.③ 38.① 39.④ 40.①

해설 쓰기와 읽기
㉠ 쓰기(write) : 주기억 장치에 데이터를 기억시키는 것
㉡ 읽기(read) : 주기억 장치에서 기억된 내용을 꺼내는 것

41 CPU는 처리 속도가 빠르고 주변 장치는 처리 속도가 늦기 때문에 CPU를 효율적으로 사용하기 위한 방안으로 주변 장치에서 요청이 있을 때만 취급을 하고 그 외에는 CPU가 다른 일을 하는 방식은?

① Interrupt
② Isolated I/O
③ Parallel processing
④ DMA

해설 **인터럽트** : 컴퓨터 시스템에서 발생하는 예외적인 사건을 운영 체제가 처리하기 위한 기법으로, 컴퓨터가 어떤 프로그램을 실행 중에 긴급 사태 등이 발생하면 진행 중인 프로그램을 일시 중단하여 긴급 사태에 대처하고 긴급 처리가 끝나면 중단했던 프로그램을 재개하는 방식이다.

42 누산기의 내용을 주기억 장치에 기억시키는 것은?

① Load ② Store
③ Jump ④ ADD

해설 Load와 Store
㉠ Load : 기억 장치에서 레지스터로 옮겨 가는 명령이다.
㉡ Store : 레지스터에서 기억 장치로 옮겨 가는 명령이다.

43 스택 포인터는 항상 스택의 어느 곳을 가리키는가?

① Bottom ② Push
③ Top ④ Pop

해설 스택(stack)
㉠ 모든 원소들의 삽입과 삭제가 리스트의 한쪽 끝에서만 수행되는 선형 자료 구조이다.
㉡ 삽입과 삭제가 일어나는 리스트의 끝을 Top이라 하고, 다른 한쪽 끝을 Bottom이라 한다.
㉢ 스택 포인터(SP : Stack Pointer)는 항상 Top을 가리킨다.

44 영(zero) 주소 인스트럭션에서 반드시 필요한 것은?

① Register ② Store
③ Load ④ Stack

해설 0주소 명령어는 주소부가 필요없이 명령어만 존재하는 형식으로, 스택(stack)에서 사용되는 방식이다.

45 (출제빈도) 명령에 나타난 OP 코드 수행에서 오퍼랜드의 주소를 지정할 필요 없이 주소를 위한 스택(stack)을 가지고 있는 명령 형식은?

① 0주소 명령 형식 ② 1주소 명령 형식
③ 2주소 명령 형식 ④ 3주소 명령 형식

해설 명령어의 형식
㉠ 0주소 명령어 : 주소부가 필요없이 명령어만 존재하는 형식으로, 스택(stack)에서 사용되는 방식이다.
㉡ 1주소 명령어 : 연산자와 1개의 주소부로 구성되며 연산 결과는 누산기(accumulator : AC)에 기억된다.
㉢ 2주소 명령어 : 연산자와 2개의 주소부로 구성되며 연산 결과는 주소 2에 기억된다.
㉣ 3주소 명령어 : 연산자와 3개의 주소부로 구성되며 연산의 결과는 주소 3에 기억된다.

46 일반적인 명령어 중 잘못 짝지어진 것은?

① ADD－덧셈 ② SUB－뺄셈
③ Shift－비교 ④ OR－논리합

정답 41.① 42.② 43.③ 44.④ 45.① 46.③

해설 CMP가 비교 명령어이다.

47 **자료가 리스트에 첨가되는 순서대로만 처리할 수 있는 것이 FIFO 리스트라 하는데 다른 말로 표현하면 무엇인가?**

① 큐(queue)
② 스택(stack)
② 힙(heap)
④ 리포(LIFO)

해설 **큐(queue)**
㉠ 리스트의 한쪽 끝(front)에서는 원소들이 삭제되고 반대쪽 끝(rear)에서는 원소들의 삽입만 가능한 선형 자료 구조이다.
㉡ 먼저 들어온 데이터가 먼저 출력되는 선입 선출(FIFO : First In First Output) 구조이다.

48 **다음 중 서브루틴의 실행 후 스택 포인터값은 어떻게 변하는가?**

① '0'으로 변한다.
② 원상 복구된다.
③ '1' 증가한다.
④ '1' 감소한다.

해설 서브루틴의 실행 후 스택 포인터값은 '0'으로 변한다.

49 **주소 지정 방식 중 명령어 내의 주소부에 실제 데이터값을 지정하는 것은?**

① 즉시 주소 지정 방식
② 직접 주소 지정 방식
③ 간접 주소 지정 방식
④ 계산에 의한 주소 지정 방식

해설 **주소 지정 방식의 종류**
㉠ Immediate addressing(즉시 주소 지정) : 주소부에 있는 값이 실제 데이터가 되는 경우
㉡ Direct addressing(직접 주소 지정) : 주소부에 있는 값이 실제 데이터가 기억된 메모리 내의 주소가 되는 경우
㉢ Indirect addressing(간접 주소 지정) : 주소부가 지정하는 곳에 있는 메모리의 값이 실제 데이터가 기억된 주소를 가지고 있는 경우
㉣ Indexed addressing(인덱스 주소 지정) : 인덱스 레지스터값과 주소부가 더해져 유효 주소가 결정되는 경우
㉤ Base addressing(베이스 주소 지정) : 베이스 레지스터값과 주소부가 더해져 유효 주소가 결정되는 경우
㉥ Relative addressing(상대 주소 지정) : 프로그램 카운터와 주소부가 더해져 유효 주소가 결정되는 경우

50 **명령어의 주소를 지정하는 방식에 대한 설명 중 옳지 않은 것은?**

① 주소 지정 방식은 한 가지 방식으로 통일하여야 한다.
② 효율적으로 주소를 나타낼 수 있어야 한다.
③ 주소 공간과 기억 공간을 독립시켜야 한다.
④ 사용자가 사용하기 편리하여야 한다.

해설 명령어의 주소 지정 방식은 다양하다(즉시 주소, 직접 주소, 간접 주소, 계산에 의한 주소 지정 방식 등).

51 CPU**와 주기억 장치 간에 발생하는** Load, Store **등의 명령은 연산자의 어떤 기능에 해당하는가?**

① 함수 연산기능
② 전달 기능
③ 제어 기능
④ 입・출력 기능

해설 **명령의 종류**
㉠ 전송 명령 : 로드(load), 스토어(store), 무브(move), 시프트(shift), 로테이트(rotate), 클리어(clear) 등
㉡ 제어 명령 : 점프(jump), 스킵(skip), 분기(branch) 등

정답 47.① 48.① 49.① 50.① 51.②

52 다음과 같은 형식의 명령 코드가 있다. 동작의 종류는 몇 가지가 가능한가?

1	2~6	7~16
1	OP	AD

① 4　　② 8
③ 16　　④ 32

해설 명령 코드(OP Code)는 5비트이므로 $2^5=32$에 해당하는 명령의 종류를 갖는다.

53 다음 중 제한된 영역 내 데이터를 어느 한쪽에서는 입력만 시키고, 그 반대쪽에서는 출력만 수행함으로써 가장 먼저 입력된 데이터가 가장 먼저 출력되는 선입 선출 형식의 구조는?

① 스택(stack)　　② 큐(queue)
③ 버스(bus)　　④ 캐시(cache)

해설 **큐(queue)**
㉠ 리스트의 한쪽 끝(front)에서는 원소들이 삭제되고 반대쪽 끝(rear)에서는 원소들의 삽입만 가능한 선형 자료 구조이다.
㉡ 먼저 들어온 데이터가 먼저 출력되는 선입 선출(FIFO : First In First Output) 구조이다.

54 출제빈도 다음 중 명령어가 기억 장치로부터 읽어지는 경우를 어떤 단계라고 하는가?

① 실행 단계(execute cycle)
② 간접 단계(indirect cycle)
③ 인출 단계(fetch cycle)
④ 인터럽트 단계(interrupt cycle)

해설 ① 실행(execute) : 인출된 명령어를 이용하여 직접 명령을 실행하는 상태
② 간접(indirect) : 오퍼랜드가 간접 주소일 때 유효 주소를 읽기 위해 기억 장치에 접근하는 상태
③ 인출(fetch) : 주기억 장치로부터 명령을 읽어 CPU로 가져오는 상태
④ 인터럽트(interrupt) : 인터럽트가 발생했을 때 처리하는 상태

55 다음 중 명령의 오퍼랜드 부분의 주소값과 인덱스 레지스터의 값이 더해져 실제 데이터가 저장된 기억 장소의 주소를 나타내는 주소 지정 방식은?

① 베이스 레지스터 주소 지정 방식
② 인덱스 레지스터 주소 지정 방식
③ 간접 주소 지정 방식
④ 상대 주소 지정 방식

해설 **주소 지정 방식의 종류**
㉠ Immediate addressing(즉시 주소 지정) : 주소부에 있는 값이 실제 데이터가 되는 경우
㉡ Direct addressing(직접 주소 지정) : 주소부에 있는 값이 실제 데이터가 기억된 메모리 내의 주소가 되는 경우
㉢ Indirect addressing(간접 주소 지정) : 주소부가 지정하는 곳에 있는 메모리의 값이 실제 데이터가 기억된 주소를 가지고 있는 경우
㉣ Indexed addressing(인덱스 주소 지정) : 인덱스 레지스터값과 주소부가 더해져 유효 주소가 결정되는 경우
㉤ Base addressing(베이스 주소 지정) : 베이스 레지스터값과 주소부가 더해져 유효 주소가 결정되는 경우
㉥ Relative addressing(상대 주소 지정) : 프로그램 카운터와 주소부가 더해져 유효 주소가 결정되는 경우

56 중앙 처리 장치의 정보를 기억 장치에 기억시키는 것을 나타내는 연산자는?

① Load
② Fetch
③ Store
④ Write

해설 Store : 레지스터에서 기억 장치로 옮겨가는 명령이다.

정답 52.④ 53.② 54.③ 55.② 56.③

57

다음 중 스택(stack)과 관계 깊은 것은?

① FIFO ② Shift
③ LIFO ④ Queue

해설 스택(stack)은 맨 마지막에 들어온 데이터가 먼저 출력되는 후입 선출(LIFO : Last In First Out) 구조이다.

58

주소 지정 방식 중 명령어 내의 주소부에 있는 값이 실제 데이터가 기억된 주소값을 지정하는 것은?

① 즉시 주소 지정 방식
② 직접 주소 지정 방식
③ 간접 주소 지정 방식
④ 계산에 의한 주소 지정 방식

해설 ① Immediate addressing(즉시 주소 지정) : 주소부에 있는 값이 실제 데이터가 되는 경우
③ Indirect addressing(간접 주소 지정) : 주소부가 지정하는 곳에 있는 메모리의 값이 실제 데이터가 기억된 주소를 가지고 있는 경우

59

번지부에 표현된 값이 실제 데이터가 기억된 번지가 아니고, 유효 번지(실제 데이터의 번지)를 나타내는 번지 지정 형식은?

① 직접 번지 형식
② 간접 번지 형식
③ 상대 번지 형식
④ 직접 데이터 형식

해설 간접 주소 지정은 주소부가 지정하는 곳에 있는 메모리의 값이 실제 데이터가 기억된 주소를 가지고 있는 경우이다.

60

명령을 구성하는 비트 길이에는 제한을 받지 않고 속도를 빠르게 하는 것이 필요한 컴퓨터의 명령 세트(instruction set)를 구성한다고 할 때 다음 중 어떤 주소 지정 방식의 명령을 많이 갖도록 하는 것이 유리한가?

① Direct address
② Indirect address
③ Relative address
④ Immediate address

해설 Immediate addressing(즉시 주소 지정) : 주소부에 있는 값이 실제 데이터가 되는 경우로 메모리 참조가 없으므로 속도를 빠르게 할 수 있다.

61

다음 중 기억된 프로그램의 명령을 하나씩 읽고, 해독하여 각 장치에 필요한 지시를 하는 기능은?

① 입력 기능 ② 연산 기능
③ 제어 기능 ④ 기억 기능

해설 명령을 읽고 해독하여 각 장치에 필요한 지시를 하는 것은 제어 기능이다.

62

실행 중인 프로세스의 여러 가지 구문적 오류(syntax error)에 의해 발생되는 인터럽트(interrupt)를 무엇이라 하는가?

① 입・출력 인터럽트
② 외부 인터럽트
③ 프로그램 체크 인터럽트
④ 머신 체크 인터럽트

해설 프로그램 체크 인터럽트는 내부 인터럽트이다(소프트웨어 인터럽트).

63

명령(instruction)의 기본 구성은?

① 오퍼레이션과 오퍼랜드
② 오퍼랜드와 실행 프로그램
③ 오퍼레이션과 제어 프로그램
④ 제어 프로그램과 실행 프로그램

정답 57.③ 58.② 59.② 60.④ 61.③ 62.③ 63.①

해설 명령은 오퍼레이션(OP-code)과 오퍼랜드(operand)로 구성된다.

64 인터럽트 종류 중 아래 설명에 해당하는 것은?

- 프로그래머에 의해 발생하는 인터럽트
- 입·출력 수행
- 기억 장치의 할당
- 오퍼레이터와의 대화를 위해 발생

① SVC 인터럽트
② 외부 인터럽트
③ 프로그램 검사 인터럽트
④ 기계 검사 인터럽트

해설 **인터럽트의 우선순위**
㉠ 기계 검사 인터럽트 : 기계적인 장애나 에러 시 발생
㉡ 입·출력 인터럽트 : 입·출력 요구가 완료되었을 때 발생
㉢ 외부 인터럽트 : 타이머, 전원 등의 외부 신호 및 오퍼레이터의 조작에 의해서 발생
㉣ SVC 인터럽트 : 프로그래머에 의해 발생하는 인터럽트로, 입·출력 수행, 기억 장치 할당, 오퍼레이터와의 대화를 위해 발생
㉤ 프로그램 검사 인터럽트 : 무한 루프나 0으로 나누는 연산 등 프로그램 명령법 오류 시 발생

65 주소 지정 방식 중 명령어가 현재 오퍼랜드에 표현된 값이 실제 데이터가 기억된 주소가 아니고, 그곳에 기억된 내용이 실제의 데이터 주소인 방식은?

① 직접 주소 지정 방식(direct addressing)
② 상대 주소 지정 방식(relative addressing)
③ 간접 주소 지정 방식(indirect addressing)
④ 즉시 주소 지정 방식(immediate addressing)

해설 **Indirect addressing(간접 주소 지정)** : 주소부가 지정하는 곳에 있는 메모리의 값이 실제 데이터가 기억된 주소를 가지고 있는 경우

66 컴퓨터 인터럽트 입·출력 방식의 처리 방식이 아닌 것은?

① 소프트웨어 폴링
② 데이지 체인
③ 우선순위 인터럽트
④ 핸드셰이크

해설 **우선순위 인터럽트**
㉠ 여러 개 인터럽트 발생 시 처리 방법이다.
㉡ 소프트웨어적인 폴링 방식, 하드웨어적인 데이지 체인 방식, 병렬 우선순위 방식이 있다.

67 다음 중 제어 명령에 속하는 것은?

① 로드(load) ② 무브(move)
③ 점프(jump) ④ 세트(set)

해설 **명령의 종류**
㉠ 전송 명령 : 로드(load), 스토어(store), 무브(move), 시프트(shift), 로테이트(rotate), 클리어(clear) 등
㉡ 제어 명령 : 점프(jump), 스킵(skip), 분기(branch) 등

68 주소 지정 방식 중 속도가 가장 빠른 것은?

① Immediate addressing
② Direct addressing
③ Indirect addressing
④ Indexed addressing

해설 **Immediate addressing(즉시 주소 지정)** : 주소부에 있는 값이 실제 데이터가 되는 경우로, 메모리 참조가 없으므로 속도를 빠르게 할 수 있다.

69 다음 용어의 관계 중 옳지 않은 것은?

① Push-POP
② BCD-8421 코드
③ FIFO-스택(stack)
④ 큐(queue)와 스택의 복합-데크(deque)

정답 64.① 65.③ 66.④ 67.③ 68.① 69.③

해설 스택(stack)은 맨 마지막에 들어온 데이터가 먼저 출력되는 후입 선출(LIFO : Last In First Out) 구조이다.

70 **레지스터에 저장된 데이터를 가지고 하나의 클록 펄스 동안에 실행되는 기본적인 동작을 마이크로 동작이라고 한다. 다음 중 마이크로 동작이 아닌 것은?**

① 시프트(shift)
② 카운트(count)
③ 클리어(clear)
④ 인터럽트(interrupt)

해설 마이크로 오퍼레이션은 레지스터에 저장되어 있는 데이터로 실행되는 동작으로, 시프트(shift), 카운트(count), 클리어(clear), 적재(load) 등의 동작이 있다.

71 **다음 중 프로그램 카운터가 지시한 명령의 오퍼랜드가 기억된 주소를 표시하는 주소 지정 방식은?**

① 직접 번지 지정 방식
② 간접 번지 지정 방식
③ 즉시 번지 지정 방식
④ 레지스터 번지 지정 방식

해설 **Indirect addressing(간접 주소 지정)** : 주소부가 지정하는 곳에 있는 메모리의 값이 실제 데이터가 기억된 주소를 가지고 있는 경우

72 **기억 장치에서 명령어를 가져올 때 그 명령어에 이미 처리할 데이터가 포함되어 있는 방식은?**

① 즉시 주소 지정 방식
② 직접 주소 지정 방식
③ 간접 주소 지정 방식
④ 상대 주소 지정 방식

해설 **Immediate addressing(즉시 주소 지정)** : 주소부에 있는 값이 실제 데이터가 되는 경우

73 **오퍼랜드부에 표현된 주소를 이용하여 실제 데이터가 기억된 기억 장소에 직접 사상시킬 수 있는 주소 지정 방식은?**

① Direct addressing
② Indirect addressing
③ Immediate addressing
④ Register addressing

해설 **Direct addressing(직접 주소 지정)** : 주소부에 있는 값이 실제 데이터가 기억된 메모리 내의 주소가 되는 경우

74 출제빈도 **프로세서가 인터럽트의 요청을 받으면 소프트웨어에 의하여 접속된 장치 중에서 어떤 장치가 요청하였는지를 순차적으로 조사하는 것은?**

① 플래그(flag)
② 폴링(polling)
③ 오퍼랜드(operand)
④ 분기 명령(branch instruction)

해설 폴링 방식은 여러 개의 인터럽트가 발생했을 때 소프트웨어적으로 프로그램에 의해 우선 순위를 검사한다.

75 **특별한 조건이나 신호가 컴퓨터에 인터럽트되는 것을 방지하는 것은?**

① 인터럽트 마스크
② 인터럽트 레벨
③ 인터럽트 카운터
④ 인터럽트 핸들러

해설 **인터럽트 마스크** : 레지스터에 의해 특정 인터럽트 처리가 실행되지 않도록 억제하는 방법이다.

정답 70.④ 71.② 72.① 73.① 74.② 75.①

76 **내부 인터럽트에 해당하는 것은?**

① 전원 이상 인터럽트
② 기계 착오 인터럽트
③ 입·출력 인터럽트
④ 프로그램 검사 인터럽트

해설 프로그램 검사 인터럽트는 내부 인터럽트로 무한 루프나 0으로 나누는 연산 등 프로그램 명령법 오류 시 발생한다.

77 **연산 후 입력 자료가 보존되고, 프로그램의 길이를 짧게 할 수 있다는 장점은 있으나 명령 수행 시간이 많이 걸리는 주소 지정 방식은?**

① 0주소 명령 형식
② 1주소 명령 형식
③ 2주소 명령 형식
④ 3주소 명령 형식

해설 **3주소 명령 형식의 특징**

㉠ 연산자와 3개의 주소부로 구성되며 연산의 결과가 주소 3에 기억되므로 연산 후에도 입력 자료가 변하지 않고 보존된다.
㉡ 여러 개의 범용 레지스터를 가진 컴퓨터에서 사용할 수 있는 형식이다.
㉢ 하나의 명령어를 수행하는 데 최소 4번 기억 장치에 접근하므로 수행 시간이 길어 별로 사용하지 않는다.

정답 76.④ 77.④

05 입력과 출력

1 입 · 출력의 기능

(1) 입 · 출력에 필요한 기능

① 하드웨어적 기능 : 기억 장치와 입 · 출력 장치 사이의 데이터 전달을 위한 송 · 수신 회선 등 각종 하드웨어적 요소들을 의미한다.

② 소프트웨어적 기능 : 입 · 출력이 수행될 수 있도록 프로그램화된 명령어들을 의미한다.

(2) 입 · 출력 시스템의 제어

① CPU 경유 방법

㉠ 프로그램에 의한 입 · 출력

- 메모리에 기록된 입 · 출력 명령에 의해 수행한다.
- CPU가 데이터의 입 · 출력 및 전송 가능 여부를 계속해서 프로그램에 의해 주변 장치를 감시하는 방식이다.

㉡ 인터럽트에 의한 입 · 출력

- 장치가 입 · 출력을 위한 준비가 되면 인터럽트를 요구한다.
- CPU가 인터럽트를 감지하면 수행 중이던 작업을 중지하고 서비스 루틴으로 분기하여 입 · 출력을 수행한다.

② CPU 경유하지 않는 방법

㉠ 채널에 의한 입 · 출력 : CPU의 간섭 없이 입 · 출력을 독립적으로 수행할 수 있는 입 · 출력 전용 처리기이다.

㉡ DMA에 의한 입 · 출력 : CPU의 간섭 없이 주기억 장치와 입 · 출력 장치 사이에서 직접 전송이 이루어지는 방식이다.

2 채널과 DMA

(1) 채널

① 채널의 정의

㉠ CPU의 처리 효율을 높이고 입 · 출력을 빠르게 할 수 있게 만든 입 · 출력 전용 처리기이다.

㉡ 입 · 출력 장치와 주기억 장치 사이의 속도차를 위한 장치로, 독립적으로 입 · 출력을 수행하는 제어 장치이다(자체 메모리 없음).

[2011년 2회 출제]
[2016년 2회 출제]
채널은 입 · 출력 장치와 CPU의 실행 속도차를 줄이기 위해 사용하는 입 · 출력 전용 처리기이다.

㉢ CPU의 부담을 줄이고 시스템 전체의 입·출력 속도를 높이는 효과를 가진다.

② 채널의 기능
㉠ 입·출력에 관한 명령 해독
㉡ 입·출력 장치에 해독된 명령 지시
㉢ 지시된 명령의 실행 제어

③ 채널의 종류
㉠ 셀렉터 채널
- 고속의 입·출력 장치(자기 테이프, 자기 디스크 등)에 사용되는 채널
- 한 번에 한 개의 장치를 선택하여 동작
- 데이터 전송 : 블록 단위

㉡ 멀티플렉서 채널
- 저속의 입·출력 장치(카드리더, 프린터 등)에 사용되는 채널
- 한번에 여러 개의 장치를 선택하여 동작
- 데이터 전송 : 바이트 단위

㉢ 블록 멀티플렉서 채널
- 셀렉터 채널과 멀티플렉서 채널의 장점만 채택
- 데이터 전송 : 블록 단위

[2012년 5회 출제]
[2013년 2회 출제]
[2016년 1회 출제]
[2016년 2회 출제]
셀렉터 채널
셀렉터 채널은 고속의 입·출력 장치(자기 테이프, 자기 디스크 등)에 사용되는 채널이다.

(2) DMA(Direct Memory Access)

① CPU의 간섭 없이 주기억 장치와 입·출력 장치 사이에서 직접 전송이 이루어지는 방식이다.

② CPU를 경유하지 않고 전송하므로 고속으로 대용량 데이터를 전송 사이클 스틸링(cycle stealing) 방식을 사용한다.

[2010년 1회 출제]
[2010년 2회 출제]
[2011년 1회 출제]
[2011년 5회 출제]
[2012년 2회 출제]
[2013년 2회 출제]
[2013년 3회 출제]
[2014년 1회 출제]
DMA는 CPU의 간섭 없이 주기억 장치와 입·출력 장치 사이에서 직접 전송이 이루어지는 방식이다.

깐깐체크 사이클 스틸

CPU가 내부적인 작업을 수행할 때 DMA가 주기억 장치에 접근하기 위하여 CPU 사이클을 이용하는 것을 사이클 스틸(cycle steal)이라 한다.

단락별 기출 · 예상 문제

01 **입·출력 제어 방식 중 채널(channel)에 의한 방식을 가장 잘 설명한 것은?**

① 중앙 처리 장치의 많은 간섭을 받는다.
② 중앙 처리 장치의 접근 요청, 데이터의 양, 입·출력 완료 보고를 해야 한다.
③ 중앙 처리 장치와 동시에 동작할 수 없다.
④ 중앙 처리 장치가 입·출력에 사용하는 시간을 최소로 할 수 있다.

해설 입·출력 제어 방식 중 채널에 의한 방식은 중앙 처리 장치가 입·출력에 사용하는 시간을 최소로 할 수 있다.

02 **일반적으로 디스크를 연결하는 채널은?**

① 서브 채널
② 컨트롤 채널
③ 셀렉터 채널
④ 멀티플렉서 채널

해설 디스크와 같은 고속의 입·출력 장치에는 셀렉터 채널이 사용된다.

03 **다음 중 전송 속도가 다른 장치간에서 데이터의 전송을 하는 경우 데이터의 전송 속도를 조정하기 위해 사용되는 기억 영역을 가리키는 것은?**

① 입·출력 상태
② 입·출력 버퍼
③ 입·출력 인터럽트
④ 입·출력 인터페이스

해설 전송 속도가 다른 장치간에 속도차를 조정하기 위한 기억 영역을 입·출력 버퍼라 한다.

04 (출제빈도) **CPU를 경유하지 않고 메모리에 직접 액세스하는 것은?**

① DAM ② DMA
③ BUS ④ LED

해설 DMA(Direct Memory Access) : CPU를 경유하지 않고 메모리에 직접 액세스하는 방식을 말한다.

05 **다음 중 입·출력 제어 방식에 해당하지 않는 것은?**

① DMA 방식
② 인터페이스 방식
③ 채널에 의한 방식
④ 중앙 처리 장치에 의한 방식

해설 입·출력 제어 방식에는 DMA 방식, 채널에 의한 방식, 중앙 처리 장치에 의한 방식이 있다.

06 **다음 중 멀티플렉서 채널과 셀렉터 채널의 차이는 무엇인가?**

① I/O 장치의 크기
② I/O 장치의 주기억 장치 연결
③ I/O 장치의 속도
④ I/O 장치의 용량

07 **입·출력 처리기(Input Output Processor ; IOP)는 입·출력 장치와 직접 데이터의 전송을 담당하는 처리기로, 일명 무엇이라고 하는가?**

① Bus ② Buffer
③ Line ④ Channel

정답 01.④ 02.③ 03.② 04.② 05.② 06.③ 07.④

08 **다음 중 중앙 처리 장치의 간섭을 받지 않고 기억 장치에 접근하여 입·출력 동작을 제어하는 방식은?**

① DMA 방식
② 스트로브 제어 방식
③ 핸드셰이킹 제어 방식
④ 채널에 의한 방식

해설 DMA(Direct Memory Access) : CPU를 경유하지 않고 메모리에 직접 액세스하는 방식을 말한다.

09 출제빈도 **입·출력 장치와 CPU의 실행 속도차를 줄이기 위해 사용하는 것은?**

① Parallel I/O Device
② Channel
③ Cycle steal
④ OMA

해설 채널
㉠ CPU의 처리 효율을 높이고 자료의 빠른 처리를 위한 입·출력 전용 처리기이다.
㉡ 주기억 장치와 입·출력 장치 사이에서 중계 역할을 담당하며, 빠른 CPU와 느린 I/O 장치 사이의 실행 속도차를 줄이기 위해 사용되는 제어 장치이다.

10 **CPU와 입·출력 장치 사이의 자료 이동을 제어하는 장치는?**

① 채널　② DAM
③ 버퍼　④ MBR

해설 CPU와 입·출력 장치 사이의 자료 이동을 제어하는 장치는 채널이다.

11 출제빈도 **입·출력 장치와 주기억 장치와의 사이에 동작 속도의 차이점을 해결하기 위해 두는 기억 장치는?**

① 버퍼(buffer)
② 채널(channel)
③ 버스(bus)
④ 인터페이스(interface)

해설 입·출력 장치와 주기억 장치 사이에 동작 속도의 차이점을 해결하기 위해 두는 기억 장치는 버퍼(buffer)이다.

12 **입·출력 장치의 역할은?**

① 정보를 기억한다.
② 명령의 순서를 제어한다.
③ 기억 용량을 확대시킨다.
④ 컴퓨터의 내·외부 사이에서 정보를 주고받는다.

해설 입·출력 장치는 컴퓨터 내부와 외부 사이에서 정보를 주고받는다.

13 **CPU의 간섭을 받지 않고 메모리와 입·출력 장치 사이에 데이터 전송이 이루어지는 것은?**

① FIFO　② DMA
③ LIFO　④ MASK

해설 DMA(Direct Memory Access) : CPU를 경유하지 않고 메모리에 직접 액세스하는 방식

14 **중앙 처리 장치로부터 입·출력 지시를 받으면 직접 주기억 장치에 접근하여 데이터를 꺼내어 출력하거나 입력한 데이터를 기억시킬 수 있고, 입·출력에 관한 모든 동작을 자율적으로 수행하는 입·출력 제어 방식은?**

① 프로그램 제어 방식
② 인터럽트 방식
③ DMA 방식
④ 채널 방식

해설 DMA(Direct Memory Access) : CPU를 경유하지 않고 메모리에 직접 액세스하는 방식

정답 08.① 09.② 10.① 11.① 12.④ 13.② 14.③

15 **주기억 장치와 입·출력 장치 사이에 데이터의 단위와 처리 속도 등의 차이점을 해결하기 위한 것은?**

① 채널 ② 인터럽트
③ 바이트 ④ 버스

해설 채널은 주기억 장치와 입·출력 장치 사이에서 중계 역할을 담당하며, 빠른 CPU와 느린 I/O 장치 사이의 실행 속도차를 줄이기 위해 사용되는 제어 장치이다.

16 (출제빈도) **하나의 채널이 고속 입·출력 장치를 하나씩 순차적으로 관리하며, 블록(block) 단위로 전송하는 채널은?**

① 사이클 채널(cycle channel)
② 셀렉터 채널(selector channel)
③ 멀티플렉서 채널(multiplexer channel)
④ 블록 멀티플렉서 채널(block multiplexer channel)

해설 **채널의 종류**

㉠ 셀렉터 채널 : 하나의 채널을 하나의 입·출력 장치가 독점해서 사용하는 방식으로, 고속 전송(자기 테이프, 자기 디스크 등)에 사용된다.
㉡ 멀티플렉서 채널 : 한 개의 채널에 여러 개의 입·출력 장치를 연결하여 사용하는 방식으로, 저속 전송(카드리더, 프린터 등)에 사용된다.
㉢ 블록 멀티플렉서 채널 : 셀렉터 채널과 멀티플렉서 채널의 장점만을 조합한 채널이다.

17 (출제빈도) **자기 디스크와 같은 고속의 입·출력 장치에 사용되는 채널은?**

① 전용 채널 ② 표준 채널
③ 멀티플렉서 채널 ④ 셀렉터 채널

해설 **셀렉터와 멀티플렉서 채널**

㉠ 셀렉터 채널 : 자기 디스크와 같은 고속의 입·출력 장치에 사용하는 채널
㉡ 멀티플렉서 채널 : 카드 리더와 같은 저속의 입·출력 장치에 사용하는 채널

18 **입·출력 장치의 동작 속도와 컴퓨터 내부의 동작 속도를 맞추는 데 사용되는 레지스터는?**

① 어드레스 레지스터
② 시퀀스 레지스터
③ 버퍼 레지스터
④ 시프트 레지스터

해설 입·출력 장치의 동작 속도와 컴퓨터 내부의 동작 속도를 맞추는 레지스터는 버퍼 레지스터(buffer register)이다.

19 **다음 중 중앙 처리 장치와 입·출력 장치 사이에 데이터 전송이 원활하게 이루어지도록 하는 중계 회로는?**

① 입·출력 버스
② 입·출력 교환기
③ 입·출력 제어기
④ 입·출력 인터페이스

해설 중앙 처리 장치(CPU)와 입·출력 장치 사이에 데이터 전송이 원활하도록 하는 중계 회로는 입·출력 인터페이스 회로이다.

20 **다음 중 입·출력 기능이 아닌 것은?**

① 입·출력 버스
② 입·출력 인터페이스
③ 입·출력 제어
④ 입·출력 교환

해설 입·출력에는 버스, 인터페이스, 제어 장치가 필요하다.

21 **입·출력 전용 장치인 채널(channel)의 워드(word)가 아닌 것은?**

① CDW(Channel Data Word)
② CSW(Channel Status Word)
③ CAW(Channel Address Word)
④ CCW(Channel Command Word)

정답 15.① 16.② 17.④ 18.③ 19.④ 20.④ 21.①

해설 **채널 워드의 종류**

㉠ 채널 상태어(CSW : Channel Status Word) : 입·출력 동작이 이루어진 후 채널, 서브 채널, 입·출력 장치의 상태를 워드로 나타낸 것이다.

㉡ 채널 번지 워드(CAW : Channel Address Word) : 주기억 장치에서 첫번째 채널 명령어의 위치를 나타내는 워드이다.

㉢ 채널 명령어(CCW : Channel Command Word) : 주기억 장치 내에 기억된 각 블록들의 정보를 나타내는 워드이다.

22 입·출력 장치와 중앙 처리 장치 간의 데이터 전송 방식으로 거리가 먼 것은?

① 스트로브 제어 방식
② 핸드셰이킹 제어 방식
③ 비동기 직렬 전송 방식
④ 변·복조 지정 전송 방식

해설 입·출력 장치와 중앙 처리 장치 간의 데이터 전송 방식에는 스트로브 제어, 핸드셰이킹 제어, 비동기 직렬 전송 방식이 있다.

23 입·출력 장치의 CPU 실행 속도차를 줄이기 위해 사용하는 것은?

출제빈도

① Parallel I/O device
② Channel
③ Cycle steal
④ DMA

해설 **채널**

㉠ CPU의 처리 효율을 높이고 자료의 빠른 처리를 위한 입·출력 전용 처리기이다.

㉡ 주기억 장치와 입·출력 장치 사이에서 중계 역할을 담당하며, 빠른 CPU와 느린 I/O 장치 사이의 실행 속도차를 줄이기 위해 사용되는 제어 장치이다.

24 입·출력 제어 방식인 DMA(Direct Memory Access) 방식의 설명으로 옳은 것은?

① 중앙 처리 장치의 많은 간섭을 받는다.
② 가장 원시적인 방법이며 작업 효율이 낮다.
③ 입·출력에 관한 동작을 자율적으로 수행한다.
④ 프로그램에 의한 방법과 인터럽트에 의한 방법을 갖고 있다.

해설 DMA 방식은 입·출력에 관한 모든 동작을 자율적으로 수행한다.

정답 22.④ 23.② 24.③

06 컴퓨터 구성망

1 데이터 전송 방식

(1) 데이터 통신 방식

① **단향**(simplex) **통신** : 한쪽에서는 수신만 하고 다른 쪽에서는 송신만 하는 방식으로, 라디오, TV 등에 사용한다.

② **반이중**(half duplex) **통신** : 양쪽 방향으로 전송은 가능하지만 동시 전송은 불가능하고 반드시 한쪽 방향으로만 전송되는 방식으로, 무전기 등에 사용한다.

③ **전이중**(full duplex) **통신** : 양쪽 방향으로 동시 전송이 가능한 방식으로, 전화기 등에 사용한다.

(2) 회선 접속 방식

① **점대점**(point to point) **접속 방식**

㉠ 데이터를 송·수신하는 2개의 단말 또는 컴퓨터를 전용 회선으로 항상 접속을 유지하는 방식으로, 송·수신하는 데이터량이 많을 경우에 적합하다.

㉡ 회선을 점유하기 위해서는 송신 요청을 먼저 한쪽이 우선권을 얻게 된다.

② **다중점**(multi point) **접속 방식**

㉠ 하나의 회선에 여러 단말을 접속하는 방식으로, 멀티드롭(multidrop) 방식이라고도 하며 각 단말에서 송·수신하는 데이터량이 적을 때 효과적이다.

㉡ 회선을 점유하기 위한 회선 제어 방식으로는 폴링(polling)과 셀렉션(selection)이 있다.

③ **교환**(switching) **접속 방식** : 교환기를 통하여 연결된 여러 단말에 대하여 데이터의 송·수신을 행하는 방식으로, 우리가 많이 사용하는 전화망을 통한 데이터 전송 방식이다.

깐깐체크 폴링과 셀렉션

1. **폴링**(polling)
호스트 컴퓨터가 단말 장치에게 '보낼 데이터가 있는가?'라고 묻는 제어 방식이다.

2. **셀렉션**(selection)
호스트 컴퓨터가 단말 장치에게 '받을 준비가 되어 있는가?'라고 묻는 제어 방식이다.

기출문제 핵심잡기

[2011년 5회 출제]
단향 통신
한쪽에서는 수신만 하고 다른 쪽에서는 송신만 하는 방식

[2010년 2회 출제]
[2013년 1회 출제]
[2014년 1회 출제]
[2016년 2회 출제]
반이중 통신
양쪽 방향으로 전송은 가능하지만 동시 전송은 불가능한 방식

[2011년 1회 출제]
[2011년 2회 출제]
[2012년 5회 출제]
전이중 통신
양쪽 방향으로 동시 전송이 가능한 방식

[2011년 2회 출제]
다중점(multi point) 방식은 하나의 회선에 여러 단말을 접속하는 방식으로, 멀티드롭이라고도 한다.

(3) 데이터 전송 방식

① 아날로그 전송과 디지털 전송

㉠ 아날로그 전송
- 계속적으로 변하는 데이터를 전송하는 방식으로, 모뎀이 사용된다.
- 증폭기를 사용하여 신호의 세기를 증폭하여 전송하는 방법이다.

㉡ 디지털 전송
- 데이터를 2진 코드 형태로 전송하는 방식이다.
- 장거리 전송을 위해 리피터를 사용한다.
- 신호의 재생이 가능하여 양질의 전송 품질을 제공한다.

[2016년 2회 출제]

② 직렬 전송과 병렬 전송

㉠ 직렬 전송
- 한 문자를 이루는 각 비트들이 하나의 전송 선로를 통하여 전송되는 방식이다.
- 대부분의 데이터 전송에서 사용되는 방식이다.
- 장점 : 원거리 전송에 적합하며 통신 회선 설치 비용이 저렴하다.
- 단점 : 전송 속도가 느리다.

㉡ 병렬 전송
- 한 문자를 이루는 각 비트들이 각각의 전송 선로를 통하여 동시에 전송되는 방식이다.
- 컴퓨터와 주변 장치 간의 통신에서 주로 사용한다.
- 장점 : 대량의 데이터를 빠른 속도로 전송한다.
- 단점 : 통신 회선 설치 비용이 크다.

[2016년 1회 출제]
비동기식 전송과 동기식 전송
㉠ 비동기식 전송은 시작 비트와 정지 비트를 삽입하여 전송된다.
㉡ 동기식 전송은 데이터 블록 단위로 전송된다.

③ 비동기식 전송과 동기식 전송

㉠ 비동기식 전송
- 전송의 기본 단위 : 문자 단위의 비트 블록 동기화를 위해서 각 비트 블록의 앞뒤에 시작 비트(start bit)와 정지 비트(stop bit)를 삽입하여 전송한다.
- 각 문자 사이에 유휴 시간이 있을 수 있으나 단순하고 저렴하다.
- 2,000[bps] 이하의 저속 전송에 이용되며, 주파수 편이 변조(FSK) 방식이 사용된다.

㉡ 동기식 전송
- 전송의 기본 단위 : 블록 단위
- 동기화를 위해서 전송의 시작과 끝을 나타내는 제어 정보를 데이터의 앞뒤에 삽입하여 전송한다.
- 전송 효율이 높아 대부분의 통신 프로토콜에 사용된다.

- 2,400[bps] 이상의 고속 전송에 이용되며, 위상 편이 변조(PSK) 방식이 사용된다.

깐깐체크 **bps와 보**

1. bps(bit per second)
   1초에 전송할 수 있는 비트(bit)수로, 데이터 통신 속도의 기본 단위
2. 보(baud)
   통신 회선에서 1초에 변조(신호 변화 또는 상태 변화)할 수 있는 횟수

기출문제 핵심잡기

☑ 데이터 전송 형태
㉠ 아날로그 데이터의 아날로그 부호화 : 전화, 방송에 이용
㉡ 디지털 데이터의 아날로그 부호화 : modem에 이용

(4) 데이터 전송 형태

① 아날로그 데이터의 아날로그 부호화(전화, 방송에 이용)
㉠ 진폭 변조(AM) : 반송파의 진폭을 변조한다.
㉡ 주파수 변조(FM) : 반송파의 주파수를 변조한다.
㉢ 위상 변조(PM) : 반송파의 위상을 변조한다.

깐깐체크 **반송파**

컴퓨터 신호를 통신 회선의 특성에 맞도록 변조하기 위한 기준 파형

② 디지털 데이터의 아날로그 부호화(modem에 이용)
㉠ 진폭 편이 변조(ASK) : 2진수 0과 1에 서로 다른 진폭을 적용하여 변조한다.
㉡ 주파수 편이 변조(FSK) : 2진수 0과 1에 서로 다른 주파수를 적용하여 변조한다.
㉢ 위상 편이 변조(PSK) : 2진수 0과 1에 서로 다른 위상을 적용하여 변조한다.

깐깐체크 **Modem**

아날로그 신호를 디지털 신호로, 디지털 신호를 아날로그 신호로 변환해주는 장치이다.

③ 디지털 데이터의 디지털 부호화(DSU에 이용)
㉠ 디지털 신호를 변조하지 않고 그대로 전송하므로 품질은 우수하나 디지털 신호 형태로 전송하므로 정보 손실이 크고 장거리 전송에 부적합하다.
㉡ 단류 방식, 복류 방식, RZ 방식, NRZ 방식, 단극성 방식, 양극성 방식 등이 있다.

깐깐체크 DSU

디지털 데이터를 전송에 적합한 디지털 신호로 변환하는 장치에 이용

④ 아날로그 데이터의 디지털 부호화

[2010년 2회 출제]
[2011년 5회 출제]
PCM 변조 과정은 표본화 → 양자화 → 부호화 → 복호화 → 여과의 과정으로 이루어진다.

㉠ PCM(Pulse Code Modulation) 전송 방식은 음성 데이터를 디지털 데이터로 표현할 때 사용하는 방식으로, 송신측은 아날로그 신호를 디지털 펄스로 변환하여 전송하고 수신측은 전송된 디지털 펄스를 다시 아날로그 신호로 변환하는 방식이다.

㉡ PCM 변조 과정은 표본화(sampling) → 양자화(quantization) → 부호화(encoding) → 복호화(decoding) → 여과(filtering)의 과정으로 이루어진다.

- 표본화 : 아날로그 신호를 일정한 간격으로 샘플링(표본화)하는 단계
- 양자화 : 표본화된 것을 간단한 수치로 고치는 것
- 부호화 : 양자화값을 2진 디지털 신호로 바꾸는 단계
- 복호화 : 디지털 신호를 펄스 신호로 변환하는 단계
- 여과 : 원래의 아날로그 신호로 변환하는 단계

㉢ 코덱(CODEC : COder/DECoder)은 아날로그 정보를 디지털 신호로 변환하고 변환된 디지털 신호로부터 원래의 아날로그 정보를 복원해내는 기기이다.

2 터미널 구성

(1) 정보 통신망의 구성 형태

① 성형(star)

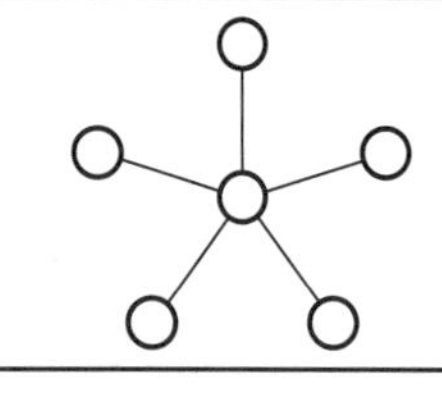	• 중앙의 컴퓨터와 단말기들이 1 : 1로 연결되어 있는 형태이다. • 일반적인 온라인 시스템의 전형적인 방식으로, 보수 · 관리가 용이하다. • 중앙 집중식이며, 트래픽 처리 능률이 높다. • 중앙 컴퓨터의 고장 시 전체 시스템이 마비된다.

② 계층형(tree)

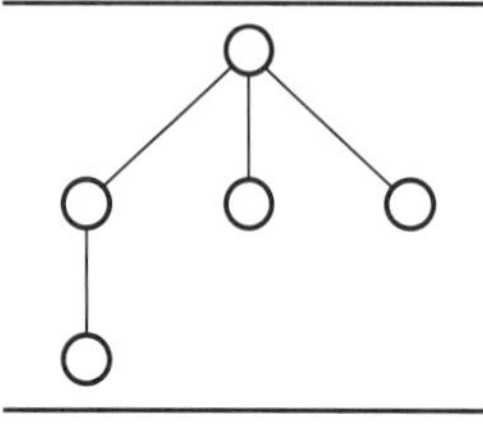	• 단말기에서 다시 연장되어 연결된 형태로, 분산 처리가 가능하다. • 제어가 간단하며 관리가 쉽다. • 단방향 전송에 적합하고 통신 선로가 가장 짧다. • 어느 한 부분이 마비되어도 전체에는 영향을 주지 않는다.

③ 버스형(bus)

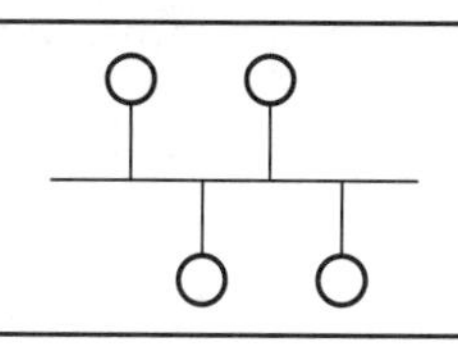	• 한 통신 회선에 여러 대의 단말기가 접속되는 형태이다. • 구조가 간단하며, 단말기의 추가 및 제거가 용이하다. • 한 노드의 고장은 해당 노드에만 영향을 미친다.

④ 링형(ring)

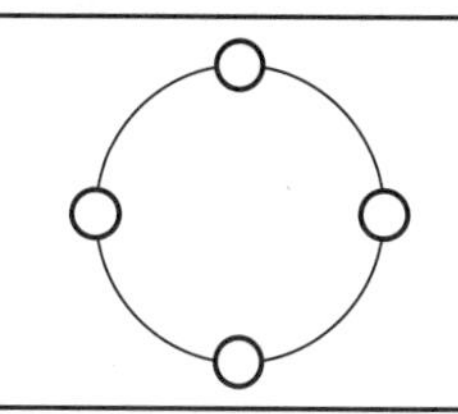	• 컴퓨터와 단말기들이 서로 이웃하는 것끼리만 연결된 형태이다. • 양방향 전송이 가능하고, 근거리 통신망(LAN)에서 주로 사용한다. • 고장난 단말에 대한 우회 기능과 통신 회선의 이중화가 필요하다.

⑤ 망형(mesh)

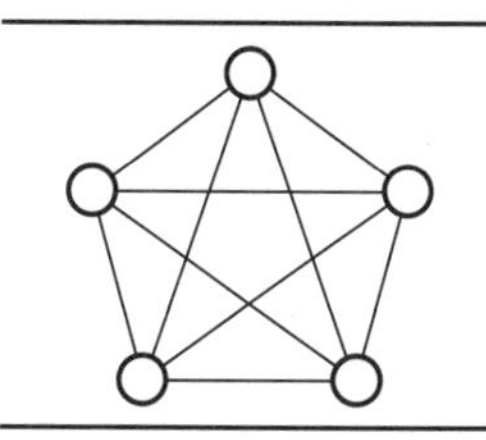	• 모든 단말기들이 통신 회선으로 연결된 상태로 통신 회선의 길이가 가장 길다. • 회선 장애 발생 시 다른 경로로 데이터 전송이 가능하다. • 분산 처리가 가능하고, 광역 통신망(WAN)에 적합하다. • 통신 회선의 링크수 $= \frac{n(n-1)}{2}$

(2) 정보 통신망의 종류

① LAN(근거리 통신망 : Local Area Network)

㉠ 근거리 또는 단일 건물 내에서 통신 회선을 이용하여 네트워크를 구성하는 통신망이다.

㉡ 매체 접근 방식에 의한 분류

ALOHA 방식	하와이 대학에서 최초로 제안된 라디오 패킷(packet)망으로, 패킷망의 데이터 단말은 다른 단말 상태에 관계없이 일정 길이의 패킷을 전송한다.
CSMA/CD 방식	반송파 감지 다중 액세스/충돌 검출 방식으로, 데이터 충돌을 막기 위해 송신 데이터가 없을 때만 송신하고, 충돌이 발생하면 즉시 송신을 중단하고 일정 시간 동안 대기 후 재전송하는 방식이다.
토큰 패싱 방식 (token passing)	Token이 순서에 따라서 각 노드간을 옮겨가면서 데이터를 전송하는 방식으로, Token을 가진 컴퓨터만이 데이터를 전송할 수 있기 때문에 충돌은 일어나지 않는다.

② MAN(대도시 통신망 : Metropolitan Area Network) : WAN의 단점을 최소화한 망으로, 직경 약 50[km]를 대상으로 서비스하는 통신망이다.

③ WAN(광대역 통신망 : Wide Area Network) : 지방과 지방, 국가와 국가, 국가와 대륙, 전세계에 걸쳐 형성되는 통신망으로, 지리적으로 멀리 떨어져 있는 넓은 지역을 연결하는 통신망이다.

기출문제 핵심잡기

[2011년 5회 출제]
[2014년 1회 출제]
버스형
근거리 통신망에서 한 통신 회선에 여러 대의 단말기가 접속되는 형태이다.

[2010년 5회 출제]
링형
근거리 통신망에서 컴퓨터와 단말기들이 서로 이웃하는 것끼리만 연결된 형태이다.

[2012년 2회 출제]
[2013년 2회 출제]
토큰 패싱 방식
토큰이 순서에 따라서 각 노드간을 옮겨가면서 데이터를 전송하는 방식이다.

기출문제 핵심잡기

☑ 정보 통신망의 종류
㉠ LAN : 근거리 통신망
㉡ MAN : 대도시 통신망
㉢ WAN : 광대역 통신망
㉣ VAN : 부가 가치 통신망
㉤ ISDN : 종합 정보 통신망

④ VAN(부가 가치 통신망 : Value Added Network) : 회선을 직접 보유하거나 공중 전기 통신 사업자로부터 회선을 빌려 정보의 축적 · 처리 · 가공을 하는 통신 서비스 또는 그 네트워크를 제공하는 사업을 하는 통신망이다.

⑤ ISDN(종합 정보 통신망 : Integrated Services Digital Network)
   ㉠ 음성 및 화상 데이터 등 다양한 형태의 서비스를 통합하여 제공할 수 있는 통신망이다.
   ㉡ ISDN 서비스에는 텔레커뮤니케이션 서비스, 베어러 서비스, 텔레 서비스, 부가 서비스 등이 있다.

단락별 기출 · 예상 문제

01 서로 동시에 정보의 송 · 수신이 가능한 통신 방식은?

① Simplex 방식
② Complex 방식
③ Half duplex 방식
④ Full duplex 방식

해설 전이중 통신(full duplex)은 두 장치 사이에 동시에 양방향 송 · 수신이 가능한 통신 방식으로, 전화기가 있다.

02 다음 중 접속한 두 장치 사이에서 데이터의 흐름 방향이 한 방향으로 한정되어 있는 통신 방식은?

① Simplex 통신 방식
② Half duplex 통신 방식
③ Full duplex 통신 방식
④ Multi point 통신 방식

해설 단방향(simplex) 통신 방식은 항상 한 방향으로 데이터를 전송하는 방식으로, TV, 라디오 등이 있다.

03 (출제빈도) 통신로 중에서 양방향으로 전송을 행할 수 있지만 한 시점에서는 한 방향만으로 전송되는 통신 방식은?

① 반이중 통신 방식
② 전이중 통신 방식
③ 단방향 통신 방식
④ 폴링(polling) 통신 방식

해설 반이중 통신 방식(half duplex)은 양방향으로 전송은 가능하나 동시에는 전송이 불가능한 방식으로, 무전기가 있다.

04 다음 중 학교, 회사, 사무실 등과 같이 제한된 지역 내의 정보를 교환하는 소규모 정보 통신망은?

① 종합 정보 통신망
② 부가가치 통신망
③ 근거리 통신망
④ 원거리 통신망

해설 **근거리 통신망(LAN : Local Area Network)** : 근거리 또는 단일 건물 내에서 통신 회선을 이용하여 네트워크를 구성하는 통신망이다.

05 (출제빈도) 공유하고 있는 통신 회선에 대한 제어 신호를 각 노드간에 순차적으로 옮겨가면서 수행하는 방식은?

① CSMA 방식
② CD 방식
③ Aloha 방식
④ Token passing 방식

해설 **매체 접근 방식에 의한 LAN(근거리 통신망)의 분류**

㉠ ALOHA 방식 : 하와이 대학에서 최초로 제안된 라디오 패킷(packet)망으로, 패킷망의 데이터 단말은 다른 단말 상태에 관계없이 일정 길이의 패킷을 전송한다.
㉡ CSMA/CD 방식 : 반송파 감지 다중 액세스/충돌 검출 방식으로, 데이터 충돌을 막기 위해 송신 데이터가 없을 때만 송신하고, 충돌이 발생하면 즉시 송신을 중단하고 일정 시간 동안 대기 후 재전송하는 방식이다.
㉢ 토큰 패싱 방식(token passing) : Token이 순서에 따라서 각 노드간을 옮겨가면서 데이터를 전송하는 방식으로, Token을 가진 컴퓨터만이 데이터를 전송할 수 있기 때문에 충돌은 일어나지 않는다.

정답 01.④ 02.① 03.① 04.③ 05.④

06 **프로토콜의 규범을 정할 때 들지 않는 것은?**

① 제어 문자의 사용 방법
② 메시지의 형태
③ 착오 검출 방법
④ 데이터 전송 속도

해설 프로토콜은 서로 다른 통신 기기간의 전송에 관한 통신 규약으로, 전송 속도는 포함되지 않는다.

07 **컴퓨터나 단말기 내부에서 사용하는 디지털 신호를 전송하기에 편리한 아날로그 신호로 변환시켜 주고, 전송받은 아날로그 신호를 다시 컴퓨터에서 사용되는 디지털 신호로 변환시켜 주는 장치는?**

① 단말기 ② 모뎀
③ 통신 회선 ④ 통신 제어 장치

해설 Modem(모뎀)은 디지털 신호를 아날로그 신호로 변환시키고, 아날로그 신호를 디지털 신호로 변환시키는 장치이다.

08 **온라인 실시간 처리 방식이 아닌 것은?**

① 조회 방식
② 배치 처리 방식
③ 메시지 교환 방식
④ 거래 데이터 처리 방식

해설 배치 처리 방식은 주로 오프라인에서 사용되는 방식이다.

09 **근거리 또는 동일 건물 내에서 다수의 컴퓨터를 통신 회선을 이용하여 연결하고, 데이터를 공유하게 함으로써 종합적인 정보 처리 능력을 갖게 하는 통신망은?**

① WAN ② VAN
③ LAN ④ DAN

해설 근거리 또는 단일 건물 내에서 통신 회선을 이용하여 네트워크를 구성하는 것을 LAN(근거리 통신망)이다.

10 출제빈도 **휴대용 무전기와 같이 데이터를 양쪽 방향으로 전송할 수 있으나, 동시에 양쪽 방향으로 전송할 수 없는 전송 방식은?**

① 단일 방식 ② 단방향 방식
③ 반이중 방식 ④ 전이중 방식

해설 반이중 방식(half duplex)은 양방향으로 전송은 가능하나 동시에는 전송이 불가능한 방식으로, 무전기가 있다.

11 **컴퓨터 통신망에서 개인이 필요한 데이터나 서로 공유할 필요가 있는 데이터를 모아서 제공해주는 역할을 하는 것은?**

① 서버 ② 단말기
③ 클라이언트 ④ 터미널

해설 컴퓨터 통신망에서 데이터의 공유를 위한 역할은 서버가 담당한다.

12 **비동기식 Data 전송에서 제어 신호의 교환 방법으로 쓰이는 것은?**

① DMA ② Handshaking
③ LIFO ④ Channel

해설 비동기 Data 전송 제어 방법에는 Strobe 방식, Handshaking 방식, UART 방식 등이 있다.

13 **정보 통신망 구성 시 필요없는 장치는?**

① 통신 제어 장치 ② 모뎀
③ 단말기 ④ 통신 연산 장치

해설 정보 통신망의 구성 요소에는 통신 제어 장치, 모뎀, 단말기 등이 있다.

정답 06.④ 07.② 08.② 09.③ 10.③ 11.① 12.② 13.④

14 **중앙 처리 장치와 기억 장치 간의 정보 교환을 위한 스트로브 제어 방법의 결점을 보완한 것으로, 입·출력 장치와 인터페이스 간의 비동기 데이터 전송을 위해 사용하는 제어 방법은?**

① 비동기 직렬 전송
② 입·출력 장치 제어
③ 핸드셰이킹 제어
④ 고정 배선 제어

해설 **스트로브와 핸드셰이킹 제어**
㉠ 스트로브 제어 : Strobe는 데이터를 전송할 때 실제로 전송하는 것을 알려주기 위해 보내는 신호를 말하며 제어선 한 개와 데이터 버스선 1개로 구성되며 전송한 데이터를 수신쪽에서 확실하게 수신하였는지를 알 수 없다.
㉡ 핸드셰이킹 제어 : Handshaking은 양쪽에서 상대편에게 제어 신호를 보내는 방법으로, 제어 신호를 보내는 별도의 회선 2개가 필요하다.

15 **다음 그림과 같이 중심 노드를 경유하여 다른 노드와 연결하는 방식으로, 전화망 등에 사용되는 통신망은?**

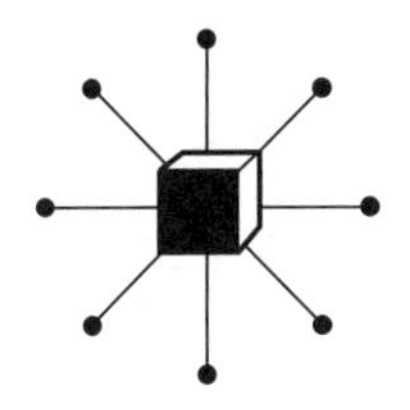

① 계층형 통신망(hierarchical network)
② 루프형 통신망(loop network)
③ 성형 통신망(star network)
④ 그물형 통신망(mesh network)

해설 성형 통신망(star network)은 중앙에 컴퓨터가 있고 이를 중심으로 터미널이 연결된 네트워크 형태이다.

16 **양쪽 방향으로 신호의 전송이 가능하기는 하나 어떤 순간에는 반드시 한쪽 방향으로만 전송이 이루어지는 통신 방식은?**

① 단방향 통신 방식
② 반이중 통신 방식
③ 전이중 통신 방식
④ 우회 통신 방식

해설 반이중 방식(half duplex)은 양방향으로 전송은 가능하나 동시에는 전송이 불가능한 방식으로, 무전기가 있다.

17  **하나의 사무실 또는 빌딩과 같이 근거리에 인접한 컴퓨터 시스템을 함께 연결하는 통신망은?**

① LAN ② MAN
③ WAN ④ VAN

해설 ① LAN(근거리 통신망 : Local Area Network) : 근거리 또는 단일 건물 내에서 통신 회선을 이용하여 네트워크를 구성하는 통신망
② MAN(대도시 통신망 : Metropolitan Area Network) : WAN의 단점을 최소화한 망으로, 직경 약 50[km]를 대상으로 서비스하는 통신망
③ WAN(광대역 통신망 : Wide Area Network) : 지방과 지방, 국가와 국가, 국가와 대륙, 전세계에 걸쳐 형성되는 통신망으로, 지리적으로 멀리 떨어져 있는 넓은 지역을 연결하는 통신망
④ VAN(부가가치 통신망 : Value Added Network) : 회선을 직접 보유하거나 공중 전기 통신 사업자로부터 회선을 빌려 정보의 축적·처리·가공을 하는 통신 서비스 또는 그 네트워크를 제공하는 사업을 하는 통신망

18 **근거리의 컴퓨터들을 서로 연결하여 상호간에 통신이 이루어지도록 하는 것은?**

① LAN ② VAN
③ ISDN ④ WAN

정답 14.③ 15.③ 16.② 17.① 18.①

해설 LAN(근거리 통신망 : Local Area Network) : 근거리 또는 단일 건물 내에서 통신 회선을 이용하여 네트워크를 구성하는 통신망이다.

19 LAN 통신망 구성에서 그림과 같이 하나의 케이블(cable)을 이용하여 자료 교환이 이루어지는 망은?

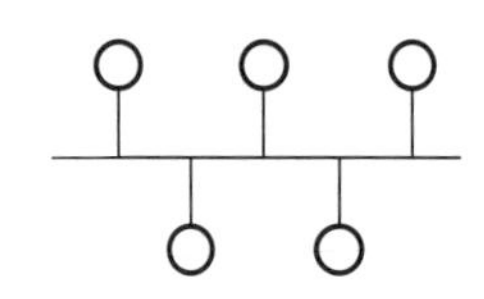

① 계층망 통신망 ② 성형 통신망
③ 망형 통신망 ④ 버스형 통신망

해설 **통신망의 종류**
㉠ 성형 : 중앙 집중식(온라인 시스템의 전형적 방법)이며, 트래픽 처리 능률이 높으나 중앙 컴퓨터의 고장 시 전체 시스템이 마비된다.
㉡ 계층형(트리형) : 단말기에서 다시 연장되어 연결된 형태로, 분산 처리가 가능하며 단방향 전송에 적합하고 통신 선로가 가장 짧다.
㉢ 버스형 : 구조가 간단하고 단말기의 추가 및 제거가 용이하며 한 노드의 고장은 해당 노드에만 영향을 준다.
㉣ 링형 : 양방향 전송이 가능하고, 근거리 통신망(LAN)에서 주로 사용하나 고장난 단말에 대한 우회 기능과 통신 회선의 이중화가 필요하다.
㉤ 망형 : 분산 처리가 가능하고, 광역 통신망(WAN)에 적합하며 통신 회선의 링크 수 $=\frac{n(n-1)}{2}$ 이나 통신 회선의 길이가 가장 길다.

20 전송 형태가 방송 모드이므로 터미널의 고장이 통신망 전체에 영향을 주지 않아 통신망의 신뢰성이 높은 통신망은?

① 성(star)형
② 원(ring)형
③ 버스(bus)형
④ 계층(hierarchy)형

해설 버스형은 구조가 간단하고 단말기의 추가 및 제거가 용이하며 한 노드의 고장은 해당 노드에만 영향을 준다.

21 근거리 통신망의 구성 중 회선 형태의 케이블에 송 · 수신기를 통하여 스테이션을 접속하는 것으로 그림과 같은 형은?

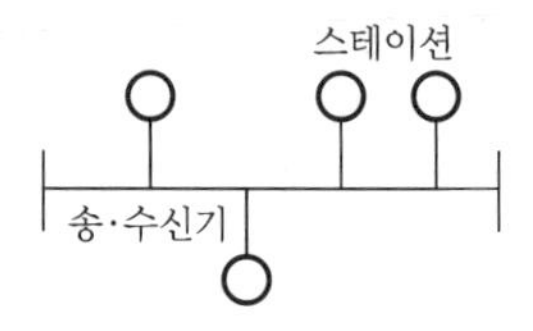

① 성형(star) ② 루프형(loop)
③ 버스형(bus) ④ 그물형(mesh)

22 2개의 통신 회선을 사용하여 접속된 두 장치 사이에서 동시에 양방향으로 데이터를 전송하는 통신 방식은?

① 단방향 통신 방식
② 반이중 통신 방식
③ 전이중 통신 방식
④ 배이중 통신 방식

해설 전이중 통신(full duplex)은 두 장치 사이에 동시에 양방향 송 · 수신이 가능한 통신 방식으로, 전화기가 있다.

23 PCM(Pulse Code Modulation) 전송 방식의 기본 과정으로 필요하지 않은 것은?

① 아날로그화 ② 표본화
③ 양자화 ④ 부호화

해설 **PCM(Pulse Code Modulation) 전송 방식**
㉠ 음성 데이터를 디지털 데이터로 표현할 때 사용하는 방식으로, 송신측은 아날로그 신호를 디지털 펄스로 변환하여 전송

정답 19.④ 20.③ 21.③ 22.③ 23.①

하고 수신측은 전송된 디지털 펄스를 다시 아날로그 신호로 변환하는 방식이다.

㉡ PCM 변조 과정은 표본화(sampling) → 양자화(quantization) → 부호화(encoding) → 복호화(decoding) → 여과(filtering)의 과정으로 이루어진다.
- 표본화 : 아날로그 신호를 일정한 간격으로 샘플링(표본화)하는 단계
- 양자화 : 표본화된 것을 간단한 수치로 고치는 것
- 부호화 : 양자화값을 2진 디지털 신호로 바꾸는 단계
- 복호화 : 디지털 신호를 펄스 신호로 변환하는 단계
- 여과 : 원래의 아날로그 신호로 변환하는 단계

24 통신을 원하는 두 개체 간에 무엇을, 어떻게, 언제 통신할 것인가를 서로 약속한 규약으로, 컴퓨터간에 통신할 때 사용하는 규칙은 무엇인가?

① OSI ② Protocol
③ ASCII ④ EBCDIC

해설 프로토콜은 통신을 원하는 두 개체 간에 무엇을, 어떻게, 언제 통신할 것인가를 서로 약속한 규약이다.

25 하나의 회선에 여러 대의 단말 장치가 접속되어 있는 방식으로, 공통 회선을 사용하며, 멀티드롭 방식이라고도 하는 것은?

① Point to point 방식
② Multipoint 방식
③ Switching 방식
④ Broadband 방식

해설 ① 점대점(point to point) 방식 : 데이터를 송·수신하는 2개의 단말 또는 컴퓨터를 전용 회선으로 항상 접속을 유지하는 방식으로, 송·수신하는 데이터량이 많을 경우에 적합하다.

② 다중점(multi point) 방식 : 하나의 회선에 여러 단말을 접속하는 방식으로, 멀티드롭(multidrop) 방식이라고도 하며 각 단말에서 송·수신하는 데이터량이 적을 때 효과적이다.

③ 교환(switching) 방식 : 교환기를 통하여 연결된 여러 단말에 대하여 데이터의 송·수신을 행하는 방식으로, 우리가 많이 사용하는 전화망을 통한 데이터 전송 방식이다.

26 컴퓨터와 단말기의 연결을 서로 이웃하는 것끼리만 연결시킨 형태로서, 양방향으로 데이터 전송이 가능한 형태로 근거리 네트워크에 많이 채택되는 방식은?

출제빈도

① 성형 ② 트리형
③ 링형 ④ 그물형

해설 링형은 양방향 전송이 가능하고, 근거리 통신망(LAN)에서 주로 사용하나 고장난 단말에 대한 우회 기능과 통신 회선의 이중화가 필요하다.

27 데이터 전송 방식에서 TDM이란 무엇인가?

① 시분할 방식
② 주파수 분할 방식
③ 위상 변이 방식
④ 진폭 분할 방식

해설 ㉠ FDM(Frequency Division Multiplexer) : 주파수 분할 다중화 방식을 의미한다.
㉡ TDM(Time Division Multiplexer) : 시분할 다중화 방식을 의미한다.

28 위성 통신의 장점에 속하지 않는 것은?

① 기후의 영향을 받지 않는다.
② 광대역 통신이 가능하다.
③ 통신망 구축이 용이하다.
④ 수명이 영구적이다.

정답 24.② 25.② 26.③ 27.① 28.④

해설 **위성 통신**

㉠ 장점

- 마이크로파를 사용하기 때문에 고속 대용량 통신이 가능하다.
- 넓은 지역(특정 국가 전역 등)을 통신 권역으로 할 수 있다.
- 지형에 관계없이 고른 통신이 가능하고 재해가 발생해도 통신의 제약을 받지 않는다.

㉡ 단점

- 전파의 왕복 시간이 걸려 전송 지연이 발생한다.
- 정보의 보안성이 없어 통신 보안 장치가 필요하다.
- 태양 전지를 쓰기 때문에 태양 잡음 및 지구일식의 영향을 받는다.
- 고장 수리가 어렵다.

CHAPTER

03

디지털 공학

01. 불 대수(Boolean algebra)
02. 기본 논리 회로
03. 조합 논리 회로
04. 플립플롭
05. 순서 논리 회로

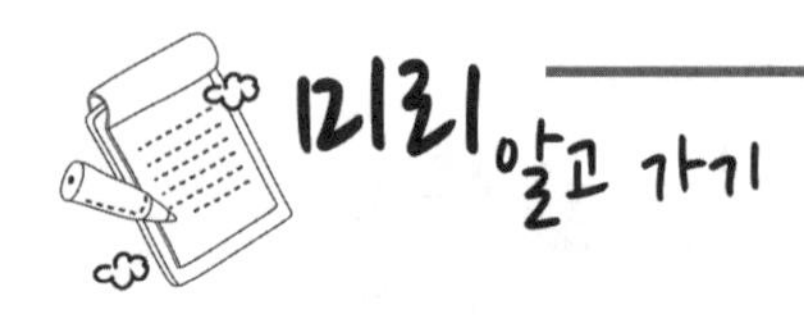

1 디지털과 아날로그

① 아날로그 : 연속적인 양(전압, 전류, 힘, 속도, 질량 등)

② 디지털 : 불연속적(계단식－step by step) 디짓(digit)이라 불리는 어떠한 정해진 기호들만으로 양을 나타내는 방법, 즉 0, 1 두 가지 논리로 부호화하여 크기를 표시한다.

2 디지털의 특징

① 디지털 시스템은 설계하기가 쉽다.

② 정보를 쉽게 저장할 수 있다.

③ 정확도와 정밀도가 높다.

④ 동작을 프로그램화하기 쉽다.

⑤ 노이즈(잡음)에 강하다.

⑥ IC 칩으로 만들기 쉽다.

※ 실제 세상에 존재하는 양들은 거의 다 아날로그값이다.

3 디지털 숫자

① 비트(bit＝binary digit) : 2진수의 한 자리수(디짓)

② 바이트(byte) : 8개 bit를 1byte로 정의

③ MSB(Most Significant Bit) : 2진수 맨 왼쪽의 가장 비중이 큰 자리

④ LSB(Least Significant Bit) : 2진수 맨 오른쪽의 가장 비중 낮은 자리

⑤ 16진수 : 2진수 4자리(4bit) 단위로 나타냄

01 불 대수(Boolean algebra)

기출문제 핵심잡기

1 불 대수의 의의

(1) 불 대수의 개념

① 2가지 상태를 수학적으로 해석하는 방법이다.
② 전기 장치나 컴퓨터 회로는 켜짐과 꺼짐의 두 가지 상태로 나타낸다.
③ 스위치나 회로는 닫힘과 열림의 두 가지 상태 중 하나인 참 또는 거짓, 1 또는 0으로 표현될 수 있다.
④ 0과 1의 조합으로 연산되는 것을 불 대수라고 한다.
⑤ 2가지 상태의 표현

논리	2진수	스위치	레벨	전압
참(true)	1	ON	High(H)	5[V]
거짓(false)	0	OFF	Low(L)	0[V]

[2012년 1회 출제]
불 대수의 목적
㉠ 디지털 회로 해석을 쉽게 한다.
㉡ 변수 사이의 연산 관계를 대수 형식으로 표시한다.
㉢ 논리의 입·출력 관계를 대수로 표시한다.

(2) 불 대수의 기본 연산

[2016년 1회 출제]

① 논리곱(AND)
㉠ 대수식 : AB, A∧B, A∩B, A·B, A AND B
㉡ 기호 :

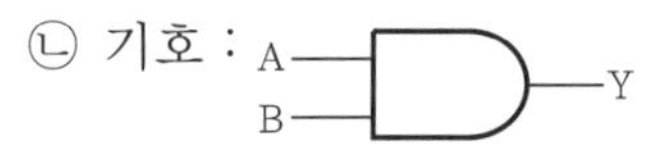

A	B	Y
0	0	0
0	1	0
1	0	0
1	1	1

② 논리합(OR)
㉠ 대수식 : A+B, A∨B, A∪B, A OR B
㉡ 기호 :

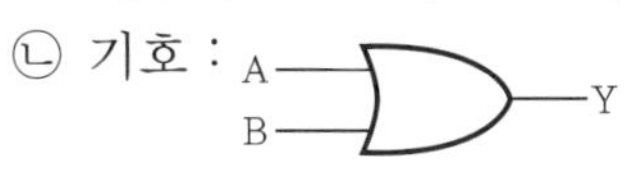

A	B	Y
0	0	0
0	1	1
1	0	1
1	1	1

③ 논리 부정(NOT)

㉠ 대수식 : $\overline{A}$, A′, NOT A

㉡ 기호 : A—▷o—Y

A	Y
0	1
1	0

[2016년 1회 출제]

④ 배타적 논리합(Exclusive－OR)

㉠ 논리식 : $\overline{A}B + A\overline{B}$

㉡ 대수식 : A⊕B, A∀B, A⊎B, A XOR B

㉢ 기호 : A, B → X

A	B	X
0	0	0
0	1	1
1	0	1
1	1	0

⑤ 배타적 부정 논리합(Exclusive－NOR)

㉠ 논리식 : $\overline{A}\,\overline{B} + AB$

㉡ 대수식 : A⊙B, A XNOR B

㉢ 기호 : A, B → X

A	B	X
0	0	1
0	1	0
1	0	0
1	1	1

2 불 대수의 기본 법칙

★중요★
불 대수의 기본 법칙인 교환 법칙, 분배 법칙, 결합 법칙, 드 모르간 정리 이해하기

(1) 교환 법칙

① A + B = B + A

② A · B = B · A

(2) 결합 법칙

① $A+(B+C)=(A+B)+C$

② $A\cdot(B\cdot C)=(A\cdot B)\cdot C$

(3) 분배 법칙

① $A\cdot(B+C)=A\cdot B+A\cdot C$

② $A+(B\cdot C)=(A+B)\cdot(A+C)$

(4) 부정 법칙

① $\overline{\overline{A}}=A$

② $A+\overline{A}=1$

③ $A\cdot\overline{A}=0$

(5) 드 모르간(De Morgan)의 정리

① 여러 논리 변수의 논리합 전체를 부정(NOR)하면 그것은 원래의 논리 변수를 각각 부정한 것을 논리곱한 것과 같다.
$\overline{A+B}=\overline{A}\cdot\overline{B}$

② 여러 논리 변수의 논리곱 전체를 부정(NAND)하면 그것은 원래의 논리 변수를 각각 부정한 것을 논리합한 것과 같다.
$\overline{A\cdot B}=\overline{A}+\overline{B}$

3 논리 함수의 간소화

불 대수의 공식을 이용해 긴 논리 대수식을 간소화한다.

(1) 논리식의 표현

① **논리식** : 각 변수에 할당되는 값에 대해 가능한 모든 조합을 만족하는 하나의 식으로 표현한다.

② **논리식의 유도** : 논리식에 나타낼 각 변수의 값과 이들의 조합에 따른 결과를 진리표로 만들고, 전체 결과를 위한 논리 함수인 관계식으로 유도한다.

③ **최대항**(maxterm) : 각 변수에 대한 진리표에서 각 변수의 결합이 논리합 형식이다.

④ **최소항**(minterm) : 각 변수에 대한 진리표에서 각 변수의 결합이 논리곱의 형식이다.

기출문제 핵심잡기

[2010년 5회 출제]
분배 법칙

[2013년 2회 출제]
결합 법칙

[2013년 1회 출제]
부정 법칙
$A\cdot\overline{A}=0$

[2010년 1회 출제]
[2010년 2회 출제]
[2012년 5회 출제]
[2016년 1회 출제]
드 모르간의 정리
$\overline{A+B}=\overline{A}\cdot\overline{B}$
$\overline{A\cdot B}=\overline{A}+\overline{B}$

★중요★
불 대수 기본 법칙 및 정리를 이용한 간소화 방법 이해하기

▌최소항과 최대항의 표현▐

A	B	Y	최소항	최대항
0	0	0	$\overline{A}\overline{B}$	$A+B$
0	1	0	$\overline{A}B$	$A+\overline{B}$
1	0	1	$A\overline{B}$	$\overline{A}+B$
1	1	1	AB	$\overline{A}+\overline{B}$

[2011년 1회 출제]
[2011년 2회 출제]
[2016년 1회 출제]
[2016년 2회 출제]
$A \cdot 1 = 1$

[2011년 5회 출제]
$A + AB = A$

[2012년 2회 출제]
$A \cdot A = A$

[2013년 3회 출제]
$A + 1 = 1$

[2014년 1회 출제]
$A + A = A$

(2) 불 대수의 기본 정리

① 기본 정리

$A+0=A$	$A \cdot A=A$
$A+1=1$	$A \cdot \overline{A}=0$
$A \cdot 0=0$	$\overline{\overline{A}}=A$
$A \cdot 1=A$	$A+AB=A$
$A+A=A$	$A+\overline{A}B=A+B$
$A+\overline{A}=1$	$(A+B) \cdot (A+C)=A+BC$

② 불 대수 기본 정리 예제

㉠ $Z=A+A \cdot B=A \cdot 1+A \cdot B$
$=A(1+B)$
$=A$

㉡ $Z=A+\overline{A} \cdot B=(A+AB)+\overline{A}B$
$=A+B(A+\overline{A})=A+B \cdot 1$
$=A+B$

㉢ $Z=(A+B) \cdot (A+C)=AA+AC+AB+BC$
$=(A+AC)+AB+BC=A+AB+BC$
$=A+BC$

㉣ $Z=AB+\overline{A}C+BC=AB+\overline{A}C+BC(A+\overline{A})$
$=AB+\overline{A}C+ABC+\overline{A}BC=AB(1+C)+\overline{A}C(1+B)$
$=AB+\overline{A}C$

㉤ $Z=A+B(\overline{A}+\overline{B})=A+B\overline{A}+B\overline{B}$
$=A+\overline{A}B+O=A+AB+\overline{A}B$
$=A+B(1)$
$=A+B$

(3) 불 대수의 표준형

① 표준곱의 항과 표준합의 항에서 표준의 의미는 불 대수가 모든 변수를 포함하고 있다는 것을 뜻한다.

② **표준곱의 항** : $\overline{A}\cdot\overline{B}\cdot\overline{C}$, $\overline{A}\cdot\overline{B}\cdot C$, $\overline{A}\cdot B\cdot\overline{C}$, $\overline{A}\cdot B\cdot C$, $A\cdot\overline{B}\cdot\overline{C}$, $A\cdot\overline{B}\cdot C$, $A\cdot B\cdot\overline{C}$, $A\cdot B\cdot C$

③ **표준합의 항** : $A+B+C$, $A+B+\overline{C}$, $A+\overline{B}+C$, $A+\overline{B}+\overline{C}$, $\overline{A}+B+C$, $\overline{A}+B+\overline{C}$, $\overline{A}+\overline{B}+C$, $\overline{A}+\overline{B}+\overline{C}$

④ **곱의 합**(SOP : Sum Of Product) **표현**

㉠ 1단계는 곱의 항(AND항)으로 구성한다.

㉡ 2단계는 합의 항(OR항)으로 만들어진 논리식으로 구성한다. 최소항의 합이라고도 한다.

ex 변수가 3개인 진리표 : 임의의 출력 X와 최소항, 기호 m

입력			출력	최소항 표현	기호
A	B	C	X		
0	0	0	1	$\overline{A}\,\overline{B}\,\overline{C}$	m_0
0	0	1	1	$\overline{A}\,\overline{B}\,C$	m_1
0	1	0	0	$\overline{A}\,B\,\overline{C}$	m_2
0	1	1	0	$\overline{A}\,B\,C$	m_3
1	0	0	0	$A\,\overline{B}\,\overline{C}$	m_4
1	0	1	1	$A\,\overline{B}\,C$	m_5
1	1	0	0	$A\,B\,\overline{C}$	m_0
1	1	1	1	$A\,B\,C$	m_0

㉢ 논리식의 표현에서 출력 X가 1이 되는 논리식들의 합이 일반 논리식이다.

$$X(A,\ B,\ C)=\overline{A}\,\overline{B}\,\overline{C}+\overline{A}\,\overline{B}\,C+A\,\overline{B}\,C+A\,B\,C$$
$$=m_0+m_1+m_5+m_7$$
$$=\sum m(0,\ 1,\ 5,\ 7)$$

⑤ **합의 곱**(POS : Product Of Sum) **표현** : 1단계는 합의 항(OR항)으로 구성되고, 2단계는 곱의 항(AND항)으로 만들어진 논리식으로, 최대항으로 구성된다. 따라서 최대항의 곱이라고도 한다.

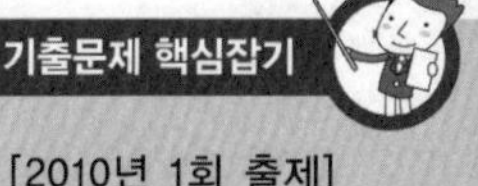

[2010년 1회 출제]
[2011년 5회 출제]
$(\overline{\overline{A}+B})(\overline{\overline{A}+\overline{B}})=0$

[2010년 2회 출제]
[2013년 3회 출제]
$AB+B=B$

[2010년 5회 출제]
[2012년 5회 출제]
$(A+B)(A+\overline{B})=A$

[2011년 1회 출제]
[2013년 1회 출제]
$AB+ABC=AB$

[2011년 2회 출제]
$A+AB+\overline{A}B=A+B$

[2012년 1회 출제]
$A=1$, $B=0$, $C=1$ 일 때
$B+\overline{A}(B+C)=0$

[2013년 2회 출제]
$AC+ABC=AC$

[2014년 1회 출제]
$X(\overline{X}+Y)=XY$

입력			출력	최대항 표현	기호
A	B	C	X		
0	0	0	1	A+B+C	M_0
0	0	1	1	$A+B+\overline{C}$	M_1
0	1	0	0	$A+\overline{B}+C$	M_2
0	1	1	0	$A+\overline{B}+\overline{C}$	M_3
1	0	0	0	$\overline{A}+B+C$	M_4
1	0	1	1	$\overline{A}+B+\overline{C}$	M_5
1	1	0	0	$\overline{A}+\overline{B}+C$	M_0
1	1	1	1	$\overline{A}+\overline{B}+\overline{C}$	M_0

㉠ 3변수 진리표 : 임의의 출력 X와 최대항, 그리고 별도의 기호 M을 표시한다.

㉡ 합의 곱 표현에서는 곱의 합과 반대로 출력이 0이 되는 최대항을 가지고 일반 논리식으로 표현한다.

X(A, B, C)

$= (A+\overline{B}+C)\cdot(A+\overline{B}+\overline{C})\cdot(\overline{A}+B+C)\cdot(\overline{A}+\overline{B}+C)$

$= M_2 + M_3 + M_4 + M_6$

$= \sum M(2,\ 3,\ 4,\ 6)$

[2012년 1회 출제]
카르노도는 논리식을 최소화시키는 간편한 방법으로서, 진리표를 그림 모양으로 나타내어 사용한다.

4 카르노도(karnaugh map)를 이용한 논리식의 간략화

(1) 카르노도의 의의

① 조직적인 도표를 사용하여 불 대수를 최적으로 간략화할 수 있다. 카르노도표는 불 대수식을 간소화하기 위한 가장 체계적이고, 간단한 방법이다.

② 최적의 간략화에 근거한 디지털 회로 설계만이 게이트수를 최소화할 수 있다. 이에 따라 디지털 회로는 회로의 경제성, 소비 전력의 효율성, 회로의 신뢰성, 제품의 소형화가 가능해진다.

③ 변수 2개, 변수 3개, 변수 4개, 변수 5개로 이루어진 입력 변수에 적용할 수 있고 그 이상의 변수가 존재하는 경우에는 다른 방법을 사용한다.

④ 최소항을 나타내는 내부의 사각형으로 구성된다. 카르노도에서는 가로축과 세로축에 입력 변수의 값에 따라 나타나는 결과를 교차 지점에 표현하며, 이때 대응되는 사각형이 최소항이 된다.

(2) 2변수 카르노도

① 2변수 카르노도 표현과 최소항

㉠ 2변수 카르노도

A \ B	0	1
0	$\overline{A}\,\overline{B}$	$\overline{A}B$
1	$A\overline{B}$	AB

㉡ 2변수 최소항

X	Y	최소항	
0	0	$\overline{A}$	$\overline{B}$
0	1	$\overline{A}$	B
1	0	A	$\overline{B}$
1	1	A	B

② 간소화 : 논리식 $Y = \overline{A}\,\overline{B} + A\overline{B} + AB$를 카르노도로 간소화한다.

㉠ 원 논리식 : $Y = \overline{A}\,\overline{B} + A\overline{B} + AB$

B \ A	0	1
0	1	1
1		1

㉡ 간략화 논리식 : $Y = A + \overline{B}$

B \ A	0	1	
0	1	1	$\overline{B}$
1		1	A

기출문제 핵심잡기

카르노도

㉠ 2변수, 3변수, 4변수 논리식을 간략화하는 데 가장 효과적으로 사용된다.

㉡ 카르노도를 사용하면 쉽고, 빠르게 논리식을 최소화시킬 수 있다.

[2012년 1회 출제]

AB \ C	0	1
00	0	1
01	1	0
11	1	0
10	0	1

를 간략화하면 $B\overline{C}+\overline{B}C$이다.

(3) 3변수 카르노도

① 3변수 카르노도 표현과 최소항

㉠ 3변수 카르노도 표현

A \ BC	00	01	11	10
0	$\overline{A}\overline{B}\overline{C}$	$\overline{A}\overline{B}C$	$\overline{A}BC$	$\overline{A}B\overline{C}$
1	$A\overline{B}\overline{C}$	$A\overline{B}C$	ABC	$AB\overline{C}$

C \ AB	00	01	11	10
0	$\overline{A}\overline{B}\overline{C}$	$\overline{A}\overline{B}C$	$\overline{A}BC$	$\overline{A}B\overline{C}$
1	$A\overline{B}\overline{C}$	$A\overline{B}C$	ABC	$AB\overline{C}$

㉡ 3변수 최소항

A B C	최소항
0 0 0	$\overline{A}\overline{B}\overline{C}$
0 0 1	$\overline{A}\overline{B}C$
0 1 0	$\overline{A}B\overline{C}$
0 1 1	$\overline{A}BC$
1 0 0	$A\overline{B}\overline{C}$
1 0 1	$A\overline{B}C$
1 1 0	$AB\overline{C}$
1 1 1	ABC

② 간소화 : 논리식 $Y=\overline{A}\overline{B}\overline{C}+\overline{A}B\overline{C}+A\overline{B}\overline{C}+A\overline{B}C$를 카르노도로 간소화한다.

㉠ 원 논리식 : $T=\overline{A}\overline{B}\overline{C}+\overline{A}B\overline{C}+A\overline{B}\overline{C}+A\overline{B}C$

C \ AB	00	01	11	10
0	1	1		1
1				1

㉡ 간략화 논리식 : $T = A\overline{B} + \overline{A}\,\overline{C}$

C \ AB	00	01	11	10
0	1	1		1
1				1

$\overline{A}\,\overline{C}$ $A\overline{B}$

③ 예제

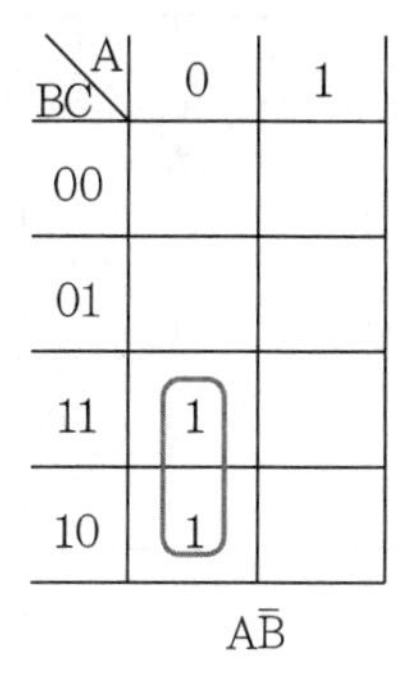

BC \ A	0	1
00		
01		
11	1	
10	1	

$A\overline{B}$

BC \ A	0	1
00	1	
01	1	
11		
10		

$A\overline{B}$

BC \ A	0	1
00		
01		1
11		1
10		

AC

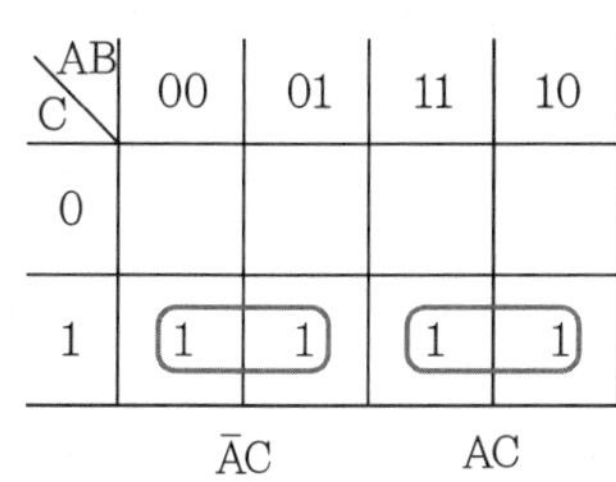

C \ AB	00	01	11	10
0				
1	1	1	1	1

$\overline{A}C$ AC

C \ AB	00	01	11	10
0				
1	1	1	1	1

C

BC \ A	0	1
00		1
01		1
11		1
10		1

A

BC \ A	0	1
00	1	1
01	1	1
11		
10		

$\overline{B}$

BC \ A	0	1
00		
01	1	1
11	1	1
10		

C

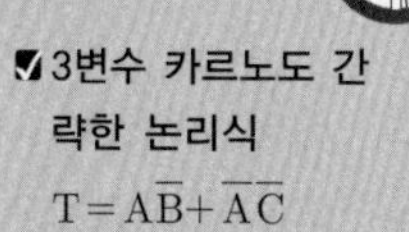

☑ 3변수 카르노도 간략한 논리식

$T = A\overline{B} + \overline{A}\,\overline{C}$

C \ AB	00	01	11	10
0	1			1
1	1			1

$\overline{B}$

C \ AB	00	01	11	10
0			1	1
1	1	1	1	1

A+C

[2010년 5회 출제]
[2012년 2회 출제]
4변수 카르노맵에서 최소항의 개수는 $2^4 = 16$이므로 16개 변수항으로 구성된다.

(4) 4변수 카르노도

① 4변수 카르노도 표현

AB \ CD	00	01	11	10
00	$\overline{A}\,\overline{B}\,\overline{C}\,\overline{D}$	$\overline{A}\,\overline{B}\,\overline{C}D$	$\overline{A}\,\overline{B}CD$	$\overline{A}\,\overline{B}C\overline{D}$
01	$A\overline{B}\,\overline{C}\,\overline{D}$	$A\overline{B}\,\overline{C}D$	$A\overline{B}CD$	$A\overline{B}C\overline{D}$
11	$AB\overline{C}\,\overline{D}$	$AB\overline{C}D$	$ABCD$	$ABC\overline{D}$
10	$A\overline{B}\,\overline{C}\,\overline{D}$	$A\overline{B}\,\overline{C}D$	$A\overline{B}CD$	$A\overline{B}C\overline{D}$

CD \ AB	00	01	11	10
00	$\overline{A}\,\overline{B}\,\overline{C}\,\overline{D}$	$A\overline{B}\,\overline{C}\,\overline{D}$	$AB\overline{C}\,\overline{D}$	$A\overline{B}\,\overline{C}\,\overline{D}$
01	$\overline{A}\,\overline{B}\,\overline{C}D$	$A\overline{B}\,\overline{C}D$	$AB\overline{C}D$	$A\overline{B}\,\overline{C}D$
11	$\overline{A}\,\overline{B}CD$	$A\overline{B}CD$	$ABCD$	$A\overline{B}CD$
10	$\overline{A}\,\overline{B}C\overline{D}$	$A\overline{B}C\overline{D}$	$ABC\overline{D}$	$A\overline{B}C\overline{D}$

② 간소화 : 논리식 $Y = \overline{A}\,\overline{B}\,\overline{C}\,\overline{D} + \overline{A}B\overline{C}\,\overline{D} + A\overline{B}\,\overline{C}\,\overline{D} + \overline{A}B\overline{C}D + AB\overline{C}D + \overline{A}BCD + ABCD$를 카르노도로 간소화한다.

㉠ 원 논리식 : $Y = \overline{A}\,\overline{B}\,\overline{C}\,\overline{D} + \overline{A}B\overline{C}\,\overline{D} + A\overline{B}\,\overline{C}\,\overline{D} + \overline{A}B\overline{C}D + AB\overline{C}D + A\overline{B}\,\overline{C}D + \overline{A}BCD + ABCD$

CD \ AB	00	01	11	10
00	1	1		1
01		1	1	1
11		1	1	
10				

㉡ 간략화 논리식 : $Y = A\overline{B}\,\overline{C} + \overline{A}\,\overline{C}\,\overline{D} + BD$

CD \ AB	00	01	11	10
00	1	1		1
01		1	1	1
11		1	1	
10				

$\overline{A}\overline{C}\overline{D}$ BD $A\overline{B}\overline{C}$

③ 2개항 그룹화

㉠

CD \ AB	00	01	11	10
00				
01				
11	1			1
10				

$\overline{B}CD$

㉡

CD \ AB	00	01	11	10
00	1			
01				
11				
10	1			

$\overline{A}\overline{B}\overline{D}$

기출문제 핵심잡기

☑ 4변수 카르노도 간략화 논리식

$Y = A\overline{B}\overline{C} + \overline{A}\,\overline{C}\,\overline{D} + BD$

④ 4개항 그룹화

㉠

CD \ AB	00	01	11	10
00	1			
01	1		1	1
11	1		1	1
10	1			

$\bar{A}\bar{B}$ $A\bar{D}$

㉡

CD \ AB	00	01	11	10
00				
01	1			1
11	1			1
10				

$\bar{B}D$

㉢

CD \ AB	00	01	11	10
00	1			1
01		1	1	
11		1	1	
10	1			1

$\bar{B}\bar{D}$ BD

⑤ 8개항의 그룹화

㉠

AB \ CD	00	01	11	10
00			1	1
01			1	1
11			1	1
10			1	1

$=C$

㉡

AB \ CD	00	01	11	10
00	1			1
01	1			1
11	1			1
10	1			1

$=\overline{D}$

㉢

AB \ CD	00	01	11	10
00	1	1	1	1
01	1	1	1	1
11				
10				

$=\overline{A}$

[2011년 2회 출제]
Don't care
논리에서 어떤 항이 '1' 또는 '0' 어느 것이든 상관없다는 의미이므로 카르노맵으로 그룹화할 때 최소화가 가능한 쪽으로 묶어 처리해도 된다. 카르노도에서는 'X'로 표시한다.

(5) 임의 상태(don't care)

▌4변수 임의 상태 진리표▐

A	B	C	D	Y
0	0	0	0	×
0	0	0	1	1
0	0	1	0	×
0	0	1	1	1
0	1	0	0	0
0	1	0	1	×
0	1	1	0	0
0	1	1	1	1
1	0	0	0	0
1	0	0	1	0
1	0	1	0	0
1	0	1	1	1
1	1	0	0	0
1	1	0	1	0
1	1	1	0	0
1	1	1	1	1

① 입력 변수에 대하여 실제 출력 결과에 아무런 상관이 없는 경우로 결합된 조합을 임의 상태(don't care)라 하며, 진리표나 카르노도에서는 '×'로 표기한다.

② 4변수에 대하여 임의 상태가 3곳이 있는 진리표에서 간략화하기

㉠ 1에 대한 이웃한 항으로 묶어서 간소화된 논리식을 구한다.

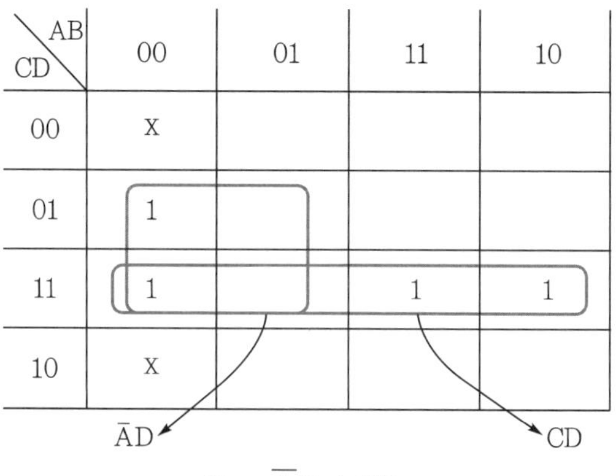

$$Y = \overline{A}D + CD$$

CD \ AB	00	01	11	10
00	X	0	0	0
01		X	0	0
11				
10	X	0	0	0

$\overline{C}\overline{D}$ $C\overline{D}$ $A\overline{C}$

$$Y = A\overline{C} + C\overline{D} + \overline{C}\,\overline{D}$$

㉡ 1을 기준한 경우의 카르노도에서 얻은 간소화된 논리식은 다음과 같다.

$$Y = \overline{A}D + CD$$

③ Don't care 그룹화

㉠ 출력에 관여하지 않는 입력이 존재할 수 있다. 이렇게 출력에 관여하지 않는 입력 변수를 Don't care라 한다.

㉡ Don't care는 이웃 영역을 그룹화할 때 가장 간단한 표현을 얻기 위해 임의로 채워질 수 있다. 간략화 과정에서 그룹화할 수도 있고 그룹화하지 않을 수도 있다.

AB \ CD	00	01	11	10
00	1			
01	1	X		
11	1			
10	X			

☑ Don't care
출력에 관여하지 않는 입력이 존재할 수 있다. 이렇게 출력에 관여하지 않는 입력 변수를 말한다.

단락별 기출 · 예상 문제

01 다음 중 불 대수를 사용하는 목적으로 틀린 것은?

① 디지털 회로의 해석을 쉽게 한다.
② 같은 기능의 간단한 회로를 복잡한 다른 회로로 표시한다.
③ 변수 사이의 진리표 관계를 대수 형식으로 표시한다.
④ 논리도의 입·출력 관계를 대수 형식으로 표시한다.

해설 불 대수(boolean algebra)는 2진 논리의 표현을 쉽게 하기 위한 것이다.

02 논리곱의 명제를 나타내고 있는 불 대수는?

① $A+1=1$　② $Y=A+B$
③ $Y=A \cdot B$　④ $Y=\overline{A}$

해설 논리곱(AND)의 표현은 '·'로 표현한다.

03 다음 연산은 불 대수의 기본 법칙 중 무엇인가?

$$A+B \cdot C=(A+B) \cdot (A+C)$$

① 교환 법칙　② 결합 법칙
③ 분배 법칙　④ 드 모르간 법칙

04 다음 불 대수 정리 중 옳지 않은 것은?

① $A+1=A$　② $A+A=A$
③ $A \times A=A$　④ $A \times 1=A$

해설 $A+1=1$이 된다.
즉, 어떤 수와 '1'과의 OR 연산은 항상 '1'이 된다.

05 불 대수에 관한 기본 정리 중 옳지 않은 것은?

① $A+0=A$　② $A+A=A$
③ $A \cdot \overline{A}=1$　④ $A+\overline{A}=1$

해설 ③ $A \cdot \overline{A}=0$

06 다음 불 대수의 기본 정리 중 옳은 것은?

① $A+0=0$　② $A+\overline{A}=A$
③ $A+A=0$　④ $A+1=1$

해설 ① $A+0=1$
② $A+\overline{A}=1$
③ $A+A=A$

07 불 대수의 결과가 옳지 않은 것은?

① $A+A=A$　② $A+\overline{A}=1$
③ $A \cdot A=A$　④ $A \cdot \overline{A}=1$

해설 ④ $A \cdot \overline{A}=0$

08 다음 논리식의 성질 중 옳지 않은 것은?

① $\overline{\overline{A}}=A$　② $A+A=A$
③ $A+1=A$　④ $A \cdot A=A$

해설 ③ $A+1=1$

09 불 대수의 기본 정리들 중 옳지 않은 것은?

① $X+0=X$　② $X \cdot X=2X$
③ $\overline{\overline{X}}=X$　④ $X+\overline{X}=1$

해설 ② $X \cdot X=X$

정답 01.② 02.③ 03.③ 04.① 05.③ 06.④ 07.④ 08.③ 09.②

10 다음 식을 간략화하면?

$$Y = A + AB$$

① 1　② A
③ B　④ A · B

해설 $A + AB = A(1 + B) = A$

11 불 대수식 중 성립하지 않는 것은?

① $A + A = A$　② $A + 1 = 1$
③ $A + \overline{A} = 1$　④ $A \cdot A = 1$

해설 ④ $A \cdot A = A$

12 불 대수의 공식으로 옳지 않은 것은?

① $A + 1 = 1$　② $A + A = A$
③ $A \cdot A = A$　④ $A \cdot 1 = 1$

해설 ④ $A \cdot 1 = A$

13 다음 불 대수의 공리(公利) 중 옳지 않은 것은?

① $A + \overline{A} = 1$
② $A + 0 = 0$
③ $A + (B \cdot C) = (A + B) \cdot (A + C)$
④ $(A + B) + C = A + (B + C)$

해설 ② $A + 0 = A$

14 불 대수의 분배 정리를 나타낸 것은?

① $A + B = B + A$
② $A \cdot B = B \cdot A$
③ $A + (B \cdot C) = (A + B) \cdot (A + C)$
④ $A + (B + C) = (A + B)(A + C)$

해설 ①, ② 교환 정리
④ 틀린 식

15 다음 논리 대수의 정리 중 옳지 않은 것은?

① $A + AB = A + B$
② $A(B + C) = AB + AC$
③ $A + BC = (A + B) \cdot (A + C)$
④ $A + (B + C) = (A + B) + C$

해설 $A + AB = A(1 + B) = A$

16 다음 연산은 불 대수의 기본 법칙 중 무엇인가?

$$A + B \cdot C = (A + B) \cdot (A + C)$$

① 교환 법칙　② 결합 법칙
③ 분배 법칙　④ 드 모르간 법칙

17 불 대수의 기본 법칙에서 교환 정리를 나타낸 것은?

① $A + A = A$
② $A + B = B + A$
③ $A + (B + C) = (A + B) + C$
④ $A \cdot (B + C) = A \cdot B + A \cdot C$

해설 ① 기본 정리
③, ④ 분배 법칙

18 불 대수 정리 중 옳지 않은 것은?

① $A + 0 = A$　② $A \cdot 1 = 1$
③ $A \cdot 0 = 0$　④ $A + 1 = 1$

해설 ② $A \cdot 1 = A$

19 다음 중 드 모르간의 정의를 나타낸 것은?

① $\overline{A + B} = \overline{A} \cdot \overline{B}$
② $\overline{A + B} = \overline{AB}$
③ $\overline{A + B} = \overline{\overline{A}} \cdot \overline{\overline{B}}$
④ $\overline{A + B} = \overline{\overline{A + B}}$

정답 10.② 11.④ 12.④ 13.② 14.③ 15.① 16.③ 17.② 18.② 19.①

해설 드 모르간의 정리

㉠ $\overline{A+B}=\overline{A}\cdot\overline{B}$

㉡ $\overline{A\cdot B}=\overline{A}+\overline{B}$

20

불 대수 정리 중 다음 식으로 표현하는 정리는?

$$\overline{A+B}=\overline{A}\cdot\overline{B}$$
$$\overline{AB}=\overline{A}+\overline{B}$$

① 드 모르간(De morgan)의 정리
② 베이스 트리거의 정리
③ 카르노프 정리
④ 벤의 정리

해설 드 모르간(De morgan)의 정리

㉠ $\overline{A+B}=\overline{A}\cdot\overline{B}$

㉡ $\overline{AB}=\overline{A}+\overline{B}$

21

논리식 $Y=\overline{A}\cdot B\cdot\overline{C}$가 '1'이 되기 위한 조건은?

① $A=0,\ B=1,\ C=0$
② $A=1,\ B=0,\ C=1$
③ $A=1,\ B=1,\ C=1$
④ $A=0,\ B=0,\ C=0$

해설 AND 논리에서 1이 되기 위해서는 입력이 모두 1일 때이다.
즉, $A=0,\ B=1,\ C=0$일 때 $Y=1$이다.

22

다음 불 대수(Boolean algebra) 식을 바르게 정리한 것은?

$$X+X\cdot Y=?$$

① $X+Y$　② $X\cdot Y$
③ X　④ Y

해설 $X+XY=X(1+Y)$
$=X$

23

다음 식은 불 대수의 기본 법칙 중 어느 법칙에 해당하는가?

$$A+(B\cdot C)=(A+B)\cdot(A+C)$$

① 결합 법칙　② 교환 법칙
③ 분배 법칙　④ 흡수 법칙

24

다음 식이 성립할 때 A, B는?

$$A\cdot 0\cdot\overline{B}\cdot 1=1$$

① $A=1,\ B=1$　② $A=0,\ B=0$
③ $A=0,\ B=1$　④ $A=1,\ B=0$

해설 AND 연산은 모든 항이 '1'일 때 결과가 '1'이므로 $A=1,\ B=0$일 때 결과가 '1'이다.

25

불 대수식 $AB+ABC$를 간소화하면?

① AB　② AC
③ BC　④ ABC

해설 $AB+ABC=AB(1+C)=AB$

26

다음 논리식으로 최소화한 것은?

$$X=(\overline{X}+Y)$$

① X　② Y
③ XY　④ $\overline{X}\,\overline{Y}$

해설 $X(\overline{X}+Y)=X\overline{X}+XY=XY$
$(\because\ X\overline{X}=0)$

27

논리식 $Y=AB+B$를 옳게 간소화시킨 것은?

① A　② B
③ $A\cdot B$　④ $A+B$

정답 20.① 21.① 22.③ 23.③ 24.④ 25.① 26.③ 27.②

해설 $AB+B=B(A+1)=B$
($\because$ $A+1=1$)

28 $Y=(A+B)\cdot(A+\overline{B})$를 간략화하면?

① $\overline{B}$ ② B
③ A ④ AB

해설 $Y=(A+B)(A+\overline{B})$
$=AA+A\overline{B}+AB+B\overline{B}$
$=A+A(B+\overline{B})$
$=A$
여기서, $B\overline{B}=0$

29 다음의 논리 함수를 최소화하면?

$X+(X+Y)$

① X ② Y
③ XY ④ $X+Y$

해설 $X(X+Y)=XX+XY$
$=X(1+Y)$
$=X$

30 $X=A(A\overline{B}+AB)+\overline{A}B$를 간단히 나타낸 것으로 옳은 것은?

① $X=\overline{A}+B$ ② $X=A+B$
③ $X=A+\overline{B}$ ④ $X=AB$

해설 $X=A\overline{B}+AB+\overline{A}B$
$=A(\overline{B}+B)+\overline{A}B$
$=A+\overline{A}B$
$=(A+\overline{A})(A+B)$
$=A+B$
여기서, $A+\overline{A}=1$

31 다음 중 불 대수의 결합 법칙은?

① $A+B=B+A$
② $A\cdot(B+C)=A\cdot B+A\cdot C$
③ $A+B\cdot C=(A+B)\cdot(A+C)$
④ $A+(B+C)=(A+B)+C$

해설 ① 교환 법칙
②, ③ 분배 법칙

32 다음 불 대수 기본 법칙 중 분배 법칙을 나타내는 것은?

① $A+B=B+A$
② $A+(A\cdot B)=A$
③ $A\cdot(B\cdot C)=(A\cdot B)\cdot C$
④ $A\cdot(B\cdot C)=(A\cdot B)+(A\cdot C)$

해설 ① 교환 법칙
② 불 대수식
③ 결합 법칙

33 $\overline{A}\,\overline{B}$가 '1'인 경우 A와 B의 값으로 옳은 것은?

① $A=0,\ B=0$ ② $A=1,\ B=0$
③ $A=0,\ B=1$ ④ $A=1,\ B=1$

해설 $A=0,\ B=0$일 때 반전되어 $A=1,\ B=1$이므로 결과가 '1'이다.

34 $A=1,\ B=0,\ C=1$일 때 논리식의 값이 0이 되는 것은?

① $AB+BC+CA$
② $A+\overline{B}(\overline{A}+C)$
③ $B+\overline{A}(B+C)$
④ $A\overline{B}C$

해설 ① $1\cdot0+0\cdot1+1\cdot1=1$
② $1+1\cdot(0+1)=1$
③ $0+0\cdot(0+1)=0$
④ $1\cdot1\cdot1=1$

정답 28.③ 29.① 30.② 31.④ 32.④ 33.① 34.③

35 다음 중 드 모르간(De morgan)의 정리와 관계있는 것은?

① $A \cdot A = A$
② $A + A = A$
③ $\overline{A \cdot B} = \overline{A} + \overline{B}$
④ $A + B = B + A$

해설 드 모르간의 정리
㉠ $\overline{A \cdot B} = \overline{A} + \overline{B}$
㉡ $\overline{A + B} = \overline{A} \cdot \overline{B}$

36 다음 중 드 모르간(De morgan)의 정리가 옳은 것은?

① $\overline{A \cdot B} = \overline{A} \cdot \overline{B}$
② $\overline{A + B} = \overline{A} + \overline{B}$
③ $\overline{A + B + C} = \overline{A} \cdot \overline{B} \cdot \overline{C}$
④ $\overline{A \cdot B \cdot C} = \overline{A} \cdot \overline{B} \cdot \overline{C}$

해설 드 모르간의 정리
㉠ $\overline{A \cdot B} = \overline{A} + \overline{B}$
㉡ $\overline{A + B} = \overline{A} \cdot \overline{B}$

37 다음의 진리표를 논리식으로 표시하면?

A	B	X
0	0	1
0	1	0
1	0	0
1	1	0

① $C = A \cdot B$　② $C = A + B$
③ $C = \overline{A \cdot B}$　④ $C = \overline{A + B}$

해설 OR의 반대 NOR($C = \overline{A + B}$) 논리이다.

38 다음 진리표를 보고 불 대수로 표현한 것으로 맞는 것은?

A	B	X
0	0	0
0	1	0
1	0	0
1	1	1

① $Y = 1$　② $Y = \overline{A}B$
③ $Y = AB$　④ $Y = 0$

해설 입력이 모두 1일 때 1이 되는 AND 논리이다. 즉, $Y = AB$

39 다음 논리식을 간소화한 것은?

$$Z = AB + \overline{A}C + BC$$

① $AB + \overline{A}C$　② $\overline{A}B + AC$
③ $A\overline{B}\overline{A}C$　④ $AB + A\overline{C}$

해설 카르노맵을 이용하여 풀이하면 다음과 같다.

AB \ C	0	1	
00		1	→ $\overline{A}C$
01		1	
11	1	1	→ AB
10			

40 다음 카르노도(Karnaugh)를 간략화한 것은?

AB \ CD	00	01	11	10
00	1	1	1	1
01	0	0	0	1
11	1	1	0	1
10	1	1	0	1

① $AB + A\overline{C} + \overline{C}D$
② $\overline{A}\,\overline{B}D + AC + C\overline{D}$
③ $\overline{A}\,\overline{B}D + \overline{A}C + CD$
④ $\overline{A}\,\overline{B} + A\overline{C} + C\overline{D}$

정답 35.③ 36.③ 37.④ 38.③ 39.① 40.④

해설

AB \ CD	00	01	11	10
00	1	1	1	1
01	0	0	0	1
11	1	1	0	1
10	1	1	0	1

→ $\overline{A}\,\overline{B}$ (row 00), → $C\overline{D}$ (column 10), ↓ $A\overline{C}$

$\therefore\ \overline{A}\,\overline{B}+A\overline{C}+C\overline{D}$

41 다음 논리식의 결과값은?

$$(\overline{\overline{A}+B})(\overline{\overline{A}+\overline{B}})$$

① 0　② 1
③ A　④ B

해설 $(\overline{\overline{A}+B})(\overline{\overline{A}+\overline{B}})$
$=(A\cdot\overline{B})(A\cdot B)$
$=AA\cdot AB\cdot A\overline{B}\cdot B\overline{B}$
$=0$

42 다음 중 논리식을 최소화시키는 데 간편한 방법으로, 진리표를 그림 모양으로 나타낸 것은?

① 카르노도　② 드 모르간도
③ 비트도　④ 클리어도

해설 **카르노맵**
㉠ 변수가 많은 항을 간략화하는 방법으로는 카르노맵이 많이 사용된다.
㉡ 카르노맵 안에 주어진 논리식의 항을 1로 표시한 후 인접한 칸의 1을 2의 배수개로 묶는다.

43 다음 그림의 2변수 카르노도로부터 논리식을 구하면?

B \ A	0	1
0	0	0
1	1	1

① A　② B
③ A · B　④ A + B

해설

B \ A	0	1
0	0	0
1	1	1

→ B

44 4변수 카르노맵에서 최소항(minterm)의 개수는 얼마인가?

① 4　② 8
③ 12　④ 16

해설 4변수 카르노맵에서 최소항은 AND 연산의 결합으로 2^n개의 조합이 이루어지므로 $2^4=16$의 변수항으로 구성된다.

45 다음 식을 간략화하면?

$$Y=A+AB$$

① 1　② A
③ B　④ A · B

해설 $A+AB=A(1+B)=A$

46 다음 논리식 중 성립되지 않는 것은?

① $X+XY=X$
② $X(X+Y)=X$
③ $X+\overline{X}Y=X+Y$
④ $X(\overline{X}+Y)=\overline{X}Y$

해설 $X(\overline{X}+Y)=\overline{X}X+XY=XY$

정답 41.① 42.① 43.② 44.④ 45.② 46.④

47

다음 진리표를 보고 불 대수로 표현한 것으로 옳은 것은?

A	B	D	C
0	0	0	0
0	1	1	1
1	0	1	0
1	1	0	0

① $D=\overline{A}B+A\overline{B}$, $C=\overline{A}B$

② $D=\overline{A}B+A\overline{B}$, $C=AB$

③ $D=\overline{A}B+\overline{A}B$, $C=\overline{A}B$

④ $D=\overline{A}B+\overline{A}B$, $C=AB$

해설 ㉠ D가 1일 때

A	B	D	
0	0	0	
0	1	1	→ $\overline{A}B$
1	0	1	→ $A\overline{B}$
1	1	0	

∴ $D=\overline{A}B+A\overline{B}$

㉡ C가 1일 때

A	B	C	
0	0	0	
0	1	1	→ $\overline{A}B$
1	0	0	
1	1	0	

∴ $C=\overline{A}B$

48

다음 드 모르간의 정리를 나타낸 것 중 옳지 않은 것은?

① $\overline{ABC}=\overline{A}+\overline{B}+\overline{C}$

② $\overline{ABC}=\overline{A}\cdot\overline{B}\cdot\overline{C}$

③ $\overline{A+B}=\overline{A}\cdot\overline{B}$

④ $\overline{AB}=\overline{A}+\overline{B}$

해설 드 모르간의 정리

㉠ $\overline{A+B}=\overline{A}\cdot\overline{B}$

㉡ $\overline{A\cdot B}=\overline{A}+\overline{B}$

49

불 대수의 기본으로 옳지 않은 것은?

① $A+\overline{A}=1$　② $A\cdot\overline{A}=1$

③ $A+A=A$　④ $A\cdot A=A$

해설 $A\cdot\overline{A}=0$

50

논리식 $X+\overline{X}Y$를 간소화하면?

① $X+\overline{Y}$　② $\overline{X}+Y$

③ $\overline{X}+\overline{Y}$　④ $X+Y$

해설 분배 법칙을 이용한다.

$X+\overline{X}Y=(X+\overline{X})(X+Y)$

$=X+Y$

($\because X+\overline{X}=1$)

51

다음 불 대수를 간략화한 것으로 맞는 것은?

$$Y=\overline{\overline{A}\cdot B}\cdot\overline{C}$$

① $Y=A\cdot B\cdot C$

② $Y=A+\overline{B}\cdot\overline{C}$

③ $Y=(A+B)(A+\overline{B})$

④ $Y=A+B+C$

해설 드 모르간의 정리 $\overline{A\cdot B}=\overline{A}+\overline{B}$를 이용한다.

$\overline{\overline{A}\cdot B}\cdot\overline{C}=A+\overline{B}\cdot\overline{C}$

52

다음 진리표를 보고 불 대수를 표현하면?

A	B	Y
0	0	1
0	1	1
1	0	1
1	1	0

① $Y=A\cdot B$　② $Y=A\cdot\overline{B}$

③ $Y=\overline{A}\cdot B$　④ $Y=\overline{A\cdot B}$

정답 47.① 48.② 49.② 50.④ 51.② 52.④

해설 NAND 논리이다.

$\therefore Y = \overline{A \cdot B}$

53

불 대수의 기본 정리 중 옳지 않은 것은?

① $X + 0 = X$　② $X \cdot X = 2X$

③ $\overline{\overline{X}} = X$　④ $X + \overline{X} = 1$

해설 ② $X \cdot X = X$

54

다음 중 드 모르간의 정리를 올바르게 나타낸 것은?

① $\overline{A + B + C + D} = \overline{A} \cdot \overline{B} \cdot \overline{C} \cdot \overline{D}$

② $A + B = A \cdot B$

③ $\overline{A + B} = A \cdot B$

④ $\overline{A \cdot B \cdot C \cdot D} = A + B + C + D$

해설 드 모르간의 정리

㉠ $\overline{A+B} = \overline{A} \cdot \overline{B}$

㉡ $\overline{A \cdot B} = \overline{A} + \overline{B}$

$\therefore \overline{A+B+C+D} = \overline{A} \cdot \overline{B} \cdot \overline{C} \cdot \overline{D}$

55

$A \cdot \overline{B} \cdot \overline{C} = 1$의 논리식이 성립할 때 A, B, C의 각 변수의 값이 옳은 것은?

① $A = 0,\ B = 0,\ C = 0$

② $A = 0,\ B = 0,\ C = 1$

③ $A = 1,\ B = 0,\ C = 0$

④ $A = 1,\ B = 1,\ C = 1$

해설 $A \cdot \overline{B} \cdot \overline{C} = 1$이 되려면 $A = 1$, $B = 0$, $(\overline{B} = 1)$, $C = 0(\overline{C} = 1)$이다.

56

$A \cdot (B + C) = A \cdot B + A \cdot C$에 관계되는 법칙은?

① 분배 법칙　② 교환 법칙

③ 결합 법칙　④ 드 모르간의 법칙

57

논리식 $F = (A + B)(A + \overline{B})$를 최소화한 것으로 맞는 것은?

① $F = (A + B)$　② $F = A + \overline{B}$

③ $F = A$　④ $F = 0$

해설 $F = (A+B)(A+\overline{B})$

$= AA + A\overline{B} + AB + B\overline{B}$ (단, $B\overline{B} = 0$)

$= A(1 + \overline{B} + B)$ (단, $1 + X = 1$)

$= A$

58

$A(\overline{A} + B)$의 논리식을 간단히 하면?

① 0　② 1

③ A　④ AB

해설 $A(\overline{A} + B) = A\overline{A} + AB$

$= AB$

59

논리 함수 $A\overline{B} + \overline{C}$이 '0'이 되려면 각 변수의 값은?

① $A = 0,\ B = 0,\ C = 0$

② $A = 1,\ B = 0,\ C = 1$

③ $A = 0,\ B = 1,\ C = 1$

④ $A = 1,\ B = 1,\ C = 0$

해설 출력이 '0'이 되려면 모든 항이 '0'이 되어야 하므로

㉠ $A\overline{B} = 0$의 조건

- $A = 0,\ B = 1$
- $A = 0,\ B = 0$
- $A = 1,\ B = 1$

㉡ $\overline{C} = 0$의 조건 : $C = 1$

60

$A = 1,\ B = 0,\ C = 1$일 때 논리식의 값이 0이 되는 것은?

① $AB + BC + CA$　② $A + \overline{B}(\overline{A} + C)$

③ $B + \overline{A}(B + C)$　④ $A\overline{B}C$

정답 53.② 54.① 55.③ 56.① 57.③ 58.④ 59.③ 60.③

해설 ① $AB+BC+BA=0+0+1$
$=1$
② $A+B(A+C)=1+1(0+1)$
$=1$
③ $B+A(B+C)=0+0(0+1)$
$=0$
④ $A\overline{B}C=1\cdot1\cdot1$
$=1$

61 $\overline{A}\cdot\overline{B}\cdot C=1$의 식이 성립할 때 A, B, C값으로 옳은 것은?

① A=0, B=0, C=0
② A=0, B=0, C=1
③ A=0, B=1, C=0
④ A=1, B=1, C=1

해설 AND 논리이므로 1이 되려면 모든 항이 '1'이어야 한다.
$A=0(\overline{A}=1)$, $B=0(\overline{B}=1)$, $C=1$

62 다음 논리 대수의 정리 중 옳지 않은 것은?

① $A+AB=A+B$
② $A(B+C)=AB+AC$
③ $A+BC=(A+B)\cdot(A+C)$
④ $A+(B+C)=(A+B)+C$

해설 $A+AB=A(1+B)=A$

63 다음 SW 회로에 대한 논리 함수 Y는?

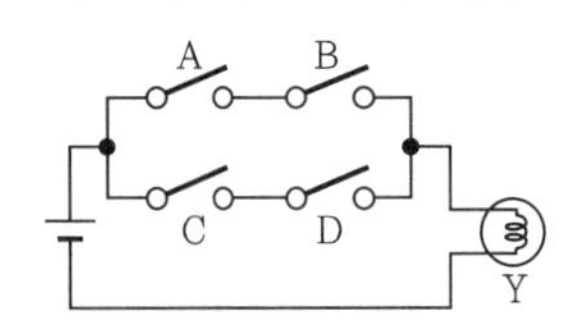

① $(A+B)(C+D)$
② $AC+BD$
③ $A\cdot B\cdot C\cdot D$
④ $AB+CD$

해설 스위치 직렬 연결은 AND, 병렬 연결은 OR 논리에 해당된다.
따라서 스위치 A-B는 AND, C-D는 AND, (A-B)와 (C-D)는 OR이다.
∴ $Y=AB+CD$

64 다음 중 논리식 $Y=\overline{A}B\overline{C}$가 '1'이 되기 위한 조건은?

① A=0, B=1, C=0
② A=1, B=0, C=1
③ A=1, B=1, C=1
④ A=0, B=0, C=0

해설 AND 논리이므로
$A=0(\overline{A}=1)$, $B=1$, $C=0(\overline{C}=1)$

65 다음 논리 함수를 간소화한 것은?

$$Y=(A+B)\cdot(A+C)$$

① $Y=A+B$ ② $Y=A+BC$
③ $Y=AB+AC$ ④ $Y=A$

해설 $Y=(A+B)\cdot(A+C)$
$=AA+AC+AB+BC$
$=A(1+C+B)+BC$
$=A+BC$

66 논리 함수의 최소화에 이용되는 방법이 아닌 것은?

① 불 대수의 법칙이나 정리를 이용한다.
② 도시법(map method)
③ 도표법(tabular method)
④ BCD법(Binary Coded Decimal number method)

해설 BCD법은 10진수와 2진수 간의 표현을 쉽게 하기 위한 방법이다.

정답 61.② 62.① 63.④ 64.① 65.② 66.④

67

논리식에서 최소항의 개수를 16개 만들기 위해선 변수를 몇 개 사용하는가?

① 2 ② 4
③ 8 ④ 16

해설 논리식에서 16개의 최소항을 만들기 위해서는 16은 2^4이므로 4개의 변수를 필요로 한다.

68

논리식 $(\overline{\overline{A}+B})(\overline{\overline{A}+\overline{B}})$의 값은?

① 0 ② 1
③ A ④ B

해설 드 모르간의 정리를 이용하면

$(\overline{\overline{A}+B})(\overline{\overline{A}+\overline{B}})$
$=(A\cdot\overline{B})(A\cdot B)$
$=AA\cdot AB\cdot A\overline{B}\cdot B\overline{B}$
$=0 \quad (\because B\overline{B}=0)$

69

다음 2변수 카르노도로부터 논리식이 옳은 것은?

B \ A	0	1
0	1	0
1	1	0

① $\overline{A}\,\overline{B}+\overline{A}B$ ② $A\overline{B}+\overline{A}B$
③ $\overline{A}B+A\overline{B}$ ④ $A\overline{B}+A\overline{B}$

해설

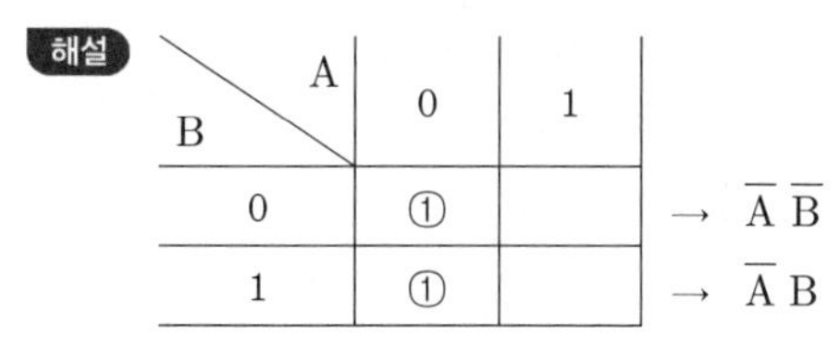

70

어떤 입력 상태에 대해 출력이 무엇이 되든지 상관없는 경우 출력 상태를 임의 상태(don't care condition)라고 하는데, 진리표나 카르노도에서는 임의 상태를 일반적으로 어떻게 표시하는가?

① X ② #
③ % ④ &

해설 ㉠ 임의 상태(don't care) : 항이 '1'이든 '0'이든 다 해당되는 것을 의미한다.
㉡ 진리표나 카르노도에서는 임의 상태를 일반적으로 'X'로 표시한다.

71

논리식 $A\cdot B$의 보수를 구하면?

① $\overline{A}+\overline{B}$ ② $\overline{A}\cdot\overline{B}$
③ $A\cdot B$ ④ $A+B$

해설 $A\cdot B$의 보수
$\overline{A\cdot B}=\overline{A}+\overline{B}$

72

불 대수식 $X=AD+ACD$를 간략히 정리한 것은?

① 0 ② A
③ AD ④ ACD

해설 $X=AD+ACD$
$=AD(1+C)$
$=AD$

73

$X=0$, $Y=1$이라면 논리 함수 $X+\overline{X}Y$의 값은?

① 0 ② 1
③ X ④ Y

해설 $X+\overline{X}Y=0+(\overline{0}\cdot 1)$
$=0+1=1$

74

다음 중 논리식을 최소화하는 방법은?

① Karnaugh map ② Venn diagram
③ 승법 표준형 ④ 가법 표준형

정답 67.② 68.① 69.① 70.① 71.① 72.③ 73.② 74.①

75 다음과 같은 논리식에서 $Z=0$이 되는 입력 A, B, C의 조건은?

$$Z=AB+\overline{C}$$

① $A=0,\ B=0,\ C=0$
② $A=1,\ B=1,\ C=0$
③ $A=1,\ B=1,\ C=1$
④ $A=0,\ B=1,\ C=1$

해설 AB와 $\overline{C}$ 두 항 모두 0이 되어야 하므로

	A B
AB=0 조건	0 0 0 1 1 0
$\overline{C}=0$ 조건	C = 1

76 $\overline{A}+\overline{B}+\overline{C}$ 함수의 부정은 무엇인가?

① $\overline{A+B+C}$　　② $A\overline{B}\,\overline{C}$
③ ABC　　④ $\overline{A}\,\overline{B}C$

해설 드 모르간의 정리에 의해

$$\overline{\overline{A}+\overline{B}+\overline{C}}=\overline{\overline{A}}\cdot\overline{\overline{B}}\cdot\overline{\overline{C}}$$
$$=A\cdot B\cdot C$$

77 다음 중 논리식 $Y=A+AB+\overline{A}B$를 최소화한 것은?

① $A+\overline{B}$　　② $\overline{A}+B$
③ $A+B$　　④ 0

해설 $A+B(A+\overline{A})=A+B$　$(\because A+\overline{A}=1)$

78 논리식 $Z=\overline{A}B\overline{C}+\overline{A}BC+ABC$를 간소화하면?

① $Z=B(A+AC)$
② $Z=B(\overline{A}+AC)$
③ $Z=B(A+A\overline{C})$
④ $Z=\overline{B}(A+AC)$

해설 $Z=\overline{A}B\overline{C}+\overline{A}BC+ABC$
$=\overline{A}B(\overline{C}+C)+ABC$
$=\overline{A}B+ABC$
$=B(\overline{A}+AC)$

79 다음 논리식을 불 대수로 간소화하면?

$$Y=\overline{ABC}+\overline{A}B\overline{C}+A\overline{BC}+AB\overline{C}$$

① ABC　　② $\overline{A}$
③ $\overline{B}$　　④ $\overline{C}$

해설 카르노맵을 이용하여 풀이하면 다음과 같다.

AB \ C	0	1	
00	1		← $\overline{ABC}$
01	1		← $\overline{A}B\overline{C}$
11	1		← $A\overline{BC}$
10	1		← $AB\overline{C}$

80 $\overline{A}\cdot\overline{B}\cdot C=1$의 식이 성립할 때 A, B, C값으로 옳은 것은?

① $A=0,\ B=0,\ C=0$
② $A=0,\ B=0,\ C=1$
③ $A=0,\ B=1,\ C=0$
④ $A=1,\ B=1,\ C=1$

해설 AND 논리로 모든 항이 '1'이 되어야 한다. $\overline{A}\cdot\overline{B}\cdot C=1$인 조건을 만족하기 위해서는 $A=0,\ B=0,\ C=1$이어야 한다.

81 $A(\overline{A}+B)$의 논리식을 간단히 하면?

① 0　　② 1
③ A　　④ AB

정답 75.④ 76.③ 77.③ 78.② 79.④ 80.② 81.④

해설 $A(\overline{A}+B)=A\overline{A}+AB$
$=AB$

82 다음 드 모르간의 정리 중 옳지 않은 것은?

① $\overline{A+B}=\overline{A}\cdot\overline{B}$
② $\overline{A\cdot B}=\overline{A}+\overline{B}$
③ $\overline{\overline{A}\cdot\overline{B}}=\overline{A}+B$
④ $\overline{\overline{A}\cdot B}=A+\overline{B}$

해설 $\overline{\overline{A}\cdot\overline{B}}=\overline{\overline{A}}+\overline{\overline{B}}$
$=A+B$

83 다음과 같은 카르노 도표를 보고 논리 함수 f를 구하면?

AB \ C	0	1
00	0	1
01	1	0
11	1	0
10	0	1

① $BC+\overline{B}\,\overline{C}$　② $B\overline{C}+\overline{B}C$
③ $AB+BC$　④ $A\overline{B}+\overline{B}C$

AB \ C	0	1
00		1
01	1	
11	1	
10		1
	↓ $B\overline{C}$	↓ $\overline{B}C$

84 Karnaugh 도표를 최소화한 것은?

A \ B	0	1
0	0	0
1	1	1

① A　② $\overline{A}$
③ B　④ $\overline{B}$

A \ B	0	1	
0	0	0	
1	1	1	→ A

85 다음 논리식의 결과값은?

$(\overline{\overline{A}+B})(\overline{\overline{A}+\overline{B}})$

① 0　② 1
③ A　④ B

해설 $(\overline{\overline{A}+B}(\overline{\overline{A}+\overline{B}})=(A\cdot\overline{B})(A\cdot B)$
$=AA\cdot AB\cdot A\overline{B}\cdot B\overline{B}$
$=0$
($\because$ $B\overline{B}=0$)

86 $(A+B)(A+C)$를 최소화하면?

① $A+B+C$　② $A+BC$
③ $B+AC$　④ $AB+C$

해설 $(A+B)(A+C)=AA+AC+AB+BC$
$=A(1+B+C)+BC$
$=A+BC$

정답 82.③ 83.② 84.① 85.① 86.②

02 기본 논리 회로

★중요★
논리 게이트와 해당 진리표의 매칭에 대해 알아두기
특히 XOR, NAND, NOR, 배타적 NOR 논리 익혀두기
- 유형 1 : 진리표를 제시하고 해당 논리 찾기
- 유형 2 : 논리 게이트를 제시하고 해당 논리 이름 찾기
- 유형 3 : 논리 게이트 입력이 주어졌을 때 출력 구하기
- 유형 4 : 논리식을 제시하고 해당 논리 찾기

1 논리 게이트

(1) 논리 게이트(logical gate)의 의미

불 연산을 수행하는 전자 소자로서, 주어진 입력 변수값에 대해서 정해진 논리 함수를 수행하여 그 함수의 연산 결과와 동일한 것을 출력하는 하드웨어이다.

(2) 기본 게이트

① OR 게이트

㉠ OR 게이트는 논리합과 같은 동작을 한다. 스위치 논리와 기호는 다음과 같다.

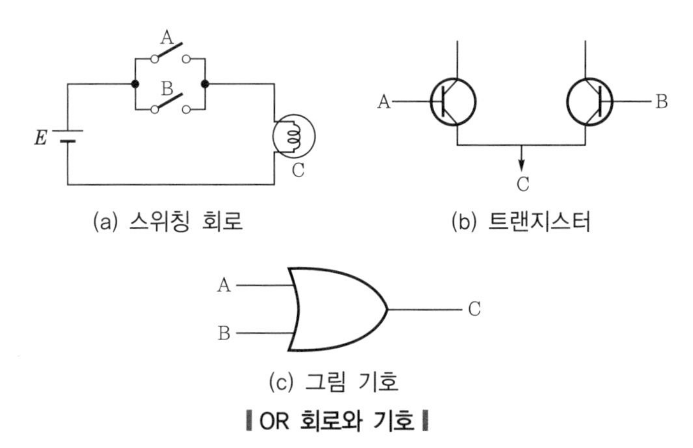

(a) 스위칭 회로 (b) 트랜지스터

(c) 그림 기호

┃OR 회로와 기호┃

┃OR 게이트의 동작 진리표┃

A	B	C
0	0	0
0	1	1
1	0	1
1	1	1

㉡ 논리식 : $C = A + B$

㉢ OR 회로에서 두 입력 신호가 있을 때 신호적인 차원에서 논리합의 관계는 아래 그림과 같다.

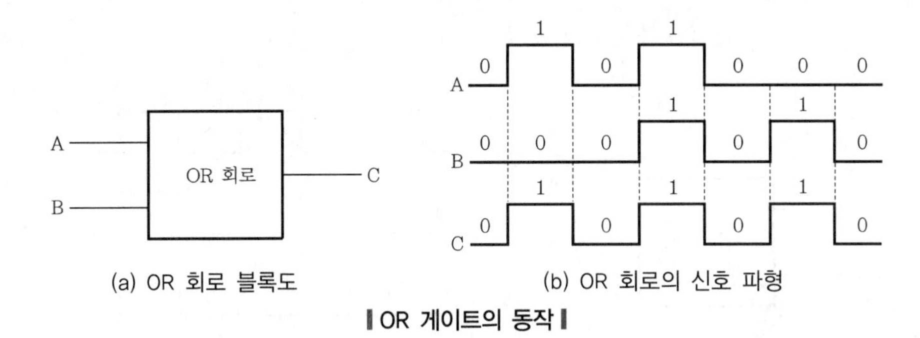

(a) OR 회로 블록도 (b) OR 회로의 신호 파형

▌OR 게이트의 동작▐

[2013년 3회 출제]
OR 논리 진리표

㉣ OR 기능을 수행하는 14핀의 기본적 집적 회로 : IC 7432

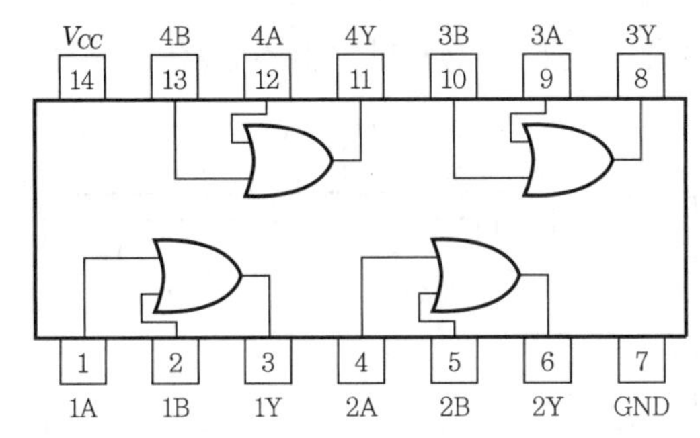

② AND 게이트

[2011년 1회 출제]
두 입력 모두 '1'일 때만 출력이 '1'이 되는 논리는 AND 논리이다.

㉠ AND 게이트는 논리곱과 같은 동작을 한다. 스위치 논리와 기호는 다음과 같다.

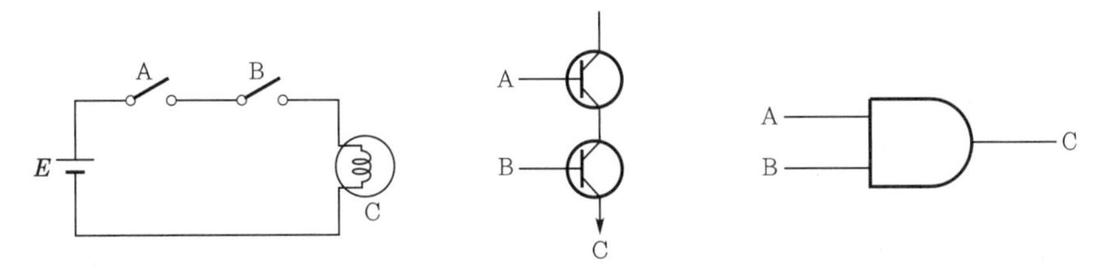

(a) 스위칭 회로 (b) 트랜지스터 회로 (c) 그림 기호

▌AND 회로와 기호▐

▌AND 게이트의 동작 진리표▐

A	B	C
0	0	0
0	1	0
1	0	0
1	1	1

㉡ 논리식 : $C = A \cdot B$

기출문제 핵심잡기

ⓒ AND 회로의 블록도와 신호 파형

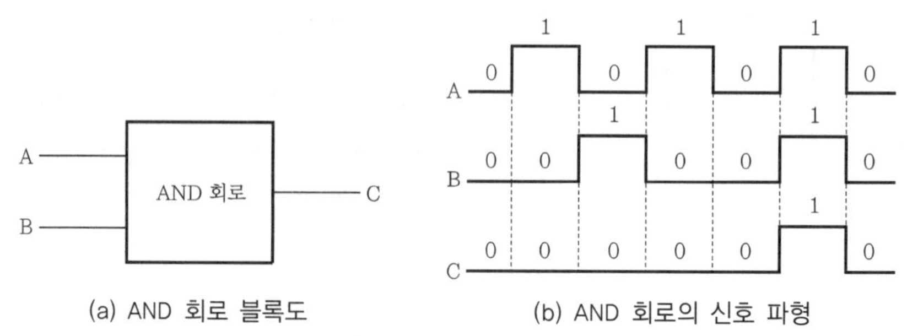

(a) AND 회로 블록도 (b) AND 회로의 신호 파형

▌AND 게이트의 동작▐

ⓓ AND 기능을 수행하는 14핀의 기본적인 집적 회로 : IC 7408

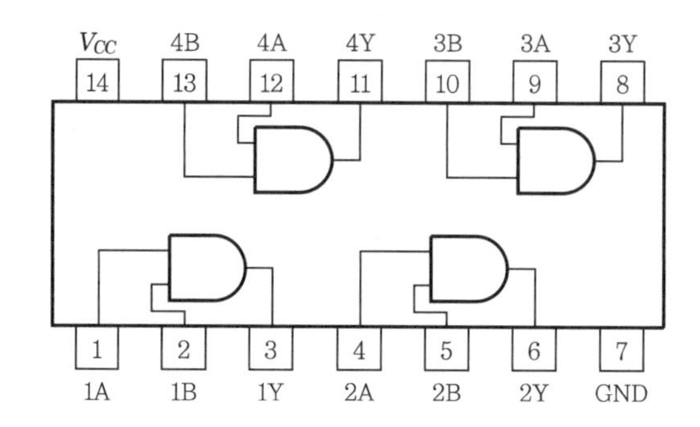

[2011년 2회 출제]

이 기호는 NOT 논리 게이트이다.

[2012년 1회 출제]
인버터(inverter)라고도 부르는 것은 NOT 논리이다.

[2013년 3회 출제]
입력 단자와 출력 단자는 각각 1개이며, 입력 단자가 1이면 출력 단자는 0이 되고, 입력 단자가 0이면 출력 단자는 1이 되는 논리는 NOT이다.

[2014년 1회 출제]
논리식 $Y=\overline{A}$로 표현되는 것은 NOT 논리이다.

③ NOT 게이트

㉠ NOT 게이트의 스위치 회로와 기호

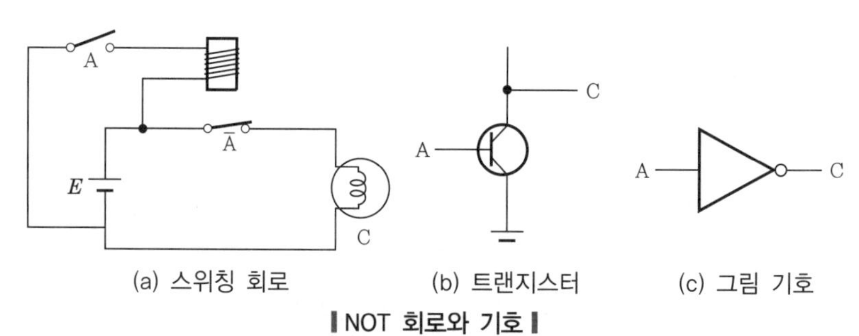

(a) 스위칭 회로 (b) 트랜지스터 (c) 그림 기호

▌NOT 회로와 기호▐

▌NOT 게이트의 동작 진리표▐

A	C
0	1
1	0

㉡ 논리식 : $C=\overline{A}$

기출문제 핵심잡기

ⓒ NOT 회로의 블록도와 신호 파형

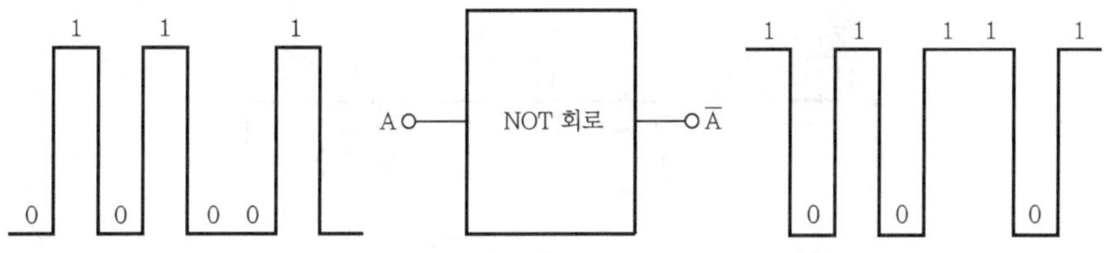

❙NOT 회로의 동작❙

ⓔ NOT 기능을 수행하는 14핀의 기본적 집적 회로 : IC 7404

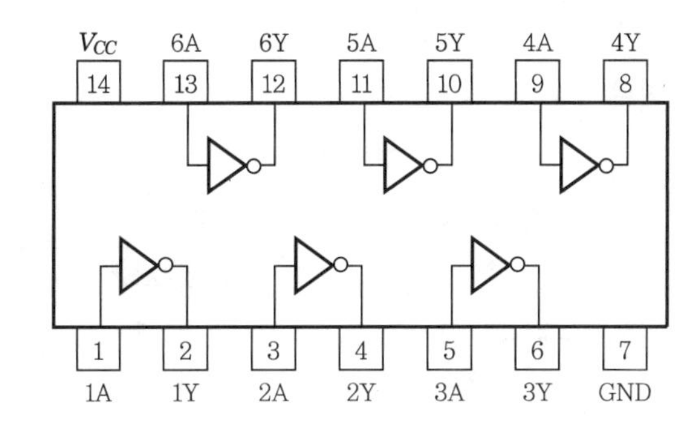

④ XOR 게이트

㉠ TR을 사용하여 XOR 게이트를 구성한 것과 그림 기호는 아래 그림과 같다.

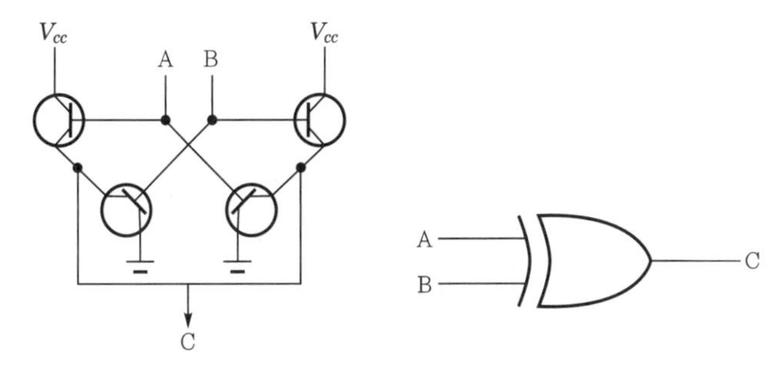

(a) 트랜지스터 회로 (b) 그림 기호

❙XOR 회로와 기호❙

❙XOR 게이트의 동작 진리표❙

A	B	X
0	0	0
0	1	1
1	0	1
1	1	0

㉡ 논리식 : $X = A\overline{B} + \overline{A}B$

[2011년 1회 출제]
XOR 논리 진리표

[2014년 1회 출제]
두 입력이 같으면 '0', 다르면 '1'이 되는 논리는 XOR이다.

[2010년 1회 출제]
NAND 논리 진리표

[2010년 5회 출제]
NAND 논리 게이트 논리식 $Y=\overline{A \cdot B}$이다.

[2011년 1회 출제]
[2012년 1회 출제]
배타적 NOR 논리에서 입력이 서로 다르면 출력은 '0'이다.

[2012년 5회 출제]
NOR 논리 진리표

[2013년 1회 출제]
입력이 모두 '0'일 때만 출력이 '1'이 되는 것은 NOR 논리이다.

[2013년 2회 출제]
논리식
$Y=\overline{A\overline{B}+\overline{A}B}$은 배타적 NOR 논리이다.

[2013년 3회 출제]
배타적 NOR 논리에서 출력이 '0'일 때는 입력이 서로 다를 때이다.

☑ 논리 회로 기호 앞부분의 'ㅇ' 의미는 NOT 논리를 의미한다.

㉢ XOR 기능을 수행하는 14핀의 기본적 집적 회로 : IC 7486

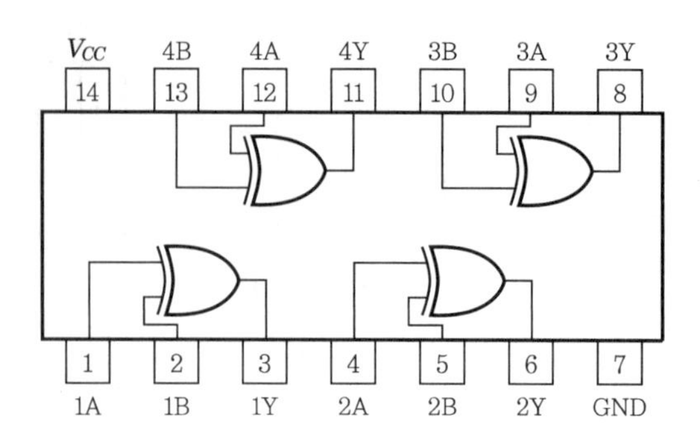

(3) 그 밖의 논리 회로

▌OT 결합 게이트▐

논리 회로	논리 회로 기호	진리표	불 대수의 표현
NAND 게이트	A, B → F	입력 A B / 출력 F: 0 0 → 1 0 1 → 1 1 0 → 1 1 1 → 0	$F=\overline{A \cdot B}$ 혹은 $F=\overline{A}+\overline{B}$
NOR 게이트	A, B → F	입력 A B / 출력 F: 0 0 → 1 0 1 → 0 1 0 → 0 1 1 → 0	$F=\overline{A+B}$ 혹은 $F=\overline{A} \cdot \overline{B}$
배타적 NOR (XNOR) 게이트	A, B → F	입력 A B / 출력 F: 0 0 → 1 0 1 → 0 1 0 → 0 1 1 → 1	$F=\overline{A\overline{B}+\overline{A}B}$ 혹은 $F=\overline{A}\overline{B}+AB$

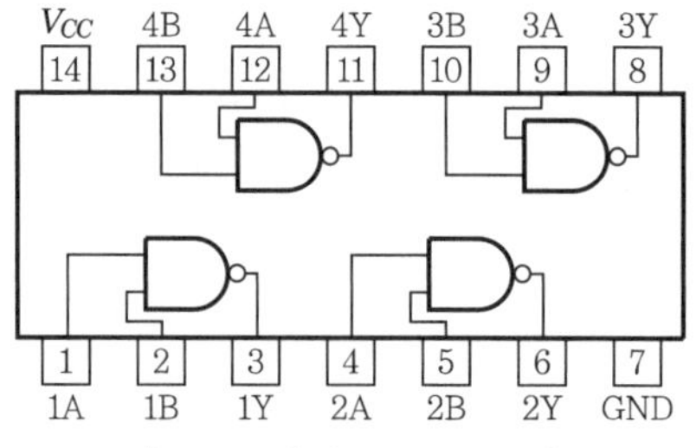

▌NAND게이트 IC 7400▐

2 논리 회로도

(1) 논리 회로의 표현

① 논리 회로도 : 회로의 기능을 기본 논리 게이트들에 서로 연결시켜 표현한 그림이다.

② 논리 회로 표현 예

㉠ 이 회로의 입력은 8가지 조합이 발생되는데 입력과 출력에 대한 진리표와 같게 된다.

㉡ A, B, C가 모두 1인 경우나 B가 1이고 A나 C 중 어느 하나가 1이면 결과는 1이 됨을 알 수 있다.

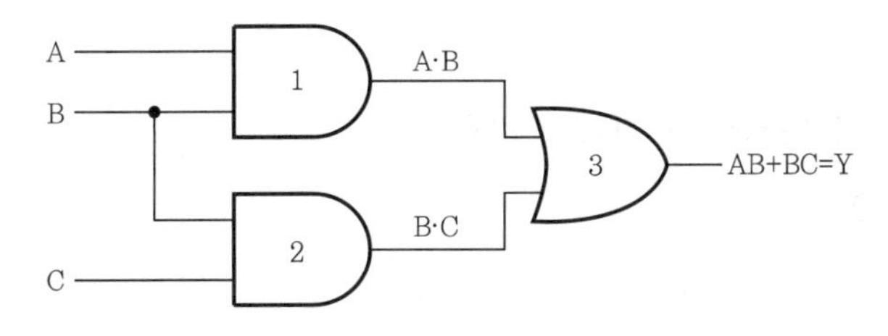

▌회로 동작의 진리표 표현▐

입력			출력
A	B	C	Y
0	0	0	0
0	0	1	0
0	1	0	0
0	1	1	1
1	0	0	0
1	0	1	0
1	1	0	1
1	1	1	1

(2) 와이어드 로직

① 와이어드 게이트(wired gate)

㉠ 게이트들의 출력 단자를 직접 연결하여 논리 소자의 기능을 발휘할 수 있도록 한 것을 와이어드 게이트라 한다.

㉡ TTL IC에서 개방 컬렉터(OC : Open Collector)를 사용할 때 이들을 묶으면 특정 논리를 수행하는 기능으로 사용할 수 있다.

② 와이어드 AND : 2개의 NAND 게이트가 하나의 풀업 저항에 연결되어 있으면 그림처럼 묶으면 AND 논리로 동작한다.

기출문제 핵심잡기

★중요★
[2010년 1회 출제]
[2010년 2회 출제]
[2011년 2회 출제]
[2012년 1회 출제]
[2013년 1회 출제]
[2013년 3회 출제]
[2014년 1회 출제]
유형 1
논리 회로를 제시하고 출력 논리식 구하기

[2010년 2회 출제]
[2010년 5회 출제]
[2011년 2회 출제]
유형 2
제시된 논리 회로에 특정 입력값이 주어졌을 때 출력값 구하기

기출문제 핵심잡기

☑ NAND 게이트 출력을 묶어 풀업 저항을 달면 AND 논리로 동작하고, NOR 게이트 출력을 묶으면 OR 게이트로 동작한다.
이 방법은 디지털 시스템의 논리 게이트수를 줄이는 데 많이 사용된다.

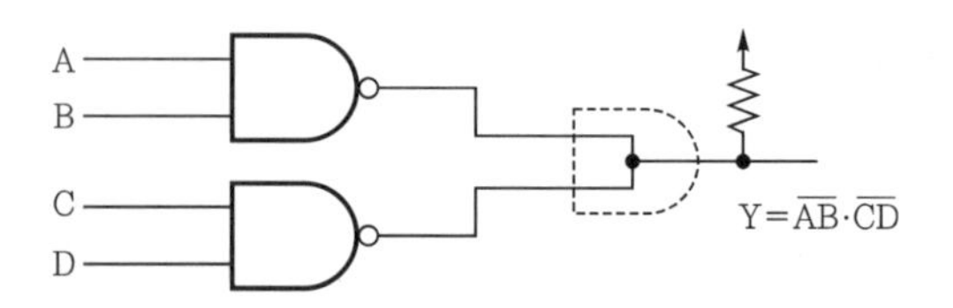

③ 와이어드 OR : 같은 방법으로 출력 단자를 연결하여 어느 하나의 출력 단자 전압이 높으면 결과가 높은 전압이 되므로 OR 기능을 수행시킬 수 있다. 아래 그림은 와이어드 OR 회로를 보여 준다.

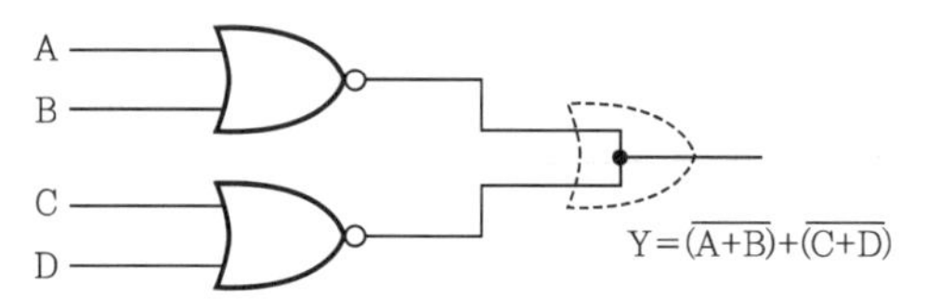

[2016년 1회 출제]
3변수 이상의 논리 회로에서 간략화 방법은 카르노도를 이용하는 것이 가장 쉽고 오류 없이 정확한 결과를 얻을 수 있다.

(3) 논리 회로의 논리식 표현과 간략화 I

① 회로 표현

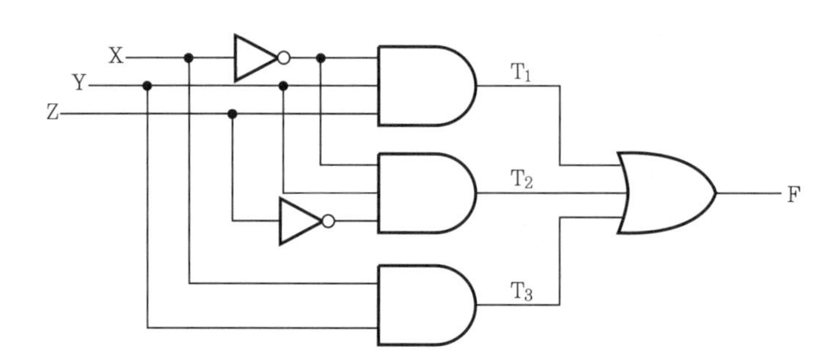

② 회로의 논리식 : $T_1 = \overline{X}YZ$, $T_2 = \overline{X}Y\overline{Z}$, $T_3 = XY$

$$F = T_1 + T_2 + T_3$$
$$= \overline{X}YZ + \overline{X}Y\overline{Z} + XY$$

③ 회로의 간략화

㉠ 불 함수식을 이용한 간략화 : $F = \bar{x}yz + \bar{x}y\bar{z} + xy$

$$= \bar{x}y(z+\bar{z}) + xy$$
$$= y(\bar{x}+x) = y$$

㉡ 카르노도를 이용한 간략화

X \ YZ	00	01	11	10
0			1	1
1			1	1

=y

(4) 논리 회로 표현과 간략화 Ⅱ

① 회로 표현

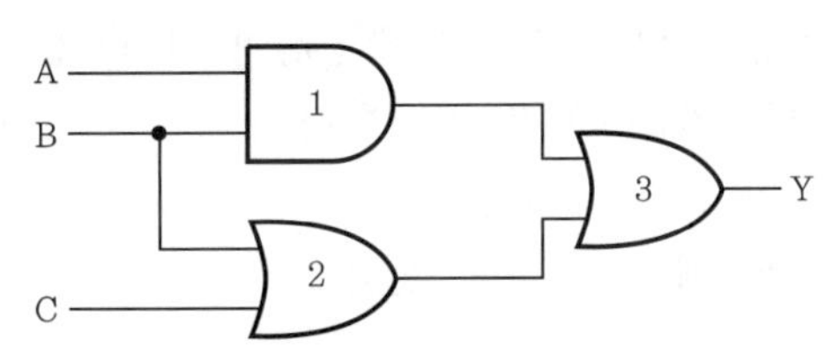

② 논리식 도출 : $Y = (A \cdot B) + (B + C)$

③ 진리표 작성

A	B	C	결과
0	0	0	1
0	1	0	1
1	0	0	1
1	1	0	1
0	0	1	0
0	1	1	0
1	0	1	0
1	1	1	1

④ 진리표로부터 카르노도의 작성 : $Y = AB + \overline{C}$

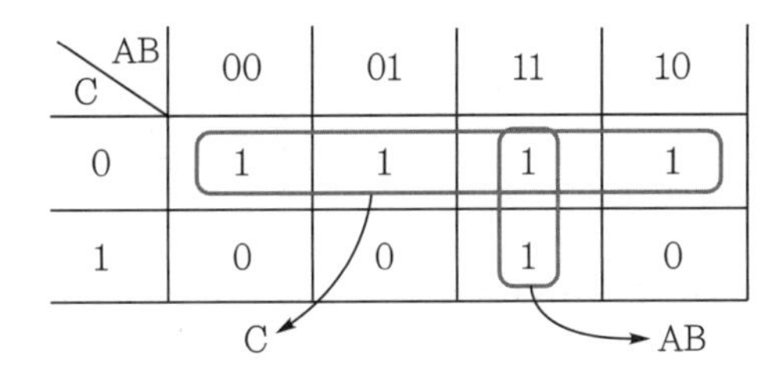

⑤ 카르노도를 이용한 재설계 : $Y = AB + \overline{C}$

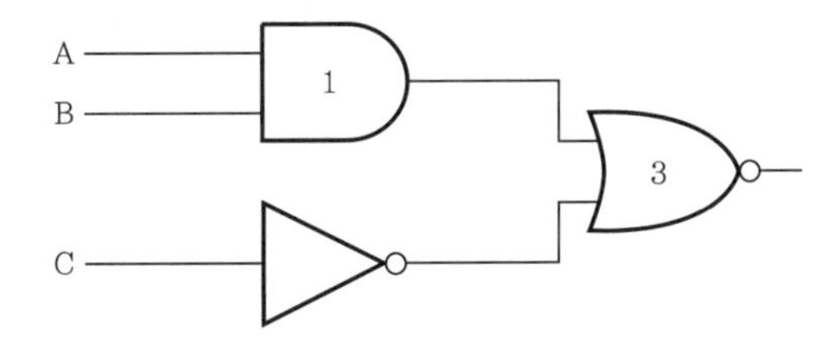

☑ 논리 회로의 설계 순서
진리표 작성 → 카르노도 작성 → 논리식 → 기본 게이트 구성

(5) 논리 회로의 설계

① 논리 회로의 설계 순서

㉠ 입·출력 조건에 따라 변수를 결정하여 진리표를 작성한다.

㉡ 진리표에 대한 카르노도를 작성한다.

㉢ 간소화된 논리식을 구한다.

㉣ 논리식을 기본 게이트로 구성한다.

② 동작 진리표 작성

입력			출력
A	B	C	Y
0	0	0	0
0	0	1	1
0	1	0	0
0	1	1	1
1	0	0	1
1	0	1	1
1	1	0	0
1	1	1	1

③ 진리표로부터의 카르노도 작성

A \ BC	00	01	11	10
0		1	1	
1	1	1	1	

④ 카르노맵에서의 간략화 식 도출 : $Y = A\overline{B} + C$

A \ BC	00	01	11	10
0	00	1	1	
1	1	1	1	

$A\overline{B}$　　C

⑤ 식으로부터 간략화된 논리 회로를 설계한다.

3 논리 게이트의 다른 구성

기출문제 핵심잡기

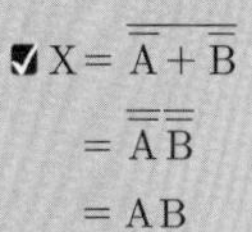

(1) AND 게이트

① NOR 게이트 이용한 AND 논리 구현

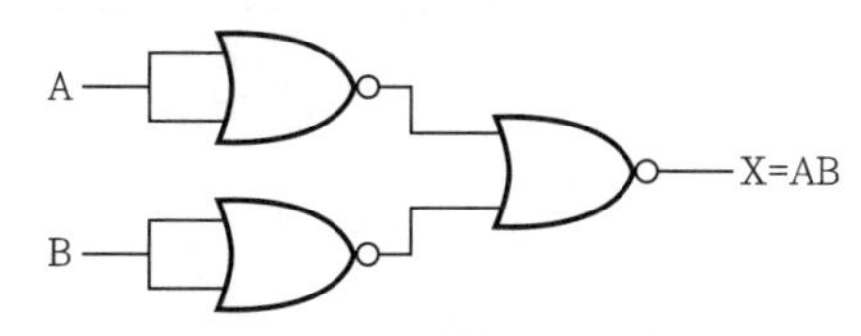

$X = \overline{\overline{A}+\overline{B}} = \overline{\overline{A}}\,\overline{\overline{B}} = AB$

② NAND 게이트 이용한 AND 논리 구현

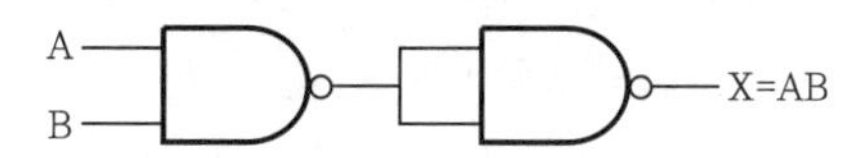

$X = \overline{\overline{AB}} = AB$

(2) OR 게이트

① NOR 게이트 이용한 OR 논리 구현

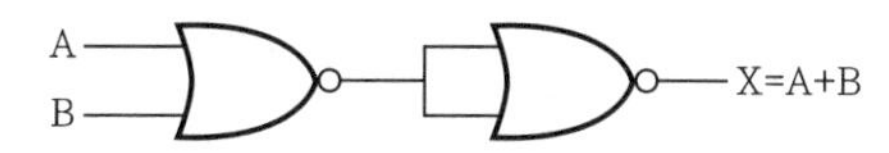

$X = \overline{\overline{A+B}} = A+B$

② NAND 게이트 이용한 OR 논리 구현

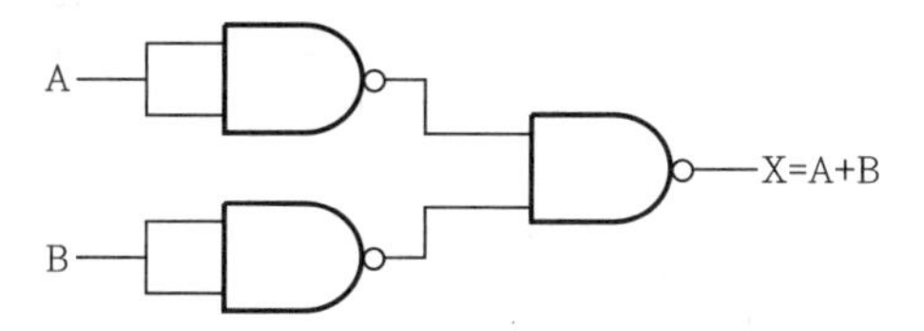

$X = \overline{\overline{A}\,\overline{B}} = \overline{\overline{A}}+\overline{\overline{B}} = A+B$

(3) NOT 게이트

4 대체 논리

드 모르간의 법칙을 응용하여 다른 표현이 가능하다.

논리 회로 기호에서 'O' 의미는 NOT 논리를 의미한다.

(1) AND

A, B — AND — Y	$Y = AB = \overline{\overline{AB}}$ $= \overline{\overline{A}+\overline{B}}$	A, B — (NOT 입력) NOR — Y

(2) OR

A, B → Y	$Y = A + B$ $= \overline{\overline{A + B}}$ $= \overline{\overline{A} \cdot \overline{B}}$	A, B → Y

5 디지털 IC

[2016년 2회 출제]
IC의 집적도
㉠ MSI(Middle Scale Integrated circuit) : 중규모 집적 회로
㉡ LSI(Large Scale Integrated circuit) : 대규모 집적 회로
㉢ VLSI(Very Large Scale Integrated circuit) : 최대 규모 집적 회로

[2012년 2회 출제]
IC 분류 중 집적도가 가장 큰 것은 VLSI이다.

(1) 집적 회로(IC : Integrated Circuit)

각 부품의 기능이 하나의 반도체 기판 위에서 활용될 수 있도록 내부적인 회로를 구성함으로써 독립된 하나의 회로 기능을 갖는다.
즉, 부품의 집합으로서의 회로 개념이 아니라 부품과 회로가 단일 소자로서 기능을 갖도록 되어 있다.

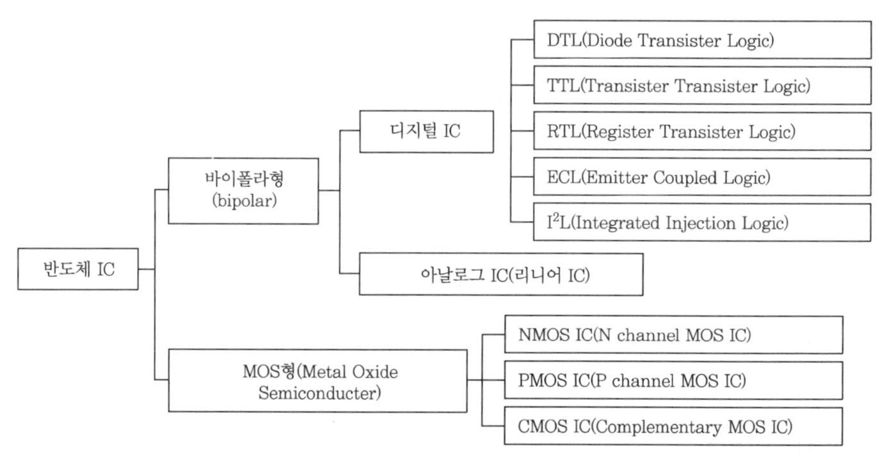

▌제조 기술에 따른 집적 회로의 분류▐

(2) 표준 논리 IC(standard login IC)

논리 게이트(AND, OR, NOR, NOT 등)로 구성된 표준적 IC이다.

(3) TTL IC(Transisitor Transistor Logic)

① TTL의 특징
㉠ 바이폴라 트랜지스터를 이용하여 만든 디지털 로직 IC이다.
㉡ 1964년 미국의 TI(Texas Instruments)사에 의해서 발표(74계열은 민간용, 54계열은 군용)되었다.
㉢ +5[V]의 전원에서 동작한다.
㉣ 속도가 빠른 반면에 소비 전력이 크다.
㉤ 가격이 저렴하고 여러 제작사에서 다양한 형태로 제작되어 나온다.

ⓑ IC 초창기 RTL, DTL과 같은 바이폴라 로직 패밀리들을 대체하였다.

ⓢ 1970 ~ 1985년 동안 디지털 시스템에서 널리 사용되었다.

ⓞ 주로 74시리즈라고 부른다.

② **논리 레벨**(positive logic)

㉠ 0(low) : 0 ~ 0.8[V]

㉡ 1(high) : 2 ~ 5[V]

③ **세대 구분**

㉠ 1세대 : 74시리즈(1972년 Texas instruments社에서 최초 개발)

㉡ 2세대 : 74S, 74LS 시리즈

㉢ 3세대 : 74LS 시리즈

(4) (표준 논리 IC) 회로 기술별 구분

① Bipolar형

㉠ TTL

- 표준 TTL(74xx 시리즈)
- S－TTL(74Sxx 시리즈) : 쇼트키 TTL
- LS－TTL(74LSxx 시리즈) : 저전력 쇼트키 TTL
- AS－TTL(74ASxx 시리즈) : 고급 쇼트키 TTL
- ALS－TTL(74ALSxx 시리즈) : 고급 저전력 쇼트키 TTL
- Fast－TTL(74Fxx 시리즈)

㉡ ECL : 동작 속도가 가장 빠르다.

- 10K(10xxx 시리즈)
- 10KH(10Hxxx 시리즈)
- 100KH(10Kxxx 시리즈)

② CMOS형

㉠ 표준 CMOS(40xx, 45xx 시리즈)

㉡ 고속 CMOS(74HCxx, 74HCTxx 시리즈)

㉢ Advanced CMOS(74ACxx 시리즈)

③ BiCMOS형

㉠ BC(74BCxx 시리즈)

㉡ BCT(74BCTxx 시리즈)

㉢ ABT(74ABTxx 시리즈)

(5) CMOS(Complementary Metal Oxide Semiconductor)의 특징

① 일반적으로 증가형 MOSFET 소자를 사용하여 만든 디지털 로직 IC이다.

② +3 ~ 18[V]의 전원에서 동작한다.

기출문제 핵심잡기

[2011년 1회 출제]
TTL
입력과 출력 회로를 모두 트랜지스터로 구성한 회로로서, 동작 속도가 빠르고 잡음에 강한 특징이 있으며, fan-out를 크게 할 수 있고 출력 임피던스가 비교적 낮으며 응답 속도가 빠르고 집적도가 높다.

★중요★
[2010년 2회 출제]
[2011년 5회 출제]
[2012년 2회 출제]
[2013년 3회 출제]
[2014년 1회 출제]
최대 클록 주파수가 가장 높은 논리 소자는 ECL이다(클록 주파수가 가장 높다는 의미는 속도가 가장 빠르다는 의미와 같다).

☑ **빠른 속도 순서**
ECL > TTL > RTL > DTL > MOS > CMOS

[2010년 1회 출제]
[2011년 1회 출제]
[2013년 1회 출제]
[2016년 2회 출제]
논리 소자 중 소비 전력이 가장 작은 것은 CMOS 소자이다.

③ 장점

㉠ 구조가 간단하고 칩상의 공간을 작게 차지하여 소자의 집적도를 높일 수 있다.

㉡ 소비 전력이 매우 작고 잡음 여유도가 크다.

④ 단점

㉠ TTL 소자에 비하여 동작 속도가 느리다.

㉡ 정전기에 파괴되기 쉽다.

단락별 기출 · 예상 문제

01 논리 게이트의 지연 시간이 가장 짧은 논리 소자는?

① ECL ② DTL
③ TTL ④ CMOS

해설 ECL이 속도가 가장 빠르며, CMOS가 가장 늦다.

02 다음 중 전력 소모가 가장 작은 논리군은?

① DTL ② RTL
③ TTL ④ CMOS

해설 CMOS는 전압 구동 소자이므로 거의 전력 소모가 없다. TTL은 가장 전력 소모가 크다.

03 다음 그림이 나타내는 논리 게이트의 법칙은?

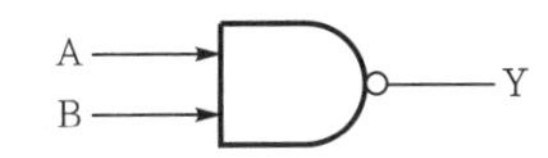

① $Y = A \cdot B$ ② $Y = A + B$
③ $Y = \overline{A \cdot B}$ ④ $Y = \overline{A + B}$

해설 NAND 논리 기호이므로 논리식은 다음과 같다.
$Y = \overline{A \cdot B}$

04 다음 중 부정(NOT) 논리 회로를 나타낸 것은?

① 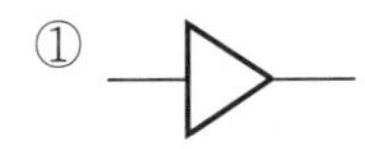 ② 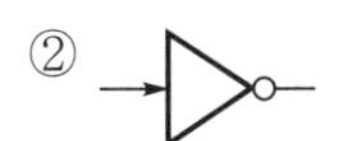
③ 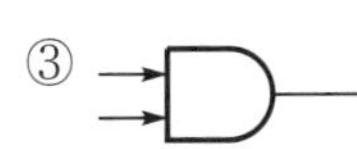 ④ 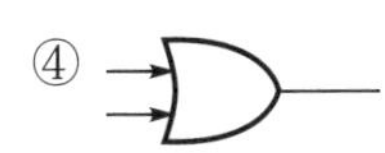

해설 ① 버퍼(buffer)를 나타낸다.
② NOT 논리와 혼동에 주의한다.

05 입력이 모두 1일 때만 출력이 0이고, 그 외는 1인 게이트는? (단, 정논리인 경우)

① AND ② OR
③ NAND ④ NOR

해설

입력		출력
A	B	X
0	0	1
0	1	1
1	0	1
1	1	0

$X = \overline{A \cdot B}$, NAND 논리이다.

06 다음과 같은 진리표를 갖는 논리 게이트는?

입력		출력
A	B	Y
0	0	0
0	1	1
1	0	1
1	1	1

① OR ② NOT
③ NAND ④ AND

07 입력 단자 A인 NOT 게이트의 논리식은?

① $Y = A$ ② $Y = \overline{A}$
③ $Y = A + B$ ④ $Y = A \cdot B$

해설 NOT 논리표

입력	출력
A	Y
0	1
1	0

정답 01.① 02.④ 03.③ 04.② 05.③ 06.① 07.②

08 다음 진리표를 갖는 논리 게이트의 기호는?

A	B	Y
0	0	1
0	1	1
1	0	1
1	1	0

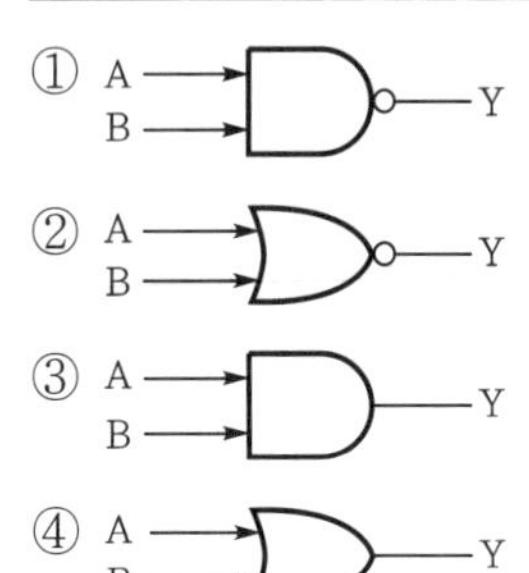

해설 NAND 논리표이다.

09 TTL패밀리 중 가장 동작 속도가 빠른 것은?

① 74시리즈　② 74S 시리즈
③ 743L 시리즈　④ 74H 시리즈

해설
- 74xx : 표준 TTL
- 74Sxx : 쇼트키 TTL
- 74LSxx : 저전력 쇼트키 TTL
- 74ASxx : 고급 쇼트키 TTL
- 74ALSxx : 고급 저전력 쇼트키 TTL
- 74Hxx : 고속 TTL
- 74Fxx : 고속 TTL
- 74HCxx, 74HCTxx : 고속 CMOS

쇼트키형이 가장 빠르다.

10 다음 심볼의 명칭은?

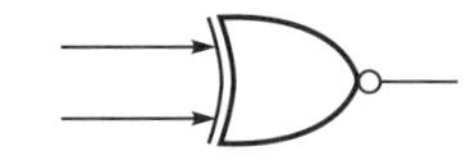

① NAND　② EX－OR
③ NOR　④ EX－NOR

11 다음과 같은 진리표를 갖는 논리 회로는?

입력 A	입력 B	출력 Y
0	0	1
0	1	0
1	0	0
1	1	0

① NOR　② NOT
③ NAND　④ AND

해설 NOR(부정 논리합) 논리로서, $Y = \overline{A+B}$의 논리식으로 표현한다.

12 AND 게이트의 동작 상태를 올바르게 표현한 것은?

입력 A	입력 B	출력 Y
0	0	㉠
0	1	㉡
1	0	㉢
1	1	㉣

① ㉠=0, ㉡=0, ㉢=0, ㉣=0
② ㉠=0, ㉡=1, ㉢=1, ㉣=1
③ ㉠=1, ㉡=1, ㉢=1, ㉣=0
④ ㉠=0, ㉡=0, ㉢=0, ㉣=1

해설 AND 논리표

입력		출력
A	B	X
0	0	0
0	1	0
1	0	0
1	1	1

13 인버터(inverter) 회로라고 부르는 회로는?

① 부정(NOT) 회로
② 논리합(OR) 회로
③ 논리곱(AND) 회로
④ 배타적(EX－OR) 회로

정답 08.① 09.② 10.④ 11.① 12.④ 13.①

14 다음 진리표(true table)와 맞는 논리 회로는?

A	B	F
0	0	0
0	1	1
1	0	1
1	1	0

① NOT ② Exclusive－OR
③ NAND ④ NOR

해설 위 논리표에서
$F = A\overline{B} + \overline{A}B = A \oplus B$
즉, 배타적 논리합(EX－OR)이라 한다.

15 다음 그림의 게이트 명칭은?

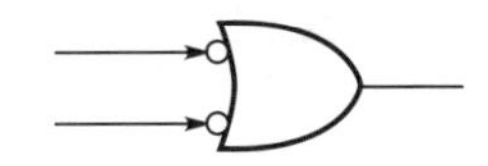

① OR ② AND
③ NAND ④ NOR

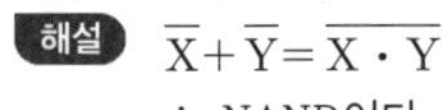

해설 $\overline{X}+\overline{Y}=\overline{X \cdot Y}$
∴ NAND이다.

16 다음 논리 회로 기호에서 입력 A＝1, B＝0 일 때 출력 Y의 값은?

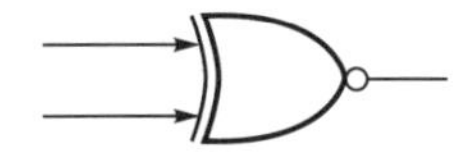

① Y＝0 ② Y＝1
③ Y＝이전 상태 ④ Y＝반대 상태

해설 EX－NOR 논리표

입력		출력
A	B	Y
0	0	1
0	1	0
1	0	0
1	1	1

17 제어 입력이 '1'이면 버퍼와 동일하고, 제어 입력이 '0'이면 출력이 끊어지고, 고임피던스 상태가 되는 것은?

① Totem－pole 버퍼
② OC output 버퍼
③ Tri－state 버퍼
④ Inverted output 버퍼

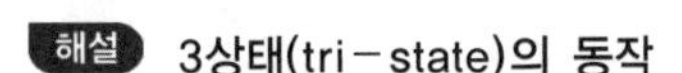

해설 3상태(tri－state)의 동작

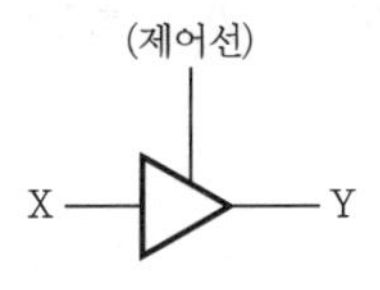

입력		출력
X	C	X
0	0	0
1	0	1
X	1	고임피던스

18 논리 회로에서 결과가 서로 같은 것은?

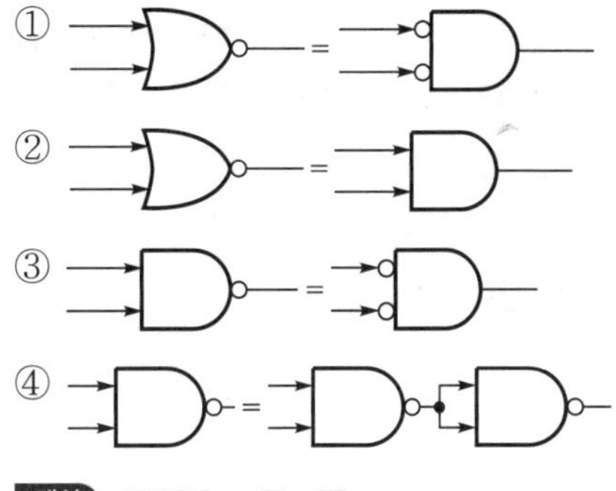

해설 $\overline{A+B} = \overline{A} \cdot \overline{B}$
$\overline{A \cdot B} = \overline{A}+\overline{B}$

19 불 대수식이 $F = A\overline{B} + \overline{A}B$로 표시되는 논리는?

① AND ② EX－OR
③ OR ④ NOR

정답 14.② 15.③ 16.① 17.③ 18.① 19.②

해설 배타적 논리합(EX－OR) 논리이다.

입력		출력
A	B	Y
0	0	0
0	1	1
1	0	1
1	1	0

20 다음 스위치 회로와 같은 게이트는?

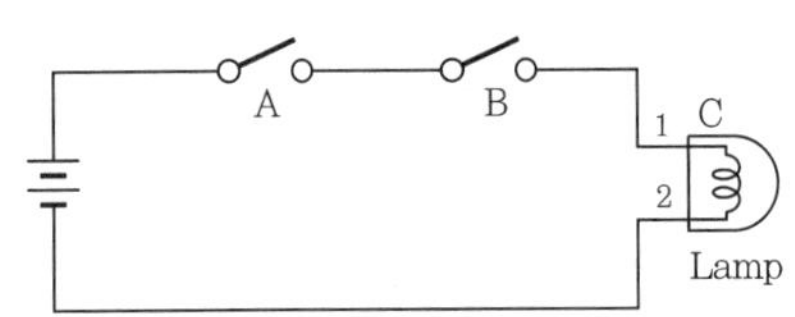

① AND ② OR
③ NAND ④ XOR

해설 직렬의 스위치 회로는 모두 ON일 때 램프가 켜지므로 AND 회로이다.

21 입력 단자와 출력 단자는 각각 하나이며, 입력 단자가 1이면 출력 단자는 0이 되고, 입력 단자가 0이면 출력 단자가 1이 되는 회로는?

① 플립플롭 회로 ② NOT 회로
③ OR 회로 ④ AND 회로

해설 NOT 논리표

입력	출력
A	Y
0	1
1	0

22 아래 논리 회로 기호에서 입력 A＝1, B＝1일 때 출력 Y의 값은?

출제빈도

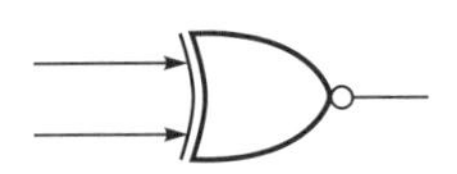

① Y＝0 ② Y＝1
③ Y＝이전 상태 ④ Y＝반대 상태

해설 EX－NOR 논리이다.

입력		출력
A	B	Y
0	0	1
0	1	0
1	0	0
1	1	1

23 다음 중 입력 전부가 '0'이어야만 출력이 '1'이 나오는 게이트는?

① OR ② AND
③ NOR ④ NAND

해설 NOR 논리이다.

입력		출력
A	B	Y
0	0	1
0	1	0
1	0	0
1	1	0

24 다음 논리 회로의 논리식은?

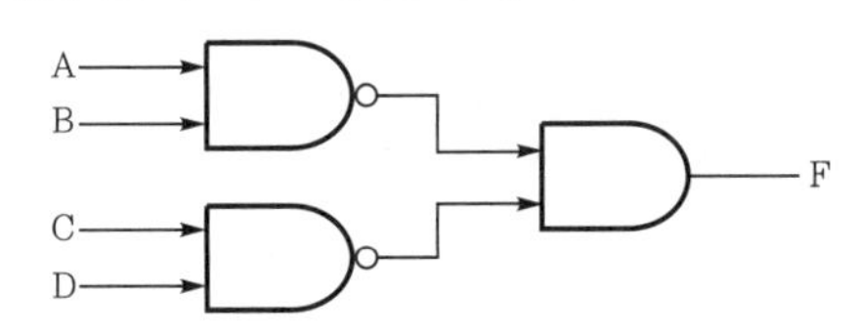

① $F=\overline{AB}\cdot\overline{CD}$
② $F=AB+CD$
③ $F=\overline{AB\cdot CD}$
④ $F=(A+B)\cdot(C+D)$

해설

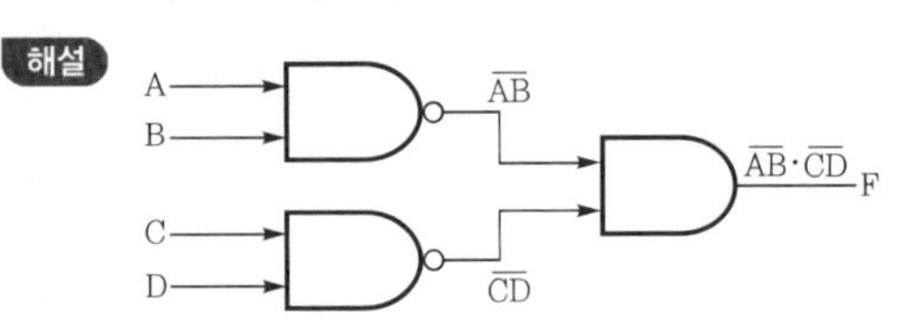

정답 20.① 21.② 22.② 23.③ 24.①

25 다음 그림의 출력 F는 어느 게이트와 동일한 작용을 하는가?

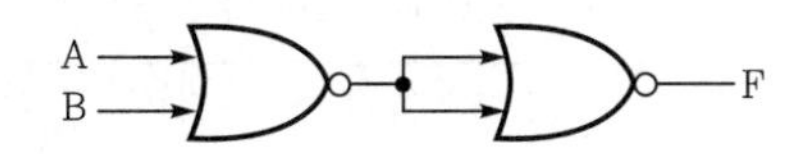

① OR ② AND
③ NAND ④ NOR

$F = \overline{\overline{A+B}} = A+B$
∴ OR 논리이다.

26 다음의 진리표에서 출력값이 옳지 않은 것은?

A B	1 $\overline{A+B}$	2 $\overline{A}+\overline{B}$	3 $\overline{AB}$	4 $\overline{A}\cdot\overline{B}$
0 0	1	1	1	0
0 1	0	1	1	1
1 0	0	1	1	1
1 1	0	0	0	1

① 1 ② 2
③ 3 ④ 4

해설 ㉠ 1 : NOR 논리
㉡ 2 : NAND 논리
㉢ 3 : NAND 논리
㉣ 4 : 논리식은 NOR, 진리표는 OR

27 다음 논리 게이트와 기능이 같은 부논리 게이트는?

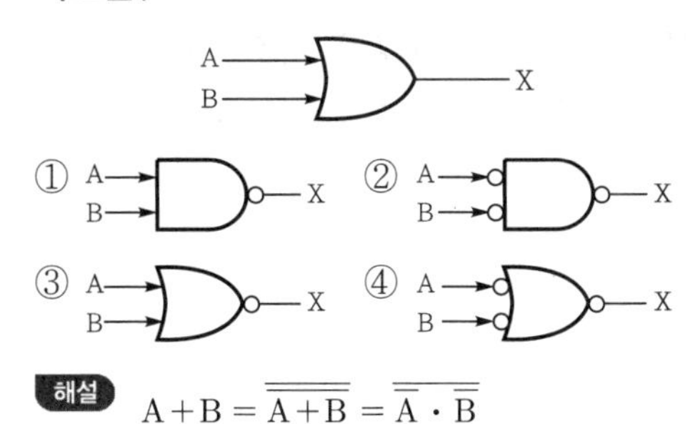

해설 $A+B = \overline{\overline{A+B}} = \overline{\overline{A}\cdot\overline{B}}$

28 다음 논리 회로의 출력에 대한 논리식 Z는?

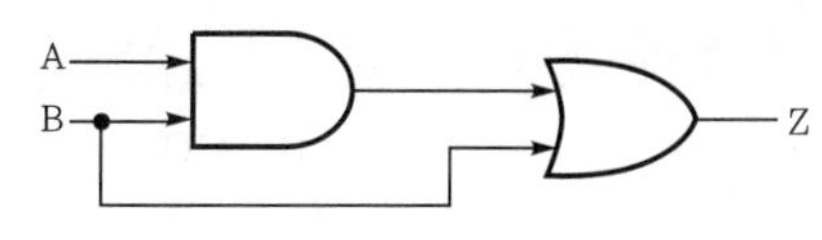

① A ② B
③ A+B ④ AB

해설 $Z = AB + B = B(1+A) = B$

29 다음 기본 논리 게이트와 같은 결과를 가지는 회로는?

출제빈도

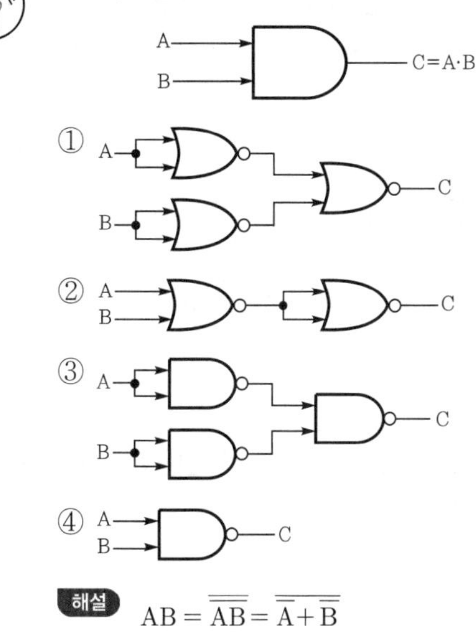

해설 $AB = \overline{\overline{AB}} = \overline{\overline{A}+\overline{B}}$

30 다음 논리 회로의 출력을 간단히 하여 논리식으로 나타내면?

출제빈도

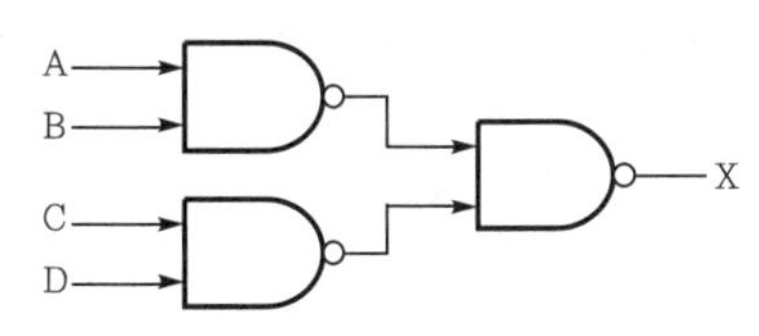

① $X = AB + CD$
② $X = \overline{AB} + \overline{CD}$
③ $X = \overline{AB + CD}$
④ $X = (A+B)(C+D)$

정답 25.① 26.④ 27.② 28.② 29.① 30.①

해설 $\overline{\overline{AB} \cdot \overline{CD}} = (\overline{\overline{AB}}) + (\overline{\overline{CD}})$
$= AB + CD$

31 **다음 게이트의 결과가 나머지 셋과 다른 것은 무엇인가?**

①
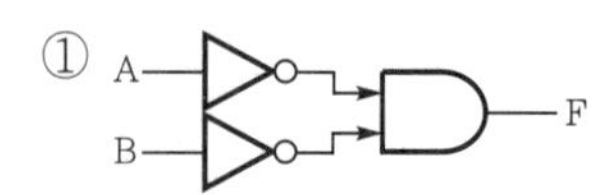

② A, B → F

③ A, B → F

④ A, B → F

해설 ① $F = \overline{A} \cdot \overline{B}$
② $F = \overline{A} \cdot \overline{B}$
③ $F = \overline{A+B} = \overline{A} \cdot \overline{B}$
④ $F = \overline{A \cdot B}$

32 **다음 중 인버터(inverter) 회로라고 부르는 회로는?**

① 부정(NOT) 회로
② 논리합(OR) 회로
③ 논리곱(AND) 회로
④ 배타적(XOR) 회로

33 **다음 그림에서 출력 F가 0이 되기 위한 조건으로 옳은 것은?**

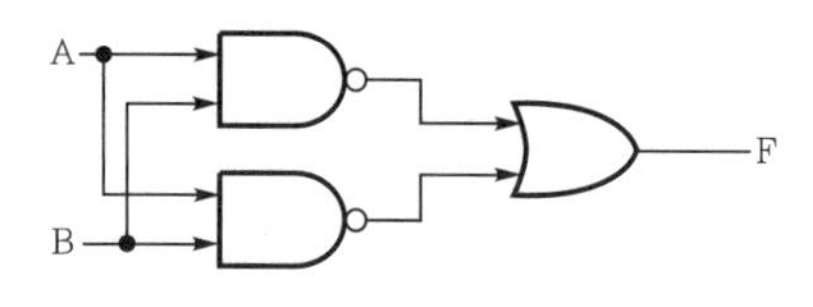

① A=0, B=0
② A=0, B=1
③ A=1, B=0
④ A=1, B=1

해설 $F = \overline{AB} + \overline{AB}$
$= \overline{AB}$
∴ NAND 논리이다.

입력		출력
A	B	F
0	0	1
0	1	1
1	0	1
1	1	0

34 출제빈도 **대응되는 변수의 내용이 서로 다르면 결과가 '1'이고, 대응되는 내용이 같으면 결과가 '0'이 되는 불 대수의 연산은?**

① 논리합(OR)
② 논리곱(AND)
③ 논리 부정(NOT)
④ 배타적 논리합(Exclusive-OR)

해설 배타적 논리합(Exclusive-OR)이며, 논리식은 다음과 같다.
$Y = A \oplus B = \overline{A}B + A\overline{B}$

입력		출력
A	B	Y
0	0	0
0	1	1
1	0	1
1	1	0

35 **다음 그림과 같은 회로는 어떤 게이트인가?**

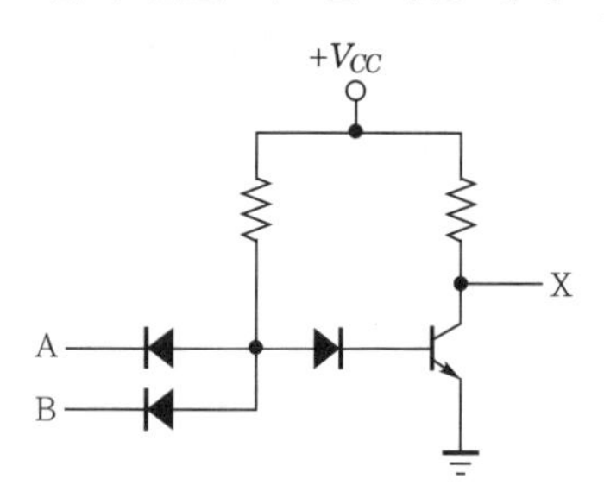

① AND 게이트 ② OR 게이트
③ NAND 게이트 ④ NOR 게이트

정답 31.④ 32.① 33.④ 34.④ 35.③

해설 그림에서 입력 A, B 모두 '1'일 때만 TR이 ON이 되어 출력 X=0이 되므로 NAND Gate이다.

36

다음 그림의 트랜지스터 회로는 어떤 논리 게이트를 나타낸 것인가?

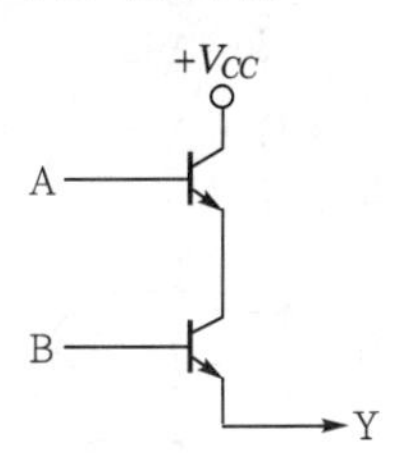

① OR 게이트　② AND 게이트
③ NOT 게이트　④ XOR 게이트

해설 그림에서 TR이 직렬로 연결되어 있으므로 모두 ON이어야 출력 Y가 '1'되므로 입력 A, B 모두 '1'일 때 두 TR 모두 ON이 되어 출력이 '1'되므로 AND 논리이다.

37

전력 소모가 가장 작은 논리군은?

① DTL　② RTL
③ TTL　④ CMOS

해설 전력 소모는 CMOS가 가장 작고 DTL이 가장 크다.

38

다음 논리 게이트의 회로 방식 중 동작 속도가 빠른 순서대로 나열된 것은? (단, 왼쪽이 가장 빠름)

① ECL − DTL − TTL − MOS
② TTL − ECL − MOS − DTL
③ ECL − TTL − DTL − MOS
④ TTL − MOS − ECL − DTL

39

NAND 게이트의 출력이 0일 경우 입력 조건은 무엇인가?

① 모든 입력이 0일 때
② 모든 입력이 1일 때
③ 1개 입력이 0일 때
④ 1개 입력이 1일 때

해설 NAND 논리는 모든 입력이 1일 때 출력이 0이 된다.

입력		출력
0	0	1
0	1	1
1	0	1
1	1	0

40

다음 논리 회로와 같은 기능을 하는 것은 무엇인가?

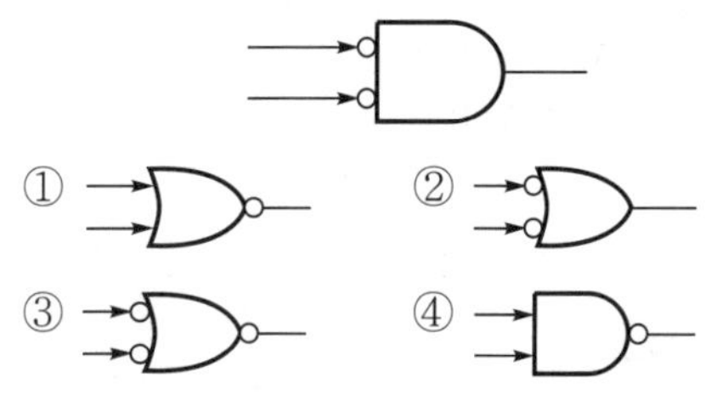

해설 $Y = \overline{A} \cdot \overline{B} = \overline{A+B}$
∴ NOR 게이트와 같다.

41

배타적 NOR의 출력이 0인 때는 언제인가?

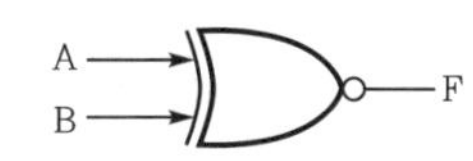

① A, B 모두 0일 때
② A, B 모두 1일 때
③ A와 B가 다를 때
④ A와 B가 같을 때

해설 배타적 NOR

입력		출력
0	0	1
0	1	0
1	0	0
1	1	1

정답 36.② 37.④ 38.③ 39.② 40.① 41.③

42 아래 그림은 무슨 회로의 논리 기호인가?

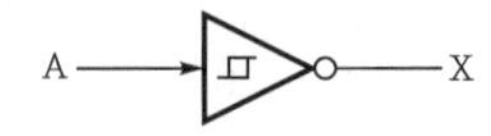

① 비교기 ② 계수기
③ 슈미트 트리거 ④ 버퍼

해설 슈미트 트리거 회로로서, 기호 내에서 ⊓ 그림은 히스테리시스 특성을 의미한다.

43 다음 논리 회로의 논리식은?

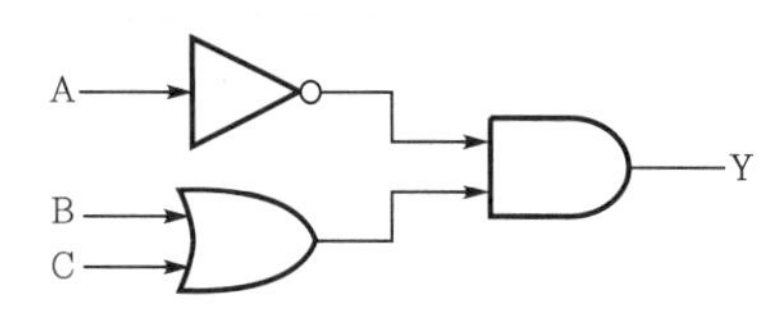

① $Y = \overline{A}(B+C)$
② $Y = A(B+C)$
③ $Y = \overline{A}+(B+C)$
④ $Y = \overline{A}BC$

해설

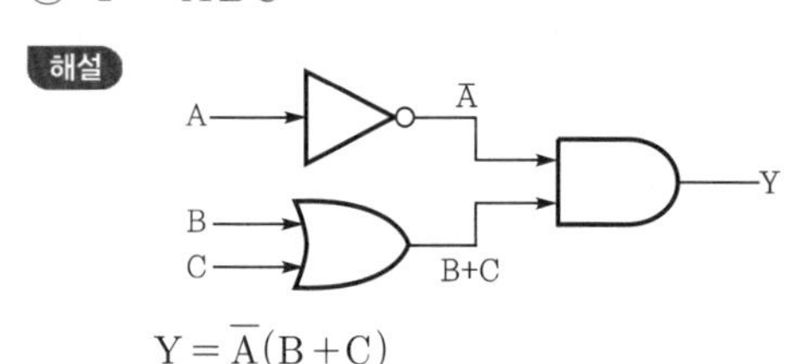

$Y = \overline{A}(B+C)$

44 다음 회로의 출력은?

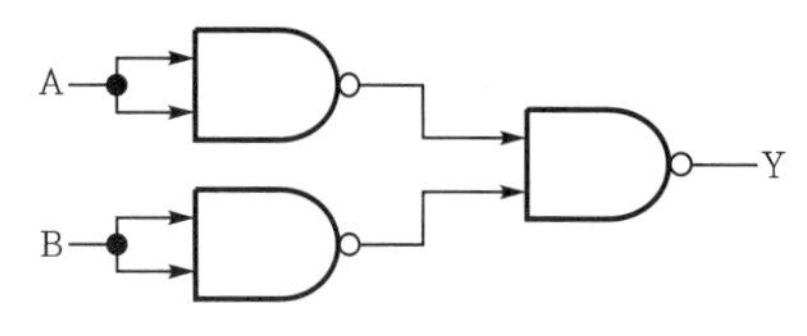

① $A \cdot B$ ② $A+B$
③ $\overline{A}+\overline{B}$ ④ $\overline{A+B}$

해설

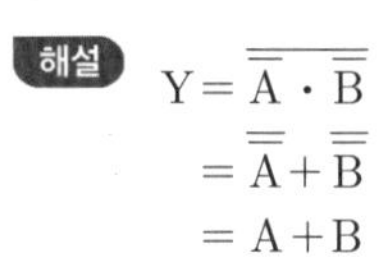

$Y = \overline{\overline{A} \cdot \overline{B}}$
$= \overline{\overline{A}}+\overline{\overline{B}}$
$= A+B$

45 다음 논리 회로의 논리식은?

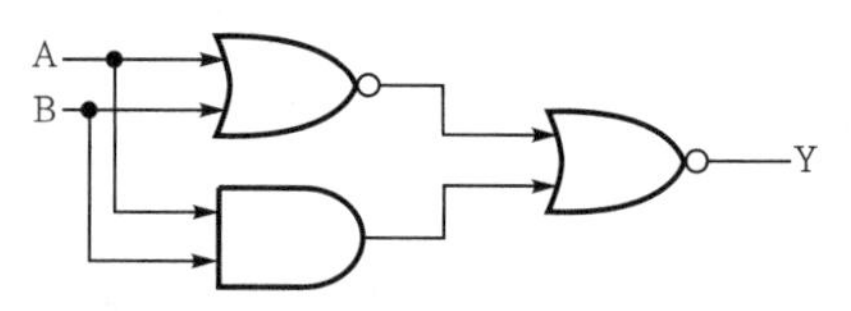

① $Y = A + B$
② $Y = \overline{A}\,\overline{B} + AB$
③ $Y = \overline{A}B + A\overline{B}$
④ $Y = AB$

해설

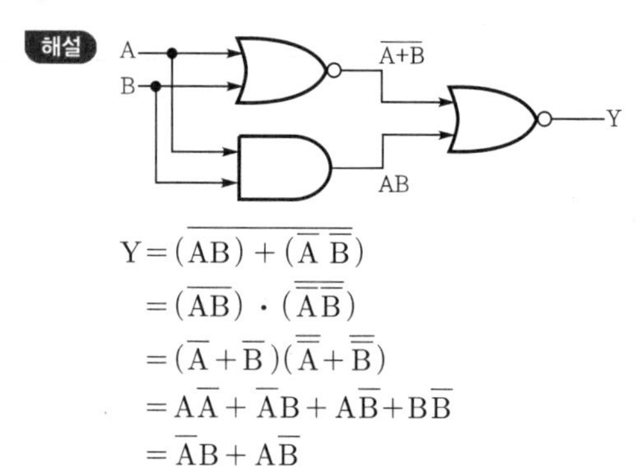

$Y = \overline{(AB) + (\overline{A}\,\overline{B})}$
$= (\overline{AB}) \cdot (\overline{\overline{A}\,\overline{B}})$
$= (\overline{A}+\overline{B})(\overline{\overline{A}}+\overline{\overline{B}})$
$= A\overline{A} + \overline{A}B + A\overline{B} + B\overline{B}$
$= \overline{A}B + A\overline{B}$

46 논리식 $Y = \overline{A} \cdot \overline{B}$를 표현하는 논리도는 무엇인가?

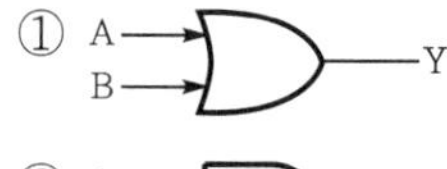

①, ②, ③, ④ (A, B → Y 논리도)

해설

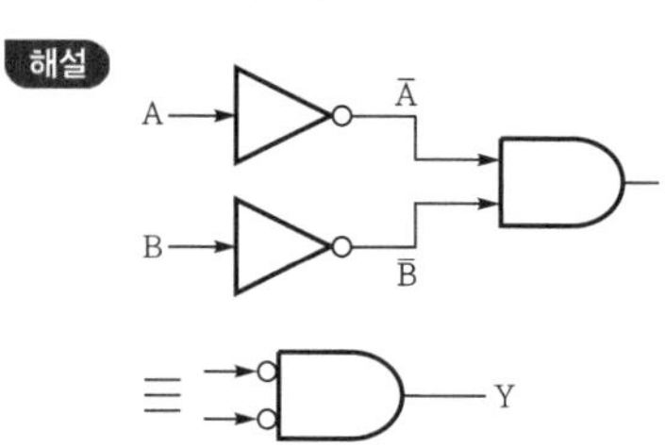

정답 42.③ 43.① 44.② 45.③ 46.③

47 다음 그림과 같은 논리 회로의 출력은 무엇인가?

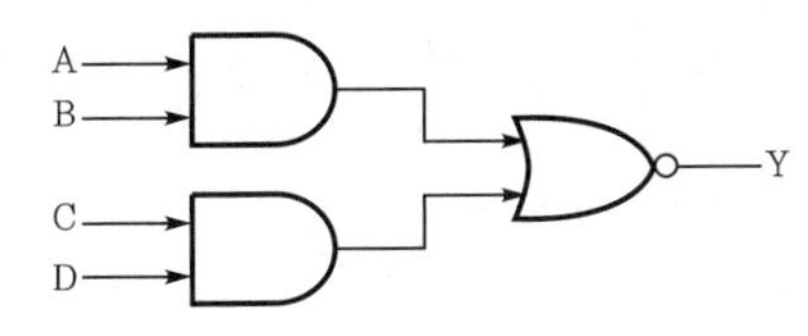

① $(A \cdot B)+(C \cdot D)$
② $\overline{A \cdot B+(C \cdot D)}$
③ $(A+B) \cdot (C+D)$
④ $\overline{(A+B) \cdot (C+D)}$

해설
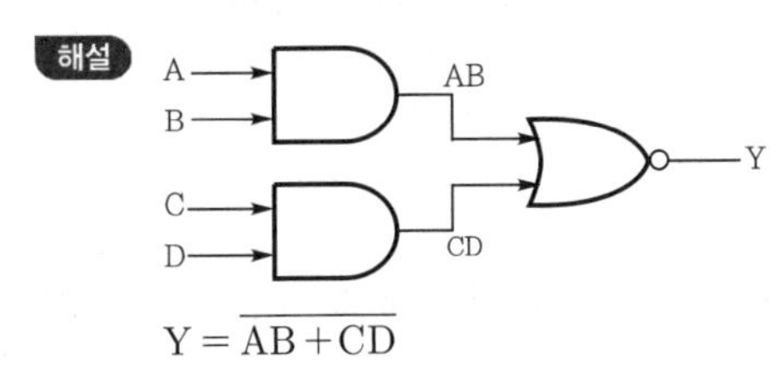

$Y=\overline{AB+CD}$

48 다음 게이트 회로가 수행하는 논리식으로 옳은 것은?

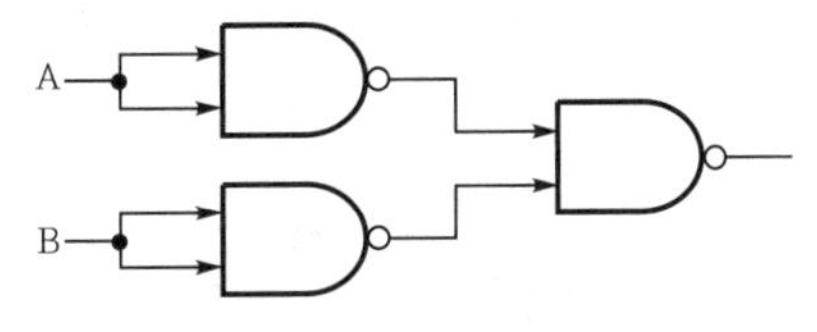

① $A+B$　② $A \cdot B$
③ $\overline{A}+\overline{B}$　④ $\overline{A} \cdot \overline{B}$

해설 $\overline{\overline{A} \cdot \overline{B}}=\overline{\overline{A}}+\overline{\overline{B}}$
$=A+B$

49 다음 그림에서 논리식은?

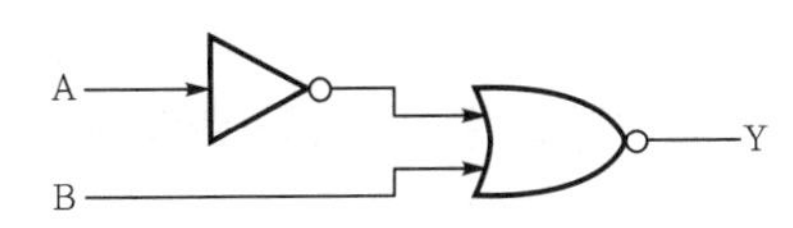

① $Y=\overline{A}+B$　② $Y=A\overline{B}$
③ $Y=A+B$　④ $Y=AB$

해설 $Y=\overline{\overline{A}+B}=\overline{\overline{A}} \cdot \overline{B}=A \cdot \overline{B}$

50 다음 논리 회로에서 출력이 0이 되려면 입력 조건은?

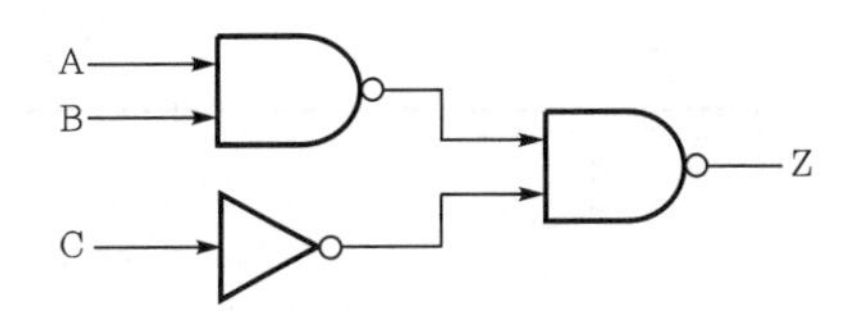

① A=1, B=1, C=1
② A=1, B=1, C=0
③ A=0, B=0, C=0
④ A=0, B=1, C=1

해설 회로에서 출력이 NAND이기 때문에 '0'이 되기 위한 조건은 입력 $\overline{AB}$와 $\overline{C}$가 '0'이 되어야 한다.

입력		출력
0	0	1
0	1	1
1	0	1
1	1	0

51 아래 보기의 게이트는 서로 등가이다. 다른 하나는?

①
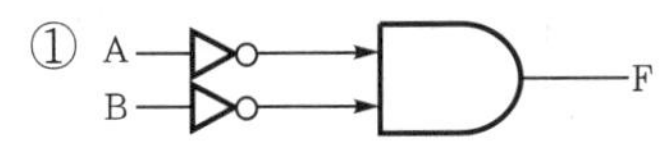

②
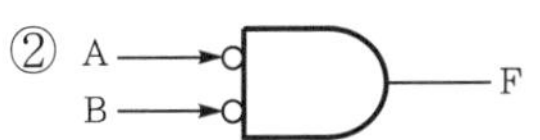

③
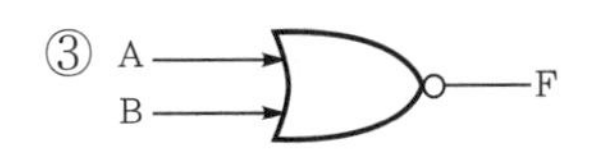

④
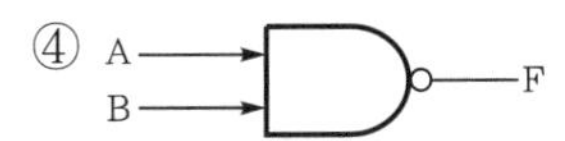

해설 ① $F=\overline{A} \cdot \overline{B}$
② $F=\overline{A} \cdot \overline{B}$
③ $F=\overline{A+B}=\overline{A} \cdot \overline{B}$
④ $F=\overline{A \cdot B}$

정답 47.② 48.② 49.② 50.③ 51.④

52 다음 진리표에서 출력 X의 논리식은?

A	B	X
0	0	1
0	1	1
1	0	1
1	1	0

① $\overline{A}B$
② $A\overline{B}$
③ $\overline{A+B}$
④ $\overline{A \cdot B}$

해설 NAND 논리이다.

53 다음 표는 어떤 게이트의 진리표인가?

A	B	X
0	0	1
0	1	0
1	0	0
1	1	0

① AND ② OR
③ EOR ④ NOR

54 다음 그림과 같이 A와 B에서 값이 입력될 때 출력값은?

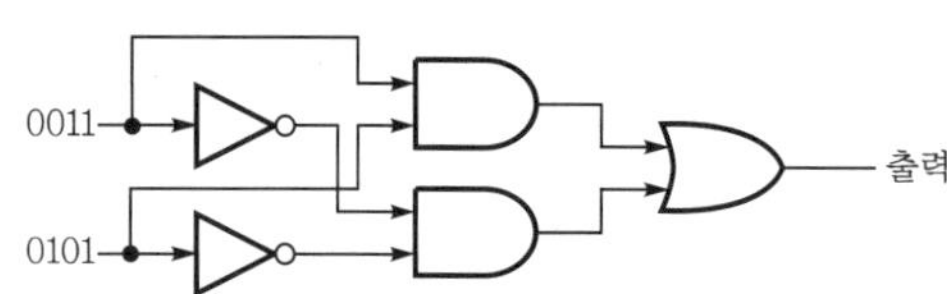

① 1001 ② 0101
③ 0100 ④ 0011

해설 $Y = (\overline{A} \cdot \overline{B}) + (A \cdot B)$
각각의 논리값을 대입하면
$Y = (1100 \cdot 1010) + (0011 \cdot 0101)$
$= 1000 + 0001$
$= 1001$

55 다음 중 NAND 게이트의 기능을 갖는 것은 무엇인가?

① 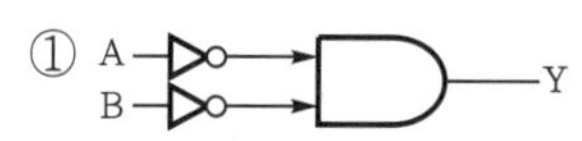

②

③

④

해설 NAND Gate의 논리
$Y = \overline{A \cdot B}$
$= \overline{A} + \overline{B}$

56 다음 논리식을 논리 회로로 구성한 것으로 옳은 것은?

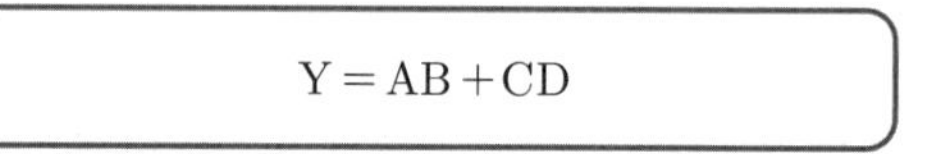
$Y = AB + CD$

① 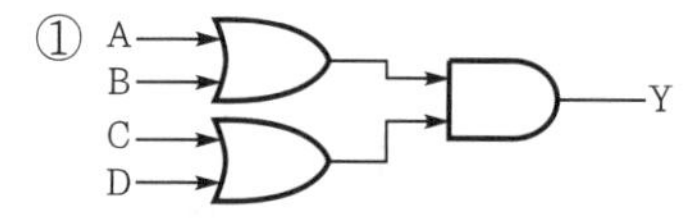

② 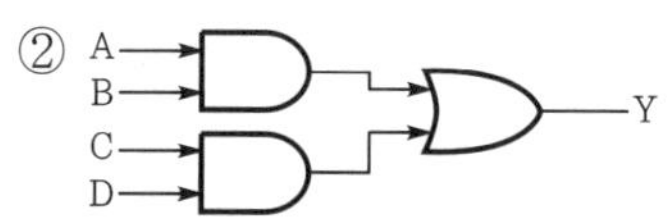

③ 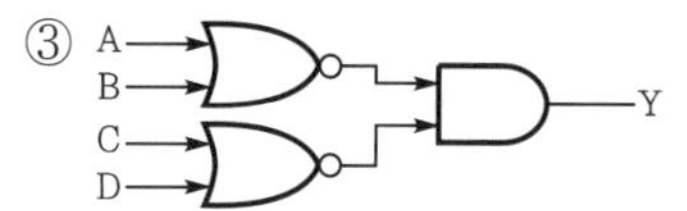

④ 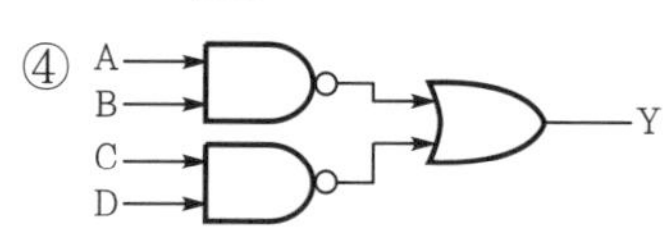

57 입력이 모두 1일 때만 출력이 0이고 그 외는 1인 Gate는?

① AND gate ② OR gate
③ NAND gate ④ NOR gate

정답 52.④ 53.④ 54.① 55.② 56.② 57.③

해설 입력이 모두 1일 때만 출력이 0이고 그 외는 1인 Gate는 NAND Gate이다.

입력		출력
A	B	F
0	0	1
0	1	1
1	0	1
1	1	0

58 입력이 모두 같으면 0, 다르면 1로 되는 논리 회로는?

① 논리곱(AND) 회로
② 논리합(OR) 회로
③ 부정(NOT) 회로
④ 배타 논리합(EOR) 회로

해설 배타 논리합(EOR) 회로는 두 입력이 같으면 0, 서로 다르면 1로 출력되는 논리 회로이다.

A	B	X
0	0	0
0	1	1
1	0	1
1	1	0

59 다음 논리 기호 중 배타적 논리합 회로는?

① 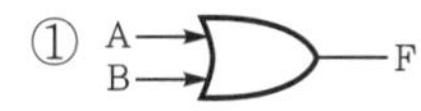

② 

③ 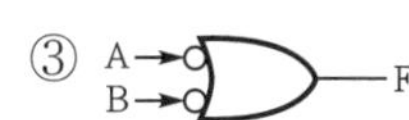

④ A, B → F

60 다음 그림의 게이트 명칭은?

A, B → Y

① OR ② AND
③ NAND ④ NOR

해설 $Y=\overline{A}+\overline{B}=\overline{A\cdot B}$
∴ NAND 논리이다.

61 아래 그림과 같은 기능을 가진 논리 회로는?

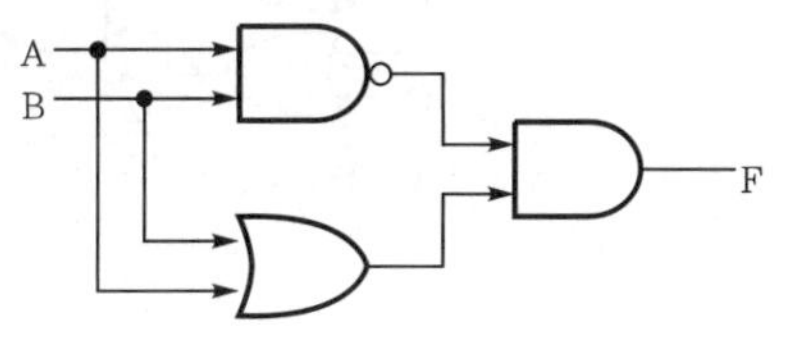

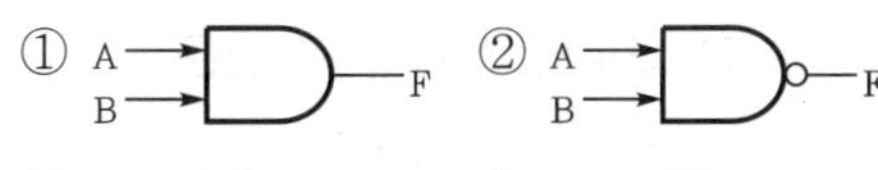

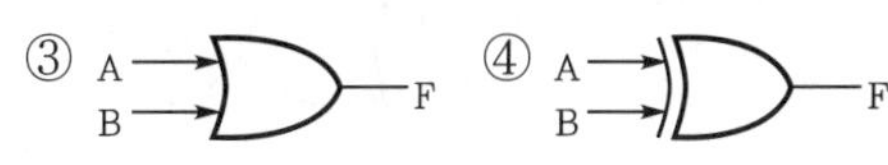

해설
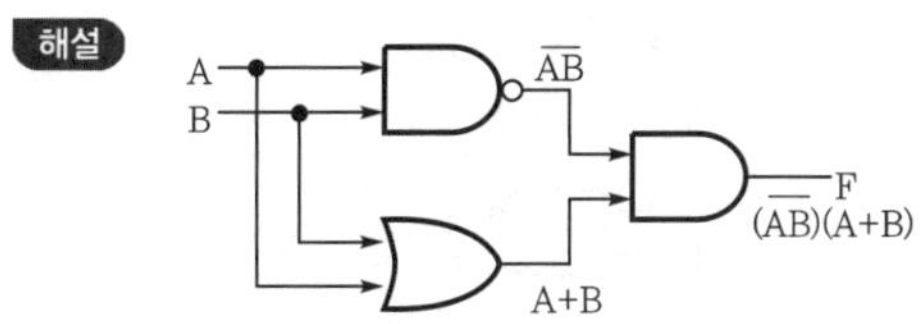

$F=(\overline{AB})(A+B)$
$=(\overline{A}+\overline{B})(A+B)$
$=A\overline{B}+\overline{A}B$
∴ EX−OR 논리이다.

62 다음 논리 회로의 논리식은?

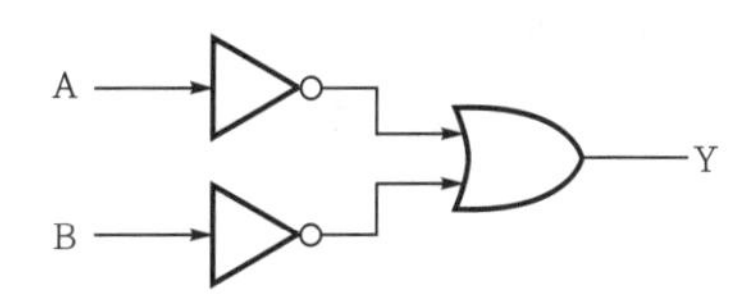

① $Y=\overline{A}\cdot\overline{B}$ ② $Y=A+B$
③ $Y=A\cdot B$ ④ $Y=\overline{A}+\overline{B}$

63 아래 논리 회로를 논리식으로 바꾸면?

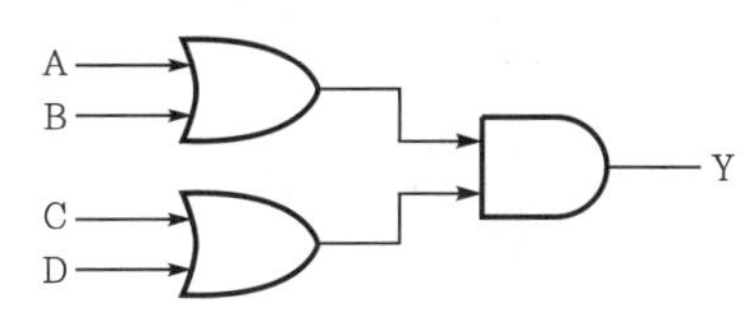

① $Y=(A+B)(\overline{C\cdot D})$
② $Y=(A+B)(C+D)$
③ $Y=(A\cdot B)(\overline{C+D})$
④ $Y=(A+B)(C\cdot D)$

정답 58.④ 59.④ 60.③ 61.④ 62.④ 63.②

해설

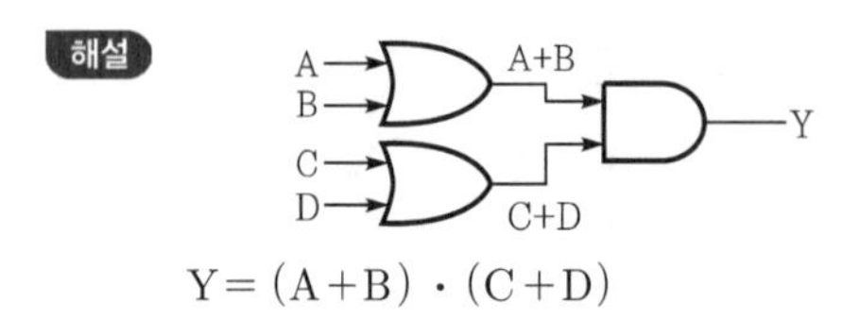

$Y=(A+B)\cdot(C+D)$

64 다음 회로와 관계가 먼 것은?

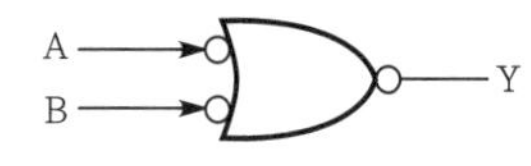

① $Y=(\overline{\overline{A}+\overline{B}})$
② $Y=A\cdot B$
③ A, B → Y
④ A, B → Y

해설 $Y=(\overline{\overline{A}+\overline{B}})=\overline{\overline{A}}\,\overline{\overline{B}}=AB$
∴ AND 논리이다.

65 다음 기본 논리 게이트와 같은 결과를 갖는 회로는?

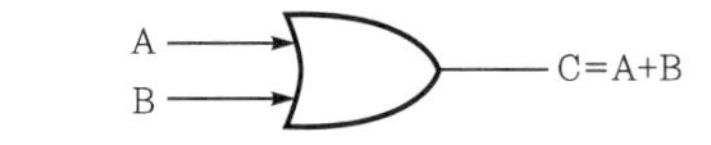

①
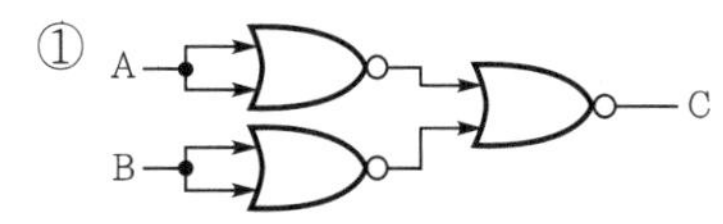

②
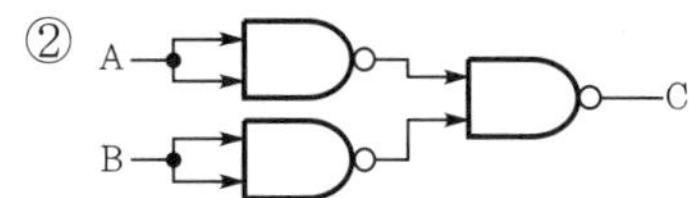

③
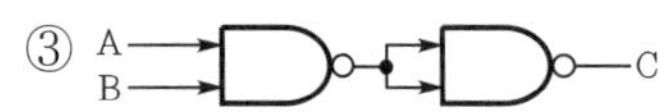

④
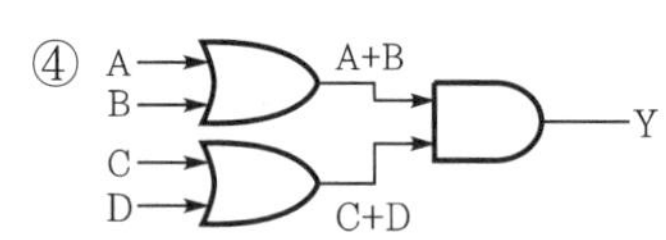

해설
① $C=\overline{\overline{A}+\overline{B}}=\overline{\overline{A}}\,\overline{\overline{B}}=AB$
② $C=\overline{\overline{A}\,\overline{B}}=\overline{\overline{A}}+\overline{\overline{B}}=A+B$
③ $C=\overline{\overline{AB}}=AB$
④ $C=\overline{A+B}$

66 다음 회로는 무슨 회로인가?

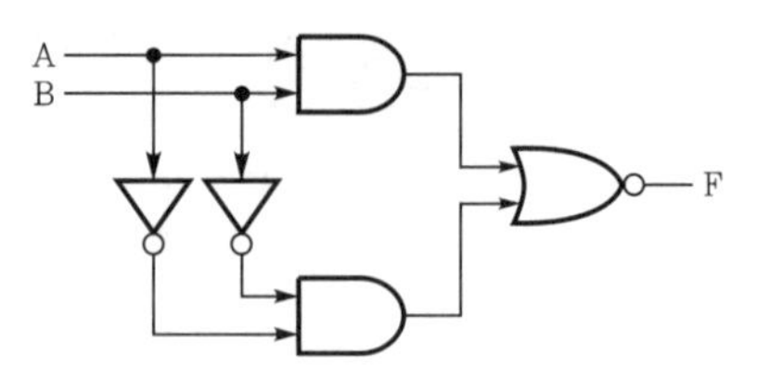

① NAND 회로 ② NOR 회로
③ AND－OR 회로 ④ Exclusive－OR 회로

해설 $F=\overline{AB+\overline{A}\,\overline{B}}$
$=(\overline{AB})(\overline{\overline{A}\,\overline{B}})$
$=(\overline{A}+\overline{B})(A+B)$
$=A\overline{B}+\overline{A}B$
∴ EX－OR 논리이다.

67 배타적 논리합(exclusive OR)의 대수식 표현 중 옳지 않은 것은?

① $\overline{A}B+A\overline{B}$ ② $(A+B)(\overline{AB})$
③ $(A+B)(\overline{A}+\overline{B})$ ④ $AB+\overline{AB}$

68 논리식 $Y=(A+B)\cdot\overline{C}$의 논리 회로로 옳은 것은?

①
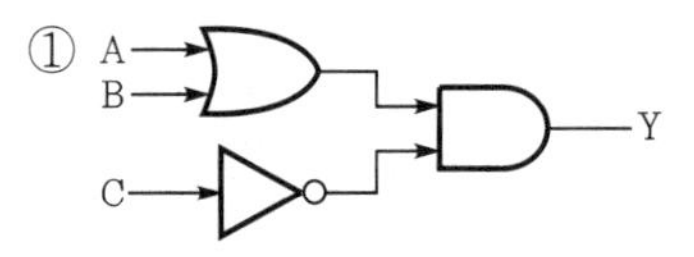

②
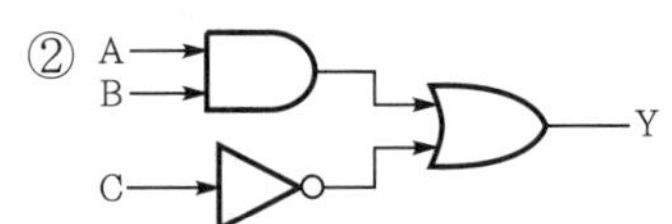

③
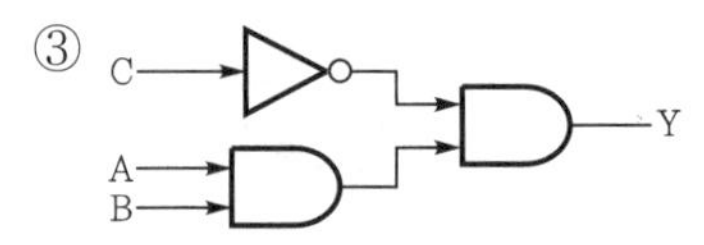

④
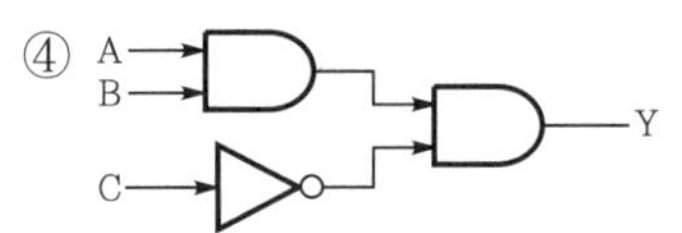

정답 64.④ 65.② 66.④ 67.④ 68.①

해설

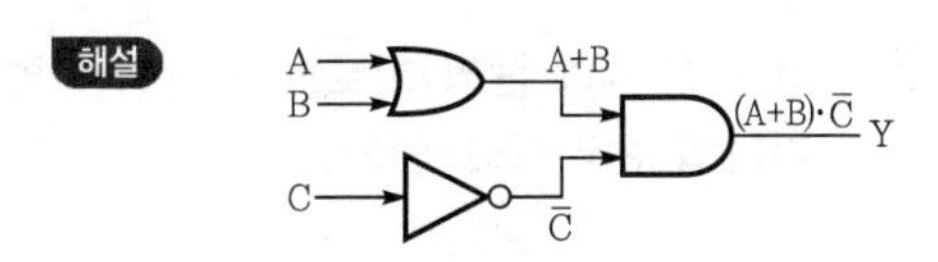

69 다음 회로는 무슨 회로인가?

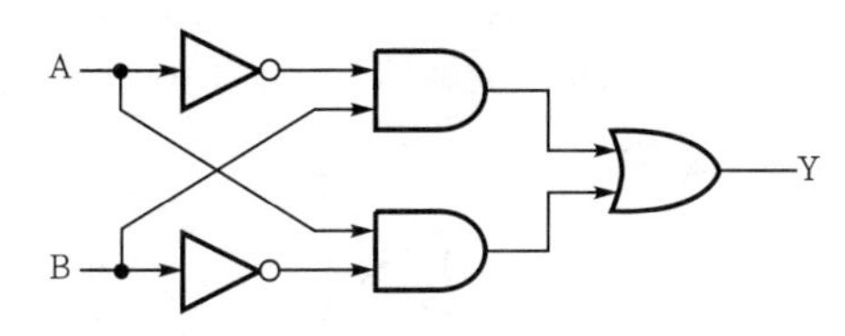

① NOR 회로
② NAND 회로
③ Exclusive－OR 회로
④ AND－OR 회로

해설 $Y = \overline{A}B + A\overline{B}$
EX－OR 회로이다.

70 다음 그림에서 출력 X를 불 대수로 표시하면?

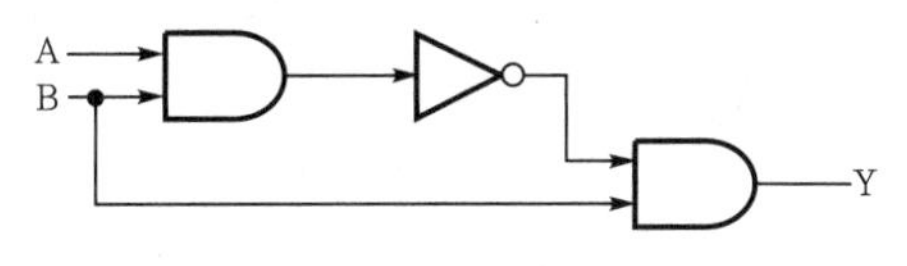

① $(\overline{A \cdot B}) \cdot B$　　② $(\overline{A+B})+B$
③ $A \cdot B$　　④ $A \cdot \overline{B}$

해설

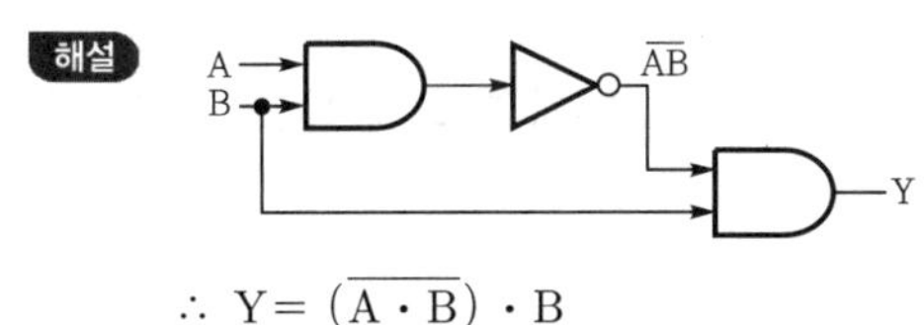

$\therefore Y = (\overline{A \cdot B}) \cdot B$

71 OR 회로와 기능이 같은 회로는?

①

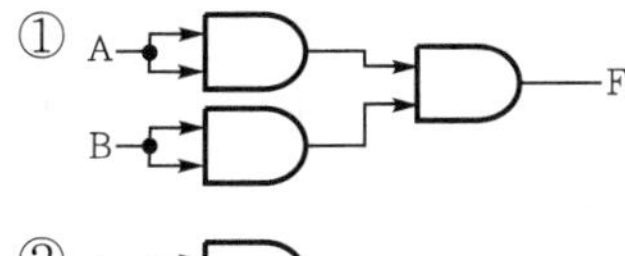

②

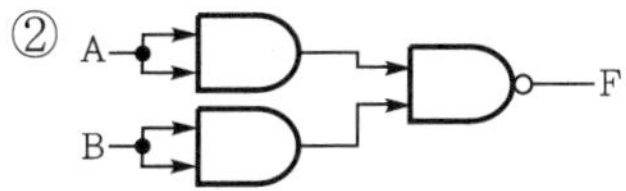

③ A B F

④ A B F

해설 ① $F = A \cdot B$: AND 논리
② $F = \overline{A \cdot B}$: NAND 논리
③ $F = \overline{\overline{A} \cdot \overline{B}} = \overline{\overline{A}} + \overline{\overline{B}} = A+B$: OR 논리
④ $F = \overline{A} \cdot \overline{B} = \overline{A+B}$: NOR 논리

72 다음 그림과 같이 구성된 회로에서 A의 값이 0011, B의 값은 0101이 입력되면 출력 F값은 얼마인가?

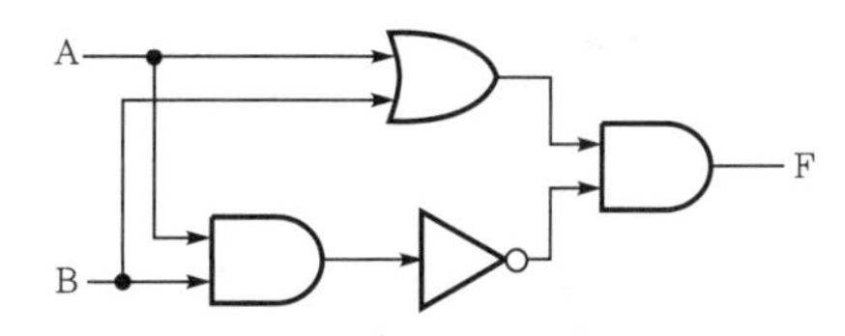

① 1100　　② 0110
③ 0011　　④ 1001

해설 $F = (A+B) \cdot (\overline{AB})$
$= (A+B) \cdot (\overline{A}+\overline{B})$
$= A\overline{B} + \overline{A}B$
$= A \oplus B$
즉, EX－OR의 논리다.

	0 0 1 1
XOR	0 1 0 1
결과	0 1 1 0

73 다음 Fan out수가 가장 많은 회로는?

① CMOS　　② TTL
③ RTL　　④ DTL

해설 CMOS는 저전력 구동 소자이므로 Fan out 수가 가장 많다.

정답 69.③ 70.① 71.③ 72.② 73.①

74 다음 게이트 회로와 등가인 논리식은?

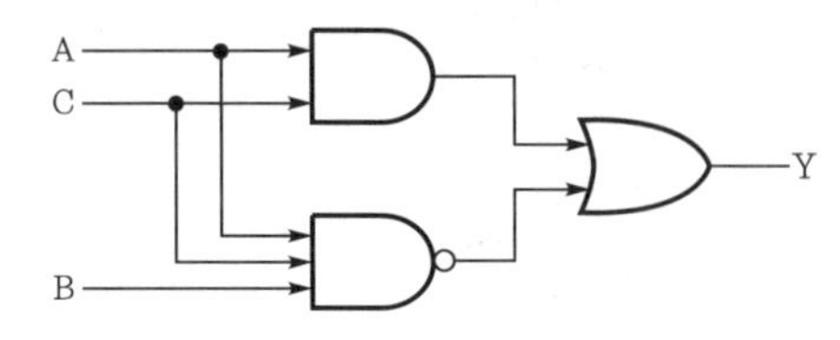

① $Y = AC$

② $Y = A\overline{B} + \overline{A}C$

③ $Y = (A + B) \cdot (A + C)$

④ $Y = (A + C) \cdot (A + B + C)$

해설 $Y = AC + ACB$
$= AC(1+B)$
$= AC$

75 다음의 논리 회로를 논리식으로 바꿀 때 옳은 것은?

출제빈도

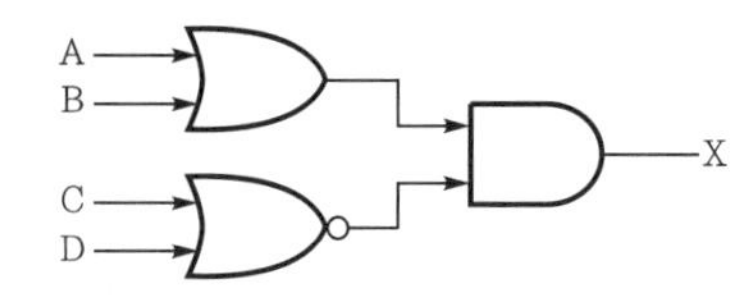

① $(A + B)(\overline{C \cdot D})$

② $(A + B)(\overline{C + D})$

③ $(A + B)(\overline{C + D})$

④ $(A + B)(C \cdot D)$

76 입력되는 2개의 값이 서로 다른 경우에만 결과가 참(ture)이 되는 회로는?

출제빈도

① NOR ② EX－OR

③ EX－NOR ④ NAND

해설 Exclusive－OR 논리이다.

입력	출력
0 0	0
0 1	1
1 0	1
1 1	0

77 다음 도면의 논리 회로를 간단히 하면 어떤 기능의 논리 회로인가?

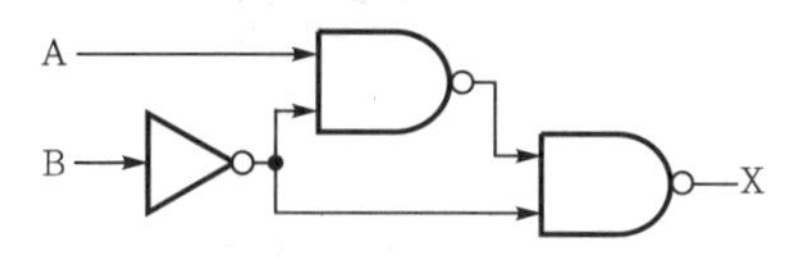

① OR gate ② AND gate

③ NOR gate ④ NAND gate

해설

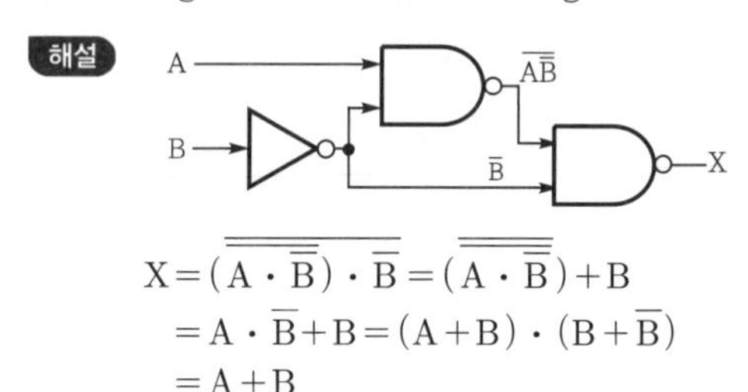

$$X = \overline{\overline{(A \cdot \overline{B})} \cdot \overline{B}} = \overline{\overline{\overline{(A \cdot \overline{B})}}} + B$$
$$= A \cdot \overline{B} + B = (A + B) \cdot (B + \overline{B})$$
$$= A + B$$

78 배타적 논리합(exclusive－OR)의 대수식 표현 중 옳지 않은 것은?

① $\overline{A}B + A\overline{B}$ ② $(A + B)(\overline{AB})$

③ $(A + B)(\overline{A} + \overline{B})$ ④ $AB + \overline{AB}$

해설 ②, ③에서

$$F = (A + B)(\overline{AB})$$
$$= (A + B)(\overline{A} + \overline{B})$$
$$= A\overline{B} + \overline{A}B$$

79 다음 스위치 회로에 대한 연산식은?

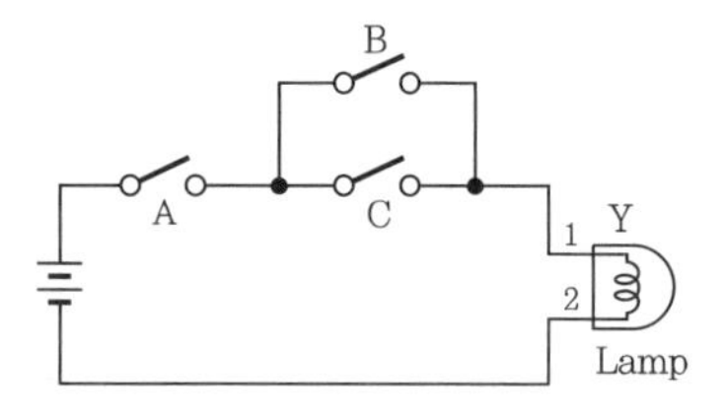

① $Y = A + BC$ ② $Y = A(B + C)$

③ $Y = ABC$ ④ $Y = A + B + C$

해설 스위치 B－C간 병렬 접속은 OR 논리이고, 이와 스위치 A는 직렬이라서 AND 논리이므로 $Y = A(B + C)$이다.

정답 74.① 75.② 76.② 77.① 78.④ 79.②

80 다음 그림에서 논리식은?

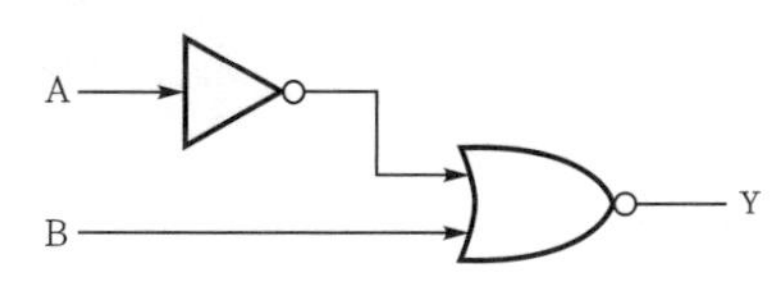

① $Y=\overline{A}+B$ ② $Y=A\overline{B}$
③ $Y=A+\overline{B}$ ④ $Y=A+\overline{B}$

해설 $Y=\overline{\overline{A}+B}$
$=A\overline{B}$

81 다음 그림에서 출력 X를 불 대수로 표시한 것으로 옳은 것은?

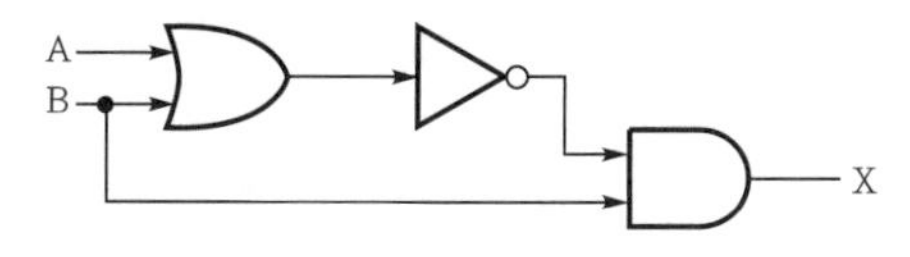

① $(\overline{A+B})\cdot B$
② $(\overline{A\cdot B})+B$
③ $Y\cdot B$
④ $A\cdot\overline{B}$

해설
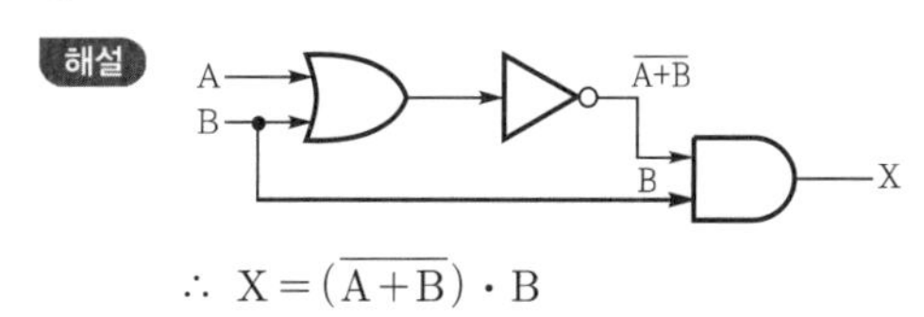

$\therefore X=(\overline{A+B})\cdot B$

82 다음 기호로 사용되는 논리 게이트의 기능으로 옳지 않은 것은?

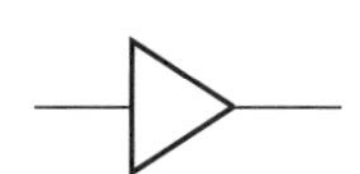

① 고주파 발진 기능
② 감쇠 신호의 회복 기능
③ 팬 아웃(fan out)의 확대
④ 지연 시간(delay time) 기능

해설 버퍼(buffer)의 기호이다.

83 그림과 같은 회로의 출력은?

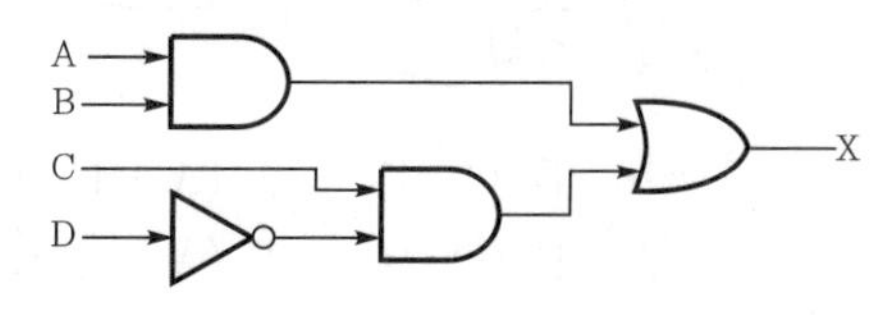

① $AB+C\overline{D}$
② $(A+B)(C+D)$
③ $(A+B)C\overline{D}$
④ $AB(C+\overline{D})$

해설
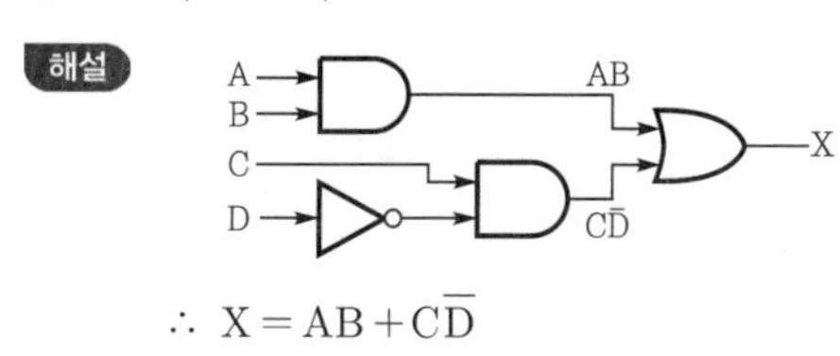

$\therefore X=AB+C\overline{D}$

84 다음 논리 회로의 출력 Y를 논리식으로 표현한 것으로 옳은 것은?

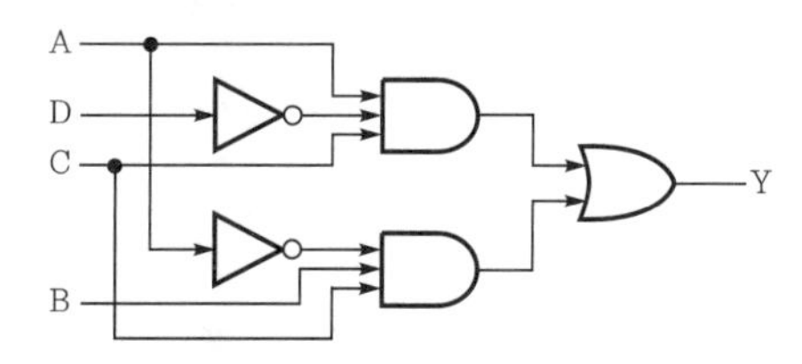

① $Y=AB\overline{D}+\overline{A}BC$
② $Y=\overline{A}BD+BC\overline{D}$
③ $Y=\overline{A}BC+AC\overline{D}$
④ $Y=\overline{A}+B+C+\overline{D}$

해설
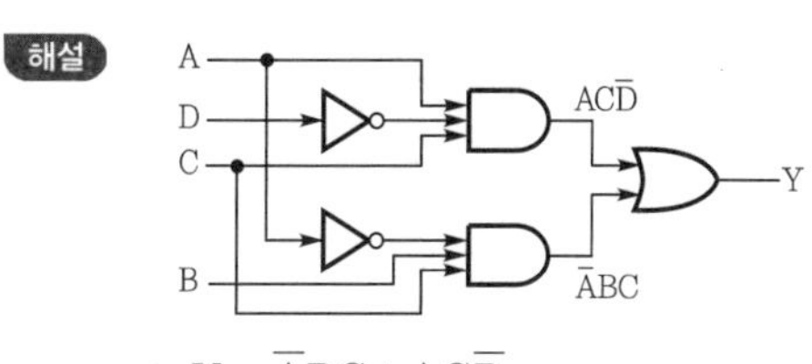

$\therefore Y=\overline{A}BC+AC\overline{D}$

정답 80.② 81.① 82.① 83.① 84.③

85 아래 논리 회로를 논리식으로 바꾼 것은?

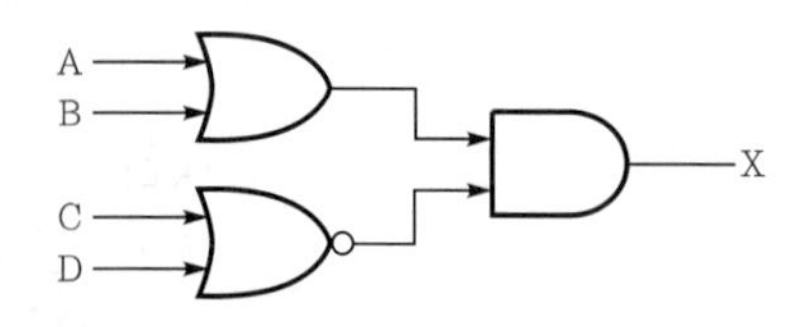

① $(A+B)\overline{C \cdot D}$　② $(A+B)(\overline{C+D})$
③ $(A \cdot B)(C+D)$　④ $(A+B)(\overline{C \cdot D})$

해설

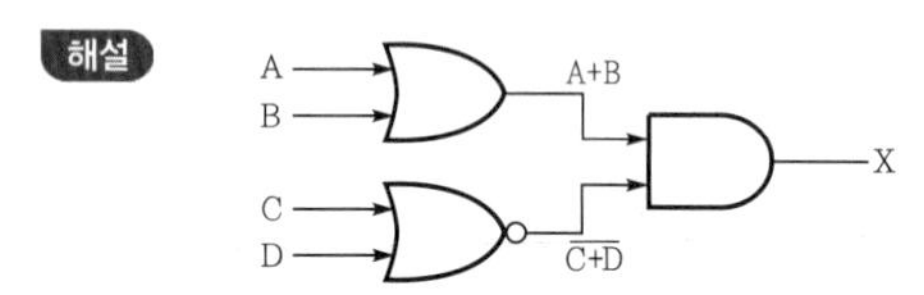

정답 85.②

03 조합 논리 회로

1 조합 논리 회로의 개요

(1) 정의

논리 게이트가 모여서 입력 변수에 입력되는 데이터의 어떤 조합에 대해서 일정하게 정해진 특정 출력을 제공하기 위하여 연결된 회로를 조합 논리 회로(combination logic circuit)라 한다.

(2) 조합 논리 회로의 종류

가산기(adder), 감산기(subtracter), 비교기(comparator), 디코더(decoder)와 인코더(encoder), 멀티플렉서(multiplexer), 디멀티플렉서(demultiplexer), 코드 변환기(code converter) 등이 있다.

2 덧셈과 뺄셈 회로

(1) 가산기 회로의 연산

비트 상태의 데이터를 덧셈하거나 뺄셈하는 것은 컴퓨터의 가장 기본적인 연산으로, 2진 연산이 주축이 된다.

(2) 반가산기(half adder)

① 컴퓨터 시스템의 가장 기본적인 1비트의 2개 2진수를 더하는 논리 회로이다.
② 2개의 입력과 2개의 출력으로 구성된다.
③ 2개 입력은 피연산수 A와 연산수 B이고, 출력은 두 수를 합한 결과인 합 S(sum)와 올림수 C(carry)를 발생하는 회로이다.

: 피연산수
\+ : 연산수
: 합
올림수

기출문제 핵심잡기

[2010년 1회 출제]
[2016년 1회 출제]
디코더는 조합 논리 회로이다.

[2010년 5회 출제]
[2013년 2회 출제]
계수 회로는 조합 논리가 아닌 순서 논리 회로의 일종이다.

★중요★
[2010년 1회 출제]
[2014년 1회 출제]
반가산기는 1개의 XOR 게이트와 1개의 AND 게이트로 설계된다.

[2010년 2회 출제]
[2011년 5회 출제]
[2012년 2회 출제]
[2013년 3회 출제]
[2016년 2회 출제]
반가산기에서 A=1, B=0이면 출력의 합(S)=1, 올림수(C)=0이다.

[2013년 1회 출제]
반가산기 출력 중 합의 논리식은 $S = A\overline{B} + \overline{A}B$ 이다.

④ 진리표

A	B	합(S)	자리올림(C)
0	0	0	0
0	1	1	0
1	0	1	0
1	1	0	1

⑤ 회로와 논리식

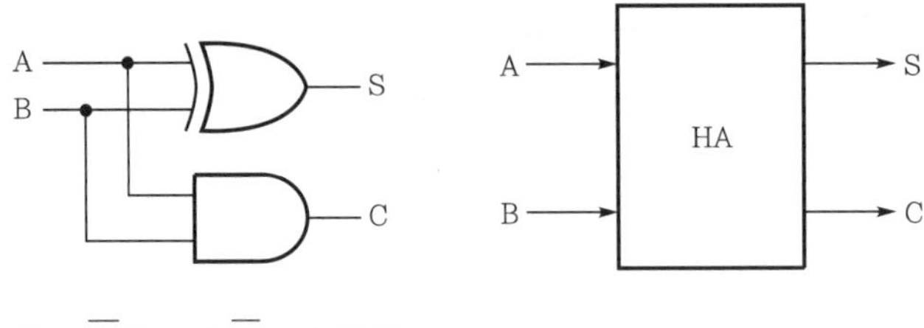

$S = \overline{A}B + A\overline{B} = A \oplus B$

$C = AB$

★중요★
[2010년 2회 출제]
[2013년 2회 출제]
전가산기는 3개의 입력과 2개의 출력이 있다.

[2012년 5회 출제]
[2013년 2회 출제]
[2016년 1회 출제]
반가산기 2개와 OR 게이트 1개로 전가산기를 구성할 수 있다.

(3) 전가산기(full adder)

① 하위 비트에서 발생한 올림수를 포함하여 3개의 입력 비트들의 합을 구하는 조합 논리 회로이다.

② 3개의 입력과 2개의 출력으로 구성된다.

③ 3개 입력은 피연산수 A와 연산수 B, 그리고 하위 비트에서 발생한 올림수 C가 되고, 출력 변수는 출력의 합 S(sum)과 올림수 C_n(carry)을 발생하는 회로이다.

④ 전가산기의 진리표

A	B	C	S	C_n
0	0	0	0	0
0	0	1	1	0
0	1	0	1	0
0	1	1	0	1
1	0	0	1	0
1	0	1	0	1
1	1	0	0	1
1	1	1	1	1

⑤ 카르노도의 표현

C \ AB	00	01	11	10
0		1		1
1	1		1	

(a) S의 카르노도

C \ AB	00	01	11	10
0			1	
1		1	1	1

(b) C_n의 카르노도

⑥ S와 C_n의 논리식 간소화

$$\begin{aligned} S &= \overline{A}\,\overline{B}C + \overline{A}B\overline{C} + ABC + A\overline{B}\,\overline{C} \\ &= \overline{A}(\overline{B}C + B\overline{C}) + A(BC + \overline{BC}) \\ &= \overline{A}(B \oplus C) + A(B \odot C) \\ &= \overline{A}(B \oplus C) + A(\overline{B \oplus C}) \\ &= A \oplus (B \oplus C) \\ &= A \oplus B \oplus C \end{aligned}$$

$$\begin{aligned} C_n &= AB + \overline{A}BC + A\overline{B}C \\ &= AB + C(\overline{A}B + A\overline{B}) \\ &= AB + C(A \oplus B) \end{aligned}$$

⑦ 논리 회로의 설계

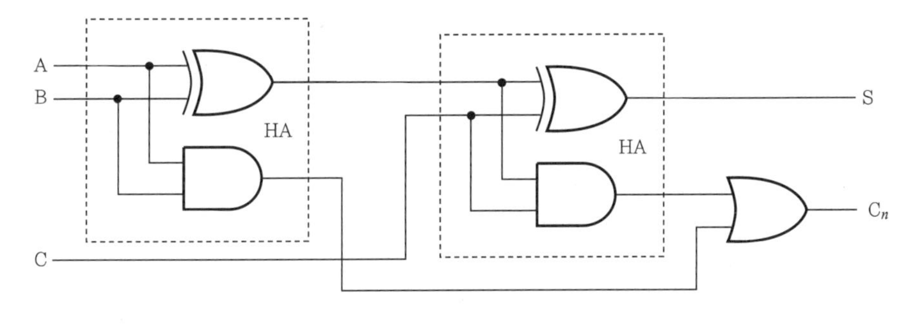

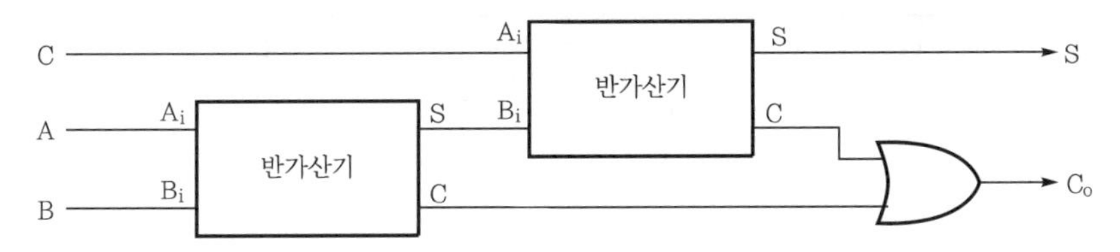

(4) 반감산기(half subtracter)

① 감산기의 구성 방법

㉠ 방법 1 : 연산수의 보수를 피연산수와 더하여 구하는 방법이다.

㉡ 방법 2 : 피연산수에서 연산수를 빼서 구하는 방법이다.

기출문제 핵심잡기

[2010년 5회 출제]
반감산기 회로에서 빌림수를 출력하는 단자는 AND 게이트 출력 단자이다.

기출문제 핵심잡기

② 반감산기

㉠ 2개의 2진수를 감산하는 논리 회로이다.

㉡ 2개의 2진 입력과 2개의 2진 출력(차 : D, 빌림수 : B)을 가진다.

③ 반감산기의 진리표 : 입력 변수에서 피감수를 A, 감수를 B라 하고 출력은 차를 D, 빌림을 B_r이라 하면 다음과 같다.

A	B	D	B_r
0	0	0	0
0	1	1	1
1	0	1	0
1	1	0	0

④ 논리식

㉠ $D = \overline{A}B + A\overline{B} = A \oplus B$

㉡ $B_r = \overline{A}B$

⑤ 반감산기 회로와 기호

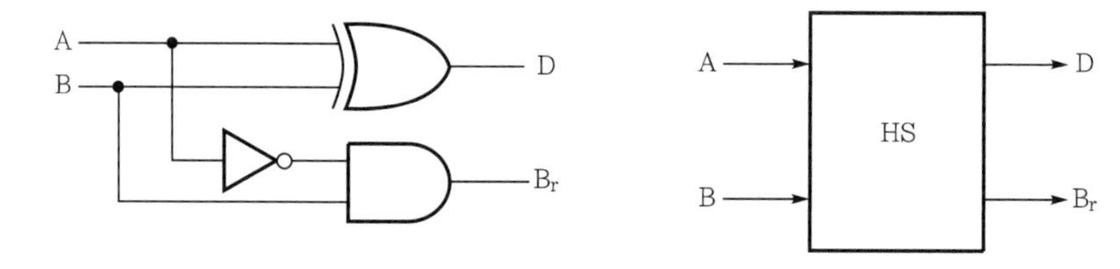

[2011년 5회 출제]
전감산기의 출력 D(차)와 결과가 같은 것은 전가산기의 S(합)이다.

[2012년 1회 출제]
전감산기는 3개의 입력과 2개의 출력을 갖는다.

(5) 전감산기(full subtracter)

① 3개의 입력(피연산수 : x, 연산수 : y, 빌려준 빌림수 : B_i) 비트들의 뺄셈을 구하는 조합 논리 회로이다.

② 출력은 2개(차 : D, 빌림수 : B_0)로 구성된다.

③ 전감산기의 진리표

x	y	B_r	D	B_0
0	0	0	0	0
0	0	1	1	1
0	1	0	1	1
0	1	1	0	1
1	0	0	1	0
1	0	1	0	0
1	1	0	0	0
1	1	1	1	1

④ 전감산기 회로

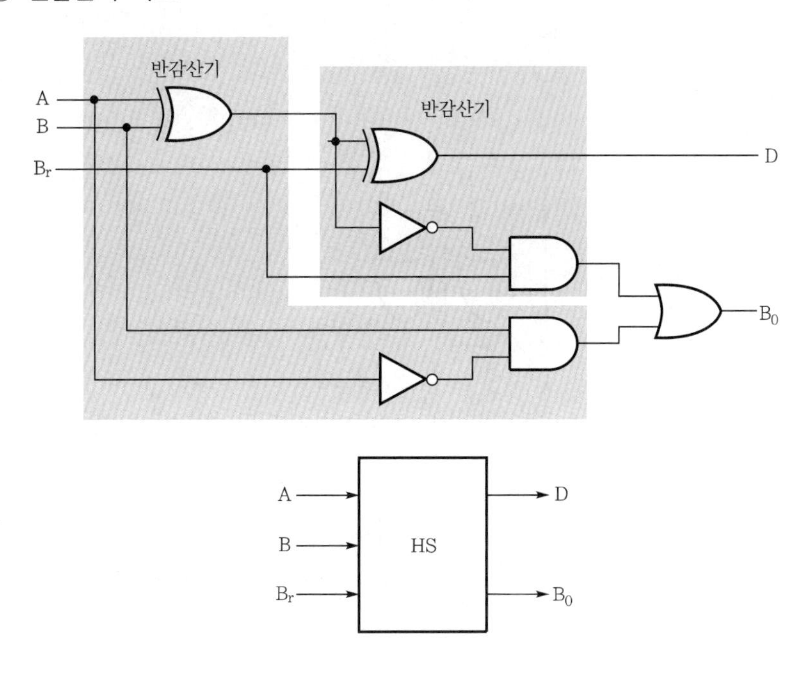

3 코드 변환기와 비교기

(1) 3비트 그레이 코드 → 2진 변환기(code converter)

① 변환 진리표

그레이 코드 입력			2진 코드 출력		
a	b	c	x	y	z
0	0	0	0	0	0
0	0	1	0	0	1
0	1	1	0	1	0
0	1	0	0	1	1
1	1	0	1	0	0
1	1	1	1	0	1
1	0	1	1	1	0
1	0	0	1	1	1

② 2진 코드 출력 논리식

$$x = a$$

$$y = \bar{a}bc + \bar{a}b\bar{c} + a\bar{b}c + a\bar{b}\bar{c}$$

$$= \bar{a}b(c + \bar{c}) + a\bar{b}(c + \bar{c})$$

$$= \bar{a}b + a\bar{b}$$

$$= a \oplus b$$

기출문제 핵심잡기

☑ 그레이 코드의 특징

그레이 코드는 1비트만 변화하여 계속되는 수의 변화가 단지 1비트만 변화시켜주면 다른 비트들의 변화없이 그 다음 수로 넘어가게 만들어 준다는 점이다.

이러한 특징을 이용하여 일반적으로 입·출력 장치, A/D 변환기에 사용되며 연산 사용에는 부적합하다.

기출문제 핵심잡기

$$z = \bar{a}\bar{b}c + \bar{a}b\bar{c} + abc + a\bar{b}\bar{c}$$
$$= (a \oplus b) \oplus c$$

③ 회로 구성

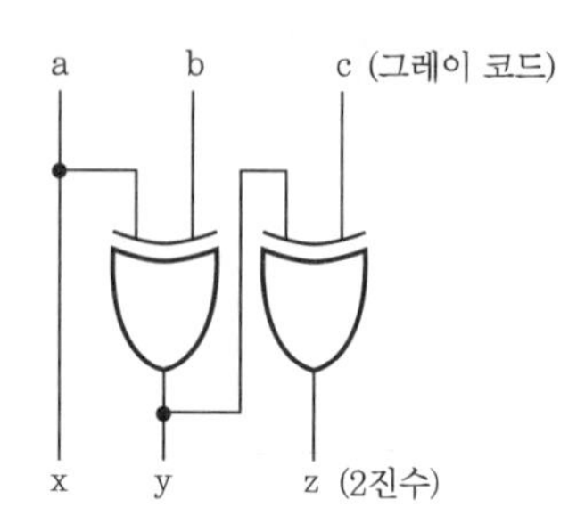

④ 변환

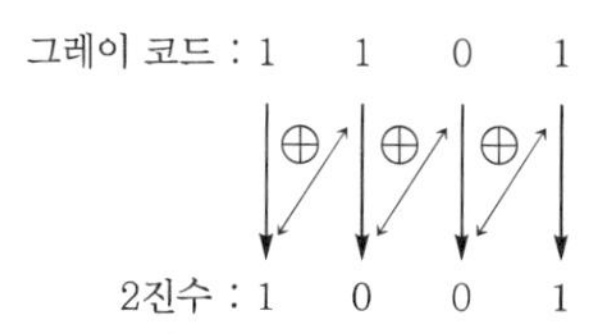

(2) 2진수 → 그레이 코드 변환기

① 회로 구성

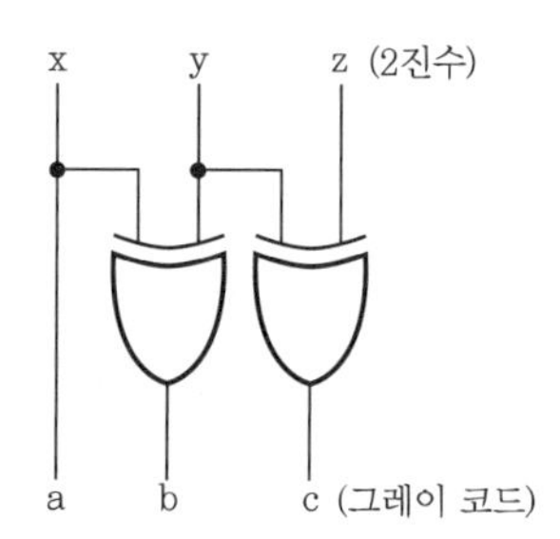

② 변환

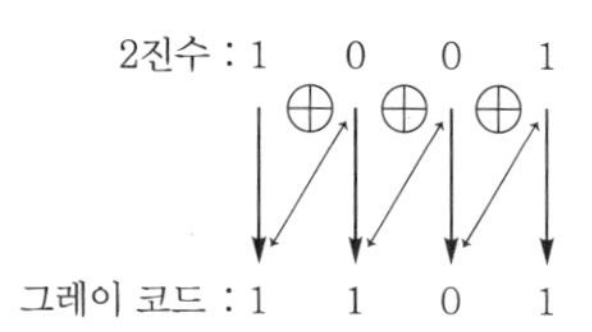

(3) 패리티 발생기

3개의 입력 정보 비트를 x, y, z라 하고, 출력인 패리티 비트는 P라 한다.

☑ 패리티 비트(parity bit)
패리티 비트는 정보의 전달 과정에서 오류가 생겼는지를 검사하기 위해 추가된 비트이다.
전송하고자 하는 데이터의 각 문자에 1비트를 더하여 전송하는 방법으로 2가지 종류의 패리티 비트(홀수, 짝수)가 있다. 패리티 비트는 오류 검출 부호에서 가장 간단한 형태로 쓰인다.

기출문제 핵심잡기

① 정보 비트가 3비트일 때 홀수 패리티와 짝수 패리티의 진리표

3비트 정보			홀수 패리티	짝수 패리티
A	B	C	P_0	P_E
0	0	0	1	0
0	0	1	0	1
0	1	0	0	1
0	1	1	1	0
1	0	0	0	1
1	0	1	1	0
1	1	0	1	0
1	1	1	0	1

② 홀수 패리티 발생기

$$P_0 = (A \odot B) \oplus C = (A \oplus B) \odot C$$

③ 짝수 패리티 발생기

$$P_E = A \odot B \odot C = A \oplus B \oplus C$$

④ 회로 구현

[2013년 3회 출제]
(a) 회로를 제시하고 회로 명칭을 고르는 문제

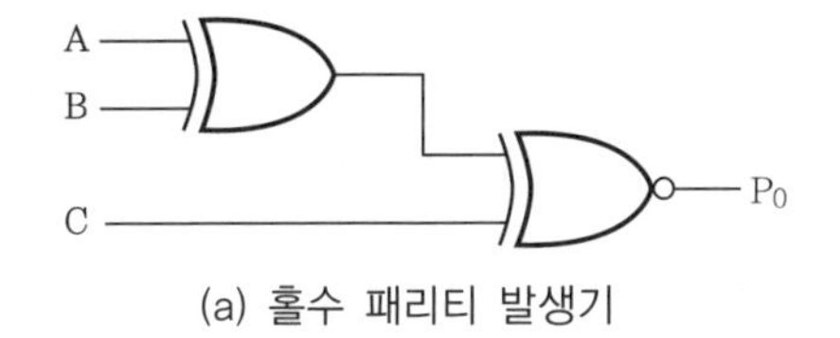

(a) 홀수 패리티 발생기

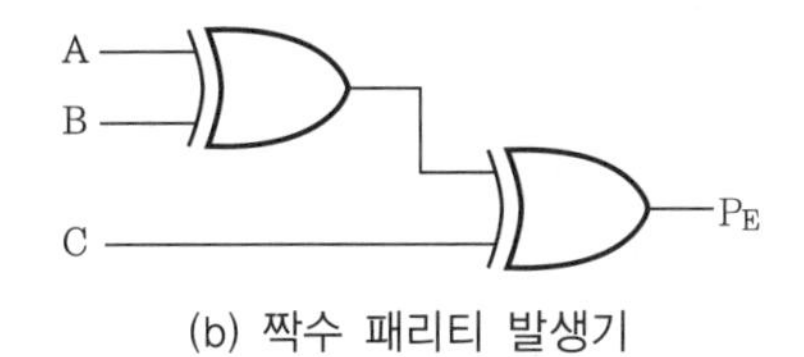

(b) 짝수 패리티 발생기

(4) 패리티 검사기

전송된 패리티 비트가 포함된 2진 부호를 패리티 오류 유무를 체크한다.

① 진리표

수신 비트(4비트)				패리티 오류 체크
X	Y	Z	P	C
0	0	0	0	0
0	0	0	1	1
0	0	1	0	1
0	0	1	1	0
0	1	0	0	1
0	1	0	1	0
0	1	1	0	0
0	1	1	1	1
1	0	0	0	1
1	0	0	1	0
1	0	1	0	0
1	0	1	1	1

수신 비트(4비트)				패리티 오류 체크
X	Y	Z	P	C
1	1	0	0	0
1	1	0	1	1
1	1	1	0	1
1	1	1	1	0

[2012년 5회 출제]
회로를 제시하고 명칭을 고르는 문제

② 논리식과 회로

$C = X \oplus Y \oplus Z \oplus P$

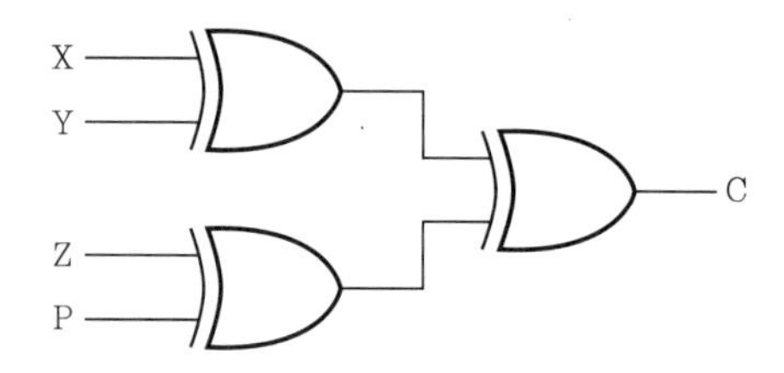

[2016년 2회 출제]

(5) 기본 비교기(comparator) 회로

① 비교기는 2개의 수를 비교하여 기준으로 정한 한 수가 작다와 크다 또는 같다를 결정한다.

② XNOR 입력 A, B가 같으면 출력이 '1'이 되므로 두 XNOR 출력이 AND로 입력된다. 따라서 A, B가 동일한 코드면 결과가 '1'이 된다.

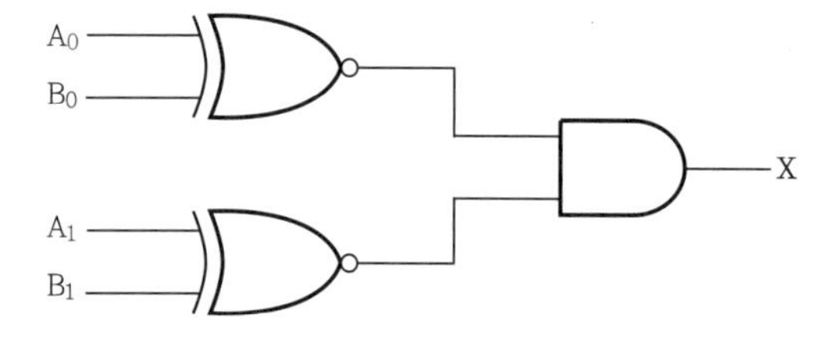

입력	X
$A \neq B$	0
$A = B$	1

(6) 1비트 비교기(comparator)

① 진리표

A	B	$F_1(A=B)$	$F_2(A \neq B)$	$F_3(A>B)$	$F_4(A<B)$
0	0	1	0	0	0
0	1	0	1	0	1
1	0	0	1	1	0
1	1	1	0	0	0

② 회로

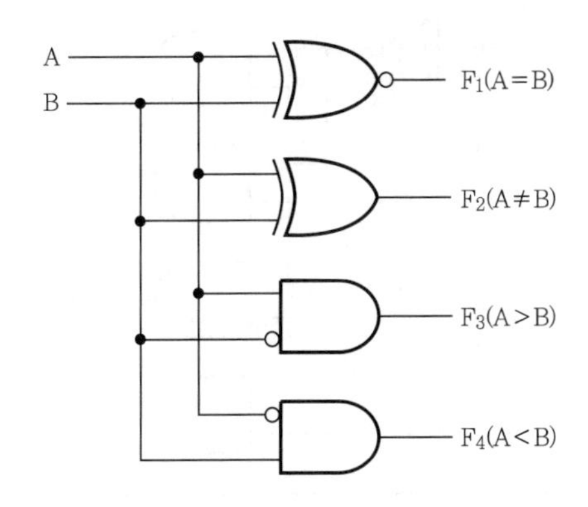

4 디코더와 인코더

(1) 인코더와 디코더의 의미

★중요★
인코더와 디코더 원리와 개념 알아두기

① 인코더(encoder : 부호기)
   ㉠ 정보의 형태나 형식을 표준화, 보안, 처리 속도 향상, 저장 공간 절약 등의 목적으로 다른 형태나 형식으로 변환하는 방식으로, 부호화라고도 한다.
   ㉡ 인코더는 자판에서 입력된 10진수를 2진수로 변환한다.

② 디코더(decoder : 해석기)
   ㉠ 인코딩된 정보를 인코딩되기 전으로 되돌리는 처리 방식을 말한다.
   ㉡ 복호기 또는 디코더는 복호화를 수행하는 장치나 회로이다.
   ㉢ 디코더는 출력 때와 같이 2진 부호를 10진수와 같은 단일 신호로 변환한다.

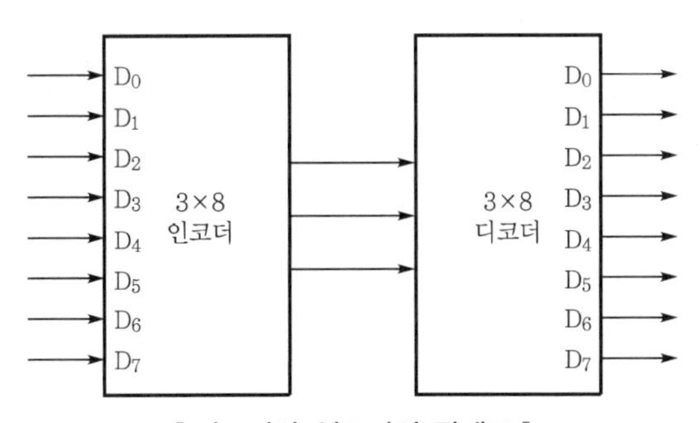

▌디코더와 인코더의 관계도▐

(2) 2×4디코더

① 코드 형식의 2진 정보를 다른 형식의 단일 신호로 바꾸는 회로이다.

② 2비트 입력, 4가지의 서로 다른 신호를 출력하는 2×4디코더는 다음과 같다.

기출문제 핵심잡기

[2010년 2회 출제]
[2012년 5회 출제]
2진수 코드를 10진수로 변환이 가능한 것은 디코더이다.

[2013년 1회 출제]
기억 장치 내의 내용을 해당되는 문자나 기호로 다시 변환시키는 것은 디코더이다.

[2013년 3회 출제]
2x4디코더에 사용되는 AND 게이트의 최소 개수는 출력이 4개이므로 4개이다.

[2014년 1회 출제]
2개의 입력에 4개의 출력을 갖고 입력에 따라 특정 출력 단자만 신호가 나오는 것은 디코더이다.

[2011년 5회 출제]
32개의 입력 단자를 가진 인코더는 5개(2^5 = 32)의 출력 단자를 가진다.

[2013년 1회 출제]
[2016년 2회 출제]
인코더는 입력 신호를 부호화하는 회로이다.

[2013년 2회 출제]
[2016년 1회 출제]
2^n개 입력선으로 입력된 값을 n개의 출력선으로 코드화해서 출력하는 회로는 인코더이다.

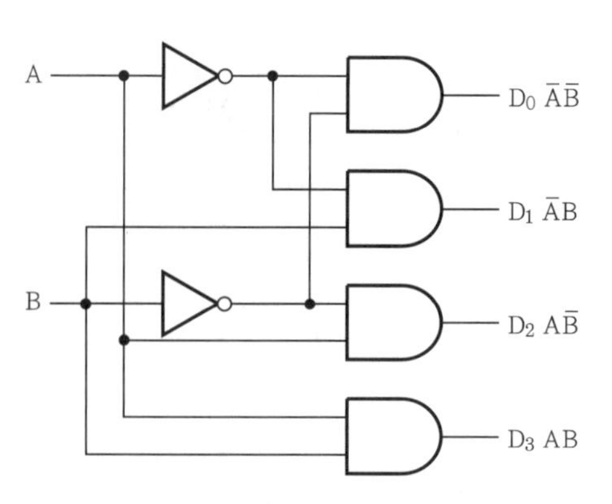

입력		출력			
A	B	D_0	D_1	D_2	D_3
0	0	1	0	0	0
0	1	0	1	0	0
1	0	0	0	1	0
1	1	0	0	0	1

(3) 3 × 8디코더

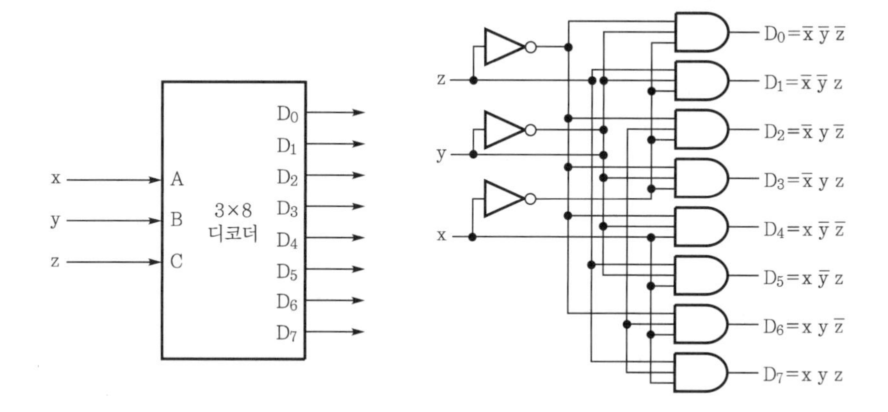

(4) 인코더(encoder)

① 외부에서 들어오는 임의의 신호를 부호화된 신호로 변환하여 컴퓨터 내부로 들여보내는 조합 논리 회로로, 디코더와 반대 동작을 한다.

② 2^n개의 입력 신호로부터 n개의 출력 신호를 만든다.

③ 오직 한 비트만이 1, 나머지 2^n-1개의 비트는 0이 되는 입력 신호가 생성된다.

④ 활성화된 값 1이 몇 번째 위치의 비트인가를 파악해서 2진 정보로 출력한다.

⑤ 8×3인코더

입력		출력		
D_7 D_6 D_5 D_4 D_3 D_2 D_1 D_0		A	B	C
0 0 0 0 0 0 0 1	0	0	0	0
0 0 0 0 0 0 1 0	1	0	0	1
0 0 0 0 0 1 0 0	2	0	1	0
0 0 0 0 1 0 0 0	3	0	1	1
0 0 0 1 0 0 0 0	4	1	0	0
0 0 1 0 0 0 0 0	5	1	0	1
0 1 0 0 0 0 0 0	6	1	1	0
1 0 0 0 0 0 0 0	7	1	1	1

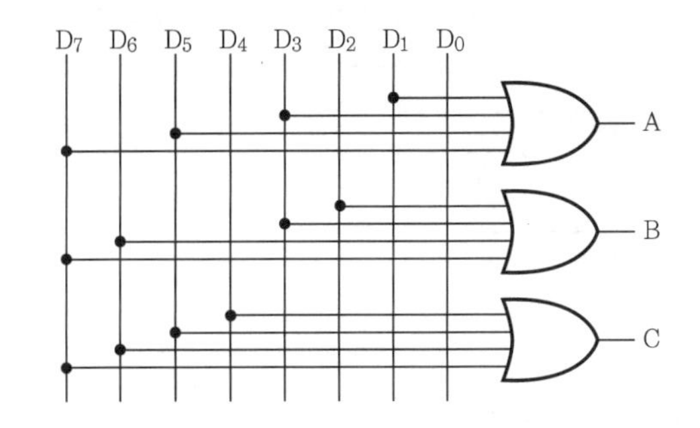

5 멀티플렉서와 디멀티플렉서

(1) 멀티플렉서(MUX : multiplexer)

① 여러 개의 데이터 입력을 받아 그 중 하나를 선택하여 출력하는 조합 논리 회로이며, 데이터 선택선이라고도 한다.

② 일반적 4×1멀티플렉서 블록도

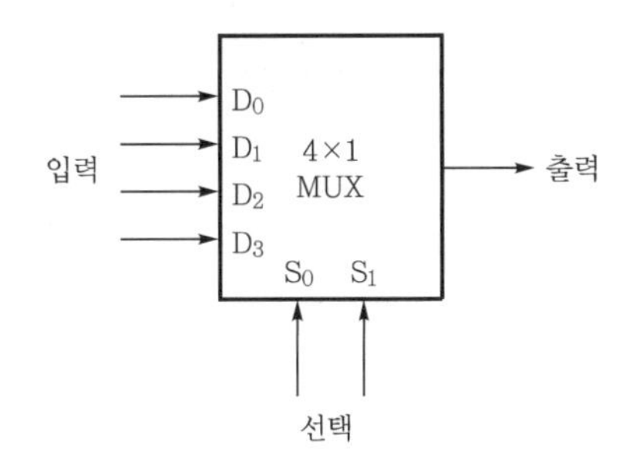

기출문제 핵심잡기

★중요★
멀티플렉서 · 디멀티플렉서의 원리와 개념 알아두기

[2010년 1회 출제]
멀티플렉서에서 입력이 16개이면 출력은 4개이다.

[2010년 5회 출제]
[2013년 3회 출제]
멀티플렉서에서 4개의 입력 중 1개를 선택하기 위해 필요한 입력 선택 제어 선수는 2개이다.

[2011년 2회 출제]
여러 회선의 입력이 한 곳으로 집중될 때 특정 회선을 선택하도록 하므로 선택기라고도 하는 회로는 멀티플렉서이다.

기출문제 핵심잡기

③ 4×1멀티플렉서에 대한 진리표와 논리 회로

선택 신호		선택된 입력 회선
S_0	S_1	
0	0	D_0
0	1	D_1
1	0	D_2
1	1	D_3

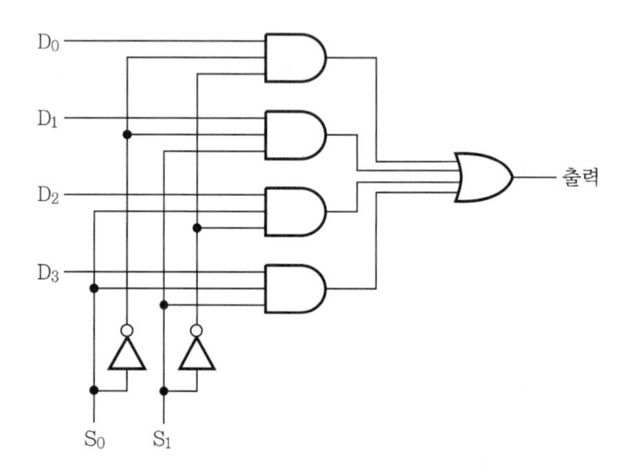

[2011년 5회 출제]
[2012년 5회 출제]
[2013년 1회 출제]
[2014년 1회 출제]
1x4디멀티플렉서에 최소로 필요한 선택선 개수는 2개이다.

[2012년 1회 출제]
[2016년 1회 출제]
[2016년 2회 출제]
1개의 선으로 정보를 받아들여 n개의 선택선에 의해 2^n 개의 출력 중 하나를 선택하여 출력하는 회로로 Enable 입력을 가진 디코더와 등가인 회로는 디멀티플렉서이다.

(2) 디멀티플렉서(demultiplexer)

① 멀티플렉서의 역기능을 수행하는 조합 논리 회로이다.

② 선택선을 통해 여러 개의 출력선 중 하나의 출력선에만 출력을 전달한다.

③ 1×4디멀티플렉서의 블록도

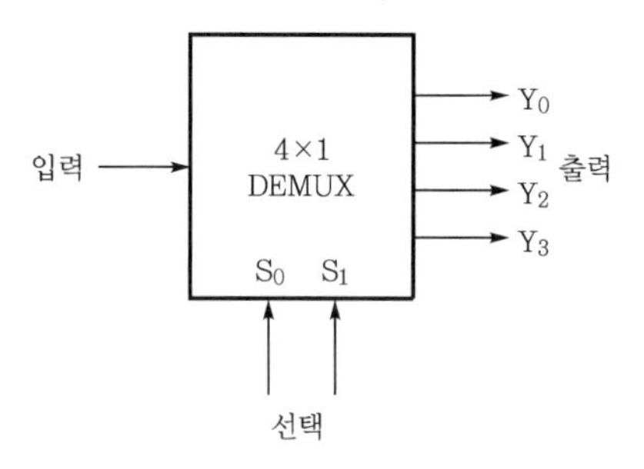

④ 1×4디멀티플렉서의 진리표와 외호 : 두 선택 신호의 조합에 의해서 입력 신호가 출력될 곳이 결정된다.

선택 신호		선택된 출력 회선			
S_0	S_1	Y_0	Y_1	Y_2	Y_3
0	0	입력	0	0	0
0	1	0	입력	0	0
1	0	0	0	입력	0
1	1	0	0	0	입력

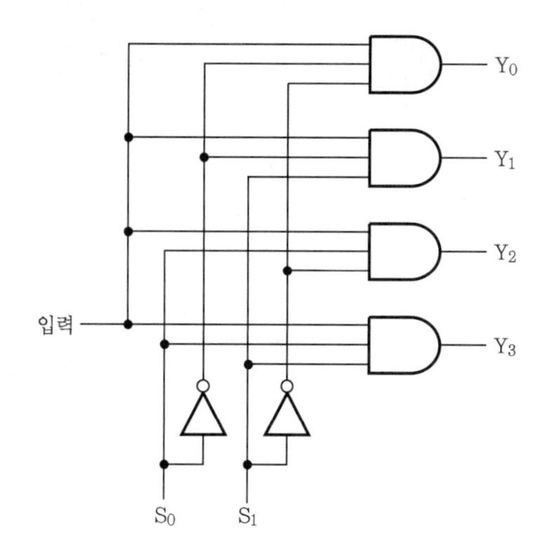

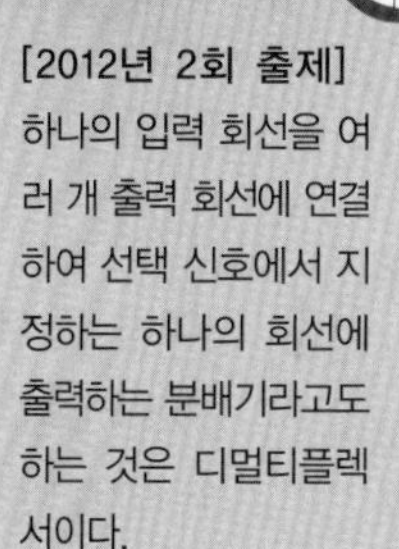

[2012년 2회 출제]
하나의 입력 회선을 여러 개 출력 회선에 연결하여 선택 신호에서 지정하는 하나의 회선에 출력하는 분배기라고도 하는 것은 디멀티플렉서이다.

[2014년 1회 출제]
1개의 입력선으로 들어오는 정보를 2^n 개의 출력선 중 1개를 선택하여 출력하는 회로이며, 2^n 개의 출력선 중 1개를 선택하기 위해 n 개의 선택선을 이용하는 것은 디멀티플렉서이다.

단락별 기출 · 예상 문제

01 **다음 중 조합 논리 회로 설계 시 가장 먼저 해야 할 일은?**

① 진리표 작성
② 논리 회로의 구현
③ 주어진 문제의 분석과 변수의 정리
④ 각 출력에 대한 불함수의 유도 및 간소화

해설 **논리 회로의 설계 순서**
㉠ 입·출력 조건에 따라 변수를 결정한다.
㉡ 진리표를 작성한다.
㉢ 간소화된 논리식을 구한다.
㉣ 논리식으로 논리 회로를 설계한다.

02 **조합 논리 회로를 설계할 때 일반적인 순서로 옳은 것은?**

ⓐ 간소화된 논리식을 구한다.
ⓑ 진리표에 대한 카르노도를 작성한다.
ⓒ 논리식을 기본 게이트로 구성한다.
ⓓ 입·출력 조건에 따라 변수를 결정하여 진리표를 작성한다.

① ⓓ-ⓑ-ⓐ-ⓒ ② ⓓ-ⓐ-ⓑ-ⓒ
③ ⓑ-ⓓ-ⓐ-ⓒ ④ ⓑ-ⓓ-ⓒ-ⓐ

해설 **조합 논리 회로의 설계 순서**
㉠ 입·출력 조건에 따른 변수 결정 및 진리표 작성
㉡ 카르노도 등에 의한 논리식 간소화
㉢ 논리 회로의 구성

03 **다음 보기와 같은 논리 회로 설계 항목이 논리 회로도를 설계하는 순서대로 올바르게 나열된 항은?**

㉠ 카르노도 표현
㉡ 진리표 작성
㉢ 논리 회로도 작성
㉣ 논리식의 간소화

① ㉡ → ㉢ → ㉠ → ㉣
② ㉡ → ㉠ → ㉣ → ㉢
③ ㉠ → ㉡ → ㉢ → ㉣
④ ㉠ → ㉡ → ㉣ → ㉢

해설 **논리 회로도의 설계 순서**
㉠ 진리표 작성
㉡ 카르노도 표현
㉢ 논리식의 간소화
㉣ 논리 회로도 작성

04 **조합 논리 회로를 설계하고자 한다. 설계 순서를 보기에 나열하였다. 제일 먼저 해야 할 사항은?**

① 진리표를 만든다.
② 논리도를 그린다.
③ 각 출력에 대해 단순화되어진 불함수를 얻는다.
④ 입·출력 변수들의 개수를 결정한다.

해설 **설계 순서**
㉠ 입·출력 변수 결정
㉡ 진리표 작성
㉢ 카르노도 작성
㉣ 간략화된 논리식 구함
㉤ 논리 회로 설계

05 **다음 회로의 구성 특징이 다른 것은?**

① 계수기 ② 인코더
③ 반가산기 ④ 멀티플렉서

정답 01.③ 02.① 03.② 04.④ 05.①

해설 계수기는 순서 논리 회로이며 인코더, 반가산기, 멀티플렉서는 조합 논리 회로이다.

06 **숫자나 문자 등의 키보드(keyboard) 입력을 2진 코드로 부호화하는 데 사용하는 소자는?**

① 디코더 ② 인코더
③ 멀티플렉서 ④ 디멀티플렉서

07 **다음 중 조합 논리 회로에 해당하는 것은?**

① 래치
② 계수 회로
③ 일치 · 반일치 회로
④ 쌍안정 멀티바이브레이터

해설 조합 논리 회로란 기본 논리 게이트의 조합으로 이루어진 논리 회로를 말하며, 순서 논리 회로는 플립플롭(FF)으로 구성된 회로이다.

08 **조합 논리 회로에 해당하지 않는 것은?**

① 비교 회로
② 패리티 체크 회로
③ 인코더 회로
④ 계수 회로

해설 레지스터, 계수기 등은 플립플롭으로 구성되므로 순서 논리 회로에 속한다.

09 **그림과 같은 논리도의 명칭은?**

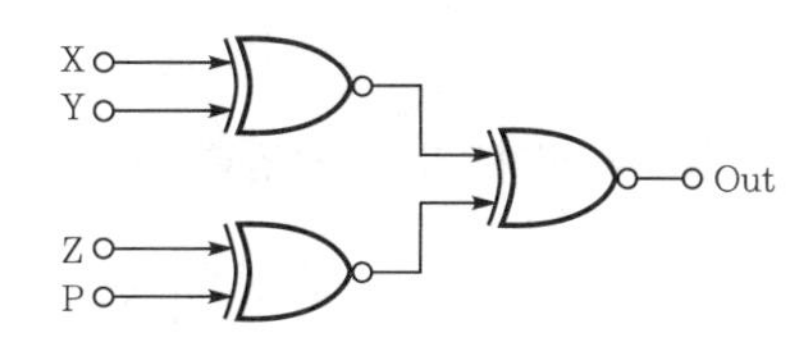

① 반가산기
② 전가산기
③ 4비트 홀수 패리티 검사기
④ 4비트 홀수 패리티 발생기

해설 그림은 4비트 홀수 패리티 검사기의 회로도이다.

10 **아래 도면은 그레이 코드를 2진수로 변환하는 회로도이다. $g_1 = 0$, $g_2 = 1$, $g_3 = 1$, $g_4 = 0$일 때 출력은?**

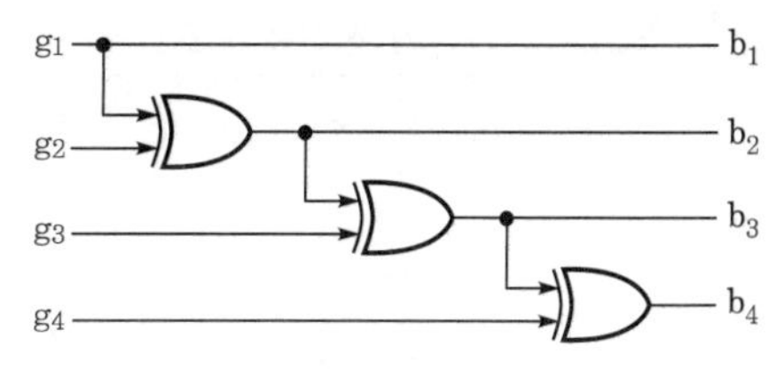

① $b_1 = 0$, $b_2 = 1$, $b_3 = 1$, $b_4 = 0$
② $b_1 = 0$, $b_2 = 0$, $b_3 = 0$, $b_4 = 1$
③ $b_1 = 0$, $b_2 = 1$, $b_3 = 0$, $b_4 = 0$
④ $b_1 = 0$, $b_2 = 0$, $b_3 = 1$, $b_4 = 0$

해설

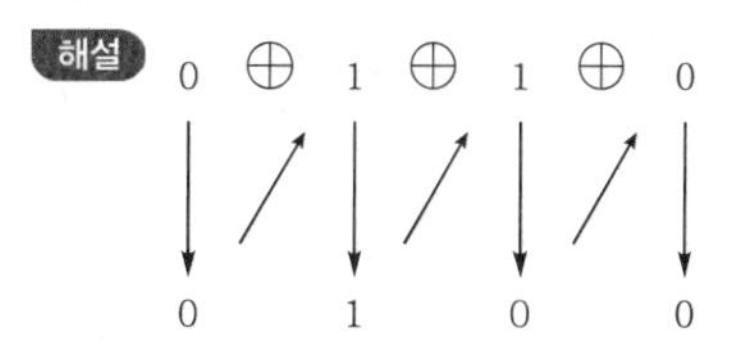

11 **다음 중 조합 논리 회로는?**

① 계수기(counter) ② 레지스터(register)
③ 해독기(decoder) ④ 플립플롭(flip flop)

해설 대표적 조합 논리 회로에는 멀티플렉서, 해독기(decoder), 부호기(encoder), 반가산기, 전가산기 등이 속한다. 레지스터, 플립플롭, 계수기 등은 순서 논리 회로에 속한다.

12 **두 수를 비교하여 그들의 상대적 크기를 결정하는 조합 논리 회로는?**

① 가산기 ② 디코더
③ 비교기 ④ 모뎀

해설 비교기(comparator)는 2개의 신호를 비교하여 그 크기의 일치 및 대소를 판별하는 조합 논리 회로이다.

정답 06.② 07.③ 08.④ 09.③ 10.③ 11.③ 12.③

13 반가산기의 자리올림(carry) 논리식으로 옳은 것은?

① $A+B$
② $A \cdot B$
③ $\overline{A} \cdot \overline{B}+A \cdot B$
④ $\overline{A} \cdot B+A \cdot \overline{B}$

해설 반가산기 진리표와 회로

A	B	S	C
0	0	0	0
0	1	1	0
1	0	1	0
1	1	0	1

논리표에서
$S=\overline{A}B+A\overline{B}=A\oplus B$
$C=AB$

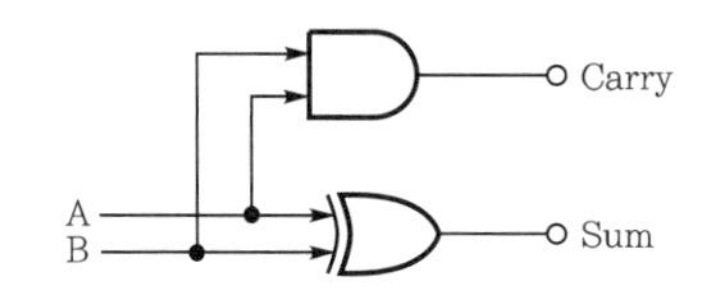

14 다음은 반가산기의 논리 기호이다. 기호 S에 해당하는 논리식 중 옳지 않은 것은?

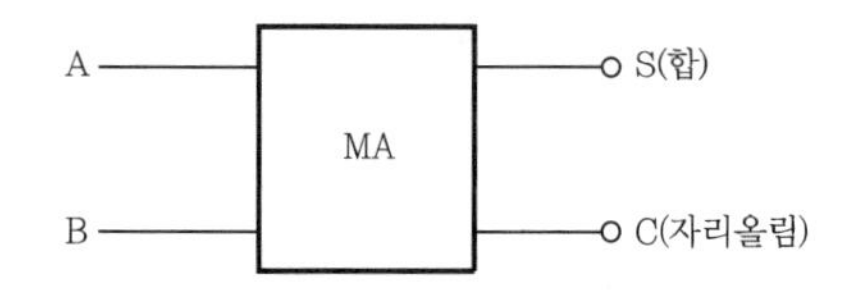

① $S=\overline{A \cdot B}(A+B)$
② $S=\overline{A+B}(AB)$
③ $S=\overline{A}B+A\overline{B}$
③ $S=A\oplus B$

해설 반가산기 진리표

A	B	S	C
0	0	0	0
0	1	1	0
1	0	1	0
1	1	0	1

표에서
$S=\overline{A}B+A\overline{B}=A\oplus B$
$C=AB$

15 반가산기에서 입력 변수를 A와 B, 계산 결과의 합(sum)을 S, 자리올림(carry)을 C라 하면 합과 자리올림이 바르게 표현된 것은?

① $S=\overline{A\oplus B}$, $C=\overline{AB}$
② $S=A\oplus B$, $C=A\overline{B}$
③ $S=A\oplus B$, $C=AB$
④ $S=\overline{A\oplus B}$, $C=AB$

해설 반가산기 진리표

A	B	S	C
0	0	0	0
0	1	1	0
1	0	1	0
1	1	0	1

논리표에서
$S=\overline{A}B+A\overline{B}=A\oplus B$
$C=AB$

16 다음은 반가산기의 논리 회로이다. 합을 출력하는 단자는?

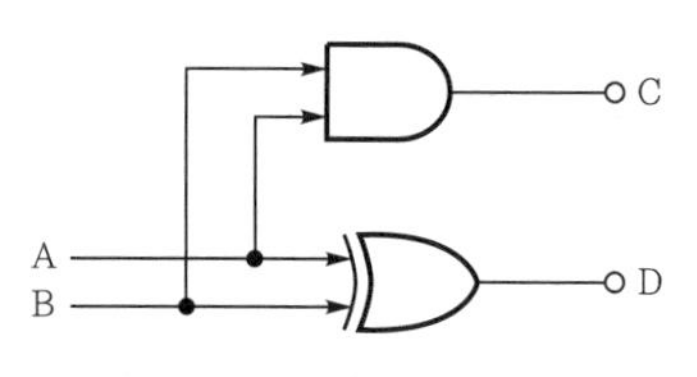

① A ② B
③ C ④ D

해설 반가산기의 합을 출력하는 단자는 EOR Gate이다.

[반가산기 진리표]

A	B	S	C
0	0	0	0
0	1	1	0
1	0	1	0
1	1	0	1

 정답 13.② 14.② 15.③ 16.④

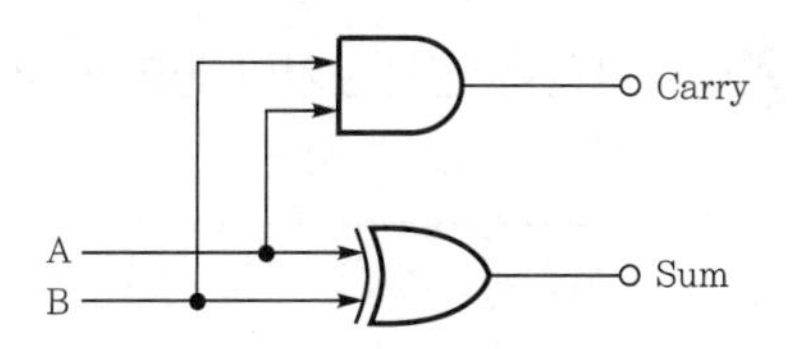

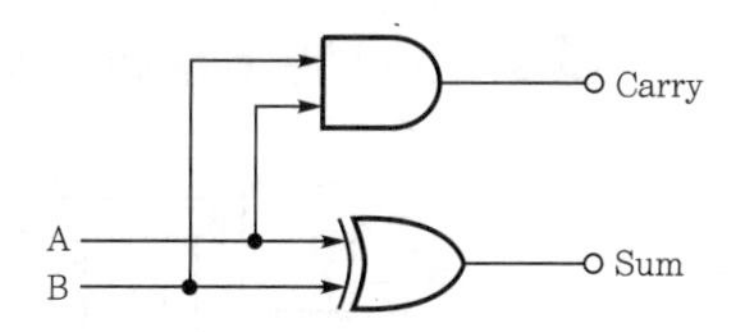

17 다음 중 전가산기(full adder)를 정확히 설명한 것은?

① 자리올림을 무시하고 일반 계산과 같이 덧셈하는 회로
② 아랫자리의 캐리를 더하여 짝수의 덧셈을 하는 회로
③ 아랫자리의 캐리를 더하여 홀수의 덧셈을 하는 회로
④ 전가산기의 자리올림을 더하여 그 자리 2진수의 덧셈을 완전히 하는 회로

해설 전가산기는 반가산기에서 자리올림을 더하여 그 자리 2진수의 덧셈을 완전히 하는 회로이다.

18 A와 B를 입력이라 하고 C를 Carry, S를 Sum으로 반가산기 회로를 그림과 같이 구성할 때 □ 안에 들어갈 게이트는?

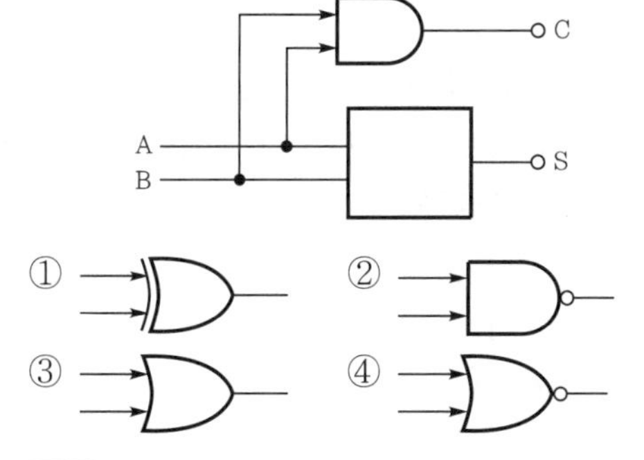

해설 반가산기 진리표

A	B	S	C
0	0	0	0
0	1	1	0
1	0	1	0
1	1	0	1

19 그림과 같은 전가산기의 회로에서 A, B, C =1일 때 자리올림 C_0와 합 S는?

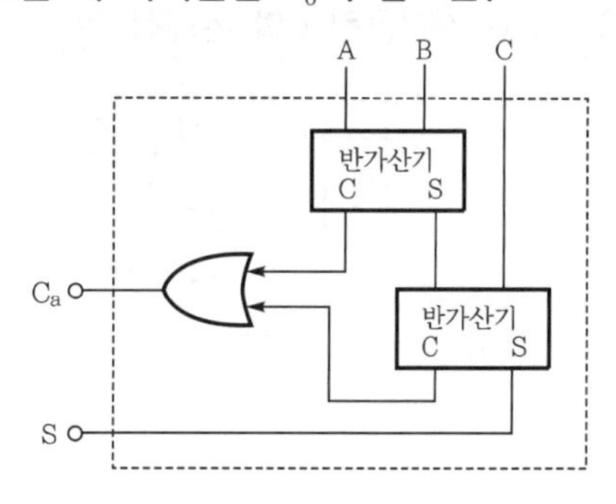

① $C_0=0$, $S=0$　② $C_0=0$, $S=1$
③ $C_0=1$, $S=0$　④ $C_0=1$, $S=1$

해설 1+1+1
캐리 $C_0=1$이고 합 $S=1$

[전가산기 진리표]

X	Y	Z	S	C
0	0	0	0	0
0	0	1	1	0
0	1	0	1	0
0	1	1	0	1
1	0	0	1	0
1	0	1	0	1
1	1	0	0	1
1	1	1	1	1

20 전가산기를 반가산기를 이용하여 구성하려고 한다. 필요한 반가산기의 개수와 게이트의 명칭은?

출제빈도

① 반가산기 1개, NAND
② 반가산기 1개, NOR
③ 반가산기 2개, OR
④ 반가산기 2개, AND

정답 17.④ 18.① 19.④ 20.③

해설 전가산기는 반가산기 2개와 OR 게이트로 구성된다.

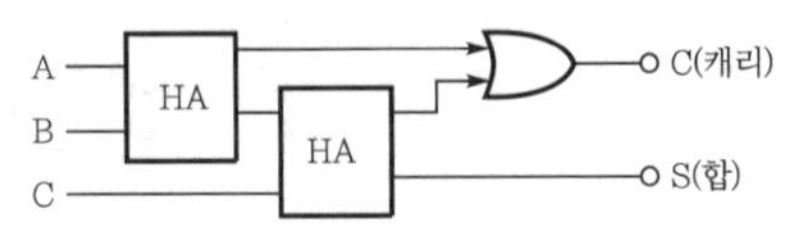

21

반가산기 회로에서 두 입력이 A, B라면 합 S와 자리올림 C의 논리식은?

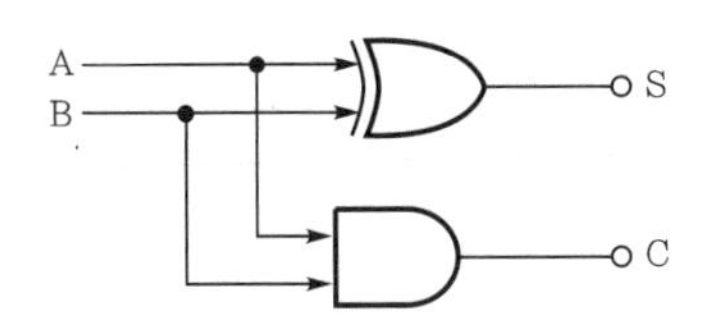

① $S=A \oplus B$, $C=A \cdot B$
② $S=A+B$, $C=A \cdot B$
③ $S=A \cdot B$, $C=A+B$
④ $S=A+B$, $C=A \oplus B$

해설 반가산기 진리표

A	B	S	C
0	0	0	0
0	1	1	0
1	0	1	0
1	1	0	1

표에서

$S=\overline{A}B+A\overline{B}=A \oplus B$

$C=AB$

22

전가산기(full adder) 입력의 개수와 출력의 개수는?

① 입력 2개, 출력 3개
② 입력 2개, 출력 4개
③ 입력 3개, 출력 3개
④ 입력 3개, 출력 2개

해설 전가산기는 반가산기 2개와 OR 게이트로 구성된다.

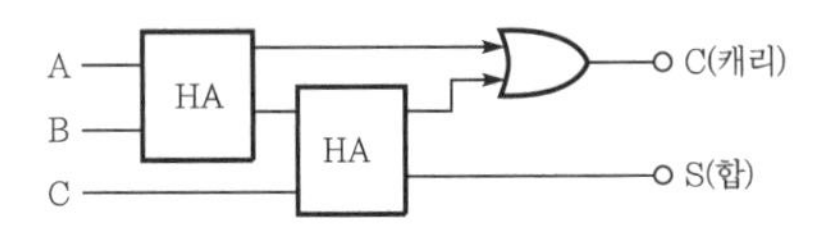

23

다음은 전가산기의 진리표이다. A, B, C, D 값으로 옳은 것은?

X	Y	Z	S	C
0	0	0	0	0
0	0	1	1	0
0	1	0	1	0
0	1	1	0	(A)
1	0	0	1	0
1	0	1	(B)	1
1	1	0	0	1
1	1	1	(C)	(D)

① A=0, B=0, C=1, D=1
② A=1, B=0, C=1, D=0
③ A=1, B=0, C=1, D=1
④ A=1, B=0, C=0, D=1

해설 전가산기 진리표

X	Y	Z	S	C
0	0	0	0	0
0	0	1	1	0
0	1	0	1	0
0	1	1	0	1
1	0	0	1	0
1	0	1	0	1
1	1	0	0	1
1	1	1	1	1

24

전가산기를 반가산기를 이용하여 구성하려고 한다. 필요한 반가산기의 개수와 게이트의 명칭은?

① 반가산기 1개, NAND
② 반가산기 1개, NOR
③ 반가산기 2개, OR
④ 반가산기 2개, AND

해설 전가산기는 반가산기 2개와 OR 게이트로 구성된다.

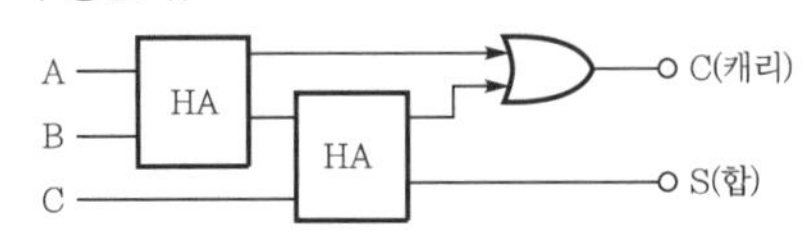

정답 21.① 22.④ 23.③ 24.③

25 다음 반가산기 회로에서 자리올림 단자는?

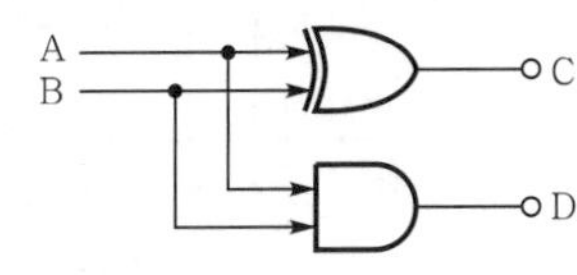

① A ② B
③ C ④ D

해설 반가산기 진리표

A	B	S	C
0	0	0	0
0	1	1	0
1	0	1	0
1	1	0	1

표에서
합 $S=\overline{A}B+A\overline{B}=A\oplus B$
캐리 $C=AB$

26 다음 회로 명칭으로 적합한 것은?

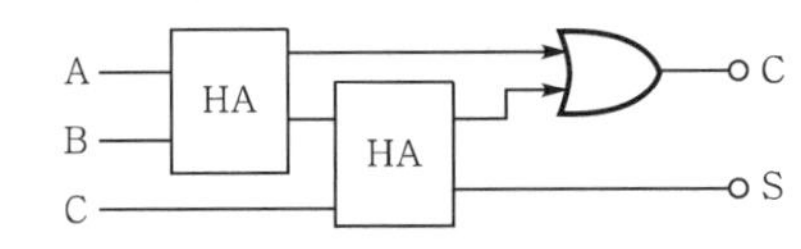

① 누산기 ② 레지스터
③ 전가산기 ④ 전감산기

해설 전가산기는 반가산기 2개와 OR 게이트로 구성된다.

27 반가산기 2개와 OR 게이트 1개를 사용하여 구성할 수 있는 회로는?

① 반감산기 ② 전감산기
③ 전가산기 ④ 레지스터

해설 전가산기는 반가산기 2개와 OR 게이트 1개로 구성된다.

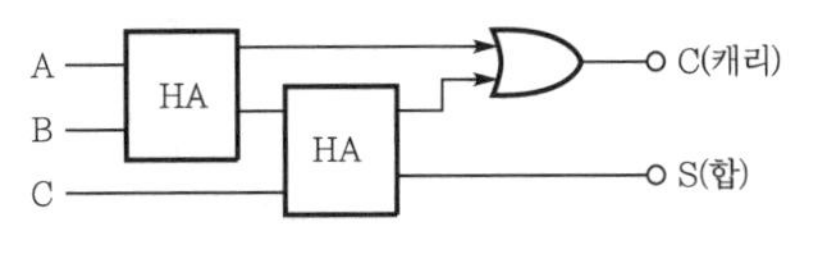

28 다음 중 가산기의 종류에 해당되지 않는 것은?

① ASCII 가산기 ② BCD 가산기
③ 직렬 가산기 ④ 병렬 가산기

29 반가산기(half adder) 구성에 필요한 논리 게이트 종류와 개수는?

① NAND 1개, AND 1개
② NOR 2개, OR 1개
③ XOR 1개, AND 1개
④ XNOR 2개, OR 1개

해설 반가산기 진리표와 회로

A	B	S	C
0	0	0	0
0	1	1	0
1	0	1	0
1	1	0	1

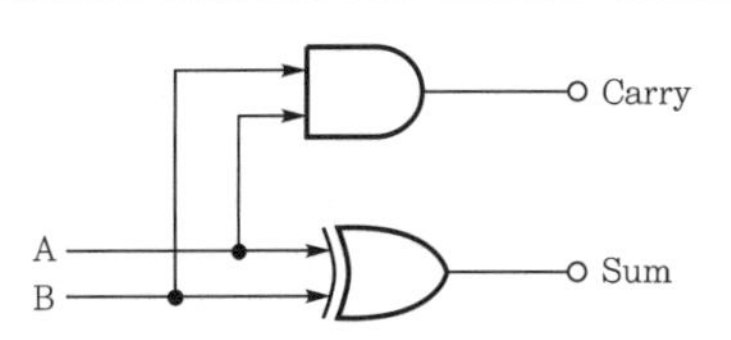

30 보통 반덧셈기는 어떤 논리 회로를 이용하여 구성하는가?

① AND와 OR ② EOR와 AND
③ EOR와 OR ④ NAND와 NOR

해설

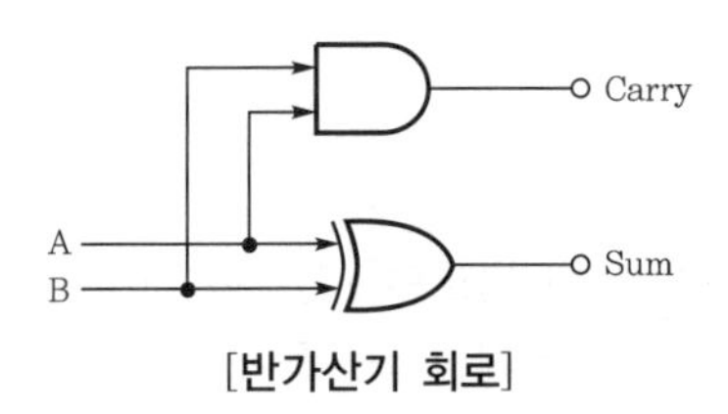

[반가산기 회로]

31 반가산기의 출력 중 합(S)의 논리식은?

① $S=AB$ ② $S=\overline{A}B+A\overline{B}$
③ $S=\overline{A}B$ ④ $S=A\overline{B}$

정답 25.④ 26.③ 27.③ 28.① 29.③ 30.② 31.②

해설 반가산기 진리표와 회로

A	B	S	C
0	0	0	0
0	1	1	0
1	0	1	0
1	1	0	1

논리표에서

$S = \overline{A}B + A\overline{B} = A \oplus B$

$C = AB$

32 반가산기에서 입력 A=1이고, B=0이면 출력 합(S)과 올림수(C)는?

출제빈도

① S=0, C=0 ② S=1, C=0

③ S=1, C=1 ④ S=0, C=1

해설 반가산기 진리표와 회로

A	B	S	C
0	0	0	0
0	1	1	0
1	0	1	0
1	1	0	1

33 다음 회로의 명칭으로 맞는 것은?

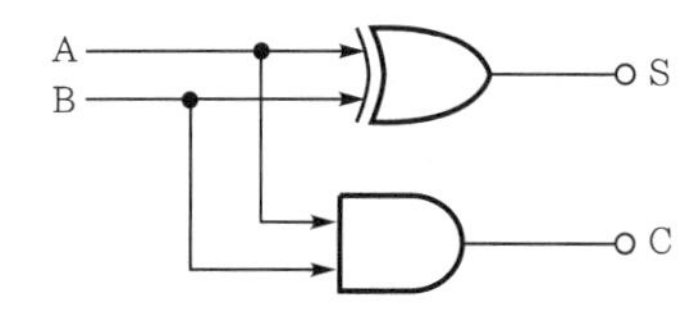

① 반가산기 ② 전가산기

③ 감산기 ④ 카운터

34 한 비트의 2진수를 더하여 합과 자리올림값을 계산하는 회로를 설계하고자 할 때 필요한 게이트는?

① 배타적 OR 2, NOR 1개

② 배타적 OR 1, AND 1개

③ 배타적 NOR 1, NAND 1개

④ 배타적 OR 1, AND 1, NOT 1개

해설

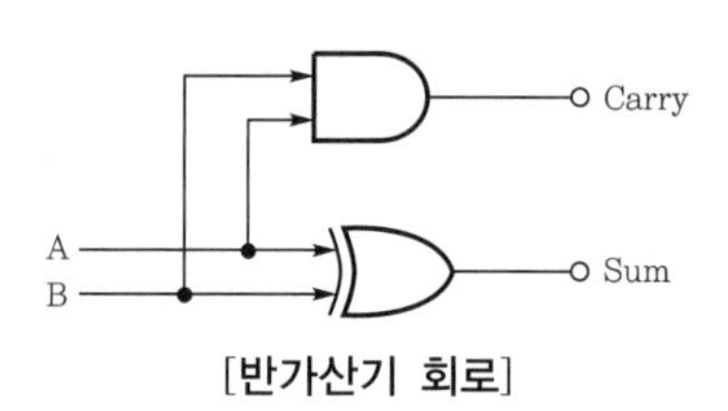

[반가산기 회로]

35 반감산기에서 차를 얻기 위한 게이트는?

① OR ② AND

③ NAND ④ EX-OR

해설 반감산기(HS : Half Subtracter) : 2개의 2진수를 감산하여 자리내림수 B(Borrow)와 차 D (Difference)를 나타내는 논리 회로이다.

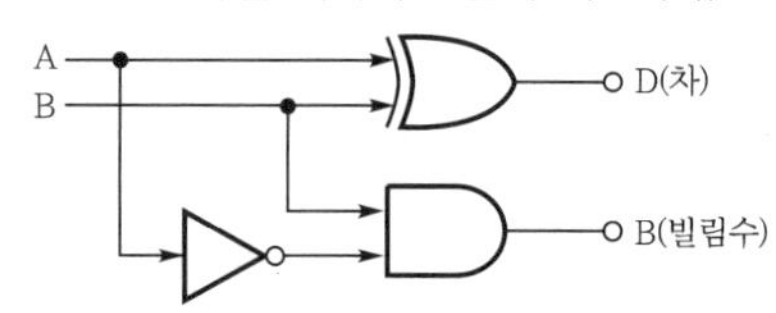

A	B	B(빌림수)	D(차)
0	0	0	0
0	1	1	1
1	0	0	1
1	1	0	0

36 전감산기 구성에 필요한 반감산기 개수와 필요한 게이트의 명칭은?

① 1개, AND

② 2개, OR

③ 3개, NAND

④ 4개, NOR

해설 전감산기는 2개의 반감산기와 1개의 OR 게이트로 구성된다.

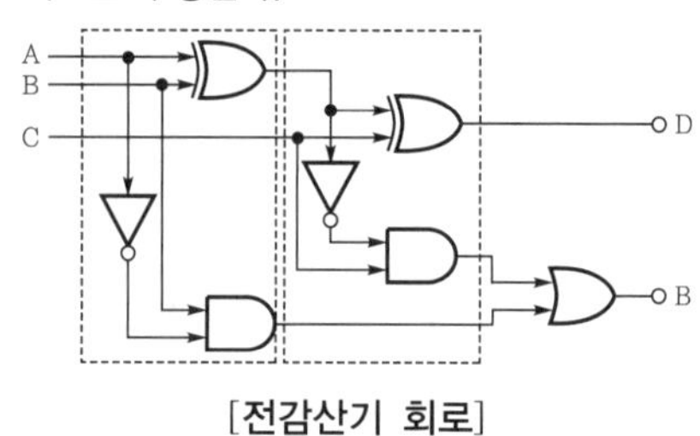

[전감산기 회로]

정답 32.② 33.① 34.② 35.④ 36.②

37 다음 중 전감산기를 구성하는 데 필요한 요소는 무엇인가?

① 1개 반감산기, 1개의 AND 게이트
② 1개 반감산기, 2개의 AND 게이트
③ 2개 반감산기, 1개의 OR 게이트
④ 2개 반감산기, 2개의 OR 게이트

38 출력이 $X = A \oplus B$, $Y = \overline{A}B$이다. 어떤 회로인가?

① 반가산기　　② 전가산기
③ 반감산기　　④ 전감산기

해설 반감산기 진리표와 회로

A	B	Y(빌림수)	X(차)
0	0	0	0
0	1	1	1
1	0	0	1
1	1	0	0

$X = \overline{A}B + A\overline{B}$
$= A \oplus B$
$Y = \overline{A}B$

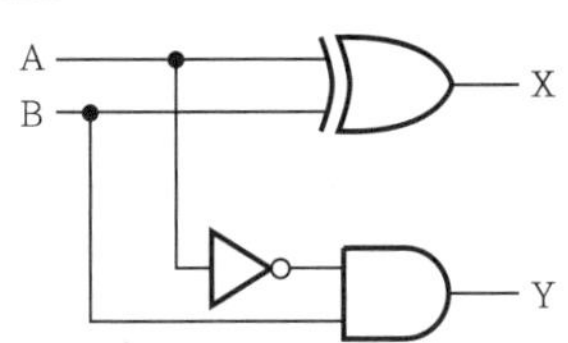

39 다음은 전감산기 회로도이다. □ 칸에 들어갈 게이트로 옳은 것은?

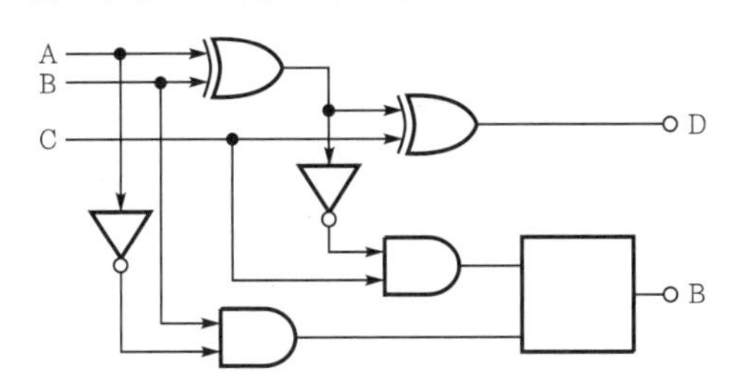

① AND　　② OR
③ X－OR　　④ NAND

해설

[전감산기 회로]

40 다음 그림과 같은 회로를 반감산기로 하려면 □ 안에 무슨 게이트를 넣어야 하는가?

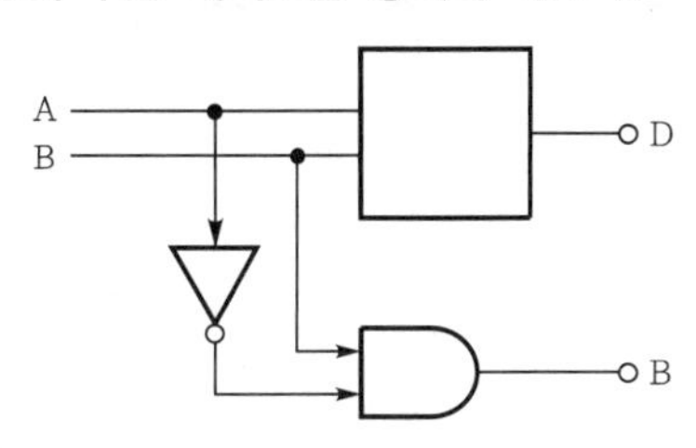

① AND
② OR
③ EX－OR
④ NOT

해설 반감산기 회로

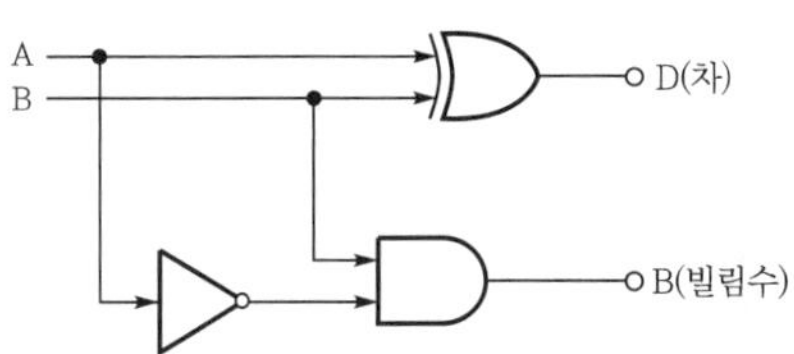

41 다음은 반감산기의 논리 회로이다. 빌림수를 출력하는 단자는?

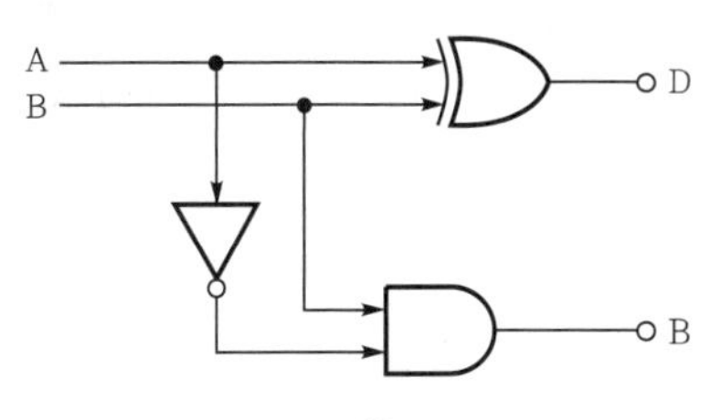

① A　　② B
③ C　　④ D

정답 37.③ 38.③ 39.② 40.③ 41.②

42 전감산기의 출력 D(차)와 결과가 같은 것은?

① 전가산기 S(합) 출력
② 반가산기 C(자리올림수)
③ 전감산기 B(자리내림수)
④ 전가산기 C(자리올림수)

해설 **전감산기와 전가산기**

㉠ 전감산기 진리표

X	Y	Z	D	B
0	0	0	0	0
0	0	1	1	1
0	1	0	1	1
0	1	1	0	1
1	0	0	1	0
1	0	1	0	0
1	1	0	0	0
1	1	1	1	1

㉡ 전가산기 진리표

X	Y	Z	S	C
0	0	0	0	0
0	0	1	1	0
0	1	0	1	0
0	1	1	0	1
1	0	0	1	0
1	0	1	0	1
1	1	0	0	1
1	1	1	1	1

43 다음 진리표는 어떤 회로에 대한 진리표인가?

A	B	B	D
0	0	0	0
0	1	1	1
1	0	0	1
1	1	0	0

① 반감산기 ② 반가산기
③ 전가산기 ④ 전감산기

해설 반감산기를 나타내는 논리이다.

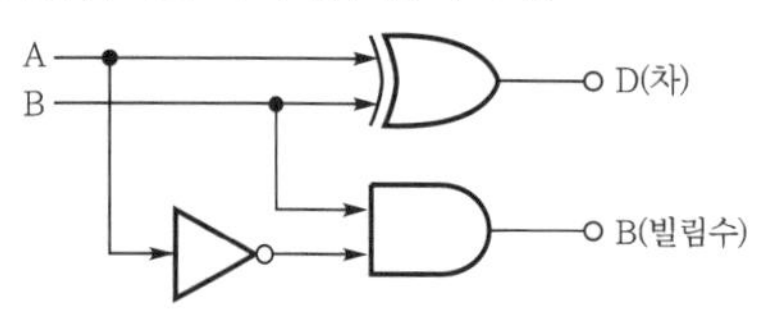

44 다음 회로도에서 입력이 A와 B일 때 계산 결과의 차 D(Difference) 및 빌림수 B(Borrow)의 논리식은?

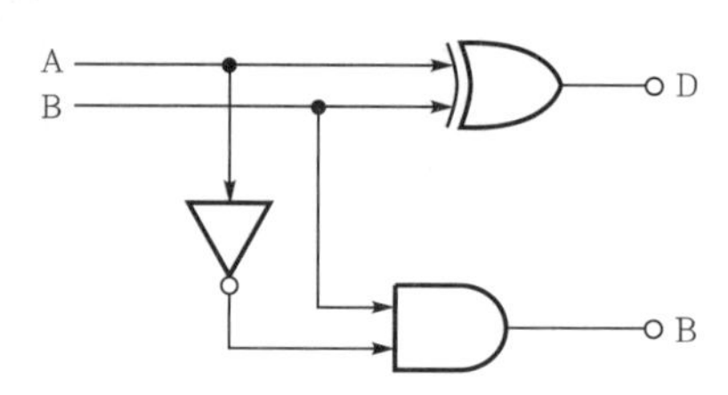

① $D = A\overline{B} + A\overline{B}$, $B = AB$
② $D = A\overline{B} + A\overline{B}$, $B = \overline{A}B$
③ $D = A\overline{B} + A\overline{B}$, $B = \overline{AB}$
④ $D = AB$, $B = A\overline{B}$

해설 **반감산기 진리표와 회로**

A	B	B(빌림수)	D(차)
0	0	0	0
0	1	1	1
1	0	0	1
1	1	0	0

㉠ 차 : $D = A\overline{B} + \overline{A}B$
㉡ 빌림수 : $B = \overline{A}B$

45 다음 회로의 설명 중 옳지 않은 것은?

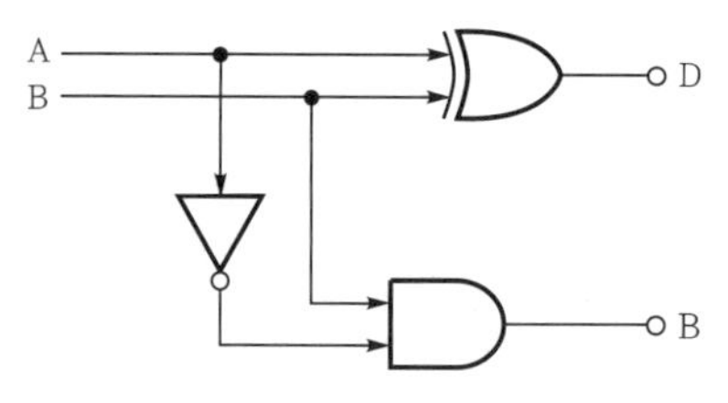

① $d = A\overline{B} + \overline{A}B$
② $B = \overline{A}B$
③ b는 자리내림이다.
④ 가산기 회로이다.

해설 ④ 반감산기 회로이다.
차 $D = A\overline{B} + \overline{A}B$
빌림수 $B = \overline{A}B$

정답 42.① 43.① 44.② 45.④

46 공통적인 성질의 것이 아닌 것은?

① 계수기 ② 인코더
③ 반가산기 ④ 멀티플렉서

해설 계수기는 플립플롭으로 구성되므로 순서 논리 회로이고 나머지는 조합 논리 회로에 해당된다.

47 다음 여러 개의 입력 중에서 하나만을 선택하여 출력에 연결하는 기능을 갖는 회로는 무엇인가?

① 멀티플렉서 ② 디멀티플렉서
③ 인코더 ④ 디코더

해설 멀티플렉서(multiplexer)는 여러 개의 입력 중에서 하나만을 선택하여 출력하는 회로로서, 디멀티플렉서와 반대이다.

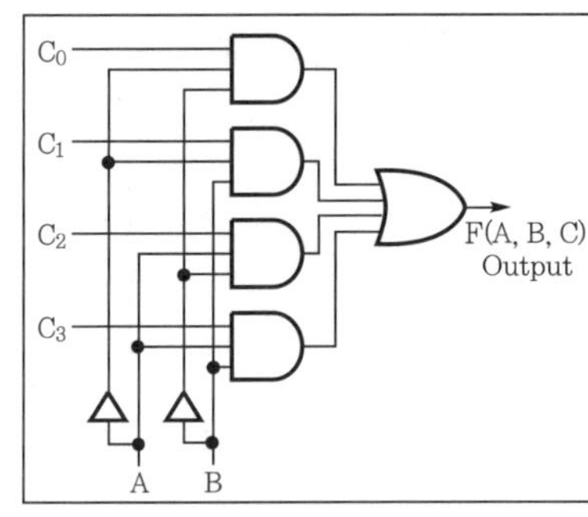

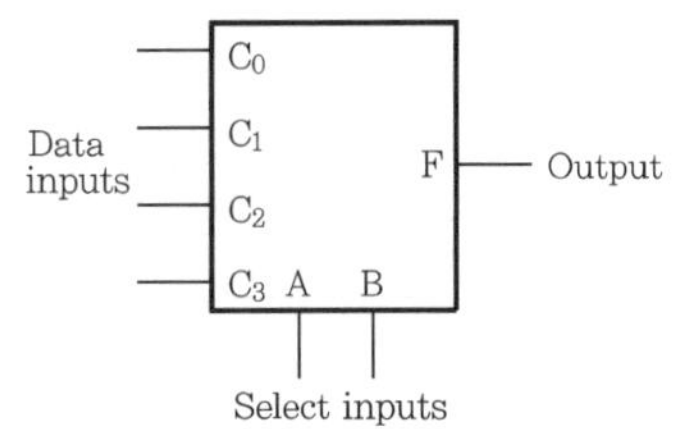

48 1개의 선으로 정보를 받아들여 n개의 선택선에 의해 2^n개의 출력 중 하나를 선택하여 출력하는 회로로, Enable 입력을 가진 디코더와 등가인 회로는?

① 멀티플렉서 ② 디멀티플렉서
③ 비교기 ④ 해독기

해설 디멀티플렉서 회로와 논리

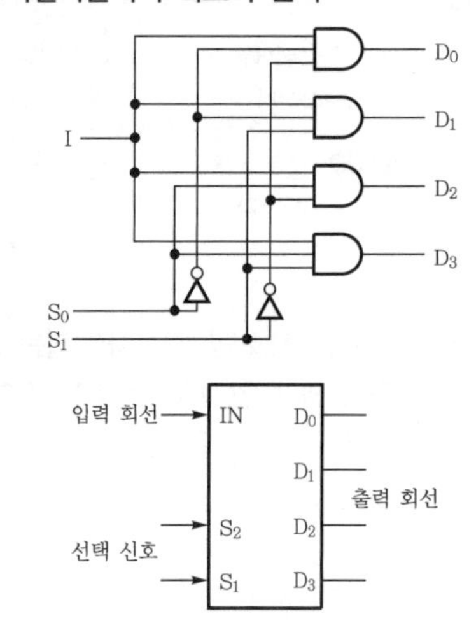

선택 신호		출력			
S_1	S_2	D_0	D_1	D_2	D_3
0	0	IN	0	0	0
0	1	0	IN	0	0
1	0	0	0	IN	0
1	1	0	0	0	IN

49 디코더(decoder)는 무슨 회로의 집합인가?

① OR+AND ② NOT+AND
③ AND+NOR ④ NOR+NOT

해설 디코더(decoder)

㉠ n비트의 2진 코드를 최대 2^n개의 다른 정보로 바꾸어준다.
㉡ 2×4디코더 회로

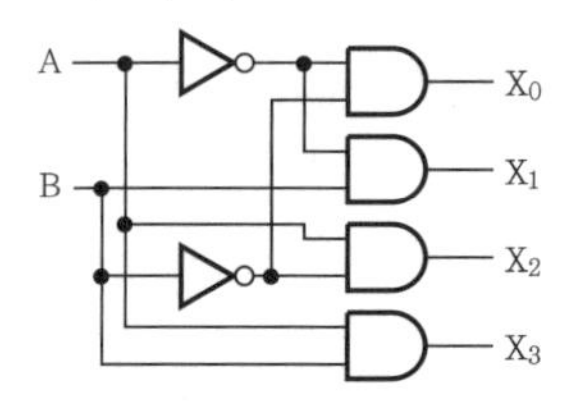

A	B	X_0	X_1	X_2	X_3
0	0	1	0	0	0
0	1	0	1	0	0
1	0	0	0	1	0
1	1	0	0	0	1

정답 46.① 47.① 48.② 49.②

50 조합 논리 회로의 종류가 아닌 것은?

① 플립플롭　② 인코더
③ 가산기　④ 멀티플렉서

해설 플립플롭은 순서 논리 회로의 기본 구성 소자이다.

51 디지털 시스템에서 사용되는 2진 코드를 우리가 쉽게 인지할 수 있는 숫자나 문자로 변환해 주는 회로는?

① 인코더 회로
② 디코더 회로
③ 플립플롭 회로
④ 전가산기 회로

해설 **디코더와 인코더**

㉠ 디코더(decoder : 복호기)는 n비트의 2진 코드를 최대 2^n개의 서로 다른 정보로 변환하는 조합 논리 회로
㉡ 인코더(encoder : 부호기)는 숫자나 문자 등의 10진수 입력을 2진 부호로 변환하는 조합 논리 회로로, 디코더와 반대 동작이다.

52 여러 개의 입력 데이터 중에서 1개의 입력선만 선택하여 단일 정보 채널로 전송하는 장치는?

① 가산기　② 디코더
③ A/D 변환기　④ 멀티플렉서

해설 멀티플렉서는 여러 개의 입력 중에서 1개를 선택하여 출력하는 장치이다.

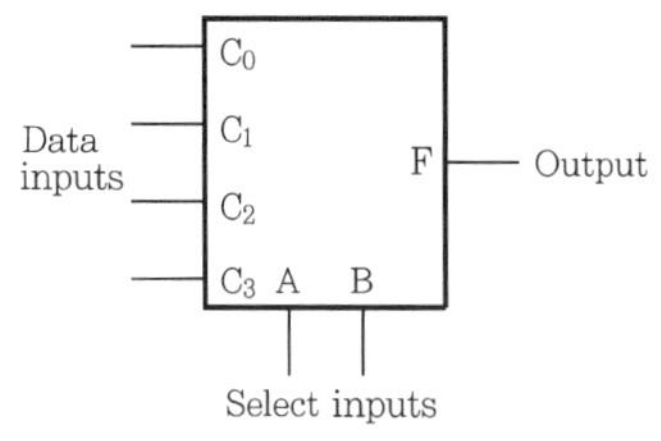

[4×1멀티플렉서 블록도]

53 다음 중 2진수 코드를 10진수로 변환하는 것은 무엇인가?

① 카운터　② 디코더
③ A/D 변환기　④ 인코더

해설 **디코더(decoder : 복호기 또는 해독기)** : 2진 코드를 그에 해당하는 10진수로 변환하여 해독하는 회로이다.

54 하나의 입력 회선을 여러 개의 출력 회선에 연결하여 선택 신호에서 지정하는 하나의 회선에 출력하는 분배기라고도 하는 것은?

① 비교기(comparator)
② 3초과 코드(excess-3 code)
③ 디멀티플렉서(demultiplexer)
④ 코드 변환기(code converter)

해설 **디멀티플렉서 논리**

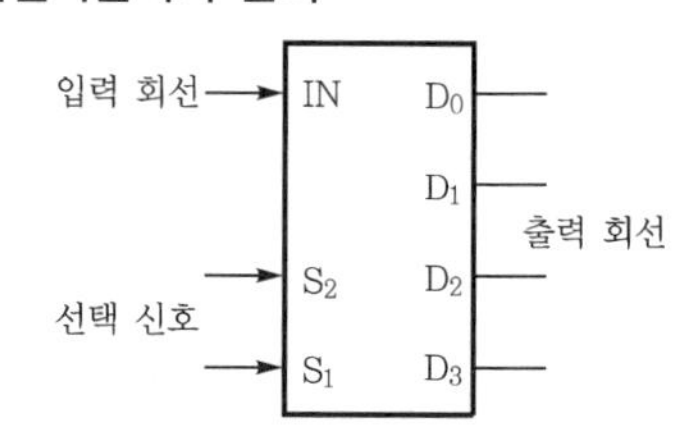

선택 신호		출력			
S_1	S_2	D_0	D_1	D_2	D_3
0	0	IN	0	0	0
0	1	0	IN	0	0
1	0	0	0	IN	0
1	1	0	0	0	IN

55 정상적인 경우 8×1멀티플렉서는 몇 개의 선택선을 가지는가?

① 1　② 2
③ 3　④ 4

해설 선택 제어선의 조건에 따라 8개 입력 중 선택된 입력이 출력 신호로 결정된다.
$2^3=8$이므로 선택선이 3개 필요하다.

정답 50.① 51.② 52.④ 53.② 54.③ 55.③

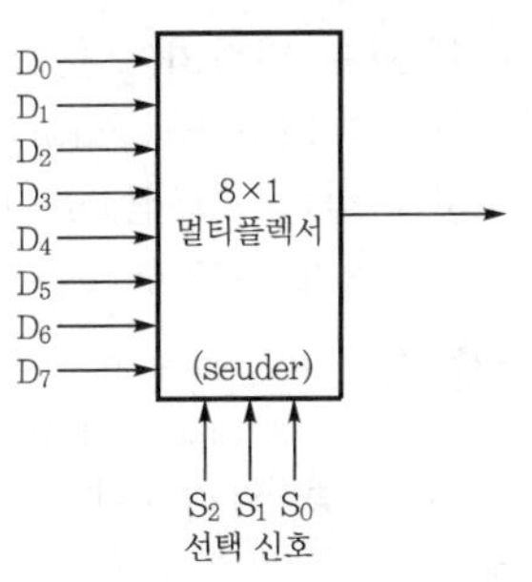

[8 × 1멀티플렉서 블록도]

56 다음 회로는 어떤 기능을 갖는가?

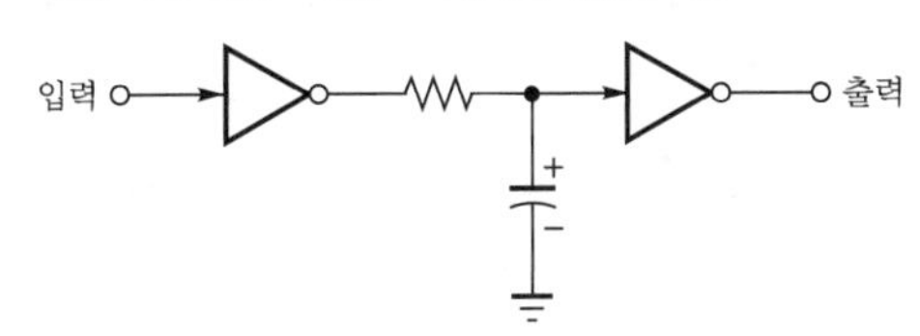

① 완충기 역할
② 신호 지연 회로
③ 증폭기 역할
④ 분리 회로

해설 문제의 회로는 신호 지연 회로이다.

57 디코더 회로가 4개의 입력 단자를 가진다면 출력 단자는 몇 개를 갖는가?

① 2개 ② 4개
③ 8개 ④ 16개

해설 해독기(decoder)는 입력 데이터에 따라 $N=2^n$개$=2^4=16$개의 출력 단자가 결정된다.

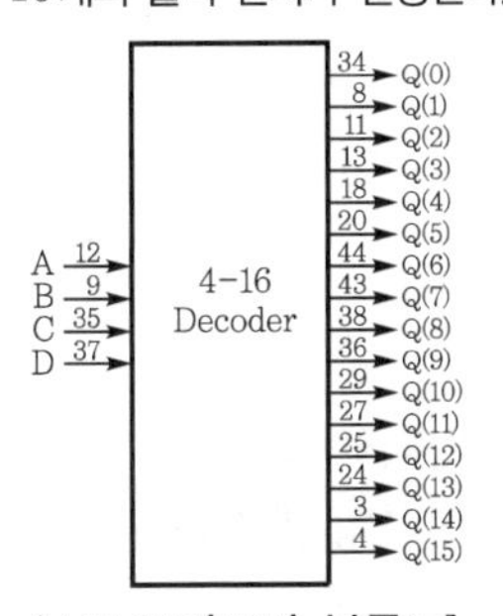

[4 × 16디코더 블록도]

58 1×4디멀티플렉서(DMUX : demul−tiplexer)에서 필요한 선택 신호의 개수는?

① 1개 ② 2개
③ 4개 ④ 8개

해설 1 × 4디멀티플렉서 논리

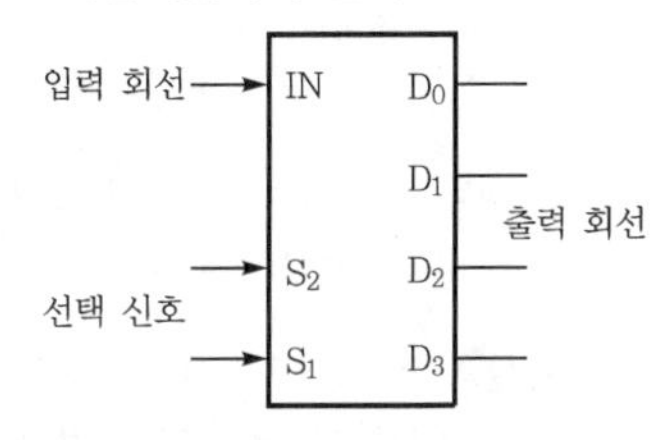

선택 신호		출력			
S_1	S_2	D_0	D_1	D_2	D_3
0	0	IN	0	0	0
0	1	0	IN	0	0
1	0	0	0	IN	0
1	1	0	0	0	IN

59 2 × 4디코더에 사용되는 AND 게이트의 최소 개수는?

① 1개 ② 2개
③ 3개 ④ 4개

해설

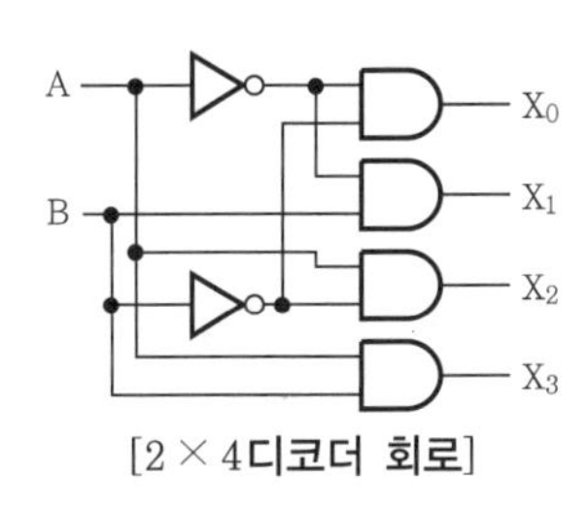

[2 × 4디코더 회로]

60 1×4디멀티플렉서에 최소로 필요한 선택선의 개수는?

① 1개 ② 2개
③ 3개 ④ 4개

해설 1 × 4디멀티플렉서는 출력선이 4비트이므로, 출력 선택선은 2비트가 필요하다.

정답 56.② 57.④ 58.② 59.④ 60.②

61 그림과 같은 논리도의 명칭은?

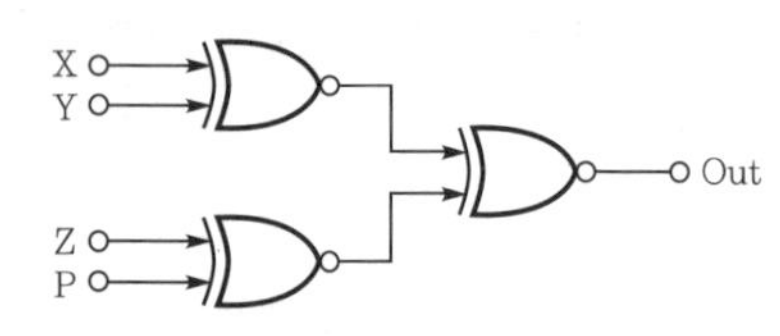

① 반가산기
② 전가산기
③ 4비트 홀수 패리티 검사기
④ 4비트 홀수 패리티 발생기

해설 위 회로처럼 XOR 혹은 XNOR 게이트의 조합으로 된 것은 패리티 검사기이다.

62 다음 해독기(decoder)의 회로도 및 진리표 중 진리표 ㉠, ㉡, ㉢, ㉣ 안에 들어갈 내용은?

출제빈도

입력		출력			
A_0	A_1	D_0	D_1	D_2	D_3
0	0	1	0	0	0
0	1	㉠	㉡	0	0
1	0	0	0	㉢	㉣
1	1	0	0	0	1

① ㉠=1, ㉡=0, ㉢=0, ㉣=1
② ㉠=0, ㉡=1, ㉢=1, ㉣=0
③ ㉠=1, ㉡=1, ㉢=0, ㉣=0
④ ㉠=0, ㉡=0, ㉢=1, ㉣=1

해설 2×4해독기의 진리표와 회로

입력		출력			
A_0	A_1	D_0	D_1	D_2	D_3
0	0	1	0	0	0
0	1	0	1	0	0
1	0	0	0	1	0
1	1	0	0	0	1

63 하나의 입력 회선을 여러 개의 출력 회선에 연결하여 선택 신호에서 지정하는 하나의 회선에 출력하는 분배기라고 하는 것은?

① 코드 변환기(code converter)
② 비교기(comparator)
③ 디멀티플렉서(demultiplexer)
④ 3초과 코드(excess−3code)

해설 디멀티플렉서는 하나의 입력 회선을 선택 신호에 의해 여러 출력 중 하나를 선택하여 연결하는 회로이다.

64 10진 −2진 부호기(인코더)에서 입력선이 10개일 때 출력선은 최소 몇 개이어야 하는가?

① 2　② 3
③ 4　④ 10

해설 $2^4=16$이므로 10개의 입력선에 대한 출력선은 4개가 필요하다. $2^3=8$이므로 3개의 출력선으로는 안 된다.

65 다음 중 입력 신호를 부호화하는 회로는?

① 인코더　② 디코더
③ 카운터　④ 레지스터

해설 부호기(encoder)
㉠ 해독기와 정반대의 기능을 수행하는 조합 논리 회로로, 여러 개의 입력 단자 중 어느 하나에 나타난 경로를 여러 자리의 2진수로 코드화하여 전달한다.
㉡ 출력은 n개로서 입력에 대해 고유의 2진 코드로 생성한다.
㉢ 4×2인코더 논리표

D_0	D_1	D_2	D_3	A	B
1	0	0	0	0	0
0	1	0	0	0	1
0	0	1	0	1	0
0	0	0	1	1	1

66 멀티플렉서에서 입력이 16개이면 필요한 선택선의 개수는?

① 2개　② 3개
③ 4개　④ 5개

정답 61.③ 62.② 63.③ 64.③ 65.① 66.③

해설 **멀티플렉서(multiplexer)**

㉠ n개의 입력 데이터에서 1개의 입력씩만 선택하여 단일 통로로 송신하는 조합 논리 회로이다.

㉡ 16개를 선택하려면 $2^4=16$이므로 4비트의 선택선이 필요하다.

67 다음 그림과 같은 회로의 명칭은?

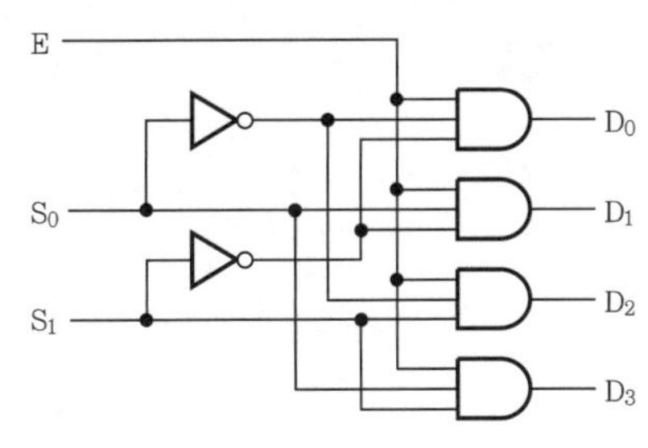

① Decoder ② Demultiplexer
③ Multiplexer ④ Encoder

68 여러 회선의 입력이 한 곳으로 집중될 때 특정 회선을 선택하도록 하므로, 선택기라고도 하는 회로는?

출제빈도

① 멀티플렉서(mutiplexer)
② 리플 계수기(ripple counter)
③ 디멀티플렉서(demultiplexer)
④ 병렬 계수기(parallel counter)

해설 **멀티플렉서(multiplexer)**

㉠ 여러 개의 입력선 중에서 하나를 선택하여 단일의 출력으로 내보내는 조합 논리 회로로, 데이터 선택기(data selector)라고도 한다.

㉡ 8×1멀티플렉서 블록도

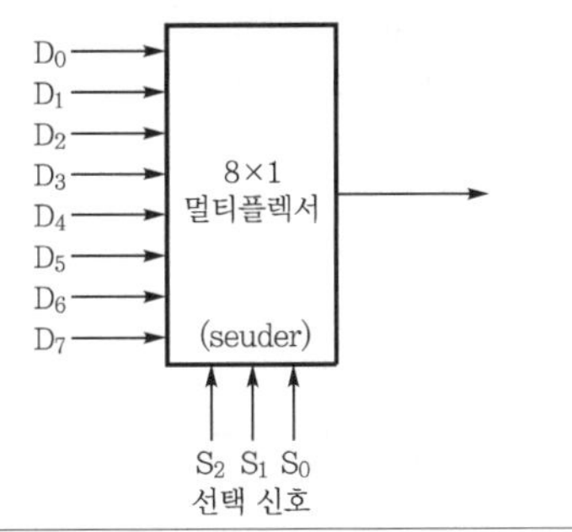

69 다음 중 디지털 장치에서 부호기(encoder)란 무엇인가?

① 입력 신호를 2진수로 하는 회로
② 출력단에 2진수를 공급해 주는 회로
③ 2진 부호를 10진수로 변환하는 회로
④ 10진수와 2진수를 상호 변환하는 회로

해설 **4×2인코더의 논리**

D_0	D_1	D_2	D_3	A	B
1	0	0	0	0	0
0	1	0	0	0	1
0	0	1	0	1	0
0	0	0	1	1	1

70 10진수를 BCD 코드로 변환하는 것을 무엇이라 하는가?

① 디코더 ② 인코더
③ A/D 변환기 ④ 감산기

해설 인코더(부호기 : encoder)는 특정 2진 코드로 만들어 주는 회로이다.

71 2개 이상의 입력 데이터 중에서 어느 하나를 선택하여 출력하는 것은?

① 멀티플렉서 ② 디멀티플렉서
③ 디코더 ④ 비교기

해설 여러 개의 입력 데이터 중에서 필요로 하는 데이터를 선택 신호에 의해 1개만 선택하여 출력에 연결하는 기능의 조합 논리 회로를 멀티플렉서라 한다.

72 2진 형태의 수를 10진 형태의 수나 기호로 바꾸어 주는 것은?

① 인코더 ② 디코더
③ 멀티플렉서 ④ 디멀티플렉서

해설 2진 코드를 특정 형태의 기호로 변환하는 것을 디코더(decoder)라 한다.

정답 67.① 68.① 69.① 70.② 71.① 72.②

73

다음 중 컴퓨터 키보드와 같이 입력 단자에 나타난 정보를 코드화하여 출력으로 내보내는 것은?

① 해독기(decoder)
② 부호기(encoder)
③ 멀티플렉서(multiplexer)
④ 디멀티플렉서(demultiplexer)

해설 부호기(encoder)는 특정 2진 부호를 여러 자리의 2진수로 코드화하여 전달한다. 출력은 n개로서 입력에 대해 고유의 2진 코드로 생성한다.

74

(출제빈도)

32개의 입력 단자를 가진 인코더(encoder)는 몇 개의 출력 단자를 가지는가?

① 5개 ② 8개
③ 32개 ④ 64개

해설 32비트의 입력으로 2진 코드화할 수 있는 것은 $2^5=32$이므로 5비트 출력 단자를 갖는다.

75

여러 회선의 입력이 한 곳으로 집중될 때 특정 회선을 선택하도록 하므로, 선택기라고도 하는 회로는?

① 멀티플렉서(multiplexer)
② 리플 계수기(ripple counter)
③ 디멀티플렉서(demultiplexer)
④ 병렬 계수기(parallel counter)

해설 멀티플렉서는 여러 개의 입력선을 선택 제어 신호에 의해 1개의 출력으로 연결해 주는 회로이다.

76

(출제빈도)

디코더 회로가 4개의 입력 단자를 갖는다면 출력 단자는 최소한 몇 개를 갖는가?

① 2개 ② 4개
③ 8개 ④ 16개

해설 4비트로 조합 가능한 비트수는 $2^4=16$개이다($0000_2 \sim 1111_2$).

77

다음 중 인코더(encoder)에 사용되는 논리 회로는?

① OR ② AND
③ NOR ④ NAND

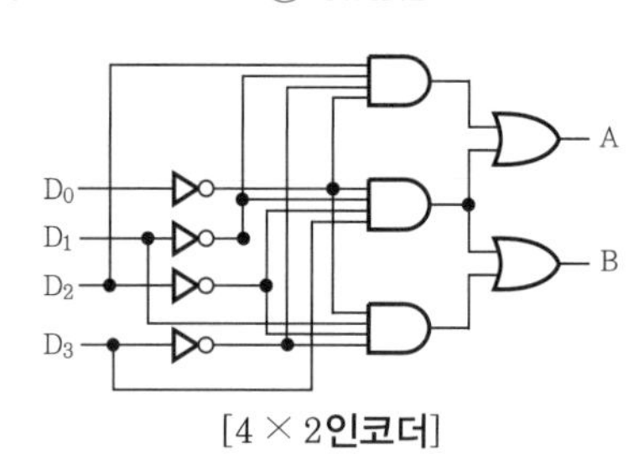

[4 × 2인코더]

디코더 출력은 AND 게이트로, 인코더의 출력은 OR 게이트로 구성된다.

78

디코더(decoder)는 무슨 회로의 집합인가?

① OR ② NOT
③ AND ④ X−OR

해설

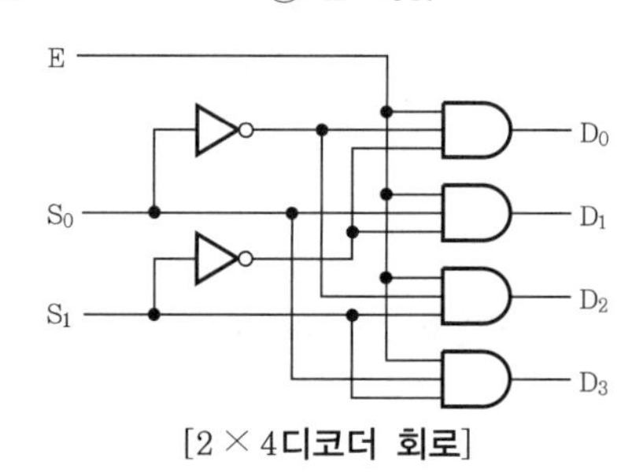

[2 × 4디코더 회로]

79

다음 중 인코더를 구성하는 데 필요하지 않은 회로 요소는?

① NAND
② Flip flop
③ NOT
④ Diode

해설 플립플롭은 순서 논리 회로의 기본 논리이다.

정답 73.② 74.① 75.① 76.④ 77.① 78.③ 79.②

80 멀티플렉서에서 4개의 입력 중 1개를 선택하기 위해 필요한 입력 선택 제어선의 수는?

① 1개　② 2개
③ 3개　④ 4개

해설 4비트를 선택하기 위해서는 2비트로 조합이 필요하다.
$2^2=4$가 되므로 2개의 입력 선택 제어 선이 필요하다.

81 다음 논리 회로가 나타내는 것은?

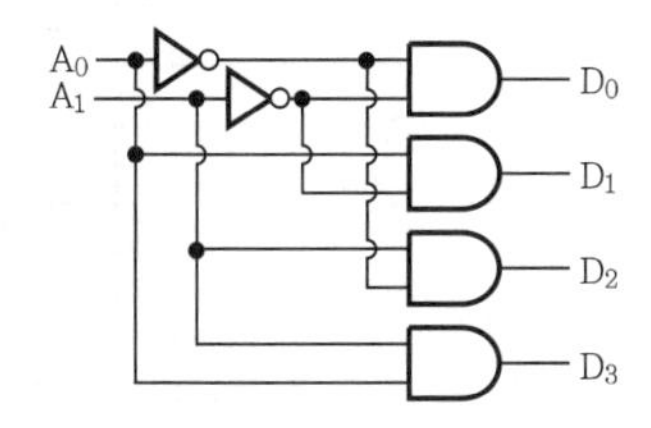

① 멀티플렉서
② 비교기
③ 해독기(decoder)
④ 부호기(encoder)

해설 해독기(decoder)의 출력은 AND 게이트로 이루어지며, 입력 데이터에 따라 출력이 결정되며, 그림은 2×4해독기이다. 반대로 부호기(encoder)의 출력은 OR 게이트로 이루어진다.

82 1×4디멀티플렉서의 최소 필요 선택선수는?

① 1개　② 2개
③ 3개　④ 4개

해설 4비트를 선택하기 위해서는 2비트로 조합이 필요하다. $2^2=4$가 되므로 2개의 입력 선택 제어선이 필요하다.

83 다음 중 입력 신호를 부호화하는 회로는?

① 인코더　② 디코더
③ 카운터　④ 레지스터

해설 디코더(decoder : 복호기)는 n비트의 2진 코드를 최대 2^n개의 서로 다른 정보로 바꾸어 주는 논리 조합 회로이다.

84 다음의 논리도와 진리표는 어떤 회로를 나타내는가?

A	B	X_0	X_1	X_2	X_3
0	0	1	0	0	0
0	1	0	1	0	0
1	0	0	0	1	0
1	1	0	0	0	1

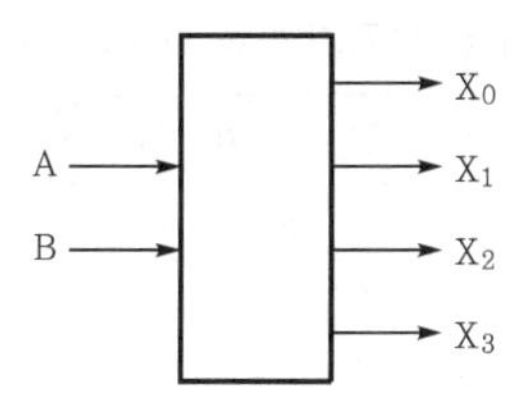

① 가산기　② 해독기
③ 부호기　④ 비교기

해설 2×4Decoder이다.

85 다음 블록도의 명칭으로 적당한 것은 무엇인가?

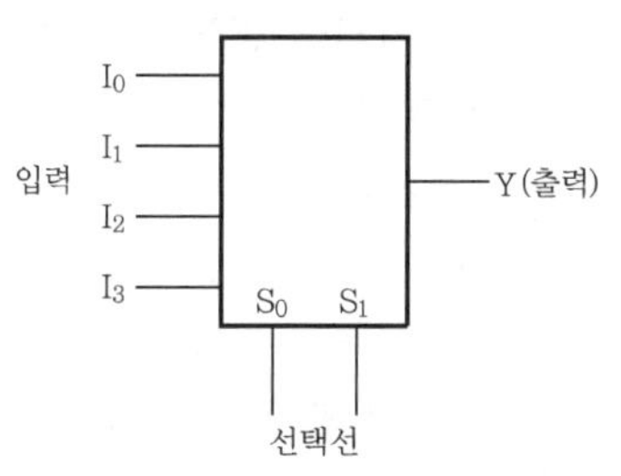

① 가산기
② 디멀티플렉서
③ 디코더
④ 멀티플렉서

해설 멀티플렉서(multiplexer)는 여러 개 입력 중에서 특정 입력 라인 하나를 선택하여 출력으로 연결하는 것을 말한다.

정답 80.② 81.③ 82.② 83.① 84.② 85.④

86 다음 회로도는 어떤 회로를 나타낸 것인가?

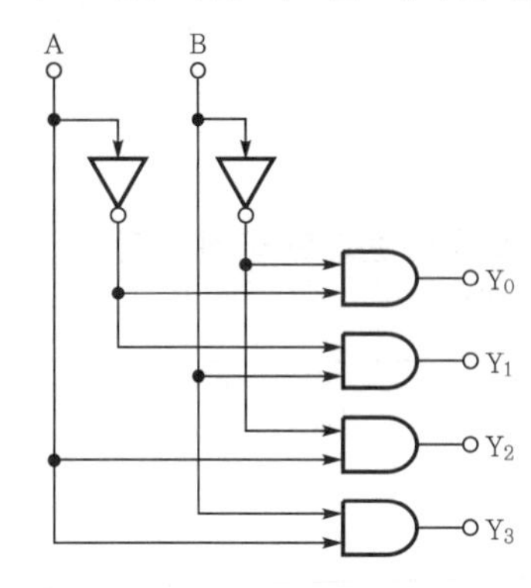

① 인코더 ② 카운터
③ 가산기 ④ 디코더

해설 해독기(decoder)로서 논리표는 다음과 같다.

A	B	Y_0	Y_1	Y_2	Y_3
0	0	1	0	0	0
0	1	0	1	0	0
1	0	0	0	1	0
1	1	0	0	0	1

87 복수 개의 입력 단자와 복수 개의 출력 단자를 가진 조합 회로로서, 입력 단자에 어떤 조합의 부호가 가해졌을 때 그 조합에 대응하여 출력 단자에 변형된 조합의 신호가 나타나도록 하는 회로는?

① Decoder
② Complement
③ Full adder
④ Parity generator

해설 디코더(해독기 : decoder)는 입력 단자에 가해지는 부호화된 2진 데이터를 출력으로 해독해 내는 조합 논리 회로이다.

88 다음 중 회로의 구성 특징이 다른 것은 무엇인가?

① 계수기 ② 인코더
③ 반가산기 ④ 멀티플렉서

해설 플립플롭, 계수기, 레지스터 등은 순서 논리 회로에 속한다.

89 다음 그림과 같은 회로의 명칭은?

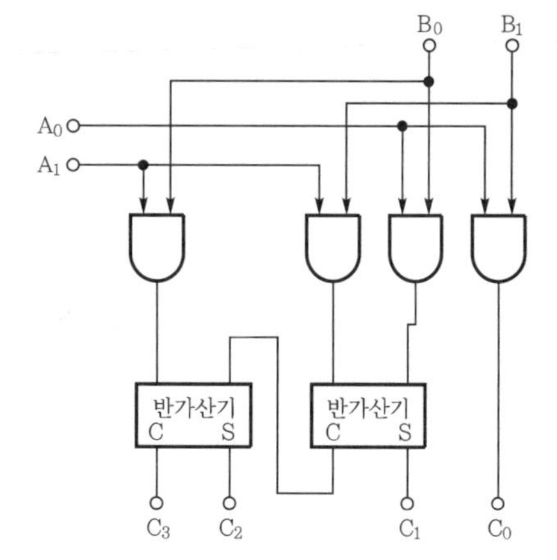

① 곱셈 회로 ② 가산 회로
③ 감산 회로 ④ 나눗셈 회로

해설 곱셈 회로(multiplier)

㉠ 두 입력 단자에 입력된 두 2진값의 곱을 출력한다.
㉡ 반가산기와 AND Gate로 구성된다.
㉢ 곱셈 동작 원리

		B_1	B_0
	×	A_1	A_0
		A_0B_1	A_0B_0
	A_1B_1	A_1B_0	
C_3	C_2	C_1	C_0

정답 86.④ 87.① 88.① 89.①

04 플립플롭

1 플립플롭의 개요

(1) 플립플롭(flip flop)의 의미

① 플립플롭과 래치는 2개의 안정된 상태 중 하나를 가지는 1비트 기억 소자이다.
② 플립플롭과 래치도 게이트로 구성되지만 조합 논리 회로와 달리 궤환(feed back)이 있다.
③ 래치 회로는 플립플롭과 유사한 기능을 수행한다.
④ 출력 Q와 반전 출력 Q를 가진다.
⑤ 순서 논리 회로의 기본 구성 소자이다.
⑥ 컴퓨터 시스템의 Static RAM, CPU 내부 레지스터의 메모리 셀에 사용된다.

(2) RS 래치(latch)

① 수동적 또는 전자적 조작으로 상태를 바꾸지 않는 한 그 상태를 유지해 주는 장치 또는 회로를 말한다.
② 주어진 상태를 보관·유지할 수 있도록 NAND 게이트 또는 NOR 게이트를 이용하여 회로를 구성한다.
③ 논리 회로로 구성되었기 때문에 논리 회로에 준하는 빠른 동작 속도를 얻을 수 있고 플립플롭으로 활용한다.

(3) RS 래치 회로와 동작

① NOR 래치와 NAND 래치 회로

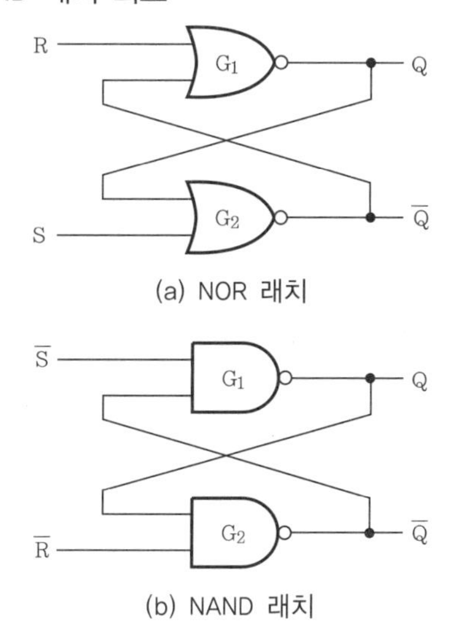

(a) NOR 래치

(b) NAND 래치

기출문제 핵심잡기

래치(Latch)
1비트의 정보를 보관·유지하는 동작을 말한다. 기억의 기본 동작이며 플립플롭이 래치 기능을 하는 회로이다.

[2010년 1회 출제]
플립플롭의 출력은 입력 상태에 따라 가해지는 클록 펄스에 의해 변환이 된다. 이와 같은 변화를 플립플롭이 트리거되었다고 한다.

[2010년 2회 출제]
플립플롭의 종류
㉠ RS 플립플롭
㉡ JK 플립플롭
㉢ D 플립플롭
㉣ T 플립플롭

[2014년 1회 출제]
플립플롭은 1비트의 기억 소자에 해당한다.

② RS 래치 진리표

R	S	Q_{n+1}
0	0	Q_n
0	1	1
1	0	0
1	1	X(부정)

③ NOR 게이트 RS 래치와 NAND 게이트 RS 래치 동작의 차이점

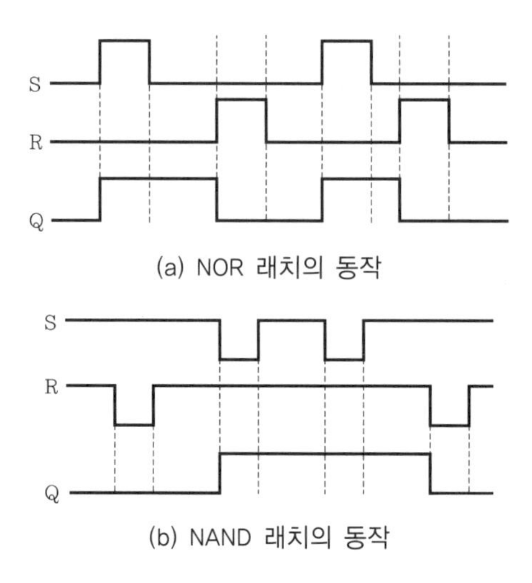

(a) NOR 래치의 동작

(b) NAND 래치의 동작

[2011년 1회 출제]
[2011년 2회 출제]
RS 플립플롭에서 S=1이고 R=0이면 Q=1이다.

2 RS 플립플롭

(1) 클록형 플립플롭(S−R 플립플롭)

① 클록형 S−R 플립플롭의 동작 상태 : CP =1인 경우에는 S와 R의 입력이 회로 후단의 NOR 게이트 G_1과 G_2의 입력으로 전달되어 앞에서 설명한 S−R 래치와 같은 동작을 수행한다.

② RS FF 기호와 내부 회로

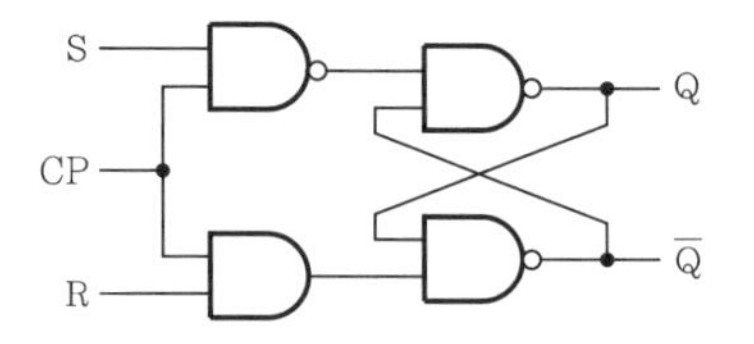

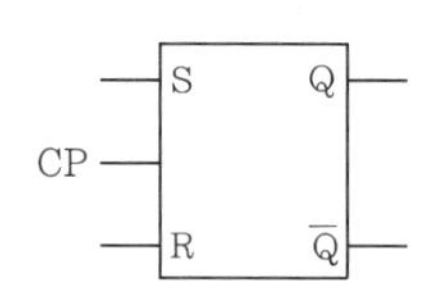

③ 진리표와 상태도

㉠ 진리표

R	S	CP	Q_{n+1}
0	0	1	Q_n
0	1	1	1
1	0	1	0
1	1	1	X(부정)

㉡ 상태도

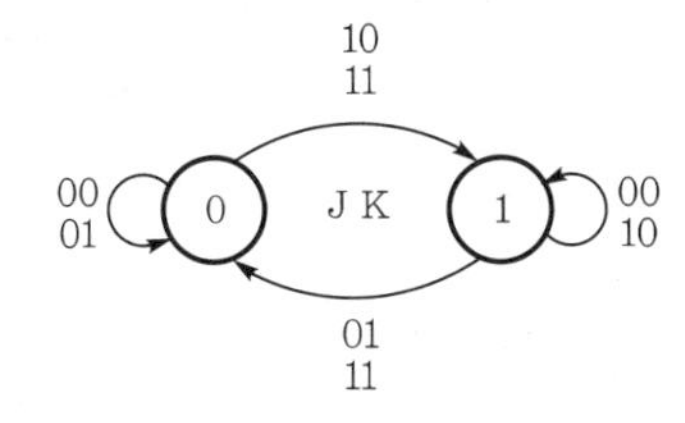

(2) 에지 트리거 S-R 플립플롭

① 플립플롭의 동작 시간보다도 클록 펄스의 지속 시간이 길면 플립플롭은 여러 번의 동작이 수행될 수 있다.

② 에지 트리거(edge trigger)를 이용하여 펄스 변화 시점을 이용한 트리거이다.

깐깐체크

1. 플립플롭
   에지 트리거를 하는 것이다.

2. 래치
   ㉠ 레벨 트리거를 하거나 클록을 사용하지 않는 것이다.
   ㉡ 총괄해서 플립플롭으로 부르기도 한다.

(3) 에지 트리거 S-R 플립플롭의 논리 기호와 진리표

① 에지

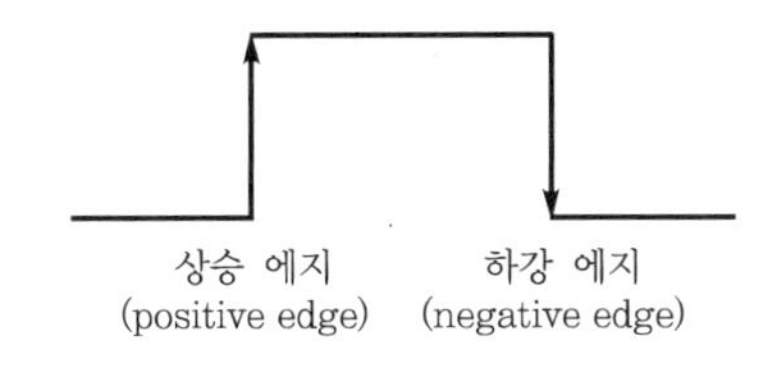

기출문제 핵심잡기

☑ 진리표(상태표)
플립플롭의 진리표는 입력에 따른 출력을 나타낸 것이다.
㉠ Q_n : 현재 상태(값)를 의미
㉡ Q_{n+1} : 다음 상태(값)를 의미
㉢ $\overline{Q_n}$: 현재 상태의 반대(반전)를 의미

☑ 상태도(state diagram)
㉠ 상태표에 나타난 정보를 그림으로 표시한 것
㉡ 상태는 원으로 표시
㉢ 상태 사이의 전이는 원 사이를 연결하는 직선
㉣ 원 안에는 플립플롭의 상태를 표시

② 에지 RS 플립플롭

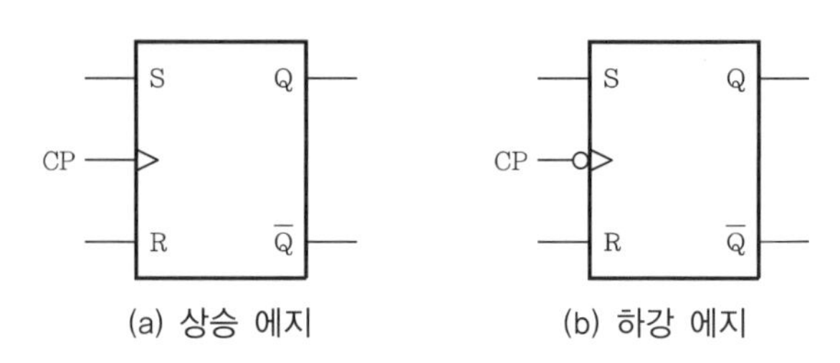

(a) 상승 에지 (b) 하강 에지

[2013년 2회 출제]
마스터-슬레이브 플립플롭이란 출력기의 일부가 입력측에 궤환되어 유발되는 레이스 현상을 없애기 위하여 고안된 플립플롭이다.

(4) Master-Slave RS 플립플롭

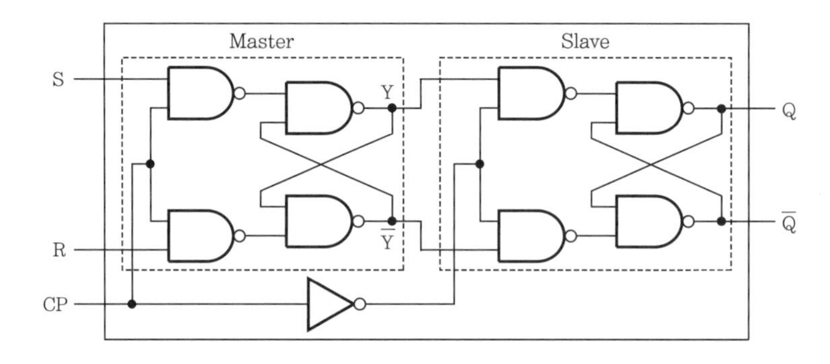

① CP=0
- ㉠ Master FF은 CP=0이므로 동작하지 않는다.
- ㉡ Slave FF은 동작하여 Q=Y이다.

② CP=1
- ㉠ Master FF에 외부의 R과 S 입력이 전달된다.
- ㉡ Slave FF은 동작하지 않는다.

③ 동작 파형

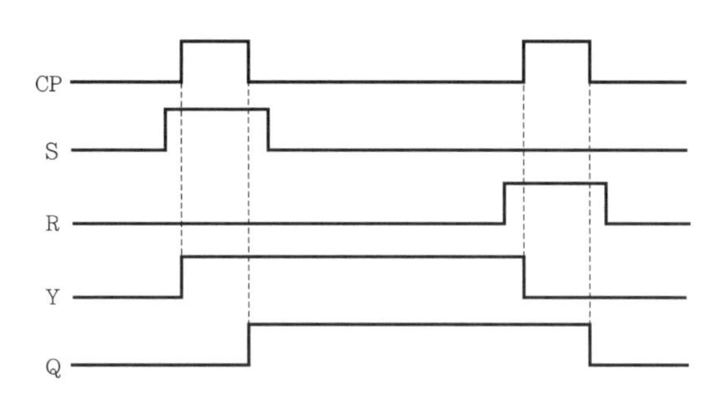

3 클록형 플립플롭

★중요★
[2016년 1회 출제]
JK 플립플롭의 동작 상태표 및 원리를 이해하기

(1) JK 플립플롭

① JK FF은 RS FF의 S=1, R=1인 금지 상태에서도 동작하도록 개선한 회로이다.

② JK FF의 J는 S(Set)에, K는 R(Reset)에 대응하는 입력이다.

③ J=1, K=1인 경우 JK FF의 출력은 이전 출력의 토글(반전) 상태로 변화된다.

④ 내부 회로와 기호

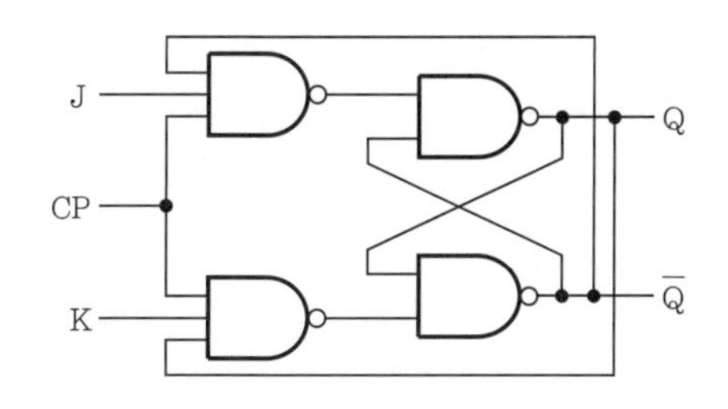

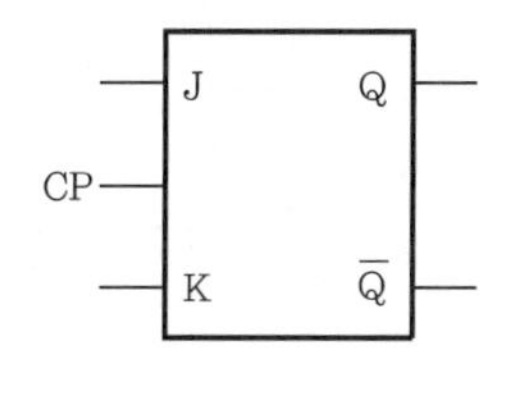

⑤ 진리표와 상태도

㉠ 진리표

J K	CP	Q_{n+1}	비고
0 0	1	Q_n	불변
0 1	1	0	리셋
1 0	1	1	세트
1 1	1	$\overline{Q_n}$	반전

㉡ 상태도

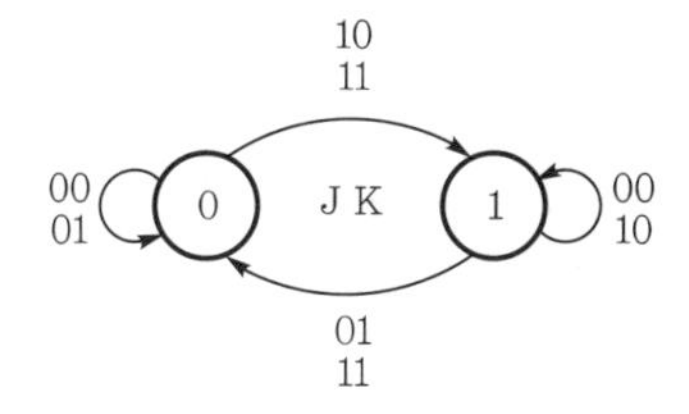

⑥ 특성 방정식 : $Q_{n+1} = J\overline{Q} + \overline{K}Q$

Q_n	J K	Q_{n+1}
0	0 0	0
0	0 1	0
0	1 0	1
0	1 1	1
1	0 0	1
1	0 1	0
1	1 0	1
1	1 1	0

Q \ JK	00	01	11	10
0			1	1
1	1			1

기출문제 핵심잡기

[2010년 1회 출제]
JK 플립플롭에서 Q_n 이 리셋 상태일 때 J=0, K=1 입력을 인가하면 출력 Q_{n+1}의 상태는 '0'이 된다.

[2010년 2회 출제]
[2010년 5회 출제]
[2011년 5회 출제]
[2012년 1회 출제]
[2012년 2회 출제]
[2012년 5회 출제]
[2013년 2회 출제]
[2016년 1회 출제]
[2016년 2회 출제]
JK 플립플롭에서 입력이 J=1, K=1인 상태에서 다음 상태(Q_{n+1}) 출력은 현재값의 반전($\overline{Q_n}$) 된다.

[2013년 1회 출제]
RS 플립플롭에서 불확실한 상태를 없애기 위하여 출력을 입력으로 궤환시켜 반전 현상이 나타나도록 한 회로는 JK 플립플롭이다.

[2013년 3회 출제]
JK 플립플롭에서 J=K=1 인 상태에서 클록이 '0' 상태일 때 출력 Q는 변화가 없다.

⑦ 상승 에지 JK 플립플롭의 입력에 따른 Q 출력 파형

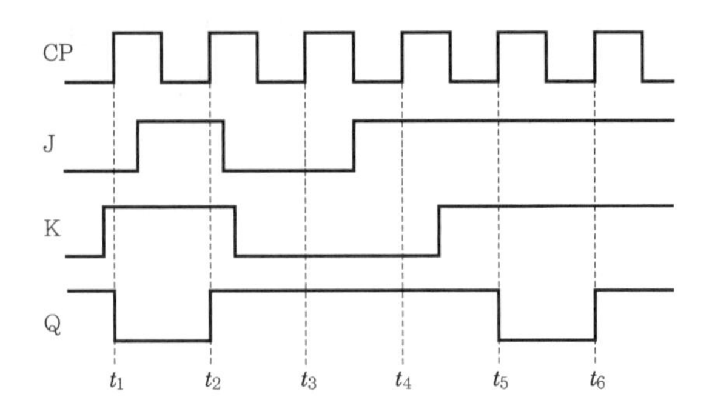

★중요★
[2010년 2회 출제]
[2011년 2회 출제]
[2012년 2회 출제]
입력과 출력이 같으며 입력 데이터의 일시 보관이나 디지털 신호의 지연 작용에 많이 사용되는 것은 D 플립플롭이다.

[2011년 1회 출제]
플립플롭의 상태가 불확정한 상태가 되지 않도록 반전기(NOT)를 설치한 것은 D 플립플롭이다.

(2) D 플립플롭

① 입력 신호 D가 CP에 동기되어 그대로 출력에 전달되는 특성을 가지고 있다.

② D라는 이름은 데이터(data)를 전달하는 또는 지연(delay)의 의미이다.

③ 기호와 진리표, 상태도

㉠ 기호

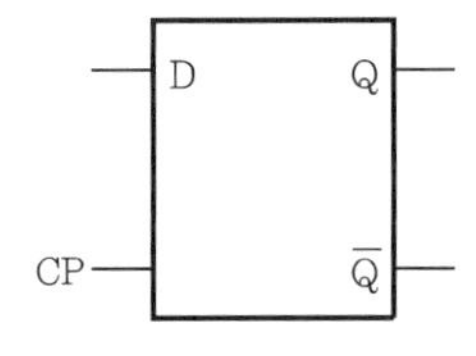

㉡ 진리표

D	CP	Q_{n+1}
0	1	0
1	1	1

㉢ 상태도

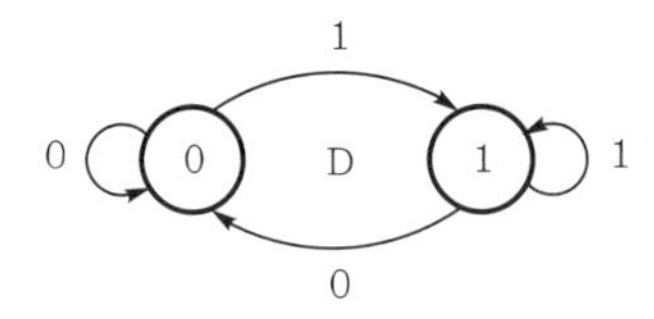

④ 특성 방정식 : $Q_{n+1} = D$

Q_n	D	Q_{n+1}
0	0	0
0	1	1
1	0	0
1	1	0

Q \ D	0	1
0		1
1		1

⑤ JK 플립플롭을 이용한 D 플립플롭 구현

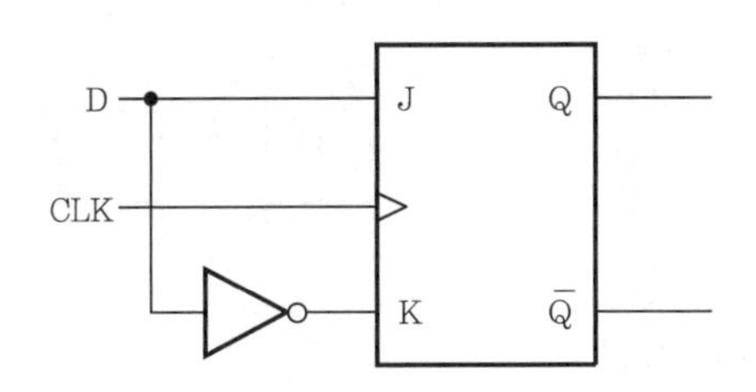

(3) T 플립플롭

① JK 플립플롭을 변경시켜 1과 0이 번갈아 바뀌는 토글(toggle) 신호를 만드는 회로이다.

② JK FF 동작 중 입력이 모두 0(hold)이거나 1(toggle)인 경우만 이용한다.

③ T 플립플롭의 입력 T = 0이면, J = 0, K = 0과와 같으므로 Q는 Hold이다.

④ T = 1이면, J = 1, K = 1과 같으므로, Q는 Toggle 상태이다.

⑤ 기호와 진리표, 상태도

㉠ 기호

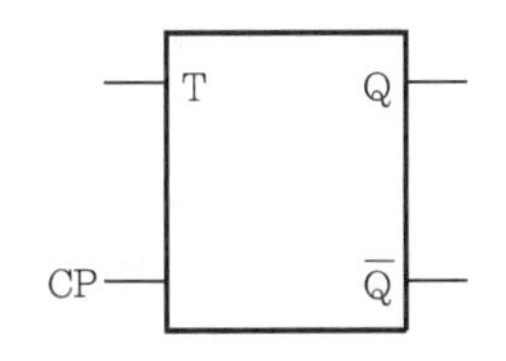

㉡ 진리표

T	Q_{n+1}
0	Q_n
1	$\overline{Q_n}$

㉢ 상태도

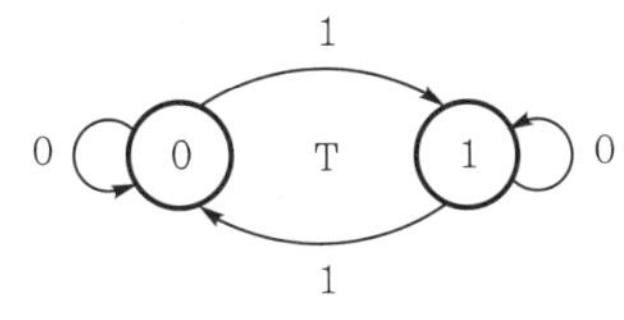

⑥ 특성 방정식 : $Q_{n+1} = T\overline{Q} + \overline{T}Q$

Q_n	T	Q_{n+1}
0	0	0
0	1	1
1	0	1
1	1	0

Q \ T	0	1
0		1
1	1	

기출문제 핵심잡기

[2016년 2회 출제]

★중요★
[2010년 1회 출제]
[2012년 5회 출제]
[2016년 1회 출제]
[2016년 2회 출제]
클록 펄스가 들어올 때마다 상태가 반전되는 것은 T 플립플롭이다.

[2011년 1회 출제]
T 플립플롭 회로 2개가 직렬로 연결되어 있을 경우 500[Hz] 사각형파를 입력시킬 경우 마지막 출력 주파수는 4분주이므로 500/4=125[Hz]가 된다.

[2011년 5회 출제]
T 플립플롭 특성표에서 입력이 0일 때 Q_{n+1}(다음 상태)의 값은 Q_n(현재값 유지)이다.

[2013년 3회 출제]
JK 플립플롭의 두 입력을 하나로 묶어서 만들며, 보수가 출력되는 플립플롭은 T 플립플롭이다.

[2013년 3회 출제]
[2016년 2회 출제]
클록 펄스가 들어올 때마다 상태가 반전되는 것을 토글이라 한다.

기출문제 핵심잡기

⑦ 동작 파형

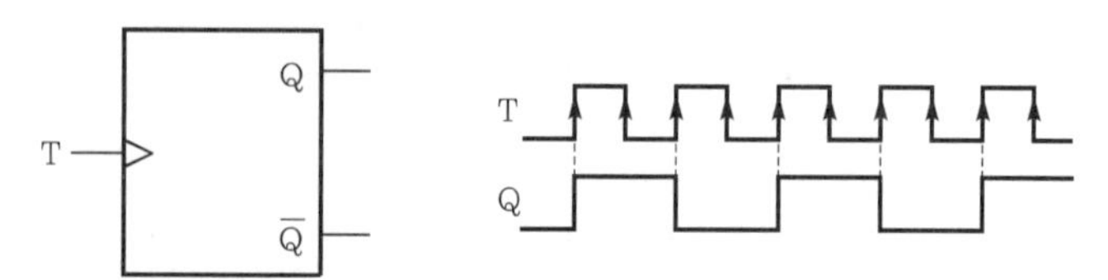

⑧ T 플립플롭의 구현 방법

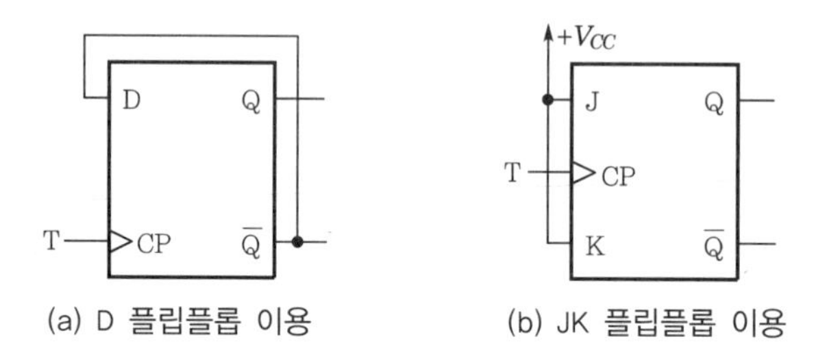

(a) D 플립플롭 이용 (b) JK 플립플롭 이용

☑ 플립플롭의 강제 입력
㉠ $\overline{PR}$(preset)
㉡ $\overline{CLR}$(clear)

(4) 플립플롭의 강제 입력(예 : TTL IC 7476)

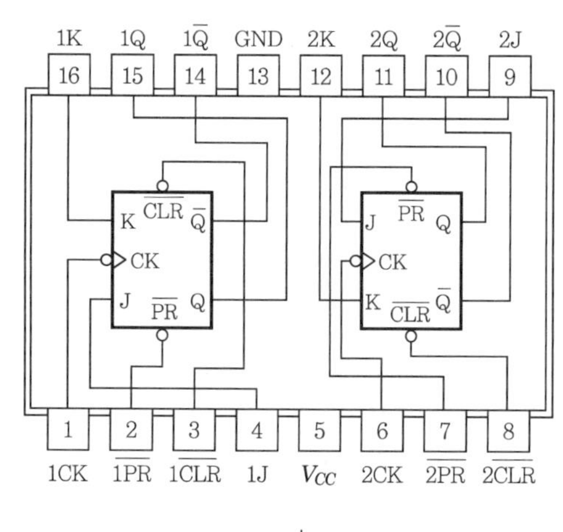

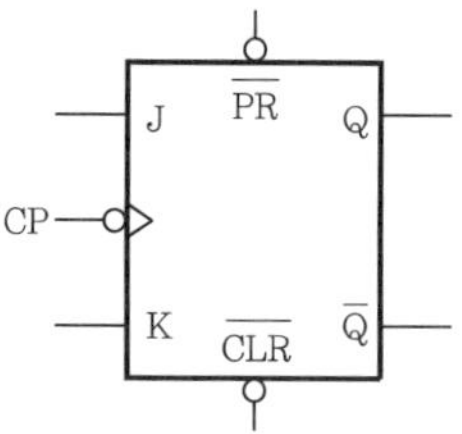

① $\overline{PR}$(preset) : '0'이면 강제로 Q 출력을 '1'로 세트시킨다.

② $\overline{CLR}$(clear) : '0'이면 강제로 Q 출력을 '0'으로 클리어시킨다.

③ 진리표

$\overline{PR}$	$\overline{CLR}$	CP	J	K	Q	$\overline{Q}$
0	1	×	×	×	1	0
1	0	×	×	×	0	1
1	1	↓	0	0	변화없음	
1	1	↓	0	1	0	1
1	1	↓	1	0	1	0
1	1	↓	1	1	Toggle	

4 플립플롭 여기표(excitation table)

(1) 플립플롭 여기표의 의미

① 현재 상태와 다음 상태를 알 때 플립플롭의 입력 조건을 정의한 표이다.
② 현재 상태(present state)와 다음 상태(next state)로 표현한다.
③ 순서 논리 회로 설계 시 사용한다.

(2) RS 플립플롭

$Q(t)$	$Q(t+1)$	S	R
0	0	0	X
0	1	1	0
1	0	0	1
1	1	X	0

* X : Don't care

(3) JK 플립플롭

$Q(t)$	$Q(t+1)$	S	K
0	0	0	X
0	1	1	X
1	0	X	1
1	1	X	0

* X : Don't care

기출문제 핵심잡기

[2011년 5회 출제]
[2013년 1회 출제]
플립플롭이 현재 특정 상태에서 원하는 다음 상태로 변화하는 동작하기 위한 입력을 표로 작성한 것을 여기표라고 한다.

[2014년 1회 출제]
순서 논리 회로를 설계할 때 사용되는 상태표의 구성 요소에는 '현재 상태', '다음 상태', '출력'이 있다.

[2010년 2회 출제]
어떤 입력 상태에서 출력이 무엇이 되든지 상관없을 경우 출력 상태를 임의 상태(don't care)라고 하는데, 진리표나 카르노도에서 임의상태를 일반적으로 'X'로 표시한다.

(4) D 플립플롭

$Q(t)$	$Q(t+1)$	D
0	0	0
0	1	1
1	0	0
1	1	1

(5) T 플립플롭

$Q(t)$	$Q(t+1)$	T
0	0	0
0	1	1
1	0	1
1	1	0

단락별 기출·예상 문제

01 다음 중 플립플롭이 갖는 안정 상태의 출력 개수는?

① 1개　② 2개
③ 3개　④ 4개

해설 플립플롭은 안정된 2개의 상반된 출력이 Q와 $\overline{Q}$가 있다.

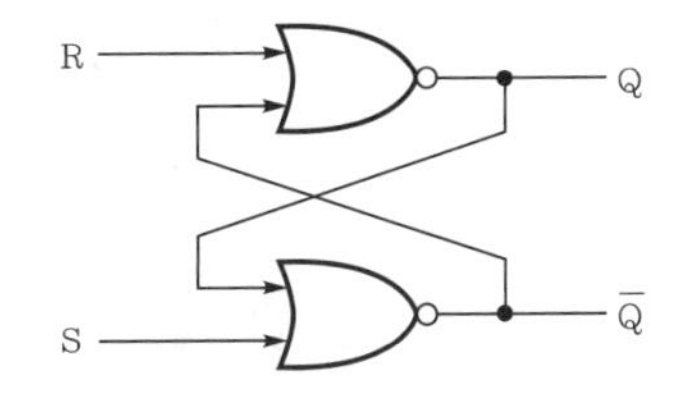

02 플립플롭에 대한 다음 설명 중 (　　)에 알맞은 것은?

> 플립플롭의 출력은 입력 상태에 따라 가해지는 클록 펄스에 의해 변환한다. 이와 같은 변화를 플립플롭이 (　　)되었다고 한다.

① 트리거　② 셋업
③ 상승　④ 하강

해설 플립플롭의 출력이 클록 펄스에 의해 입력에 따른 변화를 트리거(trigger)되었다고 한다.

03 다음 중 플립플롭의 명칭으로서 쓸 수 없는 것은 무엇인가?

① 쌍안정 멀티바이브레이터
② 래치
③ 바이너리(2진수)
④ 단안정 멀티바이브레이터

해설 플립플롭은 단안정 멀티바이브레이터 동작은 아니다.

04 플립플롭(FF)의 종류가 아닌 것은?

① RS FF　② JK FF
③ CP FF　④ T FF

해설 **플립플롭의 기본 종류** : RS 플립플롭, D 플립플롭, JK 플립플롭, T 플립플롭

05 다음 회로의 명칭은?

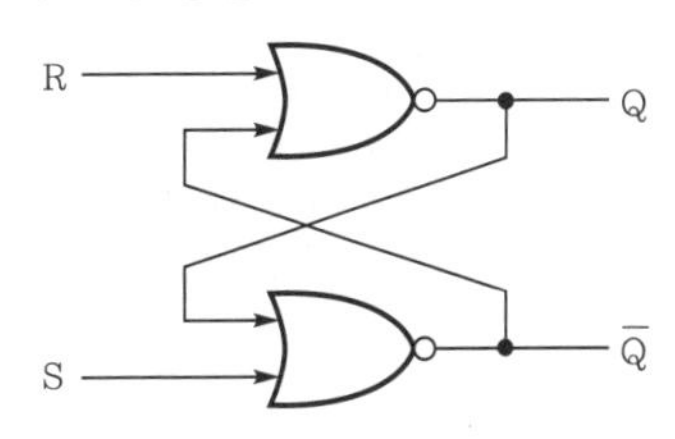

① 가산기　② 감산기
③ 카운터　④ 래치

해설 RS Flip flop을 RS Latch라도도 한다.

R	S	Q_{n+1}
0	0	Q_n
0	1	1
1	0	0
1	1	X(부정)

06 다음 플립플롭의 명칭은?

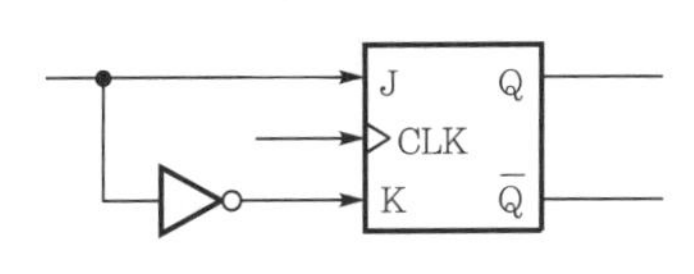

① JK FF　② D FF
③ T FF　④ RST FF

정답 01.② 02.① 03.④ 04.③ 05.④ 06.②

해설 회로처럼 JK FF 입력에 NOT Gate를 연결하면 입력이 서로 다른 값을 갖게 된다. 따라서 D FF처럼 동작한다.

J	K	Q_{n+1}
0	0	Q_n
0	1	0
1	0	1
1	1	$\overline{Q_n}$

D	Q_{n+1}
0	0
1	1

07 플립플롭은 몇 [bit] 기억 장치인가?

① 1 ② 2
③ 4 ④ 8

해설 ㉠ 플립플롭 1개는 1[bit]의 정보를 기억할 수 있는 기억 장치로도 많이 사용된다.
㉡ CPU 내부 레지스터, Static RAM의 메모리셀이 FF으로 구성된다.

08 RS 플립플롭의 작동 규칙에 대한 설명으로 옳지 않은 것은?

① S=0이고, R=0이면 Q는 현재 상태를 유지 한다.
② S=1이고, R=1이면 Q=0이다.
③ S=0이고, R=1이면 Q=0이다.
④ S=1이고, R=1이면 다음 상태는 예측이 불가능하다.

해설 RS FF의 진리표

R	S	Q_{n+1}
0	0	Q_n
0	1	1
1	0	0
1	1	X(부정)

09 아래 표는 JK 플립플롭의 진리표이다. ( ) 안에 알맞은 내용은?

J	K	Q	비고
0	0	이전 상태	불변
0	1	(㉠)	리셋
1	0	(㉡)	세트
1	1	반전 상태	보수

① ㉠=0, ㉡=0 ② ㉠=0, ㉡=1
③ ㉠=1, ㉡=0 ④ ㉠=1, ㉡=1

해설 JK 플립플롭의 진리표

J	K	Q_{n+1}	비고
0	0	Q_n	불변
0	1	0	리셋
1	0	1	세트
1	1	$\overline{Q_n}$	반전

10 다음 중 플립플롭과 같은 동작을 하는 회로는?

① 단안정 멀티바이브레이터 회로
② 비안정 멀티바이브레이터 회로
③ 쌍안정 멀티바이브레이터 회로
④ 슈미트 트리거 회로

해설 '1'과 '0' 안정된 2가지 상태를 출력하는 것을 쌍안정 멀티바이브레이터라 한다.

11 펄스가 입력되면 현재와 반대의 상태로 바뀌게 하는 토글(toggle) 상태를 만드는 것은?

① T 플립플롭 ② D 플립플롭
③ JK 플립플롭 ④ RS 플립플롭

해설 클록이 들어올 때마다 출력이 반전(토글)되는 것이 T 플립플롭(FF)이다.

T	Q_{n+1}
0	Q_n
1	$\overline{Q_n}$

정답 07.① 08.② 09.② 10.③ 11.①

12

JK 플립플롭에서 반전 동작이 일어나는 경우는?

① J=0, K=0
② J=1, K=1
③ J와 K가 보수 관계일 때
④ 반전 동작은 일어나지 않는다.

해설 JK 플립플롭의 진리표

J K	Q_{n+1}	비고
0 0	Q_n	불변
0 1	0	리셋
1 0	1	세트
1 1	$\overline{Q_n}$	반전

13

RS 플립플롭 회로에서 불확실한 상태를 없애기 위하여 출력을 입력으로 궤환시켜 반전 현상이 나타나도록 한 회로는?

① RST 플립플롭 회로
② D 플립플롭 회로
③ T 플립플롭 회로
④ JK 플립플롭 회로

해설 RS FF의 R=S=1의 상태에서는 동작이 불확실한 상태가 되므로, 이를 보완한 것이 JK 플립플롭이다.

R S	Q_{n+1}
0 0	Q_n
0 1	1
1 0	0
1 1	부정

J K	Q_{n+1}
0 0	Q_n
0 1	0
1 0	1
1 1	$\overline{Q_n}$

14

T FF의 진리표이다. 출력을 논리식으로 나타내면 어떻게 되는가?

T	Q_{n+1}
0	Q_n
1	$\overline{Q_n}$

① $Q_{n+1} = \overline{Q_n}$
② $Q_{n+1} = \overline{T}Q_n$
③ $Q_{n+1} = \overline{T}Q_n + T\overline{Q_n}$
④ $Q_{n+1} = T\overline{Q_n}$

해설 T FF에서 입력이 1이면 출력은 반전(토글)이 된다.

15

다음 그림의 JK 플립플롭은 클록 펄스의 어느 부분에서 출력이 변화하는가?

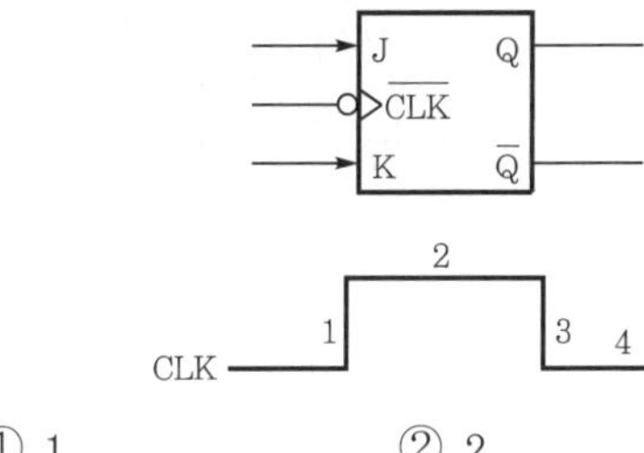

① 1 ② 2
③ 3 ④ 4

해설 그림의 플립플롭의 하강 에지이므로 펄스의 3부분에서 출력이 변화한다.

—o>$\overline{\text{CLK}}$

그림 처럼 클록 신호 입력 기호에 'o'있으면 하강 에지이고, 신호명 'CLK'에 bar가 있어도 하강 에지이다.

16

JK FF에서 J입력과 K입력이 모두 1일 때 출력은 Clock에 의해 어떻게 되는가?

① 출력은 1 ② 반전한다.
③ 출력은 0 ④ 기억 유지

정답 12.② 13.④ 14.③ 15.③ 16.②

해설 JK 플립플롭의 진리표

J K	Q_{n+1}	비고
0 0	Q_n	불변
0 1	0	리셋
1 0	1	세트
1 1	$\overline{Q_n}$	반전

17 JK 플립플롭에서 Q_n이 Reset 상태일 때 J=0, K=1 입력 신호를 인가하면 출력 Q_{n+1}의 상태는?

출제빈도

① 0
② 1
③ 부정
④ 입력 금지

해설 JK 플립플롭의 진리표

J K	Q_{n+1}	비고
0 0	Q_n	불변
0 1	0	리셋
1 0	1	세트
1 1	$\overline{Q_n}$	반전

18 T 플립플롭의 진리표에서 (　) 안에 알맞은 출력값은?

입력	출력
T	Q_{n+1}
0	(　)
1	$\overline{Q_n}$

① 0 ② 1
③ Q_n ④ Q_{n+1}

해설 T 플립플롭(FF) 진리표

T	Q_{n+1}
0	Q_n
1	$\overline{Q_n}$

19 펄스가 입력되면 현재와 반대의 상태로 바뀌게 하는 토글(toggle) 상태를 만드는 회로는?

출제빈도

① D형 플립플롭
② T형 플립플롭
③ 주종 플립플롭
④ 레지스터형 플립플롭

해설 클록이 들어올 때마다 출력이 반전(토글)되는 것이 T 플립플롭(FF)이다.

T	Q_{n+1}
0	Q_n
1	$\overline{Q_n}$

20 그림과 같이 T 플립플롭 여기표(excitation table)에 들어갈 값은?

Q_n	Q_{n+1}	T
0	0	㉠
0	1	㉡
1	0	㉢
1	1	㉣

㉠ ㉡ ㉢ ㉣ / ㉠ ㉡ ㉢ ㉣
① 1 0 1 0 ② 0 1 0 1
③ 0 1 1 0 ④ 1 0 0 1

해설 T 플립플롭(FF) 진리표

T	Q_{n+1}
0	Q_n
1	$\overline{Q_n}$

T 플립플롭은 0일 때는 변화없고 1일 때는 현재 상태를 반전(토글)한다.

21 T 플립플롭 1개로 구성된 회로에서 출력 주파수는 입력 주파수의 몇 배인가?

① 2 ② 4
③ 1/2 ④ 1/4

정답 17.① 18.③ 19.② 20.③ 21.③

해설 T 플립플롭은 클록이 들어올 때마다 현재 상태를 반전하므로 출력 주파수는 입력 주파수의 1/2 분주가 된다.

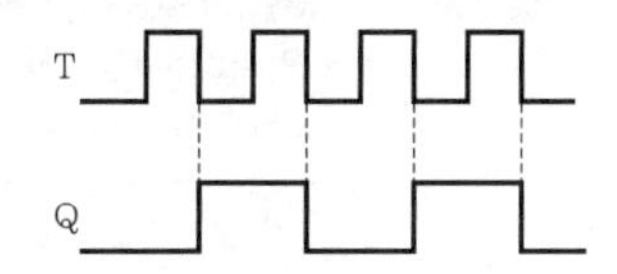

22 다음 T 플립플롭의 진리표에서 (   ) 안에 알맞은 출력값은?

입력	출력
T	Q_{n+1}
0 1	Q_n ( )

① 0
② 1
③ Q_n
④ $\overline{Q_n}$

해설

T	Q_{n+1}
0 1	Q_n $\overline{Q_n}$

23 T 플립플롭 회로 2개가 직렬로 연결되어 있을 때 500[Hz]의 사각형파를 입력시킬 경우 마지막 출력되는 주파수[Hz]는?

① 100
② 125
③ 150
④ 175

해설 1개의 T FF은 1/2로 분주되므로 2개가 직렬로 연결되면 1/4 분주된 출력 주파수가 나온다.

$\therefore \dfrac{500}{4} = 125[\text{Hz}]$

24 주종형 JK 플립플롭에서 클록 펄스가 가해질 때마다 출력 상태가 반전되는 것은?

① J=0, K=0
② J=0, K=1
③ J=1, K=0
④ J=1, K=1

해설 JK 플립플롭의 진리표

J K	Q_{n+1}	비고
0 0	Q_n	불변
0 1	0	리셋
1 0	1	세트
1 1	$\overline{Q_n}$	반전

25 플립플롭이 특정 현재 상태에서 원하는 다음 상태로 변화하는 동작을 하기 위한 입력을 표로 작성한 것은?

출제빈도

① 카르노표
② 게이트표
③ 트리표
④ 여기표

해설 진리표는 FF 동작을 설명한 것이며, 여기표(excitation table)란 플립플롭에서 현재의 상태와 다음 상태가 주어졌을 때 어떤 입력을 주어야 하는가를 표로 나타낸 것으로서, FF을 이용한 회로 설계 시 이용된다.

26 다음 중 플립플롭 회로가 불확정한 상태가 되지 않도록 반전기(NOT gate)를 설치한 회로는 무엇인가?

출제빈도

① JK FF
② RS FF
③ T FF
④ D FF

정답 22.③ 23.② 24.④ 25.④ 26.④

해설 RS FF을 D FF으로 변환한 예는 다음과 같다.

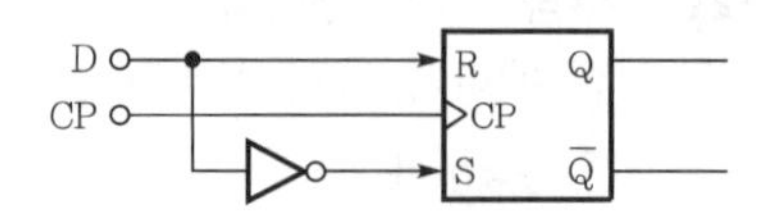

[D FF 진리표]

D	Q_{n+1}
0	0
1	1

RS 플립플롭에서 R=S=1일 경우 불확정된 출력이 나오므로 위 그림처럼 NOT 게이트를 이용하여 D 플립플롭으로도 사용할 수 있다.

27 다음 그림과 같은 동기적 RS 플립플롭 회로에 S=1, R=0, CP=1의 입력일 때 출력 Q와 $\overline{Q}$의 값은?

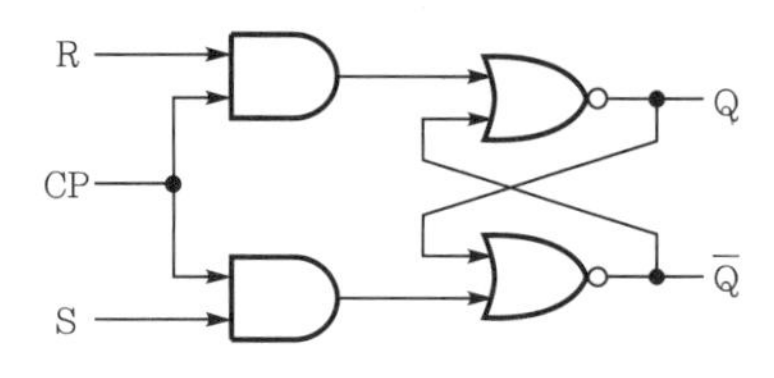

① Q = 0, $\overline{Q}$ = 1
② Q = 1, $\overline{Q}$ = 0
③ Q = 0, $\overline{Q}$ = 이전 상태
④ Q = 이전 상태, $\overline{Q}$ = 이전 상태

해설 기본 RS 래치에 동기형 클록을 부가한 회로이다.

R	S	Q_{n+1}
0	0	Q_n
0	1	1
1	0	0
1	1	부정

28 그림과 같은 플립플롭의 명칭은?

출제빈도

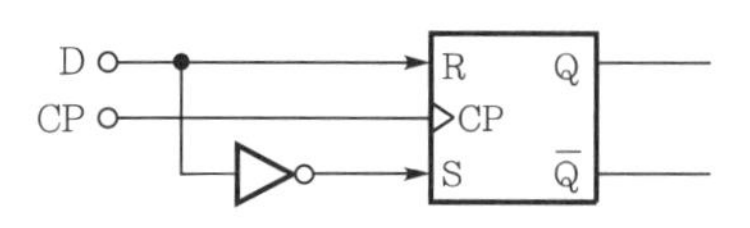

① RS ② T
③ D ④ JK

해설 회로처럼 RS FF 입력에 NOT Gate를 연결하면 입력이 서로 다른 값을 갖게 된다. 따라서 D FF처럼 동작한다.

R	S	Q_{n+1}
0	0	Q_n
0	1	0
1	0	1
1	1	부정

D	Q_{n+1}
0	0
1	1

29 아래 그림은 어떤 형의 플립플롭인가?

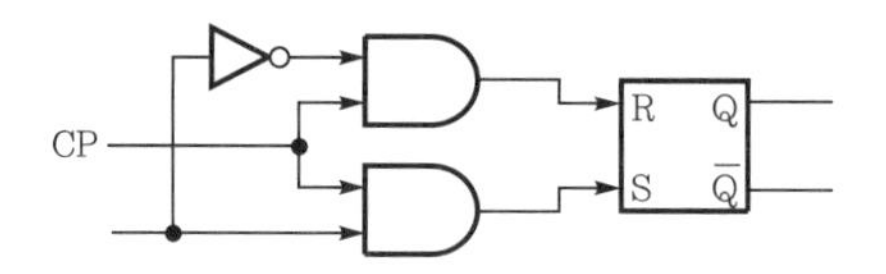

① R－S형
② J－K형
③ T형
④ D형

해설 회로에서 두 입력이 NOT 게이트로 상반된 입력이 되도록 하였으므로 D FF이다.

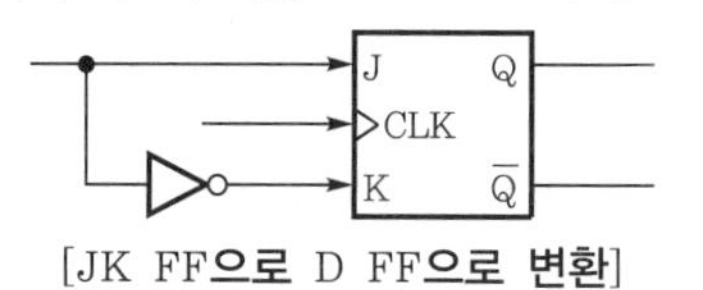

[JK FF으로 D FF으로 변환]

30 JK 플립플롭의 두 입력이 J=1, K=1일 때 출력(Q_{n+1})의 상태는?

출제빈도

① Q_n
② $\overline{Q_n}$
③ 0
④ 1

정답 27.② 28.③ 29.④ 30.②

해설 JK 플립플롭의 진리표

J	K	Q_{n+1}	비고
0	0	Q_n	불변
0	1	0	리셋
1	0	1	세트
1	1	$\overline{Q_n}$	반전

31 출제빈도

출력은 입력과 같으며, 어떤 내용을 일시적으로 보존하거나 전해지는 신호를 지연시키는 플립플롭은?

① RS ② D
③ T ④ JK

해설 D FF은 Delay FF이라고도 하며 데이터의 일시 보관이나 신호 지연 등에 이용된다.

32

RS 플립플롭에서 R=S=1인 조건은 부정 상태이다. 이를 개량한 플립플롭은?

① T ② D
③ JK ④ M/S

해설 JK FF은 RS FF의 입력이 모두 1일 때 부정 상태의 단점을 보완한 것이다.

R	S	Q_{n+1}
0	0	Q_n
0	1	1
1	0	0
1	1	부정

J	K	Q_{n+1}
0	0	Q_n
0	1	0
1	0	1
1	1	$\overline{Q_n}$

33 출제빈도

레지스터(register)를 구성하는 기본 소자는?

① Flip flop(플립플롭)
② Encoder(부호기)
③ Decoder(해독기)
④ Adder(가산기)

해설 레지스터, 카운터 등 순서 논리 회로를 구성하는 기본 논리 소자는 플립플롭이다.

34

JK 마스터 슬레이브 플립플롭에서 J=K=1인 상태에서 클록 펄스가 '1'일 때 출력 상태가 변화되면 입력측에 변화를 일으켜 오동작이 발생되는 현상은?

① 채터링 현상
② 레이스 현상
③ 오버플로 현상
④ 토글 현상

해설 마스터 슬레이브 JK FF에서 J=K=1이고, 출력 Q=0일 때 클록 펄스가 인가되면 출력이 전달 지연 시간만큼 지연된 후 출력 Q=1로 반전되는데, 이때 클록 펄스의 전달 시간과 출력이 지연된 시간간의 중첩 현상에 의해 출력 상태가 다시 반전되어 오동작을 일으키는 현상을 레이스(race) 현상이라 한다.

35

마스터 슬레이브 플립플롭(master slave FF)은 클록 펄스(clock pulse)가 상승할 때 정보를 기억시켰다가 하강할 때 정보를 처리(negative going)하도록 되어 있다. 다음 중 그 장점으로 옳은 것은?

① 처리 시간이 짧아진다.
② 폭주(race around)를 막는다.
③ 동기시킬 수 있다.
④ 게이트수를 줄일 수 있다.

해설 JK FF에서 J, K, 클록 T의 각 입력이 '1'일 때 출력이 안정하지 않은 경우가 있으므로 클록 입력 T가 '1'에서 '0'으로 변화하기까지 출력 Q를 변화시키지 않도록 하여 출력을 안정시킨 플립플롭 회로이다. 그 구성은 그림과 같다.

정답 31.② 32.③ 33.① 34.② 35.②

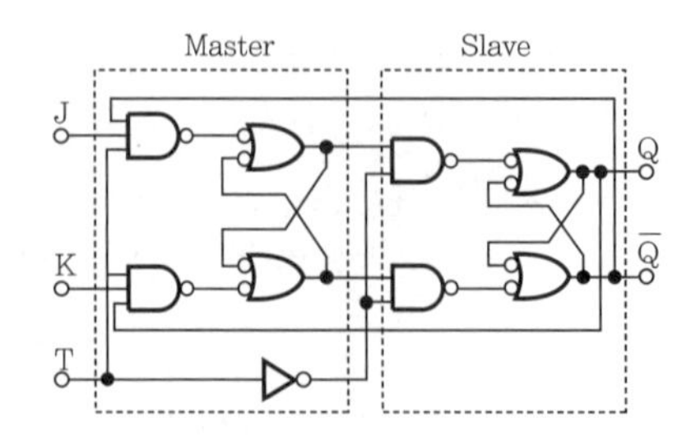

36
JK 플립플롭에서 J 입력과 K 입력이 1일 때 출력은 Clock에 의해 어떻게 되는가?

① 0 ② 1
③ 반전 ④ 기억 유지

해설 JK 플립플롭의 진리표

J K	Q_{n+1}	비고
0 0	Q_n	불변
0 1	0	리셋
1 0	1	세트
1 1	$\overline{Q_n}$	반전

37
출력은 입력과 같으며, 어떤 내용을 일시적으로 보존하거나 전해지는 신호를 지연시키는 플립플롭은?

① RS ② D
③ T ④ JK

해설 D FF은 Delay FF으로서, 신호를 지연시키는 기능이 있다.

38
레지스터(register)와 계수기(counter)를 구성하는 기본 소자는?

① 해독기 ② 감산기
③ 가산기 ④ 플립플롭

해설 카운터, 레지스터 등 순서 논리 회로 기본 구성 소자가 기억 기능이 있는 플립플롭으로 이루어져 있다.

39

어떤 데이터의 일시적인 보존이나 디지털 신호의 지연 작용 등의 목적으로 사용되는 플립플롭은?

① D 플립플롭 ② RS 플립플롭
③ T 플립플롭 ④ JK 플립플롭

해설 D FF은 Delay FF으로서 신호를 지연시키는 기능이 있다.

40
입력 단자에 펄스 입력이 들어올 때마다 매번 출력을 나타내는 것은?

① 비안정 멀티바이브레이터
② 단안정 멀티바이브레이터
③ 쌍안정 멀티바이브레이터
④ 진폭 제한기

해설 단안정 멀티바이브레이터는 입력 펄스가 있을 때마다 출력이 나타나는 회로이다.

41
8단으로 구성된 플립플롭이 있다. 가능한 조합의 수는?

① 125 ② 156
③ 256 ④ 356

해설 8개의 플립플롭으로 나타낼 수 있는 수의 조합은 $2^8 = 256$개이다.

42
RS FF에서 출력이 불확실하여 사용할 수 없는 금지 입력은?

① R=0, S=0 ② R=1, S=0
③ R=0, S=1 ④ R=1, S=1

해설 RS FF의 진리표

R S	Q_{n+1}
0 0	Q_n
0 1	1
1 0	0
1 1	부정

정답 36.③ 37.② 38.④ 39.① 40.② 41.③ 42.④

43 다음 RS 플립플롭 진리표의 출력(Q_{n+1}) 중 틀린 것은?

	S	R	Q_{n+1}
㉠	0	0	Q_n
㉡	0	1	0
㉢	1	0	1
㉣	1	1	1

① ㉠ ② ㉡
③ ㉢ ④ ㉣

해설 RS FF의 진리표

R S	Q_{n+1}
0 0	Q_n
0 1	1
1 0	0
1 1	부정

44 RS형 플립플롭의 S 입력을 NOT 게이트를 거쳐서 R쪽에도 입력되도록 연결하면 어떤 플립플롭이 되는가?

① RS형 플립플롭 ② T형 플립플롭
③ D형 플립플롭 ④ 마스터 슬레이브

해설 RS FF을 D FF으로의 변환

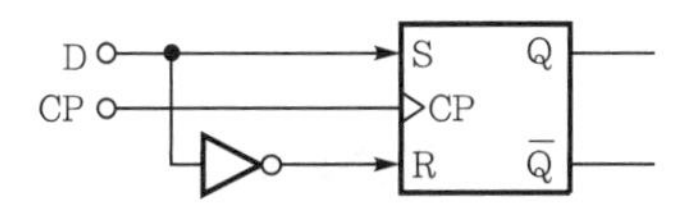

위 회로에서 입력이 1이면 S=1, R=0이므로 Q=1이 되고, 입력이 0이면 S=0, R=1이 되므로 출력 Q=0이 된다. 따라서 D 플립플롭 동작을 한다.

45 두 입력을 한데 묶어 하나의 입력으로 만들어 넣어 토글 또는 스위칭 작용을 함으로써 계수기에 많이 사용되는 플립플롭은?

① D FF ② T FF
③ RST FF ④ JK FF

해설 JK FF의 두 입력을 같이 묶어 하나의 입력으로 만들면 입력이 1이면 반전이므로 T(토글) 플립플롭으로 동작한다.

46 (출제빈도) D Flip flop 회로의 용도로 알맞은 것은?

① 디지털 파형을 Counter할 때
② 디지털 파형을 기억시킬 때
③ 디지털 신호의 시간 지연이 필요할 때
④ 분주 회로를 만들어 8421코드를 만들 때

47 (출제빈도) 입력 단자에 클록 펄스가 가해질 때마다 출력 상태가 반전하는 플립플롭은?

① RS 플립플롭 ② JK 플립플롭
③ D 플립플롭 ④ T 플립플롭

해설 T 플립플롭은 0일 때는 변화없고 1일 때는 현재 상태를 반전(토글)한다.

[T 플립플롭(FF) 진리표]

T	Q_{n+1}
0	Q_n
1	$\overline{Q_n}$

48 플립플롭 4개로 레지스터를 구성 시 취급할 수 있는 수는 최대 몇 개인가?

① 4 ② 8
③ 16 ④ 32

해설 플립플롭 4개로 나타낼 수 있는 수의 조합 개수는 $2^4=16$이므로 최대 16개이다.

49 입력이 J=K=1일 때 플립플롭은 불확정한 출력을 내지않고, 클록 펄스의 에지(edge) 구간에서 출력 상태가 바뀌도록 하는 것은?

① 셋(set) ② 리셋(reset)
③ 트리거(trigger) ④ 토글(toggle)

정답 43.④ 44.③ 45.② 46.③ 47.④ 48.③ 49.④

해설 클록 펄스의 에지(edge) 구간에서 출력 상태가 바뀌는 것을 토글(toggle) 또는 반전이라고 한다.

50

JK FF에서 J 입력과 K 입력이 모두 1일 때 출력은 Clock에 의해 어떻게 되는가?

① 반전된다. ② 출력은 0이다.
③ 기억을 유지한다. ④ 출력은 1이다.

해설 JK 플립플롭의 진리표

J K	Q_{n+1}	비고
0 0	Q_n	불변
0 1	0	리셋
1 0	1	세트
1 1	$\overline{Q_n}$	반전

51

그림과 같이 T 플립플롭 여기표(excitation table)에 들어갈 값은?

Q_n	Q_{n+1}	T
0	0	㉠
0	1	㉡
1	0	㉢
1	1	㉣

① ㉠ 1, ㉡ 0, ㉢ 1, ㉣ 0
② ㉠ 0, ㉡ 1, ㉢ 0, ㉣ 1
③ ㉠ 0, ㉡ 1, ㉢ 1, ㉣ 0
④ ㉠ 1, ㉡ 0, ㉢ 0, ㉣ 1

해설 T 플립플롭(FF) 진리표와 여기표

T	Q_{n+1}
0	Q_n
1	$\overline{Q_n}$

Q_n	Q_{n+1}	T
0	0	0
0	1	1
1	0	1
1	1	0

52

JK 플립플롭을 T 플립플롭으로 이용하기 위한 방법은?

① J=0, K=0
② K와 Q를 연결한다.
③ J=1, K=1
④ J와 Q를 연결한다.

해설 JK 플립플롭의 진리표

J K	Q_{n+1}	비고
0 0	Q_n	불변
0 1	0	리셋
1 0	1	세트
1 1	$\overline{Q_n}$	**반전**

53

JK FF에서 J입력과 K입력이 모두 0일 때 출력은 Clock에 의해 어떻게 되는가?

① 반전된다. ② 출력은 0이다.
③ 기억을 유지한다. ④ 출력은 1이다.

해설 JK 플립플롭의 진리표

J K	Q_{n+1}	비고
0 0	Q_n	불변
0 1	0	리셋
1 0	1	세트
1 1	$\overline{Q_n}$	반전

54

JK 플립플롭에서 입력 단자 J=0, K=0일 때 클록 펄스가 가해지면 Q_{n+1} 출력은?

① 0 ② 1
③ $\overline{Q_n}$ ④ Q_n

해설 JK 플립플롭의 진리표

J K	Q_{n+1}	비고
0 0	Q_n	불변
0 1	0	리셋
1 0	1	세트
1 1	$\overline{Q_n}$	반전

정답 50.① 51.③ 52.③ 53.③ 54.④

55 플립플롭을 이용한 회로가 아닌 것은?

① 메모리 ② 레지스터
③ 디코더 ④ 카운터

해설 디코더는 2진수 입력을 10진수로 해독하는 해독기로서, 조합 논리 회로이므로 플립플롭이 필요없다.

56 플립플롭(flip flop)은 얼마동안 정보를 기억할 수 있는가?

① 내부 신호가 나갈 때까지
② 영구적으로 기억
③ 다음 신호가 들어올 때까지
④ 순간적으로 잠시 기억

해설 플립플롭은 다음 신호가 들어올 때까지 정보를 일시적으로 기억한다.

57 다음 그림 같은 RS 플립플롭의 출력 Q_{n+1}은?

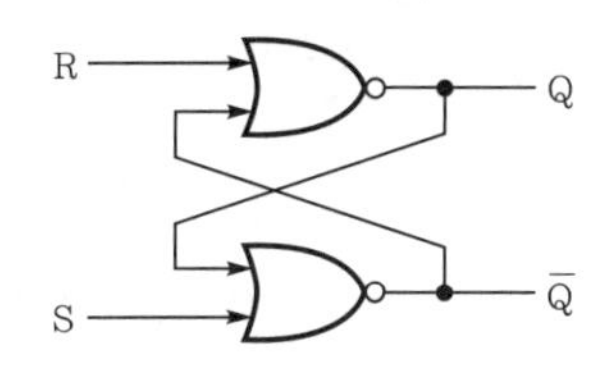

① $Q_{n+1} = R \cdot (\overline{S} + \overline{Q_n})$
② $Q_{n+1} = R \cdot (\overline{S} + Q_n)$
③ $Q_{n+1} = \overline{S} \cdot (R + \overline{Q_n})$
④ $Q_{n+1} = \overline{R} \cdot (S + Q_n)$

해설 ㉠ NOR 게이트 특성 방정식

R	S	Q_n = 0	Q_n = 1
0	0	0	1
0	1	1	1
1	1	X	X
1	0	0	0

에서 $Q_{n+1} = \overline{R} \cdot (S + Q_n)$

㉡ NAND 게이트 RS FF 특성 방정식

R	S	Q_n = 0	Q_n = 1
0	0	0	1
0	1	1	1
1	1	X	X
1	0	0	0

$Q_{n+1} = S + \overline{R}\overline{Q}(T)$

58 계수기 또는 레지스터 구성에 가장 많이 사용되는 것은?

① 플립플롭 ② 전가산기
③ 멀티플렉서 ④ 비교기

해설 계수기, 레지스터 등 순서 논리 회로의 기본 구성 논리는 플립플롭이다.

59 JK 플립플롭을 1개의 입력으로 만든 플립플롭 명칭은?

① RS ② T
③ D ④ MS

해설 JK 플립플롭의 두 입력 J, K를 1로 묶으면 토글 동작을 한다.

J	K	Q_{n+1}	비고
0	0	Q_n	불변
0	1	0	리셋
1	0	1	세트
1	1	$\overline{Q_n}$	반전

60 디지털 순서 회로의 대표적인 중규모 집적회로(MSI)는 레지스터, 카운터, 메모리 장치 등이다. 이러한 회로를 구성하는 가장 기본적인 순서 회로는?

① 가산기 ② 플립플롭
③ 디코더 ④ 조합 논리 게이트

정답 55.③ 56.④ 57.④ 58.① 59.② 60.②

해설 계수기, 레지스터 등 순서 논리 회로의 기본 구성 논리는 플립플롭이다.

61 하나의 입력 단자만을 가지고, 입력된 것과 동일한 결과를 출력하며, 어떤 내용의 일시적 보존이나 신호 지연에 사용할 수 있는 플립플롭은?

① RS 플립플롭 ② D 플립플롭
③ JK 플립플롭 ④ T 플립플롭

해설 D 플립플롭은 Delay 플립플롭 혹은 Data 플립플롭이라고도 하며 입력값과 출력이 같기 때문에 데이터의 기억이나 데이터 전달 지연에 사용된다.

62 RS NAND 래치 회로에서 S=1, R=0일 때 Q=0, $\overline{Q}$=1이다. 이때 동작 상태는 어떠한가?

① 기억 유지 ② 세트
③ 리셋 ④ 금지 입력

해설 '0'을 리셋, '1'을 셋이라고도 한다.

[RS FF의 진리표]

R	S	Q_{n+1}	비고
0	0	Q_n	불변
0	1	1	세트
1	0	0	리셋
1	1	부정	X

63 JK 플립플롭의 특성 방정식은?

① $Q(t+1) = J\overline{Q} + \overline{K}Q$
② $Q(t+1) = \overline{J}Q + \overline{K}Q$
③ $Q(t+1) = JQ + KQ$
④ $Q(t+1) = J\overline{Q} + K\overline{Q}$

해설 특성 방정식이란 현재 입력값과 현재 출력값에 따라 다음 출력이 어떻게 변하는지를 나타낸 것이다.
먼저 JK FF의 진리표에서

J	K	Q_{n+1}	비고
0	0	Q_n	불변
0	1	0	리셋
1	0	1	세트
1	1	$\overline{Q_n}$	반전

여기서 J, K, Q_n 값에 따라 Q_{n+1} 상태를 구해보면

J	K	Q_n	Q_{n+1}
0	0	0	0
0	0	1	1
0	1	0	0
0	1	1	0
1	0	0	1
1	0	1	1
1	1	0	1
1	1	1	0

여기서 카르노도를 이용해 간략화하면

J \ KQ_n	00	01	11	10
0		1		
1	1	1		1

$\therefore Q_{n+1} = J\overline{Q} + \overline{K}Q$

64 플립플롭이 특정 현재 상태에서 원하는 다음 상태로 변화하는 동작을 하기 위한 입력을 표로 작성한 것은?

출제빈도

① 여기표 ② 진리표
③ 상태표 ④ 카르노표

해설 진리표는 소자의 입력에 따른 출력 동작을 해석한 것이며, 여기표는 출력을 구하기 위해 어떤 입력이 주어지는지 해석한 것으로서, 플립플롭 회로 설계를 위한 것이다.

정답 61.② 62.③ 63.① 64.①

05 순서 논리 회로

1 순서 논리의 개요

(1) 순서 논리 회로의 정의

① 논리 게이트의 조합으로 구성된 논리 회로 내부에 기억 소자를 추가하여 입력 신호와 현재 기억된 값에 의해 다음 상태의 기억값이 순차적으로 결정되도록 설계된 회로이다.

② 순서 논리 회로의 구성 요소

㉠ 플립플롭(FF : Flip Flop)
- 1bit의 신호를 기억할 수 있는 소자이다.
- 순서 논리 회로의 기본 소자이다.
- 플립플롭의 동작 타이밍은 클록 펄스에 의해 유지된다.

㉡ 레지스터(register)
- 중앙 처리 장치를 구성하는 일시적 기억 공간이다.
- 기본 소자는 플립플롭이다.
- 동작 타이밍은 마스트 클록에 의해 유지된다.

㉢ 2진 계수기(binary counter)
- 기억 상태의 값을 1씩 증가하거나 감소하는 회로이다.
- 기본 소자는 플립플롭이다.
- 2진 업 카운트와 2진 다운 카운트로 분류한다.

(2) 순차 회로의 설계 절차

① 설계하고자 하는 회로를 명확히 정의한다.
② 설계 회로의 입·출력 변수, 상태 변수를 결정하고 2진 코드를 할당한다.
③ 상태 천이도를 그리고 그에 따라 상태 천이표를 작성(상태수를 가능하면 간소화)한다.
④ 사용할 플립플롭의 종류를 결정하고 여기표를 작성한다.
⑤ 플립플롭의 입력식과 출력식을 구한다.
⑥ 입력식과 출력식에 따라 회로도를 작성한다.
⑦ 회로를 구현하여 동작 상태를 확인한다.

기출문제 핵심잡기

[2010년 1회 출제]
[2010년 2회 출제]
[2011년 5회 출제]
[2012년 2회 출제]
[2016년 2회 출제]
레지스터와 계수기 등 순서 논리 회로를 구성하는 기본 소자는 플립플롭이다.

[2011년 1회 출제]
카운터와 같이 플립플롭을 사용하는 디지털 회로를 순서 논리 회로라고 한다.

[2011년 2회 출제]
[2014년 1회 출제]
동기식 순서 논리 설계 순서
㉠ 클록에 따른 각 FF 상태 변화표 작성
㉡ FF에 제어 신호 결정
㉢ 카르노도를 이용하여 단순화

기출문제 핵심잡기

★중요★
[2010년 1회 출제]
[2016년 1회 출제]
[2016년 2회 출제]
동기식 카운터
카운터를 구성하는 모든 플립플롭이 하나의 클록 신호에 의해 동시에 동작하는 방식이다.

[2010년 1회 출제]
[2011년 1회 출제]
[2013년 3회 출제]
[2016년 1회 출제]
계수기(counter)
클록 펄스의 개수나 시간에 따라 반복적으로 일어나는 행위를 세는 장치로서, 여러 개의 플립플롭으로 구성된다.

[2010년 2회 출제]
[2011년 2회 출제]
[2011년 5회 출제]
[2014년 1회 출제]
[2016년 2회 출제]
비동기식 카운터를 리플 카운터라고도 하며, 카운터 중 가장 기본이 된다. 클록이 직렬로 연결되어 있으므로 비트 수가 많은 카운터에는 부적합하다.

[2010년 5회 출제]
[2013년 1회 출제]
[2013년 3회 출제]
동기식 계수기
병렬 계수기라고도 하며 계수기의 각 플립플롭이 같은 시간에 트리거된다.

2 카운터(counter : 계수기)

(1) 카운터의 개요

① 카운터의 의미

㉠ 클록 펄스에 따라 수를 세는 계수 능력을 갖는 논리 회로이다.

㉡ 컴퓨터가 여러 가지 동작을 수행하는 데 필요한 타이밍 신호를 제공한다.

② 카운터의 분류

㉠ 동기식 카운터 : 입력 펄스의 입력 시간에 동기되어 각 플립플롭이 동시에 동작하기 때문에 모든 플립플롭의 단에서 상태 변화가 일어난다.

㉡ 비동기식 카운터 : 앞단의 출력을 받아서 각 플립플롭이 차례로 동작하기 때문에 첫 단에만 클록 펄스가 필요하다. 직렬 카운터 또는 리플(ripple) 카운터라 한다.

③ 카운터는 비트수에 따라서 최대 카운트가 결정된다. 4비트 카운터의 최대 카운트 범위는 2^4, 즉 0 ~ 15(0000 ~ 1111)이며, 8비트 카운터의 최대 카운트 범위는 2^8 = 0 ~ 255(0000 0000 ~ 1111 1111)가 된다.

(2) 비동기형 기본 카운터(리플 카운터)

① 3비트 리플 카운터의 기본 회로

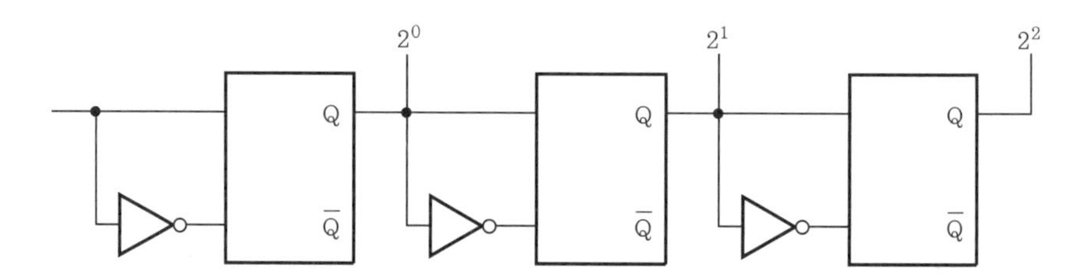

② **상향 카운터(up counter) 회로와 동작** : A단부터 D단까지 각 플립플롭 회로는 20, 21, 22, 23의 자리값을 가지게 되는데, 계수기의 출력 상태는 펄스가 입력될 때마다 증가한다.

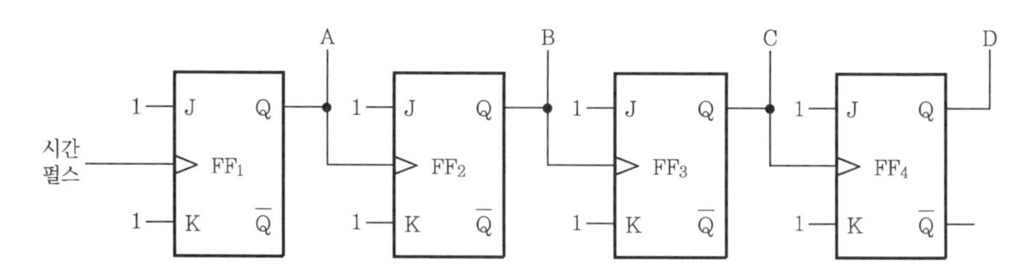

▌4비트 16진 업카운터의 동작 상태표▐

계수	각 단의 출력			
	A	B	C	D
0	0	0	0	0
1	0	0	0	1
2	0	0	1	0
3	0	0	1	1
4	0	1	0	0
5	0	1	0	1
6	0	1	1	0
7	0	1	1	1
8	1	0	0	0
9	1	0	0	1
10	1	0	1	0
11	1	0	1	1
12	1	1	0	0
13	1	1	0	1
14	1	1	1	0
15	1	1	1	1

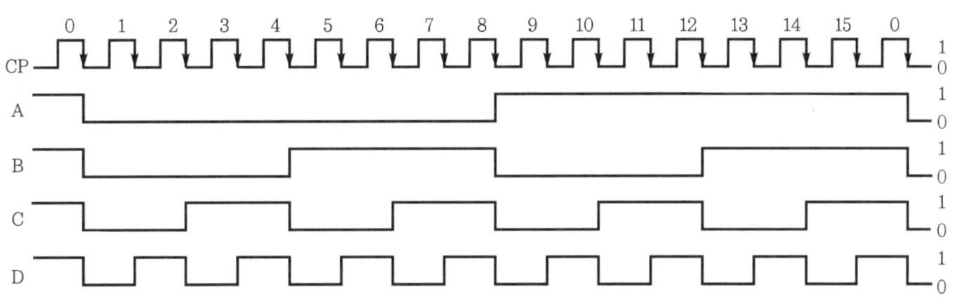

- 비동기 리플 카운터는 입력 클록의 분주기로도 사용된다.
- 출력 A : 1/2분주, 출력 B : 1/4분주, 출력 C : 1/8분주, 출력 D : 1/16분주

▌16진 상향 계수기의 입·출력 동작의 파형▐

③ 하향 카운터(down counter) 회로와 동작

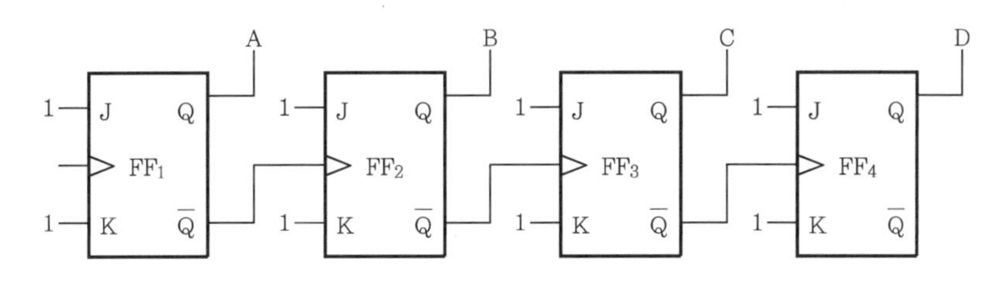

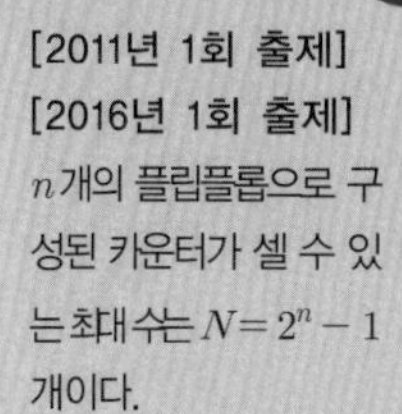

[2011년 1회 출제]
[2016년 1회 출제]
n개의 플립플롭으로 구성된 카운터가 셀 수 있는 최대수는 $N=2^n-1$개이다.

[2013년 2회 출제]
여러 개의 플립플롭이 접속될 경우 계수 입력에 가해진 시간 펄스의 효과가 가장 뒤에 접속된 플립플롭에 전달되려면 1개의 플립플롭에서 일어나는 시간 지연이 여러 개 생긴다. 이러한 시간 지연을 방지하기 위해 만든 계수기가 동기형 계수기이다.

[2012년 1회 출제]
리플 카운터
대표적인 비동기식 카운터이다.

[2012년 2회 출제]
디지털 계수기에서 계수기로 주로 사용되는 회로는 쌍안정 멀티바이브레이터이다(플립플롭=쌍안정 멀티바이브레이터).
[2010년 5회 출제]
[2012년 2회 출제]
2진 리플 카운터
T형 플립플롭 2개가 직렬로 연결된 형태이다.

[2012년 5회 출제]
[2013년 1회 출제]
카운터
입력 펄스의 작용에 따라 미리 정해진 상태의 순차를 밟아가는 순차 회로이다.

기출문제 핵심잡기

[2012년 5회 출제]
[2013년 1회 출제]
비동기형 리플 카운터
㉠ 회로가 간단하다.
㉡ 동작 시간이 길다.
㉢ 주로 T형이나 JK형 플립플롭을 사용한다.

[2010년 2회 출제]
[2011년 2회 출제]
[2013년 3회 출제]
비동기식 6진 카운터를 만들려면 3개의 플립플롭이 있어야 한다(000_2 ~ 101_2).

[2010년 5회 출제]
[2013년 1회 출제]
5진 카운터를 만들려면 T형 플립플롭 3개가 있어야 한다(000_2 ~ 100_2).

[2012년 2회 출제]
4단의 계수기로는 2^4 = 16개의 펄스를 셀 수 있다.

[2012년 2회 출제]
5개의 플립플롭으로 구성된 2진 계수기의 모듈러스(modulus)는 2^5 = 32개이다.

[2013년 2회 출제]
비동기형 10진 계수기를 T 플립플롭으로 구성하려 한다면, 4개의 플립플롭이 필요하다(0000_2 ~ 1001_2).

▎16진 하향 카운터 상태표▎

펄스 입력 순서	각 단의 출력				계수 출력
	D	C	B	A	
0	1	1	1	1	0 또는 16
1	1	1	1	0	15
2	1	1	0	1	14
3	1	1	0	0	13
4	1	0	1	1	12
5	1	0	1	0	11
6	1	0	0	1	10
7	1	0	0	0	9
8	0	1	1	1	8
9	0	1	1	0	7
10	0	1	0	1	6
11	0	1	0	0	5
12	0	0	1	1	4
13	0	0	1	0	3
14	0	0	0	1	2
15	0	0	0	0	1

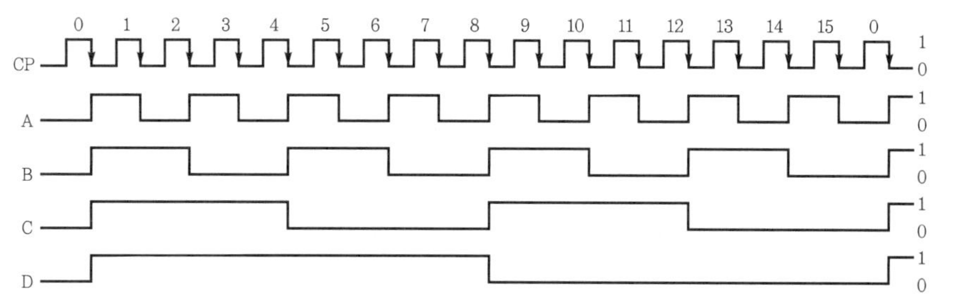

▎16진 하향 계수기의 입·출력 동작 파형▎

(3) 비동기 8진 카운터

① 상태표와 논리 회로

㉠ 상태표

클록 순서	출력		
	C	B	A
0	0	0	0
1	0	0	1
2	0	1	0
3	0	1	1
4	1	0	0
5	1	0	1
6	1	1	0
7	1	1	1

㉡ 논리 회로

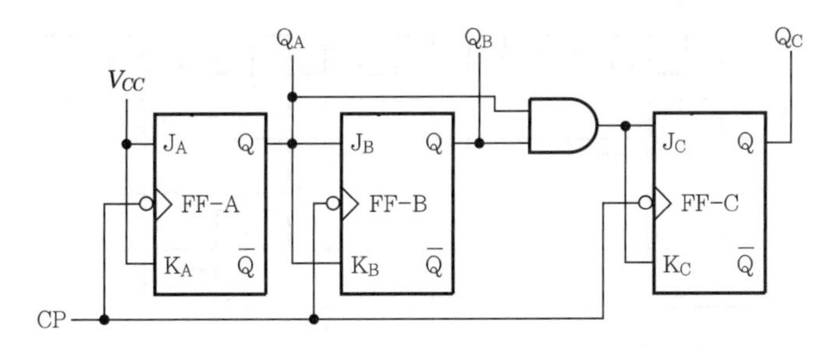

② 동작 파형

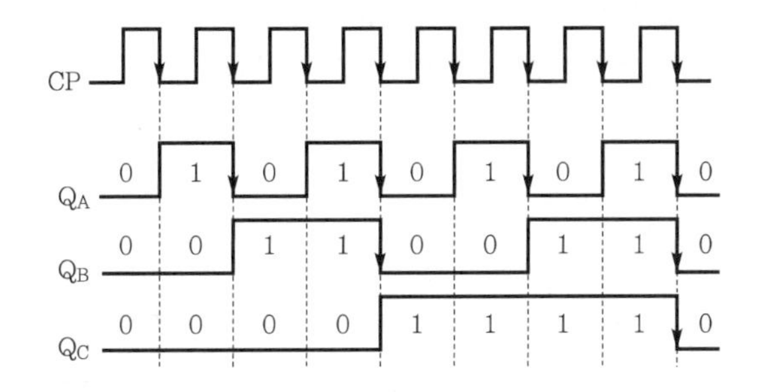

(4) 동기식 링카운터

① 링카운터(ring counter, circulating counter) : 여러 장치에 시간을 일정하게 배분하는 것과 같이 전체를 순화하는 일을 제어하는 데 알맞은 계수기이다.

② 4비트 링카운터 회로

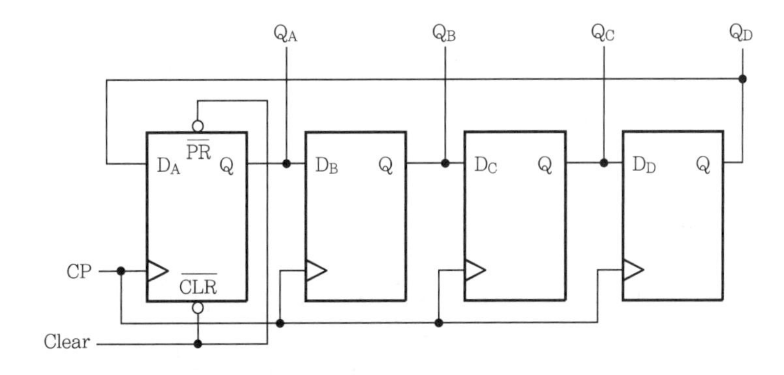

③ 4비트 링카운터의 상태도

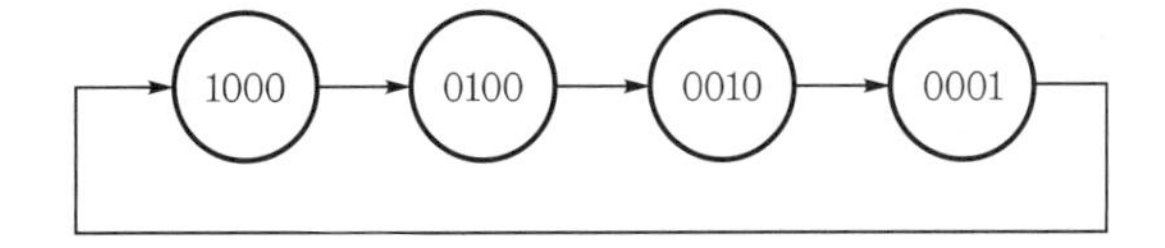

기출문제 핵심잡기

[2013년 2회 출제]
플립플롭을 4단 연결한 2진 하향 계수기를 리셋시킨 후 첫 번째 클록 펄스가 인가되면 출력은 리셋 상태일 때 0000이므로 1개 하향 펄스 인가되면 1111(15)로 된다.

[2010년 2회 출제]
[2011년 5회 출제]
동기식 9진 카운터를 만들려면 4개의 플립플롭이 필요하다(0000_2 ~ 1001_2).

[2012년 5회 출제]
링카운터
시프트 레지스터 출력을 입력으로 되먹임시킨 계수기이다.

④ 동작 파형

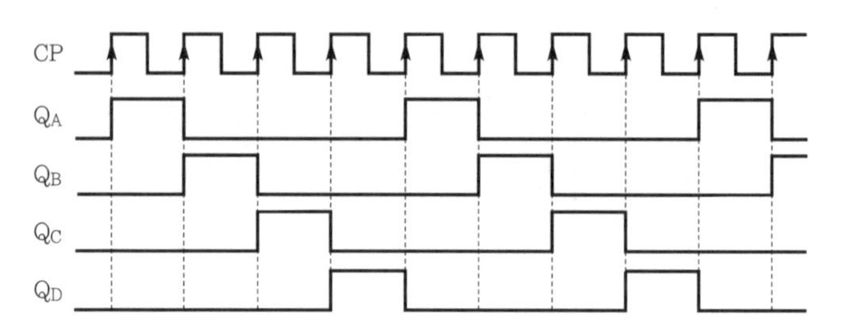

☑ 동기식 존슨 카운터
n개의 플립플롭으로 구성된 링카운터는 n가지의 서로 다른 상태를 출력할 수 있지만 존슨 카운터는 $2n$가지의 서로 다른 상태를 출력할 수 있는 계수기이다.

(5) 동기식 존슨 카운터

① n개의 플립플롭으로 구성된 링카운터는 n가지의 서로 다른 상태를 출력할 수 있지만 존슨 카운터는 $2n$가지의 서로 다른 상태를 출력할 수 있는 계수기이다.

② 회로

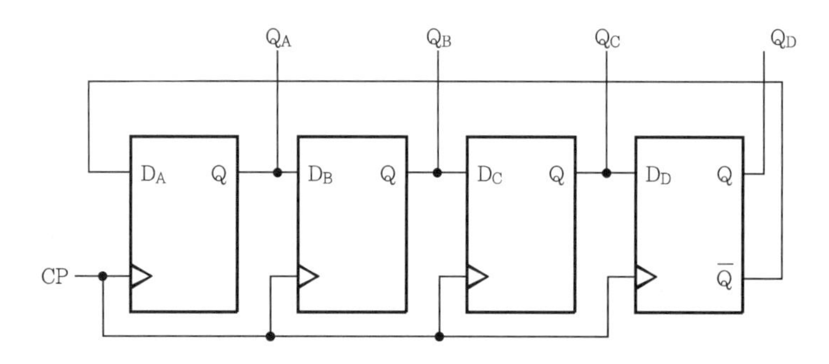

③ 상태도

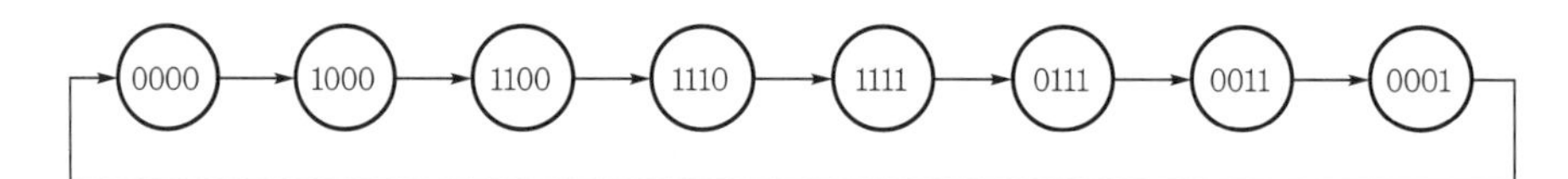

④ 동작 파형

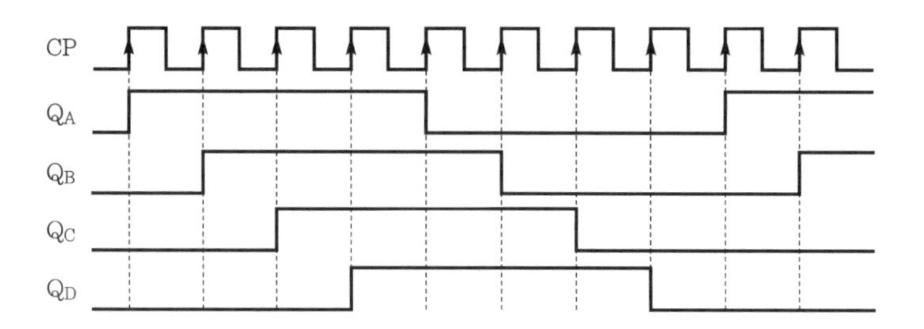

(6) 동기식 16진 카운터

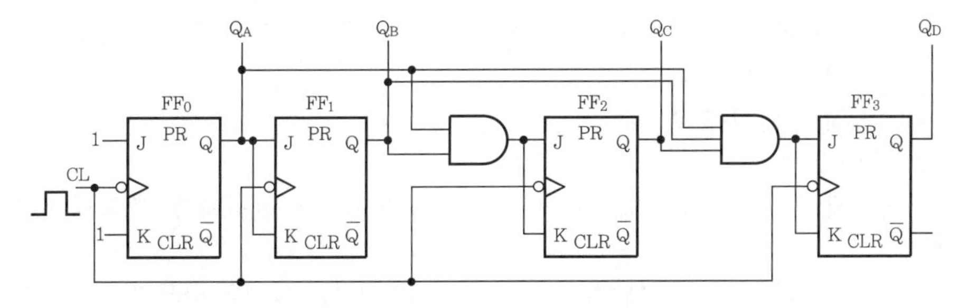

▎4비트 16진 카운터 동작 상태표▐

계수	각 단의 출력			
	A	B	C	D
0	0	0	0	0
1	0	0	0	1
2	0	0	1	0
3	0	0	1	1
4	0	1	0	0
5	0	1	0	1
6	0	1	1	0
7	0	1	1	1
8	1	0	0	0
9	1	0	0	1
10	1	0	1	0
11	1	0	1	1
12	1	1	0	0
13	1	1	0	1
14	1	1	1	0
15	1	1	1	1

3 레지스터(register)

(1) 레지스터의 개요

① 레지스터의 연결

㉠ 플립플롭 여러 개를 일렬로 배열하고 적당히 연결한다.

㉡ 여러 비트의 2진수를 일시적으로 저장하거나 저장된 비트를 좌측 또는 우측으로 하나씩 이동할 때 사용한다.

② 시프트(shift) 레지스터

㉠ 데이터를 좌우로 이동시키는 레지스터이다.

㉡ 직렬 입력, 병렬 출력과 병렬 입력, 직렬 출력 형태를 포함하여 직렬과 병렬의 입・출력 조합을 가지고 있다.

㉢ 양방향성 이동 레지스터, 순환 레지스터도 있다.

기출문제 핵심잡기

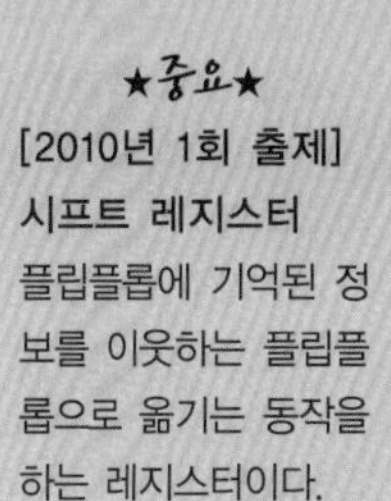

★중요★

[2010년 1회 출제]
시프트 레지스터
플립플롭에 기억된 정보를 이웃하는 플립플롭으로 옮기는 동작을 하는 레지스터이다.

[2010년 1회 출제]
[2010년 5회 출제]
[2011년 1회 출제]
[2013년 1회 출제]
[2014년 1회 출제]
시프트 레지스터로 이용할 수 있는 기능
㉠ 정보의 일시 기억
㉡ 정보의 전송
㉢ 곱셈(왼쪽 시프트)
㉣ 나눗셈(오른쪽 시프트)

[2010년 2회 출제]
[2011년 5회 출제]
시프트 레지스터를 만들고자 할 경우 가장 적합한 것은 입력 데이터 회로 구성이 쉬운 RS 플립플롭이다.

[2011년 1회 출제]
가장 간단한 레지스터 회로는 외부 게이트 없이 플립플롭만으로 구성이 가능하다.

기출문제 핵심잡기

[2011년 2회 출제]
직렬 이동 레지스터
플립플롭에 기억된 정보가 시프트 펄스를 하나씩 공급할 때마다 순차적으로 다음 플립플롭으로 옮기는 동작을 하는 레지스터이다.

[2011년 2회 출제]
[2014년 1회 출제]
레지스터
㉠ 2진 기억 소자(플립플롭)로 구성
㉡ 직렬 입력, 직렬 출력
㉢ 직렬 입력, 병렬 출력
㉣ 병렬 입력, 직렬 출력
㉤ 병렬 입력, 병렬 출력

[2012년 1회 출제]
[2013년 2회 출제]
레지스터 핵심 기능
정보를 전송 전 혹은 연산 장치에서 연산 전의 정보나 연산 후 결과 정보를 전송 전 일시 기억

[2011년 2회 출제]
4개의 플립플롭으로 구성된 직렬 시프트 레지스터에서 MSB 레지스터에 기억된 내용이 출력으로 나오기 위해서는 4개의 클록 펄스가 필요하다.

③ 병렬 전송 레지스터
㉠ 하나의 클록 펄스 시간 동안에 모든 비트의 데이터를 한번에 전송한다.
㉡ 전송 속도가 빠르다.
㉢ 직렬 방식에 비하여 복잡하다.

④ 직렬 전송 레지스터
㉠ 레지스터에 직렬 입력과 직렬 출력을 연결하여 한번에 한 비트씩 전송한다.
㉡ 데이터를 전송할 때 전송 속도가 느리지만 하드웨어의 규모가 간단하다.

(2) 레지스터의 종류

① SIPO(Serial In Parallel Out) : 직렬 입력－병렬 출력

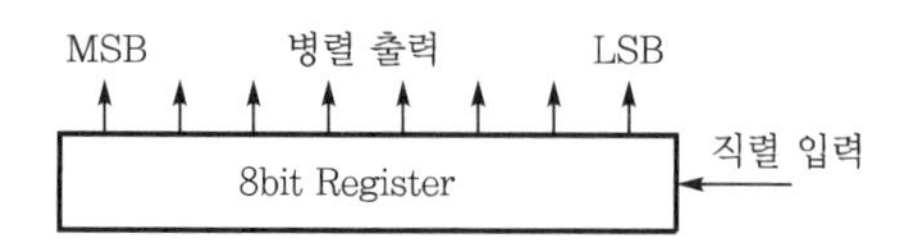

② SISO(Serial In Serial Out) : 직렬 입력－직렬 출력

③ PISO(Parallel In Serial Out) : 병렬 입력－직렬 출력

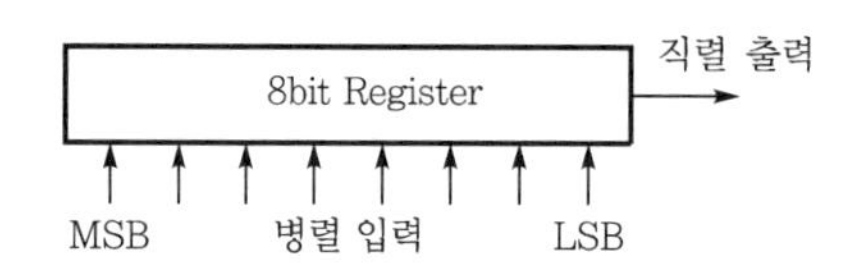

④ PIPO(Parallel In Parallel Out) : 병렬 입력－병렬 출력

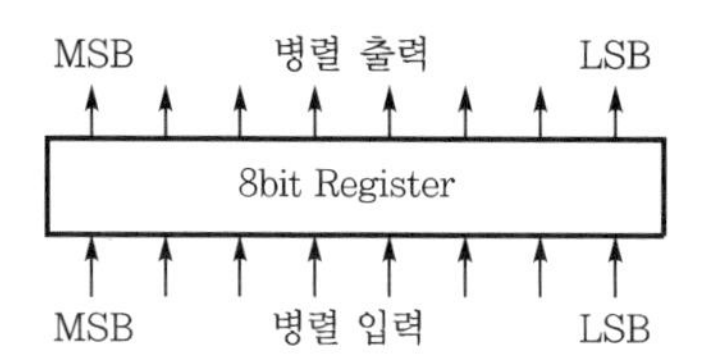

4 레지스터 회로

(1) 4비트 직렬 입력－직렬 출력(SISO) 레지스터

① 한번에 한 비트씩 연속적으로 데이터를 받아들이고, 클록 펄스가 입력될 때마다 레지스터의 내용이 오른쪽으로 한 비트씩 자리 이동을 하고 다음 클록 펄스에 의해 직렬 입력된 데이터가 레지스터에 저장된 후 다시 직렬로 출력된다.

② 회로

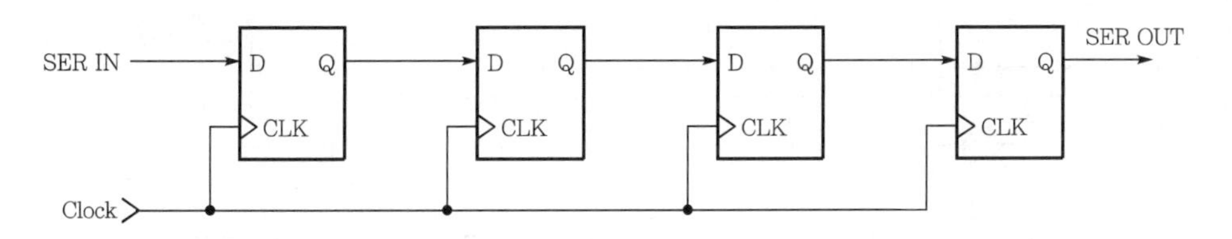

(2) 4비트 직렬 입력–병렬 출력(SIPO) 레지스터

① 플립플롭의 D 입력을 통해 직렬로 입력되고, 출력은 레지스터에 저장된 데이터가 각 FF의 출력 Q_A, Q_B, Q_C, Q_D를 통하여 병렬로 동시에 출력되는 레지스터이다.

② 회로

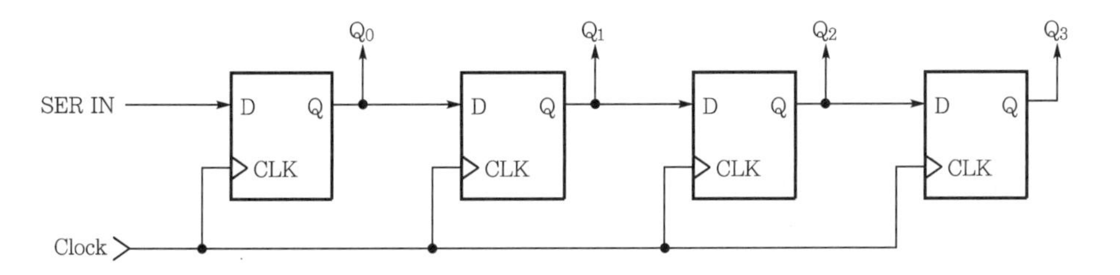

(3) 병렬 로드 병렬 출력(PIPO) 레지스터

① 병렬 로드 : 레지스터를 구성하는 모든 플립플롭이 하나의 클록 펄스에 의해서 동시에 입력값을 로드한다.

② 회로 : 74 LS 174

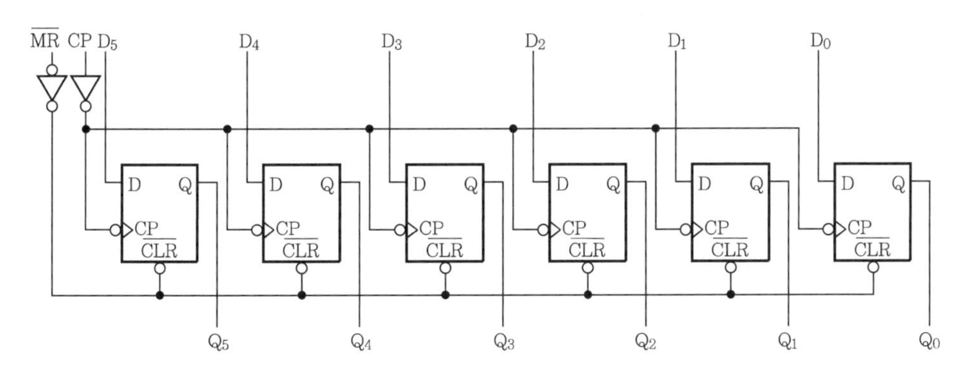

(4) 병렬 로드 직렬 출력(PISO) 레지스터

① 병렬 로드 : 레지스터를 구성하는 모든 플립플롭이 하나의 클록 펄스에 의해서 동시에 입력값을 로드한다.

② 직렬 출력 : 클록 펄스가 인가 시마다 1비트씩 시프트하여 출력한다.

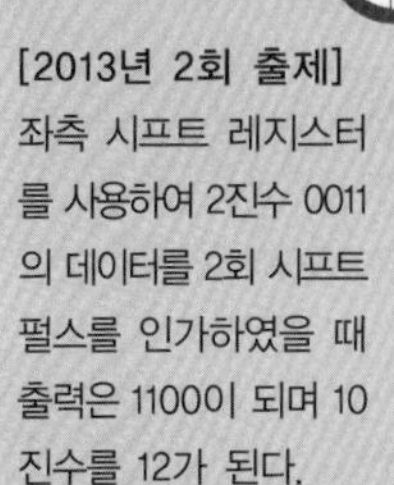

[2013년 2회 출제]
좌측 시프트 레지스터를 사용하여 2진수 0011의 데이터를 2회 시프트 펄스를 인가하였을 때 출력은 1100이 되며 10진수를 12가 된다.

[2013년 3회 출제]
10진수 8이 기억되어 있는 5비트 시프트 레지스터를 좌측 1비트 시프트 했을 때의 레지스터값은 2진수로 1000에서 10000으로 되므로 10진수로 16이 된다(좌측 시프트는 X2의 효과가 있다).

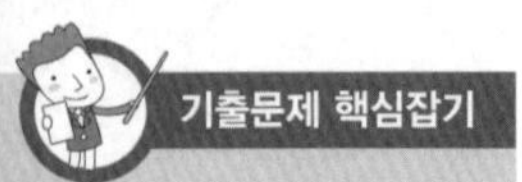

③ 회로 : 74 LS 165

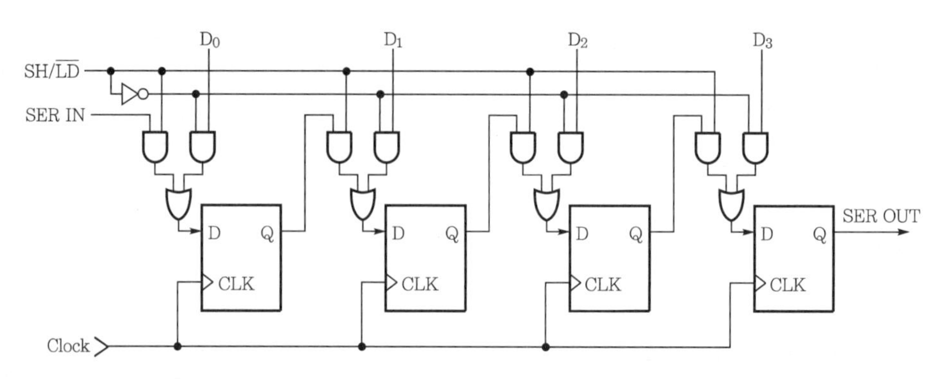

단락별 기출 · 예상 문제

01 **다음 중 일련의 순차적인 수를 세는 회로는 무엇인가?**

① 인코더　　② 디코더
③ 계수기　　④ 레지스터

해설 카운터(계수기)는 여러 개의 플립플롭으로 구성되어 입력되는 펄스의 개수를 세는 것이 기본 동작이다. 이를 응용하여 회로를 특정 순서대로 제어할 수 있도록 할 수 있다.

02 **출력 신호가 현재의 입력 신호와 과거의 입력 신호에 의하여 결정되는 논리 회로로서 플립플롭과 같은 기억 소자와 논리 게이트로 구성되는 회로는?**

① 조합 논리 회로　　② 순서 논리 회로
③ 매트릭스 회로　　④ 비교 회로

해설 **순서 회로**
㉠ 기억 기능이 있는 플립플롭에 의해 구동이 되며, 현재 입력값과 과거 출력값에 의해 다음 값이 결정되는 회로이다.
㉡ 카운터, 레지스터 등이 대표적 순서 논리 회로이다.

03 **카운터와 같이 플립플롭을 사용하는 디지털 회로를 무엇이라 하는가?**

① 조합 논리 회로
② 순서 논리 회로
③ 아날로그 논리 회로
④ 멀티플렉서 논리 회로

해설 순서 회로는 기억 기능이 있는 플립플롭에 의해 구동되며, 현재 입력값과 과거 출력값에 의해 다음 값이 결정되는 회로이다.

04 **순서 논리 회로의 기본 구성은?**

① 반가산 회로와 AND 게이트
② 전가산 회로와 AND 게이트
③ 조합 논리 회로와 논리 소자
④ 조합 논리 회로와 기억 소자

해설 순서 회로는 기억 소자로 사용되는 플립플롭에 의해 주로 구동된다.

05 **입력 펄스의 적용에 따라 미리 정해진 상태의 순차를 밟아가는 순차 회로는?**

출제빈도

① 카운터　　② 멀티플렉서
③ 디멀티플렉서　　④ 비교기

해설 카운터(계수기)는 여러 개의 플립플롭으로 구성되어 입력되는 펄스의 개수를 세는 것이 기본 동작이다. 이를 응용하여 회로를 특정 순서대로 제어할 수 있도록 할 수 있다.

06 **하나의 공통된 시간 펄스에 의해 플립플롭들이 트리거되어 모든 플립플롭의 상태가 동시에 변화하는 계수 회로의 명칭은?**

① 병렬 이동 레지스터
② 상향 계수기
③ 비동기형 계수 회로
④ 동기형 계수 회로

해설 비동기형 계수기는 앞단의 출력을 입력 펄스로 받아 계수하는 회로이고, 동기형 계수기는 모든 단이 하나의 공통 펄스로 구동된다.

07 **시간 펄스나 제어를 위한 펄스의 수를 세는 회로를 무엇이라 하는가?**

① 계수 회로　　② 제어 회로
③ 명령 회로　　④ 펄스 회로

정답 01.③ 02.② 03.② 04.④ 05.① 06.④ 07.①

08 디지털 순서 회로의 대표적인 중규모 집적 회로(MSI)는 레지스터, 카운터, 메모리 장치 등이다. 이러한 회로를 구성하는 가장 기본적인 순서 회로는?

① 가산기
② 플립플롭
③ 조합 논리 게이트
④ 디코더

해설 순서 논리 회로의 대표적 로직이 플립플롭이며 이를 응용한 것이 레지스터, 계수기, 메모리 등이다.

09 레지스터(register)와 계수기(counter)를 구성하는 기본 소자는?

① 해독기 ② 감산기
③ 가산기 ④ 플립플롭

해설 순서 논리 회로의 대표적 로직이 플립플롭이며 이를 응용한 것이 레지스터, 계수기, 메모리 등이다.

10 순서 논리 회로가 아닌 것은?

① 리플 계수기 ② 디멀티플렉서
③ 레지스터 ④ 링 계수기

해설 **논리 회로의 종류**
㉠ 순서 논리 회로 : 대표적 로직이 플립플롭이며 이를 응용한 것이 레지스터, 계수기, 메모리 등이다.
㉡ 조합 논리 회로 : 가산기, 감산기, 멀티플렉서, 디멀티플렉서, 디코더, 엔코더 등이다.

11 순서 논리 회로를 설계할 때 사용되는 상태표(state table)의 구성 요소가 아닌 것은?

① 이전 상태 ② 현재 상태
③ 다음 상태 ④ 출력

해설 JK FF 상태표

J K	Q_{n+1}
0 0	Q_n
0 1	0
1 0	1
1 1	$\overline{Q_n}$

여기서, Q_n : 현재 상태
Q_{n+1} : 다음 상태

12 다음 중 순서 논리 회로의 종류로 옳지 않은 것은?

① 레지스터 ② 플립플롭
③ 인코더 ④ 동기식 계수 회로

해설 **순서 논리 회로** : 대표적 로직이 플립플롭이며 이를 응용한 것이 레지스터, 계수기, 메모리 등이다.

13 다음 중 레지스터(resistor)를 구성하는 기본 소자는?

① Flip flop ② Encoder
③ Decoder ④ Adder

해설 순서 논리 회로의 대표적 로직이 플립플롭이며 이를 응용한 것이 레지스터, 계수기, 메모리 등이다.

14 플립플롭이 n개일 때 카운터가 셀 수 있는 최대의 수 N은?

① $N=2^n$ ② $N=2^n+1$
③ $N=2^n-1$ ④ $N=2^{n+1}$

해설 예를 들어 3개의 플립플롭으로 카운터를 구성하면 $000(0_{10}) \sim 111(7_{10})$까지 카운터 범위에 속한다.
즉, 23 − 1=7까지이므로
$N=2^n-1$

정답 08.② 09.④ 10.② 11.① 12.③ 13.① 14.③

15 **디지털 장치에서 많이 쓰이는 회로로서, 클록 펄스의 수를 세거나 제어 장치에서 중요한 기능을 수행하는 것은?**

① 계수 회로 ② 발진 회로
③ 해독기 ④ 부호기

해설 카운터(계수기)는 여러 개의 플립플롭으로 구성되어 입력되는 펄스의 개수를 세는 것이 기본 동작이다. 이를 응용하여 회로를 특정 순서대로 제어할 수 있도록 할 수 있다.

16 **입력 펄스의 적용에 따라 미리 정해진 상태의 순차를 밟아가는 순차 회로는?**

① 인코더 ② 가산기
③ 카운터 ④ 디멀티플렉서

해설 카운터(계수기)는 여러 개의 플립플롭으로 구성되어 입력되는 펄스의 개수를 세는 것이 기본 동작이다. 이를 응용하여 회로를 특정 순서대로 제어할 수 있도록 할 수 있다.

17 **조합 논리 회로의 종류가 아닌 것은?**

① 플립플롭 ② 인코더
③ 가산기 ④ 멀티플렉서

해설 **조합 논리 회로** : 가산기, 감산기, 멀티플렉서, 디멀티플렉서, 디코더, 엔코더 등이 있다.

18 **Flip flop의 모임으로 구성된 일시 기억 장소로, 중앙 처리 장치 내부의 처리 자료를 일시적으로 기억하는 것은?**

① 가산기(adder)
② 레지스터(register)
③ 디코더(decoder)
④ 시프터(dhifter)

해설 **레지스터** : 중앙 처리 장치 등의 프로세서 내부의 임시 기억 장소이며, 속도가 빠른 플립플롭으로 구성되며 정보를 일시적으로 기억한다.

19 **다음 표는 순서 논리 회로를 설계하기 위한 JK 플립플롭의 여기표이다. ㉠, ㉡에 들어갈 것으로 옳은 것은?** (단, Q_n : 현재 상태, Q : 다음 상태, X : Don't care, 0이든 1이든 상관없음을 의미)

Q_n Q_{n+1}	J K
0 0	0 X
0 1	(㉠)
1 0	(㉡)
1 1	X 0

① ㉠ × 0, ㉡ 0 ×
② ㉠ × 0, ㉡ 1 ×
③ ㉠ 1 ×, ㉡ × 1
④ ㉠ 0 ×, ㉡ × 1

해설 **JK 플립플롭의 진리표**

J	K	Q_{n+1}	비고
0	0	이전 상태(Q_n)	불변
0	1	0	리셋
1	0	1	세트
1	1	반전 상태($\overline{Q_n}$)	반전

20 **다음 중 JK Flip flop에 의해서 16진 카운터를 구성하고자 할 때 몇 개의 Flip flop이 필요한가?**

① 3개 ② 4개
③ 5개 ④ 6개

해설 16진 카운터를 구성하기 위해서는 $2^4=16$이므로 4개의 플립플롭이 필요하다.

21 **동기형 16진 계수기를 만들려면 JK FF이 몇 개 필요한가?**

① 3 ② 4
③ 8 ④ 16

해설 $2^4=16$이므로 4개가 필요하다.

정답 15.① 16.③ 17.① 18.② 19.③ 20.② 21.②

22 클록 펄스의 개수나 시간에 따라 반복적으로 일어나는 행위를 세는 장치로서, 여러 개의 플립플롭으로 구성되는 것은?

① 계수기　② 누산기
③ 가산기　④ 감산기

해설 카운터(계수기)는 여러 개의 플립플롭으로 구성되어 입력되는 펄스의 개수를 세는 것이 기본 동작이다. 이를 응용하여 회로를 특정 순서대로 제어할 수 있도록 할 수 있다.

23 동기성 계수기로 사용할 수 없는 것은?

① BCD 계수기
② 리플 계수기
③ 2진 계수기
④ 2진 업-다운 계수기

해설 리플 계수기는 비동기식으로만 구성된다.

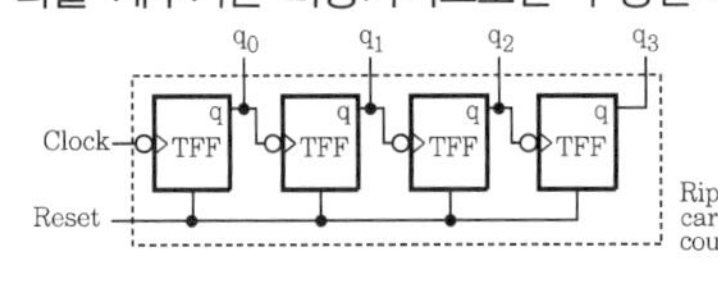

[비동기 리플 카운터]

24 플립플롭 4개로 레지스터를 구성할 때 취급할 수 있는 수는 최대 몇 개인가?

① 4　② 8
③ 16　④ 32

해설 4비트로 조합수의 개수는 $2^4 = 16$개이다. 즉, $0000(0_{10}) \sim 1111(15_{10})$

25 8개 입력 펄스마다 계수 주기가 반복되는 계수기를 8진 계수기 또는 모듈러스 8계수기(modulus 8 counter)라고 한다. 6진 계수기를 만들기 위해 필요한 플립플롭(FF) 개수는?

① 2개　② 3개
③ 4개　④ 6개

해설 6진 계수기는 $000(0_{10}) \sim 101(5_{10})$까지 표현되어야 하므로 3개가 필요하다.

26 비동기식 6진 리플 카운터를 구성하려고 한다. T 플립플롭이 몇 개 필요한가?

① 2　② 3
③ 4　④ 5

해설 6진 계수기는 $000(0_{10}) \sim 101(5_{10})$까지 표현되어야 하므로 3개가 필요하다.

27 5진 카운터를 만들려면 T형 플립플롭이 몇 개 필요한가?

① 1　② 2
③ 3　④ 4

해설 5진 계수기는 $000(0_{10}) \sim 100(4_{10})$까지 표현되어야 하므로 3개가 필요하다.

28 5개의 플립플롭으로 구성된 2진 계수기의 모듈러스(modulus)는 몇 개인가?

① 5　② 8
③ 16　④ 32

해설 5비트로 최대 조합 가능한 개수는 $2^5 = 32$개가 된다.

29 비동기형 계수 회로의 설명으로 바른 것은?

① 병렬 계수 회로이다.
② 조합 논리 회로이다.
③ 리플 계수기라고도 한다.
④ 출력 상태가 동시에 변한다.

해설 비동기형 계수기는 앞단의 출력을 입력 펄스로 받아 계수하는 회로이고, 동기형 계수기는 모든 단이 하나의 공통 펄스로 구동된다. 비동기형 계수기를 일명 리플 계수기라고도 한다.

정답 22.① 23.② 24.③ 25.② 26.② 27.③ 28.④ 29.③

30 계수기에서 가장 기본이 되는 계수기로서, 흔히 리플 계수기라고도 불리는 것은?

출제빈도

① 상향 계수기 ② 하향 계수기
③ 비동기형 계수기 ④ 동기형 계수기

해설 비동기형 계수기는 앞단의 출력을 입력 펄스로 받아 계수하는 회로이기 때문에 각 단 플립플롭에는 각기 다른 클록이 입력된다.

31 비동기형 리플 카운터의 설명이 아닌 것은?

① 모든 플립플롭 상태가 동시에 변한다.
② 회로가 간단하다.
③ 동작 시간이 길다.
④ 주로 T형이나 JK 플립플롭을 사용한다.

해설 비동기형 계수기는 앞단의 출력을 입력 펄스로 받아 계수하는 회로이기 때문에 각 단 플립플롭에는 각기 다른 클록이 입력되므로 각 플립플롭 상태는 동시에 변하지 않는다.

32 동기식 9진 카운터를 만드는 데 필요한 플립플롭의 개수는?

① 1개 ② 2개
③ 3개 ④ 4개

해설 9진 계수기는 $0000(0_{10}) \sim 1000(8_{10})$까지 표현되어야 하므로 4개가 필요하다. 동기식이든 비동기식이든 N진 카운터에서 플립플롭 개수는 동일하다.

33 비동기형 10진 계수기를 T 플립플롭으로 구성하려 한다. 최소 몇 개의 플립플롭이 필요한가?

① 2 ② 4
③ 5 ④ 10

해설 10진 계수기는 $0000(0_{10}) \sim 1001(9_{10})$까지 표현되어야 하므로 4개가 필요하다. 동기식이든 비동기식이든 N진 카운터에서 플립플롭 개수는 동일하다.

34 플립플롭 4개를 직렬로 접속하고, 입력측에 800[Hz]의 구형파를 가했다면 이 회로에서 얻을 수 없는 주파수[Hz]는?

① 100 ② 200
③ 300 ④ 400

해설 1개 T 플립플롭 출력은 입력 펄스를 1/2분주한 것이다.
따라서 직렬 접속이기 때문에 800[Hz]의 입력에 의해 각 단의 출력 주파수는 다음 회로와 같다.

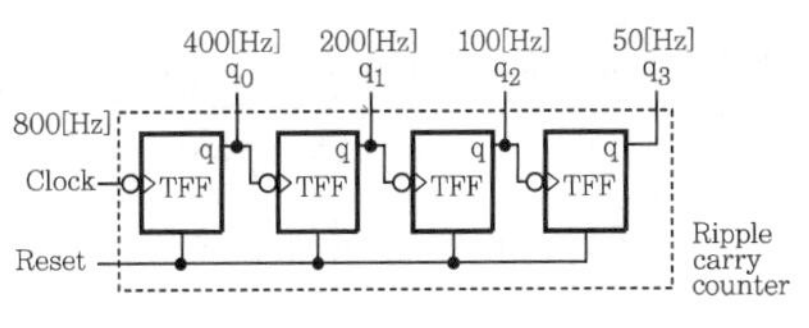

35 동기형 16진 계수기를 만들려면 JK FF이 몇 개 필요한가?

① 3 ② 4
③ 8 ④ 16

해설 16진 계수기는 $0000(0_{10}) \sim 1111(15_{10})$까지 표현되어야 하므로 4개가 필요하다. 동기식이든 비동기식이든 N진 카운터에서 플립플롭 개수는 동일하다.

36 여러 개의 플립플롭이 접속될 경우 계수 입력에 가해진 시간 펄스의 효과가 가장 뒤에 접속된 플립플롭에 전달되려면 한 개의 플립플롭에서 일어나는 시간 지연(time delay)이 생긴다. 이러한 문제를 해결하기 위해 만든 계수기는?

① 상향 계수기
② 하향 계수기
③ 동기형 계수기
④ 직렬 계수기

해설 동기형 계수기는 모든 단이 하나의 공통 펄스로 구동되므로 동일 시점에서 출력 변화가 일어나 전파 지연이 출력에 영향을 못미친다.

정답 30.③ 31.① 32.④ 33.② 34.③ 35.② 36.③

37 리플 계수기(ripple counter)의 설명으로 틀린 것은?

출제빈도

① 회로가 간단하다.
② 동작 시간이 길다.
③ 동기형 계수기이다.
④ 앞단의 플립플롭 출력 Q가 다음 단 플립플롭의 클록 입력 CLK로 연결된다.

해설 리플 계수기는 대표적 비동기식 카운터이다.

38 2진 데이터의 입·출력 또는 연산할 때 일시적으로 데이터를 기억하는 2진 기억 소자의 집합을 무엇이라 하는가?

① RAM ② Cache
③ Array ④ Register

39 디지털 신호를 아날로그 신호로 바꾸는 것은?

① 멀티플렉서 ② 인코더
③ DA 변환기 ④ 디코더

해설 DA 변환기(Digital to Analog converter) : 디지털 신호를 아날로그 신호로 변환하는 장치이다.

40 시프트 레지스터를 옳게 나타낸 것은?

① FF에 기억된 정보를 다른 FF에 옮기는 동작을 하는 레지스터를 말한다.
② FF에 기억된 정보를 소거시키는 레지스터를 말한다.
③ FF에 기억되는 것을 방해시키는 레지스터를 말한다.
④ FF에 Clock 입력을 기억시키기만 하는 레지스터를 말한다.

해설 시프트 레지스터(shift register)는 플립플롭을 직렬 접속하여 펄스를 하나씩 공급할 때마다 순차적으로 데이터를 다음 단의 플립플롭으로 전송되도록 하는 레지스터이다.

41 플립플롭을 여러 개 종속 접속하여 펄스(pulse)를 하나씩 공급할 때마다 순차적으로 다음 플립플롭에 데이터가 전송되도록 만들어진 레지스터는?

① 기억 레지스터(buffer register)
② 주소 레지스터(address register)
③ 시프트 레지스터(shift register)
④ 명령 레지스터(instruction register)

해설 Shift register는 기억되어 있는 데이터를 좌·우로 순차 이동할 수 있는 시프트 회로에 의해 기억 데이터를 다음 단으로 이동할 수 있는 레지스터이다.

42 다음 중 시프트 레지스터(shift register)를 만들고자 할 경우 가장 적합한 플립플롭은 무엇인가?

출제빈도

① RS 플립플롭 ② T 플립플롭
③ D 플립플롭 ④ RST 플립플롭

해설 시프트 레지스터를 만들고자 할 경우 입력 구성이 용이한 RS 플립플롭이 적합하다.

43 가장 간단한 레지스터 회로는 외부 게이트가 전혀 없이 어떤 회로로 구성되는가?

① 플립플롭 ② AND 게이트
③ X-OR 게이트 ④ 자기 코어

해설 레지스터나 카운터 등의 순서 논리 회로 기본 구성 요소는 플립플롭이다.

44 디지털 계수기에서 계수기로 주로 사용되는 회로는?

① 비안정 멀티바이브레이터
② 단안정 멀티바이브레이터
③ 쌍안정 멀티바이브레이터
④ 슈미트 트리거 회로

정답 37.③ 38.④ 39.③ 40.① 41.③ 42.① 43.① 44.③

해설 **멀티바이브레이터 동작 종류**

㉠ 쌍안정 : 양쪽 모두 회로가 안정적임을 뜻한다. 0과 1의 논리 상태를 갖는 플립플롭이 일종의 쌍안정 멀티바이브레이터이다.

㉡ 단안정 : 한쪽 상태에서만 동작 상태가 안정적이고 다른 상태는 불안정한 회로를 말한다.

㉢ 비안정 : 2개의 출력이 모두 동작 상태가 불안정하여 논리 1, 0 상태를 일정 주기로 반복 동작한다.

45

7진 동기식 카운터를 설계하려면 몇 개의 플립플롭이 필요한가?

① 2　② 3
③ 4　④ 5

해설 7진 계수기는 $000(0_{10}) \sim 110(6_{10})$까지 표현되어야 하므로 3개가 필요하다. 동기식이든 비동기식이든 N진 카운터에서 플립플롭 개수는 동일하다.

46

비동기식 카운터에 대한 설명으로 틀린 것은?

① 비트수가 많은 카운터에 적합하다.
② 지연 시간으로 고속 카운팅에 부적합하다.
③ 전단의 출력이 다음 단의 트리거 입력이 된다.
④ 직렬 카운터 또는 리플 카운터라고도 한다.

해설 비동형기 계수기는 전단의 출력을 입력 펄스로 받아 계수하는 직렬 형태의 회로이기 때문에 각 단의 전파 지연이 발생하는 단점이 있다. 따라서 저속이고 비트수가 적은 카운팅 동작에 주로 사용된다.

47

레지스터(register)와 계수기(counter)를 구성하는 기본 소자는?

① 해독기　② 감산기
③ 가산기　④ 플립플롭

해설 레지스터와 계수기 등 순서 논리 회로 기본 구성 소자로 플립플롭이 사용된다.

48

디지털 신호를 아날로그 신호로 변환하는 장치를 무엇이라고 하는가?

① AD 변환기　② DA 변환기
③ 해독기(decoder)　④ 비교 회로

해설 **변환기**

㉠ DA 변환기 : Digital to Analog Converter
㉡ AD 변환기 : Analog to Digital Converter

49

다음 중 순서 논리 회로의 기본 구성은?

① 반가산 회로와 AND 게이트
② 전가산 회로와 AND 게이트
③ 조합 논리 회로와 논리 소자
④ 조합 논리 회로와 기억 소자

해설 **순서 논리 회로**

㉠ 카운터, 레지스터 등의 회로로서, 조합 논리 회로와 플립플롭으로 기본 구성된다.
㉡ 플립플롭은 기억 소자의 기능을 한다.

50

그림과 같은 회로의 명칭은?

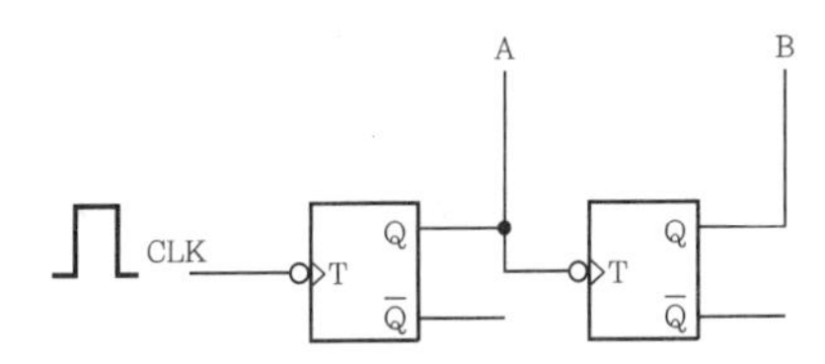

① 2진 리플 계수기
② 4진 리플 계수기
③ 동기형 2진 계수기
④ 동기형 4진 계수기

해설 2개의 플립플롭으로 비동기형으로 구성된 리플 카운터로, $2^2 = 4$, 4진 카운터 회로이다.

51

클록 펄스 파형이 '0' 상태에서 '1' 상태로 변하는 구간은?

① 인에이블 상태　② 디스에이블 상태
③ 상승 에지　④ 하강 에지

정답 45.② 46.① 47.④ 48.② 49.④ 50.② 51.③

해설 펄스가 0 → 1되는 순간을 상승 에지라 부르고, 펄스가 1 → 0되는 순간을 하강 에지라 부른다.

52 링 계수기(ring counter)의 회로 구성으로 옳은 것은?

① 최종 플립플롭의 출력을 최초 플립플롭의 I에 연결
② 최종 플립플롭의 출력을 최초 플립플롭의 K에 연결
③ 최초 플립플롭의 출력을 최종 플립플롭의 I에 연결
④ 최초 플립플롭의 출력을 최종 플립플롭의 K에 연결

해설 링 카운터는 신호에 따라 결과가 계속 반복되는 것이다. 최종단 플립플롭의 출력이 최초 플립플롭 입력에 연결되어 있다.

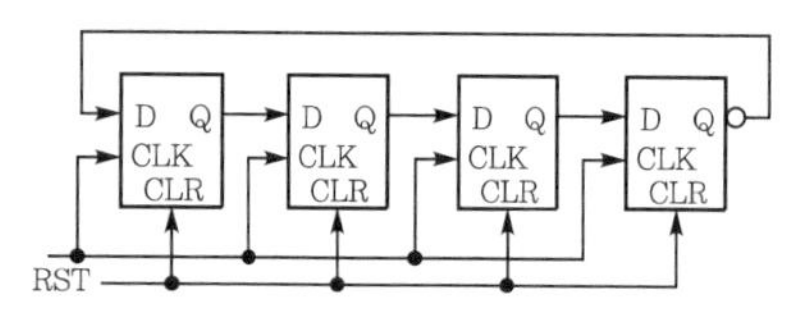

53 동기형 계수 회로의 설명 중 옳지 않은 것은?

① 병렬 계수기라고도 한다.
② 리플 계수기보다 속도가 빠르다.
③ 해독기를 사용할 때 펄스의 일그러짐이 크다.
④ 하나의 공통된 클록 펄스에 의해서 플립플롭들이 트리거된다.

해설 동기형 계수 회로는 하나의 공동 클록 펄스에 의해 플립플롭이 동작하므로, 전파 지연에 의한 오동작이 없고 처리 속도가 빠르다.

54 카운터를 구성하는 모든 플립플롭이 하나의 클록 신호에 의해 동시에 동작하는 방식을 무엇이라 하는가?

① 리플 카운터
② 동기식 카운터
③ 비동기식 카운터
④ 링 카운터

55  2진 정보의 저장과 클록 펄스를 인가해 좌우로 한 비트씩 이동하여 2진수의 곱셈이나 나눗셈을 하는 연산 장치에 이용되는 것은?

① 가산기(adder)
② 카운터(counter)
③ 플립플롭(flip flop)
④ 시프트 레지스터(shift register)

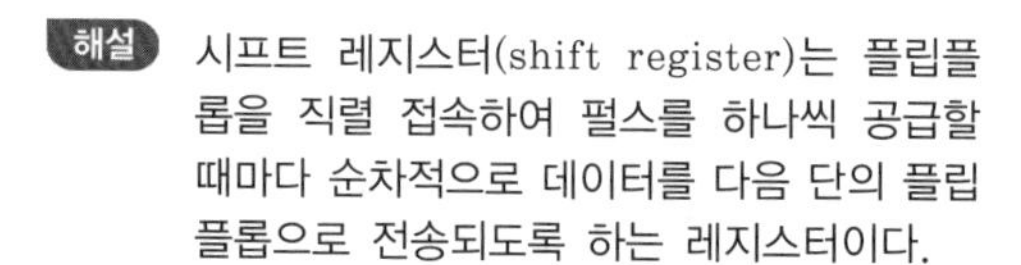
해설 시프트 레지스터(shift register)는 플립플롭을 직렬 접속하여 펄스를 하나씩 공급할 때마다 순차적으로 데이터를 다음 단의 플립플롭으로 전송되도록 하는 레지스터이다.

56 동기식 순서 회로를 설계하는 방식이 순서대로 옳게 나열된 것은?

> ㉠ 플립플롭의 제어 신호를 결정한다.
> ㉡ 클록 신호에 대한 각 플립플롭의 상태 변화를 표로 작성한다.
> ㉢ 카르노도를 이용하여 단순화한다.

① ㉡ → ㉠ → ㉢
② ㉢ → ㉡ → ㉠
③ ㉠ → ㉡ → ㉢
④ ㉡ → ㉢ → ㉠

해설 **동기식 순서 회로(카운터)의 설계 순서**
㉠ 카운터 동작 순서표를 작성한다.
㉡ 각 플립플롭의 순서표와 여기표(동작 상태표)를 작성한다.
㉢ 여기표를 이용하여 각 플립플롭 입력에 대한 카르노도를 이용하여 간략화한다.
㉣ 간략화한 카르노도에 따른 동기식 카운터 회로를 구성한다.

정답 52.① 53.③ 54.② 55.④ 56.①

57 **다음 중 레지스터의 설명으로 옳지 않은 것은 무엇인가?**

① 2진식 기억 소자의 집단
② Flip flop으로 구성
③ 타이밍 변수를 만드는 데 유용
④ 직렬 입력-병렬 출력으로만 동작

해설 레지스터는 일종의 기억 장치로서, 데이터의 병렬 입력(기억), 병렬 출력, 시프트의 동작을 갖는다.

58 출제빈도 **다음 중 레지스터의 사용에 대한 설명으로 틀린 것은?**

① 출력 장치에 정보를 전송하기 위해 일시 기억하는 경우
② 사칙 연산 장치의 입력 부분에 장치하여 데이터를 일시 기억하는 경우
③ 기억 장치 등으로부터 이송된 정보를 일시적으로 기억시켜 두는 경우
④ 일시 저장된 정보 내용을 영구히 고정시키는 경우

해설 **레지스터**
㉠ 컴퓨터 중앙 처리 장치 등 마이크로프로세서 내의 레지스터는 데이터를 일시 저장할 수 있는 기능을 한다.
㉡ 명령어에 의해 저장, 인출, 시프트 등의 동작을 수행한다.

59 출제빈도 **하나의 공통된 시간 펄스에 의해 플립플롭들이 트리거되어 모든 플립플롭의 상태가 동시에 변화하는 계수 회로의 명칭은?**

① 병렬 이동 레지스터
② 상향 계수기
③ 비동기형 계수 회로
④ 동기형 계수 회로

해설 동기형 계수 회로는 모든 플립플롭이 동일한 클록을 입력받아 출력이 동시에 변화하는 계수 회로이다.

60 **디지털 장치에서 Data선이 4개라면 최대 몇 가지 상태를 기호화할 수 있는가?**

① 4가지 ② 8가지
③ 16가지 ④ 32가지

해설 4비트로 조합 가능한 수는 $2^4=16$개 상태를 표현할 수 있다.

61 **시프트 레지스터의 출력을 입력쪽에 되먹임시킨 계수기는?**

① 비동기형 계수기 ② 리플 계수기
③ 링 계수기 ④ 상향 계수기

해설 링 카운터는 신호에 따라 결과가 계속 반복되는 것이다. 최종단 플립플롭의 출력이 최초 플립플롭 입력에 연결되어 있다.

62 **그림의 디지털 시스템에서 블록 (1)에 들어가는 기기는?**

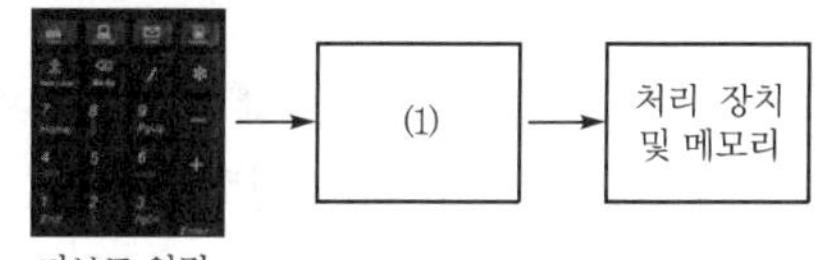

① AD 변환기 ② 부호기
③ 복호기 ④ DA 변환기

해설 키 입력값을 특정 2진 코드로 변환하여 전송하기 위해서는 부호기(encoder)가 필요하다.

63 **단안정 멀티바이브레이터에 관한 설명 중 옳은 것은?**

① 플립플롭 회로를 사용한다.
② 디지털 파형 발생에 사용한다.
③ 두 가지 상태는 있으나 하나만 안정하다.
④ 안정 상태가 없으며, 시간 발생기로 사용한다.

정답 57.④ 58.④ 59.④ 60.③ 61.③ 62.② 63.③

해설 **단안정 멀티바이브레이터** : 한쪽 상태에서만 동작 상태가 안정적이고 다른 상태는 불안정한 회로를 말한다.

64

레지스터에 대한 설명으로 옳은 것은?

① 저항 소자의 일종이다.
② 레지스터는 4비트만 저장할 수 있다.
③ 플립플롭 회로로 구성되어 있다.
④ ROM으로 구성되어 있다.

해설 카운터, 레지스터 등의 순서 논리 회로의 기본 구성 논리는 플립플롭이다.

65

4단의 계수기는 몇 개의 펄스를 셀 수 있는가?

① 4　② 8
③ 10　④ 16

해설 4단 계수기에서 최대 표현수의 개수는 $2^4=16$개이고, 0부터 $2^4-1=15$까지 셀 수 있다.

66

JK 플립플롭을 이용해 시프트 레지스터를 구성할 때 데이터가 입력되는 단자는?

① J　② K
③ J와 K　④ CK

해설 JK FF를 이용한 시프트 레지스터 회로

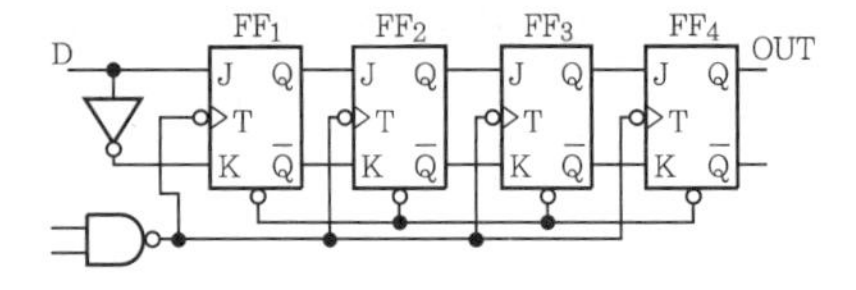

67

안정된 상태가 없는 회로로, 직사각형파 발생 회로 또는 시간 발생기로 사용되는 것은?

① 플립플롭
② 비안정 멀티바이브레이터
③ 쌍안정 멀티바이브레이터
④ 단안정 멀티바이브레이터

해설 **비안정 멀티바이브레이터** : 2개의 출력이 모두 동작 상태가 불안정하여 논리 1, 0 상태를 일정 주기로 반복 동작을 한다.

68

회로의 안정 상태에 따른 멀티바이브레이터의 종류가 아닌 것은?

① 비안정 멀티바이브레이터
② 단안정 멀티바이브레이터
③ 쌍안정 멀티바이브레이터
④ 주파수 안정 멀티바이브레이터

해설 **멀티바이브레이터의 동작 종류**

㉠ 쌍안정 : 양쪽 모두 회로가 안정적임을 뜻한다.
㉡ 단안정 : 한쪽 상태에서만 동작 상태가 안정적이고 다른 상태는 불안정한 회로를 말한다.
㉢ 비안정 : 2개의 출력이 모두 동작 상태가 불안정하여 논리 1, 0 상태를 일정 주기로 반복 동작을 한다.

69

병렬 계수기(parallel counter)라고도 말하며 계수기의 각 플립플롭이 같은 시간에 트리거되는 계수기는?

① 링 계수기　② 10진 계수기
③ 동기형 계수기　④ 비동기형 계수기

70

플립플롭에 기억된 정보에 대하여 시프트 펄스를 하나씩 공급할 때마다 순차적으로 다음 플립플롭에 옮기는 동작을 하는 레지스터를 무엇이라고 하는가?

① 직렬 이동 레지스터
② 병렬 이동 레지스터
③ 공간 이동 레지스터
④ 상황 이동 레지스터

해설 시프트 레지스터에 대한 문제로, 시프트 레지스터는 플립플롭을 직렬로 연결하여 사용한다.

정답 64.③ 65.④ 66.③ 67.② 68.④ 69.③ 70.①

71 **다음의 논리 회로가 수행하는 기능으로 올바른 것은?**

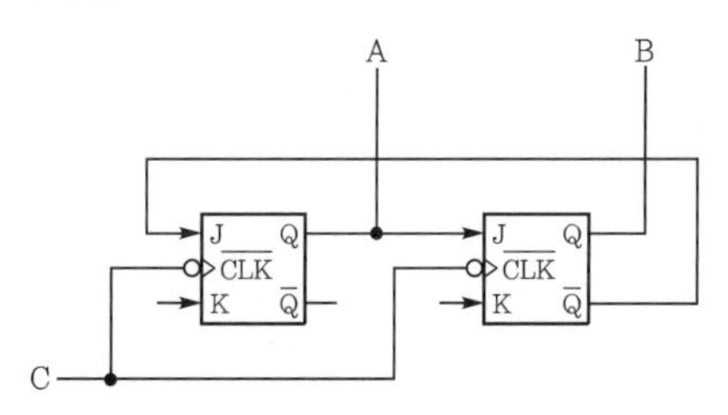

① 동기형 3진 카운터
② 비동기형 3진 카운터
③ 동기형 5진 카운터
④ 비동기형 5진 카운터

해설 2개의 플립플롭이 동일 클록을 사용하므로 동기식 카운터이고 $2^2-1=3$이므로 3진 계수기(00 → 01 → 10 → 11 → 00 → …)이다.

72 **4개의 플립플롭으로 구성된 직렬 시프트 레지스터에서 MSB 레지스터에 기억된 내용이 출력으로 나오기 위하여 필요한 클록 펄스는 몇 개인가?**

출제빈도

① 2개 ② 4개
③ 6개 ④ 8개

해설 ㉠ 시프트 레지스터는 플립플롭을 직렬로 연결하여 사용한다.
㉡ 1개의 펄스마다 각 단의 플립플롭에 저장된 데이터가 옆단으로 1비트씩 이동되므로 4단의 시프트 레지스터의 한쪽 입력에서 끝단으로 나오게 하려면 4개의 펄스가 인가되어야 한다.

73 **다음 설명에 해당하는 것은?**

> 안정된 2가지의 상태를 가지고 있고, 상반된 2가지의 동작 상태를 가지며, 출력을 입력에 되먹임시켜 파형 발생 회로에 사용한다.

① 단안정 멀티바이브레이터
② 슈미트 트리거
③ 쌍안정 멀티바이브레이터
④ 비안정 멀티바이브레이터

해설

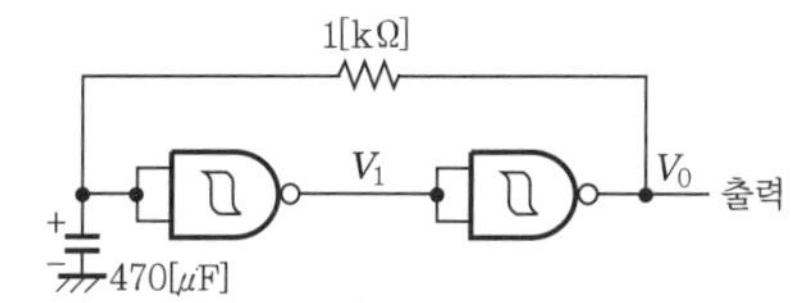

[슈미트 트리거를 이용한 파형 발생 회로]

정답 71.① 72.② 73.②

MEMO

CHAPTER

04

프로그래밍 일반

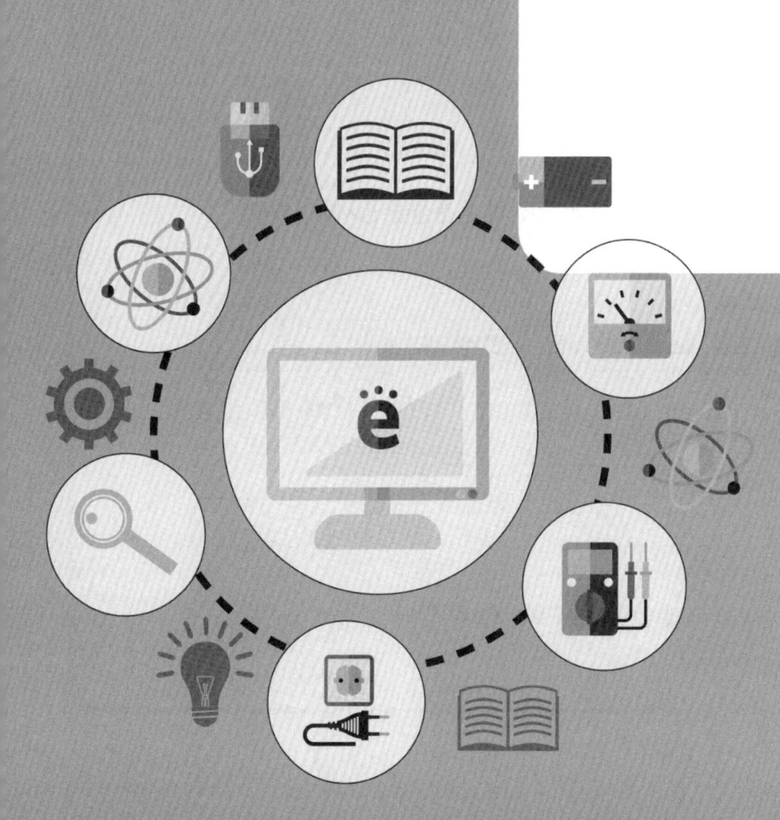

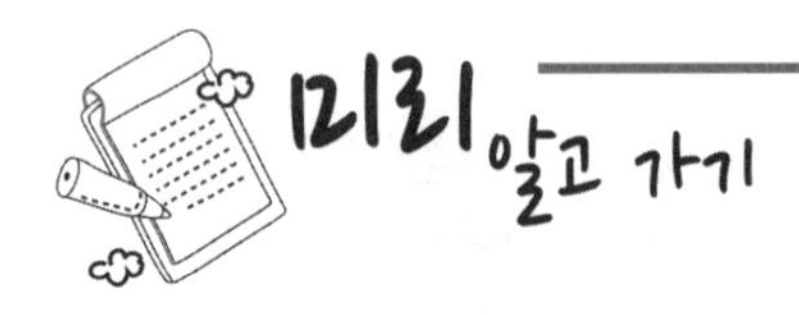

1 프로그래밍 언어의 조건

① 언어의 구조가 단순 명료하고 체계적이어야 한다.

② 프로그램 작성이 쉽고 신뢰성이 있어야 한다.

③ 다른 기종과 호환성이 있어야 한다.

④ 다른 언어와 이식성이 있어야 한다.

⑤ 검증이 용이하고 추상성을 지원해야 한다.

⑥ 비용이 작아야 한다(작성 비용, 번역 비용, 실행 비용, 유지 보수 비용 등).

2 세대별 프로그래밍 언어

1세대	기계어, 어셈블리어
2세대	Cobol, Fortran, Lisp, Algol 등
3세대	Basic, Pascal, PL/1 등
4세대	C, Ada, 데이터베이스 및 질의 언어 등
5세대	Visual basic, Visual C/C++, Java, Delphi, 자연어(natural language) 등

3 응용 분야별 프로그래밍 언어

① 범용 언어(general purpose language)

㉠ 다양한 분야에서 사용할 목적으로 개발된 언어

㉡ Pascal, C, Ada, C++ 등

② 인공 지능 언어(AI : Artificial Intelligence Language)

㉠ 인공 지능 시스템 개발에 적합한 언어로, 논리 연산과 융통성을 중시하는 언어

㉡ LISP, Prolog

③ 병렬 처리 언어(parallel language)

㉠ 2개 이상의 상호 통신하는 프로세스를 실행시킬 수 있는 언어

㉡ Linda, Concurrent Pascal

④ 페이지 기술 언어(page description language)

㉠ 문서의 형식을 기술할 수 있는 언어

㉡ Postscript, HTML 등

⑤ 데이터베이스 질의어(query language)

㉠ 데이터베이스에서 정보 검색을 쉽게 할 수 있도록 개발된 언어

㉡ SQL(Structured Query Language)

01 프로그래밍 언어의 개요

1 프로그래밍의 기초

(1) 프로그래밍 언어

① 프로그래밍 언어(programming language)는 컴퓨터를 이용하여 문제를 해결하기 위한 컴퓨터 언어이다.

② 프로그래밍 언어는 사람이 사용하는 언어인 자연어에 가깝게 표현한 고급 언어와 기계가 이해하기 쉽게 표현한 저급 언어로 분류할 수 있다.

(2) 저급 언어

저급 언어(low level language)는 사용자보다는 컴퓨터 측면에서 개발한 언어이며, 컴퓨터가 바로 처리 가능한 프로그래밍 언어로 기계어(machine language)와 어셈블리어(assembly language)로 구분된다.

기계어	• 기계어는 0과 1의 2진수 형태로 표현된다. • 컴퓨터가 직접 이해할 수 있는 언어로 처리 속도가 매우 빠르다. • 호환성이 없으며 전문 지식이 없으면 이해하기 힘들고 수정 및 변경이 어렵다.
어셈블리어	• 기계어와 1 : 1로 대응하는 기호로 이루어진 언어로, 니모닉(mnemonic) 언어라고도 한다. • 기계어를 기호(symbol)로 대치한 언어로, 전문 지식이 필요하며 호환성이 떨어진다. • 기계어로 번역하기 위해 어셈블러(assembler)가 필요하다.

(3) 고급 언어

① 고급 언어(high level language)는 우리가 일상 생활에서 사용하는 자연어와 가까워 일반 사람이 쉽게 작성할 수 있는 프로그래밍 언어이다.

② 저급 언어보다 가독성이 높고 컴퓨터 기종에 종속되지 않으며 사용하기 쉬운 장점이 있다.

③ 고급 언어로 작성된 프로그램은 컴파일러나 인터프리터에 의해 기계어로 번역된 후 실행된다.

④ 포트란, 코블, 파스칼, 베이식, C, 자바 등 대부분의 프로그래밍 언어는 고급 언어에 속한다.

[2010년 1회 출제]
[2010년 5회 출제]
[2011년 2회 출제]
[2011년 5회 출제]
[2012년 2회 출제]
[2012년 5회 출제]
[2013년 1회 출제]
[2013년 2회 출제]
[2014년 1회 출제]
[2016년 1회 출제]

기계어와 어셈블리어 구분

기계어는 컴퓨터가 이해할 수 있는 언어로 0과 1로 표현되며 속도는 빠르나 이해하기 힘들고 수정이 어렵다. 어셈블리어는 기호 언어로 이해하기 힘들고 기계어로 번역하기 위해 어셈블리가 필요하다.

[2010년 1회 출제]
[2011년 1회 출제]
[2012년 1회 출제]
[2013년 1회 출제]
[2013년 3회 출제]
[2014년 1회 출제]
[2016년 1회 출제]
[2016년 2회 출제]

고급 언어와 저급 언어, 기계어, 어셈블리어의 구분

고급 언어는 자연어에 가까워 이해하기 쉬우며 컴퓨터 기종에 종속되지 않는다. 고급 언어로 작성된 프로그램은 컴파일러나 인터프리터에 의해 기계어로 번역된 후 실행된다.

☑ 저급 언어와 고급 언어의 종류
㉠ 저급 언어 : 기계어, 어셈블리어 등
㉡ 고급 언어 : 포트란, 알골, 코블, LISP, 베이식, 파스칼, Ada, C, 자바 등

(4) 저급 언어와 고급 언어의 특징

특징	저급 언어	고급 언어
주체	기계 중심의 언어	사용자 중심의 언어
다른 기계와 호환성	호환성이 떨어짐	호환 가능
에러 수정	어려움	비교적 쉬움
프로그래밍 용이성	어려움	비교적 쉬움
수행 속도	빠르다.	느리다(기계어로 번역 과정 필요).
종류	기계어, 어셈블리어 등	포트란, 알골, 코블, LISP, 베이식, 파스칼, Ada, C, 자바 등

2 프로그래밍의 발전 과정

(1) 프로그래밍 언어의 발전 방향

① 기계 중심에서 사람 중심 언어로 발전되었다.
② 윈도우와 같은 그래픽 중심의 사용자 인터페이스가 강조된다.
③ 발전 단계 : 기계어, 어셈블리어 → 고급 언어(절차 중심 언어) → 4세대(4GL) 언어(문제 중심 언어) → 인공 지능 언어(자연어)

깐깐체크 객체 지향 언어

1. 객체를 중심으로 소프트웨어를 재사용할 수 있어 프로그램의 개발 시간을 단축한다.
2. 상속을 통한 재사용이 용이하고 확장성이 높으며 정보 은폐가 자연스럽게 된다.
   ex C++, JAVA, SmallTalk, Actor, Delphi 등
3. 객체 지향 언어의 구성 요소
   ㉠ 클래스(class) : 객체 지향 기법에서 객체를 생성하는 틀로서, 하나 이상의 유사한 객체들을 묶어서 하나의 공통된 특성을 표현한 것이다.
   ㉡ 인스턴스(instance) : 클래스로부터 생성된 실제적인 객체를 의미한다.
   ㉢ 메소드(method) : 객체 지향 언어에서 객체가 속성값을 처리하는 어떤 동작 부분을 정의해 놓은 것이다.
   ㉣ 속성(attribute) : 객체 지향 언어에서 객체를 표현하거나 동작을 나타내기 위한 자료이다.
   ㉤ 메시지(message) : 객체 지향 언어에서 객체와 클래스가 정보를 교환하는 통신 명령이다.

(2) 프로그래밍 언어별 특징

① FORTRAN
- ㉠ 과학 기술 계산용 언어이다.
- ㉡ 수학과 과학 분야의 공식이나 엔지니어링 어플리케이션에 사용한다.

② ALGOL
- ㉠ 수치 계산이나 논리 연산을 위한 언어이다.
- ㉡ 최초의 블록 중심 언어로 PASCAL과 C언어의 모체가 된다.

③ COBOL
- ㉠ 사무 처리용 언어이다.
- ㉡ 영어 표현에 가까운 언어로, 이해와 사용이 쉽다.
- ㉢ 4개의 Division으로 구성된다.

④ LISP
- ㉠ 인공 지능 분야에 사용되는 언어이다.
- ㉡ 기본 자료 구조가 리스트 구조이며 함수 적용을 기반으로 한 언어이다.

⑤ PL/1 : FORTRAN, ALGOL, COBOL의 장점을 모은 범용 언어이다.

⑥ SNOBOL
- ㉠ 문자열 처리를 위해 개발된 언어이다.
- ㉡ 기계에 비종속적인 매크로 언어를 가진 인터프리터 언어이다.

⑦ BASIC
- ㉠ 초보자도 쉽게 사용할 수 있는 문법 구조를 가진 범용 언어이다.
- ㉡ 대화식으로 작성 및 실행이 가능한 인터프리터 언어이다.

⑧ PASCAL
- ㉠ ALGOL을 바탕으로 개발된 교육용 언어이다.
- ㉡ 대표적인 구조적 프로그래밍 언어이다.

⑨ Ada
- ㉠ 미국 국방부의 주도로 군사 목적용으로 개발되었다.
- ㉡ PASCAL과 유사한 구조를 가지며 이식성과 안전성이 높은 구조적 프로그래밍 언어이다.

⑩ C
- ㉠ 시스템 프로그래밍에 적합하다(Unix 운영 체제 제작).
- ㉡ 저급 언어와 고급 언어의 특징을 모두 갖춘 언어이다.

⑪ C++ : C언어에 객체 지향 개념을 적용한 언어이다.

⑫ JABA
- ㉠ 객체 지향 언어이다.
- ㉡ 네트워크 환경에서 분산 작업이 가능하다.
- ㉢ 바이트 코드 생성으로 플랫폼에 관계없이 독립적으로 동작한다.

기출문제 핵심잡기

☑ 고급 언어의 종류별 용도
- ㉠ FORTRAN : 과학 기술 계산용
- ㉡ ALGOL : 수치 계산, 논리 연산용
- ㉢ COBOL : 사무 처리용
- ㉣ LISP : 인공 지능용
- ㉤ SNOBOL : 문자열 처리용
- ㉥ BASIC : 대화형 인터프리터 언어
- ㉦ PASCAL : 교육용 언어
- ㉧ Ada : 군사 목적용
- ㉨ C : 시스템 프로그램용
- ㉩ C++ : 객체 지향 언어
- ㉪ JAVA : 객체 지향 언어

[2010년 2회 출제]
[2011년 2회 출제]
[2013년 2회 출제]
[2016년 2회 출제]
C언어는 시스템 프로그래밍에 적합한 언어이다.

깐깐체크 인공 지능 언어

퍼지 이론, 전문가 시스템, 로봇 공학 등에 사용되는 언어로, 문제 처리를 위해 추상적인 기호를 이용한다.

ex LISP, PROLOG, SNOBOL 등

[2010년 5회 출제]
[2011년 1회 출제]
[2012년 1회 출제]
[2013년 1회 출제]
[2013년 3회 출제]
프로그램의 처리 과정은 번역 → 적재 → 실행 순으로 진행되며 컴파일러 → 링커 → 로더의 순서로 수행된다.

[2013년 2회 출제]
원시 프로그램은 사용자가 업무 처리를 위해 작성한 프로그램이다.

[2010년 1회 출제]
[2013년 2회 출제]
[2013년 3회 출제]
[2014년 1회 출제]
[2016년 2회 출제]
로더의 기능은 할당, 연결, 재배치, 적재이다.

[2012년 2회 출제]
[2014년 1회 출제]
[2016년 1회 출제]
디버깅은 프로그램 개발 과정에서 발생한 오류를 수정하는 것이다.

3 프로그래밍 언어 처리기

(1) 언어 번역 과정

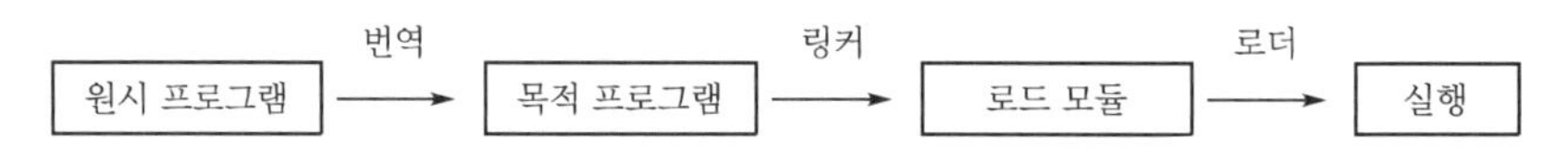

| 언어 번역 과정 |

① **원시 프로그램**(source program) : 사용자가 어셈블리어, 포트란, 코블, 파스칼, C 등의 각종 프로그래밍 언어로 작성한 프로그램이다.

② **번역**(compile) : 원시 프로그램을 목적 프로그램으로 변환하는 것으로, 어셈블러, 컴파일러, 인터프리터 등의 언어 번역 프로그램을 사용한다.

③ **목적 프로그램**(object program) : 원시 프로그램을 기계어의 형태로 번역해서 출력한 프로그램이다.

④ **링커**(linker) : 여러 개의 목적 프로그램에 시스템 라이브러리를 결합해 하나의 실행 가능한 로드 모듈을 만든다.

⑤ **로드 모듈**(load module) : 실행 가능한 상태로 만들어진 프로그램 모듈이다.

⑥ **로더**(loader)

㉠ 실행 가능한 로드 모듈에 기억 공간의 번지를 지정하여 메모리에 적재한다.

㉡ 로더의 기능 : 할당(allocation), 연결(linking), 재배치(relocation), 적재(loading)

깐깐체크 디버깅(debugging)

프로그램을 작성 및 실행하는 과정에서 오류가 발생한 경우 오류를 제거하기 위한 작업 과정이다.

(2) 언어 번역 프로그램

① **어셈블러**(assembler)

㉠ 어셈블리어 → 기계어

㉡ 기계어는 모든 기기마다 다를 수 있으므로 어셈블러는 특정한 컴퓨터의 어셈블리 언어에 대한 번역기 역할을 한다.

② **컴파일러**(compiler)

㉠ 원시 프로그램 → 목적 프로그램

㉡ 고수준 언어를 저수준 언어로 일괄 번역한 후 번역된 언어를 적재하여 실행시키는 번역 기법(번역과 실행이 별도로)이다.

㉢ 컴파일러 언어 : FORTRAN, ALGOL, COBOL, C 등

③ **인터프리터**(interpreter)

㉠ 목적 프로그램을 생성하지 않고 필요할 때마다 기계어로 번역한다.

㉡ 원시 프로그램을 줄 단위로 번역하여 바로 실행해 주는 번역 기법으로, 대화식 처리가 가능(번역과 실행이 한꺼번에)하다.

㉢ 인터프리터 언어 : BASIC, LISP, SNOBOL, APL 등

④ **프리프로세서**(preprocessor)

㉠ 원시 프로그램을 컴파일러가 처리하기 전에 먼저 처리하여 확장된 원시 프로그램을 생성하는 것으로 전처리기라고도 한다.

㉡ 주석 삭제, 다른 프로그램 파일 포함, 매크로 치환, C언어의 #include 문 등

⑤ **크로스 컴파일러**(cross compiler) : 원시 프로그램을 컴파일러가 수행되고 있는 컴퓨터의 기계어로 번역하는 것이 아니라 다른 기종에 맞는 기계어로 번역하는 프로그램이다.

(3) 컴파일러 언어와 인터프리터 언어의 특징

특징	컴파일러 언어	인터프리터 언어
번역 단위	프로그램 전체	행 단위
목적 프로그램	생성한다.	생성하지 않는다.
번역 속도	느리다.	빠르다.
수행 속도	빠르다.	느리다.
장점	반복문이나 부프로그램 호출이 많을 경우 효율적이다.	한 행씩 번역이 이루어지므로 문법상의 오류를 쉽게 발견한다.
단점	번역의 산출물인 목적 코드가 큰 기억장치를 요구한다.	실행되는 동안 디코딩 시간을 많이 요구하므로 수행 속도가 느리다.
대표적 언어	FORTRAN, ALGOL, COBOL, C/C++, Ada, PL/1 등	BASIC, LISP, SNOBOL, APL, PROLOG 등

(4) 고급 언어의 번역 단계

선행 처리 → 어휘 분석 → 구문 분석 → 의미 분석 → 코드 최적화 → 목적 코드 생성 → 실행 코드 생성

기출문제 핵심잡기

[2010년 2회 출제]
[2011년 1회 출제]
[2011년 2회 출제]
[2011년 5회 출제]
[2012년 1회 출제]
[2013년 1회 출제]
[2013년 3회 출제]
[2016년 1회 출제]
[2016년 2회 출제]

언어 번역 프로그램의 종류별 특징 구분하기

㉠ 어셈블러는 어셈블리어를 기계어로 번역한다.

㉡ 컴파일러는 원시 프로그램을 목적 프로그램으로 번역한다.

㉢ 인터프리터는 목적 프로그램을 생성하지 않고 줄 단위로 번역하여 바로 실행한다.

㉣ 프리프로세서는 원시 프로그램을 컴파일하기 전에 먼저 확장된 원시 프로그램을 생성한다.

㉤ 크로스 컴파일러는 원시 프로그램을 다른 기종의 기계어로 번역한다.

[2011년 5회 출제]
[2012년 5회 출제]
[2013년 3회 출제]
파스트리는 구문 분석 단계에서 생성된다.

① **선행 처리** : 원시 프로그램을 컴파일러가 처리하기 전에 먼저 처리하여 확장된 원시 프로그램을 생성하는 것이다.

② **어휘 분석**(lexical analysis)
 ㉠ 소스 프로그램을 프로그램 구성의 기본 요소인 토큰으로 구분한다.
 ㉡ 스캐너(scanner)라 불리는 어휘 분석기(lexical analyzer)에 의해 이루어진다.

③ **구문 분석**(syntax analysis)
 ㉠ 작성된 프로그램이 프로그래밍 언어의 문법에 맞게 작성되었는지 체크하는 과정으로 파스트리(parse tree)가 생성된다.
 ㉡ 파서(parser)라 불리는 구문 분석기(syntax analyzer)에 의해 이루어진다.

④ **의미 분석**(semantic analysis)
 ㉠ 프로그램 구조의 의미와 기능을 분석하여 실행 가능한 중간 코드를 생성한다.
 ㉡ 의미 분석기(semantic analyzer)에 의해 이루어진다.

⑤ **코드 최적화**(code optimization) : 중간 코드를 빠르고 작은 기억 장소가 요구되도록 최적화 코드로 변환하는 과정이다.

⑥ **목적 코드 생성**(object code generation) : 최적화된 코드를 목적 프로그램으로 변환하는 과정이다.

⑦ **실행 코드 생성** : 목적 코드를 실행 가능한 파일로 변환하는 과정이다.

깐깐체크 BNF(Backus－Naur Form : **배커스-나우어 형식)**

1. BNF는 프로그래밍 언어를 정의하기 위한 메타 언어이다.
2. BNF에 사용되는 기호

기호	의미
: : =	정의
|	선택
< >	Non-terminal 기호

단락별 기출·예상 문제

01 

다음 중 기계어의 설명으로 옳지 않은 것은?

① 2진수를 사용하여 명령어와 데이터를 표현한다.
② 호환성이 없고 기계마다 언어가 다르다.
③ 프로그램의 유지·보수가 용이하다.
④ 프로그램의 실행 속도가 빠르다.

해설 기계어는 2진수 형태이므로 프로그램의 유지 보수가 어렵다.

02 **프로그램 언어 중에서 하드웨어(hardware)의 이용을 가장 효율적으로 하고, 프로그램 수행 시간이 가장 짧은 언어는?**

① MACHINE어 ② ASSEMBLY어
③ FORTRAN ④ C언어

해설 기계어는 변환 과정없이 컴퓨터가 직접 이해할 수 있는 언어이므로 수행 시간이 가장 짧다.

03 **어휘 분석기(lexical analyzer)에 의해서 생성된 토큰(token)을 받아 파스 트리(pares tree)를 생성하는 컴파일러의 단계는 무엇인가?**

① 어휘 분석(lexical)
② 구문 분석(syntax analysis)
③ 의미 분석(semantic analysis)
④ 코드 생성(code generation)

해설 구문 분석은 작성된 프로그램이 프로그래밍 언어의 문법에 맞게 작성되었는지 체크하는 과정으로 파스트리가 생성된다.

04 **어셈블리어로 작성된 프로그램을 기계어로 바꾸어 주는 언어 번역 프로그램은?**

① 스풀러(spooler)
② 버퍼(buffer)
③ 어셈블러(assembler)
④ 역어셈블러(diassembler)

해설 어셈블리어는 기계어를 기호(symbol)로 대치한 니모닉(Mnemonic) 언어로, 프로그램을 작성하기 위해 전문 지식이 필요하며 기계어로 번역하기 위해 어셈블러(assembler)가 필요하다.

05 **원시 프로그램을 번역하는 과정에서 컴파일러가 처리하기 전에 주석 제거, 매크로 확장 등의 사전 처리를 담당하는 프로그램은?**

① Decoder ② Translator
③ Oprocessor ④ Preprocessor

해설 Preprocessor(전치 처리기)는 컴파일러가 처리하기 전에 사전 처리를 담당한다.

06 **연결 리스트(linked list)를 기본 자료 구조로 하며 게임 로봇, 자연어 처리 등 인공 지능과 관계된 문제 처리에 적합한 언어는?**

① PL/1 ② LISP
③ AP/L ④ SNOBOL

해설 LISP은 게임, 로봇 등 인공 지능 분야에 적합한 언어이다.

07 **언어 번역 프로그램에 의해 기계어로 번역된 프로그램을 의미하는 것은?**

① 원시 프로그램 ② 목적 프로그램
③ 실행 프로그램 ④ 구조 프로그램

정답 01.③ 02.① 03.② 04.③ 05.④ 06.② 07.②

해설 프로그램
㉠ 원시 프로그램(source program) : 사용자가 어셈블리어, 포트란, 코블, 파스칼, C등의 각종 프로그래밍 언어로 작성한 프로그램이다.
㉡ 목적 프로그램(object program) : 원시 프로그램을 기계어의 형태로 번역해서 출력한 프로그램이다.

08 프로그램 작업에서 발생하는 에러를 수정하는 작업은?

① Matching ② Extract
③ Debugging ④ Paging

해설 디버깅은 에러를 수정하는 작업이다.

09 프로그램 실행을 위해 메모리 내에 기억 공간을 확보하는 작업은?

① Relocation ② Linking
③ Allocation ④ Paging

해설 할당(allocation)은 메모리 내의 기억 장소를 확보하는 작업이다.

10 기계어에 가장 가까운 언어는?

① FORTRAN ② C
③ COBOL ④ ASSEMBLY

해설 ASSEMBLY는 기호 언어로서, 기계어에 가장 가까운 언어이다.

11 저급 언어(low level language)에 대한 설명은?

① 자연어에 가깝다.
② 이식성이 높다.
③ 처리 속도가 빠르다.
④ 배우기 쉽다.

해설 기계어는 변환 과정없이 계산기가 직접 처리할 수 있으므로 처리 속도가 빠르다.

12 인터프리터 언어에 해당하는 것은?

① LISP ② FORTRAN
③ COBOL ④ PASCAL

해설 LISP, BASIC, SNOBOL 등이 인터프리터 언어에 속한다.

13 프로그래밍 언어 중 형식 문법을 최초로 사용한 언어는?

① ADA ② PL/1
③ ALGOL ④ PASCAL

해설 형식 문법을 사용한 언어는 ALGOL이다.

14 다음 중 사용자가 작성한 원시 프로그램이 번역기에 의해 번역된 상태의 프로그램은 무엇인가?

① 목적 프로그램
② 연계 편집 프로그램
③ 컴파일러
④ 원시 프로그램

해설 ① 목적 프로그램 : 원시 프로그램을 기계어의 형태로 번역해서 출력한 프로그램이다.
② 연계 편집 프로그램 : 여러 개의 목적 프로그램에 시스템 라이브러리를 결합해 하나의 실행 가능한 로드 모듈을 만드는 프로그램으로 링커라고도 한다.
③ 컴파일러 : 원시 프로그램을 기계가 이해할 수 있는 목적 프로그램으로 번역하는 프로그램이다.
④ 원시 프로그램 : 사용자가 어셈블리어, 포트란, 코블, 파스칼, C 등의 각종 프로그래밍 언어로 작성한 프로그램이다.

15 유한 오토마타(finite automata)에 의해 수락된 집합을 무엇이라 하는가?

① 문자열 집합 ② 정규 집합
③ 알파벳 집합 ④ 문법 집합

정답 08.③ 09.③ 10.④ 11.③ 12.① 13.③ 14.① 15.②

해설 유한 오토마타에 의해 수락된 집합을 정규 집합이라고 한다.

16 **원시 프로그램을 다른 컴퓨터의 기계어로 바꾸는 역할을 하는 것은?**

① 에디터 ② 링커
③ 로더 ④ 크로스 컴파일러

해설 **크로스 컴파일러(cross compiler)** : 원시 프로그램을 다른 컴퓨터의 기계어로 번역하는 프로그램이다.

17 **고급 언어로 작성된 원시 프로그램을 컴퓨터가 이해할 수 있는 목적 프로그램으로 변환하는 기능을 갖는 것은?**

① 운영 체제(operating system)
② 컴파일러(compiler)
③ 로더(loader)
④ 디버거(debugger)

해설 컴파일러(compiler)는 고급 언어로 작성된 원시 프로그램을 컴퓨터가 이해할 수 있는 목적 프로그램으로 변환하는 언어 번역 프로그램이다.

18 **인터프리터와 가장 관계깊은 것은?**

① BASIC ② COBOL
③ C ④ FORTRAN

해설 LISP, BASIC, SNOBOL 등이 인터프리터 언어에 속한다.

19 **시스템 프로그래밍 언어로 가장 적합한 것은?**

① C ② ALGOL
③ PL/1 ④ COBOL

해설 C언어는 시스템 프로그램 언어로 Unix 운영 체제를 위한 범용 언어이다.

20 **어셈블리어로 작성된 프로그램을 기계어로 번역하는 번역 프로그램을 의미하는 것은?**

① 매크로 ② 컴파일러
③ 프리프로세서 ④ 어셈블러

해설 어셈블리어로 작성된 프로그램을 기계어로 번역하는 프로그램은 어셈블러이다.

21 **저급 언어(low level language)인 것은?**

① C ② PASCAL
③ COBOL ④ ASSEMBLY

해설 **저급 언어** : 기계어, ASSEMBLY어

22 **로더의 기능에 해당하지 않는 것은?**

① 연결(linking)
② 할당(allocation)
③ 재배치(relocation)
④ 실행(execution)

해설 로더의 기능은 할당(allocation), 연결(linking), 재배치(relocation), 적재(loading) 등이다.

23 **기계어에 대한 설명으로 옳지 않은 것은?**

① 컴퓨터가 직접 이해할 수 있는 숫자로 표기된 언어를 의미한다.
② 전자계산기 기종마다 명령 부호가 다르다.
③ 인간에게 친숙한 영문 단어로 표현된다.
④ 작성된 프로그램의 수정·보수가 어렵다.

해설 기계어는 컴퓨터가 직접 이해할 수 있는 2진수로 구성된 언어이다.

24 **명령 단위로 차례로 번역하여 즉시 실행하는 방식의 언어 번역 프로그램은?**

① 컴파일러 ② 운영 체제
③ 로더 ④ 인터프리터

정답 16.④ 17.② 18.① 19.① 20.④ 21.④ 22.④ 23.③ 24.④

해설 인터프리터는 원시 프로그램을 줄 단위로 번역하여 바로 실행하는 언어 번역 프로그램이다.

25 컴퓨터가 중간 변환 과정없이 직접 이해할 수 있는 것은?

① Machine language
② Assembly language
③ ALGOL
④ C language

해설 기계어(machine language)는 0과 1로 이루어져 중간에 번역 과정이 필요없다.

26 프로그래밍 언어를 사용하여 사용자가 어떤 업무 처리를 위하여 작성한 프로그램은?

① 목적 프로그램 ② 원시 프로그램
③ 실행 프로그램 ④ 로더

해설 ㉠ 원시 프로그램(source program) : 사용자가 어셈블리어, 포트란, 코블, 파스칼, C 등의 각종 프로그래밍 언어로 작성한 프로그램이다.
㉡ 목적 프로그램(object program) : 원시 프로그램을 기계어의 형태로 번역해서 출력한 프로그램이다.

27 기계어로 번역된 목적 프로그램을 결합하여 실행 가능한 모듈로 만들어주는 프로그램은?

① 라이브러리 프로그램(library program)
② 연계 편집 프로그램(linkage editing program)
③ 정렬/병합 프로그램(sort/merge program)
④ 파일 변환 프로그램(file conversion program)

해설 연계 편집 프로그램(linkage editing program)은 기계어로 번역된 목적 프로그램을 결합하여 실행 가능한 모듈로 만들어주는 프로그램으로 링커(linker)라고도 한다.

28 고급 언어의 특징으로 옳지 않은 것은?

① 프로그램 작성이 쉽고, 수정이 용이하다.
② 일상 생활에서 사용하는 자연어와 유사한 형태의 언어이다.
③ 어셈블리어와 같은 언어로 속도가 빠르고 메모리를 효율적으로 사용한다.
④ 하드웨어에 관한 전문적인 지식이 없어도 프로그램 작성이 용이하다.

해설 어셈블리어는 저급 언어이다.

29 인터프리터 언어가 아닌 것은?

① LISP ② SNOBOL
③ BASIC ④ PASCAL

해설 LISP, BASIC, SNOBOL 등이 인터프리터 언어에 속한다.

30 다음 중 컴파일러에 대한 설명인 것은?

① 기계어로 작성된 프로그램을 한 줄씩 번역
② 고급 언어로 작성된 프로그램을 기계어로 번역
③ 어셈블리어로 작성된 프로그램을 기계어로 번역
④ 반복되는 명령어 집합체를 별도로 묶어 한 줄씩 번역

해설 고급 언어로 작성된 프로그램을 기계어로 번역하는 프로그램은 컴파일러이다.

31 번역 프로그램에 의해 번역된 프로그램을 의미하는 것은?

출제빈도

① 원시 프로그램(source program)
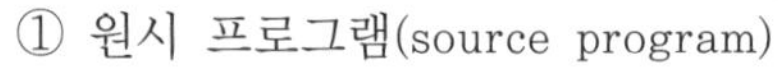
② 목적 프로그램(object program)
③ 로드 모듈(load module)
④ 편집기(editor)

정답 25.① 26.② 27.② 28.③ 29.④ 30.② 31.②

해설 목적 프로그램(object program) : 원시 프로그램이 언어 번역 프로그램에 의해 기계어로 번역된 프로그램이다.

32 **다음 중 목적 프로그램을 읽어 들여 주기억 장치에 적재시킨 후 실행시키는 서비스 프로그램은?**

① 원시 프로그램(source program)
② 목적 프로그램(object program)
③ 로더(loader)
④ 링커(linker editor)

해설 로더(loader)는 실행 가능한 로드 모듈에 기억 공간의 번지를 지정하여 메모리에 적재시킨 후 실행시키는 서비스 프로그램으로, 연결(linking) 기능, 할당(allocation) 기능, 재배치(relocation) 기능, 로딩(loading) 기능 등이 있다.

33 **프로그램 실행을 위해 메모리 내 기억 공간을 확보하는 작업은?**

① Relocation ② Linking
③ Allocation ④ Paging

해설 할당(allocation)은 메모리 내의 기억 장소를 확보하는 작업이다.

34 **컴퓨터 전원 스위치가 켜질 때 기억되어 있는 초기 시스템 프로그램을 읽어서 주기억 장치에 기억시키는 작업을 무엇이라고 하는가?**

① 부팅 ② 컴파일
③ 코딩 ④ 디버깅

해설 부팅(booting)은 컴퓨터켰을 때 기억되어 있는 초기 시스템 프로그램을 읽어서 주기억 장치에 기억시키는 작업이다.

35 **다음 ( )에 알맞은 내용으로 짝지어진 것은?**

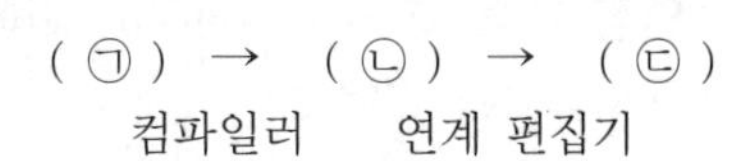

① ㉠ 원시 프로그램－㉡ 목적 프로그램－㉢ 실행 프로그램
② ㉠ 목적 프로그램－㉡ 실행 프로그램－㉢ 원시 프로그램
③ ㉠ 원시 프로그램－㉡ 실행 프로그램－㉢ 목적 프로그램
④ ㉠ 실행 프로그램－㉡ 목적 프로그램－㉢ 원시 프로그램

해설 프로그램 언어의 번역 과정은 원시 프로그램, 목적 프로그램, 실행 프로그램 순으로 변환된다.

36 **어셈블리어로 작성된 프로그램을 기계어로 번역하는 번역 프로그램을 의미하는 것은?**

① 매크로 ② 컴파일러
③ 프리프로세서 ④ 어셈블러

해설 번역 프로그램에는 컴파일러, 인터프리터, 어셈블러가 있다.

37 **프로그램 실행을 위한 처리 순서를 바르게 나타낸 것은?**

① 원시 프로그램 → 로더 → 컴파일러 → 목적 프로그램 → 실행
② 원시 프로그램 → 목적 프로그램 → 컴파일러 → 연결 → 실행
③ 원시 프로그램 → 컴파일러 → 목적 프로그램 → 연결 → 실행
④ 목적 프로그램 → 컴파일러 → 원시 프로그램 → 연결 → 실행

해설 **언어 번역 과정**

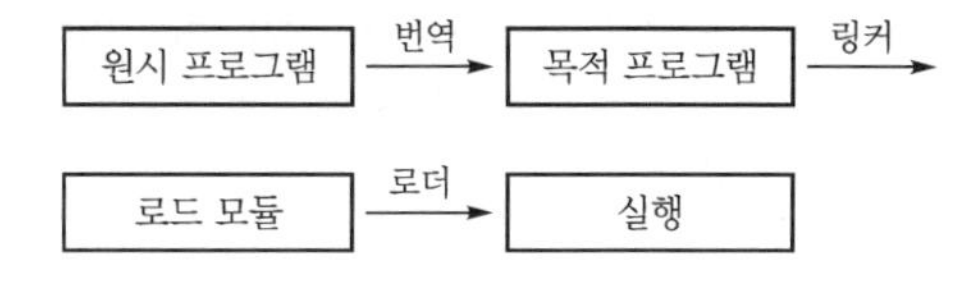

정답 32.③ 33.③ 34.① 35.① 36.④ 37.③

38 **연상 기호 코드(mnemonic code)를 사용하는 프로그래밍 언어는?**

① C　② PASCAL
③ COBOL　④ ASSEMBLY

해설 어셈블리어는 연상 기호 코드(문자, 숫자, 특수 문자 등으로 기호화)를 사용함으로써 기계어보다 프로그램의 작성이 용이하고, 프로그램의 수정이 편리하다.

39 (출제빈도) **언어 번역 단계 중 어휘 분석에서는 원시 프로그램을 하나의 긴 스트링으로 보고 원시 프로그램을 문자 단위로 스캐닝하여 문법적으로 의미있는 일의 문자들로 분할해 내는 역할을 한다. 이때 분할된 문법적인 단위를 무엇이라고 하는가?**

① 프리프로세서(preprocessor)
② 주석(comment)
③ 파스트리(parse tree)
④ 토큰(token)

해설 어휘 분석 단계에서는 원시 프로그램을 문법적으로 더 이상 나눌 수 없는 기본적인 언어 요소인 토큰(token)으로 분할하는데, 예를 들면 하나의 키워드나 연산자 또는 구두점 등이 있다.

40 **다음 중 기계어에 대한 설명으로 거리가 먼 것은?**

① 프로그램 작성이 쉽다.
② 처리 속도가 빠르다.
③ 0 또는 1로 구성된다.
④ 변환 과정없이 컴퓨터가 직접 처리하는 언어이다.

해설 기계어는 2진수 체계로, 프로그램의 작성 및 유지・보수가 어렵다. 기계어는 변환 과정없이 컴퓨터가 직접 처리할 수 있으므로 처리 속도가 빠르다.

41 **고급 언어(high level language)에 대한 설명으로 거리가 먼 것은?**

① 사람이 일상 생활에서 사용하는 자연어에 가까운 형태의 언어이다.
② 사람이 인식 가능하고 배우기 쉽다.
③ 2진수 체제로 이루어진 언어로, 컴퓨터가 직접 이해할 수 있는 형태의 언어이다.
④ 기종에 관계없이 사용할 수 있어 호환성이 좋다.

해설 2진수 체제로 이루어진 컴퓨터가 직접 이해할 수 있는 언어는 기계어이다.

42 (출제빈도) **원시 프로그램의 입력을 받아 각 단어별로 구분하여 토큰(token)을 생성하는 컴파일러의 단계는?**

① 어휘 분석(lexical analysis)
② 구문 분석(syntax analysis)
③ 의미 분석(semantic analysis)
④ 코드 최적화(code optmaization)

해설 ① 어휘 분석(lexical analysis) : 소스 프로그램을 프로그램 구성의 기본 요소인 토큰으로 구분하는 단계로, 스캐너(scanner)라 불리는 어휘 분석기(lexical analyzer)가 담당한다.
② 구문 분석(syntax analysis) : 작성된 프로그램이 프로그래밍 언어의 문법에 맞게 작성되었는지 체크하는 과정으로, 파스트리(parse tree)가 생성되는 단계로, 파서(parser)라 불리는 구문 분석기(syntax analyzer)가 담당한다.
③ 의미 분석(semantic analysis) : 프로그램 구조의 의미와 기능을 분석하여 실행 가능한 중간 코드를 생성하는 단계로, 의미 분석기(semantic analyzer)가 담당한다.

43  **BNF 표기법에서 '정의'를 의미하는 기호는?**

① #　② &
③ |　④ : : =

정답 38.④ 39.④ 40.① 41.③ 42.① 43.④

해설 BNF(Backus-Naur Form : 배커스-나우어 형식)
㉠ 프로그래밍 언어를 정의하기 위한 최초의 메타 언어이다.
㉡ BNF에 사용되는 기호

: : =	정의
|	선택

44 프로그래밍 언어의 수행 순서는?

① 컴파일러 → 로더 → 링커
② 로더 → 컴파일러 → 링커
③ 링커 → 로더 → 컴파일러
④ 컴파일러 → 링커 → 로더

해설 프로그램 실행을 위한 처리 순서는 원시 프로그램 → 컴파일러 → 목적 프로그램 → 연결 → 실행 순으로 수행된다.

45 다음 중 고급 언어의 특징으로 거리가 먼 것은 무엇인가?

① 프로그램 작성이 쉽고, 수정이 용이하다.
② 일상 생활에서 사용하는 자연어와 유사한 형태의 언어이다.
③ 번역 과정없이 실행 가능하다.
④ 하드웨어에 관한 전문적인 지식이 없어도 프로그램 작성이 용이하다.

해설 고급 언어는 일상에서 사용하는 자연어와 유사한 인간 중심의 언어이며 기계어로 변환하는 컴파일러 또는 인터프리터가 필요하며, 프로그램 작성이 쉽고, 수정이 용이하다.

46 다음 중 연결 리스트(linked list)를 기본 자료 구조로 하며 게임, 로봇, 자연어 처리 등 인공 지능과 관계된 문제 처리에 가장 적합한 언어는?

① PL/1 ② LISP
③ APL ④ SNOBOL

해설 LISP은 주로 인공 지능 연구에 사용되는 언어로, 리스트 구조로 구성되며 함수 적용을 기반으로 한다.

47 고급 언어로 작성된 프로그램을 구문 분석하여, 각각의 문장을 문법 구조에 따라 트리 형태로 구성한 것은?

① 파스 트리 ② 어휘 트리
③ 목적 트리 ④ 링크 트리

해설 구문 분석(syntax analysis)은 작성된 프로그램이 프로그래밍 언어의 문법에 맞게 작성되었는지 체크하는 과정으로, 파스트리(parse tree)가 생성되는 단계이다. 파서(parser)라 불리는 구문 분석기(syntax analyzer)가 담당한다.

48 여러 가지 프로그래밍 언어를 배움으로써 얻어지는 장점으로 거리가 먼 것은?

① 프로그래밍 언어 선택 능력 향상
② 새로운 프로그래밍 언어의 학습 용이
③ 새로운 프로그래밍 언어의 설계 용이
④ 여러 프로그래밍 언어의 가격 비교 용이

해설 다양한 프로그래밍 언어의 특징을 파악하여 프로그래밍 언어의 선택 능력이 향상되고 학습 및 설계도 쉬워진다.

49 다음 중 기계어에 대한 설명으로 옳지 않은 것은?

① 2진수와 0과 1을 사용하여 명령어와 데이터를 나타낸다.
② 컴퓨터가 직접 이해할 수 있어 실행 속도가 빠르다.
③ 기계어 구조는 컴퓨터마다 동일하여 호환성이 높다.
④ 전문적인 지식이 없으면 이해하기 힘들다.

해설 기계어는 컴퓨터마다 다르므로 호환성이 낮다.

정답 44.④ 45.③ 46.② 47.① 48.④ 49.③

50 다음 중 언어 번역 프로그램에 해당하지 않는 것은?

① 인터프리터　② 로더
③ 컴파일러　④ 어셈블러

해설 ① 인터프리터 : 고급 언어를 기계어로 한 줄씩 대화식으로 번역하며 목적 프로그램을 생성하지 않는다.
③ 컴파일러 : 고급 언어를 기계어로 번역하여 목적 프로그램을 생성한다.
④ 어셈블러 : 저급 언어인 어셈블리어를 기계어로 번역한다.

51 다음 중 어셈블리어에 대한 설명으로 옳지 않은 것은?

① 기호 코드(mnemonic code)라고도 한다.
② 어셈블러라는 언어 번역 프로그램에 의해서 기계어로 번역된다.
③ 자연어에 가까운 고급 언어이다.
④ 컴퓨터 기종마다 상이하여 호환성이 없다.

해설 어셈블리어는 기계어에 가까운 저급 언어이다.

52 다음 설명에 해당하는 것은?

- 원시 프로그램을 기계어 프로그램으로 번역하는 대신에 기존의 고수준 컴파일러 언어로 전환하는 역할을 수행
- 주석 삭제, 매크로 치환, C언어의 #include 문 등의 역할을 수행

① Decoder
② Translator
③ Cross complier
④ Preprocessor

해설 전처리기(preprocessor)는 원시 프로그램을 컴파일러가 처리하기 전에 먼저 처리하여 확장된 원시 프로그램을 생성하는 것으로, 선행 처리기라고도 한다.

53 객체 지향 기법에서 하나 이상의 유사한 객체들을 묶어서 하나의 공통된 특성을 표현한 것을 무엇이라고 하는가?

① 메시지　② 메소드
③ 속성　④ 클래스

해설 ① 메시지 : 객체와 클래스가 정보를 교환하는 통신 명령이다.
② 메소드 : 객체가 속성값을 처리하는 어떤 동작 부분을 정의해 놓은 것이다.
③ 속성 : 객체를 표현하거나 동작을 나타내기 위한 자료이다.
④ 클래스 : 객체를 생성하는 틀로서, 하나 이상의 유사한 객체들을 묶어서 하나의 공통된 특성을 표현한 것이다.

54 로더의 기능으로 거리가 먼 것은?

① Allocation　② Linking
③ Loading　④ Translation

해설 로더(loader)는 실행 가능한 로드 모듈에 기억 공간의 번지를 지정하여 메모리에 적재시킨 후 실행시키는 서비스 프로그램으로, 연결(linking) 기능, 할당(allocation) 기능, 재배치(relocation) 기능, 로딩(loading) 기능 등이 있다.

55 기계어에 대한 설명으로 옳지 않은 것은?

① 프로그램의 실행 속도가 빠르다.
② 2진수 0과 1만을 사용하여 명령어와 데이터를 나타내는 기계 중심 언어이다.
③ 호환성이 없고 기계마다 언어가 다르다.
④ 프로그램에 대한 유지・보수 작업이 용이하다.

해설 **기계어의 특징**
㉠ 기계어는 0과 1로 이루어져 프로그램의 유지・보수가 어렵다.
㉡ 기계마다 언어가 다르므로 호환성이 없다.
㉢ 기계어는 변환 과정이 없어 처리 속도가 빠르다.

정답 50.② 51.③ 52.④ 53.④ 54.④ 55.④

56 **프로그램 개발 과정에서 프로그램 안에 내재해 있는 논리적 오류를 발견하고 수정하는 작업은 무엇인가?**

① Debugging ② Loading
③ Linking ④ Mapping

해설 디버깅(debugging) : 프로그램을 작성 및 실행하는 과정에서 오류가 발생한 경우 오류를 제거하기 위한 작업 과정

57 **구문 분석기가 올바른 문장에 대해 그 문장의 구조를 트리로 표현한 것은 무엇인가?**

① 구조 트리 ② 문맥 트리
③ 문장 트리 ④ 파스 트리

해설 구문 분석 단계에서 내부적으로 생성되는 트리는 파스 트리(parse tree)이다.

58 **원시 프로그램을 구성하는 각각의 명령문을 한 줄씩 명령문 단위로 번역하여 직접 실행하기 때문에 문법 오류를 쉽게 수정할 수 있으나 목적 프로그램이 생성되지 않고 프로그램 수행 속도가 느린 단점이 있는 것은?**

① 어셈블러 ② 인터프리터
③ 컴파일러 ④ 전처리기

해설 ① 어셈블러 : 저급 언어인 어셈블리어를 기계어로 번역한다.
② 인터프리터 : 고급 언어를 기계어로 한 줄씩 대화식으로 번역하며 목적 프로그램을 생성하지 않는다.
③ 컴파일러 : 고급 언어를 기계어로 번역하여 목적 프로그램을 생성한다.

59 **프로그램의 실행 과정으로 옳은 것은?**

① 원시 프로그램 → 목적 프로그램 → 로드 모듈 → 실행
② 로드 모듈 → 목적 프로그램 → 원시 프로그램 → 실행
③ 원시 프로그램 → 로드 모듈 → 목적 프로그램 → 실행
④ 목적 프로그램 → 원시 프로그램 → 로드 모듈 → 실행

해설 **언어 번역 과정**

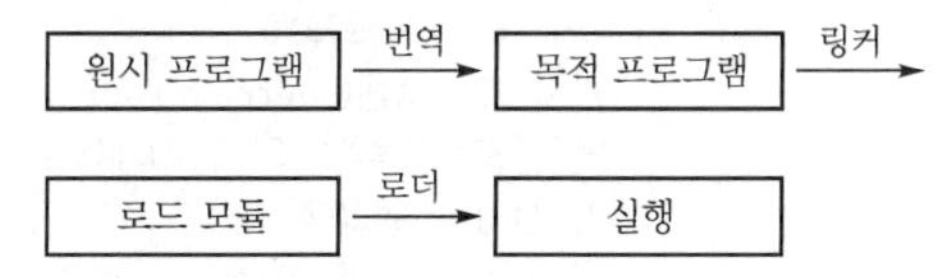

60 **객체 지향 기법에서 객체가 메시지를 받아 실행해야 할 객체의 구체적인 연산을 정의한 것은?**

① 애트리뷰트 ② 메시지
③ 클래스 ④ 메소드

해설 ① 속성(애트리뷰트) : 객체 지향 언어에서 객체를 표현하거나 동작을 나타내기 위한 자료이다.
② 메시지 : 객체 지향 언어에서 객체와 클래스가 정보를 교환하는 통신 명령이다.
③ 클래스 : 객체 지향 기법에서 객체를 생성하는 틀로서, 하나 이상의 유사한 객체들을 묶어서 하나의 공통된 특성을 표현한 것이다.
④ 메소드 : 객체 지향 언어에서 객체가 속성값을 처리하는 어떤 동작 부분을 정의해 놓은 것이다.

61 **독자적으로 번역된 여러 개의 목적 프로그램과 프로그램에서 사용되는 내장 함수들을 하나로 모아서 컴퓨터에서 실행 가능하도록 하는 것은?**

① 스프레드시트 ② 에디터
③ 디버거 ④ 링커

해설 링커(연계 편집 프로그램)는 기계어로 번역된 목적 프로그램을 결합하여 실행 가능한 모듈로 만드는 프로그램이다.

정답 56.① 57.④ 58.② 59.① 60.④ 61.④

62 **프로그래머가 작성한 것으로, 기계어로 번역되기 전의 프로그램은?**

① 원시 프로그램 ② 목적 프로그램
③ 루트 프로그램 ④ 해석 프로그램

해설 **원시와 목적 프로그램**
㉠ 원시 프로그램(source program) : 언어 번역 프로그램에 의해 기계어로 번역되기 전의 프로그램
㉡ 목적 프로그램(object program) : 기계어로 번역된 후의 프로그램

63 **프로그래밍 언어가 갖추어야 할 요건과 거리가 먼 것은?**

① 프로그래밍 언어의 구조가 체계적이어야 한다.
② 언어의 확장이 용이하여야 한다.
③ 효율적인 언어이어야 한다.
④ 많은 기억 장소를 사용하여야 한다.

해설 **프로그래밍 언어의 구비 조건**
㉠ 언어의 구조가 단순 명료하고 체계적이어야 한다.
㉡ 프로그램 작성이 쉽고 신뢰성이 있어야 한다.
㉢ 효율적인 언어로 확장성, 호환성, 이식성이 좋아야 한다.
㉣ 검증이 용이하고 비용이 적어야 한다(작성 비용, 번역 비용, 실행 비용, 유지·보수 비용 등).

64 **다음 중 기계어에 대한 설명으로 옳지 않은 것은 무엇인가?**

① 사람 중심 언어이다.
② 2진수 0과 1만을 사용하여 명령어와 데이터를 나타낸다.
③ 실행 속도가 빠르다.
④ 호환성이 없고 기계마다 언어가 다르다.

해설 기계어는 저급 언어이고 사람 중심 언어는 고급 언어이다.

65 **프로그래밍 언어의 선정 기준으로 적합하지 않은 것은?**

① 프로그래머 개인의 선호성은 고려 대상에 포함되지 않는다.
② 프로그래밍의 효율성이 고려되어야 한다.
③ 어느 컴퓨터에나 쉽게 설치될 수 있어야 한다.
④ 응용 목적에 부합하는 언어이어야 한다.

해설 프로그래밍 언어의 선정 기준에는 프로그래밍의 효율성, 다른 기종의 컴퓨터에 쉽게 설치될 수 있어야 하며 응용 목적에 부합되어야 한다.

66 **원시 프로그램을 기계어 프로그램으로 번역하는 대신에 기존의 고수준 컴파일러 언어로 전환하는 역할을 수행하는 것은?**

① Interpreter ② Assembler
③ Preprocessor ④ Linker

해설 전처리기(preprocessor)는 원시 프로그램을 컴파일러가 처리하기 전에 먼저 처리하여 확장된 원시 프로그램을 생성하는 것으로, 선행 처리기라고도 한다.

67 **다음 중 어셈블리어에 대한 설명으로 옳은 것은?**

① 고급 언어에 해당한다.
② 호환성이 좋은 언어이다.
③ 실행을 위하여 기계어로 번역하는 과정이 필요없다.
④ 기호 언어이다.

해설 **어셈블리어**
㉠ 연상 기호 코드(문자, 숫자, 특수 문자 등으로 기호화)를 사용함으로써 기계어보다 프로그램의 작성이 용이하고, 프로그램의 수정이 편리하다.
㉡ 어셈블러(assembler)에 의한 번역 과정이 필요하고 컴퓨터마다 어셈블러가 다르므로 호환성이 작다.

정답 62.① 63.④ 64.① 65.① 66.③ 67.④

68 **고급 언어에 대한 설명으로 틀린 것은?**

① 사람 중심의 언어이다.
② 컴퓨터가 직접 이해할 수 있어 실행 속도가 빠르다.
③ 상이한 기계에서 별다른 수정없이 실행이 가능하다.
④ 실행을 위해서는 기계어로 번역하는 과정이 필요하다.

해설 기계어는 컴퓨터가 직접 이해할 수 있어 번역과정이 필요 없으므로 실행 속도가 빠르다.

69 **저급**(low level) **언어부터 고급**(high level) **언어 순서로 옳게 나열한 것은?**

① C언어 → 기계어 → 어셈블리어
② 어셈블리어 → 기계어 → C언어
③ 기계어 → 어셈블리어 → C언어
④ 어셈블리어 → C언어 → 기계어

해설 **저급과 고급 언어**
㉠ 저급 언어(low level language)는 컴퓨터가 처리하기 용이한 컴퓨터 중심의 언어로, 기계어, 어셈블리어가 있다.
㉡ 고급 언어(high level language)는 자연어에 가까워 그 의미를 쉽게 이해할 수 있는 사용자 중심의 언어로, 베이직, 포트란, 코볼, C 등이 있다.

70 BNF **기호 중 선택을 의미하는 것은?**

① < >　　② |
③ : : =　　④ $

해설 **BNF의 사용 기호**
㉠ : : = : 정의
㉡ | : 선택

71 **프로그램에서** Syntax error**란?**

① 물리적 오류　　② 논리적 오류
③ 기계적 오류　　④ 문법적 오류

해설 **오류의 종류**
㉠ 문법적 오류(syntax error) : 원시 프로그램을 기계어로 번역하는 과정에서 발생하는 오류
㉡ 논리적 오류 : 모의 데이터를 입력하여 결과를 검사하는 과정에서 발생하는 오류

72 **실행 가능한 로드 모듈을 메모리에 적재시킨 후 실행시키는 것은?**

출제빈도

① 운영 체제(operating system)
② 컴파일러(compiler)
③ 로더(loader)
④ 링커(linker)

해설 **로더(loader)** : 실행 가능한 로드 모듈에 기억 공간의 번지를 지정하여 메모리에 적재시킨 후 실행시키는 서비스 프로그램이다.

73 **저급**(low level) **언어에 대한 설명으로 틀린 것은?**

① 하드웨어를 직접 제어할 수 있어서 전자계산기측면에서 볼 때 처리가 쉽고 속도가 빠르다.
② 2진수 체제로 이루어진 언어로 전자계산기가 직접 이해할 수 있는 형태의 언어이다.
③ 프로그램 작성 및 수정이 어렵다.
④ 기종에 관계없이 사용할 수 있어 호환성이 좋다.

해설 저급 언어(low level language)는 컴퓨터가 처리하기 용이한 컴퓨터 중심의 언어로, 기계어, 어셈블리어가 있다.

74 **객체 지향 기법에서 하나 이상의 유사한 객체들을 묶어서 하나의 공통된 특성을 표현한 것을 무엇이라고 하는가?**

① 메시지　　② 메소드
③ 속성　　④ 클래스

정답 68.② 69.③ 70.② 71.④ 72.③ 73.④ 74.④

해설 **클래스** : 객체를 생성하는 틀로서, 하나 이상의 유사한 객체들을 묶어서 하나의 공통된 특성을 표현한 것이다.

75 **로더의 종류 중 다음 설명에 해당하는 것은?**

- 목적 프로그램을 기억 장소에 적재시키는 기능만 수행
- 할당 및 연결 작업은 프로그래머가 프로그램 작성 시 수행하며, 재배치는 언어 번역 프로그램이 담당

① Absolute loader
② Compile and go loader
③ Direct linking loader
④ Dynamic loading loader

해설 **로더의 종류**
㉠ 절대 로더(absolute loader) : 목적 프로그램을 프로그래머가 지정한 주소에 적재하는 기능을 가진 간단한 로더로서, 재배치라든지 링크 등이 없다.
㉡ Compile and go loader : 번역기가 로더의 역할까지 담당하는 것으로, 실행을 원할 때마다 번역을 해야 한다.
㉢ 직접 연결 로더(DLL : Direct Linking Loader) : 하나의 부프로그램이 변경되어도 다시 번역할 필요가 없도록 프로그램에 대한 기억 장소 할당과 부프로그램의 연결이 로더에 의해 자동으로 수행된다.
㉣ 동적 적재(dynamic loading) : 모든 세그먼트를 주기억 장치에 적재하지 않고 항상 필요한 부분만 주기억 장치에 적재하고 나머지는 보조 기억 장치에 저장해 두는 방법이다.
㉤ 재배치 로더(relocation loader) : 주기억 장치의 상태에 따라 목적 프로그램을 주기억 장치의 임의의 공간에 적재할 수 있도록 하는 로더이다.

76 **구문 분석기가 올바른 문장에 대해 그 문장의 구조를 트리로 표현한 것으로, 루트, 중간, 단말 노드로 구성되는 트리는 무엇인가?**

① 개념 트리　② 파스 트리
③ 유도 트리　④ 정규 트리

해설 **구문 분석 단계** : 파스 트리

77 **다음 중 고급 언어의 특징에 대한 설명으로 틀린 것은?**

① 기종에 관계없이 사용할 수 있어 호환성이 높다.
② 2진수 형태로 이루어진 언어로 전자계산기가 직접 이해할 수 있는 형태의 언어이다.
③ 하드웨어에 관한 전문적 지식이 없어도 프로그램 작성이 용이하다.
④ 프로그래밍 작업이 쉽고, 수정이 용이하다.

해설 2진수 형태로 전자계산기가 직접 이해할 수 있는 언어는 기계어이다.

78 **명령 단위로 차례로 번역하여 즉시 실행하는 방식의 언어 번역 프로그램은?**

① 컴파일러　② 링커
③ 로더　④ 인터프리터

해설 ㉠ 어셈블러 : 저급 언어인 어셈블리어를 기계어로 번역한다.
㉡ 컴파일러 : 고급 언어를 기계어로 번역하여 목적 프로그램을 생성한다.
㉢ 인터프리터 : 고급 언어를 기계어로 한 줄씩 대화식으로 번역하며 목적 프로그램을 생성하지 않는다.

정답 75.① 76.② 77.② 78.④

02 소프트웨어의 기본 구성

1 시스템 소프트웨어

(1) 시스템 소프트웨어의 기초

① 시스템 소프트웨어는 컴퓨터 시스템을 편리하고 효율적으로 사용할 수 있게 도와주는 프로그램으로, 컴퓨터 시스템의 하드웨어 요소를 직접 제어·통합·관리하는 역할을 한다.

② **종류** : 운영 체제, 언어 번역 프로그램, 유틸리티 등이 있다.

(2) 운영 체제의 정의

① 컴퓨터 시스템 자원을 효율적으로 관리하고, 사용자에게 최대한의 편리성을 제공하며 컴퓨터와 사용자 간의 인터페이스를 담당하는 시스템 소프트웨어이다.

② 일반적으로 수행하는 기능에 따라 크게 제어 프로그램과 처리 프로그램으로 나눌 수 있다.

(3) 운영 체제의 목적

① 사용자 인터페이스를 제공한다.

② 컴퓨터 시스템의 성능을 향상시킨다.

③ 처리 능력의 향상 및 사용 가능도를 향상시킨다.

④ 응답 시간의 단축 및 신뢰성을 향상시킨다.

(4) 운영 체제 성능 평가 요소

① **처리 능력**(throughput) : 일정 시간 내에 시스템이 처리하는 일의 양

② **사용 가능도**(availability) : 시스템을 사용할 필요가 있을 때 즉시 사용 가능한 정도

③ **신뢰도**(reliability) : 시스템이 주어진 문제를 정확하게 해결하는 정도

④ **응답 시간**(turn around time) : 시스템에 작업을 의뢰한 시간부터 처리가 완료될 때까지 걸린 시간

(5) 운영 체제의 기능

① 사용자 인터페이스를 제공한다.

② 하드웨어 자원 할당 및 스케줄링을 한다.

③ CPU, 기억 장치, 입·출력 장치의 각종 오류를 처리한다.

기출문제 핵심잡기

[2012년 1회 출제]
[2012년 2회 출제]
[2016년 2회 출제]
운영 체제의 목적은 사용자 인터페이스를 제공하고 시스템 성능을 향상시켜 처리 능력, 사용 가능도, 신뢰성을 향상시키는 것이다.

[2010년 1회 출제]
[2010년 2회 출제]
[2011년 5회 출제]
[2014년 1회 출제]
[2016년 1회 출제]
운영 체제의 성능 평가 기준은 처리 능력, 사용 가능도, 신뢰도, 응답 시간이다.

[2011년 1회 출제]
[2011년 2회 출제]
[2012년 1회 출제]
[2012년 5회 출제]
[2014년 1회 출제]
운영 체제의 기능
컴퓨터 하드웨어 및 각종 자원을 효율적으로 관리하며 사용자에게 편의성을 제공하는 것이다.

④ 프로세서간 통신을 제어한다.
⑤ 파일을 읽고/쓰고, 생성 · 삭제하는 일을 한다.
⑥ 입 · 출력 동작을 제어한다.

(6) 운영 체제의 구성

① **제어 프로그램**(contral program) : 컴퓨터 전체의 작동 상태 감시, 작업의 순서 지정, 작업에 사용되는 데이터 관리 등의 역할을 수행하는 프로그램이다.

감시 프로그램 (supervisor program)	제어 프로그램에서 가장 중요한 역할을 담당하며 시스템의 모든 동작 및 상태를 관리 감독하는 프로그램
작업 관리 프로그램 (job management program)	작업이 정성적으로 처리될 수 있도록 작업의 순서와 방법을 관리하는 프로그램
데이터 관리 프로그램 (data management program)	시스템에서 사용되는 데이터와 파일의 표준적인 처리 및 전송을 관리하는 프로그램

☑ 운영 체제의 구성
㉠ 제어 프로그램 : 감시 프로그램, 작업 관리 프로그램, 데이터 관리 프로그램
㉡ 처리 프로그램 : 언어 번역 프로그램, 서비스 프로그램, 문제 프로그램

② **처리 프로그램** : 제어 프로그램의 감독하에 특정한 문제를 해결하기 위해 데이터 처리를 담당하는 프로그램이다.

언어 번역 프로그램 (language translator program)	• 사용자가 작성한 원시 프로그램을 컴퓨터가 이해할 수 있는 기계어로 번역하는 프로그램 • 종류 : 어셈블러, 컴파일러, 인터프리터 등
서비스 프로그램 (service program)	• 사용 빈도가 높은 프로그램을 시스템 제공자가 미리 작성하여 사용자에게 제공하는 프로그램 • 종류 : 유틸리티, 분류 · 병합 프로그램, 연결 편집기, 라이브러리 프로그램 등
문제 프로그램 (problem program)	• 업무상 필요에 의해 사용자가 작성한 프로그램 • 종류 : 급여 관리, 인사 관리, 회계 관리 등

깐깐체크

1. **커널(kernel)**
운영 체제의 핵심 부분으로 부팅 후 메모리에 상주하며 사용자 및 실행 프로그램들을 위해 자주 사용되는 기능을 담당하는 곳으로, 관리자, 제어 프로그램, 핵과 같은 개념이다.

2. **임베디드 운영 체제**
임베디드 운영 체제는 디지털 TV, 전기밥솥, 냉장고, PDA 등 해당 제품의 특정 기능에 맞게 특화되어서 제품 자체에 포함된 운영 체제로, Windows CE 등이 있다.

(7) 운영 체제의 운영 방식

① **일괄 처리 시스템**(batch processing system) : 처리할 작업을 일정 시간 또는 일정량을 모아서 한꺼번에 처리하는 방식으로, 급여 계산, 공공요금 계산 등에 사용된다.

② **실시간 시스템**(real time system) : 데이터가 발생하는 즉시 처리해 주는 시스템으로, 항공기나 열차의 좌석 예약, 은행 업무 등에 사용된다.

③ **다중 프로그래밍 시스템**(multi programming system) : 하나의 컴퓨터에 2개 이상의 프로그램을 적재시켜 처리하는 방식으로, CPU의 유휴 시간을 감소시킬 수 있다.

④ **다중 처리기 시스템**(multi processing system) : 처리 속도를 향상시키기 위하여 하나의 컴퓨터에 2개 이상의 CPU를 설치하여 프로그램을 처리하는 방식이다.

⑤ **시분할 시스템**(time sharing system)

㉠ 하나의 시스템을 여러 명의 사용자가 시간을 분할하여 동시에 사용하는 방식으로, 각 사용자들은 마치 독립된 컴퓨터를 사용하는 느낌을 갖는다.

㉡ 주어진 시간동안 사용자가 터미널을 통해서 직접 컴퓨터와 접촉하여 대화식으로 작동한다.

⑥ **분산 시스템**(distributed system) : 분산된 여러 대의 컴퓨터에 여러 작업들을 지리적·기능적으로 분산시킨 후 해당되는 곳에서 데이터를 생성 및 처리할 수 있도록 한 시스템이다.

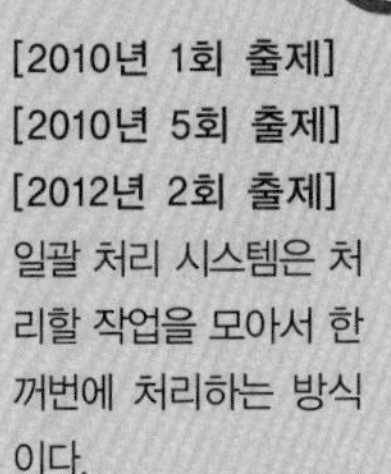

[2010년 1회 출제]
[2010년 5회 출제]
[2012년 2회 출제]
일괄 처리 시스템은 처리할 작업을 모아서 한꺼번에 처리하는 방식이다.

[2012년 5회 출제]
[2013년 2회 출제]
[2013년 3회 출제]
시분할 시스템은 하나의 시스템을 여러 명의 사용자가 시간을 분할하여 사용하는 방식이다.

(8) 스케줄링

① **스케줄링의 의미** : 시스템의 효율성을 극대화시키기 위해 자원의 사용 순서를 결정하기 위한 정책으로, CPU 이용률과 처리량을 향상시키고 처리 시간, 대기 시간, 응답 시간 및 오버헤드를 단축시키는 것이다.

② **스케줄링 기법**

㉠ 선점형 기법

- 1개의 프로세스가 CPU를 점유하고 있을 때 다른 프로세스가 CPU를 빼앗을 수 있는 기법으로, RR, SRT, MFQ 스케줄링 등이 있다.
- 대화식 시분할 시스템이나 실시간 시스템에 사용된다.
- 응답 시간 예측이 어렵고 많은 오버헤드를 초래한다.

㉡ 비선점형 기법

- 1개의 프로세스가 CPU를 점유하고 있을 때 다른 프로세스가 CPU를 빼앗을 수 없는 기법으로, FIFO, 우선순위, SJF, HRN, 기한부 스케줄링 등이 있다.

[2010년 1회 출제]
[2012년 5회 출제]
바람직한 스케줄링 정책은 CPU 이용률과 처리량을 향상시키고 처리 시간, 대기 시간, 응답 시간 및 오버헤드를 단축시키는 것이다.

[2010년 5회 출제]
[2013년 1회 출제]
RR 스케줄링은 시분할 시스템에 적합하다.

[2011년 5회 출제]
HRN 스케줄링은 우선순위 계산 공식을 이용하는 기법이다.

[2011년 5회 출제]
기억 장치 배치 전략 중 최악 적합(worst fit)은 단편화를 가장 많이 남긴다.

- 응답 시간 예측이 용이하나 긴 작업이 끝날 때까지 짧은 작업이 기다리는 경우도 발생할 수 있다.

③ 스케줄링 알고리즘

선점형	RR(Round Robin) 스케줄링	각 프로세스들이 주어진 시간 할당량(time slice) 안에 작업을 처리해야 하는 기법으로, 대화식 시분할 시스템에 적합하다.
	SRT(Shortest Remaining Time) 스케줄링	작업이 완료될 때까지 남은 처리 시간이 가장 짧은 프로세스를 먼저 처리하는 기법이다.
	MFQ(Multi level Feedback Queue : 다단계 피드백) 스케줄링	다양한 특성의 작업이 혼합될 경우 유용한 스케줄링 방법으로, 작업을 여러 단계로 나누어 처리하는 기법이다.
비선점형	FIFO(또는 FCFS : First Come First Served) 스케줄링	가장 간단한 기법으로, 먼저 대기 큐에 들어온 작업순으로 처리하는 기법이다.
	우선순위(priority) 스케줄링	각 작업마다 우선순위를 정하여 우선순위가 높은 작업순으로 처리하는 기법이다.
	SJF(Shortest Job First) 스케줄링	처리할 작업 시간이 가장 짧은 것부터 먼저 처리하는 기법이다.
	HRN(Highest Response Ratio Next) 스케줄링	• SJF 스케줄링 기법의 단점인 긴 작업과 짧은 작업의 지나친 불평 등을 보완한 스케줄링 기법으로, 우선순위 계산식에 의해 작업을 처리하는 기법이다. • 우선순위 $= \frac{\text{대기 시간} + \text{서비스에 걸리는 시간}}{\text{서비스에 걸리는 시간}}$
	기한부 스케줄링	특정 작업이 제한 시간 안에 완료되도록 하는 기법이다.

(9) 기억 장치의 관리

① 주기억 장치 관리

㉠ 기억 장치 배치 전략은 새로 적재해야 할 프로그램과 데이터를 주기억 장치의 어느 곳에 배치할지를 결정하는 전략으로, 최초 적합, 최적 적합, 최악 적합이 있다.

㉡ 최초 적합(first fit) : 사용 가능한 공간 중에서 가장 먼저 발견한 공간에 할당하는 방법이다.

㉢ 최적 적합(best fit) : 사용 가능한 공간 중에서 가장 작은 공간에 할당하는 방법이다.

㉣ 최악 적합(worst fit) : 사용 가능한 공간 중에서 가장 큰 공간에 할당하는 방법이다.

② 가상 기억 장치 관리

㉠ 가상 기억 장치란 주기억 장치의 부족한 용량을 해결하기 위하여 디스

크와 같은 보조 기억 장치의 일정 공간을 마치 주기억 장치처럼 사용하는 기법이다.

㉡ 현재 실행에 필요한 부분은 주기억 장치에 적재시켜 두고 나머지 부분은 보조 기억 장치에 둔 후 필요 시 주기억 장치로 옮겨오는 기법으로 페이지 교체가 필요하다.

㉢ 가상 기억 장치 구현 방법은 기억 장소를 일정한 크기로 분할하는 페이징(paging) 기법과 가변적인 크기로 분할하는 세그먼테이션(segmentation) 기법이 있다.

㉣ 페이지 교체는 주기억 장치에 있는 페이지 중에서 교체되어야 할 페이지를 결정하는 기법으로, FIFO, LRU, LFU, NUR, 최적화 기법 등이 있다.

㉤ 페이지 교체 알고리즘

FIFO (First In First Out)	주기억 장치에 가장 먼저 들어온 가장 오래된 페이지를 교체하는 방법이다.
LRU (Least Recently Used)	계수기나 스택을 사용하여 가장 오랫동안 사용되지 않은 페이지를 교체하는 방법이다.
LFU (Least Frequency Used)	사용 빈도가 가장 낮은 페이지를 교체하는 방법이다.
NUR (Not Used Recently)	최근에 사용되지 않은 페이지를 교체하는 방법으로, 최근의 사용 여부를 확인하기 위해서 참조 비트(reference bit)와 변형 비트(modified bit)가 사용된다.
최적화 기법 (OPT : OPTimal replacement)	앞으로 가장 오랜 기간 동안 사용되지 않을 페이지를 선택하여 교체하는 기법이다.

깐깐체크

1. 워킹 셋(working set)
   가상 기억 장치 시스템에서 실행 중인 프로세스가 일정 시간 동안 자주 참조하는 페이지들의 집합이다.
2. 스래싱(thrashing)
   작업 수행 중 너무 자주 페이지 교환(페이지 부재)이 발생하는 현상을 말한다.
3. 단편화(fragmentation)
   사용할 수 있는 기억 공간이 프로세스가 요구하는 크기보다 작기 때문에 어떤 요구도 만족할 수 없고, 사용하지 않은 상태로 남아 있는 상태를 말한다.
4. 인터럽트(interrupt)
   컴퓨터 시스템에서 발생하는 예외적인 사건을 운영 체제가 처리하기 위한 기법으로, 인터럽트가 발생하면 현재 수행 중인 프로그램을 일시 정지하고 인터럽트 처리 루틴을 수행한 후 원래의 프로그램으로 복귀한다.

[2011년 2회 출제]
[2012년 2회 출제]
FIFO
주기억 장치에 가장 먼저 들어온 페이지를 교체하는 기법이다.

[2011년 1회 출제]
NUR
최근에 사용되지 않은 페이지를 교체하는 기법으로, 참조 비트와 변형 비트가 사용된다.

[2011년 2회 출제]
워킹 셋은 프로세스가 일정 시간 동안 자주 참조하는 페이지들의 집합이다.

(10) 교착 상태

① 교착 상태(deadlock)의 의미 : 다중 프로그래밍 시스템하에서 서로 다른 프로세스가 일어날 수 없는 사건을 무한정 기다리며 더 이상 진행되지 못하는 상태를 말한다.

[2016년 1회 출제]

② 교착 상태의 발생 조건

㉠ 상호 배제(mutual exclusion) : 프로세스가 필요한 자원에 대해 배타적 통제권을 요구하는 경우, 즉 프로세스가 이미 자원을 사용 중이면 다른 프로세스는 반드시 기다려야 한다.

㉡ 비선점(non preemption) : 1개의 프로세스가 CPU를 점유하고 있을 때 다른 프로세스가 CPU를 빼앗을 수 없는 경우이다.

㉢ 점유와 대기(hold and wait) : 프로세스가 1개 이상의 자원을 할당받은 상태에서 다른 프로세스의 자원을 요구하면서 기다리는 경우이다.

㉣ 환형 대기(circular wait) : 프로세스간 자원의 요구가 연속적으로 순환되는 원형과 같은 경우이다.

③ 교착 상태의 해결 방안

[2010년 2회 출제]
예방 기법은 교착 상태 발생의 4가지 조건, 상호 배제, 비선점, 점유와 대기, 환형 대기 중 하나를 부정하는 기법이다.

㉠ 예방 기법(prevention) : 교착 상태가 발생되지 않도록 미리 교착 상태 발생의 4가지 조건(상호 배제, 비선점, 점유와 대기, 환형 대기) 중 하나를 부정하는 기법이다.

㉡ 회피 기법(avoidance) : 교착 상태가 발생할 가능성을 배제하지 않고, 교착 상태 가능성을 회피하는 기법으로, 은행가 알고리즘(banker's algorithm)이 대표적이다.

㉢ 발견 기법(detection) : 시스템에 교착 상태가 발생했는지 수시로 점검하여 교착 상태에 있는 프로세스와 자원을 발견하는 기법이다.

㉣ 회복 기법(recovery) : 교착 상태를 일으킨 프로세스를 강제적으로 종료시키거나 교착 상태의 프로세스에 할당된 자원을 강제적으로 회수하여 다른 프로세스에 자원을 제공하는 기법이다.

2 응용 소프트웨어

사용자가 컴퓨터를 이용하여 특정 작업을 수행할 수 있게 도와주는 프로그램으로, 다음과 같은 것들이 있다.

(1) OA 관련 소프트웨어

① 주요 기능 : 사무 업무 처리(문서 작성및 편집, 계산, 발표 자료 작성 등)가 가능한 SW이다.

② 종류 : 워드프로세스, 스프레드시트, 프리젠테이션 등이 있다.

(2) 멀티미디어용 소프트웨어

① 주요 기능 : 사진, 그림, 소리, 동영상 등을 제작하고 편집이 가능한 SW이다.
② 종류 : 페인팅, 드로잉, 윈도 무비 메이커 등이 있다.

(3) 통신용 소프트웨어

① 주요 기능 : 컴퓨터와 통신망을 연결하여 통신이 가능한 SW이다.
② 종류 : 웹 브라우저, 메신저 등이 있다.

기출문제 핵심잡기

☑ 응용 소프트웨어
㉠ OA 관련 소프트웨어
㉡ 멀티미디어용 소프트웨어
㉢ 통신용 소프트웨어

단락별 기출 · 예상 문제

01 **다음 오퍼레이팅 시스템에서 제어 프로그램에 속하는 것은?**

① 데이터 관리 프로그램
② 어셈블러
③ 컴파일러
④ 서브루틴

해설 제어 프로그램에는 감시, 작업 관리, 데이터 관리 프로그램이 있다.

02 **멀티프로그램(multi program)에 대하여 가장 적합하게 설명하고 있는 것은?**

① 하나의 프로그램을 여러 개의 컴퓨터에서 처리하는 것
② 여러 개의 프로그램을 여러 개의 컴퓨터에서 처리하는 것
③ 여러 개의 프로그램을 하나의 컴퓨터에서 처리하는 것
④ 하나의 컴퓨터에서 하나의 프로그램을 처리하는 것

해설 멀티프로그램은 여러 개의 프로그램을 하나의 컴퓨터에서 처리하는 것으로, CPU의 유휴 시간을 줄일 수 있다.

03 **운영 체제의 제어(control) 프로그램에 해당하는 것은?**

① 감시(supervisor) 프로그램
② 언어 번역(language translator) 프로그램
③ 서비스(service) 프로그램
④ 문제(problem) 프로그램

해설 제어 프로그램에는 감시, 작업 관리, 데이터 관리 프로그램이 속한다.

04 **운영 체제를 수행하는 기능에 따라 크게 2가지로 분류한 것으로 옳은 것은?**

① 응용 프로그램과 처리 프로그램
② 제어 프로그램과 처리 프로그램
③ 처리 프로그램과 번역 프로그램
④ 번역 프로그램과 응용 프로그램

해설 **운영 체제의 분류**
㉠ 제어 프로그램 : 운영 체제의 가장 핵심적인 부분으로, 주기억 장치 내에 상주하면서 시스템의 작동 상태와 처리 프로그램의 실행 과정을 감시 하는 역할을 담당한다.
㉡ 처리 프로그램 : 제어 프로그램의 감독하에 사용자가 작성한 특정한 문제를 해결하기 위하여 데이터 처리를 담당한다.

05 **2개 이상의 프로세스들이 다른 프로세스가 차지하고 있는 자원을 무한정 기다림에 따라 프로세스의 진행이 중단되는 상태는?**

① Deadlock ② Relocation
③ Spooling ④ Swapping

해설 **교착 상태(deadlock)** : 다중 프로그래밍 시스템하에서 서로 다른 프로세스가 일어날 수 없는 사건을 무한정 기다리며 더 이상 진행되지 못하는 상태를 말한다.

06 **다음 중 운영 체제의 성능 평가 요소와 거리가 먼 것은?**

① 신뢰도
② 응답 시간
③ 비용
④ 이용 가능도

해설 **운영 체제의 성능 평가 요소** : 처리 능력, 이용 가능도, 응답 시간, 신뢰도이다.

정답 01.① 02.③ 03.① 04.② 05.① 06.③

07 **시스템 프로그램에 해당되지 않는 것은?**

① 로더
② 컴파일러
③ 운영 체제
④ 급여 계산 프로그램

해설 급여 계산 프로그램은 문제 처리(사용자) 프로그램에 속한다.

08 **실행 중인 프로세스의 여러 가지 구문적 오류(syntax error)에 의해 발생되는 인터럽트(interrupt)를 무엇이라 하는가?**

① 입·출력 인터럽트
② 외부 인터럽트
③ 프로그램 체크 인터럽트
④ 머신 체크 인터럽트

해설 실행 중인 프로세스의 여러 가지 구문적 오류(syntax error)에 의해 발생되는 인터럽트를 프로그램 체크 인터럽트라 한다.

09 **매크로 프로세서의 기본 수행 작업이 아닌 것은?**

① 매크로 정의 인식
② 매크로 정의 저장
③ 매크로 호출 저장
④ 매크로 호출 인식

해설 매크로 프로세서의 기본 수행 작업에는 매크로 정의 인식, 매크로 정의 저장, 매크로 호출 인식 등이 있다.

10 **운영 체제를 기능상 분류할 경우 처리 프로그램에 해당하는 것은?**

① 감시(supervisor) 프로그램
② 작업 제어(gob control) 프로그램
③ 데이터 관리(data management) 프로그램
④ 서비스(service) 프로그램

해설 처리 프로그램에는 언어 번역 프로그램, 서비스 프로그램, 사용자(문제) 프로그램 등이 있다.

11 **시스템 프로그램이 아닌 것은?**

① 로더(loader)
② 컴파일러(compiler)
③ 운영 체제(operating system)
④ 워드프로세서(word processor)

해설 워드프로세서는 응용 프로그램이다.

12 **운영 체제를 수행 기능에 따라 제어 프로그램과 처리 프로그램으로 분류할 경우 아래 설명에 해당하는 프로그램의 종류는 무엇인가?**

> 어떤 업무를 처리하고 다른 업무로의 이행을 자동적으로 수행하기 위한 준비 및 그 처리 완료를 담당하는 기능을 수행한다. 즉, 작업의 연속 처리를 위한 스케줄 및 시스템 자원 할당 등을 담당한다.

① 감시 프로그램
② 서비스 프로그램
③ 작업 제어 프로그램
④ 문제 프로그램

해설 작업 제어 프로그램은 작업의 연속 처리를 위한 스케줄 및 시스템 자원 할당 등을 담당한다.

13 **일괄 처리 시스템에 가장 적합한 업무는?**

① 급여 계산 업무
② 승차권 예약 업무
③ 입·출금 조회 업무
④ 본·지점 거래 내역 업무

해설 일괄 처리(batch processing) 시스템은 처리할 자료를 일정 기간, 일정량 모아두었다가 한꺼번에 처리하는 방식으로, 급여 계산, 공공 요금 계산 등의 업무에 적용한다.

정답 07.④ 08.③ 09.③ 10.④ 11.④ 12.③ 13.①

14 사용자가 컴퓨터를 편리하게 사용하도록 사용자 인터페이스를 담당하며 시스템 내의 자원을 관리하는 목적을 갖는 소프트웨어는?

① 운영 체제 ② 워드프로세서
③ 스프레드시트 ④ 프리젠테이션

해설 운영 체제(OS)는 컴퓨터의 하드웨어 및 각종 장치들을 효율적으로 관리하고, 사용자에게 편리성을 제공하며, 자원을 공유하도록 하여 컴퓨터 시스템의 성능을 향상시킨다.

15 운영 체제(operating system)의 목적과 거리가 먼 것은?

① 신뢰도(reliability)의 향상
② 처리 능력(throughput)의 향상
③ 응답 시간(turn around time)의 단축
④ 코딩(coding) 작업의 용이

해설 **운영 체제의 목적** : 처리 능력 향상, 사용 가능도 향상, 신뢰도 향상, 응답 시간 단축 등

16  운영 체제의 제어 프로그램(control program) 중 시스템 전체의 작동 상태를 감시·감독하여 시스템이 작동하는 동안 항상 주기억 장치에 상주하는 프로그램은?

① Supervisor program
② Job control program
③ Data management program
④ Problem program

해설 **운영 체제의 제어 프로그램**
㉠ 감시 프로그램 : 제어 프로그램 중에서 가장 중요한 역할을 수행하는 프로그램으로, 시스템의 작동 상태를 수시로 감독한다.
㉡ 작업 관리 프로그램 : 작업의 연속적인 처리를 위한 스케줄 및 시스템 자원 할당을 담당한다.
㉢ 데이터 관리 프로그램 : 데이터와 파일을 관리하고 주기억 장치 및 입·출력 장치 사이의 데이터 전송 등을 담당한다.

17 대량의 정보를 관리하고 내용을 구조화하여 검색이나 갱신 작업을 효율적으로 실행하는 데이터베이스의 목적이 아닌 것은?

① 데이터 일관성 유지
② 데이터 중복의 최대화
③ 데이터 무결성 유지
④ 데이터 독립성 유지

해설 **데이터베이스의 목적** : 데이터베이스의 일관성 유지, 데이터 중복의 최소화, 데이터 무결성 유지, 데이터 독립성 유지 등이다.

18 운영 체제의 기능이 아닌 것은?

① 프로세서, 기억 장치, 입·출력 장치, 파일 및 정보 등의 자원 관리
② 시스템의 각종 하드웨어와 네트워크에 대한 관리·제어
③ 원시 프로그램에 대한 목적 프로그램 생성
④ 자원의 스케줄링 기능 제공

해설 운영 체제(OS : Operating system)의 기능은 사용자 인터페이스를 제공하고, 하드웨어 자원 할당 및 스케줄링을 하며, CPU, 기억장치, 입·출력 장치의 각종 오류를 처리하는 것이다.

19 컴퓨터 시스템을 구성하고 있는 하드웨어 장치와 일반 컴퓨터 사용자 또는 컴퓨터에서 실행되는 응용 프로그램의 중간에 위치하여 사용자들이 보다 쉽고 간편하게 컴퓨터 시스템을 이용할 수 있도록 컴퓨터 시스템을 제어하고 관리하는 것은?

① 컴파일러 ② 로더
③ DBMS ④ 운영 체제

해설 운영 체제(OS)는 컴퓨터의 하드웨어 및 각종 장치들을 효율적으로 관리하고, 사용자에게 편리성을 제공하며, 자원을 공유하도록 하여 컴퓨터 시스템의 성능을 향상시킨다.

정답 14.① 15.④ 16.① 17.② 18.③ 19.④

20 **유닉스에서 프로세스 관리, 입·출력 관리, 파일 관리, 프로세스간의 통신, 기억 장치 관리 등의 기능을 갖는 것은?**

① Kernel ② Shell
③ Utility ④ Pwd

해설 Kernel은 유닉스 운영 체제의 핵심으로, 프로세스 관리, 입·출력 관리, 파일 관리, 프로세스간의 통신, 기억 장치 관리 등의 기능을 갖는다.

21 **페이지 교체 기법 중 기억 공간에 가장 먼저 들어 온 페이지를 제일 먼저 교체하는 방법을 사용하는 것은?**

① LFU ② NUR
③ LRU ④ FIFO

해설 **페이지 교체 기법**

㉠ 선입 선출(FIFO) : 자료가 리스트에 첨가되는 순서대로 교체되는 방법으로, 큐(queue)가 있다.
㉡ 후입 선출(LIFO) : 마지막으로 첨가된 자료가 제일 먼저 교체되는 방법으로, 스택(stack)이 있다. 한다.

22 **운영 체제를 수행하는 기능에 따라 제어 프로그램과 처리 프로그램으로 분류할 경우 제어 프로그램에 해당하지 않는 것은?**

① 서비스 프로그램
② 감시 프로그램
③ 데이터 관리 프로그램
④ 작업 제어 프로그램

해설 **운영 체제 프로그램**

㉠ 제어 프로그램 : 운영 체제의 가장 핵심적인 부분으로 주기억 장치 내에 상주하면서 시스템의 작동 상태와 처리 프로그램의 실행 과정을 감시하는 역할을 담당한다.
- 감시 프로그램 : 제어 프로그램 중에서 가장 중요한 역할을 수행하는 프로그램으로, 시스템의 작동 상태를 수시로 감독한다.
- 작업 관리 프로그램 : 작업의 연속적인 처리를 위한 스케줄 및 시스템 자원 할당을 담당한다.
- 데이터 관리 프로그램 : 데이터와 파일을 관리하고 주기억 장치 및 입·출력 장치 사이의 데이터 전송 등을 담당한다.

㉡ 처리 프로그램 : 제어 프로그램의 감독하에 사용자가 작성한 특정한 문제를 해결하기 위하여 데이터 처리를 담당한다.
- 언어 번역 프로그램 : 원시 프로그램을 기계어로 번역(어셈블러, 컴파일러, 인터프리터 등)한다.
- 서비스 프로그램 : 사용자의 편의를 위해 컴퓨터 제조사에서 제공(유틸리티, 분류·병합 프로그램, 연결 편집기, 라이브러리 프로그램 등)한다.
- 문제 프로그램 : 업무상 필요에 의해 사용자가 작성한 프로그램(급여 관리, 인사 관리, 회계 관리 등)이다.

23 **다중 프로그램 시스템 또는 가상 기억 장치를 사용하는 시스템에서 하나의 프로세스가 작업 수행 과정 중 수행하는 기억 장치 접근에서 지나치게 페이지 폴트(page fault)가 발생하여 전체 시스템의 성능이 저하되는 현상은?**

① Working set ② Locality
③ Thrashing ④ Swapping

해설 ㉠ 워킹 셋(working set)은 가상 기억 장치 시스템에서 실행 중인 프로세스가 일정 시간 동안 자주 참조하는 페이지들의 집합이다.
㉡ 스래싱(thrashing)은 작업 수행 중 너무 자주 페이지 교환(페이지 부재)이 발생하는 현상을 말한다.

24 **운영 체제의 평가 기준 중 단위 시간에 처리하는 일의 양을 의미하는 것은?**

① Cost
② Throughput
③ Turn around time
④ User interface

정답 20.① 21.④ 22.① 23.③ 24.②

해설 ② 처리 능력(throughput) : 단위 시간에 처리하는 일의 양
③ 응답 시간(Turn around time) : 시스템에 작업을 의뢰한 시간부터 처리가 완료될 때까지 걸린 시간

25 스케줄링 정책 중 가장 바람직한 것은?

① 대기 시간을 늘리고 반환 시간을 줄인다.
② 반환 시간과 처리율을 늘린다.
③ 응답 시간을 최소화하고 CPU 이용률을 늘린다.
④ CPU 이용률을 줄이고 반환 시간을 늘린다.

해설 스케줄링 정책은 시스템의 효율성을 극대화시키기 위해 CPU 이용률과 처리량을 향상시키고 처리 시간, 대기 시간, 응답 시간을 단축시키는 것이다.

26 운영 체제의 종류에 해당하지 않는 것은?

① Unix ② Linux
③ Windows NT ④ Visual studio

해설 운영 체제에는 DOS, Unix, Linux, Windows XP, Windows NT 등이 있다.

27 운영 체제에 대한 설명으로 옳지 않은 것은?

① 운영 체제는 컴퓨터를 편리하게 사용하고 컴퓨터 하드웨어를 효율적으로 사용할 수 있도록 한다.
② 운영 체제는 컴퓨터 사용자와 컴퓨터 하드웨어 간의 인터페이스로서 동작하는 일종의 하드웨어 장치이다.
③ 운영 체제는 작업을 처리하기 위해서 필요한 CPU, 기억 장치, 입·출력 장치 등의 자원을 할당 관리해 주는 역할을 수행한다.
④ 운영 체제는 다양한 입·출력 장치와 사용자 프로그램을 통제하여 오류와 컴퓨터의 부적절한 사용을 방지하는 역할을 수행한다.

해설 운영 체제(OS)는 컴퓨터의 하드웨어 및 각종 자원들을 효율적으로 관리하고, 사용자들에게 최대한의 편리성을 제공하며, 자원을 공유하도록 하는 소프트웨어이다.

28 하나의 시스템을 여러 명의 사용자가 시간을 분할하여 동시에 작업할 수 있도록 하는 방식은?

① Real time system
② Time sharing system
③ Batch processing system
④ Distributed system

해설 **처리 시스템**
㉠ 일괄 처리 시스템(batch processing system) : 처리할 작업을 일정 시간 또는 일정량을 모아서 한꺼번에 처리하는 방식으로, 급여 계산, 공공 요금 계산 등에 사용된다.
㉡ 실시간 처리 시스템(real time processing system) : 데이터가 발생하는 즉시 처리해 주는 시스템으로, 항공기나 열차의 좌석 예약, 은행 업무 등에 사용된다.
㉢ 다중 프로그래밍 시스템(multi programming system) : 하나의 컴퓨터에 2개 이상의 프로그램을 적재시켜 처리하는 방식으로, CPU의 유휴 시간을 감소시킬 수 있다.
㉣ 다중 처리 시스템(multi processing system) : 처리 속도를 향상시키기 위하여 하나의 컴퓨터에 2개 이상의 CPU를 설치하여 프로그램을 처리하는 방식이다.
㉤ 시분할 시스템(time sharing system) : 하나의 시스템을 여러 명의 사용자가 시간을 분할하여 동시에 사용하는 방식으로, 각 사용자들은 마치 독립된 컴퓨터를 사용하는 느낌을 갖는다. 또한, 사용자가 터미널을 통해서 직접 컴퓨터와 접촉하여 대화식으로 작동한다.
㉥ 분산 처리 시스템(distributed processing system) : 분산된 여러 대의 컴퓨터에 여러 작업들을 지리적·기능적으로 분산시킨 후 해당되는 곳에서 데이터를 생성 및 처리할 수 있도록 한 시스템이다.

정답 25.③ 26.④ 27.② 28.②

29 운영 체제의 운영 기법 중 다음 설명에 해당하는 것은?

출제빈도

> • 하나의 시스템을 여러 명의 사용자가 시간을 분할하여 동시에 작업할 수 있도록 하는 방식
> • 주어진 시간 동안 사용자가 터미널을 통해서 직접 컴퓨터와 접촉하여 대화식으로 작동하는 방식

① Batch processing system
② Multi programming system
③ Time sharing system
④ Parallel processing system

해설 시분할 방식(time sharing system)에 대한 설명이다.

30 스케줄링 기법 중 다음과 같은 우선순위 계산 공식을 이용하여 CPU를 할당하는 기법은?

> 우선순위 계산식
> $= \frac{\text{대기 시간}+\text{서비스 시간}}{\text{서비스 시간}}$

① HRN　② SJF
③ FCFS　④ Priority

해설 **스케줄링 기법**

㉠ FIFO(또는 FCFS, First Come First Served) 스케줄링 : 가장 간단한 기법으로, 먼저 대기 큐에 들어온 작업순으로 처리하는 기법이다.
㉡ 우선순위(priority) 스케줄링 : 각 작업마다 우선순위를 정하여 우선순위가 높은 작업순으로 처리하는 기법이다.
㉢ SJF(Shortest Job First) 스케줄링 : 처리할 작업 시간이 가장 짧은 것부터 먼저 처리하는 기법이다.
㉣ HRN(Highest Response Ratio Next) 스케줄링 : SJF 스케줄링 기법의 단점인 긴 작업과 짧은 작업의 지나친 불평 등을 보완한 스케줄링 기법으로, 우선순위 계산식에 의해 작업을 처리하는 기법이다.
㉤ 기한부 스케줄링 : 특정 작업이 제한 시간 안에 완료되도록 하는 기법이다.
㉥ RR(Round Robin) 스케줄링 : 각 프로세스들이 주어진 시간 할당량(time slice) 안에 작업을 처리해야 하는 기법으로, 대화식 시분할 시스템에 적합하다.
㉦ SRT(Shortest Remaining Time) 스케줄링 : 작업이 완료될 때까지 남은 처리 시간이 가장 짧은 프로세스를 먼저 처리하는 기법이다.
㉧ MFQ(Multi level Feedback Queue : 다단계 피드백) 스케줄링 : 다양한 특성의 작업이 혼합될 경우 유용한 스케줄링 방법으로, 작업을 여러 단계로 나누어 처리하는 기법이다.

31 시분할 시스템을 위해 고안된 방식으로, FCFS 알고리즘을 선점 형태로 변형한 스케줄링 기법은?

① SRT　② SJF
③ Round robin　④ HRN

해설 **선점과 비선점 기법**

㉠ 선점 기법 : 1개의 프로세스가 CPU를 점유하고 있을 때 다른 프로세스가 CPU를 빼앗을 수 있는 기법으로, RR, SRT, MFQ 스케줄링 등이 있다.
㉡ 비선점 기법 : 1개의 프로세스가 CPU를 점유하고 있을 때 다른 프로세스가 CPU를 빼앗을 수 없는 기법으로, FIFO, 우선순위, SJF, HRN, 기한부 스케줄링 등이 있다.

32 운영 체제의 페이지 교체 알고리즘 중 최근에 사용하지 않은 페이지를 교체하는 기법으로서, 최근의 사용 여부를 확인하기 위해서 각 페이지마다 2개의 비트가 사용되는 것은 무엇인가?

① NUR　② LFU
③ LRU　④ FIFO

정답 29.③ 30.① 31.③ 32.①

해설 ① NUR(Not Used Recently) : 최근에 사용되지 않은 페이지를 교체하는 방법으로, 최근의 사용 여부를 확인하기 위해서 참조 비트(reference bit)와 변형 비트(modified bit)가 사용된다.
② LFU(Least Frequency Used) : 사용 빈도가 가장 낮은 페이지를 교체하는 방법이다.
③ LRU(Least Recently Used) : 계수기나 스택을 사용하여 가장 오랫동안 사용되지 않은 페이지를 교체하는 방법이다.
④ FIFO(First In First Out) : 주기억 장치에 가장 먼저 들어온 가장 오래된 페이지를 교체하는 방법이다.

33 프로세스가 일정 시간 동안 자주 참조하는 페이지들의 집합을 무엇이라고 하는가?

① 워킹 셋 ② 스래싱
③ 세그먼트 ④ 세마포어

해설 ② 스래싱(thrashing)은 작업 수행 중 너무 자주 페이지 교환(페이지 부재)이 발생하는 현상을 말한다.
③ 세그먼트(segmant)는 어떤 프로그램이 너무 커서 한번에 주기억 장치에 올릴 수 없을 때 나뉜 각 부분을 가리키는 용어로, 크기가 가변적이다.
④ 세마포어(semaphore)는 멀티프로그래밍 환경에서 공유 자원에 대한 접근을 제한하는 방법으로, 한번에 하나의 프로세스만 접근하도록 허용한다.

34 일정량, 일정 기간 동안에 모아진 데이터를 한꺼번에 처리하는 자료 처리 시스템은?

출제빈도

① 시분할 처리 시스템
② 실시간 처리 시스템
③ 일괄 처리 시스템
④ 다중 처리 시스템

해설 **일괄 처리 시스템(batch processing system)** : 처리할 작업을 일정 시간 또는 일정량을 모아서 한꺼번에 처리하는 방식으로, 급여 계산, 공공요금 계산 등에 사용된다.

35 운영 체제의 기억 장치 배치 전략 중 프로그램이나 데이터가 들어갈 수 있는 크기의 빈 영역 중에서 단편화를 가장 많이 남기는 분할 영역에 배치시키는 방법은?

① Worst fit ② First fit
③ Best fit ④ Last fit

해설 **기억 장치 배치 전략**
㉠ 새로 적재해야 할 프로그램과 데이터를 주기억 장치의 어느 곳에 배치할지를 결정하는 전략으로, 최초 적합, 최적 적합, 최악 적합이 있다.
㉡ 최초 적합(first fit) : 사용 가능한 공간 중 가장 먼저 발견한 공간에 할당하는 방법이다.
㉢ 최적 적합(best fit) : 사용 가능한 공간 중 가장 작은 공간에 할당하는 방법이다.
㉣ 최악 적합(worst fit) : 사용 가능한 공간 중 가장 큰 공간에 할당하는 방법이다.
㉤ 단편화(fragmentation) : 사용할 수 있는 기억 공간이 프로세스가 요구하는 크기보다 작기 때문에 어떤 요구도 만족할 수 없고, 사용하지 않은 상태로 남아 있는 상태를 말한다.

36 운영 체제의 기능으로 옳지 않은 것은?

① 자원을 효율적으로 관리하기 위해 자원의 스케줄링 기능을 제공한다.
② 시스템의 오류를 검사하고 복구한다.
③ 2개 이상의 목적 프로그램을 합쳐서 실행 가능한 프로그램을 만든다.
④ 사용자와 시스템 간의 편리한 인터페이스를 제공한다.

해설 운영 체제(OS)는 컴퓨터의 하드웨어 및 각종 자원들을 효율적으로 관리하고, 사용자들에게 최대한의 편리성을 제공하며, 자원을 공유하도록 하는 소프트웨어이다.

37 다음 중 오프라인 방식에 속하는 것은?

① 타임 쉐어링 ② 로컬 배치
③ 리모트 배치 ④ 온라인 실시간

정답 33.① 34.③ 35.① 36.③ 37.②

해설 ② 로컬 배치(local batch) : 일반적인 배치 처리를 말하며 오프라인 방식에 속한다.
③ 리모트 배치(remote batch) : 단말 장치를 중앙의 배치 처리 시스템에 온라인으로 결합하여 처리하는 방식이다.
④ 온라인 실시간 처리 : 데이터 발생 즉시 처리하여 결과까지 완료하는 시스템이다.

38 **교착 상태의 해결 기법 중 점유 및 대기 부정, 비선점 부정, 환형 대기 부정 등과 관계되는 것은?**

① 예방(prevention)
② 회피(avoidance)
③ 발견(detection)
④ 회복(recovery)

해설 ① 예방 기법(prevention) : 교착 상태가 발생되지 않도록 미리 교착 상태 발생의 4가지 조건(상호 배제, 비선점, 점유와 대기, 환형 대기) 중 하나를 부정하는 기법이다.
② 회피 기법(avoidance) : 교착 상태가 발생할 가능성을 배제하지 않고, 교착 상태 가능성을 회피하는 기법으로, 은행가 알고리즘(banker's algorithm)이 대표적이다.
③ 발견 기법(detection) : 시스템에 교착 상태가 발생했는지 수시로 점검하여 교착 상태에 있는 프로세스와 자원을 발견하는 기법이다.
④ 회복 기법(recovery) : 교착 상태를 일으킨 프로세스를 강제적으로 종료시키거나 교착 상태의 프로세스에 할당된 자원을 강제적으로 회수하여 다른 프로세스에 자원을 제공하는 기법이다.

39 **다음 중 시분할 처리 방식의 설명으로 옳지 않은 것은?**

① 많은 이용자가 공동으로 독립해서 사용할 수 있다.
② 하나의 자료가 발생하면 그 즉시 결과를 얻을 수 있다.
③ 여러 개의 자료를 극히 짧은 시간에 단속적으로 병행 처리한다.
④ 실제 처리 시간 외에 사용하는 기간을 오버헤드라 한다.

해설 ② 시분할 처리가 아니라 실시간 처리이다.

40 **일괄 처리(batch processing) 방식의 특징이 아닌 것은?**

① 시스템을 능률적으로 처리할 수 있다.
② 마스터 파일의 갱신은 주기적으로 이루어진다.
③ 데이터의 발생부터 결과까지의 시간이 비교적 짧다.
④ 시스템을 이용할 스케줄(계획)을 간단히 결정할 수 있다.

해설 일괄 처리 방식은 데이터를 일정 기간 또는 일정량을 모았다가 한꺼번에 처리하는 방식으로, 데이터의 발생부터 결과까지의 시간이 길다.

41 출제빈도 **페이지 교체 기법 중 기억 공간에 가장 먼저 들어온 페이지를 제일 먼저 교체하는 방법을 사용하는 것은?**

① LFU ② NUR
③ LRU ④ FIFO

해설 **페이지 교체 기법**
㉠ FIFO(First In First Out) : 주기억 장치에 가장 먼저 들어온 가장 오래된 페이지를 교체하는 방법이다.
㉡ LRU(Least Recently Used) : 계수기나 스택을 사용하여 가장 오랫동안 사용되지 않은 페이지를 교체하는 방법이다.
㉢ LFU(Least Frequency Used) : 사용 빈도가 가장 낮은 페이지를 교체하는 방법이다.
㉣ NUR(Not Used Recently) : 최근에 사용되지 않은 페이지를 교체하는 방법으로, 최근의 사용 여부를 확인하기 위해서 참조 비트(reference bit)와 변형 비트(modified bit)가 사용된다.

정답 38.① 39.② 40.③ 41.④

42 **다수의 사용자가 주컴퓨터를 사용하고자 할 때 시간을 균등하게 분할하여 사용하는 방식의 시스템은?**

① On－line 처리 시스템
② Off line 처리 시스템
③ Real time 처리 시스템
④ Time sharing 처리 시스템

① 온라인 처리 : 일괄 처리 방식과 달리 데이터가 생성 장소에서 바로 컴퓨터에 전송·처리되어 그 결과가 원하는 장소로 보내지는 방식이다.
② 오프라인 처리 시스템 : 전송된 데이터를 일단 카드, 자기 테이프에 기록한 다음 일괄 처리하는 방식이다.
③ Real time(실시간) 처리 : 데이터 발생 즉시 처리하는 방식이다.

정답 42.④

03 프로그래밍 기법

1 프로그래밍의 절차

컴퓨터를 이용하여 어떤 문제를 해결하기 위해서는 프로그램을 작성하여야 한다. 프로그램은 컴퓨터가 수행해야 할 논리적인 명령들의 집합이라고 할 수 있다. 일반적으로 프로그램의 작성 절차는 다음과 같다.

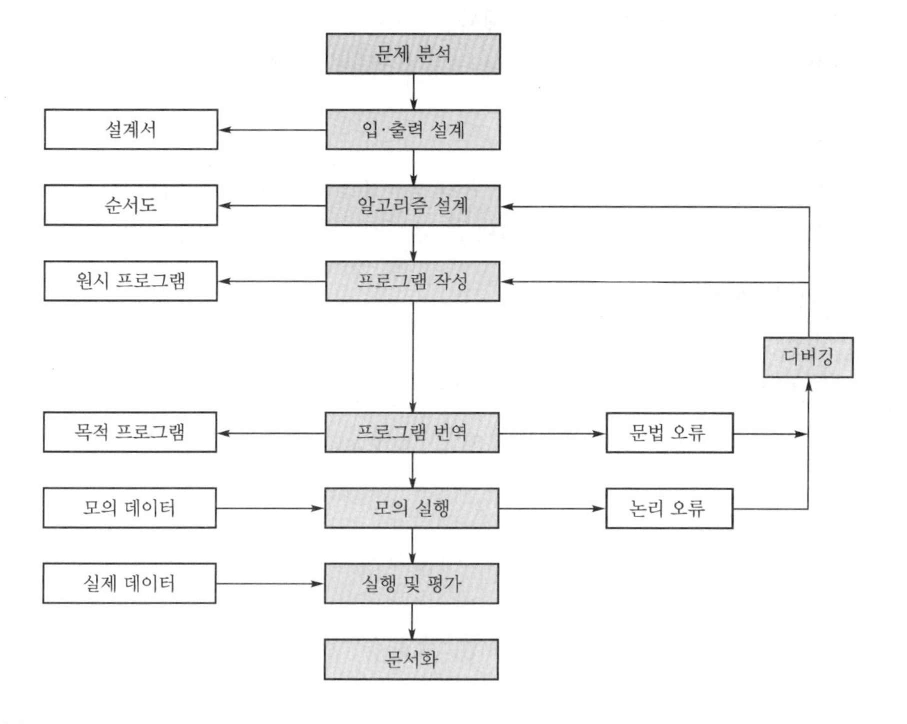

기출문제 핵심잡기

[2010년 2회 출제]
[2012년 2회 출제]
[2013년 2회 출제]
[2016년 1회 출제]
프로그래밍 작성 절차는 문제 분석(요구 분석) → 입·출력 설계 → 알고리즘 설계(순서도 작성) → 프로그램 작성 및 오류 수정(프로그램 구현) → 실행 및 평가 → 문서화이다.

(1) 문제 분석 단계

① 주어진 문제를 분석하여 해결해야 할 과제를 명확히 정의한다.
② 컴퓨터를 이용해 해결할 문제와 필요한 요소, 사용자의 요구를 분석한다.
③ 프로그래밍에 소요되는 비용, 기간 등을 분석하여 경제성, 능률성, 타당성 등을 검토한다.

[2011년 1회 출제]
[2011년 2회 출제]
[2011년 5회 출제]
문제 분석 단계의 특징
프로그래밍 절차에서 해결해야 할 문제가 무엇인지 정의하고, 소요 비용 및 기간 등에 대한 조사·분석을 통하여 타당성을 검토하는 단계는 문제 분석 단계이다.

(2) 입·출력 설계 단계

① 프로그램의 입력과 출력을 설계한다.
② 입력 데이터의 종류와 형식 및 입력 매체를 설계하고 출력될 항목, 출력 기간 및 출력 매체 등을 결정한다.

(3) 알고리즘 설계 단계(순서도 작성)

① 문제 분석과 입·출력 설계를 기초로 하여 데이터 처리 방법과 순서를 설계한다. 처리 방법과 순서는 논리적으로 도표화한다.

② 순서도를 작성하면 프로그래밍 언어에 종속되지 않고 논리적인 흐름을 구체적으로 볼 수 있어 프로그래밍에 도움을 주고, 오류 수정 시 유용하게 사용된다.

[2013년 2회 출제]
프로그래밍 작성 코딩 및 입력 단계에서는 프로그래밍 언어를 선정하여 명령문을 기술하는 단계이다.

(4) 프로그램 작성 단계(코딩 및 입력)

입·출력 설계와 알고리즘 설계를 기초로 적절한 프로그래밍 언어를 사용하여 프로그램을 코딩해서 원시 프로그램을 작성한다.

(5) 프로그램 번역 단계

① 원시 프로그램을 컴퓨터가 처리할 수 있는 기계어로 번역하는 과정이다.

② 번역할 때 문법 오류가 발생하면 그 원인을 찾아 디버깅한다.

[2010년 5회 출제]
[2013년 1회 출제]
Syntax error는 문법 오류를 의미한다.

(6) 모의 실행 단계

① 모의 실행 데이터를 이용하여 프로그램의 성능을 시험 실행하는 단계이다.

② 오류가 발생하면 디버깅한다. 이때 실행은 되지만 실행 결과가 잘못되는 논리적 오류가 발생하면 알고리즘 단계부터 다시 검토해야 한다.

(7) 실행 및 평가 단계

① 모의 실행을 통해 오류를 모두 해결하면 실제 데이터를 적용하여 프로그램을 실행한다.

② 작업 완료된 프로그램의 정확성, 효율성, 실용성, 경제성 등을 분석하고 검토하여 수정 및 보완한다.

[2010년 1회 출제]
[2011년 2회 출제]
문서화는 시스템의 유지·보수와 관리가 용이하고 담당자가 바뀌어도 업무 파악이 쉬워 혼란을 감소시키고 업무의 연속성이 유지된다.
[2016년 2회 출제]

(8) 문서화 단계

프로그램에 관련된 모든 자료를 문서화하여 이후 프로그램의 원활한 유지·보수에 활용한다.

2 프로그램의 설계

(1) 순서도의 개념

순서도는 컴퓨터가 수행해야 할 논리적인 명령의 순서를 도형으로 도식화한 것이다.

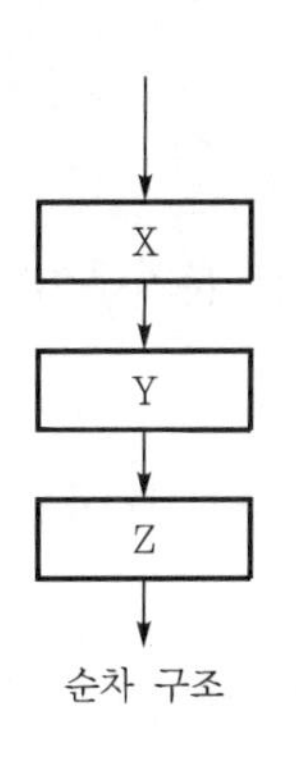

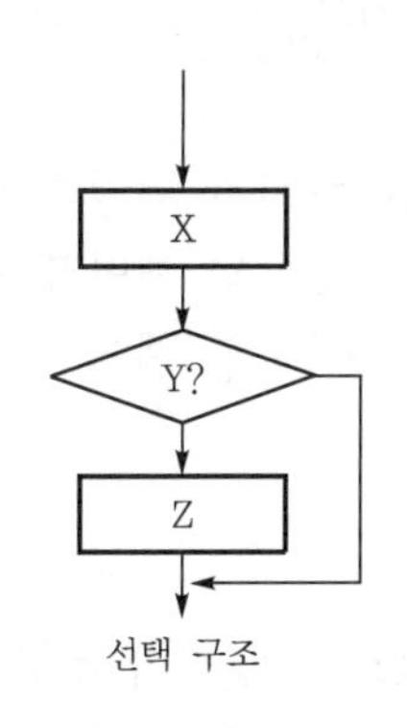

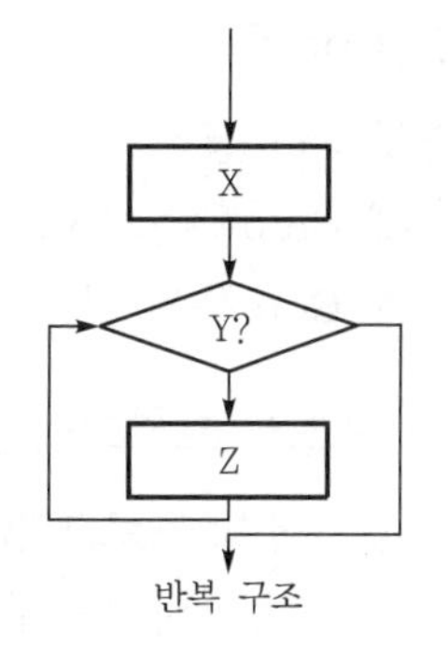

▌순서도의 기본 구조▐

(2) 순서도의 작성 요령

① 시작 단말 기호에서 시작하여 끝단말 기호로 마친다.
② 기호와 기호 사이는 흐름선으로 연결한다.
③ 기호의 내부에는 처리해야 할 내용이 들어가야 한다.
④ 흐름선의 방향은 위에서 아래로, 왼쪽에서 오른쪽으로 그리며, 최대한 서로 교차하지 않게 한다(흐름선이 교차해도 서로 영향을 주지 않는다).

(3) 순서도의 역할

① 문제 처리 과정을 논리적으로 파악하고 정확성 여부를 판단하는 것이 용이하다.
② 문제를 해석하고 분석하는 것이 쉽고 타인에게 전달하는 것이 용이하다.
③ 프로그램의 보관・유지・보수의 자료로서 활용이 용이하다.
④ 프로그램 코딩의 기본 자료로 문서화가 용이하다.

[2010년 1회 출제]
[2010년 2회 출제]
[2010년 5회 출제]
[2012년 1회 출제]
[2012년 5회 출제]
순서도의 역할
㉠ 문제 처리 과정을 논리적으로 파악할 수 있다.
㉡ 프로그램의 유지・보수가 용이하다.
㉢ 코딩의 기본 자료로 문서화가 용이하다.

3 구조적 프로그래밍

(1) 순서 제어

프로그램의 실행 순서는 순차적이다. 그러나 필요에 따라 실행 순서를 변경하거나 반복해야 할 경우가 있다.

Goto문	문장간의 실행 순서를 명시적으로 변경할 수 있다.
순차 실행	각 문장들은 순서대로 작성되며, 프로그램 실행 시 각 문장은 하나씩 순차적으로 실행된다.
선택 실행	두 가지 수행 경로에 있는 일련의 문장 중에서 조건에 따라 하나가 선택되어 실행된다.
반복 실행	일련의 문장 등이 조건에 따라 수행되지 않거나 조건에 만족할 때까지 반복 수행된다.

[2011년 1회 출제]
[2016년 2회 출제]
구조적 프로그래밍은 Go-to문을 사용하지 않으며 모듈화를 취하고 순차 선택 반복 구조를 사용하는 기법으로, 유지·보수가 용이하고 구조가 간결하다.

[2010년 2회 출제]
[2010년 5회 출제]
[2011년 2회 출제]
[2012년 5회 출제]
구조적 프로그램의 기본 구조는 순차 선택 반복이다.

[2010년 2회 출제]
[2012년 1회 출제]
[2012년 2회 출제]
[2013년 1회 출제]
[2013년 2회 출제]
[2013년 3회 출제]
[2016년 2회 출제]
프로그램 문서화의 목적
㉠ 프로그램의 개발 과정을 표준화하여 효율적인 작업이 되도록 한다.
㉡ 개발 과정의 변경 사항에 대처가 용이하다.
㉢ 프로그램의 인수인계가 용이하며 운용이 쉽다.

(2) Goto문

① Goto문은 문장 실행 순서를 임의의 위치로 변경할 수 있다.
② Goto문은 레이블이 붙여진 문장으로 제어가 이동되는 무조건 분기문이다.
③ Goto문은 블록 개념이 없는 저급의 제어 구조이다.

(3) 구조적 프로그래밍

① 구조적 프로그래밍의 의미
㉠ Goto문을 사용하지 않으며 모듈화와 하향식 접근 방법을 취하고 순차, 선택, 반복의 3가지 논리 구조를 사용하는 기법이다.
㉡ 구조적 프로그램의 기본 구조 : 순차, 선택, 반복
㉢ 하나의 입력과 출력을 갖는 구조이다.
㉣ 블록 구조를 갖는 모듈화 프로그램이다.

② 구조적 프로그래밍의 필요성
㉠ 프로그램의 가독성이 좋다.
㉡ 프로그램의 개발 및 유지 · 보수의 효율성이 좋다.
㉢ 프로그램의 신뢰성이 향상된다.
㉣ 프로그램의 테스트가 용이하다.
㉤ 프로그래밍에 대한 규칙을 제공한다.
㉥ 프로그래밍에 대한 노력과 시간이 감소된다.

4 프로그램의 구현과 검사

(1) 프로그램 구현 및 검사

① 프로그램 구현은 설계 단계에서 산출된 설계 사양에 따라 프로그래밍 언어를 이용하여 원시 코드를 작성하는 단계로, 프로그래밍 또는 코딩이라고 한다.
② 구현된 프로그램을 데이터를 이용하여 프로그램의 성능을 시험 실행한 후 오류가 발생하면 디버깅한다.
③ 시험 실행을 통해 오류가 모두 해결되면 실질적인 데이터와 실질적인 사용자에 의한 검사를 실시하여 정확성, 효율성, 실용성, 경제성 등을 분석하고 검토하여 수정 및 보완한다.

(2) 프로그램 문서화의 목적

① 프로그램 문서화의 의미 : 프로그램의 운용에 필요한 사항, 즉 자료의 입력이나 프로그램 수행 중의 메시지 출력, 프로그램의 제약 조건 등을 체계적으로 정리하여 기록하는 작업이다.

② 프로그램의 개발 요령과 순서를 표준화함으로써 보다 효율적인 개발이 가능하다.
③ 프로그램 개발 중의 변경 사항에 대한 대처가 용이하다.
④ 프로그램의 인수인계가 용이하며 프로그램 운용이 용이하다.
⑤ 개발 후 운영 과정에서 프로그램의 유지·보수가 용이하다.

5 C언어

(1) C언어의 특징

① 시스템 프로그래밍 언어이다.
② 이식성이 높은 언어이다.
③ 고급 언어와 저급 언어의 특성을 모두 가진다.
④ 컴파일 언어이다.
⑤ 대문자와 소문자를 구분한다.
⑥ 다양한 연산자를 제공한다.
⑦ 구조적 프로그래밍이 가능하다.

깐깐체크

1. 예약어(reserved word)
   프로그래밍 언어에서 이미 의미와 용법이 정해져 있는 단어이다.
2. 주석(comment)
   프로그램의 이해를 돕기 위해 설명을 적어두는 부분으로, 실제 프로그램에 영향을 주지 않는다.

(2) C프로그램의 기본 구성 요소

① 모든 프로그램은 1개 이상의 함수로 구성되며 main( ) 함수는 항상 맨 먼저 실행되는 주함수이다.
② 함수 내의 문장들은 블록(브레이스, {...}) 내에 포함되어야 한다.
③ 문장은 세미콜론(;)으로 끝나며, 한 줄에 2개 이상의 문장을 쓸 수 있다.
④ 라이브러리 함수들을 지정하는 파일을 헤더 파일이라 하며, #include 지시어는 헤더 파일을 읽어 프로그램에 삽입한다(#include 지시어는 선행 처리됨).
⑤ 주석(comment) 표현 : /* 주석(comment) */

기출문제 핵심잡기

[2011년 5회 출제]
[2013년 2회 출제]
[2013년 3회 출제]
[2014년 1회 출제]
[2016년 1회 출제]
C언어의 특징
C언어는 고급 언어와 저급 언어의 특성을 모두 가진 시스템 프로그래밍 언어이다.

[2011년 2회 출제]
[2012년 5회 출제]
예약어(reserved word)는 이미 의미가 정해져 있으므로 변수명으로 사용할 수 없으며 프로그램의 판독성과 신뢰성을 향상시킬 수 있다.

[2011년 1회 출제]
[2014년 1회 출제]
주석(comment)은 프로그램의 이해를 돕기 위한 설명으로, 프로그램 실행과는 관계가 없으며 판독성을 향상시킬 수 있다.

기출문제 핵심잡기

[2011년 1회 출제]
[2013년 1회 출제]
데이터형(char, int, float, double)의 의미
C언어의 자료형에는 char(문자형), int(정수형), float(실수형), double(배정도 실수형) 등이 있다.

[2010년 5회 출제]
[2012년 1회 출제]
[2012년 5회 출제]
[2013년 2회 출제]
[2013년 3회 출제]
상수 및 변수의 의미
㉠ 상수는 프로그램이 수행되는 동안 변경되지 않는 값이다.
㉡ 변수는 프로그램이 수행되는 동안 그 값이 변경될 수 있다.

[2011년 5회 출제]
[2012년 1회 출제]
[2012년 2회 출제]
[2013년 1회 출제]
기억 클래스의 종류는 자동 변수, 정적 변수, 외부 변수, 레지스터 변수이다.

[2012년 5회 출제]
%는 나머지 연산자이다.

(3) 데이터형과 변수

① C언어의 기본 자료형

데이터형	의미	크기	예
char	문자 데이터	1byte	char grade ;
int	부호 있는 정수	2byte	int jumsu ;
float	실수	4byte	float avg1 ;
double	배정도 실수	8byte	double avg2 ;

② 상수(constant) 및 변수(variable)

㉠ 상수란 프로그램이 수행되는 동안 변경되지 않는 값이다.

㉡ 변수란 데이터를 저장할 수 있는 기억 장소로 프로그램이 수행되는 동안 그 값이 변경될 수 있다.

㉢ 변수는 사용 전에 선언되어야 한다.

(4) 기억 클래스

① C언어의 모든 변수나 함수는 자료형과 기억 클래스라는 속성(attribute)을 가진다.

② 자료형은 자료가 기억되는 형태와 크기를 나타내는 것이다.

③ 기억 클래스는 자료가 기억되는 기억 장소의 생존 기간(life time)과 유효 범위(scope)를 정하는 것이다.

④ **종류** : 자동 변수(automatic variable), 정적 변수(static variable), 외부 변수(external variable), 레지스터 변수(register variable)

⑤ C언어에서 기억 클래스를 명시하지 않으면 기본적으로 자동 변수로 간주한다.

(5) 연산자

종류	연산자
증감 연산자	++, --
산술 연산자	단항 : +, -(양수, 음수)
	이항 : +, -, *, /(사칙 연산), %(나머지 연산자)
논리 연산자	&&, ||, !
관계 연산자	<, <=, >, >=, ==, !=
대입 연산자	=, +=, -=, /=, *=, %=, <<=, >>=, &=, |=
비트 연산자	&, |, ^, ~, <<, >>

종류	연산자
포인터 연산자	&, *
조건 연산자	? :
기타 연산자	cast 연산자, sizeof 연산자

① 증감 연산자

연산자	형식	의미
++	result=++i	1씩 증가
--	result=--i	1씩 감소

② 산술 연산자

㉠ 단항 연산자(+, -)는 이항 연산자보다 우선순위가 높다.

㉡ 나머지 연산자(%)는 실수형에는 사용할 수 없다.

③ 논리 연산자

연산자	형식	의미
&&	a && b	AND(논리곱) : a와 b 두 조건이 모두 만족하면 참
||	a || b	OR(논리합) : a와 b 두 조건 중 하나만 만족하면 참
!	!a	NOT(부정) : a가 참이면 거짓, 거짓이면 참

기출문제 핵심잡기

☑ AND
a와 b 두 조건이 모두 만족하면 참

☑ OR
a와 b 두 조건 중 하나만 만족하면 참

☑ NOT
a가 참이면 거짓, 거짓이면 참

④ 관계 연산자

㉠ 관계 연산자들은 모두 같은 우선순위를 갖는다.

㉡ 관계 연산자는 산술 연산자보다 우선 순위가 낮다.

연산자	형식	의미
<	a<b	a가 b보다 작다.
<=	a<=b	a가 b보다 작거나 같다.
>	a>b	a가 b보다 크다.
>=	a>=b	a가 b보다 크거나 같다.
==	a == b	a와 b는 같다.
!=	a!=b	a와 b는 같지 않다.

⑤ 대입 연산자

연산자	형식	의미
+=	x+=y	x=x+y
%=	x %=y	x=x % y
<<=	x<<=y	x=x << y
|=	x|=y^z	x=x |(y ^ z)

⑥ 비트 연산자 : 정수형 피연산자에만 적용할 수 있다.

연산자	형식	의미
&	x & y	x와 y를 비트 단위로 논리곱(AND)
|	x | y	x와 y를 비트 단위로 논리합(OR)
^	x ^ y	x와 y를 비트 단위로 배타적 논리합(XOR)
~	~x	x를 1의 보수화하라
<<	x << y	x를 y 비트만큼 왼쪽으로 시프트(shift)
>>	x >> y	x를 y 비트만큼 오른쪽으로 시프트(shift)

☑ &
메모리 내에 변수명이 기억된 위치의 주소

☑ *
포인터 변수명이 가리키는 주소 내의 데이터값

⑦ 포인터 연산자
　㉠ &는 메모리 내에 변수명이 기억된 위치의 주소를 나타낸다.
　㉡ *은 포인터 변수명이 가리키는 주소 내의 데이터값을 나타낸다.

⑧ 조건 연산자
　㉠ 조건식을 조사하여 참이면 식 1의 결과를, 거짓이면 식 2의 결과를 구하는 연산자이다.
　㉡ 조건 연산자는 다른 언어에는 없는 C만의 연산자이다.

형식	예
조건식 ? 식 1 : 식 2	(a>b) ? printf("a가 크다") : printf("b가 크다")

⑨ cast 연산자(형변환 연산자)
　㉠ 데이터형을 명시적으로 변환할 때 사용한다.
　㉡ 수식을 다른 데이터형으로 강제적으로 변환할 때 사용한다.

형식	결과
int(1.4)+int(2.8)	3(정수값만 덧셈 연산)

⑩ sizeof 연산자
　㉠ 자료형이나 수식의 기억 장소의 크기를 알아보는 연산자이다.
　㉡ 기억 장소가 차지하는 바이트수를 반환한다.

형식	결과
sizeof(char)	1byte
sizeof(int)	2byte
sizeof(float)	4byte

(6) 제어문

① 프로그램의 흐름을 제어하는 명령문이다.
② 조건문의 결과값에 따라서 프로그램의 수행 순서를 변경하거나 문장들의 수행 횟수를 조절할 수 있다.

③ 선택 제어문

㉠ if ~ else문 : if문의 조건식이 참이면 if 다음의 문장을 수행하고, 거짓이면 else 다음의 문장을 수행한다.

㉡ switch ~ case문

- 다중 if문의 복잡함을 해결한다.
- 각각의 조건(case)에 따른 처리를 할 경우 사용한다.

④ 반복 제어문

㉠ for문

- 조건식의 값이 참인 동안 지정된 범위를 반복 수행한다.
- 일반적으로 일정한 횟수만큼 반복 작업을 수행할 수 있다.

㉡ while문

- 조건식의 값이 참인 동안 지정된 범위를 반복 수행한다.
- 처음에 조건을 만족하지 않으면 한 번도 실행되지 않는다.

㉢ do ~ while문 : 처음에 한 번 수행한 후 조건식의 값이 참인 동안 지정된 범위를 반복 수행한다.

[2014년 1회 출제]
반복 제어문의 종류는 for, while, do ~ while이다.

⑤ 기타

㉠ goto문

- 레이블이 있는 곳으로 무조건 분기한다.
- 구조적 프로그래밍에서는 사용하지 않는다.

㉡ break문

- for문, while문, do ~ while문, switch ~ case문의 루프 밖으로 빠져 나오고자 할 때 사용한다.
- break문이 실행되면 break문이 포함된 루프만 빠져 나오게 된다.

㉢ continue문 : for문, while문, do ~ while문의 반복문을 실행하다가 continue문을 만나면 그 이후의 문장은 실행하지 않고 루프의 조건식으로 제어를 옮긴다.

(7) 입 · 출력 함수

① 입 · 출력 함수의 종류

종류		의미
입력 함수	scanf( )	• 표준 입력 함수로 키보드를 통해 데이터를 입력한다. • 일반 변수에 데이터를 입력하려면 변수 앞에 '&'를 붙인다.
	getchar( )	한 문자를 입력한다.
	gets( )	문자열을 입력한다.
출력 함수	printf( )	표준 출력 함수로 모니터를 통해 데이터를 출력한다.
	putchar( )	한 문자 출력 함수, 출력 후 개행하지 않는다.
	puts( )	문자열 출력 함수, 출력 후 자동 개행한다.

[2012년 1회 출제]
[2012년 2회 출제]
[2013년 1회 출제]
[2016년 2회 출제]
문자열 출력 함수는 puts( )이다.

[2013년 3회 출제]
변환 문자의 형식과 의미를 연결한다.
㉠ %u : 부호 없는 10진 정수
㉡ %c : 문자
㉢ %s : 문자열
㉣ %f : 소수점 표기형 (실수형)
㉤ %e : 지수형

[2016년 1회 출제]

② 입·출력 함수의 변환 문자

형식	의미	예
%d	인수를 10진수 정수로 변환	scanf("%d", &num) ;
%o	인수를 8진수 정수로 변환	scanf("%o", &num) ;
%x	인수를 16진수 정수로 변환	scanf("%x", &num) ;
%u	인수를 부호가 없는 10진수 정수로 변환	scanf("%u", &num) ;
%c	인수를 단일 문자로 변환	printf("%c", result) ;
%s	인수를 문자열로 변환	printf("%s", result) ;
%f	인수를 10진수 실수로 변환	printf("%f", result) ;
%e	인수를 10진수 실수의 지수로 변환	printf("%e", result) ;

③ 확장 문자

코드	의미	
\n	뉴라인(newline)	커서를 다음 줄로 이동
\r	캐리지 리턴(carriage return)	현재 줄의 첫 번째 칼럼으로 이동
\f	폼피드(form feed)	한 페이지를 넘김
\b	백스페이스(backspace)	문자를 출력하고 왼쪽으로 한 칸 이동
\t	수평 탭(horizontal tab)	커서를 일정 간격만큼 수평 이동
\v	수직 탭(vertical tab)	커서를 일정 간격만큼 수직 이동
\"	큰 따옴표(double quote)	큰 따옴표 출력
\'	작은 따옴표(single quote)	작은 따옴표 출력
\\	역슬래시(backslash)	역슬래시 출력
\0	널(null)	Null 문자, 종단 문자 표현
\ddd	비트 표현	비트 표현 출력
\a	벨(alert)	내장 벨소리를 냄

단락별 기출 · 예상 문제

01 **구조적 프로그래밍 효과에 대한 설명으로 거리가 먼 것은?**

① 프로그램의 정확도가 향상된다.
② 프로그램의 구조가 간결하다.
③ 문서로서의 역할을 한다.
④ 프로그램의 수정은 쉬우나 유지하기가 까다롭다.

해설 프로그램의 수정 및 유지·보수가 쉽다.

02 **C언어에서 비트 단위 논리 연산자와 그 의미가 옳지 않은 것은?**

① & : 비트 단위 AND
② | : 비트 단위 NOR
③ ^ : 비트 단위 Exclusive OR
④ ~ : 1의 보수(one's complement)

해설 ② 비트 단위 OR 연산자이다.

03 **다음 중 프로그램의 문서화로 얻을 수 있는 이점이 아닌 것은?**

① 프로그램의 유지·보수가 용이하다.
② 개발자 개개인의 독창성을 살릴 수 있다.
③ 개발 중간의 변경 사항을 살릴 수 있다.
④ 프로그램의 개발 목적 및 과정을 표준화하여 효율적인 작업이 이루어지게 한다

해설 **프로그램 문서화의 목적**
㉠ 프로그램의 개발 요령과 순서를 표준화함으로서 보다 효율적인 개발이 가능하다.
㉡ 프로그램 개발 중의 변경 사항에 대한 대처가 용이하다.
㉢ 프로그램의 인수인계가 용이하며 프로그램 운용이 용이하다.
㉣ 개발 후 운영 과정에서 프로그램의 유지·보수가 용이하다.

04 **구조적 프로그래밍의 필요성에 해당되지 않는 것은?**

① 프로그램의 신뢰성 향상
② 프로그래밍의 상향식 설계 제공
③ 프로그래밍에 소요되는 경비 감소
④ 프로그램 개발 및 유지·보수의 효율성 증진

해설 구조적 프로그래밍은 하향식 설계를 제공한다.

05 **구조적 프로그래밍 기법에 대한 설명 중 옳지 않은 것은?**

① 프로그램의 수정 및 유지·보수가 용이하다.
② 프로그램의 구조가 간결하다.
③ 프로그램의 정확성이 증가된다.
④ 가능한 Goto문을 많이 사용하여야 한다.

해설 구조적 프로그래밍 기법은 Goto문을 사용하지 않는다.

06 **구조적 프로그래밍의 기본 구조가 아닌 것은?**

① 반복 구조 ② 조건 구조
③ 블록 구조 ④ 순차 구조

해설 구조적 프로그래밍의 기본 구조에는 순차 구조, 조건(선택) 구조, 반복 구조가 있다.

07 **C언어의 관계 연산자 종류가 아닌 것은?**

① < ② <<
③ <= ④ >=

정답 01.④ 02.② 03.② 04.② 05.④ 06.③ 07.②

해설 ② <<는 시프트 연산자이다.

08

C언어의 기억 클래스(storage class)에 해당하지 않는 것은?

① 내부 변수(internal variable)
② 자동 변수(automatic variable)
③ 정적 변수(static variable)
④ 레지스터 변수(register variable)

해설 기억 클래스란 변수를 기억시키는 방법을 말하며 자동 변수, 정적 변수, 레지스터 변수, 외부 변수가 있다.

09

C언어에서 데이터 형식을 규정하는 서술자에 대한 설명으로 옳지 않은 것은?

① %e : 지수형
② %f : 소수점 표기형
③ %u : 부호없는 10진 정수
④ %c : 문자열

해설 ④ 문자형이며 문자열은 %s이다.

10

C언어에서 사용되는 이스케이프 시퀀스에 대한 설명으로 옳지 않은 것은?

① ₩r : carriage return
② ₩t : tab
③ ₩b : backspace
④ ₩n : null character

해설 ④ 개행(new line)이며 널문자는 ₩0이다.

11

프로그램 개발 과정에서 프로그램 안에 내재해 있는 논리적 오류를 발견하고 수정하는 작업은?

① Debugging ② Deadlock
③ Semaphore ④ Scheduling

해설 오류를 수정하는 작업은 디버깅이다.

12

프로그램의 문서화 목적으로 가장 거리가 먼 것은?

① 프로그램의 유지・보수가 용이하다.
② 개발팀에서 운용팀으로 인수인계가 용이하다.
③ 시스템 개발 중 추가 변경에 따른 혼란을 방지할 수 있다.
④ 담당자별 책임 구분을 명확히 할 수 있다.

해설 **프로그램 문서화의 목적**
㉠ 프로그램의 개발 요령과 순서를 표준화함으로서 보다 효율적인 개발이 가능하다.
㉡ 프로그램 개발 중의 변경 사항에 대한 대처가 용이하다.
㉢ 프로그램의 인수인계가 용이하며 프로그램 운용이 용이하다.
㉣ 개발 후 운영 과정에서 프로그램의 유지・보수가 용이하다.

13

C언어의 기억 클래스(storage class)에 해당하지 않는 것은?

① 동적 변수(internal variable)
② 자동 변수(automatic variable)
③ 외부 변수(static variable)
④ 레지스터 변수(register variable)

해설 기억 클래스란 변수를 기억시키는 방법을 말하며 자동 변수, 정적 변수, 레지스터 변수, 외부 변수가 있다.

14

출제빈도

다음 중 구조적 프로그래밍 기법에서 배제되는 문은?

① If문 ② Stop문
③ Case문 ④ Goto문

해설 Goto문을 배제하고 순차, 선택, 반복의 논리 구조만을 사용한다.

정답 08.① 09.④ 10.④ 11.① 12.④ 13.① 14.④

15 **다음 중 프로그램 개발 순서 단계로 옳은 것은 무엇인가?**

① 분석 및 설계 – 구현 단계 – 운영 단계 – 전산화 계획
② 구현 단계 – 운영 단계 – 전산화 계획 – 분석 및 설계
③ 운영 단계 – 전산화 계획 – 분석 및 설계 – 구현 단계
④ 전산화 계획 – 분석 및 설계 – 구현 단계 – 운영 단계

해설 전산화 계획 → 분석 및 설계 → 구현 단계 → 운영 단계

16 **구조적 프로그래밍의 기본 구조에 해당하지 않는 것은?**

① 그물 구조(net)
② 순차 구조(sequence)
③ 조건 구조(condition)
④ 반복 구조(repetition)

해설 구조적 프로그래밍의 기본 구조에는 순차 구조, 조건(선택) 구조, 반복 구조가 있다.

17 **프로그래밍 절차를 나타낸 것이다. 순서가 가장 적절한 것은?**

① 프로그램 입력 – 논리 오류 수정 – 모의 자료 입력 – 문법 오류 수정 – 실행
② 프로그램 입력 – 모의 자료 업력 – 논리 오류 수정 – 문법 오류 수정 – 실행
③ 프로그램 입력 – 문법 오류 수정 – 모의 자료 입력 – 논리 오류 수정 – 실행
④ 프로그램 입력 – 논리 오류 수정 – 문법 오류 수정 – 모의 자료 입력 – 실행

해설 문제 분석 → 입·출력 설계 → 순서도 작성 → 프로그램 입력 → 문법 오류 수정 → 모의 자료 입력 → 논리 오류 수정 → 실행 → 문서화

18 **정해진 데이터를 입력하여 원하는 출력 정보를 얻기 위하여 적용할 처리 방법과 순서를 기호로 설계하는 과정은?**

① 문제 분석
② 순서도 작성
③ 프로그램의 코딩
④ 프로그램의 문서화

해설 순서도는 컴퓨터가 수행해야 할 논리적인 명령의 순서를 도형으로 도식화한 것이다.

19 **C언어에서 사용되는 연산자에 대한 설명으로 옳지 않은 것은?**

① 서로 같다는 것을 나타내는 관계 연산자는 '=='이다.
② 논리곱을 나타내는 논리 연산자는 '##'이다.
③ 나머지를 구할 때 사용하는 산술 연산자는 '%'이다.
④ 논리 부정을 나타내는 논리 연산자는 '!'이다.

해설 논리곱을 나타내는 연산자는 '&&'이다.

20 **다음 중 프로그램의 번역 과정에서 발생되는 오류는 무엇인가?**

① 문법적 오류
② 논리적 오류
③ 의미적 오류
④ 물리적 오류

해설 문법적 오류는 프로그램 언어의 문법에 맞지 않는 오류로서, 특정 형식에 맞지 않거나 중복된 선언 등이 있다.

21 **C언어에서 실수형 변수를 정의할 때 사용하는 것은?**

① int ② long
③ float ④ char

정답 15.④ 16.① 17.③ 18.② 19.② 20.① 21.③

해설 C언어의 변수
㉠ 실수형 변수 : float, double
㉡ 정수형 변수 : int, long
㉢ 문자형 변수 : char

22 다음의 소프트웨어 개발 과정 중 가장 먼저 수행되는 단계는?

① 시스템 디자인
② 코딩 및 구현
③ 요구 분석
④ 테스팅 및 에러 교정

해설 문제 분석 → 입·출력 설계 → 순서도 작성 → 프로그램 코딩 및 입력 → 문법 오류 수정 → 모의 자료 입력 → 논리 오류 수정 → 실행 → 문서화

23 다음 순서도에 대한 구조로 가장 적당한 것은 무엇인가?

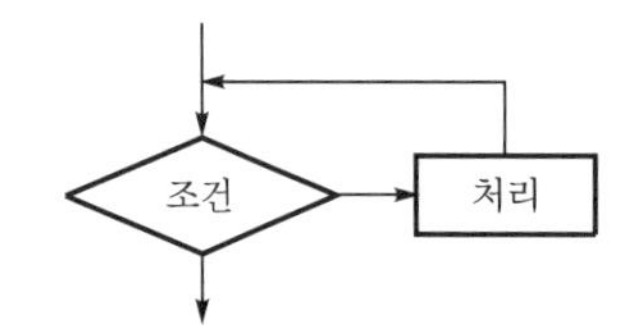

① 순차 구조　② 반복 구조
③ 분기 구조　④ 선택 구조

해설 비교 판단 결과에 따라 되돌아가는 루프(loop)는 반복 구조이다.

24 다음 중 구조적 프로그래밍의 특징으로 거리가 먼 것은?

① 기능별로 모듈화하여 작성한다.
② Goto문의 활용이 증가한다.
③ 프로그램을 읽기 쉽고, 수정하기가 용이하다.
④ 기본 구조는 순차·선택·반복 구조이다.

해설 구조적 프로그래밍은 프로그램을 읽기 쉽게 하여 프로그램 개발 및 유지·보수, 테스트가 용이하다. 또한, 프로그램의 신뢰성을 높이고 소요 경비도 감소한다.

25 C언어에서 문자형 변수를 정의할 때 사용하는 것은?

① int　② long
③ float　④ char

26 다음 중 C언어의 특징으로 옳지 않은 것은?

① 인터프리터 방식의 언어이다.
② 시스템 소프트웨어를 개발하기 편리하다.
③ 자료의 주소를 조작할 수 있는 포인터를 제공한다.
④ 이식성이 높은 언어이다.

해설 C언어는 컴파일러 방식의 언어이다.

27 C언어의 입·출력문 사용 시 데이터 형식을 규정하는 서술자의 설명이 아닌 것은?

① %d : 10진 정수　② %c : 문자
③ %s : 문자열　④ %f : 16진 정수

해설 ④ %f : 실수, %x : 16진 정수

28 Flow chart를 작성하는 이유가 아닌 것은?

① 프로그램의 코딩이 용이하다.
② 컴퓨터 내부 조작 과정을 쉽게 파악할 수 있다.
③ 논리적 체제를 쉽게 이해할 수 있다.
④ 프로그램의 흐름에 대한 수정이 용이하다.

해설 순서도는 문제를 분석하고 입·출력 설계를 한 후 그리는 것으로, 프로그램 코딩의 자료가 되고, 인수인계가 용이하며 오류 발생 시 수정이 쉽다.

정답 22.③ 23.② 24.② 25.④ 26.① 27.④ 28.②

29 C언어에서 사용되는 문자열 출력 함수는?

① printchar( ) ② prints( )
③ putchar( ) ④ puts( )

해설 문자열 출력 함수는 puts( )이다.
② prints( ) : 표준 출력 함수
③ putchar( ) : 한 문자 출력 함수
④ puts( ) : 문자열 출력 함수

30 다음 중 C언어에서 사용되는 이스케이프 시퀀스(escape sequence)에 대한 설명으로 옳지 않은 것은?

① \r : carriage return
② \t : tab
③ \b : backspace
④ \n : null character

해설 이스케이프 시퀀스는 백슬래시(\)와 하나의 문자로 구성된다. \n은 new line, \0은 null character이다.

31 프로그램 개발 시 문서화의 효과로 거리가 먼 것은?

① 프로그램 개발 후 시스템의 유지·보수가 용이하다.
② 프로그램 개발팀에서 운용팀으로 인수인계를 쉽게 할 수 있다.
③ 원시 프로그램에 대한 번역 과정 없이 프로그램을 실행할 수 있다.
④ 프로그램 개발 목적 및 과정을 표준화하여 효율적인 작업이 되도록 한다.

해설 문서화가 이루어지면 시스템의 유지·보수가 용이하고, 업무 파악이 용이하여 업무의 연속성이 유지된다.

32 C언어에서 저장 클래스를 명시하지 않는 변수는 기본적으로 무엇으로 간주되는가?

① Static variable
② Register variable
③ Internal variable
④ Automatic variable

해설 C언어에서 저장 클래스를 명시하지 않으면 자동 변수(automatic variable)이다.

33 프로그램 개발 과정 단계 중 프로그래밍 과정의 모든 자료, 입·출력 설계, 순서도, 기타 운영 절차나 지침을 체계적으로 관리하는 것과 가장 밀접한 관계가 있는 것은?

① 문제 분석
② 입·출력 설계
③ 프로그래밍 작성
④ 프로그램의 문서화

해설 프로그램의 문서화 단계는 프로그램에 관련된 모든 자료 및 운영 절차 등을 문서화하여 차후 프로그램의 원활한 유지·보수에 활용한다.

34 다음 중 C언어에서 나머지를 구하는 연산자는?

① && ② &
③ % ④ #

해설 ① && : 논리곱
② & : 비트 단위 논리곱
③ % : 나머지 연산자

35 다음 중 프로그램 작성 시 반복되는 일련의 명령어들을 하나의 명령으로 만들어 실행시키는 방법은?

① 매크로
② 디버깅
③ 스케줄링
④ 모니터

해설 반복되는 여러 개의 명령을 하나의 명령으로 만든 명령어를 매크로라 한다.

정답 29.④ 30.④ 31.③ 32.④ 33.④ 34.③ 35.①

36 순서도의 역할에 대한 설명으로 틀린 것은?

① 프로그램의 논리 오류를 검색·수정하기 쉽게 도와준다.
② 프로그래밍 언어에 따라 순서도 사용 방법이 다르다.
③ 여러 명이 공동으로 프로그램을 작성할 때 대화의 수단이 된다.
④ 프로그래밍을 작성하는 기초 자료로 코딩의 기본이 된다.

해설 순서도의 역할
㉠ 문제 처리 과정을 논리적으로 파악하고 정확성 여부를 판단하는 것이 용이하다.
㉡ 문제를 해석하고 분석하는 것이 쉽고 타인에게 전달하는 것이 용이하다.
㉢ 프로그램의 보관, 유지, 보수의 자료로서 활용이 용이하다.
㉣ 프로그램 코딩의 기본 자료로 문서화가 용이하다.

37 프로그램 작성 시 플로우 차트를 작성하는 이유로 거리가 먼 것은?

① 프로그램을 나누어 작성할 때 대화의 수단이 된다.
② 프로그램의 수정을 용이하게 한다.
③ 에러 발생 시 책임 구분을 명확히 한다.
④ 논리적인 단계를 쉽게 이해할 수 있다.

해설 플로우 차트를 작성하는 이유는 업무의 전체적인 개요를 쉽게 파악할 수 있고, 논리적인 단계를 쉽게 이해할 수 있으며, 프로그램 코딩의 자료가 되고, 인수인계가 용이하고 오류 발생 시 수정이 쉽기 때문이다.

38 다음 중 반복문에 해당되지 않는 것은?

① If문 ② For문
③ While문 ④ Do－While문

해설 If문은 조건식의 참 거짓에 따라 실행을 달리하는 선택문이다.

39 프로그램이 수행되는 동안 변하지 않는 값을 나타내는 데이터는?

출제빈도

① 변수 ② 주석
③ 배열 ④ 상수

해설 변수란 프로그램의 상황에 따라 바뀔 수 있는 값이며, 상수란 프로그램이 수행되는 동안 변하지 않는 값이다.

40 프로그래밍 작성 절차 중 다음 설명에 해당하는 것은?

출제빈도

- 프로그램의 개발 목적 및 과정을 표준화하여 효율적인 작업이 되도록 한다.
- 유지·보수를 용이하게 한다.
- 개발 과정에서의 추가 및 변경에 따르는 혼란을 감소시킨다.
- 시스템 개발팀에서 운용팀으로 인계인수를 쉽게 할 수 있다.
- 시스템 운용자가 용이하게 시스템을 운용할 수 있다.

① 프로그램 구현 ② 프로그램 문서화
③ 문제 분석 ④ 입·출력 설계

해설 프로그램 문서화의 목적이다.

41 프로그래밍 작업의 절차로 옳은 것은?

① 요구 분석 → 입·출력 설계 → 순서도 작성 → 프로그램의 구현과 검사 → 프로그램의 문서화
② 입·출력 설계 → 요구 분석 → 순서도 작성 → 프로그램의 문서화 → 프로그램의 구현과 검사
③ 순서도 작성 → 입·출력 설계 → 요구 분석 → 프로그램의 구현과 검사 → 프로그램의 문서화
④ 프로그램의 구현과 검사 → 프로그램의 문서화 → 요구 분석 → 입·출력 설계 → 순서도 작성

정답 36.② 37.③ 38.① 39.④ 40.② 41.①

해설 **프로그래밍 작업 절차** : 문제 분석 → 입·출력 설계 → 순서도 작성 → 프로그램 작성 → 문법 오류 수정 → 모의 자료 입력 → 논리 오류 수정 → 실행 → 문서화

42 순서도에 대한 설명과 거리가 먼 것은?

① 프로그램 개발 비용을 산출하는 역할을 한다.
② 프로그램 인수인계 시 문서 역할을 할 수 있다.
③ 프로그램의 오류 수정을 용이하게 해 준다.
④ 프로그램에 대한 이해를 도와준다.

해설 플로우 차트를 작성하는 이유는 업무의 전체적인 개요를 쉽게 파악할 수 있고, 논리적인 단계를 쉽게 이해할 수 있으며, 프로그램 코딩의 자료가 되고, 인수인계가 용이하고 오류 발생 시 수정이 쉽기 때문이다.

43 순서도의 역할이 아닌 것은?

① 프로그램의 정확성 여부를 확인하는 자료가 된다.
② 오류 발생 시 원인 규명이 용이하다.
③ 논리적인 체계 및 처리 내용을 쉽게 파악할 수 있다.
④ 원시 프로그램을 목적 프로그램으로 번역한다.

해설 원시 프로그램을 목적 프로그램으로 번역하는 것은 컴파일러이다.

44 프로그램 문서화의 목적으로 틀린 것은?

① 프로그램의 개발 방법과 순서의 비표준화로 효율적 작업 환경을 구성한다.
② 프로그램의 유지·보수가 용이하다.
③ 프로그램의 인수인계가 용이하다.
④ 프로그램의 변경·추가에 따른 혼란을 방지할 수 있다.

해설 **프로그램 문서화**
㉠ 프로그램의 운용에 필요한 사항, 즉 자료의 입력이나 프로그램 수행중의 메시지 출력, 프로그램의 제약 조건 등을 체계적으로 정리하여 기록하는 작업이다.
㉡ 문서화가 이루어지면 시스템의 유지·보수가 용이하고, 업무 파악이 용이하여 업무의 연속성이 유지된다.

45 프로그램이 동작하는 동안 값이 수시로 변할 수 있으며, 기억 장치의 한 장소를 추상화한 것은?

출제빈도

① 상수 ② 주석
③ 예약어 ④ 변수

해설 ① 상수 : 프로그램이 수행되는 동안 변하지 않는 값
④ 변수 : 프로그램의 상황에 따라 바뀔 수 있는 값

46 순서도에 대한 설명으로 거리가 먼 것은?

① 의사 전달 수단으로도 사용된다.
② 처리 순서를 그림으로 나타낸 것이다.
③ 사용자의 의도에 따라 기호가 상이하다.
④ 작업의 순서, 데이터의 흐름을 나타낸다.

해설 순서도는 컴퓨터가 수행해야 할 논리적인 명령의 순서를 도형으로 도식화한 것으로, 기호의 의미가 정해져 있다.

47 프로그래밍 언어의 구문 요소 중 프로그램의 이해를 돕기 위해 설명을 적어두는 부분으로, 프로그램의 실행과는 관계없고, 프로그램의 판독성을 향상시키는 요소는?

출제빈도

① Reserved word ② Operator
③ Key word ④ Comment

해설 ① 예약어(reserved word) : 프로그래밍 언어에서 이미 의미와 용법이 정해져 있는 단어
② 연산자(operator) : 프로그래밍 언어에서 변수나 값의 연산을 위해 사용되는 부호

정답 42.① 43.④ 44.① 45.④ 46.③ 47.④

③ 키워드(key word) : 정보 검색 시스템 등에서 문장의 핵심적인 내용을 정확히 표현하는 중요 단어
④ 주석(comment) : 프로그램의 이해를 돕기 위해 설명을 적어두는 부분으로, 실제 프로그램에 영향을 주지 않음

48 **다음 프로그래밍 절차 중 문제 분석 단계에서 이루어져야 할 작업이 아닌 것은?**

① 프로그램 설계
② 전산화의 타당성 검사
③ 프로그래밍 작업의 문제 정의
④ 입・출력 및 자료의 개괄적 검토

해설 **프로그래밍의 절차**
㉠ 문제 분석 : 컴퓨터를 이용하여 해결할 문제와 필요한 요소, 사용자의 요구를 분석
㉡ 입・출력 설계 : 입력 데이터의 종류와 형식 및 입력 매체를 설계하고 출력될 항목 및 출력 매체 등을 결정
㉢ 순서도 작성 : 문제 분석과 입・출력 설계를 기초로 하여 데이터 처리 방법과 순서를 설계
㉣ 프로그램 작성 : 적절한 언어를 선택하여 코딩 및 입력
㉤ 컴파일 및 오류의 수정 : 컴파일러를 통하여 기계어로 번역하고, 문법적 오류 등을 수정(디버깅)
㉥ 테스트와 실행 : 논리적인 오류와 원하는 결과가 나오는지의 테스트와 실행하는 단계

49 **구조화 프로그래밍의 기본 구조 중 어떤 조건을 만족하는 동안 또는 만족할 때까지 같은 처리를 반복하여 실행하는 것은?**

① 순차 구조 ② 트리 구조
③ 반복 구조 ④ 선택 구조

해설 ① 순차 구조 : 각 문장들은 순서대로 작성되며, 하나씩 순차적으로 실행된다.
④ 선택 구조 : 일련의 문장 중에서 조건에 따라 하나가 선택되어 실행된다.

50 **프로그래밍 작업 시 문서화의 목적과 거리가 먼 것은?**

① 개발 과정에서의 추가 및 변경에 따르는 혼란을 감소시키기 위해서이다.
② 프로그램의 개발 목적 및 과정을 표준화하여 효율적인 작업이 되도록 한다.
③ 프로그램의 활용을 쉽게 한다.
④ 프로그래밍 작업 시 요식적 행위의 목적을 달성하기 위해서이다.

해설 문서화는 시스템의 유지・보수와 관리가 용이하고, 담당자가 바뀌어도 업무 파악이 쉬워 혼란을 감소시키며 업무의 연속성을 유지하기 위해 실시한다.

51 **C언어의 특징으로 거리가 먼 것은?**

① 구조적 프로그램이 가능하다.
② 이식성이 뛰어나 기종에 관계없이 프로그램을 작성할 수 있다.
③ 기계어에 대하여 1 : 1로 대응된 기호화한 언어이다.
④ 시스템 프로그래밍에 주로 사용되는 언어이다.

해설 **C언어의 특징**
㉠ 유닉스의 대부분을 구성한다.
㉡ 영어 소문자를 기본으로 작성된다.
㉢ 시스템간의 호환성이 높다.
㉣ 구조적 프로그래밍 설계가 용이하다.
㉤ 풍부한 연산자를 제공한다.
㉥ 동적인 메모리 관리가 쉽다.

52 **프로그래밍 절차에서 해결해야 할 문제가 무엇인지 정의하고, 소요 비용 및 기간 등에 대한 조사・분석을 통하여 타당성을 검토하는 단계는?**

① 문서화 ② 문제 분석
③ 입・출력 설계 ④ 순서도

정답 48.① 49.③ 50.④ 51.③ 52.②

해설 **문제 분석 단계에서 하는 일**

㉠ 주어진 문제를 분석하여 해결해야 할 과제를 명확히 정의한다.
㉡ 컴퓨터를 이용하여 해결할 문제와 필요한 요소, 사용자의 요구를 분석한다.
㉢ 프로그래밍에 소요되는 비용, 기간 등을 분석하여 경제성·능률성·타당성 등을 검토한다.

53 **예약어**(reserved word)**에 대한 설명으로 틀린 것은?**

출제빈도

① 프로그래머가 변수 이름으로 사용할 수 없다.
② 새로운 언어에서는 예약어의 수가 줄어들고 있다.
③ 프로그램 판독성을 증가시킨다.
④ 프로그램의 신뢰성을 향상시켜 줄 수 있다.

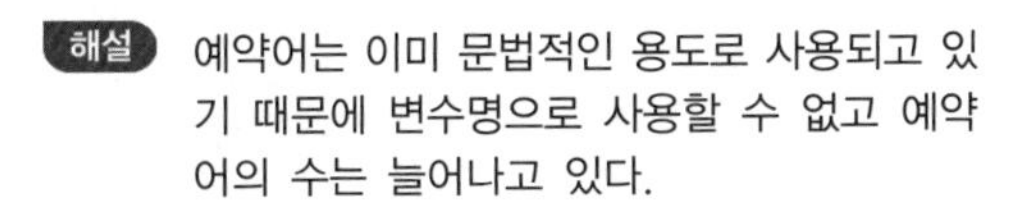

해설 예약어는 이미 문법적인 용도로 사용되고 있기 때문에 변수명으로 사용할 수 없고 예약어의 수는 늘어나고 있다.

54 **프로그램이 수행되는 동안 변하지 않는 값은?**

① Constant ② Pointer
③ Comment ④ Variable

해설 ① Constant(상수) : 프로그램이 수행되는 동안 변경되지 않는 값이다.
④ Variable(변수) : 데이터를 저장할 수 있는 기억 장소로, 프로그램이 수행되는 동안 그 값이 변경될 수 있다.

정답 53.② 54.①

MEMO

부 록(Ⅰ)

과년도 출제 문제

2010년 제1회 기출 문제

2010. 1. 31. 시행

01 20[kΩ] **저항 및 양단자에** 100[V]**를 인가했을 때 흐르는 전류**[mA]**는?**

① 1 ② 5
③ 10 ④ 20

해설

$$I=\frac{V}{R}$$
$$=\frac{100}{20\times10^3}=5\times10^3=5[\text{mA}]$$

02 수정 발진기에 대한 설명으로 틀린 것은?

① 수정 진동자의 Q는 매우 높다.
② 압전기 현상을 이용한 발진기이다.
③ 발진 주파수는 수정편의 두께에 반비례한다.
④ 발진 주파수 변경이 용이하다.

해설 **수정 진동자의 특징**

㉠ 장점
- 수정편의 Q가 높다($10^4\sim10^6$).
- 기계적으로나 물리적으로 안정하다.
- 주파수 안정도가 매우 좋다.
- 양산이 쉽고 가격이 저렴하다.

㉡ 단점
- 발진 주파수를 임의로 바꿀 수 없다.
- 많이 갖추려면 비용이 많이 든다.
- 발진 주파수는 수정편이 두께에 반비례하므로 초단파 이상의 발진은 어렵다.

03 이미터 접지 증폭 회로와 비교한 컬렉터 접지 증폭 회로의 특징에 대한 설명으로 틀린 것은?

① 입력 임피던스가 크다.
② 출력 임피던스가 낮다.
③ 전압 이득이 크다.
④ 입력 전압과 출력 전압의 위상은 동상이다.

해설 입·출력 위상은 이미터 접지 회로는 반전이나 컬렉터 접지 회로는 동상이며, 전압 증폭도와 전류 증폭도는 이미터 접지 회로가 높다.

04 부궤환 증폭 회로의 일반적인 특징에 대한 설명으로 적합하지 않은 것은?

① 이득이 증가한다.
② 안정도가 증가한다.
③ 왜율이 개선된다.
④ 주파수 특성이 개선된다.

해설 **부궤환 증폭 회로의 특성**

㉠ 주파수 특성이 개선된다.
㉡ 증폭도가 안정적이다.
㉢ 일그러짐이 감소한다.
㉣ 출력 잡음이 감소한다.
㉤ 이득이 감소한다.
㉥ 고입력 임피던스, 저출력 임피던스이다.

05 트랜지스터를 증폭기로 사용하는 영역은?

① 차단 영역
② 포화 영역
③ 활성 영역
④ 차단 영역 및 포화 영역

해설 아날로그 회로는 활성 영역을 사용하고, 디지털 회로는 차단 영역(OFF)과 포화 영역(ON)을 사용한다.

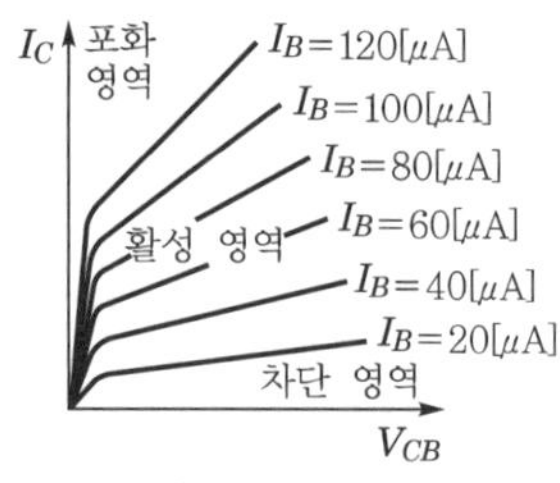

[TR의 $V-I$ 특성 곡선]

정답 01.② 02.④ 03.③ 04.① 05.③

06 **어떤 도선의 단면을 1분 동안에 30[C]의 전하가 이동하였다면 이때 흐른 전류는 몇 [A]인가?**

① 0.1　　② 0.3
③ 0.5　　④ 3

해설

$$I=\frac{Q}{t}$$
$$=\frac{30}{1\times 60}=0.5[A]$$

07 **A급 증폭기의 입력 전압이 60[mV]이고, 출력 전압이 6[V]일 때 전압 이득[dB]은?**

① 10　　② 20
③ 40　　④ 60

해설

$$G=20\log_{10}\frac{6}{60\times 10^{-3}}$$
$$=20\log_{10}(0.1\times 10^{3})$$
$$=20\log_{10}10^{2}$$
$$=20\times 2=40[dB]$$

08 **이미터 접지 고정 바이어스 증폭 회로의 안정도 S는?**

① $1+\alpha$　　② $1-\alpha$
③ $1+\beta$　　④ $1-\beta$

해설 고정 바이어스 회로의 안정도는 $S=1+\beta$이며 $S>1$이기 때문에 안정도가 나쁘다.

09 **다음 (　) 안에 들어갈 내용으로 가장 적합한 것은?**

> 상승 시간(rise time)이란 실제의 펄스가 이상적인 펄스 진폭의 10[%]에서 (　)까지 상승하는 데 걸리는 시간을 말한다.

① 50[%]　　② 64[%]
③ 90[%]　　④ 100[%]

해설

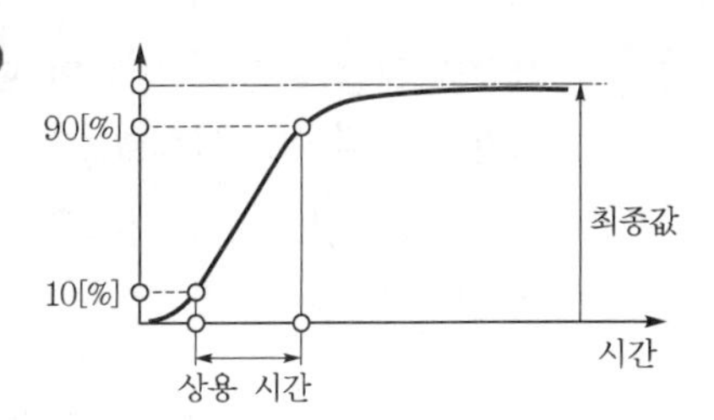

10 **실효값이 100[V]인 교류 전압 평균값은 약 몇 [V]인가?**

① 64　　② 70
③ 90　　④ 141

해설

$$평균값=최대값\times\frac{2}{\pi}$$
$$최대값=실효값\times\sqrt{2}$$
$$=100\times\sqrt{2}=141[V]$$
$$\therefore 평균값=141\times\frac{2}{\pi}$$
$$=141\times 0.637\fallingdotseq 90[V]$$

11 **다음 중 자기 보수적(self complement) 성질이 있는 코드는?**

① 3초과 코드　　② 해밍 코드
③ 그레이 코드　　④ BCD 코드

해설 3초과 코드는 BCD 코드에 3을 더한 코드로, 10진수에 대한 보수를 코드 자체에 포함하고 있어 자기 보수 코드라 한다.

12 **다음 중 CPU의 간섭을 받지 않고 메모리와 입·출력 장치 사이에 데이터 전송이 이루어지는 방식은?**

① DMA　　② COM
③ Interrupt I/O　　④ Programmed I/O

해설 중앙 처리 장치(CPU)의 간섭을 받지 않고 기억 장치에 접근하여 입·출력 동작을 제어하는 방식은 DMA 방식이다.

정답 06.③ 07.③ 08.③ 09.③ 10.③ 11.① 12.①

13 자료를 일정 시간(기간) 동안 모아 두었다가 한번에 처리하는 시스템은?

① 일괄(batch) 처리 시스템
② 지연(delayed) 처리 시스템
③ 실시간(real time) 처리 시스템
④ 시분할(time sharing) 처리 시스템

해설 일괄 처리(batch processing) 시스템은 처리할 자료를 일정 기간, 일정량 모아두었다가 한꺼번에 처리하는 방식으로, 급여 계산, 공공 요금 계산 등의 업무에 적용한다.

14 6비트 BCD 코드로 서로 다른 문자를 표현할 수 있는 수는 최대 몇 개인가?

① 16 ② 32
③ 64 ④ 128

해설 6비트 BCD 코드는 $2^6=64$이므로 64개의 서로 다른 문자를 표현할 수 있다.

15 부동 소수점수가 기억 장치 내 있을 때 비트를 필요로 하지 않는 것은?

① 부호(sign)
② 지수(exponent)
③ 소수(mantissa)
④ 소수점(decimal point)

해설 부동 소수점 방식은 지수를 이용하는 방식으로, 지수 속에 소수점의 위치를 포함하고 있으므로 비트가 필요없다.

16 산술 및 논리 연산의 결과를 일시적으로 기억하는 레지스터는?

① Instruction 레지스터
② Storage 레지스터
③ Accumulator 레지스터
④ Address 레지스터

해설 Accumulator(누산기)는 산술 연산 또는 논리 연산의 결과를 일시적으로 기억하는 레지스터이다.

17 전가산기의 진리표이다. A, B, C, D값으로 옳은 것은?

X	Y	Z	S	C
0	0	0	0	0
0	0	1	1	0
0	1	0	1	0
0	1	1	0	(A)
1	0	0	1	0
1	0	1	(B)	1
1	1	0	0	1
1	1	1	(C)	(D)

① A=0, B=0, C=1, D=1
② A=1, B=0, C=1, D=0
③ A=1, B=0, C=1, D=1
④ A=1, B=0, C=0, D=1

해설 전가산기 진리표

X	Y	Z	S	C
0	0	0	0	0
0	0	1	1	0
0	1	0	1	0
0	1	1	0	1
1	0	0	1	0
1	0	1	0	1
1	1	0	0	1
1	1	1	1	1

18 어큐뮬레이터에 있는 10진수 12를 왼쪽으로 2번 시프트시킨 후의 값은?

① 12 ② 24
③ 36 ④ 48

해설 10진수 12를 왼쪽으로 2비트 이동하므로 1100에서 110000이 된다. 즉, 10진수 48이다.

정답 13.① 14.③ 15.④ 16.③ 17.③ 18.④

19 **바코드를 대체할 수 있는 기술로, 지금처럼 계산대에서 물품을 스캐너로 일일이 읽지 않아도 쇼핑 카트가 센서를 통과하면 구입 물품의 명세와 가격이 산출되는 시스템을 실용화할 수 있으며, 지폐나 유가 증권의 위조 방지, 항공사의 수하물 관리 등 물류 혁명을 일으킬 수 있는 기술은?**

① 태블릿(tablet)
② 터치 스크린(touch screen)
③ 광학 마크 판독기(OMR－optical mark reader)
④ 전자 태그(RFID : Radio Frequency IDentification)

해설 전자 태그(RFID)는 카드 안에 초소형 칩을 내장하고 바코드의 6,000배에 달하는 정보를 수록할 수 있다.

20 **다음 그림의 비트 구조로 알맞은 코드는?**

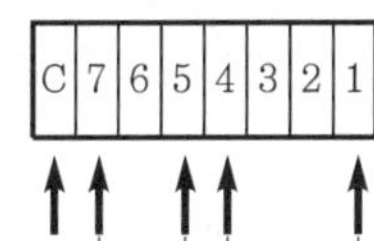

① BCD 코드 ② EBCDIC 코드
③ ACSII 코드 ④ 3초과 코드

해설 ASCII 코드는 존비트(3)와 디짓 비트(4)로 구성되는 7비트 코드로, 128개의 문자 표현이 가능하며 데이터 통신에서 가장 널리 사용된다. 7비트 ASCII 코드에 패리티 비트를 추가하여 8비트 ASCII 코드로도 사용된다.

21 **다음 주소 지정 방식 중 속도가 가장 빠른 것은 무엇인가?**

① Immediate addressing
② Direct addressing
③ Indirect addressing
④ Indexed addressing

해설 Immediate addressing(즉시 주소 지정)은 주소부에 있는 값이 실제 데이터가 되는 경우로, 속도가 가장 빠르다.

22 **2진수 0011을 3초과 코드로 변환하면?**

① 1001 ② 1000
③ 0111 ④ 0110

해설 3초과 코드는 BCD 코드에 3을 더한 자기 보수 코드이다.
∴ 0011＋0011＝0110

23 **명령어의 번지와 프로그램 카운터(PC)가 더해져서 유효 번지를 결정하는 방식은?**

① 상대 번지 모드(relative addressing mode)
② 간접 번지 모드(indirect addressing mode)
③ 인덱스드 어드레싱 모드(indexed addressing mode)
④ 레지스터 어드레싱 모드(register addressing mode)

해설 명령어의 번지와 프로그램 카운터(PC)가 더해져서 유효 번지를 결정하는 방식은 Relative addressing(상대 주소 지정)이다.

24 **정수 표현에서 음수를 나타내는 표현 방식이 아닌 것은?**

① 부호와 절대값 ② 부호와 0의 보수
③ 부호와 1의 보수 ④ 부호와 2의 보수

해설 정수 표현에서 음수를 나타내는 표현 방식에는 부호와 절대값, 1의 보수, 2의 보수가 있다.

25 **산술적 연산에서 필요하지 않은 명령은 무엇인가?**

① AND ② ADD
③ Subtract ④ Divide

정답 19.④ 20.③ 21.① 22.④ 23.① 24.② 25.①

해설 산술적 연산에는 사칙 연산, 산술적 시프트 등이 있고 논리적 연산에는 AND, OR, Move, Rotate, Complement 등이 있다.

26 **네온 또는 아르곤의 혼합 가스를 셀(cell)에 채워 높은 전압을 가할 때 나오는 빛을 이용한 출력 장치는?**

① 음극선관(CRT)
② X－Y 플로터(X－Y plotter)
③ 플라스마 디스플레이(plasma display)
④ 액정 디스플레이(liquid crystal display)

해설 네온 또는 아르곤의 혼합 가스를 셀(cell)에 채워 높은 전압을 가할 때 나오는 빛을 이용한 출력 장치는 플라스마 디스플레이 패널(PDP : Plasma Display Panel)이다.

27 **다음 중 시프트 레지스터(shift register)로 이용할 수 있는 기능과 거리가 먼 것은 무엇인가?**

① 비교 기능　② 나눗셈 기능
③ 곱셈 기능　④ 직렬 전송 기능

해설 시프트 레지스터(shift register)는 2진수를 레지스터에 직렬로 입・출력할 수 있게 플립플롭을 연결한 것으로, 왼쪽으로 이동하면 곱셈 기능, 오른쪽으로 이동하면 나눗셈 기능을 수행한다.

28 **명령 형식을 구분함에 있어 오퍼랜드를 구성하는 주소의 수에 따라 0주소 명령, 1주소 명령, 2주소 명령, 3주소 명령 등으로 구분할 수 있다. 이 중 스택(stack) 구조를 가지는 명령 형식은?**

① 0주소 명령　② 1주소 명령
③ 2주소 명령　④ 3주소 명령

해설 스택(stack)은 0주소 명령 형식에서 사용된다.

29 **카드 리더(card reader)에서 읽기 전에 카드를 쌓아두는 곳은?**

① 호퍼　② 스태커
③ 롤러　④ 리젝 스태커

해설 카드 리더(card reader)에서 읽기 전에 카드를 쌓아두는 곳은 호퍼이고 읽은 카드를 쌓아 놓는 곳은 스태커(stacker)이다.

30 **조합 논리 회로를 다음과 같이 설계할 때 일반적인 순서로 옳은 것은?**

A. 간소화된 논리식을 구한다.
B. 진리표에 대한 카르노도를 작성한다.
C. 논리식을 기본 게이트로 구성한다.
D. 입・출력 조건에 따라 변수를 결정하여 진리표를 작성한다.

① D → B → A → C
② D → A → B → C
③ B → D → A → C
④ B → D → C → A

해설 **조합 논리 회로의 설계 순서**
㉠ 입・출력 조건에 따른 변수 결정 및 진리표 작성
㉡ 카르노도 등에 의한 논리식 간소화
㉢ 논리 회로 구성

31 **다음 중 순서도의 역할에 대한 설명으로 틀린 것은?**

① 프로그램의 논리 오류를 검색・수정하기 쉽게 도와준다.
② 프로그래밍 언어에 따라 순서도 사용 방법이 다르다.
③ 여러 명이 공동으로 프로그램을 작성할 때 대화의 수단이 된다.
④ 프로그래밍을 작성하는 기초 자료로 코딩의 기본이 된다.

정답 26.③ 27.① 28.① 29.① 30.① 31.②

해설 **순서도의 역할**

㉠ 문제 처리 과정을 논리적으로 파악하고 정확성 여부를 판단하는 것이 용이하다.
㉡ 문제를 해석하고 분석하는 것이 쉽고 타인에게 전달하는 것이 용이하다.
㉢ 프로그램의 보관·유지·보수의 자료로서 활용이 용이하다.
㉣ 프로그램 코딩의 기본 자료로, 문서화가 용이하다.

32 **다음 중 로더(loader)의 역할에 해당하지 않는 것은?**

① 할당(allocation) ② 연결(linking)
③ 로딩(loading) ④ 해석(interrupt)

해설 로더(loader)는 실행 가능한 로드 모듈에 기억 공간의 번지를 지정하여 메모리에 적재시킨 후 실행시키는 서비스 프로그램으로, 연결(linking) 기능, 할당(allocation) 기능, 재배치(relocation) 기능, 로딩(loading) 기능 등이 있다.

33 **프로그래밍 언어의 선정 기준으로 적합하지 않은 것은?**

① 프로그래머 개인의 선호성은 고려 대상에 포함되지 않는다.
② 프로그래밍의 효율성이 고려되어야 한다.
③ 어느 컴퓨터에나 쉽게 설치될 수 있어야 한다.
④ 응용 목적에 부합하는 언어이어야 한다.

해설 프로그래밍 언어의 선정 기준으로 프로그래밍의 효율성, 응용 목적의 부합성, 개인의 선호성 등이 포함되어야 한다.

34 **다음의 운영 체제 스케줄링 정책 중 가장 바람직한 것은?**

① 대기 시간을 늘리고 반환 시간을 줄인다.
② 응답 시간을 최소화하고 CPU 이용률을 늘린다.
③ 반환 시간과 처리율을 늘린다.
④ CPU 이용률을 줄이고 반환 시간을 늘린다.

해설 스케줄링 정책은 시스템의 효율성을 극대화시키기 위해 CPU 이용률과 처리량을 향상시키고 처리 시간, 대기 시간, 응답 시간을 단축시키는 것이다.

35 **프로그래밍 작성 절차 중 다음 설명에 해당하는 것은?**

- 프로그램의 개발 목적 및 과정을 표준화하여 효율적인 작업이 되도록 한다.
- 유지·보수를 용이하게 한다.
- 개발 과정에서의 추가 및 변경에 따르는 혼란을 감소시킨다.
- 시스템 개발팀에서 운용팀으로 인계인수를 쉽게 할 수 있다.
- 시스템 운용자가 용이하게 시스템을 운용할 수 있다.

① 프로그램 구현 ② 프로그램 문서화
③ 문제 분석 ④ 입·출력 설계

해설 **프로그램 문서화의 목적**

㉠ 프로그램의 개발 요령과 순서를 표준화함으로써 보다 효율적인 개발이 가능하다.
㉡ 프로그램 개발 중의 변경 사항에 대한 대처가 용이하다.
㉢ 프로그램의 인수인계가 용이하며 프로그램 운용이 용이하다.
㉣ 개발 후 운영 과정에서 프로그램의 유지·보수가 용이하다.

36 **다음 중 어셈블리어에 대한 설명으로 옳은 것은?**

① 고급 언어에 해당한다.
② 호환성이 좋은 언어이다.
③ 실행을 위하여 기계어로 번역하는 과정이 필요없다.
④ 기호 언어이다.

정답 32.④ 33.① 34.② 35.② 36.④

해설 어셈블리어는 연상 기호 코드(문자, 숫자, 특수 문자 등으로 기호화)를 사용함으로써 기계어보다 프로그램의 작성이 용이하고, 프로그램의 수정이 편리한 저급 언어이다. 그러나 호환성이 떨어지고 어셈블러에 의한 기계어로 번역이 필요하다.

37 운영 체제의 평가 기준 중 단위 시간 내에 처리할 수 있는 일의 양을 나타내는 것은?

① Availability
② Reliability
③ Turn around time
④ Throughout

해설 운영 체제의 평가 기준에는 처리 능력(throughput), 이용 가능도(availability), 신뢰도(reliability), 응답 시간(turn around time) 등이 있다.

38 BNF 표기법에서 '정의'를 의미하는 기호는?

① #　② &
③ |　④ : : =

해설 BNF(Backus-Naur Form) : 프로그래밍 언어를 정의하기 위한 최초의 메타 언어로, : : =는 정의, |는 선택을 나타내는 기호이다.

39 고급 언어에 대한 설명으로 틀린 것은?

① 사람 중심의 언어이다.
② 컴퓨터가 직접 이해할 수 있어 실행 속도가 빠르다.
③ 상이한 기계에서 별다른 수정없이 실행이 가능하다.
④ 실행을 위해서는 기계어로 번역하는 과정이 필요하다.

해설 고급 언어는 일상에서 사용하는 자연어와 유사한 인간 중심의 언어이고 기계어로 변환하는 컴파일러 또는 인터프리터가 필요하며, 프로그램 작성이 쉽고, 수정이 용이하다.

40 원시 프로그램을 기계어 프로그램으로 번역하는 대신에 기존의 고수준 컴파일러 언어로 전환하는 역할을 수행하는 것은?

① Interpreter　② Assembler
③ Preprocessor　④ Linker

해설 원시 프로그램을 기계어 프로그램으로 번역하는 대신에 기존의 고수준 컴파일러 언어로 전환하는 역할을 수행하는 것은 Preprocessor(전처리기)이다.

41 JK 플립플롭에서 Q_n이 Reset 상태일 때 J=0, K=1 입력 신호를 인가하면 출력 Q_{n+1}의 상태는?

① 0　② 1
③ 부정　④ 입력 금지

해설 JK 플립플롭의 진리표

J	K	Q_{n+1}	비고
0	0	Q_n	불변
0	1	0	리셋
1	0	1	세트
1	1	$\overline{Q_n}$	반전

42 레지스터(register)와 계수기(counter)를 구성하는 기본 소자는?

① 해독기　② 감산기
③ 가산기　④ 플립플롭

해설 **순서 논리 회로** : 대표적 로직이 플립플롭이며 이를 응용한 것이 레지스터, 계수기, 메모리 등이다.

43 다음 중 조합 논리 회로는?

① 계수기(counter)
② 레지스터(register)
③ 해독기(decoder)
④ 플립플롭(flip flop)

정답 37.④ 38.④ 39.② 40.③ 41.① 42.④ 43.③

해설 대표적 조합 논리 회로에는 멀티플렉서, 해독기(decoder), 부호기(encoder), 반가산기, 전가산기 등이 속한다. 레지스터, 플립플롭, 계수기 등은 순서 논리 회로에 속한다.

44 **카운터를 구성하는 모든 플립플롭이 하나의 클록 신호에 의해 동시에 동작하는 방식을 무엇이라 하는가?**

① 리플 카운터 ② 동기식 카운터
③ 비동기식 카운터 ④ 링 카운터

해설 비동기형 계수기는 앞단의 출력을 입력 펄스로 받아 계수하는 회로이고, 동기형 계수기는 입력 펄스를 병렬로 입력받아 각 단이 동시에 동작하는 계수기이다.

45 **다음 논리 회로의 출력에 대한 논리식 Z는 무엇인가?**

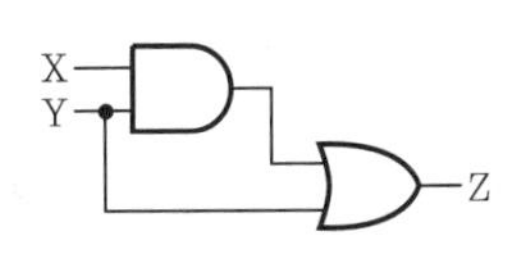

① X ② Y
③ X+Y ④ XY

해설 Z=XY+Y
=Y(1+X)
=Y

46 **다음 진리표에 해당되는 논리 게이트는?**

입력		출력
A	B	X
0	0	1
0	1	1
1	0	1
1	1	0

① AND ② OR
③ NAND ④ NOT

해설 NAND 논리이다.

입력		출력
A	B	X
0	0	1
0	1	1
1	0	1
1	1	0

47 **다음 논리식의 결과값은?**

$$(\overline{\overline{A}+B})(\overline{\overline{A}+\overline{B}})$$

① 0 ② 1
③ A ④ B

$(\overline{\overline{A}+B})(\overline{\overline{A}+\overline{B}})$
$=(A \cdot \overline{B})(A \cdot B)$
$=AA \cdot AB \cdot A\overline{B} \cdot B\overline{B}$
AA = 0이므로 결과는 '0'이다.

48 **다음 중 2진수 1011101011000010을 16진수로 변환하면?**

① ABC3 ② BAC2
③ CAB4 ④ 16ACD

해설 2진수를 16진수로 변환하기 위하여 왼쪽 방향으로 4자리씩 묶어서 각 자리수의 BCD(8421) 코드를 16진수로 변환한다.

2진수	1011	1010	1100	0010
16진수	B	A	C	2

즉, BCD $(1011101011000010)_2$은 16진수로 $(BAC2)_{16}$가 된다.

49 **클록 펄스의 개수나 시간에 따라 반복적으로 일어나는 행위를 세는 장치로서, 여러 개의 플립플롭으로 구성되는 것은?**

① 계수기 ② 누산기
③ 가산기 ④ 감산기

정답 44.② 45.② 46.③ 47.① 48.② 49.①

해설 입력 펄스에 따라 순차적으로 수를 세는 회로를 계수 회로(counter)라 한다.

50 멀티플렉서에서 입력이 16개이면 필요한 선택선의 개수는?

① 2개　② 3개
③ 4개　④ 5개

해설 멀티플렉서(multiplexer)

㉠ n개의 입력 데이터에서 1개의 입력씩만 선택하여 단일 통로로 송신하는 조합 논리 회로이다.

㉡ 16개를 선택하려면 $2^4=16$이므로 4비트의 선택선이 필요하다.

51 플립플롭에 대한 다음 설명 중 (　　)에 알맞은 것은?

> 플립플롭의 출력은 입력 상태에 따라 가해지는 클록 펄스에 의해 변환한다. 이와 같은 변화를 플립플롭이 (　　)되었다고 한다.

① 트리거　② 셋업
③ 상승　④ 하강

해설 플립플롭의 출력이 클록 펄스에 의해 입력에 따른 변화를 트리거(trigger) 되었다고 한다.

52 다음과 같은 카르노 도표를 보고 논리 함수 F를 구하면?

AB \ C	0	1
00	0	1
01	1	0
11	1	0
10	0	1

① $BC+\overline{B}\,\overline{C}$　② $B\overline{C}+\overline{B}C$
③ $AB+BC$　④ $A\overline{B}+\overline{B}C$

해설

AB \ C	0	1
00		1
01	1	
11	1	
10		1
	↓ $B\overline{C}$	↓ $\overline{B}C$

53 드 모르간의 정리를 나타낸 것은?

① $\overline{\overline{X}}=X$

② $\overline{X\cdot Y}=\overline{X}+\overline{Y}$

③ $X+\overline{X}=1$

④ $\overline{X+Y}=\overline{X}+\overline{Y}$

해설 드 모르간(De morgan)의 법칙

㉠ $(\overline{X+Y})=\overline{X}\cdot\overline{Y}$

㉡ $(\overline{X\cdot Y})=\overline{X}+\overline{Y}$

54 비동기식 6진 리플 카운터를 구성하려고 한다. T 플립플롭이 최소한 몇 개 필요한가?

① 2　② 3
③ 4　④ 5

해설 6진 계수기는 $000(0_{10})\sim101(5_{10})$까지 표현 되어야 하므로 3개가 필요하다.

55 클록 펄스가 들어올 때마다 플립플롭의 상태가 반전되는 회로는?

① RS FF　② D FF
③ T FF　④ JK FF

해설 클록 신호가 1일 때 출력이 반전 상태(토글)가 되도록 한 것이 T 플립플롭(FF)이다.

T	Q_{n+1}
0	Q_n
1	$\overline{Q_n}$

정답 50.③ 51.① 52.② 53.② 54.② 55.③

56 한 비트의 2진수를 더하여 합과 자리 올림값을 계산하는 반가산기를 설계하고자 할 때 필요한 게이트는?

① 배타적 OR 2개, OR 1개
② 배타적 OR 1개, AND 1개
③ 배타적 NOR 1개, NAND 1개
④ 배타적 OR 1개, AND 1개, NOT 1개

해설 반가산기 회로를 말한다.
논리표에서
$S=\overline{A}B+A\overline{B}=A\oplus B$
$C=AB$

[반가산기 진리표와 회로]

A	B	S	C
0	0	0	0
0	1	1	0
1	0	1	0
1	1	0	1

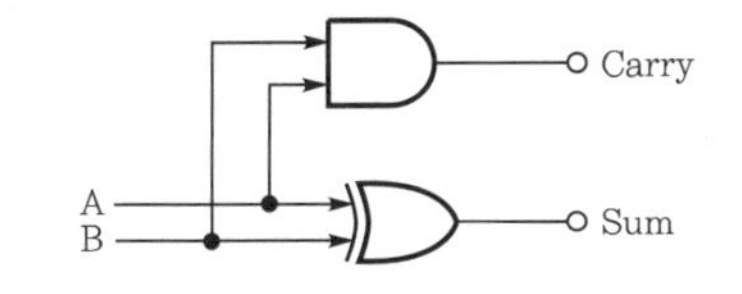

57 8[bit]로 2의 보수 표현 방법에 의해 10과 −10을 나타내면?

① 00001010, −00001010
② 00001010, 10001010
③ 00001010, 11110101
④ 00001010, 11110110

해설 8[Bit]로 10은 00001010이고, 2의 보수 표현 방법은 1의 보수에 1을 더하면 되므로 11110101+1이므로 111101100이 된다.

58 그레이 코드 0111을 2진수로 변환하면?

① 0101 ② 0100
③ 1010 ④ 1011

해설 $(0111)_G=(0101)_2$

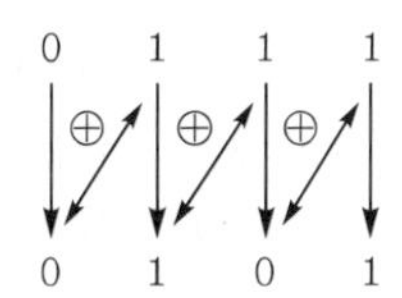

59 다음 중 시프트 레지스터에 대한 설명으로 옳은 것은? (단, FF : Flip Flop)

① FF에 기억되는 것을 방해시키는 레지스터를 말한다.
② FF에 기억된 정보를 소거시키는 레지스터를 말한다.
③ FF에 Clock 입력을 기억시키기만 하는 레지스터를 말한다.
④ FF에 기억된 정보를 다른 FF에 옮기는 동작을 하는 레지스터를 말한다.

해설 시프트 레지스터(shift register)는 플립플롭을 직렬 접속하여 펄스를 하나씩 공급할 때 마다 순차적으로 데이터를 다음 단의 플립플롭으로 전송되도록 하는 레지스터이다.

60 논리 소자 중 소비 전력이 가장 작은 것은?

① DTL ② ECL
③ MOS ④ CMOS

해설 CMOS는 전압 구동 소자이므로 거의 전력 소모가 없다. TTL은 가장 전력 소모가 크다.

정답 56.② 57.④ 58.① 59.④ 60.④

2010년 제2회 기출 문제

2010. 3. 28. 시행

01 **정류기의 평활 회로는 어느 것에 속하는가?**

① 고역 통과 여파기
② 저역 통과 여파기
③ 대역 통과 여파기
④ 대역 소거 여파기

해설 평활 회로는 정류 회로 출력 전압의 리플을 제거하는 회로로서, 저역 통과 필터를 사용한다.

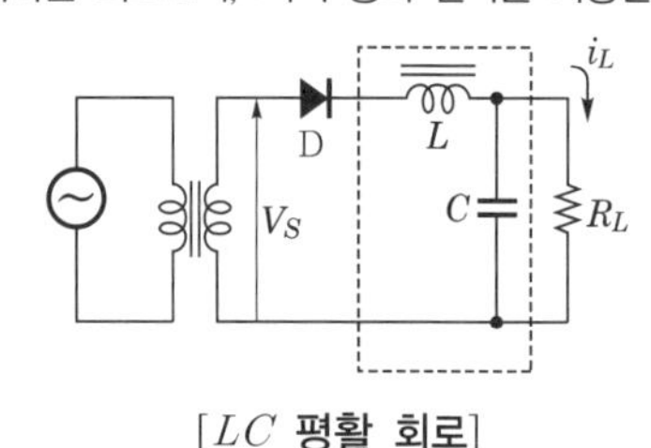

[LC 평활 회로]

02 **DSB 변조에서 반송파의 주파수가 700[kHz]이고, 변조파의 주파수가 5[kHz]일 때 주파수 대역폭[kHz]은?**

① 5 ② 10
③ 705 ④ 710

해설 DSB(Double Side Band : 양측파대) 변조
㉠ AM 변조의 일종이다.
㉡ 상·하 측파대(side band) 신호를 함께 혼합시켜 변조 전송하는 방식이다.
상측파대 주파수
$f_H = f_C + f_S$
$= 700 + 5$
$= 705\,[\text{kHz}]$
하측파대 주파수
$f_L = f_C - f_S$
$= 700 - 5$
$= 695\,[\text{kHz}]$
주파수 대역=695~705[kHz]
∴ 대역폭=10[kHz]

03 **연산 증폭기의 입력 오프셋 전압에 대한 설명으로 가장 적합한 것은?**

① 출력 전압과 입력 전압이 같게 될 때의 증폭기 입력 전압
② 차동 출력 전압이 0[V]일 때 두 입력 단자에 흐르는 전류의 차
③ 차동 출력 전압이 무한대가 되도록 하기 위하여 입력 단자 사이에 걸어주는 전압
④ 차동 출력 전압이 0[V]가 되도록 하기 위하여 입력 단자 사이에 걸어주는 전압

해설 연산 증폭기의 기본은 차동 증폭기이다. 입력 오프셋 전압이란 차동 출력 전압을 0으로 하기 위해 두 입력 단자 사이에 인가해야 할 전압을 말한다.

04 **어떤 증폭기에서 입력 전압이 1[mV]일 때 출력 전압이 1[V]이었다면 이 증폭기의 전압 이득[dB]은?**

① 20 ② 40
③ 60 ④ 80

해설
$$G = 20\log_{10}\frac{1}{1\times 10^{-3}} = 20\log_{10}10^3 = 20\times 3 = 60\,[\text{dB}]$$

05 **다음 중 P형 반도체를 만드는 불순물 원소는 무엇인가?**

① 붕소(B) ② 인(P)
③ 비소(As) ④ 안티몬(Sb)

정답 01.② 02.② 03.④ 04.③ 05.①

해설 **불순물 반도체**

㉠ N형 반도체
- 대부분의 캐리어가 전자로 이루어진 반도체로서, 전자에 의한 전기 전도가 이루어지는 불순물 반도체이다.
- 진성 반도체+5가 불순물 원소(Sb, As, P, Pb)

㉡ P형 반도체
- 대부분의 캐리어가 정공으로 이루어진 반도체로서, 정공에 의해서 전기 전도가 이루어지는 불순물 반도체이다.
- 진성 반도체+3가 불순물 원소(Ga, In, B, Al)

06 **다음 중 반도체의 재료로 가장 많이 사용되는 것은?**

① He　② Fe
③ Cr　④ Si

해설 반도체의 재료로 가장 많이 사용되는 것은 완전 공유 결합이 가능한 4가 원소 중 실리콘(Si)과 게르마늄(Ge)이다.

07 **무궤환 시 전압 이득이 90인 증폭기에서 궤환율 $\beta=0.1$의 부궤환을 걸었을 때 증폭기의 전압 이득은?**

① 5　② 9
③ 45　④ 81

해설

$$A_f=\frac{A}{1-A\beta}$$
$$=\frac{90}{1-(90\times-0.1)}=9$$

08 **용량이 같은 콘덴서 n개를 병렬 접속하면 콘덴서 용량은 1개일 경우의 몇 배로 되는가?**

① n　② $\frac{1}{n}$
③ $n-1$　④ $\frac{1}{n-1}$

해설 **콘덴서의 접속**

㉠ 콘덴서의 병렬 접속

$$C=C_1+C_2+C_3+\cdots C_n$$

용량이 같으면 n배

㉡ 콘덴서의 직렬 접속

$$C=\frac{1}{\frac{1}{C_1}+\frac{1}{C_2}+\frac{1}{C_3}+\cdots\frac{1}{C_n}}$$

용량이 같으면 $1/n$배가 된다.

09 **자체 인덕턴스가 10[H]인 코일에 1[A]의 전류가 흐를 때 저장되는 에너지[J]는?**

① 1　② 5
③ 10　④ 20

$$W=\frac{1}{2}LI^2[\text{J}]$$
$$=\frac{1}{2}\times10\times1^2=5[\text{J}]$$

10 **고주파 전력 증폭기에 주로 사용되는 증폭 방식은?**

① A급　② B급
③ C급　④ AB급

해설 ① A급 증폭기 : 가청 대역 증폭기로 많이 사용된다.
② B급 증폭기 : 푸시풀 전력 증폭기로 사용된다.
③ C급 증폭기 : 효율이 가장 좋기 때문에 송신기의 전력 증폭기로 사용된다.

11 **다음 중 게이트당 소비 전력이 가장 낮은 것은?**

① DTL　② TTL
③ MOS　④ CMOS

해설 CMOS는 전압 구동형이기 때문에 소비 전력이 거의 없고, TTL은 전류 구동형이기 때문에 소비 전력이 가장 크다.

정답 06.④ 07.② 08.① 09.② 10.③ 11.④

12 개인용 컴퓨터에서 자료의 외부적 표현 방식으로 가장 많이 사용하는 ASCII 코드는 7비트이다. 표현할 수 있는 최대 정보의 수는?

① 7　② 49
③ 128　④ 1024

해설 7비트 ASCII 코드로 표현할 수 있는 최대 정보는 $2^7 = 128$개이다.

13 중앙 처리 장치로부터 입·출력 지시를 받으면 직접 주기억 장치에 접근하여 데이터를 꺼내어 출력하거나 입력한 데이터를 기억시킬 수 있고, 입·출력에 관한 모든 동작을 자율적으로 수행하는 입·출력 제어 방식은?

① 프로그램 제어 방식
② 인터럽트 방식
③ DMA 방식
④ 채널 방식

해설 DMA(Direct Memory Access) : CPU를 경유하지 않고 메모리에 직접 액세스하는 방식으로, 입·출력에 관한 모든 동작을 자율적으로 수행한다.

14 주기억 장치의 크기가 3[kbyte]일 때 실제 [byte]수는?

① 300　② 3,000
③ 3,072　④ 3,333

해설 3[kbyte]=1,024×3=3,072[byte]

15 특별한 조건이나 신호가 컴퓨터에 인터럽트되는 것을 방지하는 것은?

① 인터럽트 마스크　② 인터럽트 레벨
③ 인터럽트 카운터　④ 인터럽트 핸들러

해설 특별한 조건이나 신호가 컴퓨터에 인터럽트되는 것을 방지하는 것은 인터럽트 마스크이다.

16 ADD 동작이 산술 연산 명령이라면 OR 동작은 무엇인가?

① 제어 명령
② 논리 연산 명령
③ 데이터 전송 명령
④ 분기 명령

해설 산술적 연산에는 사칙 연산, 산술적 시프트 등이 있고 논리적 연산에는 AND, OR, Move, Rotate, Complement 등이 있다.

17 해밍 코드(hamming code)의 대표적 특징은?

① 데이터 전송 시 신호가 없을 때를 구별하기 쉽다.
② 자기 보스(self complement)적인 성질이 있다.
③ 기계적인 동작을 제어하는 데 사용하기 알맞은 코드이다.
④ 패리티 규칙으로 잘못된 비트를 찾아서 수정할 수 있다.

해설 해밍 코드(hamming code)는 단일 비트의 에러를 검출하여 교정하는 코드로, 패리티의 기능을 확장하여 오류의 검출뿐만 아니라 오류를 정정할 수 있다.

18 이항(binary) 연산에 해당하는 것은?

① Move　② EX−OR
③ Shift　④ Complement

해설 단항 연산에는 Shift, Rotate, Move, NOT, Complement 등이 있고 이항 연산에는 사칙 연산, OR(논리합), AND(논리곱) 등이 있다.

19 다음 중 순차 접근 저장 매체(SASD)에 해당하는 것은?

① 자기 테이프　② 자기 드럼
③ 자기 디스크　④ 자기 코어

정답 12.③ 13.③ 14.③ 15.① 16.② 17.④ 18.② 19.①

해설 자기 테이프는 순차 접근 저장 매체(SASD)이고 자기 드럼, 자기 디스크, 하드 디스크, 플로피 디스크 등은 임의 접근 저장 매체(DASD)이다.

20 **프로그램 실행 중에 강제적으로 제어를 특정 주소로 옮기는 것으로, 프로그램의 실행을 중단하고 그 시점에서의 주요 데이터를 주기억 장치로 되돌려 놓은 다음 특정 주소로부터 시작되는 프로그램에 제어를 옮기는 것은?**

① 명령 실행 ② 인터럽트
③ 명령 인출 ④ 간접 단계

해설 프로그램 실행 중에 강제적으로 프로그램의 실행을 중단하고 그 시점의 주요 데이터를 주기억 장치로 되돌린 후 제어를 옮기는 것은 인터럽트이다.

21 **내부 인터럽트에 해당하는 것은?**

① 전원 이상 인터럽트
② 기계 착오 인터럽트
③ 입·출력 인터럽트
④ 프로그램 검사 인터럽트

해설 프로그램 검사 인터럽트는 내부 인터럽트로 무한 루프나 0으로 나누는 연산 등 프로그램 명령법 오류 시 발생한다.

22 **다음 중 입력 장치가 아닌 것은?**

① 마우스 ② 터치 스크린
③ 디지타이저 ④ 플로터

해설 입력 장치는 키보드와 마우스, 스캐너, 광학 마크 판독기, 광학 문자 판독기, 자기 잉크 문자 판독기, 바코드 판독기, 조이 스틱, 디지타이저, 터치 스크린, 디지털 카메라 등이 있다.

23 **양방향 데이터 전송은 가능하나 동시 전송이 불가능한 방식은?**

① Simplex ② Half duplex
③ Full duflex ④ Dual duplex

해설 Half duplex(반이중 방식)은 양방향 데이터 전송은 가능하나 동시 전송이 불가능한 방식으로, 무전기 등이 있다.

24 **레지스터에 저장된 데이터를 가지고 하나의 클록 펄스 동안에 실행되는 기본적인 동작을 마이크로 동작이라고 한다. 다음 중 마이크로 동작이 아닌 것은?**

① 시프트(shift)
② 카운트(count)
③ 클리어(clear)
④ 인터럽트(interrupt)

해설 마이크로 동작은 레지스터에 저장된 데이터가 바뀌거나 다른 레지스터로 전송하는데, 시프트, 카운트, 클리어, 로드 등이 있다.

25 **PCM(Pulse Code Modulation) 전송 방식의 기본 과정으로 필요하지 않은 것은?**

① 아날로그화 ② 표본화
③ 양자화 ④ 부호화

해설 PCM(Pulse Code Modulation) 전송 방식 : 표본화(sampling) → 양자화(quantization) → 부호화(encoding) → 복호화(decoding) → 여과(filtering)의 과정으로 이루어진다.

26 **Program 수행 중 서브루틴(sub routine)으로 돌입할 때 프로그램의 리턴 번지(return address)수를 LIFO(Last In First Out) 기술로 메모리의 일부에 저장한다. 이 메모리와 가장 밀접한 자료 구조는?**

① 큐 ② 트리
③ 스택 ④ 그래프

해설 스택(stack)은 0주소 지정 방식이며, 맨 마지막에 들어온 데이터가 먼저 출력되는 후입선출(LIFO : Last In First Out) 구조이다.

정답 20.② 21.④ 22.④ 23.② 24.④ 25.① 26.③

27 2진수 1111을 그레이 코드(gray code)로 변환하면?

① 0000　② 1000
③ 1010　④ 1111

해설 $1111_{(2)} = 1000_{(G)}$

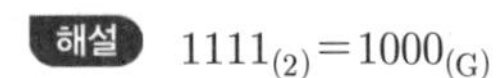
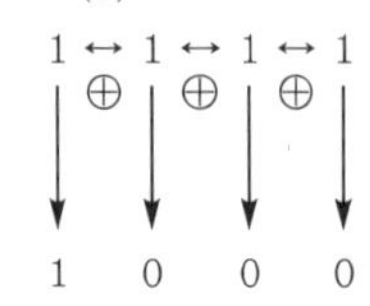

28 다음에 수행될 명령어의 주소를 나타내는 것은 무엇인가?

① Accumulator　② Instruction
③ Stack pointer　④ Program counter

해설 ① Accumulator(누산기) : 연산의 결과를 일시적으로 기억하는 레지스터
④ Program counter(PC) : 다음에 수행할 명령어의 주소를 기억하는 레지스터

29 최대 클록 주파수가 가장 높은 논리 소자는?

① TTL　② ECL
③ MOS　④ CMOS

해설 처리 속도순 : ECL > TTL > RTL > DTL > MOS > CMOS

30 다음 EX-OR 논리 회로에 대한 설명 중 옳지 않은 것은?

① $Y = \overline{A}B + A\overline{B}$
② 입력 A, B가 모두 1일 때 출력은 1
③ 입력 A, B가 서로 다를 때 출력은 1
④ 반가산기 설계 시 사용

해설 배타 논리합(EX-OR) 회로는 두 입력이 같으면 0, 서로 다르면 1로 출력되는 논리 회로이다.

A	B	X
0	0	0
0	1	1
1	0	1
1	1	0

31 구조적 프로그램의 기본 구조가 아닌 것은?

① 순차(sequence)
② 그물(mesh) 구조
③ 선택(selection) 구조
④ 반복(repetition) 구조

해설 구조적 프로그램의 기본 구조는 순차(sequence) 구조, 선택(selection) 구조, 반복(repetition) 구조이다.

32 시스템 프로그래밍 언어로 가장 적합한 것은?

① C　② Algol
③ PL/1　④ Cobol

해설 C언어는 시스템 프로그램 언어로 Unix 운영 체제를 위한 범용 언어이다.

33 저급(low level) 언어부터 고급(high level) 언어 순서로 옳게 나열한 것은?

① C언어 → 기계어 → 어셈블리어
② 어셈블리어 → 기계어 → C언어
③ 기계어 → 어셈블리어 → C언어
④ 어셈블리어 → C언어 → 기계어

해설 저급 언어에는 기계어, 어셈블리어가 있고 고급 언어에는 베이직, 포트란, 코볼, C 등이 있다.

34 언어 번역 프로그램에 해당하지 않는 것은?

① 어셈블러　② 로더
③ 컴파일러　④ 인터프리터

정답 27.② 28.④ 29.② 30.② 31.② 32.① 33.③ 34.②

해설 언어 번역 프로그램에는 어셈블러, 컴파일러, 인터프리터 등이 있다.

35 프로그래밍 작업의 절차로 옳은 것은?

① 요구 분석 → 입·출력 설계 → 순서도 작성 → 프로그램의 구현과 검사 → 프로그램의 문서화
② 입·출력 설계 → 요구 분석 → 순서도 작성 → 프로그램의 문서화 → 프로그램의 구현과 검사
③ 순서도 작성 → 입·출력 설계 → 요구 분석 → 프로그램의 구현과 검사 → 프로그램의 문서화
④ 프로그램의 구현과 검사 → 프로그램의 문서화 → 요구 분석 → 입·출력 설계 → 순서도 작성

해설 **프로그래밍 작업의 절차** : 요구 분석 → 입·출력 설계 → 순서도 작성 → 프로그램의 구현과 검사 → 프로그램의 문서화

36 BNF 기호 중 정의를 의미하는 것은?

① < >　② |
③ ::=　④ $

해설 BNF(Backus-Naur Form) : 프로그래밍 언어를 정의하기 위한 최초의 메타 언어로, ::=는 정의, |는 선택을 나타내는 기호이다.

37 다음 중 순서도에 대한 설명과 가장 거리가 먼 것은?

① 프로그램 개발 비용을 산출하는 역할을 한다.
② 프로그램 인수인계 시 문서 역할을 할 수 있다.
③ 프로그램의 오류 수정을 용이하게 해준다.
④ 프로그램에 대한 이해를 도와준다.

해설 **순서도의 역할**
㉠ 문제 처리 과정을 논리적으로 파악하고 정확성 여부를 판단하는 것이 용이하다.
㉡ 문제를 해석하고 분석하는 것이 쉽고 타인에게 전달하는 것이 용이하다.
㉢ 프로그램의 보관·유지·보수의 자료로서 활용이 용이하다.
㉣ 프로그램 코딩의 기본 자료로 문서화가 용이하다.

38 다음 중 운영 체제의 평가 기준과 가장 거리가 먼 것은?

① 처리 능력　② 응답 시간
③ 비용　④ 신뢰도

해설 운영 체제의 평가 기준에는 처리 능력(throughput), 이용 가능도(availability), 신뢰도(reliability), 응답 시간(turn around time) 등이 있다.

39 교착 상태의 해결 기법 중 점유 및 대기 부정, 비선점 부정, 환형 대기 부정 등과 관계되는 것은?

① 예방(prevention)　② 회피(avoidance)
③ 발견(detection)　④ 회복(recovery)

해설 교착 상태 해결 기법 중 예방(prevention) 기법은 교착 상태가 발생되지 않도록 미리 교착 상태 발생의 4가지 조건(상호 배제, 비선점, 점유와 대기, 환형 대기) 중 하나를 부정하는 기법이다.

40 프로그램의 문서화의 목적으로 틀린 것은?

① 프로그램의 개발 방법과 순서의 비표준화로 효율적 작업 환경을 구성한다.
② 프로그램의 유지·보수가 용이하다.
③ 프로그램의 인수인계가 용이하다.
④ 프로그램의 변경·추가에 따른 혼란을 방지할 수 있다.

정답 35.① 36.③ 37.① 38.③ 39.① 40.①

해설 **프로그램 문서화의 목적**

㉠ 프로그램의 개발 요령과 순서를 표준화함으로써 보다 효율적인 개발이 가능하다.
㉡ 프로그램 개발 중의 변경 사항에 대한 대처가 용이하다.
㉢ 프로그램의 인수인계가 용이하며 프로그램 운용이 용이하다.
㉣ 개발 후 운영 과정에서 프로그램의 유지·보수가 용이하다.

41 JK 플립플롭에서 입력 J=K=1인 상태의 출력은?

① 세트 ② 리셋
③ 반전 ④ 불변

해설 **JK 플립플롭의 진리표**

J	K	Q_{n+1}	비고
0	0	Q_n	불변
0	1	0	리셋
1	0	1	세트
1	1	$\overline{Q_n}$	반전

42 비동기식 카운터에 대한 설명이 아닌 것은?

① 직렬 카운터 또는 리플 카운터라고도 한다.
② 비트수가 많은 카운터에 적합하다.
③ 전단의 출력이 다음 단의 트리거 입력이 된다.
④ 지연 시간으로 고속 카운팅에 부적합하다.

해설 비동기형 계수기는 앞단의 출력을 입력 펄스로 받아 계수하는 회로이고, 동기형 계수기는 모든 단이 하나의 공통 펄스로 구동된다. 비동기식 카운터를 일명 리플 카운터라고도 하며 설계가 간단하다. 각 단이 직렬로 연결되어 있으므로 시간 지연이 발생하는 단점이 있어 고속 동작에 부적합하다.

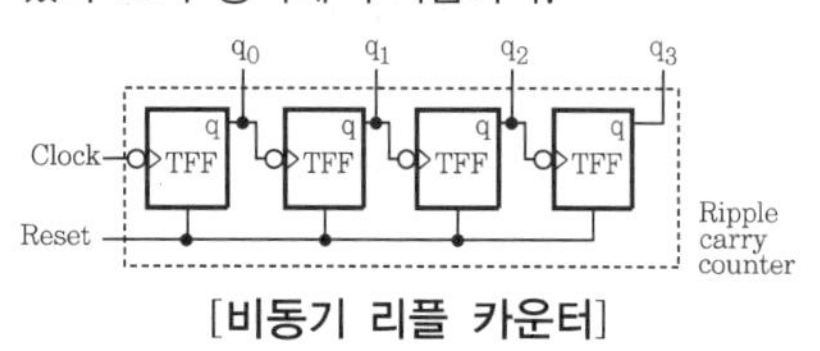

[비동기 리플 카운터]

43 다음 불 대수식 중 드 모르간의 정리를 옳게 나타낸 것은?

① $\overline{A+B} = \overline{A} \cdot \overline{B}$
② $\overline{A \cdot B} = \overline{A} + \overline{B}$
③ $\overline{A+B} = \overline{A} + \overline{B}$
④ $\overline{A \cdot B} = \overline{A} \cdot \overline{B}$

해설 **드 모르간의 정리**

㉠ $\overline{A+B} = \overline{A} \cdot \overline{B}$
㉡ $\overline{A \cdot B} = \overline{A} + \overline{B}$

44 3초과 코드(excess 3code)에서 사용하지 않는 것은?

① 1100 ② 0101
③ 0010 ④ 0011

해설 3초과 코드(excess 3code)는 BCD 코드에 3을 더한 자기 보수 코드로, 0011부터 1100까지 사용되므로 0000, 0001, 0010, 1101, 1110, 1111은 사용되지 않는다.

45 다음 중 2진수 코드를 10진수로 변화하는 것은 무엇인가?

① 디코더 ② 인코더
③ AD 변환기 ④ 카운터

해설 2진 코드를 특정 형태의 기호로 변환하는 것을 디코더(decoder)라 한다.

46 시프트 레지스터(shift register)를 만들고자 할 경우 가장 적합한 플립플롭은?

① RST 플립플롭 ② D 플립플롭
③ RS 플립플롭 ④ T 플립플롭

해설 시프트 레지스터는 기억 장치이므로 데이터의 구성이 용이한 D 플립플롭이 가장 적합하다.

정답 41.③ 42.② 43.① 44.③ 45.① 46.②

47 다음 중 10진수 463을 16진수로 옳게 나타낸 것은?

① IFC ② IDA
③ ICF ④ IAD

해설 $(463)_{10} = (\mathrm{ICF})_{16}$

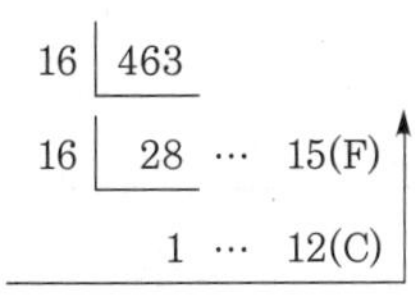

48 전가산기(full adder) 입력의 개수와 출력의 개수는?

① 입력 2개, 출력 3개
② 입력 2개, 출력 4개
③ 입력 3개, 출력 3개
④ 입력 3개, 출력 2개

해설 전가산기는 반가산기 2개와 OR 게이트로 구성된다.

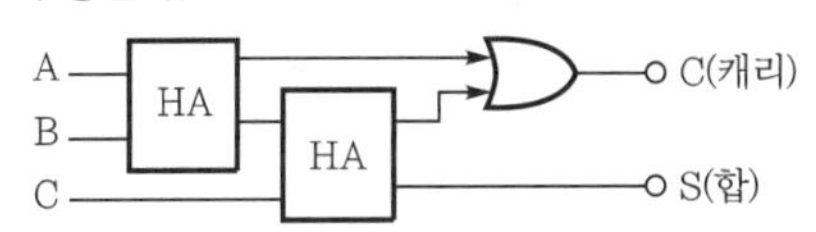

49 동기식 9진 카운터를 만드는 데 필요한 플립플롭의 개수는?

① 1개 ② 2개
③ 3개 ④ 4개

해설 $2^4 = 16(0 \sim 15$까지$)$, $2^3 = 8(0 \sim 7$까지$)$이므로 $0 \sim 8$까지의 계수가 가능한 9진 카운터를 구성하기 위해서는 4개의 플립플롭이 필요하다.

50 6진 카운터를 만들기 위한 최소 플립플롭의 개수는?

① 2개 ② 3개
③ 4개 ④ 5개

해설 $2^4 = 16$, $2^3 = 8$이므로 $0 \sim 9$까지의 계수가 가능한 10진 카운터를 구성하기 위해서는 4개의 플립플롭이 필요하다.

51 다음 회로의 출력은?

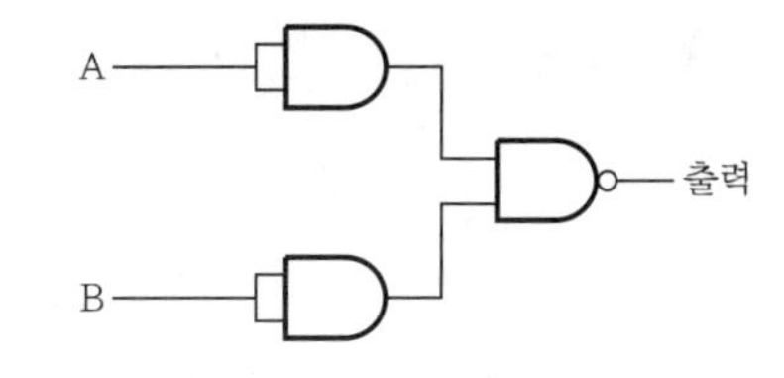

① $A \cdot B$ ② $A + B$
③ $\overline{A} + \overline{B}$ ④ $\overline{A + B}$

해설

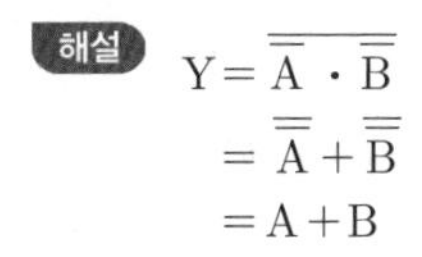

$$Y = \overline{\overline{A} \cdot \overline{B}}$$
$$= \overline{\overline{A}} + \overline{\overline{B}}$$
$$= A + B$$

52 디지털 신호를 아날로그 신호로 변환하는 장치는?

① AD 변환기 ② DA 변환기
③ 해독기(decoder) ④ 비교 회로

해설 ① AD 변환기 : 아날로그 → 디지털 신호
② DA 변환기 : 디지털 → 아날로그 신호

53 다음 중 논리식 $Y = AB + B$를 옳게 간소화시킨 것은?

① A ② B
③ $A \cdot B$ ④ $A + B$

해설 $AB + B = B(A + 1) = B$

54 플립플롭(FF)의 종류가 아닌 것은?

① RS FF ② JK FF
③ CP FF ④ T FF

정답 47.③ 48.④ 49.④ 50.② 51.② 52.② 53.② 54.③

해설 플립플롭의 종류
㉠ RS 플립플롭
㉡ JK 플립플롭
㉢ D 플립플롭
㉣ T 플립플롭

55 다음 그림과 같이 A와 B에서 값이 입력될 때 출력값은?

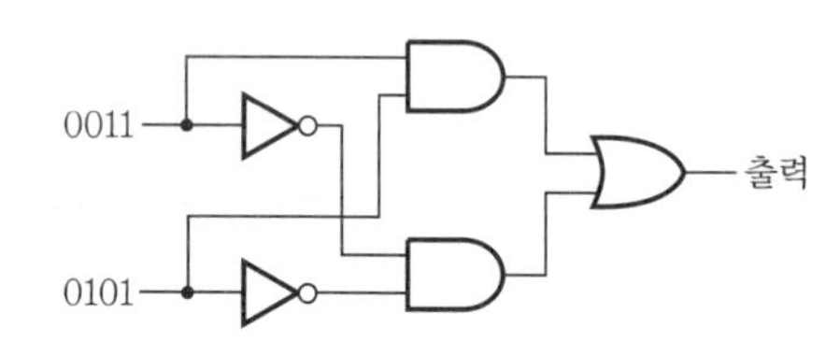

① 1001 ② 0101
③ 0100 ④ 0011

해설 $Y=(\overline{A}\cdot\overline{B})+(A\cdot B)$
$=(1100\cdot 1010)+(0011\cdot 0101)$
$=1000+0001$
$=1001$

56 어떤 입력 상태에 대해 출력이 무엇이 되든지 상관없는 경우 출력 상태를 임의 상태(don't care condition)라고 하는데, 진리표나 카르노도에서는 임의 상태를 일반적으로 어떻게 표시하는가?

① X ② 0
③ 1 ④ Y

해설 임의 상태(don't care condition)란 항이 '1'이든 '0'이든 상관이 없다는 것을 의미하며, 진리표나 카르노도에서는 임의 상태를 일반적으로 X로 표시한다.

57 반가산기에서 입력 A=1이고, B=0이면 출력합(S)과 올림수(C)는?

① S=0, C=0 ② S=1, C=0
③ S=1, C=1 ④ S=0, C=1

해설 논리표에서
$S=\overline{A}B+A\overline{B}=A\oplus B$
$C=AB$

[반가산기 진리표와 회로]

A	B	S	C
0	0	0	0
0	1	1	0
1	0	1	0
1	1	0	1

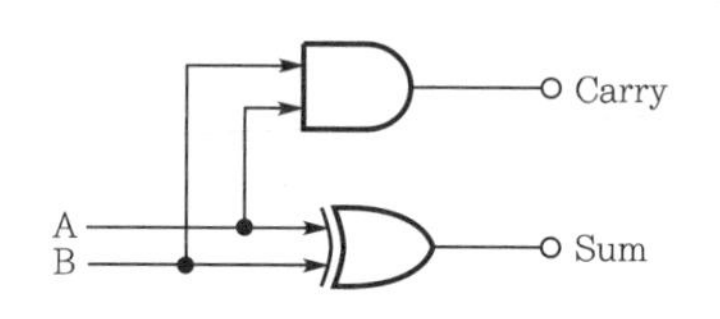

58 다음 그림과 같은 회로의 명칭은?

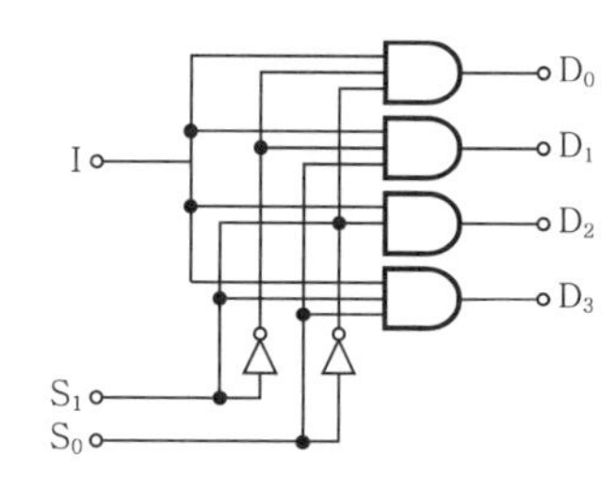

① Decoder ② Demultiplexer
③ Multiplexer ④ Encoder

해설 하나의 입력이 선택 신호에 의해 다수의 출력선 중 하나로 연결되는 것을 디멀티플렉서라 한다. 반대의 개념이 멀티플렉서이다.

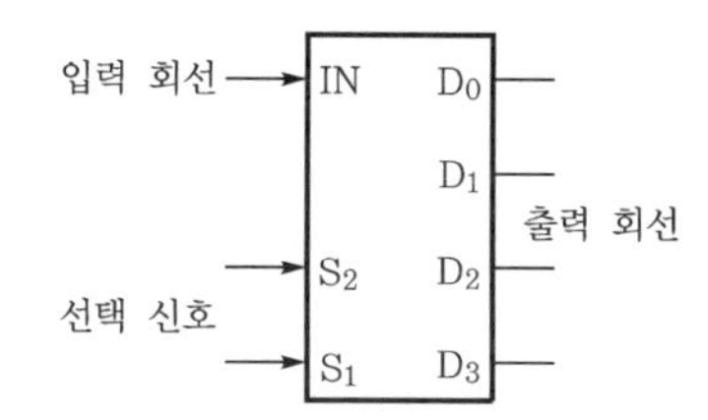

선택 신호		출력			
S_1	S_2	D_0	D_1	D_2	D_3
0	0	IN	0	0	0
0	1	0	IN	0	0
1	0	0	0	IN	0
1	1	0	0	0	IN

[1×4 디멀티플렉서]

정답 55.① 56.① 57.② 58.②

59 플립플롭 중 데이터의 일시적 보존 또는 디지털 신호의 지연 작용에 많이 사용되는 것은?

① D FF ② JK FF
③ RST FF ④ MS FF

해설 D 플립플롭은 기억 소자로 주로 사용되며, Delay 플립플롭 또는 Data 플립플롭의 약어로, 데이터의 일시적인 보존이나 디지털 신호의 지연에 사용된다.

60 레지스터를 구성하는 데 가장 많이 사용되는 회로는?

① Encoder ② Decoder
③ Half adder ④ Flip flop

해설 카운터, 레지스터 등 순서 논리 회로의 기본 구성 소자는 플립플롭이다.

정답 59.① 60.④

2010년 제5회 기출 문제

2010. 10. 3. 시행

01 **발진기는 부하의 변동으로 인하여 주파수가 변화되는데 이것을 방지하기 위하여 발진기와 부하 사이에 넣는 회로는?**

① 동조 증폭기 ② 직류 증폭기
③ 결합 증폭기 ④ 완충 증폭기

해설 **완충 증폭기**
㉠ 발진기는 부하의 변동으로 전류가 변함으로 인해 주파수가 변하게 되는데, 이를 방지하기 위하여 발진기와 부하 사이에 선형 증폭기를 넣어 안정시키는데 이를 완충 증폭기(buffer amplifier)라 한다.
㉡ 완충 증폭기의 특징
- 높은 입력 임피던스
- 낮은 출력 임피던스
- 단위 전압 이득($A_V=1$)

02 **이상적인 연산 증폭기의 특징에 대한 설명으로 틀린 것은?**

① 주파수 대역폭이 무한대이다.
② 입력 임피던스가 무한대이다.
③ 오픈 루트 전압 이득이 무한대이다.
④ 온도에 대한 드리프트(drift)의 영향이 크다.

해설 **이상적 연산 증폭기의 특성**
㉠ 전압 이득이 무한대이다.
㉡ 입력 임피던스가 무한대이다.
㉢ 출력 임피던스가 0이다.
㉣ 대역폭이 무한대이다.
㉤ 오프셋(offset)이 0이다.
㉥ 특성의 변동·잡음이 없다.

03 **다음 중 펄스의 상승 부분에서 진동의 정도를 말하는 링잉(ringing)에 대한 설명으로 옳은 것은?**

① RC 회로의 시정수가 짧기 때문에 생긴다.
② 낮은 주파수 성분에서 공진하기 때문에 생기는 것이다.
③ 높은 주파수 성분에서 공진하기 때문에 생기는 것이다.
④ RL 회로에서 그 시정수가 매우 짧기 때문에 생기는 것이다.

해설 링잉(ringing) : 높은 주파수 성분에 공진때문에 발생하는 펄스의 상승 부분에서 진동의 정도를 말한다.

04 **연산 증폭기에서 차동 출력을 0[V]가 되도록 하기 위하여 입력 단자 사이에 걸어주는 전압은 무엇인가?**

① 입력 오프셋 전압
② 출력 오프셋 전압
③ 입력 오프셋 드리프트 전압
④ 출력 오프셋 드리프트 전압

해설 입력 오프셋 전압이란 차동 증폭기에서 출력 전압을 0으로 하기 위해 두 입력 단자 사이에 인가해야 할 전압이다.

05 **다음 중 2[Ω]의 저항 3개와 6[Ω]의 저항 2개를 모두 직렬로 연결하였을 때 합성 저항[Ω]은 얼마인가?**

① 6
② 18
③ 30
④ 38

해설 합성 저항 $Z=(2\times3)+(6\times2)$
$=6+12$
$=18[\Omega]$

정답 01.④ 02.④ 03.③ 04.① 05.②

06 다음 중 제너 다이오드를 사용하는 회로는?

① 검파 회로 ② 고주파 발진 회로
③ 고압 정류 회로 ④ 전압 안정 회로

해설 **제너 다이오드**
㉠ 일반적인 다이오드와 유사한 PN 접합 구조이나 다른 점은 매우 낮고 일정한 항복 전압 특성을 갖고 있어, 역방향으로 어느 일정값 이상의 항복 전압이 가해졌을 때 전류가 흐른다는 것이다.
㉡ 넓은 전류 범위에서 안정된 전압 특성을 보여 간단히 정전압을 만들거나 과전압으로부터 회로 소자를 보호하는 용도로 사용된다.

07 기준 레벨보다 높은 부분을 평탄하게 하는 회로는?

① 게이트 회로 ② 미분 회로
③ 적분 회로 ④ 리미터 회로

해설 리미터(limiter) 회로로 진폭을 제한하는 회로로서 피크 클리퍼와 베이스 클리퍼를 결합하여 입력 파형의 위와 아래를 잘라내는 회로이다.

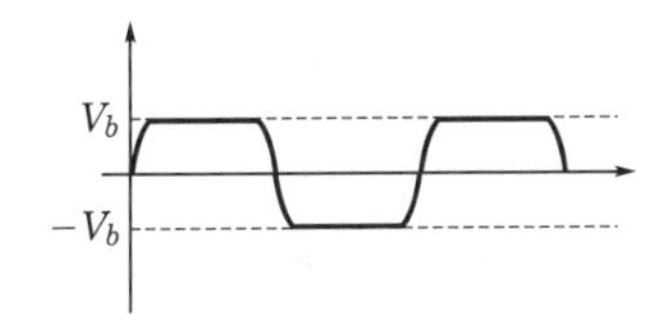

08 다음 증폭 회로 중 100[%] 궤환하는 것은?

① 전압 궤환 회로
② 전류 궤환 회로
③ 이미터 폴로어 회로
④ 정격 궤환 회로

해설 **이미터 폴로어 증폭 회로**
㉠ 컬렉터 접지 증폭 회로라 하며 전압 증폭도가 약 1로서, 입력 전압=출력 전압이다.
㉡ 고입력 임피던스, 저출력 임피던스 특성으로 임피던스 정합이나 변환 회로에 사용된다.

09 100[Ω]의 저항에 10[A]의 전류를 1분간 흐르게 하였을 때 발열량[kcal]은?

① 35 ② 72
③ 144 ④ 288

해설
$$H = 0.24Pt = 0.24I^2Rt = 0.24 \times 10^2 \times 100 \times 60 = 144{,}000 = 144[\text{kcal}]$$

10 다음 중 정현파 발진기가 아닌 것은?

① LC 반결합 발진기
② CR 발진기
③ 멀티바이브레이터
④ 수정 발진기

해설 **발진 회로의 종류**
㉠ 정현파 발진 회로
- LC 발진 회로
- RC 발진 회로
- 수정 발진 회로

㉡ 구형파 발진 회로 : 멀티바이브레이터
㉢ 펄스파 발진 회로
- 블로킹 발진 회로
- UJT 발진 회로

11 다음 중 비휘발성(non volatile) 메모리가 아닌 것은?

① 자기 코어 ② SRAM
③ 자기 디스크 ④ 자기 드럼

해설 현재 사용 중인 프로그램이나 데이터가 저장되어 있고 전원이 꺼지면 기억된 내용이 모두 사라지는 휘발성 기억 장치에는 SRAM과 DRAM이 있다.

12 잘못된 정보를 발견하고 수정할 수 있도록 한 코드는?

① BCD 코드 ② 해밍 코드
③ 그레이 코드 ④ 3초과 코드

정답 06.④ 07.④ 08.③ 09.③ 10.③ 11.② 12.②

해설 해밍 코드는 단일 비트의 에러를 검출하여 교정하는 코드이다.

13 자기 보수 코드(self complement code)가 아닌 것은?

① 2421code ② Gray code
③ 51111code ④ Excess 3code

해설 어떤 코드의 1의 보수를 취한 값이 10진수의 9의 보수인 코드를 자기 보수 코드라 하며 3초과 코드, 2421코드, 51111코드 등이 있다.

14 10진수 85를 BCD 코드로 변환하면?

① 0101 0101 ② 1010 1010
③ 1000 0101 ④ 0111 1010

해설 각 자리수를 BCD(8421) 코드로 변환한다. 즉, 10진수 85는 8421코드로 1000 0101이 된다.

15 AND 연산에서 레지스터 내의 어느 비트 또는 문자를 지울 것인지를 결정할 때 사용하는 것은?

① Parity bit
② Mask bit
③ MSB(Most Significant Bit)
④ LSB(Least Significant Bit)

해설 ① 패리티 비트(parity bit) : 에러를 검출하는 데 사용되는 비트
② 마스크 비트(mask bit) : 비트(bit) 또는 문자의 삭제를 결정하는 데 사용되는 비트

16 다음 중 명령의 오퍼랜드 부분의 주소값과 프로그램 카운터의 값이 더해져 실제 데이터가 저장된 기억 장소의 주소를 나타내는 주소 지정 방식은?

① 베이스 레지스터 주소 지정 방식
② 인덱스 레지스터 주소 지정 방식
③ 간접 주소 지정 방식
④ 상대 주소 지정 방식

해설 명령어의 번지와 프로그램 카운터(PC)가 더해져서 유효 번지를 결정하는 방식은 Relative addressing(상대 주소 지정)이다.

17 다음 중 자기 디스크에서 기록 표면에 동심원을 이루고 있는 원형의 기록 위치를 트랙(track)이라 하는데 이 트랙의 모임을 무엇이라고 하는가?

① Field
② Record
③ Cylinder
④ Access arm

해설 자기 디스크는 자료를 직접 또는 임의로 처리할 수 있는 직접 접근 저장 장치(DASD)이다. 회전축을 중심으로 자료가 저장되는 동심원을 트랙(track)이라고 하고 하나의 트랙을 여러 개로 구분한 것을 섹터(sector)라 하며, 동일한 위치의 트랙 집합을 실린더(cylinder)라고 한다.

18 컴퓨터와 단말기의 연결을 서로 이웃하는 것끼리만 연결시킨 형태로서, 양방향으로 데이터 전송이 가능한 형태로서 근거리 네트워크에 많이 채택되는 방식은?

① 성형 ② 트리형
③ 링형 ④ 그물형

해설 **링형의 특징**
㉠ 컴퓨터와 단말기들이 서로 이웃하는 것끼리만 연결된 형태이다.
㉡ 양방향 전송이 가능하고, 근거리 통신망(LAN)에서 주로 사용한다.
㉢ 고장난 단말에 대한 우회 기능과 통신 회선의 이중화가 필요하다.

정답 13.② 14.③ 15.② 16.④ 17.③ 18.③

19 **컴퓨터의 내부적 자료 표현에 해당하지 않는 것은?**

① 정수의 표현
② 실수의 표현
③ 10진 데이터의 표현
④ 동영상의 표현

해설 컴퓨터의 내부적 자료 표현에는 정수의 표현, 실수의 표현, 10진 데이터의 표현이 있다.

20 **오버플로를 검출하기 위해서는 부호 비트 전단에서 발생한 캐리(carry)와 부호 비트로부터 발생한 캐리를 비교하여 검출하는데 이때 필요한 Gate는?**

① OR ② X-OR
③ NOT ④ AND

해설 배타적 논리합(EX-OR) 논리이다.

입력		출력
A	B	Y
0	0	0
0	1	1
1	0	1
1	1	0

$Y = A \oplus B = \overline{A}B + A\overline{B}$

21 **소프트웨어(software)에 의한 우선순위(priority) 체제에 관한 설명 중 옳지 않은 것은?**

① 폴링 방법이라고 한다.
② 별도의 하드웨어가 필요없으므로 경제적이다.
③ 인터럽트 요청 장치의 패널에 시간이 많이 걸리므로 반응 속도가 느리다.
④ 하드웨어 우선순위 체제에 비해 우선순위(priority)의 변경이 매우 복잡하다.

해설 소프트웨어(software)에 의한 우선순위(priority) 체제의 변경이 하드웨어 우선순위 체제에 비하여 쉽다.

22 **입·출력 장치와 중앙 처리 장치 간의 데이터 전송 방식으로 거리가 먼 것은?**

① 스트로브 제어 방식
② 핸드셰이킹 제어 방식
③ 비동기 직렬 제어 방식
④ 변·복조 지정 제어 방식

해설 입·출력 장치와 중앙 처리 장치 간의 데이터 전송 방식에는 스트로브 제어, 핸드셰이킹 제어, 비동기 직렬 전송 방식이 사용된다.

23 **사진이나 그림 등에 빛을 쪼여 반사되는 것을 판별하여 복사하는 것처럼 이미지를 입력하는 장치는?**

① 플로터 ② 마우스
③ 프린터 ④ 스캐너

해설 ① 플로터 : 상하·좌우로 움직이는 펜을 이용하여 글자, 그림, 설계 도면까지 인쇄할 수 있는 출력 장치이다.
④ 스캐너 : 이미지나 문자 자료를 컴퓨터가 처리할 수 있는 형태로 정보를 변환하여 입력할 수 있는 입력 장치이다.

24 **컴퓨터가 중간 변환 과정 없이 직접 이해할 수 있는 것은?**

① Machine lnguage
② Assembly language
③ Algol
④ C Language

해설 컴퓨터가 직접 이해할 수 있는 언어는 기계어(machine language)이다.

25 **2진수 01101001이 1의 보수기를 통과하였다. 누산기에 보관된 내용은?**

① 10010110 ② 01101001
③ 00000000 ④ 11111111

정답 19.④ 20.② 21.④ 22.④ 23.④ 24.① 25.①

해설 2진수의 1의 보수는 0 → 1로, 1 → 0으로 바꾸면 되므로, 01101001의 1의 보수는 10010110이 된다.

26 다음 그림의 연산 결과를 바르게 나타낸 것은 무엇인가?

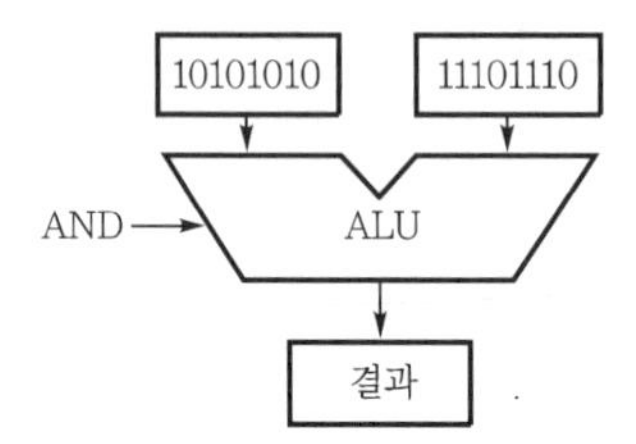

① 10011001　② 10101010
③ 10101110　④ 11101110

해설 AND 연산은 연산하고자 하는 자리가 1로 같은 경우에만 1이 되므로 10101010 · 11101110 =10101010이 된다.

27 2진수 101011을 10진수로 변환하면 어떻게 되는가?

① 38　② 43
③ 49　④ 52

해설 $(101011)_2$을 10진수로 변환하면

$1 \times 2^5 + 1 \times 2^3 + 1 \times 2^1 + 1 \times 2^0$
$= 32 + 8 + 2 + 1$
$= 43$

28 10진수 946에 대한 BCD 코드는?

① 1001 0101 0110
② 1001 0100 0110
③ 1100 0101 0110
④ 1100 0011 0110

해설 4자리씩 각 자리수의 BCD 8421코드로 표현하면 되므로 10진수 946에 대한 BCD 코드는 1001 0100 0110이다.

29 제일 먼저 들어온 항목이 제일 먼저 나가게 정보를 저장하는 메모리 장치는?

① FIFO 버퍼
② 스택(stack)
③ 플래그(flag)
④ 인터럽트(interrupt)

해설 ① FIFO 버퍼 : 자료가 리스트에 첨가되는 순서대로 처리되는 선입 선출(FIFO)형 메모리 장치이다.
② 스택(stack) : 리스트에 마지막으로 첨가된 자료가 제일 먼저 처리되는 후입 선출(LIFO)형 자료 구조이다.

30 명령(instruction)의 기본 구성은?

① 오퍼레이션과 오퍼랜드
② 오퍼랜드와 실행 프로그램
③ 오퍼레이션과 제어 프로그램
④ 제어 프로그램과 실행 프로그램

해설 명령(instruction)의 기본 구성은 오퍼레이션(명령 코드부)과 오퍼랜드(주소부)이다.

31 순서도의 역할이 아닌 것은?

① 프로그램의 정확성 여부를 확인하는 자료가 된다.
② 오류 발생 시 원인 규명이 용이하다.
③ 논리적인 체계 및 처리 내용을 쉽게 파악할 수 있다.
④ 원시 프로그램을 목적 프로그램으로 번역한다.

해설 순서도의 역할
㉠ 문제 처리 과정을 논리적으로 파악하고 정확성 여부를 판단하는 것이 용이하다.
㉡ 문제를 해석하고 분석하는 것이 쉽고 타인에게 전달하는 것이 용이하다.
㉢ 프로그램의 보관 · 유지 · 보수의 자료로서, 활용이 용이하다.
㉣ 프로그램 코딩의 기본 자료로 문서화가 용이하다.

정답 26.② 27.② 28.② 29.① 30.① 31.④

32 **시분할 시스템을 위해 고안된 방식으로, FCFS 알고리즘을 선점 형태로 변형한 스케줄링 기법은?**

① SRT ② SJF
③ Round robin ④ HRN

해설 **스케줄링 알고리즘의 종류**
㉠ SRT(Shortest Remaining Time) : 작업이 완료될 때까지 남은 처리 시간이 가장 짧은 프로세스를 먼저 처리하는 기법이다.
㉡ SJF(Shortest Job First) : 처리할 작업 시간이 가장 짧은 것부터 먼저 처리하는 기법이다.
㉢ Round Robin(RR) : 각 프로세스들이 주어진 시간 할당량(time slice) 안에 작업을 처리해야 하는 기법으로, 대화식 시분할 시스템에 적합하다.
㉣ HRN(Highest Response Ratio Next) : SJF 스케줄링 기법의 단점인 긴 작업과 짧은 작업의 지나친 불평 등을 보완한 스케줄링 기법으로, 우선순위 계산식에 의해 작업을 처리하는 기법이다.

33 **원시 프로그램을 목적 프로그램으로 번역하는 것은?**

① 운영 체제(operating system)
② 컴파일러(compiler)
③ 로더(loader)
④ 링커(linker)

해설 ② 컴파일러(compiler) : 원시 프로그램을 목적 프로그램으로 번역한다.
③ 로더(loader) : 실행 가능한 로드 모듈에 기억 공간의 번지를 지정하여 메모리에 적재한다.
④ 링커(linker) : 여러 개의 목적 프로그램에 시스템 라이브러리를 결합해 하나의 실행 가능한 로드 모듈을 만든다.

34 **기계어에 대한 설명과 거리가 먼 것은?**

① 유지・보수가 용이하다.
② 호환성이 없다.
③ 2진수를 사용하여 데이터를 표현한다.
④ 프로그램의 실행 속도가 빠르다.

해설 **기계어**
㉠ 저급 언어이다.
㉡ 기계어는 0과 1의 2진수 형태로 표현된다.
㉢ 컴퓨터가 직접 이해할 수 있는 언어로, 처리 속도가 매우 빠르다.
㉣ 호환성이 없으며 전문 지식이 없으면 이해하기 힘들고 수정 및 변경이 어렵다.

35 **구조화된 프로그래밍의 기본 제어 구조가 아닌 것은?**

① 순차 구조 ② 선택 구조
③ 블록 구조 ④ 반복 구조

해설 구조화 프로그래밍의 기본 제어 구조는 순차 구조, 선택 구조, 반복 구조이다.

36 **프로그램에서 Syntax error란 무엇인가?**

① 물리적 오류 ② 논리적 오류
③ 기계적 오류 ④ 문법적 오류

해설 **오류의 분류**
㉠ 문법적 오류(syntax error) : 원시 프로그램을 기계어로 번역하는 과정에서 발생하는 오류이다.
㉡ 논리적 오류(logical error) : 모의 데이터를 입력하여 결과를 검사하는 과정에서 발생하는 오류이다.

37 **다음 중 프로그램의 처리 과정 순서로 옳은 것은?**

① 적재 → 실행 → 번역
② 적재 → 번역 → 실행
③ 번역 → 실행 → 적재
④ 번역 → 적재 → 실행

해설 **프로그램의 처리 과정** : 번역 → 적재 → 실행

정답 32.③ 33.② 34.① 35.③ 36.④ 37.④

38 **일정량, 일정 기간 동안에 모아진 데이터를 한꺼번에 처리하는 자료 처리 시스템은?**

① 시분할 처리 시스템
② 실시간 처리 시스템
③ 일괄 처리 시스템
④ 다중 처리 시스템

해설 **운영 체제의 운영 방식**
㉠ 일괄 처리 시스템(batch processing system) : 처리할 작업을 일정 시간 또는 일정량을 모아서 한꺼번에 처리하는 방식으로, 급여 계산, 공공 요금 계산 등에 사용된다.
㉡ 실시간 시스템(real time system) : 데이터가 발생하는 즉시 처리해주는 시스템으로, 항공기나 열차의 좌석 예약, 은행 업무 등에 사용된다.
㉢ 다중 프로그래밍 시스템(multi programming system) : 하나의 컴퓨터에 2개 이상의 프로그램을 적재시켜 처리하는 방식으로, CPU의 유휴 시간을 감소시킬 수 있다.
㉣ 다중 처리기 시스템(multi processing system) : 처리 속도를 향상시키기 위하여 하나의 컴퓨터에 2개 이상의 CPU를 설치하여 프로그램을 처리하는 방식이다.
㉤ 시분할 시스템(time sharing system) : 하나의 시스템을 여러 명의 사용자가 시간을 분할하여 동시에 사용하는 방식으로, 각 사용자들은 마치 독립된 컴퓨터를 사용하는 느낌을 갖는다.
㉥ 분산 시스템(distributed system) : 분산된 여러 대의 컴퓨터에 여러 작업들을 지리적・기능적으로 분산시킨 후 해당되는 곳에서 데이터를 생성 및 처리할 수 있도록 한 시스템이다.

39 **프로그램이 동작하는 동안 값이 수시로 변할 수 있으며, 기억 장치의 한 장소를 추상화한 것은?**

① 상수 ② 주석
③ 예약어 ④ 변수

해설 ① 상수 : 프로그램이 수행되는 동안 변경되지 않는 값이다.
② 주석 : 프로그램의 이해를 돕기 위해 설명을 적어두는 부분으로, 실제 프로그램에 영향을 주지 않는다.
③ 예약어 : 프로그래밍 언어에서 이미 의미와 용법이 정해져 있는 단어이다.
④ 변수 : 데이터를 저장할 수 있는 기억 장소로, 프로그램이 수행되는 동안 그 값이 변경될 수 있다.

40 **다음 로더의 종류 중 아래 설명에 해당하는 것은?**

> • 목적 프로그램을 기억 장소에 적재시키는 기능만 수행
> • 할당 및 연결 작업은 프로그래머가 프로그램 작성 시 수행하며, 재배치는 언어 번역 프로그램이 담당

① Absolute loader
② Compile and go loader
③ Direct linking loader
④ Dynamic loading loader

해설 **절대 로더(absolute loader)**
㉠ 목적 프로그램을 기억 장소에 적재시키는 기능만 수행한다.
㉡ 할당 및 연결 작업은 프로그래머가 프로그램 작성 시 수행하며, 재배치는 언어 번역 프로그램이 담당한다.

41 **한 수에서 다음 수로 진행할 때 오직 한 비트만 변화하기 때문에 연속적으로 변화하는 양을 부호화하는 데 가장 적합한 코드는?**

① 3초과 코드 ② BCD 코드
③ 그레이 코드 ④ 패리티 코드

해설 **그레이 코드의 특징**
㉠ 비가중치 코드로, 연산에는 적당하지 않다.
㉡ 한 숫자에서 다음 숫자로 증가할 때 한 비트만 변하는 특성을 가진다.
㉢ 에러율이 작아서 입・출력 장치나 카운터와 같은 주변 장치에 사용한다.

정답 38.③ 39.④ 40.① 41.③

42 JK 플립플롭을 이용하여 시프트 레지스터를 구성하려고 한다. 데이터가 입력되는 단자는?

① J ② K
③ J와 K ④ CK

해설
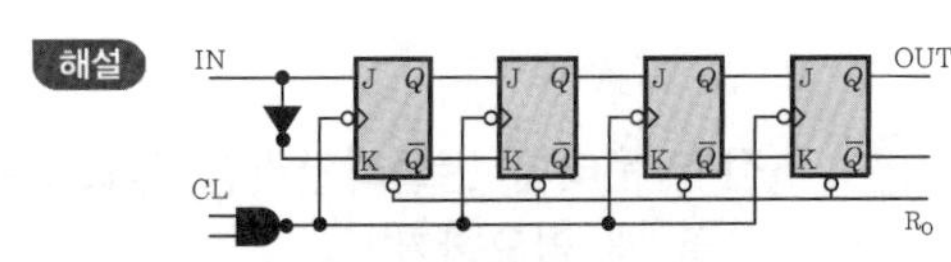

[JK 플립플롭을 이용한 시프트 레지스터 구성]

43 플립플롭 회로 1개가 있다. 이것은 몇 [bit]의 2진수를 기억하는가?

① 8 ② 4
③ 2 ④ 1

해설 플립플롭은 기억 소자로 많이 사용되며 하나의 플립플롭은 '0' 또는 '1'의 값이 저장되는 1[bit]의 정보를 기억한다.

44 JK 플립플롭에서 J와 K의 입력이 모두 1일 때 출력 상태는?

① 0 ② 1
③ 불변 상태 ④ 반전 상태

해설 JK 플립플롭의 진리표

J	K	Q_{n+1}	비고
0	0	Q_n	불변
0	1	0	리셋
1	0	1	세트
1	1	$\overline{Q_n}$	반전

45 회로의 안정 상태에 따른 멀티바이브레이터의 종류가 아닌 것은?

① 비안정 멀티바이브레이터
② 단안정 멀티바이브레이터
③ 쌍안정 멀티바이브레이터
④ 주파수 안정 멀티바이브레이터

해설 멀티바이브레이터의 종류
㉠ 비안정 멀티바이브레이터(astable multivibrator) : 구형파를 발생하는 안정된 상태가 없는 회로로서, 세트 상태와 리셋 상태를 번갈아 가면서 변환시키는 구형파 발진에 사용된다.
㉡ 단안정 멀티바이브레이터(monostable multivibrator) : 외부 트리거 펄스를 가하면 안정 상태에서 준안정 상태로 되었다가 어느 일정 시간 경과 후 다시 안정 상태로 돌아오는 동작을 한다.
㉢ 쌍안정 멀티바이브레이터(bistable multivibrator) : 플립플롭을 말한다. 정보를 기억하는 용도로 사용된다.

46 2진수 0000001을 2의 보수로 나타내면?

① 1111110 ② 0000000
③ 1111111 ④ 0000001

해설 2의 보수는 1의 보수 + 1이므로 0000001의 1의 보수 1111110 + 1 = 1111111이 된다.

47 부동 소수점 방식과 거리가 먼 것은?

① 지수부 ② 소수부
③ 가수부 ④ 보수부

해설 **부동 소수점 방식** : 부호 비트, 지수부, 가수부로 구성되며, 지수에 소수점의 위치를 포함하므로 따로 소수점은 필요없다.

48 디지털 시스템에서 사용되는 2진 코드를 우리가 쉽게 인지할 수 있는 숫자나 문자로 변환해주는 회로는?

① 인코더 회로 ② 디코더 회로
③ 플립플롭 회로 ④ 전가산기 회로

해설 디코더(decoder : 복호기 또는 해독기) : 2진 코드를 그에 해당하는 10진수로 변환하여 해독하는 회로이다. 그 반대의 개념이 엔코더이다.

정답 42.③ 43.④ 44.④ 45.④ 46.③ 47.④ 48.②

49 불 대수의 기본 법칙 중 다음과 같은 연산과 관계되는 법칙은?

$A+B \cdot C=(A+B)(A+C)$

① 교환 법칙 ② 결합 법칙
③ 분배 법칙 ④ 드 모르간 법칙

해설 분배 법칙과 관련 있다.

50 다음 그림이 나타내는 논리 게이트의 법칙은?

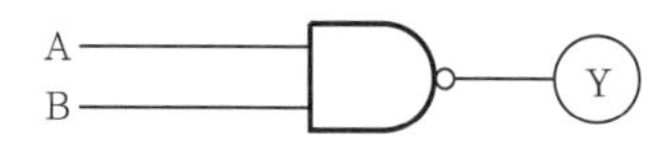

① $Y=A \cdot B$ ② $Y=A+B$
③ $Y=\overline{A \cdot B}$ ④ $Y=\overline{A+B}$

해설 NAND 게이트의 논리 기호이며, 진리표는 다음과 같다.

A	B	Y
0	0	1
0	1	1
1	0	1
1	1	0

이의 논리식은 $Y=\overline{A \cdot B}$이다.

51 조합 논리 회로에 해당하지 않는 것은?

① 비교 회로
② 패리티 체크 회로
③ 인코더 회로
④ 계수 회로

해설 레지스터, 계수기 등은 플립플롭으로 구성되므로 순서 논리 회로에 속한다.

52 다음 중 멀티플렉서에서 4개의 입력 중 1개를 선택하기 위해 필요한 입력 선택 제어선의 수는?

① 1개 ② 2개
③ 3개 ④ 4개

해설 $2^2=4$가 되어야 하므로 선택선이 2개가 필요하다.

53 5진 카운터를 만들려면 T형 플립플롭이 최소 몇 개 필요한가?

① 1 ② 2
③ 3 ④ 4

해설 5진 카운터(0 ~ 4)를 만들려면 $2^2=4$이고 $2^3=8$이므로 0 ~ 4까지의 계수가 가능한 5진 카운터를 구성하기 위해서는 3[bit]가 필요하므로 3개의 플립플롭이 필요하다.

54 논리식 $f=(A+B)(A+\overline{B})$를 최소화하면?

① $f=A+B$ ② $f=A+\overline{B}$
③ $f=A$ ④ $f=0$

해설
$$f=(A+B)(A+\overline{B})$$
$$=AA+A\overline{B}+AB+B\overline{B}$$
$$=A+A(B+\overline{B})=A$$
$(\because B\overline{B}=0)$

55 그림과 같은 회로의 명칭은?

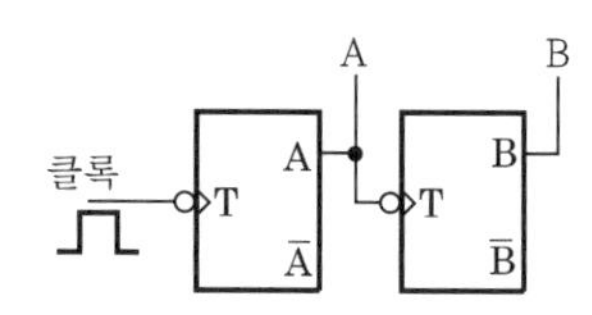

① 2진 리플 계수기
② 4진 리플 계수기
③ 동기형 2진 계수기
④ 동기형 4진 계수기

해설 2개의 플립플롭으로 비동기형으로 구성된 리플 카운터이다.
그러므로 $2^2=4$의 4진 카운터 회로이다.

정답 49.③ 50.③ 51.④ 52.② 53.③ 54.③ 55.②

56 **다음 중 4변수 카르노맵에서 최소항(minterm)의 개수는?**

① 4　　② 8
③ 12　　④ 16

해설 4변수이므로 $2^4 = 16$의 변수항으로 구성된다.

57 **다음은 반감산기의 논리 회로이다. 빌림수를 출력하는 단자는?**

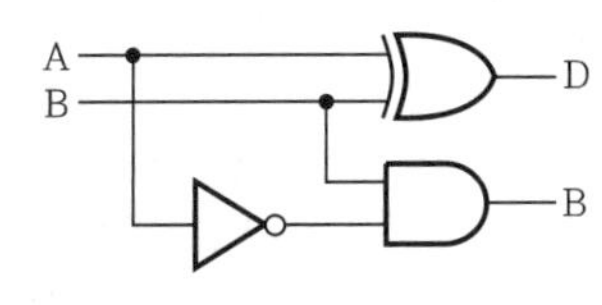

① A　　② B
③ C　　④ D

해설

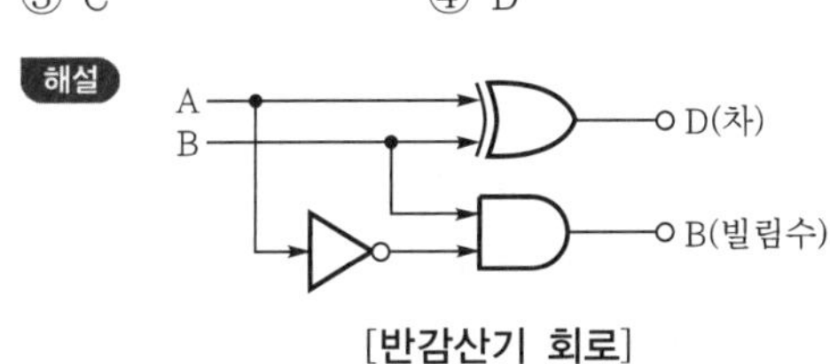

[반감산기 회로]

58 **레지스터(register)의 역할에 대한 설명으로 틀린 것은?**

① 2진 데이터를 기억 장치에서 읽어낸다.
② 전송된 데이터를 영구적으로 기억한다.
③ 데이터를 한 장치에서 다른 장치로 전송한다.
④ 2진수의 곱하기나 나누기 연산에도 사용된다.

해설 **레지스터**
㉠ 일종의 기억 장치로서, 데이터의 병렬 입력(기억), 병렬 출력, 시프트의 동작을 갖는다.
㉡ 컴퓨터 중앙 처리 장치 등 마이크로프로세서 내의 레지스터는 데이터를 일시 저장할 수 있는 기능을 한다.
㉢ 명령어에 의해 저장, 인출, 시프트 등의 동작을 수행한다.

59 **병렬 계수기(parallel counter)라고도 말하며 계수기의 각 플립플롭이 같은 시간에 트리거되는 계수기는?**

① 링 계수기　　② 10진 계수기
③ 동기형 계수기　　④ 비동기형 계수기

해설 동기형 계수기는 입력 펄스를 병렬로 입력받아 각 단이 동시에 트리거되는 계수기이다.

60 **다음 그림과 같이 구성된 회로에서 A의 값이 0011, B의 값은 0101이 입력되면 출력 F의 값은?**

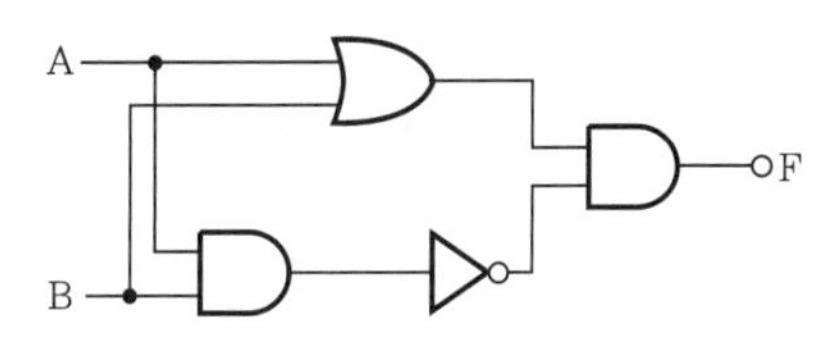

① 1100　　② 0110
③ 0011　　④ 1001

해설 $F = (A+B) \cdot (\overline{A \cdot B})$
$= (A+B) \cdot (\overline{A}+\overline{B})$
$= A\overline{A} + A\overline{B} + \overline{A}B + B\overline{B}$
$= A \oplus B$

즉, 배타적 논리 회로(EX-OR)의 논리식과 같다.

∴ 0011
　 0101
　 ――――
　 0110

정답 56.④ 57.④ 58.② 59.③ 60.②

2011년 제1회 기출 문제

2011. 2. 13. 시행

01 다음 그림은 어떤 종류의 바이어스 회로를 나타낸 것인가?

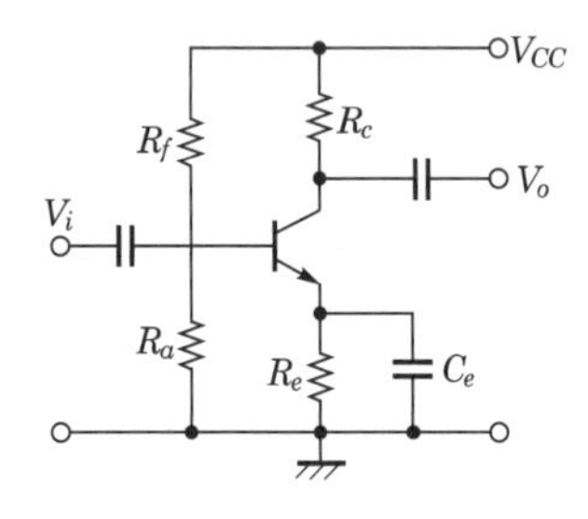

① 전류 궤환 바이어스
② 전압 궤환 바이어스
③ 고정 바이어스
④ 전압 · 전류 궤환 바이어스

해설 **TR 궤환 바이어스 회로**

㉠ 고정 바이어스

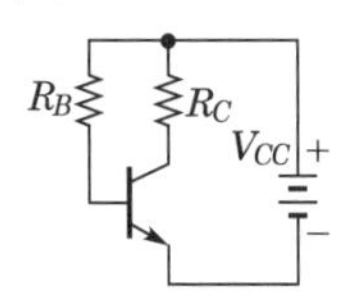

㉡ 자기 바이어스

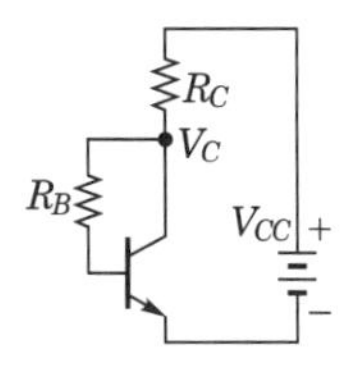

㉢ 전류 궤환 바이어스

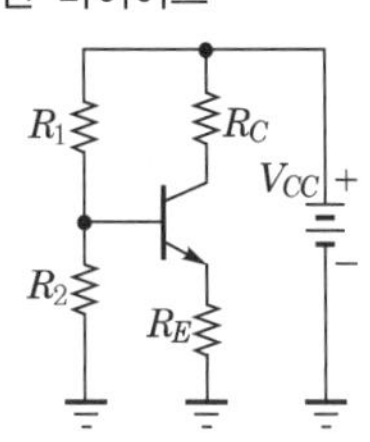

02 비오 사바르의 법칙은 어떤 관계를 나타내는 법칙인가?

① 전류와 자장
② 기자력과 자속 밀도
③ 전위와 자장
④ 기자력과 자장

해설 **비오 사바르의 법칙** : 전자기학에서 주어진 전류가 생성하는 자기장이 전류에 수직이고 전류에서의 거리의 역제곱에 비례한다는 물리 법칙이다. 즉, 전류와 자기장과의 관계를 정의한 것이다.

03 다음 회로에서 베이스 전류 I_B[μA]는? (단, V_{CC}=6[V], V_{BE}=0.6[V], R_C=2[kΩ], R_B=100[kΩ])

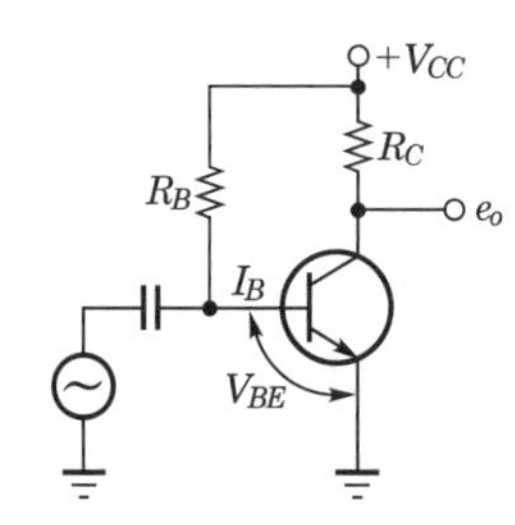

① 27 ② 36
③ 54 ④ 60

해설

$$I_B = \frac{V_{CC} - V_{BE}}{R_B} = \frac{6 - 0.6}{100 \times 10^3} = 0.054 \times 10^{-3} = 54[\mu\text{A}]$$

정답 01.① 02.① 03.③

04 10[Ω] 저항 10개를 이용하여 얻을 수 있는 가장 큰 합성 저항값[Ω]은?

① 1 ② 10
③ 50 ④ 100

해설 동일한 크기의 저항

㉠ 병렬 접속 $R=\frac{r}{n}$
$=\frac{10}{10}=1[\Omega]$

㉡ 직렬 접속 $R=nr$
$=10\times10=100[\Omega]$

05 10[V]의 전압이 100[V]로 증폭되었다면 증폭도[dB]는 얼마인가?

① 20 ② 30
③ 40 ④ 50

해설
$$A_v=20\log_{10}\frac{V_o}{V_i}$$
$$=20\log_{10}\frac{100}{10}=20[\text{dB}]$$

06 Y결선의 전원에서 각 상의 전압이 100[V]일 때 선간 전압[V]은?

① 약 100 ② 약 141
③ 약 173 ④ 약 200

해설 Y결선 선간 전압 $V_{yl}=\sqrt{3}\,V_p$
$=\sqrt{3}\times100$
$\fallingdotseq 173.3[\text{V}]$

07 수정 진동자의 직렬 공진 주파수를 f_o, 병렬 공진 주파수를 f_s라 할 때 수정 진동자가 안정한 발진을 하기 위한 리액턴스 성분의 주파수 f의 범위는?

① $f_o < f < f_s$ ② $f_o < f_s < f$
③ $f_s < f < f_o$ ④ $f = f_s = f_o$

해설 수정 발진기는 직렬 공진 주파수 f_o와 병렬 공진 주파수 f_m의 두 주파수 사이에만 유도성이 되며 그 범위가 매우 좁아서 안정된 발진이 가능하다.

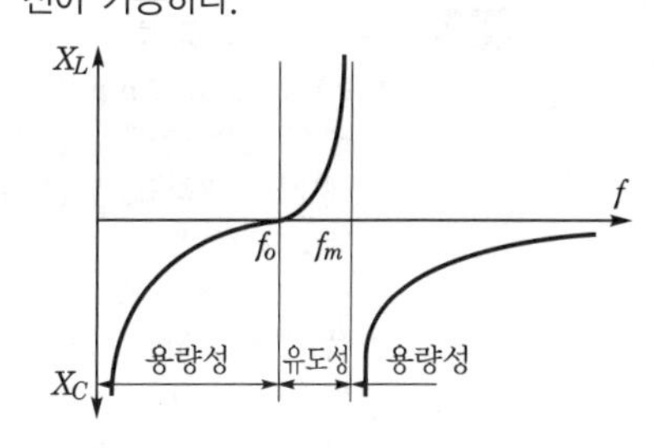

08 다음 중 맥동률이 가장 작은 정류 방식은?

① 단상 전파 정류 ② 3상 전파 정류
③ 단상 반파 정류 ④ 3상 반파 정류

해설 맥동률(ripple factor) : 직류 평균값 V_{DC}에 대한 교류 리플 성분 실효값 V_r[rms]의 비
r=(리플 성분의 실효값)/(평균값)
=(리플 전압 rms값/ V_{DC})×100[%]

[정류 방식별 맥동 주파수]

정류 방식	맥동 주파수[Hz]
단상 반파 정류	60
단상 전파 정류	120
3상 반파 정류	180
3상 전파 정류	360

09 다음 중 디지털 변조에 속하지 않는 것은?

① PM ② ASK
③ QAM ④ QPSK

해설 디지털 변조 방식의 종류
㉠ 진폭 편이 변조(ASK : Amplitude Shift Keying)
㉡ 주파수 편이 변조(FSK : Frequency Shift Keying)
㉢ 위상 편이 변조(PSK : Phase Shift Keying)
㉣ 직교 진폭 변조(QAM : Quadrature Amplitude Modulation)

정답 04.④ 05.① 06.③ 07.① 08.② 09.①

10 펄스 변조 중 정보 신호에 따라 펄스의 유무를 변화시키는 방식은?

① PCM ② PWM
③ PAM ④ PNM

해설 **펄스 변조의 종류**

㉠ PAM(Pulse Amplitude Modulation : 펄스 진폭 변조) : 진폭이 아날로그 신호에 따라 변하고, 일정 폭을 갖는 펄스 형태로 변한다.
㉡ PWM(Pulse Width Modulation : 펄스 폭 변조) : 아날로그 신호의 진폭에 따라 펄스의 폭 또는 지속 시간이 변한다.
㉢ PCM(Pulse Coded Modulation : 펄스 부호 변조) : 아날로그 신호의 진폭에 따라서 펄스의 부호를 변화시킨다.
㉣ PPM(Pulse Phase Modulation : 펄스 위상 변조) : 아날로그 신호의 진폭에 따라서 펄스의 위상이 바뀐다.

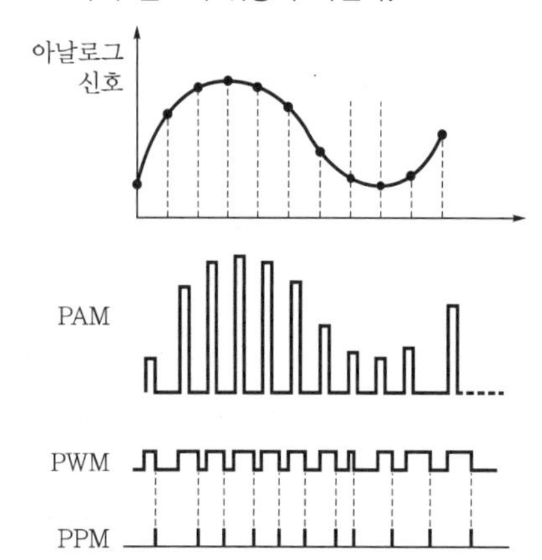

11 중앙 처리 장치의 간섭을 받지 않고 기억 장치에 접근하여 입·출력 동작을 제어하는 방식은?

① DMA 방식
② 스트로브 제어 방식
③ 핸드셰이킹 제어 방식
④ 인터럽트에 의한 방식

해설 **DMA(Direct Memory Access) 방식의 특징**

㉠ CPU의 간섭 없이 주기억 장치와 입·출력 장치 사이에서 직접 전송이 이루어지는 방식이다.
㉡ CPU를 경유하지 않고 전송하므로 고속으로 대용량 데이터를 전송한다.
㉢ 사이클 스틸링(cycle stealing) 방식을 사용한다.

12 다음 중 출력 장치로만 묶어 놓은 것은?

① 키보드, 디지타이저
② 스캐너, 트랙볼
③ 바코드, 라이트펜
④ 플로터, 프린터

해설 출력 장치에는 프린터, 모니터, X-Y 플로터, 마이크로 필름 장치(COM), LCD, PDP, LED, CRT, 천공 카드, 터치 스크린, 음성 출력 장치 등이 있다.

13 3초과 코드는 신호가 없을 때 구별하기 쉽게 하기 위해 사용하는데 3초과 코드(excess 3code)에서 존재하지 않는 값은?

① 1010 ② 0011
③ 1100 ④ 0001

해설 3초과 코드(excess 3code)는 BCD 코드에 3을 더한 자기 보수 코드로, 0011부터 1100까지 사용되므로 0000, 0001, 0010, 1101, 1110, 1111은 사용되지 않는다.

14 2진수 1001과 0011을 더하면 그 결과는 2진수로 얼마인가?

① 1110 ② 1101
③ 1100 ④ 1001

해설 1001+0011=1100

15 다음 중 게이트당 소모 전력[mW]이 가장 작은 IC는?

① TTL ② RTL
③ DTL ④ CMOS

정답 10.① 11.① 12.④ 13.④ 14.③ 15.④

해설 게이트당 소비 전력 크기순은 RTL>TTL>DTL>CMOS이다. CMOS는 전압 구동 소자이기 때문에 전력 소비가 거의 없다.

16 **다음 중 입·출력 장치의 역할로 가장 적합한 것은?**

① 정보를 기억한다.
② 명령의 순서를 제어한다.
③ 기억 용량을 확대시킨다.
④ 컴퓨터의 내·외부 사이에서 정보를 주고받는다.

해설 컴퓨터 내부와 외부 사이에서 정보를 주고받는 장치를 입·출력 장치(IO device)라 한다.

17 **다음 설명에 해당하는 것은?**

> 입력과 출력 회로를 모두 트랜지스터로 구성한 회로로서, 동작 속도가 빠르고 잡음에 강한 특징이 있으며, Fan out을 크게 할 수 있고 출력 임피던스가 비교적 낮으며 응답 속도가 빠르고 집적도가 높다.

① TTL ② CMOS
③ RTL ④ ECL

해설 TTL(Transistor Transistor Logic) : 입력과 출력 회로를 모두 트랜지스터로 구성한 논리 회로이다. 동작 속도가 빠르며 집적도가 높고 잡음 여유가 작다.

18 **컴퓨터에서 연산을 위한 수치를 표현하는 방법 중 부호, 지수(exponent) 및 가수로 구성되는 것은?**

① 부동 소수점 표현 형식
② 고정 소수점 표현 형식
③ 언팩 표현 형식
④ 팩 표현 형식

해설 **부동 소수점 형식의 특징**
㉠ 2진 실수 데이터 표현과 연산에 사용되며 지수부와 가수부로 구성된다.
㉡ 고정 소수점보다 복잡하고 실행 시간이 많이 걸리나 아주 큰 수나 작은 수 표현이 가능하다.
㉢ 소수점은 자릿수에 포함되지 않으며, 암묵적으로 지수부와 가수부 사이에 있는 것으로 간주한다.
㉣ 지수부와 가수부를 분리시키는 정규화 과정이 필요하다.

19 **다음 중 문자 자료의 표현 방법에 해당하지 않는 것은?**

① BCD 코드 ② ASCII 코드
③ EBCDIC 코드 ④ EX-OR 코드

해설 문자 자료의 표현 방법은 BCD 코드, ASCII 코드, EBCDIC 코드이고 EX-OR 코드는 배타적 논리합이다.

20 **10진수 682를 8진수로 변환하면?**

① 1152 ② 1251
③ 1252 ④ 1250

해설 $(682)_{10} = (1252)_8$

```
8 | 682
8 | 85  … 2
8 | 10  … 5
     1  … 2
```

21 **명령어를 해독하기 위해서 주기억 장치로부터 제어 장치로 해독할 명령을 꺼내오는 것은?**

① 실행(execution)
② 단항 연산(unary operation)
③ 직접 번지(direct address)
④ 명령어 인출(instruction fetch)

정답 16.④ 17.① 18.① 19.④ 20.③ 21.④

해설 명령어를 해독하기 위해서 주기억 장치로부터 제어 장치로 해독할 명령을 꺼내오는 것은 명령어 인출(instruction fetch)이라 한다.

22 다음 코드 중 데이터 통신용으로 널리 사용되며, 소형 컴퓨터에서 많이 채택하고 있는 것은?

① ASCII ② BCD
③ EBCDIC ④ Hamming

해설 ASCII 코드는 존 비트(3)와 디짓 비트(4)로 구성되는 7비트 코드로, 128개의 문자 표현이 가능하며 데이터 통신에서 가장 널리 사용된다. 7비트 ASCII 코드에 패리티 비트를 추가하여 8비트 ASCII 코드로도 사용된다.

23 다음 중 CPU가 어떤 작업을 수행하고 있는 중에 외부로부터의 긴급 서비스 요청이 있으면 그 작업을 잠시 중단하고 요구된 일을 먼저 처리한 후 다시 원래의 작업을 수행하는 것은?

① 시분할 ② 인터럽트
③ 분산 처리 ④ 채널

해설 **인터럽트**
㉠ 정의 : 컴퓨터 시스템에서 발생하는 예외적인 사건을 운영 체제가 처리하기 위한 기법이다.
㉡ 종류 : 슈퍼바이저 호출, 프로그램 검사 인터럽트, 정전 인터럽트, 기계 검사 인터럽트, 입·출력 인터럽트, 외부 인터럽트 등이 있다.

24 제한된 영역 내에 데이터를 어느 한쪽에서는 입력만 시키고, 그 반대쪽에서는 출력만 수행함으로써 가장 먼저 입력된 데이터가 가장 먼저 출력되는 선입선출 형식의 구조는?

① 스택(stack) ② 큐(queue)
③ 버스(bus) ④ 캐시(cache)

해설 큐(queue)는 가장 먼저 입력된 데이터가 가장 먼저 출력되는 선입 선출(FIFO) 형식이고, 스택(stack)은 가장 마지막에 입력된 데이터가 가장 먼저 출력되는 후입 선출(LIFO) 형식이다.

25 다음 중 위성 통신의 장점이 아닌 것은?

① 기후의 영향을 받지 않는다.
② 광대역 통신이 가능하다.
③ 통신망 구축이 용이하다.
④ 수명이 영구적이다.

해설 **위성 통신의 장점**
㉠ 마이크로파를 사용하기 때문에 고속 대용량 통신이 가능하고 넓은 지역(특정 국가 전역 등)을 통신 권역으로 할 수 있다.
㉡ 지형에 관계없이 고른 통신이 가능하고 재해가 발생해도 통신의 제약을 받지 않는다.

26 주소 부분이 없기 때문에 스택을 이용하여 연산을 수행하는 명령어는?

① 0주소 명령어 ② 1주소 명령어
③ 2주소 명령어 ④ 3주소 명령어

해설 스택(stack)은 0주소 지정 방식이며 맨 마지막에 들어온 데이터가 먼저 출력되는 후입 선출(LIFO : Last In First Out) 구조이다.

27 다음과 같은 회로도는?

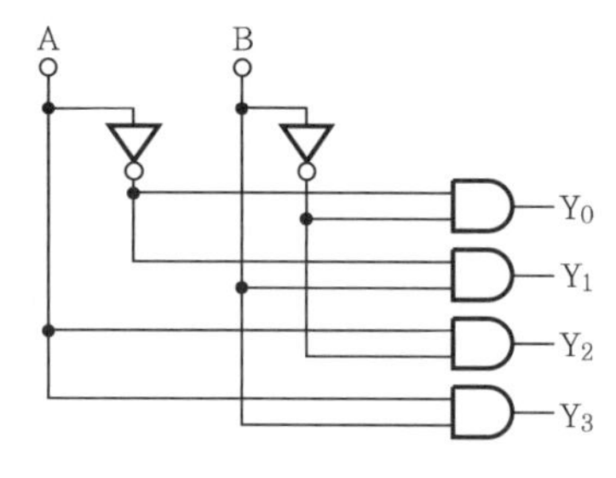

① 인코더 ② 카운터
③ 가산기 ④ 디코더

정답 22.① 23.② 24.② 25.④ 26.① 27.④

해설 2×4디코더(해독기)이다. 출력은 AND 게이트로 이루어져 있다. 반대로 부호기(encoder)의 출력은 OR 게이트로 이루어진다.

28 레지스터의 일종으로, 산술 연산이나 논리 연산의 결과를 일시적으로 기억시키는 장치는?

① 오퍼레이터 ② 시프터
③ 메모리 ④ 누산기

해설 Accumulator(누산기) : 연산 장치를 구성하는 레지스터의 하나로, 연산의 결과를 일시적으로 기억하는 레지스터이다.

29 정보 송·수신이 동시에 가능한 통신 방식은?

① Simplex 방식 ② Complex 방식
③ Half duplex 방식 ④ Full duplex 방식

해설 전이중(full duplex) 방식은 양방향에서 동시에 정보의 송·수신이 가능한 방식으로, 전화 등이 있다.

30 프로그램 카운터가 지시한 명령의 오퍼랜드가 기억된 주소를 표시하는 주소 지정 방식은?

① 직접 번지 지정 방식
② 간접 번지 지정 방식
③ 즉시 번지 지정 방식
④ 레지스터 번지 지정 방식

해설 프로그램 카운터가 지시한 명령의 오퍼랜드가 기억된 주소를 표시하는 주소 지정 방식은 간접 번지 지정 방식이다. 즉, 주소부가 지정하는 곳에 있는 메모리값이 실제 데이터가 기억된 주소를 가지고 있는 경우이다.

31 운영 체제의 역할과 거리가 먼 것은?

① 사용자와 시스템 간의 인터페이스 역할
② 데이터 공유 및 주변 장치 관리
③ 자원의 효율적 운영 및 자원 스케줄링
④ 저급 언어를 고급 언어로 변환

해설 운영 체제(OS)는 컴퓨터 시스템 자원을 효율적으로 관리하고, 사용자에게 최대한의 편리성을 제공하며 컴퓨터와 사용자 간의 인터페이스를 담당하는 시스템 소프트웨어이다.

32 C언어에서 사용되는 자료형이 아닌 것은?

① double ② float
③ char ④ interger

해설 C언어의 자료형에는 char(문자형), int(정수형), float(실수형), double(배정도 실수형) 등이 있다.

33 다음 중 고급 언어의 특징에 대한 설명으로 틀린 것은?

① 기종에 관계없이 사용할 수 있어 호환성이 높다.
② 2진수 형태로 이루어진 언어로, 전자계산기가 직접 이해할 수 있는 형태의 언어이다.
③ 하드웨어에 관한 전문적 지식이 없어도 프로그램 작성이 용이하다.
④ 프로그래밍 작업이 쉽고, 수정이 용이하다.

해설 고급 언어(high level language)는 자연어와 가까워 프로그래밍이 쉽고 저급 언어보다 가독성이 높으며, 컴퓨터 기종에 종속되지 않으며 사용하기 쉬운 장점이 있다. 고급 언어로 작성된 프로그램은 컴파일러나 인터프리터에 의해 기계어로 번역된 후 실행된다.

34 명령 단위로 차례로 번역하여 즉시 실행하는 방식의 언어 번역 프로그램은?

① 컴파일러 ② 링커
③ 로더 ④ 인터프리터

해설 인터프리터(interpreter)는 원시 프로그램을 명령 단위로 차례로 번역하여 즉시 실행하는 방식으로, 목적 프로그램을 생성하지 않으며 BASIC, LISP, 자바(JAVA), PL/1 등이 있다.

정답 28.④ 29.④ 30.② 31.④ 32.④ 33.② 34.④

35 **프로그래밍 언어의 수행 순서는?**

① 컴파일러 → 로더 → 링커
② 로더 → 컴파일러 → 링커
③ 링커 → 로더 → 컴파일러
④ 컴파일러 → 링커 → 로더

해설 프로그래밍 언어의 수행 순서는 원시 프로그램 → 컴파일러 → 목적 프로그램 → 링커 → 로더의 순서로 수행된다.

36 **프로그래밍 언어의 구문 요소 중 프로그램의 이해를 돕기 위해 설명을 적어두는 부분으로 프로그램의 실행과는 관계가 없고, 프로그램의 판독성을 향상시키는 요소는?**

① Reserved word ② Operator
③ Key word ④ Comment

해설 ① 예약어(reserved word) : 프로그래밍 언어에서 이미 의미와 용법이 정해져 있는 단어이다.
④ 주석(comment) : 프로그램의 이해를 돕기 위해 설명을 적어두는 부분으로, 실제 프로그램에 영향을 주지 않는다.

37 **다음 중 운영 체제의 페이지 교체 알고리즘 중 최근에 사용하지 않은 페이지를 교체하는 기법으로서, 최근의 사용 여부를 확인하기 위해서 각 페이지마다 2개의 비트가 사용되는 것은?**

① NUR ② LFU
③ LRU ④ FIFO

해설 ① NUR(Not Used Recently) : 최근에 사용되지 않은 페이지를 교체하는 방법으로, 최근의 사용 여부를 확인하기 위해서 참조 비트(reference bit)와 변형 비트(modified bit)가 사용된다.
② LFU(Least Frequency Used) : 사용 빈도가 가장 낮은 페이지를 교체하는 방법이다.
③ LRU(Least Recently Used) : 계수기나 스택을 사용하여 가장 오랫동안 사용되지 않은 페이지를 교체하는 방법이다.
④ FIFO(First In First Out) : 주기억 장치에 가장 먼저 들어온 가장 오래된 페이지를 교체하는 방법이다.

38 **프로그래밍 언어가 갖추어야 할 요건과 거리가 먼 것은?**

① 프로그래밍 언어의 구조가 체계적이어야 한다.
② 언어의 확장이 용이하여야 한다.
③ 효율적인 언어이어야 한다.
④ 많은 기억 장소를 사용하여야 한다.

해설 프로그래밍 언어가 갖추어야 할 요건은 프로그래밍 언어의 구조가 체계적이고 언어의 확장이 용이하며 효율적인 언어로 적은 기억 장소를 사용하여야 한다.

39 **다음 중 구조적 프로그래밍의 설명으로 틀린 것은?**

① 프로그램 수정 및 유지·보수가 용이하다.
② 순차, 조건, 반복 구조를 기본 구조로 사용한다.
③ Goto문을 많이 사용하여 기능별로 모듈화시킨다.
④ 프로그램의 구조가 간결하며 흐름의 추적이 가능하다.

해설 **구조적 프로그래밍**
㉠ Goto문을 사용하지 않으며 모듈화와 하향식 접근 방법을 취하고 순차·선택·반복의 3가지 논리 구조를 사용하는 기법이다.
㉡ 구조적 프로그래밍의 필요성
- 프로그램의 가독성이 좋다.
- 프로그램의 개발 및 유지·보수가 좋다.
- 프로그램의 신뢰성이 향상된다.
- 프로그램의 테스트가 용이하다.
- 프로그래밍에 대한 규칙을 제공한다.

정답 35.④ 36.④ 37.① 38.④ 39.③

40 다음의 소프트웨어 개발 과정 중 가장 먼저 수행되는 단계는?

① 시스템 디자인
② 코딩 및 구현
③ 요구 분석
④ 테스팅 및 에러 교정

해설 소프트웨어 개발은 문제 분석 → 입·출력 설계 → 순서도 작성 → 프로그램 작성 → 문법 오류 수정 → 모의 자료 입력 → 논리 오류 수정 → 실행 → 문서화의 절차를 따른다.

41 가장 간단한 레지스터 회로는 외부 게이트가 전혀 없이 어떤 회로로 구성되는가?

① 플립플롭 ② AND 게이트
③ X-OR 게이트 ④ 자기 코어

해설 레지스터, 카운터 등 순서 논리 회로 기본 구성 소자는 플립플롭이다.

42 카운터와 같이 플립플롭을 사용하는 디지털 회로를 무엇이라고 하는가?

① 조합 논리 회로
② 순서 논리 회로
③ 아날로그 논리 회로
④ 멀티플렉서 논리 회로

해설 순서 논리 회로는 카운터나 레지스터 등으로서 기억 소자로 사용되는 플립플롭에 의해 구성되며 조합 논리 회로에는 멀티플렉서(multiplexer), 해독기(decoder), 부호기(encoder), 반가산기, 전가산기 등이 속한다.

43 불 대수식 AB+ABC를 간소화하면?

① AB ② AC
③ BC ④ ABC

해설 $AB+ABC=AB(1+C)$
$=AB$

44 다음 중 2진 정보의 저장과 클록 펄스를 가해 좌우로 한 비트씩 이동하여 2진수의 곱셈이나 나눗셈을 하는 연산 장치에 이용되는 것은 무엇인가?

① 가산기(adder)
② 카운터(counter)
③ 플립플롭(flip flop)
④ 시프트 레지스터(shift register)

해설 2진 정보의 시프트 동작에서 왼쪽 1비트 이동은 ×2배이며 오른쪽 1비트 이동은 2로 나눈 것과 같다.

45 디지털 장치에서 Data선이 4개라면 최대 몇 가지 상태로 기호화할 수 있는가?

① 4가지 ② 8가지
③ 16가지 ④ 32가지

해설 $2^4=16$이므로 0에서 15까지의 16가지 상태를 기호화할 수 있다.

46 반감산기 회로에서 차를 구하기 위해 사용되는 게이트는?

① AND ② OR
③ NAND ④ EX-OR

해설 반감산기 진리표와 회로

A	B	B(빌림수)	D(차)
0	0	0	0
0	1	1	1
1	0	0	1
1	1	0	0

$X=\overline{A}B+A\overline{B}=A\oplus B$
$Y=\overline{A}B$

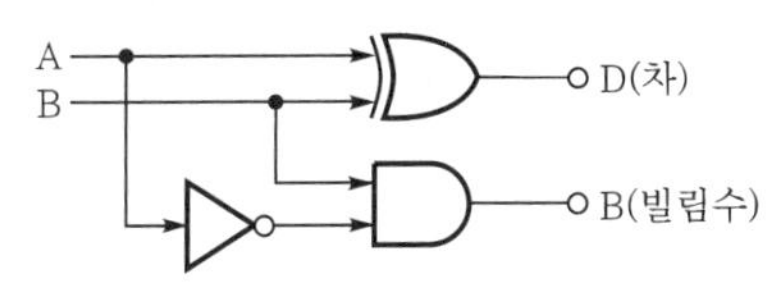

정답 40.③ 41.① 42.② 43.① 44.④ 45.③ 46.④

47 하나의 공통된 시간 펄스에 의해 플립플롭들이 트리거되어 모든 플립플롭의 상태가 동시에 변화하는 계수 회로의 명칭은?

① 이동 계수 회로
② 상향 계수 회로
③ 비동기형 계수 회로
④ 동기형 계수 회로

해설 동기형 계수기는 모든 플립플롭들이 동일한 입력 펄스를 병렬로 입력받아 각 단이 동시에 트리거되는 계수기이다.

48 클록 펄스의 개수나 시간에 따라 반복적으로 이어나는 행위를 세는 장치로서, 여러 개의 플립플롭으로 구성되는 것은?

① 계수기　　② 누산기
③ 가산기　　④ 감산기

해설 입력에 따라 순차적으로 입력의 개수를 세는 회로를 계수기(counter)라 한다.

49 BCD(Binary Coded Decimal) 코드에 의한 수 0100 0101 0010을 10진수로 나타내면?

① 542　　② 452
③ 442　　④ 432

해설 $(0100\ 0101\ 0010)_{BCD} = (452)_{10}$
각 자리의 BCD 8421코드를 10진수로 변환하므로 0100=4, 0101=5, 0010=2가 된다.

50 플립플롭이 n개일 때 카운터가 셀 수 있는 최대의 수 N은?

① $N = 2^n$　　② $N = 2^n + 1$
③ $N = 2^n - 1$　　④ $N = 2n + 1$

해설 n개의 플립플롭으로 구성된 카운터가 셀 수 있는 최대의 수 $N=2^n$개의 수이고, 0에서 $2^n - 1$의 수까지 표현한다.

51 일반적 디지털 시스템에서 음수 표현 방법이 아닌 것은?

① 부호와 절대값　　② '−' 표시
③ 1의 보수　　④ 2의 보수

해설 **2진수 음수의 표현 방법**
㉠ 부호와 절대값법
㉡ 1의 보수 표현법
㉢ 2의 보수 표현법

52 다음 논리 회로 기호에서 입력 A=1, B=0일 때 출력 Y의 값은?

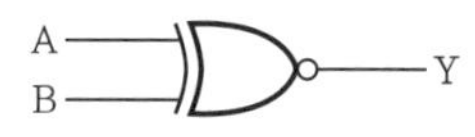

① Y=0
② Y=1
③ Y=이전 상태
④ Y=반대 상태

해설 EX−NOR 논리이다.

입력		출력
A	B	Y
0	0	1
0	1	0
1	0	0
1	1	1

53 10진수 3을 Gray code 4bit로 올바르게 변환한 것은?

① 0001　　② 0010
③ 0011　　④ 0100

해설 $(3)_{10} = (0011)_2$ 이므로 이를 그레이 코드로 변환하면 $(0011)_2 = (0010)_{gray}$이다.

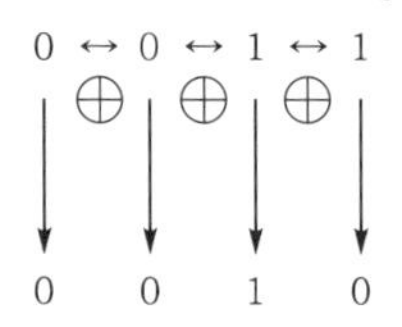

정답 47.④ 48.① 49.② 50.③ 51.② 52.① 53.②

54 다음 그림과 같은 동기적 RS 플립플롭 회로에 S=1, R=0, C=1의 입력일 때 출력 Q와 $\overline{Q}$의 값은?

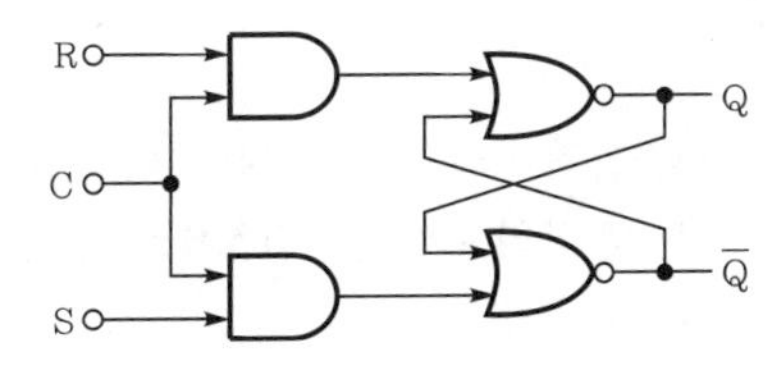

① Q=0, $\overline{Q}$=1
② Q=1, $\overline{Q}$=0
③ Q=0, $\overline{Q}$=이전 상태
④ Q=이전 상태, $\overline{Q}$=이전 상태

해설 기본 RS 래치에 클록을 부가한 회로이다.

R	S	Q_{n+1}
0	0	Q_n
0	1	1
1	0	0
1	1	부정

55 진리표(true table)에 해당하는 논리 회로는?

A	B	F
0	0	0
0	1	1
1	0	1
1	1	0

① NOT ② Exclusive－OR
③ NAND ④ NOR

해설 배타적 논리합(exclusive－OR)이다.
$Y=\overline{A}B+A\overline{B}=A\oplus B$

56 T 플립플롭 회로 2개가 직렬로 연결되어 있을 경우 500[Hz]의 사각형파를 입력시킬 경우 마지막 출력되는 주파수[Hz]는?

① 100 ② 125
③ 150 ④ 175

해설 1개의 T FF은 1/2로 분주되므로 2개가 직렬로 연결되면 1/4 분주된 출력 주파수가 나온다.
$\therefore \frac{500}{4}=125$[Hz]

57 디지털 신호를 아날로그 신호로 바꾸는 것은?

① 멀티플렉서 ② 인코더
③ DA 변환기 ④ 디코더

해설 **변환기**
㉠ DA 변환기 : 디지털 → 아날로그 신호
㉡ AD 변환기 : 아날로그 → 디지털 신호

58 불 대수의 공식으로 옳지 않은 것은?

① A+1=1 ② A+A=A
③ A·A=A ④ A·1=1

해설 A·1=A

59 2진수 1111의 2의 보수는?

① 0000 ② 0001
③ 1000 ④ 1111

해설 2의 보수=1의 보수＋1
따라서 1111의 1의 보수는 0000이므로 2의 보수는 0000+1=0001이다.

60 플립플롭 회로가 불확정한 상태가 되지 않도록 반전기(NOT gate)를 설치한 회로는?

① JK FF ② RS FF
③ T FF ④ D FF

해설 RS FF에서 D FF으로의 변환

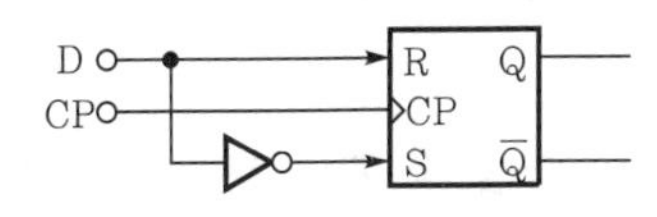

[D FF 진리표]

D	Q_{n+1}
0	0
1	1

정답 54.② 55.② 56.② 57.③ 58.④ 59.② 60.④

2011년 제2회 기출 문제

2011. 4. 17. 시행

01 그림 (a)의 회로를 그림 (b)와 같은 간단한 등가 회로로 만들고자 한다. V와 R은 각각 얼마인가?

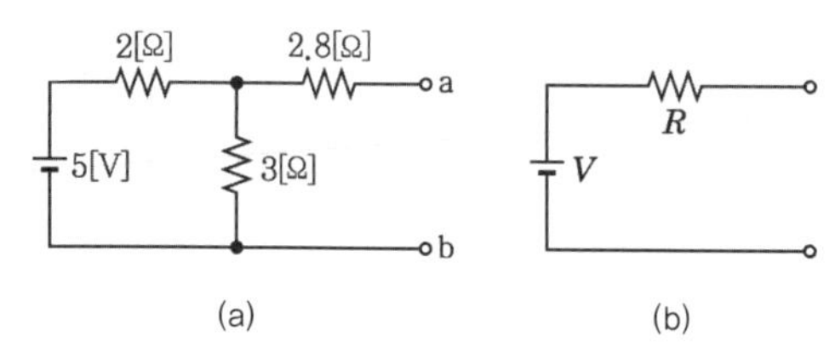

① 5[V], 4[Ω]
② 3[V], 2.8[Ω]
③ 5[V], 2.8[Ω]
④ 3[V], 4[Ω]

해설 V는 3[Ω] 양단에 걸리는 전압이므로

$$V=\frac{3}{2+3}\times 5$$
$$=3[V]$$
$$R=\frac{2\times 3}{2+3}+2.8$$
$$=4[\Omega]$$

02 증폭기의 잡음 지수가 어떤 값을 가질 때 가장 이상적인가?

① 0 ② 1
③ 100 ④ 무한대

해설 잡음이 없는 이상적인 증폭기의 잡음 지수(F)는 1이다.

03 다음 중 저역 통과 RC 회로에서 시정수가 의미하는 것은?

① 응답의 상승 속도를 표시한다.
② 응답의 위치를 결정해준다.
③ 입력의 진폭 크기를 표시한다.
④ 입력의 주기를 결정해준다.

해설 RC 회로 시정수란 회로에 전원 투입 후 콘덴서에 공급 전원 전압의 63.2[%]까지 충전되는 데 걸리는 시간이다.

04 저주파 증폭기의 주파수 특성을 나타내고 있는 것은?

① 주파수에 대한 입력 임피던스 관계
② 주파수에 대한 출력 임피던스 관계
③ 입력 전압에 대한 출력 전압의 관계
④ 주파수에 대한 이득의 관계

해설 저주파 증폭기의 주파수 특성은 주파수에 대한 이득의 관계를 그래프로 표현하는 것이 일반적이다.

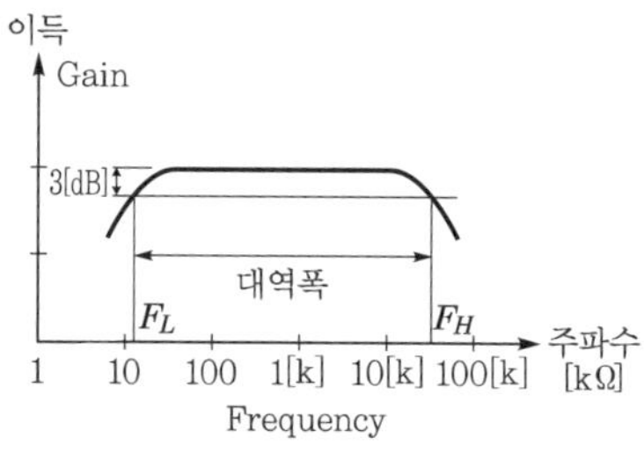

[일반적 증폭기 특성 곡선]

05 다음 중 콘덴서의 용량을 증가시키기 위한 방법으로 옳은 것은?

① 콘덴서 소자를 직렬로 연결한다.
② 콘덴서 소자를 병렬로 연결한다.
③ 평판 콘덴서에서 서로 마주보는 간격을 크게 한다.
④ 평판 콘덴서에서 서로 마주보는 면적을 좁게 한다.

정답 01.④ 02.② 03.① 04.④ 05.②

해설 **콘덴서의 접속**

㉠ 콘덴서의 병렬 접속

$C = C_1 + C_2 + C_3 + \cdots\cdots C_n$

㉡ 콘덴서의 직렬 접속

$$C = \frac{1}{\frac{1}{C_1} + \frac{1}{C_2} + \frac{1}{C_3} + \cdots\cdots \frac{1}{C_n}}$$

병렬로 접속하면 용량이 증가하고 직렬로 접속하면 용량이 감소한다.

06 펄스의 상승 변화 시 펄스와 반대 방향으로 생기는 상승 부분의 최대 돌출 부분을 무엇이라 하는가?

① 새그　② 오버슈트
③ 스파이크　④ 링잉

해설 ㉠ 링잉(ringing) : 높은 주파수 성분에 공진 때문에 발생하는 펄스의 상승 부분에서 진동의 정도

㉡ 언더슈트(undershoot) : 하강 파형에서 이상적 펄스파의 기준 레벨보다 아랫부분의 높이(d)

㉢ 새그(sag) : 펄스 하강 경사도

㉣ 오버슈트(overshoot) : 상승 파형에서 이상적 펄스파의 진폭(v)보다 높은 부분의 높이

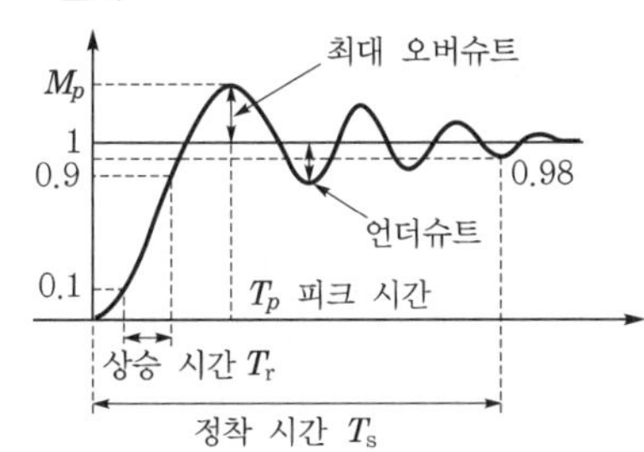

07 다음 중 저주파 정현파 발진기로 주로 사용되는 것은?

① 빈 브리지 발진 회로
② LC 발진 회로
③ 수정 발진 회로
④ 멀티바이브레이터

해설 **RC 발진기**

㉠ 종류

- 이상형 병렬 R형 발진 회로
- 이상형 병렬 C형 발진 회로
- 빈 브리지 발진 회로

㉡ RC 발진기는 주로 가청 주파수 및 저주파 발진에 많이 사용된다.

08 신호 주파수가 4[kHz], 최대 주파수 편이가 16[kHz]이면 변조 지수는?

① 0.25　② 0.5
③ 4　④ 16

해설 **변조 지수** : 최대 주파수 편이 Δf_c와 신호 주파수 f_s의 비

$$m_f = \frac{\text{최대 주파수 편이}}{\text{신호 주파수}} = \frac{\Delta f_c}{f_s} = \frac{16[\text{kHz}]}{4[\text{kHz}]} = 4$$

09 진폭 변조와 비교하여 주파수 변조에 대한 설명으로 가장 적합하지 않은 것은?

① 신호대 잡음비가 좋다.
② 반향(echo) 영향이 많아진다.
③ 초단파 통신에 적합하다.
④ 점유 주파수 대역폭이 넓다.

해설 **진폭과 주파수 변조**

㉠ 진폭 변조(AM)

- 신호파의 크기에 비례하여 반송파의 진폭을 변화한다.
- 회로가 간단하다.
- 효율이 안 좋고, 잡음에 약하다.

㉡ 주파수 변조(FM)

- 신호파의 크기를 반송파의 주파수를 변화하고 진폭은 같다.
- 진폭 변조(AM)에 비해 이득, 선택도, 감도가 우수하다.
- 소비 전력이 AM보다는 작다.
- 페이딩의 영향을 덜 받는다.
- 송·수신기의 회로가 복잡하다.
- 주파수 대역폭(점유폭)이 넓다.

정답 06.② 07.① 08.③ 09.②

10 그림의 회로에서 제너 다이오드와 직렬로 연결된 저항 680[Ω]에 흐르는 전류 I_S는 약 몇 [mA]인가?

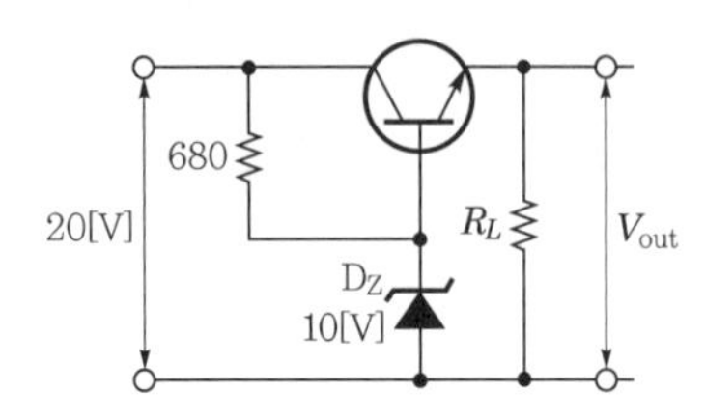

① 12.7 ② 14.7
③ 16.7 ④ 18.7

해설 $I_s = \frac{20-10}{680} = 14.7[mA]$

11 입·출력 장치와 CPU의 실행 속도차를 줄이기 위해 사용하는 것은?

① Parallel I/O Device
② Channel
③ Cycle steal
④ DMA

해설 입·출력 장치의 CPU의 실행 속도차를 줄이기 위해 사용하는 것은 채널(channel)이다.

12 하나의 회선에 여러 대의 단말 장치가 접속되어 있는 방식으로, 공통 회선을 사용하며, 멀티드롭 방식이라고도 하는 것은?

① Point to point 방식
② Multipoint 방식
③ Switching 방식
④ Broadband 방식

해설 회선 접속
㉠ 점대점(point to point) 방식 : 데이터를 송·수신하는 2개의 단말 장치 또는 컴퓨터를 전용 회선으로 항상 접속을 유지하는 방식으로, 송·수신하는 데이터가 많을 경우에 유리하다.
㉡ 다점(multipoint) 방식 : 하나의 회선에 여러 단말 장치를 접속하는 방식으로, 멀티드롭(multidrop) 방식이라고도 하며 송·수신하는 데이터가 적을 때 유리하다.
㉢ 교환 방식 : 교환기를 통하여 연결된 여러 단말 장치로 데이터의 송·수신을 행하는 방식으로, 전화망이 대표적이다.

13 현재 수행 중에 있는 명령의 다음 명령(next instruction)의 주소를 지시하는 레지스터는 무엇인가?

① Data register
② Program counter
③ Memory address
④ Instruction register

해설 현재 수행 중에 있는 명령의 다음 명령(next instruction)의 주소를 지시하는 레지스터는 PC(program counter)이다.

14 7비트로 구성된 ASCII 코드가 나타낼 수 있는 문자의 가지수는?

① 64개 ② 128개
③ 256개 ④ 512개

해설 $2^7 = 128$

15 프로세서가 인터럽트의 요청을 받으면 소프트웨어에 의하여 접속된 장치 중에서 어떤 장치가 요청하였는지를 순차적으로 조사하는 것은?

① 플래그(flag)
② 폴링(polling)
③ 오퍼랜드(operand)
④ 분기 명령(branch instruction)

해설 프로세서가 인터럽트의 요청에 따라 장치를 순차적으로 검색하는 것을 폴링(polling)이라 한다.

정답 10.② 11.② 12.② 13.② 14.② 15.②

16 10진수 9를 3초과 코드(excess 3code)로 옳게 표현한 것은?

① 0011 ② 1001
③ 1011 ④ 1100

해설 $(9)_{10}+(3)_{10}=(1001)_2+(0011)_2$
$=(1100)_2$

17 자료 배열에 따른 구조 중 비선형 구조는?

① Tree ② Stack
③ Queue ④ Deque

해설 자료 구조는 선형 구조와 비선형 구조로 구분되며 선형 구조에는 스택, 큐, 데큐, 연결 리스트, 배열, 레코드 등이 있고 비선형 구조에는 트리, 그래프 등이 있다.

18 10진수 0.6875를 2진수로 옳게 바꾼 것은?

① 0.1101 ② 0.1010
③ 0.1011 ④ 0.1111

해설 0.6875=0.1011

0.6875 × 2	0.375 × 2	0.75 × 2	0.5 × 2
①.3750	⓪.750	①.50	①.0

→

19 조합 논리 회로 중 2개의 입력이 서로 같을 때만 출력이 '1'이 되는 논리 게이트(gate)는?

① X－NOR ② X－OR
③ AND ④ OR

해설 Ex－OR과 Ex－NOR 논리표

입력		출력	
A	B	Ex－OR	Ex－NOR
0	0	0	1
0	1	1	0
1	0	1	0
1	1	0	1

20 다음 중 컴퓨터 입력 장치에 해당하지 않는 것은?

① X－Y 플로터 ② 키보드
③ 마우스 ④ 스캐너

해설 입력 장치는 키보드, 마우스, 스캐너, 광학 마크 판독기, 광학 문자 판독기, 자기 잉크 문자 판독기, 바코드 판독기, 조이 스틱, 디지타이저, 터치 스크린, 디지털 카메라 등이 있다.

21 마이크로프로세서가 주변 소자들과 데이터 교환을 위한 통로로 사용되는 3대 시스템 버스가 아닌 것은?

① 제어(control) 버스
② 데이터(data) 버스
③ 입·출력(I/O) 버스
④ 주소(address) 버스

해설 마이크로프로세서는 제어 버스, 주소 버스, 데이터 버스를 통하여 데이터의 처리가 이루어진다.

22 8진수 7560을 10진수로 변환하면?

① 2931 ② 3051
③ 3952 ④ 4092

해설 $(7560)_8=7\times8^3+5\times8^2+6\times8^1$
$=3584+320+48$
$=(3952)_{10}$

23 양쪽 방향에서 동시에 정보를 송·수신할 수 있는 정보 통신 방식은?

① 단방향 통신 ② 반이중 통신
③ 전이중 통신 ④ 무방향 통신

해설 전이중(full duplex) 통신 방식은 양쪽 방향에서 동시에 정보를 송·수신할 수 있는 정보 통신 방식으로 전화 등이 있다.

정답 16.④ 17.① 18.③ 19.① 20.① 21.③ 22.③ 23.③

24 이항(binary) 연산에 해당하는 것은?

① Rotate ② Shift
③ Complement ④ OR

해설 단항(unary) 연산에는 Move, Shift, Rotate, Complement 등이 있고 이항(binary) 연산에는 사칙 연산, AND, OR 등이 있다.

25 전자계산기의 중앙 처리 장치에 속하지 않는 것은?

① 연산 장치 ② 제어 장치
③ 기억 장치 ④ I/O 장치

해설 전자계산기의 중앙 처리 장치에는 제어 장치, 연산 장치, 기억 장치가 있다.

26 $Y=(A+B)(A+C)$의 논리식을 간단히 한 결과로 옳은 것은?

① $Y=A$ ② $Y=A+B$
③ $Y=A+BC$ ④ $Y=A+AC$

해설 $Y=AA+AC+AB+BC$
$=A(1+C+B)+BC$
$=A+BC$

27 다음 중 스택(stack)에 대한 설명으로 옳지 않은 것은?

① 0-주소 지정에 이용된다.
② LIFO(Last In First Out)의 구조이다.
③ 일괄 처리, 스풀(spool) 운영에 사용한다.
④ 작업이 리스트의 한쪽에서만 처리되는 구조이다.

해설 스택(stack)은 0주소 지정에 이용되며 작업이 리스트의 한쪽에서만 처리되는 구조로서 제일 마지막에 입력된 데이터가 제일 먼저 출력되는 후입 선출(last in first out) 리스트이다.

28 전자계산기의 제어 상태 중 명령을 기억 장치로부터 읽어들이는 상태는?

① 인출 상태 ② 간접 상태
③ 실행 상태 ④ 인터럽트 상태

해설 ① 인출 상태(fetch cycle) : 주기억 장치로부터 명령을 읽어 CPU로 가져오는 사이클
② 간접 상태(indirect cycle) : 오퍼랜드가 간접 주소일 때 유효 주소를 읽기 위해 기억 장치에 접근하는 사이클
③ 실행 상태(execute cycle) : 인출된 명령어를 이용하여 직접 명령을 실행하는 사이클
④ 인터럽트 상태(interrupt cycle) : 인터럽트가 발생했을 때 처리하는 사이클

29 −10에 대한 1의 보수를 8bit 2진수로 나타내면?

① 11110101 ② 11111010
③ 00000101 ④ 00001010

해설 10은 2진수로 00001010이 되며, 1의 보수는 0 → 1로, 1 → 0으로 바꿔주므로 00001010을 1의 보수로 변환하면 11110101이 된다. 이때 맨 앞이 1이면 음수, 0이면 양수이다.

30 페이지 교체 알고리즘 중 각 페이지가 주기억 장치에 적재될 때마다 그때의 시간을 기억시켜 가장 먼저 들어와서 가장 오래 있었던 페이지를 교체하는 기법은?

① LRU ② FIFO
③ LFU ④ NUR

해설 **페이지 교체 알고리즘의 종류**
㉠ FIFO(First In First Out) : 주기억 장치에 가장 먼저 들어온 가장 오래된 페이지를 교체하는 방법이다.
㉡ LRU(Least Recently Used) : 계수기나 스택을 사용하여 가장 오랫동안 사용되지 않은 페이지를 교체하는 방법이다.

정답 24.④ 25.④ 26.③ 27.③ 28.① 29.① 30.②

㉢ LFU(Least Frequency Used) : 사용 빈도가 가장 낮은 페이지를 교체하는 방법이다.
㉣ NUR(Not Used Recently) : 최근에 사용되지 않은 페이지를 교체하는 방법으로, 최근의 사용 여부를 확인하기 위해서 참조 비트(reference bit)와 변형 비트(modified bit)가 사용된다.
㉤ 최적화 기법(OPT : OPTimal replacement) : 앞으로 가장 오랜 기간 동안 사용되지 않을 페이지를 선택하여 교체하는 기법이다.

31 프로그래밍 작성 절차 중 다음 설명에 해당하는 것은?

- 프로그램의 개발 목적 및 과정을 표준화하여 효율적인 작업이 되도록 한다.
- 유지・보수를 용이하게 한다.
- 개발 과정에서의 추가 및 변경에 따르는 혼란을 감소시킨다.
- 시스템 개발팀에서 운용팀으로 인계인수를 쉽게 할 수 있다.
- 시스템 운용자가 용이하게 시스템을 운용할 수 있다.

① 프로그램 구현
② 프로그램 문서화
③ 문제 분석
④ 입・출력 설계

해설 **프로그램 문서화의 목적**
㉠ 프로그램의 개발 요령과 순서를 표준화함으로써 보다 효율적인 개발이 가능하다.
㉡ 프로그램 개발 중의 변경 사항에 대한 대처가 용이하다.
㉢ 프로그램의 인수인계가 용이하며 프로그램 운용이 용이하다.
㉣ 개발 후 운영 과정에서 프로그램의 유지・보수가 용이하다.

32 기억 장치에서 명령어를 가져올 때 그 명령어에 이미 처리할 데이터가 포함되어 있는 방식은?

① 즉시 주소 지정 방식
② 직접 주소 지정 방식
③ 간접 주소 지정 방식
④ 상대 주소 지정 방식

해설 기억 장치에서 명령어를 가져올 때 그 명령어에 이미 처리할 데이터가 포함되어 있는 방식은 즉시 주소 지정 방식(immediate addressing mode)이다.

33 예약어(reserved word)에 대한 설명으로 틀린 것은?

① 프로그래머가 변수 이름으로 사용할 수 없다.
② 새로운 언어에서는 예약어의 수가 줄어들고 있다.
③ 프로그램 판독성을 증가시킨다.
④ 프로그램의 신뢰성을 향상시켜 줄 수 있다.

해설 예약어(reserved word)는 이미 문법적인 용도로 사용되고 있기 때문에 변수명으로 사용할 수 없고 예약어의 수는 늘어나고 있다.

34 고급 언어로 작성한 프로그램을 기계어로 번역해 주는 것은?

① 어셈블러 ② 컴파일러
③ 로더 ④ 링커

해설 고급 언어로 작성된 프로그램을 기계어로 번역하는 프로그램을 컴파일러라 한다.

35 다음 중 시스템 프로그래밍 언어로 가장 적합한 것은?

① COBOL ② C
③ BASIC ④ FORTRAN

해설 C언어는 시스템 프로그램 언어로 UNIX 운영 체제를 위한 범용 언어이다.

정답 31.② 32.① 33.② 34.② 35.②

36 **다음 중 기계어에 대한 설명으로 틀린 것은?**

① 프로그램의 유지·보수가 용이하다.
② 2진수 0과 1만을 사용하여 명령어와 데이터를 나타낸다.
③ 실행 속도가 빠르다.
④ 호환성이 없고 기계마다 언어가 다르다.

해설 기계어는 0과 1의 2진수 형태로 표현되고 컴퓨터가 직접 이해할 수 있는 언어로 처리 속도가 매우 빠르다. 호환성이 없으며 전문 지식이 없으면 이해하기 힘들고 수정 및 변경이 어렵다.

37 **프로세스가 일정 시간 동안 자주 참조하는 페이지들의 집합을 무엇이라고 하는가?**

① 워킹 셋 ② 스래싱
③ 세그먼트 ④ 세마포어

해설 ① 워킹 셋(working set)은 가상 기억 장치 시스템에서 실행 중인 프로세스가 일정 시간동안 자주 참조하는 페이지들의 집합이다.
② 스래싱(thrashing)은 작업 수행 중 너무 자주 페이지 교환(페이지 부재)이 발생하는 현상을 말한다.
③ 세그먼트(segmant)는 어떤 프로그램이 너무 커서 한번에 주기억 장치에 올릴 수 없을 때 나뉜 각 부분을 가리키는 용어로, 크기가 가변적이다.
④ 세마포어(semaphore)는 멀티프로그래밍 환경에서 공유 자원에 대한 접근을 제한하는 방법으로, 한번에 하나의 프로세스만 접근하도록 허용한다.

38 **다음 프로그래밍 절차 중 문제 분석 단계에서 이루어져야 할 작업으로 거리가 먼 것은 무엇인가?**

① 프로그램 설계
② 전산화의 타당성 검사
③ 프로그래밍 작업의 문제 정의
④ 입·출력 및 자료의 개괄적 검토

해설 문제 분석 단계에서는 프로그램을 작성할 때 발생되는 제반 문제를 다루며 프로그램 설계는 순서도 작성으로 문제 분석이 끝난 후 한다.

39 **구조화 프로그래밍의 기본 구조 중 어떤 조건을 만족하는 동안 또는 만족할 때까지 같은 처리를 반복하여 실행하는 것은?**

① 순차 구조 ② 트리 구조
③ 반복 구조 ④ 선택 구조

해설 구조적 프로그래밍이란 Goto문을 사용하지 않으며 모듈화와 하향식 접근 방법을 취하고 순차, 선택, 반복의 3가지 논리 구조를 사용하는 기법으로, 하나의 입력과 출력을 갖는 구조이다.

40 **운영 체제의 기능으로 옳지 않은 것은?**

① 자원을 효율적으로 관리하기 위해 자원의 스케줄링 기능을 제공한다.
② 시스템의 오류를 검사하고 복구한다.
③ 2개 이상의 목적 프로그램을 합쳐서 실행 가능한 프로그램으로 만든다.
④ 사용자와 시스템 간의 편리한 인터페이스를 제공한다.

해설 **운영 체제의 기능**
㉠ 사용자 인터페이스를 제공한다.
㉡ 하드웨어 자원 할당 및 스케줄링을 한다.
㉢ CPU, 기억 장치, 입·출력 장치의 각종 오류를 처리한다.
㉣ 프로세서간 통신을 제어한다.
㉤ 파일을 읽고·쓰고, 생성·삭제하는 일을 한다.
㉥ 입·출력 동작을 제어한다.

41 **불 대수의 정리에서 옳지 않은 것은?**

① A+0=A
② A+B=B+A
③ A·(b·C)=(A·B)·C
④ A·1=1

해설 A·1=A

정답 36.① 37.① 38.① 39.③ 40.③ 41.④

42 **플립플롭에 기억된 정보에 대하여 시프트 펄스를 하나씩 공급할 때마다 순차적으로 다음 플립플롭에 옮기는 동작을 하는 레지스터는?**

① 직렬 이동 레지스터
② 병렬 이동 레지스터
③ 공간 이동 레지스터
④ 상황 이동 레지스터

해설 시프트 레지스터는 플립플롭을 직렬로 연결하여 사용한다.

43 **다음 중 안정된 상태가 없는 회로이며, 직사각형파 발생 회로 또는 시간 발생기로 사용되는 회로는?**

① 플립플롭
② 비안정 멀티바이브레이터
③ 쌍안정 멀티바이브레이터
④ 단안정 멀티바이브레이터

해설 **멀티바이브레이터의 종류**

㉠ 비안정 멀티바이브레이터(astable multivibrator) : 구형파를 발생하는 안정된 상태가 없는 회로로서, 세트 상태와 리셋 상태를 번갈아 가면서 변환시키는 구형파 발진에 사용된다.
㉡ 단안정 멀티바이브레이터(monostable multivibrator) : 외부 트리거 펄스를 가하면 안정 상태에서 준안정 상태로 되었다가 어느 일정 시간 경과 후 다시 안정 상태로 돌아오는 동작을 한다.
㉢ 쌍안정 멀티바이브레이터(bistable multivibrator) : 플립플롭을 말한다. 정보를 기억하는 용도로 사용된다.

44 **오류 검출뿐만 아니라 정정도 가능한 코드는?**

① BCD 코드 ② 그레이 코드
③ 패리티 코드 ④ 해밍 코드

해설 오류 검출뿐만 아니라 정정도 가능한 코드는 해밍 코드(hamming code)이다. 패리티 비트(parity bit)는 오류 검출만 가능하다.

45 **여러 회선의 입력이 한 곳으로 집중될 때 특정 회선을 선택하도록 하므로, 선택기라고도 하는 회로는?**

① 멀티플렉서(multiplexer)
② 리플 계수기(ripple counter)
③ 디멀티플렉서(demultiplexer)
④ 병렬 계수기(parallel counter)

해설 멀티플렉서(multiplexer)는 여러 개의 입력선 중에서 하나를 선택하여 단일의 출력으로 내보내는 조합 논리 회로로, 데이터 선택기(data selector)라고도 한다.

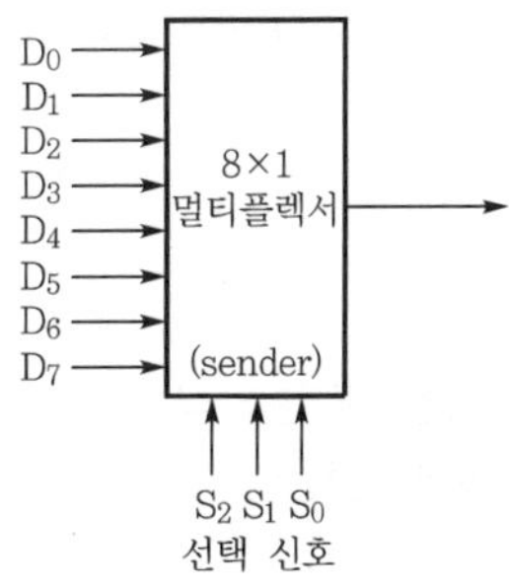

[8×1 **멀티플렉서 블록도**]

46 **다음 중 부정(NOT) 논리 회로를 나타낸 것은?**

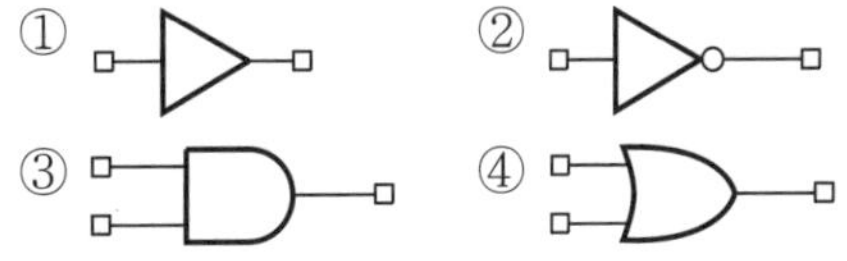

해설 ① 버퍼(buffer)
② NOT
③ AND
④ OR

47 **계수기에서 가장 기본이 되는 계수기로서, 흔히 리플 계수기라고도 불리는 것은?**

① 상향 계수기 ② 하향 계수기
③ 비동기형 계수기 ④ 동기형 계수기

해설 비동기형 계수기는 앞단의 출력을 입력 펄스로 받아 계수하는 것으로, 리플 계수기라고도 한다.

정답 42.① 43.② 44.④ 45.① 46.② 47.③

48 다음 중 가장 큰 수는?

① $(109)_{10}$ ② $(156)_8$
③ $(1101110)_2$ ④ $(6F)_{16}$

해설 제일 큰 수는 $(6F)_{16}$이다.

② $(156)_8 = 1\times8^2+5\times8^1+6\times8^0 = 64+40+6 = (110)_{10}$

③ $(1101110)_2 = 1\times2^6+1\times2^5+1\times2^3+1\times2^2+1\times2^1 = 64+32+8+4+2 = (110)_{10}$

④ $(6F)_{16} = 6\times16^1+F\times16^0 = 96+15 = (111)_{10}$

49 다음 중 논리식 $Y = A + AB + \overline{A}B$를 최소화한 것은?

① $A+\overline{B}$ ② $\overline{A}+B$
③ $A+B$ ④ 0

해설 $Y = A+AB+\overline{A}B$
$= A+B(A+\overline{A})$
$= A+B\cdot1$
$= A+B$

50 4개의 플립플롭으로 구성된 직렬 시프트 레지스터에서 MSB 레지스터에 기억된 내용이 출력으로 나오기 위하여 필요한 클록 펄스는 몇 개인가?

① 2개 ② 4개
③ 6개 ④ 8개

해설 시프트 레지스터는 플립플롭을 직렬로 연결하여 사용한다. 1개의 펄스마다 각 단의 플립플롭에 저장된 데이터가 옆단으로 1비트씩 이동되므로 4단의 시프트 레지스터의 한쪽 입력에서 끝단으로 나오게 하려면 4개의 펄스가 인가되어야 한다.

51 두 수를 비교하여 그들의 상대적 크기를 결정하는 조합 논리 회로는?

① 가산기 ② 디코더
③ 비교기 ④ 모뎀

해설 비교기(comparator)는 2개의 신호를 비교하여 그 크기의 일치 및 대소를 판별하는 조합 논리 회로이다.

52 다음 게이트 회로와 등가인 논리식은?

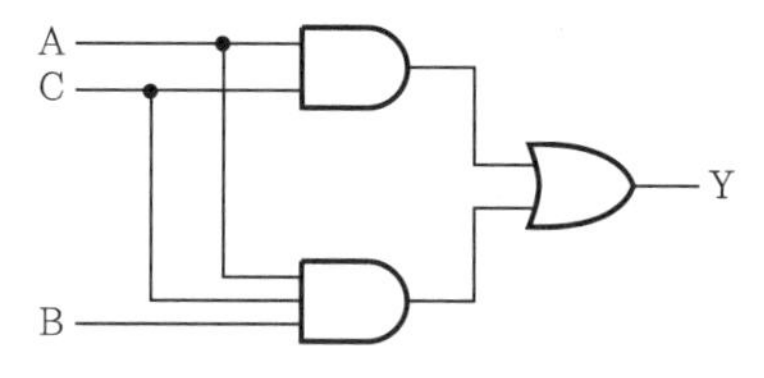

① $Y = AC$
② $Y = A\overline{B}+\overline{A}C$
③ $Y = (A+B)\cdot(A+C)$
④ $Y = (A+C)\cdot(A+B+C)$

해설 $Y = AC+ACB$
$= AC(1+B)$
$= AC$

53 RS 플립플롭의 작동 규칙에 대한 설명으로 옳지 않은 것은?

① S=0이고, R=0이면 Q는 현재 상태를 유지한다.
② S=1이고, R=0이면 Q=0이다.
③ S=0이고, R=1이면 Q=0이다.
④ S=1이고, R=1이면 다음 상태는 예측이 불가능하다.

해설 RS FF의 진리표

R	S	Q_{n+1}
0	0	Q_n(유지)
0	1	1
1	0	0
1	1	X(부정)

정답 48.④ 49.③ 50.② 51.③ 52.① 53.②

54 다음 중 조합 논리 회로 설계 시 가장 먼저 해야 할 일은?

① 진리표 작성
② 논리 회로의 구현
③ 주어진 문제의 분석과 변수의 정리
④ 각 출력에 대한 불함수의 유도 및 간소화

해설 **논리 회로의 설계 순서**
㉠ 입·출력 조건에 따라 변수를 결정한다.
㉡ 진리표를 작성한다.
㉢ 간소화된 논리식을 구한다.
㉣ 논리식으로 논리 회로를 설계한다.

55 다음 그림과 같이 A와 B에서 값이 입력될 때 출력값은?

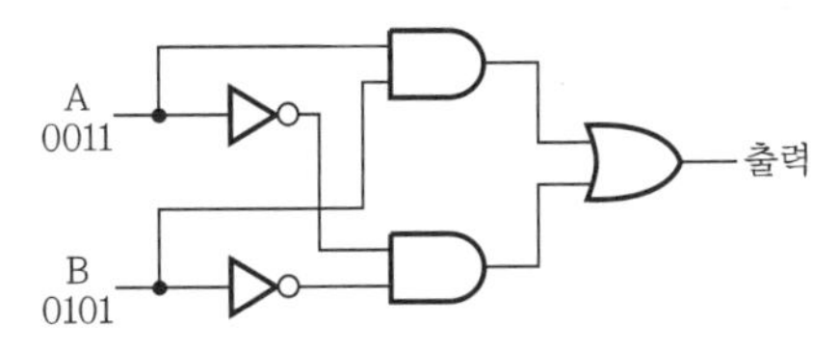

① 1001　　② 0101
③ 0100　　④ 0011

해설 A = 0011, B = 0101이므로
$Y = (A \cdot B) + (\overline{A} \cdot \overline{B})$
$= (0011 \cdot 0101) + (1100 \cdot 1010)$
$= 0001 + 1000$
$= 1001$

56 플립플롭 중 데이터의 일시적인 보존 또는 디지털 신호의 지연 작용에 많이 사용되는 것은?

① D FF　　② JK FF
③ RS FF　　④ MS FF

해설 D 플립플롭은 Delay Flip Flop 또는 Data Flip Flop의 약어로, 데이터의 일시적인 보존이나 디지털 신호의 지연에 사용된다.

57 8개의 입력 펄스마다 계수 주기가 반복되는 계수기를 가진 8진 계수기 또는 모듈러스 8계수기(modulus 8counter)라고 한다. 6진 계수기를 만들려고 하면 최소 몇 개의 플립플롭(FF)이 필요한가?

① 2개　　② 3개
③ 4개　　④ 6개

해설 6진 계수기는 $000(0_{10}) \sim 101(5_{10})$까지 표현되어야 하므로 3개가 필요하다.

58 어떤 입력 상태에 대해 출력이 무엇이 되든지 상관없는 경우 출력 상태를 임의 상태(don't care condition)라고 하는데, 진리표나 카르노도에서는 임의 상태를 일반적으로 어떻게 표시하는가?

① X　　② #
③ %　　④ &

해설 임의 상태(don't care condition)란 입력에 따른 출력을 구하는 데 있어서 항이 1이든 0이든 영향이 끼치지 않는 것을 말하며, 진리표나 카르노도에서는 임의 상태를 일반적으로 X로 표시한다.

59 동기식 순서 회로를 설계하는 방식이 순서대로 옳게 나열된 것은?

> ㉠ 플립플롭의 제어 신호를 결정한다.
> ㉡ 클록 신호에 대한 각 플립플롭의 상태 변화를 표로 작성한다.
> ㉢ 카르노도를 이용하여 단순화한다.

① ㉡ → ㉠ → ㉢
② ㉢ → ㉡ → ㉠
③ ㉠ → ㉡ → ㉢
④ ㉡ → ㉢ → ㉠

정답 54.③ 55.① 56.① 57.② 58.① 59.①

해설 **동기식 순서 회로(카운터)의 설계 순서**

㉠ 카운터 동작 순서표 작성
㉡ 각 플립플롭의 순서표와 여기표(동작 상태표)를 작성
㉢ 여기표를 이용하여 각 플립플롭 입력에 대한 카르노도를 이용하여 간략화한다.
㉣ 간략화한 카르노도에 따른 동기식 카운터 회로를 구성한다.

60 **레지스터의 설명으로 옳지 않은 것은?**

① 2진식 기억 소자의 집단
② Flip Flop으로 구성
③ 타이밍 변수를 만드는 데 유용
④ 직렬 입력, 병렬 출력으로만 동작

해설 **레지스터**

㉠ 플립플롭으로 구성된 일종의 기억 장치로서, 데이터의 직·병렬 입력(기억), 직·병렬 출력, 시프트의 동작을 갖는다.
㉡ 컴퓨터 중앙 처리 장치 등 마이크로프로세서 내의 레지스터는 데이터를 일시 저장할 수 있는 기능을 하며, 명령어에 의해 저장·인출·시프트 등의 동작을 수행한다.

정답 60.④

2011년 제5회 기출 문제

2011. 10. 9. 시행

01 **90[kΩ]의 저항 R_1과 10[kΩ]의 저항 R_2가 직렬로 연결된 화로 양단에 3[V]의 전원을 인가했을 때 저항 R_2의 양단의 전압[V]은?**

① 0.3　　② 0.9
③ 1.8　　④ 2.7

해설
$$I = \frac{V}{R} = \frac{3[V]}{100[k\Omega]} = \frac{3}{100 \times 10^3} = 0.03[mA]$$
$$V = IR = 0.03 \times 10^{-3} \times 10 \times 10^3 = 0.3[V]$$

02 **다음과 같은 연산 증폭기의 기능으로 가장 적합한 것은?** (단, $R_i = R_f$이고 연산 증폭기는 이상적이다)

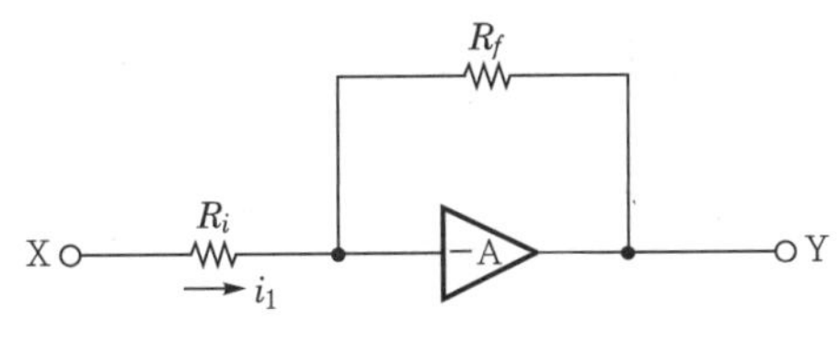

① 적분기　　② 미분기
③ 배수기　　④ 부호 변환기

해설 반전 증폭 회로이다.
$y = -\frac{R_f}{R_i}x$에서 $R_i = R_f$이면
$y = -x$이므로 부호 변환기이다.

03 **피어스(pierce) BE 수정 발진기에 대한 설명으로 가장 옳은 것은?**

① 컬렉터 회로의 임피던스가 유도성일 때 가장 안정된 발진을 한다.
② 컬렉터 회로의 임피던스가 용량성일 때 가장 안정된 발진을 한다.
③ 컬렉터 회로에 저항 성분만이 존재할 때 가장 안정된 발진을 한다.
④ 컬렉터 회로의 임피던스가 저항성 및 용량성이 동시에 존재할 때 가장 안정된 발진을 한다.

해설 **수정 발진기 회로**
㉠ 피어스 BE형 수정 발진기는 수정 진동자가 이미터와 베이스 사이에 있으므로 하틀리 발진기와 비슷하다.
㉡ BC형 발진 회로는 콜피츠 발진 회로와 비슷하다.
㉢ 수정 발진 회로는 유도성일 때 발진한다.

04 **다음 중 일함수 100×10^{19}[eV]의 에너지는 몇 [J]인가?**

① 1.602　　② 16.02
③ 160.2　　④ 1,602

해설 일함수 100×10^{19}[eV]의 에너지는 전자의 전기량 $e = 1.602 \times 10^{-19}$[C]이므로
$100 \times 10^{19} \times 1.602 \times 10^{-19} = 160.2$[J]

05 **어떤 전지의 외부 회로의 저항은 3[Ω]이고 전류는 5[A]이다. 외부 회로에 3[Ω] 대신 8[Ω]의 저항을 접속하면 전류는 2.5[A] 떨어진다. 전지의 기전력은 몇 [V]인가?**

① 15　　② 20
③ 25　　④ 30

정답 01.① 02.④ 03.① 04.③ 05.③

해설 먼저 전지의 내부 저항 r을 구한다. 외부 저항 3[Ω]을 접속했을 때 기전력을 E_1, 8[Ω]을 접속했을 때의 기전력을 E_2라 하면

$E_1 = 5[A] \times (r+3) = 5r+15$

$E_2 = 2.5[A] \times (r+8) = 2.5r+20$

이 두 식에서 r을 구하면

$5r+15 = 2.5r+20$

$5r-2.5r = 20-15$

$2.5r = 5$

$\therefore\ r = \frac{5}{2.5} = 2$

따라서 전지의 기전력은 다음과 같다.

$E_1 = 5 \times (2+3) = 25[V]$

$E_2 = 2.5 \times (2+8) = 25[V]$

06 트랜지스터 증폭기 회로에 부궤환을 걸었을 때 나타나는 특성이 아닌 것은?

① 대역폭 확대
② 이득이 다소 저하
③ 일그러짐과 잡음 감소
④ 입력 및 출력 임피던스 감소

해설 **부궤환 증폭기의 특성**
㉠ 주파수 특성이 개선된다.
㉡ 증폭도가 안정적이다.
㉢ 일그러짐이 감소한다.
㉣ 출력 잡음이 감소한다.
㉤ 이득이 감소한다.
㉥ 고입력 임피던스, 저출력 임피던스이다.

07 다음 그림과 같은 회로의 명칭으로 가장 적합한 것은? (단, 다이오드는 정밀급이다)

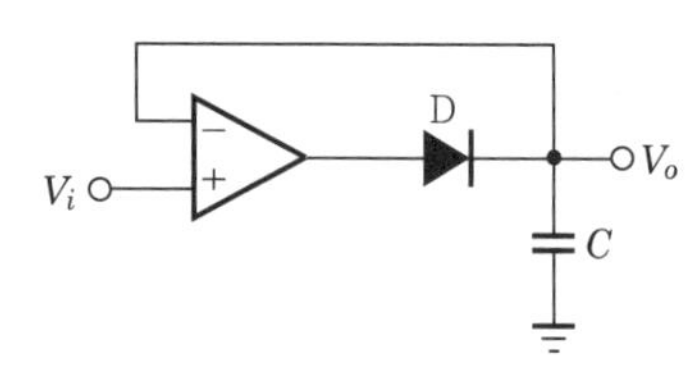

① (+)피크 검파기 ② 배압 검파기
③ 정밀 클램프 ④ 적분기

해설 다이오드에 의해 반파 정류된 파의 피크값이 콘덴서 C에 저장되므로 피크 검출기로 사용된다.

08 입력 임피던스가 높고 출력 임피던스가 낮아 주로 버퍼단으로 사용하는 것은?

① 베이스 접지 증폭 회로
② 변압기 결합 증폭 회로
③ 이미터 폴로어 증폭 회로
④ 저항 결합 증폭 회로

해설 **이미터 폴로어 증폭 회로**
㉠ 컬렉터 접지 증폭 회로라 하며 전압 증폭도가 약 1로서, 입력 전압=출력 전압이다.
㉡ 고입력 임피던스, 저출력 임피던스 특성으로 임피던스 정합이나 변환 회로에 사용된다.

09 실효 전압 E[V]를 다이오드로 반파 정류하였을 때 다이오드의 역내 전압은 몇 [V]인가?

① $\sqrt{2}E$ ② $2E$
③ $\frac{E}{\sqrt{2}}$ ④ $\frac{E}{2}$

해설 반파 정류 회로의 최대 역전압(PIV)은 최대 입력 전압과 같고 다이오드에 전류가 흐르지 않을 때 다이오드 양단의 최대 전압과 같다.

역내 전압 $V = \sqrt{2} \times$ 실효 전압(E)
$= \sqrt{2}E$

10 이상형 CR 발진 회로의 CR을 3단 계단형으로 조합할 경우 컬렉터측과 베이스측의 총 위상편차는 몇 도인가?

① 90 ② 120
③ 180 ④ 360

해설 **이상형 CR 발진기**
㉠ 발진 원리 : 이상형 CR 발진기는 CR을 3계단형으로(180°이상) 조합시켜 컬렉터

정답 06.④ 07.① 08.③ 09.① 10.③

측과 베이스측의 총위상 편차가 180°되게 설계되어 있으므로 결국 동위상으로 되먹임되어 발진한다.

㉡ 전압 이득 $A_V \geq 29$

㉢ 발진 주파수 $f_o = \frac{1}{2\pi\sqrt{6}\,CR}$ [Hz]

㉣ 특징

- 구조가 간단하고 소형으로 할 수 있다.
- 파형이 깨끗하고 주파수가 안정하다.
- 가청 주파수 이하의 발진기로 적합하다.

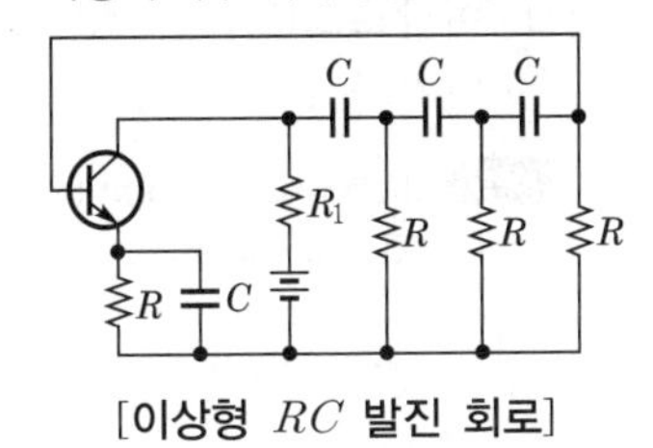

[이상형 *RC* 발진 회로]

11 **중앙 처리 장치로부터 입·출력 지시를 받으면 직접 주기억 장치에 접근하여 데이터를 꺼내어 출력하거나 입력한 데이터를 기억시킬 수 있고 입·출력에 관한 모든 동작을 자율적으로 수행하는 입·출력 제어 방식은 무엇인가?**

① 프로그램 제어 방식
② 인터럽트 방식
③ DMA 방식
④ 채널 방식

해설 DMA 방식은 중앙 처리 장치(CPU)의 간섭을 받지 않고 기억 장치에 접근하여 입·출력 동작을 제어하는 방식으로, 입·출력에 관한 모든 동작을 자율적으로 수행한다.

12 **다음 연산 회로 중 시프트에 의하여 바깥으로 밀려나는 비트가 그 반대편의 빈 곳에 채워지는 형태의 직렬 이동과 관계되는 것은 무엇인가?**

① AND ② OR
③ Rotate ④ Complement

해설 연산 회로 중 시프트에 의하여 바깥으로 밀려나는 비트가 그 반대편의 빈 곳에 채워지는 형태의 직렬 이동과 관계되는 것은 로테이트(rotate)이다.

13 **이항(binary) 연산자이면서 논리(logical) 연산자인 것은?**

① Move ② ADD
③ Multiply ④ AND

해설 이항 연산에는 사칙 연산(+, −, ×, /), 논리 연산(AND, OR, X−OR) 등이 있다.

14 **입력 단자에 나타난 정보를 코드화하여 출력으로 내보내는 것으로, 해독기와 정반대의 기능을 수행하는 조합 논리 회로는?**

① 부호기(encoder)
② 멀티플렉서(multiplexer)
③ 플립플롭(flip flop)
④ 가산기(adder)

해설 부호기(encoder)는 해독기와 정반대의 기능을 수행하는 조합 논리 회로로써, 여러 개의 입력 단자 중 어느 하나에 나타난 경로를 여러 자리의 2진수로 코드화하여 전달한다. 출력은 *n*개로서 입력에 대해 고유의 2진 코드로 생성한다.

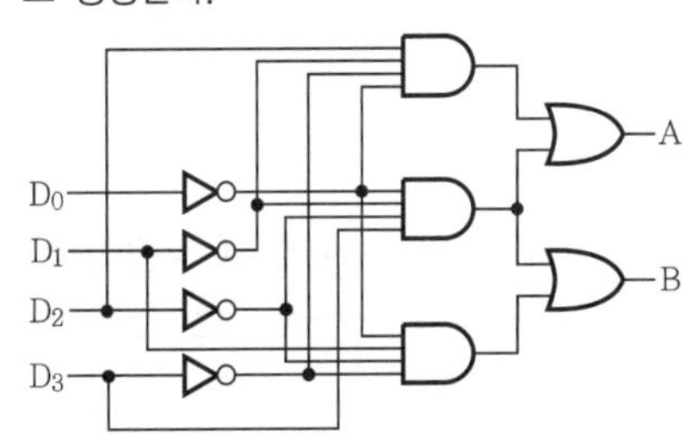

D_0	D_1	D_2	D_3	A	B
1	0	0	0	0	0
0	1	0	0	0	1
0	0	1	0	1	0
0	0	0	1	1	1

[4 × 2인코더]

정답 11.③ 12.③ 13.④ 14.①

15 **특별한 조건이나 신호가 컴퓨터에 인터럽트 되는 것을 방지하는 것은?**

① 인터럽트 마스크
② 인터럽트 레벨
③ 인터럽트 카운터
④ 인터럽트 핸들러

해설 인터럽트 마스크는 인터럽트가 발생하였을 때 해당 인터럽트를 받아들일지 여부를 검토하고 실행을 지정하는 것으로, 인터럽트 마스크 비트가 세트된 경우 다른 장치로부터의 인터럽트 요구에 응답하는 것을 방지한다.

16 **프로그램 실행 중 강제적으로 제어를 특정 주소로 옮기는 것으로, 프로그램의 실행을 중단하고 그 시점에서의 주요 데이터를 주기억 장치로 되돌려 놓은 다음 특정 주소로부터 시작되는 프로그램에 제어를 옮기는 것은?**

① 명령 실행　　② 인터럽트
③ 명령 인출　　④ 간접 단계

해설 **인터럽트**
㉠ 정의 : 컴퓨터 시스템에서 발생하는 예외적인 사건을 운영 체제가 처리하기 위한 기법이다.
㉡ 종류 : 슈퍼바이저 호출, 프로그램 검사 인터럽트, 정전 인터럽트, 기계 검사 인터럽트, 입·출력 인터럽트, 외부 인터럽트 등이 있다.

17 **주기억 장치로부터 명령어를 읽어서 중앙 처리 장치로 가져오는 사이클은?**

① Fetch cycle　　② Indirect cycle
③ Execute cycle　　④ Interrupt cycle

해설 **CPU의 상태 변환**
㉠ 인출 상태(fetch cycle) : 주기억 장치로부터 명령을 읽어 CPU로 가져오는 사이클
㉡ 간접 상태(indirect cycle) : 오퍼랜드가 간접 주소일 때 유효 주소를 읽기 위해 기억 장치에 접근하는 사이클
㉢ 실행 상태(execute cycle) : 인출된 명령어를 이용하여 직접 명령을 실행하는 사이클
㉣ 인터럽트 상태(interrupt cycle) : 인터럽트가 발생했을 때 처리하는 사이클

18 **PCM(Pulse Code Modulation) 전송 방식의 기본 과정으로 필요하지 않은 것은?**

① 아날로그화　　② 표본화
③ 양자화　　④ 부호화

해설 PCM(Pulse Code Modulation) 전송 방식 : 표본화(sampling) → 양자화(quantization) → 부호화(encoding) → 복호화(decoding) → 여과(filtering)

19 **최대 클록 주파수가 가장 높은 논리 소자는?**

① CMOS　　② ECL
③ MOS　　④ TTL

해설 처리 속도는 ECL이 가장 빠르며, CMOS가 가장 늦다.

20 **다음 중 순차 접근 저장 매체(SASD)에 해당하는 것은?**

① 자기 코어　　② 자기 테이프
③ 자기 디스크　　④ 자기 드럼

해설 자기 테이프는 순차 접근 저장 매체(SASD)이고 자기 드럼, 자기 디스크, 하드 디스크, 플로피 디스크 등은 임의 접근 저장 매체(DASD)이다.

21 **'0'과 '1'로 구성되며 정보를 나타내는 최소 단위는?**

① Word　　② Bit
③ Byte　　④ File

해설 '0'과 '1'로 구성되며 정보를 나타내는 최소 단위는 비트(bit)이다.

정답 15.① 16.② 17.① 18.① 19.② 20.② 21.②

22 미국에서 개발한 표준 코드로서, 개인용 컴퓨터에 주로 사용되며, 7비트로 구성되어 128가지의 문자를 표현할 수 있는 코드는?

① EBCDIC ② UNICODE
③ ASCII ④ BCD

해설 ASCII 코드는 존 비트(3)와 디짓 비트(4)로 구성되는 7비트 코드로, 128개의 문자 표현이 가능하며 데이터 통신에서 가장 널리 사용된다. 7비트 ASCII 코드에 패리티 비트를 추가하여 8비트 ASCII 코드로도 사용된다.

23 접속한 두 장치 사이에서 데이터의 흐름 방향이 한 방향으로 한정되어 있는 통신 방식은?

① Simplex 통신 방식
② Half duplex 통신 방식
③ Full duplex 통신 방식
④ Multi point 통신 방식

해설 단방향(simplex) 통신 방식은 접속한 두 장치 사이에서 데이터의 흐름 방향이 한 방향으로 한정되어 있는 통신 방식으로, TV, 라디오 등이 있다.

24 근거리 통신망의 구성 중 회선 형태의 케이블에 송·수신기를 통하여 스테이션을 접속하는 것으로 그림과 같은 형은?

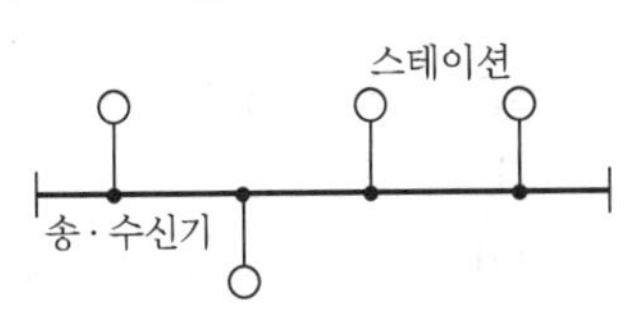

① 성(star)형 ② 루프(loop)형
③ 버스(bus)형 ④ 그물(mesh)형

해설 버스형(bus)의 특징

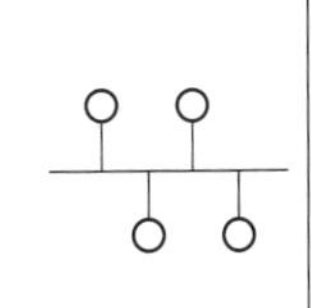	• 한 통신 회선에 여러 대의 단말기가 접속되는 형태 • 구조가 간단하며, 단말기의 추가 및 제거가 용이함 • 한 노드의 고장은 해당 노드에만 영향을 미침

25 산술 연산과 논리 연산의 결과를 임시로 기억하는 것은?

① 누산기 ② 상태 레지스터
③ 기억 레지스터 ④ 데이터 레지스터

해설 누산기(accumulator)는 산술 연산과 논리 연산의 결과를 임시로 기억하는 레지스터이다.

26 다음 중 자기 보수적(self complement) 성질이 있는 코드는?

① 3초과 코드 ② 해밍 코드
③ 그레이 코드 ④ BCD 코드

해설 어떤 코드의 1의 보수를 취한 값이 10진수의 9의 보수인 코드를 자기 보수 코드라 하며 3초과 코드, 2421코드, 51111코드 등이 있다.

27 다음 중 입력 장치로만 짝지어진 것은?

① 바코드, 프린터 ② OCR, 콤(COM)
③ 키보드, 플로터 ④ 스캐너, OMR

해설 입력 장치는 키보드와 마우스, 스캐너, 광학 마크 판독기(OMR), 광학 문자 판독기(OCR), 자기 잉크 문자 판독기(MICR), 바코드 판독기, 조이 스틱, 디지타이저, 터치 스크린, 디지털 카메라 등이 있다.

28 주소 지정 방식 중 명령어가 현재 오퍼랜드에 표현된 값이 실제 데이터가 기억된 주소가 아니고, 그곳에 기억된 내용이 실제의 데이터 주소인 방식은?

① 직접 주소 지정 방식(direct addressing)
② 상대 주소 지정 방식(relative addressing)
③ 간접 주소 지정 방식(indirect addressing)
④ 즉시 주소 지정 방식(immediate addressing)

해설 간접 주소 지정 방식(indirect addressing)은 주소부가 지정하는 곳에 있는 메모리의 값이 실제 데이터가 기억된 주소를 가지고 있는 경우로 메모리 참조 횟수는 2회 이상이다.

정답 22.③ 23.① 24.③ 25.① 26.① 27.④ 28.③

29 다음 중 다음에 수행될 명령어의 주소를 나타내는 것은?

① Stack pointer
② Instruction
③ Program counter
④ Accumulator

해설 ③ Program counter(PC) : 다음에 수행할 명령어의 주소를 기억하는 레지스터
④ Accumulator(누산기) : 연산의 결과를 일시적으로 기억하는 레지스터

30 네온 또는 아르곤의 혼합 가스를 셀(cell)에 채워 높은 전압을 가할 때 나오는 빛을 이용한 출력 장치는?

① 음극선관(CRT)
② X-Y 플로터(X-Y plotter)
③ 플라스마 디스플레이(plasma display)
④ 액정 디스플레이(liquid crystal display)

해설 PDP(Plasma Display Panel) : 2장의 유리 기판 사이에 네온이나 아르곤 혼합 가스를 넣고 전압을 가해 발생하는 빛을 이용하는 기법으로, 전력 소비와 열 방출은 많으나 고해상도이면서도 눈의 부담은 작은 편이다.

31 운영 체제의 기억 장치 배치 전략 중 프로그램이나 데이터가 들어갈 수 있는 크기의 빈 영역 중에서 단편화를 가장 많이 남기는 분할 영역에 배치시키는 방법은?

① Worst fit ② First fit
③ Best fit ④ Last fit

해설 기억 장치 배치 전략의 종류
㉠ 최초 적합(first fit) : 사용 가능한 공간 중에서 가장 먼저 발견한 공간에 할당하는 방법이다.
㉡ 최적 적합(best fit) : 사용 가능한 공간 중에서 가장 작은 공간에 할당하는 방법이다.
㉢ 최악 적합(worst fit) : 사용 가능한 공간 중에서 가장 큰 공간에 할당하는 방법으로, 단편화를 가장 많이 남긴다.

32 BNF 표기법에서 '정의'를 의미하는 기호는?

① # ② &
③ | ④ ::=

해설 BNF(Backus-Naur Form) : 프로그래밍 언어를 정의하기 위한 최초의 메타 언어로, ::=는 정의, |는 선택을 나타내는 기호이다.

33 스케줄링 기법 중 다음과 같은 우선순위 계산 공식을 이용하여 CPU를 할당하는 기법은?

> 우선 순위 계산식
> $$= \frac{\text{대기 시간} + \text{서비스 시간}}{\text{서비스 시간}}$$

① HRN ② SJF
③ FCFS ④ Priority

해설 스케줄링 기법 중 SJF 스케줄링 기법의 단점인 긴 작업과 짧은 작업의 지나친 불평 등을 보완한 기법으로 우선순위 계산식에 의해 작업을 처리하는 기법은 HRN(Highest Respones Ratio Next) 스케줄링 기법이다.

34 C언어의 기억 클래스(storage class)에 해당하지 않는 것은?

① 내부 변수(internal variable)
② 자동 변수(automatic variable)
③ 정적 변수(static variable)
④ 레지스터 변수(register variable)

해설 C언어의 기억 클래스(storage class)는 자동 변수(automatic variable), 정적 변수(static variable), 외부 변수(external variable), 레지스터 변수(register variable) 등이 있다.

정답 29.③ 30.③ 31.① 32.④ 33.① 34.①

35 **프로그래밍 절차에서 해결해야 할 문제가 무엇인지 정의하고 소요 비용 및 기간 등에 대한 조사·분석을 통하여 타당성을 검토하는 단계는?**

① 문서화　② 문제 분석
③ 입·출력 설계　④ 순서도

해설 **문제 분석 단계의 특징**
㉠ 주어진 문제를 분석하여 해결해야 할 과제를 명확히 정의한다.
㉡ 컴퓨터를 이용하여 해결할 문제와 필요한 요소, 사용자의 요구를 분석한다.
㉢ 프로그래밍에 소요되는 비용, 기간 등을 분석하여 경제성, 능률성, 타당성 등을 검토한다.

36 **다음 중 어셈블리어에 대한 설명으로 옳지 않은 것은?**

① 기호 코드(mnemonic code)라고도 한다.
② 어셈블러라는 언어 번역 프로그램에 의해서 기계어로 번역된다.
③ 자연어에 가까운 고급 언어이다.
④ 컴퓨터 기종마다 상이하여 호환성이 없다.

해설 **어셈블리어**
㉠ 기계어와 1 : 1로 대응하는 기호로 이루어진 니모닉(Mnemonic) 언어로, 저급 언어이며 기계어로 번역하기 위해 어셈블러(assembler)가 필요하다.
㉡ 전문적인 지식이 필요하며 컴퓨터 기종마다 상이하여 호환성이 떨어진다.

37 **C언어의 특징으로 거리가 먼 것은?**

① 구조적 프로그램이 가능하다.
② 이식성이 뛰어나 기종에 관계없이 프로그램을 작성할 수 있다.
③ 기계어에 대하여 1 : 1로 대응된 기호화한 언어이다.
④ 시스템 프로그래밍에 주로 사용되는 언어이다.

해설 C언어는 시스템 프로그래밍 언어이며 구조적 프로그램이 가능하며 이식성이 뛰어나 기종에 관계없이 프로그램을 작성할 수 있다.

38 **다음 중 원시 프로그램을 구성하는 각각의 명령문을 한 줄씩 명령문 단위로 번역하여 직접 실행하기 때문에 문법 오류를 쉽게 수정할 수 있으며, 목적 프로그램이 생성되지 않는 것은?**

① 어셈블러　② 인터프리터
③ 컴파일러　④ 전처리기

해설 인터프리터(interpreter)는 작성된 원시 프로그램을 한 줄씩 명령문 단위로 번역하여 직접 실행하기 때문에 문법 오류를 쉽게 수정할 수 있고 목적 프로그램을 생성하지 않으며 BASIC, LISP, 자바(JAVA), PL/1 등이 있다.

39 **고급 언어로 작성된 프로그램 구문을 분석하여 작성된 표현식이 BNF의 정의에 의해 바르게 작성되었는지를 확인하기 위해 만들어진 트리는?**

① Parse tree
② Binary tree
③ Shift tree
④ Lexical tree

해설 파스 트리(parse tree)는 구문 분석 단계에서 어떤 표현이 BNF에 의해 바르게 작성되었는지를 확인하기 위해 만드는 트리로서, 파스 트리가 존재한다면 주어진 표현이 BNF에 의해 작성될 수 있음을 의미한다.

40 **다음 중 운영 체제의 성능 평가 기준으로 거리가 먼 것은?**

① 처리 능력　② 사용 가능도
③ 비용　④ 신뢰도

정답 35.② 36.③ 37.③ 38.② 39.① 40.③

해설 **운영 체제 성능 평가 요소**

㉠ 처리 능력(throughput) : 일정 시간 내에 시스템이 처리하는 일의 양
㉡ 사용 가능도(availability) : 시스템을 사용할 필요가 있을 때 즉시 사용 가능한 정도
㉢ 신뢰도(reliability) : 시스템이 주어진 문제를 정확하게 해결하는 정도
㉣ 응답 시간(turn around time) : 시스템에 작업을 의뢰한 시간부터 처리가 완료될 때까지 걸린 시간

41 다음 중 전감산기의 출력 D(차)와 결과가 같은 것은?

① 전가산기 S(합) 출력
② 반가산기 C(자리 올림수)
③ 전가산기 B(자리 내림수)
④ 전가산기 C(자리 올림수)

해설 **전감산기와 전가산기의 진리표**

㉠ 전감산기 진리표

X	Y	Z	D	B
0	0	0	0	0
0	0	1	1	1
0	1	0	1	1
0	1	1	0	1
1	0	0	1	0
1	0	1	0	0
1	1	0	0	0
1	1	1	1	1

㉡ 전가산기 진리표

X	Y	Z	S	C
0	0	0	0	0
0	0	1	1	0
0	1	0	1	0
0	1	1	0	1
1	0	0	1	0
1	0	1	0	1
1	1	0	0	1
1	1	1	1	1

42 1 × 4디멀티플렉서에 최소로 필요한 선택선의 개수는?

① 1개　　② 2개
③ 3개　　④ 4개

해설 **1×4디멀티플렉서**

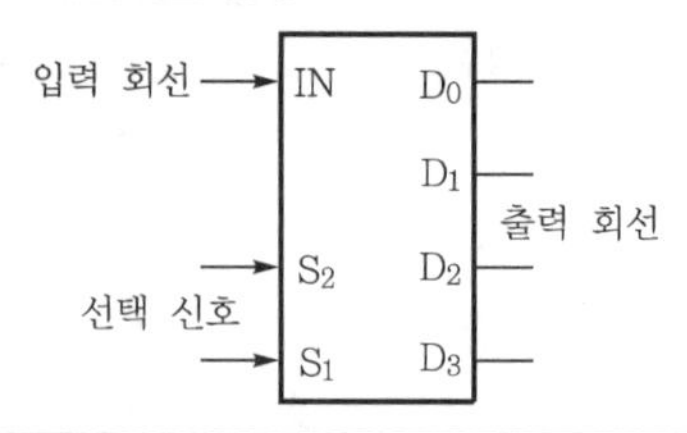

선택 신호		출력			
S_1	S_2	D_0	D_1	D_2	D_3
0	0	IN	0	0	0
0	1	0	IN	0	0
1	0	0	0	IN	0
1	1	0	0	0	IN

43 순서 논리 회로를 설계할 때 사용되는 상태표(state table)의 구성 요소가 아닌 것은?

① 현재 상태　　② 다음 상태
③ 출력　　④ 이전 상태

해설 **JK FF 상태표**

J	K	Q_{n+1}
0	0	Q_n
0	1	0
1	0	1
1	1	$\overline{Q_n}$

여기서, Q_n : 현재 상태
Q_{n+1} : 다음 상태

44 제어 입력이 '1'이면 버퍼와 동일하고, 제어 입력이 '0'이면 출력이 끊어지며, 고임피던스 상태가 되는 것은?

① Totem-pole 버퍼
② OC output 버퍼
③ Tri-state 버퍼
④ Inverted output 버퍼

정답 41.① 42.② 43.④ 44.③

해설 3상태(tri-state)의 동작

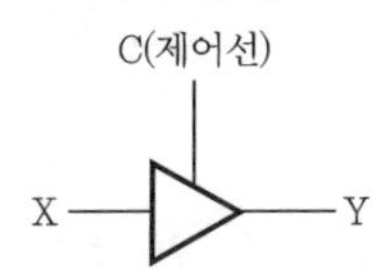

입력		출력
X	C	X
0	0	0
1	0	1
X	1	고임피던스

45 JK 플립플롭에서 반전 동작이 일어나는 경우는?

① J=1, K=1인 경우
② J=0, K=0인 경우
③ J와 K가 보수 관계일 때
④ 반전 동작은 일어나지 않는다.

해설 JK 플립플롭의 진리표

J	K	Q_{n+1}	비고
0	0	Q_n	불변
0	1	0	리셋
1	0	1	세트
1	1	$\overline{Q_n}$	반전

46 다음 논리식의 결과값은?

$$(\overline{\overline{A}+B})(\overline{\overline{A}+\overline{B}})$$

① 0　② 1
③ A　④ B

해설 $(\overline{\overline{A}+B})(\overline{\overline{A}+\overline{B}}) = (A\cdot\overline{B})(A\cdot B)$
$= AA\cdot AB\cdot A\overline{B}\cdot B\overline{B}$
$= 0\ (\because\ B\overline{B}=0)$

47 다음 논리 대수의 정리 중 옳지 않은 것은?

① $A+AB=A+B$
② $A(B+C)=AB+AC$
③ $A+BC=(A+B)\cdot(A+C)$
④ $A+(B+C)=(A+B)+C$

해설 $A+AB=A(1+B)=A$

48 레지스터(register)와 계수기(counter)를 구성하는 기본 소자는?

① 해독기　② 감산기
③ 가산기　④ 플립플롭

해설 계수기, 레지스터 등 순서 논리 회로의 기본 구성 소자는 플립플롭이다.

49 2진수 1010의 1의 보수는?

① 0101　② 0110
③ 1001　④ 0111

해설 1의 보수는 1 → 0로, 0 → 1로 바꾸면 되므로 2진수 1010의 1의 보수는 0101이다.

50 전가산기 회로(full adder)는 몇 개의 입력과 몇 개의 출력을 갖고 있는가?

① 입력 2개, 출력 3개
② 입력 3개, 출력 4개
③ 입력 3개, 출력 2개
④ 입력 2개, 출력 1개

해설 전가산기는 반가산기 2개와 OR 게이트로 구성된다.

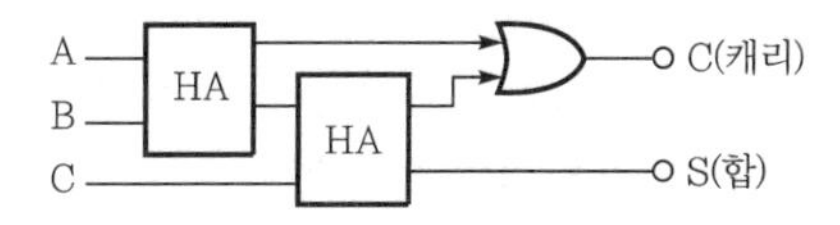

51 2진수 110100을 그레이 부호로 변환한 것은?

① 100110　② 110100
③ 111111　④ 101110

정답 45.① 46.① 47.① 48.④ 49.① 50.③ 51.④

해설 $(110100)_2 = (101110)_G$

$$\begin{array}{cccccccccccc} 1 & \leftrightarrow & 1 & \leftrightarrow & 0 & \leftrightarrow & 1 & \leftrightarrow & 0 & \leftrightarrow & 0 \\ & \oplus & & \oplus & & \oplus & & \oplus & & \oplus & \\ \downarrow & & \downarrow & & \downarrow & & \downarrow & & \downarrow & & \downarrow \\ 1 & & 0 & & 1 & & 1 & & 1 & & 0 \end{array}$$

52 다음 중 비동기식 카운터에 대한 설명으로 틀린 것은?

① 비트수가 많은 카운터에 적합하다.
② 지연 시간으로 고속 카운팅에 부적합하다.
③ 전단의 출력이 다음 단의 트리거 입력이 된다.
④ 직렬 카운터 또는 리플 카운터라고도 한다.

해설 비동기식 카운터는 앞단 플립플롭의 출력을 입력 펄스로 받아 계수하는 회로이기 때문에 회로 구성은 간단하나 고속 동작이 어렵다.

53 시프트 레지스터(shift register)를 만들고자 할 경우 가장 적합한 플립플롭은?

① RS 플립플롭
② T 플립플롭
③ D 플립플롭
④ RST 플립플롭

해설 시프트 레지스터(shift register)는 간편하기 때문에 RS 플립플롭을 사용하는 것이 일반적이지만, JK 플립플롭이나 D 플립폴롭을 사용하기도 한다.

54 플립플롭이 특정 현재 상태에서 원하는 다음 상태로 변화하는 동작을 하기 위한 입력을 표로 작성한 것은?

① 카르노표 ② 게이트표
③ 트리표 ④ 여기표

해설 진리표는 소자의 입력에 따른 출력 동작을 해석한 것이며, 여기표는 출력을 구하기 위해 어떤 입력이 주어지는지 해석한 것으로서 플립플롭 회로 설계를 위한 것이다.

55 다음 T 플립플롭의 특성표에서 ( ) 안에 알맞은 출력값은?

입력	출력
T	Q_{n+1}
0	( )
1	$\overline{Q_n}$

① 0 ② 1
③ Q_n ④ Q_{n+1}

해설 클록이 들어올 때마다 출력이 반전(토글)되는 것이 T 플립플롭(FF)이다.

T	Q_{n+1}
0	Q_n
1	$\overline{Q_n}$

56 반가산기에서 입력 A=1이고, B=0이면 출력합(S)과 올림수(C)는?

① S=1, C=0 ② S=0, C=1
③ S=1, C=1 ④ S=0, C=0

해설 반가산기 진리표와 회로

㉠ 진리표

A	B	S	C
0	0	0	0
0	1	1	0
1	0	1	0
1	1	0	1

㉡ 회로

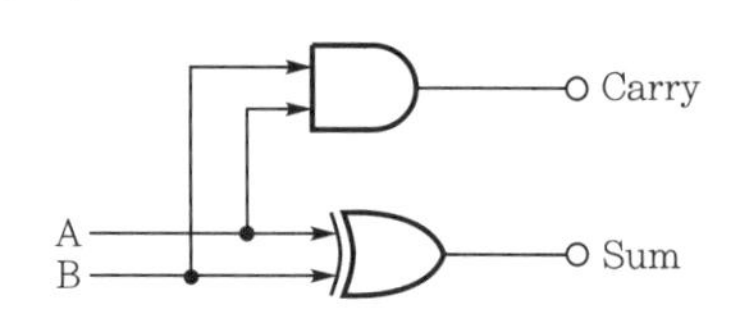

정답 52.① 53.① 54.④ 55.③ 56.①

57 32개의 입력 단자를 가진 인코더(encoder)는 몇 개의 출력 단자를 가지는가?

① 5개 ② 8개
③ 32개 ④ 64개

해설 32비트의 입력으로 2진 코드화할 수 있는 것은 $2^5 = 32$이므로 5비트 출력 단자를 갖는다.

58 3초과 코드(excess 3code)에서 사용하지 않는 것은?

① 1100 ② 0101
③ 0010 ④ 0011

해설 3초과 코드는 자기 보수 코드이고 BCD 코드에 3을 더한 것으로 0011부터 1100까지 사용되므로 0000, 0001, 0010, 1101, 1110, 1111은 사용되지 않는다.

59 다음 중 제일 큰 수는?

① 10진수 256 ② 16진수 FE
③ 2진수 11111111 ④ 8진수 377

해설 제일 큰 수는 $(256)_{10}$이다.

② $(FE)_{16} = F \times 16^1 + E \times 16^0 = 15 \times 16 + 14 \times 1 = (254)_{10}$

③ $(11111111)_2 = 1 \times 2^7 + 1 \times 2^6 + 1 \times 2^5 + 1 \times 2^4 + 1 \times 2^3 + 1 \times 2^2 + 1 \times 2^1 + 1 \times 2^0 = 128 + 64 + 32 + 16 + 8 + 4 + 2 + 1 = (255)_{10}$

④ $(377)_8 = 3 \times 8^2 + 7 \times 8^1 + 7 \times 8^0 = 192 + 56 + 7 = (255)_{10}$

60 동기식 9진 카운터를 만드는 데 필요한 플립플롭의 개수는?

① 1개 ② 2개
③ 3개 ④ 4개

해설 9진 계수기는 $0000(0_{10}) \sim 1000(8_{10})$까지 표현되어야 하므로 4개가 필요하다. 동기식이든 비동기식이든 N진 카운터에서 플립플롭 개수는 동일하다.

정답 57.① 58.③ 59.① 60.④

2012년 제1회 기출 문제

2012. 2. 12. 시행

01 **그림과 같은 미분 회로의 입력에 장방형파 e_i가 공급될 때 출력 e_o의 파형 모양은?** $\left(단, \dfrac{RC}{\tau_p} \ll 1일\ 경우로\ 한다\right)$

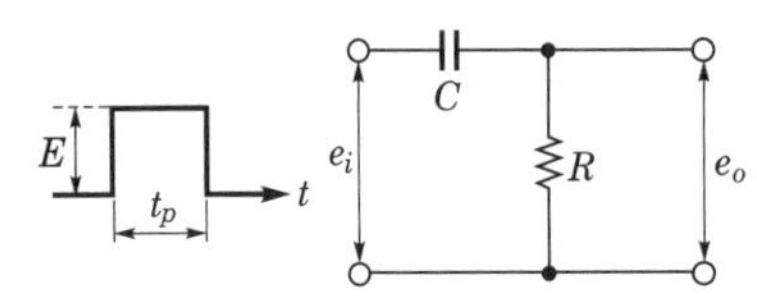

①
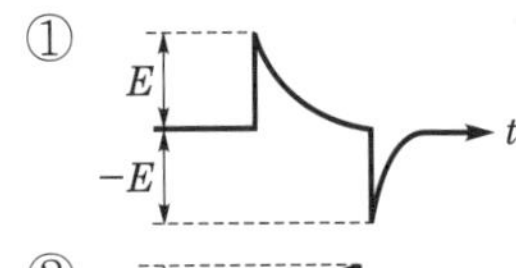

②
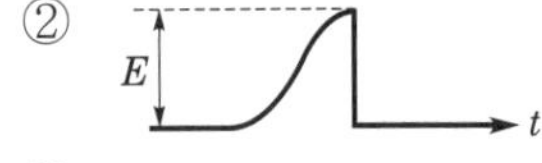

③

④ (E, t)

해설 입력에 콘덴서가 있으면 미분기로서, 입력에 구형파이면 상승과 하강 부분에서 펄스파가 나온다.

02 **다음 중 연산 증폭기의 응용 회로가 아닌 것은 무엇인가?**

① 미분기 ② 가산기
③ 적분기 ④ 멀티플렉서

해설 연산 증폭기는 아날로그 시그널의 증폭, 전력 증폭, 아날로그 컴퓨터 등의 응용 분야에 사용한다. 멀티플렉서는 디지털 시스템의 조합 논리 회로의 일종이다.

03 **정류기 평활 회로에는 어느 것을 이용하는가?**

① 저항 감쇠기 ② 대역 여파기
③ 고역 여파기 ④ 저역 여파기

해설 평활 회로는 정류 회로 출력 전압의 리플을 제거하는 회로로서, 저역 통과 필터를 사용한다.

04 **연산 증폭기의 입력 오프셋 전압에 대한 설명으로 가장 적합한 것은?**

① 출력 전압과 입력 전압이 같게 될 때의 증폭기 입력 전압
② 차동 출력 전압이 0[V]일 때 두 입력 단자에 흐르는 전류의 차
③ 차동 출력 전압이 무한대가 되도록 하기 위하여 입력 단자 사이에 걸어주는 전압
④ 차동 출력 전압이 0[V]가 되도록 하기 위하여 입력 단자 사이에 걸어주는 전압

해설 연산 증폭기의 기본 원리는 차동 증폭기이다. 입력 오프셋 전압이란 입력 차동 출력을 0[V]로 만들기 위해 두 입력 단자 사이에 요구되는 차동 직류 전압이다.

05 **전력에 대한 설명으로 옳은 것은?**

① 전류에 의해서 단위 시간에 이루어지는 힘의 양을 말한다.
② 전류에 의해서 단위 시간에 이루어지는 열량의 양을 말한다.
③ 전류에 의해서 단위 시간에 이루어지는 전하의 양을 말한다.
④ 전류에 의해서 단위 시간에 이루어지는 일의 양, 즉 일의 공률을 말한다.

해설 전력(電力)은 단위 시간당 전류가 할 수 있는 일의 양을 말한다.

정답 01.① 02.④ 03.④ 04.④ 05.④

06 **터널(tunnel) 다이오드와 관계없는 것은?**

① 초고주파 발진 ② 스위칭 회로
③ 에사키 다이오드 ④ 정류 회로

해설 **터널 다이오드**
㉠ 일명 에사키 다이오드라고도 하며, 불순물 농도가 높은 반도체를 이용한 다이오드이다.
㉡ 불순물 농도가 크게 높으면 공간 전하 영역 폭이 대단히 좁아지므로 접합면에서 전자의 터널 현상이 일어나는 터널 효과에 따른 부성 저항 특성을 이용한 다이오드이다.
㉢ 마이크로파의 증폭, 발진, 혼합, 고속 스위칭 회로 등에 사용된다.

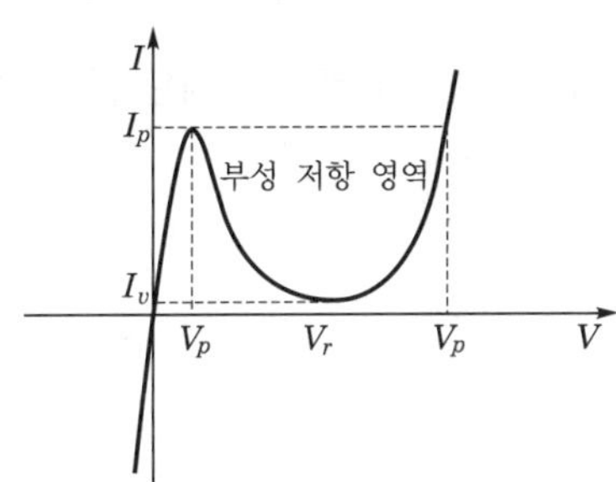

07 **펄스폭이 0.2초, 반복 주기가 0.5초일 때 펄스의 반복 주파수는 몇 [Hz]인가?**

① 0.5 ② 1
③ 2 ④ 4

해설 주파수 $f = \dfrac{1}{T} = \dfrac{1}{0.5} = 2[\text{Hz}]$

08 **반송파 주파수가 100[MHz]인 주파수 변조에서 신호 주파수가 1[kHz], 최대 주파수 편이가 4[kHz]일 때 변조 지수는?**

① 0.25 ② 0.4
③ 4 ④ 10

해설 **변조 지수** : 최대 주파수 편이 Δf_c와 신호 주파수 f_s의 비

$$m_f = \frac{\text{최대 주파수 편이}}{\text{신호 주파수}} = \frac{\Delta f_c}{f_s} = \frac{4[\text{kHz}]}{1[\text{kHz}]} = 4$$

09 **다음 중 부궤환 증폭기의 특징으로 옳지 않은 것은?**

① 종합 이득 향상
② 파형 찌그러짐 감소
③ 주파수 특성 향상
④ 안정도 개선

해설 **부궤환 증폭기**
㉠ 출력 일부를 역상으로 입력에 되돌리어 비교함으로써 출력을 제어할 수 있게 한 증폭기
㉡ 부궤환 증폭기의 기본 구성

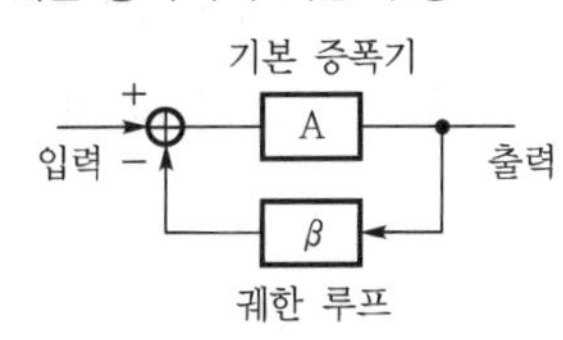

㉢ 증폭기의 특성
- 주파수 특성이 개선된다.
- 증폭도가 안정적이다.
- 일그러짐이 감소한다.
- 출력 잡음이 감소한다.
- 이득이 감소한다.
- 고입력 임피던스, 저출력 임피던스이다.

10 **3주소 명령어의 설명으로 옳지 않은 것은?**

① 오퍼랜드부가 3개로 구성된다.
② 레지스터가 많이 필요하다.
③ 원시 자료를 파괴하지 않는다.
④ 스택을 이용하여 연산한다.

정답 06.④ 07.③ 08.③ 09.① 10.④

해설 3주소 명령 형식의 특징

㉠ 3주소 명령 형식은 주소부가 3개로 구성되어 연산 후에도 입력 자료가 변하지 않고 보존된다.
㉡ 여러 개의 범용 레지스터를 가진 컴퓨터에서 사용할 수 있는 형식이다.
㉢ 명령을 수행하기 위해 최소 4번 기억 장치에 접근하므로 수행 시간이 길다.

11

다음 회로에서 C_2가 방전 중이면 각 TR의 ON, OFF 상태는?

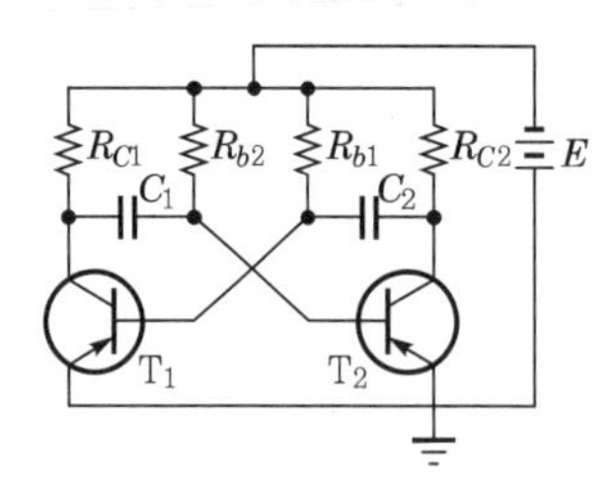

① T_1 : OFF, T_2 : ON
② T_1, T_2 동시 OFF
③ T_1 : ON, T_2 : OFF
④ T_1, T_2 동시 ON

해설 비안정 멀티바이브레이터이다.
회로에서
C_2 방전 → T_2의 V_c 'L' → T_2 ON →
C_1 충전 → T_1의 V_c 'H' → T_1 OFF

12

다음 중 EBCDIC 코드에 대한 설명으로 옳지 않은 것은?

① 최대 128문자까지 표현할 수 있다.
② 4개의 존 비트(zone bit)를 가지고 있다.
③ 4개의 디짓 비트(digit bit)를 가지고 있다.
④ 대문자, 소문자, 특수 문자 및 제어 신호를 구분할 수 있다.

해설 EBCDIC 코드는 4개의 존 비트와 4개의 디짓 비트로 구성된 8비트 코드로서, 256개의 문자를 표현할 수 있으며 대문자와 소문자, 특수 문자 및 제어 신호를 구분할 수 있다.

13

전자계산기나 단말 장치의 출력단에서 직류 신호를 교류 신호로 변환하거나 또는 거꾸로 전송되어 온 교류 신호를 직류 신호로 변환해 주는 장치는?

① DSU ② MODEM
③ BPS ④ PCM

해설 MODEM(Modulation DEModulation) : 변·복조 장치라고도 하며 컴퓨터 내의 디지털 데이터는 모뎀을 통해 아날로그 데이터로 변환되어 전송되고 전화선으로 수신된 아날로그 데이터는 모뎀을 거치면서 디지털 데이터로 변환되어 전송된다.

14

2의 보수를 나타내는 산술 마이크로 동작은?

① $A \leftarrow \overline{A}$ ② $A \leftarrow \overline{A}+1$
③ $A \leftarrow A-B$ ④ $A \leftarrow A+\overline{B}$

해설 2의 보수=1의 보수 + 1

15

다음 중 출력 장치에 해당하는 것은?

① 키보드 ② 플로터
③ 스캐너 ④ 바코드 판독기

해설 출력 장치에는 프린터, 모니터, X-Y 플로터, 마이크로 필름 장치(COM), LCD, PDP, LED, 터치 스크린, 음성 출력 장치 등이 있다.

16

컴퓨터가 정상적인 인출 단계를 실행하지 못하고, 긴급한 상황에서 특별히 부과된 작업을 실행하는 것을 무엇이라고 하는가?

① 인터페이스 ② 제어 장치
③ 인터럽트 ④ 버퍼

해설 인터럽트란 컴퓨터가 어떤 프로그램을 실행 중 긴급한 상황이 발생하면 진행 중인 프로그램을 일시 중단하고 특별히 부과된 작업을 실행한 후 다시 중단했던 프로그램을 재개하는 것을 말한다.

정답 11.① 12.① 13.② 14.② 15.② 16.③

17 **특정 위치의 비트(bit)를 시험하고, 문자의 위치를 교환하는 경우 이용되는 것은?**

① 오버랩(overlap) ② 로테이트(rotate)
③ 디코더(decoder) ④ 무브(move)

해설 로테이트는 시프트와 비슷한 연산으로 나가는 비트가 들어오는 비트로 사용되는 연산으로서, 특정 위치의 비트(bit)를 시험하고, 문자의 위치를 교환하는 경우에 이용된다.

18 **부호화된 2진 데이터를 10진의 문자나 기호로 다시 변환시키는 회로는?**

① Encoder ② Decoder
③ Counter ④ Hoffer

해설 **디코더(decoder : 복호기 또는 해독기)** : n비트의 2진 코드를 최대 2^n개의 숫자로 변환하는 논리 조합 회로로, 출력은 AND 게이트로 구성된다. 즉, 2진 코드를 그에 해당하는 10진수로 변환하여 해독하는 회로이다. 그 반대 조합 논리 회로는 엔코더(encoder : 부호기)이다.

19 **3초과 코드(Excess 3code) 중 사용하지 않는 것은?**

① 0010 ② 1100
③ 1000 ④ 0110

해설 **3초과 코드** : BCD 코드에 3을 더한 자기 보수 코드로, 0011부터 1100까지 사용되므로 0000, 0001, 0010, 1101, 1110, 1111은 사용되지 않는다.

20 **사칙 연산, 논리 연산 등 중간 결과를 기억하는 기능을 가지고 있는 연산 장치의 중심 레지스터는?**

① 누산기(accumulator)
② 데이터 레지스터(data register)
③ 가산기(adder)
④ 상태 레지스터(status register)

해설 누산기(accumulator)는 사칙 연산, 논리 연산의 중간 결과를 일시적으로 기억하는 레지스터이다.

21 **다음에서 설명하고 있는 디스플레이 장치는?**

> 네온 또는 아르곤 혼합 가스로 채워진 셀에 고전압을 걸어 나타나는 현상을 이용하여 화면을 표시하는 장치로, 주로 대형 화면으로 사용된다. 두께가 얇고 가벼우며, 눈의 피로가 적은 편이나 전력 소비가 많으며, 열을 많이 발생시킨다.

① 차세대 디스플레이(OLED)
② LCD 디스플레이(liquid crystal display)
③ 플라스마 디스플레이(plasma display panel)
④ 전계 방출형 디스플레이(FED field emission display)

해설 PDP(Plasma Display Panel)
㉠ 네온 또는 아르곤 혼합 가스로 채워진 셀에 고전압을 걸어 나타나는 현상을 이용하여 화면을 표시하는 장치로, 주로 대형 화면으로 사용된다.
㉡ 두께가 얇고 가벼우며, 눈의 피로가 적은 편이나 전력 소비가 많으며, 열을 많이 발생시킨다.

22 **다음 진리표에 해당하는 논리식으로 옳은 것은?**

A	B	Y
0	0	0
0	1	1
1	0	1
1	1	0

① $Y = A + B$ ② $Y = \overline{AB} + AB$
③ $Y = A \cdot B$ ④ $Y = \overline{A}B + A\overline{B}$

정답 17.② 18.② 19.① 20.① 21.③ 22.④

해설 논리식은 $Y = \overline{A}B + A\overline{B} = A \oplus B$이다. 즉, 배타적 OR 논리이다.

23
2진수 110010101011을 8진수와 16진수로 올바르게 변환한 것은?

① $(6253)_8$, $(BAB)_{16}$
② $(5253)_8$, $(BAB)_{16}$
③ $(6253)_8$, $(CAB)_{16}$
④ $(5253)_8$, $(CAB)_{16}$

해설 2진수의 8진수 변환은 하위 비트부터 3비트씩, 16진수로의 변환은 하위 비트부터 4비트씩 잘라 변환한다.

2진수	110	010	101	011
8진수	6	2	5	3
2진수	1100	1010		1011
16진수	C	A		B

24
연산한 결과의 상태를 기록, 자리올림 및 오버폴로어 발생 등의 연산에 관계되는 상태와 인터럽트 신호까지 나타내주는 것은?

① 누산기 ② 데이터 레지스터
③ 가산기 ④ 상태 레지스터

해설 연산한 결과의 상태를 기록, 자리올림 및 오버폴로어 발생 등의 연산에 관계되는 상태와 인터럽트 신호까지 나타내주는 것은 상태 레지스터이다.

25
오퍼랜드부에 표현된 주소를 이용하여 실제 데이터가 기억된 기억 장소에 직접 사상시킬 수 있는 주소 지정 방식은?

① Direct addressing
② Indirect addressing
③ Immediate addressing
④ Register addressing

해설 직접 주소 지정 방식(direct addressing mode)은 오퍼랜드부에 표현된 주소를 이용하여 실제 데이터가 기억된 기억 장소에 직접 사상시킬 수 있는 주소 지정 방식이다.

26
직렬 전송에 대한 설명이 아닌 것은?

① 하나의 통신 회선을 사용하여 한 비트씩 순차적으로 전송하는 방식이다.
② 하나의 문자를 구성하는 비트별로 각각 통신 회선을 따로 두어 한꺼번에 전송하는 방식이다.
③ 원거리 전송인 경우에는 통신 회선이 1개만 필요하므로 경제적이다.
④ 병렬 전송에 비하여 데이터 전송 속도가 느리다.

해설 직렬 전송은 하나의 통신 회선을 사용하여 한 비트씩 순차적으로 전송하는 방식으로, 통신 회선이 1개만 필요하므로 경제적이고 병렬 전송에 비하여 데이터 전송 속도가 느리다.

27
플립플롭을 여러 개 종속 접속하여 펄스(pulse)를 하나씩 공급할 때마다 순차적으로 다음 플립플롭에 데이터가 전송되도록 만들어진 레지스터는?

① 기억 레지스터(buffer register)
② 주소 레지스터(address register)
③ 시프트 레지스터(shift register)
④ 명령 레지스터(instruction register)

해설 시프트 레지스터(shift register)는 2진수를 레지스터에 직렬로 입·출력할 수 있게 플립플롭을 연결한 것으로, 왼쪽으로 이동하면 곱셈 기능, 오른쪽으로 이동하면 나눗셈 기능을 수행한다.

28
2진수 1100의 2의 보수는?

① 0100 ② 1100
③ 0101 ④ 1001

해설 2의 보수는 1의 보수 + 1이므로 1100의 1의 보수 0011+1=0100이 된다.

정답 23.③ 24.④ 25.① 26.② 27.③ 28.①

29 **기억 장치에 있는 명령어를 해독하여 실행하는 것은?**

① CPU ② 메모리
③ I/O 장치 ④ 레지스터

해설 CPU 내의 명령 해독기는 기억 장치에 있는 명령어를 해독한 후 연산부로 보내 실행하도록 한다.

30 **입 · 출력 인터페이스에서 오류의 검사를 위해 짝수 패리티 비트를 채용하여 짝수 패리티 생성 회로에 필요한 논리 게이트를 2개만 사용하려고 한다. 이 논리 게이트는?**

① AND ② NAND
③ NOR ④ XOR

해설 EX-OR은 서로 입력이 같으면 결과가 1이 되는 논리 회로로서, 짝수 패리티 생성에 사용된다.

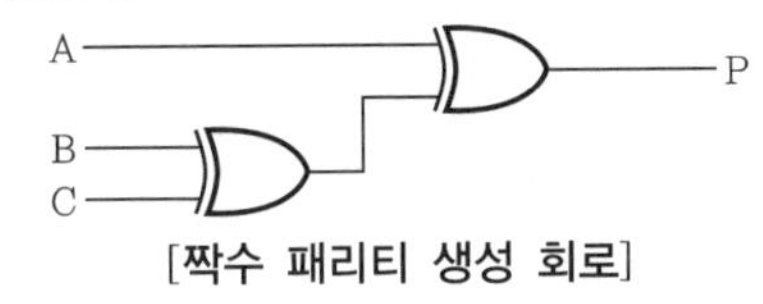

[짝수 패리티 생성 회로]

31 **저급(low level) 언어에 대한 설명이 아닌 것은?**

① 하드웨어를 직접 제어할 수 있어서 전자계산기 측면에서 볼 때 처리가 쉽고 속도가 빠르다.
② 2진수 체제로 이루어진 언어로, 전자계산기가 직접 이해할 수 있는 형태의 언어이다.
③ 프로그램 작성 및 수정이 어렵다.
④ 기종에 관계없이 사용할 수 있어서 호환성이 좋다.

해설 저급(low level) 언어인 기계어는 0과 1로 이루어진 2진수 체제로, 하드웨어를 직접 제어할 수 있고 속도가 빠르다. 전자계산기가 직접 이해할 수 있는 형태로 프로그램 작성 및 수정이 어렵고 호환성도 없다.

32 **프로그래밍 작업 시 문서화의 목적과 거리가 먼 것은?**

① 개발 과정에서의 추가 및 변경에 따르는 혼란을 감소시키기 위해서이다.
② 프로그램의 개발 목적 및 과정을 표준화하여 효율적인 작업이 되도록 한다.
③ 프로그램의 활용을 쉽게 한다.
④ 프로그래밍 작업 시 요식적 행위의 목적을 달성하기 위해서이다.

해설 **프로그램 문서화의 목적**
㉠ 프로그램의 개발 요령과 순서를 표준화함으로써 보다 효율적인 개발이 가능하다.
㉡ 프로그램 개발 중의 변경 사항에 대한 대처가 용이하다.
㉢ 프로그램의 인수인계가 용이하며 프로그램 운용이 용이하다.
㉣ 개발 후 운영 과정에서 프로그램의 유지 · 보수가 용이하다.

33 **C언어의 기억 클래스 종류가 아닌 것은?**

① 정적 변수 ② 자동 변수
③ 레지스터 변수 ④ 내부 변수

해설 **C언어 기억 클래스의 종류** : 자동 변수(automatic variable), 정적 변수(static variable), 외부 변수(external variable), 레지스터 변수(register variable) 등이 있다.

34 **프로그램이 수행하는 동안 변하지 않는 값을 의미하는 것은?**

① Constant
② Pointer
③ Comment
④ Variable

해설 **상수와 변수**
㉠ 상수(constant) : 프로그램이 수행되는 동안 변경되지 않는 값이다.
㉡ 변수(variable) : 데이터를 저장할 수 있는 기억 장소로, 프로그램이 수행되는 동안 그 값이 변경될 수 있다.

정답 29.① 30.④ 31.④ 32.④ 33.④ 34.①

35 **운영 체제(operating system)의 목적과 거리가 먼 것은?**

① 신뢰도(reliability)의 향상
② 처리 능력(throughput)의 향상
③ 응답 시간(turn around time)의 단축
④ 코딩(coding) 작업의 용이

해설 운영 체제(operating system)는 컴퓨터를 효율적으로 관리하며, 사용자에게 편리성을 제공하고, 자원을 공유하도록 하는 소프트웨어로서, 사용 가능도(availability)의 향상, 신뢰도(reliability)의 향상, 처리 능력(throughput)의 향상, 응답 시간(turn around time)의 단축 등이 목적이다.

36 **프로그램의 실행 과정으로 옳은 것은?**

① 원시 프로그램 → 목적 프로그램 → 로드 모듈 → 실행
② 로드 모듈 → 목적 프로그램 → 원시 프로그램 → 실행
③ 원시 프로그램 → 로드 모듈 → 목적 프로그램 → 실행
④ 목적 프로그램 → 원시 프로그램 → 로드 모듈 → 실행

해설 **프로그램의 실행 과정** : 원시 프로그램 → 번역 프로그램 → 목적 프로그램 → 링커 → 로드 모듈 → 실행

37 **프로그램 작성 시 플로우 차트를 작성하는 이유로 거리가 먼 것은?**

① 프로그램을 나누어 작성할 때 대화의 수단이 된다.
② 프로그램의 수정을 용이하게 한다.
③ 에러 발생 시 책임 구분을 명확히 한다.
④ 논리적인 단계를 쉽게 이해할 수 있다.

해설 **순서도(플로우 차트)의 역할**
㉠ 문제 처리 과정을 논리적으로 파악하고 정확성 여부를 판단하는 것이 용이하다.
㉡ 문제를 해석하고 분석하는 것이 쉽고 타인에게 전달하는 것이 용이하다.
㉢ 프로그램의 보관·유지·보수의 자료로서 활용이 용이하다.
㉣ 프로그램 코딩의 기본 자료로 문서화가 용이하다.

38 **운영 체제의 기능으로 옳지 않은 것은?**

① 프로세서, 기억 장치, 입·출력 장치, 파일 및 정보 등의 자원 관리
② 시스템의 각종 하드웨어와 네트워크에 대한 관리·제어
③ 원시 프로그램에 대한 목적 프로그램 생성
④ 자원의 스케줄링 기능 제공

해설 **운영 체제의 기능**
㉠ 사용자 인터페이스를 제공한다.
㉡ 하드웨어 자원 할당 및 스케줄링을 한다.
㉢ CPU, 기억 장치, 입·출력 장치의 각종 오류를 처리한다.
㉣ 프로세서간 통신을 제어한다.
㉤ 파일을 읽고 쓰고, 생성·삭제하는 일을 한다.
㉥ 입·출력 동작을 제어한다.

39 **다음 중 C언어에서 사용되는 문자열 출력 함수는?**

① putchar( ) ② printf( )
③ printchar( ) ④ puts( )

해설 C언어에서 printf( )는 표준 출력 함수이고, putchar( )는 한 문자 출력 함수이며, puts( )는 문자열 출력 함수이다.

40 **다음 중 언어 번역 프로그램에 해당하지 않는 것은?**

① 어셈블러 ② 로더
③ 컴파일러 ④ 인터프리터

해설 언어 번역 프로그램에는 어셈블러, 컴파일러, 인터프리터가 있다.

정답 35.④ 36.① 37.③ 38.③ 39.④ 40.②

41 **다음 중 전원을 끄면 그 내용이 지워지는 메모리는?**

① RAM ② ROM
③ PRIM ④ EPROM

해설 RAM(Random Access Memory) : 현재 사용 중인 프로그램이나 데이터가 저장되어 있고 전원이 꺼지면 기억된 내용이 모두 사라지는 휘발성 기억 장치로, SRAM과 DRAM이 있다.

42 **입력 A가 01101100이고, 입력 B가 11100101일 때 ALU에서 AND 연산이 이루어졌다면 출력 결과는 무엇인가?**

① 00100101 ② 01101101
③ 01100100 ④ 01111100

해설 AND 연산은 모두 1일 경우에만 1이 된다.
즉, 01101100 · 11100101 = 01100100이 된다.

```
     01101100
AND  11100101
     01100100
```

43 **일반적으로 어떤 데이터의 일시적 보존이나 디지털 신호의 지연 작용 등의 목적으로 많이 쓰이는 플립플롭은?**

① RS 플립플롭
② JK 플립플롭
③ D 플립플롭
④ T 플립플롭

해설 D 플립플롭은 Delay 플립플롭 또는 Data 플립플롭의 약어로, 데이터의 일시적인 보존이나 디지털 신호의 지연에 사용된다.

44 **디지털 신호를 아날로그 신호로 변환하는 장치는?**

① AD 변환기
② DA 변환기
③ 해독기(decoder)
④ 비교기(comparator)

해설 **변환기**
㉠ DA 변환기 : 디지털 신호 → 아날로그 신호
㉡ AD 변환기 : 아날로그 신호 → 디지털 신호

45 **다음 중 리플 계수기(ripple counter)의 설명으로 틀린 것은?**

① 회로가 간단하다.
② 동작 시간이 길다.
③ 동기형 계수기이다.
④ 앞단의 플립플롭 출력 Q가 다음 단 플립플롭의 클록 입력 CLK로 연결된다.

해설 리플 계수기는 대표적인 비동기식 카운터이다.

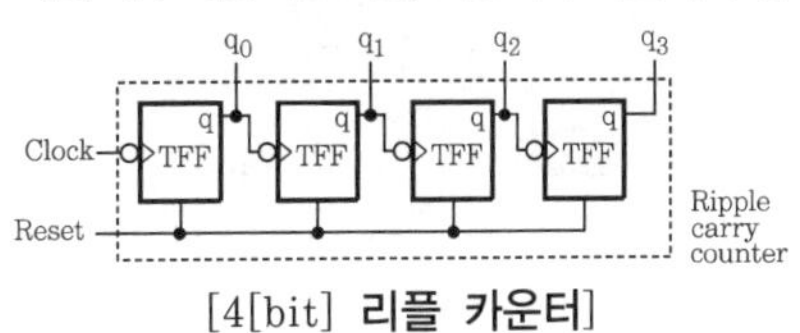

[4[bit] 리플 카운터]

46 **다음 중 논리식을 최소화시키는 데 간편한 방법으로, 진리표를 그림 모양으로 나타낸 것은?**

① 카르노도
② 드 모르간도
③ 비트도
④ 클리어도

해설 변수가 많은 항을 간략화하는 방법으로는 카르노맵이 많이 사용된다.
카르노맵 안에 주어진 논리식의 항을 1로 표시한 후 인접한 칸의 1을 2의 배수개로 묶는다.

47 **JK 플립플롭의 두 입력이 'J=1', 'K=1'일 때 출력 Q_{n+1}의 상태는?**

① Q_n ② $\overline{Q_n}$
③ 0 ④ 1

정답 41.① 42.③ 43.③ 44.② 45.③ 46.① 47.②

해설 JK 플립플롭의 진리표

J	K	Q_{n+1}	비고
0	0	Q_n	불변
0	1	0	리셋
1	0	1	세트
1	1	$\overline{Q_n}$	반전

48 불 대수를 사용하는 목적으로 틀린 것은?

① 디지털 회로의 해석을 쉽게 한다.
② 같은 기능의 간단한 회로를 복잡한 다른 회로로 표시한다.
③ 변수 사이의 진리표 관계를 대수 형식으로 표시한다.
④ 논리도의 입·출력 관계를 대수 형식으로 표시한다.

해설 불 대수(Boolean algebra)는 2진 논리의 표현과 계산을 쉽게 하기 위한 것이다.

49 여러 개의 플립플롭이 접속될 경우 계수 입력에 가해진 시간 펄스의 효과가 가장 뒤에 접속된 플립플롭에 전달되려면 한 개의 플립플롭에서 일어나는 시간 지연(time delay)이 생긴다. 이러한 문제를 해결하기 위해 만든 계수기는?

① 상향 계수기 ② 하향 계수기
③ 동기형 계수기 ④ 직렬 계수기

해설 동기형 계수기는 모든 단이 하나의 공통 펄스로 구동되므로 동일 시점에서 출력 변화가 일어나므로 전파 지연이 출력에 영향이 미치지 않는다.

50 A=1, B=0, C=1일 때 논리식의 값이 0이 되는 것은?

① $AB+BC+CA$ ② $A+\overline{B}(\overline{A}+C)$
③ $B+\overline{A}(B+C)$ ④ $A\overline{B}C$

해설
① $1 \cdot 0+0 \cdot 1+1 \cdot 1=1$
② $1+1 \cdot (0+1) =1$
③ $0+0 \cdot (0+1)=0$
④ $1 \cdot 1 \cdot 1 =1$

51 1개의 선으로 정보를 받아들여 n개의 선택선에 의해 2^n개의 출력 중 하나를 선택하여 출력하는 회로로, Enable 입력을 가진 디코더와 등가인 회로는?

① 멀티플렉서 ② 디멀티플렉서
③ 비교기 ④ 해독기

해설 디멀티플렉서 회로와 논리

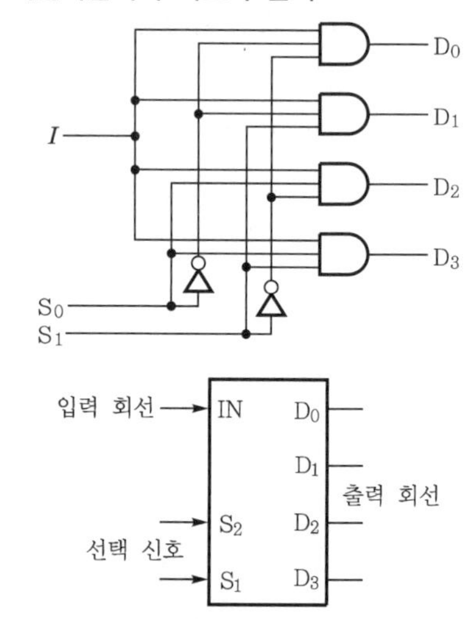

선택 신호		출력			
S_1	S_2	D_0	D_1	D_2	D_3
0	0	IN	0	0	0
0	1	0	IN	0	0
1	0	0	0	IN	0
1	1	0	0	0	IN

52 디코더(decoder)는 일반적으로 무슨 회로의 집합인가?

① OR+AND ② NOT+AND
③ AND+NOR ④ NOR+NOT

정답 48.② 49.③ 50.③ 51.② 52.②

해설

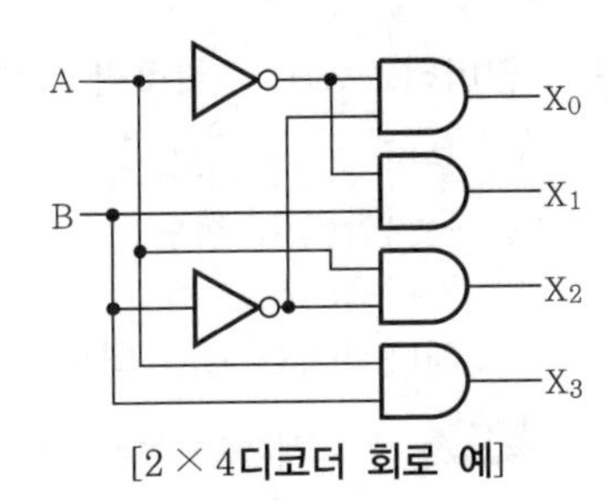

[2 × 4디코더 회로 예]

53 **플립플롭을 일반적으로 무엇이라 하는가?**

① 시프트 레지스터
② 쌍안정 멀티바이브레이터
③ 단안정 멀티바이브레이터
④ 비안정 멀티바이브레이터

해설 플립플롭은 래치를 이용한 기억 소자로서, 0과 1의 2진 정보를 안정된 논리 상태를 유지하는 것으로 쌍안정 멀티바이브레이터이다.

54 **다음 중 레지스터의 사용에 대한 설명으로 틀린 것은?**

① 출력 장치에 정보를 전송하기 위해 일시 기억하는 경우
② 사칙 연산 장치의 입력 부분에 장치하여 데이터를 일시 기억하는 경우
③ 기억 장치 등으로부터 이송된 정보를 일시적으로 기억시켜 두는 경우
④ 일시 저장된 정보 내용을 영구히 고정시키는 경우

해설 **레지스터**
㉠ 컴퓨터 중앙 처리 장치 등 마이크로프로세서 내의 레지스터는 데이터를 일시 저장할 수 있는 기능을 한다.
㉡ 명령어에 의해 저장·인출·시프트 등의 동작을 수행한다.

55 **2진수 10110을 그레이 코드로 변환하면 얼마인가?**

① 01001　② 11011
③ 11101　④ 10110

해설 $(10110)_2 = (11101)_G$

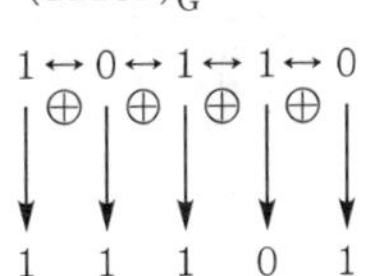

56 **컴퓨터를 포함한 디지털 시스템에서 여러 가지 연산 동작을 위하여 1비트 이상의 2진 정보를 임시로 저장하기 위해 사용하는 기억 장치는?**

① 가산기　② 감산기
③ 레지스터　④ 해독기

해설 레지스터를 구성하는 기본 소자가 플립플롭으로, 0과 1의 안정된 논리 상태를 갖는 쌍안정 멀티바이브레이터를 플립플롭이라 한다.

57 **다음 논리 회로의 논리식은?**

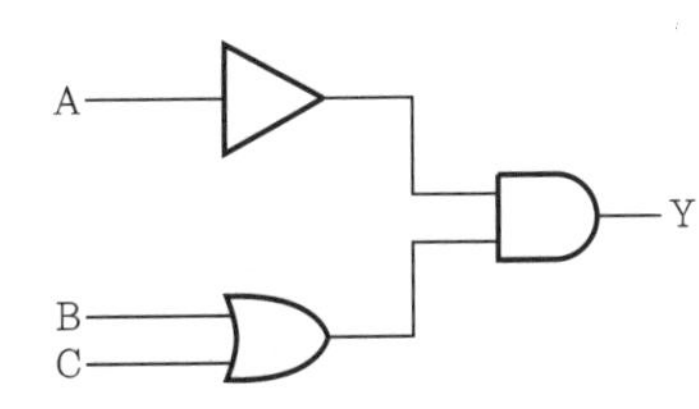

① $Y = \overline{A}(B+C)$
② $Y = A(B+C)$
③ $Y = \overline{A}+(B+C)$
④ $Y = \overline{A}BC$

해설 $Y = \overline{A}(B+C)$

58 **전감산기의 입력과 출력의 개수는?**

① 입력 2, 출력 2
② 입력 3, 출력 2
③ 입력 2, 출력 3
④ 입력 3, 출력 3

정답 53.② 54.④ 55.③ 56.③ 57.① 58.②

해설 전감산기는 2개의 반감산기와 1개의 OR 게이트로 구성된다.

[전감산기 진리표]

입력			출력	
X	Y	Z	D	B
0	0	0	0	0
0	0	1	1	1
0	1	0	1	1
0	1	1	0	1
1	0	0	1	0
1	0	1	0	0
1	1	0	0	0
1	1	1	1	1

59 다음 레지스터 마이크로 명령에 대한 설명으로 옳은 것은?

A ← A+1

① A레지스터의 어드레스를 1 증가시킨 레지스터의 데이터값을 전송하기
② A레지스터의 어드레스를 1 증가시키고 어드레스를 A레지스터에 저장하기
③ A레지스터의 데이터값을 1 증가시키고 A레지스터에 저장하기
④ A레지스터의 데이터값을 1 증가시키고 A+1 레지스터에 저장하기

해설 마이크로오퍼레이션 A ← A+1 의미
㉠ A+1 : 레지스터 A값을 1 증가시킨 후
㉡ A ← (A+1) : 그 결과를 다시 A레지스터에 저장한다.

60 인버터(inverter) 회로라고 부르는 것은?

① 부정(NOT) 회로
② 논리합(OR) 회로
③ 논리곱(AND) 회로
④ 배타적(EX−OR) 회로

해설 NOT 게이트를 논리 부정 혹은 인버터라 한다.

정답 59.③ 60.①

2012년 제2회 기출 문제

2012. 4. 8. 시행

01 **수정 발진기는 수정의 임피던스가 어떻게 될 때 가장 안정된 발진을 계속하는가?**

① 저항성 ② 용량성
③ 유도성 ④ 무한대

해설 수정 발진기는 직렬 공진 주파수 f_o와 병렬 공진 주파수 f_m의 두 주파수 사이에만 유도성이 되며 그 범위가 매우 좁아서 안정된 발진이 가능하다.

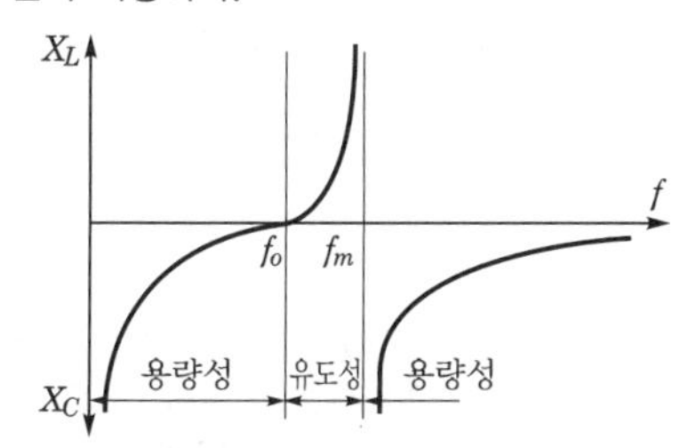

02 **적분 회로의 입력에 구형파를 가할 때 출력 파형은?** (단, 시정수(CR)는 입력 구형파의 펄스폭(τ)에 비해 매우 크다)

① 정현파 ② 삼각파
③ 구형파 ④ 톱니파

해설 적분 회로는 낮은 주파수에 대하여 동작하므로 저역 통과 필터(LPF)로 사용된다.

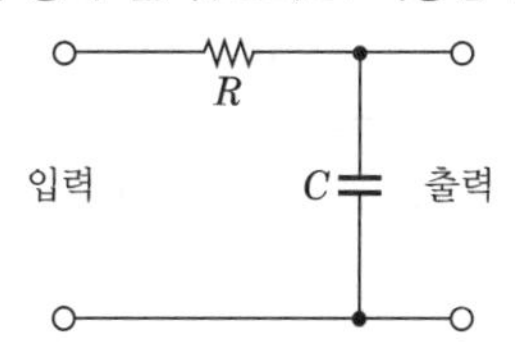

적분 회로의 입력에 시정수(CR)는 입력 구형파의 펄스폭(τ)에 비해 매우 큰 구형파를 가하면 삼각파가 출력된다.

03 **그림의 회로에서 출력 전압 V_o의 크기는?** (단, V : 실효값)

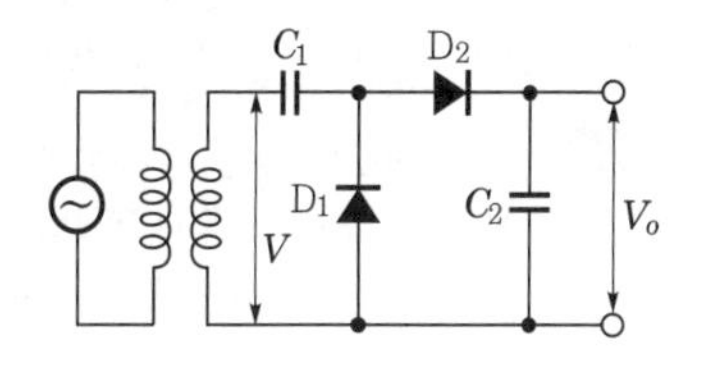

① $2V$ ② $\sqrt{2}\,V$
③ $2\sqrt{2}\,V$ ④ V^2

해설 다이오드 배전압 회로이다. 따라서 출력 전압은 최대값의 2배가 된다.
즉, $2\sqrt{2}\,V$가 된다.

04 8,100[kHz] **반송파를** 5[kHz]**의 주파수로 진폭 변조하였을 때 그 주파수 대역은 몇** [kHz] **대인가?**

① 5 ② 10
③ 8,100±5 ④ 8,100±10

해설 상한 주파수=8,100[kHz]+5[kHz]
하한 주파수=8,100[kHz]−5[kHz]
∴ 점유 주파수 대역=8,100[kHz]±5[kHz]

05 **연산 증폭기의 설명 중 맞지 않는 것은?**

① 직렬 차동 증폭기를 사용하여 구성한다.
② 연산의 정확도를 높이기 위해 낮은 증폭도가 필요하다.
③ 차동 증폭기에서 TR 특성의 불일치로 출력에 드리프트가 생긴다.
④ 직류에서 특성 주파수 사이의 되먹임 증폭기를 구성, 일정한 연산을 할 수 있도록 한 직류 증폭기이다.

정답 01.③ 02.② 03.③ 04.③ 05.②

해설 연산 증폭기는 증폭도에 따라 정확도가 변하는 것은 아니다. 옵셋을 정확히 조정한다면 충분한 정밀도를 얻을 수 있다.

06 시정수가 매우 큰 RC 저역 통과 여파 회로의 기능으로 가장 적합한 것은?

① 적분기 ② 미분기
③ 가산기 ④ 감산기

해설 적분 회로는 낮은 주파수에 대하여 동작하므로 저역 통과 필터(LPF)로 사용된다.

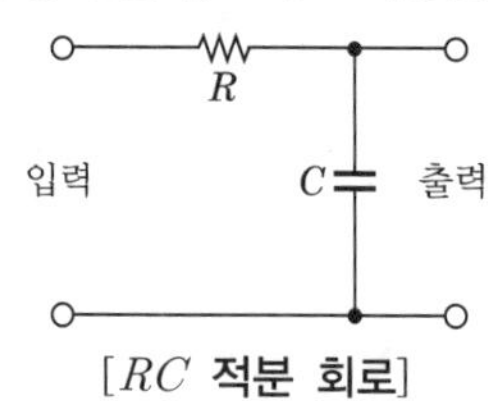

[RC 적분 회로]

07 어떤 증폭기에서 궤환이 없을 때 이득이 100이다. 궤환율 0.01의 부궤환을 걸면 이 증폭기의 이득은?

① 15 ② 20
③ 25 ④ 30

해설

$$A_f = \frac{A}{1-A\beta} = \frac{100}{1-(100\times -0.01)} = 50$$

08 단측파대(single side band) 통신에 사용되는 변조 회로는?

① 컬렉터 변조 회로 ② 베이스 변조 회로
③ 링 변조 회로 ④ 주파수 변조 회로

해설 SSB(Single Side Band) 변조
㉠ AM 변조의 일종으로, 상측 파대와 하측 파대 둘 중 하나만 사용하는 변조 방식이다.
㉡ 링 변조 회로 또는 평형 변조 회로가 SSB 방식을 사용한다.

09 다음 중 디지털 변조 방식이 아닌 것은?

① AM ② FSK
③ PSK ④ ASK

해설 디지털 변조 방식의 종류
㉠ 진폭 편이 변조(ASK : Amplitude Shift Keying)
㉡ 주파수 편이 변조(FSK : Frequency Shift Keying)
㉢ 위상 편이 변조(PSK : Phase Shift Keying)
㉣ 직교 진폭 변조(QAM : Quadrature Amplitude Modulation)

10 플립플롭 회로를 사용하지 않는 것은?

① 2진 계수 회로
② 리미터 회로
③ 분주 회로
④ 전자계산기 기억 회로

해설 플립플롭은 기억 기능이 있어 2진 정보를 기억하는 레지스터, 카운터, 분주 회로 등의 순서 논리 회로에 사용된다.

11 다음 중 컴퓨터의 출력 장치가 아닌 것은?

① 플로터 ② 빔 프로젝터
③ 모니터 ④ 마우스

해설 출력 장치는 프린터, 모니터, X-Y 플로터, 마이크로 필름 장치(COM), LCD, PDP, LED, CRT, 빔 프로젝터, 터치 스크린, 음성 출력 장치 등이 있다.

12 AND 연산에서 레지스터 내의 어느 비트 또는 문자를 지울 것인지를 결정할 때 사용하는 것은?

① Parity bit
② Mask bit
③ MSB(Most Significant Bit)
④ LSB(Least Significant Bit)

정답 06.① 07.④ 08.③ 09.① 10.② 11.④ 12.②

해설 ① Parity bit(패리티 비트) : 에러를 검출하는 데 사용되는 비트이다.
② Mask bit(마스크 비트) : 비트(bit) 또는 문자의 삭제를 결정하는 데 사용되는 비트이다.

13 **다음 중 중앙 처리 장치와 주기억 장치의 사이에 존재하며, 수행 속도를 빠르게 하는 것은?**

① 캐시 기억 장치
② 보조 기억 장치
③ ROM
④ RAM

해설 캐시 기억 장치는 처리 속도가 매우 빠른 중앙 처리 장치와 주기억 장치 사이의 속도 차이를 극복하기 위해 제작된 고속의 특수 기억 장치로, 중앙 처리 장치와 주기억 장치 사이에 존재한다.

14 **다음 누산기(accumulator)에 대한 설명 중 옳은 것은?**

① 연산 부호를 해석하는 장치
② 연산 명령의 순서를 기억시키는 장치
③ 연산 명령이 주어지면 연산 준비를 하는 장치
④ 레지스터의 일종으로 논리 연산, 산술 연산의 결과를 기억하는 장치

해설 누산기(accumulator)는 연산 장치 내의 레지스터로서, 연산의 결과를 일시적으로 기억하는 레지스터이다.

15 **다음 중 컴퓨터에서 명령을 실행할 때 마이크로 동작을 순서적으로 실행시키기 위해 필요한 회로는?**

① 분기 동작 회로
② 인터럽트 회로
③ 제어 신호 발생 회로
④ 인터페이스 회로

해설 컴퓨터에서 명령을 실행할 때 마이크로 동작을 순서적으로 실행시키기 위해서 필요한 회로는 제어 신호 발생 회로이다.

16 **입·출력 제어 방식인 DMA(Direct Memory Access) 방식의 설명으로 옳은 것은?**

① 중앙 처리 장치의 많은 간섭을 받는다.
② 가장 원시적인 방법이며 작업 효율이 낮다.
③ 입·출력에 관한 동작을 자율적으로 수행한다.
④ 프로그램에 의한 방법과 인터럽트에 의한 방법을 갖고 있다.

해설 중앙 처리 장치(CPU)의 간섭을 받지 않고 기억 장치에 접근하여 자율적으로 입·출력 동작을 제어하는 방식은 DMA 방식이다.

17 **다음 중 입력 장치로만 묶인 것은?**

① OMR, OCR, CRT
② 프린터, 스피커, 플로터
③ 플로터, 라이트 펜, 스캐너
④ 마우스, 키보드, 스캐너

해설 입력 장치에는 키보드, 마우스, 스캐너, 광학 마크 판독기(OMR), 광학 문자 판독기(OCR), 자기 잉크 문자 판독기(MICR), 바코드 판독기, 조이 스틱, 디지타이저, 터치 스크린, 디지털 카메라 등이 있다.

18 **다음은 어떤 명령어의 형식인가?**

오퍼레이션 코드	피연산자의 주소(A)	피연산자의 주소(B)

① 단일 주소 명령어
② 2주소 명령어
③ 3주소 명령어
④ 4주소 명령어

해설 2주소 명령어는 연산자와 2개의 주소부로 구성되며 연산 결과는 주소 2에 기억된다.

정답 13.① 14.④ 15.③ 16.③ 17.④ 18.②

19 7비트로 한 문자를 나타내며 128문자까지 나타낼 수 있고, 데이터 통신과 소형 컴퓨터에 많이 사용하는 코드는?

① ASCII 코드 ② 표준 BCD 코드
③ EBCDIC 코드 ④ GRAY 코드

해설 ASCII 코드는 존 비트(3)와 디짓 비트(4)로 구성되는 7비트 코드로, 128개의 문자 표현이 가능하며 데이터 통신에서 가장 널리 사용된다. 7비트 ASCII 코드에 패리티 비트를 추가하여 8비트 ASCII 코드로도 사용된다.

20 다음 그림과 같이 컴퓨터 내부에서 2진수 자료를 표현하는 방식은?

부호	지수	가수

① 팩 형식(pack format)
② 부동 소수점 형식(floating point format)
③ 고정 소수점 형식(fixed point format)
④ 언팩 형식(unpack format)

해설 부동 소수점 방식(floating point format)은 부호 비트, 지수부, 가수부로 구성된다.

21 컴퓨터 인터럽트 입·출력 방식의 처리 방식이 아닌 것은?

① 소프트웨어 폴링
② 데이지 체인
③ 우선순위 인터럽트
④ 핸드셰이크

해설 컴퓨터 인터럽트 입·출력 방식의 처리 방식에는 소프트웨어 폴링, 데이지 체인, 우선순위 인터럽트 등이 있다.

22 10진수 114를 16진수로 변환하면?

① 52 ② 62
③ 72 ④ 82

해설 $(114)_{10} = (72)_{16}$

16 | 114
7 … 2 ↑

23 공유하고 있는 통신 회선에 대한 제어 신호를 각 노드간에 순차적으로 옮겨가면서 수행하는 방식은?

① CSMA 방식
② CD 방식
③ Token passing 방식
④ ALOHA 방식

해설 매체 접근 방식에 의한 LAN(근거리 통신망)의 분류

㉠ ALOHA 방식 : 하와이 대학에서 최초로 제안된 라디오 패킷(packet)망으로, 패킷망의 데이터 단말은 다른 단말 상태에 관계없이 일정 길이의 패킷을 전송한다.
㉡ CSMA/CD 방식 : 반송파 감지 다중 액세스/충돌 검출 방식으로, 데이터 충돌을 막기 위해 송신 데이터가 없을 때만 송신하고, 충돌이 발생하면 즉시 송신을 중단하고 일정 시간 동안 대기 후 재전송하는 방식이다.
㉢ 토큰 패싱 방식(token passing) : Token이 순서에 따라서 각 노드간을 옮겨가면서 데이터를 전송하는 방식으로, Token을 가진 컴퓨터만이 데이터를 전송할 수 있기 때문에 충돌은 일어나지 않는다.

24 다음 중 연산 후 입력 자료가 보존되고, 프로그램의 길이를 짧게 할 수 있다는 장점은 있으나 명령 수행 시간은 많이 걸리는 주소 지정 방식은?

① 0주소 명령 형식
② 1주소 명령 형식
③ 2주소 명령 형식
④ 3주소 명령 형식

정답 19.① 20.② 21.④ 22.③ 23.③ 24.④

해설 3주소 명령 형식의 특징
㉠ 연산자와 3개의 주소부로 구성되며 연산의 결과가 주소 3에 기억되므로 연산 후에도 입력 자료가 변하지 않고 보존된다.
㉡ 여러 개의 범용 레지스터를 가진 컴퓨터에서 사용할 수 있는 형식이다.
㉢ 하나의 명령어를 수행하는 데 최소 4번 기억 장치에 접근하므로 수행 시간이 길어 별로 사용하지 않는다.

25 통신을 원하는 두 개체 간에 무엇을, 어떻게, 언제 통신할 것인가를 서로 약속한 규약으로, 컴퓨터간에 통신할 때 사용하는 규칙은?

① Operating system
② Domain
③ Protocol
④ DBMS

해설 프로토콜(protocol)은 '통신 규약'이라는 의미로서, 통신을 원하는 개체간에 정확하고 효율적인 정보 전송을 위한 모든 규칙이다. 프로토콜의 기본 구성 요소는 구문, 의미, 타이밍이다.

26 다음 중 컴퓨터의 중앙 처리 장치에 대한 설명으로 옳지 않은 것은?

① 마이크로프로세서는 중앙 처리 장치의 기능을 하나의 칩에 집적한 것이다.
② CPU라고 하며 사람의 두뇌에 해당한다.
③ 연산, 제어, 기억, 기능으로 구성되어 있다.
④ 도스용과 윈도우용으로 구분하여 생산한다.

해설 중앙 처리 장치(CPU)
㉠ 중앙 처리 장치는 사람의 두뇌에 해당하는 부분으로, 명령어의 해석과 실행을 담당하는 제어 장치(control unit), 비교·판단·연산을 담당하는 논리 연산 장치(arithmetic logic unit), 임시 기억 장치인 레지스터(register) 등으로 구성된다.
㉡ 마이크로프로세서는 중앙 처리 장치(CPU)의 기능을 하나의 칩에 집적한 것이며 중앙 처리 장치(CPU)는 운영 체제(도스용, 윈도우용)의 종류에 상관없이 생산된다.

27 복수개의 입력 단자와 복수개의 출력 단자를 가진 다출력 조합 회로로서, 입력 단자에 어떤 조합의 부호가 가해졌을 때 그 조합에 대응하여 출력 단자에 변형된 조합의 신호가 나타나도록 하는 회로는?

① Complement
② Full adder
③ Decoder
④ Parity generator

해설 디코더(decoder : 복호기)는 n비트의 2진 코드를 입력받아 최대 2^n개의 서로 다른 정보로 바꾸어 주는 논리 조합 회로이며 출력측은 AND 게이트로 구성된다. 그 반대 개념이 엔코더(encoder)이다.

28 다음 중 최대 클록 주파수가 가장 높은 논리 소자는?

① TTL　② ECL
③ MOS　④ CMOS

해설 논리 소자 중 ECL이 가장 속도가 빠르며 CMOS가 가장 늦다.

29 다음 IC의 분류 중 집적도가 가장 큰 것은 무엇인가?

① SSI　② MSI
③ LSI　④ VLSI

해설 ① SSI(Small Scale Integration) : 1개의 칩에 100여 개의 기능 소자를 집적한 경우
② MSI(Middle Scale Integration) : 1개의 칩에 1,000여 개의 기능 소자를 집적한 경우
③ LSI(Large Scale Integration) : 1개의 칩에 10,000여 개의 기능 소자를 집적한 경우
④ VLSI(Very Large Scale Integration) : 1개의 칩에 100,000여 개의 기능 소자를 집적한 경우
집적도는 SSI < MSI < LSI < VLSI 순이다.

정답 25.③ 26.④ 27.③ 28.② 29.④

30 **주소 지정 방식 중 명령어가 현재 오퍼랜드에 표현된 값이 실제 데이터가 기억된 주소가 아니고, 그곳에 기억된 내용이 실제의 데이터 주소인 방식은?**

① 간접 주소 지정 방식(indirect addressing)
② 즉시 주소 지정 방식(immediate addressing)
③ 상대 주소 지정 방식(relative addressing)
④ 직접 주소 지정 방식(direct addressing)

해설 간접 주소 지정 방식(indirect addressing mode)은 주소부가 지정하는 곳에 있는 메모리의 값이 실제 데이터가 기억된 주소를 가지고 있는 경우로, 메모리 참조 횟수는 2회 이상이다.

31 **다음 중 운영 체제의 목적으로 거리가 먼 것은 무엇인가?**

① 사용 가능도 향상
② 처리 능력 향상
③ 신뢰성 향상
④ 응답 시간 연장

해설 운영 체제(operating system)는 컴퓨터를 효율적으로 관리하며, 사용자에게 편리성을 제공하고, 자원을 공유하도록 하는 소프트웨어로서, 사용 가능도(availability)의 향상, 신뢰도(reliability)의 향상, 처리 능력(throughput)의 향상, 응답 시간(turn around time)의 단축 등이 목적이다.

32 **다음 중 프로그램 문서화에 대한 설명으로 거리가 먼 것은?**

① 프로그램 개발 과정의 요식 절차이다.
② 프로그램의 유지·보수가 용이하다.
③ 개발 중간의 변경 사항에 대하여 대처가 용이하다.
④ 프로그램의 개발 목적 및 과정을 표준화하여 효율적인 작업이 이루어지게 한다.

해설 **프로그램 문서화의 목적**
㉠ 프로그램의 개발 요령과 순서를 표준화함으로써 보다 효율적인 개발이 가능하다.
㉡ 프로그램 개발 중의 변경 사항에 대한 대처가 용이하다.
㉢ 프로그램의 인수인계가 용이하며 프로그램 운용이 용이하다.
㉣ 개발 후 운영 과정에서 프로그램의 유지·보수가 용이하다.

33 **프로그램 개발 과정에서 프로그램 안에 내재해 있는 논리적 오류를 발견하고 수정하는 작업을 무엇이라 하는가?**

① Linking ② Coding
③ Loading ④ Debugging

해설 디버깅(debugging)은 컴퓨터 프로그램에 문법적 오류(syntax error)나 논리적 오류(logical error)가 발생했을 때 오류를 찾아내고 수정하는 작업이다.

34 **기계어에 대한 설명으로 거리가 먼 것은?**

① 2진수를 사용하여 데이터를 표현한다.
② 호환성이 없다.
③ 프로그램의 실행 속도가 빠르다.
④ 유지·보수가 용이하다.

해설 저급(low level) 언어인 기계어는 0과 1로 이루어진 2진수 체제로, 하드웨어를 직접 제어할 수 있고 속도가 빠르다. 전자계산기가 직접 이해할 수 있는 형태로 프로그램 작성 및 수정 등 유지·보수가 어렵고 호환성도 없다.

35 **이항 연산에 해당하는 것은?**

① Shift ② XOR
③ Move ④ Complement

해설 이항 연산에는 사칙 연산, AND(논리곱 : 비트 또는 문자의 삭제), OR(논리합 : 비트 또는 문자의 삽입) 등이 있다.

정답 30.① 31.④ 32.① 33.④ 34.④ 35.②

36 **운영 체제의 운용 기법 중 일정량 또는 일정 기간 동안 데이터를 모아서 한꺼번에 처리하는 방식은?**

① 시분할 시스템
② 다중 프로그래밍 시스템
③ 실시간 처리 시스템
④ 일괄 처리 시스템

해설 일괄 처리 시스템은 일정량 또는 일정 기간 동안 데이터를 모아서 한꺼번에 처리하는 방식으로, 수도 요금 계산, 전기 요금 계산 등을 할 수 있다.

37 **페이지 교체 기법 중 기억 공간에 가장 먼저 들어온 페이지를 제일 먼저 교체하는 방법을 사용하는 것은?**

① LFU ② NUR
③ LRU ④ FIFO

해설 FIFO(First In First Out)는 페이지 교체 기법 중 기억 공간에 가장 먼저 들어온 페이지를 제일 먼저 교체하는 방법이다.

38 **프로그램 개발 순서 단계로 옳은 것은?**

① 분석 및 설계 → 구현 단계 → 운영 단계 → 전산화 계획
② 구현 단계 → 운영 단계 → 전산화 계획 → 분석 및 설계
③ 운영 단계 → 전산화 계획 → 분석 및 설계 → 구현 단계
④ 전산화 계획 → 분석 및 설계 → 구현 단계 → 운영 단계

해설 **프로그램 개발 순서 단계** : 전산화 계획 → 분석 및 설계 → 구현 단계 → 운영 단계

39 **C언어의 기억 클래스(storage class)에 해당하지 않는 것은?**

① 내부 변수(internal variable)
② 자동 변수(automatic variable)
③ 정적 변수(static variable)
④ 레지스터 변수(register variable)

해설 C언어의 기억 클래스(storage class) 종류에는 자동 변수(automatic variable), 정적 변수(static variable), 외부 변수(external variable), 레지스터 변수(register variable) 등이 있다.

40 **다음 중 C언어에서 사용되는 문자열 출력 함수는?**

① puts( )
② printf( )
③ putchar( )
④ printchar( )

해설 C언어에서 printf( )는 표준 출력 함수, putchar( )는 한 문자 출력 함수, puts( )는 문자열 출력 함수이다.

41 **불 대수 X=AC+ABC를 간단히 하면?**

① A ② AB
③ BC ④ AC

해설 $AC+ABC=AC(1+B)$
$=AC$

42 **한 수에서 다음 수로 진행할 때 오직 한 비트만 변화하기 때문에 연속적으로 변화하는 양을 부호화하는 데 가장 적합한 코드는?**

① 3초과 코드 ② BCD 코드
③ 그레이 코드 ④ 패리티 코드

해설 **그레이 코드(gray code)** : 한 수에서 다음 수로 진행할 때 오직 한 비트만 변화하기 때문에 연속적으로 변화하는 양을 부호화하는 데 가장 적합한 코드로, 에러율이 작아서 입·출력 장치나 주변 장치에 사용된다.

정답 36.④ 37.④ 38.④ 39.① 40.① 41.④ 42.③

43 하나의 입력 회선을 여러 개의 출력 회선에 연결하여 선택 신호에서 지정하는 하나의 회선에 출력하는 분배기라고도 하는 것은?

① 비교기(comparator)
② 3초과 코드(excess－3 code)
③ 디멀티플렉서(demultiplexer)
④ 코드 변환기(code converter)

해설 디멀티플렉서 논리

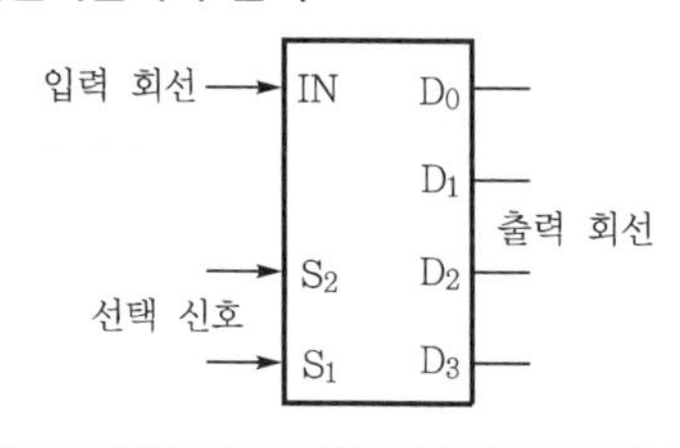

선택 신호		출력			
S_1	S_2	D_0	D_1	D_2	D_3
0	0	IN	0	0	0
0	1	0	IN	0	0
1	0	0	0	IN	0
1	1	0	0	0	IN

44 레지스터에 대한 설명으로 옳은 것은?

① 저항 소자의 일종이다.
② 레지스터는 4비트만 저장할 수 있다.
③ 플립플롭 회로로 구성되어 있다.
④ ROM으로 구성되어 있다.

해설 카운터, 레지스터 등 순서 논리 회로를 구성하는 기본 소자는 플립플롭이다.

45 디코더 회로가 4개의 입력 단자를 갖는다면 출력 단자는 몇 개를 갖는가?

① 2개　　② 4개
③ 8개　　④ 16개

해설 $N=2^n$개의 출력단자가 결정되므로 디코더 회로가 4개의 입력 단자를 갖는다면 출력 단자는 $2^4=16$개를 갖는다.

46 JK 플립플롭을 이용하여 시프트 레지스터를 구성하려고 한다. 데이터가 입력되는 단자는?

① CK　　② J
③ K　　④ J와 K

해설

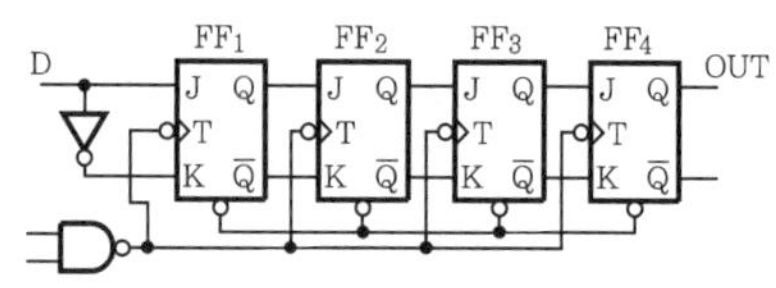

[JK FF를 이용한 시프트 레지스터 회로]

47 2진수 1010의 1의 보수를 3초과 코드로 변환한 것은?

① 1000　　② 1001
③ 1100　　④ 1101

해설 $(1010)_2=(1000)_{excess-3}$

㉠ 2진수 1010의 1의 보수는 0101이다.
㉡ 3초과 코드(excess 3code)는 BCD 코드에 3을 더하여 만든 코드이므로, 0101＋0011＝1000이 된다.

48 반가산기에서 입력 A＝1이고, B＝0이면 출력합(S)과 올림수(C)는 얼마인가?

① S＝1, C＝0　　② S＝0, C＝0
③ S＝1, C＝1　　④ S＝0, C＝1

해설 반가산기 진리표

A	B	S	C
0	0	0	0
0	1	1	0
1	0	1	0
1	1	0	1

49 동기형 16진 계수기를 만들려면 JK 플립플롭이 최소 몇 개 필요한가?

① 3　　② 4
③ 8　　④ 16

정답 43.③ 44.③ 45.④ 46.④ 47.① 48.① 49.②

해설 16진 계수기는 $0000(0_{10}) \sim 1111(15_{10})$까지 표현되어야 하므로 4개가 필요하다. 동기식이든 비동기식이든 N진 카운터에서 플립플롭 개수는 동일하다.

50 일반적으로 디지털 시스템과 아날로그 시스템을 비교할 때 디지털 시스템의 특징으로 거리가 먼 것은?

① 신뢰도가 높다.
② 측정 오차가 없다.
③ 정보의 기억이 쉽다.
④ 신호의 형태가 연속적이다.

해설 **디지털 시스템의 특징**

㉠ 한 번 양자화(quantization, 디지털화)되면 그 특성이 변하지 않는다.
㉡ 원본과 100[%] 동일한 복제가 가능하다.
㉢ 전송 중에 발생하는 에러를 자동으로 복구시키는 알고리즘이 가능하다.
㉣ 전송 거리가 멀어도 Repeater를 이용하면 신호의 왜곡없이 멀리 보낼 수 있다.
㉤ 체계적이고 지능적인 암호화가 가능하다.
㉥ 정보 저장의 단위와 용량이 명확하다.
㉦ 상대적으로 아날로그보다 잡음에 강한 편이다.

51 다음 논리 회로 기호에서 입력 A=1, B=0일 때 출력 Y의 값은?

① Y=0　② Y=1
③ Y=이전 상태　④ Y=반대 상태

해설 EX-NOR 논리 게이트이다.

[EX-NOR **논리표**]

입력		출력
A	B	Y
0	0	1
0	1	0
1	0	0
1	1	1

52 JK 플립플롭에서 J입력과 K입력이 1일 때 출력은 Clock에 의해 어떻게 되는가?

① 0
② 1
③ 반전
④ 현상태 그대로 출력

해설 **JK 플립플롭의 진리표**

J	K	Q_{n+1}	비고
0	0	Q_n	불변
0	1	0	리셋
1	0	1	세트
1	1	$\overline{Q_n}$	반전

53 다음 스위치 회로와 같은 게이트는?

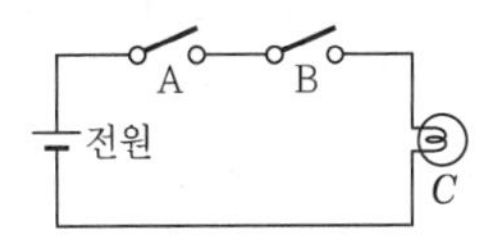

① AND　② OR
③ NAND　④ XOR

해설 스위치가 직렬로 접속되어 있어, 두 스위치 모두 ON일 때 점등되므로 AND 논리와 같다.

54 5개의 플립플롭으로 구성된 2진 계수기의 모듈러스(modulus)는 몇 개인가?

① 5　② 8
③ 16　④ 32

해설 5개의 플립플롭 카운터이므로 카운터 개수는 최대 $2^5 = 32$개이고, 0부터 $2^5 - 1 = 31$까지 셀 수 있다.

55 4변수 카르노맵에서 최소항(minterm) 개수는?

① 4　② 8
③ 12　④ 16

해설 $2^4 = 16$의 변수항으로 구성된다.

정답 50.④ 51.① 52.③ 53.① 54.④ 55.④

56 다음 중 4단의 계수기가 셀 수 있는 펄스수는 몇 개인가?

① 4　　② 8
③ 10　　④ 16

해설 n개 플립플롭 카운터 회로로 셀 수 있는 최대의 수를 N이라 하면 $N=2^n$개의 수를 셀 수 있고, 0에서 2^n-1의 수까지 표현한다. 4단이므로 0000 ~ 1111까지 $2^4=16$개이고 0부터 $2^4-1=15$까지 카운터할 수 있다.

57 디지털 계수기에서 계수기로 주로 사용되는 회로는?

① 비안정 멀티바이브레이터
② 쌍안정 멀티바이브레이터
③ 단안정 멀티바이브레이터
④ 시미트 트리거 회로

해설 카운터, 레지스터 등 순서 논리 회로의 기본 논리 소자가 플립플롭이며, 이는 0과 1을 안정 상태로 유지하므로 쌍안정 멀티바이브레이터이다.

58 출력은 입력과 같으며, 어떤 내용을 일시적으로 보존하거나 전해지는 신호를 지연시키는 플립플롭은?

① RS　　② D
③ T　　④ JK

해설 D 플립플롭은 Delay 플립플롭, Data 플립플롭의 약어로, 데이터의 일시적인 보존이나 디지털 신호의 지연에 사용된다.

59 다음 불 대수식 중 성립하지 않는 것은?

① $A+A=A$　　② $A+1=1$
③ $A+\overline{A}=1$　　④ $A \cdot A=1$

해설 $A \cdot A=A$

60 그림과 같은 회로의 명칭은?

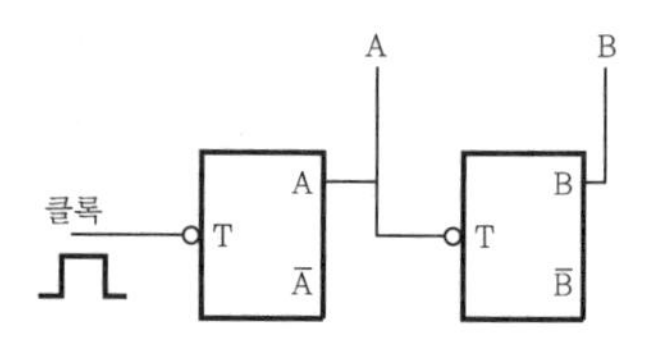

① 동기형 2진 계수기
② 동기형 4진 계수기
③ 2진 리플 계수기
④ 4진 리플 계수기

해설 전단 출력을 입력으로 받아 계수하는 비동기식 리플 계수로, 2개의 플립플롭으로 구성되어 $2^2=4$이므로 4진 리플 계수기이다.

정답 56.④ 57.② 58.② 59.④ 60.④

2012년 제5회 기출 문제

2012. 10. 20. 시행

01 **발진기는 부하의 변동으로 인하여 주파수가 변화하는데 이것을 방지하기 위하여 발진기와 부하 사이에 넣는 회로는?**

① 동조 증폭기 ② 직류 증폭기
③ 결합 증폭기 ④ 완충 증폭기

해설 **완충 증폭기**
㉠ 발진기는 부하의 변동으로 전류가 변함으로 인해 주파수가 변하게 되는데, 이를 방지하기 위하여 발진기와 부하 사이에 선형 증폭기를 넣어 안정시키는 것이다.
㉡ 완충 증폭기의 특징
- 높은 입력 임피던스
- 낮은 출력 임피던스
- 단위 전압 이득($A_v = 1$)

02 **데이터 전송에 있어 시간 지연을 만드는 플립플롭은?**

① D ② T
③ RS ④ JK

해설 D 플립플롭은 Delay 플립플롭, Data 플립플롭의 약어로, 데이터의 일시적인 보존이나 디지털 신호의 지연에 사용된다.

03 **저항 24[Ω], 리액턴스 7[Ω]의 부하에 100[V]를 가할 때 전류의 유효분은 몇 [A]인가?**

① 1.51 ② 2.51
③ 3.84 ④ 4.61

해설 직렬 접속 시 임피던스(Z)

$$Z = \sqrt{R^2 + X_L^2} = \sqrt{24^2 + 7^2} = 25[\Omega]$$

∴ 유효 전류 $I = \frac{V}{Z} \times \frac{R}{Z} = \frac{100}{25} \times \frac{24}{25} = 3.84[A]$

04 **AM 변조에서 변조도가 100[%]보다 작아지면 작아질수록 반송파가 점유하는 전력은?** (단, 피변조파의 전력은 일정할 때의 경우임)

① 동일하다. ② 커진다.
③ 작아진다. ④ 없다.

해설 **변조도**
㉠ 변조된 파에서 변조 성분(원신호)의 변화비를 말한다.
㉡ 즉, 반송파를 어느 정도 변화시키며 원정보 신호를 담아낼 수 있는 정도를 말한다.
㉢ 변조도에 따라 반송파와는 무관하며 변조파에 영향을 끼친다.
㉣ $m < 1$: 이상 없음
$m = 1$: 100[%] 변조
$m > 1$: 과변조 → 위상 반전, 일그러짐이 생김, 순간적으로 음이 끊김

05 **저주파 발진기의 출력 파형을 정현파에 가깝게 하기 위해 일반적으로 사용하는 회로는?**

① 저역 여파기(LPF)
② 수정 여파기
③ 대역 소거 여파기(BEF)
④ 고역 여파기(HPF)

해설 **저역 여파기(LPF : Low Pass Filter)**
㉠ 낮은 주파수는 통과하고 고조파 잡음 성분은 제거하는 역할을 한다.
㉡ LPF는 적분기를 사용하여 정현파에 가까운 출력 파형을 얻는다.

06 **전원 주파수가 60[Hz]인 정류 회로에서 출력에 120[Hz]인 리플 주파수를 나타내는 정류 회로 방식은?**

① 단상 반파 정류 ② 단상 전파 정류
③ 3상 반파 정류 ④ 3상 전파 정류

정답 01.④ 02.① 03.③ 04.② 05.① 06.②

해설 **맥동(ripple) 주파수**

㉠ 교류를 다이오드를 거치고 필터를 거치고 안정화 회로를 거쳐 직류가 나오는데 필터링이 잘 되지 않으면 직류 성분에 약간의 교류가 섞여 나오는 현상(리플)이 발생하는데 이를 맥동(리플) 주파수라 한다.

㉡ 정류 방식별 맥동 주파수

정류 방식	맥동 주파수
단상 반파 정류	60[Hz]
단상 전파 정류	120[Hz]
3상 반파 정류	180[Hz]
3상 전파 정류	360[Hz]

07 B급 푸시풀 증폭기에서 트랜지스터의 부정합에 의한 찌그러짐을 무엇이라 부르는가?

① 위상 찌그러짐
② 바이어스 찌그러짐
③ 변조 찌그러짐
④ 크로스오버 찌그러짐

해설 **B급 푸시풀 증폭기**

㉠ B급 증폭기의 차단되는 반주기의 신호를 얻기 위해 쌍으로 연결하여 쓰는 Push pull 구성으로, 상보 증폭기(complementary amplifier)라고도 한다.

㉡ 크로스오버(crossover) 왜곡 : B급 푸시풀 증폭기에서 트랜지스터의 부정합에 의한 출력 파형의 일그러짐 현상이다.

08 0.2[V]의 교류 입력이 20[V]로 증폭되었다면 증폭 이득은 몇 [dB]인가?

① 10 ② 20
③ 30 ④ 40

해설

$$A_{vf} = 20\log_{10}\frac{20}{0.2}$$
$$= 20\log_{10}100$$
$$= 40[\mathrm{dB}]$$

09 다음 증폭 회로 중 100[%] 궤환하는 것은?

① 전압 궤환 회로
② 전류 궤환 회로
③ 이미터 폴로어 회로
④ 정격 궤환 회로

해설 **이미터 폴로어 증폭 회로**

㉠ 컬렉터 접지 증폭 회로라 하며 전압 증폭도가 약 1로서, 입력 전압=출력 전압이다.

㉡ 고입력 임피던스, 저출력 임피던스 특성으로 임피던스 정합이나 변환 회로에 사용된다.

10 그림과 같은 회로의 명칭은?

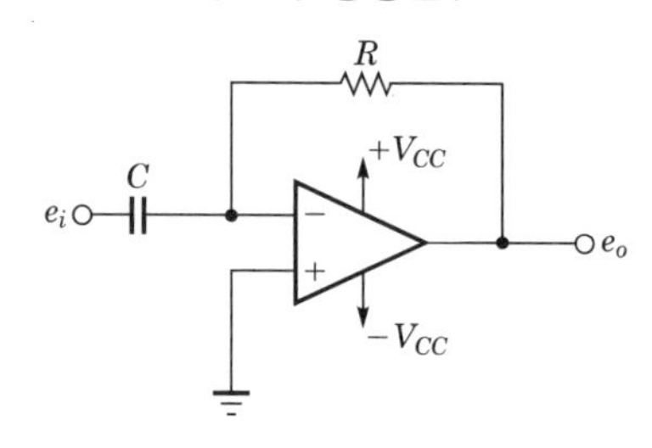

① 시미트 트리거 회로
② 미분 회로
③ 적분 회로
④ 비교 회로

해설 입력에는 콘덴서를, 궤환에는 저항을 사용하는 회로는 미분 회로이다.

11 다음 중 입력 장치의 종류가 아닌 것은 무엇인가?

① 스캐너(scanner)
② 라이트펜(light pen)
③ 디지타이저(digitizer)
④ 플로터(plotter)

해설 입력 장치에는 키보드, 마우스, 스캐너, 광학 마크 판독기(OMR), 광학 문자 판독기(OCR), 자기 잉크 문자 판독기(MICR), 바코드 판독기, 조이 스틱, 디지타이저, 터치 스크린, 디지털 카메라 등이 있다.

정답 07.④ 08.④ 09.③ 10.② 11.④

12 **다음 중 10진수 85를 BCD 코드로 변환한 것으로 옳은 것은?**

① 0101 0101 ② 1010 1010
③ 1000 0101 ④ 0111 1010

해설 각 자리수를 BCD 8421코드로 변환하면 8은 1000이고 5는 0101이므로 85는 1000 0101이 된다.

13 **컴퓨터의 ALU의 입력에 접속된 레지스터로, 연산에 필요한 데이터와 연산 결과를 저장하는 레지스터는?**

① 누산기
② 스택포인터
③ 프로그램 카운터
④ 명령 레지스터

해설 누산기(accumulator)는 연산 장치(ALU) 내의 레지스터로서, 연산의 결과를 일시적으로 기억하는 레지스터이다.

14 **다음 중 명령의 오퍼랜드 부분의 주소값과 프로그램 카운터값이 더해져 실제 데이터가 저장된 기억 장소의 주소를 나타내는 주소 지정 방식은?**

① 베이스 레지스터 주소 지정 방식
② 상대 주소 지정 방식
③ 인덱스 레지스터 주소 지정 방식
④ 간접 주소 지정 방식

해설 **계산에 의한 주소 지정 방식의 종류**
㉠ 베이스 레지스터 주소 지정 방식 : 베이스 레지스터값과 주소부가 더해져 유효 주소가 결정되는 경우이다.
㉡ 상대 주소 지정 방식 : 프로그램 카운터와 주소부가 더해져 유효 주소가 결정되는 경우이다.
㉢ 인덱스 레지스터 주소 지정 방식 : 인덱스 레지스터값과 주소부가 더해져 유효 주소가 결정되는 경우이다.

15 **소프트웨어(software)에 의한 우선순위(priority) 체제에 관한 설명 중 옳지 않은 것은?**

① 폴링 방법이라 한다.
② 별도의 하드웨어가 필요없으므로 경제적이다.
③ 인터럽트 요청 장치의 패널에 시간이 많이 걸리므로 반응 속도가 느리다.
④ 하드웨어 우선순위 체제에 비해 우선순위(priority)의 변경이 매우 복잡하다.

해설 **소프트웨어(software)에 의한 우선순위(priority)** : 체제는 폴링 방법이라고 하며 별도의 하드웨어가 필요없으므로 경제적이다. 인터럽트 요청 장치의 패널에 시간이 많이 걸리므로 반응 속도가 느리나 하드웨어 우선순위 체제에 비해 우선순위(priority)의 변경이 쉽다.

16 **2개의 통신 회선을 사용하여 접속된 두 장치 사이에서 동시에 양방향으로 데이터를 전송하는 통신 방식은?**

① 전이중 통신 방식
② 단방향 통신 방식
③ 반이중 통신 방식
④ 독립 이중 통신 방식

해설 **데이터 통신 방식의 종류**
㉠ 단방향(simplex) 통신 방식 : 한쪽에서는 수신만 하고 다른 쪽에서는 송신만 하는 방식으로, 라디오, TV 등이 있다.
㉡ 반이중(half duplex) 통신 방식 : 양쪽 방향으로 전송은 가능하지만 동시 전송은 불가능하고 반드시 한쪽 방향으로만 전송되는 방식으로, 무전기 등이 있다.
㉢ 전이중(full duplex) 통신 방식 : 양쪽 방향으로 동시 전송이 가능한 방식으로, 전화기 등이 있다.

17 **8진수 62를 2진수로 변환하면?**

① 110 101 ② 110 010
③ 111 010 ④ 101 101

정답 12.③ 13.① 14.② 15.④ 16.① 17.②

해설 8진수를 2진수로 변환할 때는 각 자리를 3비트의 2진수로 변환하므로 6은 110, 2는 101이다.

18 컴퓨터 내부에서 정보(자료)를 처리할 때 사용하는 부호는?

① 2진법 ② 8진법
③ 10진법 ④ 16진법

해설 컴퓨터 내부에서 정보(자료)를 처리할 때 사용되는 부호는 2진법이다.

19 AND 연산에서 레지스터 내의 어느 비트 또는 문자를 지울 것인지를 결정하는 데이터는?

① Mask bit ② Parity bit
③ Sign bit ④ Check bit

해설 ① 마스크 비트(mask bit) : 비트(bit) 또는 문자의 삭제를 결정하는 데 사용되는 비트이다.
② 패리티 비트(parity bit) : 에러를 검출하는 데 사용되는 비트이다.

20 다음 중 시스템 프로그램에 속하지 않는 것은?

① 로더(loader)
② 컴파일러(compiler)
③ 엑셀(excel)
④ 운영 체제(OS)

해설 시스템 소프트웨어는 컴퓨터 시스템을 편리하고 효율적으로 사용할 수 있게 도와주는 프로그램으로, 운영 체제(OS), 컴파일러(compiler), 로더(loader) 등이 있다.

21 하나의 채널이 고속 입·출력 장치를 하나씩 순차적으로 관리하며, 블록(block) 단위로 전송하는 채널은?

① 사이클 채널(cycle channel)
② 셀렉터 채널(selector channel)
③ 멀티플렉서 채널(multiplexer channel)
④ 블록 멀티플렉서 채널(block multiplexer channel)

해설 **채널의 종류**
㉠ 셀렉터 채널 : 하나의 채널을 하나의 입·출력 장치가 독점해서 사용하는 방식으로, 고속 전송(자기 테이프, 자기 디스크 등)에 사용된다.
㉡ 멀티플렉서 채널 : 1개의 채널에 여러 개의 입·출력 장치를 연결하여 사용하는 방식으로, 저속 전송(카드리더, 프린터 등)에 사용된다.
㉢ 블록 멀티플렉서 채널 : 셀렉터 채널과 멀티플렉서 채널의 장점만을 조합한 채널이다.

22 패리티 규칙으로 코드의 내용을 검사해 잘못된 비트를 찾아서 수정할 수 있는 코드는?

① 3초과 코드 ② 그레이 코드
③ ASCII 코드 ④ 해밍 코드

해설 **해밍 코드(hamming code)** : 1비트의 오류를 자동으로 정정해 주는 코드로, 패리티 규칙으로 코드의 내용을 검사하여 잘못된 비트를 찾아서 수정할 수 있는 코드이다.

23 다음에 수행될 명령어의 주소를 나타내는 것은?

① Instruction
② Stack pointer
③ Program counter
④ Accumulator

해설 ③ Program Counter(PC) : 다음에 수행할 명령어의 주소를 기억하는 레지스터
④ Accumulator(누산기) : 연산의 결과를 일시적으로 기억하는 레지스터

24 2진수 데이터 1100 1010과 1001 1001을 AND 연산한 경우 결과값은?

① 1101 1011 ② 1001 0100
③ 1000 1000 ④ 0110 0101

정답 18.① 19.① 20.③ 21.② 22.④ 23.③ 24.③

해설 AND 연산은 두 입력이 모두 '1'인 때만 출력이 '1'로 나타낸다.

```
     11001010
AND  10011001
     10001000
```

25 다음 중 전가산기의 구성 회로로 옳은 것은 무엇인가?

① 반가산기 2개와 OR 게이트 1개
② 반가산기 1개와 OR 게이트 2개
③ 반가산기 2개와 AND 게이트 1개
④ 반가산기 1개와 AND 게이트 2개

해설 전가산기는 반가산기 2개와 OR 게이트로 구성된다.

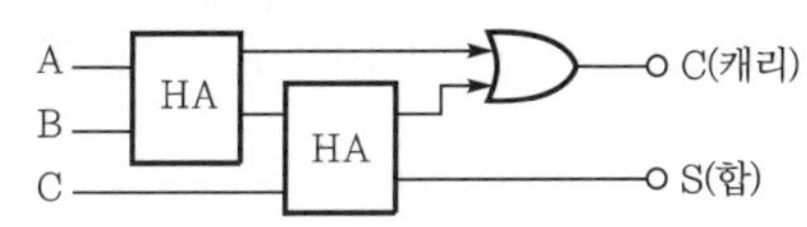

26 주소의 개념이 거의 사용되지 않는 보조 기억 장치로서, 순서에 의해서만 접근하는 기억 장치(SASD)라고도 하는 것은?

① 자기 디스크 ② 자기 테이프
③ 자기 코어 ④ 램

해설 순차 접근 기억 장치(SASD)는 자기 테이프이고, 임의 접근 기억 장치(DASD)는 자기 디스크, 자기 코어, 하드 디스크, 플로피 디스크 등이 있다.

27 다음 중 입·출력 장치의 동작 속도와 컴퓨터 내부의 동작 속도를 맞추는 데 사용되는 레지스터는?

① 어드레스 레지스터
② 시퀀스 레지스터
③ 버퍼 레지스터
④ 시프트 레지스터

해설 버퍼 레지스터는 서로 다른 입·출력 속도를 가진 매체 사이에서 자료를 전송하는 경우 중앙 처리 장치(CPU) 또는 주변 장치의 임시 저장용 레지스터로서, 자료가 컴퓨터 입·출력 속도로 송·수신될 수 있도록 컴퓨터와 속도가 느린 시스템 소자 간에 구성된다.

28 다음 논리 함수를 간소화한 것은?

$Y=(A+B)\cdot(A+C)$

① $Y=A+B$ ② $Y=A+BC$
③ $Y=AB+AC$ ④ $Y=A$

해설
$$\begin{aligned}Y&=(A+B)\cdot(A+C)\\&=AA+AC+AB+BC\\&=A(1+C+B)+BC\\&=A+BC\end{aligned}$$

29 기억된 프로그램의 명령을 하나씩 읽고, 해독하여 각 장치에 필요한 지시를 하는 것은?

① 입력 기능 ② 연산 기능
③ 제어 기능 ④ 기억 기능

해설 중앙 처리 장치(CPU)는 명령어의 해석과 실행을 담당하는 제어 기능과 비교·판단·연산을 담당하는 연산 기능과 자료를 저장하고 보관하는 기억 기능을 가지고 있다.

30 컴퓨터에서 주기억 장치에 기억된 명령어를 제어 장치로 꺼내오는 과정은?

① 명령어 실행 ② 명령어 해독
③ 명령어 인출 ④ 명령어 저장

해설 ㉠ 명령어 인출 : 주기억 장치로부터 명령을 읽어 CPU로 가져오는 과정을 명령어 인출 사이클이라 한다.
㉡ 명령어 실행 : 인출된 명령어를 이용하여 직접 명령을 실행하는 과정을 명령어 실행 사이클이라 한다.

정답 25.① 26.② 27.③ 28.② 29.③ 30.③

31 **프로그램에서 사용되는 기억 장소를 의미하며, 프로그램 실행 중에 그 값이 변할 수 있는 것은?**

① 주석 ② 상수
③ 변수 ④ 함수

해설 변수는 프로그램에서 사용되는 기억 장소를 의미하며 프로그램 실행 중에 그 값이 변할 수 있다. 상수는 프로그램이 수행되는 동안 변하지 않는 값이다.

32 **기계어에 대한 설명과 거리가 먼 것은?**

① 유지·보수가 용이하다.
② 호환성이 없다.
③ 2진수를 사용하여 데이터를 표현한다.
④ 프로그램의 실행 속도가 빠르다.

해설 저급(low level) 언어인 기계어는 0과 1로 이루어진 2진수 체제로, 하드웨어를 직접 제어할 수 있고 속도가 빠르다. 전자계산기가 직접 이해할 수 있는 형태로 프로그램 작성 및 수정 등 유지·보수가 어렵고 호환성도 없다.

33 **구조화 프로그래밍의 기본 제어 구조가 아닌 것은?**

① 순차 구조 ② 선택 구조
③ 블록 구조 ④ 반복 구조

해설 구조화 프로그래밍의 기본 제어 구조는 순차 구조, 선택 구조, 반복 구조이다.

34 **예약어(reserved word)에 대한 설명으로 옳지 않은 것은?**

① 프로그래머가 변수 이름이나 다른 목적으로 사용할 수 없는 핵심어이다.
② 새로운 언어에서는 예약어의 수가 줄어들고 있다.
③ 번역 과정에서 속도를 높여준다.
④ 프로그램의 신뢰성을 향상시켜 줄 수 있다.

해설 예약어는 이미 문법적인 용도로 사용되고 있기 때문에 변수명으로 사용할 수 없고 예약어의 수는 늘어나고 있다.

35 **구문 분석기가 올바른 문장에 대해 그 문장의 구조를 트리로 표현한 것으로, 루트, 중간, 단말 노드로 구성되는 트리를 무엇이라 하는가?**

① 개념 트리 ② 파스 트리
③ 유도 트리 ④ 정규 트리

해설 파스 트리(parse tree)는 구문 분석 단계에서 어떤 표현이 BNF에 의해 바르게 작성되었는지를 확인하기 위해 만드는 트리로서, 파스 트리가 존재한다면 주어진 표현이 BNF에 의해 작성될 수 있음을 의미한다.

36 **C언어에서 나머지를 구할 때 사용하는 산술 연산자는?**

① % ② &&
③ || ④ =

해설 C언어에서 %는 나머지를 구하는 산술 연산자이고, &&는 논리곱, ||는 논리합을 나타내는 논리 연산자이다.

37 **다음 운영 체제 스케줄링 정책 중 가장 바람직한 것은?**

① 대기 시간을 늘리고 반환 시간을 줄인다.
② 응답 시간을 최소화하고 CPU 이용률을 늘린다.
③ 반환 시간과 처리율을 늘린다.
④ CPU 이용률을 줄이고 반환 시간을 늘린다.

해설 스케줄링이란 시스템의 효율성을 극대화시키기 위해 자원의 사용 순서를 결정하기 위한 정책으로, CPU 이용률과 처리량을 향상시키고 처리 시간, 대기 시간, 응답 시간 및 오버헤드를 단축시키는 것이다.

정답 31.③ 32.① 33.③ 34.② 35.② 36.① 37.②

38 다음 중 순서도에 대한 설명으로 거리가 먼 것은?

① 의사 전달 수단으로도 사용된다.
② 처리 순서를 그림으로 나타낸 것이다.
③ 사용자의 의도에 따라 기호가 상이하다.
④ 작업의 순서, 데이터의 흐름을 나타낸다.

해설 순서도의 역할
㉠ 문제 처리 과정을 논리적으로 파악하고 정확성 여부를 판단하는 것이 용이하다.
㉡ 문제를 해석하고 분석하는 것이 쉽고 타인에게 전달하는 것이 용이하다.
㉢ 프로그램의 보관·유지·보수의 자료로서 활용이 용이하다.
㉣ 프로그램 코딩의 기본 자료로 문서화가 용이하다.

39 다음 중 운영 체제에 대한 설명으로 옳지 않은 것은?

① 운영 체제는 다양한 입·출력 장치와 사용자 프로그램을 통제하여 오류와 컴퓨터의 부적절한 사용을 방지하는 역할을 수행한다.
② 운영 체제는 컴퓨터 사용자와 컴퓨터 하드웨어 간의 인터페이스로서 동작하는 하드웨어 장치이다.
③ 운영 체제는 작업을 처리하기 위해서 필요한 CPU, 기억 장치, 입·출력 장치 등의 자원을 할당 관리해 주는 역할을 수행한다.
④ 운영 체제는 컴퓨터를 편리하게 사용하고 컴퓨터 하드웨어를 효율적으로 사용할 수 있도록 한다.

해설 운영 체제(operating system)는 컴퓨터를 효율적으로 관리하며, 사용자에게 편리성을 제공하고, 자원을 공유하도록 하는 소프트웨어로서, 사용 가능도(availability)의 향상, 신뢰도(reliability)의 향상, 처리 능력(throughput)의 향상, 응답 시간(turn around time)의 단축 등이 목적이다.

40 하나의 시스템을 여러 명의 사용자가 시간을 분할하여 동시에 작업할 수 있도록 하는 방식은?

① Real time system
② Time sharing system
③ Bath processing system
④ Distributed system

해설 시분할 시스템(time sharing system)은 하나의 시스템을 여러 명의 사용자가 시간을 분할하여 동시에 작업할 수 있도록 하는 방식이다.

41 다음과 같은 진리표를 갖는 논리 회로는?

입력 A	입력 B	출력 Y
0	0	1
0	1	0
1	0	0
1	1	0

① NOR 게이트 ② NOT 게이트
③ NAND 게이트 ④ AND 게이트

해설 논리식은 $Y = \overline{A+B}$ 이므로 NOR 논리이다.

42 시프트 레지스터의 출력을 입력쪽에 되먹임시킨 계수기는?

① 비동기형 계수기 ② 리플 계수기
③ 링 계수기 ④ 상향 계수기

해설 링카운터는 신호에 따라 결과가 계속 반복되는 것이다. 최종단 플립플롭의 출력이 최초 플립플롭 입력에 연결되어 있다.

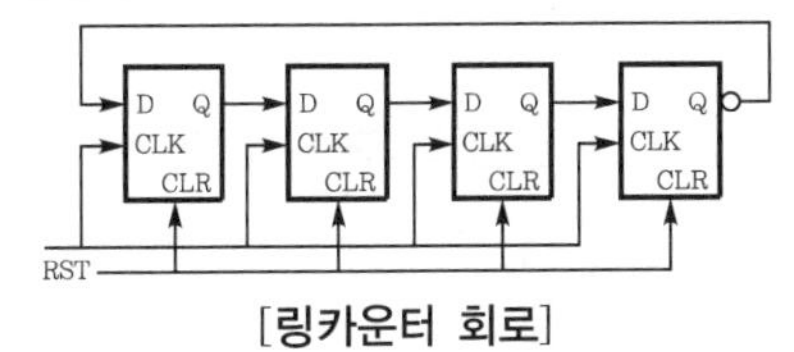

[링카운터 회로]

정답 38.③ 39.② 40.② 41.① 42.③

43 다음 그림에서 출력 F가 0이 되기 위한 조건은?

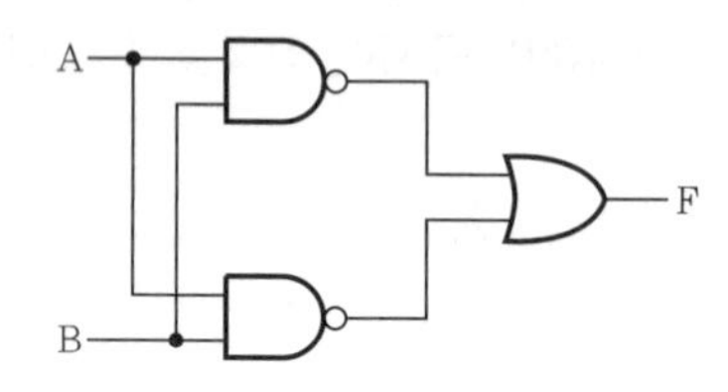

① A=0, B=0 ② A=0, B=1
③ A=1, B=0 ④ A=1, B=1

해설 $F = \overline{AB} + \overline{AB} = \overline{AB}$
따라서 NAND 논리이다.

입력		출력
A	B	F
0	0	1
0	1	1
1	0	1
1	1	0

44 다음의 논리 회로가 수행하는 기능으로 올바른 것은?

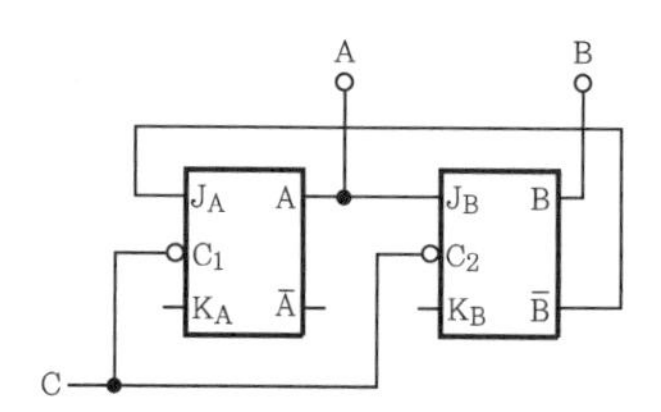

① 동기형 3진 카운터
② 비동기형 3진 카운터
③ 동기형 5진 카운터
④ 비동기형 5진 카운터

해설 입력 펄스가 각 단에 동시 공급되어 동작하는 동기형 계수기이다. 즉, 회로는 동기형 3진 카운터 회로이다.

45 JK 플립플롭에서 입력 J=K=1인 상태의 출력은?

① 세트 ② 리셋
③ 반전 ④ 불변

해설 JK FF의 진리표

J	K	Q_{n+1}	비고
0	0	Q_n	불변
0	1	0	리셋
1	0	1	세트
1	1	$\overline{Q_n}$	반전

46 다음 설명에 해당하는 것은?

> 안정된 두 가지의 상태를 가지고 있고, 상반된 두 가지의 동작 상태를 가지며, 출력을 입력에 되먹임시켜 파형 발생 회로에 사용한다.

① 단안정 멀티바이브레이터
② 시미트 트리거
③ 쌍안정 멀티바이브레이터
④ 비안정 멀티바이브레이터

해설 멀티바이브레이터의 종류
㉠ 비안정 멀티바이브레이터(astable multivibrator) : 구형파를 발생하는 안정된 상태가 없는 회로로서, 세트 상태와 리셋 상태를 번갈아 가면서 변환시키는 구형파 발진에 사용된다.
㉡ 단안정 멀티바이브레이터(monostable multivibrator) : 외부 트리거 펄스를 가하면 안정 상태에서 준안정 상태로 되었다가 어느 일정 시간 경과 후 다시 안정 상태로 돌아오는 동작을 한다.
㉢ 쌍안정 멀티바이브레이터(bistable multivibrator) : 플립플롭을 말한다. 정보를 기억하는 용도로 사용된다.

47 논리식에서 최소항의 개수를 16개 만들기 위한 변수의 개수는?

① 2 ② 4
③ 8 ④ 16

해설 $2^4 = 16$, 즉 4개의 항으로 이루어진다.

정답 43.④ 44.① 45.③ 46.② 47.②

48 다음 논리식 중 드 모르간의 정리를 나타낸 것은?

① $\overline{A+B}=\overline{A}\cdot\overline{B}$

② $\overline{A+B}=\overline{AB}$

③ $\overline{A+B}=\overline{\overline{A}}\cdot\overline{\overline{B}}$

④ $\overline{A+B}=\overline{\overline{A+B}}$

해설 드 모르간의 정리

㉠ $\overline{A+B}=\overline{A}\cdot\overline{B}$

㉡ $\overline{A\cdot B}=\overline{A}+\overline{B}$

49 정상적인 경우 8×1 멀티플렉서는 몇 개의 선택선을 가지는가?

① 1　② 2

③ 3　④ 4

해설 선택 제어선의 조건에 따라 8개 입력 중 선택된 입력이 출력 신호로 결정된다.
$2^3=8$이므로 선택선이 3개 필요하다.

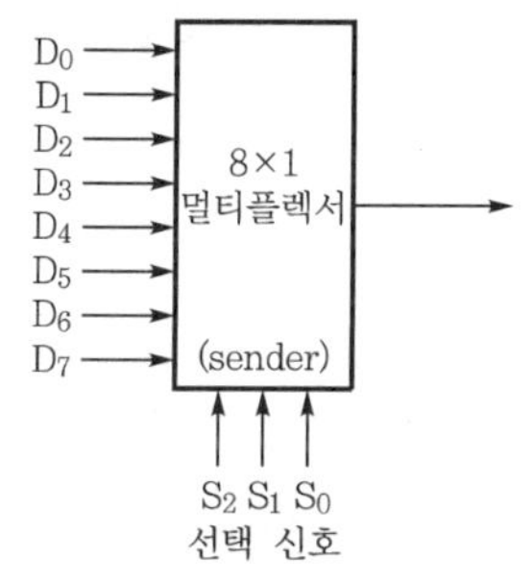

[8×1 멀티플렉서 블록도]

50 다음 중 가장 큰 수는?

① 2진수, 11101110　② 8진수, 365

③ 10진수, 234　④ 16진수, FA

해설 ① $(11101110)_2$

$=1\times2^7+1\times2^6+1\times2^5+1\times2^3+1\times2^2+1\times2^1$

$=128+64+32+8+4+2$

$=(238)_{10}$

② $(365)_8=3\times8^3+6\times8^1+5\times8^0$

$=192+48+5$

$=(245)_{10}$

④ $(FA)_{16}=F\times16^1+A\times16^0$

$=240+10$

$=(250)_{10}$

51 플립플롭에 대한 다음 설명 중 (　) 안에 알맞은 것은?

> 플립플롭의 출력은 입력 상태에 따라 가해지는 클록 펄스에 의해 변화한다. 이와 같은 변화를 플립플롭이 (　)되었다고 한다.

① 트리거　② 셋업

③ 상승　④ 하강

해설 플립플롭에 클록이 인가될 때 입력 상태에 따라 출력이 결정되는데 이를 트리거라고 한다.

52 입력 펄스의 적용에 따라 미리 정해진 상태의 순차를 밟아가는 순차 회로는?

① 카운터　② 멀티플렉서

③ 디멀티플렉서　④ 비교기

해설 순차적인 수를 세는 회로를 카운터라 한다.

53 8bit로 2의 보수 표현 방법에 의해 10과 −10을 나타내면?

① 00001010, 11110110

② 00001010, 11110101

③ 00001010, 10001010

④ 00001010, −00001010

해설 8bit로 10=00001010이 되고, 1의 보수에 의한 -10=11110101이고, 2의 보수에 의한 -10은 11110101+1=11110110이 된다.

정답 48.① 49.③ 50.④ 51.① 52.① 53.①

54 **그림과 같은 논리도의 명칭은?**

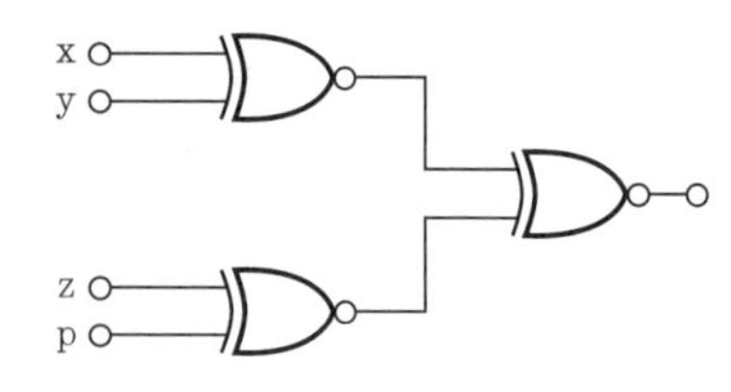

① 반가산기
② 전가산기
③ 4비트 홀수 패리티 검사기
④ 4비트 홀수 패리티 발생기

해설

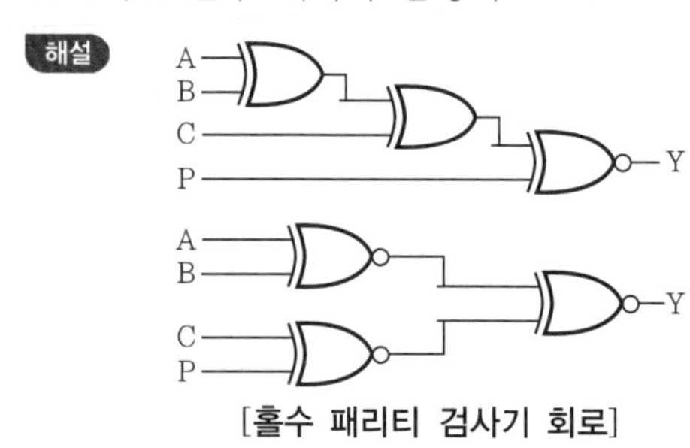

[홀수 패리티 검사기 회로]

55 **2진수 코드를 10진수로 변환하는 것은?**

① 카운터 ② 디코더
③ AD 변환기 ④ 인코더

해설 디코더(decoder : 복호기 또는 해독기) : n 비트의 2진 코드를 분해하여 2^n개의 각기 다른 부호로 변환하여 해독하는 회로이다.

56 **기억 장치에 접근하는 순서가 하나의 모듈에서 차례대로 수행되지 않고 여러 모듈에 번지를 분해하는 기억 장치를 무엇이라 하는가?**

① 인터리빙(interleaving)
② 연상 기억 장치(associative storage)
③ 캐시 기억 장치(cache memory)
④ 가상 기억 장치(virtual storage)

해설 연상 기억 장치(associative memory)는 데이터의 내용에 의해 접근(access)할 수 있는 기억 장치로, 기억 장치에 접근하는 순서가 하나의 모듈에서 차례대로 수행되지 않고 여러 모듈에 번지를 분해하는 기억 장치이다.

57 **클록 펄스가 들어올 때마다 플립플롭의 상태가 반전되는 회로는?**

① RS FF ② D FF
③ T FF ④ JK FF

해설 T 플립플롭은 0일 때는 변화없고 1일 때는 현재 상태를 반전(토글)한다.

[T 플립플롭(FF) 진리표]

T	Q_{n+1}
0	Q_n
1	$\overline{Q_n}$

58 **비동기형 리플 카운터에 대한 설명으로 거리가 먼 것은?**

① 모든 플립플롭 상태가 동시에 변한다.
② 회로가 간단하다.
③ 동작 시간이 길다.
④ 주로 T형이나 JK 플립플롭을 사용한다.

해설 비동기형 계수기는 앞단의 출력을 입력 펄스로 받아 계수하는 회로이기 때문에 각 단 플립플롭에는 각기 다른 클록이 입력되므로 각 플립플롭 상태는 동시에 변하지 않는다.

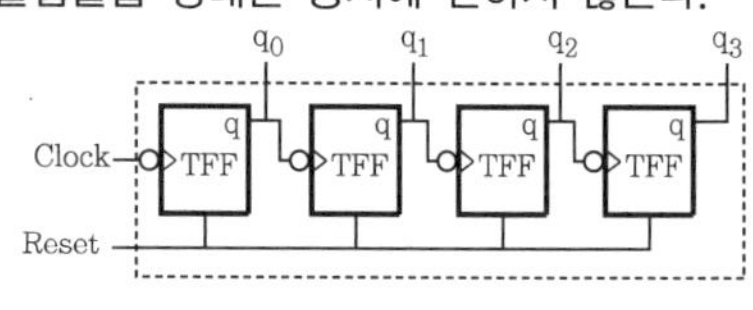

[비동기 리플 카운터]

59 **논리식 $F=(A+B)(A+\overline{B})$를 최소화하면?**

① F=A+B ② F=A
③ F=B ④ F=A・B

정답 54.③ 55.② 56.② 57.③ 58.① 59.②

해설

$$
\begin{aligned}
F &= (A+B)(A+\overline{B}) \\
&= AA + A\overline{B} + AB + B\overline{B} \\
&= AA + A\overline{B} + AB \\
&= A + A(B+\overline{B}) \\
&= A + A \cdot 0 \\
&= A
\end{aligned}
$$

60 다음 그림과 같은 회로의 명칭은?

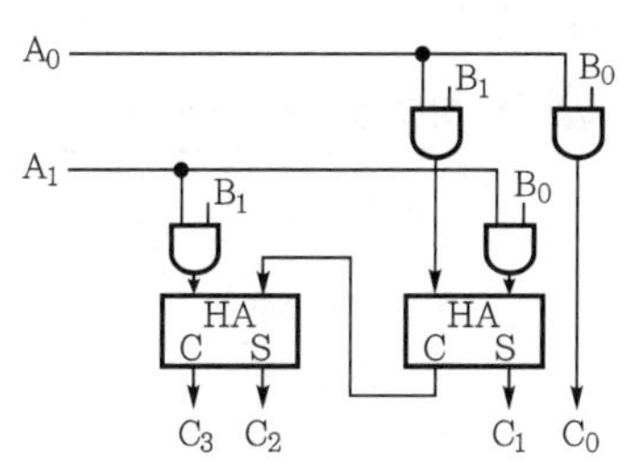

① 곱셈 회로
② 가산 회로
③ 감산 회로
④ 나눗셈 회로

해설 **곱셈 회로(multiplier)**

㉠ 두 입력 단자에 입력된 두 2진값의 곱을 출력한다.
㉡ 반가산기와 AND Gate로 구성된다.
㉢ 곱셈 동작 원리

		B_1	B_0
	×	A_1	A_0
		A_0B_1	A_0B_0
	A_1B_1	A_1B_0	
C_3	C_2	C_1	C_0

정답 60.①

2013년 제1회 기출 문제

2013. 1. 27. 시행

01 **다음 중 압전 효과를 이용한 발진기는 무엇인가?**

① LC 발진기
② RC 발진기
③ 수정 발진기
④ 레이저 발진기

해설 수정, 로셀염, 전기석, 티탄산바륨 등의 결정에 압력을 가하면 표면에 전하가 나타나 기전력이 발생한다. 이를 압전 현상이라 한다.

02 **전력 증폭기의 직류 입력은 200[V], 400[mV]이다. 부하에 흐르는 전류가 5[A]이고 이 증폭기의 능률이 60[%]이면 부하에서 소비되는 전력은 몇 [W]인가?**

① 32 ② 48
③ 80 ④ 120

해설

증폭기 능률 $\eta = \dfrac{P_{ac}}{P_{dc}} \times 100[\%]$
$= 60[\%]$

$P_{dc} = 200 \times 400 \times 10^{-3} = 80$

$P_{ac} = \dfrac{P_{dc} \times \eta}{100}$
$= \dfrac{80 \times 60}{100} = 48[\mathrm{W}]$

03 **슈미트 트리거 회로의 출력 파형은?**

① 톱니파 ② 구형파
③ 정현파 ④ 삼각파

해설 슈미트 트리거는 히스테리시스 특성을 이용하여 정현파 혹은 일그러진 파형을 정형하여 구형파 출력을 만든다.

04 **220[V], 60[Hz] 전원 정류 회로에서 맥동 주파수가 180[Hz]되는 정류 방식은?**

① 3상 반파형 ② 3상 전파형
③ 단상 반파형 ④ 단상 전파형

해설 **정류 방식별 맥동 주파수**

정류 방식	맥동 주파수[Hz]	맥동률[%]
단상 반파 정류	60	1.21
단상 전파 정류	120	0.482
3상 반파 정류	180	0.183
3상 전파 정류	360	0.042

05 **다음 중 RC 결합 증폭 회로의 특징이 아닌 것은?**

① 효율이 매우 높다.
② 회로가 간단하고 경제적이다.
③ 직류 신호를 증폭할 수 없다.
④ 입력 임피던스가 낮고 출력 임피던스가 높으므로 임피던스 정합이 어렵다.

해설 RC 결합 증폭 회로는 증폭기의 단간을 저항(R)과 콘덴서에 의해서 결합하는 방식으로, 입·출력 간의 임피던스 정합이 어렵고 손실이 많으나 주파수 특성이 평탄하여 저주파 증폭 회로에 주로 사용되나 커패시턴스 특성으로 고주파에서 이득이 떨어진다.

06 **0.4[μF]의 콘덴서에 정전 용량이 얼마인 콘덴서를 직렬로 접속하면 합성 정전 용량이 0.3[μF]이 되는가?**

① 0.4 ② 0.7
③ 1.0 ④ 1.2

정답 01.③ 02.② 03.② 04.① 05.① 06.④

해설

$$\frac{1}{\frac{1}{0.4}+\frac{1}{C_x}}=0.3$$

$$\frac{1}{\frac{0.4+C_x}{0.4C_x}}=0.3$$

$$\frac{0.4C_x}{0.4+C_x}=0.3$$

$$0.4C_x=0.3(0.4+C_x)$$

$$0.4C_x=0.12+0.3C_x$$

$$\therefore C_x=\frac{0.12}{0.1}=1.2[\mu\text{F}]$$

07 **다이오드를 사용한 정류 회로에서 2개의 다이오드를 직렬로 연결하여 사용하면 어떻게 변하는가?**

① 부하 출력의 리플 전압이 커진다.
② 부하 출력의 리플 전압이 줄어든다.
③ 다이오드는 과전류로부터 보호된다.
④ 다이오드는 과전압으로부터 보호된다.

해설 2개의 다이오드를 직렬 접속하면 내압이 커지게 된다.

08 **다음 중 정현파 발진기가 아닌 것은?**

① LC 반결합 발진기
② CR 발진기
③ 멀티바이브레이터
④ 수정 발진기

해설 **발진 회로의 종류**

㉠ 정현파 발진 회로
- LC 발진 회로
- RC 발진 회로
- 수정 발진 회로

㉡ 구형파 발진 회로 : 멀티바이브레이터

㉢ 펄스파 발진 회로
- 블로킹 발진 회로
- UJT 발진 회로

09 **그림의 회로에서 시상수가 $CR \ll \tau_W$인 경우 출력 파형은 어떻게 나타나는가?** (단, τ_W : 펄스폭)

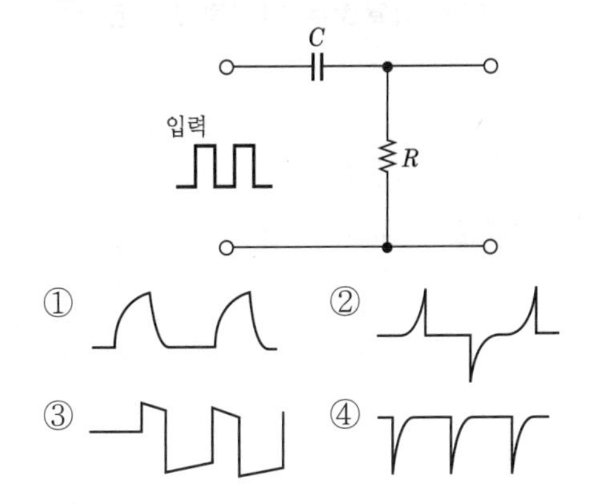

해설 ① 적분 회로의 출력 파형
② 미분 회로의 파형
입력단에 컨덴서가 있는 것은 미분 회로이다.

10 **다음 회로의 클록 펄스**(clock pulse) **발진 주파수는 약 몇 [kHz]인가?**

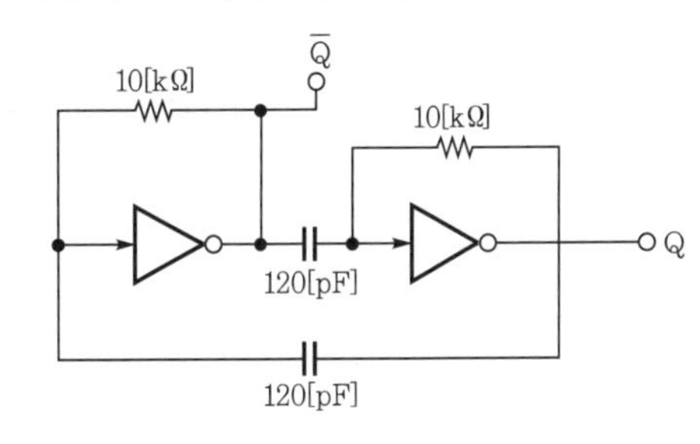

① 292　　② 458
③ 583　　④ 854

해설

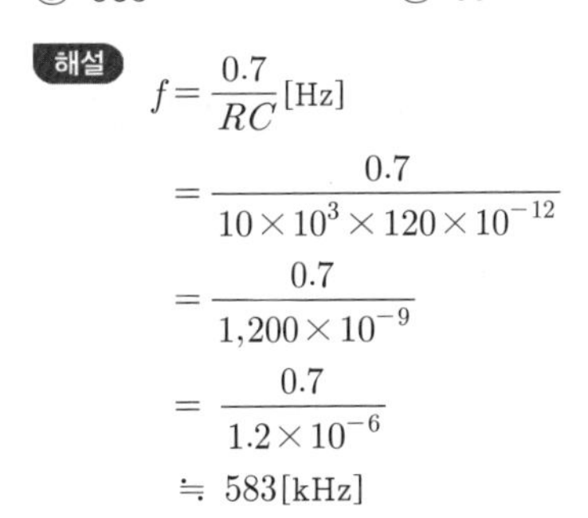

$$f=\frac{0.7}{RC}[\text{Hz}]$$

$$=\frac{0.7}{10\times10^3\times120\times10^{-12}}$$

$$=\frac{0.7}{1{,}200\times10^{-9}}$$

$$=\frac{0.7}{1.2\times10^{-6}}$$

$$\fallingdotseq 583[\text{kHz}]$$

정답 07.④ 08.③ 09.② 10.③

11 **컴퓨터 내부에서 사용하는 디지털 신호를 전송하기에 편리한 아날로그 신호로 변환시켜주고, 전송받은 아날로그 신호는 다시 컴퓨터에서 사용하는 디지털 신호로 변환시켜주는 장치는?**

① 통신 제어 장치 ② 모뎀
③ 통신 회선 ④ 단말기

해설 Modem(변・복조기)은 전화선으로 수신된 아날로그 데이터는 모뎀을 통해 디지털 데이터로 변환되고, 컴퓨터 내의 디지털 데이터는 모뎀을 통해 아날로그 데이터로 변환되어 전송된다.

12 **명령의 오퍼랜드 부분의 주소값과 프로그램 카운터값이 더해져 실제 데이터가 저장된 기억 장소의 주소를 나타내는 주소 지정 방식은?**

① 베이스 레지스터 주소 지정 방식
② 인덱스 레지스터 주소 지정 방식
③ 간접 주소 지정 방식
④ 상대 주소 지정 방식

해설 **계산에 의한 주소 지정 방식의 종류**
㉠ 베이스 레지스터 주소 지정 방식 : 베이스 레지스터값과 주소부가 더해져 유효 주소가 결정되는 경우
㉡ 인덱스 레지스터 주소 지정 방식 : 인덱스 레지스터값과 주소부가 더해져 유효 주소가 결정되는 경우
㉢ 상대 주소 지정 방식 : 프로그램 카운터와 주소부가 더해져 유효 주소가 결정되는 경우

13 **컴퓨터의 중앙 처리 장치에 대한 설명으로 틀린 것은?**

① DOS용과 Windows용으로 구분하여 생산한다.
② 연산・제어・기억 기능으로 구성되어 있다.
③ CPU라고 하며 사람의 두뇌에 해당된다.
④ 마이크로프로세서는 중앙 처리 장치의 기능을 하나의 칩에 집적한 것이다.

해설 중앙 처리 장치는 비교・판단・연산을 담당하는 연산 장치와 명령어의 해석 및 실행을 담당하는 제어 장치로 구성된다.

14 **해밍 코드(hamming code)의 대표적 특징은?**

① 기계적인 동작을 제어하는 데 사용하기 알맞은 코드이다.
② 데이터 전송 시 신호가 없을 때를 구별하기 쉽다.
② 자기 보수(self complement)적인 성질이 있다.
④ 패리티 규칙으로 잘못된 비트를 찾아서 수정할 수 있다.

해설 해밍 코드(hamming code)는 패리티 규칙으로 잘못된 비트를 찾아서 수정할 수 있다.

15 **연산 회로 중 시프트에 의하여 바깥으로 밀려나는 비트가 그 반대편의 빈 곳에 채워지는 형태의 직렬 이동과 관계되는 것은?**

① Complement ② Rotate
③ OR ④ AND

해설 **로테이트의 특징**
㉠ 시프트 연산에서는 연산 후에 밀려나오는 비트를 버리거나 올림수 레지스터에 기억시키지만, 로테이트의 경우에는 밀려나온 비트가 다시 반대편 끝으로 들어가게 된다.
㉡ 시프트와 비슷한 연산으로 나가는 비트가 들어오는 비트로 사용되는 연산으로서, 주로 문자의 위치 변환에 사용된다.

16 **순차 접근 저장 매체(SASD)인 것은?**

① 자기 테이프 ② 자기 드럼
③ 자기 디스크 ④ 자기 코어

해설 순차 접근 저장 매체(SASD)는 정보를 읽거나 기록하기 위해 처음부터 순차적으로 액세스하는 장치로서, 자기 테이프가 대표적이다.

정답 11.② 12.④ 13.① 14.④ 15.② 16.①

17 **다음 중 중앙 처리 장치에서 마이크로 동작(micro operation)이 순서적으로 일어나게 하기 위하여 필요한 것은?**

① 모뎀 ② 레지스터
③ 메모리 ④ 제어 신호

해설 ① 모뎀 : 디지털 신호를 아날로그 신호로 변환시키고, 아날로그 신호를 디지털 신호로 변환시키는 장치이다.
② 레지스터 : 중앙 처리 장치(CPU)에 있는 임시 기억 장치이다.
④ 제어 신호 : 중앙 처리 장치(CPU)에서 마이크로 동작을 제어하는 신호이다.

18 **주기억 장치와 입·출력 장치 사이에 있는 임시 기억 장치는?**

① 스택 ② 버스
③ 버퍼 ④ 블록

해설 입·출력 장치의 동작 속도와 컴퓨터 내부의 동작 속도를 맞추기 위해 사용되는 임시 기억 장치는 버퍼이다.

19 **자료가 리스트에 첨가되는 순서에서 그 반대의 순서로만 처리 가능한 LIFO 형태의 자료 구조는?**

① 큐(queue) ② 스택(stack)
③ 데큐(deque) ④ 트리(tree)

해설 스택(stack)은 마지막에 들어간 데이터가 먼저 출력되는 후입 선출(LIFO : Last In First Out)의 데이터 처리 방법을 갖는다.

20 **다음 중 비휘발성(non volatile) 메모리가 아닌 것은?**

① 자기 코어 ② 자기 디스크
③ 자기 드럼 ④ SRAM

해설 SRAM은 휘발성 메모리로, 정적 기억 장치라고도 한다.

21 **양방향 데이터 전송은 가능하나 동시 전송이 불가능한 방식은?**

① Half duplex ② Dual duplex
③ Full duplex ④ Simplex

해설 반이중 방식(half duplex)은 양방향으로 전송은 가능하나 동시에는 전송이 불가능한 방식으로, 무전기가 있다.

22 **연산기의 입력 자료를 그대로 출력하는 것으로, 컴퓨터 내부에 있는 하나의 레지스터에 기억 된 자료를 다른 레지스터로 옮길 때 이용되는 논리 연산은?**

① Move 연산 ② AND 연산
③ OR 연산 ④ Unary 연산

해설 Move는 하나의 입력값을 갖는 단항 연산자로서, 컴퓨터 내부에 있는 하나의 레지스터에 기억된 자료를 다른 레지스터로 옮길 때 이용한다.

23 **집적 회로의 일반적인 특징에 대한 설명으로 옳은 것은?**

① 수명이 짧다.
② 크기가 대형이다.
③ 동작 속도가 빠르다.
④ 외부와의 연결이 복잡하다.

해설 집적 회로는 실리콘 칩에 많은 수의 부품을 집적하여 제조되므로 신뢰성이 높고 속도가 빠르다.

24 **프로그램은 일의 처리 순서를 기술한 명령의 집합이다. 각 명령은 어떻게 구성되어 있는가?**

① 연산자와 오퍼랜드
② 명령 코드와 실행 프로그램
③ 오퍼랜드와 제어 프로그램
④ 오퍼랜드와 목적 프로그램

정답 17.④ 18.③ 19.② 20.④ 21.① 22.① 23.③ 24.①

해설 명령어의 구성 형식

㉠ 연산자

- 명령 코드부(Operation Code : OP－Code)라고도 하며 실제 수행해야 할 동작을 명시한다.
- 명령어의 종류를 나타내는 것으로, 수행할 연산 코드를 나타내는 부분이다.

㉡ 오퍼랜드

- 주소부라고도 하며 동작을 수행하는 데 필요한 정보를 지정하는 부분이다.
- 데이터가 기억된 메모리 주소나 레지스터 등을 지정하는 피연산자 부분이다.

25 다음 중 필요없는 부분을 지워버리고 나머지 비트만을 가지고 처리하기 위하여 사용되는 연산자는?

① Move ② Shift
③ AND ④ OR

해설 ① Move : 단항 연산으로, 레지스터에 기억된 데이터를 다른 레지스터로 옮기는 데 이용된다.
② Shift : 단항 연산으로, 레지스터에 기억된 데이터 비트들을 왼쪽이나 오른쪽으로 1비트씩 차례대로 이동시켜 밀어내기 형태가 되도록 하는 연산 방식이다.
③ AND : 이항 연산으로, 필요없는 부분을 지워버리고 나머지 비트만을 가지고 처리하기 위하여 사용된다.
④ OR : 이항 연산으로, AND와는 반대로 데이터의 특정 부분을 추가하는 경우 사용된다.

26 다음 중 입·출력 장치의 역할로 가장 적합한 것은?

① 정보를 기억한다.
② 컴퓨터의 내·외부 사이에서 정보를 주고받는다.
③ 명령의 순서를 제어한다.
④ 기억 용량을 확대시킨다.

해설 입·출력 장치는 컴퓨터의 내·외부 사이에서 정보를 주고받는다.

27 명령어를 해독하기 위해서 주기억 장치로부터 제어 장치로 해독할 명령을 꺼내오는 것은?

① 실행(execution)
② 단항 연산(unary operation)
③ 명령어 인출(instruction fetch)
④ 직접 번지(direct address)

해설 명령어를 해독하기 위해서 주기억 장치로부터 제어 장치로 해독할 명령을 꺼내오는 것은 명령어 인출(instruction fetch)이다.

28 다음과 같은 회로도는?

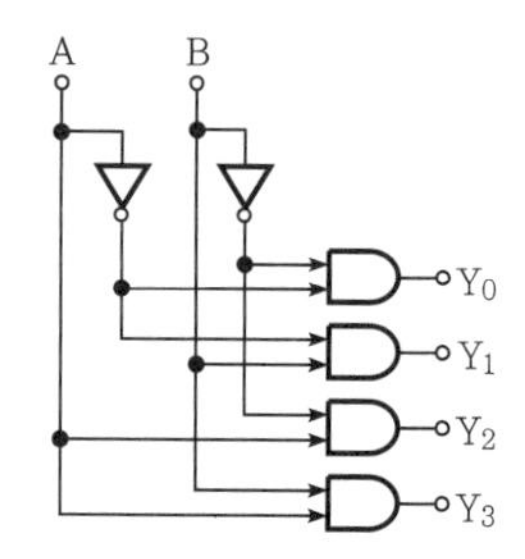

① 인코더 ② 디코더
③ 카운터 ④ 가산기

해설 2×4디코더이다.
디코더 출력은 AND 게이트로 구성되며 엔코더 출력은 OR 게이트로 구성된다.

29 게이트당 소모 전력[mW]이 가장 작은 IC는?

① TTL ② CMOS
③ RTL ④ DTL

해설 CMOS 소자는 전압 구동형이므로 전력 소비가 거의 없다.

30 다음 중 출력 장치로만 묶어 놓은 것은?

① 키보드, 디지타이저
② 스캐너, 트랙볼
③ 바코드, 라이트 펜
④ 플로터, 프린터

정답 25.③ 26.② 27.③ 28.② 29.② 30.④

해설 **입력과 출력 장치**

㉠ 입력 장치의 종류 : OMR, OCR, MICR, 스캐너, 디지타이저, 라이트 펜, 터치 스크린, 바코드, 트랙볼, 조이스틱, 키보드, 마우스, 음성 입력 장치 등

㉡ 출력 장치의 종류 : 프린터, 플로터, 마이크로 필름 장치(COM), LCD, PDP, LED, CRT, 천공 카드, 터치 스크린, 음성 출력 장치 등

31 **C언어의 기억 클래스 종류가 아닌 것은?**

① 내부 변수 ② 정적 변수
③ 자동 변수 ④ 레지스터 변수

해설 **기억 클래스의 종류** : 자동 변수(automatic variable), 정적 변수(static variable), 외부 변수(external variable), 레지스터 변수(register variable) 등이 있다.

32 **프로그램에서 Syntax error란?**

① 논리적 오류 ② 문법적 오류
③ 물리적 오류 ④ 기계적 오류

해설 **문법적 오류(syntax error)** : 원시 프로그램을 기계어로 번역하는 과정에서 발생하는 오류이다.

33 **고급 언어(high level language)에 대한 설명으로 거리가 먼 것은?**

① 사람이 일상 생활에서 사용하는 자연어에 가까운 형태로 만들어진 언어이다.
② 사람이 인식 가능하고 배우기 쉽다.
③ 2진수 체계로 이루어진 언어로, 컴퓨터가 직접 이해할 수 있는 형태의 언어이다.
④ 기종에 관계없이 사용할 수 있어 호환성이 좋다.

해설 고급 언어는 일상에서 사용하는 자연어와 유사한 인간 중심의 언어이고 기계어로 변환하는 컴파일러 또는 인터프리터가 필요하며, 프로그램 작성이 쉽고, 수정이 용이하다.

34 **기계어에 대한 설명으로 옳지 않은 것은?**

① 프로그램의 실행 속도가 빠르다.
② 2진수 0과 1만을 사용하여 명령어와 데이터를 나타내는 기계 중심 언어이다.
③ 호환성이 없고 기계마다 언어가 다르다.
④ 프로그램에 대한 유지·보수 작업이 용이하다.

해설 기계어는 0과 1로 이루어진 컴퓨터 중심 언어로, 컴퓨터가 직접 처리할 수 있으므로 처리 속도가 빠르나 프로그램의 유지·보수는 어렵다.

35 **C언어에서 문자형 변수를 정의할 때 사용하는 것은?**

① int ② long
③ float ④ char

해설 C언어에서는 int(정수형), char(문자형), float(실수형), short(단정수형), long(장정수형), double(배정도 실수형) 등이 있다.

36 **C언어에서 사용되는 문자열 출력 함수는?**

① printchar( ) ② puts( )
③ prints( ) ④ putchar( )

해설
㉠ getchar( ) : 한 문자 입력 함수
㉡ gets( ) : 문자열 입력 함수
㉢ putchar( ) : 한 문자 출력 함수
㉣ puts( ) : 문자열 출력 함수

37 **프로그램의 처리 과정 순서로 옳은 것은?**

① 적재 → 실행 → 번역
② 적재 → 번역 → 실행
③ 번역 → 실행 → 적재
④ 번역 → 적재 → 실행

해설 **프로그램의 처리 과정** : 번역 → 적재 → 실행

정답 31.① 32.② 33.③ 34.④ 35.④ 36.② 37.④

38 다음 중 언어 번역 프로그램에 해당하지 않는 것은?

① 컴파일러 ② 로더
③ 인터프리터 ④ 어셈블러

해설 언어 번역 프로그램은 컴파일러, 인터프리터, 어셈블러 등이 있다.

39 시분할 시스템을 위해 고안된 방식으로, FCFS 알고리즘을 선점 형태로 변형한 스케줄링 기법은?

① SRT ② SJF
③ Round robin ④ HRN

해설 시분할 시스템을 위해 고안된 방식으로 FCFS 알고리즘을 선점 형태로 변형한 스케줄링 기법은 Round robin이다.

40 프로그래밍 작업 시 문서화의 목적과 거리가 먼 것은?

① 프로그램의 활용을 쉽게 한다.
② 프로그램의 개발 목적 및 과정을 표준화하여 효율적인 작업이 되도록 한다.
③ 프로그래밍 작업 시 요식적 행위의 목적을 달성하기 위해서이다.
④ 개발 과정에서의 추가 및 변경에 따르는 혼란을 감소시키기 위해서이다.

해설 **프로그램 작업 시 문서화의 목적**
㉠ 프로그램의 개발 요령과 순서를 표준화함으로써 보다 효율적인 개발이 가능하다.
㉡ 프로그램 개발 중의 변경 사항에 대한 대처가 용이하다.
㉢ 프로그램의 인수인계가 용이하며 프로그램 운용이 용이하다.
㉣ 개발 후 운영 과정에서 프로그램의 유지·보수가 용이하다.

41 2진수 10011+10110의 덧셈 결과는?

① 111001 ② 101011
③ 101001 ④ 100001

해설 10011+10110=101001

42 기억 장치 내의 내용을 해당되는 문자나 기호로 다시 변환시키는 것은?

① 인코더 ② 호퍼
③ 디코더 ④ 카운터

해설 특정 2진 부호를 어떤 기호나 상태값으로 나타내는 것은 디코더이다.

43 비동기형 리플 카운터에 대한 설명으로 거리가 먼 것은?

① 회로가 간단하다.
② 동작 시간이 길다.
③ 주로 T형이나 JK 플립플롭을 사용한다.
④ 모든 플립플롭 상태가 동시에 변한다.

해설 비동기식 카운터는 각각의 클록이 앞단의 출력과 직렬로 연결되어 있으므로 상태가 동시에 변하지 않고 순차적으로 변한다.

44 입력 펄스의 적용에 따라 미리 정해진 상태의 순차를 밟아가는 순차 회로는?

① 멀티플렉서 ② 디멀티플렉서
③ 카운터 ④ 비교기

해설 플립플롭을 이용한 대표적인 순서 논리 회로가 카운터이다. 펄스가 입력될 때마다 일련의 순서대로 플립플롭의 출력이 나온다.

45 불 대수식 AB+ABC를 간소화하면?

① AC ② AB
③ BC ④ ABC

해설 AB+ABC=AB(1+C)
=AB

정답 38.② 39.③ 40.③ 41.③ 42.③ 43.④ 44.③ 45.②

46 JK 플립플롭에서 반전 동작이 일어나는 경우는?

① J=0, K=0인 경우
② J=1, K=1인 경우
③ J와 K가 보수 관계일 때
④ 반전 동작은 일어나지 않는다.

해설 JK 플립플롭의 진리표

J	K	Q_{n+1}	비고
0	0	이전 상태(Q_n)	불변
0	1	0	리셋
1	0	1	세트
1	1	반전 상태($\overline{Q_n}$)	반전

47 RS 플립플롭 회로에서 불확실한 상태를 없애기 위하여 출력을 입력으로 전환시켜 반전 현상이 나타나도록 한 회로는?

① RS 플립플롭 회로
② D 플립플롭 회로
③ T 플립플롭 회로
④ JK 플립플롭 회로

해설

R	S	Q_{n+1}
0	0	Q_n
0	1	1
1	0	0
1	1	X(부정)

J	K	Q_{n+1}	비고
0	0	이전 상태(Q_n)	불변
0	1	0	리셋
1	0	1	세트
1	1	반전 상태($\overline{Q_n}$)	반전

48 인코더(encoder)의 설명으로 옳은 것은?

① 해독기를 말한다.
② 입력 신호를 부호화하는 회로이다.
③ 출력 단자에 신호를 보내는 회로이다.
④ 2진 부호를 10진수로 변화하는 회로이다.

해설 인코더(encoder : 부호기)는 어떤 상태 등을 2진수의 부호로 변환하는 장치이다.

49 플립플롭이 특정 현재 상태에서 원하는 다음 상태로 변화하는 동작을 하기 위한 입력을 표로 작성한 것은?

① 카르노표 ② 여기표
③ 게이트표 ④ 진리표

해설 여기표는 출력이 주어졌을 때 입력 조건을 구하는 것이고, 진리표는 입력이 주어졌을 때 출력을 구하는 것이다. 즉, 여기표는 설계할 때 사용된다.

50 입력 전부가 '0'이어야만 출력이 '1'이 나오는 게이트는?

① OR ② NOR
③ AND ④ NAND

해설 논리식은 $X=\overline{A+B}$가 된다.

입력 A	입력 B	출력 Y
0	0	1
0	1	0
1	0	0
1	1	0

51 다음 아래 논리 회로의 출력에 대한 논리식 Z는?

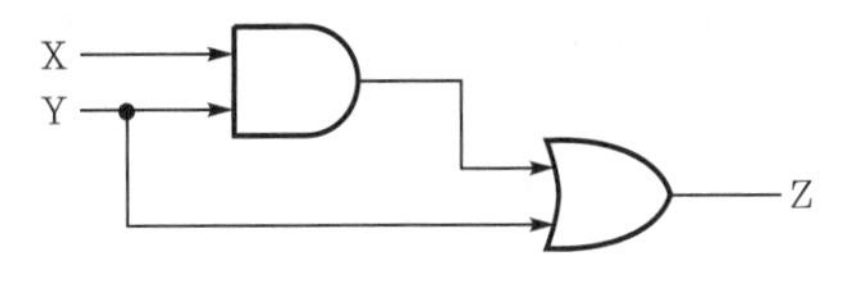

① Z=X ② Z=Y
③ Z=X+Y ④ Z=XY

해설
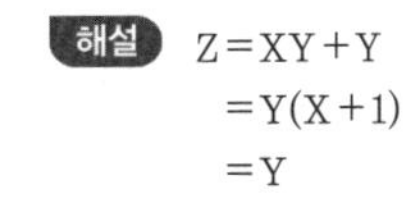
$Z=XY+Y$
$=Y(X+1)$
$=Y$

정답 46.② 47.④ 48.② 49.② 50.② 51.②

52
10진수 13을 Gray code로 바꾸면?

① 1011　② 0100
③ 1001　④ 1101

해설 $(13)_{10} = (1101)_2 = (1011)_G$

2진수를 그레이 코드로 변환하면 다음과 같다.
㉠ 최상위 비트값은 변화없이 그대로 내려쓴다.
㉡ 두 번째 비트부터는 인접한 비트값끼리 XOR(eXclusive－OR) 연산한 값을 내려쓴다.

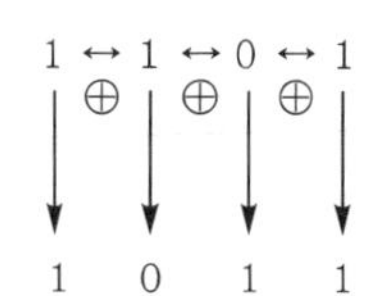

53
병렬 계수기(parallel counter)라고도 말하며 계수기의 각 플립플롭이 같은 시간에 트리거되는 계수기는?

① 링 계수기
② 10진 계수기
③ 동기형 계수기
④ 비동기형 계수기

해설 동기식 카운터는 모든 플립플롭의 클록이 병렬로 연결되어 한 번의 클록 펄스에 대하여 모든 플립플롭이 동시에 동작(트리거)되는 카운터이고, 비동기식 카운터는 모든 플립플롭 클록이 각기 다르다.

54
2진 정보의 저장과 클록 펄스를 가해 좌우로 한 비트씩 이동하여 2진수의 곱셈이나 나눗셈을 하는 연산 장치에 이용되는 것은?

① 가산기(adder)
② 시프트 레지스터(shift register)
③ 카운터(counter)
④ 플립플롭(flip flop)

해설 2진 정보의 시프트 동작에서 왼쪽 1비트 이동은 ×2배이며 오른쪽 1비트 이동은 ÷2와 같다.

55
5진 카운터를 만들려면 T형 플립플롭이 최소 몇 개 필요한가?

① 1　② 2
③ 3　④ 4

해설 $2^4 = 16$이고 $2^3 = 8$이므로 10진 카운터를 구성하기 위해서는 4개의 플립플롭이 필요하다.

56
다음 중 그 값이 다른 하나는?

① $(16)_{10}$　② $(1111)_2$
③ $(17)_8$　④ $(F)_{16}$

해설
① $(16)_{10} = 16$
② $(1111)_2 = 1\times2^3 + 1\times2^2 + 1\times2^1 + 1\times1^0 = 8+4+2+1 = 15$
③ $(17)_8 = 1\times8^1 + 7\times8^0 = 8+7 = 15$
④ $(F)_{16} = 15\times16^0 = 15$

57
회로의 안정 상태에 따른 멀티바이브레이터의 종류가 아닌 것은?

① 비안정 멀티바이브레이터
② 단안정 멀티바이브레이터
③ 쌍안정 멀티바이브레이터
④ 주파수 안정 멀티바이브레이터

해설 멀티바이브레이터의 종류
㉠ 비안정 멀티바이브레이터 : 구형파의 발진
㉡ 단안정 멀티바이브레이터 : 하나의 구형파
㉢ 쌍안정 멀티바이브레이터 : 플립플롭

58
다음 반가산기의 출력 중 합(S)의 논리식으로 옳은 것은?

① $S = AB$　② $S = \overline{A}B + A\overline{B}$
③ $S = \overline{A}B$　④ $S = A\overline{B}$

정답 52.① 53.③ 54.② 55.③ 56.① 57.④ 58.②

해설 반가산기 진리표

A	B	Sum	C
0	0	0	0
0	1	1	0
1	0	1	0
1	1	0	1

59 불 대수에 관한 기본 정리 중 옳지 않은 것은?

① $A+0=A$　② $A+A=A$
③ $A\cdot\overline{A}=1$　④ $A+\overline{A}=1$

해설 $A\cdot\overline{A}=0$

60 1×4 디멀티플렉서에 최소로 필요한 선택선의 개수는?

① 1개　② 2개
③ 3개　④ 4개

해설 출력이 4가지이므로 $2^2=4$이므로 2개가 필요하다.

정답 59.③ 60.②

2013년 제2회 기출 문제

2013. 4. 14. 시행

01 다음 중 정류기의 평활 회로는 어느 것에 속하는가?

① 고역 통과 여파기
② 대역 통과 여파기
③ 저역 통과 여파기
④ 대역 소거 여파기

해설 정류기의 평활 회로는 정류기 DC 출력의 교류 성분(맥동) 제거를 위해 콘덴서를 이용한 저역 필터를 이용한다.

02 정전 용량 100[μF]의 콘덴서에 1[C]의 전하가 축적되었다면 양단자의 전압은 몇 [V]인가?

① 10 ② 100
③ 1,000 ④ 100,000

해설 $Q = CV$

$$V = \frac{Q}{C} = \frac{1}{100 \times 10^{-6}} = 100{,}000[\text{V}]$$

03 다음 설명과 가장 관련이 깊은 것은?

> 한 폐회로 내에서 전압 상승과 전압 강하의 대수합은 영이다.

① 테브난의 정리
② 노튼의 정리
③ 키르히호프의 법칙
④ 패러데이의 법칙

해설 폐회로에 인가된 전원의 합과 전압 강하의 합은 같다.

04 펄스폭이 1[sec]이고 반복 주기가 4[sec]이면 주파수는 몇 [Hz]인가?

① 0.1 ② 0.25
③ 1 ④ 5

해설

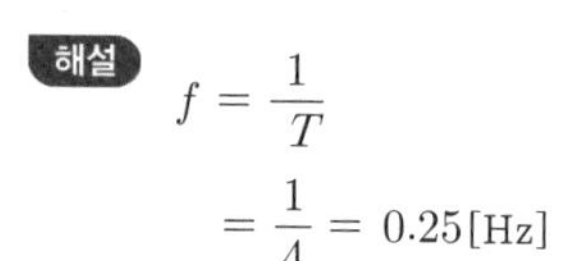

$$f = \frac{1}{T} = \frac{1}{4} = 0.25[\text{Hz}]$$

05 순시값$=100\sqrt{2}\sin\omega t$[V]의 실효값은 몇 [V]인가?

① 100 ② 141
③ 200 ④ 282

해설 $$\text{실효값} = \frac{\text{최대값}}{\sqrt{2}} = \frac{100\sqrt{2}}{\sqrt{2}} = 100[\text{V}]$$

06 FM 방식에서 변조를 깊게 했을 때 최대 주파수 편이가 Δf_m이라면 필요한 주파수 대역폭 B는?

① $B = 0.5\Delta f_m$ ② $B = \Delta f_m$
③ $B = 2\Delta f_m$ ④ $B = 4\Delta f_m$

해설 $B = 2(f_s + \Delta f)$

f_s는 신호 주파수, Δf는 최대 주파수 편이이다.

$B = \dfrac{\Delta f}{f_m}$에서

$B \gg 1$일 때 $\Delta \gg f_m$이므로

$\therefore B = \Delta f$

정답 01.③ 02.④ 03.③ 04.② 05.① 06.②

07 **연산 증폭기의 입력 오프셋 전압에 대한 설명으로 가장 적합한 것은?**

① 차동 출력을 0[V]가 되도록 하기 위하여 입력 단자 사이에 걸어주는 전압이다.
② 출력 전압이 무한대가 되게 하기 위하여 입력 단자 사이에 걸어주는 전압이다.
③ 출력 전압과 입력 전압이 같게 될 때의 증폭기의 입력 전압이다.
④ 두 입력 단자가 접지되었을 때 두 출력 단자 사이에 나타나는 직류 전압의 차이다.

해설 오프셋 전압이란 출력 전압을 0[V]로 하기 위해 두 입력 단자 사이에 인가해야 할 전압이다.

08 **다음 같은 연산 증폭기의 회로에서 2[MΩ]에 흐르는 전류는?**

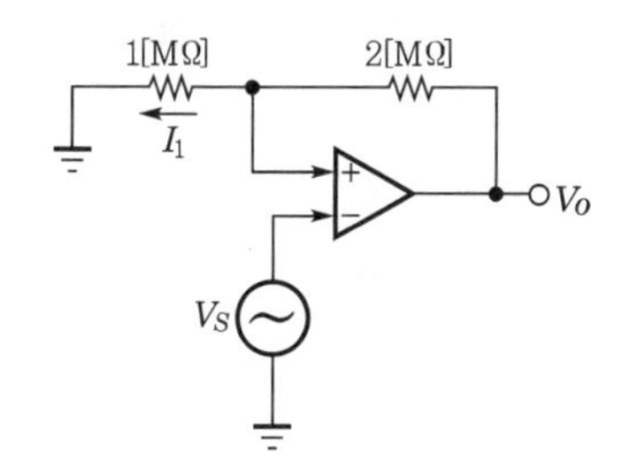

① 0 ② I_1
③ $2I_1$ ④ $4I_1$

해설 가상 접지 개념에 의해 궤환 저항 R_f를 통하여 I_1의 전류가 흐르므로 2[MΩ]에 흐르는 전류와 I_1의 전류는 같다.

09 **LC 발진기에서 일어나기 쉬운 이상 현상이 아닌 것은?**

① 기생 진동(parasitic oscillator)
② 인입 현상(pull in phenomenon)
③ 블로킹(blocking) 현상
④ 자왜(磁歪) 현상

해설 자왜 현상
㉠ 강자성의 물질을 자화(磁化)할 때 그 물질에 탄성적 변형이 생기는 현상이다.
㉡ 그 자성체를 결정축(結晶軸)에 따라 어떤 방향으로 자화하는 데 필요한 이방성(異方性) 에너지로 인한 자성체 내의 내부 충격 때문에 생긴다.
㉢ 역으로 자성체에 외부의 기계적 충격을 가하면 그 자성체의 자화 상태(자화율)에 변화가 생긴다.
㉣ 자왜 현상이 두드러진 물질은 자왜 재료 또는 자기 일그러짐 재료로서, 여러 용도로 이용된다.

10 **그림과 같은 회로의 입력측에 정현파를 가할 때 출력측에 나오는 파형은 어떻게 되는가?**
(단, $V_i = V_2 \sin\omega t$[V], $V_m > V_R$)

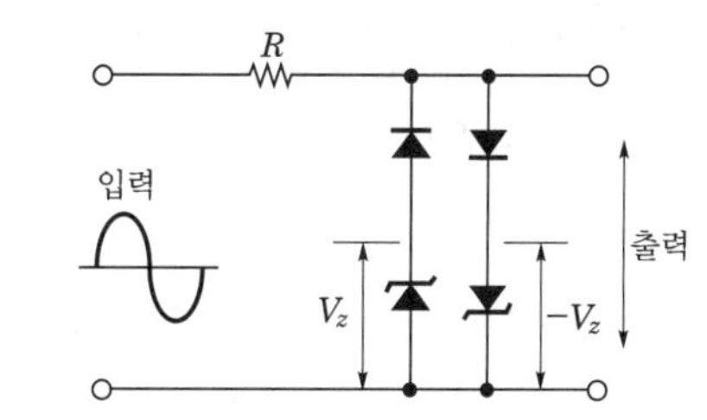

①
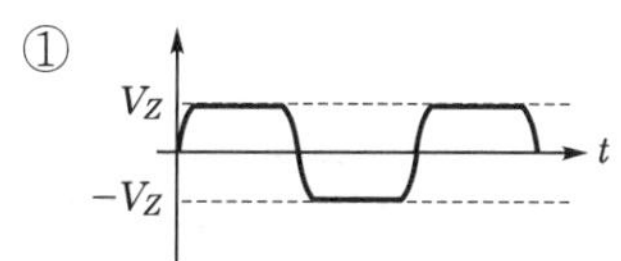

②
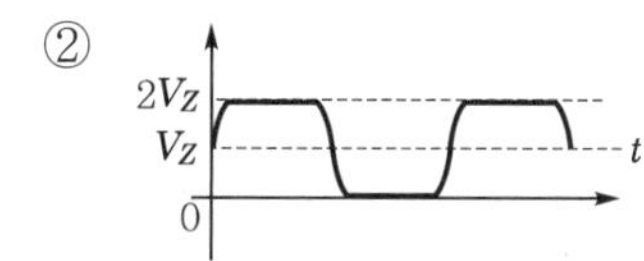

③
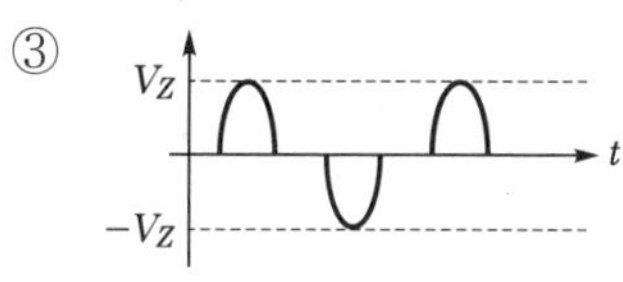

④
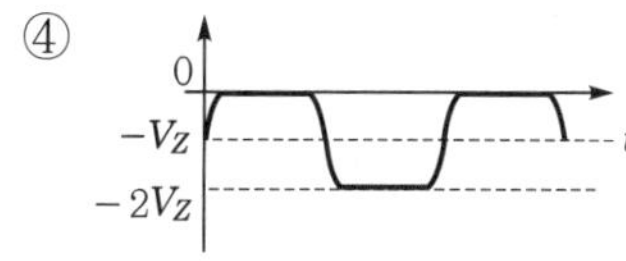

해설 제너 다이오드를 사용한 리미터 회로이다.

정답 07.① 08.② 09.④ 10.①

11 **다음 컴퓨터의 기능 중 프로그램의 명령을 꺼내어 판단하며 지시 감독하여 명령하는 기능은?**

① 기억 기능 ② 제어 기능
③ 연산 기능 ④ 출력 기능

해설 중앙 처리 장치(CPU)는 명령어의 해석과 실행을 담당하는 제어 기능과 비교·판단·연산을 담당하는 연산 기능과 자료를 저장하고 보관하는 기억 기능을 가지고 있다.

12 **논리적 연산 중 이항(binary) 연산에 해당되는 것은?**

① Complement ② Shift
③ MOVE ④ OR

해설 논리적 연산 중 이항(binary) 연산에 해당되는 것은 사칙 연산, AND, OR, XOR 등이 있다.

13 **8진수 62를 2진수로 옳게 변환한 것은?**

① 110010 ② 101101
③ 111010 ④ 110101

해설 8진수 1자리는 2진수 3자리로 표현할 수 있다. 각 자리수를 BCD 8421코드로 변환하면 6=110, 2=010이 된다.

14 **다음 중 중앙 처리 장치로부터 입·출력 지시를 받으면 직접 주기억 장치에 접근하여 데이터를 꺼내어 출력하거나 입력한 데이터를 기억시킬 수 있고, 입·출력에 관한 모든 동작을 자율적으로 수행하는 입·출력 제어 방식은?**

① 프로그램 제어 방식
② 인터럽트 방식
③ DMA 방식
④ 폴링 방식

해설 DMA 방식은 입·출력에 관한 모든 동작을 자율적으로 수행하는 입·출력 제어 방식으로, 입·출력 장치의 속도가 빠른 디스크, 드럼, 자기 테이프 등에 사용되는 방식이다.

15 **기억 장치에 기억된 명령(instruction)이 기억된 순서대로 중앙 처리 장치에서 실행될 수 있도록 그 주소를 지정해 주는 레지스터는?**

① 누산기(accumulator)
② 스택 포인터(stack pointer)
③ 프로그램 카운터(program counter)
④ 명령 레지스터(instruction register)

해설 프로그램 카운터(Program Counter ; PC)는 다음에 수행할 명령어의 주소를 기억하고 있다.

16 **공유하고 있는 통신 회선에 대한 제어 신호를 각 노드간에 순차적으로 옮겨가면서 수행하는 방식은?**

① CSMA 방식
② CD 방식
③ Aloha 방식
④ Token passing 방식

해설 공유하고 있는 통신 회선에 대한 제어 신호를 각 노드간에 순차적으로 옮겨가면서 수행하는 방식인 Token passing 방식은 데이터 전송 기회를 한 번씩만 허용하는 토큰 전달 방식이다.

17 **연산 장치에서 주기억 장치로부터 연산을 수행할 데이터를 제공받아 보관하거나 가산기의 입력 데이터를 보관하며, 연산 결과를 보관하는 것은?**

① 데이터 레지스터 ② 상태 레지스터
③ 누산기 ④ 가산기

해설 누산기(accumulator)는 산술 연산 또는 논리 연산의 결과를 일시적으로 기억하는 레지스터이다.

정답 11.② 12.④ 13.① 14.③ 15.③ 16.④ 17.③

18 **자기 디스크에서 기록 표면에 동심원을 이루고 있는 원형의 기록 위치를 트랙(track)이라 하는데 이 트랙의 모임을 무엇이라고 하는가?**

① Cylinder ② Access arm
③ Record ④ Field

해설 자기 디스크는 자료를 직접 또는 임의로 처리할 수 있는 직접 접근 저장 장치(DASD)로서, 회전축을 중심으로 자료가 저장되는 동심원을 트랙(track)이라고 하고 하나의 트랙을 여러 개로 구분한 것을 섹터(sector)라 하며, 동일 위치의 트랙 집합을 실린더(cylinder)라고 한다.

19 **주소의 개념이 거의 사용되지 않는 보조 기억 장치로서, 순서에 의해서만 접근하는 기억 장치(SASD)라고도 하는 것은?**

① Magnetic tape
② Magnetic core
③ Magnetic disk
④ Random access memory

해설 순차 액세스 기억 장치(sequential access storage)는 정보를 읽거나 기록하기 위해 처음부터 순차적으로 액세스하는 장치로서, 자기 테이프가 대표적이다.

20 **부동 소수점(floating point number) 표현 형식의 특징이 아닌 것은?**

① 실수 연산에 사용된다.
② 부호, 지수부, 가수부로 구성된다.
③ 가수는 정규화하여 유효 숫자를 크게 한다.
④ 고정 소수점 형식에 비해 연산 속도가 빠르다.

해설 부동 소수점(floating point numbers)은 컴퓨터 내부에서 실수를 나타내는 데이터 형식으로서, 부호, 지수부, 가수부로 구성된다.

21 **컴퓨터 내부의 음수 표현 방법이 아닌 것은?**

① 부호와 2의 보수 ② 부호와 상대값
③ 부호와 1의 보수 ④ 부호와 절대값

해설 컴퓨터 내부에서 음수를 표현하는 방법은 부호와 절대값, 1의 보수, 2의 보수가 있다.

22 **어떤 회로의 입력을 A, B, 출력을 Y라 할 때 Y=A+B인 논리 회로의 명칭은?**

① AND ② OR
③ NOT ④ EX-OR

해설 Y=A+B는 논리합 OR이다.

23 **입력 단자에 나타난 정보를 코드화하여 출력으로 내보내는 것으로, 해독기와 정반대의 기능을 수행하는 조합 논리 회로는?**

① 가산기(adder)
② 플립플롭(flip flop)
③ 멀티플렉서(multiplexer)
④ 부호기(encoder)

해설 인코더는 숫자나 문자 등의 특정 입력을 2진 부호로 변환하는 회로로, 출력은 OR 게이트로 구성된다.

24 **'0', '1'로 구성된 정보를 나타내는 최소 단위는?**

① File ② Bit
③ Word ④ Byte

해설 '0'과 '1'로 구성되며 정보를 나타내는 최소 단위는 비트이다.

25 **명령(instruction)의 기본 구성은?**

① 오퍼레이션과 오퍼랜드
② 오퍼랜드와 실행 프로그램
③ 오퍼레이션과 제어 프로그램
④ 제어 프로그램과 실행 프로그램

정답 18.① 19.① 20.④ 21.② 22.② 23.④ 24.② 25.①

해설 명령의 기본 구성은 오퍼레이션(명령 코드부 또는 연산자부)과 오퍼랜드(주소부)로 구성된다.

26 **다음 중 주소 지정 방식(addressing mode)이 아닌 것은?**

① 즉시(immediate) 주소 지정 방식
② 임시(temporary) 주소 지정 방식
③ 간접(indirect) 주소 지정 방식
④ 직접(direct) 주소 지정 방식

해설 주소 지정 방식(addressing mode)에는 즉시(immediate) 주소 지정 방식, 간접(indirect) 주소 지정 방식, 직접(direct) 주소 지정 방식, 상대 주소 지정 방식 등이 있다.

27 **하나의 채널이 고속 입·출력 장치를 하나씩 순차적으로 관리하며, 블록(block) 단위로 전송하는 채널은?**

① 사이클 채널(cycle channel)
② 셀렉터 채널(selector channel)
③ 멀티플렉서 채널(multiplexer channel)
④ 블록 멀티플렉서 채널(block multiplexer channel)

해설 채널(channel)은 주기억 장치와 입·출력 장치 간의 속도 차이를 줄이기 위한 장치로, 디스크와 같은 고속의 입·출력 장치에는 셀렉터 채널이 사용된다.

28 **다음 중 디지털 데이터를 아날로그 신호로 바꾸고, 아날로그 신호로 전송된 것을 다시 디지털 데이터로 바꾸는 신호 변환 장치는 무엇인가?**

① Modem ② CCU
③ Decoder ④ Terminal

해설 Modem(변·복조기)은 전화선으로 수신된 아날로그 데이터는 모뎀을 통해 디지털 데이터로 변환되고, 컴퓨터 내의 디지털 데이터는 모뎀을 통해 아날로그 데이터로 변환되어 전송된다.

29 **다음 중 중앙 처리 장치가 한 명령어의 실행을 끝내고 다음에 실행될 명령어를 기억 장치에서 꺼내올 때까지의 동작 단계를 무엇이라 하는가?**

① 명령어 인출 ② 명령어 저장
③ 명령어 해독 ④ 명령어 실행

해설 ㉠ 명령어 인출 : 주기억 장치로부터 명령을 읽어 CPU로 가져오는 과정을 명령어 인출 사이클이라 한다.
㉡ 명령어 실행 : 인출된 명령어를 이용하여 직접 명령을 실행하는 과정을 명령어 실행 사이클이라 한다.

30 **2진수 1011을 그레이 코드로 변환하면?**

① 1000 ② 0111
③ 1010 ④ 1110

해설 $(1011)_2 = (1110)_G$
2진수를 그레이 코드로 변환하면 다음과 같다.
㉠ 최상위 비트값은 변화 없이 그대로 내려 쓴다.
㉡ 두 번째 비트부터는 인접한 비트값끼리 XOR(eXclusive-OR) 연산한 값을 내려쓴다.

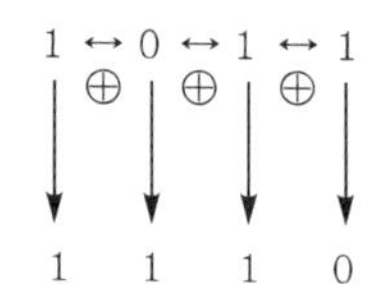

31 **프로그램에서 사용되는 기억 장소를 말하며, 프로그램 실행 중에 그 값이 변할 수 있는 것은?**

① Coding ② Operand
③ Constant ④ Variable

정답 26.② 27.② 28.① 29.① 30.④ 31.④

해설 ③ Constant(상수) : 프로그램이 수행되는 동안 변경되지 않는 값이다.
④ Variable(변수) : 데이터를 저장할 수 있는 기억 장소로, 프로그램이 수행되는 동안 그 값이 변경될 수 있다.

32 **프로그래밍 언어를 사용하여 사용자가 어떤 업무 처리를 위하여 작성한 프로그램을 의미하는 것은?**

① 목적 프로그램
② 컴파일러
③ 원시 프로그램
④ 로더

해설 프로그래밍 언어를 사용하여 사용자가 어떤 업무 처리를 위하여 작성한 프로그램은 원시 프로그램이다.

33 **프로그램의 문서화에 대한 설명으로 거리가 먼 것은?**

① 프로그램의 유지·보수가 용이하다.
② 개발자 개인만 이해할 수 있도록 작성한다.
③ 개발 중간의 변경 사항에 대하여 대처가 용이하다.
④ 프로그램의 개발 목적 및 과정을 표준화하여 효율적인 작업이 이루어지게 한다.

해설 **프로그램 작업 시 문서화의 목적**
㉠ 프로그램의 개발 요령과 순서를 표준화함으로써 보다 효율적인 개발이 가능하다.
㉡ 프로그램 개발 중의 변경 사항에 대한 대처가 용이하다.
㉢ 프로그램의 인수인계가 용이하며 프로그램 운용이 용이하다.
㉣ 개발 후 운영 과정에서 프로그램의 유지·보수가 용이하다.

34 **로더의 기능이 아닌 것은?**

① 할당 ② 링킹
③ 재배치 ④ 번역

 로더(loader)는 목적 프로그램을 주기억 장치에 적재시킨 후 실행시키는 서비스 프로그램으로, 할당(allocation) 기능, 연결(linking) 기능, 재배치(relocation) 기능, 로딩(loading) 기능 등이 있다.

35 **하나의 시스템을 여러 명의 사용자가 시간을 분할하여 동시에 작업할 수 있도록 하는 방식은?**

① Distributed system
② Batch processing system
③ Time sharing system
④ Real time system

해설 **운영 체제의 운영 방식**
㉠ 일괄 처리 시스템(batch processing system) : 처리할 작업을 일정 시간 또는 일정량을 모아서 한꺼번에 처리하는 방식으로, 급여 계산, 공공 요금 계산 등에 사용된다.
㉡ 실시간 시스템(real time system) : 데이터가 발생하는 즉시 처리해주는 시스템으로, 항공기나 열차의 좌석 예약, 은행 업무 등에 사용된다.
㉢ 다중 프로그래밍 시스템(multi programming system) : 하나의 컴퓨터에 2개 이상의 프로그램을 적재시켜 처리하는 방식으로, CPU의 유휴 시간을 감소시킬 수 있다.
㉣ 다중 처리기 시스템(multi processing system) : 처리 속도를 향상시키기 위하여 하나의 컴퓨터에 2개 이상의 CPU를 설치하여 프로그램을 처리하는 방식이다.
㉤ 시분할 시스템(time sharing system) : 하나의 시스템을 여러 명의 사용자가 시간을 분할하여 동시에 사용하는 방식으로, 각 사용자들은 마치 독립된 컴퓨터를 사용하는 느낌을 갖는다.
㉥ 분산 시스템(distributed system) : 분산된 여러 대의 컴퓨터에 여러 작업들을 지리적·기능적으로 분산시킨 후 해당되는 곳에서 데이터를 생성 및 처리할 수 있도록 한 시스템이다.

정답 32.③ 33.② 34.④ 35.③

36 다음 중 시스템 프로그래밍 언어로서 가장 적당한 것은?

① FORTRAN ② BASIC
③ COBOL ④ C

해설 C언어는 UNIX 운영 체제를 위한 시스템 프로그램 언어로, 저급 언어와 고급 언어의 특징을 모두 갖춘 언어이다.

37 프로그래밍 단계에서 '프로그래밍 언어를 선정하여 명령문을 기술하는 단계'로 적합한 것은?

① 순서도 작성
② 프로그램 코딩
③ 데이터 입력
④ 프로그램 모의 실험

해설 **프로그래밍의 절차**
㉠ 문제 분석 : 컴퓨터를 이용하여 해결할 문제와 필요한 요소, 사용자의 요구를 분석한다.
㉡ 입·출력 설계 : 입력 데이터의 종류와 형식 및 입력 매체를 설계하고 출력될 항목 및 출력 매체 등을 결정한다.
㉢ 순서도 작성 : 문제 분석과 입·출력 설계를 기초로 하여 데이터 처리 방법과 순서를 설계한다.
㉣ 프로그램 작성 : 적절한 언어를 선택하여 코딩 및 입력한다.
㉤ 컴파일 및 오류의 수정 : 컴파일러를 통하여 기계어로 번역하고, 문법적 오류 등을 수정(디버깅)한다.
㉥ 테스트와 실행 : 논리적인 오류와 원하는 결과가 나오는지의 테스트와 실행하는 단계이다.

38 다음 중 기계어에 대한 설명으로 옳지 않은 것은?

① 프로그램의 유지·보수가 어렵다.
② 호환성이 없고 기계마다 언어가 다르다.
③ 2진수를 사용하여 명령어의 데이터를 표현한다.
④ 사람이 일상 생활에서 사용하는 자연어에 가까운 형태로 만들어진 언어이다.

해설 기계어는 0과 1로 이루어진 컴퓨터 중심 언어로, 컴퓨터가 직접 처리할 수 있으므로 처리 속도가 빠르나 프로그램의 유지·보수는 어렵다.

39 C언어의 특징으로 옳지 않은 것은?

① 자료의 주소를 조작할 수 있는 포인터를 제공한다.
② 시스템 소프트웨어를 개발하기에 편리하다.
③ 이식성이 높은 언어이다.
④ 인터프리터 방식의 언어이다.

해설 **C언어의 특징**
㉠ 유닉스의 대부분을 구성한다.
㉡ 영어 소문자를 기본으로 작성된다.
㉢ 시스템간의 호환성이 높다.
㉣ 구조적 프로그래밍 설계가 용이하다.
㉤ 풍부한 연산자를 제공한다.
㉥ 동적인 메모리 관리가 쉽다.

40 다음 중 프로그래밍 절차 순서로 옳게 나열된 것은 무엇인가?

① 문제 분석 → 입·출력의 설계 → 순서도 작성 → 프로그램 코딩 → 프로그램의 실행
② 문제 분석 → 입·출력의 설계 → 프로그램 코딩 → 프로그램의 실행 → 순서도 작성
③ 문제 분석 → 입·출력의 설계 → 프로그램 코딩 → 순서도 작성 → 프로그램의 실행
④ 문제 분석 → 순서도 작성 → 프로그램 코딩 → 입·출력의 설계 → 프로그램의 실행

해설 **프로그래밍의 절차** : 문제 분석 → 입·출력의 설계 → 순서도 작성 → 프로그램 작성(코딩) → 문법 오류 수정 → 모의 자료 입력 → 논리 오류 수정 → 실행 → 문서화

정답 36.④ 37.② 38.④ 39.④ 40.①

41 다음 SW 회로에 대한 논리 함수 Y는?

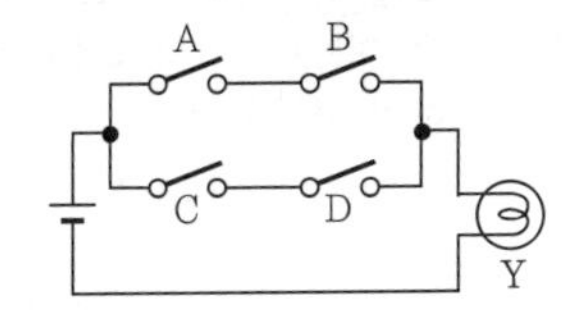

① Y=(A+B)(C+D)
② Y=AC+BD
③ Y=ABCD
④ Y=AB+CD

해설 스위치 직렬 연결은 AND이고, 병렬 연결은 OR이므로 Y=AB+CD가 된다.

42 반가산기 2개와 OR 게이트 1개를 사용하여 구성할 수 있는 회로는?

① 반감산기 ② 전감산기
③ 전가산기 ④ 레지스터

해설 전가산기는 반가산기 2개와 OR 게이트로 구성된다.

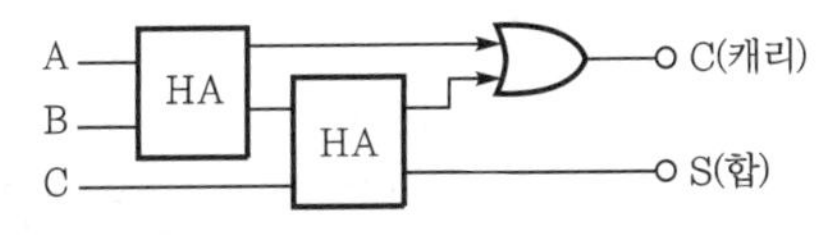

43 펄스가 입력되면 현재와 반대의 상태로 바뀌게 하는 토글(toggle) 상태를 만드는 것은?

① T 플립플롭 ② D 플립플롭
③ JK 플립플롭 ④ RS 플립플롭

해설 JK 플립플롭의 입력 J, K를 서로 묶어서 하나의 입력으로 하여 이에 클록이 인가될 때마다 출력이 반전 상태(토글)가 되도록 한 것이 T 플립플롭이다.

44 2진수 0.1011을 10진수로 변환하면?

① 0.1048 ② 0.2048
③ 0.4875 ④ 0.6875

해설
$$(0.1011)_2 = 1\times2^{-1}+1\times2^{-3}+1\times2^{-4} = 0.5+0.125+0.0625 = 0.6875$$

45 2^n개의 입력선으로 입력된 값을 n개의 출력선으로 코드화해서 출력하는 회로는?

① 디코더(decoder)
② 인코더(encoder)
③ 전가산기(full adder)
④ 인버터(inverter)

해설 디코더는 n비트의 2진 코드를 최대 2^n개의 특정 신호로 출력하는 조합 논리이다. 출력은 AND 게이트로 구성된다.

46 다음 기호로 사용되는 논리 게이트의 기능으로 옳지 않은 것은?

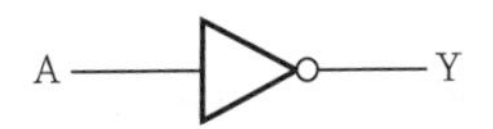

① 지연 시간(delay time) 기능
② 팬 아웃(fan out)의 확대
③ 고주파 발진 기능
④ 감쇠 신호의 회복 기능

해설 버퍼(buffer) 게이트의 기호로서 어떤 논리 연산도 수행하지 않고 전달 기능만을 수행하는 게이트로 입·출력 동일 논리이며, 지연 시간(delay time), 팬 아웃(fan out)의 확대, 신호의 감쇄 방지에 사용된다.

47 여러 개의 플립플롭이 접속될 경우 계수 입력에 가해진 시간 펄스의 효과가 가장 뒤에 접속된 플립플롭에 전달되려면 한 개의 플립플롭에서 일어나는 시간 지연이 여러 개 생긴다. 이러한 시간 지연을 방지하기 위해 만든 계수기를 무엇이라 하는가?

① 비동기형 계수기 ② 동기형 계수기
③ 하향 계수기 ④ 상향 계수기

정답 41.④ 42.③ 43.① 44.④ 45.② 46.③ 47.②

해설 비동기식 카운터는 클록 펄스가 직렬로 연결되므로 고속 동작 시 문제가 발생하는데, 동기식 카운터는 각 FF에 병렬로 인가되어 각 FF 동시에 트리거되므로 고속 동작이 가능하다.

48 논리식 X=AC+ABC를 간소화하면?

① AC ② AB
③ C ④ C+1

해설 $AC+ABC=AC(1+B)$
$=AC$

49 비동기형 10진 계수기를 T 플립플롭으로 구성하려 한다. 최소 몇 개의 플립플롭이 필요한가?

① 2 ② 4
③ 5 ④ 10

해설 $2^4=16$이고 $2^3=8$이므로 0 ~ 9까지의 계수가 가능한 10진 카운터를 구성하기 위해서는 4개의 플립플롭이 필요하다.

50 JK 플립플롭에서 J=1, K=1일 때 클록 펄스가 인가되면 출력 상태는?

① 전상태 유지 ② 반전
③ 1 ④ 0

해설 JK 플립플롭에서 J=1, K=1일 때 클록 펄스가 인가되면 출력 상태는 반전된다.
이는 RS 플립플롭에서 R=S=1에서 불확실한 상태가 되는 단점을 해결한 것이다.

51 8421코드에 별도로 3비트의 패리티 체크 비트를 부가하여 7비트로 구성한 코드로, 오류 검사뿐만 아니라 교정까지도 가능한 코드는?

① 3초과 코드 ② 해밍 코드
③ 그레이 코드 ④ 2421코드

해설 8421코드에 별도로 3비트의 패리티 체크 비트를 부가하여 7비트로 구성한 코드로, 오류 검사뿐만 아니라 교정까지도 가능한 코드는 해밍 코드이다.

52 다음 중 논리식 $Y=\overline{A\overline{B}+\overline{A}B}$가 나타내는 게이트는?

① NAND ② NOR
③ EX-OR ④ EX-NOR

해설
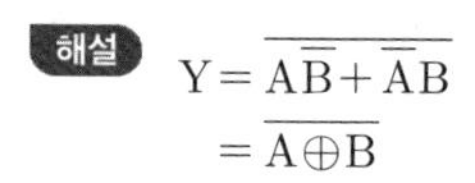
$Y=\overline{A\overline{B}+\overline{A}B}$
$=\overline{A\oplus B}$

53 전가산기(full adder) 입력의 개수와 출력의 개수는?

① 입력 2개, 출력 3개
② 입력 2개, 출력 4개
③ 입력 3개, 출력 3개
④ 입력 3개, 출력 2개

해설 **전가산기**

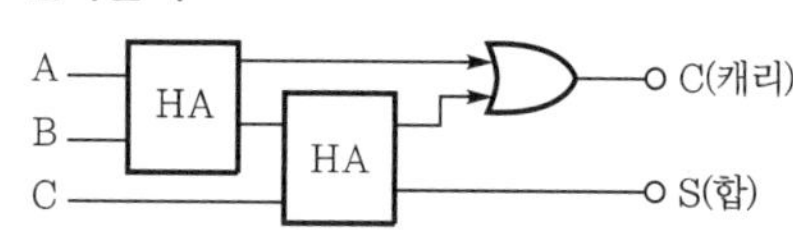

전가산기는 반가산기 2개와 OR 게이트로 구성되며 입력 3개, 출력 2개로 이루어진다.

54 좌측 시프트 레지스터를 사용하여 0011의 데이터를 2회 시프트 펄스를 인가하였을 때 출력의 10진수값은?

① 3 ② 6
③ 8 ④ 12

해설 좌측 시프트 레지스터를 사용하여 0011의 데이터를 2회 시프트 펄스를 인가하면 1100이 되므로 10진수로 변환하면
$1\times2^3+1\times2^2=8+4$
$=12$

정답 48.① 49.② 50.② 51.② 52.④ 53.④ 54.④

55 **플립플롭을 4단 연결한 2진 하향 계수기를 리셋시킨 후 첫 번째 클록 펄스가 인가되면 나타나는 출력은?**

① 3 ② 5
③ 8 ④ 15

해설 플립플롭은 4단 연결한 2진 하향 계수기를 리셋시킨 후 첫 번째 클록 펄스가 인가되면 출력은 0000 → 1111이 되므로 15이다.

56 **불 대수의 결합 법칙은?**

① A + B = B + A
② A · (B + C) = A · B + A · C
③ A + B · C = (A + B) · (A + C)
④ A + (B + C) = (A + B) + C

해설 ① 교환 법칙
②, ③ 분배 법칙

57 **2진 데이터의 입 · 출력 또는 연산할 때 일시적으로 데이터를 기억하는 2진 기억 소자를 무엇이라 하는가?**

① RAM ② Register
③ Cache ④ Array

해설 레지스터는 D 플립플롭으로 구성되며 데이터를 일시 기억하는 용도로 사용된다.

58 **n개의 플립플롭으로 기억할 수 있는 상태의 개수는?**

① 2^n개 ② $2^{(n-1)}$개
③ $2^{(n+1)}$개 ④ n개

해설 n개 비트로 조합 가능한 개수는 2^n개이고, 0에서 2^n-1의 수까지 표현한다.

59 **출력기의 일부가 입력측에 궤환되어 유발되는 레이스 현상을 없애기 위하여 고안된 플립플롭은?**

① JK 플립플롭
② D 플립플롭
③ 마스터 슬레이브 플립플롭
④ RS 플립플롭

해설 마스터 슬레이브 JK 플립플롭은 플립플롭을 2단으로 하여 클록의 상승 에지(S)에서 앞단의 마스터(master) 플립플롭을 세트시키고, 클록의 하강 에지에서 후단의 슬레이브(slave) 플립플롭에 신호를 전달하도록 하는 방식을 말한다.

60 **다음 중 조합 논리 회로가 아닌 것은?**

① 가산기와 감산기
② 해독기와 부호기
③ 멀티플렉서와 디멀티플렉서
④ 동기식 계수기와 비동기식 계수기

해설 계수기(카운터)는 플립플롭으로 구성되는 대표적인 순서 논리 회로이다.

정답 55.④ 56.④ 57.② 58.① 59.③ 60.④

2013년 제5회 기출 문제

2013. 10. 12. 시행

01 **베이스 접지 증폭기에서 전류 증폭률이 0.98 인 트랜지스터를 이미터 접지 증폭기로 사용할 때 전류 증폭률은?**

① 0.98 ② 9.5
③ 49 ④ 100

해설

$$\beta = \frac{\alpha}{1-\alpha} = \frac{0.98}{1-0.98} = 49$$

02 **다음 중 이상적인 상태에서 100[%] 변조된 AM파는 무변조파에 비하여 출력이 몇 배로 되는가?**

① 1 ② 1.5
③ 2 ④ 2.5

해설 이상적인 상태에서 100[%] 변조된 AM파는 무변조파에 비하여 출력이 1.5배가 된다.

03 **다음 그림은 펄스 파형을 나타낸 것이다. 그림에서 높이 a를 무엇이라 하는가?**

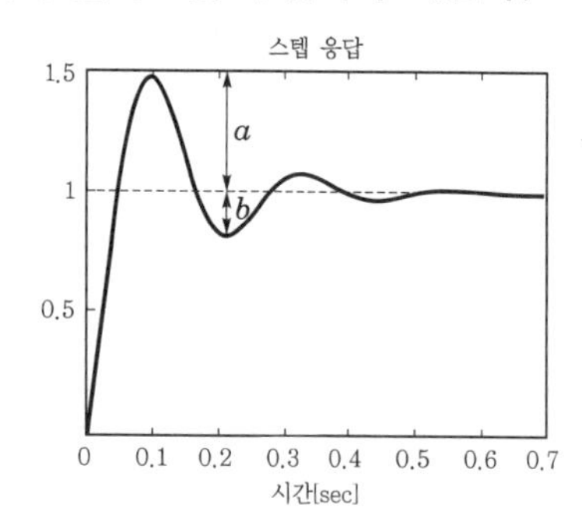

① 언더슈트 ② 스파이크
③ 오버슈트 ④ 새그

해설 ① 언더슈트(undershoot) : 하강 파형에서 이상적 펄스파의 기준 레벨보다 아랫부분(b)
③ 오버슈트(overshoot) : 상승 파형에서 이상적 펄스파의 진폭(v)보다 높은 부분의 높이(a)
④ 새그(sag) : 내려가는 부분의 정도

04 **증폭기에서 바이어스가 적당하지 않으면 일어나는 현상으로 옳지 않은 것은?**

① 이득이 낮다.
② 파형이 일그러진다.
③ 전력 손실이 많다.
④ 주파수 변화 현상이 일어난다.

해설 증폭기의 바이어스가 적당하지 않으면 $V-I$ 특성 곡선상의 동작점이 변하므로 일그러짐이 커지고 손실이 증가하며 이득도 떨어지게 된다.

05 **그림과 같은 회로는 무슨 회로인가?** (단, V_i : 직사각형 파)

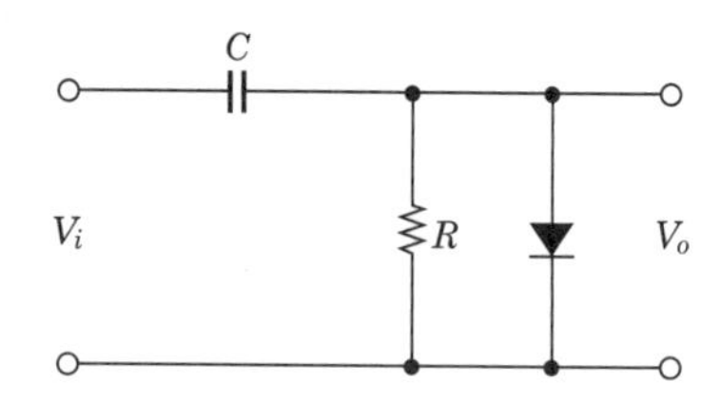

① 클리핑 회로
② 클램핑 회로
③ 콘덴서 입력형 필터 회로
④ 반파 정류 회로

해설 출력 파형을 입력 파형의 (+)반주기를 0[V] 레벨로 클램핑하는 회로이다.

정답 01.③ 02.② 03.③ 04.④ 05.②

06 차동 증폭기의 동상 신호 제거비(CMRR)에 대한 설명으로 가장 적합한 것은?

① CMRR이 클수록 차동 증폭기 성능이 좋다.
② 동상 신호 이득(A_c)이 클수록 CMRR이 증대한다.
③ 차동 신호 이득(A_d)이 작을수록 CMRR이 증대한다.
④ CMRR이 크면 차동 증폭기의 잡음 출력이 크다.

해설 **동상 신호 제거비**

㉠ $CMRR = \frac{\text{차동 이득}}{\text{동위상 이득}}$

㉡ 동위상 신호 제거비가 클수록 우수한 차동 특성을 나타낸다.

07 다음과 같은 $V-I$ 특성을 나타내는 스위칭 소자는?

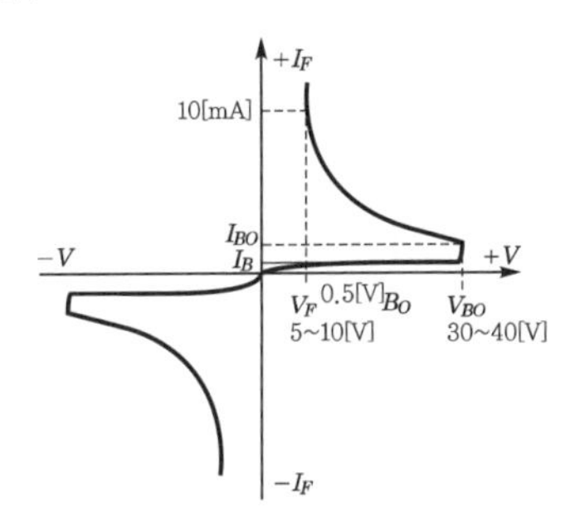

① SCR　　② UJT
③ 터널 다이오드　　④ DIAC

해설 다이액(DIAC)은 쌍방향성 2단자 스위칭 소자이다.

08 연산 증폭기의 정확도를 높이기 위한 조건으로 옳지 않은 것은?

① 주파수 차단 특성이 좋아야 한다.
② 큰 증폭도와 좋은 안정도가 필요하다.
③ 특정 주파수에서 주파수 보상 회로를 사용한다.
④ 많은 양의 양되먹임을 안정하게 걸 수 있어야 한다.

해설 주파수 보상 회로와 증폭기 정확도 향상과는 상관없고, 연산 증폭기 내부 특성이 좋아야 한다.

09 트랜지스터 바이어스 회로 방식 중 안정도가 가장 높은 것은?

① 혼합 바이어스
② 전류 궤환 바이어스
③ 고정 바이어스
④ 자기 바이어스

해설 트랜지스터 바이어스 회로 방식 중 안정도가 가장 높은 것은 전압 궤환 바이어스와 전류 궤환 바이어스를 합친 전압·전류 궤환 바이어스 회로이다.

10 증폭기의 출력에서 기본파 전압이 50[V], 제2고조파 전압이 4[V], 제3고조파 전압이 3[V]이면 이 증폭기의 왜율[%]은?

① 5　　② 10
③ 15　　④ 20

해설

$$K = \frac{\sqrt{V_2^2 + V_3^2}}{V} \times 100$$
$$= \frac{\sqrt{4^2 + 3^2}}{50} \times 100$$
$$= 10[\%]$$

11 비수치적 자료 중에서 필요없는 부분을 지워버리고 남은 비트만 가지고 처리하기 위해 사용하는 연산은?

① OR 연산
② AND 연산
③ Shift 연산
④ Complement 연산

정답 06.① 07.④ 08.④ 09.① 10.② 11.②

해설 ① OR 연산 : 이항 연산으로, AND와는 반대로 데이터의 특정 부분을 추가하는 경우 사용된다.
② AND 연산 : 이항 연산으로, 필요없는 부분을 지워버리고 나머지 비트만을 가지고 처리하기 위하여 사용된다.
③ Shift 연산 : 단항 연산으로, 레지스터에 기억된 데이터 비트들을 왼쪽이나 오른쪽으로 1비트씩 차례대로 이동시켜 밀어내기 형태가 되도록 하는 연산 방식이다.
④ Complement 연산 : 단항 연산으로, 연산 결과는 1의 보수가 된다.

12 다음 중 AND 연산에서 레지스터 내의 어느 비트 또는 문자를 지울 것인지를 결정하는 것은?

① Check bit ② Mask bit
③ Sign bit ④ Parity bit

해설 ② 마스크 비트(mask bit) : 비트(bit) 또는 문자의 삭제를 결정하는 데 사용되는 비트
④ 패리티 비트(parity bit) : 에러를 검출하는 데 사용되는 비트

13 다음에 수행될 명령어 주소를 나타내는 것은?

① Accumulator
② Instruction
③ Stack pointer
④ Program counter

해설 ① Accumulator(누산기) : 연산의 결과를 일시적으로 기억하는 레지스터
④ Program counter(PC) : 다음에 수행할 명령어의 주소를 기억하는 레지스터

14 미국에서 개발한 표준 코드로서, 개인용 컴퓨터에 주로 사용되며, 7비트로 구성되어 128가지의 문자를 표현할 수 있는 코드는?

① BCD ② ASCII
③ Unicode ④ EBCDIC

해설 자료의 외부적 표현 방식
㉠ BCD : 6비트로 구성되며 64가지의 문자를 표현할 수 있다.
㉡ ASCII : 7비트로 구성되며 128가지의 문자를 표현할 수 있고 데이터 통신용이나 개인용 컴퓨터에서 사용된다.
㉢ EBCDIC : 8비트로 구성되며 256가지의 문자를 표현할 수 있고 대형 컴퓨터에서 사용된다.

15 주소 지정 방식 중 명령어 내의 오퍼랜드부에 실제 데이터가 저장된 장소의 번지를 가진 기억 장소의 번지를 표현하는 것은?

① 계산에 의한 주소 지정 방식
② 직접 주소 지정 방식
③ 간접 주소 지정 방식
④ 임시적 주소 지정 방식

해설 Indirect addressing(간접 주소 지정) : 주소부가 지정하는 곳에 있는 메모리의 값이 실제 데이터가 기억된 주소를 가지고 있는 경우

16 순차 접근 저장 매체(SASD)에 해당하는 것은?

① 자기 드럼 ② 자기 테이프
③ 자기 디스크 ④ 자기 코어

해설 순차 액세스 기억 장치(sequential access storage) : 정보를 읽거나 기록하기 위해서 처음부터 순차적으로 액세스하는 장치로서, 자기 테이프가 대표적이다.

17 입·출력 제어 방식에 해당하지 않는 것은?

① 인터페이스 방식
② 채널에 의한 방식
③ DMA 방식
④ 중앙 처리 장치에 의한 방식

해설 입·출력 제어 방식에는 프로그램에 의한 방식, 인터럽트에 의한 방식, 채널에 의한 방식, DMA(Direct Memory Access) 방식 등이 있다.

정답 12.② 13.④ 14.② 15.③ 16.② 17.①

18 FIFO와 관련되는 선형 자료 구조는?

① 큐(queue) ② 스택(stack)
③ 그래프(graph) ④ 트리(tree)

해설 **선입 선출(FIFO)** : 자료가 리스트에 첨가되는 순서대로 교체되는 방법으로, 큐(queue)가 있다.

19 사진이나 그림 등에 빛을 쪼여 반사되는 것을 판별하여 복사하는 것처럼 이미지를 입력하는 장치는?

① 플로터 ② 마우스
③ 프린터 ④ 스캐너

해설 ① 플로터 : 상·하·좌·우로 움직이는 펜을 이용하여 글자, 그림, 설계 도면까지 인쇄할 수 있는 출력 장치이다.
④ 스캐너 : 이미지나 문자 자료를 컴퓨터가 처리할 수 있는 형태로 정보를 변환하여 입력할 수 있는 입력 장치이다.

20 시스템 소프트웨어가 아닌 것은?

① 포토샵 ② 운영 체제
③ 컴파일러 ④ 로더

해설 시스템 소프트웨어는 컴퓨터 시스템을 편리하고 효율적으로 사용할 수 있게 도와주는 프로그램으로, 컴퓨터 시스템의 하드웨어 요소를 직접 제어·통합·관리하는 역할을 수행하며 운영 체제, 언어 번역 프로그램, 유틸리티 등이 있다.

21 다음 중 CPU가 어떤 작업을 수행하고 있는 중에 외부로부터의 긴급 서비스 요청이 있으면 그 작업을 잠시 중단하고 요구된 일을 먼저 처리한 후에 다시 원래의 작업을 수행하는 것은?

① 시분할 ② 인터럽트
③ 분산 처리 ④ 채널

해설 인터럽트란 컴퓨터 시스템에서 발생하는 예외적인 사건을 운영 체제가 처리하기 위한 기법으로, 컴퓨터가 어떤 프로그램을 실행 중에 긴급 사태 등이 발생하면 진행 중인 프로그램을 일시 중단하여 긴급 사태에 대처하고 긴급 처리가 끝나면 중단했던 프로그램을 재개하는 방식이다.

22 입·출력 겸용 장치에 해당하는 것은?

① 터치 스크린 ② 트랙볼
③ 라이트 펜 ④ 디지타이저

해설 키보드, 마우스, 스캐너, OCR, MICR, Card reader 등은 입력 전용 장치이며, 터치 스크린, Console typewrite는 입·출력 겸용 장치이다.

23 컴퓨터나 단말기 내부에서 사용하는 디지털 신호를 전송하기에 편리한 아날로그 신호로 변화시켜주고, 전송받은 아날로그 신호를 다시 컴퓨터에서 사용되는 디지털 신호로 변환시켜 주는 장치는?

① 통신 회선 ② 단말기
③ 모뎀 ④ 통신 제어 장치

해설 모뎀은 데이터 통신에서 사용되는 변·복조기로서, 컴퓨터에서 나가는 디지털 신호를 아날로그 신호로 바꾸고(변조), 컴퓨터로 들어오는 아날로그 신호를 디지털 신호로 바꾸어 주는(복조) 신호 변환 장치이다.

24 하나의 논리 소자에서 출력으로 나온 신호를 다른 논리 소자에 입력할 수 있는 선의 개수를 말하는 것은?

① 팬인(fan in)
② 팬아웃(fan out)
③ 잡음 한계(noise margin)
④ 전력 소모(power dissipation)

해설 표준 논리 소자들은 1개의 출력 신호에 접속할 수 있는 입력 신호의 수에 제한이 있는데 이를 팬아웃(fan out)이라고 한다.

정답 18.① 19.④ 20.① 21.② 22.① 23.③ 24.②

25 **입력 단자 하나로 펄스가 입력되면 현재와 반대의 상태로 바뀌게 하는 토글(toggle) 상태를 만드는 회로는?**

① T 플립플롭 ② R 플립플롭
③ RS 플립플롭 ④ JK 플립플롭

해설 JK FF의 입력 J, K를 서로 묶어서 하나의 입력으로 하면 클록 펄스가 인가될 때마다 출력이 반전 상태(토글)가 되는데, 이를 T FF라고 한다.

26 **고정 소수점 표현 형식 중 음수를 표현하는 방식이 아닌 것은?**

① 부호와 절대값 ② 부호와 0의 보수
③ 부호와 1의 보수 ④ 부호와 2의 보수

해설 고정 소수점 표현 형식 중 음수를 표현하는 방식은 부호와 절대값, 부호와 1의 보수, 부호와 2의 보수이다.

27 **2진수 01101001이 1의 보수기를 통과하였다. 누산기에 보관된 내용은?**

① 10010110 ② 01101001
③ 00000000 ④ 11111111

해설 보수(complement) 연산은 입력 데이터의 부정을 취하면 되므로, 01101001의 1의 보수는 10010110이 된다.

28 **최대 데이터 전송률을 결정하는 요인으로, 전송 시스템의 성능을 평가하는 가장 중요한 변수는?**

① 지연 왜곡 ② 신호대 잡음비
③ 감쇠 현상 ④ 증폭도

해설 신호대 잡음비(SNR)
㉠ 일정 세력의 신호가 수신측에 도착하여 나타난 신호대 잡음 세력비이다.
㉡ 정보가 실린 신호 레벨이 잡음 레벨에 비해 얼마나 높은 전력 레벨을 가지는 정도이다.
㉢ 잡음 성분이 신호 성분에 얼마나 영향을 주는 정도를 말한다.
㉣ $SNR = \frac{P_S}{P_N}$로 정의되며 여기서 P_S와 P_N은 각각 신호의 전력과 노이즈의 전력에 해당한다.

29 **입력 단자와 출력 단자는 각각 하나이며, 입력 단자가 1이면 출력 단자는 0이 되고, 입력 단자가 0이면 출력 단자가 1이 되는 회로는?**

① OR 회로 ② NAND 회로
③ AND 회로 ④ NOT 회로

해설 입력에 따라 출력이 반전되는 것은 NOT 게이트이며 인버터라 한다.

[NOT 논리표]

입력	출력
A	Y
0	1
1	0

30 **기억된 프로그램의 명령을 하나씩 읽고, 해독하여 각 장치에 필요한 지시를 하는 기능은?**

① 입력 기능 ② 제어 기능
③ 연산 기능 ④ 기억 기능

해설 중앙 처리 장치(CPU)는 명령어의 해석과 실행을 담당하는 제어 기능과 비교·판단·연산을 담당하는 연산 기능과 자료를 저장하고 보관하는 기억 기능을 가지고 있다.

31 **프로그래밍 언어의 해독 순서로 옳은 것은?**

① 링커 → 로더 → 컴파일러
② 컴파일러 → 링커 → 로더
③ 로더 → 컴파일러 → 링커
④ 로더 → 링커 → 컴파일러

해설 원시 프로그램 → 컴파일러 → 목적 프로그램 → 링커 → 로드 모듈 → 로더 → 실행

정답 25.① 26.② 27.① 28.② 29.④ 30.② 31.②

32 **고급 언어의 특징으로 옳지 않은 것은?**

① 기종에 관계없이 사용할 수 있어 호환성이 높다.
② 2진수 형태로 이루어진 언어로, 전자계산기가 직접 이해할 수 있는 형태의 언어이다.
③ 하드웨어에 관한 전문적 지식이 없어도 프로그램 작성이 용이하다.
④ 프로그래밍 작업이 쉽고, 수정이 용이하다.

해설 고급 언어(high level language)는 자연어에 가까운 사용자 중심 언어로, 기종에 관계없이 공통적으로 사용할 수 있는 언어이며 컴파일 과정이 필요하다.

33 **C언어에서 데이터 형식을 규정하는 서술자에 대한 설명으로 옳지 않은 것은?**

① %e : 지수형
② %c : 문자열
③ %f : 소수점 표기형
④ %μ : 부호없는 10진 정수

해설 ② %c : 문자, %s : 문자열

34 **C언어의 특징으로 옳지 않은 것은?**

① 이식성이 높은 언어이다.
② 인터프리터 방식의 언어이다.
③ 자료의 주소를 조작할 수 있는 포인터를 제공한다.
④ 시스템 소프트웨어를 개발하기에 편리하다.

해설 C언어는 UNIX 운영 체제를 위한 시스템 프로그램 언어로, 저급 언어와 고급 언어의 특징을 모두 갖춘 컴파일러 방식의 언어이다.

35 **로더의 기능으로 거리가 먼 것은?**

① Translation ② Allocation
③ Linking ④ Loading

해설 로더(loader)는 목적 프로그램을 주기억 장치에 적재시킨 후 실행시키는 서비스 프로그램으로, 할당(allocation) 기능, 연결(linking) 기능, 재배치(relocation) 기능, 로딩(loading) 기능 등이 있다.

36 **다음 중 언어 번역 프로그램에 해당하지 않는 것은?**

① 인터프리터 ② 로더
③ 컴파일러 ④ 어셈블러

해설 언어 번역 프로그램은 어셈블러, 컴파일러, 인터프리터 등이 있다.

37 **고급 언어로 작성된 프로그램을 구문 분석하여, 각각의 문장을 문법 구조에 따라 트리 형태로 구성한 것은?**

① 어휘 트리 ② 목적 트리
③ 링크 트리 ④ 파스 트리

해설 파스 트리(parse tree)는 구문 분석 단계에서 어떤 표현이 BNF에 의해 바르게 작성되었는지를 확인하기 위해 만드는 트리로서, 파스 트리가 존재한다면 주어진 표현이 BNF에 의해 작성될 수 있음을 의미한다.

38 **운영 체제의 운영 방식 중 다음 설명에 해당하는 것은?**

> ㉠ 하나의 시스템을 여러 명의 사용자가 시간을 분할하여 동시에 작업할 수 있도록 하는 방식
> ㉡ 주어진 시간 동안 사용자가 터미널을 통해서 직접 컴퓨터와 대화식으로 작동

① 일괄 처리 시스템
② 다중 처리 시스템
③ 실시간 처리 시스템
④ 시분할 시스템

정답 32.② 33.② 34.② 35.① 36.② 37.④ 38.④

해설 하나의 시스템을 여러 명의 사용자가 시간을 분할하여 동시에 작업할 수 있도록 하는 방식은 시분할 시스템(time sharing system)이다.

39 프로그램 문서화의 목적과 거리가 먼 것은?

① 프로그램 개발 과정의 요식 행위화
② 프로그램 개발 중 추가 변경에 따른 혼란 방지
③ 프로그램 이관의 용이함
④ 프로그램 유지·보수의 효율화

해설 **프로그램 작업 시 문서화의 목적**
㉠ 프로그램의 개발 요령과 순서를 표준화함으로써 보다 효율적인 개발이 가능하다.
㉡ 프로그램 개발 중의 변경 사항에 대한 대처가 용이하다.
㉢ 프로그램의 인수인계가 용이하며 프로그램 운용이 용이하다.
㉣ 개발 후 운영 과정에서 프로그램의 유지·보수가 용이하다.

40 프로그램이 수행되는 동안 변하지 않는 값을 의미하는 것은?

① Variable ② Comment
③ Constant ④ Pointer

해설 ① Variable(변수) : 데이터를 저장할 수 있는 기억 장소로, 프로그램이 수행되는 동안 그 값이 변경될 수 있다.
③ Constant(상수) : 프로그램이 수행되는 동안 변경되지 않는 값이다.

41 비동기식 6진 리플 카운터를 구성하려고 한다. T 플립플롭이 최소한 몇 개 필요한가?

① 3 ② 4
③ 5 ④ 6

해설 $2^2=4$이고 $2^3=8$이므로 6까지의 계수가 가능한 카운터를 구성하기 위해서는 3개의 FF이 필요하다.

42 시간 펄스나 제어를 위한 펄스의 수를 세는 회로를 무엇이라고 하는가?

① 제어 회로 ② 명령 회로
③ 계수 회로 ④ 펄스 회로

해설 계수기는 플립플롭을 이용한 순서 논리 회로로서, 입력 펄스가 들어올 때마다 출력을 변화하는 회로이다.

43 불 대수의 기본 정리가 틀린 것은?

① $A \cdot 0 = 0$ ② $A \cdot A = A$
③ $A + A = A$ ④ $A + 1 = A$

해설 논리 '1'과의 다른 논리와 OR연산 결과는 '1'이 된다.

44 JK FF에서 J=K=1인 상태이면 클록이 '0' 상태로 갈 때 Q출력은 어떻게 되는 건가?

① 변화 없음 ② 세트
③ 리셋 ④ 반전

해설 JK 플립플롭의 진리표

J	K	Q_{n+1}	비고
0	0	이전 상태(Q_n)	불변
0	1	0	리셋
1	0	1	세트
1	1	반전 상태($\overline{Q_n}$)	반전

45 다음과 같은 회로의 명칭은?

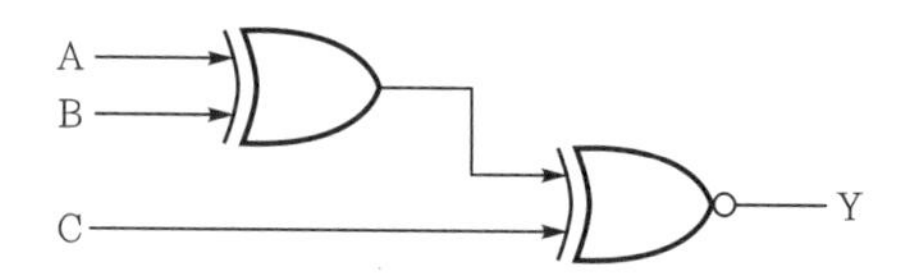

① 비교 회로
② 다수결 회로
③ 인코더 회로
④ 패리티 발생 회로

정답 39.① 40.③ 41.① 42.③ 43.④ 44.④ 45.④

해설 A·B의 입력이 서로 다를 때 EX-OR 게이트의 결과는 1이 되고, 입력이 서로 같을 때는 결과가 0이 된다. 출력 Y는 A·B의 결과와 C의 입력 데이터가 서로 같을 때만 EX-NOR 게이트의 출력이 1이 되고, 입력이 서로 다를 때는 결과가 0이 되는 패리티 발생 회로이다.

46 JK 플립플롭의 두 입력을 하나로 묶어서 만들며, 보수가 출력되는 플립플롭은?

① RS 플립플롭
② 마스터 슬레이브 플립플롭
③ D 플립플롭
④ T 플립플롭

해설 JK FF을 이용한 T FF 구성

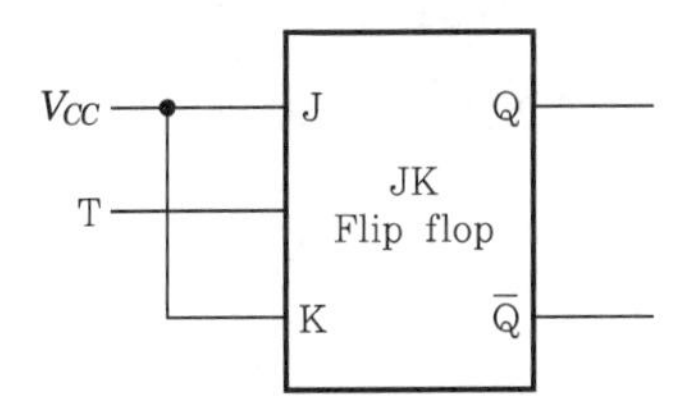

J, K가 논리 '1'일 때 T 입력에 따라 출력이 반전된다.

47 10진수 8이 기억되어 있는 5비트 시프트 레지스터를 좌측으로 1비트 시프트했을 때 기억되는 값은?

① 2　② 4
③ 8　④ 16

해설 10진수 8을 5비트의 2진수로 표현하면 01000이 된다. 이를 좌측으로 1비트 시프트하면 10000이 되므로 이는 10진수 16이다.

48 멀티플렉서에서 4개의 입력 중 1개를 선택하기 위해 필요한 입력 선택 제어선의 수는?

① 1개　② 2개
③ 3개　④ 4개

해설 4까지 조건이면 2비트가 필요하다.
$2^2 = 4$

49 전원 공급에 관계없이 저장된 내용을 반영구적으로 유지하는 비휘발성 메모리는?

① RAM　② ROM
③ SRAM　④ DRAM

해설 RAM과 ROM
㉠ RAM(Random Access Memory) : 현재 사용 중인 프로그램이나 데이터가 저장되어 있고 전원이 꺼지면 기억된 내용이 모두 사라지는 휘발성 기억 장치로, SRAM과 DRAM이 있다.
㉡ ROM(Read Only Memory) : 기억된 내용을 읽을 수만 있는 읽기 전용 기억 장치로, 전원이 차단되어도 저장된 내용이 소멸되지 않는 비휘발성 기억 장치이다.

50 클록 펄스가 들어올 때마다 플립플롭의 상태가 반전되는 것을 무엇이라고 하는가?

① 리셋　② 클리어
③ 토글　④ 트리거

해설 입력에 따라 출력 상태가 바뀌는 것을 토글이라 한다.

51 다음 진리표를 만족하는 논리 게이트는?

입력		출력
A	B	Y
0	0	0
0	1	1
1	0	1
1	1	1

① OR 게이트　② AND 게이트
③ NOT 게이트　④ XOR 게이트

해설 입력 중 어느 하나라도 1이면 출력이 1되는 것은 OR(논리합)이다.

정답 46.④ 47.④ 48.② 49.② 50.③ 51.①

52 회로의 안정 상태에 따른 멀티바이브레이터의 종류가 아닌 것은?

① 비안정 멀티바이브레이터
② 주파수 안정 멀티바이브레이터
③ 단안정 멀티바이브레이터
④ 쌍안정 멀티바이브레이터

해설 **멀티바이브레이터의 종류**
㉠ 비안정 멀티바이브레이터 : 구형파의 발진
㉡ 단안정 멀티바이브레이터 : 트리거 펄스 인가 시 하나의 구형파 출력
㉢ 쌍안정 멀티바이브레이터 : 플립플롭

53 다음 그림에서 논리식은?

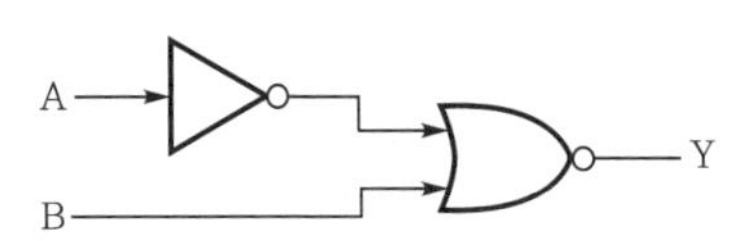

① $Y = \overline{A} + B$　② $Y = A\overline{B}$
③ $Y = A + \overline{B}$　④ $Y = \overline{A}B$

해설 $Y = \overline{(\overline{A} + B)}$
$= \overline{\overline{A}} \cdot \overline{B} = A \cdot \overline{B}$

54 논리식 $Y = AB + B$를 간소화시킨 것은?

① $Y = A$　② $Y = B$
③ $Y = A \cdot B$　④ $Y = A + B$

해설 $Y = AB + B$
$= B(A + 1) = B$

55 병렬 계수기(parallel counter)라고도 말하며 계수기의 각 플립플롭이 같은 시간에 트리거되는 계수기는?

① 링 계수기
② 동기형 계수기
③ 10진 계수기
④ 비동기형 계수기

해설 동기식 계수기는 각각의 FF에 클록이 병렬로 연결되므로 병렬 계수기(parallel counter)라고도 말하며 계수기의 각 플립플롭이 같은 시간에 트리거된다.

56 다음 논리 IC 중 속도가 가장 빠른 것은?

① DTL　② ECL
③ CMOS　④ TTL

해설 **속도 순서** : ECL > TTL > DTL > CMOS

57 반가산기에서 입력 A=1이고, B=0이면 출력 합(S)과 올림수(C)는?

① S=0, C=0　② S=1, C=0
③ S=1, C=1　④ S=0, C=1

해설 **반가산기**
㉠ 합 $S = \overline{A}B + A\overline{B} = A \oplus B$
㉡ 올림수 $C = A \cdot B$

58 52×4디코더에 사용되는 AND 게이트의 최소 개수는?

① 1개　② 2개
③ 3개　④ 4개

해설 2×4디코더는 입력이 2개, 출력이 4개이다. 디코더 출력은 AND 게이트로 구성된다.

59 다음 중 −13을 8비트 1의 보수 방식으로 표현하면?

① 11100010　② 11101010
③ 11110110　④ 11110010

해설 13을 8비트의 2진수로 변환하면 00001101이 되며, 1의 보수는 0 → 1로, 1 → 0으로 바꿔주면 되므로 11110010이 된다. 이때 맨 앞의 1이 바로 부호 비트이며, 양수일 때는 0, 음수일 때는 1이 된다.

정답 52.② 53.② 54.② 55.② 56.② 57.② 58.④ 59.④

60 **배타적 −NOR의 출력이 0일 때는 언제인가?**

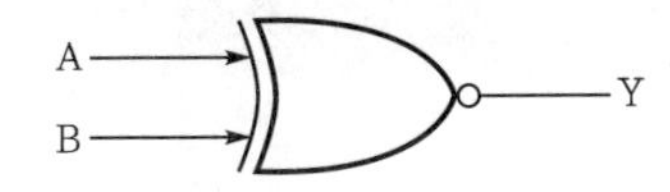

① A, B 모두 0일 때
② A, B 모두 1일 때
③ A와 B가 다를 때
④ A와 B가 같을 때

해설

입력		출력	
A	B	EX−OR	EX−NOR
0	0	0	1
0	1	1	0
1	0	1	0
1	1	0	1

정답 60.③

2014년 제1회 기출 문제

2014. 1. 26. 시행

01 **다음 중 3가의 불순물이 아닌 것은?**

① In　　② Ga
③ Sb　　④ B

해설 **원소의 종류**

㉠ 3가 원소(P형 반도체 불순물) : 붕소(B), 알루미늄(Al), 갈륨(Ga), 인듐(In)
㉡ 4가 원소(순수 반도체) : 실리콘(Si), 게르마늄(Ge)
㉢ 5가 원소(N형 반도체 불순물) : 안티몬(Sb), 비소(As), 인(P)

02 **다음 중 플립플롭(flip flop) 회로에 해당하는 것은?**

① 블로킹 발진기
② 단안정 멀티바이브레이터
③ 쌍안정 멀티바이브레이터
④ 비안정 멀티바이브레이터

해설 **멀티바이브레이터의 종류**

㉠ 비안정 멀티바이브레이터(astable multivibrator) : 구형파를 발생하는 안정된 상태가 없는 회로로서, 세트 상태와 리셋 상태를 번갈아 가면서 변환시키는 구형파 발진에 사용된다.
㉡ 단안정 멀티바이브레이터(monostable multivibrator) : 외부 트리거 펄스를 가하면 안정 상태에서 준안정 상태로 되었다가 어느 일정 시간 경과 후 다시 안정 상태로 돌아오는 동작을 한다.
㉢ 쌍안정 멀티바이브레이터(bistable multivibrator) : 플립플롭을 말한다. 정보를 기억하는 용도로 사용된다.

03 **펄스폭이 0.5초, 반복 주기가 1초일 때 이 펄스의 반복 주파수는 몇 [Hz]인가?**

① 0.5　　② 1
③ 1.5　　④ 2

$$f = \frac{1}{T}$$
$$= \frac{1}{1} = 1[\text{Hz}]$$

04 **상용 전원의 정류 방식 중 맥동 주파수가 180[Hz]가 되었다면 이때의 정류 회로는?**

① 3상 전파 정류기
② 3상 반파 정류기
③ 2배 전압 정류기
④ 브리지형 정류기

해설

구분	맥동 주파수[Hz]
단상 반파 정류	60
단상 전파 정류	120
3상 반파 정류	180
3상 전파 정류	360

05 **정류 회로에서 직류 전압이 100[V]이고 리플 전압이 0.2[V]이었다. 이 회로의 맥동률은 몇 [%]인가?**

① 0.2　　② 0.
③ 0.5　　④ 0.8

해설 맥동률(γ) : 정류된 직류에 포함된 교류 성분의 정도

$$\gamma = \frac{\text{맥류 성분의 실효값}}{\text{직류분의 실효값}} \times 100[\%]$$
$$= \frac{0.2}{100} \times 100[\%]$$
$$= 2$$

정답 01.③ 02.③ 03.② 04.② 05.①

06 다음 그림에서 변조도 m을 나타내는 공식은?

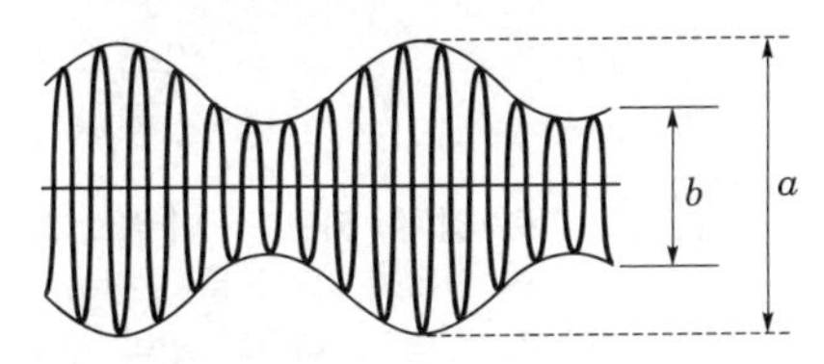

① $m = \frac{a-b}{a+b} \times 100[\%]$

② $m = \frac{a+b}{a-b} \times 100[\%]$

③ $m = \frac{a}{a-b} \times 100[\%]$

④ $m = \frac{b}{a+b} \times 100[\%]$

해설 진폭 변조 변조도 $m = \frac{a-b}{a+b} \times 100[\%]$

07 단상 전파 정류 회로의 이론상 최대 정류 효율[%]은?

① 12.1　② 40.6
③ 48.2　④ 81.2

해설 정류 효율(η) $= \frac{\text{직류 출력 전압}}{\text{교류 출력 전압}} \times 100[\%]$

구분	맥동 주파수	맥동률	최대 정류 효율
단상 반파 정류	60[Hz]	1.21[%]	40.6[%]
단상 전파 정류	120[Hz]	0.482[%]	81.2[%]
3상 반파 정류	180[Hz]	0.183[%]	–
3상 전파 정류	360[Hz]	0.042[%]	–

08 전력 증폭도가 1,000배일 때 이것을 데시벨(dB)로 나타내면 얼마인가?

① 10　② 20
③ 30　④ 40

해설
$$A_v = 10\log\frac{V_o}{V_i}$$
$$= 10\log 1{,}000 = 30[\text{dB}]$$

09 가정용 전등선의 전압이 실효값으로 100[V]일 때 이 교류의 최대값[V]은?

① 약 110　② 약 121
③ 약 130　④ 약 141

해설 최대값=실효값× $\sqrt{2}$
$=100\times\sqrt{2}=141[\text{V}]$

평균값=최대값× $\frac{2}{\pi}$
$=141\times\frac{2}{\pi}$
$=90[\text{V}]$

10 정현파 교류의 실효값이 220[V]일 때 이 교류의 최대값은 약 몇 [V]인가?

① 110　② 141
③ 283　④ 311

해설 최대값=실효값× $\sqrt{2}$
$=220\times\sqrt{2}=311[\text{V}]$

평균값=최대값× $\frac{2}{\pi}$
$=311\times\frac{2}{\pi}$
$=198[\text{V}]$

11 제조회사에서 미리 만들어진 것으로, 사용자는 절대로 지우거나 다시 입력할 수 없는 메모리는?

① RAM　② Mask ROM
③ EAROM　④ Flash memory

해설 Mask ROM은 제조회사에서 미리 만들어진 것으로, 사용자는 절대로 지우거나 다시 입력할 수 없는 메모리이다.

정답 06.① 07.④ 08.③ 09.④ 10.④ 11.②

12 다음 중 최대 클록 주파수가 가장 높은 논리 소자는?

① TTL ② ECL
③ MOS ④ CMOS

해설 **처리 속도순** : ECL > TTL > CMOS

13 다음 중 명령어 인출(instruction fetch)이란 무엇인가?

① 제어 장치에 있는 명령을 해독하는 것
② 제어 장치에서 해독된 명령을 실행하는 것
③ 주기억 장치에 기억된 명령을 제어 장치로 꺼내 오는 것
④ 보조 기억 장치에 기억된 명령을 주기억 장치로 꺼내 오는 것

해설 **인출과 실행**
㉠ 명령어 인출 : 주기억 장치로부터 명령을 읽어 CPU로 가져오는 과정을 명령어 인출 사이클이라 한다.
㉡ 명령어 실행 : 인출된 명령어를 이용하여 직접 명령을 실행하는 과정을 명령어 실행 사이클 이라 한다.

14 번지부에 표현된 값이 실제 데이터가 기억된 번지가 아니고, 유효 번지(실제 데이터의 번지)를 나타내는 번지 지정 형식은?

① 직접 번지 형식
② 간접 번지 형식
③ 상대 번지 형식
④ 직접 데이터 형식

해설 ① 직접 번지 형식 : 주소부에 있는 값이 실제 데이터가 기억된 메모리 내의 주소가 되는 경우로, 메모리 참조 횟수는 1회이다.
② 간접 번지 형식 : 주소부가 지정하는 곳에 있는 메모리의 값이 실제 데이터가 기억된 주소를 가지고 있는 경우로, 메모리 참조 횟수는 2회 이상이다.

15 입력 장치에 해당하지 않는 것은?

① 마우스 ② 키보드
③ 플로터 ④ 스캐너

해설 **입력 장치** : 키보드, 마우스, 스캐너, 광학 마크 판독기, 광학 문자 판독기, 자기 잉크 문자 판독기, 바코드 판독기, 조이스틱, 디지타이저, 터치 스크린, 라이트 펜 등

16 중앙 처리 장치에서 사용하고 있는 버스의 형태에 해당하지 않는 것은?

① Data bus ② System bus
③ Address bus ④ Control bus

해설 버스는 CPU와 기억 장치, 입・출력 인터페이스 간에 제어 신호나 데이터를 주고받는 전송로를 말하며, 제어 버스(control bus), 주소 버스(address bus), 데이터 버스(data bus) 등이 있다.

17 다음 그림과 같이 A・B 레지스터에 있는 2개의 자료에 대해 ALU에 의한 OR 연산이 이루어졌을 때 그 결과가 저장되는 C레지스터의 내용은?

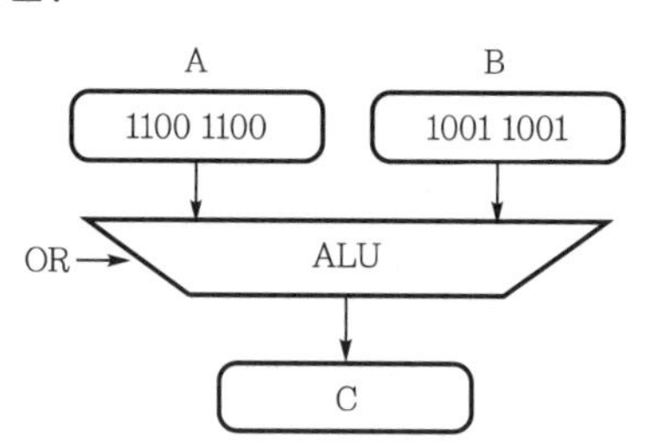

① 11111110 ② 10000001
③ 10110110 ④ 11011101

해설 OR 연산은 두 입력 중 어느 하나라도 '1'이면 출력이 '1'이 되는 연산이다.

```
   11001100
OR 10011001
   --------
   11011101
```

정답 12.② 13.③ 14.② 15.③ 16.② 17.④

18 **컴퓨터 시스템에서 ALU의 목적은?**

① 어드레스 버스 제어
② 필요한 기계 사이클수의 계산
③ OP 코드의 번역
④ 산술과 논리 연산의 실행

해설 연산 장치(ALU : Arithmetic Logic Unit)는 비교, 판단, 산술 및 논리 연산을 담당하는 중앙 처리 장치(CPU)의 구성 요소이다.

19 **다음 중 에러 검출뿐만 아니라 교정까지 가능한 코드는?**

① Biquinary code
② Hamming code
③ Gray code
④ ASCII code

해설 해밍 코드는 단일 비트의 에러를 검출하여 교정하는 코드로서, 8421코드에 3비트의 짝수 패리티를 추가하여 총 7비트로 구성된다.

20 **두 입력이 같으면 출력이 0, 두 입력이 서로 다르면 출력이 1이 되는 논리 연산은?**

① X−OR　　② AND
③ OR　　④ NOT

해설 두 입력이 같으면 출력이 0, 두 입력이 서로 다르면 출력이 1이 되는 논리 연산은 배타적 논리합(exclusive−OR)이며, 논리식은 다음과 같다.

$$Y = A \oplus B$$
$$= \overline{A}B + A\overline{B}$$

21 **컴퓨터가 어떤 프로그램을 실행 중에 긴급 사태 등이 발생하면 진행 중인 프로그램을 일시 중단하여 긴급 사태에 대처하고, 긴급 처리가 끝나면 중단했던 프로그램을 재개하는 것은?**

① 채널　　② 스택
③ 버퍼　　④ 인터럽트

해설 인터럽트란 컴퓨터 시스템에서 발생하는 예외적인 사건을 운영 체제가 처리하기 위한 기법으로, 컴퓨터가 어떤 프로그램을 실행 중에 긴급 사태 등이 발생하면 진행 중인 프로그램을 일시 중단하여 긴급 사태에 대처하고 긴급 처리가 끝나면 중단했던 프로그램을 재개하는 방식이다.

22 **다음 설명에 해당하는 코드는?**

> ㉠ 7비트 코드로 미국 표준협회에서 개발하였다.
> ㉡ 1개의 문자를 3개의 존 비트와 4개의 디짓 비트로 표현한다.
> ㉢ 통신 제어용 및 마이크로컴퓨터의 기본 코드로 사용한다.

① ASCII　　② BCD
③ EBCDIC　　④ Excess−3

해설 ASCII 코드는 미국에서 개발한 표준 코드로서, 개인용 컴퓨터에 주로 사용되며, 7비트로 구성되어 128가지의 문자를 표현할 수 있는 코드이다.

23 **다음 중 CPU의 간섭을 받지 않고 메모리와 입·출력 장치 사이에 데이터 전송이 이루어지는 방식은?**

① COM
② Interrupt IO
③ DMA
④ Programmed IO

해설 DMA(Direct Memory Access)에 의한 입·출력 방식은 CPU의 간섭을 받지 않고 메모리와 입·출력 장치 사이에 데이터 전송이 이루어지는 방식으로서, 입·출력 장치의 속도가 빠른 디스크, 드럼, 자기 테이프에 사용된다.

정답 18.④ 19.② 20.① 21.④ 22.① 23.③

24 컴퓨터나 단말기 내부에서 사용하는 디지털 신호를 전송하기에 편리한 아날로그 신호로 변화시켜 주고, 전송받은 아날로그 신호를 다시 컴퓨터에서 사용되는 디지털 신호로 변환시켜 주는 장치는?

① 단말기 ② 모뎀
③ 통신 회선 ④ 통신 제어 장치

해설 모뎀은 데이터 통신에서 사용되는 변·복조기로서, 컴퓨터에서 나가는 디지털 신호를 아날로그 신호로 바꾸고(변조), 컴퓨터로 들어오는 아날로그 신호를 디지털 신호로 바꾸어주는(복조) 신호 변환 장치이다.

25 어떤 회로의 입력을 A, 출력을 Y라 할 때 출력 $Y = \overline{A}$ 인 논리 회로의 명칭은?

① AND ② OR
③ NOT ④ X-OR

해설 NOT(인버터) 논리

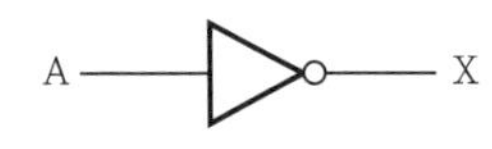

A	X
0	1
1	0

$X = \overline{A}$

26 근거리 통신망의 구성 중 회선 형태의 케이블에 송·수신기를 통하여 스테이션을 접속하는 것으로, 그림과 같은 형은?

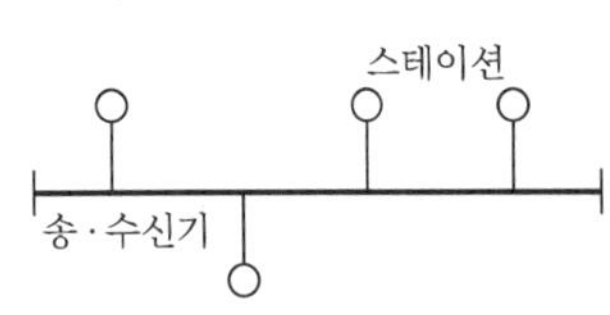

① 버스(bus)형 ② 성(star)형
③ 루프(loop)형 ④ 그물(mesh)형

해설 버스형은 구조가 간단하고 단말기의 추가 및 제거가 용이하며 한 노드의 고장은 해당 노드에만 영향을 준다.

27 휴대용 무전기와 같이 데이터를 양쪽 방향으로 전송할 수 있으나 동시에 양쪽 방향으로 전송할 수 없는 전송 방식은?

① 단일 방식 ② 단방향 방식
③ 반이중 방식 ④ 전이중 방식

해설 **데이터 통신 방식의 종류**

㉠ 단방향(simplex) 통신 방식 : 한쪽에서는 수신만 하고 다른 쪽에서는 송신만 하는 방식으로 라디오, TV 등이 있다.
㉡ 반이중(half duplex) 통신 방식 : 양쪽 방향으로 전송은 가능하지만 동시 전송은 불가능하고 반드시 한쪽 방향으로만 전송되는 방식으로, 무전기 등이 있다.
㉢ 전이중(full duplex) 통신 방식 : 양쪽 방향으로 동시 전송이 가능한 방식으로, 전화기 등이 있다.

28 다음 논리도와 진리표는 어떤 회로인가?

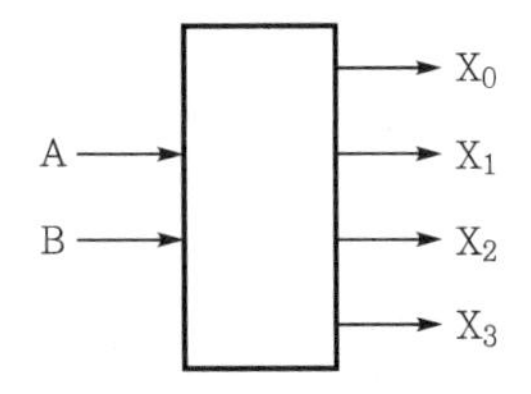

A	B	X_0	X_1	X_2	X_3
0	0	1	0	0	0
0	1	0	1	0	0
1	0	0	0	1	0
1	1	0	0	0	1

① 가산기 ② 해독기
③ 부호기 ④ 비교기

해설 그림은 2×4해독기이고, 출력이 4개의 AND 게이트로 이루어진다.

정답 24.② 25.③ 26.① 27.③ 28.②

29 **명령 형식을 구분함에 있어 오퍼랜드를 구성하는 주소의 수에 따라 0주소 명령, 1주소 명령, 2주소 명령, 3주소 명령 등으로 구분할 수 있다. 이 중 스택(stack) 구조를 가지는 명령 형식은?**

① 3주소 명령　② 2주소 명령
③ 1주소 명령　④ 0주소 명령

해설 스택(stack)은 0주소 지정 방식의 메모리 처리 구조로, 후입 선출(LIFO : Last In First Out)의 데이터 처리 방법을 갖는다.

30 **다음 중 출력 장치로만 묶어 놓은 것은?**

① 키보드, 디지타이저
② 스캐너, 트랙볼
③ 바코드, 라이트 펜
④ 플로터, 프린터

해설 **출력 장치** : 프린터, 모니터, 플로터, 터치스크린, 프로젝터 등

31 **고급 언어의 특징으로 거리가 먼 것은?**

① 하드웨어에 관한 전문적인 지식이 없어도 프로그램 작성이 용이하다.
② 번역 과정없이 실행 가능하다.
③ 일상 생활에서 사용하는 자연어와 유사한 형태의 언어이다.
④ 프로그램 작성이 쉽고, 수정이 용이하다.

해설 고급 언어는 일상에서 사용하는 자연어와 유사한 인간 중심의 언어이고, 기계어로 변환하는 컴파일러 또는 인터프리터가 필요하며, 프로그램 작성이 쉽고, 수정이 용이하다.

32 **다음 중 반복문에 해당되지 않는 것은?**

① if문　② for문
③ while문　④ do while문

해설 if문은 논리식이나 논리 변수의 값이 참인가 거짓인가에 따라 실행을 달리하는 선택 제어문이다.

33 **다음 중 프로그램 개발 과정에서 프로그램 안에 내재해 논리적 오류를 발견하고 수정하는 작업은?**

① Deadlock
② Semaphore
③ Debugging
④ Scheduling

해설 디버깅(debugging)은 컴퓨터 프로그램에 문법적 오류(syntax error)나 논리적 오류(logical error)가 발생했을 때 오류를 찾아내고 수정하는 작업이다.

34 **다음 중 운영 체제에 대한 설명으로 옳지 않은 것은?**

① 운영 체제는 컴퓨터를 편리하게 사용하고 컴퓨터 하드웨어를 효율적으로 사용할 수 있도록 한다.
② 운영 체제는 컴퓨터 사용자와 컴퓨터 하드웨어 간의 인터페이스로서 동작하는 일종의 하드웨어 장치이다.
③ 운영 체제는 작업을 처리하기 위해서 필요한 CPU, 기억 장치, 입·출력 장치 등의 자원을 할당·관리해주는 역할을 수행한다.
④ 운영 체제는 다양한 입·출력 장치와 사용자 프로그램을 통제하여 오류와 컴퓨터의 부적절한 사용을 방지하는 역할을 수행한다.

해설 운영 체제(OS)는 컴퓨터의 하드웨어 및 각종 장치들을 효율적으로 관리하고, 사용자에게 편리성을 제공하며, 자원을 공유하도록 하여 컴퓨터 시스템의 성능을 향상시킨다.

정답 29.④ 30.④ 31.② 32.① 33.③ 34.②

35 **C언어의 특징으로 옳지 않은 것은?**

① 인터프리터 방식의 언어이다.
② 시스템 소프트웨어를 개발하기에 편리하다.
③ 자료의 주소를 조작할 수 있는 포인터를 제공한다.
④ 이식성이 높은 언어이다.

해설 C언어는 UNIX 운영 체제를 위한 시스템 프로그램 언어로, 저급 언어와 고급 언어의 특징을 모두 갖춘 언어이다.

36 **다음 중 기계어에 대한 설명으로 옳지 않은 것은?**

① 유지·보수가 용이하다.
② 2진수로 데이터를 나타낸다.
③ 실행 속도가 빠르다.
④ 전문적인 지식이 없으면 이해하기 힘들다.

해설 기계어는 0과 1로 이루어진 컴퓨터 중심 언어로, 컴퓨터가 직접 처리할 수 있으므로 처리 속도가 빠르나 프로그램의 유지·보수는 어렵다.

37 **프로그래밍 언어의 구문 요소 중 프로그램의 이해를 돕기 위해 설명을 적어두는 부분으로, 프로그램의 실행과는 관계없고, 프로그램의 판독성을 향상시키는 요소는?**

① Comment ② Reserved word
③ Operator ④ Key word

해설 ① Comment(주석) : 프로그램의 이해를 돕기 위해 설명을 적어두는 부분으로, 실제 프로그램에 영향을 주지 않는다.
② Reserved word(예약어) : 프로그래밍 언어에서 이미 의미와 용법이 정해져 있는 단어이다.

38 **다음 중 운영 체제의 성능 평가 사항과 거리가 먼 것은?**

① 처리 능력(throughput)
② 반환 시간(turn around time)
③ 사용 가능도(availability)
④ 비용(cost)

해설 운영 체제의 성능 평가 요소는 처리 능력(throughput), 반환 시간(turn around time), 사용 가능도(availability), 신뢰도(reliability) 등이다.

39 **프로그래밍 언어가 갖추어야 할 요건과 거리가 먼 것은?**

① 프로그래밍 언어의 구조가 체계적이어야 한다.
② 언어의 확장이 용이하여야 한다.
③ 많은 기억 장소를 사용해야 한다.
④ 효율적인 언어이어야 한다.

해설 프로그래밍 언어가 갖추어야 할 요건은 프로그래밍 언어의 구조가 체계적이고 언어의 확장이 용이하며 어느 컴퓨터에서나 쉽게 설치되고 실행되어야 하는 것이다.

40 **로더(loader)의 기능이 아닌 것은?**

① 할당(allocation)
② 번역(compile)
③ 연결(link)
④ 적재(load)

해설 로더(loader)는 목적 프로그램을 주기억 장치에 적재시킨 후 실행시키는 서비스 프로그램으로, 할당(allocation) 기능, 연결(linking) 기능, 재배치(relocation) 기능, 로딩(loading) 기능 등이 있다.

41 **다음 중 그 값이 다른 하나는?**

① $(F)_{16}$ ② $(17)_8$
③ $(16)_{10}$ ④ $(1111)_2$

정답 35.① 36.① 37.① 38.④ 39.③ 40.② 41.③

해설 ① $(F)_{16}=15\times16^0$
$=15$
② $(17)_8=1\times8^1+7\times8^0$
$=8+7=15$
③ $(16)_{10}=16$
④ $(1111)_2=1\times2^3+1\times2^2+1\times2^1+1\times1^0$
$=8+4+2+1=15$

42 JK 플립플롭의 두 입력선을 묶어 한 개의 입력선으로 구성한 플립플롭이며, 1이 입력될 경우 현재의 상태를 토글(toggle)시키는 것은?

① MS 플립플롭　② D 플립플롭
③ RS 플립플롭　④ T 플립플롭

해설 JK FF으로 T FF 구성

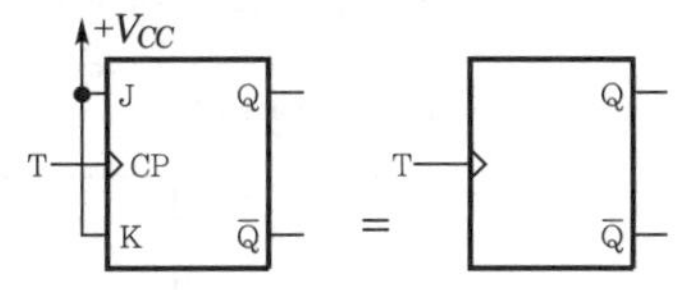

J, K 단자가 모두 '1'이면 클록 입력 시마다 출력은 반전된다.

43 비동기식 카운터에 대한 설명이 아닌 것은?

① 비트수가 많은 카운터에 적합하다.
② 지연 시간으로 고속 카운팅에 부적합하다.
③ 전단의 출력이 다음 단의 트리거 입력이 된다.
④ 직렬 카운터 또는 리플 카운터라고도 한다.

해설 **카운터의 종류**
㉠ 비동기형 카운터 : 비동기형 계수기는 앞단의 출력을 입력 펄스로 받아 계수하는 회로이기 때문에 각 단 플립플롭에는 각기 다른 클록이 입력되고, 회로 구성이 간단하다.
㉡ 동기형 카운터 : 모든 플립플롭의 클록이 병렬로 연결되어 한 번의 클록 펄스에 대하여 모든 플립플롭이 동시에 트리거된다. 비동기형 카운터보다 동작 속도가 빠르다.

44 플립플롭(flip flop)은 몇 bit 기억 소자인가?

① 1　② 2
③ 4　④ 8

해설 플립플롭은 한 비트 Q출력을 가지고 있으므로 0과 1의 출력을 낼 수 있다.

45 2진 정보의 저장과 클록 펄스를 가해 좌우로 한 비트씩 이동하여 2진수의 곱셈이나 나눗셈을 하는 연산 장치에 이용되는 것은?

① 가산기(adder)
② 카운터(counter)
③ 플립플롭(flip flop)
④ 시프트 레지스터(shift register)

해설 시프트 레지스터(shift register)는 2진 정보의 저장과 클록 펄스를 가해 좌우로 한 비트씩 이동하여 2진수의 곱셈이나 나눗셈을 하는 연산 장치에 이용된다.
왼쪽 1비트 시프트 동작은 ×2와 같고 오른쪽 1비트 동작은 ÷2와 같다.
ex $0010_2(2_{10})$, $0100_2(4_{10})$, $1000_2(8_{10})$

46 2진수 01111의 2의 보수는?

① 10010　② 10001
③ 10011　④ 01110

해설 2의 보수=1의 보수+1
1의 보수=10000
2의 보수=10001
=10000+1

47 JK 플립플롭에서 J=1, K=0일 때 출력은 Clock에 의해 어떤 변화를 보이는가?

① 출력은 0이 된다.
② 출력은 1이 된다.
③ 출력이 반전된다.
④ 이전의 상태를 유지한다.

정답 42.④　43.①　44.①　45.④　46.②　47.②

해설 JK 플립플롭의 진리표

J	K	Q_{n+1}	비고
0	0	Q_n	불변
0	1	0	리셋
1	0	1	세트
1	1	$\overline{Q_n}$	반전

48 논리식을 최소화하는 방법으로 가장 바람직한 것은?

① Venn diagram ② 카르노맵
③ 승법 표준형 ④ 가법 표준형

해설 조직적인 도표를 사용하여 불 대수를 최적으로 간략화할 수 있다. 카르노 도표는 불 대수식을 간소화하기 위한 가장 체계적이고, 간단한 방법이다.

49 컴퓨터 내부 연산 시 숫자 자료를 보수로 표현하는 이유로 가장 적절한 것은?

① 실수를 표현하기 쉽다.
② 음수를 표현하기 쉽다.
③ 수를 표현하는 데 저장 장치를 절약할 수 있다.
④ 덧셈과 뺄셈을 덧셈 회로로 처리할 수 있다.

해설 컴퓨터 내부 연산 시 숫자 자료를 보수로 표현하는 이유는 덧셈과 뺄셈을 덧셈 회로로 처리하기 위해서이다.

50 레지스터의 설명으로 옳지 않은 것은?

① 2진식 기억 소자의 집단
② Flip flop으로 구성
③ 타이밍 변수를 만드는 데 유용
④ 직렬 입력, 병렬 출력으로만 동작

해설 레지스터
㉠ 플립플롭 여러 개를 일렬로 배열하고 연결되어 여러 비트의 2진수를 일시적으로 저장하거나 저장된 비트를 좌측 또는 우측으로 하나씩 이동할 때 사용한다.
㉡ 데이터를 병렬로 입·출력할 수 있으며 직렬로 입·출력할 수 있는 시프트 레지스터도 있다.

51 1개의 입력선으로 들어오는 정보를 2^n개의 출력선 중 1개를 선택하여 출력하는 회로이며, 2^n개의 출력선 중 1개의 선을 선택하기 위해 n개의 선택선을 이용하는 것은?

① 인코더
② 멀티플렉서
③ 디멀티플렉서
④ 디코더

해설 디멀티플렉서는 멀티플렉서의 역기능을 수행하는 조합 논리 회로이다. 선택선을 통해 여러 개의 출력선 중 하나의 출력선에만 출력을 전달한다.

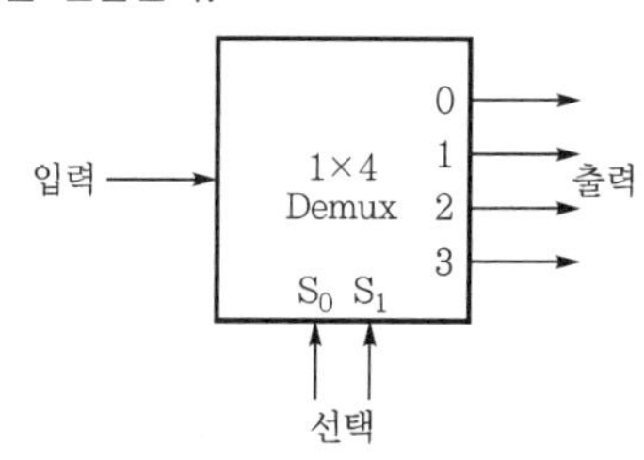

52 1×4디멀티플렉서에 최소로 필요한 선택 선의 개수는?

① 1개 ② 2개
③ 3개 ④ 4개

해설 4개의 출력이므로 $2^2=4$이다. 2[bit]의 조합이 필요하다.

53 다음 논리들 중 입력 A=1, B=1일 때 출력 Y가 1이 되는 경우는?

① AND ② X−OR
③ NOR ④ NAND

정답 48.② 49.④ 50.④ 51.③ 52.② 53.①

해설 AND 논리 진리표

A	B	Y
0	0	0
0	1	0
1	0	0
1	1	1

54 다음 논리식을 최소화한 것은?

$$Z=X(\overline{X}+Y)$$

① $Z=X$ ② $Z=Y$
③ $Z=XY$ ④ $Z=\overline{X}\cdot\overline{Y}$

해설 $Z=X(\overline{X}+Y)$
$=X\overline{X}+XY$
$=XY$
$(\because X\overline{X}=0)$

55 2진수 11011을 그레이 코드로 옳게 변환한 것은?

① 10110 ② 10001
③ 11011 ④ 11101

해설 $(11011)_2=(10110)_G$
2진수를 그레이 코드로 변환하면 다음과 같다.
㉠ 최상위 비트값은 변화없이 그대로 내려쓴다.
㉡ 두 번째 비트부터는 인접한 비트값끼리 XOR(eXclusive-OR) 연산한 값을 내려 쓴다.

1 ↔ 1 ↔ 0 ↔ 1 ↔ 1
⊕ ⊕ ⊕ ⊕
↓ ↓ ↓ ↓ ↓
1 0 1 1 0

56 다음 불 대수의 법칙 중 옳지 않은 것은 무엇인가?

① $A+B=B+A$
② $A+(B+C)=(A+B)+C$
③ $A+(B\cdot C)=(A+B)\cdot(A+C)$
④ $A+A=1$

해설 불 대수에 관한 기본 정리
㉠ $A+0=A$
㉡ $A\cdot 0=0$
㉢ $A+1=1$
㉣ $A\cdot 1=A$
㉤ $A+A=A$
㉥ $A\cdot A=A$
㉦ $A+\overline{A}=1$
㉧ $A\cdot\overline{A}=0$

57 동기식 순서 회로를 설계하는 방식이 순서대로 옳게 나열된 것은?

㉠ 플립플롭의 제어 신호를 결정한다.
㉡ 클록 신호에 대한 각 플립플롭의 상태 변화를 표로 작성한다.
㉢ 카르노도를 이용하여 단순화한다.

① ㉠ → ㉢ → ㉡ ② ㉡ → ㉠ → ㉢
③ ㉢ → ㉡ → ㉠ ④ ㉡ → ㉢ → ㉠

해설 논리 회로의 설계 순서
㉠ 입·출력 조건으로 진리표를 작성한다.
㉡ 진리표에 대한 카르노도를 구한다.
㉢ 카르노도에서 간소화된 논리식을 도출한다.
㉣ 논리식으로 로직 회로를 구성한다.

58 다음 중 반가산기는 어떤 논리 회로의 결합으로 구성되어 있는가?

① AND와 OR ② EX-OR와 AND
③ EX-OR와 OR ④ NAND와 NOR

해설 반가산기 진리표

A	B	합(S)	자리올림(C)
0	0	0	0
0	1	1	0
1	0	1	0
1	1	0	1

정답 54.③ 55.① 56.④ 57.② 58.②

㉠ 논리식 $S = \overline{A}B + A\overline{B}$

$= A \oplus B$

$C = AB$

㉡ 반가산기 회로

59

다음 중 순서 논리 회로를 설계할 때 사용되는 상태표(state table)의 구성 요소가 아닌 것은?

① 현재 상태 ② 다음 상태

③ 출력 ④ 이전 상태

해설 JK 플립플롭의 상태표

클록	J K	Q_{n+1}(다음 상태)
1	0 0	Q_n(현재 상태)
1	0 1	0
1	1 0	1
1	1 1	$\overline{Q_n}$(현재 상태 반전)

60

다음 논리 회로를 논리식으로 바꿀 때 옳은 것은?

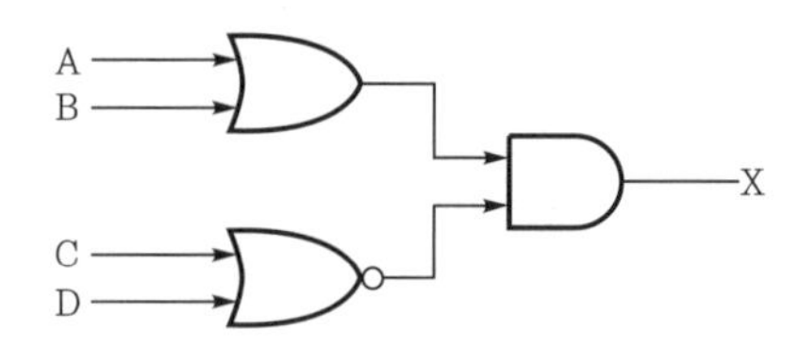

① $X = (A+B)(\overline{C \cdot D})$

② $X = (A+B)(\overline{C+D})$

③ $X = (A \cdot B)(\overline{C+D})$

④ $X = (A+B)(C \cdot D)$

해설

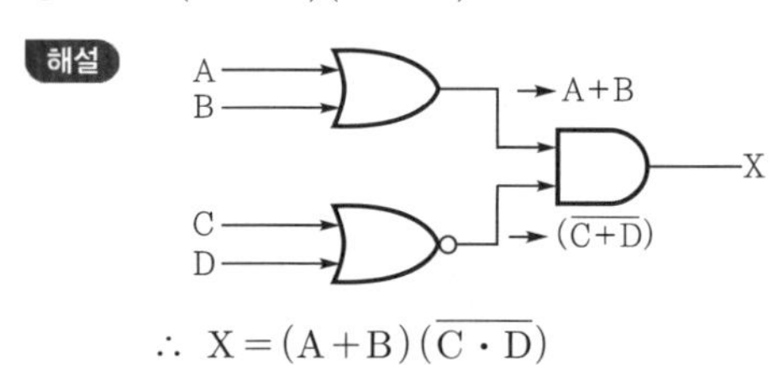

$\therefore X = (A+B)(\overline{C \cdot D})$

2015년 제2회 기출 문제

2015. 4. 4. 시행

01 **저주파 증폭기에서 음되먹임을 걸면 되먹임을 걸지 않을 때 비해 어떻게 되는가?**

① 전압 이득이 커진다.
② 주파수 통과 대역이 좁아진다.
③ 주파수 통과 대역이 넓어진다.
④ 파형이 일그러진다.

해설 **음되먹임(부궤환) 증폭 회로의 특성**
㉠ 주파수 특성이 개선된다.
㉡ 증폭도가 안정적이다.
㉢ 일그러짐이 감소한다.
㉣ 출력 잡음이 감소한다.
㉤ 이득이 감소한다.
㉥ 고입력 임피던스, 저출력 임피던스이다.

02 **그림과 같은 회로의 출력 파형은?**

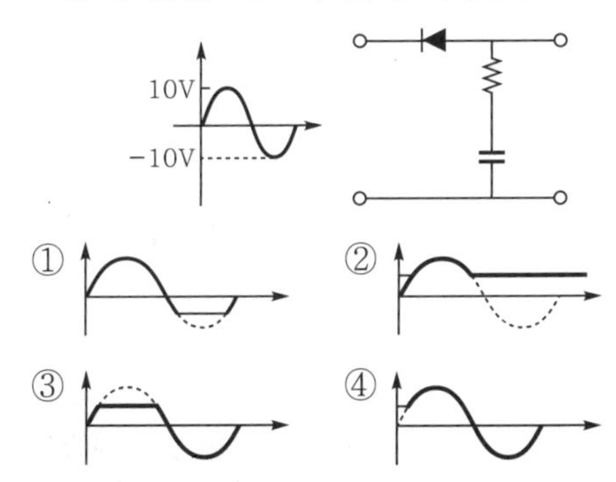

해설 회로는 직류 전압보다 큰 교류 신호를 잘라내는 클리핑(클리퍼) 회로이다.

03 **수정 발진 회로의 특징으로 틀린 것은?**

① 수정 진동자의 Q가 높기 때문에 주파수 안정도가 높다.
② 수정 진동자의 기계적·물리적으로 강하다.
③ 발진 조건을 만족하는 유도성 주파수 범위가 매우 좁다.
④ 주위 온도의 영향에 매우 민감하다.

해설 **수정 진동자의 특징**
㉠ 장점
- 수정편의 Q가 높다($10^4 \sim 10^6$).
- 기계적으로나 물리적으로 안정하다.
- 주파수 안정도가 매우 좋다.
- 양산이 쉽고 가격이 저렴하다.

㉡ 단점
- 발진 주파수를 임의로 바꿀 수 없다.
- 많이 갖추려면 비용이 많이 든다.
- 발진 주파수는 수정편 두께에 반비례하므로 초단파 이상의 발진은 어렵다.

04 **펄스폭이 10[μs]이고, 주파수가 1[kHz]일 때 충격 계수(duty factor)는?**

① 1　　② 0.1
③ 0.01　　④ 0.001

해설
$$\text{Duty factor} = \frac{\text{펄스폭}}{T} = \frac{\text{펄스폭}}{\frac{1}{f}} = \text{펄스폭} \times f = 1 \times 10^{-5} \times 10^{3} = 10^{-2} = 0.01$$

05 **그림과 같은 바이어스 회로의 안정 계수 S는?**
(단, $\beta = 49$, $R_C = 2[\text{k}\Omega]$, $V_{CC} = 10[\text{V}]$)

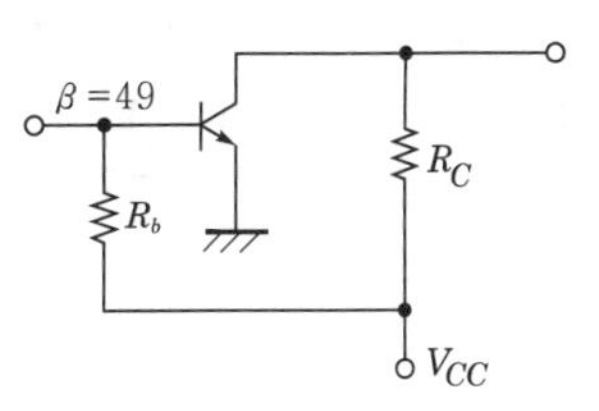

① 50　　② 59
③ 98　　④ 200

정답 01.③ 02.③ 03.④ 04.③ 05.①

해설 그림은 고정 바이어스 회로이다.
고정 바이어스 회로 안정 계수

$$S=\frac{\Delta I_C}{\Delta I_{CO}}$$
$$=1+\beta$$
$$=1+49=50$$

S가 작을수록 안정도가 좋다(β는 전류 증폭률).

※ 안정 계수

㉠ 전류 궤환 바이어스 회로 안정 계수

$$S=\frac{\Delta I_C}{\Delta I_{CO}}$$
$$=(1+\beta)\frac{1-\alpha}{1+\beta+\alpha}$$

㉡ 전압 궤환 바이어스 회로 안정 계수

$$S=\frac{\Delta I_C}{\Delta I_{CO}}$$
$$=\frac{(1+\beta)(R_C+R_F+R_E)}{R_F+(1+\beta)R_C+(1+\beta)R_E}$$
$$=\frac{1+\beta}{1+\beta R_C/(R_B+R_C)}$$

06 800[kW], 역률 80[%]인 부하가 15분간 소비하는 유효 전력량[kWh]은?

① 150 ② 160
③ 250 ④ 1,600

해설 유효 전력이란 전원에서 공급되어 실제 부하에서 소비되는 전력이다.

$$\text{유효 전력량}=80\times 0.8\times\frac{15}{60}$$
$$=800\times 0.8\times 0.25$$
$$=160[\text{kWh}]$$

07 펄스 회로에서 펄스가 0에서 최대 크기로 상승될 때를 100[%]로 한다면 상승 시간(rise time)은 몇 [%]로 하는가?

① 0[%]에서 10[%]
② 10[%]에서 90[%]
③ 20[%]에서 150[%]
④ 90[%]에서 100[%]

해설 **상승 시간** : 진폭의 10[%]되는 부분에서 90[%]되는 부분까지 올라가는 데 소요되는 시간

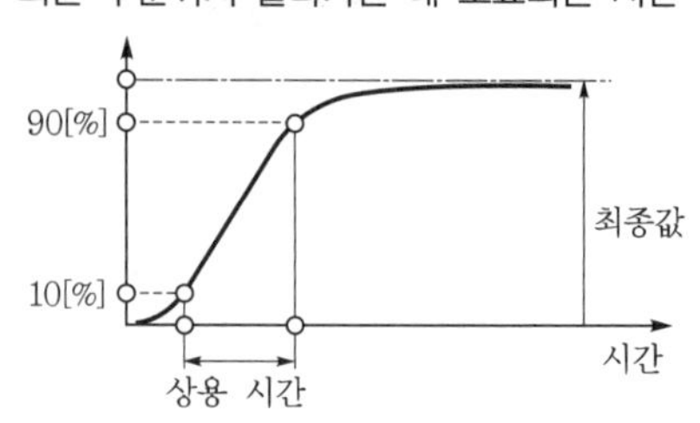

08 피어스 BC형 발진 회로의 구성은 어떤 발진 회로와 비슷한가?

① 이상형 발진 회로
② 하틀레이 발진 회로
③ 빈브리지 발진 회로
④ 콜피츠 발진 회로

해설 피어스 BC형 발진 회로는 콜피츠 발진 회로와 비슷하다.

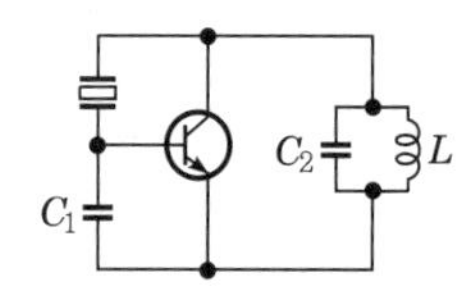

(a) 피어스 BC형 발진 회로

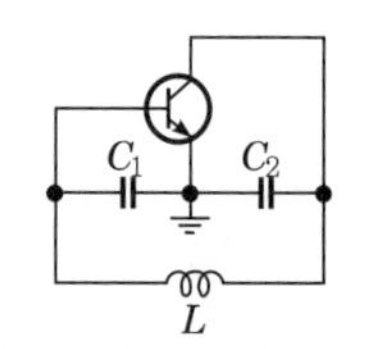

(b) 콜피츠 발진 회로

[피어스 BC형 발진 회로와 콜피츠 발진 회로]

09 온도에 따라서 저항값이 변화하는 소자로서, 소형이며 가격이 저렴하고, 일반적으로 120[℃] 정도 이하인 곳에서 널리 사용되는 것은?

① 열전대 ② 포토 다이오드
③ 서미스터 ④ 포토 트랜지스터

정답 06.② 07.② 08.④ 09.③

해설 온도 측정 센서로 많이 사용하는 것은 서미스터와 열전대가 있는데, 열전대는 가격이 비싸며 수백[℃] 이상의 고온 측정에 사용된다.

10 저항과 콘덴서로 구성된 RC 직렬 회로의 시정수 τ는?

① $\tau = RC$ ② $\tau = \frac{R}{C}$

③ $\tau = \frac{C}{R}$ ④ $\tau = \frac{1}{RC}$

해설 **시정수** : 최종값의 63[%]에 달하기까지의 시간에 해당된다.

㉠ RC 회로의 시정수 : 회로가 정전 용량(C) 및 저항(R)으로 구성되는 경우 시정수 $\tau = RC$

㉡ RL 회로의 시정수 : 회로가 인덕턴스(L) 및 저항(R)으로 구성되는 경우 시정수 $\tau = L/R$

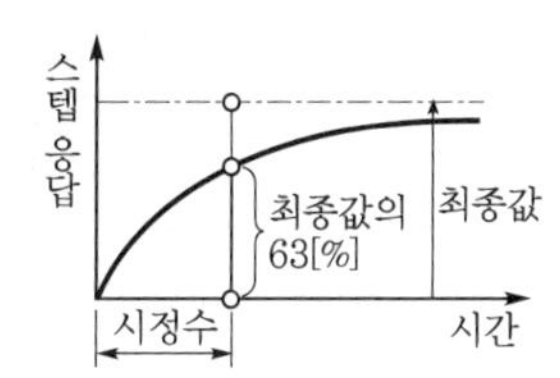

11 2진수 데이터 1100 1010과 1001 1001을 AND 연산한 경우 결과값은?

① 1101 1011 ② 1001 0100

③ 1000 1000 ④ 0110 0101

해설 AND 연산은 두 입력이 모두 '1'일 때만 출력이 '1'로 나타낸다.

```
    11001010
AND 10011001
    10001000
```

12 중앙 처리 장치와 입·출력 장치 사이의 데이터 전송 방식에 대한 종류와 특징이 일치하지 않는 것은?

① 스트로브 제어 방식은 스트로브 신호를 위한 별도의 회선이 불필요하다.

② 핸드셰이킹 방식은 송신쪽과 수신쪽이 동시에 동작해야 한다.

③ 비동기 직렬 전송 방식은 저속 장치에 많이 사용된다.

④ 큐에 의한 전송 방식은 비동기적이고 속도차가 많은 장치에 많이 사용된다.

해설 **스트로브 제어** : Strobe는 데이터를 전송할 때 실제로 전송하는 것을 알려주기 위해 보내는 신호를 말하고 제어선 1개와 데이터 버스선 1개로 구성되며 전송한 데이터를 수신쪽에서 확실하게 수신하였는지를 알 수 없다.

13 다음 중 2진수 1011을 그레이 코드로 변환하면 옳은 것은?

① 1000 ② 0111

③ 1010 ④ 1110

해설 $(1011)_2 \rightarrow (1110)_G$

최상위 비트값은 그대로 사용하고 다음 비트부터는 인접한 값끼리 XOR(Exclusive-OR) 연산을 해서 내려쓴다.

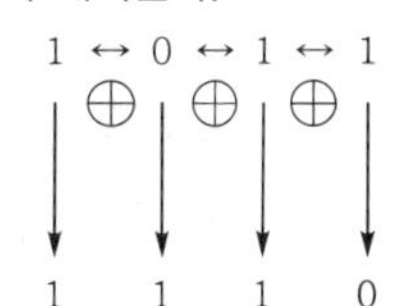

14 다음 중 입력 장치의 종류로 옳지 않은 것은 무엇인가?

① 스캐너(scanner)

② 라이트펜(light pen)

③ 디지타이저(digitizer)

④ 플로터(plotter)

해설 **플로터(plotter)** : 출력 결과를 종이나 필름 따위의 평면에 표나 그림으로 나타내는 출력 장치이다.

정답 10.① 11.③ 12.① 13.④ 14.④

15 **송·수신 단말 장치 사이에 데이터를 전송할 때마다 통신 경로를 설정하여 데이터를 교환하는 방식은?**

① 메시지 교환 방식
② 패킷 교환 방식
③ 회선 교환 방식
④ 포인트 투 포인트 방식

해설 **교환 방식의 종류**
㉠ 메시지 교환 방식 : 단말 장치에서 전송된 데이터는 교환기에 축적되어 길이가 일정하지 않은 메시지 단위로 전송된다.
㉡ 패킷 교환 방식 : 단말 장치에서 전송된 데이터는 교환기에 축적되어 일정 길이의 패킷 단위로 전송된다.
㉢ 회선 교환 방식 : 송·수신 단말 장치 사이에 통신 회선을 고정적으로 할당하여 데이터를 교환하는 방식으로, 데이터를 전송할 때마다 통신 경로를 설정하여야 한다.
㉣ 포인트 투 포인트 방식 : 데이터를 송·수신하는 2개의 단말 또는 컴퓨터를 전용 회선으로 항상 접속을 유지하는 방식으로, 송·수신하는 데이터 량이 많을 경우에 적합하다.

16 **수치 중에서 소수점이 특정 위치로부터 얼마나 이동하고 있는지를 표시하는 수를 포함시키는 방법을 무엇이라 하는가?**

① 고정 소수점 표시
② 부동 소수점 표시
③ 고정 워드 길이 표시
④ 가변 워드 길이 표시

해설 **부동 소수점 표시** : 2진 실수 데이터 표현과 연산 시 사용되며 지수부와 가수부로 구성된다. 소수점은 자릿수에 포함되지 않으며, 암묵적으로 지수부와 가수부 사이에 있는 것으로 간주한다.

17 **2진수 비트스트림 11000001 11000010을 1의 보수(1's complement) 연산을 수행하였을 때 결과값은?**

① 11000001 11000010
② 00111110 00111101
③ 00111110 11000010
④ 11000001 00111101

해설 1의 보수(1's complement) 연산은 1을 0으로, 0을 1로 바꾸어 표현한다. 즉, 11000001 11000010의 1의 보수는 00111110 00111101이다.

18 **다음 중 집적 회로의 일반적인 특징에 대한 설명으로 옳은 것은?**

① 수명이 짧다.
② 크기가 대형이다.
③ 동작 속도가 빠르다.
④ 외부와의 연결이 복잡하다.

해설 집적 회로는 특정 기능을 수행하는 전기 회로를 반도체 소자(주로 트랜지스터)로 하나의 칩에 모아 구현한 것을 말한다. 집적 회로가 발전함에 따라 컴퓨터를 비롯하여 각종 전자기기 등으로 집적 회로의 응용이 확대되고 있으며 앞으로 전자기기는 더욱 더 초소형화, 초고속화, 고신뢰성화될 것이다.

19 **다음 중 자료 구조의 구성 단계를 옳게 표현한 것은?**

① byte → bit → word → file → record
② bit → byte → word → record → file
③ bit → byte → word → file → record
④ bit → byte → record → file → word

해설 **자료 구조의 구성 단계** : bit → byte → word → record → file
㉠ bit : 0과 1로 구성된 정보 표현의 최소 단위이다.
㉡ byte : 8개의 비트가 모여 1바이트를 구성한다.
㉢ word : 컴퓨터가 한번에 처리할 수 있는 명령 단위(바이트의 모임)이다.
㉣ field : 파일 구성의 최소 단위로, 항목(item)이라고도 한다.

정답 15.③ 16.② 17.② 18.③ 19.②

ⓜ record : 1개 이상의 필드(field)들이 모여서 구성된다.
ⓑ file : 같은 종류의 여러 레코드(record)가 모여 구성된다.
ⓢ database : 1개 이상의 관련된 파일(file)들의 집합이다.

20 1×4디멀티플렉서(DMUX : demultiplexer)에서 필요한 선택 신호의 개수는?

① 1개 ② 2개
③ 4개 ④ 8개

해설 하나의 입력 신호를 받아들여 2^n개의 출력선 중 하나의 선을 선택하여 출력하는 회로로, 1×4디멀티플렉서는 2개의 선택 신호가 필요하다.

21 오퍼랜드(operand) 자체가 연산 대상이 되는 번지 지정 방식은?

① 직접 번지 지정 방식(direct address)
② 간접 번지 지정 방식(indirect address)
③ 상대 번지 지정 방식(relative address)
④ 즉시 번지 지정 방식(immediate address)

해설 **번지 지정 방식의 종류**
㉠ 직접 번지 지정 방식(direct address) : 오퍼랜드(operand)에 있는 값이 실제 데이터가 기억된 메모리 내의 주소
㉡ 간접 번지 지정 방식(indirect address) : 오퍼랜드(operand)에 있는 값이 지정하는 곳에 있는 메모리의 값이 실제 데이터가 기억된 주소
㉢ 상대 번지 지정 방식(relative address) : 프로그램 카운터와 오퍼랜드(operand)가 더해져 유효 주소 결정
㉣ 즉시 번지 지정 방식(immediate address) : 오퍼랜드(operand) 자체가 연산 대상

22 다음 중 에러 검출과 동시에 교정까지 가능한 것은?

① 해밍 코드
② 3초과 코드
③ 그레이 코드
④ 시프트 카운터 코드

해설 해밍 코드는 단일 비트의 에러를 검출하여 교정하는 코드로서, 8421코드에 3비트의 짝수 패리티를 추가하여 총 7비트로 구성된다.

23 다음 중 주기억 장치의 크기가 4[kbyte]일 때 번지(address)수는?

① 1번지에서 4000번지까지
② 0번지에서 3999번지까지
③ 1번지에서 4095번지까지
④ 0번지에서 4095번지까지

해설 $4[\text{kbyte}]=1,024\times4$
$=4,096[\text{byte}]$
∴ 번지는 0번지부터 4095번지까지이다.

24 다음 설명이 의미하는 입·출력 방식은?

- 주기억 장치의 일부를 입·출력 장치에 할당한다.
- 입·출력 장치의 번지와 주기억 장치 번지의 구별이 없다.
- 주기억 장치 이용 효율이 낮다.

① 격리형 입·출력 방식
② 메모리 맵 입·출력 방식
③ 혼합형 입·출력 방식
④ 버스형 입·출력 방식

해설 **입·출력 장치 지정 방식**

격리형 입·출력 방식	메모리 맵 입·출력 방식
기억 장치의 전체 공간을 사용한다.	기억 장치의 일부 공간을 사용한다.
기억 장치와 입·출력 번지 사이의 구별이 있다.	기억 장치와 입·출력 번지 사이의 구별이 없다.

정답 20.② 21.④ 22.① 23.④ 24.②

격리형 입·출력 방식	메모리 맵 입·출력 방식
기억 장치의 명령과 입·출력 명령을 구별하여 사용한다.	기억 장치의 명령으로 사용 가능하여 별도의 입·출력 명령이 필요없다.
기억 장치의 이용 효율이 높다.	기억 장치의 이용 효율이 낮다.
하드웨어가 복잡하다.	하드웨어가 간단하다.

25 **미국에서 개발한 표준 코드로서, 개인용 컴퓨터에 주로 사용되며, 7비트로 구성되어 128가지의 문자를 표현할 수 있는 코드는?**

① EBCDIC ② UNICODE
③ ASCII ④ BCD

해설 아스키(ASCII) 코드는 7비트로 구성된 2진 코드로, $2^7=128$개의 서로 다른 문자를 표현할 수 있다.

26 **명령어 실행 사이클(instruction execution cycle)에 들어가지 않는 것은?**

① 결과를 기억시킨다.
② 명령어를 해독한다.
③ 지정된 연산을 수행한다.
④ 명령어가 지정한 오퍼랜드를 꺼낸다.

해설 명령어 인출 사이클에서 명령어를 해독한다.

27 **BCD 코드에 의한 수 0010 0101 0011을 10진수로 옳게 나타낸 것은?**

① 250 ② 251
③ 252 ④ 253

해설 0010=2, 0101=5, 0011=3
∴ $(253)_{10}$

28 **운영 체제의 역할과 거리가 먼 것은?**

① 사용자와 시스템 간의 인터페이스 역할
② 데이터 공유 및 주변 장치 관리
③ 원시 프로그램의 목적 프로그램 변환
④ 자원의 효율적 운영 및 자원 스케줄링

해설 **언어 번역 프로그램** : 원시 프로그램의 목적 프로그램 변환

29 **일반적인 음의 정수를 컴퓨터 내부에 표현하는 방법이 아닌 것은?**

① 부호와 절대값
② 부호와 1의 보수
③ 부호와 2의 보수
④ 부호와 3의 보수

해설 **음수 표현법** : 부호와 절대값, 부호와 1의 보수, 부호와 2의 보수

30 **다음 중 명령어가 일상적인 문장에 가까워 사람이 이해하기 쉬운 프로그래밍 언어의 형태는 무엇인가?**

① 저급 언어 ② 고급 언어
③ 어셈블리 언어 ④ 기계어

해설 **고급 언어** : 명령어가 일상적인 문장에 가까워 사람이 이해하기 쉽다.

31 **8비트 컴퓨터의 Register에 관한 설명으로 옳지 않은 것은?**

① Accumulator는 8비트 레지스터이다.
② 프로그램 카운터(PC)는 16비트 레지스터이다.
③ 인터럽트 발생 시 복귀할 주소는 PC에 저장한다.
④ 명령 코드는 Instruction register에 저장된다.

해설 인터럽트 발생 시 복귀할 주소는 MBR에 저장한다.

정답 25.③ 26.② 27.④ 28.③ 29.④ 30.② 31.③

32 **하나의 시스템을 여러 명의 사용자가 시간을 분할하여 동시에 작업할 수 있도록 하는 방식은?**

① Distributed system
② Batch processing system
③ Time sharing system
④ Real time system

해설 **운영 체제의 운영 방식**
㉠ Distributed system : 분산된 여러 대의 컴퓨터에 여러 작업들을 지리적·기능적으로 분산시킨 후 해당되는 곳에서 데이터를 생성 및 처리할 수 있도록 한 시스템이다.
㉡ Batch processing system : 처리할 작업을 일정 시간 또는 일정량을 모아서 한꺼번에 처리하는 방식으로, 급여 계산, 공공요금 계산 등에 사용된다.
㉢ Time sharing system : 하나의 시스템을 여러 명의 사용자가 시간을 분할하여 동시에 작업하는 방식이다.
㉣ Real time system : 데이터가 발생하는 즉시 처리해 주는 시스템으로, 항공기나 열차의 좌석 예약, 은행 업무 등에 사용된다.

33 **다음 중 순서도의 역할로 거리가 먼 것은?**

① 프로그램 작성의 기초가 된다.
② 프로그램의 인수인계가 용이하다.
③ 시스템 하드웨어의 설계 구조를 쉽게 파악할 수 있다.
④ 프로그램의 정확성 여부와 오류를 쉽게 판단할 수 있다.

해설 **순서도** : 프로그램 작성의 기초로, 프로그램의 인수인계가 용이하고 오류를 쉽게 판단할 수 있다.

34 **다음 중 기계어에 대한 설명으로 옳지 않은 것은?**

① 인간에게 친숙한 영문 단어로 표현된다.
② 실행할 명령, 데이터, 기억 장소의 주소 등을 포함한다.
③ 각 컴퓨터마다 서로 다른 기계어를 가진다.
④ 작성된 프로그램의 수정·보수가 어렵다.

해설 **고급 언어** : 인간에게 친숙한 영문 단어로 표현된다.

35 **C언어에서 사용되는 문자열 출력 함수는?**

① putchar( ) ② prints( )
③ printchar( ) ④ puts( )

해설 • puts( ) : 문자열 출력 함수
• putchar( ) : 하나의 문자 출력 함수

36 **다음 중 프로그램 문서화의 목적과 거리가 먼 것은?**

① 프로그램 개발 과정의 요식 행위화
② 프로그램 개발 중 추가 변경에 따른 혼란 방지
③ 프로그램 이관의 용이함 도모
④ 프로그램 유지·보수의 효율화

해설 **프로그램 문서화** : 프로그램의 개발 요령과 순서를 표준화함으로써 보다 효율적인 개발이 가능하고, 프로그램 개발 중의 변경 사항에 대한 대처가 용이하며, 인수인계가 용이하며 프로그램 유지·보수가 효율적이다.

37 **다음 중 운영 체제의 성능 평가 사항과 거리가 먼 것은?**

① Availability
② Cost
③ Turn around time
④ Throughput

해설 **운영 체제의 성능 평가 사항** : 처리 능력(throughput), 사용 가능도(availability), 신뢰도(reliability), 응답 시간(turn around time)

정답 32.③ 33.③ 34.① 35.④ 36.① 37.②

38 **C언어에서 사용되는 이스케이프 시퀀스(escape sequence)에 대한 설명으로 옳지 않은 것은?**

① ₩r : carriage return
② ₩t : tab
③ ₩n : new line
④ ₩b : backup

해설 ④ ₩b : 백스페이스(backspace)

39 **원시 프로그램을 한 문장씩 번역하여 즉시 실행하는 방식의 언어 번역 프로그램은?**

① 컴파일러　② 링커
③ 로더　④ 인터프리터

해설 ① 컴파일러(compiler) : 원시 프로그램을 목적 프로그램으로 번역한다.
② 링커(linker) : 여러 개의 목적 프로그램에 시스템 라이브러리를 결합해 하나의 실행 가능한 로드 모듈을 만든다.
③ 로더(loader) : 실행 가능한 로드 모듈에 기억 공간의 번지를 지정하여 메모리에 적재한다.
④ 인터프리터(interpreter) : 원시 프로그램을 한 문장씩 번역하여 즉시 실행하는 방식이다.

40 **프로그램의 처리 과정 순서로 옳은 것은?**

① 적재 → 실행 → 번역
② 번역 → 적재 → 실행
③ 적재 → 번역 → 실행
④ 번역 → 실행 → 적재

해설 **프로그램 처리 순서** : 번역 → 적재 → 실행

41 **$(27)_{10}$을 2진수로 변환하면?**

① 11011　② 11001
③ 11000　④ 10111

해설 $27_{10} = 11011_2$

```
2 | 27
2 | 13 … 1
2 |  6 … 1
2 |  3 … 0
     1 … 1
```

42 **반가산기 회로에서 두 입력이 A, B라고 하면, 합 S와 자리올림 C의 논리식은?**

① $S=A \oplus B$, $C=A \cdot B$
② $S=A+B$, $C=A \cdot B$
③ $S=A \cdot B$, $C=A+B$
④ $S=A+B$, $C=A \oplus B$

해설 **반가산기 논리**

A	B	S	C
0	0	0	0
0	1	1	0
1	0	1	0
1	1	0	1

43 **$Y = \overline{A} + \overline{B}$의 보수를 구하면?**

① $Y = A + B$　② $Y = AB$
③ $Y = A$　④ $Y = B$

해설
$$Y = \overline{\overline{A} + \overline{B}} = \overline{\overline{A}}\,\overline{\overline{B}} = AB$$

44 **다음 중 안정된 상태가 없는 회로이며, 직사각형파 발생 회로 또는 시간 발생기로 사용되는 회로는?**

① 플립플롭
② 비안정 멀티바이브레이터
③ 쌍안정 멀티바이브레이터
④ 단안정 멀티바이브레이터

정답 38.④ 39.④ 40.② 41.① 42.① 43.② 44.②

해설 **멀티바이브레이터의 동작 종류**

㉠ 쌍안정 : 양쪽 모두 회로가 안정적임을 뜻한다.

㉡ 단안정 : 한쪽 상태에서만 동작 상태가 안정적이고 다른 상태는 불안정한 회로를 말한다.

㉢ 비안정 : 2개의 출력이 모두 동작 상태가 불안정하여 논리 1, 0 상태를 구형파 형태의 일정 주기로 반복 동작을 한다.

45 다음 회로의 설명 중 틀린 것은? (단, 초기 상태 $Q=0$, $\overline{Q}=1$)

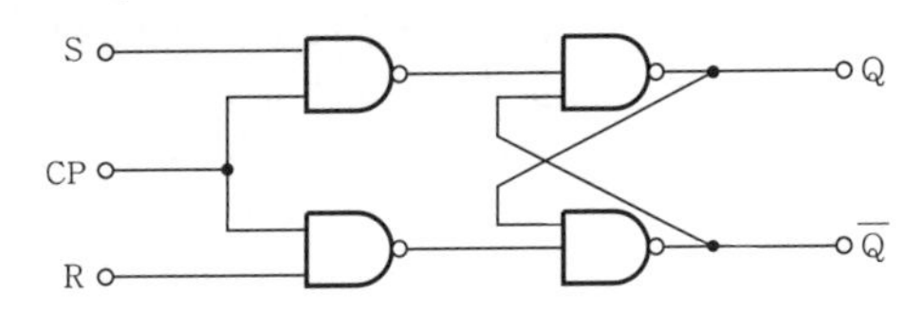

① RST 플립플롭
② CP=0이고 S=1, R=0이면 Q=1, $\overline{Q}=0$
③ CP=1이고 S=0, R=1이면 Q=0, $\overline{Q}=1$
④ S=R=1인 상태는 금지

해설 RST 플립플롭이며 CP=0이면 출력이 변화 없고, CP=1일 때의 진리표는 다음과 같다.

[RS FF **진리표**]

R	S	Q_{n+1}
0	0	Q_n
0	1	1
1	0	0
1	1	금지

46 디지털 장치에서 많이 쓰이는 회로로서, 클록 펄스의 수를 세거나 제어 장치에서 중요한 기능을 수행하는 것은?

① 계수 회로 ② 발진 회로
③ 해독기 ④ 부호기

해설 일련의 순차적인 수를 세는 회로를 계수 회로(카운터 : counter)라 한다.

47 다음 4비트 2진수를 그레이 코드로 변환하였을 때 틀린 것은?

① 0011 → 0010
② 0111 → 0101
③ 1001 → 1101
④ 1011 → 1110

해설 최상위 비트값은 그대로 사용하고 다음 비트부터는 인접한 값끼리 XOR(Exclusive-OR) 연산을 해서 내려쓴다.

① 0011 → 0010

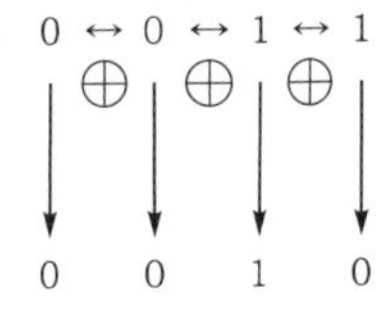

② 0111 → 0100

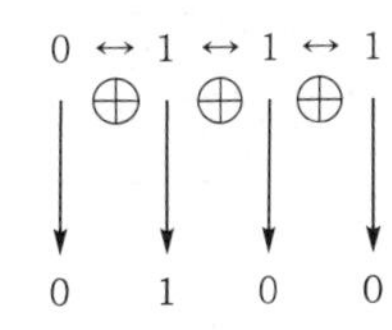

③ 1001 → 1101

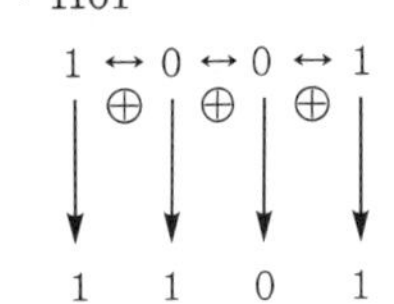

④ 1011 → 1110

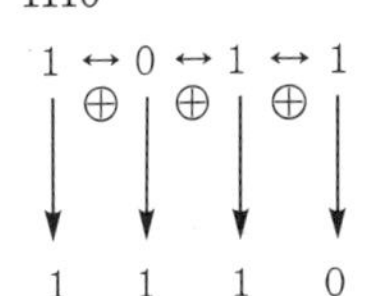

48 정상적인 경우 8×1멀티플렉서는 몇 개의 선택선을 가지는가?

① 1 ② 2
③ 3 ④ 4

해설 2^n개의 입력 중 선택 입력 n개를 이용하여 하나의 정보를 출력하는 회로로 8×1멀티플렉서는 3개의 선택선이 필요하다.

정답 45.② 46.① 47.② 48.③

49 다음 논리식을 카르노맵을 이용하여 간략화 한 것으로 옳은 것은?

$$F = \overline{A}\,\overline{B}C + A\overline{B}C$$

① BC ② $\overline{B}$C
③ B$\overline{C}$ ④ $\overline{B}\,\overline{C}$

해설

A \ BC	00	01	11	10
00		1		
1		1		

$= \overline{B}C$

50 다음 JK 플립플롭의 특성표에서 ㉠, ㉡, ㉢, ㉣에 들어갈 항목으로 옳은 것은?

Q(t)	J	K	Q(t+1)
0	0	0	0
0	0	1	0
0	1	0	㉠
0	1	1	㉡
1	0	0	1
1	0	1	0
1	1	0	㉢
1	1	1	㉣

① ㉠-0 ② ㉡-1
③ ㉢-0 ④ ㉣-1

해설 JK 플립플롭 여기표

Q(t)	Q(t+1)	J	K
0	0	0	X
0	1	1	X
1	0	X	1
1	1	X	0

51 다음 순서 논리 회로의 명칭은?

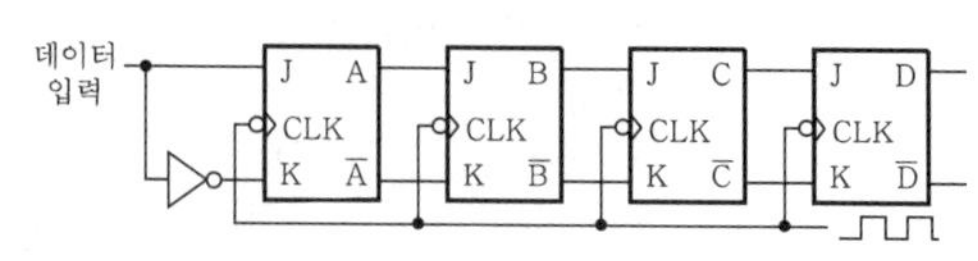

① 리플 계수기
② 링카운터
③ 시프트 레지스터
④ 10진 계수기

해설 **시프트(shift) 레지스터**
㉠ 데이터를 좌우로 이동시키는 레지스터이다.
㉡ 직렬 입력, 병렬 출력과 병렬 입력, 직렬 출력 형태를 포함하여 직렬과 병렬의 입·출력 조합을 가지고 있다.
㉢ 양방향성 이동 레지스터, 순환 레지스터도 있다.
위 회로는 직렬 입력, 직렬 출력 시프트 레지스터이다.

52 다음의 그림과 같은 회로는 어떤 게이트인가?

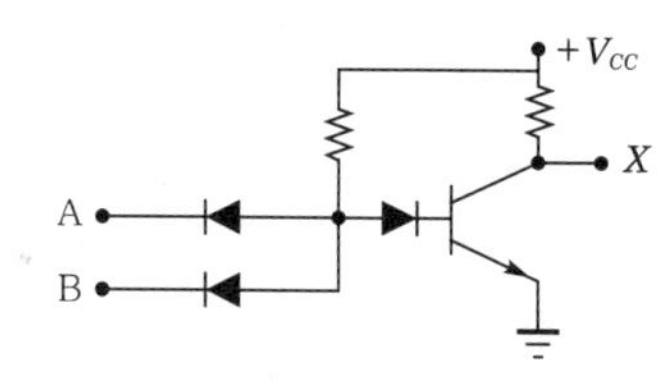

① AND ② OR
③ NAND ④ NOR

해설 회로에서 두 입력(A, B) 중 어느 하나가 '0'일때만 TR이 OFF 상태가 되어 출력 X가 '1'이 된다.

53 아래 회로도에 ?=1을 가했을 때 해당하는 플립플롭은?

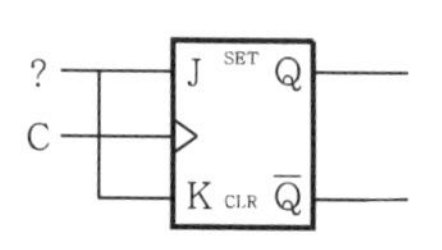

① D FF ② T FF
③ RS FF ④ JK FF

정답 49.② 50.② 51.③ 52.③ 53.②

해설 JK 플립플롭의 진리표

J	K	Q_{n+1}	비고
0	0	Q_n	불변
0	1	0	리셋
1	0	1	세트
1	1	$\overline{Q_n}$	반전

JK 입력을 공통으로 묶었으므로 클록(C)이 인가될 때마다 출력이 반전되는 T 플립플롭 동작을 한다.

54 다음 진리표와 같은 값을 갖는 논리 게이트(logic gate)는?

입력		출력
A	B	Y
0	0	0
0	1	1
1	0	1
1	1	0

① XOR ② NAND
③ NOR ④ AND

해설 두 입력이 서로 다를 때 출력이 1이 되는 것은 Exclusive OR(배타적 논리합)이다.
$Y = A\overline{B} + \overline{A}B$

55 레지스터를 구성하는 데 가장 많이 사용되는 회로는?

① Encoder ② Decoder
③ Half – adder ④ Flip flop

해설 순서 논리 회로의 기본 구성 소자는 플립플롭이다.

56 2진 리플 계수기에 사용된 플립플롭이 3개일 때 계수할 수 있는 가장 큰 수는?

① 3 ② 6
③ 7 ④ 8

해설 3비트로 조합 가능한 개수는 $2^3 = 8$개이다. 수로는 0 ~ 7까지이다.
즉, 가장 큰 수는 $2^3 - 1 = 8 - 1 = 7$이다.

57 다음 진리표의 명칭으로 옳은 것은?

입력		출력			
A	B	Y_0	Y_1	Y_2	Y_3
0	0	1	0	0	0
0	1	0	1	0	0
1	0	0	0	1	0
1	1	0	0	0	1

① 디코더(decoder)
② 인코더(encoder)
③ 멀티플렉서(multiplexer)
④ 디멀티플렉서(demultiplexer)

해설 입력되는 2진 정보를 특정 출력 핀만 액티브가 되는 것은 디코더이다. 그 반대의 동작은 엔코더이다. 위 표는 2×4디코더이다.

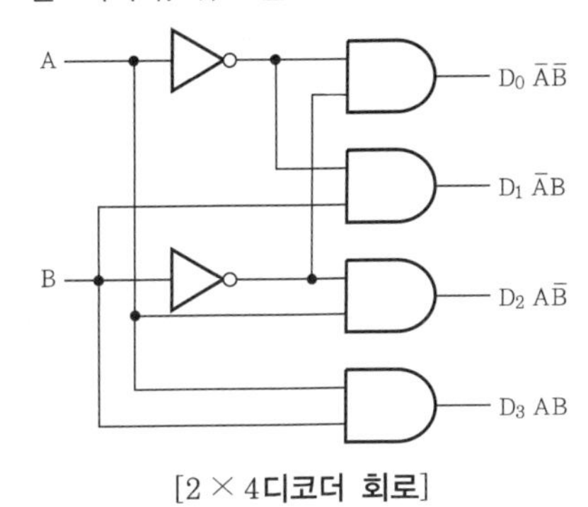

[2×4디코더 회로]

58 동기식 5진 계수기에서 계수값이 순차적으로 변환하는 경우 ( ) 안에 들어갈 2진수를 10진수로 옳게 변환한 것은?

000 001 010 011 ( ) 000

① 1 ② 2
③ 3 ④ 4

정답 54.① 55.④ 56.③ 57.① 58.④

해설 5진 카운터의 계수

10진	2진
0	000
1	001
2	010
3	011
4	100

59

논리식 $XY+\overline{X}Z+YZ$을 불 대수의 정리를 이용하여 간소화하면?

① XY ② $X+XYZ$
③ $\overline{X}Z+YZ$ ④ $XY+\overline{X}Z$

해설 $XY+\overline{X}Z+YZ$을 카르노맵을 이용해 간소화하면 다음과 같다.

$XY=$

	00	01	11	10
0				
1			1	1

$\overline{X}Z=$

	00	01	11	10
0		1	1	
1				

$YZ=$

	00	01	11	10
0			1	
1			1	

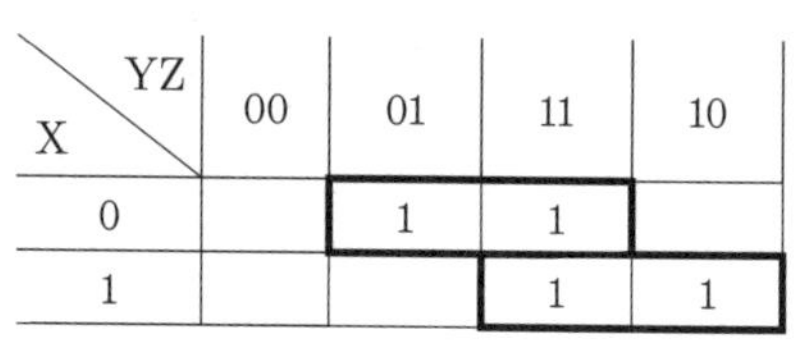

X \ YZ	00	01	11	10
0		1	1	
1			1	1

$\therefore XY+\overline{X}Z+YZ=XY+\overline{X}Z$

60

8비트 기억 소자를 사용한 시스템에서 양수와 음수를 표현하려 할 때 그 사용 영역은 얼마인가?

① $+2^7 \sim +(2^7-1)$
② $-2^7 \sim +(2^7-1)$
③ $-2^8 \sim +(2^8-1)$
④ $+2^7 \sim +(2^7+1)$

해설 $-2^{n-1} \sim +(2^{n-1}-1)$
$=-2^7 \sim +(2^7-1)$
즉, 8비트로 표현 가능한 범위는
$-128(-2^7) \sim +127(2^7-1)$이다.

10진수	2의 보수 표현
+127	0111 1111
:	:
2	0000 0010
1	0000 0001
0	0000 0000
−1	1111 1111
−2	1111 1110
:	:
−128	1000 0000

정답 59.④ 60.②

2015년 제5회 기출 문제

2015. 10. 10. 시행

01 **다음 중 디지털 변조 방식이 아닌 것은?**

① AM ② FSK
③ PSK ④ ASK

해설 **디지털 변조 방식의 종류**
㉠ 진폭 편이 변조(ASK : Amplitude Shift Keying)
㉡ 주파수 편이 변조(FSK : Frequency Shift Keying)
㉢ 위상 편이 변조(PSK : Phase Shift Keying)
㉣ 직교 진폭 변조(QAM : Quadrature Amplitude Modulation)

02 **펄스 파형의 구간별 명칭에 대한 설명으로 틀린 것은?**

① 새그(sag) : 높은 주파수에서 공진되기 때문에 발생하는 것으로, 펄스 상승 부분의 진동 정도
② 오버슈트(overshoot) : 이상적인 펄스 파형의 상승하는 부분이 기준 레벨보다 높은 부분
③ 언더슈트(undershoot) : 이상적인 펄스 파형의 하강하는 부분이 기준 레벨보다 낮은 부분
④ 상승 시간(rise time) : 진폭의 10[%]가 되는 부분에서 90[%]가 되는 부분까지 올라가는 데 소요되는 시간

해설 **펄스 파형의 명칭**
㉠ 링잉(ringing) : 높은 주파수 성분에 공진때문에 발생하는 펄스의 상승 부분에서 진동의 정도
㉡ 언더슈트(undershoot) : 하강 파형에서 이상적 펄스파의 기준 레벨보다 아랫부분의 높이(d)
㉢ 새그(sag) : 펄스 하강 경사도
㉣ 오버슈트(overshoot) : 상승 파형에서 이상적 펄스파의 진폭(V)보다 높은 부분의 높이

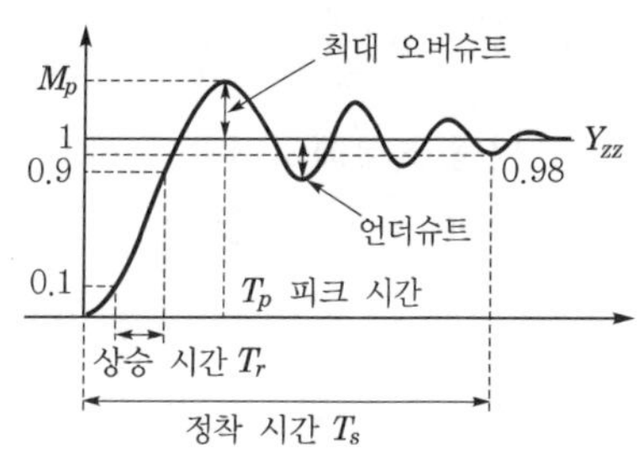

03 **트랜지스터가 ON, OFF 스위치로서의 역할로 사용될 때 가장 적합한 영역은?**

① 차단 영역
② 활성 영역 및 차단 영역
③ 포화 영역
④ 차단 영역 및 포화 영역

해설 **트랜지스터 동작 영역과 용도**
㉠ 활성 영역 : 아날로그 증폭기
㉡ 포화 영역 : 스위치 ON 상태
㉢ 차단 영역 : 스위치 OFF 상태

04 **다음 중 트라이액(triac)에 관한 설명으로 틀린 것은?**

① 양방향성 소자이다.
② 위상 제어 방법에 의해서 부하로 공급되는 평균 전력을 제어하는 데 사용된다.
③ 두 개의 양극 단자 양단의 전압 극성에 따라 어느 한 방향으로 도통한다.
④ 다이액(diac)과 같이 도통을 시작하기 위한 브레이크오버 전압이 필요하다.

정답 01.① 02.① 03.④ 04.④

해설 **트라이액의 특징**

㉠ SCR을 역병렬로 접속하고 게이트를 만든다.
㉡ 주전류 양방향으로 흐른다.
㉢ 게이트 전류 양, 음 어는 전류에도 트리거가 된다.
㉣ 교류 전력 제어에 편리하다.
㉤ 중·소 교류 전력 제어, 위상 제어, ON/OFF 제어가 있다.

05 다음 회로에서 $V_{CC}=6[\text{V}]$, $V_{BE}=0.6[\text{V}]$, $R_B=300[\text{k}\Omega]$)일 때 $I_b[\mu\text{A}]$는?

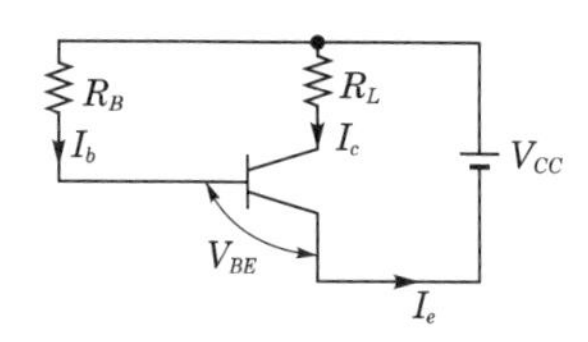

① 6　　② 12
③ 18　　④ 24

해설

$$I_b=\frac{V_{CC}-V_{BE}}{R_B}$$
$$=\frac{6-0.6}{300\times10^3}$$
$$=0.018\times10^{-3}$$
$$=18[\mu\text{A}]$$

06 다음 회로와 같은 단일 접합 트랜지스터(UJT)를 사용한 펄스 발생 회로의 출력 파형은 어떻게 나타나는가?

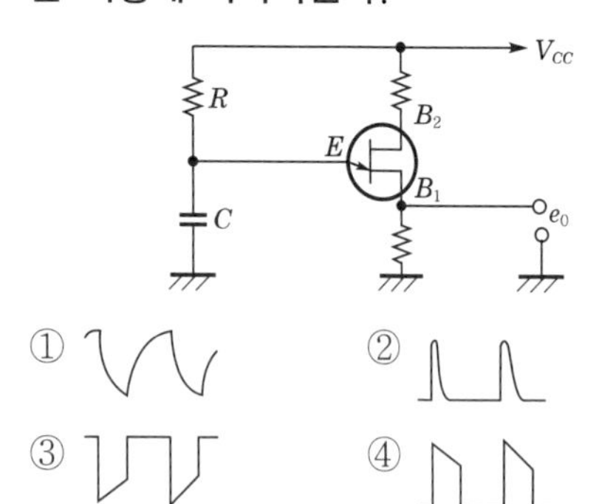

해설 **UJT 펄스 발생기의 각 입·출력 부분 파형**

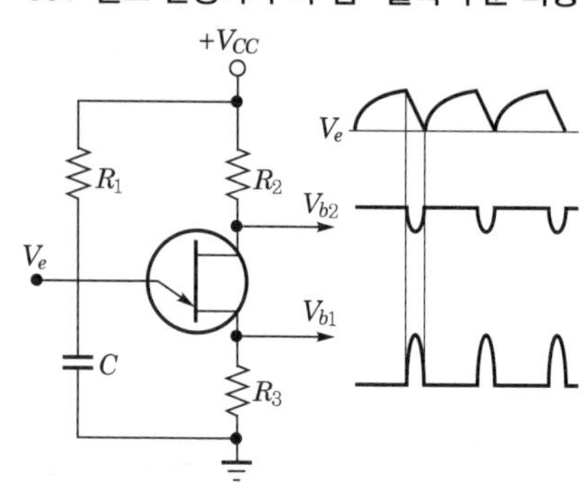

07 다음 중 수정 발진기의 특징이 아닌 것은?

① 수정 진동자의 Q값이 크다.
② 예민한 공진 특성을 이용한 주파수 필터로도 이용 가능하다.
③ 발진 주파수의 변경은 수정편 자체를 교체하면 발진 주파수를 가변하기가 쉽다.
④ 주파수의 안정도가 매우 안정적이다.

해설 **수정 진동자의 특징**

㉠ 장점
- 수정편의 Q가 높다(10^4 ~ 0^6).
- 기계적으로나 물리적으로 안정하다.
- 주파수 안정도가 매우 좋다.
- 양산이 쉽고 가격이 저렴하다.

㉡ 단점
- 발진 주파수를 임의로 바꿀 수 없다.
- 많이 갖추려면 비용이 많이 든다.

08 다음 회로에서 $R_{B1}=R_{B2}=10[\text{k}\Omega]$이고, $C_1=C_2=0.5[\mu\text{F}]$일 때 발진 주파수는?

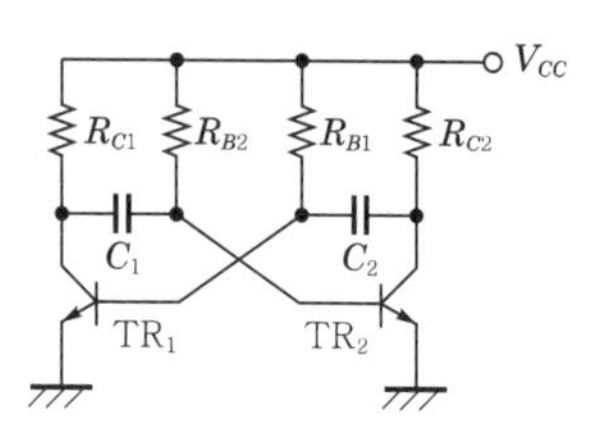

① 143[Hz]　　② 14.3[Hz]
③ 1.43[Hz]　　④ 0.143[Hz]

정답 05.③ 06.② 07.③ 08.①

해설 반복 주기

$$T = 0.7(C_1 RB_2 + C_2 RB_1)$$
$$= 0.7(0.5\times10^{-6}\times10\times10^3 + 0.5\times10^{-6}\times10\times10^3)$$
$$= 0.7(5\times10^{-7}\times10^4 + 5\times10^{-7}\times10^4)$$
$$= 0.7(5\times10^{-3} + 5\times10^{-3})$$
$$= 7\times10^{-3}$$
$$= 7[\text{msec}]$$

$$\therefore \text{주파수 } f = \frac{1}{7\times10^{-3}} = \frac{1{,}000}{7} \fallingdotseq 143[\text{Hz}]$$

09 펄스폭이 0.2초, 반복 주기가 0.5초일 때 펄스의 반복 주파수는 몇 [Hz]인가?

① 0.5 ② 1
③ 2 ④ 4

해설

$$f = \frac{1}{\text{반복 주기}(T)} = \frac{1}{0.5} = 2[\text{Hz}]$$

10 다이오드를 사용한 정류 회로에서 2개의 다이오드를 직렬로 연결하면 어떠한 현상이 나타나는가?

① 부하 출력의 리플 전압이 커진다.
② 부하 출력의 리플 전압이 줄어든다.
③ 다이오드는 과전류로부터 보호된다.
④ 다이오드는 과전압으로부터 보호된다.

해설 다이오드를 병렬로 연결하면 전류 용량이 커지고 직렬로 연결하면 전압 용량이 커지게 된다.

11 다음 그림은 1address code 명령을 나타낸 것이다. 빈 칸의 내용은 무엇인가?

조작 부호	연산 레지스터 번호		간접 어드레스 지정	어드레스

① 직접 레지스터 번호
② 직접 어드레스 번호
③ 인덱스 레지스터 번호
④ 인덱스 어드레스 번호

해설 간접 어드레스 모드를 사용하려면 인덱스 레지스터가 필요하다.

12 JK 플립플롭에 대한 설명으로 틀린 것은?

① RS 플립플롭의 두 입력 R=1이고, S=1일 때 출력이 정의되지 않는 점을 개선한 것이다.
② JK 플립플롭의 두 입력 J=1, K=1일 때 출력 상태(Q_{n+1})는 반전된다.
③ JK 플립플롭은 AND 논리 회로를 이용하여 RS 플립플롭의 두 출력 상태(Q, $\overline{Q}$)를 입력측으로 궤환시켜서 구성한다.
④ JK 플립플롭의 두 입력 J와 K를 묶어서 1개의 입력 상태로 변경하면 D 플립플롭으로 사용할 수 있다.

해설 **JK 플립플롭을 이용한 D 플립플롭과 T 플립플롭 변환 방법**

㉠ JK 플립플롭을 이용한 D 플립플롭 구현 방법

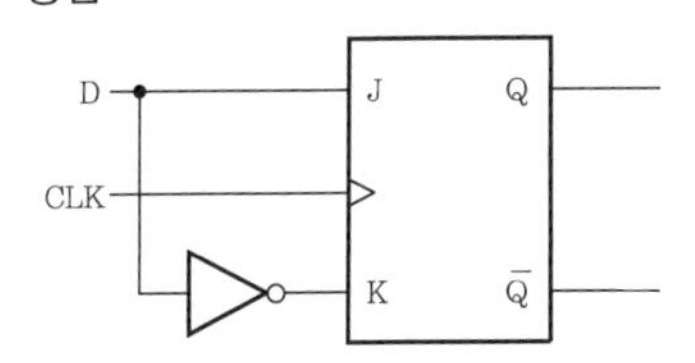

㉡ JK 플립플롭을 이용한 T 플립플롭의 구현 방법

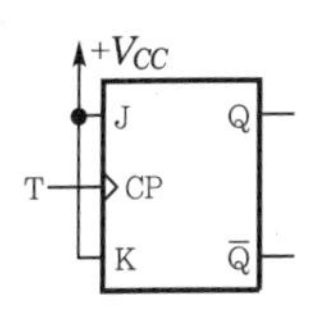

정답 09.③ 10.④ 11.③ 12.④

13 여러 회선의 입력이 한 곳으로 집중될 때 특정 회선을 선택하도록 하므로, 선택기라 하기도 하는 회로는?

① Decoder ② Encoder
③ Multiplexer ④ Demultiplexer

해설 4×1멀티플렉서

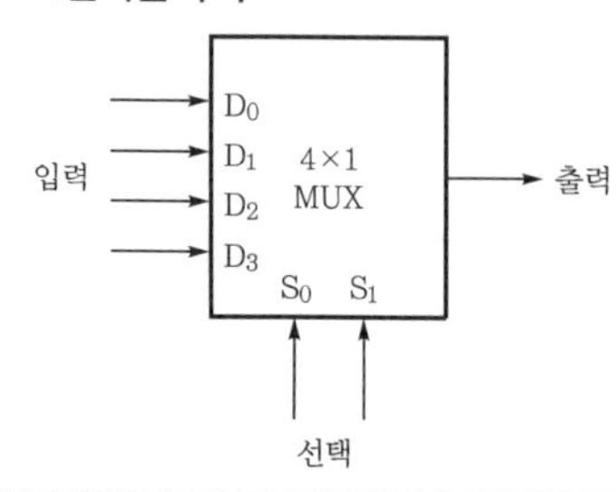

선택 신호		선택 입력
S_0	S_1	
0	0	D_0
0	1	D_1
1	0	D_2
1	1	D_3

14 다음 중 메이저 상태에서의 수행 단계가 아닌 것은?

① 인출 사이클
② 간접 사이클
③ 명령 사이클
④ 실행 사이클

해설 메이저 상태에서의 수행 단계는 인출 사이클, 간접 사이클, 실행 사이클, 인터럽트 사이클이다.

15 시프트(shift) 회로란 무엇인가?

① 가산 회로에 사용된다.
② 감산 회로에 사용된다.
③ 1비트씩 삭제하거나 더해주는 회로이다.
④ 왼쪽이나 오른쪽으로 1비트씩 이동시키는 회로이다.

해설 시프트(shift)란 이동을 의미한다. 시프트 연산은 왼쪽 시프트와 오른쪽 시프트 연산이 있는데 2진 정보의 자리를 왼쪽 또는 오른쪽으로 자리 이동시키는 동작을 한다.

16 1초당 신호 변환이나 상태 변환수를 나타내는 전송 속도 단위는?

① bps ② kbps
③ Mbps ④ baud

해설 **전송 속도**
㉠ bps(bit per second) : 1초에 전송할 수 있는 비트(bit)수로, 데이터 통신 속도의 기본 단위
㉡ 보(baud) : 통신 회선에서 1초에 변조(신호 변화 또는 상태 변화)할 수 있는 횟수

17 다음 중 10진수 26을 8421 BCD 코드로 변환한 것으로 옳은 것은?

① 0001 0000 ② 0002 0006
③ 0010 0110 ④ 0010 1001

해설 2=0010, 6=0110
∴ $26_{(10)}$=0010 0110

18 아래의 레지스터 전송 언어는 어떤 연산을 실행하고 있는가?

- $T_1 : B \leftarrow \overline{B}$
- $T_2 : B \leftarrow B+1$
- $T_3 : A \leftarrow A+B$

① 증가(increment)
② 가산(ADD)
③ 보수(complement)
④ 2의 보수

정답 13.③ 14.③ 15.④ 16.④ 17.③ 18.④

해설 T_1 시간에 반전(1의 보수)시켜 저장하고 T_2 시간에 저장된 값에 +1한다.
즉, 1의 보수 +1이므로 2의 보수 연산이다. T_3 시간에 A+2의 보수값이므로 실제는 A−B 감산 연산 동작을 한다.

19 다음 중 A=1100, B=0110일 때 NAND 연산 결과는?

① 1011 ② 0011
③ 0101 ④ 0100

해설 NAND 연산은 두 입력이 모두 '1'일 때만 출력이 '0'으로 나타낸다.

```
      1100
NAND  0110
      ----
      1011
```

20 아래의 Diode(다이오드) 등가로 구성된 논리 회로의 명칭은?

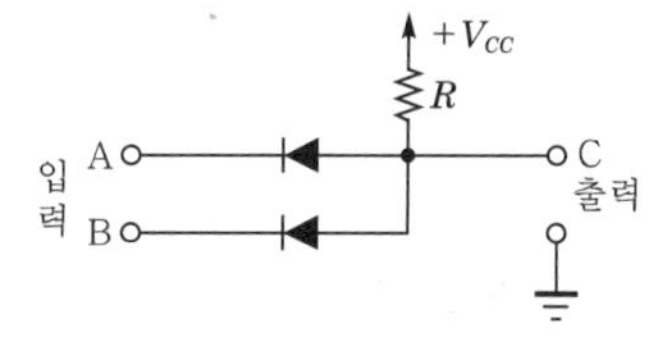

① OR Gate ② AND Gate
③ NOR Gate ④ NAND Gate

해설 입력 A, B 둘다 '1'일 때만 다이오드 둘다 차단되어 출력이 '1'이 된다.
따라서 AND 논리 동작이다.

21 다음 중 데이터 통신이나 미니 컴퓨터에서 많이 사용되는 미국 표준 코드는?

① BCD ② ASCII
③ EBCDIC ④ GRAY

해설 아스키(ASCII) 코드는 7비트로 구성된 2진 코드로, 2^7=128개의 서로 다른 문자를 표현할 수 있다.

22 16진수 3EA를 8진수로 표시한 것은?

① 111110.1010 ② 175.2
③ 76.12 ④ 76.5

해설 16진수 1자리는 2진수 4자리로 변환, 2진수 3자리는 8진수 1자리로 변환한다.

3				E				.	A			
0	0	1	1	1	1	1	0	.	1	0	1	0
0	7			6				.	5			0

23 다음 중 입력 장치가 아닌 것은?

① 마우스 ② 터치 스크린
③ 디지타이저 ④ 플로터

해설 **플로터(plotter)** : 출력 결과를 종이나 필름 따위의 평면에 표나 그림으로 나타내는 출력 장치

24 다음 중 속도가 가장 빠른 주소 지정 방식은?

① 간접 주소 방식(indirect addressing)
② 직접 주소 방식(direct addressing)
③ 즉시 주소 방식(immediate addressing)
④ 상대 주소 방식(relative addressing)

해설 **주소 지정 방식의 종류**
㉠ 간접 주소 방식(indirect addressing) : 주소부에 있는 값이 지정하는 곳에 있는 메모리의 값이 실제 데이터가 기억된 주소로, 메모리 참조 횟수가 2회 이상이다.
㉡ 직접 주소 방식(direct addressing) : 주소부에 있는 값이 실제 데이터가 기억된 메모리 내의 주소로 메모리 참조 횟수가 1회이다.
㉢ 즉시 주소 방식(immediate addressing) : 주소부에 있는 값이 실제 데이터가 되는 경우로, 메모리 참조 횟수가 0회이다.
㉣ 상대 주소 방식(relative addressing) : 계산에 의한 주소 지정 방식으로, 프로그램 카운터와 주소부가 더해져서 유효 주소가 결정되는 방식이다.

정답 19.① 20.② 21.② 22.④ 23.④ 24.③

25 멀티플렉서 채널과 셀렉터 채널의 차이는?

① I/O 장치 용량
② I/O 장치의 크기
③ I/O 장치의 속도
④ I/O 장치의 주기억 장치 연결

해설 셀렉터 채널은 고속의 입·출력 장치(자기 테이프, 자기 디스크 등)에 사용되는 채널이고, 멀티플렉서 채널은 저속의 입·출력 장치(카드리더, 프린터 등)에 사용되는 채널이다.

26 CPU는 처리 속도가 빠르고 주변 장치는 처리 속도가 늦기 때문에 CPU를 효율적으로 사용하기 위한 방안으로 주변 장치에서 요청이 있을 때만 취급하고 그 외에는 CPU가 다른 일을 하는 방식은?

① Interrupt
② Isolated I/O
③ Parallel processing
④ DMA

해설 인터럽트란 컴퓨터 시스템에서 발생하는 예외적인 사건을 운영 체제가 처리하기 위한 기법으로, 컴퓨터가 어떤 프로그램을 실행 중에 긴급 사태 등이 발생하면 진행 중인 프로그램을 일시 중단하여 긴급 사태에 대처하고 긴급 처리가 끝나면 중단했던 프로그램을 재개하는 방식이다.

27 다음 중 주소 변환을 위한 레지스터는?

① 베이스 레지스터(base register)
② 데이터 레지스터(data register)
③ 메모리 어드레스 레지스터(memory address register)
④ 인덱스 레지스터(index register)

해설 **레지스터의 종류**
㉠ 베이스 레지스터(base register) : CPU의 제어 장치 중에 있는 레지스터의 하나로, 기준 주소(base address)를 기억하고 있는 레지스터이다.
㉡ 데이터 레지스터(data register) : CPU의 연산 장치 중에 있는 레지스터의 하나로, 주기억 장치의 데이터를 일시적으로 저장하기 위해 사용되는 레지스터이다.
㉢ 메모리 어드레스 레지스터(MAR : Memory Address Register) : CPU의 제어 장치 중에 있는 레지스터의 하나로, 기억 장소의 주소를 기억하는 레지스터이다.
㉣ 인덱스 레지스터(index register) : CPU의 연산 장치 중에 있는 레지스터의 하나로, 주소 변경을 위해 사용되는 레지스터이다.

28 다음 명령어 중 제어 명령에 속하는 것은?

① 로드(load) ② 무브(move)
③ 점프(jump) ④ 세트(set)

해설 **전송과 제어 명령**
㉠ 전송 명령 : 로드(load), 무브(move), 스토어(store)
㉡ 제어 명령 : 점프(jump), 스킵(skip), 콜(call)

29 주소 지정 방식 중 명령어 내의 오퍼랜드부에 실제 데이터의 주소가 아니고, 실제 데이터의 주소가 저장된 곳의 주소를 표현하는 방식은?

① 직접 주소 지정 방식(direct addressing)
② 상대 주소 지정 방식(relative addressing)
③ 간접 주소 지정 방식(indirect addressing)
④ 즉시 주소 지정 방식(immediate addressing)

해설 **번지 지정 방식의 종류**
㉠ 직접 번지 지정 방식(direct address) : 오퍼랜드(operand)에 있는 값이 실제 데이터가 기억된 메모리 내의 주소
㉡ 간접 번지 지정 방식(indirect address) : 오퍼랜드(operand)에 있는 값이 지정하는 곳에 있는 메모리의 값이 실제 데이터가 기억된 주소

정답 25.③ 26.① 27.④ 28.③ 29.③

㉢ 상대 번지 지정 방식(relative address) : 프로그램 카운터와 오퍼랜드(operand)가 더해져 유효 주소 결정
㉣ 즉시 번지 지정 방식(immediate address) : 오퍼랜드(operand) 자체가 연산 대상

30 **다음 중 성격이 다른 코드(code)는?**

① BCD 코드 ② EBCDIC 코드
③ ASCII 코드 ④ GRAY 코드

해설 **비가중치 코드** : 3초과 코드, 그레이(gray) 코드, 5중 2코드, 5중 3코드

31 **다음 중 BNF 표기법에서 정의를 의미하는 기호는?**

① # ② &
③ : : = ④ @

해설 **BNF 표기법**
㉠ : : = : 정의
㉡ | : 선택

32 **운영 체제의 성능 평가 기준 중 단위 시간에 처리하는 일의 양을 의미하는 것은?**

① Cost
② Throughput
③ Turn around time
④ User interface

해설 **운영 체제 성능 평가의 기준**
㉠ 처리 능력(throughput) : 일정 시간 내에 시스템이 처리하는 일의 양
㉡ 사용 가능도(availability) : 시스템을 사용할 필요가 있을 때 즉시 사용 가능한 정도
㉢ 신뢰도(reliability) : 시스템이 주어진 문제를 정확하게 해결하는 정도
㉣ 응답 시간(turn around time) : 시스템에 작업을 의뢰한 시간부터 처리가 완료될 때까지 걸린 시간

33 **다음 중 로더의 기능으로 옳지 않은 것은 무엇인가?**

① Translation ② Allocation
③ Linking ④ Loading

해설 **로더와 컴파일러의 기능**
㉠ 로더 기능 : 할당(allocation), 연결(linking), 재배치(relocation), 적재(loading)
㉡ 컴파일러 기능 : 번역(translation)

34 **다음 중 운영 체제의 목적으로 거리가 먼 것은 무엇인가?**

① 사용 가능도 향상
② 반환 시간 연장
③ 신뢰성 향상
④ 처리 능력 향상

해설 **운영 체제의 목적** : 처리 능력 향상, 사용 가능도 향상, 응답 시간 단축, 신뢰성 향상

35 **원시 프로그램을 목적 프로그램으로 번역하는 것은?**

① Loader
② Compiler
③ Linker
④ Operating system

해설 ① 로더(loader) : 실행 가능한 로드 모듈에 기억 공간의 번지를 지정하여 메모리에 적재한다.
② 컴파일러(compiler) : 원시 프로그램을 목적 프로그램으로 번역한다.
③ 링커(linker) : 여러 개의 목적 프로그램에 시스템 라이브러리를 결합해 하나의 실행 가능한 로드 모듈을 만든다.
④ 운영 체제(operating system) : 컴퓨터 시스템 자원을 효율적으로 관리하고, 사용자에게 최대한의 편리성을 제공하며 컴퓨터와 사용자간의 인터페이스를 담당하는 시스템 소프트웨어이다.

정답 30.④ 31.③ 32.② 33.① 34.② 35.②

36 다음 중 프로그래밍 언어의 해독 순서로 옳은 것은?

① 컴파일러 → 링커 → 로더
② 로더 → 링커 → 컴파일러
③ 컴파일러 → 로더 → 링커
④ 링커 → 컴파일러 → 로더

해설 언어 해독 순서 : 컴파일러 → 링커 → 로더

37 다음 중 기계어에 대한 설명으로 옳지 않은 것은?

① 프로그램의 유지·보수가 용이하다.
② 시스템간 호환성이 낮다.
③ 프로그램의 실행 속도가 빠르다.
④ 2진수를 사용하여 데이터를 표현한다.

해설 기계어는 2진수 형태로 전문지식이 없으면 이해하기 힘들고 유지·보수도 어렵다.

38 순서도에 대한 설명으로 거리가 먼 것은?

① 작업의 순서, 데이터의 흐름을 나타낸다.
② 처리 순서를 그림으로 나타낸 것이다.
③ 의사 전달 수단으로도 사용된다.
④ 사용자의 성향 및 의도에 따라 기호가 상이하다.

해설 순서도는 컴퓨터가 수행해야 할 논리적인 명령의 순서를 약속된 도형으로 도식화한 것이다.

39 저급(low level) 언어부터 고급(high level) 언어 순서로 옳게 나열된 것은?

① C언어 → 기계어 → 어셈블리어
② 어셈블리어 → 기계어 → C언어
③ 기계어 → 어셈블리어 → C언어
④ 어셈블리어 → C언어 → 기계어

해설 기계어 → 어셈블리어 → C언어
㉠ 기계어 : 컴퓨터가 직접 이해할 수 있는 언어로, 처리 속도가 매우 빠르다.
㉡ 어셈블리어 : 기계어와 1 : 1로 대응하는 기호로 이루어진 언어로, 기계어로 번역하기 위해 어셈블러(assembler)가 필요하다.
㉢ C언어 : 고급 언어로, 기계어로 번역하기 위해 컴파일러(complier)가 필요하다.

40 다음 중 시스템 프로그램으로 거리가 먼 것은 무엇인가?

① 로더
② 컴파일러
③ 운영 체제
④ 급여 계산 프로그램

해설 급여 계산 프로그램은 문제 처리(사용자) 프로그램에 속한다.

41 정상적인 경우 8×1멀티플렉서는 몇 개의 선택선을 가지는가?

① 1　② 2
③ 3　④ 4

해설 2^n개의 입력 중에 선택 입력 n개를 이용하여 하나의 정보를 출력하는 회로로, 8×1멀티플렉서는 3개의 선택선이 필요하다.

42 2진수 1110을 그레이 부호(gray code)로 나타낸 것으로 올바른 것은?

① 1001　② 1010
③ 1011　④ 1100

해설 $(1110)_2 \rightarrow (1001)_G$
최상위 비트값은 그대로 사용하고 다음 비트부터는 인접한 값끼리 XOR(Exclusive-OR) 연산을 해서 내려쓴다.

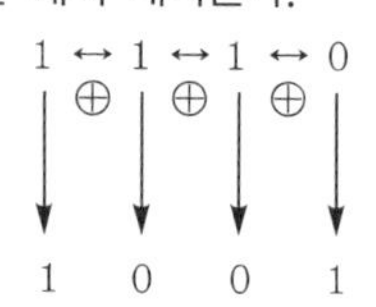

정답 36.① 37.① 38.④ 39.③ 40.④ 41.③ 42.①

43 다음 <보기>의 조합 논리 회로 설계 단계를 순서대로 옳게 나열한 것은?

보기
㉠ 카르노맵 표현
㉡ 진리표 작성
㉢ 논리 회로 작성
㉣ 논리식의 간소화

① ㉡ → ㉠ → ㉢ → ㉣
② ㉡ → ㉠ → ㉣ → ㉢
③ ㉠ → ㉡ → ㉢ → ㉣
④ ㉠ → ㉡ → ㉣ → ㉢

44 다음 중 <보기>의 장치를 메모리 접근 및 처리 속도가 빠른 순서대로 옳게 나열한 것은 무엇인가?

보기
㉠ 레지스터　　㉡ 하드 디스크
㉢ RAM　　㉣ 캐시 기억 장치

① ㉠ → ㉡ → ㉢ → ㉣
② ㉠ → ㉣ → ㉢ → ㉡
③ ㉢ → ㉣ → ㉡ → ㉠
④ ㉢ → ㉡ → ㉣ → ㉠

해설 ㉠ 레지스터 : 중앙 처리 장치(CPU)에 있는 임시 기억 장치로, 다른 기억 장치보다 처리 속도가 매우 빠르다.
㉡ 하드 디스크 : 대용량의 데이터를 저장할 수 있으나 주기억 장치에 비해 속도가 느리다.
㉢ RAM : 현재 사용 중인 프로그램이나 데이터가 저장되어 있고 전원이 꺼지면 기억된 내용이 모두 사라지는 휘발성 기억 장치로, 일반적으로 주기억 장치라고 하면 RAM을 의미한다.
㉣ 캐시 기억 장치 : 중앙 처리 장치와 주기억 장치 사이의 속도 차이를 극복하기 위해 제작된 고속의 특수 기억 장치이다.

45 다음 중 불 대수의 분배 법칙을 바르게 표현한 것은?

① $A+\overline{A}=1$
② $A+B=B+A$
③ $A+(B+C)=(A+B)+C$
④ $A+B\cdot C=(A+B)\cdot(A+C)$

해설 ① 부정 법칙
② 교환 법칙
③ 결합 법칙

46 다음 중 레지스터에 대한 설명으로 옳지 않은 것은?

① 직렬 시프트 레지스터는 입력된 데이터가 한 비트씩 직렬로 이동된다.
② 링 계수기는 시프트 레지스터의 출력을 입력쪽에 궤환시킴으로써 클록 펄스가 가해지는 한 같은 2진수 레지스터 내부에서 순환하도록 만든 것이다.
③ 시프트 계수기는 직렬 시프트 레지스터를 역궤환시켜 만든 것으로, 존슨 계수기라고도 한다.
④ 병렬 시프트 레지스터는 모든 비트를 클록 펄스에 의해 새로운 데이터로 순차적으로 바꾸어 주는 것이다.

해설 병렬 시프트 레지스터는 n비트의 데이터를 클록 펄스에 의해 병렬로 로드 및 출력을 하는 레지스터이다.

47 비동기형 리플 카운터에 대한 설명으로 옳지 않은 것은?

① 모든 플립플롭 상태가 동시에 변한다.
② 회로가 간단하다.
③ 동작 시간이 길다.
④ 주로 T형이나 JK 플립플롭을 사용한다.

해설 모든 플립플롭이 하나의 클록 신호에 의해 동시에 동작하는 방식은 동기식 카운터이다.

정답 43.② 44.② 45.④ 46.④ 47.①

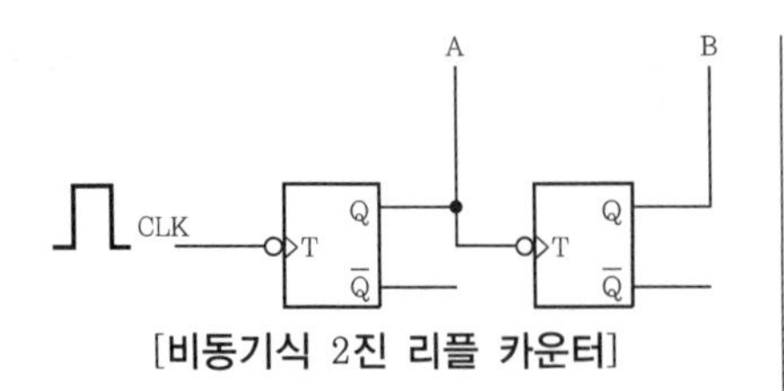

[비동기식 2진 리플 카운터]

48

D형 Flip flop에서 출력은 어떤 식으로 표시되는가?

① D　② $\overline{D}$
③ $D\overline{Q}$　④ $\overline{D}Q$

해설 D 플립플롭의 진리표

D	CP	Q_{n+1}
0	1	0
1	1	1

$\therefore\ Q_{n+1} = D$

49

해독기(decoder)에서 입력이 4개일 때 최대 출력수는?

① 8　② 16
③ 32　④ 64

해설 디코드는 입력 2진 코드를 분해하여 각 코드마다 액티브 출력이 나오도록 구성되어 있다. 따라서 n비트의 입력 코드가 있으면 출력은 2^n개가 된다.

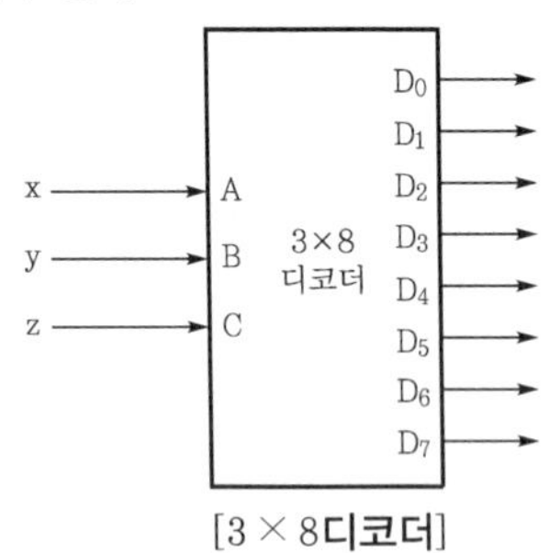

[3 × 8디코더]

50

$Y = A + \overline{A}B$를 간소화하면?

① A　② A+B
③ B　④ A · B

해설 $A+\overline{A}B = (A+AB)+\overline{A}B$
$= A+B(A+\overline{A})$
$= A+B \cdot 1$
$= AB$

51

10진 계수기(counter)를 구성하기 위해 필요한 플립플롭의 수는?

① 1　② 2
③ 4　④ 8

해설 10진 계수기는 $0(0000_2) \sim 9(1001_2)$까지 카운트 동작을 한다.
따라서 4비트가 필요하다.

52

다음 2진수를 10진수로 변환하면?

$(0.1111)_2 \rightarrow (\qquad)_{10}$

① 0.9375　② 0.0625
③ 0.8125　④ 0.6250

해설 $(0.1111)_2 \rightarrow (0.9375)_{10}$
0.1111
$= 1\times2^{-1}+1\times2^{-2}+1\times2^{-3}+1\times2^{-4}$
$= \frac{1}{2}+\frac{1}{4}+\frac{1}{8}+\frac{1}{16}$
$= 0.5+0.25+0.125+0.0625$
$= 0.9375$

53

다음 2진수의 연산 법칙으로 틀린 것은?

① 0+1=1
② 1−0=1
③ 1+1=0, C(자리올림) 발생
④ 1−1=1

해설 ④ 1−1=0

정답 48.① 49.② 50.② 51.③ 52.① 53.④

54 **아래 입 · 출력 파형에 따른 출력으로 알맞은 게이트는?**

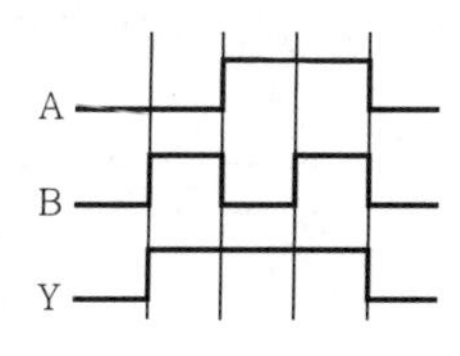

① AND ② OR
③ NOT ④ XOR

해설 두 입력 A, B 중 어느 하나가 'H'상태면 출력 Y가 'H'가 되는 OR 논리이다.

55 **회로의 안정 상태에 따른 멀티바이브레이터의 종류가 아닌 것은?**

① 비안정 멀티바이브레이터
② 단안정 멀티바이브레이터
③ 쌍안정 멀티바이브레이터
④ 광안정 멀티바이브레이터

해설 **멀티바이브레이터의 동작 종류**
㉠ 쌍안정 : 양쪽 모두 회로가 안정적임을 뜻한다.
㉡ 단안정 : 한쪽 상태에서만 동작 상태가 안정적이고 다른 상태는 불안정한 회로를 말한다.
㉢ 비안정 : 두 개의 출력이 모두 동작 상태가 불안정하여 논리 1, 0 상태를 일정 주기로 반복 동작을 한다.

56 **현재의 입력값은 물론 이전의 입력 상태에 의하여 출력값이 결정되는 논리 회로는?**

① 불 회로
② 유도 회로
③ 순서 논리 회로
④ 조합 논리 회로

해설 현재의 입력과 이전의 출력값에 의해 다음의 출력이 결정되는 것은 플립플롭에 의해 구성되는 카운트, 레지스터 등의 순서 논리 회로이다.

57 **마스터 슬레이브 플립플롭(MS FF)의 장점으로 옳은 것은?**

① 동기시킬 수 있다.
② 처리 시간이 짧아진다.
③ 게이트수를 줄일 수 있다.
④ 폭주(race around)를 막는다.

해설 주종 플립플롭(master slave flip flop)은 하나가 주인(master) 역할을 하고, 다른 하나는 여기에 종속(slave)되어 동작하도록 2개 이상의 플립플롭 회로를 결합한 것이다.

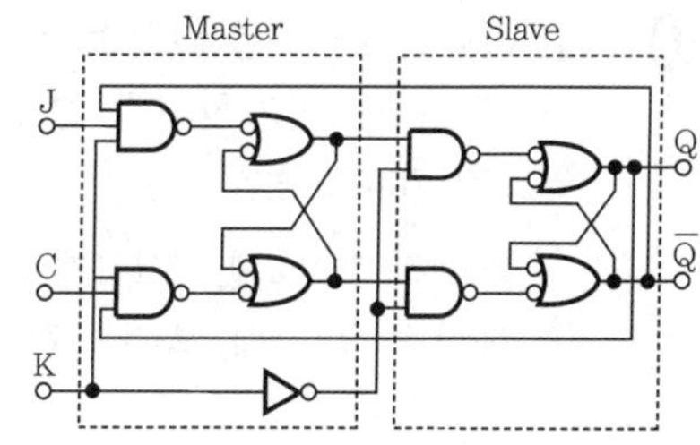

주종 플립플롭은 어느 하나가 동작하면 하나는 동작하지 않게 되므로, J, K와 C가 모두 1일 때 출력이 게이트의 지연 시간 주기로 보수가 반복하는 현상을 제거할 수 있지만, J와 K의 변화에 따라 출력이 변화하는 데 지연 시간이 발생하여 고속 디지털 설계에는 부적합하다.

58 **그림과 같은 회로의 출력은?**

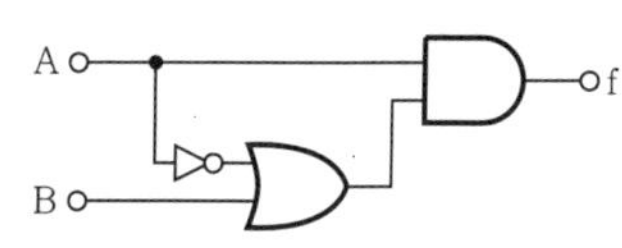

① $A(\overline{A}+\overline{B})$
② $\overline{A}(\overline{A}+B)$
③ $A(\overline{A}+B)$
④ $\overline{A}(A+B)$

해설 첫째단 OR 게이트 출력 $=\overline{A}+B$
∴ 두 번째단 AND 게이트 출력
$= A \cdot$ OR 출력
$= A(\overline{A}+B)$

정답 54.② 55.④ 56.③ 57.④ 58.③

59 **외부의 신호가 들어오기 전까지 안정한 상태를 유지하는 회로는?**

① 래치 회로
② 구형파 회로
③ 사인파 회로
④ 시미트 트리거 회로

해설 래치(latch)는 특정 제어 신호에 의해 데이터를 로드하여 기억한다는 뜻이다.

60 **한 비트의 2진수를 더하여 합과 자리올림값을 계산하는 반가산기를 설계하고자 할 때 필요한 게이트는?**

① 배타적 OR 2개, OR 1개
② 배타적 OR 1개, AND 1개
③ 배타적 NOR 1개, NAND 1개
④ 배타적 OR 1개, AND 1개, NOT 1개

해설 **반가산기 회로와 진리표**

㉠ 회로

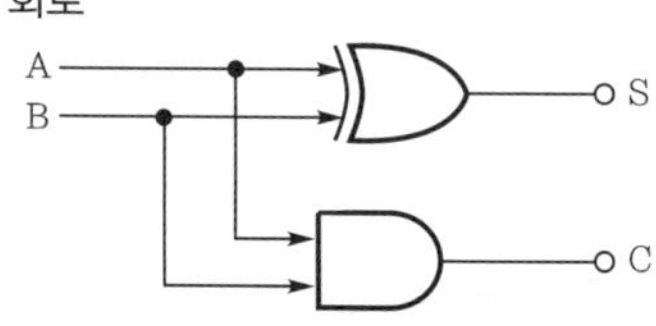

㉡ 진리표

A	B	합(S)	올림(C)
0	0	0	0
0	1	1	0
1	0	1	0
1	1	0	1

정답 59.① 60.②

2016년 제1회 기출 문제

2016. 1. 24. 시행

01 **시스템 온 칩(SoC)에 대한 특징으로 틀린 것은?**

① 핀의 수가 많아서 연결 및 신호 오류가 많이 발생한다.
② 외부 연결 핀이 많아져 칩 소켓은 매우 정교하게 제작된다.
③ 칩이 시스템이고 시스템이 칩인 반도체이다.
④ 시스템의 면적과 가격을 최소화할 수 있다.

해설 **SoC(System on Chip)** : SoC는 사용자의 필요에 따라 글자 그대로 시스템과 반도체를 결합한 기술을 말한다. 마이크로프로세서, DSP, 메모리, 임베디드 소프트웨어 등을 하나의 칩에 집적시켜 칩 그 자체가 하나의 시스템으로 만들어진 것을 말한다.
따라서, 이 칩을 사용하면 주변 인터페이스 회로가 간결하게 구성될 수 있어 제품의 신뢰성이 높아진다.

02 **PN 접합 다이오드가 순방향 바이어스되었을 때 일어나는 현상으로 옳은 것은?**

① 공핍층 폭이 증가한다.
② 접합의 정전 용량이 감소한다.
③ 저항이 감소한다.
④ 다수 캐리어의 전류가 증가하여 전류가 흐르지 않는다.

해설 **PN 접합 다이오드 순방향 특성**
㉠ 접합 전위 장벽이 낮아진다.
㉡ 저항이 극히 작다(도통 상태).
㉢ 공핍층이 얇아진다.

03 **발진 회로 중에서 사인파 발진 회로에 속하지 않는 회로는?**

① LC 발진 회로　② 블로킹 발진 회로
③ RC 발진 회로　④ 수정 발진 회로

해설 **발진기의 종류**

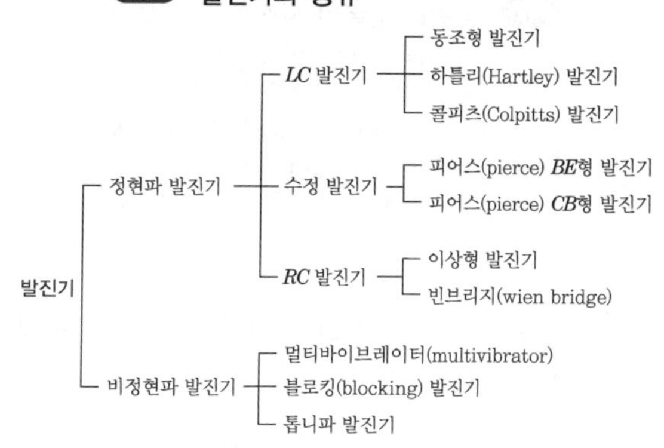

04 **펄스 폭이 15[μs]이고 주파수가 500[kHz]일 때 충격 계수는?**

① 1　② 7.5
③ 10　④ 0.1

해설 **충격 계수=듀티비(duty ratio)**
듀티비 d는 한 주기(T)에서 펄스 폭(t_0)이 차지하는 비율을 말한다.
즉, $d=\dfrac{t_0}{T}$[sec]이므로

$$T=\frac{1}{f}=\frac{1}{500\times10^3}=2[\mu\text{sec}]$$

$$\therefore\ \frac{15}{2}=7.5$$

05 **펄스 폭이 1초이고 반복 주기가 5초이면 주파수는 몇 [Hz]인가?**

① 0.2　② 0.25
③ 2　④ 5

해설 주기 $T=5$이므로

$$f=\frac{1}{T}=\frac{1}{5}=0.2[\text{Hz}]$$

정답 01.① 02.③ 03.② 04.② 05.①

06 트랜지스터의 부귀환 증폭기의 특징에 대한 설명으로 가장 적합한 것은?

① 이득을 증가시킨다.
② 잡음과 왜곡을 개선한다.
③ 발진 회로로 많이 사용된다.
④ 입력 및 출력 임피던스가 증가한다.

해설 **부귀환 증폭기 특징**
㉠ 이득이 감소한다.
㉡ 주파수 특성이 개선된다.
㉢ 출력 왜곡이 감소한다(잡음 감소).
㉣ 이득이 안정해진다.
㉤ 입·출력 임피던스가 변화한다.

07 저항을 R이라고 하면 컨덕턴스 G[℧]는 어떻게 표현되는가?

① R^2 ② R
③ $\frac{1}{R^2}$ ④ $\frac{1}{R}$

해설 컨덕턴스(G)는 어드미턴스 $Y = G - jB$에서 실수부를 말한다.
즉, 전기 회로에서 저항의 역수이다.
따라서, $G = \frac{1}{R}$[℧]

08 다음 회로에서 합성 저항을 구하면 몇 [Ω]인가?

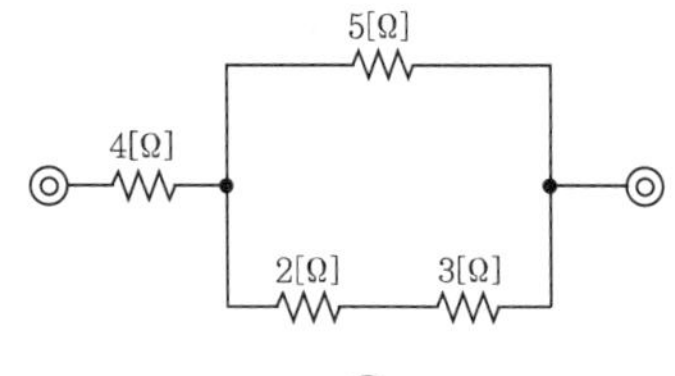

① 2 ② 4.5
③ 6.5 ④ 10

해설 문제의 회로에서 2[Ω]과 3[Ω]은 직렬이므로

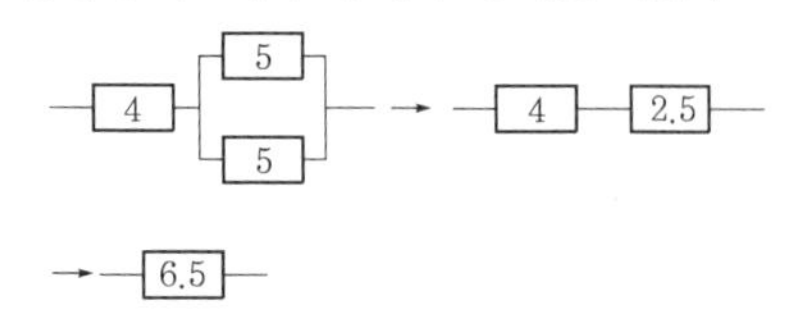

09 접합 전계 효과 트랜지스터(JFET)에서 3단자의 명칭으로 틀린 것은?

① 베이스 ② 게이트
③ 드레인 ④ 소스

해설 **JFET 구조와 기호**

P채널형	N채널형
G, D, N, P, S	G, D, P, N, S
D : 드레인	S : 소스
G, D, S	G, D, S

여기서, G : Gate, D : Drain, S : Source

10 반도체의 특성에 대한 설명으로 틀린 것은?

① 온도가 상승함에 따라 저항값이 감소하는 부(−)의 온도 계수를 갖고 있다.
② 불순물이 증가하면 전기 저항이 급격히 증가한다.
③ 매우 낮은 온도 0[K]에서는 절연체가 된다.
④ 광전 효과와 자계 효과 등을 갖고 있다.

해설 ㉠ 순수 반도체는 캐리어가 거의 없어서 전기 전도가 어렵다. 따라서 순수 반도체에 불순물(3가, 5가 원소)를 첨가하여 인위적으로 캐리어를 생성시켜 특정 조건에서 전기 전도가 잘 일어나도록 만든 반도체가 P형, N형 반도체이다.
㉡ 순수 반도체에 불순물을 많이 넣어주면 캐리어가 많이 발생하여 전기 저항이 작아진다.

11 하드 디스크(HDD), 광학 드라이브(ODD) 등이 PC 내부의 메인 보드와 직접 연결되기 위한 인터페이스 방식이 아닌 것은?

① SATA ② EIDE
③ PATA ④ DVI

정답 06.② 07.④ 08.③ 09.① 10.② 11.④

해설 컴퓨터 하드 디스크 인터페이스 종류
㉠ IDE(Integrated Drive Electronics)
㉡ EIDE(Enhanced IDE)
㉢ ATA(Advanced Technology Attachment)
㉣ SATA(Serial ATA)
㉤ SCSI(Small Computer System Interface)
㉥ SAS (Serial Atatched SCSI)

12 인터럽트 입·출력 방식의 처리 방법이 아닌 것은?

① 소프트웨어 폴링
② 데이지 체인
③ 우선순위 인터럽트
④ 핸드셰이크

해설 우선순위 인터럽트에는 소프트웨어 방식인 폴링 방식과 하드웨어 방식인 데이지 체인 방식, 병렬 우선순위 방식이 있다.

13 연산 회로 중 시프트에 의하여 바깥으로 밀려나는 비트가 그 반대편의 빈 곳에 채워지는 형태의 직렬 이동과 관계되는 것은?

① Complement ② Rotate
③ OR ④ AND

해설 Rotate는 밀려 나온 비트가 다시 반대편 끝으로 들어가는 연산이다.

14 컴퓨터 내부에서 정보(자료)를 처리할 때 사용되는 부호는?

① 2진법 ② 8진법
③ 10진법 ④ 16진법

해설 컴퓨터에서의 모든 자료는 1과 0으로 표현되는 이진수 형태로 기억 및 처리된다.

15 다음 논리식을 간소화하면?

$$X=(A+B)\cdot(A+\overline{B})$$

① A ② AB
③ $A+\overline{B}$ ④ B

해설
$$\begin{aligned}X&=(A+B)\cdot(A+\overline{B})\\&=AA+A\overline{B}+BA+B\overline{B}\\&=A+A\overline{B}+BA\\&=A+A(\overline{B}+B)\\&=A+A=A\end{aligned}$$

16 비동기 전송 방식과 관계가 있는 것은?

① 스타트 비트 스톱 비트
② 시작 플래그와 종료 플래그
③ 주소부와 제어부
④ 정보부와 오류 검사

해설 비동기식 전송은 시작 비트와 정지 비트를 삽입하여 전송하고, 동기식 전송은 데이터 블록 단위로 전송된다.

17 다음에 수행될 명령어의 주소를 나타내는 것은?

① Instruction
② Stack pointer
③ Program counter
④ Accumulator

해설 프로그램 카운터(PC)는 다음에 수행할 명령어의 번지를 기억하는 레지스터이다.

18 주소 지정 방식 중 명령어 내의 오퍼랜드부에 실제 데이터가 저장된 장소의 번지를 가진 기억 장소의 번지를 표현하는 것은?

① 계산에 의한 주소 지정 방식
② 직접 주소 지정 방식
③ 간접 주소 지정 방식
④ 임시적 주소 지정 방식

해설 간접 주소 지정 방식은 명령어 내의 오퍼랜드부(주소부)의 값이 실제 데이터가 기억된 주소를 가지는 경우로 메모리 참조 횟수가 2회 이상이다.

정답 12.④ 13.② 14.① 15.① 16.① 17.③ 18.③

19 다음 진리표에 해당하는 논리 회로는? (단, A, B는 입력, f는 출력이다.)

A	B	f
0	0	0
1	0	1
0	1	1
1	1	0

① NAND ② EX-OR
③ NOR ④ INHIBIT

해설 배타적 논리합(EX-OR)은 두 개의 입력 A, B에서 입력이 서로 다른 경우 출력 f가 1이 된다.

20 입·출력 장치의 역할로 가장 적합한 것은?

① 정보를 기억한다.
② 컴퓨터의 내·외부 사이에서 정보를 주고받는다.
③ 명령의 순서를 제어한다.
④ 기억 용량을 확대시킨다.

해설 입·출력 장치는 컴퓨터 내부와 외부 사이에서 정보를 주고받는 역할을 수행한다.

21 다음 프로그램 언어 중 하드웨어의 이용을 가장 효율적으로 하고, 프로그램의 수행 시간이 가장 짧은 언어는?

① 기계어
② 어셈블리어
③ 포트란
④ C언어

해설 **기계어**
㉠ 기계어는 0과 1의 2진수 형태로 표현된다.
㉡ 컴퓨터가 직접 이해할 수 있는 언어로 처리 속도가 매우 빠르다.
㉢ 호환성이 없으며, 전문 지식이 없으면 이해하기 힘들고 수정도 어렵다.

22 다음 중 128개의 서로 다른 문자를 표현할 수 있으며, 데이터 통신에 주로 이용되는 코드는?

① 아스키 코드
② 2진화 10진 코드
③ 확장 2진화 10진 코드
④ EBCDIC 코드

해설 **아스키 코드**
㉠ 7비트로 구성된다.
㉡ 128가지의 문자 표현이 가능하다.
㉢ 데이터 통신용이나 개인용 컴퓨터에서 사용된다.

23 다음 중 산술적 연산에 해당하지 않는 것은?

① AND
② ADD
③ Subtract
④ Divide

해설 **수치적 연산(산술 연산)**
㉠ 사칙 연산(ADD, Subtract, MUL, Divide), 산술적 Shift
㉡ 비수치적 연산(논리 연산) : AND, OR, NOT, 논리적 Shift, Rotate, Move

24 다음 논리도(logic diagram)에서 단자 A에 "0000", 단자 B에 "0101"이 입력된다고 할 때 그 출력은?

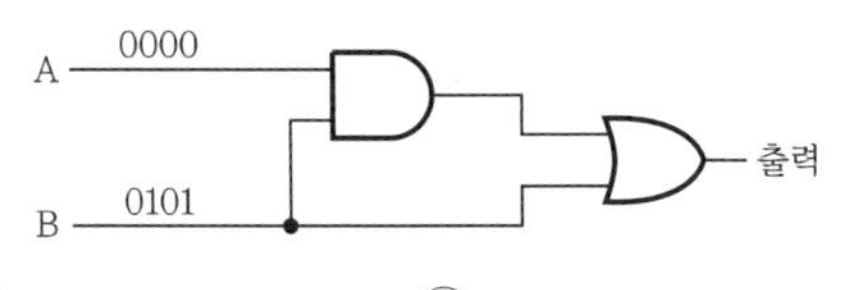

① 1111 ② 0110
③ 1001 ④ 0101

해설 $(A \cdot B) = 0000 \cdot 0101 = 0000$
$B = 0101$
$(A \cdot B) + B = 0000 + 0101 = 0101$

정답 19.② 20.② 21.① 22.① 23.① 24.④

25 입·출력 장치를 선택하여 입·출력 동작이 시작되면 전송이 종료될 때까지 하나의 입·출력 장치를 사용하는 채널로서 디스크와 같은 고속 장치에 사용되는 채널은?

① 멀티플렉서 채널(multiplexer channel)
② 블록 멀티플렉서 채널(block multiplexer channel)
③ 셀렉터 채널(selector channel)
④ 고정 채널(fixed channel)

해설 **셀렉터 채널**
㉠ 고속의 입·출력 장치(자기 테이프, 자기 디스크 등)에 사용되는 채널
㉡ 한 번에 한 개의 장치를 선택하여 동작
㉢ 데이터 전송 : 블록 단위

26 패리티 규칙으로 코드의 내용을 검사하며, 잘못된 비트를 찾아서 수정할 수 있는 코드는?

① Gray code
② Excess-3 code
③ Biquinary code
④ Hamming code

해설 **해밍 코드**
㉠ 에러 검출 및 교정이 가능한 코드이다.
㉡ 8421 코드에 3비트의 짝수 패리티를 추가해서 구성한다.
㉢ 7비트로 구성한다.

27 2진수 10110에 대한 2의 보수는?

① 01101
② 01011
③ 01010
④ 01111

해설 **2의 보수**
㉠ 1의 보수에 1을 더하여 구한다(1의 보수+1).
㉡ 10110의 2의 보수 → 01001(1의 보수) → 01010(1의 보수+1)

28 2진수 0111을 그레이 코드로 올바르게 변환한 것은?

① 0111
② 0101
③ 0100
④ 1100

해설 **2진수를 그레이 코드로 변환**
㉠ 최상위 비트값은 변화 없이 그대로 내려 쓴다.
㉡ 두 번째 비트부터는 인접한 비트값끼리 XOR(eXclusive-OR) 연산한 값을 내려 쓴다.

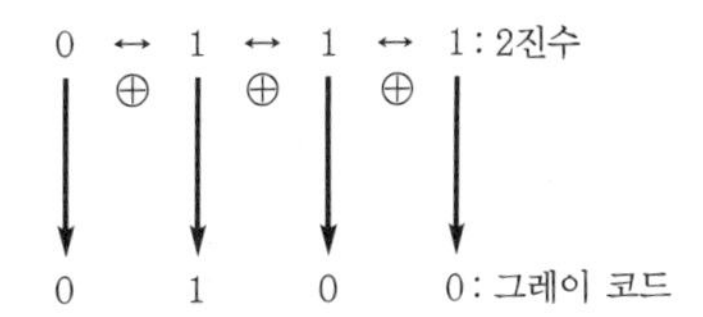

29 컴퓨터에서 연산을 위한 수치를 표현하는 방법 중 보호, 지수(exponent) 및 가수로 구성되는 것은?

① 부동 소수점 표현 형식
② 고정 소수점 표현 형식
③ 언팩 표현 형식
④ 팩 표현 형식

해설 **부동 소수점 표현 형식**
㉠ 부호, 지수부, 가수부로 구성된다.
㉡ 고정 소수점보다 복잡하고 실행 시간이 많이 걸리나 아주 큰 수나 작은 수의 표현이 가능하다.
㉢ 소수점은 자릿수에 포함되지 않으며, 암묵적으로 지수부와 가수부 사이에 있는 것으로 간주한다.
㉣ 지수부와 가수부를 분리시키는 정규화 과정 필요하다.

정답 25.③ 26.④ 27.③ 28.③ 29.①

30 다음 논리 회로를 만족하는 논리식을 가장 간단히 하면?

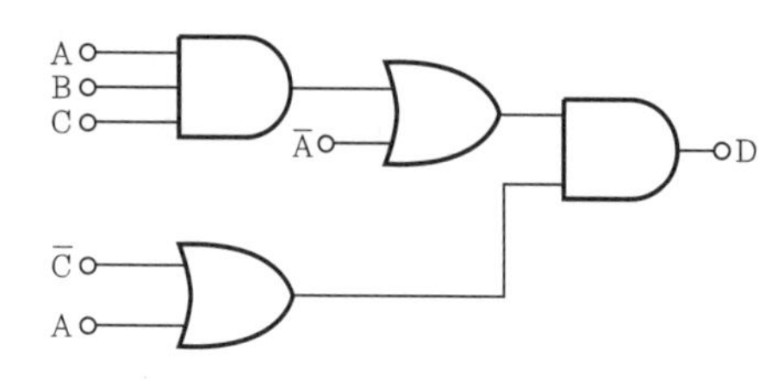

① $D = ABC + AC$
② $D = ABC + \overline{A}\,\overline{C}$
③ $D = \overline{A}\,\overline{B}\,\overline{C} + AC$
④ $D = \overline{A}\,\overline{B}\,\overline{C} + \overline{A}\,\overline{C}$

해설

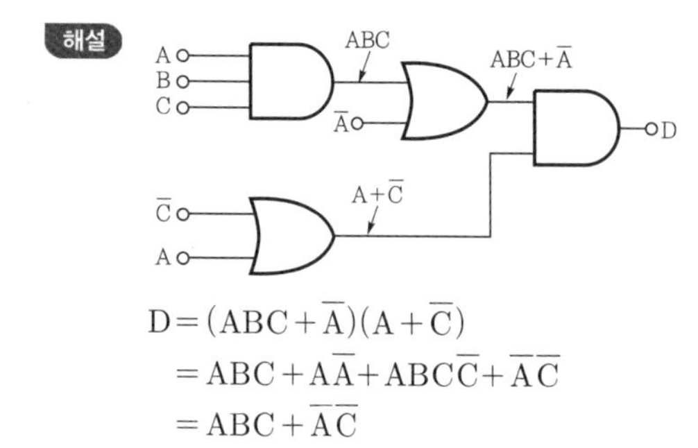

$$D = (ABC + \overline{A})(A + \overline{C})$$
$$= ABC + A\overline{A} + ABC\overline{C} + \overline{A}\,\overline{C}$$
$$= ABC + \overline{A}\,\overline{C}$$

31 C언어에 대한 설명으로 옳지 않은 것은?

① 이식성이 높은 언어이다.
② 시스템 소프트웨어를 작성하기에 용이하다.
③ 컴파일 과정 없이 실행이 가능하다.
④ 다양한 연산자를 제공한다.

해설 **C언어의 특징**
㉠ 시스템 프로그래밍 언어이다.
㉡ 이식성이 높은 언어이다.
㉢ 고급 언어와 저급 언어의 특성을 모두 가진다.
㉣ 컴파일 언어이다.
㉤ 대문자와 소문자를 구분한다.
㉥ 다양한 연산자를 제공한다.
㉦ 구조적 프로그래밍이 가능하다.

32 운영 체제의 성능 평가 요소 중 시스템을 사용할 필요가 있을 때, 즉시 사용 가능한 정도를 의미하는 것은?

① Throughput ② Availability
③ Turn around time ④ Reliability

해설 **운영 체제 성능 평가 요소**
㉠ 처리 능력(throughput) : 일정 시간 내에 시스템이 처리하는 일의 양
㉡ 사용 가능도(availability) : 시스템을 사용할 필요가 있을 때 즉시 사용 가능한 정도
㉢ 신뢰도(reliability) : 시스템이 주어진 문제를 정확하게 해결하는 정도
㉣ 응답 시간(turn around time) : 시스템에 작업을 의뢰한 시간부터 처리가 완료될 때까지 걸린 시간

33 교착 상태 발생의 필요 충분 조건으로 옳지 않은 것은?

① Mutual exclusion ② Preemption
③ Hold and wait ④ Circular wait

해설 **교착 상태 발생 조건**
㉠ 상호 배제(mutual exclusion) : 프로세스가 필요한 자원에 대해 배타적 통제권을 요구하는 경우, 즉 프로세스가 이미 자원을 사용 중이면 다른 프로세스는 반드시 기다려야 한다.
㉡ 비선점(non preemption) : 1개의 프로세스가 CPU를 점유하고 있을 때 다른 프로세스가 CPU를 빼앗을 수 없는 경우
㉢ 점유와 대기(hold and wait) : 프로세스가 1개 이상의 자원을 할당받은 상태에서 다른 프로세스의 자원을 요구하면서 기다리는 경우
㉣ 환형 대기(circular wait) : 프로세스 간 자원의 요구가 연속적으로 순환되는 원형과 같은 경우

34 프로그램 개발 과정에서 프로그램 안에 내재하여 있는 논리적 오류를 발견하고 수정하는 작업은?

① Mapping ② Thrashing
③ Debugging ④ Paging

해설 디버깅(debugging) : 프로그램을 작성 및 실행하는 과정에서 오류가 발생한 경우 오류를 제거하기 위한 작업 과정이다.

정답 30.② 31.③ 32.② 33.② 34.③

35 단항(unary) 연산에 해당하지 않는 것은?

① Shift ② Move
③ XOR ④ Complement

해설 ㉠ 단항 연산
- 하나의 입력에 하나의 출력이 있는 연산이다.
- 종류 : 시프트(shift), 로테이트(rotate), 이동(move), 논리 부정(not), 보수(complement)

㉡ 이항 연산
- 2개의 입력에 하나의 출력이 있는 연산이다.
- 종류 : 사칙 연산(+, −, ×, /), AND, OR, XOR

36 언어 번역 프로그램에 해당하지 않는 것은?

① 컴파일러 ② 로더
③ 인터프리터 ④ 어셈블러

해설 번역기의 종류

㉠ 어셈블러(assembler)
- 어셈블리어 → 기계어
- 기계어는 모든 기기마다 다를 수 있으므로 어셈블러는 특정한 컴퓨터의 어셈블리 언어에 대한 번역기 역할을 한다.

㉡ 컴파일러(compiler)
- 원시 프로그램 → 목적 프로그램
- 고수준 언어를 저수준 언어로 일괄 번역한 후 번역된 언어를 적재하여 실행시키는 번역 기법(번역과 실행이 별도로)이다.
- 컴파일러 언어 : FORTRAN, ALGOL, COBOL, C 등

㉢ 인터프리터(interpreter)
- 목적 프로그램을 생성하지 않고 필요할 때마다 기계어로 번역한다.
- 원시 프로그램을 줄 단위로 번역하여 바로 실행해주는 번역 기법으로, 대화식 처리가 가능(번역과 실행이 한꺼번에)하다.
- 인터프리터 언어 : BASIC, LISP, SNOBOL, APL 등

37 기계어에 대한 설명으로 옳지 않은 것은?

① 프로그램의 유지 보수가 용이하다.
② 2진수 0과 1만을 사용하여 명령어와 데이터를 나타낸다.
③ 실행 속도가 빠르다.
④ 호환성이 없고 시스템별로 언어가 다를 수 있다.

해설 기계어의 특징

㉠ 기계어는 0과 1의 2진수 형태로 표현된다.
㉡ 컴퓨터가 직접 이해할 수 있는 언어로 처리 속도가 매우 빠르다.
㉢ 호환성이 없으며 전문 지식이 없으면 이해하기 힘들고 수정 및 변경이 어렵다.

38 C언어에서 사용되는 이스케이프 시퀀스(escape sequence)에 대한 설명으로 옳지 않은 것은?

① \r : carriage return
② \f : form feed
③ \n : new line
④ \b : blank

해설 이스케이프 시퀀스(확장 문자)

코드	의미	
\n	뉴라인 (newline)	커서를 다음 줄로 이동
\r	캐리지 리턴 (carriage return)	현재 줄의 첫 번째 칼럼으로 이동
\f	폼피드(form feed)	한 페이지를 넘김
\b	백스페이스 (backspace)	문자를 출력하고 왼쪽으로 한 칸 이동
\t	수평 탭 (horizontal tab)	커서를 일정 간격만큼 수평 이동
\v	수직 탭 (vertical tab)	커서를 일정 간격만큼 수직 이동
\"	큰 따옴표(double quote)	큰 따옴표 출력
\'	작은 따옴표(single quote)	작은 따옴표 출력
\\	역슬래쉬(backslash)	역슬래시 출력
\0	널(null)	Null 문자, 종단 문자 표현
\ddd	비트 표현	비트 표현 출력
\a	벨(alert)	내장 벨소리를 냄

정답 35.③ 36.② 37.① 38.④

39 로더의 종류 중 다음 설명에 해당하는 것은?

> • 목적 프로그램을 기억 장소에 적재시키는 기능만 수행
> • 할당 및 연결 작업은 프로그래머가 프로그램 작성 시 수행하며, 재배치는 언어 번역 프로그램이 담당

① Absolute loader
② Compile and go loader
③ Direct linking loader
④ Dynamic loading loader

해설 **로더의 종류**
㉠ 절대 로더(absolute loader) : 목적 프로그램을 프로그래머가 지정한 주소에 적재하는 기능을 가진 간단한 로더로서, 재배치라든지 링크 등이 없다.
㉡ Compile and go loader : 번역기가 로더의 역할까지 담당하는 것으로, 실행을 원할 때마다 번역을 해야 한다.
㉢ 직접 연결 로더(DLL ; Direct Linking Loader) : 하나의 부프로그램이 변경되어도 다시 번역할 필요가 없도록 프로그램에 대한 기억 장소 할당과 부프로그램의 연결이 로더에 의해 자동으로 수행된다.
㉣ 동적 적재(dynamic loading) : 모든 세그먼트를 주기억 장치에 적재하지 않고 항상 필요한 부분만 주기억 장치에 적재하고 나머지는 보조 기억 장치에 저장해 두는 방법이다.
㉤ 재배치 로더(relocation loader) : 주기억 장치의 상태에 따라 목적 프로그램을 주기억 장치의 임의의 공간에 적재할 수 있도록 하는 로더이다.

40 다음의 프로그래밍 각 단계를 순서대로 옳게 나열한 것은?

> ㉠ 설계 단계 ㉡ 기획 단계
> ㉢ 문서화 단계 ㉣ 구현 단계

① ㉠ → ㉡ → ㉢ → ㉣
② ㉡ → ㉠ → ㉢ → ㉣
③ ㉠ → ㉡ → ㉣ → ㉢
④ ㉡ → ㉠ → ㉣ → ㉢

해설 **프로그래밍 단계**
기획 단계(문제 분석) → 설계 단계(입·출력 및 알고리즘 설계) → 구현 단계(프로그램 작성 및 실행) → 문서화 단계

41 플립플롭이 n개일 때 카운터가 셀 수 있는 최대의 수 N은?

① $N=2^n$ ② $N=2^n+1$
③ $N=2^n-1$ ④ $N=2n+1$

해설 n개의 플립플롭으로 나타낼 수 있는 수의 범위는 $0 \sim 2^n-1$개까지이다.

42 인코더를 구성하는 데 불필요한 회로 요소는?

① NAND ② Flip-flop
③ NOT ④ Diode

해설 • 인코더는 조합 논리 회로이므로 플립플롭은 필요가 없다.
• 플립플롭은 순서 논리 회로에 사용된다.

43 시프트 레지스터(shift resister)를 만들고자 할 경우 가장 적합한 플립플롭은?

① RST 플립플롭 ② D 플립플롭
③ RS 플립플롭 ④ T 플립플롭

해설 시프트 레지스터는 입력 구성이 용이한 RS 플립플롭이 적당하다.

44 하나의 입력 회선을 여러 개의 출력 회선에 연결하여 선택 신호에서 지정하는 하나의 회선에 출력하는 분배기라고도 하는 것은?

① 비교기(comparator)
② 3초과 코드(excess-3 code)
③ 디멀티플렉서(demultiplexer)
④ 코드 변환기(code converter)

정답 39.① 40.④ 41.③ 42.② 43.③ 44.③

해설 4×1 디멀티플렉서 예

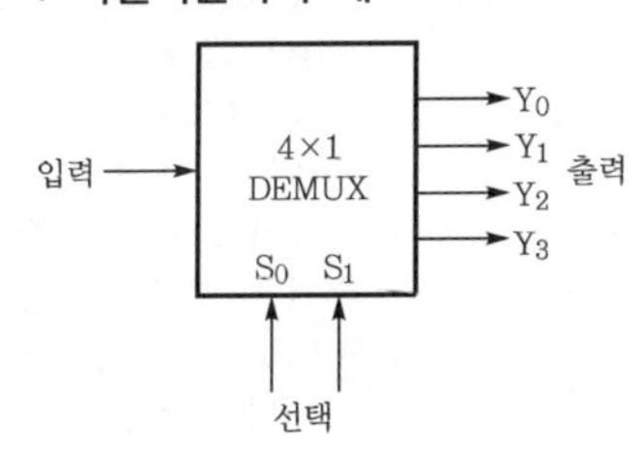

45 T 플립플롭 회로 2개가 직렬로 연결되어 있을 때 500[Hz]의 사각형파를 입력시킬 경우 마지막 출력되는 주파수는?

① 100[Hz] ② 125[Hz]
③ 150[Hz] ④ 175[Hz]

해설 T 플립플롭 1개는 $\frac{1}{2}$ 분주되므로 2개가 직렬로 연결되면 $\frac{1}{4}$ 분주가 된다.

따라서 $\frac{500}{4} = 125$[Hz]이다.

46 비동기식 카운터의 특징으로 틀린 것은?

① 플립플롭의 전파 시간 누적으로 인해 오동작을 일으킬 수 있다.
② 다음 클록을 기다리지 않으므로 고속 동작이 가능하다.
③ 복잡한 회로 수정으로 제작 비용이 증가한다.
④ 게이트의 수를 줄일 수 있다.

해설 ㉠ 비동기식 카운터
- 앞 단의 출력을 다음 단 플립플롭의 클록으로 사용한다(직렬 구조).
- 카운터 회로 구성이 간단하다.
- 각 단의 출력 전파 지연으로 인해 고속 동작이 어렵다.

㉡ 동기식 카운터
- 모든 플립플롭에 동일한 클록 펄스가 공급된다(병렬 구조).
- 전파 지연과 상관이 없으므로 고속 카운터 동작이 가능하다.
- 비동기식에 비해 카운터 회로가 다소 복잡하다.

47 $F = AB + A(B+C) + B(B+C)$를 간소화하면?

① $A + BC$ ② $AB + \overline{B}C$
③ $B + AC$ ④ $BC + \overline{A}C$

해설
$$\begin{aligned} F &= AB + AB + AC + B + BC \\ &= AB + AC + B(1+C) \\ &= AB + AC + B \\ &= B(A+1) + AC \\ &= B + AC \end{aligned}$$

48 RS 플립플롭 회로에서 불확실한 상태를 없애기 위하여 출력을 입력으로 궤환(feedback)시켜 반전 현상이 나타나도록 한 회로는?

① RST 플립플롭 회로
② D 플립플롭 회로
③ T 플립플롭 회로
④ JK 플립플롭 회로

해설 RS 플립플롭의 불확정성을 개선한 것이 JK 플립플롭이다.

49 다음 회로의 명칭으로 적합한 것은?

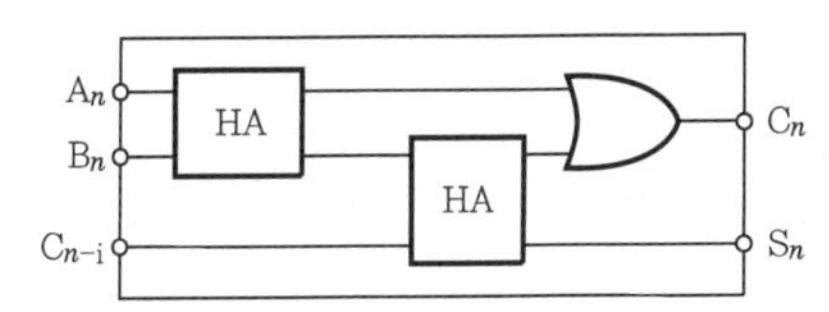

① 누산기 ② 레지스터
③ 전가산기 ④ 전감산기

해설 두 개의 반가산기 출력을 OR 게이트로 묶은 것은 전가산기이다.

50 어떤 연산의 수행 후 연산 결과를 일시적으로 보관하는 레지스터는?

① Accumulator ② Data register
③ Buffer register ④ Address register

정답 45.② 46.③ 47.③ 48.④ 49.③ 50.①

해설 Accumulator(누산기)는 산술논리 연산 장치(ALU)를 통한 연산 결과가 다시 저장되는 레지스터이다.

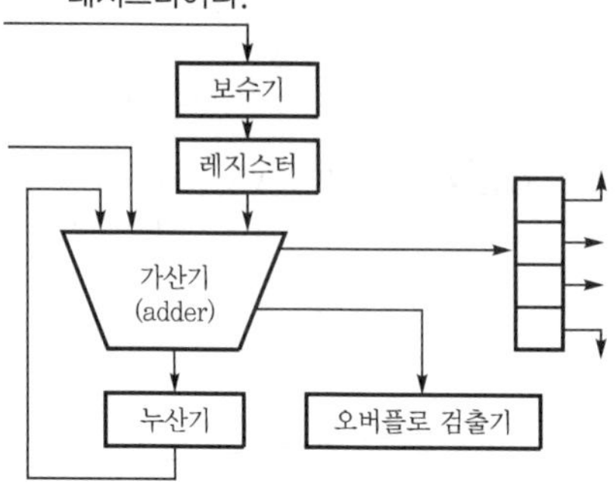

[ALU의 구성]

51 다음 중 배타적 OR(Exclusive-OR) 회로를 응용하는 회로가 아닌 것은?

① 보수기 ② 패리티 체커
③ 2진 비교기 ④ 슈미트 트리거

해설 ㉠ EX-OR(배타적 OR) 논리는 코드 변환, 비교기, 패리티 체크 회로, 보수 회로에 사용된다.
㉡ 슈미트 트리거는 히스테리시스 특성을 이용하여 입력에 대한 노이즈 마진을 크게 만든 소자를 말한다.

52 2진수 10001001을 16진수로 바꾼 값은?

① 89 ② 137
③ 178 ④ 211

해설 2진수를 4비트씩 나누어 16진수로 변환한다.

1000 1001
8 9

53 마이크로 컴퓨터와 데이터 통신용 코드로서 7[bit]의 정보 비트와 1[bit]의 패리티 비트로 구성된 코드는?

① EBCDIC 코드 ② BCD 코드
③ 그레이 코드 ④ ASCII 코드

해설 ① EBCDIC 코드 : 8비트 코드 체계, 대형 컴퓨터에서 사용
② BCD : 6비트 체계, Zone bit(2), Digit bit(4)로 구성
③ 그레이 코드 : 대표적인 비가중치 코드, 컴퓨터 주변 장치에서 사용
④ ASCII 코드 : 데이터 7[bit], 패리티 1[bit]로 구성, 컴퓨터 통신에 주로 사용

54 디지털 시스템에서 음수를 표현하는 방법으로 옳지 않은 것은?

① 6비트 BCD 부호
② 1의 보수(1 complement)
③ 2의 보수(2 complement)
④ 부호화 절대값(signed magnitude)

해설 보기에서 BCD 부호는 음수와 상관없고, 나머지 3가지는 음수 표현 방법으로 사용된다. 그 중에서 2의 보수 방식이 가장 일반적으로 사용된다.

55 불 대수 정리 중 다음 식으로 표현하는 정리는?

$$\overline{A+B}=\overline{A}\cdot\overline{B},\ \overline{AB}=\overline{A}+\overline{B}$$

① 드모르간의 정리
② 베이스 트리거의 정리
③ 카르노프의 정리
④ 베엔의 정리

해설 드모르간 정리는 논리 계산을 집합 개념을 이용하여 기호화 시킨 것으로서 보수 또는 반전에 대한 정리이다.

56 JK 플립플롭에서 Q_n이 Reset 상태일 때, J=0, K=1 입력 신호를 인가하면 출력 Q_{n+1}의 상태는?

① 0 ② 1
③ 부정 ④ 입력 금지

정답 51.④ 52.① 53.④ 54.① 55.① 56.①

해설 JK 플립플롭 진리표

J K	CP	Q_{n+1}	비고
0 0	1	Q_n	불변
0 1	1	0	리셋
1 0	1	1	세트
1 1	1	$\overline{Q_n}$	반전

57 10진수 463을 16진수로 옳게 나타낸 것은?

① 1FC ② 1DA
③ 1CF ④ 1AD

해설

$$\begin{array}{r|l} 16 & 463 \\ \hline 16 & 28 \cdots 15 \\ \hline & 1 \cdots 12 \end{array}$$

따라서, 1CF이다.

58 입력 펄스의 적용에 따라 미리 정해진 상태의 순차를 밟아 가는 순차 회로는?

① 카운터 ② 멀티플렉서
③ 디멀티플렉서 ④ 비교기

해설 카운터는 입력 클록 펄스에 따라 일련의 정해진 논리 순서로 계수가 이루어진다.

59 10진 카운터를 만들려면 플립플롭을 몇 단으로 하면 되는가?

① 1 ② 2
③ 3 ④ 4

해설 10진 카운터는 0(0000)~9(1001)까지 계수가 되어야 하므로 4개의 플립플롭이 필요하다.

60 다음 그림과 같은 논리 게이트의 명칭은?

① AND ② OR
③ NOT ④ NAND

해설 NAND(NOT AND)

정답 57.③ 58.① 59.④ 60.④

2016년 제2회 기출 문제

2016. 4. 2. 시행

01 **이상적인 연산 증폭기의 특징에 대한 설명으로 틀린 것은?**

① 주파수 대역폭이 무한대(∞)이다.
② 입력 임피던스가 무한대(∞)이다.
③ 동상 이득은 무한대(∞)이다.
④ 오픈 루프 전압 이득이 무한대(∞)이다.

해설 이상적인 연산 증폭기의 특성
㉠ 전압 이득이 무한대이다(개루프).
$|A_v| = \infty$
㉡ 입력 임피던스가 무한대이다(개루프).
$|R_i| = \infty$
㉢ 대역폭이 무한대이다.
$BW = \infty$
㉣ 출력 임피던스가 0이다.
$R_0 = 0$
㉤ 낮은 전력을 소비한다.
㉥ 온도 및 전원 전압 변동에 따른 영향이 없다(zero drift).
㉦ 오프셋(offset)이 0이다(zero offset).
㉧ 동상 신호 제거비(CMRR)가 무한대이다.
$CMRR = \infty$
㉨ 지연 응답(response delay)이 0이다.
㉩ 특성의 변동, 잡음이 없다.

02 **수정 발진 회로 중 피어스 BE형 발진 회로는 컬렉터-이미터 간의 임피던스가 어떻게 될 때 가장 안정한 발진을 지속하는가?**

① 용량성　　② 유도성
③ 저항성　　④ 용량성 혹은 저항성

해설 피어스 BE형 수정 발진기는 수정 진동자가 이미터와 베이스 사이에 있으므로 하틀리 발진기와 비슷하다. 공진 주파수를 발진 주파수보다 높게 하여 유도성을 이용한다.

03 **다음 연산 증폭기를 이용한 비교기 회로에서 히스테리시스 전압(V_{HYS})은 몇 [V]인가?** (단, $+V_{out(max)}$는 +5[V]이고, $-V_{out(max)}$는 −5[V]이다.)

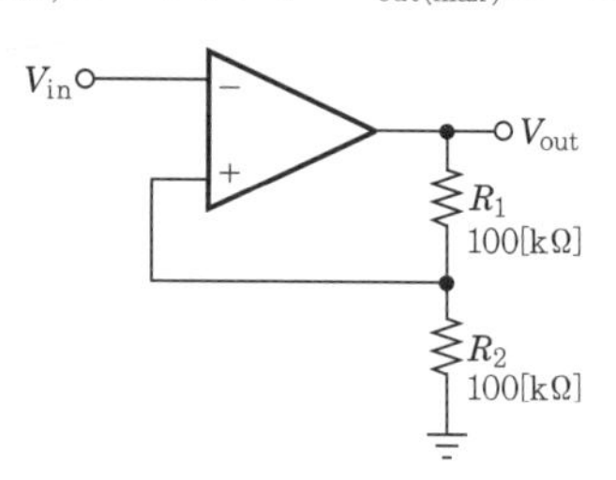

① 5　　② 10
③ 15　　④ 20

해설 히스테리시스란 입력 전압이 높은 값에서 낮은 값으로 변할 때보다 낮은 값에서 높은 값으로 변할 때 기준 레벨이 더 높아지는 현상이다. 슈미트 트리거는 히스테리시스 특성을 갖는 비교기이다.

$V_{HYS} = V_{UTP} - V_{LTP}$

$$V_{LTP} = \frac{R_2}{R_1 + R_2} \times (-V_{out(max)})$$
$$= \frac{100}{100+100} \times (-5) = -2.5$$
$$V_{UTP} = \frac{R_2}{R_1 + R_2} \times (V_{out(max)})$$
$$= \frac{100}{100+100} \times 5 = 2.5$$
$$\therefore\ V_{UTP} - V_{LTP} = 5[V]$$

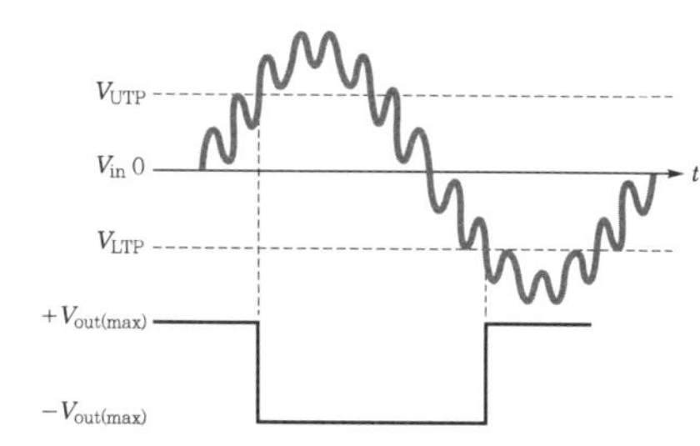

[히스테리시스 특성에 의한 잡음 제거 동작]

정답 01.③ 02.② 03.①

04 **실제 펄스 파형의 구간별 명칭에 대한 설명으로 틀린 것은?**

① 상승 시간(rise time)이란 입력 펄스의 최대 진폭의 10[%]에서 90[%]까지 상승하는 데 걸리는 시간
② 하강 시간(fall time)이란 펄스의 하강 속도를 나타내는 척도로서 최대 진폭의 90[%]에서 10[%]까지 하강하는 데 소요하는 시간
③ 새그(sag)란 이상적인 펄스 파형의 상승하는 부분이 기준 레벨보다 높은 경우
④ 링잉(ringing)은 높은 주파수에서 공진되기 때문에 발생하는 것으로 펄스 상승 부분의 진동의 정도

해설 새그(sag)는 펄스 제일 윗부분의 경사도이다.

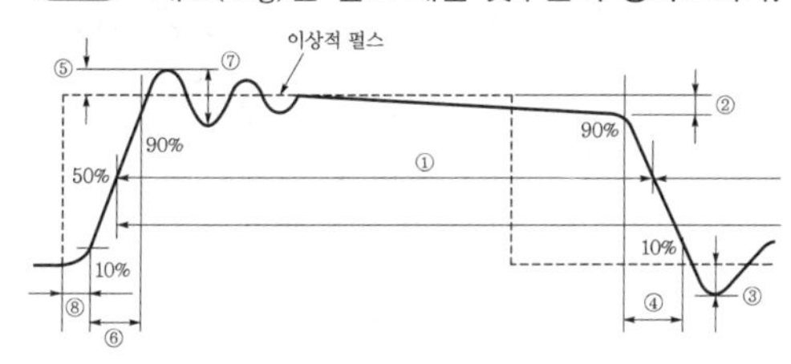

05 **다음 회로에 교류 전압 v_i를 가하면 출력 v_o의 파형은?** (단, $0 < E < V_m$이며, 다이오드의 특성이 이상적일 경우로 가정한다.)

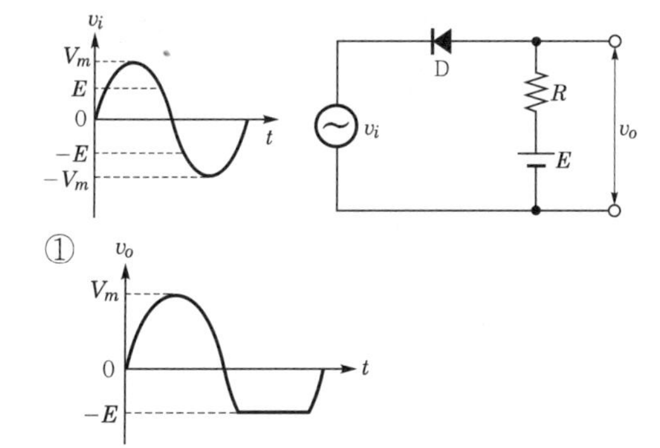

②
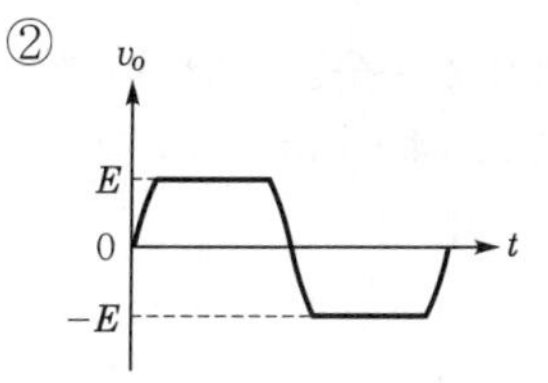

③
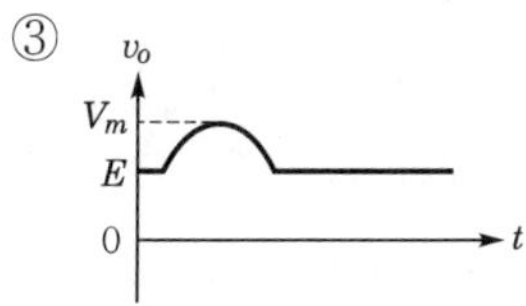

④
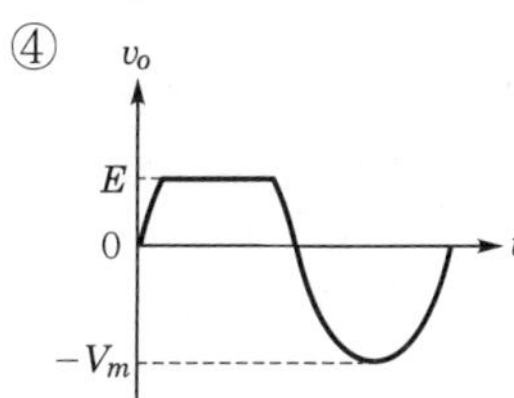

해설

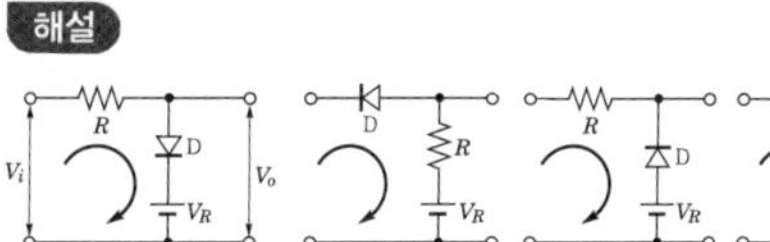

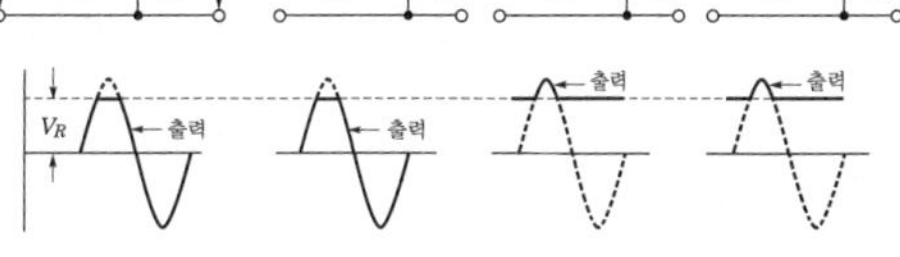

[병렬 클리핑 회로와 직렬 클리핑 회로]

06 **다음 그림의 회로에서 시정수 τ는 몇 [ms]인가?**

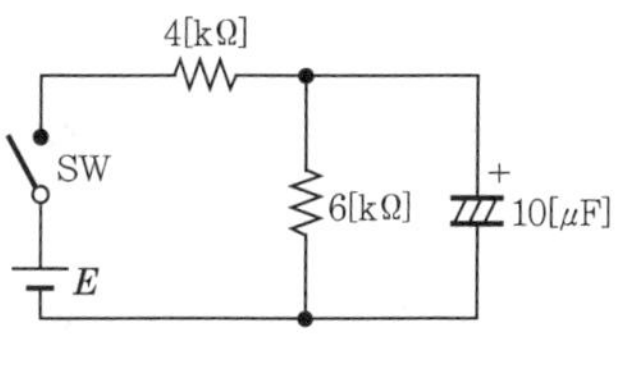

① 24　② 40
③ 60　④ 100

해설 시정수 $\tau = RC$이며, 회로에서 저항 4[kΩ]과 6[kΩ]이 병렬 연결이므로 합성 저항은

$$R = \frac{4 \times 6}{4+6}[\text{k}\Omega] = 2.4[\text{k}\Omega]$$

$$\therefore \tau = 2.4 \times 10^3 \times 10 \times 10^{-6} = 24 \times 10^{-3} = 24[\text{ms}]$$

정답 04.③ 05.④ 06.①

07 차동 증폭기에서 우수한 차동 특성을 나타내려면 동상 신호 제거비(CMRR ; Common Mode Rejection Ratio)는?

① 동상 신호 제거비는 클수록 좋다.
② 동상 신호 제거비는 작을수록 좋다.
③ 차동 이득에 비해 동위상 이득이 커야 한다.
④ 동상 신호 제거비는 0일 때가 좋다.

해설 **동위상 신호 제거비(CMRR ; Common Mode Rejection Ratio)**
동상 입력 신호들을 제거하고 차동 입력의 신호들을 증폭할 수 있는 능력을 동상 신호 제거비(CMRR)라 한다.
㉠ $\text{CMRR}=\dfrac{\text{차동 이득}}{\text{동위상 이득}}$
㉡ 이상적인 연산 증폭기의 CMRR= ∞ 이다.

08 6[Ω]과 3[Ω]의 저항을 직렬로 접속할 경우는 병렬로 접속할 경우의 몇 배가 되는가?

① 3 ② 4.5
③ 6 ④ 7.5

해설 ㉠ 직렬 접속 : $6+3=9[\Omega]$
㉡ 병렬 접속 : $\dfrac{6\times3}{6+3}=\dfrac{18}{9}=2[\Omega]$
따라서 4.5배가 된다.

09 다음 도면에 나타낸 것은 무엇의 기호인가?

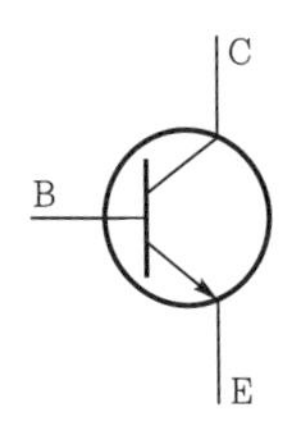

① PNP형 트랜지스터
② NPN형 트랜지스터
③ 포토인터럽터(photointerrupter)
④ 실리콘 제어 정류기(SCR)

해설 **PNP TR과 NPN TR의 구조와 기호**

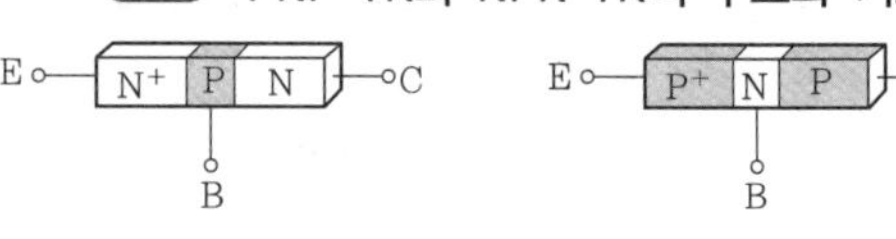

(a) NPN형 BJT (b) PNP형 BJT

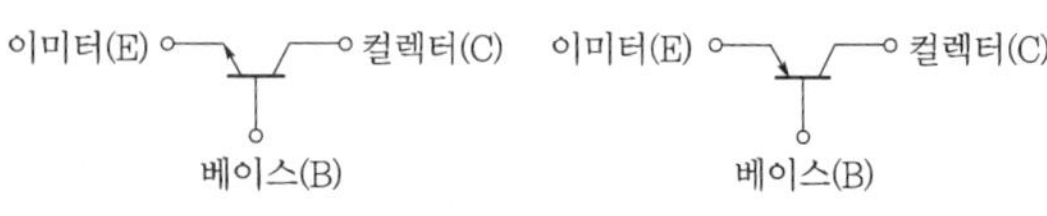

(c) NPN형 BJT의 회로 기호 (d) PNP형 BJT의 회로 기호

10 진폭 변조에서 변조된 파형의 최대값 전압이 35[V]이고 최소값 전압이 5[V]일 때 변조도는?

① 0.60 ② 0.65
③ 0.70 ④ 0.75

해설 **변조도(m)** : 변조의 정도를 나타내는 것

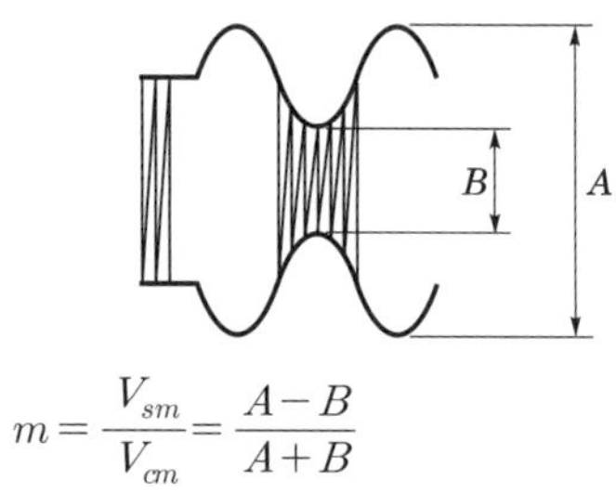

$$m=\frac{V_{sm}}{V_{cm}}=\frac{A-B}{A+B}$$
$$=\frac{35-5}{35+5}=\frac{30}{40}=0.75$$

11 중앙 처리 장치(CPU) 내의 기억 기능을 수행하는 요소는?

① 레지스터(register)
② 연산기(ALU)
③ 제어 버스(control bus)
④ 주소 버스(address bus)

해설 **레지스터**
㉠ 중앙 처리 장치(CPU)에 있는 임시 기억 장치로, 명령이나 연산 등을 수행할 때 사용한다.
㉡ 다른 기억 장치보다 처리 속도가 매우 빠르다.

정답 07.① 08.② 09.② 10.④ 11.①

12 입·출력 장치와 CPU의 실행 속도차를 줄이기 위해 사용하는 것은?

① Parallel I/O device
② Channel
③ Cycle steal
④ DMA

해설 **채널(channel)의 정의**
㉠ CPU의 처리 효율을 높이고 입·출력을 빠르게 할 수 있게 만든 입·출력 전용 처리기이다.
㉡ 입·출력 장치와 주기억 장치 사이의 속도차를 위한 장치로, 독립적으로 입·출력을 수행하는 제어 장치이다(자체 메모리 없음).

13 사진이나 그림 등에 빛을 쪼여 반사되는 것을 판별하여 복사하는 것처럼 이미지를 입력하는 장치는?

① 플로터　② 마우스
③ 프린터　④ 스캐너

해설 **스캐너** : 이미지나 문자 자료를 컴퓨터가 처리할 수 있는 형태로 정보를 변환하여 입력할 수 있는 입력 장치이다.

14 다음 중 LSI 회로는?

① Decoder　② Multiplexer
③ 4 Bit latch　④ PLA

해설 **대규모 집적 회로(LSI)** : 일반 IC보다 집적도를 한층 높여 한 개의 IC 속에 수천에서 수천만 개가 넘는 트랜지스터 등을 집적시킨 것으로 컴퓨터의 CPU, 대규모 메모리, PLA (Programmable Logic Array : 프로그램 가능 논리 회로) 등이 대표적이다.

15 하나의 채널이 고속 입·출력 장치를 하나씩 순차적으로 관리하며, 블록(Block) 단위로 전송하는 채널은?

① 사이클 채널(cycle channel)
② 셀렉터 채널(selector channel)
③ 멀티플렉서 채널(multiplexer channel)
④ 블록 멀티플렉서 채널(block multiplexer Channel)

해설 **채널의 종류**
㉠ 셀렉터 채널
- 고속의 입·출력 장치(자기 테이프, 자기 디스크 등)에 사용되는 채널
- 한 번에 한 개의 장치를 선택하여 동작
- 데이터 전송 : 블록 단위

㉡ 멀티플렉서 채널
- 저속의 입·출력 장치(카드리더, 프린터 등)에 사용되는 채널
- 한 번에 여러 개의 장치를 선택하여 동작
- 데이터 전송 : 바이트 단위

㉢ 블록 멀티플렉서 채널
- 셀렉터 채널과 멀티플렉서 채널의 장점만 채택
- 데이터 전송 : 블록 단위

16 컴퓨터와 인간의 통신에 있어서 자료의 외부적 표현 방식으로 가장 흔히 사용되는 코드는?

① 3초과 코드　② Gray 코드
③ ASCII 코드　④ BCD 코드

해설 **ASCII 코드**
㉠ 7비트로 구성된다(zone : 3비트, digit : 4비트).
㉡ 2^7(128)가지의 문자 표현이 가능하다.
㉢ 데이터 통신용이나 개인용 컴퓨터에서 사용한다.

17 주소 지정 방식 중에서 명령어가 현재 오퍼랜드에 표현된 값이 실제 데이터가 기억된 주소가 아니고, 그 곳에 기억된 내용이 실제의 데이터 주소인 방식은?

① 간접 주소 지정 방식(indirect adderssing)
② 즉시 주소 지정 방식(immediate adderssing)
③ 상대 주소 지정 방식(relative adderssing)
④ 직접 주소 지정 방식(direct adderssing)

정답 12.② 13.④ 14.④ 15.② 16.③ 17.①

해설 **간접 주소 지정** : 주소부의 값이 지정하는 메모리값이 실제 데이터가 기억된 주소를 가지는 경우로, 메모리 참조 횟수가 2회 이상이다.

18 다음 그림은 어떤 논리 연산을 나타낸 것인가?

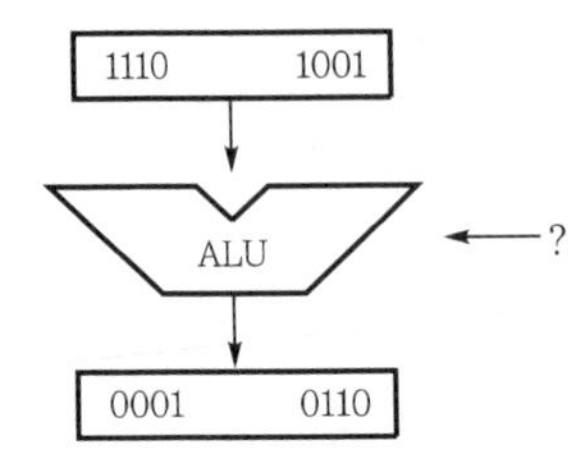

① Move ② AND
③ OR ④ Complement

해설 Complement(보수) 연산은 NOT 연산으로서 입력 데이터의 반대값을 출력하는 연산을 수행한다. 즉, 연산 결과는 1의 보수이다.

19 다음 중 게이트당 소비 전력이 가장 낮은 것은?

① ECL ② TTL
③ MOS ④ CMOS

해설 논리 소자 중 소비 전력이 가장 작은 것은 CMOS이고 속도가 가장 빠른 것은 ECL이다.

20 0~9의 10진법의 수치는 2진법의 최저 몇 비트[bit]로 표현되는가?

① 3비트
② 4비트
③ 6비트
④ 8비트

해설 십진법의 수치는 최소 4비트의 이진수로 표현한다.

21 컴퓨터 내부에 있으며, 연산 결과를 일시 보관하는 기억 장치는?

① Accumulator
② Magnetic memory
③ Shift register
④ Buffer register

해설 ACC(ACCumulator : 누산기)는 산술 연산과 논리 연산의 결과를 일시적으로 보관하는 레지스터이다.

22 부동 소수점으로 표현된 수가 기억 장치 내에 저장되어 있을 때 비트를 필요로 하지 않는 것은?

① 부호(sign)
② 지수(exponent)
③ 소수(mantissa)
④ 소수점(decimal point)

해설 **부동 소수점 형식**
㉠ 2진 실수 데이터 표현과 연산에 사용된다.
㉡ 지수부와 가수부로 구성된다.
㉢ 고정 소수점보다 복잡하고 실행 시간이 많이 걸리나 아주 큰 수나 작은 수 표현이 가능하다.
㉣ 소수점은 자릿수에 포함되지 않으며, 암묵적으로 지수부와 가수부 사이에 있는 것으로 간주한다.
㉤ 지수부와 가수부를 분리시키는 정규화 과정이 필요하다.

23 병렬 전송에 대한 설명 중 틀린 것은?

① 하나의 통신 회선을 사용하여 한 비트씩 순차적으로 전송하는 방식이다.
② 문자를 구성하는 비트 수만큼 통신 회선이 필요하다.
③ 한 번에 한 문자를 전송하므로 고속 처리를 필요로 하는 경우와 근거리 데이터 전송에 유리하다.
④ 원거리 전송인 경우 여러 개의 통신 회선이 필요하므로 회선 비용이 많이 든다.

정답 18.④ 19.④ 20.② 21.① 22.④ 23.①

해설 ㉠ 직렬 전송
- 한 문자를 이루는 각 비트들이 하나의 전송 선로를 통하여 전송되는 방식이다.
- 대부분의 데이터 전송에서 사용되는 방식이다.
- 장점 : 원거리 전송에 적합하며 통신 회선 설치 비용이 저렴하다.
- 단점 : 전송 속도가 느리다.

㉡ 병렬 전송
- 한 문자를 이루는 각 비트들이 각각의 전송 선로를 통하여 동시에 전송되는 방식이다.
- 컴퓨터와 주변 장치 간의 통신에서 주로 사용한다.
- 장점 : 대량의 데이터를 빠른 속도로 전송한다.
- 단점 : 통신 회선 설치 비용이 크다.

24 **순차 접근 저장 매체(SASD)에 해당하는 것은?**

① 자기 드럼 ② 자기 테이프
③ 자기 디스크 ④ 자기 코어

해설 ㉠ 순차 접근 방식 : 자기 테이프
㉡ 임의 접근 방식 : 자기 디스크, 자기 코어, 자기 드럼, CD-ROM

25 **휴대용 무전기와 같이 데이터를 양쪽 방향으로 전송할 수 있으나, 동시에 양쪽 방향으로 전송할 수 없는 전송 방식은?**

① 단일 방식 ② 단방향 방식
③ 반이중 방식 ④ 전이중 방식

해설 **데이터 통신 방식**
㉠ 단향(simplex) 통신 : 한쪽에서는 수신만 하고 다른 쪽에서는 송신만 하는 방식으로, 라디오, TV 등에 사용한다.
㉡ 반이중(half duplex) 통신 : 양쪽 방향으로 전송은 가능하지만 동시 전송은 불가능하고 반드시 한쪽 방향으로만 전송되는 방식으로, 무전기 등에 사용한다.
㉢ 전이중(full duplex) 통신 : 양쪽 방향으로 동시 전송이 가능한 방식으로, 전화기 등에 사용한다.

26 **연관 기억 장치(associative memory)의 설명 중 가장 옳지 않은 것은?**

① 주소의 개념이 없다.
② 속도가 늦어 고속 검색에는 부적합하다.
③ 병렬 동작을 수행하기 때문에 많은 논리 회로로 구성되어 있다.
④ 기억된 정보의 일부분을 이용하여 원하는 정보가 기억되어 있는 위치를 찾아내는 기억 장치이다.

해설 **연관 기억 장치**
㉠ 기억된 내용의 일부를 이용하여 원하는 정보에 접근하는 기억 장치로 주소 개념이 없다.
㉡ 저장된 내용을 기초로 동시에 병렬로 접근할 수 있으므로 검색 시간은 단축할 수 있으나 많은 논리 회로가 필요하다.
㉢ 주기억 장치보다 속도가 빨라 많은 양의 정보를 검색할 때나 데이터 베이스에 주로 사용한다.

27 **00001111과 11110000의 OR 논리 연산 결과는?**

① 00000000 ② 11111111
③ 00001111 ④ 11110000

해설 **OR 연산(문자 추가 기능)**
㉠ 두 입력 데이터의 OR(두 수 중 하나만 1이면 모두 참) 연산을 수행한다.
㉡ 데이터의 특정 부분을 추가하는 경우에 사용한다.

$$\begin{array}{r} 00001111 \\ \therefore\ 11110000 \\ \hline 11111111 \end{array}$$

28 **마이크로 오퍼레이션에 대한 정의로 가장 적합한 것은?**

① 컴퓨터의 빠른 계산 동작
② 2진수 계산에서 쓰이는 동작
③ 플립플롭 내에서 기억되는 동작
④ 레지스터 상호간에 저장된 데이터의 이동에 의해 이루어지는 동작

정답 24.② 25.③ 26.② 27.② 28.④

해설 **마이크로 오퍼레이션(micro operation)**
㉠ 레지스터에 저장되어 있는 데이터로 실행되는 동작으로, 하나의 클록 펄스(clock pulse) 동안에 실행되는 동작이다.
㉡ 명령의 수행은 CPU의 상태 변환으로 이루어지며, CPU의 상태 변환은 마이크로 오퍼레이션으로 이루어진다.

29

일반적인 컴퓨터의 내부 구조를 설명할 때 사용하는 연산 방식이 아닌 것은?

① 2진수 연산 ② 6진수 연산
③ 8진수 연산 ④ 16진수 연산

해설 연산 방식에는 2진수 연산, 8진수 연산, 10진수 연산, 16진수 연산이 있다.

30

입력 단자에 나타난 정보를 코드화하여 출력을 내보내는 것으로 해독기와 정반대의 기능으로 수행하는 조합 논리 회로는?

① Adder ② Flip-flop
③ Multiplexer ④ Encoder

해설 **인코더(encoder, 부호기)** : 외부에서 들어오는 임의의 신호를 부호화된 신호로 변환하여 컴퓨터 내부로 들여보내는 조합 논리 회로로, 디코더(decoder : 해독기)와 반대 동작을 한다.

31

정해진 데이터를 입력하여 원하는 출력 정보를 얻기 위하여 적용할 처리 방법과 순서를 기호로 설계하는 과정은?

① 문제 분석 ② 순서도 작성
③ 프로그램의 코딩 ④ 프로그램의 문서화

해설 **순서도 작성**
㉠ 문제 분석과 입·출력 설계를 기초로 하여 데이터 처리 방법과 순서를 기호로 설계하는 과정이다.
㉡ 순서도를 작성하면 프로그래밍 언어에 종속되지 않고 논리적인 흐름을 구체적으로 볼 수 있어 프로그래밍에 도움을 주고, 오류 수정 시 유용하게 사용된다.

32

프로그램 작성 시 반복되는 일련의 명령어들을 하나의 명령으로 만들어 실행시키는 방법은?

① 매크로 ② 디버깅
③ 스케줄링 ④ 모니터

해설 반복되는 여러 개의 명령을 하나의 명령으로 만든 명령어를 매크로라 한다.

33

유닉스(UNIX) 운영 체제를 개발하는 데 사용된 언어는?

① FORTRAN ② PASCAL
③ BASIC ④ C

해설 **C언어의 특징**
㉠ 시스템 프로그래밍 언어이다(유닉스 운영 체제 개발).
㉡ 이식성이 높은 언어이다.
㉢ 고급 언어와 저급 언어의 특성을 모두 가진다.
㉣ 컴파일 언어이다.
㉤ 대문자와 소문자를 구분한다.
㉥ 다양한 연산자를 제공한다.
㉦ 구조적 프로그래밍이 가능하다.

34

다음 기능에 대한 설명으로 알맞은 것은?

- 하드웨어와 응용프로그램 간의 인터페이스 역할을 한다.
- CPU, 주기억 장치, 입·출력 장치 등의 컴퓨터 자원을 관리한다.
- 프로그램의 실행을 제어하며 데이터와 파일의 저장을 관리하는 기능을 한다.

① 컴파일러(compiler)
② 운영 체제(operating system)
③ 로더(loader)
④ 그래픽 유저 인터페이스(GUI ; Graphic User Interface)

해설 운영 체제는 컴퓨터 시스템 자원을 효율적으로 관리하고, 사용자에게 최대한의 편리성을 제공하며 컴퓨터와 사용자 간의 인터페이스를 담당하는 시스템 소프트웨어이다.

정답 29.② 30.④ 31.② 32.① 33.④ 34.②

35 **프로그래밍 작성 절차 중 다음 설명에 해당하는 것은?**

- 프로그램의 개발 목적 및 과정을 표준화하여 효율적인 작업이 되도록 함
- 유지 보수를 용이하게 함
- 개발 과정에서의 추가 및 변경에 따르는 혼란을 감소시킴
- 시스템 개발팀에서 운용팀으로 인계, 인수를 쉽게 할 수 있음
- 시스템 운용자가 용이하게 시스템을 운용할 수 있음

① 프로그램 구현
② 프로그램 문서화
③ 문제 분석
④ 입·출력 설계

해설 **프로그램 문서화의 목적**

㉠ 프로그램 문서화의 의미 : 프로그램의 운용에 필요한 사항, 즉 자료의 입력이나 프로그램 수행 중의 메시지 출력, 프로그램의 제약 조건 등을 체계적으로 정리하여 기록하는 작업이다.
㉡ 프로그램의 개발 요령과 순서를 표준화함으로써 보다 효율적인 개발이 가능하다.
㉢ 프로그램 개발 중의 변경 사항에 대한 대처가 용이하다.
㉣ 프로그램의 인수 인계가 용이하며 프로그램 운용이 용이하다.
㉤ 개발 후 운영 과정에서 프로그램의 유지·보수가 용이하다.

36 **인터프리터 방식의 언어는?**

① GWBASIC　② COBOL
③ C　④ FORTRAN

해설 **인터프리터(interpreter)**

㉠ 목적 프로그램을 생성하지 않고 필요할 때마다 기계어로 번역한다.
㉡ 원시 프로그램을 줄 단위로 번역하여 바로 실행해 주는 번역 기법으로, 대화식 처리가 가능(번역과 실행이 한꺼번에)하다.
㉢ 인터프리터 언어 : BASIC, LISP, SNOBOL, APL 등

37 **고급 언어의 특징으로 옳지 않은 것은?**

① 기종에 관계없이 사용할 수 있어 호환성이 높다.
② 2진수 형태로 이루어진 언어로 전자 계산기가 직접 이해할 수 있는 형태의 언어이다.
③ 하드웨어에 관한 전문적 지식이 없어도 프로그램 작성이 용이하다.
④ 프로그래밍 작업이 쉽고, 수정이 용이하다.

해설 **고급 언어**

㉠ 고급 언어(high level language)는 우리가 일상 생활에서 사용하는 자연어와 가까워 일반 사람이 쉽게 작성할 수 있는 프로그래밍 언어이다.
㉡ 저급 언어보다 가독성이 높고 컴퓨터 기종에 종속되지 않으며 사용하기 쉬운 장점이 있다.
㉢ 고급 언어로 작성된 프로그램은 컴파일러나 인터프리터에 의해 기계어로 번역된 후 실행된다.
㉣ 포트란, 코블, 파스칼, 베이식, C, 자바 등 대부분의 프로그래밍 언어는 고급 언어에 속한다.

38 **프로그램 수행을 위하여 사용자의 프로그램을 필요한 루틴과 함께 메모리에 적재시키는 시스템 프로그램은?**

① 컴파일러(compiler)
② 어셈블러(assembler)
③ 로더(loader)
④ 매크로(macro)

해설 **로더(loader)**

㉠ 실행 가능한 로드 모듈에 기억 공간의 번지를 지정하여 메모리에 적재한다.
㉡ 로더의 기능 : 할당(allocation), 연결(linking), 재배치(relocation), 적재(loading)

정답 35.② 36.① 37.② 38.③

39 구조적 프로그래밍에 대한 설명으로 거리가 먼 것은?

① 유지 보수가 용이하다.
② 프로그램의 구조가 간결하다.
③ 모듈별 독립성과 처리의 효율성이 고려된다.
④ 실행 속도는 빠른 편이나 프로그램의 내용을 파악하기가 까다롭다.

해설 **구조적 프로그래밍**

㉠ Goto문을 사용하지 않으며 모듈화와 하향식 접근 방법을 취하고 순차, 선택, 반복의 3가지 논리 구조를 사용하는 기법이다.
㉡ 프로그램의 가독성이 좋다.
㉢ 프로그램의 개발 및 유지・보수의 효율성이 좋다.
㉣ 프로그램의 신뢰성이 향상된다.
㉤ 프로그램의 테스트가 용이하다.
㉥ 프로그래밍에 대한 규칙을 제공한다.
㉦ 프로그래밍에 대한 노력과 시간이 감소된다.

40 C언어에서 문자열 출력 함수로 사용되는 것은?

① putchar( ) ② getchar( )
③ gets( ) ④ puts( )

해설 ㉠ 입력 함수
- scanf( ) : 표준 입력 함수로 키보드를 통해 데이터를 입력한다.
- getchar( ) : 한 문자를 입력한다.
- gets( ) : 문자열을 입력한다.

㉡ 출력 함수
- printf( ) : 표준 출력 함수로 모니터를 통해 데이터를 출력한다.
- putchar( ) : 한 문자 출력 함수, 출력 후 줄을 바꾸지 않는다.
- puts( ) : 문자열 출력 함수, 출력 후 자동으로 줄을 바꾼다.

41 클록 펄스가 들어올 때마다 플립플롭의 상태가 반전되는 것을 무엇이라고 하는가?

① 리셋 ② 클리어
③ 토글 ④ 트리거

해설 클록 펄스가 들어올 때마다 상태가 반전되는 것을 토글(toggle)이라 하며, T 플립플롭의 동작에 해당된다.

42 플립플롭 회로가 불확정한 상태가 되지 않도록 반전기(NOT Gate)를 설치한 회로는?

① JK－FF
② RS－FF
③ T－FF
④ D－FF

해설 RS 플립플롭이나, JK 플립플롭 입력에 NOT 게이트를 연결하면 D 플립플롭으로 동작한다.

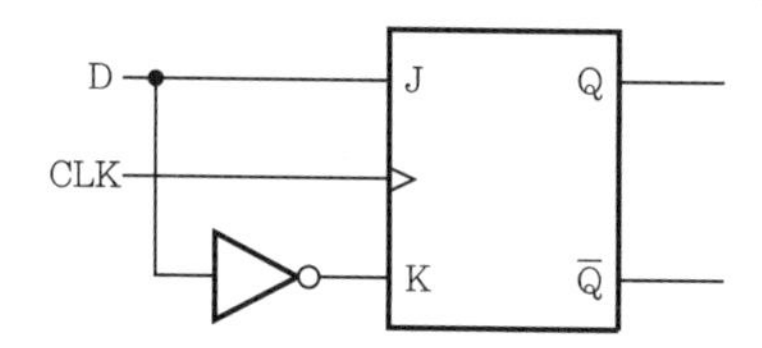

Q_n	D	Q_{n+1}
0	0	0
0	1	1
1	0	0
1	1	0

43 다음 진리표에 해당하는 논리 게이트의 명칭은?

입력	출력
A	X
0	0
1	1

① AND
② 버퍼(buffer)
③ 인버터(inverter)
④ 배타적 논리합(X－OR)

해설 입력과 출력이 같은 논리는 버퍼(buffer) 논리이다.

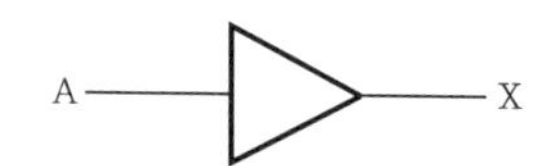

정답 39.④ 40.④ 41.③ 42.④ 43.②

44 조합 논리 회로에 해당하지 않는 것은?

① 비교 회로
② 패리티 체크 회로
③ 인코더 회로
④ 계수 회로

해설 계수 회로(=카운터), 레지스터는 플립플롭을 이용하여 구성되는 순서 논리 회로이다.

45 불 대수의 기본 정리 중 옳지 않은 것은?

① A·0=0　② A·A=A
③ A+A=A　④ A+1=A

해설 불 대수 기본 정리
㉠ A+0=A
㉡ A+1=1
㉢ A·0=0
㉣ A·1=A
㉤ A+A=A
㉥ $A+\overline{A}=1$
㉦ A·A=A
㉧ $A\cdot\overline{A}=0$
㉨ $\overline{\overline{A}}=A$
㉩ A+AB=A
㉪ $A+\overline{A}B=A+B$
㉫ (A+B)·(A+C)=A+BC

46 클록 펄스가 가해질 때마다 출력 상태가 반전하므로 계수기에 많이 사용되는 플립플롭은?

① D-FF　② T-FF
③ RS-FF　④ JK-FF

해설 클록 펄스가 들어올 때마다 상태가 반전되는 것을 토글(toggle)이라 하며 T 플립플롭의 동작에 해당된다.

47 JK 플립플롭에서 J입력과 K입력이 1일 때 출력은 Clock에 의해 어떻게 되는가?

① 0
② 1
③ 반전
④ 현상태 그대로 출력

해설 JK 플립플롭 상태표

J	K	CP	Q_{n+1}	비고
0	0	1	Q_n	불변
0	1	1	0	리셋
1	0	1	1	세트
1	1	1	$\overline{Q_n}$	반전

48 1×4 디멀티플렉서에 최소로 필요한 선택선의 개수는?

① 1개
② 2개
③ 3개
④ 4개

해설 4가지 조합을 선택하려면
$2^n=4$에서 $n=2$개

49 동기형 계수 회로의 설명 중 옳지 않은 것은?

① 병렬 계수기라고도 한다.
② 리플 계수기보다 속도가 빠르다.
③ 해독기를 사용할 때 펄스의 일그러짐이 크다.
④ 하나의 공통된 클록 펄스에 의해서 플립플롭들이 트리거된다.

해설 ㉠ 동기식 카운터 : 입력 펄스의 입력 시간에 동기되어 각 플립플롭이 동시에 동작하기 때문에 모든 플립플롭의 단에서 상태 변화가 일어나므로 속도가 빠르다.
㉡ 비동기식 카운터 : 앞단의 출력을 받아서 각 플립플롭이 차례로 동작하기 때문에 첫 단에만 클록 펄스가 필요하다. 직렬 카운터 또는 리플(ripple) 카운터라 한다.

정답 44.④ 45.④ 46.② 47.③ 48.② 49.③

50 다음 계수기 회로의 올바른 명칭은?

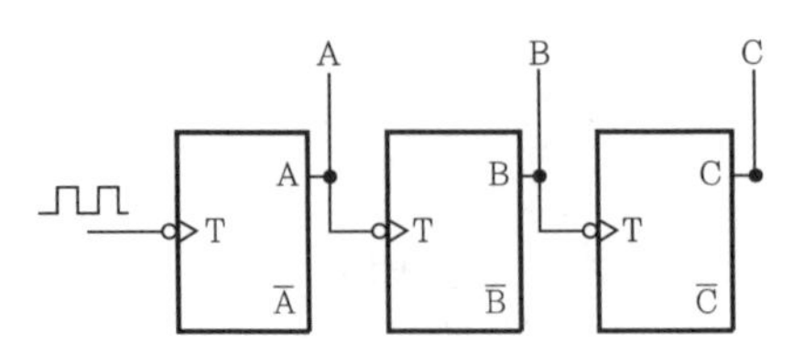

① 동기식 4진 링계수기
② 동기식 8진 링계수기
③ 비동기식 4진 리플계수기
④ 비동기식 8진 리플계수기

해설 앞단의 출력이 다음단 클록으로 사용되므로 비동기식 리플 카운터이고, 3개 단으로 구성되어 있으므로 2진 논리로 000~111까지 카운터하기 때문에 8진 카운터이다.

51 다음 중 시프트 레지스터를 이용하여 수행되는 연산은?

① 덧셈 ② 뺄셈
③ 곱셈 ④ 비교

해설

2진수	10진수
0000 0010	2
0000 0100	4
0000 1000	8
0001 0000	16

따라서, 왼쪽 n비트 시프트= $\times 2^n$
오른쪽 n비트 시프트= $\div 2^n$

52 다음 중 2진(binary) 연산이 아닌 것은?

① AND ② OR
③ Shift ④ 사칙연산

해설 ㉠ Binary 연산(2항 연산) : 2개의 항으로 이루어지는 연산(ex 사칙 연산, AND 연산, OR 연산, EX-OR 연산 등)
㉡ Unary 연산(단항 연산) : 1개의 항으로 이루어지는 연산(ex 보수 연산, NOT 연산, Shift 연산 등)

53 두 수를 비교하여 그들의 상대적 크기를 결정하는 조합 논리 회로는?

① 가산기 ② 디코더
③ 비교기 ④ 모뎀

해설 비교기는 2개의 수를 비교하여 기준으로 정한 한 수가 "작다", "크다", "같다"를 결정하는 회로이다.

54 2진수 101111011_2을 16진수로 변환하면?

① $17A_{16}$ ② $17B_{16}$
③ $17C_{16}$ ④ $17D_{16}$

해설 1 0111 1011
↓ ↓ ↓
1 7 B

55 회로의 안정 상태에 따른 멀티바이브레이터의 종류가 아닌 것은?

① 비안정 멀티바이브레이터
② 주파수 안정 멀티바이브레이터
③ 단안정 멀티바이브레이터
④ 쌍안정 멀티바이브레이터

해설 **멀티바이브레이터 종류**
㉠ 비안정 멀티바이브레이터 : 구형파 발생기로 사용한다.
㉡ 단안정 멀티바이브레이터 : 일명 원샷(one-shot) 회로라 한다.
㉢ 쌍안정 멀티바이브레이터 : 세트와 리셋 두 가지 상태를 가진다(플립플롭 동작).

56 3초과 부호(1001 0111 0101)를 BCD 부호로 고치면?

① $(0110\ 0100\ 0010)_{BCD}$
② $(0010\ 0100\ 0110)_{BCD}$
③ $(0101\ 0111\ 1001)_{BCD}$
④ $(0110\ 1000\ 1010)_{BCD}$

정답 50.④ 51.③ 52.③ 53.③ 54.② 55.② 56.①

해설 3초과 코드는 BCD 코드에 3(0011)을 더한 것이므로 3을 빼면 된다.

즉, 1001－0011＝0110

0111－0011＝0100

0101－0011＝0010

57

그림과 같은 회로와 연산 결과가 동일한 논리 회로는 어느 것인가?

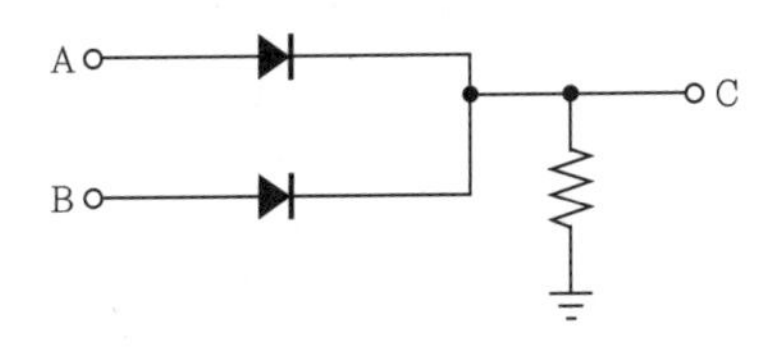

① AND ② OR

③ NAND ④ NOR

해설 두 입력 A, B 중 어느 하나라도 1이면 출력이 1이므로 OR 논리이다.

58

반가산기에서 입력 A＝1이고, B＝0이면 출력 합(S)과 올림수(C)는?

① S＝1, C＝0 ② S＝0, C＝0

③ S＝1, C＝1 ④ S＝0, C＝1

해설 반가산기 진리표와 회로

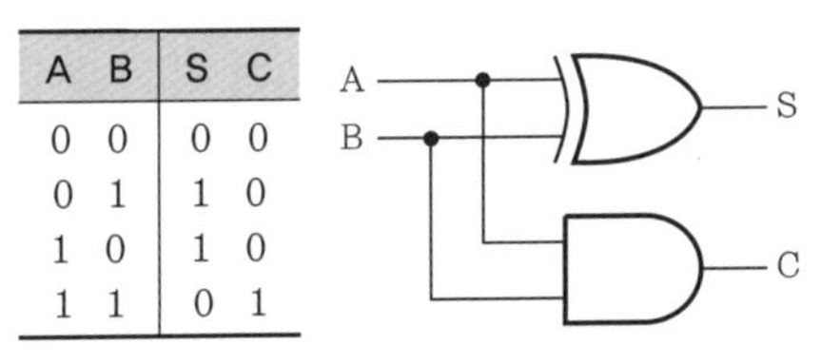

A	B	S	C
0	0	0	0
0	1	1	0
1	0	1	0
1	1	0	1

59

전원 공급에 관계없이 저장된 내용을 반영구적으로 유지하는 비휘발성 메모리는?

① RAM

② ROM

③ SRAM

④ DRAM

해설 ㉠ RAM(Random Access Memory) : 전원이 끊어지면 기억된 데이터는 없어진다(휘발성 메모리).

㉡ ROM(Read Only Memory) : 일단 기억된 데이터는 전원과 상관없이 유지된다(비휘발성).

60

다음 논리 IC 중 속도가 가장 빠른 것은?

① DTL

② ECL

③ CMOS

④ TTL

해설 논리 소자 중 ECL이 가장 빠르고 CMOS가 가장 늦다.

정답 57.② 58.① 59.② 60.②

MEMO

부 록(Ⅱ)

CBT 기출복원문제

2017년 CBT 기출복원문제(1)

01 펄스폭이 0.2초, 주기(T)가 0.5초이면 주파수는 얼마인가?

① 0.2[Hz] ② 0.5[Hz]
③ 1[Hz] ④ 2[Hz]

해설 $f=\frac{1}{T}$에서 $\frac{1}{0.5}=2[\text{Hz}]$
문제에서 펄스폭과는 상관없다.

02 다음 중 정류기의 평활 회로로 사용되는 것은?

① 저역 여파기 ② 대역 여파기
③ 고역 여파기 ④ 지역 여파기

해설 정류기의 평활 회로는 1차 정류를 한 후 DC 성분에 교류 성분이 포함되어 있는데 이것을 리플이라 한다. 이를 제거하기 위해서는 저역 통과 여파기(필터)를 거치면 된다.
다음 그림은 DC 성분에 포함된 교류 리플 파형이다.

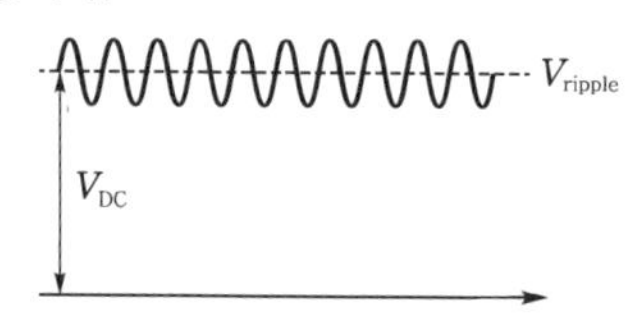

03 어떤 증폭기의 무궤환 이득이 100이라 하면 궤환율 0.01의 부궤환을 걸었을 때 이 증폭기의 이득은 얼마인가?

① 25 ② 50
③ 75 ④ 125

해설 궤환 증폭기의 증폭률

$$A_f=\frac{A}{1+A\beta}$$
$$=\frac{100}{1+(100\times0.01)}=\frac{100}{2}=50$$

04 저주파 전력 증폭기의 출력측 기본파 전압이 50[V], 제2 및 제3고조파 전압이 각각 4[V]와 3[V]일 때 왜율은 몇 [%]인가?

① 5[%]
② 10[%]
③ 15[%]
④ 20[%]

해설 $$\text{왜율}(D)=\frac{\text{전 고조파의 실효값}}{\text{기본파의 실효값}}\times100$$
$$=\sqrt{\left(\frac{V_2}{V_1}\right)^2+\left(\frac{V_3}{V_1}\right)^2}\times100$$
$$=\sqrt{\left(\frac{4}{50}\right)^2+\left(\frac{3}{50}\right)^2}\times100$$
$$=10[\%]$$

05 차동 증폭기에서 동상 신호 제거비(CMRR)가 어떻게 변할 때 좋은 평형 특성을 가지는가?

① 차동 이득, 동상 이득 모두 클수록 좋다.
② 차동 이득, 동상 이득 모두 작을수록 좋다.
③ 차동 이득은 작을수록, 동상 이득은 클수록 좋다.
④ 차동 이득은 클수록, 동상 이득은 작을수록 좋다.

해설 연산 증폭기 성능의 중요한 요소 중에 하나가 CMRR(Common Mode Rejection Ratio : 동상 신호 제거비=공통 모드 제거비)이다. 이것은 차동 증폭된 신호 속에 포함된 동위상 신호를 얼마나 많이 제거했는가를 나타낸다.

$$\text{CMRR}=\frac{\text{차동 모드 이득}}{\text{동상 모드 이득}}$$

따라서 CMRR이 클수록 우수한 증폭기이다.

정답 01.④ 02.① 03.② 04.② 05.④

06 다음 중 수정 발진기에 대한 설명이 틀린 것은?

① Q값이 크다.
② 공진 특성이 예민하여 주파수 필터로도 이용이 가능하다.
③ 수정 절편을 교체하여 발진 주파수를 가변하기 쉽다.
④ 주파수 안정도가 좋다.

해설 수정 발진기 제조 시 수정 절편을 밀봉하여 생산되므로 사용자가 임의로 수정 절편을 교체하기가 불가능하다.

07 반송 주파수가 100[MHz]인 주파수 변조에서 신호 주파수가 1[kHz], 최대 주파수 편이가 4[kHz]일 때 변조 지수는?

① 0.25 ② 1
③ 2 ④ 4

해설 변조 지수 : 반송파 신호의 크기와 변조할 정보 신호의 크기에 대한 비

$$\text{변조 지수}(m_f) = \frac{\text{최대 주파수 편이}}{\text{신호 주파수}} = \frac{\Delta f}{f_m} = \frac{4}{1} = 4$$

08 펄스폭이 15[μs]이고, 주파수가 500[kHz]일 때 충격 계수는?

① 5 ② 7.5
③ 12.5 ④ 25

해설 충격 계수(D)=듀티 인자=Duty Factor

$$D = \frac{\text{펄스폭}}{\text{주기}} = \frac{T_h}{T}$$

$T = \frac{1}{f}$에서

$$D = \frac{15 \times 10^{-6}}{\frac{1}{500 \times 10^3}} = 7{,}500 \times 10^{-3} = 7.5$$

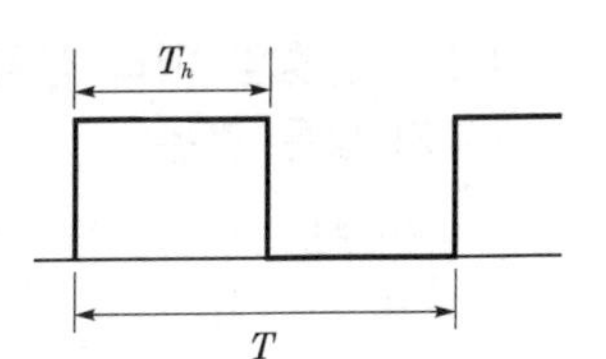

09 다음 회로에서 시정수(τ)는 얼마인가?

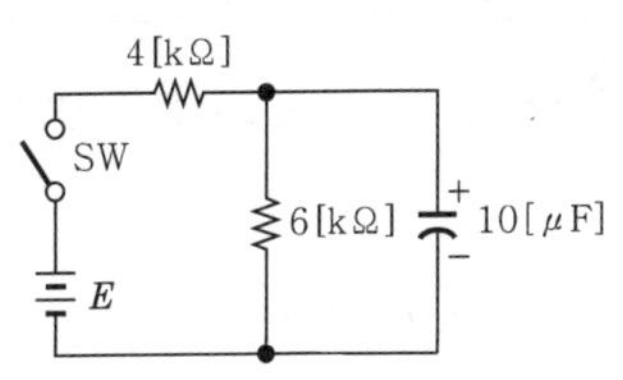

① 24[ms] ② 48[ms]
③ 240[ms] ④ 480[ms]

해설 RC 회로의 시정수 $\tau = RC$이다.
복수 개의 RC 회로에서 시정수는 하나의 등가 저항과 하나의 등가 커패시터로 대치해서 구한다.

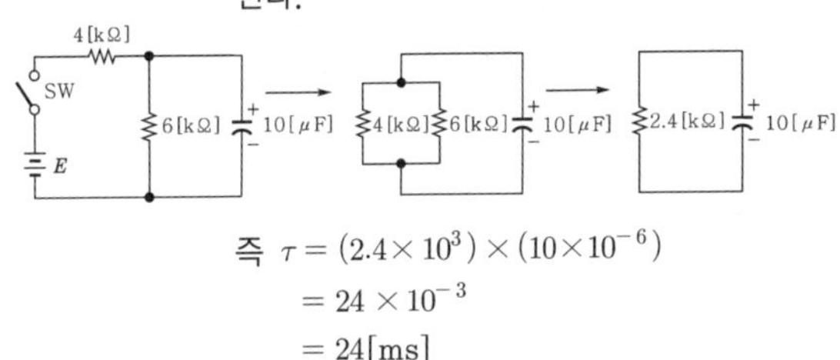

즉 $\tau = (2.4 \times 10^3) \times (10 \times 10^{-6}) = 24 \times 10^{-3} = 24[\text{ms}]$

10 다음 회로 양단의 합성 저항은 얼마인가?

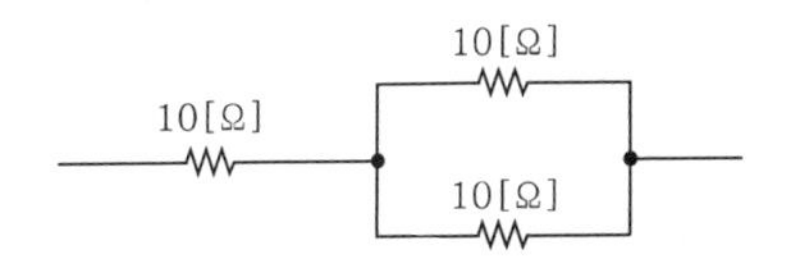

① 10[Ω]
② 15[Ω]
③ 20[Ω]
④ 30[Ω]

해설 문제의 회로에서 병렬 저항을 직렬 등가로 하면

10[Ω] 5[Ω] = 15[Ω]

정답 06.③ 07.④ 08.② 09.① 10.②

11 컴퓨터의 중앙 처리 장치에 대한 설명으로 바르지 않은 것은?

① 마이크로 프로세서는 중앙 처리 장치의 기능을 하나의 칩에 집적한 것이다.
② CPU(Central Processing Unit)라고도 하며 인간의 두뇌에 해당한다.
③ 제어, 연산, 기억 기능으로 구성된다.
④ 도스용과 윈도우용으로 구분된다.

해설 도스용과 윈도우용은 운영 체제의 일종이다.

12 연산 장치에서 초기에 연산될 데이터의 보관 장소로서 연산 후에는 산술 및 논리 연산의 결과를 일시적으로 보관하는 장소는?

① Data Register ② Accumulator
③ Status Register ④ Complementer

해설 Accumulator(누산기)는 연산 장치에서 산술 및 논리 연산의 결과를 일시적으로 기억하는 레지스터이다.

13 제어 장치에서 PC(Program Counter)에 대한 설명으로 가장 올바른 것은?

① 다음에 실행될 명령어의 주소를 기억한다.
② 기억 레지스터의 명령어를 기억한다.
③ 주기억 장치에 있는 명령어를 임시로 기억한다.
④ 명령 코드를 해독하여 필요한 신호를 발생시킨다.

해설 PC(Program Counter)는 다음에 수행할 명령어의 주소를 기억하고 있는 레지스터이다.

14 중앙 처리 장치에서 사용되고 있는 버스에 해당되지 않는 것은?

① Control Bus ② System Bus
③ Address Bus ④ Data Bus

해설 버스는 컴퓨터에서 데이터를 전송하는 통로로 제어 버스(control bus), 주소 버스(address bus), 데이터 버스(data bus)로 구분한다.

15 3-주소 명령어에 대한 설명으로 바르지 않은 것은?

① 레지스터가 많이 필요하다.
② 원시 자료를 파괴하지 않는다.
③ 오퍼랜드부가 3개로 구성되어 있다.
④ 스택을 이용하여 연산을 수행한다.

해설 3-주소 명령어

연산자 (OP-Code)	주소 1	주소 2	주소 3 (결과 주소)

㉠ 연산자와 3개의 주소부(오퍼랜드부)로 구성된다.
㉡ 연산 결과는 주소 3에 기억된다.
㉢ 주소 3에 결과가 기억되므로 연산 후에도 입력 자료가 변하지 않고 보존된다.
㉣ 여러 개의 범용 레지스터를 가진 컴퓨터에서 사용할 수 있는 형식이다.
㉤ 하나의 명령어를 수행하는 데 최소 4번 기억 장치에 접근하므로 수행 시간이 길어 별로 사용하지 않는다.

16 다음 중 입·출력 제어 방식에 해당하지 않는 것은?

① 인터페이스 방식
② DMA 방식
③ 채널에 의한 방식
④ 중앙 처리 장치에 의한 방식

해설 입·출력 제어 방식에는 DMA 방식, 채널에 의한 방식, 중앙 처리 장치에 의한 방식이 있다.

17 입·출력 장치와 CPU와의 실행 속도차를 줄이기 위해 사용되는 것은?

① DMA
② Channel
③ Cycle steal
④ Parallel I/O Device

정답 11.④ 12.② 13.① 14.② 15.④ 16.① 17.②

해설 채널(channel)
㉠ 채널은 CPU의 처리 효율을 높이고 자료의 빠른 처리를 위한 입·출력 전용 처리기이다.
㉡ 주기억 장치와 입·출력 장치 사이에서 중계 역할을 담당하며, 빠른 CPU와 느린 I/O 장치 사이의 실행 속도차를 줄이기 위해 사용되는 제어 장치이다.

18
인터럽트 입·출력 방식의 처리 방식이 아닌 것은?

① 데이지 체인
② 우선 순위 인터럽트
③ 소프트웨어 폴링
④ 핸드셰이크

해설 컴퓨터 인터럽트 입·출력 방식은 소프트웨어적인 폴링 방식과 하드웨어적인 데이지 체인 방식, 병렬 우선 순위 방식이 있다.

19
휴대용 무전기와 같이 데이터를 양방향으로 전송할 수는 있으나, 동시에는 양방향으로 전송할 수 없는 전송 방식은?

① 단일 방식 ② 전이중 방식
③ 반이중 방식 ④ 단방향 방식

해설 반이중 방식은 양쪽 방향으로 전송은 가능하지만, 동시 전송은 불가능하고 반드시 한쪽 방향으로만 전송되는 방식이다.

20
비동기 전송 방식과 관계 있는 것은?

① 시작 플래그와 종료 플래그
② 스타트 비트와 스톱 비트
③ 정보부와 오류 체크
④ 주소부와 연산부

해설 비동기 전송 방식
㉠ 전송의 기본 단위 : 문자 단위의 비트 블록
㉡ 동기화를 위해서 각 비트 블록의 앞뒤에 시작 비트(start bit)와 정지 비트(stop bit)를 삽입하여 전송
㉢ 각 문자 사이에 유휴 시간이 있을 수 있으나 단순하고 저렴함
㉣ 2,000[bps] 이하의 저속 전송에 이용되며, 주파수 편이 변조(FSK) 방식이 사용됨

21
하나의 회선에 여러 대의 단말 장치가 접속되어 있는 방식으로 공통 회선을 사용하며, 멀티 드롭 방식이라고도 하는 것은?

① Point－to－point 방식
② Multipoint 방식
③ Switching 방식
④ Broadband 방식

해설 ① 점 대 점(point-to-point) 방식 : 데이터를 송수신하는 2개의 단말 또는 컴퓨터를 전용 회선으로 항상 접속을 유지하는 방식으로 송수신하는 데이터 양이 많을 경우에 적합하다.
② 다중점(multipoint) 방식 : 하나의 회선에 여러 단말을 접속하는 방식으로 멀티드롭(multidrop) 방식이라고도 하며 각 단말에서 송수신하는 데이터 양이 적을 때 효과적이다.
③ 교환(switching) 방식 : 교환기를 통하여 연결된 여러 단말에 대하여 데이터의 송수신을 행하는 방식으로 우리가 많이 사용하는 전화망을 통한 데이터 전송 방식이다.

22
다음 중 최대 클록 주파수가 가장 높은 논리 소자는?

① CMOS ② ECL
③ MOS ④ TTL

해설 최대 클록 주파수가 가장 높은 순서는 ECL → TTL → MOS → CMOS이다.

23
컴퓨터와 인간의 통신에 있어서 자료의 외부적 표현 방식으로 가장 흔히 사용되는 Code는?

① 3초과 ② Gray
③ ASCII ④ BCD

정답 18.④ 19.③ 20.② 21.② 22.② 23.③

해설 컴퓨터와 인간의 통신에 있어서 가장 많이 사용하는 외부적 자료 표현 방식은 7비트 ASCII 코드이다.

24 **컴퓨터 내부에서 음수를 표현하는 방법이 아닌 것은?**

① 부호와 1의 보수
② 부호와 2의 보수
③ 부호와 절대값
④ 부호와 상대값

해설 컴퓨터 내부에서 음수를 표현하는 방법에는 부호와 절대값, 1의 보수, 2의 보수 방법이 있다.

25 **00001111과 11110000의 OR 논리 연산의 결과는?**

① 00000000 ② 11111111
③ 00001111 ④ 11110000

해설 ㉠ OR 연산은 두 입력 중 어느 하나라도 "1"이면 출력이 "1"이 되는 연산이다.

㉡
$$\begin{array}{r} 00001111 \\ \text{OR}\ \underline{11110000} \\ 11111111 \end{array}$$

26 **하드디스크(HDD), 광학 드라이브(ODD) 등이 PC 내부의 메인 보드와 직접 연결되는 인터페이스 방식이 아닌 것은?**

① SATA ② PATA
③ EIDE ④ DVI

해설 ㉠ ATA : 하드디스크(HDD), 광학 드라이브(ODD) 등이 PC 내부의 메인 보드와 직접 연결되는 표준 인터페이스 방식
㉡ SATA(serial ATA) : 직렬 ATA 인터페이스
㉢ PATA(parallel ATA) : 병렬 ATA 인터페이스
㉣ EIDE : IDE를 확장한 것으로 컴퓨터와 디스크 구동 장치 간의 표준 인터페이스

27 **다음 논리식을 간소화한 것으로 옳은 것은?**

$$X=(A+B)\cdot(A+\overline{B})$$

① A ② B
③ AB ④ $A+\overline{B}$

해설
$$\begin{aligned} X &= (A+B)\cdot(A+\overline{B}) \\ &= AA+A\overline{B}+BA+B\overline{B} \\ &= A+A(\overline{B}+B)+0 \\ &= A+A \\ &= A \end{aligned}$$

28 **명령의 오퍼랜드 부분의 주소값과 프로그램 카운터의 값이 더해져 실제 데이터가 저장된 기억 장소의 주소를 나타내는 주소 지정 방식은?**

① 간접 주소 지정 방식
② 인덱스 레지스터 주소 지정 방식
③ 베이스 레지스터 주소 지정 방식
④ 상대 주소 지정 방식

해설 ② 인덱스 레지스터 주소 지정 : 인덱스 레지스터값과 주소부가 더해져 유효 주소가 결정되는 경우
③ 베이스 레지스터 주소 지정 : 베이스 레지스터값과 주소부가 더해져 유효 주소가 결정되는 경우
④ 상대 주소 지정 : 프로그램 카운터와 주소부가 더해져 유효 주소가 결정되는 경우

29 **하나의 문자 정보를 나타내는 데이터 비트를 일렬로 나열한 후 하나의 통신 회선을 사용하여 1비트씩 순차적으로 전송하는 방식은?**

① 직렬 전송 ② 병렬 전송
③ 동기 전송 ④ 비동기 전송

해설 **직렬 전송**
㉠ 한 문자를 이루는 각 비트들이 하나의 전송 선로를 통하여 전송되는 방식
㉡ 대부분의 데이터 전송에서 사용되는 방식

정답 24.④ 25.② 26.④ 27.① 28.④ 29.①

㉢ 장점 : 원거리 전송에 적합하며 통신 회선 설치 비용이 저렴
㉣ 단점 : 전송 속도가 느림

30 **여러 개의 연산 장치를 가지고 있으며 여러 개의 프로그램을 동시에 처리하는 방식을 무엇이라 하는가?**

① Multi Processing
② Multi Programming
③ Batch Processing
④ Real Time Processing

해설 ① Multi Processing : 처리 속도를 향상시키기 위하여 하나의 컴퓨터에 두 개 이상의 CPU를 설치하여 프로그램을 처리하는 방식이다.
② Multi Programming : 하나의 컴퓨터에 두 개 이상의 프로그램을 적재시켜 처리하는 방식으로 CPU의 유휴 시간을 감소시킬 수 있다.
③ Batch Processing : 처리할 작업을 일정 시간 또는 일정량을 모아서 한꺼번에 처리하는 방식으로 급여 계산, 공공 요금 계산 등에 사용된다.
④ Real Time Processing : 데이터가 발생하는 즉시 처리해 주는 시스템으로 항공기나 열차의 좌석 예약, 은행 업무 등에 사용된다.

31 **기계어에 대한 설명으로 바르지 않은 것은?**

① 컴퓨터가 직접 이해할 수 있는 숫자로 표현된 언어이다.
② 작성된 프로그램의 유지 보수가 어렵다.
③ 사람에게 친숙한 영문 단어로 표현된다.
④ 컴퓨터 기종마다 명령 부호가 다르다.

해설 기계어(machine language)
㉠ 기계어는 0과 1의 2진수 형태로 표현된다.
㉡ 컴퓨터가 직접 이해할 수 있는 언어로 처리 속도가 매우 빠르다.
㉢ 호환성이 없으며 전문 지식이 없으면 이해하기 힘들고 수정 및 변경이 어렵다.

32 **프로그램의 수행을 위하여 사용자의 프로그램을 필요한 루트와 함께 메모리에 적재시키는 프로그램은?**

① 매크로 ② 어셈블러
③ 로더 ④ 컴파일러

해설 로더는 실행 가능한 로드 모듈에 기억 공간의 번지를 지정하여 메모리에 적재한다.

33 **프로그램 작성 절차 중 다음 설명은 무엇에 해당하는가?**

- 프로그램의 개발 과정을 표준화하여 효율적인 작업이 되도록 함
- 개발 과정에서 추가 및 변경에 대한 혼란을 감소시킴
- 시스템 개발팀에서 운용팀으로 인수, 인계를 쉽게 하도록 함
- 시스템 운용자가 시스템 운용을 용이하게 할 수 있음
- 유지 보수를 용이하게 함

① 문제 분석 ② 프로그램 문서화
③ 프로그램 구현 ④ 입 · 출력 설계

해설 **프로그램 문서화의 목적**
㉠ 프로그램의 개발 요령과 순서를 표준화함으로써 보다 효율적인 개발이 가능하다.
㉡ 프로그램 개발 중의 변경 사항에 대한 대처가 용이하다.
㉢ 프로그램의 인수, 인계가 용이하며 프로그램 운용이 용이하다.
㉣ 개발 후 운영 과정에서 프로그램의 유지, 보수가 용이하다.

34 **프로그래밍 언어의 구문 요소 중 프로그램의 실행과는 관계 없고 프로그램의 이해를 돕기 위해 설명을 적어두는 부분으로 프로그램의 가독성을 향상시키는 요소는?**

① Comment ② Reserved Word
③ Operator ④ Keyword

정답 30.① 31.③ 32.③ 33.② 34.①

해설 Comment(주석) : 프로그램의 이해를 돕기 위해 설명을 적어두는 부분으로 실제 프로그램에 영향을 주지 않는다.

35 고급 언어로 작성된 프로그램을 구문 분석하여 작성된 표현식이 BNF 정의에 바르게 작성되었는지를 확인하기 위한 트리는?

① Parse Tree ② Lexical Tree
③ Binary Tree ④ Shift Tree

해설 작성된 프로그램이 프로그래밍 언어의 문법에 맞게 작성되었는지 체크하는 과정에서 각각의 문장을 문법 구조에 따라 트리 형태로 구성한 것을 파스트리(parse tree)라고 한다.

36 운영 체제의 목적과 거리가 먼 것은?

① 신뢰도 향상 ② 처리 능력 향상
③ 사용 가능도 향상 ④ 응답 시간 연장

해설 운영 체제의 목적
㉠ 사용자 인터페이스 제공
㉡ 컴퓨터 시스템의 성능 향상
㉢ 처리 능력의 향상 및 사용 가능도의 향상
㉣ 응답 시간의 단축 및 신뢰성의 향상

37 수행 시간이 적은 작업을 먼저 처리하는 스케줄링 기법은?

① HRN ② SJF
③ Round Robin ④ SRT

해설 ㉠ FIFO(또는 FCFS ; First Come First Served) 스케줄링 : 가장 간단한 기법으로 먼저 대기 큐에 들어온 작업순으로 처리하는 기법이다.
㉡ SJF(Shortest Job First) 스케줄링 : 처리할 작업 시간이 가장 짧은 것부터 먼저 처리하는 기법이다.
㉢ HRN(Highest Response Ratio Next) 스케줄링 : SJF 스케줄링 기법의 단점인 긴 작업과 짧은 작업의 지나친 불평등을 보완한 스케줄링 기법으로 우선 순위 계산식에 의해 작업을 처리하는 기법이다.
㉣ RR(Round Robin) 스케줄링 : 각 프로세스들이 주어진 시간 할당량(time slice) 안에 작업을 처리해야 하는 기법으로 대화식 시분할 시스템에 적합하다.
㉤ SRT(Shortest Remaining Time) 스케줄링 : 작업이 완료될 때까지 남은 처리 시간이 가장 짧은 프로세스를 먼저 처리하는 기법이다.

38 교착 상태의 해결 기법 중 상호 배제 부정, 비선점 부정, 점유와 대기 부정, 환형 대기 부정과 관계 있는 기법은?

① 예방 ② 회피
③ 발견 ④ 회복

해설 교착 상태의 해결 기법

예방 기법 (prevention)	교착 상태가 발생되지 않도록 미리 교착 상태 발생의 4가지 조건(상호 배제, 비선점, 점유와 대기, 환형 대기) 중 하나를 부정하는 기법이다.
회피 기법 (avoidance)	교착 상태가 발생할 가능성을 배제하지 않고, 교착 상태 가능성을 회피하는 기법으로 은행가 알고리즘(banker's algorithm)이 대표적이다.
발견 기법 (detection)	시스템에 교착 상태가 발생했는지 수시로 점검하여 교착 상태에 있는 프로세스와 자원을 발견하는 기법이다.
회복 기법 (recovery)	교착 상태를 일으킨 프로세스를 강제적으로 종료시키거나 교착 상태의 프로세스에 할당된 자원을 강제적으로 회수하여 다른 프로세스에 자원을 제공하는 기법이다.

39 C언어의 이스케이프 시퀀스에 대한 설명이 옳지 않은 것은?

① ₩r : carriage return
② ₩t : tab
③ ₩b : backup
④ ₩n : new line

해설 ₩b : backspace

정답 35.① 36.④ 37.② 38.① 39.③

40 C언어의 기억 클래스의 종류가 아닌 것은?

① 자동 변수 ② 정적 변수
③ 레지스터 변수 ④ 내부 변수

해설 C언어의 기억 클래스의 종류는 자동 변수(automatic variable), 정적 변수(static variable), 외부 변수(external variable), 레지스터 변수(register variable)이다.

41 2진수 10011000을 16진수로 변환한 것은?

① 89 ② 98
③ A9 ④ 9A

해설 2진수와 16진수와의 변환은 2진수 4비트 단위로 직접 변환한다.

1001 1000
↓ ↓
9 8

42 2진수 11001001의 1의 보수와 2의 보수는?

① 1의 보수 11001000, 2의 보수 11001010
② 1의 보수 01001001, 2의 보수 01001010
③ 1의 보수 00110111, 2의 보수 00110110
④ 1의 보수 00110110, 2의 보수 00110111

해설 ㉠ 1의 보수 : 0과 1을 바꾼 것. 즉 0 → 1, 1 → 0
㉡ 2의 보수 : 1의 보수 +1

43 3초과 코드(1001 0111 0101)를 BCD로 바꾼 것은?

① 0110 0100 0010
② 1001 1011 1101
③ 0111 0101 0011
④ 1000 1010 1100

해설 3초과 코드는 BCD에 3(0011)을 더한 것이므로 BCD로 다시 바꾸려면 3을 빼면 된다.
1001－0011＝0110
0111－0011＝0100
0101－0011＝0010

44 8421 코드에 별도의 3비트 패리티 비트를 부가하여 7비트로 구성한 코드로 오류 검사뿐만이 아니라 교정까지 가능한 코드는?

① 3초과 코드
② 해밍 코드
③ 그레이 코드
④ BCD 코드

해설 에러를 검출하고 교정까지 할 수 있는 코드는 해밍 코드뿐이다.

45 불 대수의 분배 법칙은?

① $A + \overline{A} = 1$
② $A + B = B + A$
③ $A + (B + C) = (A + B) + C$
④ $A + BC = (A + B)(A + C)$

해설 ①은 보원 법칙, ②는 교환 법칙, ③은 결합 법칙, ④는 분배 법칙

46 복잡한 논리식을 최소화하는 데 가장 적절한 것은?

① 드모르강 법칙
② 카르노 맵
③ 불 대수
④ 플로우 차트

해설 **논리식 간소화 방법의 종류**
㉠ 불 대수에 의한 방법 : 간단한 논리식의 경우
㉡ 카르노 맵에 의한 방법 : 복잡하고 다변수의 경우

47 4변수 카르노 맵에서 최소항의 개수는?

① 4개 ② 8개
③ 12개 ④ 16개

해설 **4변수 카르노 맵** : 4×4＝16개의 최소항으로 구성된다.

정답 40.④ 41.② 42.④ 43.① 44.② 45.④ 46.② 47.④

CD \ AB	00	01	11	10
00	0	4	12	8
01	1	5	13	9
11	3	7	15	11
10	2	6	14	10

CD \ AB	00	01	11	10
00	A′B′C′D′	A′BC′D′	ABC′D′	AB′C′D′
01	A′B′C′D	A′BC′D	ABC′D	AB′C′D
11	A′B′CD	A′BCD	ABCD	AB′CD
10	A′B′CD′	A′BCD′	ABCD′	AB′CD′

48

JK 플립플롭에서 J=K=1일 때 클록 인가에 따른 출력은?

① 0　　② 1
③ 반전　　④ 전상태 유지

해설

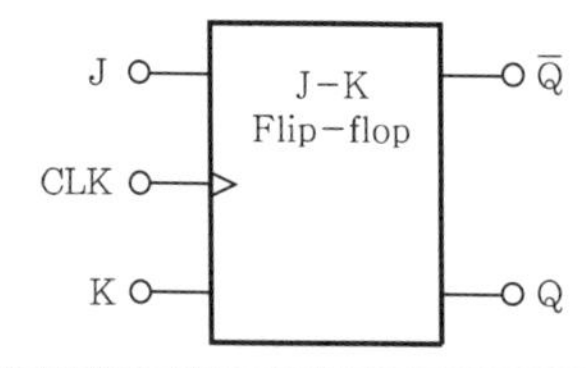

J	K	Q
0	0	유지
0	1	0
1	0	1
1	1	반전

49

RS 플립플롭에서 R입력 라인에 인버터를 추가하여 인버터 출력을 S라인 입력으로 한 것은?

① JK 플립플롭
② D 플립플롭
③ T 플립플롭
④ 마스터-슬레이브 플립플롭

해설 RS 플립플롭 기호와 논리표

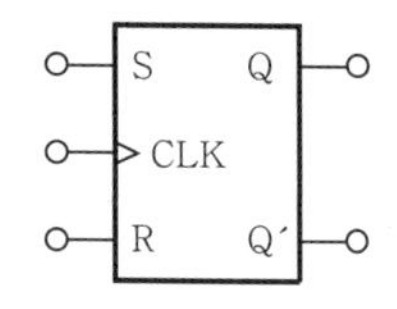

S	R	Q(next)
0	0	Q
0	1	0
1	0	1
1	1	NA

S입력과 R입력 사이에 인버터를 추가하면 D플립플롭 논리가 된다.

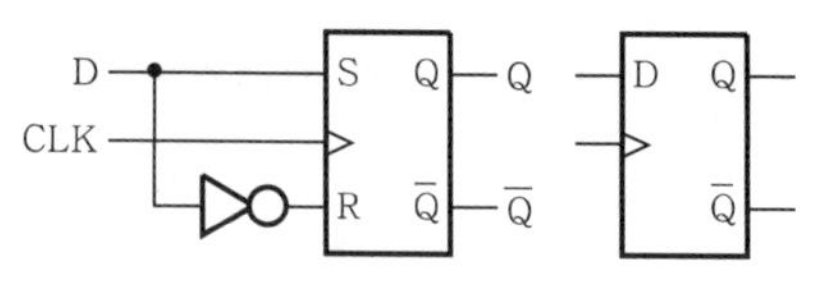

(a) 회로도　　(b) 기호

입 력		출 력
CLK D	D	Q
↑	0	0
↑	1	1

(c) 진리표

50

다음과 같은 다이오드 로직과 연산 결과가 같은 것은?

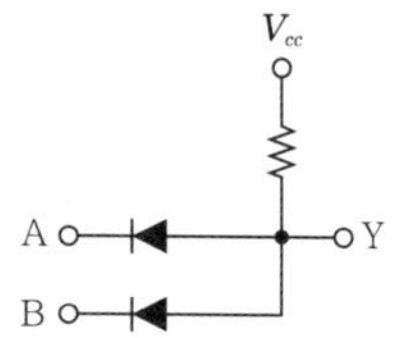

① AND
② OR
③ NAND
④ NOR

해설 입력 A, B 모두 "1"일 때 두 다이오드가 OFF 상태가 되어 출력 "1"(V_{cc})이 된다.

51

다음 회로의 명칭은?

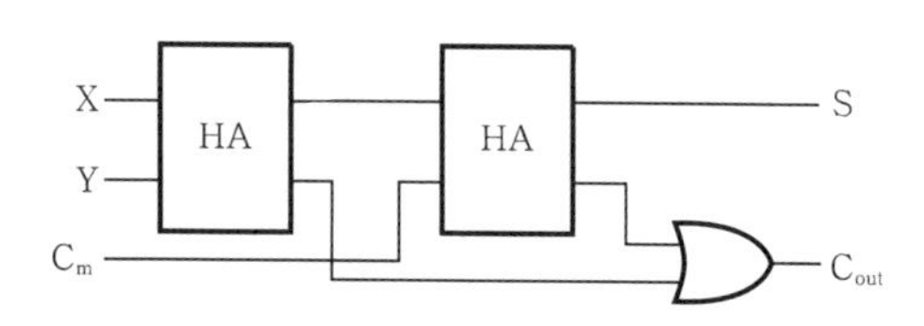

① 반가산기　　② 전가산기
③ 반감산기　　④ 전감산기

해설 **전가산기의 구조** : 2개의 반가산기(HA)를 연결한 것이다.

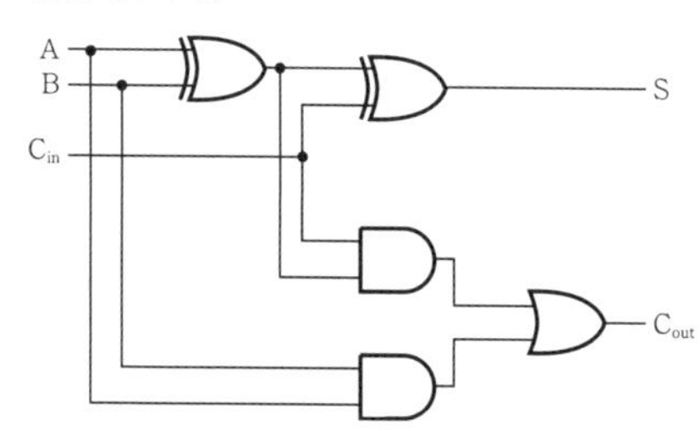

정답 48.③ 49.② 50.① 51.②

52 반감산기에서 차를 구하기 위한 논리 게이트는?

① AND ② OR
③ NAND ④ XOR

해설 반감산기 구조

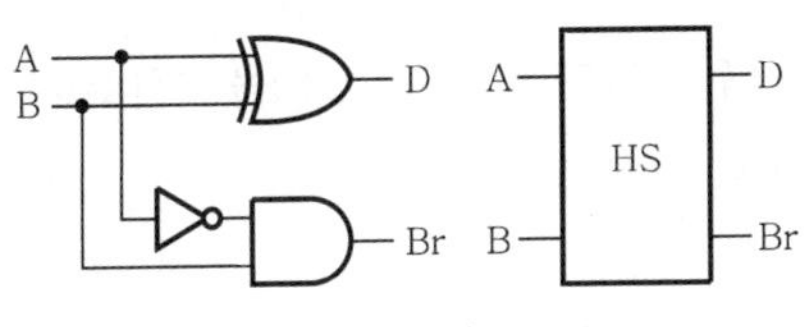

여기서, D : 차, Br : 빌림수

53 입력으로 주어진 정보를 코드화하여 출력으로 하는 것으로서 해독기와 반대 기능을 하는 조합 논리 회로는?

① 부호기
② 멀티 플렉서
③ 레지스터
④ 전감산기

해설 부호기(encoder)는 2^n개의 입력 중 하나가 선택이 되면 그에 따른 n개의 출력선으로 2진 정보 코드가 출력되는 회로이다.

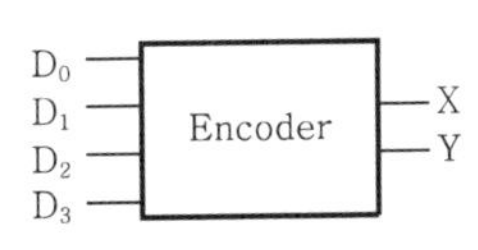

D_3	D_2	D_1	D_0	X	Y
0	0	0	1	0	0
0	0	1	0	0	1
0	1	0	0	1	0
1	0	0	0	1	1

[4×2 엔코더의 논리 예]

54 1×4 디멀티 플렉서에서 필요한 선택 신호의 개수는?

① 1개 ② 2개
③ 4개 ④ 8개

해설 출력이 4개이므로 $2^n = 4$에서 $n = 2$개이다.

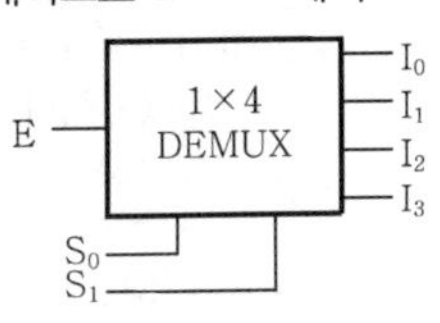

[1×4 디멀티 플렉서]

55 동기식 순서 회로 설계 순서대로 바르게 나열된 것은?

> ㉠ 플립플롭 제어신호 결정
> ㉡ 클록에 따른 각 플립플롭 상태 천이표 작성
> ㉢ 카르노 맵을 이용하여 단순화

① ㉢-㉡-㉠ ② ㉢-㉠-㉡
③ ㉡-㉠-㉢ ④ ㉠-㉡-㉢

해설 동기식 순서 회로 설계 시 제일 먼저 입력에 따른 플립플롭 상태 천이표를 작성하고 마지막에 카르노 맵을 이용하여 논리 간략화를 수행한 후 이를 바탕으로 설계한다.

56 계수기에서 가장 기본이 되는 계수기로서, 일반적으로 리플 계수기라고 하는 것은?

① 상향 계수기
② 하향 계수기
③ 비동기식 계수기
④ 동기식 계수기

해설 비동기식 계수기를 다른 용어로 리플 계수기라고도 한다.

57 다음 중 시프트 레지스터를 이용하여 수행할 수 있는 연산은?

① 덧셈 ② 뺄셈
③ 보수 ④ 곱셈

정답 52.④ 53.① 54.② 55.③ 56.③ 57.④

해설 시프트 연산의 예

㉠ 0010(2) : 왼쪽 1비트를 시프트하면 0100(4)이다.

㉡ 1000(8) : 오른쪽 1비트를 시프트하면 0100(4)이다.

즉 왼쪽 시프트 동작은 ×2의 연산이고 오른쪽 시프트 동작은 ÷2 연산에 해당된다.

58 순서 논리 회로를 설계할 때 사용되는 상태표의 구성 요소가 아닌 것은?

① 현재 상태　　② 다음 상태
③ 이전 상태　　④ 출력

해설 순서 논리 회로 설계를 위한 상태표의 예

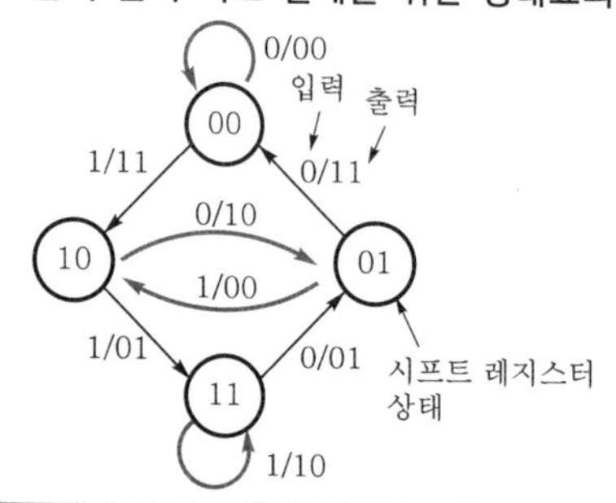

입력	현재 상태		다음 상태		출 력	
m_1	m_2 (T)	m_3 (T)	m_2 (T+1)	m_2 (T+1)	P_1	P_2
0	0	0	0	0	0	0
1	0	0	0	1	1	1
0	1	0	0	1	0	1
1	1	0	1	1	1	1
0	0	1	0	0	1	1
1	0	1	1	0	0	0
0	1	1	0	1	0	1
1	1	1	1	0	1	0

59 다음 중 조합 논리 회로가 아닌 것은?

① 비교기　　② 계수기
③ 인코더　　④ 감산기

해설 계수기, 레지스터는 순서 논리 회로이다.

60 그레이 코드 1110을 2진수로 변환하면?

① 1001　　② 1110
③ 1011　　④ 0111

해설

```
    +     +     +
1     1     1     0
↓  ↗  ↓  ↗  ↓  ↗  ↓
1     0     1     1
```

정답 58.③ 59.② 60.③

2017년 CBT 기출복원문제(2)

01 전원 주파수가 60[Hz]인 정류 회로에서 출력에 맥동 주파수가 120[Hz]인 정류 방식은?

① 단상 반파 정류 ② 단상 전파 정류
③ 3상 반파 정류 ④ 3상 전파 정류

해설 정류 방식별 차이점

구 분	맥동 주파수	맥동률	최대 정류 효율	PIV
단상 반파 정류	60[Hz]	1.21[%]	40.6[%]	$PIV = V_m$
단상 전파 정류	120[Hz]	0.482[%]	81.2[%]	$PIV = 2V_m$ $PIV = V_m$ (브리지 정류 회로)
3상 반파 정류	180[Hz]	0.183[%]	–	–
3상 전파 정류	360[Hz]	0.042[%]	–	–

02 다음 회로에서 $V_{CC}=6[\text{V}]$, $V_{BE}=0.6[\text{V}]$, $R_B=300[\text{k}\Omega]$일 때 I_B는 얼마인가?

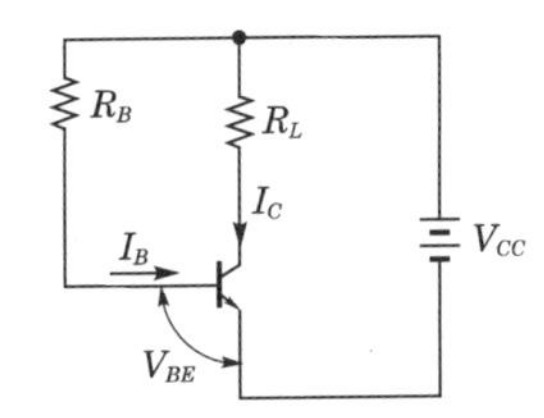

① 6[μA] ② 12[μA]
③ 18[μA] ④ 24[μA]

해설

$$I_B = \frac{V_{CC}-V_{BE}}{R_B} = \frac{6-0.6}{300\times10^3} = \frac{5.4}{3}\times10^{-5} = 1.8\times10^{-5} = 18[\mu\text{A}]$$

03 0.2[V]의 교류 입력이 20[V]로 증폭되었다면 증폭 이득은 몇 [dB]인가?

① 10[dB] ② 20[dB]
③ 40[dB] ④ 80[dB]

해설 증폭 이득[dB]은 증폭률의 상용 대수를 20배 한 것을 데시벨[dB] 단위로 나타낸 것이다.

$$\text{전압 증폭 이득[dB]} = 20\log\frac{V_{out}}{V_{in}} = 20\log\frac{20}{0.2} = 20\times2 = 40[\text{dB}]$$

04 저주파 증폭기에서 부의 되먹임을 인가하면 되먹임이 없을 경우와 비교하여 어떻게 되는가?

① 전압 이득이 커진다.
② 주파수 통과 대역이 좁아진다.
③ 주파수 통과 대역이 넓어진다.
④ 파형이 일그러진다.

해설 부궤환 증폭기의 특성
㉠ 주파수 특성이 개선 : 주파수 대역이 좁아진다.
㉡ 증폭도가 안정적이고 일그러짐이 감소
㉢ 출력 잡음이 감소, 이득 감소
㉣ 고입력 임피던스, 저출력 임피던스

05 연산 증폭기의 입력 오프셋 전압에 대한 설명으로 가장 알맞은 것은?

① 차동 출력을 0[V]가 되도록 하기 위해 두 입력 단자 사이에 걸어주는 전압
② 출력 전압이 무한대가 되도록 두 입력 단자 사이에 걸어주는 전압
③ 출력 전압과 입력 전압이 같도록 두 입력 단자 사이에 걸어주는 전압
④ 두 입력 단자가 접지되었을 때 입력과 출력 전압의 차이다.

정답 01.② 02.③ 03.③ 04.② 05.①

해설 입력 오프셋 전압이란 연산 증폭기에서 차동 출력을 0[V]가 되도록 하기 위하여 입력 단자 사이에 걸어주는 전압을 말한다.

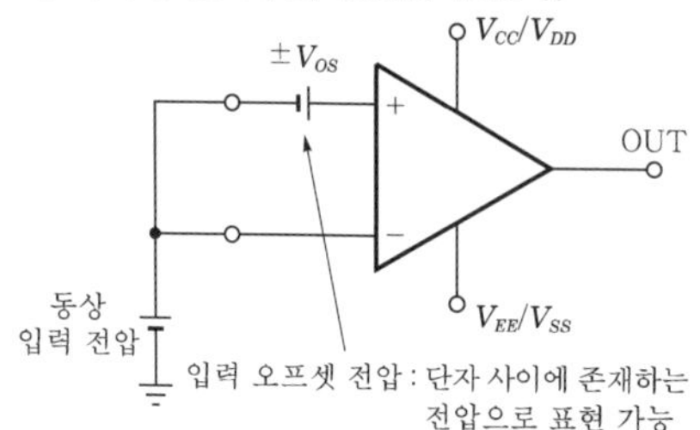

06 다음 중 압전 효과를 이용한 발진기는?

① LC 발진기 ② RC 발진기
③ 수정 발진기 ④ 하틀리 발진기

해설 **수정 발진기** : 압전기 물질의 결정이 진동할 때 생기는 기계적인 공명을 이용한 전기 발진기이며, 정확한 주파수를 만든다. 압전 물질로는 대부분 수정(quartz) 결정체를 사용하기 때문에 수정 발진기로 알려져 있다.

07 진폭 변조에서 변조된 파형의 전압의 최대값이 35[V], 최소값이 5[V]일 때 변조도는 얼마인가?

① 0.35 ② 0.55
③ 0.75 ④ 0.95

해설 변조도(m)란 반송파를 어느 정도 변화시키며 원 정보 신호를 담아낼 수 있는 정도를 나타낸다.
과변조를 피하기 위해 $m < 1$이어야 한다.

$$m = \frac{\text{신호파 진폭}}{\text{반송파 최대 진폭}} = \frac{35-5}{35+5} = 0.75$$

08 다음 중 디지털 변조 방식이 아닌 것은?

① AM ② ASK
③ FSK ④ PSK

해설 ㉠ 아날로그 변조 방식의 종류 : AM(진폭 변조), FM(주파수 변조)
㉡ 디지털 변조 방식의 종류 : 진폭 편이 변조(ASK), 주파수 편이 변조(FSK), 위상 편이 변조(PSK), 직교 진폭 변조(QAM)

09 펄스의 상승 변화 시 펄스와 반대 방향으로 생기는 상승 부분의 최대 돌출 부분을 무엇이라 하는가?

① 새그 ② 오버슈트
③ 스파이크 ④ 링잉

해설 ㉠ 링잉(ringing) : 펄스의 오버슈트 및 언더슈트로 인한 진동이 발생하는 부분
㉡ 언더슈트(undershoot) : 하강 파형에서 이상적 펄스파의 기준 레벨보다 아랫 부분의 높이(d)
㉢ 새그(sag) : 펄스 하강 경사도
㉣ 오버슈트(overshoot) : 상승 파형에서 이상적 펄스파의 진폭(V)보다 높은 부분의 높이

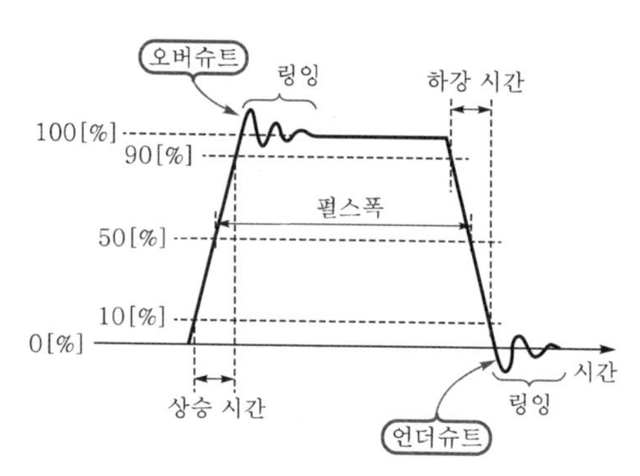

10 트랜지스터 증폭 회로에서 베이스 접지 전류 증폭률(α)이 0.96이라면 이미터 접지 회로 전류 증폭률(β)은 얼마인가?

① 12 ② 24
③ 46 ④ 96

해설 $$\beta = \frac{\alpha}{1-\alpha} = \frac{0.96}{1-0.96} = \frac{0.96}{0.04} = 24$$

정답 06.③ 07.③ 08.① 09.② 10.②

11 컴퓨터 시스템에서 ALU의 목적은 무엇인가?

① 어드레스 버스 제어
② OP코드 번역
③ 필요한 머신 사이클 횟수 계산
④ 산술과 논리 연산 실행

해설 연산 장치(ALU ; Arithmetic Logic Unit)는 프로그램의 사칙 연산, 논리 연산을 수행하고 비교 및 판단, 데이터의 이동, 편집 등의 역할을 수행한다.

12 연산 결과의 상태를 기록하고, 자리올림 및 오버플로 등 연산에 관계되는 상태와 인터럽트 신호도 나타내는 것은?

① 누산기
② 가산기
③ 상태 레지스터
④ 데이터 레지스터

해설

종 류	설 명
ACC (ACCumulator) : 누산기	연산의 결과를 일시적으로 기억
Adder : 가산기	누산기와 데이터 레지스터에 보관된 데이터 값을 더하여 그 결과를 누산기에 저장
Data Register : 데이터 레지스터	주기억 장치의 데이터를 일시적으로 저장을 위해 사용되는 레지스터
Status Register : 상태 레지스터	현재 상태를 나타내는 레지스터 PSW(Program Status Word)라고도 함
Index Resister : 인덱스 레지스터	주소 변경을 위해 사용되는 레지스터

13 주소 개념이 거의 사용되지 않는 보조 기억 장치로서 순서에 의해서만 접근하는 기억 장치(SASD)는 무엇인가?

① Magnetic Tape
② Magnetic Disk
③ Magnetic Core
④ Random Access Memory

해설 자기테이프(magnetic tape)는 순서에 의해서만 접근하는 순차접근 저장매체(SASD)이고 자기디스크, 자기코어, CD-ROM, 하드디스크는 직접접근 저장매체(DASD)이다.

14 Program 수행 중 서브루틴(sub-routine)으로 돌입할 때 프로그램의 리턴 번지(return address)수를 LIFO(Last-In First-Out) 기술로 메모리의 일부에 저장한다. 이 메모리와 가장 밀접한 자료 구조는?

① 큐 ② 트리
③ 스택 ④ 그래프

해설 스택(stack)은 0-주소 지정 방식의 메모리 구조로 후입 선출(LIFO ; Last-In First-Out) 방식의 자료 구조이다.

15 주기억 장치로부터 명령어를 읽어서 중앙 처리 장치로 가져오는 사이클은?

① Fetch Cycle
② Indirect Cycle
③ Execute Cycle
④ Interrupt Cycle

해설

인출 사이클 (fetch cycle)	주기억 장치로부터 명령을 읽어 CPU로 가져오는 사이클
간접 사이클 (indirect cycle)	오퍼랜드가 간접 주소일 때 유효 주소를 읽기 위해 기억 장치에 접근하는 사이클
실행 사이클 (execute cycle)	인출된 명령어를 이용하여 직접 명령을 실행하는 사이클
인터럽트 사이클 (interrupt cycle)	인터럽트가 발생했을 때 처리하는 사이클

정답 11.④ 12.③ 13.① 14.③ 15.①

16 **중앙 처리 장치로부터 입·출력 지시를 받게 되면, 직접 주기억 장치에 접근하여 데이터를 꺼내어 출력하거나 입력한 데이터를 기억시킬 수 있고 입·출력에 관한 모든 동작을 자율적으로 수행하는 입·출력 제어 방식은?**

① 채널 방식 ② DMA 방식
③ 인터럽트 방식 ④ 프로그램 제어 방식

해설 DMA(Direct Memory Access) 방식은 중앙 처리 장치(CPU)의 간섭 없이 주기억 장치와 입·출력 장치 사이에서 직접 전송이 이루어지는 방식이다.

17 **하나의 채널이 고속 입·출력 장치를 하나씩 순차적으로 관리하며 블록(Block) 단위로 전송하는 채널은?**

① 셀렉터 채널
② 사이클 채널
③ 멀티 플렉서 채널
④ 블록 멀티 플렉서 채널

해설 **채널의 종류**

셀렉터 채널	• 고속의 입·출력 장치(자기테이프, 자기디스크 등)에 사용되는 채널 • 한 번에 한 개의 장치를 선택하여 동작 • 데이터 전송 : 블록 단위
멀티 플렉서 채널	• 저속의 입·출력 장치(카드리더, 프린터 등)에 사용되는 채널 • 한 번에 여러 개의 장치를 선택하여 동작 • 데이터 전송 : 바이트 단위
블록 멀티 플렉서 채널	• 셀렉터 채널과 멀티 플렉서 채널의 장점만 채택 • 데이터 전송 : 블록 단위

18 **소프트웨어에 의한 우선 순위(priority) 체제에 관한 설명 중 옳지 않은 것은?**

① 별도의 하드웨어가 필요없으므로 경제적이다.
② 인터럽트 요청 장치의 패널에 시간이 많이 걸리므로 반응 속도가 느리다.
③ 폴링 방법이라고 한다.
④ 하드웨어 우선 순위 체제에 비해 우선 순위의 변경이 매우 복잡하다.

해설 소프트웨어에 의한 우선 순위의 변경은 복잡하지 않다.

19 **병렬 전송에 대한 설명 중 틀린 것은?**

① 하나의 통신 회선을 사용하여 한 비트씩 순차적으로 전송하는 방식이다.
② 문자를 구성하는 비트 수만큼 통신 회선이 필요하다.
③ 원거리 전송인 경우 여러 개의 통신 회선이 필요하므로 회선 비용이 많이 든다.
④ 한 번에 한 문자를 전송하므로 고속 처리를 필요로 하는 경우와 근거리 데이터 전송이 유리하다.

해설 하나의 통신 회선을 사용하여 한 비트씩 순차적으로 전송하는 방식은 직렬 전송이다.

20 **다음 그림과 같이 중앙에 컴퓨터가 있고 일정 지역 단말기까지는 하나의 통신 회선으로 연결시키고 그 외의 단말기는 일정 지역 단말기에서 연장되는 형태의 통신망은?**

① 성형 통신망 ② 루프형 통신망
③ 그물형 통신망 ④ 계층형 통신망

해설 ㉠ 성형(star) 통신망 : 중앙의 컴퓨터와 단말기들이 1 : 1로 연결되어 있는 형태로 중앙 컴퓨터의 고장 시 전체 시스템이 마비된다.

정답 16.② 17.① 18.④ 19.① 20.④

㉡ 루프형(loop) 통신망 : 링형이라고도 하며 컴퓨터와 단말기들이 서로 이웃하는 것끼리만 연결된 형태로 양방향 전송이 가능하고, 근거리 통신망(LAN)에서 주로 사용된다.

㉢ 그물형(mesh) 통신망 : 망형이라고도 하며 모든 단말기들이 통신 회선으로 연결된 상태로 통신 회선의 길이가 가장 길다.

㉣ 계층형(hierarchical) 통신망 : 트리형이라고도 하며 중앙에 컴퓨터가 있고 단말기에서 다시 연장되어 연결된 형태로 분산 처리가 가능하다.

㉤ 버스형(bus) 통신망 : 한 통신 회선에 여러 대의 단말기가 접속되는 형태로 구조가 간단하며, 단말기의 추가 및 제거가 용이하다.

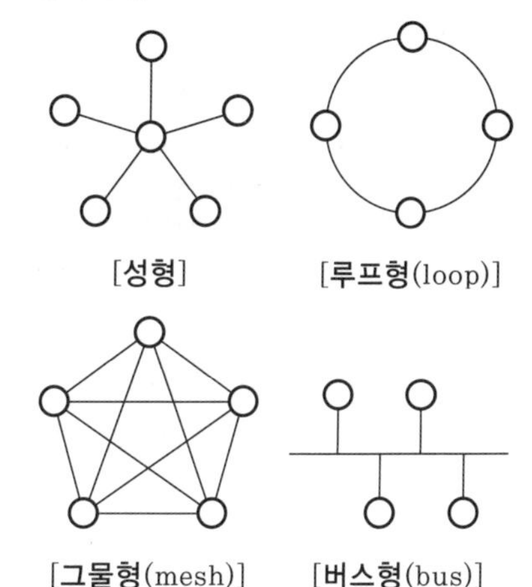

21 다음 중 게이트당 소모 전력[mW]이 가장 적은 IC는?

① DTL ② RTL
③ TTL ④ CMOS

해설 CMOS(0.01[mW])<DTL(8[mW])<TTL(10[mW])<RTL(12[mW])

22 10진수 95를 BCD코드로 변환하면?

① 1010 0101 ② 0101 1010
③ 1001 0101 ④ 0101 1001

해설 BCD코드로 변환할 때는 각 자리수를 4bit씩 10진수로 변환한다.

$\underset{9}{\underline{1001}}\ \underset{5}{\underline{0101}}$

23 컴퓨터에서 연산을 위한 수치 표현 방법 중 부호, 지수 및 가수로 구성되는 것은?

① 부동 소수점 표현 형식
② 고정 소수점 표현 형식
③ 언팩 표현 형식
④ 팩 표현 형식

해설 **부동 소수점 형식**

㉠ 2진 실수 데이터 표현과 연산
㉡ 지수부와 가수부로 구성
㉢ 고정 소수점보다 복잡하고 실행 시간이 많이 걸리나 아주 큰 수나 작은 수 표현 가능
㉣ 소수점은 자릿수에 포함되지 않으며, 암묵적으로 지수부와 가수부 사이에 있는 것으로 간주
㉤ 지수부와 가수부를 분리시키는 정규화 과정 필요

24 이항(binary) 연산에 해당하는 것은?

① SHIFT ② MOVE
③ XOR ④ COMPLEMENT

해설 ㉠ 단항 연산 : MOVE, NOT, SHIFT, ROTATE, COMPLEMENT 등
㉡ 이항 연산 : 사칙 연산(+, −, *, /), AND, OR, XOR 등

25 연산 회로 중 시프트에 의하여 바깥으로 밀려나는 비트가 그 반대편의 빈 곳에 채워지는 형태의 직렬 이동과 관계되는 것은?

① COMPLEMENT ② ROTATE
③ AND ④ OR

해설 밀려나온 비트가 그 반대편의 빈 곳으로 채워지는 연산은 ROTATE(로테이트)이다.

정답 21.④ 22.③ 23.① 24.③ 25.②

26 AND 연산에서 레지스터 내의 어느 비트(bit) 또는 문자를 지울 것인지를 결정하는 bit는?

① Mask bit ② Parity bit
③ Sign bit ④ Check bit

해설 비트(bit) 또는 문자의 삭제를 결정하는 입력 데이터를 마스크 비트(mask bit)라 한다.

27 2진수 0111을 그레이 코드로 올바르게 변환한 것은?

① 0111 ② 0101
③ 1000 ④ 0100

해설 2진수를 그레이 코드로 변환
㉠ 최상위 비트값은 변화 없이 그대로 내려 쓴다.
㉡ 두 번째 비트부터는 인접한 비트값끼리 XOR(eXclusive-OR) 연산한 값을 내려 쓴다.

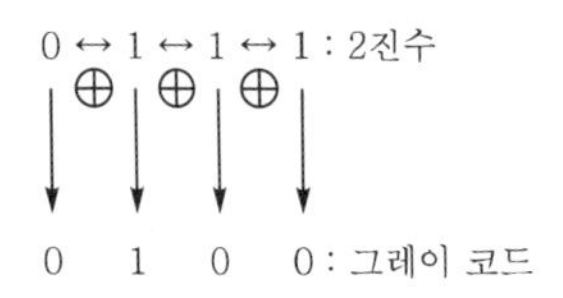

28 1×4 디멀티 플렉서(DMUX ; DeMultiplexer)에서 필요한 선택 신호의 개수는?

① 1개 ② 2개
③ 4개 ④ 8개

해설 1×2^n 디멀티 플렉서는 하나의 입력과 2^n개의 출력선 중에서 하나의 출력선을 선택하기 위하여 n개의 선택선을 가진다. 따라서 1×4 디멀티 플렉서는 1×2^2이므로 선택선의 개수는 2개이다.

29 주기억 장치의 크기가 4[kbyte]일 때 번지수는?

① 0번지에서 3,999번지까지
② 1번지에서 4,000번지까지
③ 0번지에서 4,095번지까지
④ 1번지에서 4,095번지까지

해설 ㉠ $4=2^2$
㉡ $[kbyte]=2^{10}$
㉢ $4[kbyte]=2^2\times2^{10}=2^{12}=4,096$이므로 번지수는 0번지에서 4,095번지까지이다.

30 공유하고 있는 통신 회선에 대한 제어 신호를 각 노드 간에 순차적으로 옮겨가면서 수행하는 방식은?

① CD 방식
② CSMA 방식
③ ALOHA 방식
④ TOKEN PASSING 방식

해설 TOKEN PASSING 방식은 통신 회선에 대한 제어 신호를 각 노드 간에 순차적으로 옮겨가면서 데이터를 전송하는 방식이다.

31 어셈블리어에 대한 설명으로 옳은 것은?

① 고급 언어에 해당한다.
② 실행을 위하여 기계어로 번역하는 과정이 필요 없다.
③ 기호 언어이다.
④ 호환성이 좋은 언어이다.

해설 어셈블리어
㉠ 기계어를 기호(symbol)로 대치한 저급 언어로 기호 언어라고도 한다.
㉡ 언어에 대한 전문 지식이 필요하며 호환성이 떨어진다.
㉢ 기계어로 번역하기 위해 어셈블러(Assembler)가 필요하다.

32 프로그래밍 언어의 해독 순서로 옳은 것은?

① 컴파일러 → 로더 → 링커
② 로더 → 컴파일러 → 링커
③ 링커 → 로더 → 컴파일러
④ 컴파일러 → 링커 → 로더

정답 26.① 27.④ 28.② 29.③ 30.④ 31.③ 32.④

해설 **프로그래밍 언어 번역 과정**

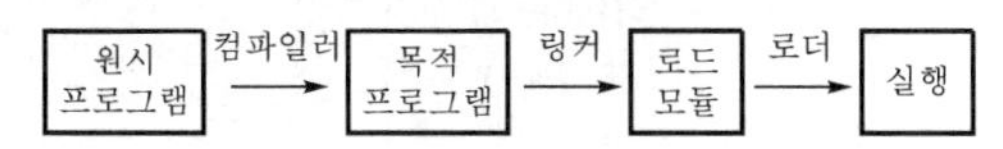

33 인터프리터 방식의 언어는?

① GW-BASIC ② C
③ COBOL ④ FORTRAN

해설 **인터프리터 언어**
㉠ 목적 프로그램을 생성하지 않고 필요할 때마다 기계어로 번역
㉡ 원시 프로그램을 줄 단위로 번역하여 바로 실행해 주는 번역 기법으로 대화식 처리가 가능(번역과 실행이 한꺼번에)
㉢ 인터프리터 언어 : BASIC, LISP, SNOBOL, APL 등

34 로더의 기능으로 거리가 먼 것은?

① Allocation
② Linking
③ Loading
④ Translation

해설 로더(Loader)는 실행 가능한 로드 모듈에 기억 공간의 번지를 지정하여 메모리에 적재시킨 후 실행시키는 서비스 프로그램으로 연결(linking) 기능, 할당(allocation) 기능, 재배치(relocation) 기능, 로딩(loading) 기능이 있다.

35 프로그래밍 절차가 옳게 나열한 것은?

① 문제 분석-입・출력 설계-순서도 작성-프로그램 코딩-실행
② 문제 분석-입・출력 설계-프로그램 코딩-순서도 작성-실행
③ 문제 분석-순서도 작성-입・출력 설계-프로그램 코딩-실행
④ 문제 분석-순서도 작성-프로그램 코딩-입・출력 설계-실행

해설 **프로그래밍 절차**

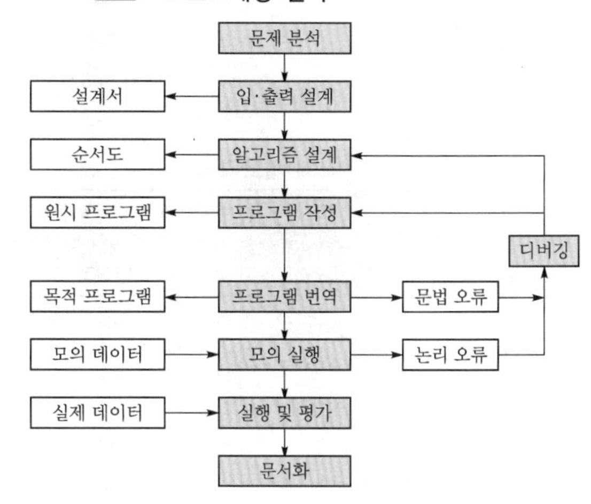

36 BNF 표기법에서 "선택"을 의미하는 기호는?

① # ② &
③ | ④ @

해설 **BNF(Backus-Naur Form : 배커스-나우어 형식)**
㉠ 프로그래밍 언어를 정의하기 위한 최초의 메타 언어이다.
㉡ BNF에 사용되는 기호

::=	정의
|	선택

37 운영 체제의 성능 평가 사항과 거리가 먼 것은?

① Availability ② Cost
③ Throughput ④ Turn around Time

해설 **운영 체제 성능 평가 요소**
㉠ 처리 능력(throughput) : 일정 시간 내에 시스템이 처리하는 일의 양
㉡ 사용 가능도(availability) : 시스템을 사용할 필요가 있을 때 즉시 사용 가능한 정도
㉢ 신뢰도(reliability) : 시스템이 주어진 문제를 정확하게 해결하는 정도
㉣ 응답 시간(turn around time) : 시스템에 작업을 의뢰한 시간부터 처리가 완료될 때까지 걸린 시간

정답 33.① 34.④ 35.① 36.③ 37.②

38 사용 횟수가 가장 적은 페이지를 교체하는 기법은?

① FIFO ② LFU
③ LRU ④ NUR

해설 **페이지 교체 알고리즘**

FIFO (First In First Out)	주기억 장치에 가장 먼저 들어온 가장 오래된 페이지를 교체하는 방법이다.
LRU (Least Recently Used)	계수기나 스택을 사용하여 가장 오랫동안 사용되지 않은 페이지를 교체하는 방법이다.
LFU (Least Frequency Used)	사용 횟수가 가장 낮은 페이지를 교체하는 방법이다.
NUR (Not Used Recently)	최근에 사용되지 않은 페이지를 교체하는 방법으로 최근의 사용 여부를 확인하기 위해서 참조 비트(reference bit)와 변형 비트(modified bit)가 사용된다.
최적화 기법 (OPT ; OPTimal replacement)	앞으로 가장 오랜 기간 동안 사용되지 않을 페이지를 선택하여 교체하는 기법이다.

39 교착 상태 발생의 필요 충분 조건으로 옳지 않은 것은?

① 선점(preemption)
② 상호 배제(mutual exclusion)
③ 점유와 대기(hold and wait)
④ 환형 대기(circular wait)

해설 **교착 상태 발생 조건**

상호 배제 (mutual exclusion)	프로세스가 필요한 자원에 대해 배타적 통제권을 요구하는 경우, 즉 프로세스가 이미 자원을 사용 중이면 다른 프로세스는 반드시 기다려야 한다.
비선점 (non preemption)	1개의 프로세스가 CPU를 점유하고 있을 때 다른 프로세스가 CPU를 빼앗을 수 없는 경우
점유와 대기 (hold and wait)	프로세스가 1개 이상의 자원을 할당받은 상태에서 다른 프로세스의 자원을 요구하면서 기다리는 경우
환형 대기 (circular wait)	프로세스 간 자원의 요구가 연속적으로 순환되는 원형과 같은 경우

40 C언어의 입·출력문 사용 시 데이터 형식을 규정하는 서술자의 설명으로 옳지 않은 것은?

① %e : 지수형
② %c : 문자열형
③ %f : 소수점 표기형
④ %u : 부호 없는 10진 정수형

해설 **입·출력 함수의 변환 문자**

형 식	의 미	예
%d	인수를 10진수 정수로 변환	scanf("%d", &num);
%o	인수를 8진수 정수로 변환	scanf("%o", &num);
%x	인수를 16진수 정수로 변환	scanf("%x", &num);
%u	인수를 부호가 없는 10진수 정수로 변환	scanf("%u", &num);
%c	인수를 단일문자로 변환	printf("%c", result);
%s	인수를 문자열로 변환	printf("%s", result);
%f	인수를 10진수 실수로 변환	printf("%f", result);
%e	인수를 10진수 실수의 지수로 변환	printf("%e", result);

41 2진수 11001001의 1의 보수와 2의 보수는?

① 1의 보수 11001000, 2의 보수 11001010
② 1의 보수 01001001, 2의 보수 01001010
③ 1의 보수 00110111, 2의 보수 00110110
④ 1의 보수 00110110, 2의 보수 00110111

정답 38.② 39.① 40.② 41.④

해설 ㉠ 1의 보수 : 0과 1을 바꾼 것. 즉 0 → 1, 1 → 0
㉡ 2의 보수 : 1의 보수 +1

42 미국에서 표준화한 정보 교환용 7비트 부호 코드로서 컴퓨터와 통신 장비를 비롯한 문자를 사용하는 많은 장치에서 사용되는 것은?

① UNICODE ② BCD
③ EBCDIC ④ ASCII

해설 ASCII(American Standard Code for Information Interchange) 코드는 미국에서 1967년에 표준화한 정보 교환용 7비트 부호 체계이다.
아스키는 7비트 인코딩으로, 존비트 3개, 디지트비트 4개로 구성된다.
33개의 출력 불가능한 제어 문자들과 공백을 비롯한 95개의 출력 가능한 문자들로 이루어진다. 출력 가능한 문자들은 52개의 영문 알파벳 대소문자와 10개의 숫자, 32개의 특수 문자, 그리고 하나의 공백 문자로 이루어진다.

43 불대수 기본 정리 중 틀린 것은?

① $A \cdot 0 = 0$
② $A \cdot A = A$
③ $A + A = A$
④ $A + 1 = A$

해설 1과 OR 연산은 "1"이다.
따라서 $A + 1 = 1$

44 RS 플립플롭 동작 규칙에 대한 설명으로 잘못된 것은?

① S=0, R=0이면 출력 Q는 현재 상태를 유지한다.
② S=1, R=0이면 출력 Q=0이다.
③ S=0, R=1이면 출력 Q=0이다.
④ S=1, R=1이면 다음 출력 Q는 예측 불가능하다.

해설 RS-FF의 진리표

R	S	Q_{n+1}
0	0	Q_n
0	1	1
1	0	0
1	1	X (부정)

45 펄스가 인가되면 현재 출력 상태와 반대로 반전 출력되는 플립플롭은?

① T 플립플롭 ② D 플립플롭
③ RS 플립플롭 ④ JK 플립플롭

해설 T(Toggle) 플립플롭은 펄스 인가시마다 출력이 반전된다.

[T-FF의 진리표]

T	Q_{n+1}
0	Q_n
1	$\overline{Q_n}$

46 다음 진리표에 해당하는 논리식은?

입 력		출 력
A	B	Y
0	0	0
0	1	1
1	0	1
1	1	0

① $Y = A + B$ ② $Y = A \cdot B$
③ $Y = A\overline{B} + \overline{A}B$ ④ $Y = \overline{A}B + A\overline{B}$

해설 XOR의 논리이다.
서로 다르면 출력이 1이 된다.
$Y = \overline{A}B + A\overline{B} = A \oplus B$

47 반가산기에서 두 입력 A=1, B=0이라면 합(S)과 올림수(C)는?

① S=0, C=0 ② S=0, C=1
③ S=1, C=0 ④ S=1, C=1

정답 42.④ 43.④ 44.② 45.① 46.④ 47.③

해설 반가산기 진리표와 회로

A	B	S	C
0	0	0	0
0	1	1	0
1	0	1	0
1	1	0	1

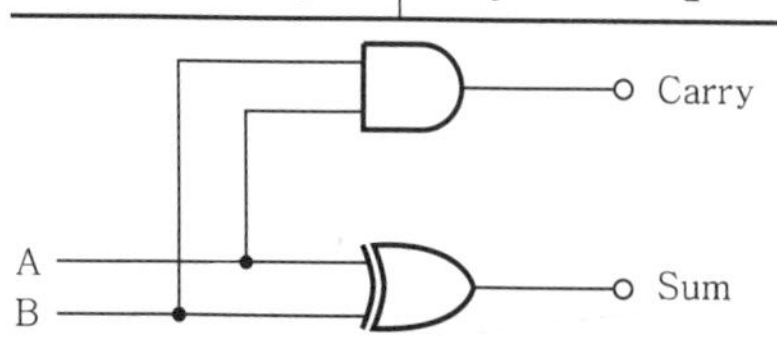

48 디지털 시스템에서 사용되는 2진 코드를 우리가 쉽게 알 수 있는 숫자나 문자로 변환해 주는 회로는?

① 인코더 ② 디코더
③ 멀티 플렉서 ④ 디멀티 플렉서

해설 디코더(decoder)는 n비트의 2진 코드를 최대 2^n개의 다른 정보로 바꾸어준다.

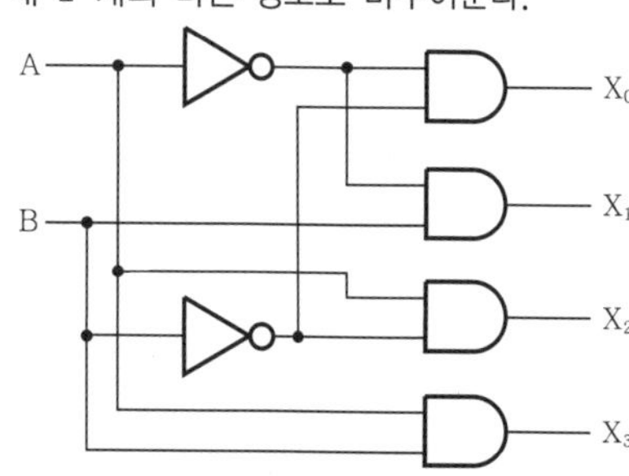

A	B	X_0	X_1	X_2	X_3
0	0	1	0	0	0
0	1	0	1	0	0
1	0	0	0	1	0
1	1	0	0	0	1

[2×4 디코더 회로 예]

49 8×1 멀티 플렉서는 몇 개의 선택선이 필요한가?

① 1개 ② 2개
③ 3개 ④ 4개

해설 선택 제어선의 조건에 따라 8개 입력 중 선택된 입력이 출력 신호로 결정된다.
$2^3 = 8$이므로 선택선이 3개가 필요하다.

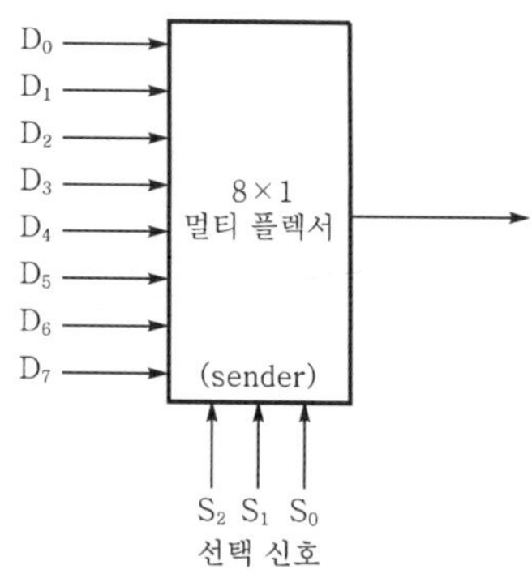

[8×1 멀티 플렉서 블록도]

50 다음 <보기>에서 조합 논리 회로 설계 순서를 단계적으로 바르게 나열한 것은?

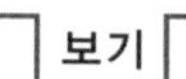

㉠ 카르노 맵 작성 ㉡ 진리표 작성
㉢ 논리 회로 작성 ㉣ 논리식의 간소화

① ㉠ → ㉡ → ㉢ → ㉣
② ㉠ → ㉡ → ㉣ → ㉢
③ ㉡ → ㉠ → ㉢ → ㉣
④ ㉡ → ㉠ → ㉣ → ㉢

해설 논리 회로를 설계 시 가장 먼저 할 일은 입력과 출력 간의 진리표를 작성하는 것이다.
진리표 작성 → 논리 회로의 간소화 → 논리 회로 설계

51 여러 개의 플립플롭이 종속 접속될 경우 각 플립플롭의 맨 처음 입력된 펄스에 의한 출력이 맨 마지막에 전파 시 시간 지연이 발생하게 되는데 이러한 문제를 해결하기 위한 계수기는?

① 비동기식 계수기 ② 동기식 계수기
③ 리플 계수기 ④ 링 계수기

정답 48.② 49.③ 50.④ 51.②

해설 문제의 설명은 비동기식 계수기의 대표적인 단점이다.
동기식 계수기는 펄스가 각 플립플롭에 병렬로 동시에 공급되므로 이러한 단점을 없앨 수 있다.

52 레지스터 사용 용도에 대해 거리가 먼 것은?

① 출력 장치로 정보를 전송하기 위해 데이터의 일시 저장
② 연산 장치의 입력 부분에 위치하여 연산 데이터의 일시 저장
③ 기억 장치로부터 받은 데이터의 처리를 위해 일시 저장
④ 일시 저장된 데이터를 영구히 고정

해설 ㉠ 레지스터는 컴퓨터 중앙 처리 장치 등 마이크로 프로세서 내의 레지스터는 데이터를 일시 저장할 수 있는 기능을 한다.
㉡ 명령어에 의해 저장, 인출, 시프트 등의 동작을 수행한다.

53 시프트 레지스터를 만들고자 할 때 가장 적합한 플립플롭은?

① T 플립플롭
② D 플립플롭
③ RS 플립플롭
④ JK 플립플롭

해설 시프트 레지스터는 입력 논리 구성이 쉬운 RS 플립플롭을 많이 사용된다.

54 다음 중 배타적 OR(exclusive-OR) 논리를 사용하는 회로가 아닌 것은?

① 보수기
② 패리티 검사
③ 2진 비교기
④ 슈미트 트리거

해설 슈미트 트리거는 히스테리시스 특성을 하드웨어적으로 논리 게이트에 적용한 것이다.

55 비동기형 리플 카운터에 대한 설명으로 틀린 것은?

① 모든 플립플롭의 상태가 동시에 변한다.
② 회로가 간단하다.
③ 동작 시간이 길다.
④ 주로 T형이나 JK 플립플롭을 사용한다.

해설 ①항은 동기식 플립플롭의 특징에 대한 것이다.

56 기억된 정보에 대하여 시프트 펄스 하나씩 공급할 때마다 순차적으로 다음 플립플롭에 옮기는 동작을 하는 레지스터는 무엇인가?

① 직렬 이동 레지스터
② 병렬 이동 레지스터
③ 공간 이동 레지스터
④ 상태 이동 레지스터

해설 시프트 레지스터에 대한 설명이다.

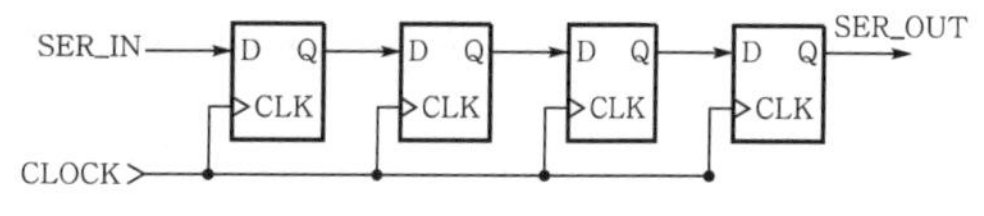

[시프트 레지스터 구조 예]

펄스가 입력될 때마다 1비트씩 우측 플립플롭으로 이동한다.

57 다음 계수기의 올바른 명칭은?

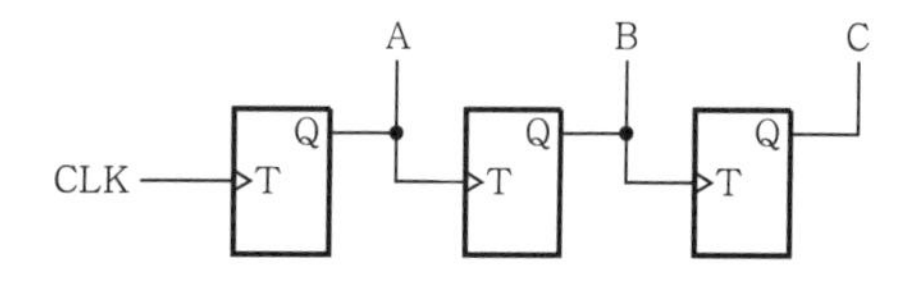

① 동기식 3진 링 계수기
② 동기식 8진 링 계수기
③ 비동기식 3진 리플 계수기
④ 비동기식 8진 리플 계수기

해설 각 플립플롭의 클록 입력이 직렬이므로 비동기식 계수기이다.
출력이 3비트이므로 $2^3=8$진 계수기이다.

정답 52.④ 53.③ 54.④ 55.① 56.① 57.④

58 전원 공급과 상관없이 저장된 내용을 반영구적으로 유지하는 비휘발성 메모리는?

① RAM ② ROM
③ SRAM ④ DRAM

해설 ㉠ RAM(Random Access Memory)은 전원이 끊어지면 기억된 내용이 사라지는 휘발성 메모리이다.
㉡ ROM(Read Only Memory)은 기억된 내용을 전원이 없어도 반영구적 유지하는 비휘발성 메모리이다.

59 1초당 전송되는 비트수를 무엇이라 하는가?

① BPS ② BAUD
③ RECORD ④ WORD

해설 BPS : Bit Per Second. 즉 1초당 전송되는 비트수이다.
※ BAUD : 보(baud, 단위 기호 "Bd")는 초당 펄스수 또는 초당 심벌수를 뜻한다. 이는 심벌 속도를 나타내는 단위로, 보(baud) 또는 변조 속도(modulation rate)로 알려져 있다. Baud rate란 "1초에 변조 횟수=1초당 얼마나 많은 데이터를 보내느냐"이다.

60 어떤 입력 상태에 대해 출력이 무엇이 되든지 상관없는 경우 출력 상태를 임의의 상태(don't care)라 하는데 카르노 맵에서 임의의 상태를 나타내는 기호는?

① X ② O
③ 1 ④ Y

해설 Don't care의 의미는 논리가 "0"이든 "1"이든 상관없는 즉 0, 1 논리가 전체 회로에 영향을 미치지 않는 것을 말한다. 카르노 맵에서는 "X"로 표시한다.

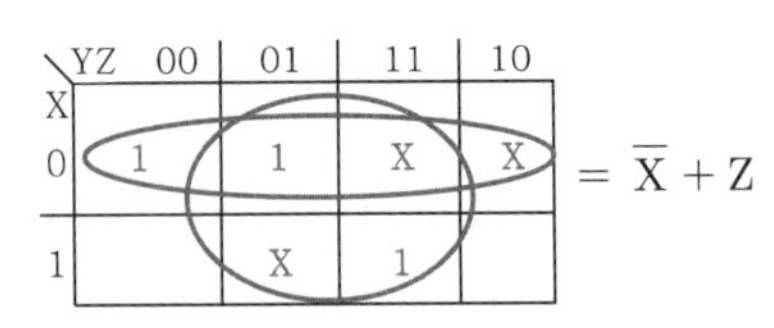

[Don't care가 있는 3변수 카르노 맵 예]

정답 58.② 59.① 60.①

2018년 CBT 기출복원문제(1)

01 다음 그림의 반도체 소자 회로 기호의 명칭은 무엇인가?

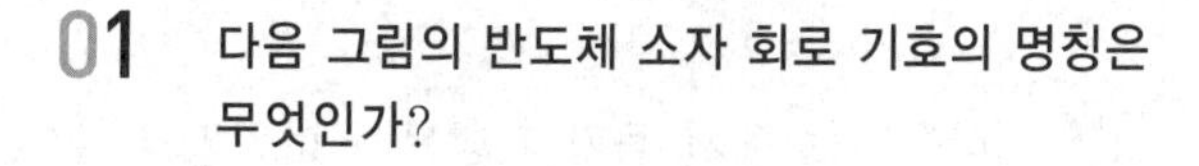

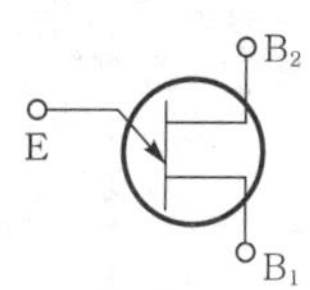

① UJT ② DIAC
③ SCR ④ JFET

해설

UJT	E, B_2, B_1
DIAC	
SCR	Anode, Gate, Cathode
JFET	G, D, S

02 다음 쿨롱의 법칙을 설명한 것 중 틀린 것은?

① 힘의 크기는 두 전하량의 곱에 비례한다.
② 작용하는 힘은 흡인력과 반발력이 있다.
③ 힘의 크기는 두 전하 사이의 거리에 반비례한다.
④ 작용하는 힘의 방향은 두 전하를 연결하는 직선과 일치한다.

해설 **쿨롱의 법칙** : 두 대전된 입자 사이에 작용하는 정전기적 인력은 두 전하량의 곱에 비례하고, 두 입자 사이의 거리의 제곱에 반비례한다.

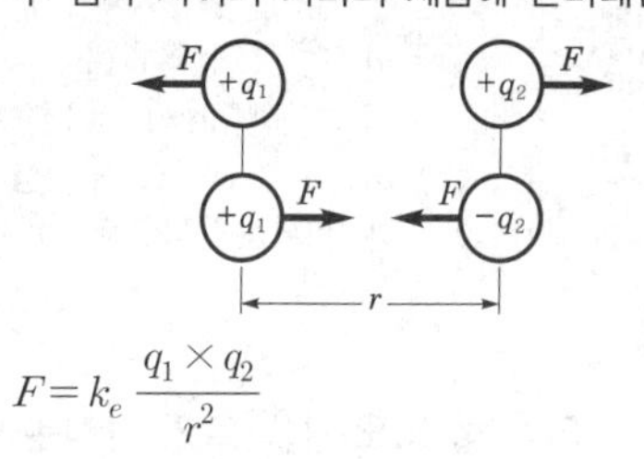

$$F = k_e \frac{q_1 \times q_2}{r^2}$$

03 다음 중 일함수에 대해 설명한 것 중 바른 것은?

① 물질의 양과 온도와의 관계를 의미한다.
② 물질 구조상으로 볼 경우 물질별 함수를 의미한다.
③ 물질 내부에 존재하는 고유 에너지를 표시하기 위한 함수를 의미한다.
④ 물질에서 전자 방출에 필요한 에너지의 양을 의미한다.

해설 일함수(work function)는 어떤 물질의 표면에서 한 개의 전자를 고체 밖으로 빼내는 데 필요한 에너지를 말한다. 금속의 종류에 따라 일함수는 다르게 되는데, 금속마다 진동수가 다르기 때문이다. 진동수가 빠른 금속은 운동 에너지도 커서 전자를 떼어내는 데 많은 에너지가 필요하므로 일함수가 크다.

04 다음 진폭 변조에서 반송파의 진폭이 V_c[V], 변조파의 진폭이 V_m[V]인 신호파로 변조할 때, 변조도 m은 어느 것인가?

① $m = \frac{V_c}{V_m}$ ② $m = \frac{V_m}{V_c}$

③ $m = \left(\frac{V_c}{V_m}\right)^2$ ④ $m = \left(\frac{V_m}{V_c}\right)^2$

정답 01.① 02.③ 03.④ 04.②

해설 ㉠ 변조도(m) : 변조의 정도를 나타내는 것

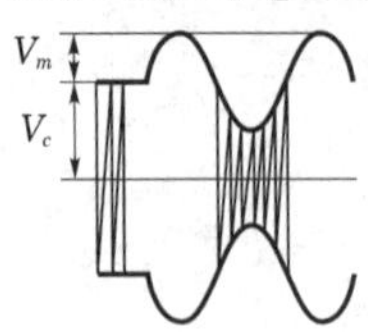

$$m = \frac{V_m}{V_c} \times 100[\%]$$

㉡ $m < 1$: 이상 없음
$m = 1$: 100[%] 변조
$m > 1$: 과변조 → 위상 반전, 일그러짐이 생기고 순간적으로 음이 끊김

05 다음 중 비오-사바르의 법칙은 어떤 관계를 나타내는가?

① 기자력과 자속 밀도
② 전류와 자장
③ 전류와 저항
④ 전류와 전력

해설 비오-사바르(Biot-Savart)의 법칙은 전류에 의해 생성하는 자기장이 전류에 수직이고 전류에서의 거리의 역제곱에 비례한다. 또한 자기장이 전류의 세기, 방향, 길이에 연관이 있음을 알려준다.

06 다음 중 정류 회로가 아닌 것은?

① 위상 정류 회로 ② 반파 정류 회로
③ 전파 정류 회로 ④ 브리지 정류 회로

해설 정류 회로

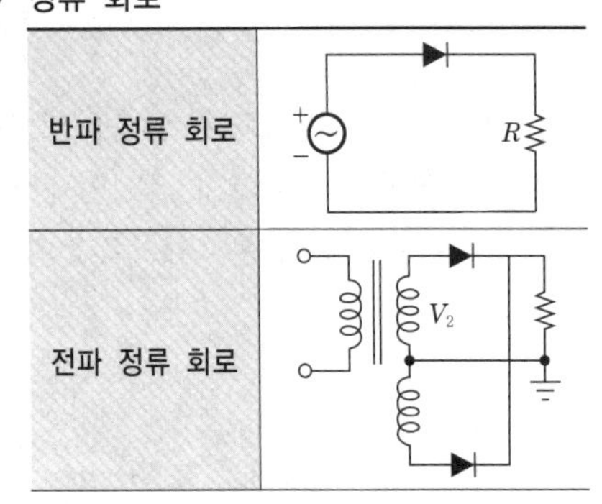

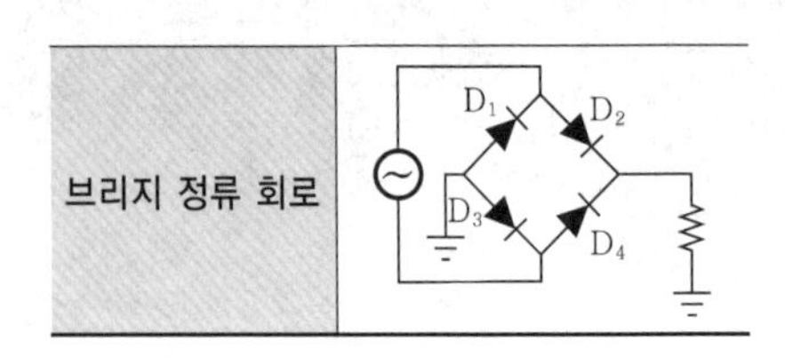

07 다음 회로에서 등가 저항은 얼마인가?

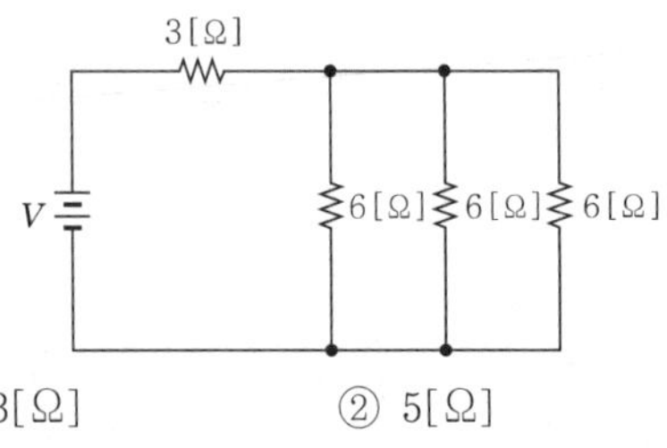

① 3[Ω] ② 5[Ω]
③ 6[Ω] ④ 9[Ω]

해설 우선 저항 6[Ω] 3개가 병렬이므로 병렬 합성 저항은

$$\frac{1}{\frac{1}{6}+\frac{1}{6}+\frac{1}{6}} = 2[\Omega]$$

따라서 3[Ω]+2[Ω]=5[Ω]

08 다음 어느 전지의 외부 회로의 저항이 3[Ω], 전류는 5[A]이다. 외부 회로에 3[Ω] 대신 8[Ω]의 저항을 접속할 경우 전류가 2.5[A]로 떨어지면 전지의 기전력[V]은?

① 10 ② 25
③ 35 ④ 45

해설 이 문제는 전지의 내부 저항까지 고려하여야 한다. 만약 내부 저항을 고려하지 않는다면 3[Ω], 5[A]의 경우 전압은 $V = IR$에 의해 15[V], 8[Ω], 2.5[A]의 경우 전압은 $V = IR$에 의해 20[V]이므로 모순된 결과가 된다.
따라서 전지 내부 저항을 r이라 하면

$V_1 = I(R+r) = 5(3+r) = 15 + 5r$ ‥ ㉠

$V_2 = I(R+r) = 2.5(8+r) = 20 + 2.5r$ ‥‥‥‥‥‥ ㉡

①=②이므로 $5r + 15 = 2.5r + 20$이므로 $r = 2$이 된다. 이것을 식 ㉠, ㉡에 각각 대입하면

$V_1 = 25[V]$, $V_2 = 25[V]$이다.

정답 05.② 06.① 07.② 08.②

09 다음 펄스 회로에서 펄스가 "0"에서 최대 크기로 상승될 경우를 100[%]로 하였을 때 상승 시간은 몇 [%]인가?

① 0[%]에서 80[%]
② 10[%]에서 90[%]
③ 20[%]에서 120[%]
④ 30[%]에서 130[%]

해설 상승 시간(rising time) : 진폭의 10[%]되는 부분에서 90[%]되는 부분까지 올라가는 데 소요되는 시간

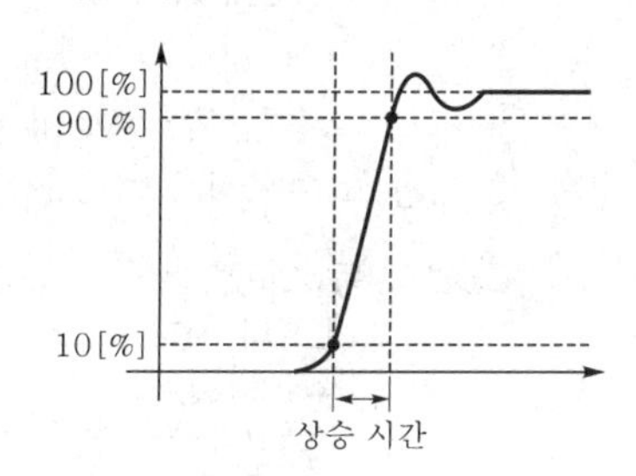

10 다음 회로는 어떤 회로인가? (단, V_i는 구형파이다.)

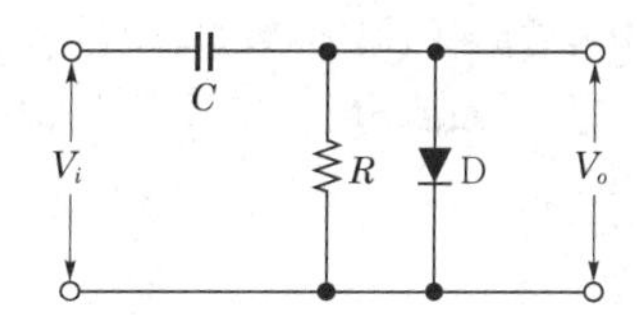

① 클리퍼 회로 ② 클램퍼 회로
③ 필터 회로 ④ 반파 정류 회로

해설 ㉠ 클램퍼(clamper) 회로 : 입력 파형의 형태는 변화시키지 않고 입력 파형을 어떤 다른 레벨에 고정시키는 회로이다.

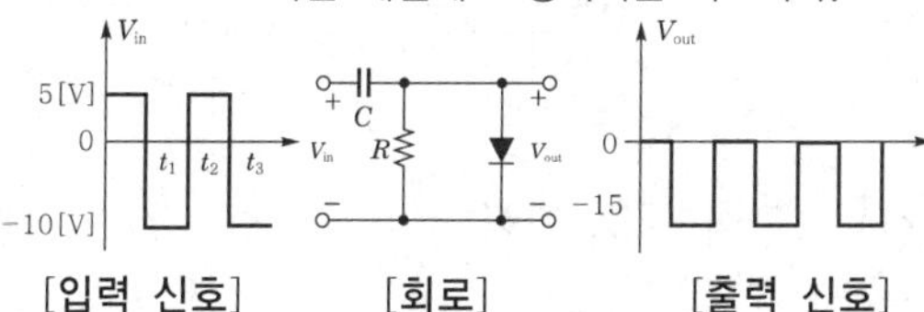

㉡ 클리퍼(clipper) 회로 : 파형 정형 회로를 말하는데, 클리퍼 회로의 출력은 입력 신호의 한 부분을 잘라 버린 파형을 나타낸다.

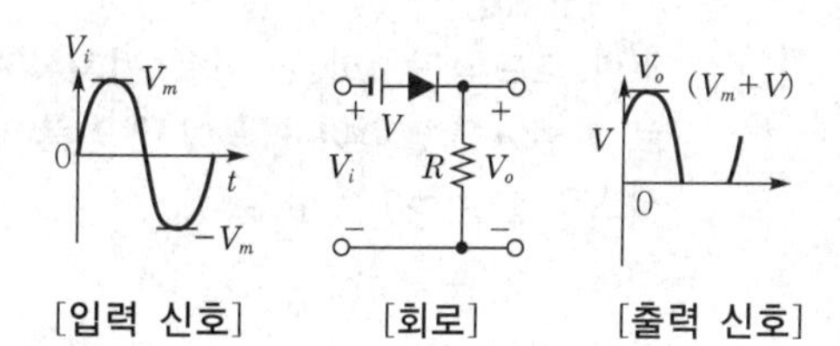

11 3K WORD MEMORY의 실제 WORD수는?

① 4,096 ② 4,056
③ 3,072 ④ 3,000

해설 1K=1,024 따라서 3K=1,024×3=3,072

12 마이크로프로세서가 주변 소자들과 데이터 교환을 위해 사용되는 통로로 3대 시스템 버스가 아닌 것은?

① 주소 버스(address bus)
② 제어 버스(control bus)
③ 데이터 버스(data bus)
④ 입출력 버스(I/O bus)

해설 마이크로프로세서는 제어 버스, 주소 버스, 데이터 버스를 통하여 데이터의 처리가 이루어진다.

13 스택(stack) 용어와 관련이 없는 것은?

① Front
② Pop-Up
③ Push-Down
④ LIFO

해설 ㉠ 스택(stack)은 모든 원소들의 삽입과 삭제가 리스트의 한쪽 끝에서만 수행되는 선형 자료 구조이다.
㉡ 스택(stack)은 나중에 입력된 자료가 먼저 처리되는 후입 선출(LIFO ; Last In First Out) 구조이다.
㉢ 스택의 자료 삽입은 Push-Down, 자료 삭제는 Pop-Up이다.
㉣ Front는 큐(queue)에서 사용되는 용어이다.

정답 09.② 10.② 11.③ 12.④ 13.①

14 명령 코드부가 4비트, 명령 번지부가 8비트로 이루어진 명령어 형식에서 명령어와 어드레스의 개수는?

① 명령어 4개, 어드레스 8개
② 명령어 4개, 어드레스 256개
③ 명령어 16개, 어드레스 128개
④ 명령어 16개, 어드레스 256개

해설 ㉠ 명령어 : $2^4 = 16$개
㉡ 어드레스 : $2^8 = 256$개

15 다음의 진리표와 논리도는 어떤 회로인가?

A	B	X_0	X_1	X_2	X_3
0	0	1	0	0	0
0	1	0	1	0	0
1	0	0	0	1	0
1	1	0	0	0	1

A → → X_0
B → → X_1
→ X_2
→ X_3

① 해독기 ② 가산기
③ 비교기 ④ 부호기

해설 디코더(decoder : 복호기 또는 해독기) : 2진 코드를 그에 해당하는 10진수로 변환하여 해독하는 회로이다.

16 명령어를 해독하기 위하여 주기억 장치로부터 제어 장치로 명령을 꺼내오는 것은?

① 명령어 인출(instruction fetch)
② 단항 연산(unary operation)
③ 실행(execution)
④ 직접 번지(direct address)

해설 주기억 장치로부터 제어 장치로 해독할 명령을 꺼내오는 것을 명령어 인출이라 한다.

17 점프(jump) 동작은 어떤 것의 내용에 영향을 주는가?

① 프로그램 카운터(program counter)
② 스택 포인터(stack pointer)
③ 명령 레지스터(instruction resister)
④ 누산기(accumulator)

해설 Jump 또는 Branch 명령은 현재 수행 중인 프로그램의 순서를 바꾸므로 프로그램 카운터(program counter)의 값에 영향을 준다.

18 다음 그림처럼 2진수 자료를 표현하는 방식은?

부호	지수	가수

① 팩 형식(pack format)
② 언팩 형식(unpack format)
③ 고정 소수점 방식(fixed point format)
④ 부동 소수점 방식(floating point format)

해설 부동 소수점 방식(floating point format)
㉠ 컴퓨터 내부에서 실수를 나타내는 부동 소수점 데이터 형식이다.
㉡ 부호 비트는 양수(+)이면 0, 음수(−)이면 1로 표시한다.
㉢ 지수부는 2진수로 가수부는 10진 유효 숫자를 2진수로 변환하여 표시한다.

19 어큐뮬레이터에 있는 10진수 12를 왼쪽으로 2번 시프트시킨 후의 결과값은?

① 48 ② 36
③ 24 ④ 12

해설 ㉠ 십진수 12=00001100
㉡ 왼쪽으로 2번 시프트

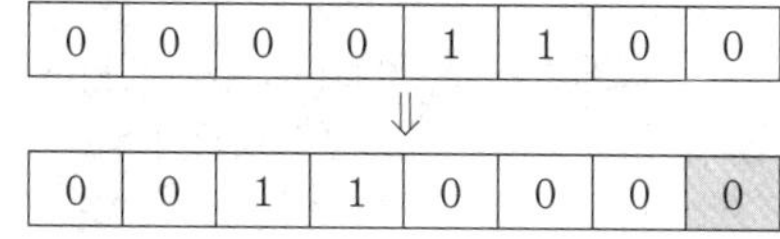

0	0	0	0	1	1	0	0

⇓

0	0	1	1	0	0	0	0

∴ 결과 : 00110000=48

20 다음 주소 지정 방식 중 속도가 가장 빠른 것은?

① Indexed Addressing
② Direct Addressing
③ Indirect Addressing
④ Immediate Addressing

정답 14.④ 15.① 16.① 17.① 18.④ 19.① 20.④

해설 ① Indexed Addressing(인덱스 주소 지정) : 인덱스 레지스터값과 주소부가 더해져 유효 주소가 결정되는 경우
② Direct Addressing(직접 주소 지정) : 주소부에 있는 값이 실제 데이터가 기억된 메모리 내의 주소가 되는 경우
③ Indirect Addressing(간접 주소 지정) : 주소부가 지정하는 곳에 있는 메모리의 값이 실제 데이터가 기억된 주소를 가지고 있는 경우
④ Immediate Addressing(즉시 주소 지정) : 주소부에 있는 값이 실제 데이터가 되는 경우로 메모리 참조 횟수가 0회이므로 속도가 가장 빠르다.

21
중앙 처리 장치와 기억 장치 간의 정보 교환을 위한 스트로브 제어 방법의 결점을 보완한 것으로 입출력 장치와 인터페이스 간의 비동기 데이터 전송을 위해 사용하는 제어 방법은?

① 고정 배선 제어
② 입출력 장치 제어
③ 비동기 직렬 전송
④ 핸드셰이킹 제어

해설 ㉠ 스트로브 제어 : Strobe는 데이터를 전송할 때 실제로 전송하는 것을 알려주기 위해 보내는 신호를 말하며 제어선 한 개와 데이터 버스 선 한 개로 구성되며 전송한 데이터를 수신 쪽에서 확실하게 수신하였는지를 알 수 없다.
㉡ 핸드셰이킹 제어 : Handshaking은 양쪽에서 상대편에게 제어 신호를 보내는 방법으로 제어 신호를 보내는 별도의 회선 2개가 필요하다.

22
기억 공간을 모아서 유용하게 능률적으로 사용하도록 하는 방법은?

① Garbage Collection
② Relocation
③ Multiprogramming
④ Memory Collection

해설 기억 공간을 모아서 유용하게 능률적으로 사용하도록 하는 방법을 가베지 컬렉션(garbage collection)이라 한다.

23
네온 또는 아르곤 혼합 가스를 셀에 채워 넣고, 높은 전압을 가할 때 나오는 빛을 이용하는 출력 장치는?

① 음극선관
② 플라즈마 디스플레이
③ X-Y 플로터
④ 액정 디스플레이

해설 플라즈마 디스플레이는 두 장의 유리판 사이에 네온 또는 아르곤 혼합 가스를 넣고 전압을 가할 때 발생하는 방전 가스로 인한 빛을 이용하는 출력 장치이다.

24
자외선을 사용하여 저장된 내용을 지워 다시 사용할 수 있는 반도체 소자는?

① SRAM ② DRAM
③ UVEPROM ④ MASK ROM

해설 UVEPROM(Ultra-Violet Erasable Programmable Read Only Memory) : 자외선을 이용하여 기억된 내용을 지우고 다른 내용을 기록할 수 있는 롬이다.

25
중앙 처리 장치의 입출력 자료 처리 방식이 아닌 것은?

① 프로그램 입출력 방식
② 인터럽트 입출력 방식
③ 연관 기억 장치 방식
④ 직접 메모리 전송 방식

해설 중앙 처리 장치의 입출력 방식
㉠ 프로그램에 의한 입출력
㉡ 인터럽트에 의한 입출력
㉢ 채널에 의한 입출력
㉣ DMA(직접 메모리 전송 방식)에 의한 입출력

정답 21.④ 22.① 23.② 24.③ 25.③

26 다음 설명과 관련 있는 것은?

> 입력 회로와 출력 회로를 모두 트랜지스터로 구성하였으며 동작 속도가 빠르고 잡음에 강한 특징이 있다. 응답 속도가 빠르고 집적도가 높으며 Fan-Out을 크게 할 수 있고 출력 임피던스가 비교적 낮다.

① CMOS ② ECL
③ RTL ④ TTL

해설 TTL(Transistor-Transistor-Logic) : 입력과 출력을 트랜지스터로 처리하는 소자로 속도가 빠른 반면에 소비 전력이 크다.

27 10진수 0.6875를 2진수로 바꾼 것은?

① 0.1001 ② 0.1010
③ 0.1111 ④ 0.1011

해설

0.6875	0.375	0.75	0.5
× 2	× 2	× 2	× 2
(1).3750	(0).750	(1).50	(1).0

∴ 결과 : 0.1011

28 하나의 채널이 고속 입출력 장치를 하나씩 순차적으로 관리하고 블록(block) 단위로 전송하는 채널은?

① 셀렉터 채널(selector channel)
② 사이클 채널(cycle channel)
③ 멀티플렉서 채널(multiplexer channel)
④ 블록 멀티플렉서 채널(block multiplexer channel)

해설 셀렉터 채널(selector channel)
㉠ 고속의 입출력 장치(자기 테이프, 자기 디스크 등)에 사용되는 채널
㉡ 한 번에 한 개의 장치를 선택하여 동작
㉢ 데이터 전송 : 블록 단위

29 10진수 946에 대한 BCD 코드는?

① 1001 0101 0110
② 1001 0100 0110
③ 1001 0101 0101
④ 1001 0011 0101

해설

10진수	9	4	6
	⇓	⇓	⇓
BCD 코드	1001	0100	0110

30 다음 중 인터럽트 우선 순위가 가장 높은 것은?

① 정전 ② 입력과 출력
③ 기계적 고장 ④ 프로그램 오류

해설 정전에 의한 인터럽트가 가장 우선 순위가 높다.

31 구조적 프로그램의 기본 구조가 아닌 것은?

① 그물 구조 ② 순차 구조
③ 선택 구조 ④ 반복 구조

해설 구조적 프로그램
㉠ GOTO 문을 사용하지 않으며 모듈화와 하향식 접근 방법을 취하고 순차, 선택, 반복의 3가지 논리 구조를 사용하는 기법이다.
㉡ 하나의 입력과 출력을 갖는 구조이다.
㉢ 블록 구조를 갖는 모듈화 프로그램이다.

32 기계어로 번역된 목적 프로그램을 결합하여 실행 가능한 모듈로 만들어주는 프로그램은?

① 라이브러리 프로그램(library program)
② 정렬/병합 프로그램(sort/merge program)
③ 파일 변환 프로그램(file conversion program)
④ 연계 편집 프로그램(linkage editing program)

해설 연계 편집 프로그램(linkage editing program)은 기계어로 번역된 목적 프로그램을 결합하여 실행 가능한 모듈로 만들어주는 프로그램으로 링커(linker)라고도 한다.

정답 26.④ 27.④ 28.① 29.② 30.① 31.① 32.④

33 매크로 프로세서의 기본 수행 작업이 아닌 것은?

① 매크로 정의 인식
② 매크로 정의 저장
③ 매크로 호출 인식
④ 매크로 호출 저장

해설 매크로 프로세서의 기본 수행 작업에는 매크로 정의 인식, 매크로 정의 저장, 매크로 호출 인식 등이 있다.

34 프로그램의 처리 과정으로 올바른 것은?

① 번역 → 적재 → 실행
② 적재 → 번역 → 실행
③ 번역 → 실행 → 적재
④ 적재 → 실행 → 번역

해설 프로그램의 처리 과정 : 번역 → 적재 → 실행

35 운영 체제를 기능상으로 분류할 때 처리 프로그램에 해당하는 것은?

① 감시 프로그램
② 작업 관리 프로그램
③ 언어 번역 프로그램
④ 데이터 관리 프로그램

해설 운영 체제의 구성
㉠ 제어 프로그램 : 감시 프로그램, 작업 관리 프로그램, 데이터 관리 프로그램
㉡ 처리 프로그램 : 언어 번역 프로그램, 서비스 프로그램, 문제 프로그램

36 하나의 프로세서가 작업 수행 과정에서 기억 장치 접근 시 지나치게 페이지 폴트가 발생하여 전체 시스템의 성능이 저하되는 현상은?

① Locality ② Thrashing
③ Swapping ④ Working Set

해설 하나의 프로세서가 작업 수행 과정에서 수행하는 기억 장치 접근에서 지나치게 페이지 폴트(page fault)가 발생하여 전체 시스템의 성능이 저하되는 현상을 Thrashing이라 한다.

37 C언어에서 사용되는 연산자에 대한 설명이 옳지 않은 것은?

① 논리곱을 나타내는 논리 연산자는 "##"이다.
② 논리 부정을 나타내는 논리 연산자는 "!"이다.
③ 나머지를 구할 때 사용하는 산술 연산자는 "%"이다.
④ 서로 같다는 것을 나타내는 관계 연산자는 "=="이다.

해설 ① 논리곱을 나타내는 논리 연산자는 "&&"이다.

38 저급 언어에 대한 설명으로 틀린 것은?

① 프로그램 작성 및 수정이 어렵다.
② 기종에 관계없이 사용할 수 있어 호환성이 좋다.
③ 2진수 체계로 이루어진 언어로 전자 계산기가 직접 이해할 수 있는 형태의 언어이다.
④ 하드웨어를 직접 제어할 수 있어서 전자 계산기 측면에서는 처리가 쉽고 속도가 빠르다.

해설 저급 언어(low level language)
㉠ 저급 언어는 사용자보다는 컴퓨터 측면에서 개발한 언어이다.
㉡ 컴퓨터가 바로 처리 가능한 프로그래밍 언어로 기계어와 어셈블리어로 구분된다.
㉢ 처리 속도는 빠르나 호환성이 없다.
㉣ 전문 지식이 없으면 이해하기 힘들고 수정 및 변경이 어렵다.

정답 33.④ 34.① 35.③ 36.② 37.① 38.②

39 두 개 이상의 프로세스가 서로 다른 프로세스가 차지하고 있는 자원을 무한정 기다림에 따라 프로세스의 진행이 중단되는 상태는?

① Deadlock
② Spooling
③ Swapping
④ Relocation

해설 교착 상태(deadlock)란 다중 프로그래밍 시스템하에서 서로 다른 프로세스가 일어날 수 없는 사건을 무한정 기다리며 더 이상 진행되지 못하는 상태를 말한다.

40 기본 자료 구조를 연결 리스트(linked list)로 하며 게임, 로봇, 자연어 처리 등 인공 지능과 관계된 문제 처리에 가장 적합한 언어는?

① APL ② PL/1
③ LISP ④ SNOBOL

해설 LISP
㉠ 게임, 로봇 등 인공 지능 분야에 사용되는 언어
㉡ 기본 자료 구조가 리스트 구조이며 함수 적용을 기반으로 하는 언어

41 다음 그림의 회로에서 A값이 0011, B값이 0101이 입력될 때 출력 F값은?

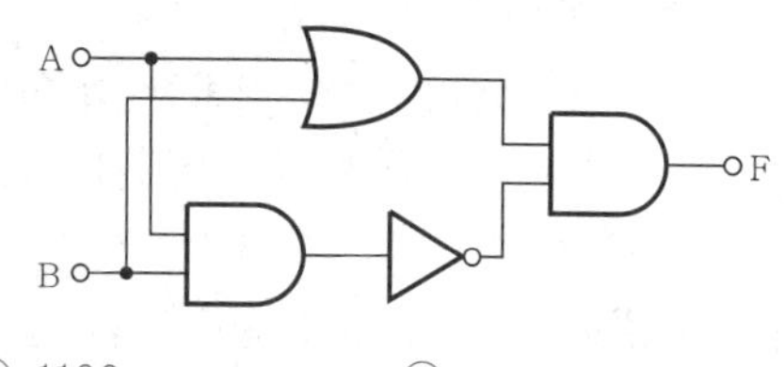

① 1100 ② 0110
③ 1110 ④ 0111

해설

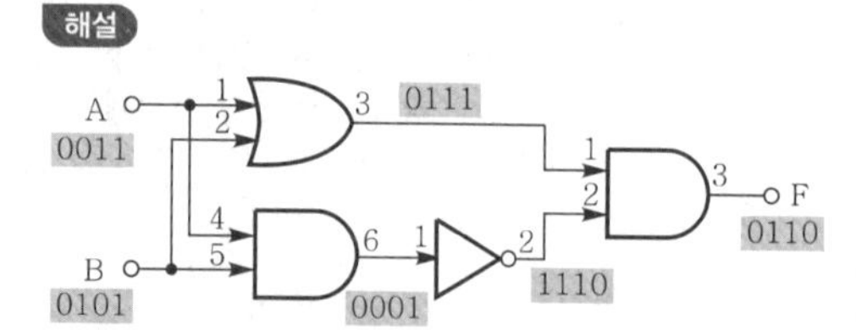

42 다음 논리 소자 중 소비 전력이 가장 작은 것은?

① DTL ② RTL
③ TTL ④ CMOS

해설 소비 전력의 크기 순서
RTL > TTL > DTL > CMOS

43 다음 중 비동기식 6진 리플 카운터를 구성하려면 T플립플롭이 몇 개가 필요한가?

① 2개 ② 3개
③ 4개 ④ 5개

해설 플립플롭 2개는 $2^2 = 4$진 카운트가 되고, 플립플롭 3개는 $2^3 = 8$진 카운트가 되며, 플립플롭 4개는 $2^4 = 16$진 카운트가 된다. 6진 카운터를 구성하려면 3개의 플립플롭이 필요하다.

44 플립플롭 중 데이터의 일시 보존 및 디지털 신호의 전파 지연에 사용하는 플립플롭은?

① D-FF ② JK-FF
③ RS-FF ④ T-FF

해설 데이터의 저장과 지연에 사용되는 것은 D플립플롭이다.

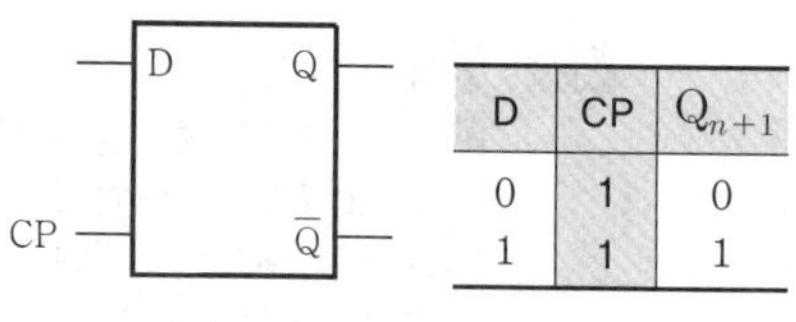

D	CP	Q_{n+1}
0	1	0
1	1	1

[기호와 진리표, 상태도]

45 다음 중 디지털 계수기로 주로 사용되는 회로는?

① 슈미트 트리거 회로
② 쌍안정 멀티바이브레이터
③ 단안정 멀티바이브레이터
④ 비안정 멀티바이브레이터

정답 39.① 40.③ 41.② 42.④ 43.② 44.① 45.②

해설

종 류	사용 용도
비안정 멀티바이브레이터	클록 발진기
단안정 멀티바이브레이터	타이머
쌍안정 멀티바이브레이터	플립플롭

계수기(counter)는 플립플롭으로 구성된다.

46 링 계수기에 대한 설명 중 옳은 것은?

① 종단 플립플롭의 출력을 첫단 플립플롭의 J에 연결
② 종단 플립플롭의 출력을 첫단 플립플롭의 K에 연결
③ 첫단 플립플롭의 출력을 종단 플립플롭의 J에 연결
④ 첫단 플립플롭의 출력을 종단 플립플롭의 K에 연결

해설 4비트 링 카운터 회로

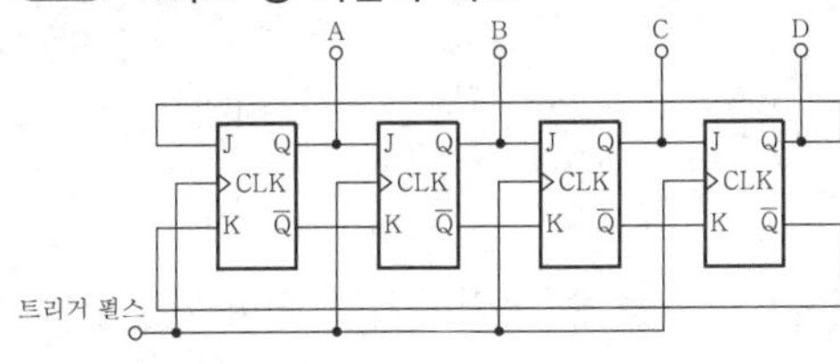

47 다음 중 안정한 상태가 없는 회로로 직사각파 발생 회로 또는 시간 발생기로 사용되는 회로로 맞는 것은?

① 위상 안정 멀티바이브레이터
② 비안정 멀티바이브레이터
③ 쌍안정 멀티바이브레이터
④ 단안정 멀티바이브레이터

해설

종 류	사용 용도
비안정 멀티바이브레이터	클록 발진기
단안정 멀티바이브레이터	타이머
쌍안정 멀티바이브레이터	플립플롭

비안정 멀티바이브레이터(astable multivibrator) 두 개의 출력이 모두 동작 상태가 불안정하여 논리 1(SET)과 논리 0(RESET) 상태를 일정 주기로 번갈아 하는 회로로서, 주로 디지털 시스템에 대한 클록 신호로 사용된다.

48 다음 그림과 같은 트랜지스터로 구성된 논리 게이트는?

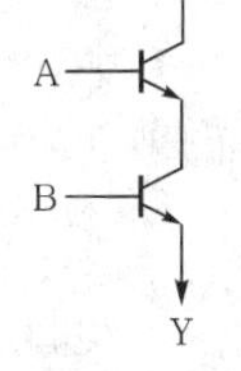

① OR 게이트
② AND 게이트
③ NOR 게이트
④ NAND 게이트

해설 NPN 트랜지스터가 직렬로 연결되어 있다. NPN 트랜지스터를 베이스에 "1"이 인가될 때 ON이 된다.
따라서 출력 Y는 A, B 입력 모두 "1"일 때 "1"이 출력되므로 AND 게이트이다.

49 다음은 불 대수 기본 법칙이다. 분배 법칙을 나타낸 것은?

① $A+B=B+A$
② $A+(A \cdot B)=A$
③ $A \cdot (B+C)=A \cdot B+A \cdot C$
④ $A+(B+C)=(A+B)+C$

해설 불 대수 기본 법칙

종 류	수식 예		
교환 법칙	$A+B=B+A$	$A \cdot B=B \cdot A$	
결합 법칙	$A+(B+C)=(A+B)+C$	$A \cdot (B \cdot C)=(A \cdot B) \cdot C$	
분배 법칙	$A \cdot (B+C)=A \cdot B+A \cdot C$	$A+(B \cdot C)=(A+B) \cdot (A+C)$	
부정 법칙	$\overline{\overline{A}}=A$	$A+\overline{A}=1$	$A \cdot \overline{A}=0$

50 다음 논리식 $Y=A+AB+\overline{A}B$를 최소화하면?

① A ② B
③ $\overline{A}+B$ ④ $A+B$

해설 $Y=A+AB+\overline{A}B=A+B(A+\overline{A})$
$A+\overline{A}=1$이므로 $Y=A+B$가 된다.

정답 46.① 47.② 48.② 49.③ 50.④

51 다음 단안정 멀티바이브레이터에 대한 설명 중 옳은 것은?

① 플립플롭 회로를 사용한다.
② 클록 발생에 사용한다.
③ 두 가지 상태는 있으나 하나만 안정하다.
④ 안정 상태가 없으며, 시간 발생기로 사용한다.

해설 단안정 멀티바이브레이터(monostable multi-vibrator)란 한쪽 상태에서만 동작 상태가 안정적이고 다른 상태는 불안정한 회로를 말한다.
트리거될 때 하나의 단일 펄스를 발생시키는 회로로서 원숏(one-shot)이라고도 불린다. 안정 상태에 있다가 트리거 신호가 들어오면 일정 시간 동안 준안정 상태(quasi-stable)에 있다가 다시 안정 상태로 돌아오는 회로이다. 주로 타이머 회로로 사용된다.

52 다음 중 2진수 10010011을 8진수로 변환한 것은?

① 221 ② 223
③ 225 ④ 227

해설 2진수를 8진수로의 변환은 3비트씩 쪼개어 변환한다.

2진	10	010	011
8진	2	2	3

53 어떤 코드에 비트가 "1"이 되는 개수가 짝수 개나 홀수 개로 규칙을 정하여 항상 그 규칙에 맞도록 첨가된 비트로서 데이터 전송 오류를 검사하는 것은?

① 패리티 비트 ② 그레이 코드
③ 3초과 코드 ④ BCD

해설

패리티 비트	정보의 전달 과정에서 오류가 생겼는지를 검사하기 위해 추가된 비트이다. 전송하고자 하는 데이터의 각 문자에 1 비트를 더하여 전송하는 방법으로 2가지 종류의 패리티 비트(홀수, 짝수)가 있다.
그레이 코드	이진법 부호의 일종으로, 연속된 수가 1개의 비트만 다른 특징을 지닌다. 연산에는 쓰이진 않고 주로 데이터 전송, 입출력 장치, 아날로그-디지털 간 변환과 주변 장치에 쓰인다.
3초과 코드	10진수를 BCD로 나타낸 숫자에 3을 더하여 4비트 이진수로 표기하는 방법이다.
BCD	이진수 네 자리를 묶어 십진수 한 자리로 사용하는 기수법이다.

54 다음 논리 기호와 동일한 논리를 가지는 논리 게이트는?

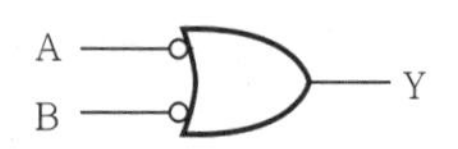

① OR ② AND
③ NOR ④ NAND

해설
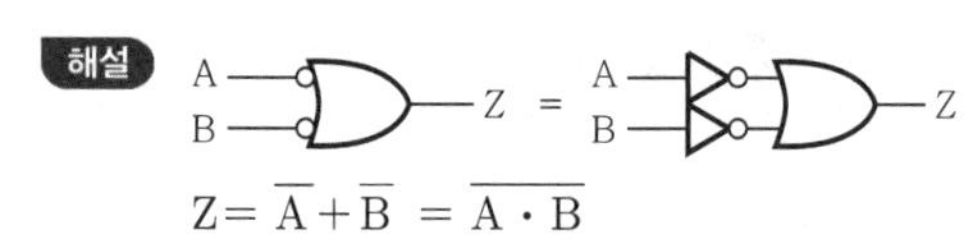

$Z = \overline{A} + \overline{B} = \overline{A \cdot B}$

55 다음 중 반가산기를 구성하는 논리 회로는?

① EX-OR와 OR
② EX-OR와 AND
③ EX-OR와 NAND
④ EX-OR와 NOR

해설 반가산기 회로와 진리표

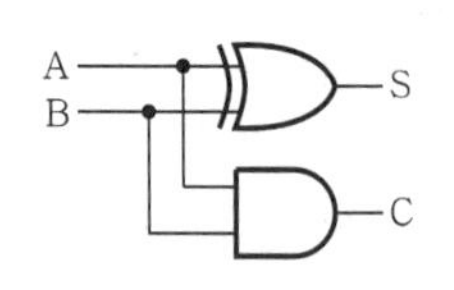

A	B	S	C
0	0	0	0
0	1	1	0
1	0	1	0
1	1	0	1

56 다음 중 디지털 시스템에서 음수 표현 방법이 아닌 것은?

① "-"의 표시 ② 부호와 절대치
③ 1의 보수 ④ 2의 보수

정답 51.③ 52.② 53.① 54.④ 55.② 56.①

해설 2진수로 음수를 표현하는 방법에는 부호와 절대치법, 1의 보수법, 2의 보수법 3가지를 사용한다.
이 중에서 컴퓨터 시스템에서 가장 많이 사용하는 방법은 2의 보수법이다.

57 2진수 0.1011을 10진수로 변환한 것은?

① 0.3875 ② 0.4875
③ 0.6875 ④ 0.7875

해설 $0.1011_2 = 1\times2^{-1}+0\times2^{-2}+1\times2^{-3}+1\times2^{-4}$
$=0.5+0.125+0.0625$
$=0.6875$

58 다음 회로의 명칭은?

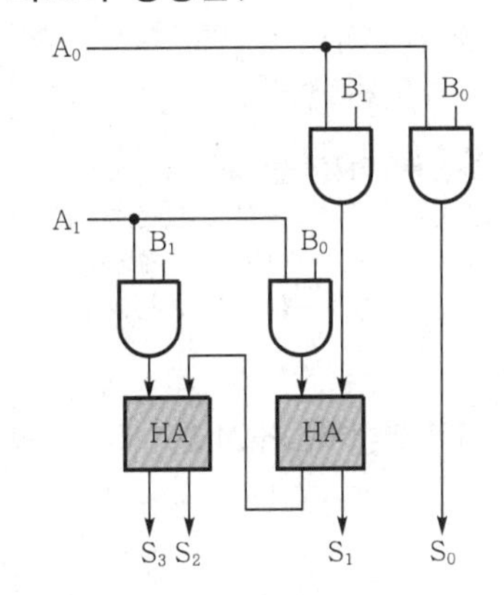

① 곱셈기 ② 가산기
③ 감산기 ④ 나눗셈기

해설 그림은 곱셈기 회로이다.

		B_1	B_0
	×	A_1	A_0
		A_0B_1	A_0B_0
	A_1B_1	A_1B_0	
S_3	S_2	S_1	S_0

4개의 AND와 두 개의 반가산기가 필요하다.

59 전가산기의 입력과 출력의 개수는 몇 개인가?

① 입력 2개, 출력 3개
② 입력 2개, 출력 4개
③ 입력 3개, 출력 3개
④ 입력 3개, 출력 2개

해설 전가산기 회로

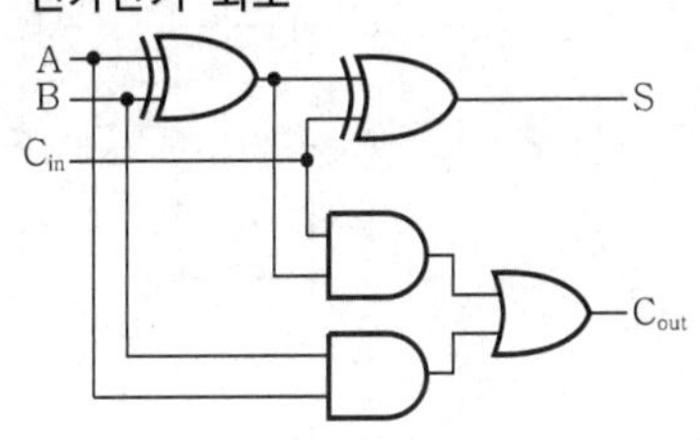

60 n개의 플립플롭으로 최대한 셀 수 있는 수 N은?

① $N=2^{n-1}$ ② $N=2^n-1$
③ $N=2^n+1$ ④ $N=2^{n+1}$

해설 $N=2^n-1$이다.
즉, 3개의 플립플롭으로는 0~7까지 셀 수 있다.

정답 57.③ 58.① 59.④ 60.②

2018년 CBT 기출복원문제(2)

01 다음 회로에서 펄스의 반복 주기는?

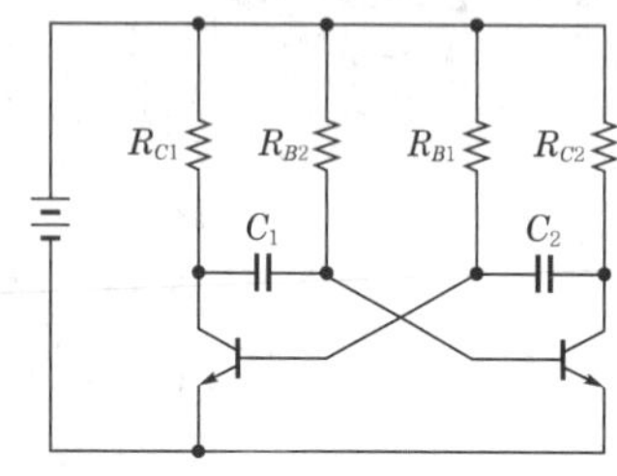

① $0.7(C_2R_{B1}+C_1R_{B2})$
② $0.7(C_1R_{B1}+C_2R_{B2})$
③ $1.4(C_2R_{B1}+C_1R_{B2})$
④ $1.4(C_1R_{B1}+C_2R_{B2})$

해설 비안정 멀티바이브레이터 회로이다.
$T_1 \fallingdotseq 0.7\,C_2R_{B1}[\text{sec}]$
$T_2 \fallingdotseq 0.7\,C_1R_{B2}[\text{sec}]$
$\therefore\ T \fallingdotseq T_1 + T_2$
$= 0.7(C_2R_{B1}+C_1R_{B2})[\text{sec}]$

02 다음 RLC 공진 회로에 대한 설명 중 잘못된 것은?

① 병렬 공진 시 임피던스는 최대
② 직렬 공진 시 임피던스는 최소
③ 직렬 공진 시 전류는 최소
④ 병렬 공진 시 전류는 최소

해설 ㉠ 직렬 RLC 공진 회로 : 공진 시 임피던스가 최소(어드미턴스 최대), 전류는 최대가 된다.

$$Z_{\text{in}} = R+jX = R+j\left(\omega L-\frac{1}{\omega C}\right)$$

→ 최소(리액턴스 상쇄)

㉡ 병렬 RLC 공진 회로 : 공진 시 어드미턴스가 최소(임피던스 최대), 전류는 최소가 된다.

$$Y_{\text{in}} = G+jB = \frac{1}{R}+j\left(\omega C-\frac{1}{\omega L}\right)$$

→ 최소(서셉턴스 상쇄)

03 다음 회로에 대한 설명으로 맞는 것은?

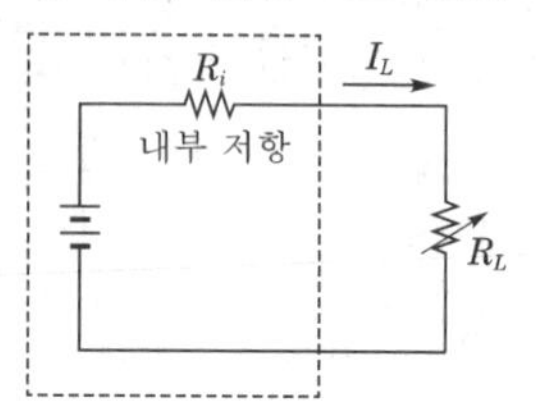

① 정전류원은 R_L의 값에 따라 일정한 전압을 공급하는 전원이다.
② 일반적으로 우리가 가지는 전압원은 정전압원이 아니라 정전류원이다.
③ 정전류원이 되려면 $R_L \gg R_i$이다.
④ 이상적인 정전류원인 경우에는 내부 저항 $R_i = \infty$이다.

해설 정정류원 회로이다.
이상적인 정전류원은 내부저항 R_i가 무한대이고, 부하저항 크기에 상관없이 일정한 전류를 흘려 주어야 한다.

04 다음 트랜지스터 회로의 동작 설명 중 틀린 것은?

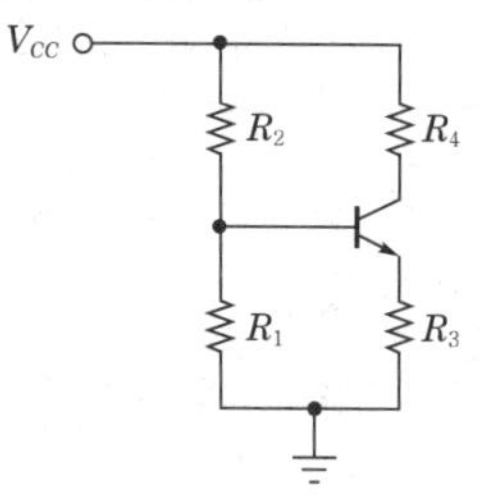

① R_1이 단선되면 베이스 전압이 상승하여 컬렉터 전류가 증가한다.
② R_2가 단선되면 베이스 전류가 흐르지 않게 되어 컬렉터 전압은 증가한다.
③ R_3가 단선되면 이미터 전류가 흐르지 않게 되어 컬렉터 전압은 저하한다.
④ R_4가 단선되면 이미터 전류가 흐르지 않게 되어 V_{CC} 전압이 걸리게 된다.

정답 01.① 02.③ 03.④ 04.③

해설 R_3가 단선되면 TR의 컬렉터-이미터 간 전류가 흐르지 않게 된다.
그러면 컬렉터 전압은 거의 V_{CC} 전압이 나타난다.

05 RC 결합 증폭 회로의 특징이 아닌 것은?

① 효율이 매우 높다.
② 회로가 간단하고 경제적이다.
③ 직류 신호를 증폭할 수 없다.
④ 입력 임피던스가 낮고 출력 임피던스가 높으므로 임피던스 정합이 어렵다.

해설 RC 결합 증폭 회로는 증폭기의 단간을 저항(R)과 콘덴서에 의해서 결합하는 방식으로 입출력 간의 임피던스 정합이 어렵고 손실이 많으나 주파수 특성이 평탄하여 저주파 증폭 회로에 주로 사용되나 커패시턴스 특성으로 고주파에서 이득이 떨어진다.

06 다음 그림과 같은 회로에서 입력측에 정현파를 가할 경우 출력측에 나오는 파형은? (단, $V_i = V_m \sin\omega t$[V]이고 $V_m > V_R$이다.)

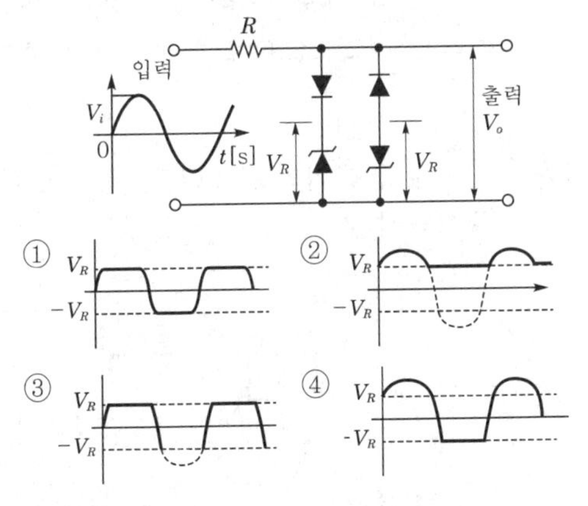

해설 위 회로는 클리퍼 2개를 결합한 슬라이서 회로이다. 출력은 다음과 같다.

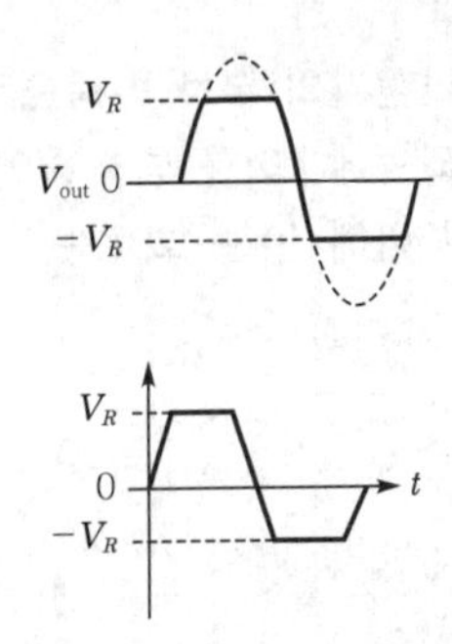

07 다음 중 전지 등의 기전력을 정확하게 측정하기 위해 피측정 회로로부터 전류의 공급을 받지 않고 측정하는 방법은?

① 브리지법
② 전위차계법
③ 검류계법
④ 전압강하법

해설 기전력을 주는 전원에 직렬로 연결된 두 저항의 스위치를 바꿈으로써 두 개의 저항의 합을 일정하게 유지하되 각각의 저항값을 크거나 작게 하여 전압을 조절하는 것을 목적으로 하는 것을 전위차계라 한다. 전위차가 없는 경우 전류가 흐르지 않는 원리를 이용한 전압계 또한 전위차계라 하며 저항선에 미지 전압과의 차가 0에 가까운 기지 전압을 흘려 영위법으로 미지 전압을 측정하는 기기이다.

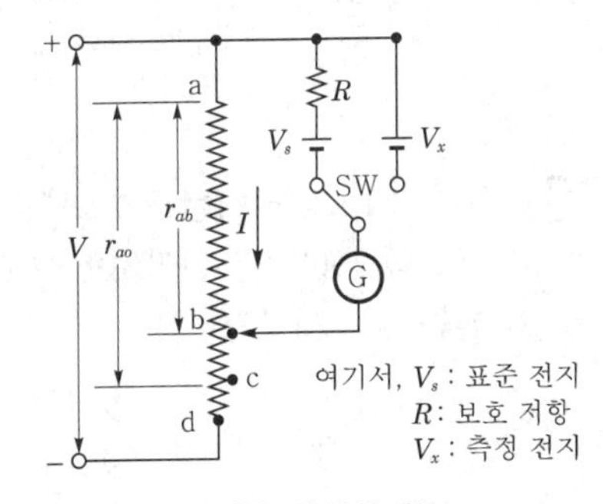

[직류 전위차계]

정답 05.① 06.① 07.②

08 발진기의 부하 변동으로 인해 주파수가 변화되는데, 이를 방지하기 위해 발진기와 부하 사이에 넣는 회로는?

① 결합 증폭기
② 직류 증폭기
③ 동조 증폭기
④ 완충 증폭기

해설 완충 증폭기 : 두 회로 사이에서 회로끼리 영향을 끼치는 것을 방지하며 신호의 브리지 역할을 하는 증폭기이다. 발진기와 종단 증폭기 사이에 있으면서 송신 신호에 의한 종단 증폭기에 유입하는 급격한 특성 변화 등 발진기에 미치는 영향을 방지함으로써 송신 주파수의 변동을 경감시킨다.

09 코일 또는 도체의 저항을 고주파에서 측정하면 직류에서 측정한 것보다 매우 높은 값을 표시한다. 그 원인은?

① 표피 효과 ② 밀러 효과
③ 전계 효과 ④ 압전 효과

해설 케이블 선로에 있어서 교류 전류를 이용할 경우 주파수가 증가되면 전류 밀도는 도체의 겉 둘레에 몰리게 된다. 이로 인해 전송 손실이 증가되는 것을 표피 효과라 한다. 전선의 도체 외부에 전류가 집중되므로 주파수가 높을수록 전류의 침투 깊이가 감소하게 되므로 고주파 저항이 커지게 된다.

10 저항 24[Ω], 리액턴스 7[Ω]의 RL 직렬 회로 부하에 100[V]를 인가하면 회로에 흐르는 전류는 몇 [A]인가?

① 3.2[A] ② 4[A]
③ 4.17[A] ④ 4.61[A]

해설 임피던스 $Z=\sqrt{R^2+X_L^{\ 2}}$

$$=\sqrt{24^2+7^2}=\sqrt{625}=25[\mathrm{A}]$$

$$\therefore I=\frac{V}{Z}=\frac{100}{25}=4[\mathrm{A}]$$

11 다음 중 LSI 회로는?

① PLA ② Decoder
③ 4Bit Latch ④ Multiplexer

해설 LSI(Large Scale Integration)에는 ROM(Read Only Memory), PLA(Programmable Logic Array), 마이크로프로세서 등이 있다.

12 일반적으로 컴퓨터의 내부 구조를 설명할 때 사용하는 연산 방식이 아닌 것은?

① 2진수 연산 ② 4진수 연산
③ 8진수 연산 ④ 16진수 연산

해설 컴퓨터의 내부 구조를 설명할 때 사용하는 연산 방식은 2진수, 8진수, 16진수가 있다.

13 다음 중 2의 보수를 나타내는 산술 마이크로 동작은?

① $A \leftarrow \overline{A}$ ② $A \leftarrow \overline{A}+1$
③ $A \leftarrow \overline{A}-B$ ④ $A \leftarrow \overline{A}+\overline{B}$

해설 ㉠ 2의 보수=1의 보수+1
㉡ 1의 보수를 취한 뒤에 1의 보수에 1을 더하는 산술 마이크로 동작은 $A \leftarrow \overline{A}+1$이다.

14 다음은 연산기의 구조이다. (　　) 안에 들어갈 용어는?

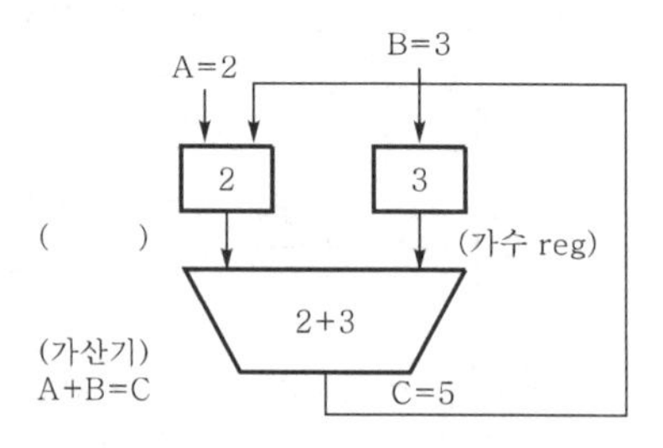

① Instruction Resister
② ROM
③ Program Counter
④ Accumulator

정답 08.④ 09.① 10.② 11.① 12.② 13.② 14.④

해설 누산기(accumulator)는 연산에 사용될 데이터나 연산의 중간 결과를 저장하는 데 사용되는 연산 장치의 중심 레지스터이다.

15 전가산기의 진리표이다. A, B, C, D의 값으로 옳은 것은?

X	Y	Z	S	C
0	0	0	0	0
0	0	1	1	0
0	1	0	1	0
0	1	1	0	(A)
1	0	0	1	0
1	0	1	(B)	1
1	1	0	0	1
1	1	1	(C)	(D)

① A=1, B=0, C=1, D=0
② A=0, B=0, C=1, D=0
③ A=1, B=0, C=1, D=1
④ A=1, B=0, C=0, D=1

해설 전가산기(full-adder)
㉠ 하위 비트에서 발생한 올림수를 포함하여 3개의 입력 비트들의 합을 구하는 조합 논리 회로이다.
㉡ 3개의 입력과 2개의 출력으로 구성된다.
㉢ 3개의 입력은 피연산수 A와 연산수 B, 그리고 하위 비트에서 발생한 올림수 C가 되고, 출력 변수는 출력의 합 S(sum)와 올림수 C_n(carry)을 발생하는 회로이다.
㉣ 전가산기의 진리표

A	B	C	S	C_n
0	0	0	0	0
0	0	1	1	0
0	1	0	1	0
0	1	1	0	1
1	0	0	1	0
1	0	1	0	1
1	1	0	0	1
1	1	1	1	1

16 제한된 영역 내에 데이터를 어느 한쪽에서는 입력만 시키고, 그 반대쪽에서는 출력만 시킴으로써 가장 먼저 입력된 것이 가장 먼저 출력되는 선입 선출 형식의 구조는?

① 큐 ② 스택
③ 캐시 ④ 버스

해설 선입 선출(FIFO ; First In First out) 형식은 큐(queue)의 특징이다.

17 문자 자료의 표현 방법에 해당하지 않는 것은?

① BCD 코드 ② ASCII 코드
③ EX-OR 코드 ④ EBCDIC 코드

해설 문자 자료의 표현 방법 : BCD 코드, ASCII 코드, EBCDIC 코드

18 카드 리더(card reader)에서 읽기 전에 카드를 쌓아두는 곳은?

① 호퍼 ② 롤러
③ 스태커 ④ 리젝트 스태커

해설 ㉠ 호퍼(hopper) : 읽기 전에 카드를 쌓아두는 곳
㉡ 스태커(stacker) : 읽은 후에 카드를 쌓아두는 곳

19 다음 명령의 실행 주기는 무엇을 나타내는 것인가?

- $q_2C_2t_0$: MAR ← MBR(AD)
- $q_2C_2t_1$: MAR ← M, AC ← 0
- $q_2C_2t_2$: AC ← AC+MBR

① 덧셈(ADD) ② 로드(LOAD)
③ 분기(JUMP) ④ 스토어(STORE)

정답 15.③ 16.① 17.③ 18.① 19.②

해설 ㉠ 메모리 버퍼 레지스터(MBR)의 내용을 불러와 AC와 더한 것을 AC에 로드(LOAD)하는 명령어 실행 주기이다.
㉡ 로드(LOAD) : 주기억 장치에 기억된 내용을 레지스터로 읽어오는 것이다.
㉢ 스토어(STORE) : 누산기의 내용을 주기억 장치에 기억시키는 것이다.

20 중앙 연산 처리 장치에서 마이크로 동작(micro operation)이 순차적으로 일어나게 하려면 필요한 것은?

① 제어 신호 ② 메모리
③ 레지스터 ④ 스위치

해설 중앙 처리 장치에서 마이크로 동작(micro operation)이 순서적으로 일어나게 하려면 제어 신호가 필요하다.

21 플립플롭을 여러 개로 종속 접속하여 펄스(pulse)를 하나씩 공급할 때마다 순차적으로 다음 플립플롭에 데이터가 전송되도록 만들어진 레지스터는?

① 주소 레지스터(address register)
② 시프트 레지스터(shift register)
③ 기억 레지스터(buffer register)
④ 명령 레지스터(instruction register)

해설 플립플롭을 여러 개 종속 접속하여 펄스(pulse)를 하나씩 공급할 때마다 순차적으로 다음 플립플롭에 데이터가 전송되도록 만들어진 레지스터는 시프트 레지스터(shift register)이다.

22 PCM(Pulse Code Modulation) 방식의 기본 과정과 관계 없는 것은?

① 부호화 ② 표본화
③ 양자화 ④ 아날로그화

해설 PCM 변조 과정은 표본화(sampling) → 양자화(quantization) → 부호화(encoding) → 복호화(decoding) → 여과(filtering)의 과정으로 이루어진다.

23 다음 장치 중에서 입출력 장치를 겸할 수 있는 것은?

① Card Reader
② MICR
③ OCR
④ Console Typewriter

해설 ㉠ 입력 장치 : OCR(광학 문자 판독기), MICR(자기 잉크 문자 판독기), Card Reader(카드 리더)
㉡ 입출력 겸용 장치 : Console Typewriter

24 서브 루틴 실행 후 스택 포인터의 값은?

① 1 증가한다.
② 1 감소한다.
③ 0으로 변한다.
④ 원상 복구된다.

해설 서브 루틴 실행 후 스택 포인터 값은 0으로 변한다.

25 IC의 분류 중 집적도가 가장 큰 것은?

① LSI ② SSI
③ MSI ④ VLSI

해설 ① LSI(Large Scale Integration) : 집적도 1,000 이상의 대규모 집적 회로
② SSI(Small Scale Integration) : 집적도 100 정도의 소규모 집적 회로
③ MSI(Medium Scale Integration) : 집적도 300~500 정도의 중규모 집적 회로
④ VLSI(Very Large Scale Integration) : 집적도 수십~수백만의 초 대규모 집적 회로

정답 20.① 21.② 22.④ 23.④ 24.③ 25.④

26 **컴퓨터 내부에서 음수를 표현하는 방법이 아닌 것은?**

① 부호와 2의 보수 ② 부호와 절대값
③ 부호와 1의 보수 ④ 부호와 상대값

해설 음수를 표현하는 방법 : 부호와 절대값, 부호와 1의 보수, 부호와 2의 보수

27 **자기 디스크에서 기록 표면에 동심원을 이루고 있는 원형의 기록 위치를 트랙이라고 한다. 이 트랙들의 모임을 무엇이라 하는가?**

① Cylinder ② Record
③ Field ④ Access arm

해설 자기 디스크에서 기록 표면에 동심원을 이루고 있는 원형의 기록 위치를 트랙이라고 하는데 이 트랙들의 모임을 실린더(cylinder)라고 한다.

28 **연상 기호 코드를 사용하는 프로그래밍 언어는?**

① C ② COBOL
③ PASCAL ④ ASSEMBLY

해설 어셈블리어(ASSEMBLY LANGUAGE)
㉠ 기계어와 1 : 1로 대응하는 기호로 이루어진 언어로 니모닉(mnemonic) 언어라고도 한다.
㉡ 기계어를 기호(symbol)로 대치한 언어로 전문 지식이 필요하며 호환성이 떨어진다.
㉢ 기계어로 번역하기 위해 어셈블러(assembler)가 필요하다.

29 **인터랙티브 터미널(interactive terminal)에서 대표적으로 운용되는 업무는?**

① 우주선의 궤도 수정 업무
② 대량 업무로 장시간 계산기를 써야 하는 업무
③ 사무 처리를 그때마다 해야 하는 은행 창구 업무
④ 정기적으로 발생하는 봉급 계산, 금리 계산같은 업무

해설 인터랙티브 터미널은 대화형 터미널로 사무처리를 실시간으로 처리해야 하는 은행 창구 업무에 적당하다.

30 **시프트에 의하여 바깥으로 밀려나는 비트가 그 반대편의 빈 곳에 채워지는 형태의 직렬 이동과 관계되는 것은?**

① AND ② Rotate
③ OR ④ Complement

해설 ① AND : 이항 연산으로 필요 없는 부분을 지워버리고 나머지 비트만을 가지고 처리하기 위하여 사용된다.
② Rotate(로테이트) : 시프트(shift)와 유사한 단항 연산으로서, 밀려나온 비트가 다시 반대편 끝으로 들어가게 된다.
③ OR : 이항 연산으로 AND와는 반대로 데이터의 특정 부분을 추가하는 경우 사용된다.
④ Complement : 단항 연산으로 연산 결과는 1의 보수가 된다.

31 **컴퓨터 간에 통신을 할 때 사용하는 규칙으로 통신을 원하는 두 개의 개체 간에 무엇을, 어떻게, 언제 통신할 것인가를 서로 약속한 규약은?**

① DBMS ② Domain
③ Protocol ④ Operating System

해설 프로토콜(protocol)은 통신을 원하는 두 개체 간에 무엇을, 어떻게, 언제 통신할 것인가를 서로 약속한 규약이다.

32 **대량의 정보를 관리하고 내용을 구조화하여 검색 및 갱신을 효율적으로 수행하는 데이터베이스의 목적이 아닌 것은?**

① 데이터 일관성 유지
② 데이터 독립성 유지
③ 데이터 무결성 유지
④ 데이터 중복의 최대화

정답 26.④ 27.① 28.④ 29.③ 30.② 31.③ 32.④

해설 데이터베이스의 목적은 데이터베이스의 일관성 유지, 데이터 중복의 최소화, 데이터 무결성 유지, 데이터 독립성 유지 등이다.

33 다음 순서도에 대한 구조로 가장 적당한 것은?

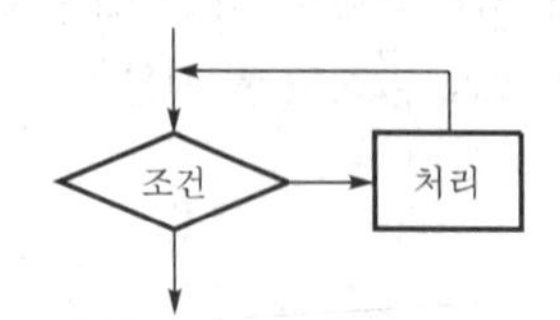

① 순차 구조 ② 반복 구조
③ 선택 구조 ④ 분기 구조

해설 비교 판단 결과에 따라 되돌아가는 루프(loop)는 반복 구조이다.

34 프로그램이 수행되는 동안 값이 수시로 변할 수 있으며 기억 장치의 한 장소를 추상화한 것은?

① 상수 ② 변수
③ 주석 ④ 예약어

해설 **변수** : 프로그램에 전달되는 정보나 그 밖의 상황에 따라 바뀔 수 있는 값을 의미한다.

35 운영 체제의 스케줄링 정책 중 가장 바람직한 것은?

① 반환 시간과 처리율을 늘린다.
② CPU 이용률을 줄이고 반환 시간을 늘린다.
③ 대기 시간을 늘리고 반환 시간을 줄인다.
④ 응답 시간을 최소화하고 CPU 이용률을 늘린다.

해설 **운영 체제의 스케줄링 정책**
㉠ 스케줄링 정책은 시스템의 효율성을 극대화시키기 위해 자원의 사용 순서를 결정하기 위한 것
㉡ CPU 이용률, 처리량 향상
㉢ 처리 시간, 대기 시간, 응답 시간, 오버헤드 단축

36 운영 체제의 기능으로 옳지 않은 것은?

① 자원 보호 기능을 제공한다.
② 자원 및 데이터의 공유 기능을 제공한다.
③ 사용자와 시스템 사이의 편리한 인터페이스를 제공한다.
④ 원시 프로그램을 목적 프로그램으로 변환하는 기능을 제공한다.

해설 **운영 체제의 기능**
㉠ 컴퓨터 시스템 자원을 효율적으로 관리한다.
㉡ 자원 및 데이터의 공유 기능을 제공한다.
㉢ 사용자 인터페이스를 제공한다.
㉣ CPU, 기억 장치, 입출력 장치의 각종 오류를 처리한다.
㉤ 프로세서 간 통신을 제어한다.
㉥ 파일을 읽고/쓰고, 생성/삭제하는 일을 한다.
㉦ 입출력 동작을 제어한다.

37 언어 번역 단계 중 어휘 분석에서는 원시 프로그램을 하나의 긴 스트링으로 보고 원시 프로그램을 문자 단위로 스캐닝하여 문법적으로 의미 있는 일의 문자들로 분할해내는 역할을 한다. 이때 분할된 문법적인 단위를 무엇이라고 하는가?

① 프리프로세서(preprocessor)
② 주석(comment)
③ 파스트리(parse tree)
④ 토큰(token)

해설 어휘 분석 단계에서는 원시 프로그램을 문법적으로 더 이상 나눌 수 없는 기본적인 언어 요소인 토큰(token)으로 분할하는데, 예를 들면 하나의 키워드나 연산자 또는 구두점 등이 있다.

정답 33.② 34.② 35.④ 36.④ 37.④

38 하나의 시스템을 여러 명의 사용자가 시간을 분할하여 동시에 사용할 수 있는 방식은?

① Distributed Processing System
② Time Sharing System
③ Real Time Processing System
④ Batch Processing System

해설 ① 분산 처리 시스템(distributed processing system) : 분산된 여러 대의 컴퓨터에 여러 작업들을 지리적 · 기능적으로 분산시킨 후 해당되는 곳에서 데이터를 생성 및 처리할 수 있도록 한 시스템이다.
② 시분할 시스템(time sharing system) : 하나의 시스템을 여러 명의 사용자가 시간을 분할하여 동시에 사용하는 방식으로 각 사용자들은 마치 독립된 컴퓨터를 사용하는 느낌을 갖는다. 또한 사용자가 터미널을 통해서 직접 컴퓨터와 접촉하여 대화식으로 작동한다.
③ 실시간 처리 시스템(real time processing system) : 데이터가 발생하는 즉시 처리해주는 시스템으로 항공기나 열차의 좌석 예약, 은행 업무 등에 사용된다.
④ 일괄 처리 시스템(batch processing system) : 처리할 작업을 일정 시간 또는 일정량을 모아서 한꺼번에 처리하는 방식으로 급여 계산, 공공요금 계산 등에 사용된다.

39 객체 지향 기법에서 하나 이상의 유사한 객체들을 묶어서 하나의 공통된 특성을 나타낸 것은?

① 클래스 ② 속성
③ 메시지 ④ 메소드

해설 ㉠ 클래스(class) : 객체 지향 기법에서 객체를 생성하는 틀로서 하나 이상의 유사한 객체들을 묶어서 하나의 공통된 특성을 표현한 것이다.
㉡ 인스턴스(instance) : 클래스로부터 생성된 실제적인 객체를 의미한다.
㉢ 메소드(method) : 객체 지향 언어에서 객체가 속성값을 처리하는 어떤 동작 부분을 정의해 놓은 것이다.
㉣ 속성(attribute) : 객체 지향 언어에서 객체를 표현하거나 동작을 나타내기 위한 자료이다.
㉤ 메시지(message) : 객체 지향 언어에서 객체와 클래스가 정보를 교환하는 통신 명령이다.

40 순서도의 역할과 가장 거리가 먼 것은?

① 프로그램의 정확성 여부 및 오류를 쉽게 판단할 수 있다.
② 프로그램의 인수 및 인계가 용이하다.
③ 계산기의 내부 조작 과정을 쉽게 파악할 수 있다.
④ 프로그램 작성의 기초가 된다.

해설 순서도의 역할
㉠ 문제 처리 과정을 논리적으로 파악하고 정확성 여부를 판단하는 것이 용이하다.
㉡ 문제를 해석하고 분석하는 것이 쉽고 타인에게 전달하는 것이 용이하다.
㉢ 프로그램의 보관, 유지, 보수의 자료로서 활용이 용이하다.
㉣ 프로그램 코딩의 기본 자료로 문서화가 용이하다.

41 다음 논리 게이트 기호에 대한 설명으로 틀린 것은?

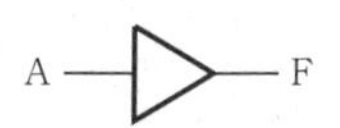

① 지연 시간(delay time) 기능
② 팬 아웃(fan out)의 확대
③ 입력 신호의 반전
④ 감쇠 신호의 회복 기능

해설 버퍼(buffer) 게이트이다.

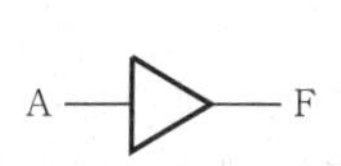

A	F
1	1
0	0

특별한 논리 연산을 수행하지 않고, 입력이 그대로 출력으로 전달하며 주로 게이트 출력의 구동 능력(하나의 게이트 출력이 다수의 게이트 입력에 연결하는 팬 아웃 수를 증가)을 향상시키기 위한 논리 소자이다. 입력 반전은 NOT 게이트이다.

정답 38.② 39.① 40.③ 41.③

42 다음 마이크로 오퍼레이션에 대한 설명으로 옳은 것은?

$A \leftarrow A+1$

① A 레지스터의 데이터 값을 1 증가시키고 A+1 레지스터에 저장
② A 레지스터의 데이터 값을 1 증가시키고 A 레지스터에 저장
③ A 레지스터의 어드레스를 1 증가시키고 어드레스를 A 레지스터에 저장
④ A 레지스터의 어드레스를 1 증가시킨 레지스터의 데이터 값을 전송

해설 A 레지스터 값을 +1 증가하여 다시 A 레지스터로 저장하는 동작을 말한다.

43 다음 중 3초과 코드에서 사용하지 않는 것은?

① 0101 ② 1100
③ 0010 ④ 0011

해설 3초과 코드는 BCD(8421) 수에 +3을 더한 것이다.
자기 보수 코드의 일종으로 감산에 유리하다.

10진	BCD	3초과 코드
0	0000	0011
1	0001	0100
2	0010	0101
3	0011	0110
4	0100	0111
5	0101	1000
6	0110	1001
7	0111	1010
8	1000	1011
9	1001	1100

44 불 대수 정리에서 틀린 것은?

① $A+0=A$
② $A+1=1$
③ $A \cdot 1=1$
④ $A \cdot 0=0$

해설 불 대수 기본 정리

정리 1	$A+0=A$
정리 2	$A+1=1$
정리 3	$A \cdot 0=0$
정리 4	$A \cdot 1=A$
정리 5	$A+A=A$
정리 6	$A+\overline{A}=1$
정리 7	$A \cdot A=A$
정리 8	$A \cdot \overline{A}=0$
정리 9	$\overline{\overline{A}}=A$
정리 10	$A+A \cdot B=A$
정리 11	$A+\overline{A} \cdot B=A+B$
정리 12	$(A+B) \cdot (A+C)=A+B \cdot C$

45 플립플롭이 현재의 어떤 출력 상태에서 다음 상태로 원하는 출력 동작을 하기 위한 입력을 표로 나타낸 것은?

① 카르노도표 ② 여기표
③ 진리표 ④ 논리표

해설 ㉠ 카르노도 : 불 대수 논리식을 간략화하기 위한 표이다.
㉡ 여기표 : 플립플롭의 다음 상태로 어떤 출력을 구하기 위해 어떤 입력을 주는지 나타내는 표로 카운터 회로 설계 시 사용한다.

[JK 플림플롭 여기표 예]

$Q(t)$	$Q(t+1)$	J	K
0	0	0	d
0	1	1	d
1	0	d	1
1	1	d	0

46 어떤 논리 게이트에 제어 입력이 "1"이면 버퍼로 동작하고, 제어 입력이 "0"이면 입력과 출력이 단절되는 하이 임피던스 상태가 되는 것은?

① Totem-pole 버퍼
② O.C Output 버퍼
③ 3-State 버퍼
④ Inverted Output 버퍼

정답 42.② 43.③ 44.③ 45.② 46.③

해설 3-State buffer를 말한다.
3-State(3가지 상태)란 "1", "0", "High-임피던스" 3 상태를 가진다.

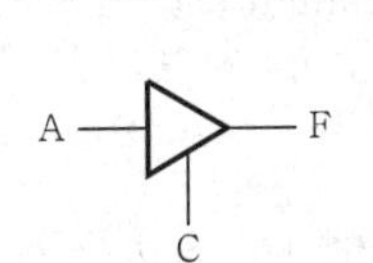

A	C	F
1	1	1
0	1	0
X	0	H-Z

47 다음 블록도의 명칭은?

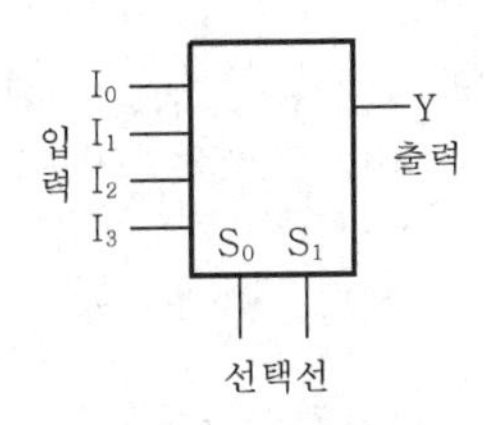

① 엔코더　　② 디코더
③ 멀티플렉서　　④ 디멀티플렉서

해설 그림은 4×1 멀티플렉서이다.

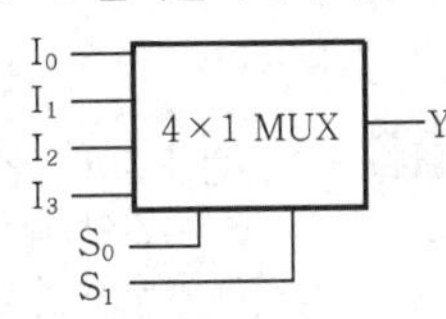

S_1	S_0	Y
0	0	I_0
0	1	I_1
1	0	I_2
1	1	I_3

48 한 2진 코드에서 다음 2진 코드로 진행할 때 오직 한 비트만 변화하기 때문에 연속적으로 변화하는 양을 부호화하는 데 적합한 코드는?

① 패리티 코드　　② BCD 코드
③ 그레이 코드　　④ 3초과 코드

해설 ① 패리티 코드 : 정보 전달 과정에 오류를 검출하기 위해 만든 코드(패리티 비트를 추가한다)이다.
② BCD 코드 : 2진수 4비트로 10진수 표현을 쉽게 하기 위한 코드이다.
③ 그레이 코드 : 이웃하는 코드와는 1비트만 달라 코드 변환이 쉽다. A/D 변환기에 주로 사용된다.
④ 3초과 코드 : BCD수에 +3을 더한 것으로서 뺄셈 연산을 쉽게 해주는 대표적인 자보수 코드이다.

49 다음 중 2의 보수 표기법에서 8비트로 표시되는 숫자의 표현 범위는?

① −127~+128　　② −128~+128
③ −127~+127　　④ −128~+127

해설 2의 보수에 의한 정수 범위

10진	8비트 2의 보수
127	01111111
:	:
3	00000011
2	00000010
1	00000001
0	00000000
−1	11111111
−2	11111110
−3	11111101
:	:
−128	10000000

즉, n비트로 나타낼 수 있는 2의 보수 표현 범위는
$-(2^{n-1})\sim(2^{n-1}-1)$의 범위가 된다.

50 다음 논리식을 계산하면?

$$(\overline{\overline{A}+B})(\overline{\overline{A}+\overline{B}})$$

① 0　　② 1
③ A　　④ B

해설 드모르 간의 법칙을 적용하여 전개한다.
$(\overline{\overline{A}+B})(\overline{\overline{A}+\overline{B}})=(\overline{\overline{A}}\cdot\overline{B})(\overline{\overline{A}}\cdot\overline{\overline{B}})$
$=(A\cdot\overline{B})(A\cdot B)$
$=AA\cdot AB\cdot A\overline{B}\cdot B\overline{B}$
$=A\cdot AB\cdot A\overline{B}\cdot 0=0$

정답 47.③ 48.③ 49.④ 50.①

51 다음 중 4개의 플립플롭으로 구성된 직렬 시프트 레지스터에서 MSB 레지스터에 기억된 내용이 출력으로 나오기까지 몇 개의 펄스를 인가해야 하는가?

① 3개 ② 4개
③ 5개 ④ 6개

해설

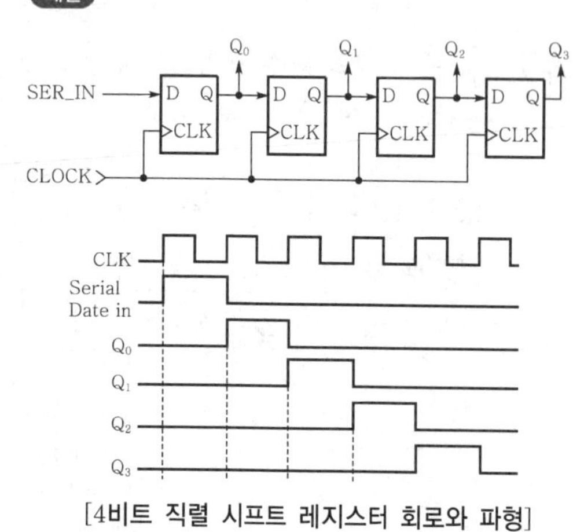

[4비트 직렬 시프트 레지스터 회로와 파형]

52 다음 중 디지털 신호를 아날로그 신호로 변환하는 장치는?

① 해독기(디코더) ② 변환기 비교기
③ A/D 변환기 ④ D/A 변환기

해설 ㉠ A/D 변환기 : Analog to Digital Converter
㉡ D/A 변환기 : Digital to Analog Converter

53 다음 중 에러 검출뿐만이 아니라 자동으로 교정까지 가능한 코드는?

① Biquinary Code ② Gray Code
③ ASCII Code ④ Hamming Code

해설 ① Biquinary Code : 초기 컴퓨터 시스템에서 사용한 숫자 체계 2진과 5진을 합쳐 사용한다.
② Gray Code : 이웃하는 코드와는 1비트만 달라 코드 변환이 쉽다. A/D 변환기에 주로 사용된다.
③ ASCII Code : 컴퓨터 통신에 사용하는 대표적인 문자 인코딩이다. 7비트를 사용한다.
④ Hamming Code : 오류를 검출하고 자동으로 정정이 가능한 코드이다.

54 동기식 9진 카운터를 만들기 위해 필요한 플립플롭의 개수는?

① 2개 ② 4개
③ 6개 ④ 8개

해설 9진 카운터 범위 : 0000~1001
4비트가 필요하므로 4개의 플립플롭이 필요하다.

55 병렬 계수기라고도 불리우며 계수기의 각 플립플롭이 동일 시간에 트리거가 되는 계수기는?

① 동기식 계수기 ② 비동기식 계수기
③ 링 계수기 ④ 10진 계수기

해설 각 플립플롭이 동일 시간에 트리거가 되기 위해서는 동일한 클록을 사용해야 하는데 이를 동기식 계수기 또는 병렬 계수기라고 한다.

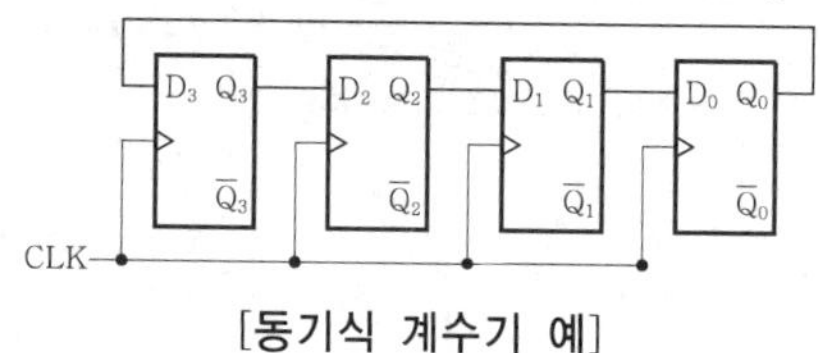

[동기식 계수기 예]

56 배타적-OR(Exclusive-OR) 논리를 응용하는 회로가 아닌 것은?

① 보수기 ② 패리티 체커
③ 2진 비교기 ④ 슈미트 트리거

해설 이 논리는 입력이 서로 같으면 "0", 다르면 "1"이 출력되기 때문에 비교기에 많이 쓰이고, 비트 연산에서 특정 비트를 반전시키는 데 사용된다. 또한 다수의 입력에 대한 오류 짝수 홀수 패리티를 계산하여 오류 검출에 사용된다. 슈미트 트리거는 히스테리시스 특성을 이용하여 잡음 신호 제거 등에 사용한다.

정답 51.② 52.④ 53.④ 54.② 55.① 56.④

57 다음 중 조합 논리 회로는 어느 것인가?

① 계수기 ② 레지스터
③ 해독기 ④ 플립플롭

해설 플립플롭을 사용하는 회로(계수기, 레지스터 등)는 순서 논리 회로에 속한다.
조합 논리 회로는 해독기(디코더), 엔코더, 멀티플렉서, 디멀티플렉서 등이다.

58 플립플롭 1개로 몇 비트의 2진 정보를 기억하는가?

① 1[bit] ② 2[bit]
③ 4[bit] ④ 8[bit]

해설 1개의 플립플롭의 출력은 1비트로서 2진 정보 "1" 또는 "0"을 표현한다.

59 다음 중 플립플롭의 종류가 아닌 것은?

① RS−F/F ② D−F/F
③ T−F/F ④ C−F/F

해설 **플립플롭의 종류** : RS−F/F, JK−F/F, T−F/F, D−F/F

60 다음은 플립플롭에 대한 설명이다. ( ) 안에 알맞은 것은?

> 플립플롭의 출력은 입력 상태에 의해 더해지는 클록 펄스에 따라 변화한다. 이런 변화를 플립플롭이 ( ) 되었다고 한다.

① 상승 ② 하강
③ 트리거 ④ 셋업

해설 플립플롭은 입력에 따라 출력의 변화가 클록이 입력되는 시점에 나타나는데, 이를 '트리거 되었다'라고 한다.

정답 57.③ 58.① 59.④ 60.③

적중

자주 출제되는 핵심이론+과년도 출제문제

전자계산기기능사

2017. 1. 10. 초 판 1쇄 발행
2018. 1. 5. 1차 개정증보 1판 1쇄 발행
2018. 3. 27. 1차 개정증보 1판 2쇄 발행
2019. 6. 20. 2차 개정증보 1판 1쇄 발행

검
인

지은이 | 김종보, 정영호
펴낸이 | 이종춘
펴낸곳 | BM (주)도서출판 **성안당**
주소 | 04032 서울시 마포구 양화로 127 첨단빌딩 3층(출판기획 R&D 센터)
10881 경기도 파주시 문발로 112 출판문화정보산업단지(제작 및 물류)
전화 | 02) 3142-0036
031) 950-6300
팩스 | 031) 955-0510
등록 | 1973. 2. 1. 제406-2005-000046호
출판사 홈페이지 | **www.cyber.co.kr**
ISBN | 978-89-315-3280-7 (13560)
정가 | 26,000원

이 책을 만든 사람들
기획 | 최옥현
진행 | 박경희
교정·교열 | 김혜린
전산편집 | 이지연
표지 디자인 | 박현정
홍보 | 김계향, 정가현
국제부 | 이선민, 조혜란, 김혜숙
마케팅 | 구본철, 차정욱, 나진호, 이동후, 강호묵
제작 | 김유석